功能陶瓷及应用

第二版

曲远方　主编

化学工业出版社

·北京·

全书系统地阐述了功能陶瓷材料的基本性质和工艺原理，着重介绍了功能陶瓷材料的代表性材料结构陶瓷、电容器介质陶瓷、压电陶瓷、敏感陶瓷、磁性陶瓷、生物陶瓷、超导陶瓷、陶瓷基复合功能材料、超硬陶瓷材料的组成、微观结构、生产工艺条件与材料性能的关系。对国内外功能陶瓷材料的现状和发展以及新材料、新工艺和新应用进行了相应介绍。

本书可作为从事功能陶瓷材料、元器件的应用研究和生产的科技人员参考用书，也可作为高等学校有关先进性陶瓷材料的专业教学参考用书。

图书在版编目（CIP）数据

功能陶瓷及应用/曲远方主编．—2版．—北京：化学工业出版社，2014.4
ISBN 978-7-122-19899-0

Ⅰ．①功…　Ⅱ．①曲…　Ⅲ．①功能材料-陶瓷　Ⅳ．①TQ174.75

中国版本图书馆 CIP 数据核字（2014）第 036614 号

责任编辑：朱　彤　　　　　　　　　　　　文字编辑：孙凤英
责任校对：顾淑云　王　静　　　　　　　　装帧设计：关　飞

出版发行：化学工业出版社（北京市东城区青年湖南街 13 号　邮政编码 100011）
印　　装：北京虎彩文化传播有限公司
787mm×1092mm　1/16　印张 30½　字数 817 千字　2014 年 9 月北京第 2 版第 1 次印刷

购书咨询：010-64518888　　售后服务：010-64518899
网　　址：http://www.cip.com.cn
凡购买本书，如有缺损质量问题，本社销售中心负责调换。

定　　价：128.00 元

第二版前言

《功能陶瓷及应用》(第一版)自 2003 年 3 月出版以来,受到了广大高等院校、科研院所和相关企业科研人员、工程技术人员的广泛关注,受到了读者欢迎。为使读者对功能陶瓷的基本性质、基础理论、工艺原理、新材料和应用有进一步深入了解,本书第二版根据近年来功能陶瓷的最新研究与成果,对第一版进行了必要调整和修订。本书修订后的主要内容如下。

- 第 1 章　对原内容进行了适当调整和修改,主要介绍了功能陶瓷工业概况、功能陶瓷的分类及应用、功能陶瓷的发展。
- 第 2 章　对原内容进行了适当调整和修改,主要介绍了功能陶瓷的基本性质、机理及影响因素。
- 第 3 章　对原内容进行了适当调整和修改,原 3.5 排胶改为排黏合剂;3.5 节中的 3.5.1 热压铸坯体的排胶工艺改为热压铸坯体的排黏合剂工艺;3.5.2 流延、轧膜和挤制坯件的排胶工艺改为流延、轧膜和挤片的排黏合剂工艺等。本章较系统地讨论了功能陶瓷的生产工艺过程和原理。
- 第 4 章　主要介绍和讨论了重要的结构陶瓷材料。
- 第 5 章　在原第 5 章的基础上增加了 5.6 多层结构介质陶瓷和 MLCC 介质瓷料发展趋势的内容;其他内容也进行了增删。主要介绍和讨论了几种重要的电容器陶瓷介质的组成、结构、工艺与性能的关系及生产要点。
- 第 6 章　在原第 6 章的基础上增加了 6.4.5 压电陶瓷的重要应用和 6.5 无铅压电陶瓷的研究概况;其他内容也进行了增删。
- 第 7 章　对原第 7 章的内容进行了适当的修改和增删:其中原 7.1.2 热敏电阻的主要特性分析改为热敏电阻的主要特性;对正温度系数热敏电阻的内容进行了调整和补充;将氧化锆半导体陶瓷改为能源用陶瓷材料,对其内容进行了补充;其他内容也进行了适当增删和修改。
- 第 8 章　介绍和讨论了磁性陶瓷材料的结构、分类、常用的磁性陶瓷材料生产和应用,以及新的磁性陶瓷材料最新发展。
- 第 9 章　介绍了生物陶瓷材料最新研究、制备、应用和发展。
- 第 10 章　增加了高温超导陶瓷的研究进展。主要介绍了超导陶瓷材料的基本性质、分类、应用和生产工艺。
- 第 11 章　对陶瓷基功能复合材料进行了简要介绍。
- 第 12 章　为全部新增内容,系统介绍了超硬陶瓷材料的分类、生产工艺及应用。

本书从多方面对功能陶瓷的基础理论和生产工艺等进行了较详细叙述,可使读者对代表性功能陶瓷材料的组成、微观结构、工艺条件、性能、应用及其之间的相互关系有进一步深入了解,从而为从事功能陶瓷的学习、研究、生产和应用奠定良好的基础。

参加本书第二版编写和修订的有天津大学的曲远方、姜恩永、徐廷献、靳正国、郭瑞松、李志宏、杨德安、马卫兵，天津科技大学的曲志刚，山东国瓷功能材料有限公司的司留启和江苏科技大学的张晨。具体分工：第1章、第2章、第3章、第5章的一部分、第7章的一部分和第10章由曲远方修订；第4章和第11章由杨德安修订；第5章的5.6节多层结构介质陶瓷由司留启补充修订；第6章由马卫兵修订；第7章的一部分由徐廷献、郭瑞松、曲志刚和张晨修订；第8章由姜恩永修订；第9章和第5章的一部分由靳正国修订；第12章由李志宏编写。全书由曲远方统稿。

本书在第二版的编写和修改过程中得到了化学工业出版社的大力支持和帮助，在此表示衷心感谢！

由于编者水平和时间所限，疏漏之处在所难免，敬请读者批评指正。

编　者
2014年5月

第一版前言

本书较全面地对功能陶瓷的基本性质、应用和工艺原理，重点陶瓷材料的组成、结构、工艺与材料性能的关系，生产中必须掌握的关键和经常遇到的问题，新材料和新应用，研究新材料的基础理论和方法，陶瓷电容器的结构、设计原理和生产工艺等进行了较详细的介绍。全书主要介绍了国内外功能陶瓷材料目前的情况和发展前景；功能陶瓷的基本性质、机理及影响因素；功能陶瓷的生产工艺过程和原理；重要的结构陶瓷和电容器陶瓷介质的组成、结构、工艺和性能的关系及生产要点；压电陶瓷和敏感陶瓷的基本性质和理论、重要陶瓷材料的组成、结构、工艺与材料性能的关系及生产中的关键和要点、几种新材料和发展趋势；磁性陶瓷材料的结构、分类、常用的磁性陶瓷材料生产和应用以及新的磁性陶瓷材料的发展进行了讨论；生物陶瓷材料和超导陶瓷材料的基本性质、分类、应用和生产工艺，尤其对新材料的研究、制备、应用和发展进行了讨论；对陶瓷基功能复合材料进行了简要介绍。通过这些内容的学习，可使读者对代表性的功能陶瓷材料的组成、微观结构、工艺、性能、应用和它们之间的相互关系有较深刻的了解，为从事功能陶瓷研究和生产奠定良好的基础。

参加本书编写工作的有（按章顺序）：徐廷献（第一章和第七章一部分）；曲远方（第二章、第三章、第五章一部分和第十章）；杨德安（第四章和第十一章）；马卫兵（第五章一部分）；孙清池（第六章）；郭瑞松（第七章一部分）；姜恩永（第八章）；靳正国（第九章和第五章一部分）。全书由曲远方统稿。

本书在编写过程中得到了化学工业出版社领导和责任编辑顾南君、马强的大力支持和帮助，在此表示衷心的感谢。

由于编者水平所限，书中存在的错误和问题，敬请读者批评指正。

曲远方

2002.10

目　录

第4章 结构陶瓷 ■ 64

第5章 电容器介质陶瓷 ■ 97

第6章 压电陶瓷材料 ■ 225

第7章 敏感陶瓷 250

第8章 磁性陶瓷材料 365

第1章 绪论

1.1 功能陶瓷工业概况

功能陶瓷材料主要是指具有优良的电学、光学、热学、声学、磁学、生物学、力学、化学和超硬等诸多特性，广泛应用于电子与光电子信息、微电子技术、传感与自动化技术、生物医学、能源、环境保护、国防工业、医疗卫生保健、航空航天、机械制造与加工、农业、计算机等高新技术领域，发挥重要作用的新型陶瓷材料。在科学技术高速发展的今天，需要更多新型陶瓷材料来适应这种日新月异的高科技腾飞情况。

功能陶瓷材料从传统的块体裁料，发展到纳米粉体、纳米管材、纤维材料和薄膜材料等及其应用，主要包括：电介质陶瓷、电子结构陶瓷、半导体陶瓷、导电陶瓷、超导陶瓷、压电陶瓷、磁性陶瓷、生物医学陶瓷、工程结构陶瓷、超硬陶瓷、陶瓷基复合材料、陶瓷膜材料、陶瓷纤维材料、梯度陶瓷材料、纳米陶瓷材料等。这些新型功能陶瓷材料的研制、开发、生产和应用无疑在国内外经济和高新技术的发展中起到关键的作用。

1.2 功能陶瓷的分类及应用

功能陶瓷材料的品种非常多，从应用的角度可大致划分和简介如下。

(1) 结构陶瓷 这类陶瓷材料主要用来制造装置零部件、小电容量的电容器、绝缘子、电感线圈骨架、电子管插座、电阻基体、电真空器件和集成电路基片等。根据具体的应用要求，这些陶瓷材料应具有不同的特性。

① 制造一般的装置零部件和电感线圈骨架等应用时，要求陶瓷材料的绝缘性能好、介质损耗小、机械强度高、具有一定的散热性能等。这类应用的代表性陶瓷材料有氧化铝陶瓷和滑石陶瓷。

② 制造电阻基体时，要求陶瓷材料可在较高温度下工作，绝缘性能好，致密，气孔率低，可精确地进行磨加工、抛光和保证一定的加工精度，能与碳膜和金属膜等电

阻膜形成牢固结合，且不发生化学反应。这类应用的代表性陶瓷材料有低碱陶瓷、长石陶瓷等。

③ 制造电真空器件和集成电路基片等时，要求陶瓷材料具有良好的气密性和致密度、绝缘性能好、高温性能稳定、导热性能好、耐化学腐蚀性好、机械强度高、与金属形成良好的封接等。代表性陶瓷材料有刚玉陶瓷、氧化铍陶瓷、氮化硼陶瓷和氮化铝陶瓷等。

(2) 电容器介质陶瓷 这类陶瓷材料主要用来制造各种条件下应用的电容器，根据国家标准规定分为Ⅰ类电容器陶瓷介质、Ⅱ类电容器陶瓷介质和Ⅲ类电容器陶瓷介质。

Ⅰ类电容器陶瓷介质主要用来制造高频陶瓷电容器。根据陶瓷材料的性能和应用要求，可具体分为以下两种类型。

① 高频稳定型电容器陶瓷介质。主要用来制造用于精密电子仪器等用的陶瓷电容器，这种电容器陶瓷介质的电容量温度系数小。

② 热补偿型电容器陶瓷介质。主要用来制造用于高频振荡回路等高频电路用的陶瓷电容器，这种电容器陶瓷介质具有较大的负电容温度系数。

Ⅰ类电容器陶瓷介质的代表性陶瓷材料有金红石陶瓷、钛酸钙陶瓷、钙钛硅陶瓷等。

Ⅱ类电容器陶瓷介质主要用来制造电子线路中的旁路、耦合电路、低频及其他对电容量温度稳定性和介质损耗要求不高的电容器。要求这类陶瓷材料具有大的介电系数（也称介电常数，下同），介电系数与电场的关系为非线性。代表性陶瓷材料有 $BaTiO_3$ 陶瓷和 $SrTiO_3$ 陶瓷等。

Ⅲ类电容器陶瓷介质又称为半导体陶瓷介质。主要用来制造用于较低电压下工作的大电容量、小体积的电容器。要求这类电容器陶瓷介质具有介质层极薄、介电系数大、介电系数的温度变化小等性能。根据其结构特点分为以下三种。

① 表面层型。是指在半导体陶瓷的表面经过氧化处理形成极薄的绝缘层作为介质的半导体陶瓷介质。

② 阻挡层型。是利用半导体陶瓷的表面与电极形成的接触势垒薄层作为介质的半导体陶瓷介质。

③ 晶界层型。是利用半导体陶瓷中的半导体晶粒间的绝缘晶界层作为介质的半导体陶瓷介质。由于这种半导体陶瓷的半导体晶粒与极薄的绝缘晶界层相比，可认为半导体晶粒为电极，极薄的绝缘晶界层为介质，这种半导体陶瓷电容器可等效为很多小电容器的并联和串联。

由于三种介质为极薄的表面绝缘薄层、极薄的接触势垒层和极薄的绝缘晶界层，因此这类陶瓷电容器的介电系数非常大。Ⅲ类电容器陶瓷介质的代表性陶瓷材料有 $BaTiO_3$ 半导体陶瓷和 $SrTiO_3$ 半导体陶瓷。

此外，电容器介质陶瓷中具有特点的多层独石陶瓷电容器、"片式"陶瓷电容器和反铁电陶瓷电容器介质等这里就不一一介绍了。

(3) 压电陶瓷 这类陶瓷材料具有良好的机械能与电能之间的转换等性能，主要用来制造各种压电陶瓷换能器、微位移元器件、扬声器等电声器件，滤波器等频率元器件等。代表性陶瓷材料有 $Pb(Zr,Ti)O_3$ 陶瓷、$PbZrO_2$ 陶瓷等。

(4) 半导体陶瓷 半导体陶瓷除可用来制造Ⅲ类半导体陶瓷电容器外，还可用来制造各种敏感元器件、传感器等。如用来制造热敏电阻、压敏电阻、光敏电阻、湿敏电阻、气敏电阻、红外敏电阻、光电池等很多对外界不同因素敏感的元器件，用于电子线路中进行信息采集和自动控制、过电流保护、过热保护、节能降耗等很多设备和仪器中。这些敏感陶瓷材料具有随外界相应条件和因素变化而发生电阻、电容和形变等的变化，使应用过程中的电信号、磁信号、温度和应力等发生相应变化的性能，所以用途非常广泛。代表性陶瓷材料有

$BaTiO_3$ 半导体 PTC 热敏电阻陶瓷、ZnO 压敏陶瓷等。

（5）导电陶瓷 导电陶瓷主要用来制造各种大功率的电阻器、显示器件、微波衰减器、夜视仪等。这种陶瓷材料的电阻率非常小。代表性陶瓷材料有 SnO_2 导电陶瓷等。

（6）超导陶瓷 超导陶瓷主要用来制造超导量子干涉计、磁通变换器、超导计算机、混频器、高温超导无源和有源微波器件、超导电缆、超导同步发电机、超导磁能存储系统、超导电磁推进系统、超导磁悬浮装置等。代表性陶瓷材料有 $YBa_2Cu_3O_{7-\delta}$ 陶瓷等。

（7）磁性陶瓷 磁性陶瓷材料主要用来制造多路通信用电感器、滤波器、磁性天线、记录磁头、磁芯以及雷达、通信、导航、遥测、遥控等电子设备中的各种微波器件，各种电子计算机的磁性存储器磁芯等。铁氧体材料分为软磁、硬磁、旋磁、矩磁和压磁等五类。这种陶瓷材料具有良好的磁导率、压磁耦合系数、品质因数、损耗角正切等性能。代表性陶瓷材料有 $MnO\text{-}ZnO\text{-}Fe_2O_3$ 陶瓷、$NiO\text{-}ZnO\text{-}Fe_2O_3$ 陶瓷、$BaO \cdot 6Fe_2O_3$ 陶瓷、$MgO\text{-}MnO\text{-}Fe_2O_3$ 陶瓷等。

（8）生物陶瓷 生物陶瓷材料具有良好的生物功能性、生物相容性和机械强度等特性。主要用来制造人工牙齿、人造关节等人工器官和人体硬组织的修复替换等。这种材料不会对人体组织、生理、生化产生不良影响。代表性陶瓷材料有羟基磷灰石、磷酸钙陶瓷、玻璃陶瓷、生物活性陶瓷、Al_2O_3 陶瓷、ZrO_2 陶瓷和碳材料等。

（9）超硬陶瓷 超硬陶瓷材料具有高的硬度、良好的机械强度和温度特性等。主要用来制造磨料、磨具、刀具、各种精密机械、手表、装饰材料等需要高硬度材料的应用领域。代表性陶瓷材料有金刚石、碳化硅陶瓷、氧化铝陶瓷、氮化硼陶瓷、氮化钛陶瓷等。

我国功能陶瓷工业生产的产品，主要用于电子信息工业方面的整机中，有的产品是关键的元器件。例如，一块集成电路工作的稳定性和寿命，很大程度上取决于基片的性能；一个自动控制系统的精度和灵敏度等主要指标，取决于传感器的性能，而很多传感器的性能取决于敏感陶瓷元器件的性能；大型计算机的运算速度主要取决于磁性陶瓷或铁电陶瓷薄膜等记忆元件。目前形成大批量生产的功能陶瓷主要有高频绝缘陶瓷、电阻陶瓷基体、陶瓷电容器、电真空陶瓷、铁电陶瓷、压电陶瓷及元器件、磁性陶瓷及元器件、半导体陶瓷和各种敏感元件及传感器、导电陶瓷及元器件、超导电陶瓷及元器件、光电陶瓷及元器件、生物陶瓷及其零部件、环境保护用陶瓷和超硬陶瓷及其零部件等。

1.3 功能陶瓷的发展

目前功能陶瓷材料的研发已经成为国内外非常关注的重点之一，主要表现在：加强功能陶瓷材料的基础理论研究，高新技术产品研究的人才培养，原料生产的专业化，广泛深入的技术协作，加强全面质量管理，新工艺、新设备的研究和应用，提高我国陶瓷电容器的产量和合格率、无铅铁电和压电陶瓷材料的研究、元件的片式化和薄层化、新型敏感陶瓷材料的研究和应用、贱金属电极及 MLC 陶瓷介质新材料和大批量生产、LTCC 等新产品的研制与产业化等。如 SiC 复合陶瓷材料及应用、超导陶瓷及应用、陶瓷薄膜材料、多功能陶瓷材料、陶瓷基复合材料、纳米及功能纳米复合材料、雷达吸波材料在飞行器隐身技术中的研究和应用等不断取得新的成果，功能陶瓷材料正为我国高新技术的高速发展不断做出更大的贡献。

参考文献

[1] 曲远方主编. 现代陶瓷材料及技术. 上海：华东理工大学出版社，2008.
[2] ［日］岗崎清. セラミック诱电体工学. 学献社，1969.

第 **2** 章
功能陶瓷的基本性能

功能陶瓷的研究范围主要有结构陶瓷材料、介电陶瓷材料、半导体陶瓷材料、导电陶瓷材料、超导陶瓷材料、磁性陶瓷材料、生物陶瓷材料、陶瓷基复合材料等很多方面。功能陶瓷的基本性质是指这些陶瓷所具有的电学、光学、热学、声学、磁学、力学等性质。功能陶瓷的这些性质与陶瓷材料组成、结构、工艺等有密切的关系。

2.1 电学性能

功能陶瓷的基本电学性质是指其在电场作用下的传导电流和被电场感应的性质。通常人们接触的金属是电的良导体，一般陶瓷是电的不良导体，超导陶瓷和绝缘陶瓷是陶瓷的两种极端的典型实例，这种性质可用下式描述：

$$J = \sigma E \tag{2-1}$$

式中，J 为电流密度；E 为电场强度；σ 为电导率。

陶瓷材料在电场作用下被感应的性质，通常可用下式进行描述：

$$D = \varepsilon E \tag{2-2}$$

式中，D 为电位移；ε 为介电常数。

电导率和介电常数是功能陶瓷材料电学性质的两个最基本的参数。

2.1.1 电导率

陶瓷材料在低电压作用时（以下不特别指出时，作用电场均为低电场），其电阻 R 和电流 I 与作用电压 V 之间的关系符合欧姆定律，但在高电压作用时，三者之间的关系则不符合欧姆定律。陶瓷材料的表面电阻不仅与材料的表面组成和结构有关，还与陶瓷材料表面的污染程度、开口气孔和开口气孔率的大小、是否亲水以及环境等因素有关，而陶瓷材料的体积电阻率只与材料的组成和结构有关系，是陶瓷材料导电能力大小的特征参数。因此，国际有关标准和国家标准规定采用三电极系统测量陶瓷材料的体积电阻和表面电阻，再根据陶瓷试样的几何尺寸计算陶瓷试样的体积电阻率和表面电阻率。设陶瓷试样为国家标准规定的圆片形，其中的一个平面上设有金属保护电极和测量电极，保护电极为环状金属薄层，在该平面的最外端，测量电极在该平面的中部，为圆形金属薄层，两电极中间是没有金属的环状陶瓷表面，另一平面为高压电极，该表面均为金属薄层。设标准陶瓷试样的测量电极面积为 S，测量电极与高压电极的间距为 h，则该陶瓷试样的体积电导率为（以下简称电导率）：

$$\sigma = \frac{Gh}{S} \tag{2-3}$$

式中，G 为试样的电导。

由上式可知试样的电导率为面积为 $1cm^2$、厚度为 $1cm$ 的陶瓷试样所具有的电导。电导率又称比电导或导电系数，单位为 S/m（每米西门子），通常用 $(\Omega \cdot cm)^{-1}$ 表示。体积电导率 σ 的倒数 ρ 称为体积电阻率，也是衡量陶瓷材料导电能力的特性参数。

表 2-1 列出了某些陶瓷材料在常温时的电导率。从表中可见，陶瓷材料电导率的大小相差有 10^{20} 之多。

表 2-1　某些陶瓷材料室温时的电导率

材　　料	电导率/$(\Omega \cdot cm)^{-1}$	材　　料	电导率/$(\Omega \cdot cm)^{-1}$
ReO_3	10^6	NiO	10^{-8}
SnO_2、CuO、Sb_2O_3	10^3	$BaTiO_3$	10^{-10}
SiC	10^{-1}	TiO_2（金红石瓷）	10^{-11}
$LaCrO_3$	10^{-2}	Al_2O_3（刚玉瓷）	10^{-14}

各种陶瓷材料中或多或少都存在着能传递电荷的质点，这些质点称为载流子。金属材料中的载流子是自由电子，陶瓷中的载流子可能是离子，也可能是电子、空穴或几种载流子共同存在。离子作为载流子的电导机制称为离子电导；电子或空穴作为载流子的电导机制称为电子电导。一般来说，电介质陶瓷主要是离子电导，半导体陶瓷、导电陶瓷和超导陶瓷则主要呈现电子电导。离子电导和电子电导有本质的区别。离子的运动伴随着明显的质量变化，有些离子在电极附近有电子得失，因而产生新的物质，也就是说发生了电化学反应。新物质产生的量与通过的电量成正比，即遵从法拉第定律。显然，电子电导没有这一效应。

电子电导的特征是具有霍耳效应。如图 2-1 所示，当电流 I 通过电子电导的陶瓷试样时，如果在垂直于电流的方向加上一磁场 H，则在垂直于 I-H 平面的方向产生了电场 E_H，该电场 E_H 称为霍耳电场，该现象称为霍耳效应。实验证明霍耳效应的产生是由于电子在磁场作用下，产生横向位移的结果。由于离子质量比电子大得多，离子在该磁场作用下，不呈现横向位移，因此离子电导则不呈现有霍耳效应。因此，常用霍耳效应来区分陶瓷材料的载流子主要是电子还是离子。根据能带理

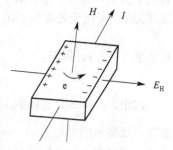

图 2-1　霍耳效应

论，导体、半导体和绝缘体中的电子能态是不同的。导体中的导电电子是自由电子，它具有空带的能态。绝缘体中的电子具有满带的能态，该满带与导带相隔一个宽的禁带，一般这种电子是非导电的束缚电子，因此，绝缘体中较少呈现电子电导。在电场作用下，一般离子晶体在室温时由离子电导引起的电导很小。半导体具有类似绝缘体的能带结构，但其禁带宽度小，且其禁带中有一定数量的施主能级或受主能级，其中施主能级上的电子是弱束缚电子，它容易受外界电场、热、光等的作用，获得较小的能量就可跃迁到空带形成自由态的导电电子；能带理论还指出，满带中电子的空位子——空穴，可看成带正电的质点，与空带中的自由电子一样，参加电导。利用霍耳效应还可以判断导体和半导体中参加导电的是电子还是空穴。表 2-2 列出了一些化合物的禁带宽度。常见属于电子电导的化合物材料有：ZnO、TiO_2、WO_3、Al_2O_3、$MgAl_2O_4$、MnO_2、SnO_2、Fe_3O_4 等；属于空穴电导的化合物材料

有：Cu_2O、Ag_2O、Hg_2O、SnO、MnO、Bi_2O_3、Cr_2O_3等；既有电子电导又有空穴电导的化合物材料有：SiC、Al_2O_3、Mn_3O_4、Co_3O_4等。

表 2-2　一些化合物的禁带宽度

化合物名称	Mn_3O_4	SiC	Cu_2O	Fe_2O_3	γ-Al_2O_3	$BaTiO_3$	TiO_2（金红石）	ZnO	α-Al_2O_3（刚玉）	MgO	BaO	SrO	CaO	Li_2O
禁带宽度/eV	1.25	1.5	1.55	～2.2	2.5	2.5～3.2	3.05	3.2	7.3～7.8	7.8	8.4	9.2	10.8	12.8

　　绝缘陶瓷材料和电介质陶瓷材料主要呈现离子电导。陶瓷中的离子电导，一部分由晶相提供，一部分由玻璃相（或晶界相）提供。通常晶相的电导率比玻璃相小，在玻璃相含量较高的陶瓷中，例如含碱金属离子的电阻陶瓷材料，电导主要取决于玻璃相，普通玻璃中的一些电导规律也适用于这种陶瓷，它的电导率一般比较大。相反，玻璃相含量极少的陶瓷，如刚玉瓷，其电导主要取决于晶相，具有晶体的电导规律，它的电导率比较小。玻璃相的离子电导规律一般可用玻璃网状结构理论来描述，晶体中的离子电导可以用晶格振动理论来描述。晶体一般可分为离子晶体、原子晶体和分子晶体。离子晶体中占据结点的是正、负离子，它们离开结点就能产生电流。原子晶体和分子晶体中占据结点的是电中性的原子和分子，它们不能直接充当载流子，只有当这类晶体中存在杂质离子时才能引起离子电导。离子晶体中晶格结点离子离开结点称为解离，解离后的离子可以进入晶格间隙，形成填隙离子，填隙离子也可以回到空位上称为复合，而没有离子存在的空结点叫空位。填隙离子和空位都是晶体缺陷。由热运动形成的本征填隙离子和空位缺陷称为热缺陷。热缺陷是晶体普遍存在的一种缺陷。杂质也是一种晶体缺陷，该缺陷称为杂质缺陷或化学缺陷。杂质离子可处于晶格间隙中成为填隙离子，也可以取代本征离子占据结点。正负填隙离子、空位、电子和空穴都是带电质点，在电场作用下这些带电质点规则地迁移，形成电流。设单位体积陶瓷试样中载流子的数目为 n，每个载流子所载电荷为 q，在电场 E 作用下，载流子沿电场迁移的平均速度为 v，则电流密度可表示为：

$$J = nqv \tag{2-4}$$

并考虑式(2-1)，得到：

$$\sigma = nqX \tag{2-5}$$

　　式中，$X = \dfrac{v}{E}$ 为迁移率。它表示在单位电场强度作用下，载流子沿电场方向的平均迁移速度。迁移率的单位为 $cm^2/(s \cdot V)$。离子的迁移率在 $10^{-8} \sim 10^{-10}\ cm^2/(s \cdot V)$ 范围，电子的迁移率在 $1 \sim 100\ cm^2/(s \cdot V)$ 范围。迁移率的大小与化学组成、晶体结构、温度等有关。式(2-5)用三个微观值表达了宏观的材料特征参数，根据玻尔兹曼能量分配定律，电导率的指数表达式为：

$$\sigma = A\exp\left(-\frac{B}{T}\right) \tag{2-6}$$

　　式中，A，$B = \dfrac{U_0}{K}$ 为与陶瓷材料的化学组成和晶体结构有关的常数；U_0 为活化能，当载流子为离子时，它与离子的解离和迁移有关，当载流子为电子时，它与禁带宽度 ΔE 有关；K 为玻尔兹曼常数，$K = 1.38 \times 10^{-23}\ J/K$，或 $K = 0.86 \times 10^{-4}\ eV/K$；$T$ 为热力学温度。上式表示一种载流子引起的电导率与温度的关系。当有多种载流子共同存在时，可用多项式表示：

$$\sigma = \sum A_j \exp\left(-\frac{B_j}{T}\right) \tag{2-7}$$

式(2-7)表明陶瓷材料的导电机理可能相当复杂，在不同温度范围，载流子的性质可能不同。例如，刚玉（α-Al_2O_3）陶瓷在低温时为杂质离子电导，高温（超过 1100℃）时呈现明显的电子电导。应该指出，此处的电导率应确切地称为体积电导率，是陶瓷材料的特征参数。因为表面电导率还与材料的表面组成、结构、性质和环境条件等因素有关。

2.1.2 介电常数

介电常数是衡量电介质材料储存电荷能力的参数，通常又叫介电系数或电容率，是材料的特征参数。设真空介质的介电常数为 1，则非真空电介质材料的介电常数为：

$$\varepsilon = \frac{Q}{Q_0} \tag{2-8}$$

式中，Q_0 为真空介质时电极上的电荷量；Q 为同一电场和电极系统中介质为非真空电介质时电极上的电荷量。该式表示，在同一电场作用下，同一电极系统中介质为非真空电介质比真空介质情况下电极上储存电荷量增加的倍数等于该非真空介质的介电常数。由上式得到：

$$\varepsilon = C \frac{h}{\varepsilon_0 S}$$

式中，C 为试样的电容量；h 为试样厚度或两电极之间的距离；S 为电极的面积；$\varepsilon_0 = \frac{1}{4}\pi \times 9 \times 10^{11} F/cm$，即真空介电常数。

功能陶瓷室温时的介电常数为 2 至几十万，因具体陶瓷材料不同，其数值有很大的差异，因此使用的范围和条件也不同。各种陶瓷材料介电常数的差异是由于其内部存在不同的极化机制决定的。理论分析和实验研究证实，陶瓷中参加极化的质点只有电子和离子，这两种质点在电场作用下以多种形式参加极化过程。

(1) 位移式极化 这种极化是电子或离子在电场作用下瞬间完成、去掉电场时又恢复原状态的极化形式。它包括电子位移极化和离子位移极化。

① 电子位移极化。在没有外电场作用时，构成陶瓷的离子（或原子）的正、负电荷中心是重合的。在电场作用下，离子（或原子）中的电子向反电场方向移动一个小距离，带正电的原子核将沿电场方向移动一更小的距离，造成正、负电荷中心分离；而当外加电场取消后又恢复原状。离子（或原子）的这种极化称为电子位移极化，是在离子（或原子）内部发生的可逆变化，所以不以热的形式损耗电场能量。这种位移极化引起陶瓷材料的介电常数增加。电子位移极化建立的时间仅为 $10^{-14} \sim 10^{-15}$ s，所以只要作用于陶瓷材料的外加电场频率小于 10^{15} Hz，都存在这种形式的极化。因此，电子位移极化存在于一切陶瓷材料之中。

② 离子位移极化。在电场作用下，构成陶瓷的正、负离子在其平衡位置附近也发生与电子位移极化相类似的可逆性位移，形成离子位移极化。离子位移极化与离子半径、晶体结构有关。离子位移极化所需的时间与离子晶格振动周期的数量级相同，为 $10^{-12} \sim 10^{-13}$ s，一般当外加电场的频率低于 10^{13} Hz 时，离子位移极化就存在。通常，当电场频率高于 10^{13} Hz 时，离子位移极化来不及完成，陶瓷材料的介电常数减小。

(2) 松弛式极化 这种极化不仅与外电场作用有关，还与极化质点的热运动有关。陶瓷材料中主要有离子松弛极化和电子松弛极化。

① 离子松弛极化。陶瓷材料的晶相和玻璃相中存在着晶格等结构缺陷，即存在一些弱联系离子。这些弱联系离子在热运动过程中，不断从一个平衡位置迁移到另一个平衡位置。无外电场作用时，这些离子向各个方向迁移的概率相等，陶瓷介质不呈现电极性。在外电场作用下，离子向电场方向或反电场方向迁移的概率增大，使陶瓷介质呈现电极性。这种极化

不同于离子位移极化，是离子同时受外电场作用和热运动的影响而产生的极化。即作用于离子上与电场作用力相对抗的力，不是离子间的静电力，而是不规则的热运动阻力，极化建立的过程是一种热松弛过程。由于离子松弛极化与温度有明显的关系，因而介电常数与温度有明显的关系。离子松弛极化建立的时间 $10^{-2} \sim 10^{-9}$s。在高频电场作用下，离子松弛极化往往不易充分建立起来，因此，表现出其介电常数随电场频率升高而减小。

② 电子松弛极化。晶格热振动、晶格缺陷、杂质的引入、化学组成的局部改变等因素都能使电子能态发生变化，出现位于禁带中的电子局部能级，形成弱束缚的电子或空穴。例如，"F-心"就是一个负离子空位俘获了一个电子的一种常见情况，该电子处于禁带中距导带很近的施主能级上。"F-心"的弱束缚电子为周围结点上的阳离子所共有，在晶格热振动过程中，吸收很少的能量就处于激发状态，连续地由一个阳离子结点转移到另一个阳离子结点。在外加电场的作用下，该弱束缚电子的运动具有方向性，而呈现极化，这种极化称为电子松弛极化。电子松弛极化可使介电常数上升到几千至几万，同时产生较大的介质损耗。通常在钛质陶瓷，钛酸盐陶瓷及以铌、铋氧化物为基础的陶瓷中存在着电子松弛极化，电子松弛极化建立的时间需 $10^{-2} \sim 10^{-9}$s。通常，这些陶瓷材料的介电常数随频率的升高而减小，随温度的变化有极大值。

(3) 界面极化 界面极化是和陶瓷体内电荷分布状况有关的极化形式。这种极化形成原因是由于陶瓷体内存在不均匀性和界面，其中晶界、相界是陶瓷中普遍存在的。由于界面两边各相的电性质（电导率、介电常数等）不同，在界面处会积聚起空间电荷。不均匀的化学组成、夹层、气泡是宏观不均匀性，在界面上也有空间电荷积聚。某些陶瓷材料在直流电压作用下发生电化学反应，在一个电极或两个电极附近形成新的物质，称形成层作用，使陶瓷变成两层或多层电性质不同的介质，这些层间界面上也会积聚空间电荷，使电极附近电荷增加，呈现了宏观极化。这种极化可以形成很高的与外加电场方向相反的电动势——反电动势，因此这种宏观极化也称为高压式极化。由夹层、气泡等缺陷形成的极化则称夹层式极化。高压式和夹层式极化可以统称为界面极化。由于空间电荷积聚的过程是一个慢过程，所以这种极化建立的时间较长，从几秒至几十小时。界面极化只对直流和低频下介质材料的介电性质有影响。

(4) 谐振式极化 陶瓷中的电子、离子都处于周期性的振动状态，其固有振动频率为 $10^{12} \sim 10^{15}$Hz，处于红外线、可见光和紫外线的频段。当外加电场的频率接近和达到此固有振动频率时，将发生谐振。电子或离子吸收电场能，使振幅加大呈现极化现象。电子或离子振幅增大后将与其周围质点相互作用，振动能转变成热量，或发生辐射，形成能量损耗。显然这种极化仅发生在光频段。

(5) 自发极化 自发极化是铁电体特有的一种极化形式。铁电晶体在一定的温度范围内，无外加电场作用时，由于晶胞结构的原因，其晶胞中的正、负电荷中心不重合，即原晶胞具有一定的固有偶极矩，这种极化形式称为自发极化，其方向随外电场方向的变化而发生相应变化。铁电晶体中存在自发极化方向不同的小区域，自发极化方向相同的小区域称为"电畴"，这是铁电晶体的特征之一。铁电陶瓷是多晶体，通常晶粒呈混乱分布，晶粒之间为晶界组成物，因此宏观上各晶粒的自发极化相互抵消，不呈现有极性。

各种极化形式的比较见表 2-3。

表 2-3　各种极化形式的比较

极化形式	具有此种极化的电介质	发生极化的频率范围	和温度的关系	能量损耗
1. 电子位移极化	一切陶瓷介质中	从直流到光频	无关	没有
2. 离子位移极化	离子组成的陶瓷介质中	从直流到红外线	温度升高 极化增强	很微弱
3. 离子松弛极化	离子组成的玻璃、结构不紧密的晶体及陶瓷中	从直流到超高频	随温度变化有极大值	有

极化形式	具有此种极化的电介质	发生极化的频率范围	和温度的关系	能量损耗
4. 电子松弛极化	钛质瓷及高价金属氧化物基础的陶瓷中	从直流到超高频	随温度变化有极大值	有
5. 自发极化	温度低于居里点的铁电材料	从直流到超高频	随温度变化有特别显著的极大值	很大
6. 界面极化	结构不均匀的陶瓷介质	从直流到音频	随温度升高而减弱	有
7. 谐振式极化	一切瓷介质中	光频	无关	很大
8. 极性分子弹性联系转向极化、极性分子松弛转向极化	有机材料中	从直流到超高频	随温度变化有极大值	有

2.1.3 介质损耗

陶瓷材料在电场作用下的电导和部分极化过程都消耗能量,即将一部分电能转变为热能等。在这个过程中,单位时间所消耗的电能称为介质损耗。在直流电场作用下,陶瓷材料的介质损耗由电导过程引起,即介质损耗取决于陶瓷材料的电导率和电场强度,表示为:

$$P = \sigma E^2 \tag{2-9}$$

即当电场强度一定时,陶瓷材料的介质损耗与该材料的电导率成正比。

在交流电场作用下,陶瓷材料的介质损耗由电导和部分极化过程共同引起,陶瓷电容器可等效为一个理想电容器和一个纯电阻相并联或串联组成,其等效电路如图 2-2。

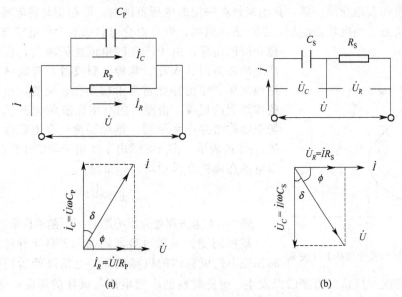

图 2-2 有损耗电容器等效电路及矢量图

图 2-2 中 δ 角称为损耗角,是有损耗电容器中电流超前电压的相位角 ϕ 与无损耗电容器的相位角 90° 的差值。陶瓷材料的损耗角一般小于 1°。由并联等效电路得出:

$$\tan\delta = \frac{P_a}{P_c} = \frac{I_R}{I_C} = \frac{U/R_P}{U/R_C} = \frac{1}{R_P R_C} = \frac{1}{\omega C_P R_P} \tag{2-10}$$

式中,P_a 为有功功率,即介质损耗的功率;$P_c = U^2/R_C = \omega C U^2$ 为无功功率。ω 为角频率;C_P 为等效并联电容;R_P 为等效并联电阻。由串联电路得出:

$$\tan\delta = \frac{U_R}{U_C} = \omega C_S R_S \tag{2-11}$$

式中，C_S 为等效串联电容；R_S 为等效串联电阻。因此：

$$\frac{1}{\omega C_P R_P} = \omega C_S R_S$$

所以当 tanδ 很小时，$C_P \approx C_S$，$R_P \gg R_S$。

tanδ 的具体意义是有耗电容器每周期消耗的电能与其所储存电能的比值。tanδ 是经常用来表示介质损耗大小的量。应该注意，用 tanδ 表示介质损耗时必须同时指明测量（或工作）频率。因为，根据式(2-10)，介质损耗功率：

$$P_a = P_c \tan\delta = \omega C \tan\delta U^2$$

单位体积的介质损耗功率为：

$$P = \omega \varepsilon \tan\delta E^2 \tag{2-12}$$

可见，介质损耗与频率有关。式中，$\varepsilon \tan\delta$ 称损耗因数，在外界条件一定时，它是介质本身的特定参数。式中，$\omega \varepsilon \tan\delta$ 称等效电导率，它不是常数。频率高时，乘积增大，介质损耗增大。因此，工作在高频、高功率下的陶瓷介质，要求损耗小，必须控制 tanδ 很小才行。一般高频介质应小于 6×10^{-4}，高频、高功率介质应小于 3×10^{-4}，可见生产上控制 tanδ 是很重要的。介质的 tanδ 对湿度很敏感。受潮试样的 tanδ 急剧增大。试样吸潮越严重，tanδ 增大越厉害，因此工艺上利用此性质判断生产线上瓷体烧结的好坏。介质损耗对化学组成、相组成、结构等因素都很敏感，凡是影响电导和极化因素都对陶瓷材料的介质损耗有影响。

2.1.4 绝缘强度

陶瓷介质和其他介质一样，其绝缘是在一定的电压范围内，即在相对弱电场范围内，介质保持介电状态。当电场强度超过某一临界值时，介质由介电状态变为导电状态，这种现象称介质的击穿。由于击穿时电流急剧增大，在击穿处往往产生局部高温、火花、炸碎、裂纹等，造成材料本身不可逆地破坏。在击穿处常常形成小孔、裂缝，或击穿时整个瓷体炸裂的现象，击穿时的电压称击穿电压 U_j，相应的电场强度称击穿电场强度、绝缘强度、介电强度、抗电强度等，用 E_j 表示。图 2-3 示出了作用于陶瓷介质的 U-I 关系。当电场在陶瓷介质中均匀分布时：

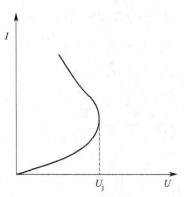

$$E_j = \frac{U_j}{h} \tag{2-13}$$

图 2-3　作用于陶瓷介质的 U-I 关系

式中，h 为击穿处介质的厚度；U_j 的单位常用 kV/cm。

某些陶瓷如Ⅲ型电容器陶瓷和各种半导体陶瓷，击穿时往往不造成瓷体的机械破坏，电场降低后仍能恢复介电状态，这种情况也应认为击穿已经发生。陶瓷材料的击穿电压与试样的厚度，电极的大小、形状、结构，试验时的温度、湿度，电压的种类、加压时间，试样周围的环境等许多因素有关。发生击穿过程的时间约 10^{-7}s，过程比较复杂。陶瓷材料的击穿强度一般在 $4 \sim 60$kV/mm，沿陶瓷表面飞弧的击穿电场强度更低，这是制造陶瓷元件时必须注意的问题。一般介质的击穿分为电击穿和热击穿两种。陶瓷在电场作用下，由其内部气孔常发生内电离、电化学效应引起介质老化，以及由强电场作用下的应力和电致应变、压电效应和电致相变等引起的变形和开裂，最终导致电击穿或热击穿，是陶瓷材料比较特殊的击穿形式。

电击穿是指在电场直接作用下，介质中载流子迅速增殖造成的击穿。这个过程约在 10^{-7}s 完成。电击穿电场强度较高，为 $10^6 \sim 10^7$V/cm，一般认为，电击穿的发生是由于晶体能带在强电场作用下发生变化，电子直接由满带跃迁到导带，发生电离所致。

热击穿是指陶瓷介质在电场作用下发生热不稳定，因温度升高而导致的破坏。热不稳定是指在电场作用下，由于介质的电导和非位移极化等原因造成的介质损耗将电场能转变成热能，热量积累，使陶瓷介质的温度升高，电导和非位移极化等原因造成的介质损耗随温度的升高而增大，又导致陶瓷介质的温度的再升高，产生的热量大于散失的热量导致陶瓷介质发生热击穿。由于热击穿有一个热量积累过程，所以不像电击穿那样迅速，往往使陶瓷介质的温度急剧升高。热击穿电场强度较低，一般为 $10^4 \sim 10^5$ V/cm。

陶瓷介质在直流电场作用下的实验表明，温度较高时可能发生热击穿，温度较低时往往发生电击穿。图 2-4 虚线部分为电击穿温度范围，实线部分为热击穿温度范围。可见，电击穿 E_j 与温度无关，热击穿 E_j 随温度升高而降低。但是，电击穿和热击穿温度范围的划分，并不十分准确，它与试样的组成、结构、环境对试样的冷却情况、电压类型等有关，尤其电场频率对其影响很大。例如，在高频交流电压下或试样散热条件不好时，热击穿的范围就能扩大到较低的温度。在均匀电场下，电性质均匀的固体介质厚度小于 10^{-4} cm 时，电击穿时的 E_j 与试样厚度无关，热击穿时 E_j 则随试样厚度增加而减小。陶瓷是不均匀介质，通常 E_j 随试样厚度增加而降低，表 2-4 列出了金红石陶瓷和刚玉陶瓷的情况。在均匀电场中，加压时间小于 10^{-7} s 时，电击穿与加压时间无关；热击穿随加压时间延长而降低。电击穿时，E_j 与试样周围媒质无关；热击穿时，E_j 则随周围媒质温度的升高而降低，与媒质散热情况有密切的关系。

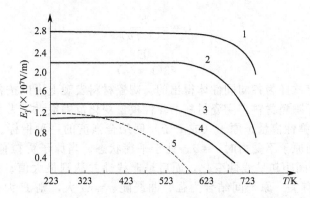

图 2-4 直流电场下陶瓷材料的击穿电场强度与温度的关系

1,2—镁铝尖晶石陶瓷；3,4—钛酸钙陶瓷；5—金红石陶瓷

表 2-4 陶瓷材料击穿电场强度 E_j 与试样厚度的关系

瓷 料 名 称	试样厚度/m	E_j/(V/m)	
		直流	$f=50$Hz(在油中)
金红石陶瓷	3.0×10^{-4}	3.75×10^7	2.70×10^7
	1.5×10^{-3}	1.75×10^7	1.05×10^7
	3.0×10^{-3}	1.20×10^7	0.85×10^7
刚玉陶瓷	3.0×10^{-4}	4.1×10^7	3.6×10^7
	1.5×10^{-3}	2.5×10^7	1.7×10^7
	3.0×10^{-3}	1.9×10^7	1.1×10^7

2.2 力学性能

任何材料在外力作用下都会发生形变和体积的变化，当外力超过某一限度时，材料被破坏，甚至发生断裂。不同的陶瓷材料在外力作用下的这种形变或断裂规律是不同的。图 2-5

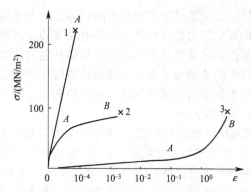

图 2-5　不同材料典型的应力与应变的关系
1—陶瓷；2—金属；3—塑料

描述了不同材料的应力和应变关系。曲线 A 段为弹性形变范围，遵守虎克定律，曲线 AB 段为塑性形变范围。大多数陶瓷材料的塑性形变范围很小或没有，断裂时呈脆性。研究陶瓷材料的脆性断裂机理，提高材料的强度和韧性，是陶瓷工作者的重要课题。

2.2.1　弹性模量

设在虎克定律范围内，沿 x 方向作用于试样上的应力，在 x 方向和 y 方向产生应变和，则

$$\sigma_{xx} = E\varepsilon_{xx} \tag{2-14}$$

$$\sigma_{xx} = -\frac{E}{\mu}, \quad \varepsilon_{yy} = -\frac{E}{\mu}\varepsilon_{zz} \tag{2-15}$$

式中，E 为弹性模量；μ 为泊松比或横向形变系数。

若对试样施加剪切应力或等静压力，可得到剪切模量 G 和体积弹性模量 K，其关系如下：

$$G = \frac{E}{2(1+\mu)} \tag{2-16}$$

$$K = \frac{E}{3(1-2\mu)} \tag{2-17}$$

以上结果是假定试样为各向同性体得出的。陶瓷材料宏观上可以按各向同性体处理，因此以上结论也适用于陶瓷材料。陶瓷材料的弹性模量变化范围很大，为 $10^9 \sim 10^{11}\,\text{N/m}^2$，泊松比为 0.2～0.3。弹性模量是原子（或离子）间结合强度的一种指标。图 2-6 为原子间作用力曲线。可见，当原子不受力时 $r=a$，处于平衡状态。当原子受拉伸时，原子 2 离开原子 1，作用力与原子间距初呈线性变化，而后呈非线性并达到最大值。弹性模量 E 与 $r=a$ 处曲线的斜率 $\tan\alpha$ 有关。原子间结合力强，曲线陡，$\tan\alpha$ 大，则 E 大；原子间结合力弱，曲线的 $\tan\alpha$ 小，则 E 小。共价键晶体结合力强，E 较大，离子键晶体结合力次强，E 较小，分子键结合力最弱，E 最小。原子间距离改变将影响弹性模量。压应力将使原子间距离变小，E 增加；张应力使原子间距初增加，E 减小，温度升高，热膨胀使原子间距离变大，E 降低。

弹性模量直接联系着材料的理论断裂强度。奥罗万（Orowan）计算的理论强度为：

$$\sigma_{\text{th}} = \sqrt{\frac{E\gamma}{a}} \tag{2-18}$$

式中，γ 为断裂表面能，是材料断裂形成单位面积新表面所需的能量。一般陶瓷材料 $\gamma \approx 10^{-4}\,\text{J/cm}^2$，$a \approx 10^{-8}\,\text{cm}$，可以估算出 $\sigma_{\text{th}} = \frac{E}{10}$。可以看出，弹性模量对于了解材料强度具有重要的意义。

2.2.2　机械强度

材料的机械强度是其抵抗外加机械负荷的

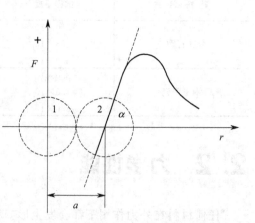

图 2-6　原子间作用力曲线

能力，是材料重要的力学性能，是设计和使用材料的重要指标之一。根据使用要求，有抗压强度、抗拉强度、抗折强度、抗剪切强度、抗冲击强度和抗循环负荷强度等多种强度指标。一般陶瓷材料的抗压强度约为抗拉强度的 10 倍。研究不同材料的强度，其主要强度指标也不同。如功能陶瓷材料的强度常用抗折强度表示。实际材料的强度比理论强度低得多。例如，烧结氧化铝陶瓷，$E = 3.66 \times 10^{11} \, \text{N/m}^2$，由式(2-18)，估算其理论强度 $\sigma_{th} = 6.05 \times 10^{10} \, \text{N/m}^2$，而实际强度 $\sigma = 2.66 \times 10^8 \, \text{N/m}^2$，只为 σ_{th} 的 1/227。实际材料强度低，其原因有很多理论解释，格里菲斯（Griffith）的微裂纹理论比较适合于脆性断裂的材料。微裂纹理论认为，实际材料中有许多微裂纹，在外力作用下，裂纹尖端附近产生应力集中。当这种局部应力超过材料强度时，裂纹扩展，最终导致断裂。格里菲斯从能量观点研究裂纹扩展条件后，得到平面应力状态裂纹扩展的临界应力为：

$$\sigma_c = \sqrt{\frac{2E\gamma}{\pi c}} \tag{2-19}$$

平面应变状态裂纹扩展的临界应力为：

$$\sigma_c = \sqrt{\frac{2E\gamma}{(1-\mu^2)\pi c}} \tag{2-20}$$

式中，c 为材料中裂纹的半长度。

与式(2-18)比较可知，若控制材料中裂纹长度 $2c$ 与原子间距 d 接近，就能达到理论强度。虽然，实际上难以做到，但该理论提出了提高材料强度必须减小裂纹尺寸，提高弹性模量和断裂表面能的途径。陶瓷的断裂表面能比单晶的大，故其强度也较高。如果陶瓷和适当的金属制成复合材料，由于金属的塑性形变吸收了陶瓷晶相中裂纹扩展释放出的能量，使裂纹终止在相界上，与不加金属的陶瓷相比，提高了复合材料断裂表面能，因而可获得较高的强度和韧性。此外，还可以用其他方法阻止裂纹扩展，提高断裂表面能，以提高材料的强度，增加韧性。例如，在陶瓷中形成大量小于临界长度（达到临界应力时的裂纹长度）的微细裂纹，以吸收裂纹扩展时积蓄的弹性应变能，阻止裂纹扩展。增韧陶瓷即是利用此原理研制成功的。陶瓷材料微晶化后可以提高其强度，对此可做如下解释：当晶相中的微裂纹受到与其长度方向垂直的应力作用时，裂纹扩展到晶界区。由于晶界强度较低，晶界被打开，形成沿晶界方向的裂纹。由于作用于此晶粒的外力与晶界平行，裂纹尖端的应力降低了，裂纹扩展后即停止。由于细晶粒陶瓷中垂直于裂纹扩展方向的晶界数比粗晶粒陶瓷中的多，所以，当晶粒尺寸减小时，陶瓷的强度增大。

2.2.3 断裂韧性

断裂是裂纹扩展的结果。因此，裂纹的产生，裂纹尖端的应力分布，裂纹快速扩展的条件是研究陶瓷材料脆性断裂的重要内容。根据断裂力学，裂纹尖端应力场的强度可用应力强度因子表示，即

$$K_I = Y\sigma\sqrt{c} \tag{2-21}$$

式中，Y 为几何形状因子，是与裂纹形式、试样几何形状有关的量。Y 值可从断裂力学及有关手册中查到。对于大薄平板中间有穿透裂纹的情况，$Y = \sqrt{\pi}$；对于大薄平板边缘穿透的裂纹，$Y = 1.1\sqrt{\pi}$；对于三点弯曲的长条试样有穿透的边缘裂纹，Y 值在 1.7～3.4 范围，与裂纹长度和试样厚度比值有关。K_I 是外加应力与裂纹半长的函数，随外加应力增加或裂纹扩展而增加。K_I 值小于或等于某临界值时，材料不会发生断裂。此临界值叫断裂韧性，即

$$K_{IC} = Y\sigma_c\sqrt{c} \tag{2-22}$$

式中，σ_c 为临界应力。防止脆性断裂的条件是：

$$K_I \leqslant K_{IC} \tag{2-23}$$

上式为结构设计提供了重要依据。K_I 和 K_{IC} 的单位为 $N/m^{3/2}$。由裂纹扩展的断裂表面能 Y 可以导出脆性材料 K_{IC} 的另一表达式。对平面应力状态：

$$K_{IC} = \sqrt{2EY} \tag{2-24}$$

对于平面应变状态：

$$K_{IC} = \sqrt{\frac{2EY}{1 - \mu^2}} \tag{2-25}$$

式中，$2Y$ 是脆性材料中裂纹扩展单位面积所降低的应变能，称为裂纹扩展力，因此，K_{IC} 也是表征材料阻止裂纹扩展的能力，是材料固有的常数。

2.3　热学性能

由于陶瓷材料应用于不同的温度环境中，因此热学性质也是功能陶瓷的重要性质之一。例如，集成电路外壳用陶瓷应有很好的绝缘性和热传导性，大部分陶瓷材料还应具有好的耐热冲击性等。陶瓷材料的热学性质可以用比热容、膨胀系数、热导率、热稳定性及抗热冲击性等参数来表征。

2.3.1　比热容

单位质量的物质升高 1℃ 所吸收的热量叫比热容。1mol 物质升高 1℃ 所吸收的热叫摩尔热容量即热容。热容是衡量物质温度每升高 1℃ 所增加的能量。恒定压力下的热容称为恒压热容，可写为：

$$C_p = \left(\frac{\partial Q}{\partial T}\right)_p = \left(\frac{\partial H}{\partial T}\right)_p \tag{2-26}$$

恒定体积时物质的热容称为恒容热容，可写为：

$$C_V = \left(\frac{\partial Q}{\partial T}\right)_V = \left(\frac{\partial E}{\partial T}\right)_V \tag{2-27}$$

式中，Q 为热量；H 为焓；E 为内能；T 为温度。

一般情况下，功能陶瓷的 $C_p \approx C_V$，但高温时差别较大。几种陶瓷材料热容与温度的关系示于图 2-7。低温时，温度降低时热容 C_V 按 T^3 趋向于零，高温时，C_V 随温度的升高趋于恒定值 $3R[R = 8.314J/(mol \cdot ℃)$，为气体常数]。对于大多数陶瓷，当温度超过 1000℃ 时，C_V 值接近 24.95kJ/(mol·℃)。

根据德拜热容理论：

$$C_V = 3Rf\left(\frac{Q_D}{T}\right) \tag{2-28}$$

式中，Q_D 称为德拜温度。低温时，C_V 与 $\frac{T}{Q_D}$ 成正比；高温时，$f\left(\frac{Q_D}{T}\right)$ 趋近于 1，C_V 趋于常数。德拜理论的物理模型是：固体中原子的受热振动不是孤立的，是互相联系的，可以看成一系列弹性波的叠加。弹性波的能量是量子化的，称为声子。在低温度下，激发的声子数极少，接近 0K 时 C_V 趋向于零，温度升高，能量最大的声子容易激发出来，热容增大；高温时，各种振动方式都已激发，每种振动频率的声子数随温度呈线性增加，故 C_V 趋于常数。

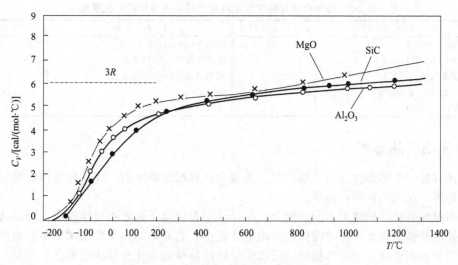

图 2-7　几种陶瓷材料热容与温度的关系

1cal＝4.18J，下同

2.3.2　膨胀系数

物体的体积或长度随温度升高1℃而引起的相对变化叫做该物体的体膨胀系数或线膨胀系数。体膨胀系数可写为：

$$\alpha_V = \frac{1}{V} \times \frac{\mathrm{d}V}{\mathrm{d}T} \qquad (2\text{-}29)$$

线膨胀系数可写为；

$$\alpha_l = \frac{1}{l} \times \frac{\mathrm{d}l}{\mathrm{d}T} \qquad (2\text{-}30)$$

对于陶瓷材料和各向同性的固体，$\alpha_V = 3\alpha_l$，因此，只用线膨胀系数就能表示这类材料的热膨胀特性。大多数固体材料的膨胀系数是正值，也有少数是负的。膨胀系数的正负取决于原子势能曲线的非对称形式。图 2-8（a）所示排斥能曲线上升较快，温度升高时，原子平衡位置之间距离变大，体积膨胀。图 2-8（b）所示吸引能曲线上升较快，温度升高时，原子平衡位置之间距离缩小，体积收缩。

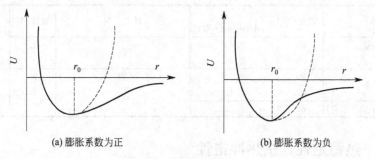

(a) 膨胀系数为正　　　　　　　　　(b) 膨胀系数为负

图 2-8　原子势能曲线

陶瓷材料的线膨胀系数为 $10^{-5} \sim 10^{-7}/℃$。膨胀系数大的材料，随温度的变化其体积变化较大，造成较大的瓷体内应力。当温度急剧变化时，瓷体可能炸裂。这对配制釉料及金属陶瓷封接尤为重要。表 2-5 为几种陶瓷材料在规定温度范围内的平均线膨胀系数。

表 2-5 　几种陶瓷材料在规定温度范围内的平均线膨胀系数

材 料 名 称	$\alpha_l/(\times 10^{-6}/℃)$	材 料 名 称	$\alpha_l/(\times 10^{-6}/℃)$
滑石瓷(20～100℃)	8	铁电瓷(20～100℃)	12
低碱瓷(20～100℃)	6	堇青石瓷(20～1000℃)	2.0～2.5
75 氧化铝瓷(20～100℃)	6	石英玻璃(20～1000℃)	0.43
95 氧化铝瓷(20～500℃)	6.5～8.0	铜(20～600℃)	18.6
金红石瓷(20～100℃)	9	可伐合金(20～500℃)	6.3

2.3.3 热导率

固体材料一端的温度比另一端高时,热量会从热端传到冷端,或从热物体传到另一相接触的冷物体,此现象称为热传导。

不同材料热传导的能力不同。例如,在导体中自由电子起着决定性作用,因而这种材料导热、导电的能力很大。在绝缘体中自由电子极少,它们的导热主要靠构成该材料的基本质点——原子、离子或分子的热振动,所以绝缘体的导热能力比金属的小得多。但是,也有一些材料既绝缘又导热,如氧化铍陶瓷、氮化硼陶瓷等。在热传导过程中,单位时间通过物质传导的热量 $\dfrac{dQ}{dt}$ 与截面积 S、温度梯度 $\dfrac{dT}{dh}$ 成正比。即:

$$\frac{dQ}{dt} = -\lambda S \frac{dT}{dh} \tag{2-31}$$

式中,λ 为热导率,是单位温度梯度、单位时间内通过单位横截面的热量。λ 是衡量物质热传导能力的参数,是材料的特征参数。式(2-31)适用于稳定传热,即物体各部分的温度在传热过程中不变,也就是在传热过程中流入任一截面的热量等于由另一截面流出的热量。在不稳定传热条件下,常采用导温系数来衡量材料的传热能力,设在一个温度均匀的环境内,某物体表面突然受热,与内部产生温差,热量传入内部。热量的传播速度与热导率 λ 成正比,与比热容 c 和密度 ρ 的乘积成反比,即:

$$K = \frac{\lambda}{c\rho}$$

式中,K 为导温系数,表示物体在温度变化时各部分温度趋于均匀的能力。K 值小表示温度变化缓慢。影响热导率的因素很多,主要有化学组成、晶体结构、气孔等,不同温度材料的热导率也不同。表 2-6 列出几种材料的热导率。

表 2-6 　几种陶瓷材料的热导率

材 料	温度/℃	λ/[cal/(cm·s·℃)]	材 料	温度/℃	λ/[cal/(cm·s·℃)]
95 氧化铝瓷	20	0.04	铜	20	0.920
	100	0.03		100	0.903
95 氧化铍瓷	20	0.48	镍	20	0.147
	100	0.40	钼	20	0.35
95 氮化硼瓷(垂直于热压方向)	60	0.10			

2.3.4 热稳定性、抗热冲击性

抗热振性,是指材料承受温度的急剧变化而抵抗破坏的能力,也即材料的热稳定性。由于材料在加工和使用过程中经常会受到环境温度起伏的热冲击,有时这样的温度变化还是非常剧烈的。对于陶瓷材料,热稳定性是一个非常重要的材料性能。

通常陶瓷材料的抗热振性是比较差的,它们在热冲击下的损坏有两种类型:一种是材料发生瞬时断裂，对这类破坏的抵抗称抗热振断裂性；另一种是指热冲击循环作用下，材料表面开裂、剥落，并不断发展，最终导致陶瓷材料碎裂或变质而损坏，对这类破坏的抵抗能力称抗热振损伤性。

目前由于材料结构和应用环境的复杂性，还不能用理论计算的方法求出材料的抗热振性，但可通过测定的方法，对材料或制品的抗热振性进行评定。这种方法是一般把试样或制品加热到一定温度，再施冷却，以检验材料的被破坏程度。不同材料的标准不同。

2.3.4.1 热应力

材料在不受其他外力的作用下，仅因热冲击而使材料对环境或材料内各组分之间产生作用力，当温度变化超过一定限度，材料将损坏，造成开裂和断裂，这是由于材料在温度作用下产生了很大的内应力，并达到超过材料的机械强度极限导致的，对于这种内应力的产生和计算，大致分以下两种方式讨论。

① 取一同性、均质的长为 l 的杆件，当它的温度从 T_0 升到 T' 后，杆件会发生 Δl 的膨胀，假若杆件能够完全自由膨胀，则杆件内不会因热膨胀而产生应力，若杆件的两端是完全刚性约束的，这样杆件的热膨胀不能实现，而杆件与支撑体之间就会产生很大的应力，杆件所受到的抑制力，相当于把样品允许自由膨胀后的长度 $(l+\Delta l)$，压缩为 l 所需的力，在弹性限度内，杆件所承受的压应力服从虎克定律，则：

$$\sigma = E\left(\frac{-\Delta l}{l}\right) = -E\alpha(T'-T_0)$$

式中，E 为材料的弹性模量；α 为膨胀系数；"一"是压应力的表示。

若上述情况发生在冷却状态下，即 $T_0 > T'$，则材料中内应力为张应力。上述这种热应力是由于外力的作用而产生的。

② 另外一种情况是材料内各部分之间膨胀的差异，而使各部分之间产生牵制力。例如上釉陶瓷制品的坯、釉间产生热应力；对于各向同性的材料，当材料中存在温度梯度时，也会产生热应力。因为物体在迅速加热或冷却时，外表的温度变化比内部快，外表的尺寸变化比内部大，因而内外体积单元的自由膨胀或自由收缩受到限制，产生热应力。另外，还有各向异性的材料和多相复合的材料，因各相膨胀系数的不同而相互间产生热应力。对于材料内部的这种热应力，可用无限平板模型做简化计算（如图2-9）。

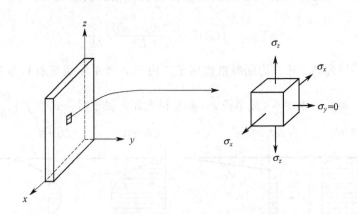

图 2-9　薄板型材料的热应力状态示意图

如图 2-9 所示，薄板受冷却时，y 方向的尺寸较小，所以容易均匀，在垂直于 y 轴各平面上的温度是一致的。所以视 y 方向材料可自由膨胀，即 $\sigma_y = 0$，但在 x 轴和 z 轴方向上的表面和内部的温度有差异。外表面温度低，中间温度高，它约束外表面的收缩（$\varepsilon_x = \varepsilon_z =$

0)，因而产生热应力$+\sigma_x$和$+\sigma_z$。根据广义胡克定律

$$\begin{cases} \varepsilon_x = \dfrac{\sigma_x}{E} - \mu\left(\dfrac{\sigma_y}{E} + \dfrac{\sigma_z}{E}\right) - \alpha\Delta T = 0 \\[2mm] \varepsilon_z = \dfrac{\sigma_z}{E} - \mu\left(\dfrac{\sigma_x}{E} + \dfrac{\sigma_y}{E}\right) - \alpha\Delta T = 0 \\[2mm] \varepsilon_y = \dfrac{\sigma_y}{E} - \mu\left(\dfrac{\sigma_x}{E} + \dfrac{\sigma_z}{E}\right) - \alpha\Delta T \end{cases}$$

解为：

$$\sigma_x = \sigma_z = \frac{\alpha E}{1-\mu}\Delta T$$

2.3.4.2　抗热振断裂因子

根据上述的分析，只要材料中最大热应力值σ_{max}（一般在表面及中心部位），不超过材料的强度极限σ_b（对脆性材料显然应取其抗张强度极限），则材料不致损坏，再根据上式形式可得到材料中允许存在最大温差ΔT_{max}为：

$$\Delta T_{max} = \frac{\sigma(1-\mu)}{\alpha E}$$

显然ΔT_{max}值愈大，说明材料能承受的温度变化愈大，即抗热振性愈好，所以我们定义$R \equiv \dfrac{\sigma(1-\mu)}{\alpha E}$为材料的第一热应力断裂抵抗因子，简称为第一热应力因子。

实际的情况要复杂得多，材料是否出现热应力断裂，与热应力σ_{max}的大小有着密切的关系，还与材料中应力的分布、应力产生的速率和持续时间、材料的特性（例如延性、均匀性等）以及原先存在的裂纹、缺陷等情况有关（图2-10），因此R虽能在一定程度反映材料抗热冲击性的优劣，但并不能简单地认为就是材料允许承受的最大温度差，而只能看作ΔT_{max}与R有一定的关系：

$$\Delta T_{max} = f(R)$$

实际制品中的热应力与材料的热导率、几何形状及大小、材料表面对环境进行热传递的能力等都有关。例如，热导率λ大，制品厚度b小，表面对环境的传热系数h小等，都有利于制品中温度趋于均匀，而使制品的抗热振性改善。根据实验的结果可以整理出如下的形式：

$$\Delta T_{max} = f(R) + f'\left[\frac{\sigma(1-\mu)}{E\alpha} \times \frac{\lambda}{bh}\right]$$

定义$R' \equiv \dfrac{\sigma(1-\mu)\lambda}{E\alpha}$为第二热应力断裂抵抗因子。由于$b$和$h$不属于材料本质特性，因此不计入$R'$中。对于制品的厚度$b$（或半径$r$）和$h$很大而$\lambda$很小时，式中$f'\left(\dfrac{R'}{bh}\right)$项就很小，可

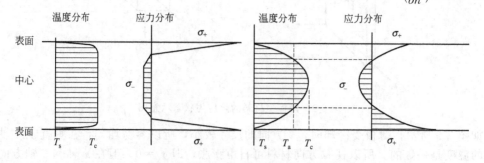

图2-10　玻璃平板冷却时温度与应力分布示意图

以略去，这时材料的抗热冲击断裂性可由 R 来评定。相反的情况如 b（或 r）和 h 都很小而 λ 很大时，则相比较的结果 $f(R)$ 项可以忽略，而由 R' 来评定。只有在适当的情况下，必须同时结合 R 和 R' 来考虑。

另外表面传热系数 $h[\mathrm{W}/(\mathrm{m}^2 \cdot \mathrm{K})]$ 是表示材料表面与环境介质间，在单位温度差下，它的单位面积上、单位时间里能传递给环境介质的热量或从环境介质所吸收的热量，显然 h 和环境介质的性质及状态有关。例如在平静的空气中 h 值就小，而材料表面如接触的是高速气流，则气体能迅速地带走材料表面热量，h 值就大，表面层温差就大，材料被损坏的危险性就增大。

对于尺寸因素 b 的影响是很好说明的，图 2-11 表示了某些材料在 673K 时，$\Delta T_{\max}$-bh 的计算值曲线。从图中可以看到一般材料在 bh 值较小时，$\Delta T_{\max}$ 与 bh 呈反比。当 bh 值较大时 $\Delta T_{\max}$ 趋于一恒定值。另外要特别注意的是图中几种材料的曲线是交叉的，其中 BeO 就很突出，它在 bh 很小时具有很大的 $\Delta T_{\max}$，即抗热振性很好，仅次于石英玻璃和 TiC 等陶瓷；而在 bh 很大时（如 >1），抗热振性就显得很差（由于强度低，热膨胀系数大），而仅优于 MgO。因此，实际上不能简单地排列出各种材料的抗热冲击断裂性能的顺序。

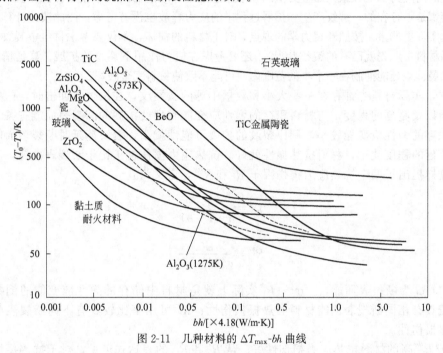

图 2-11　几种材料的 $\Delta T_{\max}$-bh 曲线

以上主要是从材料中允许存在的最大温度差的角度来讨论的，在一些实际场合中往往关心的是材料允许的最大冷却（或加热）速率 $\dfrac{\mathrm{d}T}{\mathrm{d}t}$，对于厚度为 $2b$ 的平板，$\left(\dfrac{\mathrm{d}T}{\mathrm{d}t}\right)_{\max}$ 表示为：

$$\left(\frac{\mathrm{d}T}{\mathrm{d}t}\right)_{\max} = \frac{\sigma(1-\mu)}{\alpha E} \times \frac{\lambda}{\rho C} \times \frac{3}{b^2}$$

式中，ρ 为材料的密度，kg/m^3；C 为热容。

通常定义 $a \equiv \dfrac{\lambda}{\rho C}$ 为导温系数。它表征了材料在温度变化时内部各部分温度趋于均匀的能力，λ 愈大，ρ，C 愈小，即热量在材料内部传递得愈快，材料内部温差愈小，这显然对抗热振性有利。因此又定义 $R'' \equiv \dfrac{\sigma(1-\mu)}{\alpha E} \times \dfrac{\lambda}{\rho C} = \dfrac{R'}{C\rho} = Ra$ 为第三热应力断裂抵抗因子，这样上式有下列的形式：

$$\left(\frac{\mathrm{d}T}{\mathrm{d}t}\right)_{\max} = R'' \times \frac{3}{b^2}$$

2.3.4.3　抗热振损伤性

上面的抗热振断裂因子是从热弹性力学的观点出发，以强度-应力为判据，认为材料中热应力达到抗张强度极限后，材料就产生开裂，一旦有裂纹产生就会导致材料完全破坏。所导出的结果可较好地适用于一般的玻璃、陶瓷和电子陶瓷等，但对于一些含有微孔的材料（如黏土质耐火制品等）和非均质的金属陶瓷等都不适用，这些材料热冲击下产生裂纹时，即使这裂纹是从表面开始，在裂纹的瞬时扩张过程中也可能被微孔、晶界或金属相所终止，而不致引起材料的完全破坏。例如一些耐火砖中，往往在含有一定的气孔率时（如 10%～20%）反具有较好的抗热冲击损伤性。而气孔的存在会降低材料的强度和热导率，会使 R 和 R' 值都减小，因此这一现象按强度-应力理论就不能得到解释。实际上凡是热振破坏是以热冲击损伤为主的情况都是如此，因此，对抗热振性问题就发展了第二种处理方式，这就是从断裂力学观点出发以应变能-断裂能为判据的理论。

在强度-应力理论中，对热应力的计算是假设了材料的外形是完全刚性约束的，所以整个坯体中各处的内应力都处在最大热应力值的状态，这是条件最恶劣的力学模型。例如位错运动或黏滞流动等都是不存在的，裂纹产生和扩展过程中的应力释放也没有考虑，因此按此计算的热应力破坏会比实际更严重。按照断裂力学的观点，对于材料的损坏，不仅要考虑材料中裂纹的产生情况（包括材料中原先就已有的裂纹状况），还要考虑在应力作用下裂纹的扩展、蔓延情况。如果裂纹的扩展、蔓延能抑制在一个小的范围内，可能不致使材料完全破坏。

通常，实际材料中都存在一些大小和数量不等的微裂纹，在发生热冲击时，这些裂纹产生、扩展以及蔓延的程度，与材料积存的弹性应变能和裂纹扩展的断裂表面能有关。当材料中可能积存的弹性应变能较小，则原裂纹的扩展可能性就小，裂纹蔓延时断裂表面能大，则裂纹能蔓延的程度就小，材料抗热振性就好。抗热应力损伤性正比于断裂表面能，反比于应变能，这样提出了两个抗热应力损伤因子 R''' 和 R''''，定义为：

$$R''' \equiv \frac{E}{\sigma^2(1-\mu)}$$

$$R'''' \equiv \frac{EG}{\sigma^2(1-\mu)}$$

式中，G 为断裂表面能，J/m^2；R''' 实际上就是材料中储存的弹性应变能的倒数，它可用来比较具有相同断裂表面能材料的热振损伤性；R'''' 可用来比较具有不同断裂表面能材料的抗热振损伤性。

R''' 或 R'''' 高的材料抗热应力损伤性好。从 R''' 和 R'''' 的表达式可见，对于抗热振性好的材料，应有低的 σ 和高的 E，这与 R 和 R' 的考虑正好相反。原因在于二者判据的依据不同，在抗热应力损伤性中，认为强度高的材料，原存在的裂纹在热应力作用下，容易产生过度的扩展和蔓延，对抗热振性不利，尤其是在一些晶粒较大的样品中经常会遇到这样的情况。

2.3.4.4　影响抗热振性的因素

通过对以上各个抗热应力因子的介绍，明确了影响抗热振性的各种因素，简单总结一下各种因素影响的实质，以便进一步了解各个因子的物理意义。

它们所包含的材料性能指标主要是 σ、E、α 和 λ，下面分别讨论。

(1) 强度 σ 从 R 和 R' 因子可以知道，高的强度使材料抗热振断裂性能增强，抗热振性得到改善。对于脆性材料，由于抗张强度小于抗压强度，因此提高抗张强度能起到明显的作用，例如金属陶瓷因有较高的抗张强度（同时又有较高的热导率 λ），所以 R 和 R' 值都很大，抗热振性较好。烧结致密的细晶粒状态一般比缺陷裂纹较多的粗晶粒状态要有更高的强度，而使抗热振性较好。然而一般陶瓷材料提高 σ 时，往往对应了较高的 E 值，所以并不能简单地认为 σ 高抗热振性就好。另外，从抗热应力损伤因子 R''' 和 R'''' 考虑，则要求有小的 σ 值和大的 E 值，与 R 和 R' 是相反的，实际上 R'''' 还正比于 G，一般材料高的 G 值也往往对应于高的 σ 值，所以尚不能过于片面地看待 σ 的影响。

（2）弹性模量 E　E 值的大小是表征材料弹性的大小，其值大弹性小，因此在热冲击条件下材料难以通过变形来部分地抵消热应力，使得材料中存在的热应力较大，而对抗热振性不利。例如石墨强度很低，但因 E 值极小，同时膨胀系数也不大，所以有很高的 R 值，又因热导率高而 R' 也仍很高，所以抗热振性良好。气孔会降低 E 值，然而又会降低强度、热导率等，因此必须综合地进行比较。

（3）膨胀系数 α　热膨胀现象是材料中产生热应力的本质。同样条件下 α 值小，材料中热应力也小，因此对抗热振性来讲总是希望 α 值越小越好。石英玻璃具有优良的抗热振性，突出的一点就是它具有很小的 α 值。通常陶瓷工厂在匣钵料中添加一些滑石就是为了能得到一些 α 很小的堇青石以改善抗热振性。对于具有多晶转化的材料，由于在转化温度下有膨胀系数的突然变化，因此在选用材料或控制热条件时都必须注意。

（4）热导率 λ　热导率 λ 值大，材料中温度易于均匀，温差应力就小，所以利于改善抗热振性。如 BeO 与 Al_2O_3 的 R 值相近，但 BeO 因 λ 值大，所以 R' 值比 Al_2O_3 高得多，抗热振性就优良。石墨、碳化硼、氮化硼等有良好的抗热振性都与它们有着高的 λ 值密切相关。

综上所述，对材料的抗热振性的好坏是由各个因素共同起作用，所以并不能对各因素片面地、单一地来考虑，而必须综合考虑它们的影响。

2.3.4.5　提高陶瓷抗热振性的途径

提高陶瓷材料抗热振性的主要途径有以下两个：

① 陶瓷材料的复合化是改善陶瓷抗热振性的有效途径；

② 发展陶瓷梯度功能化和纳米陶瓷。

材料复合化是各种材料相互取长补短，制造高强高韧性陶瓷的有效方法，也是当今材料发展的一大趋势。

材料科技工作者对以 SiC、BN、Al_2O_3 颗粒、晶须和纤维及 β-Si_3N_4 棒晶、Cr 等为增强剂的陶瓷基复合材料的研究空前活跃。陶瓷材料依据实际需要正向着致密高强化和多孔低密质轻化两个方向发展。前者趋于受抗热振断裂参数制约，要提高其抗热振断裂能力，应选低模量和低热膨胀系数的组分，并利用相交增韧和晶须、纤维补强增韧，提高韧性。低密质轻陶瓷则趋向受热振损伤参数的约束，因此主要应用纤维补强增韧，改善材料的裂纹容忍性。具体要求：①热膨胀系数匹配，最好是 $\alpha_{纤维}$ 适当大于 $\alpha_{基体}$；②纤维与基体间的结合力要适宜，即要保证基体上载荷向纤维上的有效传递使纤维从基体中有足够长度拔出；③纤维与基体间在制备及服役条件下不发生不利的化学反应，以免纤维性能退化；④制备高强度陶瓷还要求纤维具有高于基体材料的高强度和高模量。

抗热冲击性是指物体能承受温度剧烈变化而不被破坏的能力，用规定条件下的热冲击次数表示。陶瓷材料在加工和实际使用过程中，常常受到环境温度急剧变化的热冲击，一般的陶瓷材料抗热冲击性较差，常见有在热冲击时陶瓷材料发生瞬时断裂和表面开裂、剥落，最后碎裂或损坏。陶瓷材料抵抗前一种破坏的性能称为抗热冲击断裂性，抵抗后一种破坏的性能称为抗热冲击损伤性。抗热冲击性与材料的膨胀系数、热导率、弹性模量、机械强度、断裂韧性、热应力等因素有关，作为陶瓷制品，还与其形状、尺寸等因素有关。陶瓷材料的抗热冲击性虽然不是单一的物性参数，却是功能陶瓷元件制造和应用方面提出和必须注意的重要技术指标，往往要根据上述因素设法改进瓷料的抗热冲击性。

2.4 光学性能

功能陶瓷的光学性质是指其在红外线、可见光、紫外线及各种射线作用下的一些性质。在光学领域里，主要光学材料是光学玻璃和单晶。近年来，随着遥感、计算机、激光、光纤通信、自动化等技术的发展和"透明陶瓷"的出现，陶瓷材料在光学领域有了较重要应用。光学材料的性质一般指材料对各种光和射线的反射、透射、折射和吸收等性质。对陶瓷材料，主要是指其透光性。光照射到陶瓷介质上，一部分被反射，一部分进入介质内部，发生散射和吸收，还有一部分透过介质。

即

$$I_O = I_R + I_S + I_A + I_T \tag{2-32}$$

式中，I_O为入射光强度；I_R为反射光强度；I_S为散射光强度；I_A为吸收光强度；I_T为透射光强度。归一化可得：

$$R + S + A + T = 1 \tag{2-33}$$

式中，R为反射率；S为散射率；A为吸收率；T为透射率。通常，陶瓷材料的吸收率很小，主要是散射损失。光和物质的作用是光子和物质中电子的相互作用结果。光子的能量可能转移给电子，引起电子极化，或电子吸收能量转变成热能，引起光子能量损失。电子谐振通常吸收可见光的能量，离子谐振则吸收红外线的能量，因此，物质对光的吸收率与光的频率有关。

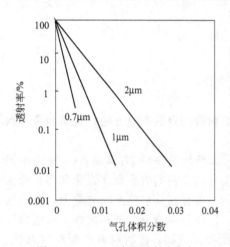

图 2-12 Al_2O_3 陶瓷透射率与气孔体积分数的关系
（试样厚 0.5mm）

陶瓷材料一般为多相结构，通常由主晶相、非主晶相、玻璃相和气孔构成，因此晶界、相界等都可能发生界面反射损失，尤其当陶瓷的晶粒越小，单位体积的晶界等界面越多，界面反射损失越大。但陶瓷中有较多气孔时，采取增大晶粒减少界面的方法来减少界面反射损失是很有限的，这是由于空气的折射率接近1，与陶瓷晶体的折射率相差很大，可能引起晶相与气体界面较强烈的反射，导致较大的界面反射损失。例如，Al_2O_3陶瓷的折射率为1.8，空气的折射率为1.0003。瓷体中气孔的大小通常为$0.5\sim2\mu m$，接近可见光和红外线的波长，因而散射最大。图2-12表示气孔含量与透射率的关系。一般陶瓷材料的折射率为1.3~4.0，可见要提高材料的透射率，必须降低气孔含量。除气孔外，陶瓷中含有非主晶相和较多杂质且与主晶相的折射率相差很大的时候，也会引起较大的界面反射损失。

为了提高陶瓷的透光性，一般使用高纯原料，加入抑制晶粒长大的掺杂剂，采用适当的工艺排除气孔制备细晶的透明陶瓷材料。表2-7列出了几种透明陶瓷材料的透射波长。

表 2-7 几种透明陶瓷材料的透射波长

陶瓷材料	透射波长/μm	陶瓷材料	透射波长/μm
Al_2O_3	1~6	ZrO_2	1~10
MgO	0.39~10	PZT	0.5~8
BeO	0.2~5		

2.5 磁学性能

磁性陶瓷在电子计算机、信息存储、激光调制、自动控制等科学技术领域中应用非常广泛。人类最早发现和认识的磁性材料是天然磁石，主要成分为 Fe_3O_4。磁性材料一般可分为磁化率为负的抗磁体材料和磁化率为正的顺磁体材料。

在外磁场 H 的作用下，在磁介质材料的内部产生一定的磁通量密度，称为磁感应强度 B，单位为特斯拉（T）或韦伯/米^2（Wb/m^2）。B 与 H 的关系由下式表示：

$$B=\mu H \tag{2-34}$$

式中，μ 为磁导率，是磁性材料的特征参数，表示材料在单位磁场强度作用下内部的磁通量密度，在真空条件下，上式表示为：

$$B_0=\mu_0 H \tag{2-35}$$

式中，$\mu_0=4\pi\times10^{-7}$ 亨利/米（H/m），为真空磁导率。

磁化强度 M 与磁场强度 H 的比值称为磁化率，用下式表达：

$$M=\chi H \tag{2-36}$$

式中，χ 为磁介质材料的磁化率，表达了磁介质材料在磁场 H 的作用下磁化的程度，在国际单位制中是无量纲的，χ 可以是正数或负数，决定着材料的磁性类别。某种陶瓷磁介质材料的磁化率与其化学组成、微观组织结构和内应力等因素有关。M 可以通过实验测定，将某材料制成一个小磁体置于外磁场中，其受力（一维）为：

$$F=VM\frac{\partial B}{\partial x} \tag{2-37}$$

式中，V 为该磁介质材料的体积，若外磁场的分布为已知，则 M 可以通过 F 的测定经计算得到。当 M 为负值时，材料表现为抗磁性，陶瓷材料的大多数原子是抗磁性的，抗磁性物质的原子（离子）不存在永久磁矩，当其受外磁场作用时，电子轨道发生改变，产生与外磁场方向相反的磁矩，而表现出抗磁性；M 为正值时，材料表现为顺磁性，该材料的主要特征为不论是否受到外磁场的作用，原子内部都存在永久磁矩，磁化强度 M 与外磁场强度 H 的方向一致且与之成正比。

2.6 耦合性能

功能陶瓷的电学、力学、热学、光学、声学、磁学等性质都与其化学组成、微观结构等有密切的关系。外界的宏观作用往往引起材料组成和结构的相应改变，从而使表征材料特性的若干参数发生变化。也就是说，功能陶瓷材料的各种性质并不是孤立的，而是通过它的组成和结构紧密联系在一起。功能陶瓷材料某些性质相联系又相区别的关系叫做材料性质之间的转换和耦合。通常用热力学方法处理这类问题，并用吉布斯函数表示。当只考虑电学、磁学和力学性质的关系时，该函数可写为：

$$
\begin{aligned}
\Delta G = & -P_{(S)i}E_i - \varepsilon_{(S)ij}\sigma_{ij} - MH_i - K_{ij}E_iE_j - S_{ijkl}\sigma_{ij}\sigma_{kl} \\
& - x_{ij}H_iH_j - d_{ijk}E_i\sigma_{jk} - \pi_{ijk}H_i\sigma_{jk} - \sigma_{ij}E_iH_j
\end{aligned}
\tag{2-38}
$$

式中，E、H、σ 分别为电场强度、磁场强度和应力，其余为有关的材料参数，脚标 S 表示自发极化，i，j，k，l 表示作用方向。

式中前三项称初级效应，后六项称次级效应。也可以在力、热、电三方面写出类似的函数关系和其他方面的函数关系。材料的耦合性质是内容非常广泛的一种性质,应作为一种特殊性加以研究。随着传感技术和信息处理技术的发展,材料的这种耦合性质将越来越受到重视。目前对于功能陶瓷材料的这种耦合性质研究比较多的有光电陶瓷材料、压电陶瓷材料、热释电陶瓷材料、热电陶瓷材料、电光陶瓷材料、磁光陶瓷材料、声光陶瓷材料以及各种智能型多功能陶瓷材料等。

参考文献

[1]　徐廷献,沈继跃,薄站满等. 电子陶瓷材料. 天津:天津大学出版社,1993.
[2]　曲远方主编. 功能陶瓷的物理性能. 北京:化学工业出版社,2007.
[3]　熊兆贤编著. 材料物理导论. 北京:科学出版社,2001.

第3章

功能陶瓷的生产工艺

功能陶瓷的生产过程主要包括原料的处理与加工、配料、成型、烧成及电极制备、元件性能检测等基本单元操作。

3.1 原料及其加工工艺

功能陶瓷工业用的原料有天然原料和化工原料两类。天然原料含杂质较多，但价格便宜。天然原料分为可塑性原料和非可塑性原料。

可塑性原料主要是指黏土、膨润土等黏土类矿物，加工后具有一定塑性，有利于成型工艺，在高温下往往形成一定量矿物组成的熔体，起到降低陶瓷烧成温度的作用。非可塑性原料又称脊性物质，在坯体中起骨架作用。天然原料在加工前需经人工拣选和淘洗，尽量去掉有害杂质。

化工原料大多为金属和非金属氧化物、碳酸盐等，是功能陶瓷生产中最常用的原料。天然原料和化工原料的纯度和物理特性对功能陶瓷材料和产品性能的影响非常大，是生产必须注意的重要问题之一。随着高新科学技术的发展和需要，在功能陶瓷的研发和生产中，采用化工原料尤其是高纯度、超细度的化学试剂甚至使用纳米级试剂为原料。

(1) 黏土 黏土的主要矿物组成是高岭石（$Al_2O_3 \cdot 2SiO_2 \cdot 2H_2O$），高岭石的理论组成是：$SiO_2$ 46.5%，Al_2O_3 39.5%，H_2O 14%。黏土中常含有少量的 K_2O、Na_2O、CaO、MgO、Fe_2O_3、TiO_2 和若干有机物等杂质。在表 3-1 中列举了常用黏土的化学组成。

表 3-1 某些黏土的化学组成 单位：%

原料名称	SiO_2	Al_2O_3	Fe_2O_3	CaO	MgO	K_2O	Na_2O	灼烧减量
苏州一号土	46.12	39.68	0.22	0.26	0.17	—	—	13.45
苏州二号土	46.42	38.96	0.22	0.38	痕迹	—	痕迹	14.40
四川叙永土	42.10	40.95	0.23	2.41	0.34	0.40		14.57
浙江宁海黏土	52.65	27.25	2.74	0.71	1.26			15.44
中山紫马岭黏土	45.49	39.56	0.25	0.45	0.2	0.39		15.45
中山金钟黏土	45.33	39.11	0.89	0.22	0.32	0.50	—	13.88

功能陶瓷生产中使用的黏土应符合表 3-2 的要求。

表 3-2　功能陶瓷生产中使用的黏土应符合的要求　　　　　单位：%

组成	SiO$_2$	Al$_2$O$_3$	Fe$_2$O$_3$	TiO$_2$	CaO	MgO	K$_2$O+Na$_2$O	灼烧减量
含量	40~60	34~40	<1	微量	<0.5	<0.5	<1	13~17

（2）膨润土　膨润土是微晶高岭石型矿物，化学式为 Al$_2$Si$_4$O$_{10}$(OH)$_2$·nH$_2$O，其中 n 为不定值，常含有 K、Fe、Ca 等杂质。膨润土吸水性很强，吸水后体积膨胀 10~30 倍，可塑性强，可用 3% 的膨润土代替 10% 的可塑性较好的黏土。膨润土干燥收缩大，且含有较多的杂质，因此，在功能陶瓷的配料中不可多加，一般控制在 5% 以内。张家口产膨润土的组成见表 3-3。

表 3-3　张家口产膨润土的组成　　　　　单位：%

组成	SiO$_2$	Al$_2$O$_3$	Fe$_2$O$_3$	CaO	MgO	K$_2$O	Na$_2$O	TiO$_2$	灼烧减量
含量	64.45	17.24	0.44	2.2	3.76	0.86	1	痕迹	9.82

功能陶瓷生产中使用的膨润土应符合表 3-4 的要求。

表 3-4　功能陶瓷生产中使用的膨润土应符合的要求　　　　　单位：%

组成	SiO$_2$	Al$_2$O$_3$	Fe$_2$O$_3$	TiO$_2$	CaO	MgO	K$_2$O+Na$_2$O	灼烧减量
含量	60~70	15~20	<2	微量	<2	<4	<4	9.82

（3）滑石　滑石属单斜晶系，晶体呈六方或菱形板状，常见的是成片状或粒状的致密集合体，质软有滑感。化学式为：Mg$_3$(Si$_4$O$_{10}$)(OH)$_2$；理论化学组成为：MgO 31.82%，SiO$_2$ 63.44%，H$_2$O 4.74%。常含少量的 Fe、Al 等元素。高纯度的致密块状滑石称块滑石。片状滑石制成的坯料，在挤制成型时容易定向排列，烧成时产生各向异性收缩，往往造成瓷体开裂。干压成型也易造成坯体发生层裂。因此，常采用煅烧处理破坏滑石的层状结构，煅烧温度一般为 1350~1380℃。常用滑石的化学组成列于表 3-5。

表 3-5　常用滑石的化学组成　　　　　单位：%

原料名称	SiO$_2$	MgO	Al$_2$O$_3$	Fe$_2$O$_3$	TiO$_2$	CaO	K$_2$O	Na$_2$O	真密度/(g/cm^3)	灼烧减量
辽宁海城滑石	60.24	32.68	0.17	0.06	0.03	0.22	0.09	0.04	2.79	6.44
山东掖南滑石	59.56	32.37	1.51	0.38	0.11	0.40	0.02	0.05	—	5.59
山西太原滑石	57.90	32.95	0.96	0.18	—	1.18	0.25	0.25	—	6.84

功能陶瓷生产中使用的滑石应符合表 3-6 的要求。

表 3-6　功能陶瓷生产中使用的滑石应符合的要求　　　　　单位：%

组成	SiO$_2$	MgO	Al$_2$O$_3$	Fe$_2$O$_3$	TiO$_2$	CaO	K$_2$O+Na$_2$O	灼烧减量
含量	57~62	<30	<1.5	<1.0	微量	<1.0	<0.2	6.44

（4）菱镁矿　菱镁矿又称菱苦土，分子式 MgCO$_3$，理论化学组成为：MgO 47.6%，CO$_2$ 52.4%。菱镁矿 350℃ 开始分解，至 850℃ 逸出全部 CO$_2$。经 700℃ 煅烧的称轻烧氧化镁，质地松软，晶粒细小，化学活性大，易吸收空气中的水分生成 Mg(OH)$_2$，功能陶瓷的生产中通常采用高温煅烧过的菱镁矿。表 3-7 列出两种菱镁矿的化学组成（辽宁产）。

表 3-7　菱镁矿的化学组成　　　　　单位：%

产地	MgO	SiO$_2$	Al$_2$O$_3$	CaO	Fe$_2$O$_3$	Na$_2$O	灼烧减量
大石桥	46.98	0.68	0.36	0.27	0.28	0.05	51.04
海城	46.22	2.60	0.40	0.22	0.22	—	49.14

功能陶瓷生产中使用的菱镁矿应符合表 3-8 的要求。

表 3-8　功能陶瓷生产中使用的菱镁矿应符合的要求　　　　　单位：%

组成	MgO	SiO$_2$	Al$_2$O$_3$	CaO	Fe$_2$O$_3$	Na$_2$O+K$_2$O	TiO$_2$	盐酸不溶物	灼烧减量
含量	44~48	<2	<2	<0.8	<1	<0.5	微量	<3	<50

(5) 方解石 方解石属三方晶系，常为菱面体双晶，呈透明或半透明状态。化学式为 $CaCO_3$，理论化学组成为：CaO 56%，CO_2 44%，含有 Mg、Fe、Mn、Zn 和 Sr 等少量杂质。方解石加热时分解成 CaO 和 CO_2，分解温度在 650～930℃之间，分解过程中约有 5% 的线收缩。表 3-9 列出江西萍乡出产的方解石化学组成及功能陶瓷使用方解石应符合的技术要求。

表 3-9　方解石化学组成及技术要求　　　　　　　　　　　单位：%

组成	CaO	MgO	SiO_2	Fe_2O_3	K_2O+Na_2O	盐酸不溶物	灼烧减量
含量	50～55	1.0	0.5	0.5	0.5	—	40～45
技术要求	<55	<1.0	<0.5	<0.2	<0.5	<0.2	<42

(6) 石英 天然石英有单晶体、多晶体、隐晶质类和非晶质类等多种变体。无色透明的单晶体称水晶，是石英的低温变体，矿相为 α-石英，属三方晶系，常呈柱状，有压电性，又称压电石英，化学组成为 SiO_2，功能陶瓷的生产中常用石英的多晶体称为石英岩。石英在加热过程中发生多次晶型转变，在常压下 573℃时石英转变为 α-石英，体积变化+0.8%；870℃时变为 β-鳞石英，体积变化+12.7%；1470℃时，转变为高温方石英，体积变化+4.7%。由于石英在加热过程中体积变化剧烈，可能引起石英晶体开裂，或瓷体开裂。生产中也利用这种体积效应破碎石英岩。功能陶瓷生产中常用的石英岩的化学组成列于表 3-10。

表 3-10　常用石英岩的化学组成　　　　　　　　　　　　　单位：%

原料产地	SiO_2	Al_2O_3	Fe_2O_3	CaO, MgO	Na_2O	灼烧减量
山东泰安	99.48	0.36	0.10	—	痕迹	0.03
辽宁大石桥	99.28	0.10	0.21	0.03	—	—
广东中山	99.02	—	0.065	—	—	—

功能陶瓷生产中使用的石英应符合表 3-11 的要求。

表 3-11　功能陶瓷生产中使用的石英应符合的要求　　　　　单位：%

组成	SiO_2	Al_2O_3	Fe_2O_3	CaO	MgO	Na_2O	TiO_2	灼烧减量
含量	>98	<1.5	<1	>0.5	>0.2	>0.5	微量	0.03

(7) 萤石 萤石属等轴晶系。晶体常呈立方体或八面体，无色、浅绿色或浅黄色等透明或半透明状，有玻璃光泽。化学式为 CaF_2，理论组成 Ca 51.3%，F 48.7%，常含有 Cl、U、He 和有机着色剂，又名氟石。在功能陶瓷生产中主要作为助熔剂，加入量约 3%。萤石产于辽宁、浙江和湖北等地。

功能陶瓷生产中使用的萤石应符合表 3-12 的要求。

表 3-12　功能陶瓷生产中使用的萤石应符合的要求　　　　　单位：%

组成	CaF_2	SiO_2	$CaCO_3$	含水量
含量	95	1.5	2	1

(8) 长石 长石是碱金属和碱土金属的铝硅酸盐矿物，按化学组成可分为两大类。

① 碱长石。主要有钠长石（$Na_2O \cdot Al_2O_3 \cdot 6SiO_2$）和钾长石（$K_2O \cdot Al_2O_3 \cdot 6SiO_2$）。解理面交角成直角的叫正长石，理论化学组成：$K_2O$ 16.9%，Al_2O_3 18.4%，SiO_2 64.7%，属单斜晶系，晶体呈短柱状、粒状或块状。解理面交角呈 89°40′ 的钾长石叫钾微斜长石，呈肉红色，常含有 Na_2O、Rb_2O、Cs_2O，属三斜晶系。

② 碱土长石。有钙长石（$CaO \cdot Al_2O_3 \cdot 2SiO_2$）和钡长石（$BaO \cdot Al_2O_3 \cdot 2SiO_2$）两种。长石在功能陶瓷生产中主要用于制造玻璃釉料，也常用作助熔剂。常用的长石列于表 3-13。

表 3-13　几种长石的化学组成　　　　　　　　　　　　　　　单位：%

产地	SiO_2	Al_2O_3	Fe_2O_3	CaO	MgO	K_2O	Na_2O	灼烧减量
辽宁海城	65.08	19.52	0.24	0.61	—	14.42		0.21
湖南望城	63.41	19.18	0.17	0.36	痕迹	13.79	2.36	0.46
江苏东济	65.21	20.61	0.10	0.35	0.27	13.20	—	

功能陶瓷生产中使用的长石应符合表 3-14 的要求。

表 3-14　功能陶瓷生产中使用的长石应符合的要求　　　　　　　　单位：%

组成	SiO_2	Al_2O_3	Fe_2O_3	CaO	MgO	TiO_2	K_2O+Na_2O	灼烧减量
含量	60~70	18~22	≥0.4	≥0.1	≥0.5	微量	≥13	＞1.0

(9) 二氧化钛　二氧化钛俗称钛白粉，化学式为 TiO_2，是一种细分散的白色或浅黄色粉末，大量使用于陶瓷、颜料和涂料产品中。二氧化钛有三种晶型：金红石型、板钛矿型和锐钛矿型。表 3-15 列出三种晶型 TiO_2 的主要性质。

表 3-15　三种晶型 TiO_2 的性质

晶型	晶系	密度/(g/cm³)	莫氏硬度	折射率	转化温度/℃	介电常数(室温,1MHz)	介电常数的温度系数	线膨胀系数/(10⁻⁶/℃)	介质损耗10⁻⁴
锐钛矿	四方	3.87	5~6	2.493~2.554	915	31	—	4.68~8.14	—
板钛矿	斜方	4.0~4.23	5~6	2.580~2.741	650	78	—	14.5~22.0	—
金红石	四方	4.25	6	2.616~2.903	—	⊥89~ ∥173	$-800×10^{-6}/℃$	8.14~9.19	3~5

从表 3-15 中可看出，金红石型 TiO_2 是一种稳定的晶型，其电性能最好：介电常数大，介质损耗小。其他晶型 TiO_2 经高温处理都可转变为金红石型 TiO_2。TiO_2 在高温煅烧时容易失氧，生成 Ti_2O_3。为了提高它的抗还原能力，加入约 0.2% 的 $MgCO_3$，成为抗还原性较好的"电容器专用二氧化钛"。上海钛白粉厂生产的两种 TiO_2 产品的组成列于表 3-16。

表 3-16　上海钛白粉厂生产的两种 TiO_2 组成　　　　　　　　　　单位：%

种类	TiO_2	MgO	CaO	SiO_2	Al_2O_3	Fe_2O_3	SO_3	P_2O_5	灼烧减量
普通	98.51	0.01	0.37	0.65	0.39	0.17	0.04	0.12	0.23
电容器专用	98.18	0.40	0.42	0.92	微量	0.09	0.28	0.19	—

功能陶瓷生产中使用的 TiO_2 应符合表 3-17 的要求。

表 3-17　功能陶瓷生产中使用的 TiO_2 应符合的要求　　　　　　　单位：%

组成	TiO_2	MgO	CaO	SiO_2	Al_2O_3	Fe_2O_3	SO_3	P_2O_5	K_2O+Na_2O	水分
含量	＞98.5	＜0.1	＜0.2	＜0.3	＜0.2	＜0.1	＜0.2	＜0.05	＜0.2	＜0.5

(10) 工业氧化铝　工业氧化铝是白色松散的结晶粉末，化学式为 Al_2O_3，粉末的平均大小 40~70μm，每个颗粒是由许多粒径小于 0.1μm 的小晶体组成的，为多孔球形聚集体。每个颗粒中可包含约 10^6 个粒径小于 0.1μm 的小晶体。颗粒内部的气孔占整个体积的 25%~30%。这种多孔的疏松结构，不利于 Al_2O_3 晶体的相互接触和烧结。工业氧化铝为 $\gamma-Al_2O_3$，是低温稳定型。当加热到 1050℃ 时，$\gamma-Al_2O_3$ 开始转变为 $\alpha-Al_2O_3$，并放出 32.8J/mol 的热量。开始转化很慢，随着温度的升高，转化速度变快，至 1500℃ 时转化近于完成，同时有约 14.3% 的体积收缩。常加适量的 H_3BO_3、NH_4F、AlF_3 等矿化剂促进这种转变。该转化是不可逆的。$\alpha-Al_2O_3$ 在其熔点下都是稳定的。各种氧化铝的主要性能列于表 3-18。

表 3-18 各种氧化铝的主要性能

名　　称		晶系	晶格常数/Å		相对密度	折射率		莫氏硬度	tanδ (300℃; 1MHz)	比体积电阻 (300℃) /Ω·cm
			a	c		N_g	N_p			
α-Al$_2$O$_3$		三方	4.740	12.96	3.99～4.0	1.767	1.659	9.0	0.005	5×10^{12}
γ-Al$_2$O$_3$		立方	7.895	—	3.45～3.65	1.69～1.733	—	—	0.006	5×10^{12}
β-Al$_2$O$_3$	Na$_2$O·11Al$_2$O$_3$	六方	5.584	22.45	3.32	1.680	1.635	5.5～6.0	0.1	5×10^{12}
	K$_2$O·11Al$_2$O$_3$		5.584	22.67	—	1.677	1.640	5.5～6.0	—	—
	CaO·6Al$_2$O$_3$		5.560	21.93	3.54	1.757	1.750	—	—	—
	SrO·6Al$_2$O$_3$		5.557	21.945	—	—	—	—	—	—
	BaO·6Al$_2$O$_3$		5.551	22.67	3.69	1.702	1.694	5.5～6.0	—	—

注：1Å=0.1nm，下同。

由表 3-19 可见，工业氧化铝中含有较多的 Na$_2$O。为了降低氧化铝中碱金属的含量，可加入 1%～3% 的 H$_3$BO$_3$，并在 1420～1450℃ 煅烧，使碱金属离子与 H$_3$BO$_3$ 反应并挥发掉。表 3-20 列出了煅烧温度、碱金属含量与 Al$_2$O$_3$ 陶瓷介质损耗的关系。

表 3-19 工业氧化铝的化学组成　　　　　　　　　　　　　　　单位：%

产　　地	Al$_2$O$_3$	SiO$_2$	Fe$_2$O$_3$	CaO	MgO	Na$_2$O
山东 501 厂 一级	99.10	0.15	0.04	0.02	0.04	0.38
郑州 503 厂 一级	99.24	0.09	0.01	0.01	0.01	0.16

表 3-20 煅烧温度、碱金属含量与 Al$_2$O$_3$ 陶瓷介质损耗（tanδ）的关系

处 理 条 件	相组成/%		碱金属氧化物含量/%	tanδ×10^{-4}(1MHz)		
	α	γ		100℃	200℃	300℃
加 1% H$_3$BO$_3$ 小于 1400℃ 煅烧 保温 2h	100	—	0.1	60	66	78
加 1% H$_3$BO$_3$ 小于 1400℃ 煅烧 保温 2h	100		0.05	21	21	24
加 1% H$_3$BO$_3$ 小于 1400℃ 煅烧 保温 2h	100			3	4	5

(11) 二氧化锆　二氧化锆是一种白色或略带黄色的粉末，有三种晶型：在 1900℃ 以上属三方晶系；1900～1000℃ 之间属四方晶系，低于 1000℃ 为单斜晶系。冷却时，由四方晶系转变为单斜晶系，伴有约 10% 的体积膨胀，常会引起含二氧化锆陶瓷体开裂。二氧化锆对还原气氛很敏感，在温度高于 500℃ 时，ZrO$_2$ 还原为低价氧化物。因此，含 ZrO$_2$ 的陶瓷应在氧化气氛下烧成。

(12) 碱土金属碳酸盐

① 碳酸钡：碳酸钡（BaCO$_3$）是有毒的白色粉末。它能与胃酸作用，极易为人体吸收引起中毒。碳酸钡有三种晶型：常温时为 γ-BaCO$_3$，属斜方晶系；811～982℃ 转变为 β-BaCO$_3$，属六方晶系，982℃ 以上为 α-BaCO$_3$，属四方晶系。在 1450℃ 碳酸钡剧烈分解为 BaO 和 CO$_2$，但在有 TiO$_2$、ZrO$_2$、SiO$_2$ 和 C 存在时，分解温度大大降低。例如，有 ZrO$_2$ 时，分解温度为 700℃ 左右；在 TiO$_2$ 的参与下，650℃ 开始分解，至 1020～1060℃ 结束。

功能陶瓷生产中使用的 BaCO$_3$ 应符合表 3-21 的技术要求。

表 3-21 功能陶瓷生产中使用的 BaCO$_3$ 应符合的技术要求　　　　　　单位：%

组　成	BaCO$_3$	Fe$_2$O$_3$	CaO	Cl$^-$	H$_2$O	总硫量 (SO$_4^{2-}$)	硫化物 (以 S 计)	硫酸盐 (以 SO$_3$ 计)	盐酸不溶物
含量	>97	<0.01	<0.6	<0.1	<2	<0.55	<0.05	<0.4	<0.9

② 碳酸锶：碳酸锶（SrCO$_3$）有两种变体：常温为 β-SrCO$_3$，属斜方晶系；900～950℃ 转变为 α-SrCO$_3$，属六方晶系。1100℃ 时分解为 SrO 和 CO$_2$，约 1250℃ 分解结束。

功能陶瓷生产中使用的 $SrCO_3$ 应符合表 3-22 的技术要求。

表 3-22　功能陶瓷生产中使用的 $SrCO_3$ 应符合的技术要求　　　　单位：%

组　成	$BaCO_3$	$CaCO_3$	Cl^-	H_2O	重金属(以 Pb 计)	盐酸不溶物
含量	$\geqslant 95$	$\leqslant 3$	$\leqslant 0.05$	$\leqslant 0.5$	$\leqslant 0.05$	$\leqslant 0.25$

③ 碳酸钙：碳酸钙（$CaCO_3$）是白色粉末状晶体，加热到 824℃时分解为 CaO 和 CO_2。

(13) 稀有及稀土金属氧化物　功能陶瓷生产中常用的稀有和稀土金属氧化物主要有 Nb_2O_5、CeO_2、La_2O_3、Y_2O_3 等，在我国有丰富的储量。在功能陶瓷生产中，这些氧化物通常作为少量改性加入物，对陶瓷材料的性能影响很大。氧化镧（La_2O_3）在空气中易吸收水分，生成氢氧化镧，因此，用于配料前要加热烘干，并保存在密闭容器中。

(14) 其他化工原料

① 氧化锌：氧化锌为白色粉末，化学式为 ZnO，又称锌白。相对密度 5.6，熔点约 1976℃，1800℃时升华。

② 二氧化锡：二氧化锡为白色的细粉末，化学式为 SnO_2，不溶于水和硫酸。

③ 四氧化三铅：四氧化三铅为红色粉末，化学式为 Pb_3O_4，又称铅丹和红丹，加热分解成氧化铅，反应如下：

$$Pb_3O_4 \xrightarrow{550\sim590℃} 3PbO + \frac{1}{2}O_2 \uparrow$$

新分解的氧化铅，熔点为 880℃，有较大的活性，能在较低温度下与其他物质发生反应，有利于瓷料的预合成。氧化铅在超过 1050℃时有明显挥发，应注意控制烧成过程中氧化铅的挥发量，如适当增加氧化铅的加入量和进行密封烧结等。氧化铅蒸气有毒，生产时应该注意进行必要的防护。

(15) 复合氧化物　随着科学技术的高速发展，要求开发出各种功能陶瓷产品，并不断开发出适应发展的新材料和新产品。满足这种要求的途径是原料生产的专业化，已经成为国内外同行专家的一致共识。专业化生产原料，便于采用先进的生产设备、检验设备和质量控制手段，也便于高新技术产品的研究与开发。专业化生产原料，可以改变单一化、产品质量难于控制的问题。如 TiO_2、$BaCO_3$、$SrCO_3$、ZrO_2、Pb_3O_4 等，这样可以针对具体情况生产专门满足功能陶瓷生产要求的、具有各种性能和特点的原材料。例如专业化生产多组分未经预烧的混合料、已经预烧的多组分复合氧化物、预烧后超细粉碎和掺有黏合剂的喷雾干燥的粉料等，这样元器件生产厂家可以对这种粉料直接进行成型、烧成、电极制备等工序便可加工成产品。表 3-23 和表 3-24 列出了某公司复合氧化物产品性能、表 3-25 列出了高介型电容器瓷料特征、表 3-26 列出了温度补偿型电容器瓷料特征。专业化生产原材料（或配料）对于提高功能陶瓷产品的质量、降低产品的成本和提高产品的市场竞争力具有重要的意义。

表 3-23　复合氧化物产品性能（一）

牌号	化学分析结果					粉末特征				
	BaO/TiO_2（物质的量）	分子式	$BaTiO_3$（最小含量）/%	Al_2O_3（最大含量）/%	SiO_2（最大含量）/%	烧失量（最大）/%	含水量（最大）/%	325 目筛余(最大)/%	容积/(ml/100g)	平均粒径/μm
BT-100P	0.985 ± 0.005	$BaTiO_3$	97.5	0.2	0.2	0.1	0.2	0.1	120 ± 20	1.6 ± 0.3
BT-100G	0.985 ± 0.005	$BaTiO_3$	97.0	0.2	0.2	0.1	0.2	0.1	85 ± 15	1.6 ± 0.3
BT-100M	1.000 ± 0.005	$BaTiO_3$	98.0	0.2	0.2	0.1	0.2	0.1	130 ± 20	1.6 ± 0.3
BT-100K	1.005 ± 0.005	$BaTiO_3$	98.0	0.2	0.2	0.1	0.2	0.1	105 ± 15	1.6 ± 0.3
B-101	1.010 ± 0.005	$BaTiO_3$	98.0	0.2	0.2	0.1	0.2	0.1	120 ± 20	1.6 ± 0.3

表 3-24　复合氧化物产品性能（二）

牌号	化学分析结果						粉末特征				
	分子式	最小含量/%	Al_2O_3(最大)/%	SiO_2(最大)/%	MgO(最大)/%	Fe_2O_3(最大)/%	烧失量(最大)/%	水分(最大)/%	325目筛余(最大)/%	容积/(ml/100g)	平均粒径/μm
CT	$CaTiO_3$	95.0	0.1	0.3	0.1	0.2	0.6	1.0	0.2	150±30	1.4±0.1
ST	$SrTiO_3$	97.0	0.1	0.3	0.1	0.2	0.4	0.5	0.2	120±10	1.4±0.1
BZ	$BaZrO_3$	90.0	0.1	0.3	(Na_2O) 0.2	(SrO) 0.2	0.1	0.2	0.20	120±10	—

表 3-25　高介型电容器瓷料特征

牌号	烧结瓷的电性质						粉末特征					烧结温度和时间/℃×h
	EIA标准	JIS标准	ε(25℃,1kHz)	$\tan\delta$(最大)/%	绝缘电阻/MΩ	居里点/℃	烧失量(最大)/%	水分(最大)/%	325目筛余(最大)/%	容积/(ml/100g)	平均粒径/μm	
BT-335	Y5E	YA	1300±100	1.0	1×10⁴	—	2.0	0.2	0.1	95±20	1.40±0.25	1300×2.0
BT-333	Y5F	YB	1200±100	1.0	1×10⁴	—	1.0	0.2	0.1	100±20	1.40±0.25	1320×2.0
BT-326	Y5P	YB	2600±200	2.0	1×10⁴	—	0.8	0.2	0.1	80±20	1.70±0.25	1320×2.0
BT-327	Y5R	ZB,YD	3300±300	1.5	1×10⁴	—	0.8	0.2	0.1	90±20	1.60±0.20	1320×2.0
BT-328	Y5S	YD	3800±300	1.5	1×10⁴	—	0.8	0.2	0.1	80±20	1.50±0.20	1320×2.0
BT-313	Y5T	YD	4000±300	1.5	1×10⁴	—	0.8	0.2	0.1	90±20	1.55±0.20	1320×2.0
BT-305	Y5U	YE	6000±500	1.0	1×10⁴	25±5	1.0	0.2	0.1	100±20	1.25±0.25	1320×2.0
BT-304	Y5U	YE	8000±1000	1.0	1×10⁴	25±5	1.0	0.2	0.1	100±20	1.25±0.25	1320×2.0
BT-303	Z5U	ZE	10500±1500	1.0	1×10⁴	35±5	1.0	0.2	0.1	105±20	1.25±0.25	1320×2.0
BT-201	Z5V	YF	16000±1500	1.5	1×10⁴	25±5	0.5	0.2	0.1	85±20	1.80±0.25	1370×2.75
BT-203	Z5V	YF	17000±1500	1.5	1×10⁴	18±5	0.8	0.2	0.1	105±20	1.50±0.20	1370×2.75
BT-206	Z5V	YF	16000±1500	1.5	1×10⁴	20±5	0.8	0.2	0.1	70±20	—	1350×4.0
BT-204	Z4V	(ZF)	30000±2000	2.0	1×10⁴	25±5	1.5	0.2	0.1	90±2	1.50±0.20	1400×3.0
BT-205	Z4V	(ZF)	24000±2000	2.0	1×10⁴	25±5	1.5	0.2	0.1	90±2	1.50±0.20	1400×3.0

表 3-26　温度补偿型电容器瓷料

牌号	烧结瓷的电性质						粉末特征				烧结温度和时间/℃×h
	EIA标准	JIS标准	ε(25℃,1kHz)	Q(最小)	温度系数/(×10⁻⁶/℃)	绝缘电阻/MΩ	烧失量(最大)/%	水分(最大)/%	325目筛余(最大)/%	容积/(ml/100g)	
P-100	M7H	AH	18±3	2000	+100±60	1×10⁵	0.6	0.2	0.1	145±20	1420×2.75
NP-0	C0H	CH	40±5	2000	0±60	1×10⁵	0.8	0.2	0.1	135±20	1270×2.0
NP-0M	C0H	CH	60±5	2000	0±60	1×10⁵	0.6	0.2	0.1	150±20	1370×2.75
N-150	P2H	PH	70±10	2000	−150±60	1×10⁵	0.6	0.2	0.1	120±20	1320×2.0
N-330	S2H	SH	60±10	2000	−330±60	1×10⁵	0.6	0.2	0.1	140±20	1300×2.0
N-750	U2J	UJ	90±10	2000	−750±120	1×10⁵	0.6	0.2	0.1	145±20	1270×2.0
N-750M	U2J	UJ	130±20	5000	−750±120	1×10⁵	0.6	0.2	0.1	140±20	1370×2.0
TC-200	M3K	VK	190±20	3000	−1000±250	1×10⁵	0.6	0.2	0.1	145±20	1270×2.0
TC-200M	P3K	WK	300±20	3000	−1500±250	1×10⁵	1.0	0.2	0.1	145±20	1270×2.0
FS-1	S3L	YL	1100±100	5000	−3300±500	1×10⁵	0.8	0.2	0.1	135±30	1270×2.0
SL-300	—	SL	300±20	2000	+350~−1000	1×10⁵	0.8	0.2	0.1	135±30	1370×2.75

3.2　配料计算

功能陶瓷研究和生产中的配料计算，有以下两种。

(1) 按化学计算式计算配料比　这种计算主要用于合成料的配制，如合成 $BaTiO_3$、$SrTiO_3$、$CaTiO_3$、$PbTiO_3$、$BaZrO_3$ 和 $CaSnO_3$ 等。设配料中各原料的物质的量为 X_1、X_2、X_3、…、X_i，相应原料的相对分子质量为 M_1、M_2、M_3、…、M_i，则配料中各原料质量为：$W_1 = X_1 M_1$，$W_2 = X_2 M_2$，$W_3 = X_3 M_3$，…，$W_i = X_i M_i$，则各原料的质量分数为：

$$g_1 = \frac{W_1}{\sum W_i} \times 100\% , \quad g_2 = \frac{W_2}{\sum W_i} \times 100\% , \quad g_3 = \frac{W_3}{\sum W_i} \times 100\% , \cdots , g_i = \frac{W_i}{\sum W_i} \times 100\%$$

上述计算是假设原料纯度为 100%，若考虑实际原料的纯度 P，则实际各原料的质量应为上述计算值除以相应原料的纯度，即 $W' = \dfrac{W}{P}$。

【例 3-1】 $BaTiO_3$ 的预合成。通常用 $BaCO_3$ 和 TiO_2 按下列反应进行预合成：

$$BaCO_3 + TiO_2 \longrightarrow BaTiO_3 + CO_2 \uparrow$$

两种原料用量均为 1mol。$BaCO_3$ 的相对分子质量 $M_1 = 197.35$，TiO_2 的相对分子质量 $M_2 = 79.90$，按上述原料的质量分数计算方法，则两种原料的质量分数为：

$$g_1 = \frac{197.35}{197.35 + 79.90} \times 100\% = 71\% \ (BaCO_3)$$

$$g_2 = \frac{79.90}{197.35 + 79.90} \times 100\% = 29\% \ (TiO_2)$$

【例 3-2】 以铌镁酸铅为主晶相的低温烧结独石电容器瓷料的配方计算。已知其化学计算式为 $Pb(Mg_{1/3}Nb_{2/3})O_3 + 14\%$（摩尔分数）$PbTiO_3 + 4\%$（摩尔分数）$Bi_2O_3$，此外，镁含量要过量 20%，各原料不需分别预合成烧块。所用原料纯度为：铅丹含 Pb_3O_4 98%；$MgCO_3$ 98%；三氧化二铋含 Bi_2O_3 98%，五氧化二铌含 Nb_2O_5 99.5%。试计算配制 500g 料时所需称量各种原料的质量。

计算步骤如下。

① 计算各原料的物质的量比例。由配方可知各原料的物质的量比例

原　　料	Pb_3O_4	$MgCO_3$	Nb_2O_5	TiO_2	Bi_2O_3
物质的量比例	$(1+0.14) \times \frac{1}{3}$	$\frac{1}{3}$	$\frac{2}{3} \times \frac{1}{2}$	0.14	0.04

② 按原料纯度进行修正：将各原料的物质的量比例除以该原料的纯度，得到

原　　料	Pb_3O_4	$MgCO_3$	Nb_2O_5	TiO_2	Bi_2O_3
计算纯度后的物质的量比	0.3878	0.3401	0.3350	0.1429	0.0408

③ 计算各原料的质量

原　　料	Pb_3O_4	$MgCO_3$	Nb_2O_5	TiO_2	Bi_2O_3
相对分子质量	685.6	84.32	265.8	79.90	466.0
质量/g	265.87	28.67	89.04	11.39	19.01

因为 MgO 要过量 20%，故

总质量 $= 265.87 + 28.67 + 28.67 \times 20\% + 89.04 + 11.39 + 19.01 = 419.71$g

④ 计算质量分数

原　　料	Pb_3O_4	$MgCO_3$	Nb_2O_5	TiO_2	Bi_2O_3
质量分数/%	63.34	8.17	21.22	2.71	4.53

⑤ 计算配料为 500g 时各原料所需质量：

$$Pb_3O_4 = 500 \times 63.34\% = 316.7g$$

$$MgCO_3 = 500 \times 8.17\% = 40.85g$$

$$Nb_2O_5 = 500 \times 21.22\% = 106.10g$$

$$TiO_2 = 500 \times 2.71\% = 13.55g$$

$$Bi_2O_3 = 500 \times 4.53\% = 22.65g$$

（2）按瓷料的预期化学组成计算配料比

【例 3-3】 已知瓷料化学组成的质量分数列于下表：

组　　成	Al_2O_3	MgO	CaO	SiO_2	SiO_2/CaO
质量分数/%	93.0	1.3	1.0	4.7	4.7

瓷料限定所用原料为：工业氧化铝、生滑石、碳酸钙和苏州土。求合成上述瓷料所需原料的配比。设：工业氧化铝中含 Al_2O_3 的量为 100%；碳酸钙中含 $CaCO_3$ 的量为 100%，其中 CaO 为 56%，CO_2 为 44%；苏州土为纯高岭石，理论化学组成为 $Al_2O_3 \cdot 2SiO_2 \cdot 2H_2O$，即 Al_2O_3 为 39.5%，SiO_2 为 46.5%，H_2O（灼减）为 14.0%；滑石为纯 $3MgO \cdot 4SiO_2 \cdot H_2O$，理论化学组成为 MgO 31.7%，$SiO_2$ 63.5%，H_2O 灼减 4.8%。

又设：工业氧化铝为 A，苏州土为 AS_2H_2，碳酸钙为 $CaCO_3$，生滑石为 M_3S_4H，灼减为 x，折烧系数为 $n = 100/(100-x)$。

则：

$$(A + AS_2H_2 \times 0.395)n = 93 \tag{1}$$

$$M_3S_4H \times 0.317n = 1.3 \tag{2}$$

$$CaCO_3 \times 0.56n = 1.0 \tag{3}$$

$$(M_3S_4H \times 0.635 + AS_2H_2 \times 0.465)n = 4.7 \tag{4}$$

$$x = AS_2H_2 \times 0.14 + M_3S_4H \times 0.048 + CaCO_3 \times 0.44$$

由于 x 的数值通常很小（在该种配料中），故 $n = 1$，取 $n = 1$，不会引入明显误差。这样

由（2）得　$M_3S_4H = 1.3/0.317 = 4.1\%$

由（3）得　$CaCO_3 = 1.0/0.56 = 1.8\%$

由（4）得　$AS_2H_2 = (4.7 - M_3S_4H \times 0.635)/0.465 = (4.7 - 4.1 \times 0.635)/0.465 = 4.5\%$

所以　$Al_2O_3 = 100\% - 4.1\% - 1.8\% - 4.5\% = 89.6\%$

计算结果：工业氧化铝　89.6%

　　　　　生滑石　　　4.1%

　　　　　碳酸钙　　　1.8%

　　　　　苏州土　　　4.5%

配料计算准确是制造优良性能功能陶瓷元器件的基础。应注意的是原料在称量前需充分干燥，除去吸附的水分。一般应在 110℃ 干燥 4h 以上。根据各原料的配料量和称量精度的要求，需合理选用天平或其他称量工具。称量应尽量迅速、准确，同时要有必要的监督和检查。

3.3　备料工艺

备料工艺包括原料的称量、混磨、干燥、加黏合剂、造粒，制成符合成型工艺要求的粉料。原料称量前，大部分原料需要进行干燥处理、拣选、过筛，有些则需要预合成、煅烧等，以制成符合要求的化学组成或晶体结构的原料。

3.3.1　原料的煅烧

天然矿物原料和化工原料中，很多原料是同质多晶体，不同温度下，结晶状态或矿物结构不同。例如，工业氧化铝、二氧化钛和石英等是具有多种晶型结构的常用原料；滑石具有层片状或粒状结构，在高温下分解为偏硅酸镁（$MgO \cdot SiO_2$）和游离的 SiO_2，$MgO \cdot SiO_2$ 有几种结晶状态，晶型结构相互转变时伴有体积效应，原料中的这种多晶转变将导致体积变

化，对烧成不利。原料的特殊矿物结构则给生产工艺带来困难，例如，层片状滑石配制的坯料，干压时不易压紧，挤压时易形成定向排列和造成层裂，烧成时又由于各个方向的收缩不一致，瓷件容易开裂和变形。解决这类问题，通常采取将原料进行煅烧促进晶体转化，获得具有优良电性能晶型的原料，这样可改变矿物结构，改善工艺性能，减少制品最终烧结的收缩率，保证产品质量，提高和保证功能陶瓷产品的机电性能。

3.3.2 熔块合成

化工原料多是单成分的化合物，但在许多生产中需要多成分的原料，如 $BaTiO_3$、$CaTiO_3$、$PbTiO_3$、$CaZrO_3$ 等。目前，我国专业生产这些中间原料的工厂较少，一般的工厂自己合成，用于再配料。合成料通常采用 $800\sim1300℃$ 的高温进行，煅烧后的合成料称为烧块、熔块或团块。合成过程大多是固相反应。可以采用差热分析了解合成过程中的物相变化，也可以由收缩膨胀曲线和失重曲线了解合成过程中的物理化学变化和相变过程。合成过程也可在液相和气相下进行，并可形成超细、高纯、高活性的粉体。合成的温度选择很重要。温度太低，反应不充分，主晶相质量不好；温度太高，烧块过硬，不易粉碎，活性降低，使烧成温度升高和变窄。一般选择略高于理论温度值，根据试验，确定合适的合成温度和保温时间。合成烧块时，必须控制有害的游离成分，如 $BaTiO_3$、$CaTiO_3$ 和 $SrTiO_3$ 中的游离 BaO、CaO 和 SrO。游离成分过多会给工艺操作造成困难和导致产品性能的恶化。

3.3.3 粉料的制备

为了改善功能陶瓷材料的性能、降低烧成温度和提高烧成质量，粉料制备应以获得高纯、均匀、超细为目的。制备方法包括机械加工法（也称固相法）、液相法和气相法。目前，主要采用机械加工法。下面简要讨论机械粉碎的原理和方法。

(1) 球磨 球磨是最常用的一种粉碎和混合方式。被粉碎的物料和磨球（亦称料和球）装在球磨罐中。球磨罐旋转时，带动球撞击和研磨物料，达到粉碎的目的。一般来说，球磨机转速越高，粉碎效率越高。但当球磨机转速超过临界转速时就失去粉碎作用。球磨机的临界转速可用下式计算：

$D > 1.25m$ 时，$n = \dfrac{35}{\sqrt{D}}$ ；$D < 1.25m$ 时，$n = \dfrac{40}{\sqrt{D}}$ 。

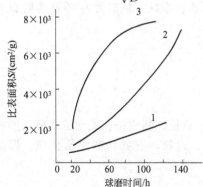

图 3-1 磨球种类对球磨效率的影响
被粉碎物料为经 1550℃ 预烧过的 Al_2O_3，含 α-Al_2O_3 99%~100%。
1—用直径为 22mm 的刚玉球；
2—用直径为 13mm、长 40mm 的刚玉棒；3—用直径为 8.5mm 的刚玉球

式中，n 为球磨机转速，r/min；D 为球磨罐内径，m。该式为经验公式。

影响粉碎和混合效率的因素如下。

① 球磨机的转速，应选择略低于实际临界转速。

② 球磨机内磨球大小的配比、磨球形状、硬度及质量。磨球的大小应配合适当，最大直径在 $D/18 \sim D/24$ 之间，最小直径为 $D/40$，D 为球磨罐的内径。图 3-1 示出了磨球种类对球磨效率的影响。

③ 球磨机装载量。一般，装载料量占球磨机容积的 $70\% \sim 80\%$ 较好。

④ 料、球、水（分散介质）之比。三者之比根据原料的吸水性、入磨颗粒大小和球磨机装载量的不同而异。黏土类原料吸水性强，水的比例要适当增大，否则料浆黏度过大，甚至固结，难以磨细和混合均匀。通常的比例为：料：球：水＝1：(1~1.4)：(0.8～

1.2）。表 3-27 为几种瓷料采用优选法进行优选料、球、水比例的结果。采用干法球磨时也应注意料和球比例的选择。

表 3-27　料、球、水比例的优选结果

瓷料名称	球磨机装载量/kg	料、球、水比	优选料、球、水比	原球磨时间/h	优选球磨时间/h
CT-1	3~6	1：1.2：1	1：1.13：1	26	13
SF-47	3~6	1：1：1	1：1.13：1	25	15
75瓷	3~6	1：1：1	1：1.13：1	35	15
金红石瓷	3~6	1：0.8：1	1：1.12：1	36	12
高介瓷	3~6	1：1：1	1：1.10：1	14	9
滑石瓷	200	1：1.2：(不固定)	1：1.38：0.8	70~80	32

⑤ 助磨剂的影响。当物料研磨至一定细度后，其继续研磨的效率将显著降低，这是因为已粉碎的细粉对大颗粒的粉碎起缓冲作用，较大颗粒难于进一步粉碎。为了提高研磨效率，使物料达到预期的细度，需加入助磨剂，常用的有油酸和醇类。例如，干磨时加油酸、乙二醇、三乙醇胺和乙醇等，湿磨时加乙醇和乙二醇等。

⑥ 分散介质的影响。球磨分为干法和湿法两种。干法球磨不加分散介质，主要靠球的冲击力粉碎物料。湿法球磨需加水或酒精等作为分散介质，主要靠球的研磨作用进行粉碎。由于水或其他分散介质的劈裂作用，湿磨效率比干磨要高。一般用水作分散介质，若原料中有水溶性物质，可采用酒精等其他液体作为分散介质。应注意以水为分散介质时，水必须进行必要的纯化处理，以免由于水中含有杂质而引入到配料中。

⑦ 球磨时间的选择。随球磨时间的延长，球磨效率降低。长时间地球磨还会引入较多的杂质。因此，球磨时间应在满足适当细度的条件下尽量缩短。例如，混料为 4~8h，细磨为 20~40h，釉料、银浆等为 80~100h 等。在球磨过程中不可避免地要引入杂质。为了减少杂质污染，一般可采取的措施有：a. 球磨时间不可过长；b. 球磨罐镶嵌的衬里可用同一配方的瓷瓦、橡皮或耐磨塑料等，小球磨可用尼龙罐、塑料罐等；c. 磨球可根据配料的要求，选用鹅卵石、燧石、玛瑙等，也可用人造的瓷球，如氧化铝瓷球，或与原料组成近似的瓷球。细粉碎、混合均匀和防污染是功能陶瓷备料工序必须考虑和研究的重要问题。

（2）振动磨　振动磨是由电动机、弹性联轴节（橡皮管）、振动器（偏心轮）弹簧、主轴、机架、底座、料筒、料斗（橡皮斗）、磨球等组成，如图 3-2 所示。振动磨的原理是：电动机带动偏心轮转动，使支承在弹簧上的机架、料筒振动，料筒内的球和物料跟着振动，并有沿着筒的循环运动和料球的自身转动。当振动频率很高时，上述运动非常剧烈，磨球对物料的研磨和撞击作用很大。由于物料的结构总是有缺陷的，这些缺陷在机械振动下迅速扩大，物料沿着结合最弱处疲劳破坏。振磨能把物料粉碎到 0.1~10μm。细度和粉碎效率与振动频率、振幅大小、振动时间等因素有关，见图 3-3。振动磨也有干磨和湿磨两种，湿磨优于干磨，湿磨时分散介质的选择应该注意。振动磨又分间歇式和连续式。工业上多用连续式密堆积磨球振磨机。磨球呈圆柱体。磨体（见图 3-2）呈圆环形。入磨细度为 60~80 目筛，出磨细度全部通过 300 目筛。图 3-3 示出了振动频率、振幅和振动时间对 $CaTiO_3$ 瓷料比表面积的影响。

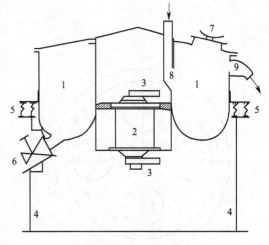

图 3-2　振动磨示意图

1—立式磨体；2—电动机；3—偏心轮；4—基础；
5—弹簧；6—清理口；7—上盖；8—进料口；9—出料口

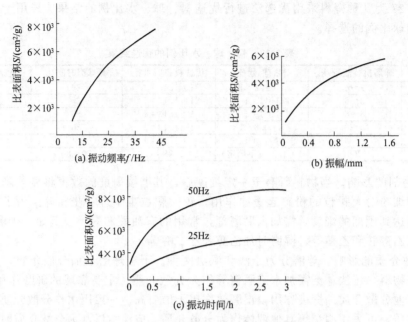

图 3-3　振动频率、振幅、振动时间对 CaTiO$_3$ 瓷料比表面积的影响

(3) 行星磨　行星磨也叫微粒球磨机。四只相同重量的球磨罐，置于同一旋转的圆盘上，使球磨罐"公转"，各个球磨罐又绕自身轴线"自转"。当公转速度足够大时，离心力大大超过地心引力，自转角速度也相应提高，磨球不至于贴附罐壁不动，从而克服了旧式球磨机之临界转速的限制，大大提高了研磨效率。粉碎细度接近于振动磨而优于球磨，粉碎时间一般为 1.5～3h。行星磨的原理如图 3-4 所示。

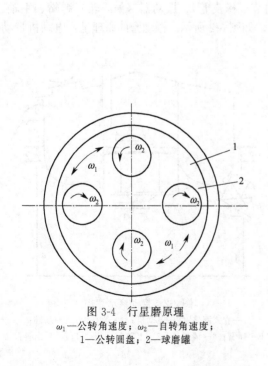

图 3-4　行星磨原理
ω_1—公转角速度；ω_2—自转角速度；
1—公转圆盘；2—球磨罐

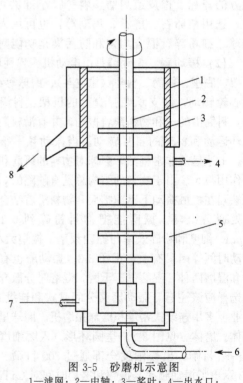

图 3-5　砂磨机示意图
1—滤网；2—中轴；3—桨叶；4—出水口；
5—圆筒；6—进料口；7—冷却水入口；8—出料口

(4) 砂磨 砂磨机主要由直立固定的圆筒和旋转的桨叶构成，如图3-5所示。磨球采用1～6mm的粒状瓷球或钢球。待磨浆料由筒底泵入，经研磨后由上部溢出。磨球总量约占筒有效容积的一半。中轴带动桨叶以700～1400r/min的速度旋转，给予磨球极大的离心力和切线加速度，球与球、球与圆筒壁之间产生滚碾摩擦。因研磨粒度下限比振动磨低，常用来进行超细粉碎。所得粉料粒径小，呈圆球形，流动性好，特别适用于轧膜、挤制和流延成型。砂磨可连续操作也可间歇操作，效率很高。但是应该注意圆筒壁、磨球和旋转的桨叶在磨料过程中可能发生磨损而进入料中，可能会给产品带来质量问题，这是特别需要注意的。

(5) 气流粉碎 气流粉碎的原理是利用压力为5～6atm（1atm=101325Pa，下同）的高压气流（空气或过热蒸汽）把物料喷入粉碎机腔内，使物料颗粒之间相互摩擦和碰撞达到混合和磨细的目的，其原理如图3-6所示。被粉碎物料在分级区受离心力作用，按粒子粗细自行分级。粗颗粒靠管道外壁，细粉末靠内侧，达到一定细度的粉末，经惯性分离器在出口处被收集，粗颗粒下降，回到粉碎区继续粉碎。如此循环到达到一定细度。一般，物料在管内要循环2000～2500圈。气流粉碎可连续操作，细度可达到1μm或更小。这种方法制得的物料细度均匀，混入杂质甚微。

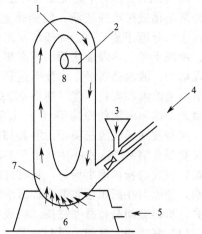

图3-6 气流粉碎机示意图
1—分级区；2—惯性分离器；3—加料器；
4,5—压缩空气；6—喷嘴；7—粉碎区；8—出口

机械粉碎很难制备非常细的粉料。化学制粉可制备出更细、粒径均匀性好、活性大的粉料。可将其大致分为固相法、液相法和气相法三类。

(1) 固相法 固相法是指把固溶体或固体混合物中的可溶性成分用溶液浸出后，残留的不溶性成分会成为疏松的骨架状或松散的粉末，稍加研磨即成为超细粉体的过程。例如，$BaTiO_3$超细粉体的制备过程：将$BaCO_3$和TiO_2的摩尔比改为2:1，配料经混合研磨和煅烧后生成的Ba_2TiO_4，在850℃、N_2+CO_2气流中热分解，即$Ba_2TiO_4+CO_2 \longrightarrow BaTiO_3+BaCO_3$得到了$BaTiO_3$和$BaCO_3$固态混合物。再用醋酸溶液浸出其中的$BaCO_3$，便得到平均粒径为60nm、符合$BaTiO_3$化学计量比的超细粉末。

制备超细粉体的另一种固相法，是将湿化学法合成的中间产物转化为所需要的粉体。例如，草酸氧钛钡粉料在700～900℃温度下煅烧1～2h，便分解成化学计量精确的$BaTiO_3$超细粉体。其反应过程如下：

$$BaTiO(C_2O_4)_2 \cdot 4H_2O \longrightarrow BaTiO(C_2O_4)_2 + 4H_2O$$

$$BaTiO(C_2O_4)_2 + O_2 \xrightarrow{\text{约}330℃} BaCO_3(\text{无定形}) + TiO_2(\text{无定形})$$

$$BaCO_3(\text{无定形}) \longrightarrow BaCO_3(\text{立方}) \longrightarrow BaCO_3(\text{斜方})$$

$$BaCO_3(\text{无定形}+\text{立方}+\text{斜方}) + TiO_2(\text{无定形}) \xrightarrow{\text{约}720℃} BaTiO_3$$

固相反应一般需要在较高温度下进行，浪费能源，还会出现颗粒的融合和生长，不利于形成超细粉体。这种反应可能出现的问题主要有：由于固相反应在粒子界面上进行，常出现反应不完全和成分不均匀的情况；固相掺杂很难均匀一致，尤其是微量掺杂（0.1%～1%）时，不可能达到完全均匀。因此，有人采用湿法掺杂或液相合成时直接掺入的方法来解决。

(2) 液相法 液相法是先使原料在液相中均匀混合、分散并反应，然后再将它以固体微粉的形式分离出来。液相可以是溶液，也可以是熔体。①由熔融盐制取超细粉体。某些难熔或易熔的盐，可以在熔融态下进行反应，通常是复分解反应。例如，BaO与$(NH_4)_2TiCl_6$

在 550℃下混合熔融并发生反应，冷却后用水浸提。可得到 $BaTiO_3$ 的超细粉末。此法也可制 $PbTiO_3$ 的超细粉体。②由溶液制取超细粉体。此法又称湿化学法，包括共沉淀和喷雾干燥等。共沉淀法的基本原理是利用金属离子水解，水解产物与其他离子反应。精确控制沉淀条件，可使溶液中的各种金属离子同时沉淀，然后将它们加热分解，生成复合金属氧化物的超细粉体。如制备 $BaTiO_3$ 的共沉淀法工艺流程如下：

$$BaCl_2 \text{ 溶液} + TiCl_4 \text{ 溶液} \xrightarrow{} Ba^{2+}, Ti^{4+} \text{ 混合液} \xrightarrow[\text{分离、洗涤、烘干}]{} BaCO_3 + TiO_2 \xrightarrow[\text{700～950℃煅烧}]{} BaTiO_3$$

（混合液上方箭头指向 $(NH_4)_2CO_3$ 溶液）

用 $(NH_4)_2CO_3$ 作为沉淀剂可避免 K、Na 等离子污染。去除溶剂法的原理是把金属盐混合溶液化成很小的液滴，使盐迅速析出，析出的颗粒细小而均匀。使盐迅速析出的方法有：①水分迅速蒸发；②冷却水使之快速结冰；③改换溶剂等。常用的方法目前有喷雾热分解、冷冻干燥、热煤油法等。喷雾热分解使金属盐溶液成微细液滴（直径 $10～20\mu m$）喷入干燥塔中。液滴遇高温，水分迅速蒸发，使金属盐析出或分解，生成金属盐或氧化物微粉。调节溶液浓度和雾化程度可制得 $0.2\mu m$ 左右的粉体。冷冻干燥法是将金属盐混合溶液滴入或喷入干冰和丙酮的冷冻槽（$-94.3℃$）中，液滴结冰，再减压使冰迅速升华，得到疏松的、保持液滴形状的盐粒子，将其加热分解可制得复合氧化物微粉。乙醇脱水法是将金属柠檬酸盐混合溶液喷入乙醇中，由溶液结构的变化，盐的溶解度降低而沉淀，将沉淀物加热分解，生成的粉体细小均匀，具有良好的烧结性。水热法是利用不同温度下金属盐溶解度的差别，使原料在高压釜底部溶解区溶解。借助对流作用，原料上升到上部温度较低的析晶区析晶。所得微细晶粒晶型完整，组成精确，符合化学计量比，粉体的粒径为 $0.01～0.1\mu m$。

(3) 气相法 气相法可制取晶粒在 1nm 左右、晶型完整的粉体。在气相中，晶粒的生成是以物态的变化为基础的蒸气凝缩法，或以化学反应为基础的气相反应法。

① 蒸气凝缩法。蒸气凝缩法是将原料用电阻炉、高频感应炉、电弧或等离子体火焰等加热汽化，然后急速冷却使微粒凝结出来，可制得粒径为 $5～100mm$ 的粉体，适用于单一和复合的氧化物、氮化物、碳化物、硼化物或金属等粉料的制备。

② 气相反应法。该法有化合物的热分解和几种物质间的化学反应。例如，SiC 粉可以通过 CH_3SiCl_3 热分解制取，反应如下：

$$CH_3SiCl_3 \xrightarrow{} SiC + 3HCl$$

该方法采用的原料一般选用制造容易、反应性好的氯化物，或选用烃化物、金属醇盐等。加热方式主要有电阻炉、化学火焰、电弧、等离子体和激光等。用化学法来制备高纯、超细粉体的研究和应用受到科技界和企业界的高度重视。工业生产中应考虑以下几点情况和要求。

a. 粉体的组成和化学计量比应精确地调节和控制，粉料成分有良好的均一性。

b. 控制粉体颗粒的形状、粒度均匀和颗粒的团聚。

c. 粉体应有较高的活性，表面洁净，无污染。

d. 掺杂效果，成型性和烧结性良好。

e. 适用范围广、产量大、成本低、操作简便、易于控制、能耗小、原料来源方便。

目前上述各法中，有些湿化学法研究成果已经推广或达到了工业化生产。

3.3.4 除铁、压滤、困料和练泥

(1) 坯料除铁 在制备粉料时往往混入铁质，工厂常采用电磁除铁器除去铁质。电磁除

铁器有干式和湿式，图 3-7 为湿式电磁除铁器。当混有铁质的料浆流过除铁器时，铁质被磁化的钢棚吸住，流出的料浆即已除铁。

（2）浆料压滤　工业生产上一般采用压滤机压滤的方法除去湿法细磨浆料中的水。压滤机是由许多板框和滤布组成的。用隔膜泵把料浆泵入压滤机中，泥料留在滤布上，水分透过滤布流出。一般用 8～12atm，压力越大，泥饼含水量越小。

（3）困料　压滤出来的泥饼通常是外硬内软，水分分布不均匀。一般把这种泥饼放在避光、空气不流通的室内或密闭容器内，保持一段时间，这种操作称为困料或陈腐。困料室内温度应保持在 20℃ 左右，相对湿度要求在 80%～90%。坯料在困置过程中，在毛细管的作用下，水分分布逐渐趋于均匀。同时，坯料中有机物的作用可提高坯料的可塑性。坯料困置时间越长，水分分布就越均匀，其成型性也就越好。一般困料时间为 10～20 天。

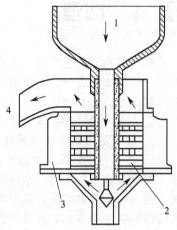

图 3-7　湿式电磁除铁器
1—进浆口；2—钢栅；
3—线圈；4—出浆口

（4）练泥　经过压滤、困料的坯料组织疏松、不均匀，并含有大量的气泡，这样就降低了坯料的可塑性，难以挤压成型，通常采用真空练泥机练泥的方法使坯料均匀致密，除气泡。真空练泥的工艺条件如下：①真空室内真空度应保持 600～700Pa；②坯料含水量一般控制在 23%～27% 为宜；③加到练泥机中的坯料不能太快造成真空室堵塞，也不能太慢，否则坯料脱节，形成层裂或断裂；加入的坯料的尺寸越小越好，有利于排除气泡；④反复多次进行真空练泥，直至坯料中没有气泡。

3.3.5　干燥、加黏合剂和造粒

为了有利于烧结和固相反应的进行，原料颗粒应越细越好。但是，粉料越细，流动性越不好；同时，粉料越细，比表面积越大，粉料所占体积越大，干压成型时不易均匀地填满模具的每个角落，经常出现成型件有空洞、边角不致密、层裂、弹性后效等问题。这一问题常采用造粒工艺来解决。

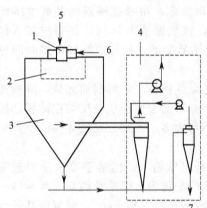

图 3-8　喷雾干燥流程示意图
1—第一步料浆雾化；2—第二步雾滴与热空气混合；3—第三步雾滴水分蒸发；4—第四步干粉回收；5—料浆；6—热空气；7—干粉

造粒工艺是将磨细的粉料，经过干燥、加黏合剂，做成流动性好、粒径约为 0.1mm 的颗粒。造粒工艺大致分为加压造粒法和喷雾干燥造粒法。加压造粒是将混合了黏合剂的粉料预压成块，再经破碎和粉碎过 8 目粗筛，筛余后的物料返回破碎机继续破碎和粉碎，再过 40 目筛，筛余物料仍应压碎，使全部物料通过 40 目筛后，再过一次 40 目筛，使物料颗粒混合均匀。这种工艺方法造出的颗粒体积密度大，机械强度高，能满足各种大型、异型制品成型的要求。喷雾干燥造粒法是把混合好黏合剂的粉料做成料浆，或在细磨工艺时加入黏合剂，用喷雾器喷入造粒塔中雾化，雾滴与塔中的热空气混合，进行热交换，使雾滴干燥成流动性好的球状团粒，由旋风分离器吸入料斗。这种方法产量大，适合连续化生产和自动化成型工艺。图 3-8 为喷雾干燥流程示意图。

3.4 成型

在功能陶瓷的生产中，大多数配料不含黏土，而是非可塑性的。为了满足成型要求，坯料中一般要加黏合剂。黏合剂的种类和加入量，由成型方法、原料性质、制品的形状、大小等因素决定。黏合剂应满足以下要求。

① 有足够的黏性，以保证良好的成型性和坯体的机械强度。

② 经高温煅烧能全部挥发，坯体中不留或极少留有黏合剂残余杂质。

③ 工艺简单，没有腐蚀性，对瓷料性能无不良影响。

根据成型方法不同，采用不同的模具。模具应能保证制品具有要求的形状、尺寸精度，便于使用，生产效率高，使用寿命长等。为此，模具应精心设计、计算和加工。由于坯体烧成时体积将发生收缩，故模具设计时必须考虑收缩系数进行放大。模具的线尺寸 $=f\times$ 瓷件要求尺寸，其中 $f=a/b$；式中，a 为烧成前生坯线尺寸，b 为烧成后陶瓷件的线尺寸；f 为陶瓷件线收缩系数。

功能陶瓷常用的成型方法有挤制成型、干压成型、热压铸成型、注浆成型、轧膜成型、等静压成型、热压成型和流延成型等。

3.4.1 挤制成型

挤制成型主要用于制造棒形和管形制品，如电阻基体用陶瓷棒、陶瓷管和片形陶瓷制品等。这种成型方法生产效率高，产量大，操作简便。挤制成型在挤压机上进行，挤压机分为卧式和立式两种。黏土含量较多的电阻瓷体和装置瓷的成型，一般不再加黏合剂，配料经过真空练泥、困料后即可进行挤制成型。坯料中一般含水量为 16%～25%。含黏土（<15%）或不含黏土的电容器瓷料，必须加黏合剂，经真空练泥、困料后方可进行挤制成型。挤制成型常用的黏合剂有以下几种。

(1) 糊精 糊精的分子式是 $C_6H_{10}O_5$，为白色无定形粉末，由稀盐酸或稀硝酸水解淀粉制得。在常温下，白色糊精在水中的溶解度为 61.5%，黄色糊精为 95%，坯料中加入糊精一般不超过 6%，若糊精加入过多，湿坯强度下降，坯体易变形，往往使坯件干燥时间过长，出现硬皮现象。

(2) 桐油 桐油是由桐树果实制得，为淡黄或深褐色黏性液体。新鲜桐油无臭，陈桐油有恶臭味。桐油能增加成型坯体的可塑性，还可使坯体干燥后的表面形成一层柔韧薄膜，提高坯体强度。它可与糊精配合使用，效果更好，但用量不可太多，否则会延长坯件的干燥时间，一般加入量为 3%～4%。

(3) 甲基纤维素（MC） 甲基纤维素是一种灰白色纤维状粉末，能溶于冷水呈半透明黏性很强的胶状溶液，不溶于乙醇、乙醚和氯仿。它与水的配比为：甲基纤维素：水＝(7～8)：100。在瓷料中的加入量为：瓷料：甲基纤维素水溶液＝100：(20～40)。配制甲基纤维素水溶液是按比例把甲基纤维素加入 90～100℃水中搅拌，冷却后完全溶解，过 80 目筛滤去杂质备用。

(4) 羧甲基纤维素（CMC） 羧甲基纤维素是一种白色粉末，吸水性很强，能溶于水生成黏性溶液，但不溶于有机溶剂。羧甲基纤维素水溶液的配比为：CMC：水＝(5～6)：100。这种黏合剂的用量为：瓷料：CMC 水溶液＝100：(20～40)。羧甲基纤维素经高温煅烧后留有 10%～15%NaCl 和 Na₂O 等灰分，因此，会明显改变瓷料的介质损耗和介电常数的温度系数。

(5) 羟丙基甲基纤维素（HPMC） 羟丙基甲基纤维素是一种白色、无味、无臭、无毒的纤维状或粉状物质。其分子式为：

$$[C_6H_7O_2(OH)_{3-m-n}(OCH_3)_m(OCH_2CH_2CHCH_3)_n]_x$$
$$\quad\quad\quad\quad\quad\quad\quad\quad\quad\quad\quad\quad OH$$

式中，m 为甲氧基平均取代度（DS）；n 为羟丙氧基平均取代度，或摩尔取代度（MS）；x 为分子链的平均聚合度。一般总取代度（$m+n$）<3。水溶性 HPMC 总取代度在 1.7～2.0，能溶于冷水，但水溶液受热时，会形成三维胶体结构，出现胶体时的温度称凝胶温度。HPMC 的凝胶温度约 60℃，它不溶于凝胶温度以上的热水。HPMC 不溶于无水乙醇、乙醚、氯仿，也不与油类和脂膏类作用，可溶于糠醇、二甲亚砜、二甲基酰胺、吡啶、冰醋酸等。热塑性的 HPMC 溶于种类繁多的热溶剂中，如甘油、二元醇、乙二醇醚、甘油醋酸酯及乙醇胺等。此类热溶液冷却时会形成薄膜，因此，它适用于可塑成膜、挤制成膜和模塑等工艺，在 pH 值为 2～12 范围内均稳定存在。HPMC 热稳定温度达 280℃，炭化温度约 300℃，自燃温度约 360℃，易燃烧。配制水溶液时，不可直接溶解于冷水中，最好先用适量 90～100℃ 热水将 HPMC 全部浸泡润湿，搅拌冷却至室温（最好急冷至 5℃ 以下），这样能迅速获得均匀的水溶液，若冷溶液过稠，可用冷水稀释至合适浓度。

(6) 亚硫酸纸浆废液 亚硫酸纸浆废液是用亚硫酸蒸煮植物纤维制取纸浆时放出的废液。其主要成分除水外是木质磺酸的钙盐和镁盐，呈黑色浓稠液体。其中的金属离子对瓷料性能有影响。表 3-28 列出了挤制管状瓷介电容器时黏合剂的种类和用量。

表 3-28 某些瓷料黏合剂的用量

组　别	粉料/g	桐油/g	糊精/g	水/g	甲基纤维素水溶液/g
CT-1	100	4	5	18～20	—
SF-47	100	4	—	—	27～28
75瓷	100	4	—	—	27～28
金红石瓷	100	4	5	18～20	—
高介瓷	100	4	—	—	—
滑石瓷	100	4	—	—	27～28

挤制瓷管时，为了防止坯体变形（变为椭圆），管的壁厚和直径（外径）有一定关系，管的外径越大，壁越薄，机械强度越差，越容易变形。表 3-29 列出了管壁和外径的关系。

表 3-29 挤制瓷管时，其外径与壁厚间的极限尺寸

瓷管外径/mm	3	4～10	12	14	17	18	20	25	30	40	50
瓷管最小厚度/mm	0.2	0.3	0.4	0.5	0.6	1	2	2.5	3.5	5.5	7.5

3.4.2 干压成型

干压成型是应用最广泛的一种成型方法。该方法生产效率高，易于自动化，制品烧成收缩率小，不易变形。但该法只适用于简单瓷件的成型，如圆片形等，且对模具质量的要求较高。控制干压成型的坯料含水量很重要，一般在 4%～8%。为了提高成型料的流动性、增加颗粒间的结合力、提高坯体的机械强度，通常需要加入黏合剂进行造粒。干压成型常用黏合剂有以下几种。

① 聚乙烯醇水溶液。使用这种黏合剂进行生产的工艺简单，瓷料气孔率小，加入量为 3%～5%。

② 石蜡：熔点约 50℃，具有热塑性，温度升高，黏度降低。温度高于其熔点时可以流动，并能润湿瓷料颗粒表面，形成一薄吸附层，起黏结作用。干压成型时则是利用它的冷流

动性。石蜡用量通常8%左右。

③ 酚醛清漆。用该黏合剂的生产工艺简单，坯体的机械强度较高，加入量8%～15%。

④ 亚硫酸纸浆废液。这种黏合剂的配方为：水90%，亚硫酸纸浆废液10%，其加入量为瓷粉料的8%～10%，但生坯强度较低。

干压成型应注意以下工艺问题。

① 加压方式。加压方式有单面加压和双面加压两种。单面加压［图3-9(a)］时，直接受压一端的压力大，密度大；远离加压一端的压力小，坯体密度也小。双面加压［图3-9(b)］时，坯体两端直接受压，因此，两端密度大，中间密度小。如果坯料经过造粒、加润滑剂，再进行双面加压［图3-9(c)］，则坯体密度非常均匀。

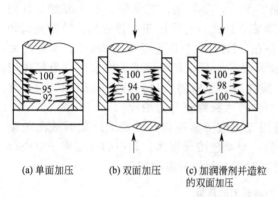

(a) 单面加压　　(b) 双面加压　　(c) 加润滑剂并造粒
　　　　　　　　　　　　　　　　　　　的双面加压

图3-9　加压方式对坯体密度的影响

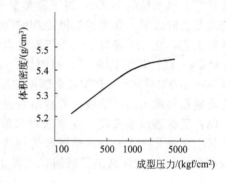

图3-10　成型压力与产品体积密度的关系
（样品是$BaTiO_3$瓷，外加1%PVA成型）
1kgf＝9.80665N，下同

② 成型压力。成型压力的大小直接影响瓷体的密度和收缩率。成型压力小，瓷体收缩大。例如，$BaTiO_3$烧块＋1%Al_2O_3瓷料，外加5%聚乙烯醇水溶液以不同的压力成型时，其收缩系数如表3-30所示。图3-10所示为成型压力与产品体积密度的关系。成型压力小时，产品体积密度也小；当成型压力达到2MPa时，压力再增加，瓷体的密度提高很少。压力过大，坯体容易出现裂纹、分层和脱模困难等现象。一般干压成型压力在0.6～1.5MPa之间。

表3-30　成型压力与收缩系数

压力/MPa	0.5	0.6	0.7	0.8
收缩系数	1.15～1.16	1.13～1.14	1.11～1.12	1.03

③ 加压速度和时间。干压成型时，加压速度过快会导致坯体分层，表面致密中间松散，甚至在坯体中存在许多气泡。因此，加压速度宜缓，而且要有一定的保压时间。

3.4.3　热压铸成型

这种方法能够成型形状复杂的中小型瓷件。①热压铸成型必须用煅烧过的料。煅烧的目的是保证铸浆有良好的流动性，减少坯体的收缩率，提高产品尺寸精度。热压铸粉料的含水量小于0.5%，否则铸浆流动性很差。要获得低含水量的配料，原料需要进行高温烘干。烘干温度应在300℃左右。烘干后的粉料要长期保存在干燥箱中，以免吸水。煅烧后的料要进行干粉碎，可采用干法球磨。料球比为1：(1.2～1.5)，细度要通过250目筛，筛余小于0.5%～4%。球磨时外加0.4%～0.8%油酸作助磨剂，以提高粉磨效率和铸浆的流动性。②热压铸成型以石蜡为黏合剂。石蜡在50～55℃熔化，冷却凝固后有5%～7%的体积收缩，有利于脱模。石蜡呈化学惰性，价格也便宜。为减少石蜡的用量和提高铸浆的流动性，可加表面活性剂，如油酸、蜂蜡、硬脂酸、软脂酸、植物油和动物油等。石蜡和表面活性剂的配比：石蜡97%，硬脂酸3%；石蜡95%，油酸5%；石蜡94%，蜂蜡6%。③铸浆的配制比例：粉料（含0.4%～0.8%的油酸）86.5%～87.5%，石蜡（含表面活性剂）12.5%～13.5%。

铸浆配制工艺如下。

a. 加热石蜡至70～90℃熔化，把已加热的料粉倒入石蜡液中，边加热边搅拌，制成蜡饼。

b. 将蜡饼放入和蜡机中（见图3-11）。先放入快速和蜡机中，温度为100～110℃，转筒速度40r/min，至蜡饼熔化，冷却到60～70℃。后倒至慢速和蜡机中，搅拌速度为30r/min，以排出气泡，约需2h。

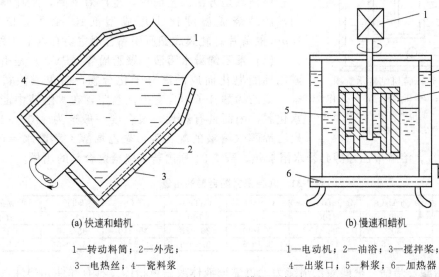

(a) 快速和蜡机　　　　　　　　　　　(b) 慢速和蜡机

1—转动料筒；2—外壳；　　　　　　1—电动机；2—油浴；3—搅拌桨；
3—电热丝；4—瓷料浆　　　　　　　4—出浆口；5—料浆；6—加热器

图3-11　和蜡机示意图

铸浆性能及其影响因素如下。

a. 铸浆的黏度和流动性。在同一温度下，黏合剂含量大，铸浆黏度小，流动性好，成型性能好。但此时，瓷件的收缩率和气孔率都会增大。所以，在保证铸浆流动性足够好的前提下，应尽量少加黏合剂。加入表面活性剂可在黏合剂含量较小时，提高铸浆的流动性。通常黏合剂含量一定时，粉料相对密度大（煅烧温度高），铸浆黏度小，流动性好；粉料粒度越小、粉料含水量越多，铸浆黏度越大，流动性越差。

b. 铸浆的可铸性。铸浆充满模具形成坯体的能力为可铸性。若黏度小，流动性好，其可铸性也好。成型压力大，可铸性好。模具的温度适当，也可提高可铸性。

c. 铸浆的稳定性。铸浆长时间加热而保持不分层的能力称铸浆的稳定性，可用下式表达：

$$u = \frac{U_m}{U_c}$$

式中，U_m 为试验用的铸浆体积；U_c 为分离出黏合剂的体积。例如，滑石瓷铸浆100ml，加热至70℃保温24h，分离出的黏合剂小于0.1ml为稳定。粉料的粒度，黏合剂的种类、含量铸浆温度，保持时间等因素都影响铸浆的稳定性。

d. 热压铸成型工艺。铸浆在3～5atm下充满金属铸模，并在压力持续作用下凝固，形成含蜡的半成品，再经过排蜡和烧成即得到制品。热压铸机原理如图3-12所示。其中铸浆温度为65～90℃，大型制品的铸浆温度应偏高。铸浆温度过高，黏合剂要挥发，

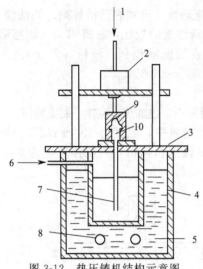

图 3-12 热压铸机结构示意图
1,6—压缩空气；2—压紧装置；3—工作台；4—料浆桶；5—油浴恒温槽；7—供料管；8—加热元件；9—铸模；10—铸件

坯体收缩大，出现凹陷和缩孔等缺陷。在压力和冷却时间一定时，模具的温度影响制品的质量。一般薄壁制品，模具温度应控制在 10～20℃，厚壁零件 0～20℃。压力一般采用 3～5atm，薄壁和大件制品，应用较高的压力。压力持续时间应以铸浆充满整个模具腔体并凝固成要求的几何尺寸为标准。铸浆温度、性能、制品形状和大小都影响持续时间。

3.4.4 轧膜成型

这种成型方法工艺简单，生产效率高，膜片厚度均匀，产品烧成温度比干压成型低 10～20℃，能轧制 $10\mu m$ 的薄片。轧膜成型所用黏合剂主要有以下几种。

(1) 聚乙烯醇水溶液 聚乙烯醇（PVA）是由聚醋酸乙烯酯皂化而成的高分子化合物，白色或淡黄色粉末。聚乙烯醇分子中含有极性基团，在水溶液中能生成水化膜，因而具有黏性。聚合度一般选为 1400～1700。聚乙烯醇水溶液的配比为：聚乙烯醇：蒸馏水＝(15～20)：(85～80)。溶解聚乙烯醇必须水浴加热。表 3-31 列出若干瓷料黏合剂的用量。

表 3-31 几种瓷料黏合剂的用量

瓷料	95%Al$_2$O$_3$	MgO-TiO$_2$-CaO	CaSnO$_3$	CaTiO$_3$	TiO$_2$	BaTiO$_3$	低频独石
粉料/g	100	100	100	100	100	100	100
黏合剂/g	30	35～40	30～40	30～38	35～40	35～40	25
甘油/g	3.3～5	3.3～5	3.3～5	3.3～5	3.3～5	3.3～5	3.3～5

(2) 聚醋酸乙烯酯 聚醋酸乙烯酯为无色黏稠液体或白色粉体。具有弹性和塑性，聚合度 $n＝400～600$。能溶于低分子量的酮、醇、酯、苯、甲苯等，不溶于水和甘油。聚醋酸乙烯酯黏合剂的配制：聚醋酸乙烯酯 100g，甲苯 140～200ml，无水乙醇 40ml；加热水浴使聚醋酸乙烯酯溶解，过 60～80 目筛，以去除不溶物和气泡。

黏合剂的用量依坯料种类、环境湿度及膜厚而定，通常为 20%～25%，外加 2%～5% 甘油。瓷料为中性或弱酸性时，用聚乙烯醇较好；瓷料为碱性时，需用聚醋酸乙烯酯。

轧膜机如图 3-13 所示。它由两只相向滚动的轧辊构成。当轧辊转动时，放在轧辊之间的瓷料不断受到挤压，使瓷料中的每个颗粒都能均匀地覆盖上一薄层黏合剂，气泡不断被排除，最后轧制出所需厚度的薄片，再用冲片机冲出所需尺寸的坯料。

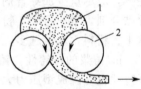

图 3-13 轧膜机成型示意图
1—加有黏合剂的瓷料；2—轧辊

轧膜成型有如下特点：成型过程兼有练泥作用；轧制过程中膜片两面受压，厚度方向致密均匀。但较厚膜片，中间部分致密度较差；可获得预期厚度的膜片；膜片在宽度方向没有受力，当它由厚变薄时向四周延展，往往在边缘造成开裂；膜片密度分布不均匀，沿膜片轧制前进方向致密，垂直方向致密度较差，因此烧成收缩率不同，前者小后者大。

3.4.5 流延成型

流延成型可获得 $10\mu m$ 以下的陶瓷薄片。流延成型是在超细粉料中均匀混合适当的黏合剂，制成浆料，通过流延嘴，浆料依靠自重流在一条平稳转动的环形钢带上，经过烘干，钢带又回到初始位置，经多次循环重复，直至得到需要的厚度。流延法的特点：生产效率高于轧膜法，成本低；致密均匀，质量优于轧膜法；生产的膜片由 $3\sim5\mu m$ 至 $2\sim3mm$；膜片弹性好，致密度高。

流延成型用黏合剂主要有聚乙烯醇及聚乙烯醇缩丁醛。增塑剂与黏合剂互溶，塑化效率高，化学性能稳定，挥发慢。黏合剂为聚乙烯醇时，可用甘油、磷酸、乙二醇、丁二醇等作为增塑剂；黏合剂用聚乙烯醇缩丁醛时，可用邻苯二甲酸二丁酯、癸二酸二丁酯、二丁基邻苯二甲酸二丁酯等作为增塑剂。水溶性的黏合剂和增塑剂可用水和乙醇为溶剂；聚乙烯醇缩丁醛的溶剂有甲醇、乙醇、丙醇、环己酮、醋酸乙酯等。润湿剂也称悬浮剂，可改善瓷粉在黏合剂中的分散性和浆料的流动性。常用的润湿剂有润湿剂 $7^{\#}$（$C_{17}H_{35}SO_3Na$）、鲱鱼油、鲸油、蓖麻油、橄榄油等。

典型配方：①聚乙烯醇 13%，乙醇 47%，蒸馏水 40%；②聚乙烯醇缩丁醛 12.5%，邻苯二甲酸二丁酯 3.5%，润湿剂 $7^{\#}$ 4%，环己酮 44%，正丁醇 36%。

采用聚乙烯醇时，浆料的配方为：瓷粉 52%，聚乙烯醇水溶液 42%，甘油 6%。在球磨罐中使其混合均匀，料与玛瑙球比为 1:1，混料时间 15h。混合好的料含有大量气泡，必须除去。可用机械法和化学法除泡。机械除泡用真空搅拌，转速 100r/min，压力在 1.5kPa 以下。化学除泡是使用除泡剂，除泡剂的组成为，正丁醇:乙醇=1:1。两种方法可同时使用，即在真空搅拌过程中，进行 $3\sim4$ 次除泡剂表面喷雾，约半小时气泡即基本排除。

采用聚乙烯醇缩丁醛时，其工艺流程如下：

粉料＋溶剂＋分散剂 → 黏合剂＋球磨混合＋增塑剂 → 球磨混合 → 真空除气 → 成型、干燥 →

陶瓷坯带 → 冲片

工艺过程中加料次序很重要，第一次球磨混合和第二次球磨混合都是 $15\sim20h$。球料比和真空除气与采用 PVA 时相同。聚乙烯醇缩丁醛的黏度对流延后的成膜性、脱模影响很大，一般选用 $15\sim25s$ 较好。

流延机的构造原理如图 3-14 所示。采用 Cr14Mn14Ni 钢带，长约 9m，宽 0.4m，每班生产能力为 $0.75m^2$。图 3-14 中流延嘴前的刮刀用来调节流延膜的厚度。膜厚与刮刀和钢带之间的间隙成正比，与钢带速度、料浆黏度成反比。料浆黏度一般控制在 $3.0\sim3.1s$。料浆黏度对成膜厚度影响最大。

流延过程是将黏度合适的浆料倒入加料斗中，浆料从流延嘴流出，并随钢带向前运动，浆料被刮刀刮成一层连续、表面平整、厚度均匀的薄膜，并进入干燥区，成为固态薄膜，待转了预定圈数，达到要求厚度时，在前转鼓下方将陶瓷坯带从钢带上剥离。每圈的流延膜厚度为 $8\sim10\mu m$，干燥区温度约 80℃。

为了防止钢带被腐蚀，以及填补钢带表面凹凸缺陷，在流延瓷膜以前，要先流延一层镜光层。镜光层又由两层组成：底层是聚乙烯醇膜，表层是三醋酸纤维素膜。底基薄膜流延工艺条件：料液配比乙基纤维素为 $7.5\%\sim8\%$，

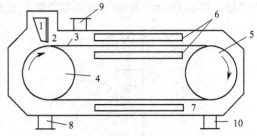

图 3-14　流延机构造示意图
1—料斗与流延嘴；2—调厚刮刀；
3—不锈钢带；4—前转鼓；5—后转鼓；
6—上干燥器；7—下干燥器；8—热风进口；
9—上热风出口；10—下热风出口

无水乙醇为 $92\%\sim92.5\%$；刮刀与镜光层之间距离 0.2mm，钢带速度 1.5m/min，干燥热风温度 40℃，干燥时间 6min，流延一圈。

3.4.6　印刷成型

将超细粉料、黏合剂、润滑剂、溶剂等充分混合，调制成流动性很好的浆料，在丝网印刷机上漏刷，可印出一层极薄的坯料。如印制独石电容器：用一张含灰分很少的有机薄膜或电容器纸作衬底，先在电极所在位置上，用丝网漏印法印一层金属浆料，干燥后，再在该有介质的部位漏印陶瓷浆料；干燥后，再印一次陶瓷浆料，重复若干次，直至达到所需的厚度为止。然后再漏印金属电极，依次循环交替，直至达到要求的层数为止。待干透后进行剪切、烧成，使坯片成型和电容组装同时完成。衬底在烧结过程中被氧化燃尽。

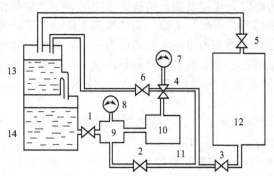

图 3-15　等静压成型设备供压系统原理图

1,3—截门；2—高压阀；4—止逆阀；5—卸压阀；
6—安全阀；7—高压表；8—低压阀；
9—低压泵；10—高压泵；11—高压管；
12—高压容器；13—沉淀池；14—储液槽

3.4.7　等静压成型

等静压成型是应用巴斯克原理，即在密闭容器内充满液体，液体一处受压时，此压力将传递到液体各点，且各点压强相等这一原理进行成型的。图 3-15 为等静压主要设备供压系统原理图。

用富有弹性的塑料或橡皮做成适当形状的模具，把粉料装入模具中，放入上述高压容器内密封好，将液体用低压泵送到高压容器中，待高压容器内充满液体后，关闭高压阀。再用低压泵把液体送入高压容器增压，达到要求的压力后，缓慢减压，把液体放入沉淀池，再流回储液槽中待用。

液体与模具直接接触的成型过程称为湿袋法。该方法适于小批量生产和科研，可压制成型几何形状复杂以及大尺寸的产品，但成型时间长，生产效率低。由于橡皮模具周围完全被液体包围，所以模具各个方向受到的压力均等，坯体的各个方向被均匀地压实。湿袋法成型设备如图 3-16 所示。

为了提高生产效率，一些几何形状较简单的产品，如管状、圆柱状等产品，可采用干袋法成型。图 3-17 为干袋法（内部填充法）成型设备的示意图。

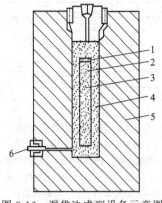

图 3-16　湿袋法成型设备示意图

1—橡皮塞；2—弹性模具；3—粉料；4—刹车油；
5—高压容器；6—刹车油进口

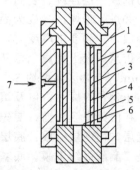

图 3-17　干袋法成型设备示意图

1—高压容器；2—刹车油；3—加压橡皮；4—弹性模具；
5—粉料；6—芯棒；7—刹车油进口

干袋法成型是加压橡皮袋封紧在高压容器中，加料后的弹性模具送入压力室内，加压成型后退出脱模。也可将弹性模具固定在高压容器内，加料后封紧模具加压成型。这种成型方法的特点是模具不与液体直接接触，可减少模具的移动，不必调整容器中的液面和排出多余气体，可以迅速取出压制成型好的坯体。但此方法只使粉料的周围受压，模具的顶部和底部无法受压，密封较困难。

等静压成型具有以下特点。

① 坯体密度高，均匀性好，烧成收缩小，不易变形和开裂，不分层。

② 可用来生产大型、异型制品。

③ 坯料不必加入黏合剂，采用含水量1%～4%的粉料即可。有利于烧成和减低瓷件的气孔率，坯件的机械强度高，不易产生变形和开裂的废品。

④ 由于生坯的机械强度高，可以满足毛坯处理和机械加工的需要。

⑤ 不需要金属模具，所用模具制造方便、成本低。

等静压成型使用的弹性模具要求具有能够均匀伸长、展开、不易撕裂、能耐液体介质的侵蚀等特点。因此，多采用橡胶制成，如抗油氯丁橡胶、硅橡胶等。塑料模具的成本低、制作容易，多被采用。

3.4.8 注浆成型

注浆成型是在石膏模中进行的。石膏模具有多孔性，吸水性强，能很快吸收瓷浆中的水分，达到成型的目的。石膏模是用天然石膏粉碎，然后在120～170℃下进行烘炒，形成半水石膏（$CaSO_4 \cdot 1/2H_2O$）做成的。一般，半水石灰:水=1:1。注浆成型所用瓷浆的配比为：粉料:水=100:（30～50）。在注浆中常加入阿拉伯树胶作黏合剂，一方面增加注浆的流动性，使注浆不易发生沉淀和分层，另一方面能显著地减少注浆中的水分，提高坯体的强度和密度。例如，加入0.3%～0.5%阿拉伯树胶粉，注浆的含水量就可降低22%～24%，而流动性仍很好，阿拉伯树胶是一种很好的稀释剂。

3.4.9 车坯成型

车坯成型是采用将真空练泥机挤出来（或采用注浆法浇注出来）的、具有很好可塑性的泥坯，经过干燥后具有足够高的强度，然后在车床上进行的一种成型方法。

3.5 排黏合剂

功能陶瓷成型时多采用有机黏合剂，在煅烧时，有机黏合剂从固态转变为液态或气态，从坯体中排出。有机黏合剂在坯体中大量熔化、分解、挥发，会导致坯体变形和开裂，因此，需要先将坯体中的黏合剂排除干净，然后再进行烧成，以保证产品的形状、尺寸和质量要求。排除黏合剂工艺称为排黏合剂，其作用主要有如下3点：

① 排出坯体中的黏合剂，为烧成创造条件；

② 使坯体获得一定的机械强度；

③ 避免黏合剂在烧成时的还原作用。

3.5.1 热压铸坯体的排黏合剂工艺

热压铸成型采用石蜡作黏合剂。石蜡为热塑性材料，加热至50～60℃时即由固态转为液态。石蜡的蒸发温度为120～130℃，在60～120℃温度区间为液态，黏度低，坯体容易发生变形。为了防止坯体变形，必须使石蜡在较低温度下以较黏稠的液态缓慢排出。生产上用吸附剂将坯体埋在其中，使蜡液通过吸附剂的毛细管作用，从坯件逐渐迁移到吸附剂中，进而蒸发排掉。吸附剂的作用如下。①固定坯体的几何形状，不变形；②吸附石蜡黏合剂，并通过它进一步排除；③使坯体受热更均匀，防止变形、开裂。常用的吸附剂有经 1200～1300℃ 煅烧过的氧化铝粉，经 900℃ 煅烧过的氧化镁粉，经 800～1200℃ 煅烧过的石英粉，经 800℃ 煅烧过的石膏粉等。吸附剂的吸附能力与煅烧温度、吸附剂本身的性能、颗粒度有关。每一种吸附剂只有在最佳温度范围内煅烧，才具有最大的吸附能力。吸附剂的颗粒越细，比表面积越大，吸附力越强。吸附剂的导热性好，使坯体受热均匀，黏合剂排出均匀一致，有利于防止坯体变形和开裂。煅烧氧化铝是最好的吸附剂。在排黏合剂过程中，升温速度和保温时间非常重要。一般排黏合剂过程分四个阶段。

① 从室温到 100℃，是石蜡熔化阶段，升温速度应缓慢，要充分保温，目的是使整个坯体受热均匀，石蜡缓慢熔化，并开始液体排蜡。

② 100～300℃，主要是液态石蜡向吸附剂渗透和迁移（100～160℃），吸附剂表面的石蜡蒸发（120～300℃）。这一阶段的升温速度应控制为 10～30℃/h，并在 200℃ 和 300℃ 时充分进行保温。这阶段有大量黏合剂排出，必须加强适当的通风。

③ 300～600℃ 阶段，烧除剩余的黏合剂，升温速度可稍快。400℃ 以前升温速度控制为 20～40℃/h；500～600℃ 升温速度控制为 30～60℃/h。

④ 600～1000℃ 阶段，是增加坯体机械强度的阶段，升温速度控制为 50～150℃/h。终温根据具体的瓷料而定，在终温下保温 2h，不可过高，应防止坯体黏结吸附剂。

3.5.2 流延、轧膜和挤片的排黏合剂工艺

非塑性物料的膜片成型都含有大量黏合剂，烧成前应整形、排黏合剂。整形在烘箱中进行。将冲成的坯片，以 8～10 片一叠，叠放整齐，压在光滑平整的钢板或玻璃之间，也可在专门设计的整形夹具中夹紧，置于烘箱中，以每分钟 4℃ 的速度升温，至 250℃ 保温 4h。整形的作用是排除坯片中一定的水分和黏合剂，获得平整的外形和初步定形。整形后的坯片仍具有较好的机械强度，故仍能方便地进行装钵和排黏合剂。坯片的大小、厚薄不同，排黏合剂的升温曲线也不相同。黏合剂不同，其挥发速率不同，排黏合剂曲线也不相同。以下排黏合剂曲线供参考：0～100℃ 自由升温，100℃ 时保温 1h；100～350℃，控制升温为 100℃/h；350～400℃，控制升温为 40℃/h；400℃ 时保温 3h。坯片经过 400℃ 烘烤（一般在马弗炉或硅碳棒炉中进行），强度很低，不可移动，应继续进行高温煅烧，直至烧结。排黏合剂时应注意加强通风，使有机挥发组分及 CO 等及时排出，保持窑炉气氛为氧化气氛，这对许多易还原性功能陶瓷材料来说是十分重要的。

3.6 烧成

烧成是使成型的坯体在高温作用下致密化，完成预期的物理化学反应，达到所要求的物理化学性能的全过程。该过程通常分三个阶段：从室温至最高烧成温度时的升温阶段，在高温下的保温阶段，从最高温度降至室温的冷却阶段。

(1) 升温阶段 这一阶段主要是水分和有机黏合剂的挥发、结晶水和结构水的排除、碳酸盐的分解，有时还有晶相转变等过程。除晶相转变过程外，其他过程往往伴有大量气体排出。这时升温不可太快，否则会造成坯体的结构疏松、变形和开裂。通常机械吸附水在

200℃以前逐步挥发掉，有机黏合剂在 200～350℃温度区间挥发完，结晶水和结构水的排除以及碳酸盐的分解则视具体材料而异。如高岭土（$Al_2O_3 \cdot 2SiO_2 \cdot 2H_2O$）在 400～600℃下脱水，膨润土［$Al_2Si_4O_{10}(OH)_2 \cdot nH_2O$］在 500～700℃温度区间脱水，滑石（$3MgO \cdot 4SiO_2 \cdot H_2O$）则在 700～900℃温度区间脱水。$CaCO_3$ 在 650～930℃温度区间分解，$MgCO_3$ 则在 350～850℃温度区间分解。$BaCO_3$ 在 1450℃、$SrCO_3$ 在 1200～1250℃下，CO_2 分压达到 1atm。脱水和释放气体的过程中，质量都明显减轻，可用失重实验测定其反应温度区间。同时，脱水和释放气体又是一个吸热过程，也可由差热分析进行验证。在晶相转变时往往有潜热和体积变化，如在发生相变的温度下适当保温，可使相变均匀、和缓，减免应变、应力造成的开裂。相变时的热效应和体效应也可从综合热分析中看出。图 3-18 为 $BaCO_3$ 和 $BaCO_3 + TiO_2$ 混合物的差热分析、失重分析和线膨胀（收缩）曲线。图 3-18（a）$BaCO_3$ 差热分析曲线在 811℃和 982℃有两个吸热峰，它分别对应 $BaCO_3$ 由斜方转变为六方和由六方转变为四方结构的相变温度。图 3-18(b) 中差热曲线在前述两个吸热峰后 1100～1150℃出现一个极强的吸热峰，同时体积发生急剧膨胀，表明 $BaTiO_3$ 的合成进行，这个阶段的升温速度不宜过快。

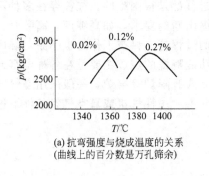
(a) 抗弯强度与烧成温度的关系
（曲线上的百分数是万孔筛余）

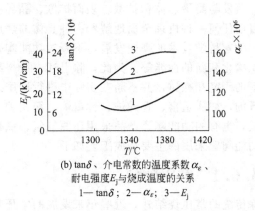
(b) $\tan\delta$、介电常数的温度系数 α_ε、耐电强度 E_j 与烧成温度的关系
1—$\tan\delta$；2—α_ε；3—E_j

图 3-18　$BaCO_3$ 和 $BaCO_3 + TiO_2$ 混合物综合热分析曲线
1—差热分析曲线；2—失重分析曲线；3—收缩曲线

（2）保温阶段　保温阶段是陶瓷烧成的主要阶段之一。在这一阶段过程中，配料的各组分进一步进行充分的物理变化和化学反应，以获得要求的致密、结构和性能的陶瓷体。因此，必须严格控制烧成过程的最高烧成温度和保温时间。任何瓷料都有一最佳的烧成温度范围，实际最终烧成温度应保证在该范围内。各种瓷料的烧成温度范围不同，一般黏土类陶瓷的烧成温度范围比较宽，为 40～100℃，大多数功能陶瓷只有 10～20℃，个别的功能陶瓷的烧成温度范围只有 5～10℃。在这个范围内烧成，坯体致密性好，不吸水，晶粒细密，机械和电性能好。超出这个范围，瓷体气孔率都增大，机械和电性能都降低，以 75 氧化铝为例示于图 3-19。

（3）冷却阶段　从烧成温度冷却至常温的过程称为冷却阶段。在冷却过程中伴随有液相凝固、析晶、相变等物理和化学变化发生。冷却方式、冷却速度对瓷体最终的相组成、结构和性能均有很大的影响。冷却阶段有淬火急冷、随炉快冷、随炉慢冷、控制缓冷和分段保温冷却等多种方式。慢冷等相当于延长不同温度下的保温时间，因此，晶体生长能力强、玻璃相有强烈析晶倾向的瓷料，晶粒可能生长成粗大的晶体，玻璃相会析晶，往往使瓷体结构和致密性变差，对于这种瓷料，应快速冷却。快冷应注意

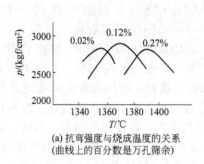

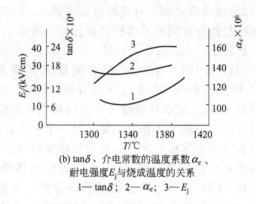

(a) 抗弯强度与烧成温度的关系
(曲线上的百分数是万孔筛余)

(b) tanδ、介电常数的温度系数 α_ε、
耐电强度 E_j 与烧成温度的关系
1— tanδ；2— α_ε；3— E_j

图 3-19 75 氧化铝瓷机械和电性能与烧成温度的关系

必须避免出现瓷体开裂和炸裂等缺陷。析晶倾向非常强的瓷料，或希望保持高温相的瓷料，可采用快冷或淬火快冷的方法。

烧成是一个很复杂的物理和化学变化过程。有人认为功能陶瓷的烧成机理可归纳为黏性流动、蒸发与凝聚、体积扩散、表面扩散、晶界扩散、塑性流动等。大量实践和研究工作表明：目前任何一种机理全面地解释一种具体的烧成过程都是很困难的，往往存在多种不同的机理。随着科学技术的高速发展，不断对功能陶瓷提出新的要求，如高纯度、高致密、细晶粒、织构化和新的性能等。为此，除上述一般烧结的过程外，科技工作者也不断对烧成工艺进行新的研究和探讨，并不断在实际中进行运用。功能陶瓷的烧成主要是在各种电窑或电炉中进行的，如隧道窑、管式炉、钟罩炉、箱式炉、立式升降炉等窑炉，一般采用空气气氛进行烧成，也有的功能陶瓷产品采用还原气氛、氧化气氛、中性气氛或真空气氛条件下进行烧成。功能陶瓷采用的主要烧成工艺如下。

3.6.1 常压烧结

除传统的常压烧结外，近些年来发展的常压烧结有：气氛（即通氧气、氮气、氢气等）烧结，控制挥发气氛（PbO、SnO_2、CdO 等）烧结等。

(1) 气氛烧结 烧结过程中窑炉内通入适当气体，使窑炉中保持所要求的气氛，以促进瓷体的烧结或达到其他目的。例如，控制晶粒长大、使晶粒氧化或还原等，这在功能陶瓷的烧成工艺中已普遍采用。通常采用一种与大气分隔的烧结容器（如坩埚），并在烧结过程中不断通入所需的气体，例如通入 H_2 或 CO，可形成强还原气氛，通入 N_2 或 Ar，可获得中性气氛；通入 O_2 可形成强氧化气氛，N_2 和 H_2 搭配，或 N_2 和 O_2 搭配，可获得不同程度的还原或氧化性气氛。

对氧化物陶瓷来说，在高温下的氧分压变化，可改变坯体中化学计量比。若氧分压过高，则晶粒中氧含量增大，正离子缺位增加，有利于以正离子扩散为主的陶瓷烧结；另一方面，还原气氛将使晶粒中出现较多的氧缺位，有利于氧离子的扩散传质，这对绝大多数氧化物陶瓷的烧结来说都是有利的。图 3-20 所示为气氛对 Al_2O_3 烧结的影响。对促进烧结来说，还原气氛几乎对所有的氧化物瓷料都是有利的。但对有些易变价的瓷料，如 TiO_2、$BaTiO_3$、$SrTiO_3$、$Pb(TiZr)O_3$ 等，由于氧缺位的存在，坯体中出现相当数量的 Ti^{3+}，Ti^{2+}，瓷体呈现明显的电子电导，可能导致该陶瓷材料的 tanδ 增大。但这并不意味含钛陶瓷不能采用还原气氛促进烧结。为了降低含钛陶瓷的烧结温度，生产上常用还原气氛烧结，特别是在烧结后期，这种作用非常明显。待烧结完成则改为氧化气氛，以消除氧缺位，保证良好的介电性能。即在保温后期至降温到 800℃ 的温

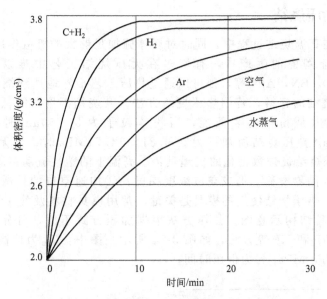

图 3-20 气氛对 Al_2O_3 烧结的影响 （1650℃）

度区间，都应在氧化气氛下进行烧成，这可避免出现由于氧缺位存在使 tanδ 增大的问题。这一原理在烧结大功率瓷介电容器（如 TiO_2 陶瓷）时，已经得到广泛的应用。

（2）控制挥发气氛烧结 在功能陶瓷中有许多化合物具有高的蒸气分压，在较低的温度下就大量挥发，如 PbO、SnO_2、CdO 等。含有这类化合物的瓷料，如果在空气中煅烧，由于挥发分跑掉，不能保证瓷体设计的组分配比，瓷体也不易烧结。如果把这种瓷料密封在容器中，在一定温度下，挥发分将汽化到容器空间形成挥发气氛，挥发分达到一定的平衡蒸气分压后即停止挥发。温度越高，平衡蒸气分压越大。若密封容器漏气或容器壁与挥发分有化学反应，则容器内的挥发分蒸气分压将下降，平衡被破坏，挥发分将继续汽化挥发，以恢复到原来的平衡蒸气分压。根据这个原理，防止瓷料中挥发分跑掉的办法是降低烧成温度和密封烧结。通常，常压下降低烧成温度难以实现。而密封烧结，控制挥发性气氛，是当前最常用和有效的。图 3-21 为含 PbO 瓷料（PZT 陶瓷）烧结时常用的方法。

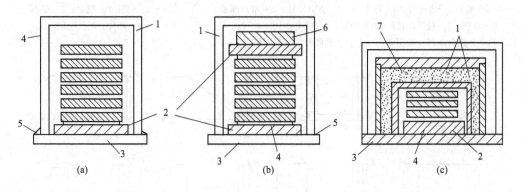

图 3-21 PZT 陶瓷烧结常用的几种方法

1—Al_2O_3 坩埚；2—PZT 烧结垫片；3—Al_2O_3 底板；4—试样；
5—ZrO_2 粉；6—$PbZrO_3$ 气氛片；7—$PbZrO_3$＋PbO 埋粉

3.6.2 热压烧结

热压烧结是在高温烧结过程中，同时对坯体施加足够大的机械作用力，达到促进烧结的目的。在功能陶瓷的生产中，有许多在无压烧结工艺中难以烧结的瓷料，如 Al_2O_3、BeO、SiC、BN、AlN 等，都可以通过热压工艺很好地达到烧结的目的。通常，用无压烧结可以烧结的瓷料，若用热压烧结方法，其烧结温度可降低 $100\sim150℃$。因为无压烧结推动力是粉体的表面能，当粉体粒子为 $5\sim50\mu m$ 时，这种推动力是 $98.07\sim686.5kPa$。热压烧结所加压力在 $9.81\sim14.71MPa$ 时，比无压烧结推动力大 $20\sim100$ 倍。热压烧结促进致密化的机理是：①高温下的塑性流动；②在压力下使颗粒重排、颗粒破碎及晶界滑移，形成空位浓度梯度；③加速空位的扩散。图 3-22 为热压烧结装置示意图。热压烧结使用的模具是关键，常用模具材料及使用温度列于表 3-32。图 3-23 为热压模具结构示意图。热压方法根据加压方式不同，可分为 GP、DP、SP、OP、NP、CP、AP 和 KP 等方法，如图 3-24 所示。图中：T_m 为最高温度；p_k 为最高温度时施加的压力，MPa；t_p 为保压时间。

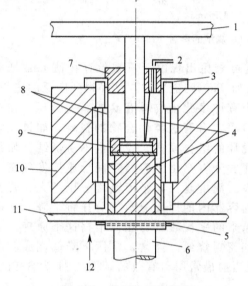

图 3-22 热压装置示意图
1—压紧装置；2—热电偶；3—硅碳棒；4—Al_2O_3 柱；5—水冷隔板；
6—活塞；7—轻质坯；8—耐热瓷管；9—模具；10—炉衬；
11—升降台；12—加压方向（上、下和两侧水冷支架略去）

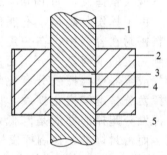

图 3-23 热压模具结构示意图
1—上压套；2—模套；3—垫料；
4—坯件；5—下压头

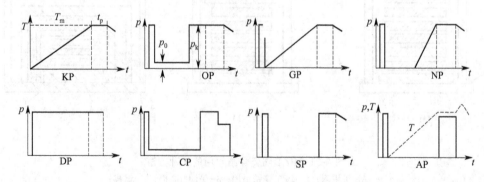

图 3-24 几种热压方法

表 3-32　热压模具材料及使用温度

材　　料	最高热压温度/℃	最大热压压力/MPa	材　　料	最高热压温度/℃	最大热压压力/MPa
Al_2O_3	1200	1.5	石墨	2500	0.5
SiC	1500	2.0	不锈钢	900	—

3.6.3　连续热压

上述热压工艺是间歇操作，生产效率较低，连续热压可克服这一缺点。图 3-25 为连续热压原理图。当温度达到预定温度后，将一定量的粉料加入模套内，使上压头下降，加压烧结。控制上压头下降速度为 1~15cm/h，下降到一定位置后，提升上压头，加料再压。如此不断重复，直至达到要求的坯件长度。由于模套上部和中部存在温度梯度，上压头温度较低，故每次所加新料只是在底层与原下部高温料接续的部分得到充分烧结，其上层仍保持生烧状态，这样有利于和下一次所加新料接续过渡。因而可连续热压出均匀致密、晶粒细小、无分层痕迹、具有不同直径和长度的棒状瓷体。模套本身也是炉管，外绕加热炉丝，其外再用氧化铝块箍紧，以保持足够的纵向强度。上压头所受温度不高，材料可用钢，并加水冷却，保持上层料粉生烧和不致粘模。下压头除初始阶段承受高温作用外，只起支持作用。整个连续热压过程并未使用垫粉，而是在加热状态连续推动，不会和模套粘连。高温下料软，摩擦损耗小，模具寿命高。

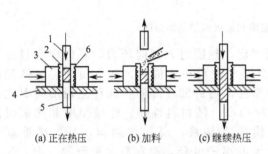

(a) 正在热压　　(b) 加料　　(c) 继续热压

图 3-25　连续热压原理图

1—上压头；2—模套；3—氧化铝块支持箍；
4—承载台；5—下压头；6—电热丝

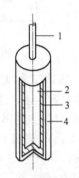

图 3-26　高温等静压模套结构

1—排气管；2—陶瓷坯体；
3—惰性粉料隔粘层；4—金属模套

3.6.4　高温等静压

高温等静压是等静压成型工艺和高温烧结相结合的新技术，解决了普通热压缺乏横向压力和压力不均匀，因而造成制品密度不够均匀的问题。高温等静压的主要设备是高压釜。发热体通常置于釜内，以氮气或氩气等惰性气体为传压介质，釜体用水冷却。模具使用密封的薄层软模套，材料用高温下具有良好塑性和强度的金属，如纯铁、软铜、不锈钢、镍、钛、钼、铂等。模套的结构示于图 3-26，中部为经过预压成型或经过一次煅烧的坯体，它与金属模套之间加上一层防粘垫粉，通常为 ZrO_2、MgO 等，在进入高温高压烧结之前，套内坯体借助于排气管进行一次真空处理。由高温等静压烧制的瓷体晶粒细小均匀，晶界致密，各向同性，但工艺复杂，成本高。

3.7　陶瓷材料的热加工

当将陶瓷坯体加热到它的熔点附近（熔点的 0.6~0.9 倍）时，便具有相当好的塑性。这是因为在高温下质点的热动能极大，结合能减少，因而外加机械力可以使晶面从一个平衡位置滑移到另一个平衡位置，形成离子晶体的晶面滑移式塑性变形。由于这一特性，陶瓷也能像金属那样利用一系列的热加工工艺，如热锻、热拉、热轧等，以及热加工后的退火热处理，因此陶瓷不仅具有高密度、高机械强度，而在热加工处理后，使常态陶瓷中随机取向的晶粒，在一定程度上择优排列和定向再结晶，形成具有定向结构的陶瓷。这种陶瓷与单晶相似，具有宏观的各向异性。图 3-27 为热加工织构定向和退火再结晶示意图。

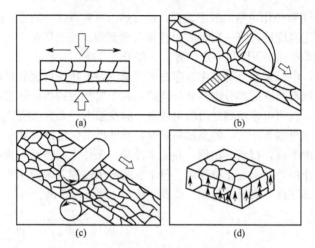

图 3-27　热加工织构定向和退火再结晶示意图

(1) 热锻　热锻又称无模热压，和热压相比，热锻时无侧向压力，坯体横向自由变形。烧结好的陶瓷坯体，置于热锻炉中，待温度升至一定值时，加上负荷，坯体轴向以每分钟 $10^{-2} \sim 10^{-4}$ 速率减小，直至所需厚度，然后卸压降温。这种热锻形变要比热压大得多，加工后的高度可为原高度的 $1/2 \sim 1/3$，随材料性质、热锻温度和热锻时间而异。$\beta\text{-}Al_2O_3$ [$Na_2O \cdot (6 \sim 11) Al_2O_3$] 属六方晶系，层片状结构，$Na^+$ 在垂直于 [0001] 面方向有较大的迁移率，因而有较大的离子电导，而在与之平行的方向，Na^+ 较难迁移，故电阻率较大。常态烧结的 $\beta\text{-}Al_2O_3$ 陶瓷晶粒取向是随机的，因而无法利用其定向的高离子电导特性。热锻 $\beta\text{-}Al_2O_3$，晶粒中 [0001] 面垂直轴基本都与加压方向平行，故有利于 Na^+ 在垂直于 [0001] 面方向迁移，使其电导率增大。当晶粒的定向度达到 70% 左右时，在垂直于加压方向和平行于加压方向上，电导率相差 1 个数量级。这种热锻定向高导 $\beta\text{-}Al_2O_3$ 陶瓷已成功地用于固态钠硫电池中作隔板。热锻工艺在含铋层状铁电体和铁氧体陶瓷的制造工艺中也得到了实际应用。

(2) 热拉和热轧　热拉和热轧工艺，要求被加工的陶瓷坯体具有极好的高温可塑性，要求拉模、轧辊具有良好的耐热性、表面光滑性和机械强度等，故其工艺难度较大，应用受到一定的限制。目前已有的热轧产品几乎都是添加少量玻璃或金属作为增塑剂的，因而热轧和退火温度都可以低一些。热轧产品可具有较高的机械强度。

(3) 急冷和缓冷　急冷也称淬火，是陶瓷坯体经高温保温烧结后，将坯体急速降温的一种热处理工艺。急冷的主要作用如下：

① 保留高温相组成，避免缓冷过程中的分凝、析晶和相变，以满足某些应用对材料的性能要求；

② 产生表面压应力，以提高坯体的抗张强度。

例如，独石电容器常采用急冷工艺，以保持其高温态的晶体结构，防止玻璃相析晶，因而可使瓷体致密，减小介质损耗，提高绝缘电阻。急冷可采用油冷、风冷等方法。缓冷也称退火。陶瓷坯体经高温烧结后，在炉中缓慢冷却，或在某个温度下进行长时间保温。缓冷的作用主要有以下两点。

① 促使坯体在冷却过程中晶体长大、分凝、析晶和相变，以满足某些应用对材料性能的要求。如 $Ba(Mn_{1/3}Ta_{2/3})O_3$ 系统微波陶瓷介质在 N_2 中和 1200℃条件下保温 10h，可使其在 11.4GHz 的品质因数 Q 提高 5 倍，即从 1000 升高到 5100。又如，晶界层电容器采用缓冷工艺，可使晶粒晶界层变厚、绝缘电阻增高、抗电强度提高。

② 消除坯体表面和内部应力，使相平衡过程充分进行。陶瓷是一个多晶和多相系统，不同物相之间的膨胀系数、相同物相不同晶轴之间的膨胀系数常常大小不同，因而在烧成后的冷却过程中相邻部分的收缩率也往往不同，这将带来晶粒晶界或相界两侧的应力差。膨胀系数大的将承受张应力，膨胀系数小的承受压应力。如果这种应力足够大时，将在界面附近出现裂纹。晶粒越粗大，这种应力积累越大，出现裂纹的可能性也越大。降温速度过快，这种应力来不及传递和缓冲，则更容易出现裂纹。这种应力的存在和裂纹的产生，对坯体强度非常有害，对该种情况常常采用缓冷措施，以消除内应力。

3.8　陶瓷材料的冷加工

陶瓷是由离子键或共价键结合而成，质地硬而脆，难于机械加工和保证加工精度。陶瓷坯体冷加工的主要目的是获得需要的外形和尺寸精度的陶瓷零部件。陶瓷的冷加工可分为一般加工（丝级精度）、精密加工（微米级精度）和超精密加工（亚微米至纳米级精度）。加工方法分为机械加工和非机械加工（如电火花加工法、离子束加工法等）。

陶瓷的机械加工主要是研磨和抛光，个别陶瓷（如六方氮化硼陶瓷）在一般精度和精密加工范围内，也可以用类似于金属加工的车、铣、刨加工等。超精密加工，由于加工量极小，被加工陶瓷件表面的晶体结构仍具有完整性。

目前，主要的机械加工设备有机床和刀具。

(1) 机床　陶瓷专用的超精度加工机床仍处于不断改进和完善中，主要发展方向是高精度、高生产效率、高可靠性和高重复性。

(2) 刀具　金刚石仍是目前陶瓷加工最理想的工具，其特点有以下三点：

① 硬度和刚度大且寿命长，加工时刀口圆角半径能基本保持不变，加工稳定和精密；

② 根据微观结构分析，金刚石刀口的圆角半径可以磨成数纳米，切削量小于亚微米级；

③ 金刚石的热膨胀系数很小、热导率大、刀具的热变形小，因而切削点能保持较低的温度。立方氮化硼刀具的许多性能接近金刚石刀具，在高温下耐 Fe、Co、Ni 等元素的侵蚀性优于金刚石，也得到了广泛的推广和应用。

超精密加工的方法主要有以下几种。

① 弹性发射加工法（elastic emission mathining）。该方法是将 $10.0\sim21.0$nm 的 Al_2O_3 超细粉高速喷射到被加工面上，使离子或原子间的结合受到弹性破坏来进行加工。加工单位可在 $0.01\mu m$ 以下，粒子加速方式为振动粉末与液体混合流动循环方式或带电粒子静电加速方式。

② 金刚石刀具超精密车床切削法。采用单晶金刚石刀具微细进刀，精度可达到 $0.1\sim0.05\mu m$，精度取决于超精密车床的精度。

③ 软质微粉机械化学抛光法。该方法所用磨料的硬度比工件小，加工时，磨料能与工件表面发生固相反应，反应区约 10^{-7}cm，依靠摩擦力将反应区域除去，如图 3-28 所示。

④ 漂浮抛光法。在锯齿形锡抛光盘上面有加工液体，工件漂浮于液体上，工件旋转并被加工，见图 3-29。

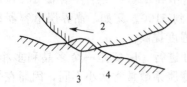

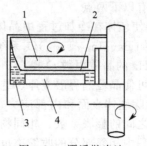

图 3-28　软质微粉机械化学抛光法
1—运动方向；2—软质微粉；
3—微小反应区；4—硬质工件

图 3-29　漂浮抛光法
1—夹具；2—工件；
3—加工用液体；4—锡抛光盘

⑤ 水合作用机械抛光法。在水或水蒸气循环的条件下，工件与 Al_2O_3 磨轮表面生成亲水性固体水合物，这种物质在磨轮旋转时将工件表面加工，见图 3-30。

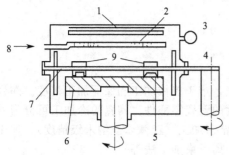

图 3-30　水合作用机械抛光法
1—加热器；2—喷嘴；3—压力表；
4—偏心轮；5—工件；6—磨轮；
7—夹具；8—水蒸气入口；9—重物

⑥ 激光加工。能量极高的激光照射在被加工的陶瓷表面时，其光能被吸收转换为热能，被激光照射处迅速熔化、汽化蒸发，形成凹坑。随着该处继续吸收激光能量，凹坑中蒸气迅速膨胀，蒸气压力急剧增大，熔化物被爆炸性地高速喷射而离开陶瓷表面。该高速喷射形成的反冲击力在被加工物内部形成方向性极强的冲击波，被加工物在这种作用下被加工。目前用于这种加工的主要激光器有固体（红宝石、钇铝石榴石、钕玻璃等）激光器和气体（二氧化碳、氩等）激光器等。这些激光器的功率目前有 $18\sim1000kW$（峰值），可以用来进行点焊、打孔、焊接、热处理、切割、修整和半导体材料加工等。激光加工主要有如下特点：加工功率密度高、不需要加工工具、加工速度快、效率高、热影响区域小、适合于精微加工、可加工深而小的微孔和窄缝、不适合于加工厚尺寸的物件。

⑦ 电子束加工。这种加工方法是在真空条件下，利用被聚焦后能量密度极大的电子束（$10^6\sim10^9W/cm^2$），以极高的速度冲击到陶瓷材料表面的极小区域，在极短的时间（几分之一微秒）内，大部分能量被转换为热能，使该处材料的温度达到数千度而熔化或汽化，达到对材料的加工目的。采取控制电子束的能量密度和注入时间可对陶瓷材料进行热处理、打孔、焊接、切割等不同要求的加工。

除以上几种加工方法外，陶瓷材料还有超声波加工、EMG 加工方法、MEEC 加工方法、磨料喷射方法等。

3.9　陶瓷材料的表面金属化

在陶瓷表面形成金属层（Ag、Pd、Ni、Cu、Mo-Mn 等）的工艺称陶瓷表面金属化。其作用主要有：
① 作为电容器、半导体敏感陶瓷元件等的电极；
② 集成电路和其他电路用的陶瓷管壳的引出线；

③ 装置陶瓷用作焊接和密封。

金属化的方法有烧渗法、化学镀法和真空蒸发法等，工业上用得最多的是烧渗法。烧渗法制备银电极的工艺简介如下。

3.9.1 银电极浆料的制备

对电极浆料的要求是多方面的，用途不同，要求也不一样。瓷介电容器用电极浆料的要求如下：

① 浆料中银含量应大于 65%；

② 具有具体瓷件要求和合适的烧渗温度；

③ 具有一定的黏度，黏度太大，会堆银起鳞皮；黏度太小，涂层过薄，会露瓷；黏度合适，涂覆边缘不会流散变形或扩散；

④ 存放时间和使用寿命长；

⑤ 无毒、无恶臭，对环境和使用人员不造成污染和伤害。

经涂覆（或印刷）、烧渗后，银层应符合以下要求：

① 连续致密地覆盖陶瓷表面，外表平整、光滑、厚度均匀；

② 方阻小于 $0.05\Omega(\square)$；

③ 银层对陶瓷表面的附着力大于 0.343MPa；

④ 可焊性良好、抗氧化性能好；

⑤ 膨胀系数与瓷体匹配，不与瓷体发生反应。

银浆有碳酸银浆、氧化银浆和粉银浆，以粉银浆的银含量最高。银浆通常由银或其化合物、黏合剂和助熔剂组成。银或其化合物（如 Ag、Ag_2O、Ag_2CO_3 等）是银浆的主要成分，应有足够的细度和化学活性。通常通过化学反应制造银及其化合物粉末，并用球磨使其与黏合剂、助熔剂混合均匀。下面介绍几种银及其化合物的制备方法。

(1) 抗坏血酸还原法制银粉 该方法的反应式为：

$$C_6H_8O_6 + 2AgNO_3 \longrightarrow 2Ag\downarrow + C_6H_6O_6 + 2HNO_3$$

抗坏血酸（$C_6H_8O_6$）还原时应在酸性水溶液中进行，并以丙三醇或乙二醇作为分散剂，所得银粉呈灰白色，粒度中细。配方如下：

1%浓度的 $AgNO_3$ 水溶液	1000ml
浓硝酸	21ml
丙三醇	28ml
10%抗坏血酸水溶液	60ml

前三种依次加入后，在搅拌下，边搅拌边迅速加入 10%抗坏血酸水溶液，静置澄清后用温水洗涤至中性为止，然后在低于 100℃ 条件下烘干。

(2) 三乙醇胺还原法制银粉 这种方法是最常用的，制备的银粉非常细，呈黑褐色泥状，故称银泥。其主要反应为：

$$2AgNO_3 + Na_2CO_3 \longrightarrow Ag_2CO_3\downarrow + 2NaNO_3$$

$$6Ag_2CO_3 + N(CH_2CH_2OH)_3 \longrightarrow 12Ag\downarrow + N(CH_2COOH)_3 + 6CO_2 + 3H_2O$$

反应的第一步是制取碳酸银。在反应器中硝酸银与蒸馏水按质量 1：（2～2.5）的比例配好，在水温 50～60℃ 条件下搅拌，使硝酸银全溶解。将上述溶液冷却后，按硝酸银：松香乙醇=100：6 的比例把松香乙醇溶液加到硝酸银溶液中，搅拌成乳白色的乳化液。在不断搅拌下，缓缓加入碳酸钠溶液，直到当加入 1～2 滴酚酞溶液，配制的溶液呈粉红色不褪时停止。生成的松香乙醇碳酸银为淡黄色泥状物，用真空抽滤的方法把沉淀分离出来，以蒸馏水清洗，直至清洗过的水无碱性为止（用试纸检查）。置于搪瓷盘中放入烘箱，在50~60℃条件下干燥48~64h，要求含水量不超过0.5%。如果干燥后的碳酸银不立即使用，应密封避光保存。因为在光、热作用下制取的 Ag_2CO_3 易分解为 Ag_2O。一般存放时间不超过3天。Ag_2CO_3 含量应在77%以上。

用料配比（质量比）为：

硝酸银：结晶碳酸钠＝1：（0.84~0.86）

或 硝酸银：无水碳酸钠＝1：（0.32~0.34）

碳酸钠水溶液配制比例为：

碳酸钠：水＝1：（3.5~4.0）

用50~60℃的蒸馏水使其溶解。

松香乙醇配比（溶液浓度为12.5%）：

特级松香：精馏乙醇＝15：105

酚酞乙醇溶液的配比（体积比，其余皆质量比）为：酚酞1%，乙醇99%（精馏的）。

反应的第二步是制取银泥。配方如下：

松香乙醇碳酸银	1000g
正丁醇	288g
三乙醇胺 $[N(CH_2CH_2OH)_3]$	75g
乳化剂	93.8g

先将1000g干燥的松香乙醇碳酸银和288g正丁醇倒入还原锅，随后把配制好的乳化剂（火棉胶85g，松香粉5g，三乙醇胺3.8g）倒入，搅拌均匀，将还原反应锅封闭，开动搅拌器和油浴加热。待溶液温度达93~94℃时，将75g三乙醇胺从漏斗中徐徐加入，加入时间控制在1.5~2.0h内。在此期间内，温度应保持在93℃±2℃并不断搅拌。三乙醇胺全部加入后，将反应液的温度降至80~86℃，保温2~3h再停止加热和搅拌。待冷却至40℃以下，把反应产物倒入离心机，分离出银泥，用无水乙醇进行清洗，每次5~10min，反复进行3~4次，直到洗后的乙醇呈淡黄色为止。银泥应在50℃以下烘干。操作中应注意反应液和烘干时的温度不能高于93℃±2℃，以免银粒聚集成块。

（3）氧化银的制备

① 碳酸银分解法：将上述的干燥松香乙醇碳酸银放入乳化液中，在搅拌中加热至95~100℃，保温半小时，使之分解，反应为：

$$Ag_2CO_3 \longrightarrow Ag_2O \downarrow + CO_2 \uparrow$$

出现黑色氧化银沉淀后，用水使反应溶液冷至室温，用离心机甩出溶液，在110~120℃烘干48~64h。氧化银粉含银量在90.5%~92%范围内。反应所用的乳化液为正丁醇（或乙二醇乙醚）中加硝化纤维和松香，经充分溶解制成。

② 硝酸银与氢氧化钠反应法：反应为：

$$2AgNO_3 + 2NaOH \longrightarrow Ag_2O \downarrow + 2NaNO_3 + H_2O$$

硝酸银溶液配制同前所述。氢氧化钠溶液配制比例为 NaOH：蒸馏水＝1：（3.5~4），应该用冷水溶解 NaOH。待溶液冷却后，在不断搅拌的条件下，缓缓将氢氧化钠溶液加入到硝酸银溶液中，直到加入1~2滴酚酞乙醇溶液后呈微红色不褪为止，黑色沉淀即为氧化银。一般两种原料的用量为：$AgNO_3$：NaOH＝1：0.24。采用离心机甩去溶液，使氧化银分离出来，再用40~50℃蒸馏水冲洗至无碱性，按前述方法进行干燥。

（4）助熔剂的制备 一般将助熔剂分为两类。一类如 Bi_2O_3、硼酸铅等，其主要的作用是助熔，是降低银浆烧渗温度的物质，也有增强银层与瓷体表面附着力的作用。另一类是各种熔块，其熔化温度与银浆烧渗温度接近，助熔作用不明显，主要是增强附着力。无论加入哪一种助熔剂，都会增高银层的电阻，损耗增大，降低可焊性。硼酸铅是常用的助熔剂，有成品出售，制备方法是：在 40％的硝酸铅水溶液中加入硼砂水溶液，直至加入酚酞溶液呈微红色不褪为止，然后在过滤漏斗中用热蒸馏水清洗至洗液呈中性为止。该反应式为：

$$Pb(NO_3)_2 + Na_2B_4O_7 \longrightarrow PbB_4O_7 \downarrow + 2NaNO_3$$

将 PbB_4O_7 沉淀在 110℃干燥至大部分水蒸发掉，升温到 140℃干燥至恒重。原料用量约为：硝酸铅 1000g，硼砂 540g 左右。配制溶液时用沸水溶解，然后过滤除去杂质。硼酸铅的熔点约 600℃，Bi_2O_3 的熔点约 800℃，Bi_2O_3 的附着力优于硼酸铅。

(5) 黏合剂的选择 黏合剂又称胶合剂，在银浆中的作用是使银浆中的各种固体粉末均匀分散，并保持悬浮状态，使银浆具有一定的黏度和胶合作用，以便涂覆时不易流散变形，烘干后成为有一定强度的胶膜，附于瓷体表面不脱落。黏合剂不一定参与银层烧渗的还原过程，在 400℃以下就应完全分解挥发。不同的银浆应采用不同的黏合剂，这取决于银或银化合物的种类、细度和被银工艺的要求等。对黏合剂的要求主要是具有符合要求的悬浮能力、黏合性和挥发性。黏合剂由高分子有机物和有机溶剂两部分组成。常用的黏合剂有松香（多以松节油为溶剂）、乙基纤维素（多以松油醇为溶剂）、硝化纤维（常以乙二醇乙醚或环己酮加香蕉水为溶剂）。高分子有机物提供悬浮力和黏合性，有机溶剂影响黏度和干燥能力。

前两种黏合剂适用于短期使用的银浆，易"老化"，即银浆随时间增加而变稠、起胶，银层起泡、起鳞皮。在黏合剂中常加入少量蓖麻油、亚麻油、大茴香油类物质，可改善银浆的涂布性能。涂布层能自动流平，易获得光滑平整的表面。常用的几种银浆配方列于表 3-33。

银浆细度对银浆质量影响极大，一般银浆配制后需要球磨时间 48～96h，有的时间更长。球磨多用玻璃球或高铝瓷球，料球比为 1:(1～1.5)。若刚球磨完的银浆性能不稳定，可加热至 50℃，存放 1～2 天进行老练处理，然后再球磨几小时，过万孔筛再使用。银浆的有效储存期冬天为 30 天，夏天为 15 天，而且必须密封储存。

表 3-33　几种常用银浆的配方

银浆种类	氧化银浆			粉银浆		
银浆名称	Ⅰ型瓷介电容器用	Ⅱ型瓷介电容器用	独石电容器端头用	瓷介电容器用	独石印刷用	独石电容器端头用
氧化银	100[①]	100	100			
银粉				100	100	100
Bi_2O_3	2.0	1.53	1.56	6.0		3.9
硼酸铅	1.0	1.45				
LiF		0.58				
松香松节油[②]	22	19.7	20			
松节油	9.0	18.3	17.5	34ml		
硝化纤维				30		
乙基纤维素					1.4	2.3
松油醇					38.6	28.3
蓖麻油	6.3	6.7	6.3			3.9
大茴香油				57ml		
环己酮				275ml		适量
邻苯二甲酸二丁酯				49ml		9.1
含银量	70％	66％	67％		71.4％	67.8％

① 除注明者外，表中数据单位为 g。

② 松香松节油的配比：特级松香:松节油＝1:(1.8～2.0)(质量比)，松香加入到松节油中，加热至 90～100℃，待溶化后趁热过滤。

3.9.2 被银工艺

在涂覆银浆前，瓷体表面须进行清洁处理，方法是用 $30\sim60℃$ 热皂水进行超声波清洗，再用 $50\sim80℃$ 清水冲洗 $2\sim5min$，在 $100\sim140℃$ 条件下烘干。

被银的方法有：涂布、印刷和喷涂。涂布法有手工和机械两种，是用毛笔、泡沫塑料笔或抽吸等方法使银浆浸润陶瓷表面的涂覆方法。印刷法使用丝网印刷机，尼龙丝网约 200 目。可用感光胶涂在丝网上，用感光照相技术制成模板。印刷用银浆较浓稠，通过调整模板厚度、丝网与瓷片间距离控制银浆厚度，印刷一次能获得 $10\sim30\mu m$ 厚的银浆层。

3.9.3 烧渗银工艺

烧渗银的目的是在高温作用下在瓷件表面上形成连续、致密、附着牢固、导电性良好的银层。烧渗银（以氧化银配制的银浆为例）工艺过程大致分为以下四个阶段。

① 从室温升温至 $400℃$。这一阶段主要是黏合剂挥发、分解和炭化及燃烧，开始发生银的还原。大量的热量从瓷片表面被吸走，容易引起瓷片应力加剧，甚至炸裂；黏合剂的过快挥发，也容易引起银层起泡。因此，这一阶段升温要慢，并应加强通风，使有机物充分氧化和燃烧，并把大量的气体排除。

② $400\sim500℃$。这一阶段主要是氧化银还原过程，仍有少量气体排出，可以较快升温。

③ 由 $500℃$ 升至烧银终了温度。这一阶段主要是助熔剂熔化，银层本身结合，银与瓷件表面结合。大多数瓷介电容器最终烧银温度为 $(840\pm20)℃$，在该温度下保温 $20min$。温度过高，可能出现"飞银"，即在瓷件表面形成银珠。温度过低，银层的附着力和可焊性都不好。选择最佳烧银温度应以能形成附着力大，可焊性好，表面光亮、致密，导电性良好的银层为依据。

④ 降温冷却过程。通常随炉冷却，不可过快，以防瓷件炸裂。

整个烧结过程约需 3h。化学镀镍和真空蒸镀等方法也常用于陶瓷材料的金属化。

3.9.4 中高温电极的形成

中高温电极是指在 $990℃$ 以上形成的电极。中高温电极中的导电材料通常采用合金，如银钯合金、金钯合金等。浆料的其他组成和银浆没有本质区别。下面仅讨论导电成分的制备。表 3-34 为两种中高温电极浆料的配方及其性能。

表 3-34　中高温电极浆料

组　　分	银钯电极浆料	金钯电极浆料	组　　分	银钯电极浆料	金钯电极浆料
银粉/%	71.08		硼硅铅玻璃粉/%		5.43
金粉/%		90.00	生瓷粉/%	2.11	3.26
钯粉/%	23.69	100.00	有机黏合剂/%	20	30
氧化铬/%	5.26		最高烧渗温度/℃	≥1120	≥1120
硼酸铅/%	3.16		方阻(□)/Ω	0.03	0.07

金粉的制备方法采用抗坏血酸还原氯金酸，反应如下：

$$2H(AuCl_4)+3C_6H_8O_6 \longrightarrow 2Au\downarrow +3\ C_6H_6O_6+8HCl$$

用王水溶化纯金 20g，加热，用盐酸赶净硝酸，再在水浴下用蒸馏水除去过量盐酸，得三氯化金针状结晶。然后用 680ml 浓 HCl 溶解 $AuCl_3$，用蒸馏水稀释至 4100ml，加入 207ml 乙二醇作分散剂，在搅拌的情况下加入 10% 浓度的抗坏血酸水溶液 330ml。这时反应液颜色由金黄→绿色→无色透明→变浑浊，待褐色金粉沉淀后，水洗至中性，最后以无水乙醇洗涤一次，在约 50℃下烘干。

钯粉制备方法采用在碱性溶液中用抗坏血酸还原氯亚钯酸，反应如下：

$$H_2(PdCl_4) + C_6H_8O_6 \longrightarrow Pd\downarrow + C_6H_6O_6 + 4HCl$$

将 10g 纯钯溶于王水中，微热除去多余的 HNO_3 和 HCl 至析出棕褐色结晶，然后用 700ml 蒸馏水微热溶解，加入 10％浓度 NaOH 水溶液调至 pH＝4～6 后，加入 50ml 乙二醇作分散剂，在搅拌下迅速加入 10％浓度的抗坏血酸水溶液 100ml，静置至钯粉沉淀后，滤去溶液，反复用蒸馏水洗至中性，低温烘干。

氧化镉粉制备方法：市售试剂纯的氧化镉粉细度不足，须细化处理。其方法如下：用硝酸溶解氯化镉，得无色溶液，滤去杂质，在搅拌下用 NaOH 溶液中和，当 pH＝7 时，得到白色 $Cd(OH)_2$ 沉淀，继续加入 NaOH，使 pH＞7，然后用蒸馏水多次洗涤 $Cd(OH)_2$ 沉淀至中性，于 120℃下烘干并研成粉末。在马弗炉中煅烧 $Cd(OH)_2$，于 860℃保温 1h。然后自然冷却至 100℃时从炉中取出。分解出的 CdO 应保存在干燥器中。

中高温电极浆料中加入钯和氧化镉，都是为了提高烧渗温度上限。银钯比例与烧渗温度的关系如下：

Ag/Pd   90/10   70/30   30/70   100Pd

烧渗温度   900℃   1100℃   1300℃   1370℃

3.9.5 钼锰浆

钼锰浆是采用钼、钨或铼等难熔金属粉末，添加锰、铁等在还原气氛中烧渗的浆料，适用于许多电真空瓷、集成电路管壳瓷的金属化。表 3-35 为几种瓷料金属化浆料的组成。

表 3-35 几种瓷料金属化浆料组成

陶瓷材料	浆料组分	组成（质量份）
滑石瓷	Mo：Fe	98：2
镁橄榄石瓷	Mo：Mn	96：4
75％Al_2O_3瓷	WC：TiC：Fe	60：10：30
95％Al_2O_3瓷	Mo	100
	Mo：Mn	80：20
	Mo：Mn：Si	80：20：5
97％Al_2O_3瓷	Mo：Mn：MoB	62.5：20：17.5
	Mo：Mn：$MoSi_2$	77：20：3
99％Al_2O_3瓷	Mo：Mn：Mo_2B_5：釉	74：15：5：6
	Mo：Mn：Si	80：20：5
	W：Y_2O_3	95：5
蓝宝石	Mo：Mn：V_2O_5	75：20：5
红宝石	Mo：玻璃	70：30
氧化铍瓷	Mo：Mn：Si	80：20：5
	Mo：Mn：Si：MgO	90：10：2：3

钼、钨、锰等金属粉末颗粒较粗，需要在球磨、振磨或其他磨机中进行粉碎，常用丙酮或无水乙醇作介质，用硬质合金或淬火钢球为研磨体，料：介质：球＝1：1：6。要求粉碎后的粉末比表面大于 $4000cm^2/g$。粉碎时间通常依粉碎细度而定，干燥时应注意防止这些金属粉末发生燃烧，先在 18～25℃通风柜中干燥 1 昼夜，在 85～90℃干燥箱中放置 4h。所用黏合剂与前类似。表 3-36 的两组配方供参考（按质量分数）。

表 3-36 钼锰浆配方

原 料	Mo 粉/%	Mn 粉/%	95 瓷粉/%	75 瓷粉/%	分散介质(外加)/%	烧渗温度
1#	69.13	11.77	19.10	—	25	1700℃
2#	60	15	—	25	23	1640℃

3.9.6 化学镀镍

化学镀镍适用于瓷介电容器、热敏电阻及各种装置零件。化学镀镍是利用镍盐溶液在强还原剂（次磷酸盐）的作用下，在具有催化性质的瓷件表面上，使镍离子还原成金属、次磷酸盐分解出磷，从而获得沉积在瓷件表面的镍磷合金层。次磷酸盐的氧化、镍还原的反应式为：

$$Ni^{2+} + H_2PO_2^- + H_2O \xrightarrow{\text{催化剂}} Ni\downarrow + HPO_3^- + 3H^+$$

次磷酸根的氧化和磷的析出反应式为：

$$3H_2PO_2^- + H^+ \longrightarrow HPO_2^- + 3H_2\uparrow + 2P\downarrow$$

由于镍磷合金具有催化活性，能构成自催化镀，使得镀镍反应得以继续进行。上述反应必须在与催化剂接触时才能发生，当瓷件表面均匀地吸附一层催化剂时，反应只能在瓷件表面发生。为此，必须人为地使瓷件表面均匀地吸附一层催化剂，这是表面沉镍工艺成败的关键。为此，先使瓷件表面吸附一层敏化剂，常用 $SnCl_2$，再把它放在 $PdCl_2$ 溶液中，使贵金属还原并附着在瓷件表面上，成为诱发瓷件表面发生沉积镍反应的催化膜。在吸附着氯化亚锡的瓷件表面上发生 Pd^{2+} 的还原和 Sn^{2+} 的氧化反应如下：

$$SnCl_2 + PdCl_2 \longrightarrow Pd + SnCl_4$$

化学镀的工艺流程为：表面处理→敏化→活化→预镀→终镀→热处理。

(1) 表面处理 为了使敏化剂能被均匀地吸附在瓷件表面上，要求瓷件表面彻底净化和表面粗化。

经过高温煅烧的新瓷件，如果没有受到油污染，净化就非常简单。一般是用蒸馏水超声波清洗三次，每次 15～30min。如果受到污染，则需除油。可用汽油、氯仿等油溶剂浸泡，或用 OP 液等清洗，最后用蒸馏水洗净。下列除油脱污液配方供参考：碳酸钠 25g，磷酸三钠 15g，OP 乳化剂 3g，水 100ml。在温度 70～80℃浸泡 10min。

(2) 粗化 要求瓷件表面形成均匀的粗糙面，不允许形成过深的划痕。粗化有机械、化学、机械-化学法。机械法用研磨、喷砂等，化学法可将瓷件浸泡在弱腐蚀性的粗化液中。下列粗化液配方供参考：氢氟酸 100ml，硫酸 10ml，铬酐 40g，水 100ml，在温度 20℃浸蚀 5～20min。

(3) 敏化 使瓷件表面均匀地吸附一层氯化亚锡的工艺。这是通过把瓷件浸泡在由氯化亚锡和中间介质组成的溶液中实现的，这种溶液称敏化液，它的组成为：$SnCl_2$ 5g，HCl 3g，水 1000g。浸泡时间约 15min。

(4) 活化 将敏化处理后的瓷体浸于活化液中，使瓷件表面沉积一层 Pd，形成诱发镍沉积反应的具有催化作用的表面。活化液的组成为：$PdCl_2$ 0.2g，HCl 2.5g，水 1000ml。浸泡时间约 5min。

(5) 预镀 在瓷件表面形成很薄的均匀的金属镍膜，并清洗掉多余的活化液。预镀液的组成为：次亚磷酸钠 30g，硫酸镍 0.048g，水 1000ml，预镀 3～5min。

(6) 终镀 在瓷体表面形成均匀的一定厚度的镍磷合金层。镀液有酸性和碱性两种。碱性镀液在施镀过程中逸出氨，使镀液 pH 值迅速下降，为维持一定的沉积速率，必须不断地添加氨水。碱性镀液配方：氯化镍 20g，氯化铵 40g，次亚磷酸钠 30g，柠檬酸三钠 45g，氨水适量，水 1000ml，pH 8～10，沉积温度 80～84℃。pH 升高，会使反应速率加快，影响镀层光泽；pH 过低，镀层含磷量增加，镀层与瓷件表面结合变坏。蒸液温度一般控制在 60～80℃。温度过低，镀层含磷量较高，镀层光亮，但与瓷件结合强度低；镀液温度过高，反应速率过快，引起镀液自然分解，镀液浑浊。酸性镀液配方：硫酸镍 50g，无水乙酸钠 10g，次亚磷酸钠 10g，水 1000ml（用于镁镧钛瓷）。

适用于 95 氧化铝瓷的镀镍参考配方：硫酸镍 25g/L，次亚磷酸钠 30g/L，柠檬酸钠 10g/L，pH 8.5～9.5，镀液温度 70～80℃，终镀时间 15min。适用于石英玻璃的镀镍参考配方：硫酸镍 40g/L，次亚磷酸钠 15g/L，柠檬酸钠 50g/L，pH5～6，温度 50～55℃，终镀时间 10min。对于各种半导体瓷，如压敏陶瓷、PTC 热敏陶瓷等，适当调整镀液配方，都能获得良好的镀层和欧姆接触的效果。

(7) 热处理　化学镀镍后形成的金属镍层是由超细的镍微晶组成的，此时的镍层与瓷体的结合强度较低，表面易氧化，镍层松软。经热处理后，晶粒长大，结晶程度趋于完全，机械强度和瓷体的结合强度均大大提高，但可焊性略有降低。热处理条件为 400℃、保温 1.5h、升温速度 400℃/h、炉内自然冷却。为防止镍层氧化，整个热处理过程中，都通入氮气，流速 0.5～0.8L/min。

3.9.7　真空蒸镀

真空蒸镀是在功能陶瓷表面形成导电层的方法，如镀铝、金等。该方法配合光刻技术可以形成复杂的电极图案，如插指电极等。用真空溅射方法（如阴极溅射、高频溅射等）可形成合金和难熔金属的导电层，以及各种氧化物、钛酸钡等化合物薄膜。这方面的应用和参考资料比较多。

参考文献

[1] 徐廷献，沈继跃，薄站满等. 电子陶瓷材料. 天津：天津大学出版社，1993.
[2] 曲远方主编. 现代陶瓷材料及技术. 上海：华东理工大学出版社，2008.
[3] 钦征骑主编. 新型陶瓷材料手册. 南京：江苏科学技术出版社，1996.

第 4 章

结 构 陶 瓷

结构陶瓷指在电子元件、器件、部件和电路中作为基体、外壳、固定件和绝缘零件的陶瓷材料。按照这类陶瓷材料的原料和化学、矿物组成，又可分为滑石瓷、氧化铝瓷、氧化铍瓷、碳化硅瓷、氮化铝瓷和莫来石瓷等。在电子陶瓷工业中，这类瓷产量（按产品重量计）最多，应用面最广。近年来，随着集成电路（IC）的发展，这类瓷在制造电路基片方面有了飞速发展。

4.1 滑石瓷

滑石瓷又称块滑石瓷、滑石陶瓷——主晶相是原顽辉石，占整体组分的 65%（质量分数）以上。其余为玻璃相。以滑石（$3MgO \cdot 4SiO_2 \cdot H_2O$）为主要原料，加入一定量的黏土、膨润土、碳酸钡和三氧化二硼等经高温烧结而成。滑石瓷是一种电性能优良的高频装置瓷。

4.1.1 滑石瓷的组成

滑石瓷的配方一般以滑石和黏土为基础，所以滑石瓷的基础组成可以用 $MgO\text{-}Al_2O_3\text{-}SiO_2$ 三元系来表征。

图 4-1 所示为 $MgO\text{-}Al_2O_3\text{-}SiO_2$ 系三元系相图富 SiO_2 部分。图中标明了脱水滑石和脱水高岭石的组成点。由 90%（质量分数）滑石和 10%（质量分数）黏土组成的滑石瓷的理论组成点即为图 4-1 中所示的 M 点。

实践表明，一般滑石瓷的基础组成都处于 $MgO\text{-}Al_2O_3\text{-}SiO_2$ 三元系的 MS 和 SiO_2 的相界线附近，而低损耗滑石瓷的基础组成多处于 MS-M_2S 相界线附近，如图 4-2 所示。研究工作表明，图 4-2 中以 E、F 点所标志的低损耗滑石瓷的基础组成瓷料的 $\tan\delta$ 虽然比以 A、B 点所标志的普通滑石瓷的基础组成瓷料的要低，但其实际数值仍然较高，而且各点所标志的瓷料的体积电阻率也都不够理想（350℃下的体积电阻率波动于 $10^9 \sim 10^{12}\ \Omega \cdot cm$ 之间）。因此，仅从介电性能考虑，用滑石和黏土或者再加上菱镁矿制备的 $MgO\text{-}Al_2O_3\text{-}SiO_2$ 三元系瓷

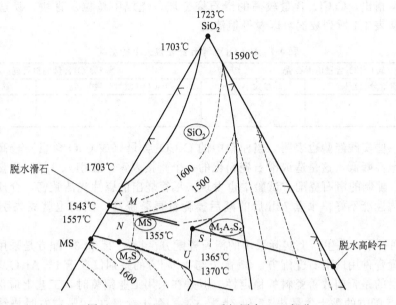

图 4-1　MgO-Al$_2$O$_3$-SiO$_2$系相图富 SiO$_2$部分

MS—偏硅酸镁 MgO·SiO$_2$；M$_2$S—镁橄榄石 2MgO·SiO$_2$；M$_2$A$_2$S$_5$—堇青石 2MgO·2Al$_2$O$_3$·5SiO$_2$

料还远不能适应使用上的要求。

　　实验表明，图 4-2 所示的滑石瓷和低损耗滑石瓷的基础瓷料组成中引入一定数量的碳酸钡配料，可以有效地降低滑石瓷的介质损耗角正切值 tanδ，瓷料的电阻率也可以显著提高。所以，目前定型生产的滑石瓷和低损耗滑石瓷配方中，多含有一定数量的 BaCO$_3$。但是，BaCO$_3$ 的引入量过多时，虽然可以降低玻璃相和瓷体的漏导损耗，也可能因玻璃相结构的松弛而导致瓷料松弛损耗的增高。此外，BaCO$_3$ 含量过多，滑石瓷的烧结范围会进一步变窄，给烧成操作带来困难。

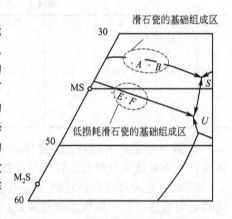

图 4-2　滑石瓷和低损耗滑石瓷在
MgO-Al$_2$O$_3$-SiO$_2$系中的基础组
成区（图中点线所包围的区域）

　　碱金属氧化物通常应看成是有害的杂质，碱金属氧化物的存在会降低滑石瓷的介电性能。但是，碱金属氧化物可以降低液相出现的温度，拉宽瓷料的烧结范围，在生产大型滑石瓷件时，为了防止瓷体变形，提高烧成合格率，有时也采用少量长石配料，人为地引入一些碱金属氧化物。当然，在采用长石配料时，用量要控制得当，不宜过多。

　　我国在生产低损耗滑石瓷时还常引入少量 ZnO 配料。ZnO 的引入可适当拉宽烧成范围，并可抑制晶粒成长，有利于微晶结构的形成，而滑石瓷的微晶结构对避免滑石瓷的粉化或老化是很重要的。因 ZnO 对滑石瓷介电性能起到良好的稳定作用。

　　文献资料报道，少量 Al$_2$O$_3$ 的引入可以防止滑石瓷的老化从而改善或稳定滑石瓷的介电性能。但是，应该注意到，当 Al$_2$O$_3$ 以工业氧化铝引入时，由于 γ-Al$_2$O$_3$ 的多孔聚集体结构，很难实现其在配料中的均匀分布，这样也难于起到 Al$_2$O$_3$ 应起的有利作用。

　　曾有资料报道，以 MgO-BaO-Al$_2$O$_3$-SiO$_2$ 为主要成分的滑石瓷瓷料中，用少量 CaCO$_3$ 代替部分 BaCO$_3$，可以起到降低烧成温度，扩大烧成范围，改善介电性能的作用。但是，也有文献资料指出，$CaCO_3$ 含量较高的滑石瓷瓷坯，烧成中晶粒发育快，易造成粗晶粒结构，这一点从表 4-1 所列数据可以看得很清楚。

表 4-1　$CaCO_3$ 对滑石瓷晶粒大小的影响

低 $CaCO_3$ 含量的滑石瓷		高 $CaCO_3$ 含量的滑石瓷	
$BaCO_3$（质量分数）/%	晶粒大小/μm	$BaCO_3$（质量分数）/%	晶粒大小/μm
1	7	0	40
7	15	5	50

国内的一些实践经验也表明，当原料中的 $CaCO_3$ 含量（或 CaO 含量）较高时，往往导致滑石瓷稳定性降低，这是造成滑石瓷粉化的一个直接因素。在引入 3%（质量分数）方解石（$CaCO_3$）配制的滑石瓷配方试验中也发现，尽管烧出的瓷片光洁致密，介质损耗最初很低，但是老化性能不好，水煮 72h 后的潮后损耗量显著提高，因而也就失去引入 $CaCO_3$ 的实用意义。

表 4-2 列举了一些生产上实际采用的滑石瓷配方。$1^\#$、$2^\#$ 和 $3^\#$ 配方是采用热压铸成型各种小型装置瓷件用的滑石瓷配方。$2^\#$ 配方与 $1^\#$ 配方的差别仅在于 1% Al_2O_3 取代了 1% 的黏土，预期目的是希望改善瓷料的稳定性。但是在采用工业铝氧时，工艺上应保证 Al_2O_3 的均匀分布。$3^\#$ 配方的黏土含量比 $1^\#$ 和 $2^\#$ 配方高。黏土含量在 10% 左右时烧结范围稍宽一点，对降低烧成变形废品是有利的。

表 4-2　滑石瓷的典型配方（质量分数）　　　　　　　　单位：%

编号	烧滑石	生滑石	黏土	膨润土	菱镁矿	$BaCO_3$	长石	Al_2O_3	ZnO	$MnSiO_3$
$1^\#$	60	24	6			10				
$2^\#$	60	24	5			10		1		
$3^\#$	60	20	10			10				
$4^\#$	70	10	15			2	6			
$5^\#$	65	10	8	6		7			4	
$6^\#$	65	10	8	6	10	10			1	3

$4^\#$ 配方是生产大型装置瓷瓷件时才采用的配方，具有烧成温度较低、烧结范围较宽的优点，用于制造大型滑石瓷瓷件时，能比较显著地降低烧成废品率。

$5^\#$ 配方是一种可塑性较高，适用于以练泥拉坯成型生产板型高功率陶瓷电容器的低损耗滑石瓷瓷件。这一瓷料的损耗角正切值 $\tan\delta$ 通常可控制在 $(6\sim8)\times10^{-4}$ 以下。

$6^\#$ 配方是改进的用于生产板型高功率电容器的低损耗滑石瓷瓷料，瓷料的 $\tan\delta$ 可以控制在 4.5×10^{-4} 以下。由于采用了 3% $MnSiO_3$ 配料，瓷料的稳定性良好，无老化迹象。$MnSiO_3$ 也可以以 $MnCO_3$ 和 SiO_2 形式按摩尔比直接配料。

$5^\#$ 和 $6^\#$ 配方中都采用了 6% 膨润土，这是从满足练泥拉坯成型的工艺性能要求考虑的。因为膨润土的可塑性比黏土高得多。例如，实际使用的张家口膨润土的可塑性和结合强度相当于苏州土的四倍。但是，苏州土很纯净，张家口膨润土的杂质含量较高。如果改用其他成型工艺，用苏州土代替膨润土配料，或者用纯净的高塑性黏土或膨润土代替张家口膨润土配料，预期瓷料的介质损耗角正切 $\tan\delta$ 可以进一步降低。

4.1.2　滑石瓷的工艺要点

在确定滑石瓷配方时，组成对滑石瓷性能的影响是必须考虑的。此外，在确定瓷料配方时，还必须考虑瓷料的工艺性能。滑石瓷是一种烧结范围较窄的瓷料，滑石瓷的烧结范围是瓷料工艺性能中一个相当重要的问题。本节首先讨论这一问题，再介绍滑石瓷的工艺要点。

（1）滑石瓷的烧结范围　所谓烧结范围（或烧成范围）是指能够烧结成致密的性能良好

的陶瓷材料的烧成温度范围，低于此温度范围陶瓷欠烧，超过此范围陶瓷过烧，陶瓷材料的性能将恶化。

滑石瓷的烧结是在有相当数量黏滞性的硅酸盐液相参加下进行的。在较多的黏滞性液相参加下的瓷料烧结，通常靠黏滞性液相对瓷坯孔隙的填充来实现陶瓷的致密化。要完成这种致密化，液相数量通常需要在20%～35%以上。

烧滑石的理论组成含66.6%（质量分数）SiO_2和33.4%（质量分数）MgO，这一组成与MgO-SiO_2系的最低共熔点（1543℃，见图4-3）的组成非常接近。这表明，纯滑石组成在1543℃以前没有液相产生，至1543℃以后又几乎全部熔融。也就是说，纯滑石物料的烧结范围将窄到难于、甚至无法控制的程度。如果采用滑石和黏土配料，这种情况可以得到一定程度的改善。见图4-1，如果以90%滑石和10%黏土配料，假设滑石和黏土组成与纯滑石和纯高岭石的组成一致，则配料的组成点大致为图4-1中所标出的 M 点。M 点与一般滑石瓷的基础组成大致是相应的。

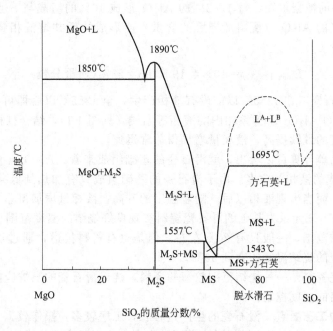

图 4-3 MgO-SiO_2系相图

在图4-1或图4-2中，与滑石瓷关系比较密切的两个三元无变量点为 S 点和 U 点。这两个点都是低共熔点，其组成以及在相应点上进行的相平衡关系列于表4-3。

表 4-3 图 4-1 或图 4-2 中 S 点和 U 点的组成和性质

无变量点	温度/℃	类型	组成（质量分数）/%			相平衡关系
			MgO	Al_2O_3	SiO_2	
S	1355	低共熔点	20.3	18.3	61.4	$L_S \longrightarrow MS + M_2A_2S_5 + SiO_2$
U	1365	低共熔点	25.0	21.0	54.0	$L_U \longrightarrow MS + M_2A_2S_5 + M_2S$

当煅烧组成为 M 的瓷料时，从平衡出发，至1355℃才开始发现液相。

如果滑石和黏土均为生料，计算至1355℃时所能形成的液相数量。已知滑石（$3MgO \cdot 4SiO_2 \cdot H_2O$）的组成：MgO 31.7%，$SiO_2$ 63.5%，H_2O 4.8%；高岭石（$Al_2O_3 \cdot SiO_2 \cdot 2H_2O$）的组成：$Al_2O_3$ 39.5%，$SiO_2$46.5%，H_2O 14%。

配料的组成可简单计算如下。

MgO：31.7％×0.9＝28.53％

Al$_2$O$_3$：39.5％×0.1＝3.95％

SiO$_2$：63.5％×0.9＋46.5％×0.1＝61.8％

H$_2$O：4.8％×0.9＋14％×0.1＝5.72％

配料煅烧后的组成如下。

MgO：28.53％×100/(100－5.72)＝30.26％

Al$_2$O$_3$：3.95％×100/(100－5.72)＝4.19％

SiO$_2$：61.8％×100/(100－5.72)＝65.55％

在低共熔温度1355℃下，三个平衡固相中的一个固相刚刚开始消失时的液相量是该温度下所能形成的最高液相量。图4-1中 M 点的组成，当平衡矿物 M$_2$A$_2$S$_5$ 在加热过程中刚刚消失时（这时还存在着 MS 和 SiO$_2$ 两个固相），即 Al$_2$O$_3$ 开始全部处于低共熔液相时，液相达到了1355℃下的最高值。

从表4-3列举的数据可知，每1.83％的 Al$_2$O$_3$ 形成10％的组成与 S 点相应的低共熔液相。所以，4.19％的 Al$_2$O$_3$（配料煅烧后的含量）所形成的低共熔液相量，即1355℃下所形成的最高液相量 L_{max}：

$$L_{max(1355℃)} = 10 \times 4.19/1.83 = 23\%（质量分数）$$

组成点为 M 的滑石瓷料在1355℃以前没有液相产生，至1355℃以后即可生成23％的液相。如果对照一下 MgO-Al$_2$O$_3$-SiO$_2$ 系相图的液相等温线（见图4-1），结合杠杆原理就可以清楚地看到，随着温度的继续提高，液相量增加得非常迅速。

通过上面的简单计算可以看出，就滑石瓷的基础组成来看，Al$_2$O$_3$ 含量愈高，在低共熔温度1355℃下生成的液相量愈多。由于滑石瓷的基础组成只有加热到低共熔温度1355℃时才开始出现液相，而当出现液相以后，随着温度的升高，液相量增加得非常迅速，就导致了以 MgO-Al$_2$O$_3$-SiO$_2$ 三元系为基础的滑石瓷瓷料实现良好烧结的温度范围仍然非常窄，上述滑石瓷瓷料的烧结范围，一般只有20℃左右。但是也有资料报道，通过加入二价元素的氧化物，可使滑石瓷的烧结温度拓宽到50℃。

总之，滑石瓷瓷料是一种烧结范围较窄的瓷料，烧成滑石瓷的窑炉应能保证温度均匀分布并能实现较严格的温度控制。

(2) 滑石瓷的工艺要点　滑石瓷的生产过程长，工序较多，操作较繁。因产品类型、原料和设备条件不同，工艺流程不尽相同。滑石瓷生产中应用最广泛的成型工艺是热压铸工艺，一些形状不太复杂的中小型滑石瓷产品，也常采用干压成型。目前国内生产高功率滑石瓷瓷介电容器采用的是练泥拉坯车加工成型工艺。下边结合烧成，讨论滑石瓷的烧成工艺要点。

滑石瓷的烧成是在具有相当数量的黏滞性的硅酸盐液相的参加下进行的，这类烧成的特点是瓷坯的致密化主要依靠形成的黏滞性液相的移动，以及对于固体颗粒的拉紧和对于颗粒间孔隙的填充来实现。要完成这种致密化过程，通常需要有20％～35％以上的液相量。

对滑石瓷烧成范围的讨论，已知滑石瓷瓷料出现液相的温度较高，一旦出现液相，其数量就较多，而且随着温度的升高液相量增加得非常快；因而，瓷料的烧结范围比较窄，一些只有15～20℃。这样就给烧成操作带来一定困难，温度低一点会造成欠烧，温度高一点则容易造成产品变形，甚至造成起泡、烧流等的废品，所以滑石瓷的烧成温度必须严格控制，窑炉的类型和结构应能保证温度不均匀性尽可能小。在滑石瓷的烧成中，电隧道窑和管式推板窑应用得比较广泛。

滑石瓷的烧成温度和烧成制度的确定应考虑多方面因素：产品的类型和大小、瓷料的配方以及配料是否经过预烧等，都是影响和决定烧成温度、烧成制度的基本因素。

如果瓷料未经预烧，其中含有生滑石、黏土、$BaCO_3$ 和 $MgCO_3$ 等，则应注意以下两点。第一，由于瓷料没有经过预烧，反应尚未进行，在烧成过程中物系处于远离平衡的不平衡状态，在烧成过程中就可能在较低温度下出现一定数量的不平衡液相。换句话说，未经预烧的配料开始出现液相的温度往往比经过煅烧的配料要低。这一点在 Al_2O_3 瓷的烧成中表现得也很明显。第二，由于 $BaCO_3$ 的分解温度较高，CO_2 在 1atm 时的温度高达 1360℃。这样，如果用这类瓷料制备的滑石瓷坯体烧成时升温过快，就会在 $BaCO_3$ 等还未充分分解的情况下瓷坯中已经出现了相当数量的不平衡液相，$BaCO_3$ 等的继续分解，会因 CO_2 的逸出而使瓷坯起泡造成废品。滑石瓷的烧成温度一般为 1350~1370℃，在烧成大件的板形高功率电容器瓷件时，烧成温度稍高一点，一般要烧到 1380℃左右（工厂以 SK13 火锥半倒为准）。从避免滑石瓷的主晶相原顽辉石向顽火辉石或斜顽辉石的转化，提高瓷件的抗氧化性能来说，提高冷却速度是有利的。但是，由于滑石瓷的热膨胀系数较大，耐热冲击性较差，对于大件滑石瓷不宜冷却过快，否则易造成炸裂。由于这一原因，烧制大件瓷件时亦不宜采用冷却速度快的短隧道窑或推板窑。

4.1.3 滑石瓷的性能

滑石瓷的介电常数低（一般 $\varepsilon=6\sim7$）；介质损耗角正切值低 [$\tan\delta$ 波动于 $(3\sim20)\times10^{-4}$]，绝缘强度通常为 20~30kV/mm，体积电阻率高（100℃下的体积电阻率约 $10^{14}\Omega\cdot cm$），静态抗弯强度通常为 120~200MPa，化学稳定性较好——耐酸、耐碱、耐腐蚀。从频率特点看，滑石瓷的介电常数随频率的升高而降低，而且在高频下随温度的升高变化很小，见图 4-4。$\tan\delta$ 在 $f=10^6$ Hz 以前也是随频率的升高而降低，见图 4-5，所以用于高频装置瓷时充分显示了滑石瓷的优点。

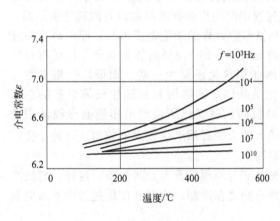

图 4-4 滑石瓷的介电常数
随温度和频率的变化

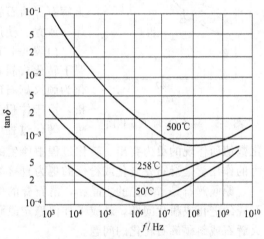

图 4-5 滑石瓷的介质损耗角正切值
$\tan\delta$ 随温度和频率的变化

由于滑石瓷的绝缘强度高，介质损耗低，高频特性优良，虽然介电常数不够高，仍可作高压高功率陶瓷电容器。用于高功率陶瓷电容器的低损耗滑石瓷，其介质损耗角正切值已可达到 $(3.5\sim4)\times10^{-4}$。

滑石瓷也存在须引起足够重视的缺欠。①如果生产控制不当，滑石瓷在放置或使用过程中会出现老化现象，即出现由于主晶相偏硅酸镁的晶型转化而导致的瓷体粉化、龟裂、强度降低、介电性能恶化。一旦出现将给生产和使用带来严重危害和损失，老化现象必须予以高度重视。②烧结范围窄，一般只有 20℃左右，如果烧成控制不好，常常造成变形、起泡、黏结垫料等，产生废品。烧结特性已在前面介绍过，下面讨论滑石瓷老化或粉化的原因及解决措施。

研究工作已经证实，滑石瓷的老化或粉化是由于主晶相偏硅酸镁（$MgSiO_3$）的晶型转化以及在晶型转化过程中应变和应力作用的结果。偏硅酸镁有三种晶型——原顽辉石、顽火辉石和斜顽辉石。表 4-4 列举了 $MgSiO_3$ 各变体的晶格参数、理论密度和线膨胀系数等数据。

表 4-4 $MgSiO_3$ 各变体的晶格参数等数据

变体	晶系	晶格参数				理论密度 /(g/cm³)	线膨胀系数(300~700℃) /×10⁻⁶℃⁻¹
		a/Å	b/Å	c/Å	β/(°)		
原顽辉石	斜方	9.25	8.74	5.32		3.10	9.8
顽火辉石	斜方	18.230	8.814	5.178		3.21	12
斜顽辉石	单斜	9.618	8.828	5.186	108.5	3.19	13.5

对偏硅酸镁晶型间的转化问题，已经进行过相当广泛的研究。然而，目前对这一问题还不能认为已经有了完全统一的确定认识。不过萨威尔（J. F. Sarver）等于 1962 年得到的结果，可以作为在 1400℃ 以下 $MgSiO_3$ 晶型转化规律的基本资料。图 4-6 是萨威尔等给出 $MgSiO_3$ 的 T-p 相图。由图可知，滑石瓷烧成时形成的主晶相为原顽辉石，冷却至 1042℃（淬冷法测得的结果。用高温 X 射线衍射法测得的结果为 1035℃）到 865℃ 之间具有转化为顽火辉石的倾向，至 865℃ 以下则具有转化为介稳晶型斜顽辉石的倾向。在 865℃ 以下，介稳晶型斜顽辉石可以长时间存在下来，不会转化为热力学稳定的顽火辉石。滑石瓷的老化或粉化是由于高温晶相原顽辉石在冷却、放置、使用过程中向顽火辉石或斜顽辉石的转化引起的。

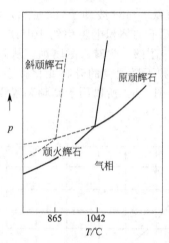

图 4-6 $MgSiO_3$ 的 T-p 相图

由表 4-4 中晶格参数计算的理论密度可知，原顽辉石在室温下转化成斜顽辉石时伴有约 2.8% 的体积变化，原顽辉石转化为顽火辉石时的体积变化还要大一些。如果从晶格参数分析，由于体积变化是晶体 c 轴缩短和 b 轴伸长等引起的总结果，转化过程中晶粒的长度变化所造成的影响必然较体积变化数值所体现的更为突出。转化过程中伴生的较大的应变必然产生较大的应力，这种相变应力的作用就是滑石瓷老化或粉化的更为直接的原因。

原顽辉石是滑石瓷的主晶相，滑石瓷的优良性能与原顽辉石有直接关系。这样，解决滑石瓷的老化或粉化问题，就成了如何稳定原顽辉石使之在冷却、放置和使用过程中不致向顽火辉石或斜顽辉石转化的问题。

有资料报道，原顽辉石向顽火辉石或斜顽辉石的转化属于位移式转化，转化比较容易。要想有效防止原顽辉石向顽火辉石或斜顽辉石的转化，需要从多方面考虑。影响原顽辉石向顽火辉石或斜顽辉石转化的主要因素及抑制晶型转化的技术措施如下。

(1) 玻璃相的影响 滑石瓷的组织结构是玻璃相结合晶相。如果在原顽辉石晶粒周围均匀地包裹上一层玻璃相，就能起到抑制原顽辉石转化的作用。反之若玻璃相不足，不能均匀而充分地包裹住原顽辉石晶粒，则玻璃相对转化的抑制作用就会削弱。同时还要考虑玻璃相的稳定性，如果玻璃相化学稳定性差或易于析晶，其抑制转化的作用也可能被削弱。总之，足够的、稳定的玻璃相对原顽辉石晶粒的均匀包裹是抑制晶型转化、防止滑石瓷老化的重要条件。

（2）晶粒大小的影响 玻璃相对原顽辉石晶粒的均匀包裹，能有效地防止细晶粒滑石瓷的老化和粉化。但是，如果瓷体中的原顽辉石晶粒发育得较大，则其转化所伴生的应力很大，从而破坏了晶粒周围玻璃相的包裹和抑制作用，使滑石瓷失去稳定性。所以，为了避免滑石瓷的老化或粉化，必须保证瓷体具有细晶结构。

（3）固溶体的影响 从晶体化学角度考虑，能够与偏硅酸镁（$MgSiO_3$）形成固溶体的加入物，必然对晶型转化过程产生影响。研究和生产实践表明，在滑石瓷瓷料中引入少量（例如 1%～2%）Mn^{2+} 置换 $MgSiO_3$ 中的 Mg^{2+}，形成固溶体，可以有效地防止滑石瓷的老化或粉化。在低损耗滑石瓷的生产中，引入 3%（质量分数）$MnSiO_3$（或以 $MnCO_3$ 与 SiO_2 的形式引入）配料，在避免老化和低损耗上已经取得了非常满意的效果。偏硅酸亚铁（$FeSiO_3$）也可以溶解在 $MgSiO_3$ 中，形成固溶体。但是，文献资料报道，随着瓷料中铁含量的提高，滑石瓷老化或粉化的倾向变大，所以铁是滑石瓷中的有害杂质。

（4）冷却条件的影响 冷却速度对滑石瓷中 $MgSiO_3$ 的晶型转化进程有直接影响。在 1042℃以下是原顽辉石向顽火辉石或斜顽辉石转化趋向较大的温度区间，在条件许可的情况下，宜适当提高冷却速度。冷却速度的提高不仅减少在转化倾向较大的温度区间的停留时间，对避免玻璃的析晶，充分发挥玻璃相抑制晶型转化的作用来说也是有利的。当然冷却速度是受瓷件形状、大小和窑炉结构等多方面因素制约的。应根据具体条件统筹考虑各种因素的影响，恰当地确定冷却速度。

其他因素，例如原料和配料的组成，原料或配料的预烧，瓷料的烧成条件等，也都会影响滑石瓷的稳定性。但是一般说来，这些因素的影响也是通过玻璃相的数量和分布情况，晶粒的大小和固溶体形成的情况等来体现的。

实践表明，为了杜绝滑石瓷的老化或粉化，选用合适的原料，确定适宜的配方，制定合理的工艺都是很重要的。此外还必须加强生产管理以保证技术措施坚决、严格地贯彻执行。

4.2 氧化铝陶瓷

氧化铝陶瓷（Al_2O_3 陶瓷，下同）是以 Al_2O_3 为主要原料，以刚玉（$\alpha\text{-}Al_2O_3$）为主要矿物组成，是一种相当重要的陶瓷材料。Al_2O_3 陶瓷在电子技术领域中广泛用做真空电容器的陶瓷管壳、大功率栅控金属陶瓷管、微波管的陶瓷管壳、微波管输能窗的陶瓷组件、各种陶瓷基板（包括多层布线基板）及半导体集成电路陶瓷封装管壳等。

4.2.1 Al_2O_3 陶瓷的类型和性能

Al_2O_3 陶瓷通常以配料或瓷体中的 Al_2O_3 的含量来分类，习惯上把 Al_2O_3 含量在99%左右的陶瓷称为"99瓷"，把含量95%和90%左右的依次称为"95瓷"和"90瓷"。Al_2O_3 含量在85%以上的陶瓷通常称高铝瓷，含量99%以上的称为刚玉瓷或纯刚玉瓷。

Al_2O_3 陶瓷，特别是高铝瓷的机械强度极高，导热性能良好，绝缘强度、电阻率高，介质损耗低，介电常数一般在 8～10 之间，电性能随温度和频率的变化比较稳定，特别是纯度（Al_2O_3 含量）达 99.5% 的刚玉瓷，直到频率高达 10^{10} Hz 以上时，$\tan\delta < 1 \times 10^{-4}$。图 4-7～图 4-9 示出了高铝瓷的介电性能随温度和频率的变化情况。为了进行对比，同时示出 BeO 陶瓷性能随温度或频率的变化。

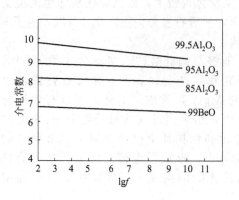

图 4-7 高铝瓷（及 BeO 瓷）的
介电常数随频率的变化

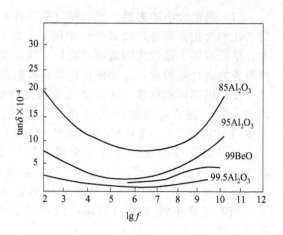

图 4-8 高铝瓷（及 BeO 瓷）的
tanδ 随频率的变化

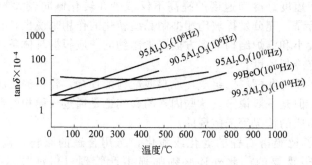

图 4-9 高铝瓷（及 BeO 瓷）在 10^6 Hz 和
10^{10} Hz 下的 tanδ 随温度的变化

图 4-10 所示为高铝瓷的热导率随温度的变化。可以看出，与导热性能最好的 BeO 陶瓷相比，高铝瓷的电导率要低得多。但是，高铝瓷的热导率还是比较高的，以 95 瓷而论，其室温下的热导率 21W/（m·K）就比滑石的热导率 2.1W/（m·K）高一个数量级。

高铝瓷的烧结温度较高，为了降低烧结温度，降低成本，国内外都研制并生产了 Al_2O_3 含量在 75%～85% 之间的 Al_2O_3 陶瓷。我国习惯上把这种 Al_2O_3 陶瓷称为"75瓷"，广泛用作金属膜电阻和线绕电阻基体，也用作厚膜集成电路基片、集成电路扁平封装管壳等。

除了白色 Al_2O_3 陶瓷外，为了满足易熔玻璃封装管壳的遮光要求以及使数码显示基片具有清晰的显示特性，也研制了黑色或黑褐色的 Al_2O_3 陶瓷。当然，有些 Al_2O_3 陶瓷，由于引入了一些着色氧化物改性，也往往呈现了一定的颜色。这时陶瓷的颜色不一定是预期的要求。

表 4-5 列举了一系列用作电子陶瓷材料的 Al_2O_3 陶

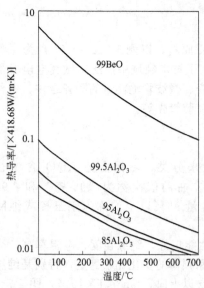

图 4-10 高铝瓷（及 BeO 瓷）
的热导率随温度的变化

瓷的基本性能。表中列举的 T_e 值，即陶瓷材料的体积电阻率降低到 $10^8\Omega\cdot cm$ 时的温度，这是表征材料的绝缘性能随温度降低情况的指标，电真空陶瓷希望具有较高的 T_e 值。$\varepsilon tan\delta$ 称损耗因数。对装置瓷来说损耗因数愈小愈好。

表 4-5　Al_2O_3 陶瓷的性能指标

颜色类别	白色 Al_2O_3 陶瓷					黑色 Al_2O_3 陶瓷	
Al_2O_3 含量 /%	80	92	94	96	99.5	90	91
体积密度 /(g/cm³)	3.3	3.6	3.65	3.8	3.89	3.6	3.9
抗弯强度/MPa	215.7	313.8	304.0	274.6	480.5	274.6	205.9
线膨胀系数(25~800℃)/(×10⁻⁶/℃)	7.6	7.5	7.2	7.6	7.6	7.3	7.7
热导率/[W/(m·K)]	17	17	17	21	37	17	17
绝缘强度/(kV/mm)	10	10	10	10	10	10	10
体积电阻率/Ω·cm							
20℃	$>10^{14}$	$>10^{14}$	$>10^{14}$	$>10^{14}$	$>10^{14}$	10^{14}	10^{12}
300℃	10^{13}	10^{13}	10^{12}	10^{14}	10^{10}	10^{9}	10^{8}
T_e 值 /℃	940		930		850		
介电常数 ε(1MHz)	8.0	8.5	8.6	9.4	10.6		7.9
$tan\delta$ (1MHz) /×10⁻⁴	13	3	3	2	<1		
$\varepsilon tan\delta$ /×10⁻⁴	104	26	26	19	<10		

应该指出，上面所列 Al_2O_3 陶瓷的性能指标是一般情况下的，因原料、配方以及工艺条件的不同，各种 Al_2O_3 陶瓷的性能指标可以在相当宽范围内调整、变化。表中列举的 "80" Al_2O_3 瓷大致与我国生产的 75 瓷相应，但表列 $tan\delta$ 值是偏高的。

我国目前大量生产的 Al_2O_3 陶瓷是 95 瓷。75 瓷的生产也比较普遍。此外，还生产部分 97 瓷和 99 瓷，主要用于薄膜硅片或混合集成电路薄膜基片。

4.2.2　高铝瓷的组成和性能

瓷料组成与性能间的关系是设计或拟订瓷料配方的基本依据。所以，对瓷料组成与产品性能关系的了解是非常必要的。氧化铝含量与陶瓷性能间的一般关系，在前面已做介绍。在下面将对高铝瓷（重点是 Al_2O_3 含量 90%～95% 的高铝瓷）的组成与性能等分别进行讨论。

(1) 原料杂质对瓷料性能的影响　工业氧化铝通常是以碱式法生产的，其中含有少量 Na_2O 杂质。而 Na_2O 杂质往往使瓷体电性能显著恶化，电阻率降低，介质损耗显著提高。表 4-6 列举了 Al_2O_3 的 Na、Si 杂质共存时，杂质含量对烧成后瓷体介质损耗的影响数据。

表 4-6　Al_2O_3 的杂质含量对烧结瓷体介质损耗的影响

Al_2O_3 编号	杂质含量/(mg/kg)		瓷体的 $tan\delta$ /×10⁻⁴	Al_2O_3 编号	杂质含量/(mg/kg)		瓷体的 $tan\delta$ /×10⁻⁴
	Na	Si			Na	Si	
1#	105	100	2.0	4#	1500	1400	6.0
2#	465	450	3.4	5#	2300	2100	2.0
3#	1500	500	5.8				

从表 4-6 可以看出，虽然原料中 Na_2O 杂质能显著影响 Al_2O_3 烧结瓷体的介质损耗，Na_2O 含量的提高一般都要伴随着 $tan\delta$ 值的显著增大（1#～3# Al_2O_3 数据更为明显）。但是，Na_2O 含量的高低不是决定瓷体介质损耗的唯一因素。工业氧化铝中经常存在少量另一杂质 SiO_2，SiO_2 也是影响介质损耗的重要因素。原料中 SiO_2 含量的提高能显著削弱或消除 Na_2O 杂质对瓷体介质损耗提高的有害影响，3#～5# Al_2O_3 数据更为明显。

Al_2O_3 瓷料的杂质引入实验进一步肯定了 Na_2O 能显著提高烧结 Al_2O_3 瓷体 $\tan\delta$ 的有害作用（参阅表 4-7）。

表 4-7　引入 Na_2O 和 CaO 对 Al_2O_3 瓷体性能的影响

瓷料类型	25℃下的介电性能		100℃下的介电性能	
	ε	$\tan\delta/\times10^{-4}$	ε	$\tan\delta/\times10^{-4}$
未引入杂质	9.35	5	9.42	5.5
引入 0.46% Na_2O	7.7~9	350~550	7.6~9.3	222~1200
引入 1% CaO	9.82	3.7	9.88	3.9

Na_2O 对 Al_2O_3 瓷体 $\tan\delta$ 提高的有害影响显然与瓷体中 β-Al_2O_3 的存在有关。所谓 β-Al_2O_3 并不是 Al_2O_3 的变体，而是一种钠的多铝酸盐，其化学式为 $Na_2O\cdot11Al_2O_3$。

β-Al_2O_3 系由少数 Al—O—Al 键把"尖晶石基块"连接起来的层状结构。β-Al_2O_3 中的 Na^+ 就处于"尖晶石基块"之间由少数 Al—O—Al 键支撑起来的空旷的空间内，在电场作用下，Na^+ 在"尖晶石基块"之间的空旷地带沿电场方向比较自由地移动，从而表现了 β-Al_2O_3 极显著的离子电导特性。正因为如此，β-Al_2O_3 也就必然呈现出明显的电导损耗和离子松弛损耗。这样，Al_2O_3 陶瓷中 β-Al_2O_3 的存在就导致了介质损耗角正切值 $\tan\delta$ 的显著提高。

就 Na_2O-Al_2O_3 二元系而论，Al_2O_3 瓷料中 β-Al_2O_3 的生成量可以按下式计算：

β-Al_2O_3 的生成量 = （$Na_2O\cdot11Al_2O_3$ 相对分子质量÷Na_2O 相对分子质量）×Na_2O 含量
$$= (1192.54\div71.98)N$$
$$= 16.6N$$

1% Na_2O 可形成 16.6% 的 $Na_2O\cdot11Al_2O_3$。所以，少量 Na_2O 杂质所形成的 β-Al_2O_3 量也可能不少。

SiO_2 能够显著地减弱或消除 Na_2O 或 $Na_2O\cdot11Al_2O_3$，在 SiO_2 存在的情况下，Na 可以转移到硅酸盐玻璃相中或者形成钠长石（$Na_2O\cdot Al_2O_3\cdot6SiO_2$）之类的化合物，从而减少和消除陶瓷中的 β-Al_2O_3，并减弱或消除了 β-Al_2O_3 对电性能的有害作用。

在 Al_2O_3 中引入少量 CaO 可形成六铝酸钙（$CaO\cdot6Al_2O_3$），$CaO\cdot6Al_2O_3$ 与 $Na_2O\cdot11Al_2O_3$ 属于同类型结构，也是 β-Al_2O_3 结构。有时 $CaO\cdot6Al_2O_3$ 称 $Ca\beta$-Al_2O_3，而 $Na_2O\cdot11Al_2O_3$ 称 $Na\beta$-Al_2O_3。两者结构的主要不同仅在于 $Na\beta$-Al_2O_3 中"尖晶石基块"之间的 Na^+，被数量大致少一半的 Ca^{2+} 取代。但是 CaO 引入 Al_2O_3 瓷料并不使烧结瓷体的介电性能恶化，少量 CaO 的引入反而使瓷体的 $\tan\delta$ 值有所降低（参阅表 4-7）。

$Ca\beta$-Al_2O_3 和 $Na\beta$-Al_2O_3 对 Al_2O_3 瓷体介电性能的影响截然不同，是由于 Ca^{2+} 是二价离子，价键较强，处于"尖晶石基块"之间的 Ca^{2+} 把"尖晶石基块"拉紧，使 Ca^{2+} 比较牢固地压在"尖晶石基块"之间，Ca^{2+} 失去了可动性，至少在低温时是如此。

表 4-8 列举了 α-Al_2O_3、γ-Al_2O_3 及 $Na\beta$-Al_2O_3 和 $Ca\beta$-Al_2O_3 的晶格参数，相对密度和折射率指标。$Ca\beta$-Al_2O_3 的 c 轴较 $Na\beta$-Al_2O_3 的 c 轴缩短很多，这表明 $Ca\beta$-Al_2O_3 中的 Ca^{2+} 在"尖晶石基块"间被压得较紧。

表 4-8　Al_2O_3 变体和 β-Al_2O_3 的晶格参数和物理指标

矿　物	晶系	晶格参数/Å		相对密度	折射率	
		a	c		N_g	N_p
α-Al_2O_3	三方	4.470	12.96	3.99~4.00	1.767	1.659
γ-Al_2O_3	三方	7.895		3.42~3.47	1.690~1.733	
$Na_2O\cdot11Al_2O_3$	六方	5.615	22.584	3.23	1.690	1.635
$CaO\cdot6Al_2O_3$	六方	5.560	21.930	3.54	1.757	1.750

从表 4-8 的相对密度数据可知，当 γ-Al_2O_3 经煅烧转化为 α-Al_2O_3 时伴生有相当大的（14%）

体积收缩。所以以 γ-Al_2O_3 为主要矿物组成的工业氧化铝配料前需经预烧，使 γ-Al_2O_3 比较充分地转化成 α-Al_2O_3。鉴于工业 Al_2O_3 中 Na_2O 杂质对瓷体介电性能的有害作用，煅烧 γ-Al_2O_3 时常掺入 1%～3%（质量分数）的硼酸（H_3BO_3）以使原料中的 Na_2O 与硼酸作用形成易挥发的硼酸钠挥发掉，煅烧工业氧化铝时引入少量硼酸的作用可从表 4-9 列举的数据看得很清楚。

表 4-9　硼酸的加入量对煅烧氧化铝组成的影响

工业氧化铝煅烧温度 /℃	H_3BO_3 的加入量（质量分数）/%	煅烧后工业氧化铝的化学组成（质量分数）/%			
		Al_2O_3	Na_2O	B_2O_3	灼减
1450	0	99.90	0.40		0.24
	1	99.92	0.045	痕迹	0.13
	3	99.33	0.14	0.91	
1600	0	99.02	0.20		0.18
	1	99.77	0.05		0.21
	3	99.67	0.027		

煅烧工业氧化铝时引入 H_3BO_3 在促使 Na_2O 杂质挥发的同时也促进了 γ-Al_2O_3 向 α-Al_2O_3 转化，工业氧化铝引入 1%～3%H_3BO_3 经 1450℃以上煅烧，晶相转化即趋于完全。

鉴于 H_3BO_3 具有上述作用，所以我国在生产高铝瓷时，在煅烧工业氧化铝时都加入 1%～3%的 H_3BO_3。在生产 75 瓷时，通常采用品级较低、杂质含量较多的工业氧化铝配料，但是，由于配料中采用了一定数量的黏土、滑石、$BaCO_3$、$CaCO_3$ 等，工业氧化铝中 Na_2O 杂质的有害作用不会有明显的体现，因此在煅烧工业氧化铝时一般不加入硼酸。

在生产 Al_2O_3 含量在 99.5%以上的高纯氧化铝陶瓷或透明氧化铝陶瓷时，一般不能用工业氧化铝作原料。在这种情况下，氧化铝原料的纯度应在 99.9%以上，通常用硫酸铝铵经提纯并加热分解来制备。

(2) 高铝瓷的组成和性能　在电子陶瓷中 99 瓷以及 97 瓷主要用于集成电路基片。集成电路必须具有高度平坦光滑的平面。为了保证基片经仔细抛光后具有极高的表面光洁度，基片本身必须充分致密，而且应保证晶粒细小，晶粒结合性能良好。少量 MgO［加入量为 0.05%～0.25%（质量分数）］对抑制 Al_2O_3 晶粒生长、保证 Al_2O_3 陶瓷具有微晶结构都呈现明显的效果，因此在生产 99 瓷或 97 瓷时 MgO 是常常采用的一个加入物。MgO 的缺点是高温挥发性较明显，处于瓷体表面的 MgO 组分在烧成过程中易于挥发，使瓷体表面层中晶粒成长得较大。现在多采用 MgO 和 La_2O_3 或 MgO 和 Y_2O_3 等复合加入物来生产 99 瓷和 97 瓷。La_2O_3 和 Y_2O_3 高温下不易挥发，而且 La_2O_3 或 Y_2O_3 的引入可降低烧结温度，拉宽烧结范围，晶界结合性能良好，使瓷体的致密度进一步提高。实践表明在生产 99 瓷时外加 0.05%MgO 和 0.05%Y_2O_3 的复合加入物就可以收到明显的效果。

国外采用上述复合加入物添加的高铝瓷配方，经特殊振磨工艺取得超细粉料，流延成型，精密控制烧结温度制成的厚膜集成电路基片，不通过机械加工即具有高的尺寸精度（尺寸误差为 0.5%～1%）和表面光洁度（0.5～1μm）。

我国目前大量生产的高铝瓷普遍采用 CaO、MgO、SiO_2 等熔剂类加入物（以黏土、$CaCO_3$、滑石、SiO_2 等引入）。对这类陶瓷的组成和性能从两个方面讨论。

① 瓷料的矿物组成及其性能　Al_2O_3 含量处于 90%～95%的 Al_2O_3 白色瓷料，一般都为 CaO-MgO-Al_2O_3-SiO_2 系瓷料（包括 CaO-Al_2O_3-SiO_2 系和 MgO-Al_2O_3-SiO_2 系瓷料）。

图 4-11 是高 Al_2O_3 含量部分的 CaO-Al_2O_3-SiO_2 系相图。从该图可知，与刚玉（α-Al_2O_3）处于平衡的矿物有三个：莫来石（$3Al_2O_3 \cdot 2SiO_2$，简写作 A_3S_2）、钙长石（$CaO \cdot Al_2O_3 \cdot 2SiO_2$，简写作 CAS_2）和六铝酸钙（$CaO \cdot 6Al_2O_3$，简写作 CA_6）。该系统中的 Al_2O_3 陶瓷的组成点可以处于三角形 CA_6-CAS_2-Al_2O_3 内，也可以处于三角形 A_3S_2-

CAS_2-Al_2O_3内，这取决于瓷料组成的 SiO_2/CaO 值。如果瓷料的 SiO_2/CaO（分子比）<2，即 SiO_2/CaO（质量比）<2.16，组成点显然处于三角形 CA_6-CAS_2-Al_2O_3 内。这种情况下，瓷料的平衡矿物组成是三角形三个顶点所表示的三个矿物：刚玉，钙长石和六铝酸钙。如果瓷料的 SiO_2/CaO（分子比）>2 即 SiO_2/CaO（质量比）>2.16，组成点显然处于三角形 A_3S_2-CAS_2-Al_2O_3 内，这时瓷料的平衡矿物由刚玉、莫来石和钙长石组成。

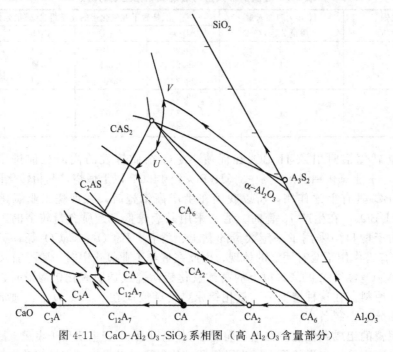

图 4-11　CaO-Al_2O_3-SiO_2 系相图（高 Al_2O_3 含量部分）

图 4-12 是 MgO-Al_2O_3-SiO_2 系相图的高 Al_2O_3 含量部分。该系统中与刚玉处于平衡的矿物只有两个：莫来石和尖晶石（$MgO \cdot Al_2O_3$，简写作 MA）。所以对 MgO-Al_2O_3-SiO_2 系

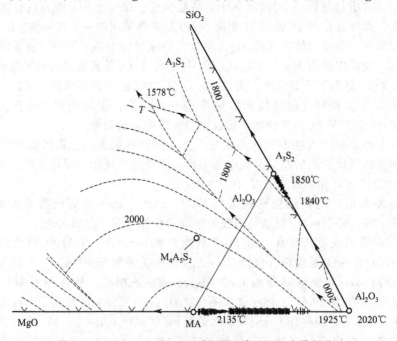

图 4-12　MgO-Al_2O_3-SiO_2 系相图（高 Al_2O_3 含量部分）

Al$_2$O$_3$瓷料来说，其平衡矿物组成为刚玉、莫来石和尖晶石。

从现有的 CaO-MgO-Al$_2$O$_3$-SiO$_2$ 系相平衡资料来看，系统中没有发现能与刚玉处于平衡的四元化合物。所以可以认为，在 CaO-MgO-Al$_2$O$_3$-SiO$_2$ 四元系内，Al$_2$O$_3$ 瓷料煅烧后的平衡矿物组成为：MA，CAS$_2$，CA$_6$ 和 α-Al$_2$O$_3$（SiO$_2$/CaO＜2.16 时）；或 MA，CAS$_2$，A$_3$S$_2$ 和 α-Al$_2$O$_3$（SiO$_2$/CaO＞2.16 时）。

这样，对于 CaO-MgO-Al$_2$O$_3$-SiO$_2$ 系的 Al$_2$O$_3$ 瓷料来说，其平衡矿物组成的定量计算公式可推导如下。

SiO$_2$/CaO（简写作 S/C）＜2.16 时：

$$MA = \frac{MgO \cdot Al_2O_3 \text{ 的相对分子质量}}{MgO \text{ 的相对分子质量}} \times MgO \text{ 的含量} = \frac{142.2}{40.31} \times M = 3.53M$$

$$CAS_2 = \frac{CaO \cdot Al_2O_3 \cdot 2SiO_2 \text{ 的相对分子质量}}{2 \times SiO_2 \text{ 的相对分子质量}} \times SiO_2 \text{ 的含量} = \frac{278.20}{2 \times 60.08} \times S = 2.32S$$

因为

$$CA_6 = \frac{CaO \cdot 6Al_2O_3 \text{ 的相对分子质量}}{CaO \text{ 的相对分子质量}} \times \text{结合为 } CA_6 \text{ 的 } CaO \text{ 量}$$

而结合为 CA$_6$ 的 CaO 的量为

$$C - \frac{CaO \text{ 的相对分子质量}}{CaO \cdot Al_2O_3 \cdot 2SiO_2 \text{ 的相对分子质量}} \times CAS_2 \text{ 的含量} = C - \frac{56.08}{278.20} \times 2.32S$$

$$= C - 0.468S$$

所以

$$CA_6 = \frac{667.84}{56.08}(C - 0.468S) = 11.91(C - 0.468S)$$

$$\text{α-Al}_2O_3 = 100\% - \text{上述各矿物含量}$$

以上各式中，M、S、C 依次表示煅烧后瓷料中的 MgO、SiO$_2$、CaO 的质量分数。

当 S/C＞2.16 时，同理可推得：

$$MA = 3.53M$$
$$CAS_2 = 2.32C$$
$$A_3S_2 = 3.55(S - 2.14C)$$
$$\text{α-Al}_2O_3 = 100\% - \text{上述各矿物含量}$$

对于 CaO-MgO-Al$_2$O$_3$-SiO$_2$ 系 Al$_2$O$_3$ 瓷料烧成后的平衡矿物计算公式，归纳于表 4-10。

表 4-10　CaO-MgO-Al$_2$O$_3$-SiO$_2$ 系 Al$_2$O$_3$ 瓷料的平衡矿物组成计算式

S/C＜2.16 时	S/C＞2.16 时	S/C＜2.16 时	S/C＞2.16 时
MA=3.53M	MA=3.53M	CA$_6$=11.91(C-0.468S)	A$_3$S$_2$=3.55(S-2.14C)
CAS$_2$=2.32S	CAS$_2$=4.96C	α-Al$_2$O$_3$=100%-其他矿物含量	α-Al$_2$O$_3$=100%-其他矿物含量

注：当瓷料中尚有少量其他加入物时，可根据有关相平衡资料估计加入物在物系中存在的矿物形态，并从而计算其平衡矿物含量。例如：当瓷料中引入 L(%)La$_2$O$_3$ 时，根据 La$_2$O$_3$-Al$_2$O$_3$ 相图（略）可知，在 La$_2$O$_3$-Al$_2$O$_3$ 系中与 α-Al$_2$O$_3$ 处于平衡的矿物为 La$_2$O$_3$·11Al$_2$O$_3$（一种具有 β-Al$_2$O$_3$ 结构的矿物）。如果物系中不存在其他能与 α-Al$_2$O$_3$ 处于平衡的 La$_2$O$_3$ 的矿物，则平衡矿物 La$_2$O$_3$·11Al$_2$O$_3$ 的百分含量：

$$LA_{11} = \frac{La_2O_3 \cdot 11Al_2O_3 \text{ 的相对分子质量}}{La_2O_3 \text{ 的相对分子质量}} \times La_2O_3 \text{ 的含量} = \frac{1446}{325.8}L = 4.438L$$

如果 La$_2$O$_3$ 为外加量，则 α-Al$_2$O$_3$=100%+L-上述各矿物含量。

应该指出，上述计算是从平衡角度考虑的，即物系处于平衡状态。实际上物系总会在一定程度上偏离平衡状态。在实际烧成的瓷体中常常存在玻璃相（非平衡相），此外还发现，在 CaO-MgO-Al$_2$O$_3$-SiO$_2$ 系 Al$_2$O$_3$ 瓷体中常常出现非平衡矿物钙铝黄长石（化学式为 2CaO·Al$_2$O$_3$·SiO$_2$，简写作 C$_2$AS）。

瓷料矿物组成是影响或决定瓷料性能的基本因素，Al$_2$O$_3$ 瓷料中各平衡矿物以及较易存

在的非平衡矿物 C_2AS 的介电性能示于表 4-11。

表 4-11 CaO-MgO-Al$_2$O$_3$-SiO$_2$ 系 Al$_2$O$_3$ 瓷料中各平衡矿物及 C_2AS 的介电性能（25℃，1MHz）

性能	α-Al$_2$O$_3$	A$_3$S$_2$	MA	CA$_6$	CAS$_2$	C$_2$AS
介电常数	9.6～11	6.6	8	14.6	6.2	8.2
介质损耗	$<1\times10^{-4}$	13×10^{-4}	$\times10^{-4}$	11×10^{-4}	3×10^{-4}	2×10^{-4}

【例 4-1】 国内各厂家多采用下列配方（1$^\#$配方）生产 95 瓷，求这种陶瓷材料的平衡矿物组成。

原　料	烧 Al$_2$O$_3$	CaCO$_3$	SiO$_2$	苏州 1$^\#$ 土
质量分数/%	93.5	3.25	1.28	1.95

解：假设烧 Al$_2$O$_3$ 为纯 Al$_2$O$_3$，苏州土为纯高岭石，按 100kg 配料计算。

则瓷料的化学组成

Al$_2$O$_3$：$93.5+1.95\times0.395=94.27$kg

SiO$_2$：$1.28+1.95\times0.465=2.19$kg

CaO：$3.25\times0.56=1.82$kg

总计：98.28kg

换算成百分含量：

Al$_2$O$_3$：$94.27/98.28=95.92\%$

SiO$_2$：$2.19/98.28=2.23\%$

CaO：$1.82/98.28=1.85\%$

瓷料中 SiO$_2$/CaO$=2.23/1.85=1.21<2.16$

根据表 4-10 可计算其平衡矿物组成：

CAS$_2=2.32\times2.23\%=5.17\%$

CA$_6=11.91\times(1.85-0.468\times2.23)=9.60\%$

α-Al$_2$O$_3=100\%-5.17\%-9.60\%=85.23\%$

【例 4-2】 某厂采用下列配方（2$^\#$配方）生产 95 瓷双列直插陶瓷封接管壳，求烧成后瓷料的平衡矿物组成。

原　料	烧 Al$_2$O$_3$	烧滑石	苏州 1$^\#$ 土	La$_2$O$_3$
质量分数/%	94	3	3	0.5(外加)

解：假设烧 Al$_2$O$_3$ 为纯 Al$_2$O$_3$，苏州土为纯高岭石，滑石也按理论值考虑，按 100kg 配料计算。

则这种瓷料的化学组成

Al$_2$O$_3$：$94+3\times0.395=95.19$kg

SiO$_2$：$3\times0.666+3\times0.465=3.39$kg

MgO：$3\times0.334=1$kg

总计：99.58kg

La$_2$O$_3$：0.5kg（外加）

折算成煅烧后的百分组成

Al$_2$O$_3$：$95.19/99.58=95.59\%$

SiO$_2$：$3.39/99.58=3.40\%$

MgO：$1/99.58=1\%$

La$_2$O$_3$：$0.5/99.58=0.5\%$（外加）

根据表 4-10 计算瓷料的平衡矿物组成

MA：$3.53 \times 1\% = 3.53\%$

A_3S_2：$3.55 \times 3.40\% = 12.07\%$

LA_{11}：$4.438 \times 0.5\% = 2.22\%$

$\alpha\text{-}Al_2O_3$：$100\% + 0.5\% - (3.53\% + 12.07\% + 2.22\%) = 100.5\% - 17.82\% = 82.68\%$

【习题】 某厂采用下列配方（$3^\#$ 配方）生产 95 瓷，求烧成瓷体的平衡矿物组成。烧滑石的理论组成为 $66.6\% SiO_2$ 和 $33.4\% MgO$。

配料比	烧 Al_2O_3	烧滑石	$CaCO_3$
质量分数/%	95	4	1

② 熔剂类氧化物的组成与瓷料性能的关系　CaO、MgO 和 SiO_2 是经常采用的白色 Al_2O_3 瓷料的熔剂加入物。下面将重点讨论 $CaO\text{-}MgO\text{-}SiO_2$ 系熔剂的组成与 Al_2O_3 瓷料性能间的关系。

含 $94\% Al_2O_3$ 的 $CaO\text{-}MgO\text{-}Al_2O_3\text{-}SiO_2$ 系瓷料的熔剂组成变动实验结果说明，瓷体的体积电阻率 ρ_V（$25℃$）都在 $10^{13}\,\Omega \cdot cm$ 以上；介电常数（ε）随熔剂组成的改变变化不大（在 10% 幅度内变化）。从对介质损耗的影响来看，$S/C = 2.16$ 附近的瓷料的 $\tan\delta$ 值明显增高。

表 4-11 列举了 $CaO\text{-}MgO\text{-}Al_2O_3\text{-}SiO_2$ 系 Al_2O_3 瓷料中各平衡矿物及 C_2AS 的介电常数和介质损耗。表中列举的钙长石（CAS_2）的介质损耗并不高（$\tan\delta = 3 \times 10^{-4}$），但是当溶剂的（亦瓷料的）$S/C$ 比值与钙长石的相应时（即 S/C 为 2.16 时），Al_2O_3 陶瓷即呈现出 $\tan\delta$ 的显著增高。从相平衡角度考虑，熔剂的 $S/C = 2.16$ 左右时，有利于较多的钙长石 CAS_2 次生矿物的形成，这时 Al_2O_3 瓷体介质损耗的显著增高不应是 CAS_2 本身性能的体现。对于这一现象的解释是，钙长石的线膨胀系数比主晶相 $\alpha\text{-}Al_2O_3$ 的低得多，在含有 CAS_2 次生晶相的 Al_2O_3 瓷体内，在烧成后的冷却过程中将在 $\alpha\text{-}Al_2O_3$ 与 CAS_2 的界面上产生应力甚至出现微裂纹，而内应力和微裂纹的存在必然会导致介质损耗的明显增高。虽然这种解释的正确性还有待验证，但从瓷料组成上避开 $S/C = 2.16$ 附近的区域和从烧成冷却制度上避免生成 CAS_2 次生晶相，应视为降低瓷体介质损耗的措施。

电真空陶瓷壳以及半导体集成电路陶瓷封装壳，在生产过程和封装清洗过程中常常要经受酸、碱的处理。所以对于用做壳的大量 Al_2O_3 陶瓷的耐酸、耐碱腐蚀性能，应成为必须考虑的问题。实验确定：$MgO\text{-}Al_2O_3\text{-}SiO_2$ 系和 $CaO\text{-}MgO\text{-}Al_2O_3\text{-}SiO_2$ 系的 Al_2O_3 陶瓷的耐酸、耐碱腐蚀性能较好，而 $CaO\text{-}Al_2O_3\text{-}SiO_2$ 系的 Al_2O_3 陶瓷则较差，某厂的实验结果表明，$MgO\text{-}Al_2O_3\text{-}SiO_2$ 系的 $2^\#$ 瓷料（未外加 $0.5\% La_2O_3$）和 $CaO\text{-}MgO\text{-}Al_2O_3\text{-}SiO_2$ 系的 $3^\#$ 瓷料的耐酸性，比 $CaO\text{-}Al_2O_3\text{-}SiO_2$ 系 $1^\#$ 瓷料的耐酸性高 50 倍。

BaO（以 $BaCO_3$ 形式引入）也是某些 Al_2O_3 陶瓷配方中常常采用的溶剂组成。引入 BaO 能进一步提高陶瓷材料的体积电阻率，也会改善瓷体的表面光洁度。实践表明，$BaO\text{-}MgO\text{-}Al_2O_3\text{-}SiO_2$ 系的瓷料抗酸、碱腐蚀性能仍可很好。应注意 BaO 的引入量不宜过多，否则将导致大量钡长石玻璃的形成，使陶瓷材料的机械强度降低。在采用 BaO 溶剂时，为了保证瓷料具有较低的介质损耗角正切值 $\tan\delta$，也应避免使瓷料组成的 SiO_2/BaO 值与钡长石（化学式为 $BaO \cdot Al_2O_3 \cdot 2SiO_2$，可简写为 BAS_2）的 SiO_2/BaO 值相应。所以，这种 Al_2O_3 瓷料的 SiO_2/BaO 的分子比应避免在 2 附近，质量比应避免处于 0.785 附近。这从图 4-13 可以看得很清楚。

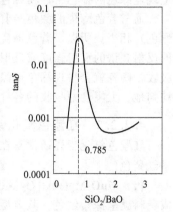

图 4-13　一种 Al_2O_3 含量为 90% 的陶瓷的 SiO_2/BaO 值与其 $\tan\delta$ 之间的关系曲线

钡长石的线膨胀系数较小，与钙长石相近，与刚玉相差较大。钡长石次生晶相的大量存在会使瓷体内产生应力甚至微裂纹，从而提高瓷体的 $\tan\delta$。

从组织结构看，$CaO\text{-}Al_2O_3\text{-}SiO_2$ 系 Al_2O_3 陶瓷的晶粒粗大，晶粒中容易包裹未排除的闭气孔；而 $CaO\text{-}MgO\text{-}Al_2O_3\text{-}SiO_2$ 系瓷料（还有 $MgO\text{-}Al_2O_3\text{-}SiO_2$ 系瓷料）和 $BaO\text{-}MgO\text{-}Al_2O_3\text{-}SiO_2$ 系 Al_2O_3 陶瓷的晶粒较小，组织结构常比较致密。$CaO\text{-}Al_2O_3\text{-}SiO_2$ 系 Al_2O_3 陶瓷的表面是比较粗糙的，而 $BaO\text{-}MgO\text{-}Al_2O_3\text{-}SiO_2$ 系瓷料的表面光洁度较高。

4.2.3 着色氧化铝陶瓷

着色氧化铝陶瓷通常是在氧化铝瓷料中有目的地加入着色氧化物，使氧化铝呈现特定的颜色，满足某些使用上的需求。本节首先介绍陶瓷的着色机理，然后简单介绍红紫色氧化铝和黑色氧化铝瓷。

4.2.3.1 陶瓷的着色机理

颜色是光的一种特征，物体呈现各种颜色是由波长不同的光波造成的。光是一种电磁波，可见光是波长处于 $393\sim770nm$ 范围内的电磁波，处于这一范围内的不同波段的电磁波，使人眼呈现着不同的颜色（见表4-12）。

表 4-12 光的波长和呈现的颜色的关系

波长/nm	$393\sim440\sim490\sim565\sim595\sim620\sim770$
呈现的颜色	紫　蓝　青　绿　黄　橙　红

波长小于 $393nm$ 的电磁波为紫外线，波长大于 $770nm$ 的为红外线。波长处于 $393\sim770nm$ 范围内的连续混合光波，使人眼的感觉不呈现颜色。只是当这一范围内的连续光波的某一特征频段被吸收后，才使人感到光波显现了被吸收频段相应颜色的补色，互补的两种颜色加在一起则不再显示颜色。

过渡元素（Fe、Co、Ni、Cr、Mn、Ti、V 等）的最外层或次外层电子是不饱和的。当白色光照射到含有这类元素或离子的陶瓷材料时，常伴随着这类离子的外层和次外层电子间的转移，相应地对光波产生某一特征波段的选择性吸收。陶瓷材料也就呈现了这一特征波段的颜色的补色。含 1% 左右 Cr_2O_3 的 Al_2O_3 陶瓷常呈现红色，就是因为固溶到 Al_2O_3 晶格中的铬离子对可见光的 $491\sim500nm$ 频段（即蓝绿色频段）有强烈的选择性吸收，从而使瓷体呈现蓝绿色的补色——粉红色。

通常着色陶瓷的颜色与着色陶瓷的特征吸收频段相应颜色的补色（即反射频谱所显示的颜色）相当。所以，着色陶瓷对白色光谱的反射光谱即可作为对陶瓷颜色的量度。如果陶瓷的反射频谱的反射强度或反射率很低，说明陶瓷材料对可见光各频段的电磁波有非常强烈的吸收，陶瓷就会呈现深色或黑色。因此，黑色 Al_2O_3 陶瓷是含有在可见光范围内对各色光波均匀地、大幅度地吸收的各种着色离子的 Al_2O_3 陶瓷。

4.2.3.2 红紫色氧化铝瓷

红紫色氧化铝瓷通常是在氧化铝瓷料中引入了着色氧化物（如 MnO_2 和 Cr_2O_3）使瓷料呈红紫色。

（1）$MnO\text{-}MgO\text{-}Al_2O_3\text{-}SiO_2$ 系　在此系统中如果 MnO_2 的加入量增多，在氧化气氛下烧成瓷料就呈深紫红色。其典型配方见表4-13。

表 4-13 $MnO\text{-}MgO\text{-}Al_2O_3\text{-}SiO_2$ 系典型配方

组　分	煅烧 Al_2O_3	烧滑石	叙永土	SiO_2	$MnCO_3$
质量分数/%	89	2	2	4.5	3.3

瓷料烧成化学组成为（质量分数/%）

Al$_2$O$_3$	SiO$_2$	MnO$_2$	MgO	Fe$_2$O$_3$
89.14	6.48	2.05	1.82	0.076

这种瓷料是处于 MnO-MgO-Al$_2$O$_3$-SiO$_2$ 系，含 Al$_2$O$_3$ 90% 左右的红色陶瓷。其抗弯强度平均值为 441.3MPa，最高可达 480.5MPa，金属化封接强度高，介质损耗 tanδ 为 (5～6)$\times 10^{-4}$，体积电阻率 ρ_V 为 $10^{14}\Omega\cdot cm$。其耐酸性、抗热冲击性、机械强度等均高于 95 Al$_2$O$_3$ 瓷，而烧结温度在 1470～1510℃，比 95Al$_2$O$_3$ 瓷低约 40℃。

(2) MnO-Cr$_2$O$_3$-Al$_2$O$_3$-SiO$_2$ 系 国内外实践表明，这一系统的 Al$_2$O$_3$ 瓷具有很高的机械强度（抗弯强度高达 390～520MPa）；真空气密性、金属化强度也较同类型 Al$_2$O$_3$ 瓷高；热导率为 13.4W/(m·K)，比 CaO-Al$_2$O$_3$-SiO$_2$ 系瓷大 20%，其唯一的缺点是介质损耗大些（tanδ=9$\times 10^{-4}$ 左右）。

此系列组成中 MnO:SiO$_2$=1.28 时，瓷料烧结温度低，烧结范围宽。当 MnO:SiO$_2$>2.5 时，由于刚玉晶体迅速增长，使瓷体内部出现孔隙，导致结构不致密。该系统烧结性能好的原因，被认为是与 Cr、Al 的离子半径相近有关（Al^{3+} 为 0.057nm，Cr^{3+} 为 0.064nm），实践证明 Cr$_2$O$_3$ 加入量为 0.5% 最佳。

紫色 Al$_2$O$_3$ 陶瓷应避免与白色瓷料同钵或同窑烧成，以防挥发性色素对白瓷产生污染。

4.2.3.3 黑色 Al$_2$O$_3$ 陶瓷的组成和性能

由于半导体集成电路常具有明显的光敏性，要求作为封装管壳的氧化铝陶瓷应有遮光性。用于数码管衬板的 Al$_2$O$_3$ 陶瓷也要求呈黑色，以保证数码显示清晰。为此，国内外研制出黑色氧化铝陶瓷，用于集成电路管壳，这种陶瓷除遮光性好以外，还具有工艺简单、烧结温度低、节省大量黄金等优点，所以成本低廉。

国内在黑色陶瓷色料的研制和应用上具有很高水平，发现了不少具有实用意义的黑色色料系统。例如，Fe-Cr-Co 系和 Fe-Cr-Co-Mn 系黑色色料都是陶瓷黑色色料的常用系统。这类系统的色料通常以尖晶石（Me^{2+}O·Me$_2^{3+}$O$_3^{2+}$）的形态存在。图 4-14 所示为一些尖晶石类色料的反射光谱曲线。那些在各频段中反射率都很低的色料，即可以作为陶瓷的黑色着色剂。

当然，作为电子技术应用的 Al$_2$O$_3$ 陶瓷，黑色着色剂或色料的选择必须考虑陶瓷材料的其他性能。例如，必须考虑到陶瓷材料具有较高的电阻率等。也就是说 Al$_2$O$_3$ 黑色瓷料的选择，从色料的选择开始就要考虑到使用上的要求；不仅要保证瓷料颜色的黑度，质地的致密，也必须保证瓷体的绝缘特性以及用作电子器件时所应具备的其他性能。

用于 Al$_2$O$_3$ 黑色瓷料的着色氧化物有 Fe$_2$O$_3$、CoO、NiO、Cr$_2$O$_3$、MnO、TiO$_2$、V$_2$O$_5$ 等，而以 Fe$_2$O$_3$、CoO、Cr$_2$O$_3$、MnO 最为常用。这些常用的着色氧化物在高温下的挥发性都较强。因此，抑制这类氧化物挥发，在拟定配方时就应该注意。通常，挥发速度随温度的升高而升高，因此，选择较低烧成温度的瓷料组成对抑制色素氧化物的挥发有直接效果。有资料表明，向纯度 99.3% 的工业氧化铝中加入 3%～4% 的 MnO$_2$ 和 TiO$_2$ 的低共熔组成，在 1250℃ 下烧结的试样的密度可以达到 3.71～3.75g/cm^3。为了使黑色 Al$_2$O$_3$ 瓷料具有尽可能低的烧成温度，应该充分利用 MnO$_2$-TiO$_2$ 低共熔物对 Al$_2$O$_3$ 陶瓷的强烈促进烧结的作用。还应注意，如果同时引入一定数量的（如 1% 以上）Fe$_2$O$_3$，会使 MnO$_2$-TiO$_2$ 加入物的促进烧结的作用变弱。

为了从组织上抑制色素氧化物的挥发，配料中可考虑引入一定数量的滑石。滑石中的 SiO$_2$ 是玻璃形成剂。玻璃相的形成对抑制色素的挥发会起到一定作用。滑石中的 MgO 与色素氧化物一起形成复杂的尖晶石相也应有利于抑制色素的挥发。还应该注意到，MgO 具有

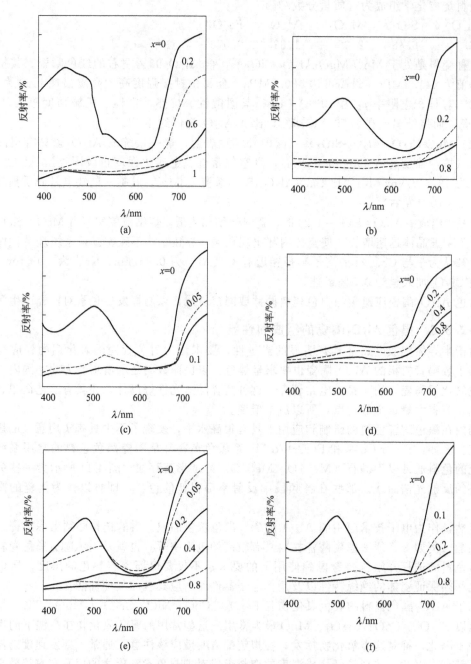

图 4-14　尖晶石类色料的反射光谱

(a) $(Co_{0.2}Mg_{0.8})O \cdot (Al_{1-x}Fe_x)_2O_3$；(b)、(c) $(Co_{0.2}Mg_{0.8})O \cdot (Cr_{1-x}Fe_x)_2O_3$；
(d) $(Co_{0.2}Mg_{0.8})O \cdot (Al_{0.8-x}Fe_{0.2+x})_2O_3$；(e) $(Co_{0.2}Mg_{0.8})O \cdot (Al_{0.2}Cr_{0.8-x}Fe_x)_2O_3$；
(f) $(Co_{0.2}Mg_{0.8})O \cdot (Al_{0.8-x}Cr_{0.2}Fe_x)_2O_3$

显著抑制 TiO_2 中的 Ti^{4+} 还原为 Ti^{3+} 的作用，这对保证瓷料良好的电绝缘性以及还原处理后电阻率不致明显降低都甚为有利。在 Al_2O_3 黑色瓷料中，Fe_2O_3 与 TiO_2 加入物的总量不宜超过 2.5%，引入量过多，会导致在氧化气氛烧成的瓷体，经还原处理后电阻率明显降低。

　　CoO 在高温黑色色料中是一个重要的组成。在氧化气氛中烧得的复合钴尖晶石类色料，经还原气氛处理时的稳定性较高，一般能保持黑色 Al_2O_3 陶瓷的电阻率不发生明显的变化。所以，CoO 是黑色 Al_2O_3 瓷料中应予重视的色素氧化物，在氧化焰中烧成的黑瓷更是如此。

在含 MgO 的 Fe_2O_3-CoO-Cr_2O_3-MnO_2 系黑色色料的 Al_2O_3 陶瓷中，尖晶石的通式如下：(Mg，Co)O·(Al，Cr，Fe，Mn)$_2O_3$ 或 (Mg，Co，Fe，Mn)O·(Al，Cr，Fe，Mn)$_2O_3$。

色素氧化物形成尖晶石后，其高温挥发性一般会降低。因此，工艺条件能够保证在较低的温度（色素氧化物的挥发还不明显的温度）下，使色素氧化物结合成尖晶石，成为抑制色素挥发的应予重视的措施。

对于黑色 Al_2O_3 陶瓷的配方，国内有些厂家已进行研制。某厂最初用例 4-2 中的 2# 配方外加 3‰ TiO_2，在 H_2 气钼丝炉中于 1650～1680℃ 高温下生产了 Al_2O_3 黑瓷，并用来作为数码管衬板。Al_2O_3 陶瓷呈现黑色，是由于瓷料中的 Ti^{4+} 在还原气氛（H_2）、高温双重作用下部分地还原成 Ti^{3+}。Ti^{3+} 实际上可视为束缚着电子的 Ti^{4+}，即（Ti^{4+} e^-）。这个束缚电子是弱束缚电子，在 TiO_2 中可视为"颜色中心"（F-心），因此这类陶瓷呈现黑色。由于这个电子与 Ti^{4+} 的联系较弱，成为导电的载流子，降低了陶瓷的电阻率。实际上，这种陶瓷的体积电阻率只有 10^8 Ω·cm 或更低，对于绝缘性能要求高的元器件来说，不能满足要求。而且，由于配方中存在 MgO，烧成温度不高于 1650℃，Ti^{4+} 难于还原，因而也难于呈现黑色，烧结温度必须很高。

在 2# 配方中，烧滑石和苏州土含量不变，以 TiO_2、Cr_2O_3、MnO_2（以 $MnCO_3$ 方式引入）取代一部分氧化铝，设计了表 4-14 的配方：

表 4-14　黑色氧化铝瓷的配方

原　　料	烧 Al_2O_3	烧滑石	苏州土	SiO_2	$MnCO_3$	Cr_2O_3
质量分数/%	90.5	3	3	2	1	0.5

在 1600～1620℃ 的温度下这一瓷料配方在 H_2 钼丝炉中能烧出色泽良好的黑色氧化铝瓷。

随着集成电路的迅速发展，需要大批量低成本地生产具有遮光特性的易熔玻璃封接的黑色 Al_2O_3 陶瓷封装管壳。许多集成电路陶瓷封装管壳的生产单位都在进行氧化气氛中烧成黑色 Al_2O_3 陶瓷的研制。国内某厂在 1450℃ 的烧成温度下，在空气中烧出了色泽良好、电阻率高、Al_2O_3 含量在 90% 左右的黑色 Al_2O_3 陶瓷。

表 4-15 列出了专利资料（USP3791333）中几个在空气中烧成的黑色 Al_2O_3 瓷的配方和性能。表中 1# 配方系在 1350℃ 下保温 2h 烧成，2# 配方系在 1450℃ 下保温 2h 烧成。这两种黑色氧化铝瓷料的烧成温度是比较低的，这与瓷料中同时含有 MnO_2 和 TiO_2 有关。两种黑色 Al_2O_3 陶瓷经 1250℃ 在还原气氛中处理后，体积电阻率不发生变化，仍保持 10^{11} Ω·cm，这与瓷料配方中含 CoO 有关。

表 4-15　空气中烧成的黑色 Al_2O_3 瓷的配方和性能

配方编号	组成/%							性能	
	Al_2O_3	CoO	MnO_2	Cr_2O_3	V_2O_5	SiO_2	TiO_2	颜色	ρ_V/Ω·cm
1#	91.0	0.5	3.7	2.1	0.3	0.4	2.0	黑	10^{11}
2#	92.4	0.1	3.5	2.5		0.3	1.5	黑	10^{11}

下面只对黑色 Al_2O_3 瓷生产中应注意的问题加以讨论。

首先必须选用合适的瓷料配方，以保证烧成的黑色 Al_2O_3 陶瓷具有良好呈色效果及良好的电气物理性能。选用合适的配方后，要求工艺条件须保证瓷料色素氧化物均匀分布，并避免色素氧化物烧成过程中挥发。

可采用湿法球磨工艺保证色素氧化物均匀分布。实践表明，湿磨较干磨效率高，球磨比振磨呈色效果好。

瓷料的烧结温度应尽可能低一些，瓷坯的初始密度应尽可能高一些，以避免色素氧化物高温挥发。色素氧化物的高温挥发性能较强。但是，这类色素氧化物结合成尖晶石类化合物后，其高温挥发性能会有明显降低。因而在烧成黑色 Al_2O_3 陶瓷时，宜在 1200℃ 左右（这时色素氧化物挥发还不明显），保温一定时间，使游离态色素氧化物在此温度下尽可能结合成尖晶石类化合物。这样，就能有效地减免色素氧化物在继续升温后的挥发，保证了良好的呈色效果。当然，为了避免更高烧成温度下呈色尖晶石矿物的分解和色素的挥发，也宜快速烧成。从烧成黑色 Al_2O_3 陶瓷的这种特点考虑，应设计专门的小型隧道窑或推板窑来进行烧成。

4.2.4　氧化铝陶瓷的烧结

氧化铝陶瓷有许多优良的性能，但是烧结温度高。高铝瓷的烧结温度通常在 1600℃ 以上，而 99 氧化铝陶瓷的烧结温度甚至高达近 1800℃。如此高的烧成温度不仅会促使晶粒迅速长大，甚至可能造成晶粒异常长大，剩余气孔不能完全排除并聚集长大，从而使材料性能恶化。在如此高的烧成温度下，氧化铝陶瓷中和一些加入物或着色剂的高温挥发也常常对陶瓷材料的生产和性能产生一定影响。另外，烧结温度高对窑炉热工设备的要求高，能耗大。因此，降低烧成温度和有效抑制瓷料高温下的挥发一直是人们追求的目标。

（1）瓷料高温下的挥发　物质的高温挥发是一种固有属性，而陶瓷材料配料组分挥发性的高低直接关系到陶瓷材料的生产和使用。因此，在 Al_2O_3 陶瓷的生产上，必须对瓷料的挥发给予足够重视。

表 4-16 列举了一些化合物的蒸气压达到 10^{-2} Pa 时的温度，图 4-15 列举了一些化合物的高温挥发速度 [g/(cm² · s)]。

表 4-16　一些化合物蒸气压为 10^{-2} Pa 时的温度

化合物	Y_2O_3	ZrO_2	Al_2O_3	BeO	La_2O_3	TiO_2	V_2O_3	CoO
t/℃	2098	2077	1905	1870	1816	1780	1747	1727
化合物	VO	WO_2	TiO	MgO	SrO	FeO	MnO	CaO
t/℃	1655	1527	1572	1566	1517	1371	1346	1297
化合物	BaO	MoO_2	NiO	CaF_2	Li_2O	WO_3	B_2O_3	ZnO
t/℃	1297	1277	1237	1104	1085	1079	970	871

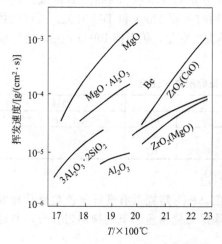

图 4-15　一些化合物的高温挥发速度

从表 4-16 和图 4-15 列举的数据可以得出以下结论。

① 氧化铝陶瓷主要组成的 Al_2O_3 是一种高温下挥发较弱的氧化物。

② 在 99 瓷的生产中经常用来抑制晶粒生长，使瓷体具有细晶结构的加入物 MgO，具有较高的高温挥发性；当 MgO 结合成尖晶石 $MgO \cdot Al_2O_3$ 后其挥发速度有所降低，但对比起来，$MgO \cdot Al_2O_3$ 的高温挥发速度仍比较明显。

③ 在 99 瓷、97 瓷以及某些 95 瓷的生产中，有时与 MgO 同时引入的 La_2O_3、Y_2O_3 等稀土氧化物的高温挥发性较弱。

④ 对于广泛用作 Al_2O_3 含量在 90%～95% 的 Al_2O_3 陶瓷的熔剂类加入物 MgO、CaO、BaO、SiO_2 来说，

只有 CaO 的高温挥发性较弱,其他氧化物的挥发性都较强,但挥发性较强的氧化物结合成复合氧化物(如 $3Al_2O_3 \cdot 2SiO_2$ 等)时,挥发速度或挥发性会呈现不同程度的降低。

⑤ 某些文献中提到可用作 Al_2O_3 陶瓷熔剂类加入物的 CaF_2、B_2O_3 等高温挥发性很强,看来在高温烧成的 Al_2O_3 瓷料配方中引入 CaF_2 等不一定妥善。实践也表明,即使在烧成温度较低的 75 瓷瓷料中引入少量 CaF_2,烧成后的瓷体也易出现针孔。

⑥ 在 Al_2O_3 黑瓷生产中,用作着色剂的氧化物 FeO、MnO、CoO、NiO、Cr_2O_3 等在较低的温度下具有明显的蒸气压,呈现了较明显的挥发性。这表明,在黑色 Al_2O_3 陶瓷的生产中如何减免着色氧化物的挥发,就成为必须高度重视的问题。

(2) 氧化物添加剂对氧化铝陶瓷烧结的作用 大量的研究表明,在氧化铝陶瓷配料中加入少量其他氧化物对氧化铝陶瓷的烧结有明显的促进作用。这些氧化物包括 MgO、Cr_2O_3、TiO_2、La_2O_3 和 Y_2O_3 等。其中对 MgO 的研究比较深入,因而也获得广泛应用。

在 Al_2O_3 瓷料中加入少量的 MgO(0.05%~0.25%)除了显著改善烧结性外,还有效地抑制 Al_2O_3 晶粒的生长,避免出现二次再结晶。对保证 Al_2O_3 陶瓷的微晶结构具有明显的效果。因此,在生产 99 瓷和 97 瓷时,MgO 是经常采用的一个加入物。根据有关文献资料,MgO 的作用机理有以下几种。

① 氧化镁分凝引起溶质阻滞作用,减慢晶粒生长速度,抑制晶粒长大。

② 氧化镁与氧化铝在晶界上形成镁铝尖晶石第二相,并包裹在氧化铝晶粒表面,阻碍了传质过程的进行,钉扎晶界移动,抑制了晶粒的长大。

③ 氧化镁溶入氧化铝晶格中,伴随固溶体的形成产生结构缺陷(氧空位),使氧离子扩散速率增强,促进烧结。

④ 表面扩散增强。

当氧化铝陶瓷烧结中有液相存在时,MgO 可以起到不同的作用,作用机理有如下几种。

① MgO 作为一种清除剂,驱使杂质离子形成的液相转变为固溶体。

② MgO 的引入可以改变内界面能,促使液相对氧化铝颗粒的润湿。

③ MgO 作为添加剂,导致部分液相析晶,阻碍了物质从一个晶粒向另一个晶粒的迁移。

④ MgO 的引入改变了液相性质,提高了液相黏度,阻碍液相-晶粒之间发生溶解沉淀反应,阻碍物质在液相中的迁移,从而抑制晶粒长大。

MgO 的缺点是高温挥发性较明显,处于瓷体表面的 MgO 组分在烧成过程中易于挥发,使瓷体表面层中晶粒长得较大,现多采用氧化镁和氧化镧或氧化镁和氧化钇等复合加入物来抑制氧化镁的挥发。

研究表明,在氧化铝陶瓷中引入少量氧化钇可以促进烧结,抑制晶粒长大。大多数研究表明,氧化钇与氧化铝形成钇铝石榴石,并在晶界处偏析或在晶粒表面上析出,氧化钇在氧化铝中固溶度不大,有的研究者认为 Y^{3+} 的固溶度为 300mg/kg。若大于 300mg/kg,则大部分析出钇铝石榴石,从而减小晶粒尺寸。当小于 300mg/kg 时,则大部分固溶在氧化铝晶格中。氧化镧是一种具有较广用途的稀土氧化物,有关研究资料认为,由于 La^{3+} 与 Al^{3+} 半径相差较大,氧化镧在氧化铝中难于固溶,从而形成晶界第二相抑制晶粒长大。另外,氧化镧还能使高温下的液相黏度降低,改善了润湿状况,促进了烧结,可获得良好的显微结构。氧化镧和氧化钇高温下不易挥发,可降低氧化铝的烧结温度,拉宽烧成范围,使瓷体的致密度进一步提高。

(3) 硅酸盐液相烧结助剂 虽然在氧化铝中添加上述氧化物对促进氧化铝陶瓷的烧结、抑制晶粒长大、加速气孔排除等起到了积极作用,但是烧结温度仍然偏高。通过添加熔剂类加入物,可以显著降低氧化铝瓷的烧结温度。目前大量生产的高铝瓷普遍采用 CaO、MgO、SiO_2 等熔剂类加入物。

表 4-17 列举了 CaO-Al_2O_3-SiO_2 系和 MgO-Al_2O_3-SiO_2 系中含有刚玉平衡相的三个三元无变量点的温度、性质、组成和平衡关系（见图 4-11 和图 4-12）。

表 4-17　Al_2O_3 瓷料的三个三元无变量点的温度、组成、性质和平衡关系

无变量点	温度/℃	性质	化学组成(质量分数)/%				平衡关系	S/C	注
			CaO	MgO	Al_2O_3	SiO_2			
U	1495	双升点	23		41	36	$CA_6 + CAS_2 \rightleftharpoons Al_2O_3 + L$	1.56	见图 4-11
V	1518	双降点	15.5		35.5	49	$CAS_2 + A_3S_2 \rightleftharpoons Al_2O_3 + L_V$	3.16	见图 4-11
T	1578	双升点		15	42	43	$MA + A_3S_2 \rightleftharpoons Al_2O_3 + L_T$		见图 4-12

由于与刚玉处于平衡的四元无变量点的有关资料不足，目前还不能具体提供。故高温下 Al_2O_3 瓷料相组成的定量计算，目前还只限于 CaO-Al_2O_3-SiO_2 系和 MgO-Al_2O_3-SiO_2 系等三元系统。

① CaO-Al_2O_3-SiO_2 系瓷料　通常参照图 4-11 及表 4-17 的数据，即可定量计算该系统瓷料在相应无变量点温度下所形成的最高液相量以及在此种情况下固相矿物的组成和含量。

【例 4-3】　参照前面例 4-1 计算 1# 配方在其无变量点温度下所能形成的最高液相量 $L_{U(max)}$。

解：1# 配方的化学组成及 S/C 比

化学组成	CaO	Al_2O_3	SiO_2	S/C
质量分数/%	1.85	95.92	2.23	1.21

从 $S/C = 1.21 < 2.16$ 可知，瓷料组成点处于图 4-11 中组元三角形 CA_6-CAS_2-Al_2O_3 内，U 点系该瓷料的无变量点。

所以，从平衡角度考虑，在加热过程中。在温度达到 1495℃时该三元系 Al_2O_3 瓷料开始出现液相，并呈现出 $CA_6 + CAS_2 \rightleftharpoons Al_2O_3 + L_U$ 的平衡关系，使液相量逐渐增多（但温度保持不变）。显然至液相组成点即将从无变量点 U 离开时，物系中的液相量即为无变量点 U 上所能形成的最高液相量 $L_{U(max)}$。

由于瓷料的 $S/C = 1.21 < 1.56$，从而可以判定瓷料的组成点处于 Al_2O_3-U 连线的 CaO-Al_2O_3 边一侧，亦即可以判定，在加热过程中随着 $CA_6 + CAS_2 \rightleftharpoons Al_2O_3 + L_U$ 平衡反应向右方向的进行，将导致 CAS_2 先行消失并使液相组成点沿 Al_2O_3-CA_6 的相界曲线离开 U 点。

因此，在加热过程中 CAS_2 刚刚消失时的液相量即为无变量点 U 处所形成的最高液相量 $L_{U(max)}$，这时瓷料中的 SiO_2 量刚刚开始全部处于液相。

$$L_{U(max)}: \quad \frac{100}{36} S = 2.78 \times 2.23\% = 6.2\%$$

即该配方的瓷料在平衡条件下，于 1495℃下能形成 6.2% 的液相，这一部分液相主要是钙长石（CAS_2）液相。钙长石是具有架式结构的硅酸盐。其熔体易于过冷而形成玻璃。在冷却速度较快时，瓷料中的这部分液相，最大的可能是以玻璃态的形式凝固在瓷体中。

应注意到，使用的原料含有少量杂质，而且平衡是相对的，不平衡则是绝对的，这就必然导致瓷料中出现液相的温度要低于 1495℃，而在 1495℃下形成的液相量也高于理论计算值。

② MgO-Al_2O_3-SiO_2 系瓷料　计算处于该系统的 Al_2O_3 瓷料在其无变量点 T（见图 4-12 及表 4-17）上所形成的最高液相量 $L_{T(max)}$ 及这时的相组成。

【例 4-4】　参阅前面的例 4-2，计算 2# 配方在其无变量点 T 上所形成的最高液相量 $L_{T(max)}$ 以及这时固相的组成。

解：从例 4-2 的计算可知，作为 MgO-Al$_2$O$_3$-SiO$_2$ 系的 2$^\#$ 配方的化学组成

化学组成	MgO	Al$_2$O$_3$	SiO$_2$	La$_2$O$_3$	S/M
质量分数/%	1	95.59	3.40	0.5(外加)	3.40

为简化计，我们先不考虑 La$_2$O$_3$ 组分，把瓷料看成纯 MgO-Al$_2$O$_3$-SiO$_2$ 三元系，三元无变量点 T 的组成（见表 4-17）：

T 点的组成	MgO	Al$_2$O$_3$	SiO$_2$	S/M
质量分数/%	15	42	43	2.86

从图 4-12 及表 4-17 知 T 点的温度为 1578℃。由于瓷料的 S/M 比值（3.40）比无变量点 T 的 S/M 比值（2.86）大，所以当加热时在无变量点 T 上按 MA＋A$_3$S$_2$ $\Longrightarrow$ Al$_2$O$_3$＋L$_T$ 反应式向右进行，先行消失的是尖晶石（MA）。尖晶石刚刚消失时（亦即瓷料中的 MgO 刚刚全部处于液相时）的液相量就是在 T 点上所能形成的最高液相量 $L_{T(max)}$。显然：

$$L_{T max}=\frac{100}{15}M=6.67M=6.67\times1\%=6.67\%$$

即在 1578℃ 下最多能形成 6.67% 的液相。

以上计算表明，如果不考虑 La$_2$O$_3$ 的影响，这一瓷料自高温冷却至 1578℃ 时，其中存在着 6.67% 的平衡液相，而这部分液相大部分是由尖晶石构成的。尖晶石的晶体结构决定了其熔体将较易结晶出来。因此可以估计，与 1$^\#$ 瓷料比较，2$^\#$ 瓷料中熔体的析晶能力较强，在同样的冷却条件下 2$^\#$ 瓷料烧成的瓷体中玻璃相的含量较少。

应注意到，在 T 点的析晶过程是按照 Al$_2$O$_3$＋L$_T$ $\Longrightarrow$ MA＋A$_3$S$_2$ 的平衡反应式进行的。此式所表现的不仅是 MA 的析晶，而且也反映与 MA 析晶的同时，莫来石化反应 3Al$_2$O$_3$＋2SiO$_2$（液相中的）$\longrightarrow$3Al$_2$O$_3$·2SiO$_2$ 的进行。因而这种莫来石化反应也可能决定着尖晶石的析晶进程，因而对 T 点的析晶过程起控制作用。

③ CaO-MgO-Al$_2$O$_3$-SiO$_2$ 系　研究表明，CaO-MgO-Al$_2$O$_3$-SiO$_2$ 系添加剂可以生成低熔点化合物，使氧化铝瓷在较低温度下烧结，陶瓷晶粒细小，组织结构均匀致密，是应用较为广泛的硅酸盐烧结助剂。但是在烧结中，该系统液相量随温度升高而增多，因此，必须严格控制烧结温度。95 氧化铝瓷中的玻璃相一般为 5%～6%，如果温度控制不当，玻璃相有可能达到 10% 以上，对产品各方面性能带来不利影响。从现有 CaO-MgO-Al$_2$O$_3$-SiO$_2$ 系相平衡资料看，系统中没有发现能与刚玉处于平衡的四元化合物，一般可借助 CaO-Al$_2$O$_3$-SiO$_2$ 和 MgO-Al$_2$O$_3$-SiO$_2$ 系统来研究它们的相平衡问题。

4.3　高热导率陶瓷

在电子工业中，对某些电真空瓷件、集成电路陶瓷基片和陶瓷封装管壳的热导率提出了愈来愈高的要求。研究并生产高热导率的电子陶瓷材料，对于发展某些电子器件具有重要的意义。本节首先讨论高热导率材料的结构特点，然后介绍 BeO 瓷、BN 瓷、AlN 瓷和 SiC 瓷。

4.3.1　高热导率陶瓷材料的结构特点

固体材料导热的机制有两种。一种是通过自由电子进行热的传递，这是金属材料导热的主要机制。另一种是通过点阵或晶格振动，即通过晶格波或热波来进行热的传递，这是电绝缘介质导热的主要机制。

根据量子理论，晶格波或热波可以作为一种粒子——声子的运动处理，即热波和其他波一样有波动性，也有粒子性。

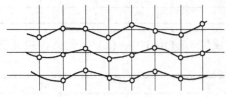

图 4-16 是德拜（P. J. W. Debye）的晶格波或热波示意图。声子通过晶体结构基元（原子、离子或分子）的相互制约和相互谐调的振动来实现热的传递。可以设想，如果晶体为完全理想结构的非弹性体，则热可以自晶体的热端不受任何干扰或散射，径直传向冷端，即晶体的热导率可以很高。但

图 4-16　晶格波或热波示意图

是，事实并不是这样。在温度非常低的情况下，即使通常的声波也不能在一个最完整的晶体中径直传播而不受干扰或散射。这是因为，任何晶体总有一定的弹性，而晶体中的结构基元总是处在不断的热起伏中。所以，在任何一瞬间，晶体内的结构基元都不可能具有完全严格的均匀分布，总是存在稀疏稠密不同的区域。因而，声子在晶体或其他固体中传播时，总会受到偏转和散射，从而使热导率降低。

晶体的性质是其组成和结构的反映。从已有的资料来看，对于无机非金属晶体来说，高热导率晶体具有以下结构特点。

① 高热导率晶体都是共价键晶体或共价键很强的晶体。这一点可保证晶体极高的键强和极强的键的方向性，使晶体结构基元的热起伏限制到最低限度。

② 高热导率晶体结构基元的种类较少，原子量或平均原子量较低。因为结构基元种类多和质量高都会增强对晶格波的干扰和散射，从而使热导率降低。

③ 对于某些层状结构的晶体来说，沿层片方向强的共价键结合可以保证沿层片方向有高的热导率，但是层片与层片之间弱的结合力，会使沿垂直层片方向的热导率显著降低。

上述结构特点表明，高热导率晶体是由原子量较低的元素构成的共价键或共价键很强的单质晶体及一些二元化合物。高热导率晶体并不多见，热导率在 200W/(m·K) 以上的非金属晶体只有金刚石、石墨、BN、SiC、BeO、BP 和 AlN 等几种，其结构和热导率列于表 4-18。为了便于对比，表中也列出了高热导率金属铜和铝的热导率值。

表 4-18　几种高纯单晶体 300K 下的热导率[①]

材　料	晶体结构	高纯单晶的热导率 λ /[W/(m·K)]	材　料	晶体结构	高纯单晶的热导率 λ /[W/(m·K)]
金刚石	金刚石	2000	BP	闪锌矿	360
石墨	石墨（层状）	2000（⊥c 轴）	AlN	纤锌矿	约 320（320）
立方 BN	闪锌矿	(1300)	六方 BN	类石墨（层状）	200（⊥c 轴）
SiC	闪锌矿	490	铜	立方密堆积	400
BeO	纤锌矿	370	铝	立方密堆积	240

① 对于纤锌矿结构的晶体（BeO 和 AlN）的数值为沿 c 轴及 a 轴方向的平均值。括号内的数值为估计值。

显然，高热导率陶瓷材料的晶相或主晶相应该是具有高热导率的晶相。目前金刚石和立方 BN 的价格非常昂贵，不宜用于生产通常使用的高热导率陶瓷材料。石墨具有良好的电子导电特性，不能用来制备电绝缘材料。如果不引入第二相材料，SiC 既不能烧结也不能热压成高密度的陶瓷。现在国外通过引入硝酸铍制出绝缘性良好的 SiC 陶瓷。BP 对杂质的敏感性非常强，微量杂质能使材料的热导率降低好几个数量级，难以制备热导率较高的陶瓷材料。所以，目前用于制造高热导率电绝缘陶瓷材料的只有 BeO、六方 BN、AlN 和 SiC 等。

在陶瓷材料中，杂质、晶界、气孔以及其他结构缺陷，都对热波进行干扰和散射，

从而降低材料热导率。所以，在高热导率陶瓷生产中，为了保证材料有尽可能高的热导率，应该使材料高纯和足够致密，同时晶粒应发育良好，并把各种类型的结构缺陷降到最低限度。

一般说来，高热导率材料对杂质的敏感性是很强的。任何杂质的固溶都会使热导率显著降低，即使是溶入原子量不同的同位素，热导率的降低也往往非常明显。

另外，由于无定形固体（包括玻璃体）结构的无序性很强，对热波会有较强的干扰和散射，因而这类固体与相应晶体比较，其热导率必然较低。例如，石英玻璃的热导率比石英晶体低一个数量级。由此可知，在高热导率陶瓷材料的生产中，为了使材料有较高的热导率，应尽量避免玻璃形成剂（例如 SiO_2、B_2O_3 等）的存在或引入。

4.3.2　BeO 陶瓷

氧化铍具有纤锌矿型结构，如图 4-17 所示。如果按照离子的堆积来考察 BeO 的结构，可以看成是氧离子按照六方最紧密堆积方式排列的六方晶格。铍离子处于氧离子堆积结构的半数四面体空隙内。结果按照布拉维格进行考察，则为氧离子六方晶格与铍离子六方晶格的穿插。

BeO 具有较强的共价键性，但其平均原子量很低，只有 12。这就决定了 BeO 具有极高的热导率，见表 4-18 数据。BeO 瓷的热导率是所有陶瓷材料中最高的，比导热性能较好的 Al_2O_3 瓷的热导率高一个数量级。据报道，纯度 99% 以上，密度达理论密度 99% 的 BeO 瓷，室温下的热导率达到 310W/(m·K)。这是 BeO 陶瓷非常可贵的性质。也有报道，采用高纯纳米 BeO 粉制备的陶瓷比传统工艺制备的陶瓷具有更优异的性能。

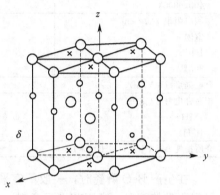

图 4-17　BeO 的晶体结构
◯ 氧离子；o 铍离子
实线部分表示氧化铍的平行六面体晶胞

BeO 为高耐火氧化物，熔点 2570℃，加以其共价键性较强，纯 BeO 瓷的烧结温度高达 1900℃以上。为了降低 BeO 瓷的烧成温度，适应批量生产的需要，常采用 Al_2O_3 和 MgO（以 $MgCO_3$ 引入）等作为加入物，生产一些 BeO 含量 95% 左右的陶瓷。

在 BeO-MgO-Al_2O_3 系统中，以 BeO 为主晶相的三元低共熔温度为 1640℃，含 BeO 27%，MgO 44%，Al_2O_3 29%。当引入的 MgO 和 Al_2O_3 的比值 MgO/Al_2O_3＝44/29≈1.5 时，促进 BeO 瓷烧结的效果较好，所以生产 BeO 含量在 95% 左右的 BeO 瓷时，一般都采用表 4-19 的配方。

表 4-19　生产 BeO 陶瓷的配方

煅烧 BeO	MgO(以 $MgCO_3$ 引入)	Al_2O_3	MgO/Al_2O_3
95%	3%	2%	1.5

BeO 的煅烧温度通常为 1200～1300℃，保温 1h。煅烧温度降低到 800～900℃时，煅烧后原料的粒度小，活性大，有利于烧结。但收缩率大，瓷体易于变形；当煅烧温度高于 1400℃时，原料的粒度大，活性低，瓷件烧结温度提高。

随着 MgO 和 Al_2O_3 加入物总量的提高（BeO 的含量相应降低），在降低烧结温度的同时，陶瓷材料的热导率也相应降低。表 4-20 列举了 BeO 陶瓷的性能。

表 4-20 BeO 陶瓷的性能

主要性能	中国		日本			美国
	95	99	K-99	K-99.5	BD-98.0	BD-99.5
BeO 含量/%	95	99	99	99.5	98.0	99.5
相对密度		2.9	2.9	2.9	2.85	2.85
抗折强度/MPa	12~18	>14	19	19	19	21
热导率/[W/(m·K)]						
室温			243	255	205	251
100℃	126~142	167	184	193		188
膨胀系数/×10^{-6}K^{-1}						
室温~150℃			4.6	4.4		
室温~200℃		5				5.7
150~400℃		7.5(室温~400℃)	8.1	7.8		
200~500℃	约7.5(室温~500℃)					9.0
400~800℃			10.3	10.5		
体积电阻率/Ω·cm						
室温			>10^{13}	>10^{13}	10^{13}	10^{13}
100℃	10^{11}~10^{12}		>10^{13}	>10^{13}		
300℃			10^{13}	10^{13}	10^{13}	10^{13}
介电强度/(MV/m)	15~23		14	14	14	14
相对介电常数(室温)						
1MHz	5.6~7		6.8	7.1	6.5	6.7
1GHz		5.7(300MHz)	6.5	6.5		
介质损耗 tanδ(室温,1MHz)/×10^{-4}	2~4	3.5~6	5	2	1	3

在生产 BeO 陶瓷时,一般不宜采用 SiO$_2$ 加入物。通常,每引入 1‰SiO$_2$ 可使 BeO 陶瓷采用通常的陶瓷生产工艺进行备料、成型和烧成。但 BeO 粉末毒性强,对人体的危害较大,操作中应加强防护。生产中应注意避免与 BeO 粉末直接接触,须特别注意防止 BeO 粉尘飞扬造成空气污染环境。烧成时,瓷坯应装在匣钵内,避免瓷件与火焰直接接触,因为在高温下,BeO 会与周围介质中的水蒸气作用产生 Be(OH)$_2$,而 Be(OH)$_2$ 的高温挥发性强,温度降低后又会凝聚成微细的粉尘,污染和危害环境。生产中必须高度重视 BeO 的毒性和污染,采取严格的安全防护措施。

氧化铍陶瓷具有相当高的抗弯强度和良好的介电性能,耐急冷、急热性也相当好,热导率之高更是其他陶瓷材料不能比拟的。所以 BeO 瓷一直是非常引人注目的电子陶瓷材料。

在使用 BeO 陶瓷时也应注意到,虽然 BeO 瓷在室温附近的热导率很高,但是随着温度的升高,热导率会显著下降,至 1000℃ 以下,BeO 瓷的热导率将下降到其室温热导率的 1/10 左右。因此,BeO 陶瓷非常适合于做室温附近操作的电子装置的陶瓷散热部件。例如,BeO 陶瓷一直用来作为功率晶体管的外贴散热片,并正广泛用做高频高功率晶体管的管壳。在大规模发展高密度集成电路中,散热问题已经成为限制因素,为了把每平方毫米面积上集中产生的热量有效及时地逸散出去,采用 BeO 陶瓷封装管壳或基片进行这种集成电路的封装,仍然是现实可行的解决途径。

4.3.3 BN陶瓷

BN 与单质晶体碳在结构类型与结构特征上都极其相似,表 4-21 列举了各种 BN 晶型的晶格常数和理论密度,为了对比也一并列举了相应碳素晶体的有关数据。

立方 BN 和具有纤锌矿结构的 BN 都是在高温高压下制备的,是比较典型的共价键晶体。其键强高、硬度大、平均原子量低（只有12.11），估计应为热的良导体。立方BN的单晶热导率测定数据尚未见报道，理论估计值应达1300W/(m·K)。立方BN多晶陶瓷材料的热导率已有过200W/(m·K)的报道。但是，立方BN价格昂贵，目前不宜用于生产通常使用的高热导陶瓷材料。

表4-21 各种BN及碳素晶体的结构

结构参数 / 结构特征	BN			碳素晶体		
	结构类型	晶格参数/Å	理论密度/(g/cm³)	结构类型	晶格参数/Å	理论密度/(g/cm³)
六方层状结构	六方BN	$a=2.504$ $c=6.661$	2.270	石墨型	$a=2.461$ $c=2.708$	2.266
三方层状结构	三方BN	$a=2.504$ $c=10.01$		三方石墨 或β-石墨	$a=2.461$ $c=10.062$	
立方共价键晶体	闪锌矿	$a=3.6155$	3.489	金刚石	$a=3.567$	3.514
六方共价键晶体	纤锌矿	$a=2.55$ $c=4.2$	3.49	六方金刚石	$a=2.52$ $c=4.12$	3.51

六方BN和三方BN都具有层状结构，见图4-18，沿层片方向B—N呈共价键结合，而层片之间则由范氏键所联系。文献报道六方BN沿层片方向（即⊥c轴方向）的热导率在室温附近约为200W/(m·K)。高度定向的热解BN在235K下的最大热导率为250W/(m·K)。对于六方BN陶瓷材料的热导率，到目前为止，报道的最高数据为67W/(m·K)。

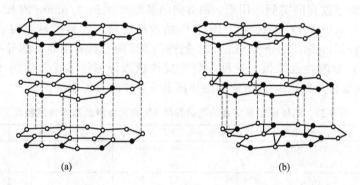

图4-18 六方BN（a）和三方BN（b）的结构

尽管六方BN陶瓷的热导率比BeO陶瓷的热导率低得多，但是由于BN无毒，陶瓷材料具有良好的机加工性能，高频介电性能良好，在较高的温度下仍相当稳定，热导率随着温度的升高降低得相当缓慢，而且至500~600℃以上BN陶瓷的热导率可超过BeO陶瓷而跃居电绝缘陶瓷材料的首位，所以BN陶瓷仍然是一种大力发展的高热导率陶瓷材料，作为高温散热装置瓷件更具有明显的优点。

为了适应不同的使用要求，BN陶瓷可做成不同类型。表4-22列举了几种BN陶瓷材料的性能指标。从表列数据看出，以钙的硼酸盐作结合剂的BN陶瓷（Ⅰ型），具有较高的热导率，吸潮性也较弱。采用SiO_2作结合剂的BN陶瓷（Ⅲ型）抗氧化性能强，但热导率显著降低。以B_2O_3作结合剂的BN陶瓷（Ⅱ型），虽然强度较高，但吸潮性很强。BN陶瓷吸潮后不仅介电性能显著下降，而且当加热至300℃以上时，往往因水分迅速排出，导致材料碎裂。

游离 B_2O_3 的存在是 BN 陶瓷吸潮性显著的基本原因，作为电子陶瓷使用的 BN 制品，不宜采用 B_2O_3 作为结合剂。

表 4-22　几种 BN 制品的性能指标

制品类型	Ⅰ型	Ⅱ型	Ⅲ型	制品类型	Ⅰ型	Ⅱ型	Ⅲ型
BN 含量/%	95	92	75	氧化速度/[mg/(cm² · h)]			
主要结合剂	CaO · B_2O_3	B_2O_3	SiO_2	712℃	-0.08	-1.03	0
容重/(g/cm³)	>1.7	>1.9	>1.8	1000℃	-0.51	-1.41	0
耐压强度/MPa	32~56	135~167	105~404	体积电阻率/Ω · cm	>10^{14}	>10^{14}	>10^{14}
抗弯强度/MPa	24~41	39~80	18~68	介电常数（1MHz 下）	4.01	3.57	4.64
吸潮增重/%	0.01~0.8	0.8~0.32	0.005~2.0	介质损耗（1MHz 下）	8.1×10^{-4}	3×10^{-4}	2.3×10^{-4}
热导率/[W/(m · K)]	57	17	8				
热膨胀系数（室温~1000℃）/×10^{-6}K^{-1}	0.2~2.9	4.0~7.0	3.7~8.0				

采取冷压烧结的办法难于制备致密的 BN 制品，热压是制备 BN 制品时经常采用的工艺。采用通常的 BN 原料按一般热压工艺在石墨模具内在 N_2 或 NH_3 气氛中热压的 BN 材料，浸泡在甲醇或乙醇等介质中直至材料不再失重以尽可能把材料中存在的 B_2O_3 除掉。经过浸泡提纯的材料在惰性气氛中于 1800~2000℃进行第二次煅烧，这时材料中残存的 B_2O_3 进一步挥发掉。用此法制备的氮化硼材料，B_2O_3 含量在 0.5% 以下，容重 1.9~2.1g/cm³。此种材料吸潮性低；在 100% 相对湿度下放置 100h 后的增重只有 0.8%~0.9%；高温强度高，抗弯强度随温度的升高（一直到 2000℃）持续升高；耐热冲击性能好，无一般热压 BN 所具有的重烧膨胀，高温下的高频损耗小。

高热导率 BN 陶瓷可采用 3CaO · B_2O_3 或 2CaO · B_2O_3 作结合剂来制备。日本专利（昭49-40124）中公布过这样的实例：用沿 c 轴方向的晶粒尺寸 L_G 为 85nm 的 BN 粉末添加 15%（质量分数）的 3CaO · B_2O_3 或 2CaO · B_2O_3 作结合剂配料，配料经球磨混合后在石墨模具内，在 2000℃和 8MPa 的压力下热压 30min 制得的 BN 陶瓷具有很高的热导率，而且材料的电绝缘性能良好，吸潮性也很低。这种陶瓷主要性能指标列于表 4-23。为了对比，表中也列举了含 10%（质量分数）B_2O_3 结合剂的热压 BN 陶瓷的有关数据。

表 4-23　钙的硼酸盐结合的高热导率 BN 陶瓷材料的基本性能指标

材料类型	加入的结合剂(质量分数)/%	热导率①/[W/(m · K)]	吸潮性②/%	电阻率③/Ω · cm
高热导率材料	3CaO · B_2O_3 15	69	0.045	>10^{14}
	2CaO · B_2O_3 15	57	0.045	>10^{14}
对比材料	B_2O_3 10	15	0.249	3.6×10^{13}

① 热导率是 70℃下的测定值。

② 吸潮性是用直径 18mm，高 10mm 的试片在 81.56% 的相对湿度下放置 168h 后测定。

③ 电阻率是用测定吸潮性的试片经 100℃干燥后，在 40% 的相对湿度下的测定结果。

从表列数据可以看出，以 3CaO · B_2O_3 作结合剂的热压 BN 的热导率高达 69W/(m · K)，而一般 BN 陶瓷（包括纯度较高的热压 BN 陶瓷）的热导率通常只有 17W/(m · K) 左右。以硼酸钙作为结合剂的 BN 陶瓷何以具有较高的热导率，有待进一步探讨。估计是硼酸钙具有吸收 BN 中杂质的作用，从而使 BN 晶相得到一定程度的纯化。

BN 材料的应用很广。BN 陶瓷以优良的介电性能（介电常数低，高频损耗小，耐电强度非常高）和热传导性，在电子技术领域中显示了良好的应用前景。此外，BN 陶瓷机械加工性能好，可以加工成各种形态复杂、精度很高的瓷件，在较高的温度下介电性能也相当稳定，而且保持较高的热导率，更加显示了在某些应用上的优点。BN 陶瓷因其性能上的优点，特别适于用做较高温度下电子器件的散热陶瓷组件和电绝缘陶瓷组件。国内已将 BN 陶瓷用于某些行波管收集极散热器的陶瓷组件，收到了良好的效果。BN 陶瓷也可用于晶体管的散热瓷片、半导体封装散热基板以及各种高温高频绝缘瓷料等。

在应用 BN 陶瓷材料时应注意，由于 BN 颗粒的鳞片状结构，在热压时，鳞片状颗粒会呈现不同程度的择优取向，从而使热压 BN 显示一定的各向异性。在着眼于 BN 陶瓷的高热传导性能时，尤其要注意材料的各向异性。

4.3.4 AlN 陶瓷

AlN 和 BeO 都属于纤锌矿型结构，见图 4-17。Al—N 间的共价键性很强，也是平均原子量（20.49）较低的二元化合物。纯净 AlN 单晶的热导率已接近 320W/(m·K)，多晶氮化铝陶瓷的热导率可达 260W/(m·K)。表 4-24 列出了几种 AlN 试样的热导率测定值。

表 4-24　AlN 试样的热导率（300K）

编号	试样尺寸/mm		类型	颜色	d/nm	热导率 /[W/(m·K)]
	直径	厚度				
1	8.0	1.5	合成单晶	蓝灰	0.49809	200
2	6.3	1.2	合成单晶		0.49806	200
3	11.0	2.7	热压	灰	0.49793	74
4	11.5	5.0	热压	浅灰	0.49796	65
5	21.0	3.5	热压	灰	0.49780	60
6	12.7	3.3	热压	灰白	0.49801	44
7	9.5	2.3	热压	钢灰	0.49788	41
8	11.8	3.0	热压	蓝黑	0.49789	28
9	11.8	3.2	冷压烧结	乳白	0.49810	14.5

纯度和密度是影响 AlN 陶瓷热导率的两个主要因素。因 AlN 共价键性很强，冷压烧结通常不能制得致密的陶瓷材料，即使制得 AlN 陶瓷，密度也只有理论值的 65% 左右。大量气孔的存在，必然导致热导率显著降低。表 4-24 中试样 9 的热导率很低，主要原因是气孔率高。

AlN 陶瓷的热导率对杂质是非常敏感的。氧是主要杂质，估计也可能有 C、Si 等杂质的污染。氧以 $Al_{0.67}O$ 的方式进入 AlN 晶格。由于氧的四面体共价键半径比氧的小，而且 AlN 的晶格中每进入三个氧就相应地出现一个 Al 空位，所以随着氧在 AlN 晶格中固溶，AlN 的晶格常数将降低。

在含碳气氛中制备 AlN 材料，碳是不可忽视的杂质。碳有可能以 Al_2OC 方式溶解在 AlN 晶格内。Al_2OC 的晶格参数比 AlN 的约大 2%，所以 Al_2OC 的固溶将导致 AlN 晶格常数增大。

任何杂质的固溶都会显著降低高热导率材料的导热性能。如果固溶时出现晶格空位，则降低热导率的作用将更强。因为晶格原子被其他原子取代或出现空结点，将增强对声子的散射作用。AlN 晶格中氧杂质显著降低材料热导率的原因也在于此。

杂质存在的部位不同，其对热导率的影响也不同。AlN 中氧杂质只是固溶到晶格中时，对材料热导率的影响才更严重。如果氧杂质在可能存在的结合相中，其影响将降低。X 射线分析表明，表 4-24 中的试样 7 就有第二相，估计相当一部分氧杂质存在第二相内。

斯来克通过分析认为，完全纯净的 AlN，其晶格常数：$c = 0.49816$nm，$a = 0.31127$nm，$c/a = 1.6004$。若 AlN 材料的纯度能进一步提高，材料的热导率有可能向理论值靠近。

制备 AlN 陶瓷的 AlN 粉末，在 N_2 中由超纯 Al 电极间产生直流电弧来合成，也可以用纯净的 Al 粉在适当温度下，通 N_2 直接氮化来合成。后一方法中，氮化只在铝粉的表面进行，反应物料需要重复进行粉碎和氮化，也可以先在较低的温度下（例如 700℃）通 N_2 氮化，而后在高温下（例如 2150℃）进一步把 Al 粉氮化成 AlN。表 4-25 列举了几种 AlN 原料的特性。A 组和 B 组物料是用前一种方法合成的，C 组物料是用后一种方法合成的。C 组物料的纯度比 A 组物料和 B 组物料稍低一些。

表 4-25　几种 AlN 原料的特性

组　别	粉末颜色	颗粒大小/μm	X 射线衍射分析和荧光分析结果
A	白色	5～10	含 α-Al_2O_3＋未检定物质的线条及 Y、Fe、Zr
B	蓝-白	40～80	AlN 的单晶 X 射线衍射谱；岩相检定表明只存在一种晶态
C	灰色	40～80	晶格常数有变化，材料偏离化学计量组成，存在未检定杂质

最近国外报道了高纯度 AlN 粉末的合成，采用改进的还原工艺。氧化铝与碳于 1600℃下混合，在氮气气氛中合成，颗粒度可达到亚微米级，具有良好的烧结性能，其化学组成见表 4-26。

表 4-26　AlN 粉末的化学组成

元　素	Fe	Ca	Si	C	O	N	Al
含量	15mg/kg	12mg/kg	37％	0.05％	1.0％	33.5％	65.3％

注：表中百分含量表示质量分数。

用表 4-25 中 AlN 原料制备的一些 AlN 陶瓷样品，其制备条件和指标列于表 4-27 中。采用直径 1.27cm 的石墨模具和石墨冲头在高频感应炉内进行热压。冷压烧结试样的成型压力为 276MPa，而后按表 4-27 所列温度和保温时间烧结，热压或烧结时通入净化的 N_2 气流，维持正压。

从表 4-27 所列数据可以看出，用 C 组料热压 AlN 陶瓷易于得到充分致密的材料，尽管原料粒度高达 40～80μm。用 B 组料热压时必须将原料磨细才能得到致密的陶瓷材料。

表 4-27　几种 AlN 陶瓷样品的制备条件和指标

原料组别	试样编号	原料粒度/μm	加入物	隔粘材料	烧结条件 温度/℃	烧结条件 压力/MPa	烧结条件 时间/min	样品密度/(g/cm³)	与理论密度的比值	颜色
A	A-1	5～10		石墨	1980	41	45	3.24	100	黑墨
	A-2	5～10		BN 隔粘剂和垫片	2000	41	45	3.30	100+	
B	B-1	40～80		BN	2025	41	45	不致密		蓝-绿
	B-2	<10		BN	2000	41	45	3.14	97.2	蓝-绿
	B-2S	<10			2000		240	2.08	64.0	
	B-3	<10	1％LiF	BN	2000	41	45	3.08	95.4	绿-蓝
	B-3S	<10	1％LiF		2000		240	2.28	70.0	
C	C-1	40～80			1950	34	60	3.26	100	黑
	C-2	40～80		Al_2O_3	1930	34	60	3.26	100	黑

注：B-2S 和 B-3S 为冷压（276MPa）烧结样品；AlN 的理论密度为 3.26g/cm³。

热压是制备致密 AlN 陶瓷的基本工艺。采用冲压烧结工艺较理想，研究结果如下：用 80％～75％（质量分数）AlN＋20％～25％（质量分数）Y_2O_3 配料，以 500MPa 压力压制成直径 8mm，长 15mm 的试棒，试样经 1700～1800℃烧成后，密度可达理论密度的98％，抗弯强度高达 300MPa 以上。扫描电镜图像表明，陶瓷中含有纤维状晶体，该研究所用 AlN 原料纯度较低，Si 含量较高。AlN 中同时引入 Y_2O_3＋SiO_2 的补充实验表明，陶瓷材料中的纤维状晶体应为 "Al-Si-O-N" 化合物，以上研究对冷压烧结 AlN 陶瓷有一定启示作用。

从高热导率条件来看，一般希望尽量减少添加剂量，但有的实验表明，添加 Y_2O_3 能使 AlN 陶瓷致密化，还发现了提高热传导的现象。原因可从添加剂的氧空位和液相量增加，促进晶粒成长效果这两方面进行判断。

国外有一种半透明 AlN 陶瓷基片，商品名为"SHAPAL"。原料是氧化铝还原法合成的高纯度、细晶粒 AlN 粉末，粉料中添加按 1.0% CaO（质量比）计的 $Ca(NO_3)_2$ 烧结剂，成型工艺可用流延法或干压法，烧成工艺可采用热压烧结或常压烧结，这样可能获得完全致密的半透明 AlN 陶瓷材料（见图 4-19）。半透明 AlN 瓷和其他陶瓷基片的特性见表 4-28。

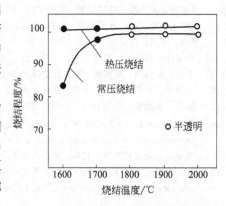

图 4-19　添加烧结剂的 AlN 粉末的烧结特性

表 4-28　半透明 AlN 瓷和其他陶瓷基片的特性

特　　性		AlN	Al₂O₃	BeO
物理特性	纯度/%	>99.5	96	99.5
	维氏硬度/MPa	11768	24517	11768
	抗弯强度/MPa	392	294	196
热特性	热导率/[W/(m·K)]			
	室温	140	20	260
	100℃	130		180
	热膨胀系数(室温~400℃)/×10⁻⁶K⁻¹	4.4	7.2	8.0
	最高使用温度/℃	1800	1500	1700
电特性	体积电阻率/Ω·cm	10¹⁴	10¹⁴	10¹⁴
	介电常数(1MHz)	8.9	9.4	7.0
	介电损耗因数(1MHz)	0.0008	0.0004	0.0003
	介电强度/(kV/mm)	15	15	14

AlN 作为一种具有高热导率的材料，有以下特点：

① AlN 陶瓷的毒性不如 BeO 瓷；
② 热导率高；
③ 膨胀系数可与半导体硅片匹配；
④ 具有高的绝缘电阻和耐电压强度；
⑤ 介电常数低，介质损耗小；
⑥ 机械强度高；
⑦ 适合于流延成型工艺。

AlN 瓷还可应用于化合物半导体单晶生长用坩埚，高频声表面波器件用基片，高纯 AlN 薄膜的射靶，红外线和微波的窗口材料等。

参考文献

[1] Kharitonov F Ya, Shapiro L E. Ceramics (English translation of Stekloi Keramika)，1989，46（3-4）：162-165.
[2] 王志会. 半导体情报，2000，37（2）：21-29.
[3] 曾绍先，王依琳. 上海硅酸盐，1990（3）：151-154.
[4] 顾幸勇，吴中庆，何样花. 中国陶瓷工业，2000，7（1）：1-8.
[5] 陈大明. 材料导报，2001，15（2）：42.
[6] 李自学，邓永孝，赵新府. 混合微电子技术，1996，7（4）：29-34.

[7] 高陇桥. 火花塞与特种陶瓷，1997 (3)：35-40.

[8] 张树人，张远骏. 电子元件与材料，1999, 18 (6)：1-2, 8.

[9] 杜帅，李发，高陇桥. 电子元件与材料，1995, 14 (1)：8-13.

[10] 孙文理，俞泽民，赵密. 陶瓷工程，2001 (8)：7-9

[11] 万云，顾向民，贾东旭. 电瓷避雷器，1994, 140 (4)：35-40.

[12] 黄岸兵，崔嵩，张浩. 世界产品与技术，2000 (6)：50-53.

[13] 张叔. 硅酸盐通报，1989, 8 (3)：57-60.

[14] Ziya Aslanoglu, Hüseyin Ş Soykan, Zehra Erdem, Erdogan Şenturk. Effects of boron oxide addition on dielectric properties of low loss steatite ceramics. Ceramics-Silikáty. 2010, 54 (4)：310-314.

[15] 李小雷. 氮化铝陶瓷. 北京：冶金工业出版社. 2010.

[16] Lina Chih peng, Chu Chih hung, Wen Shaw bing, et al. Thermal conductivity of micro hot-pressed AlN ceramics fabricated using a conventional MoSi$_2$ heating element furnace. Journal of Ceramic Processing Research, 2011, 12 (5)：525-529.

第5章

电容器介质陶瓷

电介质陶瓷系指主要用来制造电容器的陶瓷材料。陶瓷介质材料可大致分为铁电介质陶瓷、高频介质陶瓷、半导体介质陶瓷、反铁电介质陶瓷、微波介质陶瓷和多层独石结构介质陶瓷等。电介质陶瓷按国家标准分为三类，即Ⅰ类陶瓷介质、Ⅱ类陶瓷介质和Ⅲ类陶瓷介质。Ⅰ类陶瓷介质主要用于制造高频电路中使用的陶瓷介质电容器，其特点是高频电场下的介电常数为12～900，介质损耗小，介电常数的温度系数数值范围宽等；Ⅱ类陶瓷介质通常也称为铁电介质陶瓷，主要用于制造低频电路中使用的陶瓷介质电容器，其特点是低频电场下的介电常数高，为200～30000，介质损耗比Ⅰ类陶瓷介质大很多，介电常数随温度和电场强度的变化呈现强烈的非线性变化，具有电畴结构、电滞回线和电致应变特性，经极化处理具有压电效应等；Ⅲ类陶瓷介质也称为半导体陶瓷介质，主要用于制造汽车、电子计算机等电路中要求体积非常小的陶瓷介质电容器，其特点是该陶瓷材料的晶粒为半导体，晶粒间的晶界层为绝缘体，利用该陶瓷的表面与金属电极间的接触势垒层或晶粒间的绝缘层作为介质，因而Ⅲ类陶瓷介质的介电常数很高，7000～100000以上，甚至可达到300000～400000或更高。生产中的铁电介质陶瓷主要用于制作低频陶瓷电容器，铁电陶瓷高压电容器在彩电等高压电路中有重要的应用，在制造小型储能电容器等方面仍有一定的发展前景。近些年来，由于电子线路和整机发展的需要，为了减小元件的几何尺寸，很多国家都注重不断研制、开发和生产新的电介质陶瓷材料和陶瓷基复合电介质材料。半导体陶瓷电容器产品已经在汽车及低电压电子回路中有很多应用；发展具有独石结构的陶瓷电容器是目前发展很快的方向之一，中、低温烧结独石陶瓷电容器在我国的发展很快，有些具有自主知识产权和独特的性能。随着计算机、自动控制、家用电器等整机高速发展，片式陶瓷电容器、片式陶瓷电感、片式陶瓷电阻、复合电介质材料、LTCC陶瓷组件和微叠层陶瓷元件等陶瓷材料的基础理论研究，新的陶瓷材料系统与产品研发的进展都非常快。本章对代表性的电介质陶瓷材料进行简单介绍。

5.1 铁电介质陶瓷

以钛酸钡（$BaTiO_3$）或钛酸铅（$PbTiO_3$）基固溶体为主晶相的铁电陶瓷，是铁电介质陶瓷最重要的代表性陶瓷类型。本节以 $BaTiO_3$ 基铁电介质陶瓷材料为例，重点介绍其基本理论和基本工艺。

5.1.1　BaTiO₃晶体的结构和性质

陶瓷是由许许多多极其微小的晶体和晶界构成的集合体。陶瓷材料的性能与其主晶相的结构和性能是紧密相关的，因此，需要对 BaTiO₃ 的晶体结构和性质进行较为详细的了解。

5.1.1.1　BaTiO₃晶体的原子结构

BaTiO₃ 晶体结构有六方相、立方相、四方相、斜方相和三方相等晶相。在铁电陶瓷的生产中，六方晶相是应该避免出现的晶相，实际上只有当烧成温度过高时才会出现六方 BaTiO₃ 晶相。立方相、四方相、斜方相和三方相都属于钙钛矿型结构的变体。这几种变体，在生产和研制 BaTiO₃ 陶瓷时常常碰到，它们稳定存在的温度范围为：立方相在 120℃ 以上是稳定的；四方相在 5～120℃ 之间是稳定的；斜方相在 −90～5℃ 之间是稳定的；三方相在 −90℃ 以下是稳定的。这里列举的几种晶相的稳定温度范围是大致的，各种资料数据往往稍有出入。这与 BaTiO₃ 相变的热滞现象有关，而微量杂质往往使相变温度发生相应的变化。

(1) 立方 BaTiO₃　立方 BaTiO₃ 晶体的结构是理想的钙钛矿（CaTiO₃）型结构，在立方 BaTiO₃ 晶体中，取 Ba^{2+} 作原点时，各离子的空间坐标为：

Ba^{2+} 在 $(0, 0, 0)$；Ti^{4+} 在 $(\frac{1}{2}, \frac{1}{2}, \frac{1}{2})$；3 个 O^{2-} 在 $(\frac{1}{2}, \frac{1}{2}, 0)$，$(\frac{1}{2}, 0, \frac{1}{2})$，$(0, \frac{1}{2}, \frac{1}{2})$。

图 5-1 为立方 BaTiO₃ 的晶体结构示意图，图中 ● 表示 Ba^{2+}，○ 表示 O^{2-}，• 表示 Ti^{4+}。如果从离子堆积的角度考虑立方 BaTiO₃ 结构，则可以看作 O^{2-} 和 Ba^{2+} 共同按立方最紧密堆积的方式，堆积成 O^{2-} 处于面心位置的"立方面心结构"[见图 5-1(a)]，Ti^{4+} 则处于 6 个 O^{2-} 组成的八面体孔隙的中间。若取 Ti^{4+} 作原点 [见图 5-1(b)]，每个钛离子都处于 6 个 O^{2-} 组成的八面体中心。这些 $(TiO_6)^{8-}$ 八面体通过角顶共用的氧离子连接成三维网络。这些三维结构网络之间有很大的孔隙，钡离子就处于这样的孔隙之中。

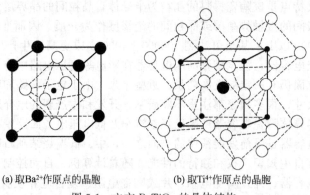

(a) 取Ba²⁺作原点的晶胞　　　　　　(b) 取Ti⁴⁺作原点的晶胞

图 5-1　立方 BaTiO₃ 的晶体结构

在立方 BaTiO₃ 中，每个 Ti^{4+} 的周围有 6 个与之等距离的 O^{2-} 包围着，所以 Ti^{4+} 的配位数为 6；每个 Ba^{2+} 的周围由 12 个与之等距离的 O^{2-} 包围着 [见图 5-1(b)，晶胞的每个棱的中间都有一个 O^{2-}]，所以钡离子的配位数为 12；包围着每个 O^{2-} 的正离子为 4 个 Ba^{2+} 和 2 个 Ti^{4+}，所以 O^{2-} 的配位数为 6。立方 BaTiO₃ 晶胞的边长约为 0.4nm。

(2) 四方 BaTiO₃　四方 BaTiO₃ 的结构亦属钙钛矿型结构，只是晶格较理想的钙钛矿（CaTiO₃）型结构发生了一定程度的畸变。与立方 BaTiO₃ 比较，畸变使四方 BaTiO₃ 的 c 轴变长，a 轴变短。

在立方 $BaTiO_3$ 中，晶胞的边长大于氧离子和钛离子的直径之和。这表明，氧八面体孔隙的球形内切半径大于钛离子的半径。所以，处于氧八面体孔隙中的钛离子可以偏离氧八面体的中心位置，在一定的范围内进行振动。在钛离子振动时，其偏离或靠近周围 6 个氧离子的机会是均等的，即对氧八面体中心位置的平均偏离为零。

随着温度的降低，钛离子的热运动也变弱。当温度降至 120℃ 以下时，钛离子的振动中心向周围的 6 个氧离子之一靠近，即钛离子沿 c 轴方向产生了一定程度的位移，即钛离子沿 c 轴方向产生了离子位移极化。这种极化是在没有外电场作用下，自发进行的，通常称为自发极化。由于钛离子发生位移，氧离子也偏离了它的对称位置，亦即发生了相对位移。

四方 $BaTiO_3$ 的晶体结构特征示于图 5-2。取 Ba 作原点时的原子坐标为：

Ba 在 (0, 0, 0)；Ti 在 ($\frac{1}{2}$, $\frac{1}{2}$, $\frac{1}{2}+\delta_{zTi}$)；O_I 在 ($\frac{1}{2}$, $\frac{1}{2}$, δ_{zO_I})；2 个 O_{II} 在 ($\frac{1}{2}$, 0, $\frac{1}{2}+\delta_{zO_{II}}$)，(0, $\frac{1}{2}$, $\frac{1}{2}+\delta_{zO_{II}}$)。

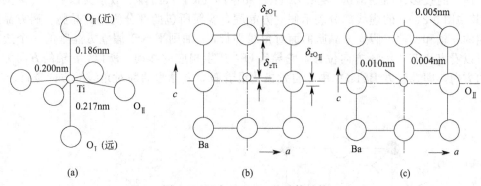

图 5-2 四方 $BaTiO_3$ 的晶体结构

图 5-2(a) 为 TiO_6 八面体，数字表示键长；图 5-2(b)、图 5-2(c) 为在 (010) 面上的投影，Ti 上面的 O_I 未画出，其中图 5-2(b) 表示取 Ba 作原点的情况；图 5-2(c) 表示取位于 $\frac{1}{2}$ 上的 O_{II} 作原点的情况。其中 δ_{zTi}，δ_{zO_I} 和 $\delta_{zO_{II}}$ 分别为以晶胞边长的分数表示的钛离子和氧离子沿 c 轴方向偏离其对称位置的位移量：$\delta_{zTi}=+0.013$，$\delta_{zO_I}=-0.023$，$\delta_{zO_{II}}=-0.013$。在 18℃ 条件下，位移量用 nm 为单位表示时，测出的结果为：$\delta_{zTi}=+0.005nm$，$\delta_{zO_I}=-0.009nm$，$\delta_{zO_{II}}=0.005nm$。

如果把原点取在 $\frac{1}{2}c$ 轴位置上的 O_{II} 原子时 [见图 5-2(c)]，原子的位移量 (nm) 和键长 (nm) 数值列于表 5-1。

表 5-1　四方 $BaTiO_3$ 中原子的位移量和键长

原子的位移量/nm	键长/nm		
$\delta_{zBa}=+0.005$	Ti—O_I $\begin{cases} 0.186 \\ 0.217 \end{cases}$		Ba—O_{II} $\begin{cases} 0.280 \\ 0.288 \end{cases}$
$\delta_{zTi}=+0.010$			
$\delta_{zO_I}=-0.004$	Ti—$O_{II}=0.200$		Ba—$O_I=0.282$

在四方 $BaTiO_3$ 中，c 轴方向为自发极化的方向，自发极化强度通常用 P_s 表示。

四方 $BaTiO_3$ 中的自发极化强度 P_s，不单单由钛离子的位移提供，其他离子，特别是 O_I（近）离子对自发极化强度 P_s 的贡献也不容忽视。如图 5-2，当钛离子位移靠近 O_I（近）离子时，Ti^{4+} 对 O_I（近）离子的作用就显得特别突出。结果，使 O_I（近）离子的电子云向

Ti^{4+}靠近，而 O$_I$（近）离子的正电中心（原子核）则因受到 Ti^{4+} 的排斥而远离。这样，就使 O$_I$（近）离子的正电中心和负电中心不再重合，从而也就使 O$_I$（近）离子产生了较大极化。O$_I$（近）离子对极化的贡献主要是电子位移极化，极化方向与 Ti^{4+} 位移极化的方向相同。O$_I$（远）离子和 O$_{II}$ 离子受 Ti^{4+} 的作用较小，Ba^{2+} 的惰性气体型的外层电子层结构，决定了它对其他离子的极化作用以及其他离子对 Ba^{2+} 的极化作用都较小，因此它们对自发极化强度 P_s 的贡献也较小。对于四方 BaTiO$_3$ 来说，Ti^{4+} 位移对自发极化强度的贡献约占 31%；O$_I$（近）离子的电子位移极化对自发极化强度的贡献约占 59%；其他离子对自发极化强度的贡献约占 10%，其中 Ti^{4+} 的电子位移对极化的贡献约占 6%。20℃时，四方 Ba-TiO$_3$ 的晶胞参数为 $a=b=0.3986$nm，$c=0.4026$nm，$c/a=1.01$。轴率（c/a）的大小与自发极化强度 P_s 的强弱有密切联系，可以从轴率（c/a）的大小来估计 BaTiO$_3$ 和 BaTiO$_3$ 基固溶体的自发极化强弱。

(3) 斜方 BaTiO$_3$ 图 5-3 示出了斜方 BaTiO$_3$ 的结构特征，图 5-3(a) 表示 BaTiO$_3$ 在 (001) 面上的投影；图 5-3(b) 表示 BaTiO$_3$ 相中的 TiO$_6$ 八面体（数字为以 nm 为单位的键长）。其中图 5-3(a) 的虚线部分表示假立方晶胞，实线所包的部分为斜方晶胞。斜方晶胞或斜方相的 a 轴和 b 轴与假立方晶胞的面对角线平行，c 轴则平行于假立方晶胞的一个边。从图中可以看出，Ti^{4+} 沿 x 方向位移，它导致 O^{2-} 产生相应的移动。所以，a 轴的方向为自发极化的方向，即在斜方 BaTiO$_3$ 中，自发极化沿着假立方晶胞的面对角线的方向进行。

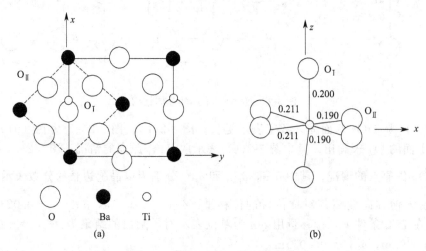

图 5-3 斜方 BaTiO$_3$ 的晶体结构

一个斜方 BaTiO$_3$ 晶胞包含有 2 个 BaTiO$_3$ 分子单位。在 −10℃下的晶胞参数为：$a=0.5682$nm，$b=0.5669$nm，$c=0.3990$nm。

取 Ba 为原点时，晶胞中各原子的坐标可写作：

2 个 Ba 在 $(0, 0, 0)$，$(\frac{1}{2}, \frac{1}{2}, 0)$；2 个 Ti 在 $(\frac{1}{2}+\delta_{xTi}, 0, 2)$，$(\delta_{xTi}, \frac{1}{2}, \frac{1}{2})$；2 个 O$_I$ 在 $(\frac{1}{2}+\delta_{xO_I}, 0, 0)$，$(\frac{1}{2}, \frac{1}{2}, 0)$；4 个 O$_{II}$ 在 $(\frac{1}{4}+\delta_{xO_{II}}, \frac{1}{4}+\delta_{yO_{II}}, \frac{1}{2})$，$(\frac{3}{4}+\delta_{xO_{II}}, \frac{3}{4}+\delta_{yO_{II}}, \frac{1}{2})$，$(\frac{1}{4}+\delta_{xO_{II}}, \frac{3}{4}-\delta_{yO_{II}}, \frac{1}{2})$，$(\frac{3}{4}+\delta_{xO_{II}}, \frac{1}{4}-\delta_{yO_{II}}, \frac{1}{2})$。

经测定，以晶胞边长为分数表示的各离子自其对称位置进行的位移量为：
$\delta_{xTi}=+0.010$；$\delta_{xO_I}=-0.010$；$\delta_{xO_{II}}=-0.013$；$\delta_{yO_{II}}=+0.003$。

以 nm 为单位表示时，各离子的位移量为：

$\delta_{xTi} = +0.006nm$；$\delta_{xO_I} = -0.006nm$；$\delta_{xO_{II}} = -0.007nm$；$\delta_{yO_{II}} = \pm0.002nm$。

若沿极化轴的 x 方向，把原点取在 $\delta_{xO_{II}} = 0$ 的位置上，则各离子位移量和 Ti—O 的键长示于表 5-2。

表 5-2　斜方 $BaTiO_3$ 中各离子的位移量和 Ti—O 键长

离子的位移量/nm	Ti—O$_I$ 键的键长/nm
$\delta_{xBa} = +0.007$	
$\delta_{xTi} = +0.013$	Ti—O$_I$ $\begin{cases} 0.190 \\ 0.211 \end{cases}$
$\delta_{xO_I} = +0.002$	Ti—O$_I$ $= 0.200$

（4）三方 $BaTiO_3$　三方 $BaTiO_3$ 晶体在 $-90℃$ 以下时是稳定的，在 $-100℃$ 下时测得的晶格常数为：$a = 0.3998nm$，$\alpha = 89°52.5'$。三方 $BaTiO_3$ 晶体中也存在自发极化，自发极化沿原立方晶胞的立方体对角线方向进行。

以上介绍的 $BaTiO_3$ 晶体各变体的结构和发生自发极化的方向，可用图 5-4 进行归纳小结。

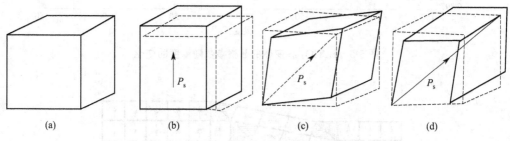

图 5-4　$BaTiO_3$ 的四种晶体和自发极化的方向

图 5-4(a) 表示 $BaTiO_3$ 的立方相晶胞，晶胞内无自发极化，$P_s = 0$；图 5-4(b) 表示 $BaTiO_3$ 的四方相晶胞，可视为由原立方晶胞（虚线所示）沿 c 轴方向（即 [001] 方向）发生自发极化，使晶格畸变而成；图 5-4(c) 表示 $BaTiO_3$ 的斜方相晶胞，可视为由原立方晶胞（虚线所示）沿立方面的对角线 [110] 方向进行自发极化使晶格畸变形成的；图 5-4(d) 表示 $BaTiO_3$ 的三方相晶胞，自发极化沿立方体对角线方向即 (111) 方向进行，使原立方晶胞产生畸变形成的。$BaTiO_3$ 各变体的晶胞参数随温度的变化示于图 5-5。图 5-5 表明，当 $BaTiO_3$ 晶体从立方相转变为四方相时，伴随有体积的膨胀。图 5-5 中 $(a^2c)^{1/3}$ 为四方相晶胞的等效（等体积）立方晶胞的边长。

5.1.1.2　$BaTiO_3$ 晶体的电畴结构

一个 $BaTiO_3$ 晶体是由大量的 $BaTiO_3$ 晶胞组成的。当立方 $BaTiO_3$ 晶体冷却至 $120℃$ 时，将开始产生自发极化并同时进行着立方相 $BaTiO_3$ 向四方相 $BaTiO_3$ 的转变。晶体中出现了一个个由许多晶胞组成的自发极化方向相同的小区域。晶体中这种由许多晶胞组成的具有相同自发极化方向的小区域称为电畴。具有电畴结构的晶体称为铁电晶体或铁电体。铁电体失去自发极化，即使电畴结构消失的最低温度称为居里温度（用 T_c 表示，也叫居里点）。$BaTiO_3$ 晶体的四方相和立方相之间的临界转变温度，即居里温度 $T_c \approx 120℃$。当立方 $BaTiO_3$ 晶体转变为四方相时，自发极化虽然可以沿不同的方向进行，但是却必须与原来三个晶轴的方向相应。所以，四方相 $BaTiO_3$ 单晶中，相邻电畴的自发极化方向只能相交成 $180°$ 或 $90°$，如图 5-6 所示。图中↑表示一个 $BaTiO_3$ 晶胞，箭头表示自发极化的方向。自发极化方向相同的小区域为电畴，电畴之间的界面为畴壁。实际观测表明：$90°$ 畴壁两边的电畴方向通常是首尾相接的，这种排列对应于能量的较低状态。电场在畴壁上的变化是连续的，不致有空间电荷在畴壁上集结。

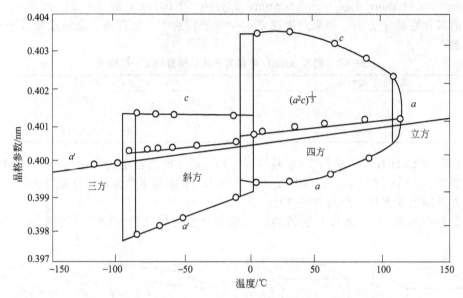

图 5-5　BaTiO₃ 各变体的晶格参数随温度的变化

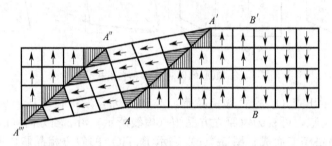

图 5-6　四方 BaTiO₃ 晶体中的电畴结构示意图

在一般情况下，一个铁电晶体的内部，反方向分布的电畴，自发极化强度可以相互抵消，所以铁电晶体在没有经受人工极化处理之前，自发极化的总和为零，即在宏观上不呈现有极性。应该注意，90°畴壁两边的电畴，自发极化方向的交角（即 90°畴壁两边的四方晶胞 c 轴的交角）并不恰好 90°，在室温下实际为 88°26′，而且随四方 BaTiO₃ 轴率 c/a 的变化而变化。可以利用图 5-7 简单说明。

图 5-7(a) 表示一个立方 BaTiO₃ 的单晶。当温度降至居里温度以下时，出现电畴。假设在居里温度以下晶体变成了只有两个电畴的双畴晶体，则存在两种情况：图 5-7(b) 表示两个电畴的极化方向相反，出现了 180°畴壁，这时晶体在 c 轴方向（自发极化的方向）伸长，在 a 轴方向相应缩短。晶体由立方相（虚线）畸变为四方相（实线）。这时两个 90°相交的电畴部分沿各自的自发极化方向相应伸长，各电畴的 a 轴相应缩短。这样，原来为立方相（虚线）的 BaTiO₃ 晶体，畸变成四方相（实线）的 90°双畴晶体 [见图 5-7(c)]。例如，20℃时，晶格参数 $a=b=0.3986nm$，$c=0.4026nm$，$c/a=1.01$ 的四方 BaTiO₃，90°畴的交角 2θ 不再为 90°，约为 88°43′。因此，这种畸变会使晶体内部及 90°畴壁上产生应力，而应力大小与轴率 c/a 密切相关，轴率越大，应力也越大。事实上，当一个立方 BaTiO₃ 晶体自然冷却到居里温度 T_c 以下时，总是变成多畴晶体。即晶体中出现许多 180°畴壁和 90°畴壁，从而使晶体内部相应地产生内应力。了解这一事实，便能更好地理解铁电陶瓷的一系列性质。

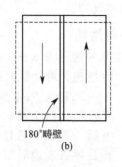
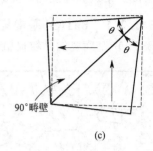

（a）   （b）   （c）

图 5-7　立方 $BaTiO_3$ 晶体在居里温度以下形成双畴晶体时，使晶体外形产生畸变的示意图
（a）表示立方 $BaTiO_3$ 晶体的外形；
（b）表示转变为 180°双畴晶体时的外形（实线部分。虚线部分表示原立方相的外形）；
（c）表示转变为 90°双畴晶体时的外形（实线部分。虚线部分表示原立方相的外形）

5.1.1.3　$BaTiO_3$ 晶体的介电-温度特性

图 5-8 所示为 $BaTiO_3$ 单畴晶体的介电常数随温度的变化，可发现以下特点。

① $BaTiO_3$ 晶体的介电常数很高：在 a 轴方向测得的介电常数数值远高于在 c 轴方向测得的数值。高介电常数与铁电晶体的自发极化和电畴结构有关。a 轴方向与 c 轴方向介电常数的巨大差异表明，在电场作用下，$BaTiO_3$ 中的离子沿 a 轴方向具有更大的可动性。

② 在相变温度附近，介电常数均具有峰值，在居里温度 T_c 处峰值介电常数最高。

③ 与相变（即晶型转变）的热滞现象（见图 5-5）相应，介电常数随温度变化时也存在热滞现象，在四方 $\Longleftrightarrow$ 斜方相变温度及斜方 $\Longleftrightarrow$ 三方相变温度附近表现得很明显。

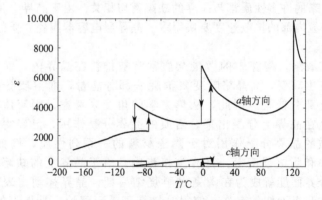

图 5-8　$BaTiO_3$ 单畴晶体的介电常数随温度的变化

④ 介电常数随温度的变化不呈直线关系，而呈现出非常明显的非线性。所以，一般不能用"介电常数的温度系数 α_ε"的概念来衡量钛酸钡晶体的（以及 $BaTiO_3$ 陶瓷的）介电-温度关系。

$BaTiO_3$ 或 $BaTiO_3$ 基固溶体是 $BaTiO_3$ 基铁电介质陶瓷的主晶相。$BaTiO_3$ 陶瓷的性质，很大程度上是由 $BaTiO_3$ 晶体性质决定的，即 $BaTiO_3$ 晶体的性质对陶瓷有着直接、重要的影响。

5.1.2　$BaTiO_3$ 基陶瓷的组成、结构和性质

$BaTiO_3$ 基陶瓷的配方和生产工艺是影响和决定陶瓷材料质量和性能的两个方面。这是通过陶瓷的相组成和组织结构来影响或决定陶瓷材料性能的，所以，需要明确 $BaTiO_3$ 基陶

瓷的组成、结构和性质间的关系和基本规律。

5.1.2.1　BaTiO₃基陶瓷的一般结构

BaTiO₃基陶瓷的晶粒很微小，通常粒径只有 $3\sim10\mu m$。但是，借助电子显微镜，可以清楚地分辨钛酸钡基陶瓷的显微结构，见图5-9。

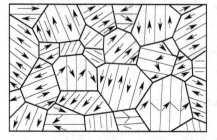

图 5-9　BaTiO₃基陶瓷显微
结构示意图

BaTiO₃陶瓷是由许多微小的钛酸钡晶粒构成的集合体。每个晶粒的内部都有自发极化形成的一个个电畴。晶粒与晶粒之间存在着晶界层或边界层。晶粒和晶界层或边界层构成了陶瓷的整体结构。晶粒是影响或决定陶瓷性能的一个重要方面。应该注意，陶瓷与单晶的主要区别是它有晶界层或边界层，而晶界层的组成和性质同样是影响或决定陶瓷材料性能的重要因素，而且对陶瓷材料的某些性能甚至起到主要作用。

通过对单晶体的研究可以了解晶粒的性质，但是通常不能单独取出晶界层或边界层来研究，然而搞清楚晶界或边界层的组成、结构和性质可更深入地洞察陶瓷材料的性质，这对研制新型陶瓷材料具有重要的意义。所以，研究晶界或边界层的组成、结构和性质及其内在联系是一个重要的研究课题。下面简要介绍晶界和边界层的基本概念和性质。

陶瓷中的晶界层即微小晶粒间的边界，也就是晶粒与晶粒之间的界面部分。我们知道，在晶体（即晶粒）内部，结构基元（离子）的排列是具有规律的，但是在晶界上，结构基元排列的固有规律性受到了相当程度的破坏，晶界上结构基元的排列显得散乱，而且具有缺陷。晶界所表现出来的许多性质都与晶界的缺陷密切相关。由于晶界上具有缺陷，物质在晶界上的扩散比在晶粒内部的扩散速度要快得多。晶界层电容器陶瓷介质的制备就充分利用了这一特点。

由于晶界存在缺陷，陶瓷中的微量杂质常常被排挤在晶界内，而且，固溶体中溶解的溶质常使晶格发生畸变，而晶格畸变要消耗一部分能量，而溶质分凝在具有缺陷的晶界就不需要消耗这部分能量。因此，从热力学的角度来考虑，固溶体中引起晶格畸变的溶质也易于部分地在晶界上分凝出来。溶质的晶界分凝作用，已经得到了反复证实。应该注意的是，溶质的晶界分凝作用对于陶瓷材料的一系列性质，例如烧结、晶粒生长、陶瓷材料的电导率和耐电强度等，都有直接影响。由于晶界上的缺陷及晶格畸变，存在着界面能，这部分界面能就成为在陶瓷材料烧结后期，晶界移动（表现为晶粒生长）的动力。此外，缺陷和界面能的存在，使得晶界易于受到腐蚀。晶界上的缺陷及晶格畸变，对晶界性质乃至对陶瓷材料性质的影响是多方面的，在陶瓷材料的研究和应用方面尤其需要引起特别的注意。

实际上，许多 BaTiO₃基电容器陶瓷材料中的晶界层是由第二相或多相构成的，可以是玻璃相，也可以是与主晶相不同的其他晶相。第二相的存在往往对于改善陶瓷材料的一系列性质，例如烧结性能、介电性能、电导和耐电强度等性能起着非常重要的作用。

陶瓷材料晶粒的大小，对于陶瓷材料的性质也具有明显影响。一般情况下，希望钛酸钡陶瓷的晶粒生长适度（例如粒径为 $2\sim8\mu m$），有时希望粒径更小一些。在某些情况下（例如制备晶界层陶瓷介质）则希望晶粒得到比较充分的发育。下面先简要介绍 BaTiO₃ 的颗粒尺寸效应（或称粒度效应）。

有人用电子衍射技术测定了细粉碎的四方 $\dfrac{c}{a}$，发现粒径在 $5\mu m$ 以下时，随着粒径尺寸的减小，细粉碎晶粒的自发变形（$\frac{c}{a}-1$）也逐渐变小，如图 5-10 所示。而且，这种细粉碎晶粒的自发变形一直持续到远远超过正常的居里温度。在 200℃ 以下，自发变形随温度升高而降低，在 200～500℃ 以上，表现有一定的自发变形（见图 5-11）。5μm 以下的 $BaTiO_3$ 晶粒的这一效应，称为颗粒尺寸效应或粒度效应。通常认为粒度效应是表面效应的一种反映，在粒度很细时，四方变形所体现的自发极化可能具有沿与晶粒表面垂直方向取向的特征，而 200～500℃ 以上细粉碎 $BaTiO_3$ 晶粒所呈现的自发变形，正是晶粒表面的自发极化定向取向顽固保存的反映。

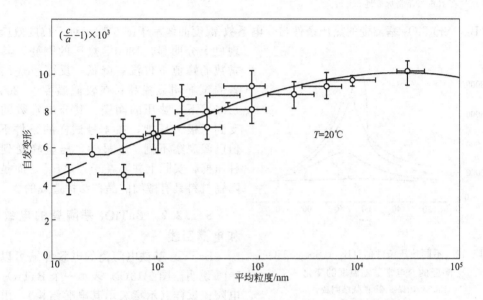

图 5-10　粒度小于 5μm 的 $BaTiO_3$ 粉末的自发变形与粒径的关系

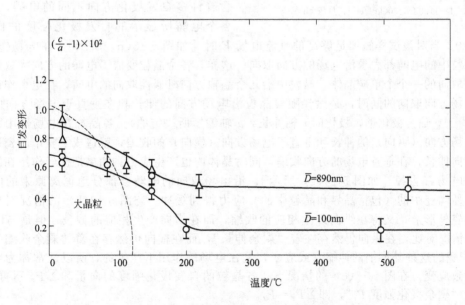

图 5-11　$BaTiO_3$ 的自发变形随粒度和温度的变化

虽然粒度效应是从对 $BaTiO_3$ 粉末的测定观察到的，但是在细晶粒的 $BaTiO_3$ 基陶瓷材料的性质上也有所体现。例如，在较低温度下用热压法制备的具有微小晶粒的 $BaTiO_3$ 陶瓷，其介电常数-温度曲线上的介电常数峰值 ε_{max} 就受到了很大的压抑（见表 5-3）。

表 5-3　热压 $BaTiO_3$ 陶瓷的性质

编号	温度/℃	压力/MPa	保温时间/min	晶粒直径/μm	密度/(g/cm^3)	T_c/℃	ε_{max}
1	1360	0	120	3.8	5.48	111.5	5100
2	1360	10	5	4.6	5.53	106.5	6600
3	1100	30	360	0.9	5.54	107.5	3100
4	①	—	—	25～30	—	111.5	6500

① 试样在 1360℃下退火处理 30min。

(Ba，Sr)TiO_3 基陶瓷的热压条件与介电系数-温度曲线示于图 5-12，对于粒度效应的体现也十分明显。1300℃热压的陶瓷，其介电常数的峰值不仅没有降低，反而较烧结法制备的试样明显提高；在较低温度（1200℃ 和 1100℃下）热压的陶瓷，其介电常数的峰值受到了极大压抑，在 4 号试样的条件下，峰值已经观察不到了。显然，居里峰受到的这种压抑，实际上并不在于"热压"，而是由于陶瓷材料具有微细的晶粒结构造成的。

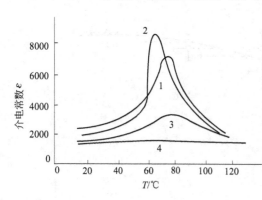

图 5-12　不同热压条件的 (Ba$_{0.85}$Sr$_{0.15}$)TiO_3
陶瓷的介电常数随温度的变化
1—1300℃，保温 2h 的烧结陶瓷；
2—1300℃，100kgf/cm²，热压 30min；
3—1200℃，100kgf/cm²，热压 30min；
4—1100℃，300kgf/cm²，热压 4h

5.1.2.2　BaTiO_3 基陶瓷的电致伸缩和电滞回线

$BaTiO_3$ 基铁电陶瓷的电致伸缩可以用图 5-13 说明。图 5-13(a) 表示一个 $BaTiO_3$ 基铁电陶瓷试样（示意表示其电畴结构），由于各个晶粒都是随机性取向，每个晶粒中又都包含着许多自发极化方向不同的电畴，所以，各个电畴所显示的自发极化强度的向量和

$\sum P_s = 0$。当对该试样施加足够高的直流电场 E 时［如图 5-13(b) 所示］，在电场作用下，每个晶粒中的电畴都力求沿电场的方向取向。这样，各个晶粒变成了电畴的方向大致沿电场正方向取向的一个个单畴晶体。晶粒中沿几个晶轴方向机遇性取向的电畴，在电场作用下大致沿电场方向取向的同时，必然伴随着晶粒沿电场方向的伸长和在垂直于电场方向的收缩（这是由于 c 轴为极化轴，极化时 c 轴伸长，a 轴缩短所决定的）。各晶粒在电场作用下的这种沿电场方向（纵向）的伸长和垂直于电场方向（横向）的收缩，就造成了整个陶瓷试样沿电场方向伸长，在垂直电场的方向收缩，同时晶体内也产生应力。如果把已经作用在陶瓷试样上的电场 E 去掉［如图 5-13(c) 所示］，沿电场取向的电畴会部分地偏离原来的电场方向，以使陶瓷中的（包括晶界和晶粒中的）应力得到缓冲。与图 5-13(b) 的情况对比，表现在陶瓷外形上，又将在纵向产生相应的收缩，而在横向产生相应的伸长，但是与图 5-13(a) 的情况对比，在纵向仍然存在着"剩余伸长"，而在横向仍然存在着"剩余收缩"。$BaTiO_3$ 陶瓷的这种外形上的伸缩（或应变）是在电场的作用下产生的，所以通常称为电致伸缩或电致应变。在图 5-13(c) 的情况下，各晶粒的自发极化强度的向量和 $\sum P_s$ 不再为零，表现为"剩余极化强度 P_r"，即 $\sum P_s = P_r$。

如果对图 5-13 中 (c) 的试样再逐渐施加一个反方向的电场 E，则试样在纵向和横向仍会出现相应的电致应变。横向的电致应变以 S_I 表示（$S_I = \frac{\Delta L_I}{L_I}$），纵向的电致应变以 S_s 表

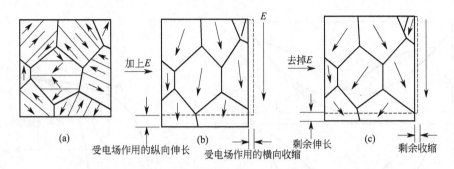

图 5-13　$BaTiO_3$ 基陶瓷在外电场 E 作用时电畴和外形尺寸的变化

(a) $BaTiO_3$ 基陶瓷的原始状态，各晶粒电畴的总电矩为零，即 $\sum P_s = 0$；(b) 加上直流电场 E 之后，各晶粒的自发极化都大致沿电场方向取向陶瓷沿电场方向（纵向）伸长，与电场垂直的方向（横向）收缩；(c) 去掉电场后的情况。各晶粒的自发极化的向量和 $\sum P_s = P_r$，此时纵向仍有剩余伸长，横向仍有剩余收缩

示（$S_S = \dfrac{\Delta L_S}{L_S}$）则铁电陶瓷的电致应变图形大致如图 5-14 所示（L_I 为试样的横向尺寸；ΔL_I 为不同电场强度作用下的横向应变量；L_S 为试样的纵向尺寸；ΔL_S 为相应的纵向应变量）。

　　如果对 $BaTiO_3$ 基铁电陶瓷施加足够高的交变电场，则该陶瓷材料的电致应变也将随电场方向的变化大致按图 5-14 所示的图形形状发生周期性变化。电致应变的周期性变化必然伴随着陶瓷内（包括晶界和晶粒内）应力的周期性变化和作用。所以，必须充分估计高压充放电或高压交流电场作用下，电致应变对铁电陶瓷介质材料或器件可能产生的破坏作用。如果在对 $BaTiO_3$ 基陶瓷施加电场的过程中，随时测量与电场方向垂直的两个陶瓷平面上的单位面积静电量（以 C/cm^2 或 $\mu C/cm^2$ 表示），可以发现，随着第一次对陶瓷逐渐施加电场，以极化强度 P 表示的单位面积上的静电量将大致沿着图 5-15 所示的 OA 线段从 O 到 A 变化。实际上反映着图 5-13 中从图 5-13(a) 到图 5-13(b) 的变化，即各晶粒中的电畴逐步沿电场方向取向，各晶粒形成单畴晶体，极化达到饱和的变化。当极化达到饱和后，电场强度继续提高，极化强度 P 随电场按图 5-15 中的 AB 线段呈线性变化。如果把电场强度逐步降低到零时，极化强度 P 并不为零，而具有"剩余极化强度"P_r，这时铁电陶瓷的状态与图 5-13(c) 相应。此后如果对该试样施加反向电场，至电场强度达到 $-E_c$ 时，陶瓷试样的极化强度才降至零。继续提高电场强度，则极化强度在反方向增大。变至 H 点，实质上与 A 点是相应的，H 与 A 这两种状态都表现了铁电陶瓷材料在电场作用下的极化达到饱和状态，只是极化方向相反罢了。GH 线段也是线性相关，与 AB 线段相应。当电场强度降低达到零时，极化强度又表现为"剩余极化强度"$-P_r$。再施加正向电场至 E_c，极化强度才又恢复到零，以后随着电场强度的提高，沿 $E_c \to A \to B$ 变化。图 5-15 所示的回线即 $BaTiO_3$ 铁电陶瓷的电滞回线。图中 E_c 称为该铁电陶瓷材料的"矫顽场"，P_r 称为"剩余极化强度"。作 BA 的延长线与纵轴交于 P_s 点，P_s 即可作为这种铁电陶瓷自发极化强度的量度，因为它相当于陶瓷材料中每个电畴本来就存在的自发极化强度。$BaTiO_3$ 铁电晶体的自发极化强度 P_s 可采用类似的办法予以测定。图 5-16 所示为迈尔次（Merz）测定的各个温度下的四方 $BaTiO_3$ 铁电晶体的自发极化强度 P_s 的数据。

　　四方 $BaTiO_3$ 的轴率 c/a 的大小与自发极化强度有密切联系，可以从轴率 c/a 的大小来估计 $BaTiO_3$ 和 $BaTiO_3$ 基铁电固溶体的自发极化强度大小。把图 5-15 和图 5-16 对照分析，可帮助我们认识和理解轴率和自发极化间的内在联系。

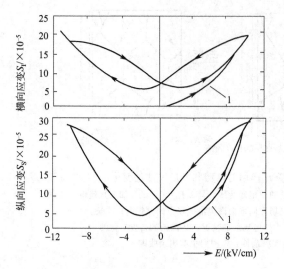

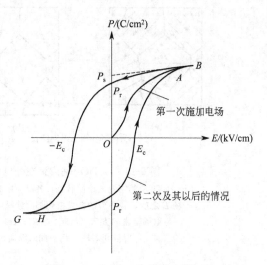

图 5-14　一种 $BaTiO_3$ 基陶瓷在电场作用下
的横向应变（S_1，收缩）和纵向应变
（S_S，伸长）的蝴蝶状图形
1—第一次施加电场时的情况

图 5-15　$BaTiO_3$ 陶瓷的电滞回线

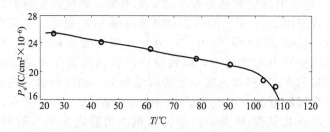

图 5-16　四方 $BaTiO_3$ 晶体的自发极化（P_s）随温度的变化（W. J. Merz，1953）

　　一切处于铁电态的陶瓷材料都具有电致伸缩和电滞回线这一特征，只是电致伸缩有大有小，电滞回线有高矮胖瘦之别。$BaTiO_3$ 基铁电陶瓷材料的电致伸缩大小和电滞回线的高矮胖瘦，也都与陶瓷主晶相的轴率大小有密切联系。铁电陶瓷材料的电滞回线的形状可以直接用示波器来进行观察。

5.1.2.3　$BaTiO_3$ 陶瓷的介电系数-温度特性

　　图 5-17 为 $BaTiO_3$ 陶瓷的介电系数-温度特性。可以看出，$BaTiO_3$ 陶瓷的介电系数很大，且在居里温度 T_c 下的峰值介电系数为最大，介电系数随温度的变化同样显示出明显的非线性。

　　从图示的曲线也可以看出，在居里温度以上（此时 $BaTiO_3$ 晶体的电畴结构和自发极化已经消失），随着温度的升高，介电系数随温度 T 的变化服从居里-外斯（Curie-Weiss）定律：

$$\varepsilon = \frac{K}{T_c - T_o} + \varepsilon_0 \tag{5-1}$$

　　式中，T_o 为居里-外斯特性温度（简称特性温度），对于 $BaTiO_3$ 来说，$T_c - T_o = 10 \sim 11℃$；K 为居里常数，$BaTiO_3$ 的居里常数为 $K \approx (1.6 \sim 1.7) \times 10^5 /℃$；$\varepsilon_0$ 为电子极化对介电系数的贡献，在一般情况下所占的比重很小，可以忽略。

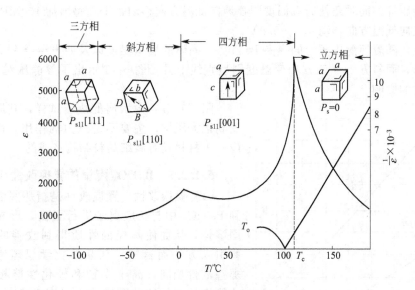

图 5-17 BaTiO₃ 陶瓷的介电温度特性

T_c—居里温度；T_o—居里-外斯特性温度（简称特性温度）

居里-外斯定律为铁电体在居里温度以上时，介电系数（ε）与温度（T）关系的一个基本定律。BaTiO₃ 陶瓷的介质损耗很高，$\tan\delta$ 可达 $0.01\sim0.02$，是 BaTiO₃ 陶瓷的一个很大的弱点。

5.1.2.4 压力对 BaTiO₃ 基陶瓷介电性能的影响

图 5-18 示出了单向压力（压力与陶瓷介质的电极平面垂直）与 BaTiO₃ 陶瓷介电系数-温度曲线的关系（a），以及等静压对陶瓷介电系数-温度曲线的影响（b）。图 5-18(a) 表明，随着单向压力的增高，介电系数-温度曲线上的居里峰受到了越来越大的压抑，而热压 BaTiO₃ 陶瓷材料的居里峰已经变得非常平坦。BaTiO₃ 陶瓷在单向压力的作用下，居里峰受到压抑的现象是与 BaTiO₃ 陶瓷存在着纵向电致伸长紧密地联系在一起的。

等静压对 BaTiO₃ 陶瓷居里峰的影响 [见图 5-18(b)] 又有所不同：随着等静压的提高，

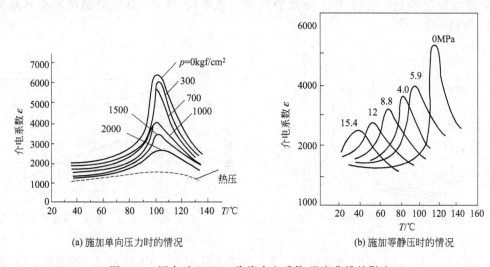

(a) 施加单向压力时的情况　　　　(b) 施加等静压时的情况

图 5-18　压力对 BaTiO₃ 陶瓷介电系数-温度曲线的影响

居里峰受到压抑的同时还使居里温度明显地向低温方向移动，平均每增加 100MPa 等静压压力使居里点向低温方向移动 4.6～5.9℃。

事实上，随着等静压压力的提高 BaTiO₃ 晶体的居里温度以及四方 ⇌ 斜方相变温度呈直线下降，而斜方 ⇌ 三方相变温度则呈直线上升。图 5-19 示出了等静压对 BaTiO₃ 晶体相变温度的影响。

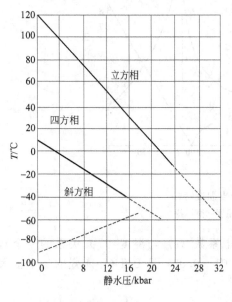

图 5-19 静水压对 BaTiO₃ 晶体
相变温度的影响（实线为观测结果，
虚线为外推或计算值）

图 5-18(a) 中示出的热压试样，其居里峰所以受到很大压抑，主要不是压力的作用，而是粒度效应——材料具有微细晶粒结构造成的。

5.1.2.5 BaTiO₃ 陶瓷的置换改性和掺杂改性

(1) 置换改性 置换改性是指那些能大量溶解到 BaTiO₃ 中与相应离子进行置换，形成 BaTiO₃ 基固溶体，从而使陶瓷的性质得到改善的离子加入物引入方法而言的。从晶体化学原理考虑，只有那些电价相同，离子半径和极化性能相近的离子才能大量进行这种置换改性。在 BaTiO₃ 铁电电容器介质的生产上，常用的置换改性加入物为：Ca^{2+}（$CaTiO_3$），Sr^{2+}（$SrTiO_3$），Pb^{2+}（$PbTiO_3$）置换 BaTiO₃ 中的 Ba^{2+}（A 位置换）；Zr^{4+}（$BaZrO_3$），Sn^{4+}（$BaSnO_3$）置换 BaTiO₃ 中的 Ti^{4+}（B 位置换），以及它们的组合进行 Ba^{2+} 和 Ti^{4+} 位置的同时置换。

图 5-20 和图 5-21 示出了 $(Ba_{1-x}Ca_x)TiO_3$ 陶瓷的介电常数与温度的关系和 $(Ba_{1-x}Ca_x)TiO_3$ 的晶格常数与 x 的关系。可以看出，Ca^{2+}（$CaTiO_3$）在 BaTiO₃ 中对 Ba^{2+} 的置换是有限度的，在正常的烧成条件下，$CaTiO_3$ 在 BaTiO₃ 中的极限溶解度为 21％（摩尔分数）。图 5-20 还表明，BaTiO₃ 陶瓷采用 Ca^{2+} 置换改性时，对居里峰的移动不很明显，但在一定程度上起到压低并展宽居里峰的作用。用 Ca^{2+} 作置换改性加入物，有时会使陶瓷呈黑色。这与 Ti^{3+} 导致的陶瓷变色不同，Ca^{2+} 导致的黑色不会显著影响 BaTiO₃ 陶瓷的电导率。

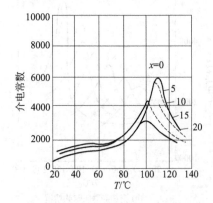

图 5-20 $(Ba_{1-x}Ca_x)TiO_3$ 陶瓷的介
电常数与温度的关系

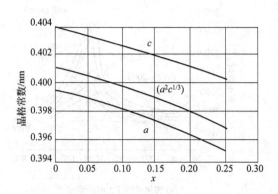

图 5-21 $(Ba_{1-x}Ca_x)TiO_3$ 的晶格常数与 x 的关系

图 5-22 和图 5-23 示出了 $(Ba_{1-x}Pb_x)TiO_3$ 陶瓷的介电常数与温度的关系和 $(Ba_{1-x}Pb_x)TiO_3$ 的晶格常数与 x 的关系。

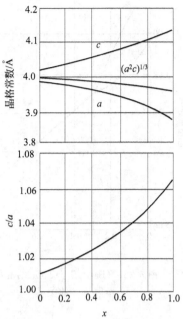

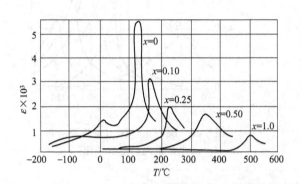

图 5-22　$(Ba_{1-x}Pb_x)TiO_3$ 陶瓷的 ε-T 曲线

图 5-23　$(Ba_{1-x}Pb_x)TiO_3$ 的晶格参数与 x 的关系

$BaTiO_3$ 陶瓷用以上几种加入物进行置换改性后,其介电系数-温度曲线见图 5-20~图 5-28。为了对比,尽可能列出了有关固溶体的晶格参数。各加入物的置换对 $BaTiO_3$ 基固溶体相变温度(包括居里温度)的影响,见图 5-29。从图 5-20 和图 5-29 可知,用 Ca^{2+} 对 $BaTiO_3$ 陶瓷进行置换改性,只使居里温度稍稍降低,但可使四方与斜方相变温度和斜方与三方相变温度降低很多。这样就加宽了居里温度到四方斜方相变温度间的范围,有利于 Ba-TiO_3 基陶瓷材料和器件温度稳定性的改善。而 $BaTiO_3$ 陶瓷中常采用的 Sr^{2+}($SrTiO_3$)、Pb^{2+}($PbTiO_3$)和 Zr^{4+}($BaZrO_3$)、Sn^{4+}($BaSnO_3$),以及它们的组合,则都是与 $BaTiO_3$ 完全互溶的,即溶解范围达 100%。

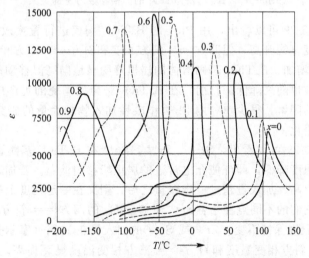

图 5-24　$(Ba_{1-x}Sr_x)TiO_3$ 陶瓷的介电常数随温度的变化

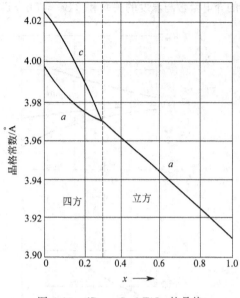

图 5-25 $(Ba_{1-x}Sr_x)TiO_3$ 的晶格
参数与 x 的关系

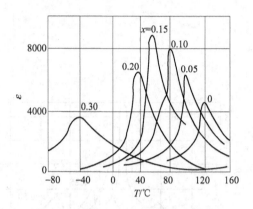

图 5-26 $Ba(Ti_{1-x}Zr_x)O_3$ 陶瓷的介
电常数随温度的变化

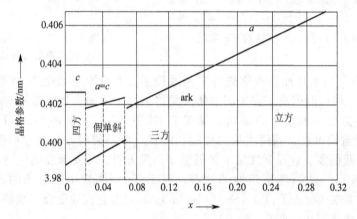

图 5-27 $(Ba_{1-x}Zr_x)TiO_3$ 的晶格参数与 x 的关系

从图 5-22 和图 5-29 可以看出，用 Pb^{2+} 对 $BaTiO_3$ 陶瓷进行置换改性时，随着 Pb^{2+} 浓度的提高，居里温度直线升高，但四方⟶斜方相变和斜方⟶三方相变温度却显著降低。随着 Pb^{2+} 引入量的增加，$BaTiO_3$ 基固溶体的居里峰明显地向高温移动的同时，峰值介电常数和室温下介电常数也随之降低。目前，在 $BaTiO_3$ 基介质陶瓷的生产中，由于考虑到这种原因以及环境保护的因素，很少单独用 Pb^{2+} 作改性加入物，大量的研究侧重于对环境的保护和陶瓷材料的无铅化。

从图 5-24～图 5-29 可以看出，Sr^{2+}，Zr^{4+}，Sn^{4+} 在 $BaTiO_3$ 基陶瓷中的作用有许多相似之处。都使居里温度降低，即都使介电常数的居里峰移向低温。若加入量适当时，都可使峰值介电常数显著提高，加入量超过一定数量之后，则又在一定程度上呈现出使居里峰降低并展宽的作用等。它们的不同点在于：Sr^{2+} 使 $BaTiO_3$ 的四方⟶斜方相变温度稍有降低，斜方⟶三方相变温度保持不变；Zr^{4+} 或 Sn^{4+} 的加入量在 10%（摩尔分数）以下时，都使 $BaTiO_3$ 的四方⟶斜方相变温度和斜方⟶三方相变温度显著提高。这样，在用 Zr^{4+} 或 Sn^{4+} 置换改性的钛酸钡陶瓷中，斜方相（或假单斜相）就可能成为室温下的稳定晶相，这是需要考虑的问题。实验表明，根据电容器需要具有的性能，作为陶瓷介质的性能必须相应进行适当的调整，选择合适的改性加入物和工艺条件，以保证电容器的质量。

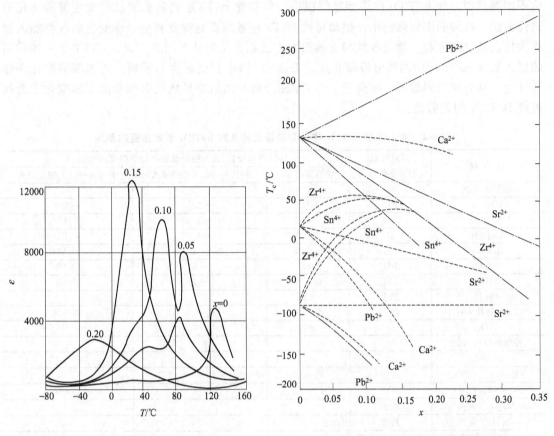

图 5-28　$Ba(Ti_{1-x}Sn_x)O_3$ 陶瓷的
介电常数与温度的关系

图 5-29　几种添加剂的加入量与 $BaTiO_3$
基固溶体居里温度 T_c 的关系

如果把上述各种等价置换的加入物对 $BaTiO_3$ 陶瓷性能的影响和相应固溶体的晶格参数（见图 5-21、图 5-23、图 5-25 和图 5-27）加以对照，可以发现一些规律：这种等价置换导致固溶体的轴率 (c/a) 降低时（例如 Sr^{2+}，Zr^{4+} 和 Sn^{4+} 等），能使居里峰向低温方向移动，导致轴率升高时（例如 Pb^{2+} 的引入），则使居里峰向高温方向移动。由于 Ca^{2+} 对轴率 (c/a) 的影响不大（见图 5-21），所以对居里峰的移动作用也不明显。以上几种等价置换加入物以不同的组合同时对 $BaTiO_3$ 进行 A 位置和 B 位置置换时，各种加入物的作用与单独引入时所起的作用基本相同。以上几种离子的置换都属于简单的等价置换。有些化合物是以成对离子对 $BaTiO_3$ 进行置换的，例如 $LaAlO_3$ 以 1 个 La^{3+} 和 1 个 Al^{3+} 置换 1 个 Ba^{2+}（La^{3+} 置换）和 1 个 Ti^{4+}（Al^{3+} 置换）；$(K_{1/2}La_{1/2})TiO_3$ 的 1 个 K^+ 和 1 个 La^{3+} 置换 2 个 Ba^{2+}；$KNbO_3$ 的 1 个 K^+ 和 1 个 Nb^{5+} 置换 1 个 Ba^{2+}（K^+ 置换）和 1 个 Ti^{4+}（Nb^{5+} 置换）；$Ba(Fe_{1/2}Ta_{1/2})O_3$ 的 1 个 Fe^{3+} 和 1 个 Ta^{5+} 置换 2 个 Ti^{4+} 等，都属这类置换。尽管具体的置换离子与被置换离子的电价不同，但置换离子的电价和与被置换离子的电价和是相等的。这类置换使电价得到了补偿，置换不致引进离子空位或填隙离子，所以，这类置换也常常有很大的溶解度，这就构成了置换改性的另一种类型——电价补偿置换改性。一切有足够溶解度的置换改性的加入物都能使 $BaTiO_3$ 陶瓷的性质逐渐发生变化。溶解度足够大的电价补偿置换的加入物也具有同样的作用。不过，在 $BaTiO_3$ 陶瓷的工业生产上，这种电价补偿置换加入物，目前还较少采用。

（2）掺杂改性 掺杂改性是指有些加入物，由于离子半径相差较大或由于相应离子的电价不同等原因，在 $BaTiO_3$ 中固溶极限很小，但却使 $BaTiO_3$ 基陶瓷的性质发生显著变化的改性方法。这种固溶极限很小，但却可使 $BaTiO_3$ 基陶瓷的性质发生显著变化的改性加入物称为掺杂改性加入物。掺杂改性与置换改性方法相比是明显不同的。表 5-4 列举了一些常用的加入物在 $BaTiO_3$ 中的固溶极限及其对 $BaTiO_3$ 铁电相变温度的影响。若温度的变化是非线性时，则表中所列数据，相应于 1%（摩尔分数）加入物导致铁电相变温度的变化率为接近纯 $BaTiO_3$ 时的数值。

表 5-4　加入物在 $BaTiO_3$ 中的固溶极限及其对 $BaTiO_3$ 铁电相变的影响

加　入　物	固溶极限（摩尔分数）/%	1%（摩尔分数）加入物导致铁电相变温度的变化/℃		
		居里温度 T_c	四方⇌斜方相变温度	斜方⇌三方相变温度
等价加入物				
$PbTiO_3$	100	+3.7	−9.5	−6.0
$SrTiO_3$	100	−3.7	−2.0	0
$CaTiO_3$	21	+，−	−6.7	−6.0
$BaZrO_3$	100	−5.3	+7	+18
$BaSnO_3$	100	−8	+5	+16
$BaHfO_3$	100	−5.0	+7	+16
SiO_2（置换 Ti）	约 1	+6		
CdO（置换 Ba）	约 1	约 −3	约 +10	约 −10
TiO_2	<0.5	+8		
补偿电价加入物				
$LaAlO_3$	100	−25		
$(K_{1/2}La_{1/2})TiO_3$	≥15	约 −15		
$(K_{1/2}Nd_{1/2})TiO_3$	≥15	约 −10	−8	约 −6
"$MnNb_2O_6$"（置换 Ti）	约 1	−20		
"$CoNb_2O_6$"（置换 Ti）	约 1	−25		
"$NiNb_2O_6$"（置换 Ti）	<2	−50		
$KNbO_3$	100	−9	约 +12	约 +35
$Ba(Fe_{1/2}Ta_{1/2})O_3$	100	−15	约 −12	约 +6
$Pb(Co_{1/2}W_{1/2})O_3$	≥50	约 −30		
高价加入物				
$La_{2/3}TiO_3$	≥15	−18	+，−	+，−
$Ba_{2/3}NbO_3$	14	−26	+12	+25
$Ba_{2/3}TaO_3$	14	−29	约 +12	
Y_2O_3（置换 Ba）	≥2	+2.5	−19	
$Bi_2O_3 \cdot 1\frac{1}{2}TiO_2$	约 0.6	约 +18	约 −40	
MoO_3（置换 Ti）		+	0	—
WO_3（置换 Ti）	0.8	−18		0
低价加入物				
MgO（置换 Ti）	约 1	约 +2	0	0
NiO（置换 Ti）	3	−8		
"$NiTiO_3$"（置换 Ti）	1~2	−32	−13	+5
CoO（置换 Ti）	≥10	−20		
"$CoZrO_3$"	30	—	+	
Fe_2O_3（置换 Ti）	≥5/2	−40		
Al_2O_3（置换 Ti）	≪5	+	+	+
"$Cr_{2/3}TiO_3$"（置换 Ti）	≥6	+	5	
Ag_2O（置换 Ba）	≥0.2	约 −25		

对于不等价加入物来说，如果两种不等价加入物的电价可以相互补偿，则同时引入两种加入物比分别引入任何一种时，固溶度要高得多。因为同时引入时，晶格空位将得到补偿，不致像单独引入时那样导致大量晶格空位等形成。例如，La_2O_3 和 Al_2O_3，分别引入 $BaTiO_3$ 中，固溶极限都较小，但是当两者同时引入，由于电价得到补偿，固溶度会显著提高。从表 5-4 可以看出，大部分加入物都使 $BaTiO_3$ 的居里温度降低。能使 T_c 升高的加入物很少。在表列的大量加入物中，只有 Pb^{2+}，Ca^{2+}，Y^{3+}，Bi^{3+} 和 Si^{4+} 是能使 $BaTiO_3$ 的居里温度升高的离子。Mg^{2+} 与 Ba^{2+} 以及 Si^{4+} 与 Ti^{4+} 的离子半径相差较大，$MgTiO_3$ 和 $BaSiO_3$ 在 $BaTiO_3$ 中的固溶极限都较小。这些加入物引入 $BaTiO_3$ 中导致介电-温度特性的变化示于图 5-30 和图 5-31。La^{3+} 是可以取代 Ba^{2+} 的高价离子，Nb^{5+} 和 Ta^{5+} 是可以取代 Ti^{4+} 的高价离子。La_2O_3 和 Nb_2O_5、Ta_2O_5 等加入物对 $BaTiO_3$ 陶瓷介电性能的影响示于图 5-32～图 5-34。La_2O_3，Nb_2O_5 和 Ta_2O_5 等化合物的高价离子对 $BaTiO_3$ 的置换通常会引起 Ba^{2+} 空位。

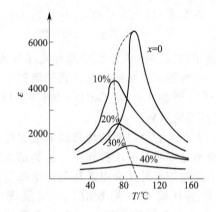

图 5-30 $(100\%-x)BaTiO_3+xMgTiO_3$ 陶瓷的介电-温度特性

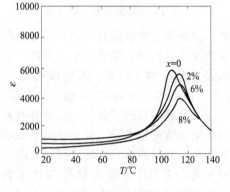

图 5-31 $(100\%-x)BaTiO_3+xBaSiO_3$ 陶瓷的介电-温度特性

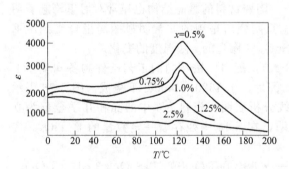

图 5-32 $(48.8\%BaO-51.2\%TiO_2)+xLa_2O_3$ 系 陶瓷的 ε 随温度及 x 的变化

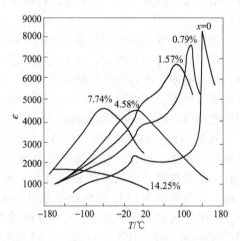

图 5-33 $(100\%-x)BaTiO_3+xNbO_{2.5}$ 系 陶瓷的 ε-T 曲线

Fe^{3+} 是取代 Ti^{4+} 的低价离子，Fe_2O_3 的引入对 $BaTiO_3$ 陶瓷介电性能的影响示于图 5-35。Fe^{3+} 置换 Ti^{4+} 的同时，通常会产生氧离子空位。尤其应该注意的是异价掺杂，少量掺杂即可导致介电性能的显著变化。所以，功能陶瓷材料的性能对组成的敏感性是很强的，生产工艺上保证掺杂均匀非常重要。也应该注意，异价掺杂时通常会产生晶格空位。正因为

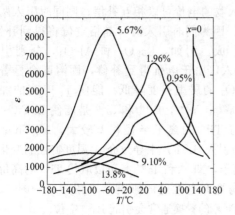

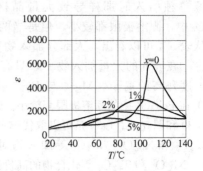

图 5-34　$(100\%-x)BaTiO_3+xTa_2O_5$ 系
陶瓷的 ε 随温度和 x 的变化

图 5-35　$(100\%-x)BaTiO_3+xFe_2O_3$
陶瓷的 ε 随温度和 x 的变化

如此，掺杂的固溶物质易于产生晶界分凝，即溶质易于自固溶体中分凝到晶界或晶界附近，使杂质在晶界或晶界附近富集，阻碍了晶界的移动，即抑制了晶粒的生长，利于陶瓷材料具有微晶结构。对 $BaTiO_3$ 进行取代的一些高价离子，例如 La^{3+}，Gd^{3+}，Nd^{3+}，Dy^{3+}，Nb^{5+}，Ta^{5+} 等，对 $BaTiO_3$ 陶瓷的电阻率有着极其显著的影响。

(3) 移峰和压峰　改性加入物有两种基本类型：①加入物可以有效地移动居里温度，即移动介电系数的居里峰，但对介电系数峰的陡度一般不呈现明显的压抑作用，这类加入物称为移动剂，其效应称为移峰或移动效应；②加入物主要的作用是使介电系数的居里峰受到压抑并展宽。通常这类加入物称为压抑剂，其效应称为压峰或压抑效应。一切能固溶于 $BaTiO_3$ 的加入物均可使居里温度不同程度地移动。但是，实际用来移峰的加入物是可以大量溶解到 $BaTiO_3$ 中的 Sr^{2+}，Pb^{2+}，Sn^{4+}，Zr^{4+} 等。移峰效应与加入物溶于 $BaTiO_3$ 中，改变了晶体的轴率（c/a）有关，而轴率在一定程度上反映着 $BaTiO_3$ 固溶体自发极化的强弱。

出现压峰效应的原因是多方面的，如加入物超过了固溶极限，形成了包围 $BaTiO_3$ 晶粒使晶粒受到压抑的晶界层、因工艺条件或晶界分凝作用等造成的不均匀分布和形成晶格空位等，都可能使介电系数的峰值受到压抑。此外，陶瓷材料的微晶结构也经常对居里峰起着明显的压抑作用。下面讨论 $BaTiO_3$-$Bi_2(SnO_3)_3$ 系陶瓷所呈现的非常明显的居里峰受到压抑的可能原因。图 5-36 为 $97\%BaTiO_3$-$3\%Bi_2(SnO_3)_3$ 陶瓷的 ε 随温度的变化。

取 $97\%BaTiO_3+3\%Bi_2(SnO_3)_3$（摩尔分数），配料，按不同的工艺条件制备陶瓷：上述配料经粉碎、混合、成型为直径为 30mm 的圆片，于 1320～1400℃下烧成。图 5-36 表示了有关陶瓷材料的介电系数-温度性能。X 射线分析表明，瓷料 S-0 中的晶相几乎全部为立方相，而在瓷料 S-14 中存在着四方相。这表明，在 S-14 中残存着一定数量的 $BaTiO_3$。瓷料 S-0 在烧成中进行的主要反应可以描述为：

$$97\%BaCO_3+97\%TiO_2+3\%Bi_2O_3+9\%SnO_2 \longrightarrow 88\%BaTiO_3+9\%BaSnO_3+3\%Bi_2(TiO_3)_3$$

$$(5-2)$$

上式反应的结果中前两项（$BaTiO_3+BaSnO_3$）为高 ε 相，后一项为低 ε 相。瓷料 S-14 在烧成中进行的主要反应表达为：

$$97\%BaTiO_3+3\%Bi_2O_3+9\%SnO_2 \longrightarrow 97\%BaTiO_3+3\%Bi_2(SnO_3)_3 \qquad (5-3)$$

上式反应的结果中前一项 $BaTiO_3$ 为高 ε 相，后一项 $Bi_2(SnO_3)_3$ 为低 ε 相。对于瓷料 S-10 及瓷料 S-12，可认为反应的结果生成了介于式(5-2)和式(5-3)的中间组成。当然，就是对

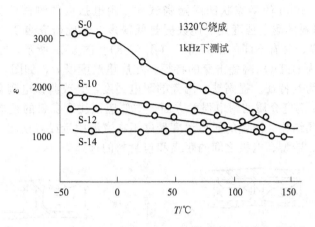

图 5-36　97％BaTiO₃-3％Bi₂(SnO₃)₃ 陶瓷的 ε 随温度的变化

瓷料编号	瓷料的组成和工艺条件
S-0	97％BaCO₃＋97％TiO₂＋3％Bi₂O₃＋9％SnO₂
S-10	97％BaTiO₃（1000℃下煅烧）＋3％Bi₂O₃＋9％SnO₂
S-12	97％BaTiO₃（1200℃下煅烧）＋3％Bi₂O₃＋9％SnO₂
S-14	97％BaTiO₃（1400℃下煅烧）＋3％Bi₂O₃＋9％SnO₂

瓷料 S-0 和瓷料 S-14 来说，也不能认为是严格地按式(5-2) 及式(5-3) 进行反应，对于瓷料 S-0 应有一部分 $Bi_2(SnO_3)_3$ 烧成，对于瓷料 S-14 应有一部分 $Bi_2(TiO_3)_3$ 生成，这取决于实际的烧成工艺条件。

在瓷料的烧成过程中，低 ε 相 $Bi_2(TiO_3)_3$ 或 $Bi_2(SnO_3)_3$ 在较低的温度下即可生成，在烧成温度（1320～1400℃）下即熔融成液相。这时，主晶相 $BaTiO_3$ 或 $Ba(Ti, Sn)O_3$ 在液相的包围下生长起来，在冷却过程中即形成主晶相 $BaTiO_3$ 或 $Ba(Ti，Sn)O_3$ 晶粒被低介电系数相包裹起来的显微组织结构，其模拟图见图 5-37。电子显微照相证实了这种模拟结构的正确性。从图 5-37 的结构特征出发，岗崎清认为高介电系数相与低介电系数相之间热膨胀系数存在的显著差别，导致了低介电系数相对高介电系数相的巨大压力。对这一系统压峰效应的解释，是以压力对 $BaTiO_3$ 陶瓷介电性能的影响的实验数据为依据（见图 5-18）。事实上，介电系数的居里峰，只是在电场的作用下电畴易于沿电场方向取向的反映，而这种取向必然伴随着电致应变（见图 5-13 及图 5-14）。图 5-37 所示的结构中，铁电相晶粒被低介电常数相包裹着，铁电相的电致应变必然受到抑制，因而居里峰也必然受到压抑。

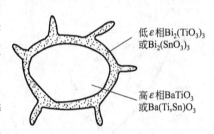

图 5-37　$BaTiO_3$-$Bi_2(SnO_3)_3$ 系陶瓷的模拟结构

瓷料 S-14 的居里温度较纯 $BaTiO_3$ 的居里温度稍高一点。这种现象可能与 Bi^{3+} 在 $BaTiO_3$ 中的溶解有关，Bi^{3+} 是使 $BaTiO_3$ 居里温度升高的离子。利用 $Bi_2(SnO_3)_3$ 进行压峰而制备的低变化率铁电电容器陶瓷，利用组成分布的不均匀性来压低并展宽居里峰，在实践中是行之有效的办法。

5.1.2.6　BaTiO₃ 陶瓷的击穿

$BaTiO_3$ 陶瓷的耐电强度不仅取决于陶瓷材料本身的结构和性质，也与试样的形状、厚度等密切相关。有资料报道，厚度 0.1～0.2mm 的 $BaTiO_3$ 单晶的耐电强度为 500kV/cm；

而厚度为 0.12～0.35mm 的半球状凹面陶瓷试样，耐电强度的测试值为 120kV/cm。实际上，BaTiO$_3$ 陶瓷材料的耐电强度比上述数据要低得多。实验研究表明，在居里温度以下和以上的 BaTiO$_3$ 陶瓷，具有不同的击穿特征（图 5-38）。图 5-39 所示，在居里温度以下，以晶界层的突然破坏为 BaTiO$_3$ 陶瓷击穿的特征。在居里温度以上，如图 5-40 所示，是以陶瓷中晶粒本身的击穿为其特征。提高铁电陶瓷的耐电强度，是改善铁电陶瓷性能的一个重要方面。在改善 BaTiO$_3$ 陶瓷介质的耐电强度方面，主要应该注意瓷料的组成、提高陶瓷的致密度、陶瓷应具有细晶结构、陶瓷的居里温度最好不在室温附近或者使陶瓷不呈现明显的居里点、电容器的设计、造型、电极之间的距离和包封料的选择等。

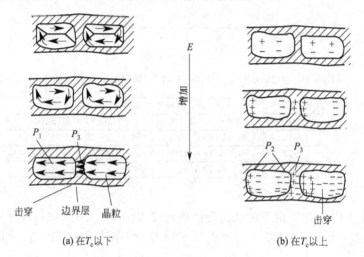

图 5-38　PaTiO$_3$ 陶瓷在居里点以下（a）及居里点以上（b）的击穿模型

P_1—自发极化；P_2—晶粒中的空间电荷极化；

P_3—边界层上的空间电荷极化

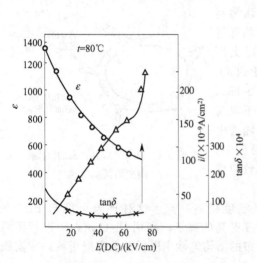

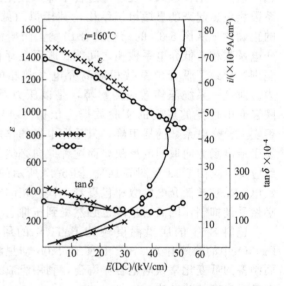

图 5-39　在居里点以下时 BaTiO$_3$ 陶瓷直至击穿时随着电场的增加 ε，$\tan\delta$ 和漏导电流 i 的变化 ［试样 BT-20：BaTiO$_3$＋2％（质量分数）黏土＋0.2％（质量分数）MnO$_2$］

图 5-40　在居里点以上时 BaTiO$_3$ 陶瓷直至击穿时随着电场的增加 ε，$\tan\delta$ 和漏导电流 i 的变化（试样 BT-20，组成见图 5-39；T_c＝117℃）

下面用一种 BT-20 试样 [$BaTiO_3$＋2％（质量分数）黏土＋0.2％（质量分数）MnO_2，居里点为117℃，试样系在1360℃下保温2h烧成] 来讨论 $BaTiO_3$ 陶瓷的击穿问题。

BT-20 陶瓷的结构是由 $BaTiO_3$ 晶粒和黏土等形成的晶界层构成的。在居里温度以下施加电场时，随着电场强度的增加，晶粒中的电畴将逐渐沿电场方向取向，如图 5-38(a) 所示。当晶粒中的电畴沿电场方向取向趋于饱和时，在晶粒之间的晶界层上将呈现很强的空间电荷极化 P_3。在居里温度以下，晶粒内部由于存在着自发极化 P_1，由 P_1 形成的反方向电场的作用使晶粒内部不存在空间电荷极化。这样，在居里温度下，当外加电场增加到一定数值时，晶界层上的空间电荷作用将导致晶界层部分的突然击穿破坏。所以，在居里温度以下，以晶界层的破坏为 $BaTiO_3$ 陶瓷击穿的特征。在居里温度以上，由于晶粒内部不存在自发极化，随着外加电场的增加，晶粒内部将出现相当强的空间电荷极化 P_2，如图 5-38(b) 所示。因此，当外加电场高到一定的数值时，以陶瓷中晶粒本身的击穿为其特征。

图 5-39 和图 5-40 分别示出了 BT-20 瓷料在居里温度以下和以上直至击穿时的直流电压-电流特性曲线。在居里点以下（见图 5-39），随着电场强度的增加，相应于电畴沿电场方向取向趋于饱和以后，漏导电流呈现停留阶段，而后击穿突然发生。在居里温度以上（见图 5-40），开始时电流几乎与场强成正比增加，而后出现电流电压的急剧增加以致击穿。击穿前，电流呈现的急剧增加阶段，体现了瓷体的破坏带有一定的渐变特点，这与居里点以下时击穿突然发生明显不同。

提高铁电陶瓷的耐电强度，是改善铁电陶瓷性能的一个重要方面。在改善 $BaTiO_3$ 基陶瓷介质的耐电强度方面，主要应该注意以下几个方面。

① 组成对陶瓷的耐电强度有直接影响，但这种影响的角度往往不同。三价（取代 Ba^{2+}）及五价（取代 Ti^{4+}）掺杂的一个直接作用是，可以补偿混入瓷料中的离子半径较小的三价杂质（例如 Al^{3+}）的影响，消除瓷料的 n 型电导，能改善陶瓷的耐电强度。有些组分的引入，由于改善了烧结，提高了陶瓷的致密度，改善了陶瓷的组织结构，从而提高了耐电强度。

② 为了改善陶瓷的耐电强度，应尽可能地提高陶瓷的致密度（降低陶瓷的气孔率）。显然，气孔是陶瓷材料在电场作用下绝缘强度破坏的薄弱环节，必须将陶瓷材料的气孔率降低至最低限度。有时陶瓷的致密度提高3％，耐电强度可以提高150％以上。

③ 高压陶瓷应具有细晶结构。在强电场的作用下，铁电陶瓷晶粒中的电畴沿电场方向取向时，伴生着相应的电致应变。这种应变所伴生的应力大小是与晶粒的直径成正比的，晶粒愈大伴生的应力也愈大。而电致应变的多次作用有可能导致晶粒或晶界裂缝的产生和扩展，可能导致陶瓷材料的击穿与破坏。实验研究表明，引入少量 ZnO 能够显著改善 $BaTiO_3$ 陶瓷的组织结构。例如，在 $Ba(Ti_{0.92}Sn_{0.08})O_3$ 瓷料中引入 0.5％（质量分数）ZnO，可以制得晶粒均匀而适度的陶瓷材料，从而使陶瓷介质的耐电强度显著提高。Ta_2O_5 则具有显著地抑制 $BaTiO_3$ 陶瓷晶粒生长的作用，也有利于形成细晶结构。

④ 在铁电介质陶瓷的生产中，为了使瓷料在常温下具有较大的介电常数，往往把瓷料的居里温度移到室温附近。但由于铁电陶瓷在居里温度附近的极化效应很突出，这严重地影响着陶瓷的脉冲击穿强度。因此，高压铁电介质陶瓷的居里温度最好不在室温附近，或者使陶瓷不呈现明显的居里温度。

⑤ 对于铁电陶瓷电容器来说，电容器的造型和包封料的选择对电容器的耐电强度都有重要影响。生产高压铁电陶瓷电容器时，应予足够的重视。实践还表明，在高压电容器的边缘涂以半导釉等，可有效地提高电容器的使用电压。

5.1.2.7 $BaTiO_3$ 陶瓷的老化

当某一 $BaTiO_3$ 铁电陶瓷介质从烧成或制备电极冷却后，其介电系数（ε）和介质损耗角正切值（tanδ）随着存放时间的推移而逐渐降低，这种现象称为老化。$BaTiO_3$ 铁电介质陶瓷的介电系数和介质损耗角正切值的老化服从对数关系。介电系数的老化可表达为：

$$\varepsilon_t = \varepsilon_0 - m\lg t \tag{5-4}$$

式中，ε_0 为存放开始时的介电系数；ε_t 为经历 t 时间时的介电系数；m 对一定陶瓷材料为常数。实验研究发现，当铁电陶瓷材料经历一段时间发生老化以后，如果把该陶瓷材料重新加热到居里温度以上，并保持几分钟后再冷却到室温，该铁电陶瓷材料的介电系数将恢复到初始的数值，而老化将重新开始。高介铁电陶瓷材料以及使用铁电陶瓷电容器时都要注意这种老化特性。

一些实验结果还表明，$BaTiO_3$ 陶瓷的介电系数的老化速率与陶瓷材料主晶相（通常为四方 $BaTiO_3$）的轴率 c/a 之间存在着反变关系，即轴率愈大，老化速率愈低，轴率愈小，老化速率愈高。当铁电陶瓷材料的温度从低向高逐渐靠近居里温度时，老化速率也逐渐增加。实际上这种情况也是主晶相轴率与老化速率间反变关系的反映，因为 $BaTiO_3$ 陶瓷从低温向高温逐渐靠近居里温度的过程，伴随着陶瓷材料主晶相轴率的逐渐降低。

Bradt 和 Ansell 曾对铁电陶瓷的老化理论进行过归纳和总结，他们通过对四方 $BaTiO_3$ 畴结构随放置时间变化的直接观测，提出了铁电老化理论，摘要见表 5-5。

表 5-5　铁电老化理论

理论的提出者	老化机理	原理	ε 呈对数减的原因
Plesner	畴壁振动	"夹持效应"	活化能的变化
Siankowski 等	180°畴分裂	极化减弱	未说明
Cooke	90°畴壁极化	极化减弱	未说明
Gruver	位错、扩散或 90°畴成核	应力松弛	未说明
Ikegami 和 Ueda	90°畴分裂	"夹持效应"增强	90°畴界运动
Bradt 和 Ansell	90°畴成核	应力松弛	活化能的变化

以上是按照理论提出的先后顺序排列的。其中 90°畴分裂和 90°畴成核的理论是比较近的铁电老化理论，是以对铁电体放置过程中畴结构变化的直接观察为根据的。观测表明，随着时间的推移，90°畴的成核或 90°畴的分裂逐渐产生，应力将得到缓冲，畴夹持效应也将增强，从而导致了介电系数的降低，即导致了铁电陶瓷有关性能的老化。所以，目前铁电老化的机理是由于铁电体内的 90°畴成核或 90°畴分裂的过程伴随有应力的松弛或（和）畴夹持效应的增强，导致了铁电陶瓷材料有关性能随时间而变化即铁电陶瓷的老化。从以上讨论可知，选择主晶相轴率（c/a）较大的瓷料，使瓷料的居里温度远高于瓷料（即陶瓷电容器）的使用温度，都将有助于 $BaTiO_3$ 铁电陶瓷时间稳定性的改善；如果把铁电陶瓷材料的居里温度移至负温，则在室温下（此时陶瓷为顺电体），陶瓷材料的上述铁电老化现象可以预期得到消除。

实际上铁电陶瓷材料的老化是相当复杂的。事实表明，居里温度为室温以下的某些铁电陶瓷材料的介电性能，也往往呈现有老化现象。这固然不能完全排除组成不均匀所造成的少数居里温度超过室温的晶粒存在着铁电老化的可能性，也必须估计到有可能由于固溶体脱溶等物理过程而造成的老化。固溶体脱溶而造成的老化，一般不能通过加热到居里点以上使铁电陶瓷材料性质完全复原。对于介电常数很高的高介瓷料来说，铁电陶瓷的老化一般表现得更为明显。研制高介铁电陶瓷材料以及使用铁电陶瓷电容器时都要注意这种老化特性。

5.1.2.8　铁电陶瓷的非线性

从 $BaTiO_3$ 陶瓷的电滞回线（图 5-15）可以看出，铁电陶瓷材料随外加电场 E 的极化是非线性的，即极化强度 P 与电场强度 E 不遵从正比关系，也就是说铁电陶瓷的介电系数是随电场强度的不同而变化的。通常，$BaTiO_3$ 铁电陶瓷的介电常数是在弱电场下测定的（交流 5V 或 3V），大致相应于图 5-15 的 *OA* 线在原点 *O* 上的（切线）斜率值。

铁电陶瓷的非线性通常是指铁电陶瓷介电常数（ε）随外加电场强度变化而呈明显非线性变化的特性，从原理上来说，可以用非线性强的铁电陶瓷来制作压敏电容器。如何判断铁电陶瓷非线性的强弱呢？工程上提出了非线性系数 $N_\sim$ 来判断铁电陶瓷非线性的强弱：

$$N_\sim = \frac{\varepsilon_{\max}}{\varepsilon_5} \quad \text{或} \quad N_\sim = \frac{C_{\max}}{C_5} \tag{5-5}$$

式中，ε_5、C_5 为铁电陶瓷在工频交流电压为 5V 时的介电系数、试样的电容量；$\varepsilon_{\max}$、$C_{\max}$ 为 ε-E 曲线上的峰值介电系数、试样相应的电容量。

图 5-41 和图 5-42 列举了一些铁电陶瓷的介电常数随电场的变化曲线。

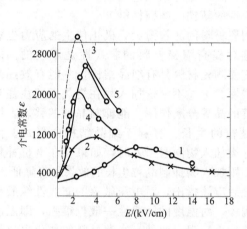

图 5-41　室温下铁电陶瓷的介电常数
随电场的变化（一）

1—BaTiO$_3$；2—(Ba, Sn)TiO$_3$ 系陶瓷；
3—Ba(Ti, Sn)O$_3$ 系陶瓷；4—Ba(Ti, Zr)O$_3$
系陶瓷；5—BK-1 陶瓷

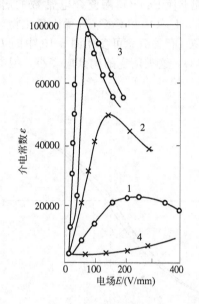

图 5-42　室温下几种铁电陶瓷的介电常
数随电场的变化（二）

1—BK-1 陶瓷；2—BK-2 陶瓷；
3—BK-5 陶瓷；4—BaTiO$_3$ 陶瓷

在一般情况下，非线性系数 $N_\sim$ 即可以作为陶瓷材料非线性强弱的量度。但是，铁电陶瓷材料的介电系数随电场强度变化的剧烈程度与介电系数呈现极大值时的电场强度也有十分密切的联系。因为，如果 E 很高，尽管非线性系数很大，随电场强度的变化率仍然不会很大。所以，为了正确考核铁电陶瓷的非线性，应该综合考虑 $N_\sim$ 和 $\varepsilon_{\max}$ 值。只有 $N_\sim$ 值很大，而呈现 $\varepsilon_{\max}$ 值的电场强度 E_5 也较低的铁电陶瓷，才应认为具有非常强的非线性。

表 5-6 列举了国内研制的两种非线性铁电陶瓷材料的性质指标。其中 F-1 大致相当于前苏联的 BK-1，而 F-2 则大致与 BK-2 相应（BK-1 和 BK-2 的介电常数随电场的变化见图 5-42）。前已指出，陶瓷材料任何特性的改善都需要通过合理地确定配方和正确地执行生产工艺来实现。因此，从原则上讲，配方和生产工艺是影响陶瓷材料性能的两大类因素。但是，配方和生产工艺最终是通过陶瓷的相组成和组织结构来影响陶瓷材料的性能的。下面讨论相组成和组织结构对 BaTiO$_3$ 铁电陶瓷非线性的影响。就 BaTiO$_3$ 陶瓷介质来说，某些离子的置换，例如 Sr^{2+} 对 Ba^{2+} 的置换或 Sn^{4+}、Zr^{4+} 对 Ti^{4+} 的置换等，将导致四方 BaTiO$_3$ 轴率（c/a）的降低（见图 5-25，图 5-27 等）。所以这类固溶体的电致应变降低，极化伴生

的应力也较小，从而使以这类固溶体为主晶相的 $BaTiO_3$ 陶瓷的介电常数随外加电场强度的变化关系很显著，即陶瓷具有较高的非线性。可见影响铁电陶瓷非线性的主要因素是材料本身的结构。

表 5-6　几种强非线性陶瓷的性质

编号	组成	居里点 T_c/℃	T_c 下的介电常数	$N_\sim$	20℃下的介电性能			
					ε	ε_{max}	$E_{max}/(V/mm)$	$\tan\delta$
$BaTiO_3$	$BaTiO_3$	120	6000	—	1800~2200	2400		≤0.03
F-1	94%$BaTiO_3$+6%SnO_2		18000~20000	>	1700~2300	16000~20000	150~170	0.15~0.18
F-2	(F-1)+0.1%Cr_2O_3		18000~20000	15	2500~3000	45000~50000	100~120	0.05~0.1

能够使 $BaTiO_3$ 陶瓷介电常数的居里峰展宽的某些少量不等价加入物，例如 Nb_2O_5，Ta_2O_5，La_2O_3 和 CeO_2 等稀土氧化物，及 Fe_2O_3，Cr_2O_3 等，常使陶瓷材料的剩余极化和矫顽场（有关概念可参阅图 5-15 中的 P_r 和 E_c）显著降低，使电滞回线变得非常狭窄（见图 5-43），这类陶瓷的剩余应变小，但电致响应强，可以考虑采用这类加入物去探索具有强烈非线性的新铁电陶瓷材料。

陶瓷材料的晶粒愈大，极化伴生的应力也愈大，这对提高陶瓷材料的非线性是不利的。因此，应使陶瓷材料具有细晶结构，才能有效提高其非线性。上述不等价加入物在烧成后期往往具有显著的晶界分凝作用，能抑制晶界的移动，即抑制晶粒的生长，有利于细晶结构的形成。然而，这类加入物同时引入时，如果存在电价补偿作用，则加入物抑制晶粒生长的效果也将降低。

最后应该指出，对电压敏感的非线性钛酸钡铁电陶瓷，对温度的敏感性一般也很强，即温度的非线性也很强。此外，这类材料的老化也比较严重，其实际应用目前还存在较大障碍。对 $BaTiO_3$ 基铁电陶瓷的组成、结构和性质的研究涉及的内容非常丰富。目前 $BaTiO_3$ 基铁电陶瓷电容器介质的研究与开发仍然受到科技界和企业家的高度重视。

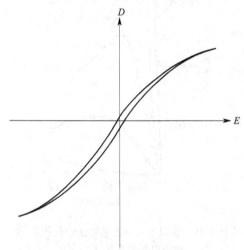

图 5-43　以 3%（摩尔分数）Nb 掺杂的
$BaTiO_3$ 陶瓷的电滞回线的尖端：
$64\mu C/cm^2$，$15kV/cm$

5.1.3　铁电陶瓷电容器的应用

Ⅱ类陶瓷介质（铁电陶瓷）的介电常数比Ⅰ类陶瓷介质的介电常数大很多，这是由于这类陶瓷介质存在自发极化的缘故。铁电陶瓷的极化强度与外电场呈强烈的非线性关系，则其介电常数也随外电场强度的改变而改变，即也呈强烈非线性相关。铁电陶瓷的介电常数与温度也有类似的关系。这与Ⅰ类陶瓷介质的介电常数与温度的关系呈线性关系是完全不同的。Ⅰ类陶瓷介质的介电常数与温度的关系可用介电常数的温度系数（或电容温度系数）来表达介电常数（或电容）随温度的变化特征，而且铁电陶瓷的介电常数（或电容量）随温度的变化非常急剧，因此，通常不能用介电常数的温度系数（或电容温度系数）的概念来表示其介电常数或电容量随温度变化的情况。铁电陶瓷介质的介电常数（或电容量）随温度变化的特性，通常采用在一定温度范围内的介电常数变化率或电容量变化率来表示如下：

$$\frac{\Delta\varepsilon}{\varepsilon}=\frac{\varepsilon_2-\varepsilon_1}{\varepsilon_1}\times100\%$$

$$\frac{\Delta C}{C} = \frac{C_2 - C_1}{C_1} \times 100\%$$

根据国家标准规定，式中 ε_2 和 C_2 分别表示温度为 $-55\,℃\pm5\,℃$、$-40\,℃\pm5\,℃$ 或 $+85\,℃\pm$ $5\,℃$、$+125\,℃\pm5\,℃$ 时，测试样品的介电常数和电容量；ε_1 和 C_1 分别表示温度为 $20\,℃\pm5\,℃$ 时，测试样品的介电常数和电容量。铁电陶瓷介质的电容量变化率一般随材料本身介电常数的增大而增大。瓷料组成不同，铁电陶瓷的电容量变化率一般在 $10\%\sim80\%$ 的范围内变动。铁电介质瓷的介质损耗很大，$\tan\delta$ 通常为 10^{-2} 数量级。电容器在交流电场中工作时，损耗功率（P）服从下列关系：

$$P = 2\pi U^2 f C \tan\delta$$

式中，U 为工作电压，V；f 为工作频率，Hz；C 为电容器的容量，F；P 为损耗功率，W。

对于铁电陶瓷电容器来说，由于陶瓷材料的介电常数高，与相同电容量的高频陶瓷电容器比较，电容器的体积可以作得较小。但是由于 $\tan\delta$ 高，因此不适于在高频电路中工作。否则损耗产生的热量将导致铁电电容器温升较高，使其不能正常工作。铁电陶瓷介质的介质损耗，通常在频率超过某一数值后，随频率的继续升高而急剧加大，故铁电陶瓷电容器一般适用于低频或直流电路。在使用铁电陶瓷电容器时，必须注意铁电陶瓷材料的老化特性，即铁电电容器的电容量随时间而降低以及随温度和电场而变化的特性。在高温与强直流作用下，需要注意作为电极材料的金属银（Ag）可能在该条件下发生银离子的迁移及由此引起的电性能的恶化。用于高压充放电电容器时，应考虑电容器的"反复击穿"特性，即在低于其耐电强度下，因反复充放电而破坏的特性。应该说明，以上的铁电陶瓷电容器的性能特点是一般的，其性能可以通过置换改性和掺杂改性得以改善。现有的铁电陶瓷介质瓷料，有适于作为小型大容量电容器的高介瓷料、适用于高压下的高压瓷料、电容量随温度变化较小的低变化率瓷料，以及预期能在中频范围内使用的低损耗瓷料等。目前，铁电陶瓷介质非常重要的研究课题是高性能，尤其是对"高耐压、低损耗、低变化率"的新型无铅化铁电陶瓷材料的探索。

5.1.4　$BaTiO_3$ 基介质瓷的配方

为了制得具有预期性能指标的陶瓷材料，配方是基础，生产工艺则是配套的重要条件。对于铁电陶瓷电容器的生产，也是如此。本节具体讨论几种铁电瓷料的配方，以及相应的生产工艺。

配方是根据使用要求拟定和研制出来的。通常希望铁电介质瓷具备下列性能：

① 在使用温度下或使用温度范围内，具有尽可能高的介电常数；

② 在适当的温度范围内（如 $-55\sim+85\,℃$），具有尽可能低的介电常数变化率或电容量变化率；

③ 具有尽可能高的耐电强度，这对用作高压铁电陶瓷电容器来说尤其重要；

④ 具有尽可能低的介质损耗，尤其对用于中高频条件下的陶瓷介质，对这一指标有较高的要求；

⑤ 陶瓷的介电常数或电容量随交、直流电场的变化尽可能减小；

⑥ 铁电陶瓷介质具有尽可能小的老化率。

这些指标是总的要求，完全实现几乎是不可能的，由于某些性能之间是相互制约的，只能从具体应用要求出发，突出一两项或几项指标，满足使用的要求。

下面以较突出某一种性能指标来分类介绍几种铁电介质瓷料的配方。

5.1.4.1　高介铁电瓷料

瓷介电容器的微、小型化要求瓷料具有尽可能高的介电常数。这一要求作为主要出发点考虑，一般在 $BaTiO_3$ 中引入适当的移峰加入物，把居里峰移至 15℃ 或 15～20℃，这些加入物不应呈现压峰效应，应使居里峰值有所提高。

国内最初研制的高介铁电瓷料为 $BaTiO_3$-$CaSnO_3$ 系瓷料，可用来制备小型大容量瓷介电容器。表 5-7 列出了该系统瓷料的两个代表性配方。

表 5-7 (Ba，Ca)(Ti，Sn)O_3 高介瓷料配方

瓷料编号	$BaTiO_3$	$CaSnO_3$	$MnCO_3$	ZnO	烧成温度/℃	备　注
NT(摩尔分数)/%	89.67	10.45	—	—	1360	$CaSnO$ 中加入 1.04%ZnO
T-11500(质量分数)/%	91.04	8.96	0.10	0.20	1360±20	

NT 料和 T-11500 瓷料的组成和性能均很相近。引入 $MnCO_3$、ZnO，有助于改善瓷料烧结，抑制晶粒生长，阻碍钛离子还原。

T-11500 瓷料的介电-温度特性如图 5-44 所示。可以看出，这种瓷料的居里峰在 20℃ 左右，其介质损耗在正温范围内随温度的升高而降低，在负温范围内则很高。这种瓷料的电容器在常温下虽然容量很大，但是容量变化率也很大，当温度为 -40℃ 或 +85℃ 时，电容器的电容量只有常温时的 10%～20%。

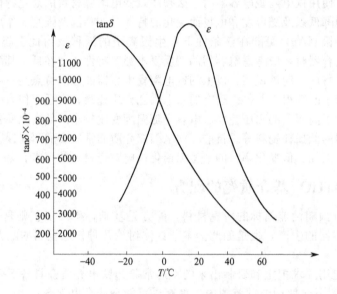

图 5-44　T-11500 瓷料的介电-温度曲线

用这种瓷料生产 10000pF 的小型瓷介电容器，瓷料的介电常数仍显太低。

某厂对进一步提高 $BaTiO_3$-$CaSnO_3$ 系瓷料的介电常数做了较深入的探索，发现在 $BaTiO_3$ 团块中引入少量 $SrTiO_3$，采用适当的工艺，介电常数可达到 20000 以上。改进后的代表性配方见表 5-8。

表 5-8　某厂的代表性配方

配方	$BaTiO_3$ 团块	$CaSnO_3$ 团块	WO_3	$MnCO_3$
质量分数/%	91.18	8.82	外加 0.5	外加 0.1

其中 $BaTiO_3$ 团块按 $BaCO_3$ 69.52%，TiO_2 28.579%，$SrCO_3$ 1.61% 配料合成；$CaSnO_3$ 团块按 $CaCO_3$ 39.51%，SnO_2 59.45%，ZnO 1.04% 配料合成。瓷料经加工成型后于 13#～14# 锥烧成，瓷料的介电常数 $\varepsilon \geqslant 20000$。

$BaTiO_3$-$CaSnO_3$ 系高介铁电瓷料的烧成温度偏高，其老化率一般也比较大，可进一步

改进。某厂典型的 $BaTiO_3$-$BaZnO_3$ 系高介瓷料配方为 T-15 及 T-20。其中 T-15 配方的配料比见表 5-9。

表 5-9　T-15 配方的配料比

配方	$BaTiO_3$	$BaZrO_3$	$CaTiO_3$	$CaZrO_3$	Al_2O_3	H_2WO_4	ZnO
质量分数/%	81	20	3	0.2	0.4	0.4	0.7

瓷料经 13$^\#$ 锥全倒烧成。T-20 配方的配料比见表 5-10。

表 5-10　T-20 配方的配料比

配方	$BaTiO_3$	$BaZrO_3$	H_2WO_4	ZnO	CeO
质量分数/%	85	16	0.5	0.4	0.1

瓷料经 12$^\#$～14$^\#$ 锥烧成，$\varepsilon \geqslant 20000$，$T_c \approx 15℃$，$-10$～$+70℃$ 之间的剩余容量 $\geqslant 20\%$。

随着瓷介电容器的微小型化，要求铁电陶瓷介质的介电常数达到 30000 以上。国内有些企业已研制出这类瓷料并用以制备出高介铁电陶瓷电容器。

5.1.4.2　低变化率铁电瓷料

如上节所述，$Bi_2(SnO_3)_3$ 对 $BaTiO_3$ 有非常强烈的压峰效果。所以，$BaTiO_3$-$Bi_2(SnO_3)_3$ 系瓷料可以用于低电容量变化率的铁电瓷料系统。纯 $BaTiO_3$-$Bi_2(SnO_3)_3$ 系瓷料的工艺条件与性能间的基本关系如图 5-36 所示。如果再配入少量 Nb_2O_5、ZnO、Sb_2O_3 等掺杂改性，可以获得性能更好的低变化率瓷料配方。

表 5-11 列出 $BaTiO_3$-$Bi_2(SnO_3)_3$ 系低变化率瓷料的两个实验配方，表 5-12 列出了这两个瓷料的介电性能。

表 5-11　$BaTiO_3$-$Bi_2(SnO_3)_3$ 系低变化率瓷料配方

瓷料编号	$BaTiO_3$/%	Bi_2O_3/%	SnO_2/%	Nb_2O_5/%	ZnO/%	瓷料烧成温度/℃
1	94.8	1.83	2.11	1.01	0.31	1370
2	94.8	1.83	2.11	1.01	0.62	1370

表 5-12　瓷料的介电性能

性能　编号	介电性能(20℃,1kHz)			介电常数变化率/%		耐电强度/(kV/mm)	85℃时的体积电阻率 $\rho_V/\Omega \cdot cm$
	介电常数 ε	介质损耗 $\tan\delta \times 10^{-4}$	体积电阻率 $\rho_V/\Omega \cdot cm$	$\dfrac{\varepsilon_{-55}-\varepsilon_{25}}{\varepsilon_{25}}$	$\dfrac{\varepsilon_{85}-\varepsilon_{25}}{\varepsilon_{25}}$		
1	2400	130	2×10^{12}	$+4.5$	-1.25	8～10.5	1.4×10^{12}
2	2100	150	1.5×10^{12}	-6.9	$+0.4$	8～15.7	1×10^{12}

在生产 $BaTiO_3$-$Bi_2(SnO_3)_3$ 系低变化率瓷料时，应该注意以下各点。

① $BaTiO_3$ 烧块的合成温度不宜过高，合成温度过高时，120℃附近仍可出现介电常数的峰值。

② 瓷料的烧成温度过高时，保温时间不宜过长，否则电容量变化率有可能增大。因为过高的烧成温度或过长的保温时间有利于下列反应：

$$BaTiO_3 + xBi_2(SnO_3)_3 \longrightarrow Ba(Ti,Sn)O_3 + xBi_2(TiO_3)_3$$

其中 $Bi_2(TiO_3)_3$ 的压峰效果远不如 $Bi_2(SnO_3)_3$ 强烈。其结果是瓷料的介电常数增大，电容量变化率增高。

③ 生产上可适当调整 $Bi_2(SnO_3)_3$（即 Bi_2O_3 和 SnO_2）的加入量。适当提高，有利于电容量变化率降低，但介电常数也会相应降低。从图 5-35 可以看出，在 $BaTiO_3$ 中引入少量 Fe_2O_3 可以产生明显的移峰和压峰效果。研究表明，在 $BaTiO_3$ 中同时引入少量 Fe_2O_3 和 ZnO，可以把瓷料的介电常数-温度曲线直至 100℃以前都可压得非常平坦，可用于生产低容

量变化率的铁电电容器。有关文献发表的两个典型配方见表 5-13。

表 5-13　两个典型配方　　　　　　　　　　　　单位：%

配方	BaTiO₃	Fe₂O₃	ZnO
1	100	2	2.4
2	100	1.5	0.7

两种配方具有相似的特点，即 $\varepsilon \geqslant 1500$，且从室温至 100℃ 以前几乎不随温度变化，室温至 100℃ 以前的介质损耗角正切值（$\tan\delta$）在 100×10^{-4} 以下，瓷体具有微细晶粒结构，且不显示一般铁电陶瓷的电滞回线特征。

掺杂 Fe_2O_3、Fe_2O_3 和 ZnO 所带来的显著压峰效应，可能是由于异价掺杂和粒度效应的双重作用所致。Fe^{3+}、Co^{3+} 和 Ni^{2+} 等加入物易于促进六方 $BaTiO_3$ 的形成，所以在制备含有 Fe_2O_3 等加入物的 $BaTiO_3$ 陶瓷时，最好能在较低的烧成温度下烧成，或者配方中同时引入能较有效地阻碍六方 $BaTiO_3$ 形成的其他离子，例如 Ca^{2+} 或 Sr^{2+} 等。

5.1.4.3　高压铁电瓷料

铁电陶瓷的耐电强度是高压铁电陶瓷的一个重要性能指标。讨论 $BaTiO_3$ 陶瓷的击穿时，改善铁电瓷耐电强度方面应予注意的几点，在制备高压铁电陶瓷电容器时也应高度重视。

$BaTiO_3$ 陶瓷在居里温度以上和居里温度以下具有不同的击穿特征：在居里温度以下，由于自发极化的存在，以及在强电场作用下电畴沿电场方向的取向，使陶瓷晶粒的晶界层上产生很强的空间电荷极化，最后导致晶界层首先击穿。在居里温度以上，由于晶粒内部不存在电畴，晶粒本身将存在空间电荷极化，往往导致晶粒本身首先击穿。但是，在居里温度以上时，要注意强电场的作用对居里温度造成的影响。有资料报道，1kV/cm 的电场强度约可使 $BaTiO_3$ 陶瓷的居里温度升高 0.8℃。按此资料估计，厚度 1mm 的陶瓷介质上若施加 10kV 电压时，可使居里温度提高约 80℃。所以，即使铁电陶瓷的居里温度低于试验温度（通常为室温），随着电场强度的升高，也有可能使本来处于顺电态的晶粒内部诱导出沿电场方向的定向电畴，从而导致边界层上产生强烈的空间电荷极化，因而可能使晶界层首先击穿。此外，对于高压铁电陶瓷电容器介质也需要注意的是：虽然施加的电场强度并未达到陶瓷介质的击穿强度，但是如果反复施加电场或电场方向经常反转，使晶粒中电畴方向随电场方向的交互变化发生相应的变化，必然伴随着应变和应力的交互产生，易于造成介质开裂，最后以击穿的形式表现出来。这种"击穿"是反复充放电引起的，通常称为"反复击穿"。这种"击穿"一般表现为介质首先开裂。

大量实验和结构分析表明提高 $BaTiO_3$ 陶瓷介质的耐电强度，改善铁电电容器击穿特性和反复击穿特性的基本途径有：选择合宜的组成；保证瓷体的细晶结构和足够高的致密度。

从组成方面考虑，Ba/Ti 是影响钛酸钡陶瓷耐电强度的重要因素，Ba 过量的瓷料有利于陶瓷的细晶结构，有利于耐电强度的提高。置换改性的 $(Ba_{1-x}Sr_x)TiO_3$ 陶瓷通常要比 $BaTiO_3$ 陶瓷的耐电强度好得多。在加入物方面，Mg^{2+} 是值得重视的加入物，Mg^{2+} 有强烈抑制 Ti^{3+} 出现的能力，也有利于陶瓷的细晶结构，因而 Mg^{2+} 通常对提高 $BaTiO_3$ 基陶瓷介质的耐电强度有比较显著的效果。此外，MnO_2（或 $MnCO_3$）和 ZnO 等对改善 $BaTiO_3$ 基陶瓷的烧结和组织结构、提高陶瓷的耐电强度显示出很好的效果。应该注意的是铁电瓷在电场的作用下发生强烈的电致应变时伴生的应力，往往导致陶瓷材料开裂、破坏，是击穿的内因。用于高压充放电和高压交流电场中使用的铁电陶瓷电容器对这种应力带来的问题比较突出。为了使铁电瓷介质能适用于这种使用的条件，通常首先考虑瓷料的配方：把瓷料的居里温度移至很低的负温，避免在高压交变电场作用下，产生明显的居里温度变化、电致应变和应力，消除或尽量削弱这种应变应力带来的危害。

在讨论 $BaTiO_3$ 陶瓷的击穿时，已强调了瓷体的细晶结构和足够高的致密度对于高压陶瓷介质的重要性。为保证瓷体的细晶结构和足够高的致密度，通常采用加入物，特别是某些受主掺杂往往可以有效地改善烧结、提高致密度，使瓷体具有细晶结构，从而提高了瓷体的耐电强度。下面介绍几种高压铁电瓷料的配方。

（1）$BaTiO_3$-$CaZrO_3$-Bi_3NbZrO_9 系瓷料 该系统铁电瓷料的典型配方见表 5-14。

表 5-14 $BaTiO_3$-$CaZrO_3$-Bi_3NbZrO_9 系瓷料的典型配方

组成	$BaTiO_3$	$CaZrO_3$	Bi_3NbZrO_9	ZnO	$MnCO_3$	CeO_2
含量/%	90	4	3	1.2	$0.1\sim0.2$	$0.2\sim0.4$

配料中 $BaTiO_3$ 烧块的合成温度为 $1250℃$，$CaZrO_3$ 烧块为 $1270℃$，而 Bi_3NbZrO_9 烧块的合成温度为 $900\sim960℃$。瓷料的烧结范围较宽，一般在 SK10 全倒至 SK13 $\frac{1}{3}$ 的火锥范围内均可烧结，制得组织致密和性能良好的陶瓷产品。

$BaTiO_3$-$CaZrO_3$-Bi_3NbZrO_9 系瓷料的介电常数为 6000 左右，$\tan\delta\leqslant100\times10^{-4}$，$\rho_V\geqslant1\times10^{11}\Omega\cdot cm$，耐电强度 $\geqslant8kV/mm$，$-55\sim+85℃$ 的电容量变化率为 $\Delta C/C\leqslant\pm50\%$。瓷料的居里温度通常在 $-10\sim-20℃$。该铁电瓷料得到了广泛应用。但实验表明，这种瓷料生产的铁电陶瓷介质具有明显的"反复击穿"特征。当对陶瓷介质进行反复高压测试时，往往出现介质的开裂和"击穿"。初步分析：瓷料在强电场下产生的电致应变应力是导致介质"反复击穿"的内因，以 Bi_3NbZrO_9 为结合相的这种铁电瓷料的弹性性质差，则是出现"反复击穿"的重要条件。这方面的研究工作，不断有新的进展。

（2）$BaTiO_3$-$BaSnO_3$ 系瓷料 陶瓷材料具有细晶结构是生产高压铁电瓷料和解决高压铁电瓷料"反复击穿"问题应充分注意的关键。在电场的作用下，陶瓷材料内部产生的应力大小与晶粒大小成正比，晶粒愈小，强电场作用下产生的电致应变应力也愈小，而细晶结构对提高陶瓷材料的强度是非常有益的。以 ZnO 作为加入物的 $Ba(Ti_{1-x}Sn_x)O_3$ 系瓷料是一种晶粒细小而均匀的铁电瓷料，瓷料具有较高的耐电强度，可考虑用作制备高压铁电瓷介电容器。

表 5-15 列出 $BaTiO_3$-$BaSnO_3$ 系瓷料的代表性配方，表 5-16 则列举了相应配方的介电性能。

表 5-15 $Ba(Ti_{1-x}Sn_x)O_3$ 系瓷料配方

编号	$BaTiO_3:BaSnO_3$（摩尔比）	$BaCO_3$/%	TiO_2/%	SnO_2/%	白黏土/%	ZnO/%	BaO/%
1	91:9	48.91	18.42	2.73	0.5	0.84	0.45
2	90:10	48.79	18.22	3.05	0.5	0.84	0.45
3	86:14	48.37	17.41	4.28	0.5	0.84	0.45
4	85:15	48.27	17.21	4.59	0.5	0.84	0.45

表 5-16 瓷料的介电性能

性能 编号	25℃,1kHz 下的性能			试样 85℃ 下的绝缘电阻/Ω	$\Delta C/C$/%		$E_{击穿}$/(kV/mm)	烧成温度（保温 1h）/℃
	ε	$\tan\delta\times10^{-4}$	$R_{绝缘}$/Ω		$\dfrac{\varepsilon_{-55}-\varepsilon_{25}}{\varepsilon_{25}}$/%	$\dfrac{\varepsilon_{85}-\varepsilon_{25}}{\varepsilon_{25}}$/%		
1	6000	<50	3×10^{11}	7×10^{10}	−45.2	+1.64	14	$1360\sim1400$
2	6500	<50	3×10^{11}	5×10^{10}	−73	−10.7	12.4	$1360\sim1400$
3	7000	<50	4×10^{11}	5×10^{10}	−58.1	−58.8	11.7	$1360\sim1400$
4	5500	<50	4×10^{11}	8×10^{10}	−31.4	−55.7	12.0	$1360\sim1400$

图 5-45 示出了表 5-15 中 1 和 2 配方的 ε-温度曲线和 $\tan\delta$-温度曲线，图 5-46 示出了表 5-15 中 3 和 4 配方的 ε-温度曲线和 $\tan\delta$-温度曲线。在组成中，$BaSnO_3$ 是主要的移峰加入物。在所列的配方中，$BaSnO_3$ 的含量在 10%（摩尔分数）以下时，居里温度还高于室

温。瓷料中的白黏土在烧成温度下与游离 BaO 等形成易熔物，促进烧结并提高陶瓷的致密度。游离 BaO 的加入量在 $0.5\% \sim 3\%$（摩尔分数）时具有提高介质耐电强度的作用。黏土的用量一般在 $0.5\% \sim 1\%$（摩尔分数）之间，超过 1% 则压峰作用过于强烈，不利于保证瓷料有足够高的介电常数。游离 BaO 的含量若超过 3% 也使瓷料的介电常数大幅度下降。瓷料中 ZnO 的引入能使瓷体具有均匀而细小的晶粒组织结构；若加入 ZnO 的同时引入少量 $MnCO_3$，其效果更好；若瓷料中引入 $1\% \sim 2\%$ 的 Mg_2TiO_4，可提高瓷料的电阻率和耐电强度，但介电常数会降低。试验结果表明，与 $BaTiO_3$-$CaZrO_3$-Bi_3NbZrO_9 系瓷料比较，$Ba(Ti_{1-x}Sn_x)O_3$ 系瓷料的耐"反复击穿"特性有一定程度的改善，但瓷料的电容量变化率偏高。根据对实验结果的分析，$BaTiO_3$-$CaZrO_3$-Bi_3NbZrO_9 系和 $BaTiO_3$-$BaSnO_3$ 系高压介铁电瓷料，在强电场的作用下将产生较大的电致伸缩应力，如果在强交流电场的作用下，电致伸缩力所带来的危害相当严重。为了适应高压交流电场的使用条件，可考虑采用 $(Sr_{1-x}Mg_x)TiO_3$-$Bi_2O_3 \cdot nTiO_2$ 系或 $(Sr_{1-x}Ba_x)TiO_3$-$Bi_2O_3 \cdot nTiO_2$ 系高压铁电瓷料制备高压交流铁电电容器。

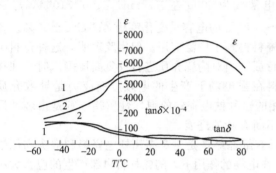

图 5-45 1，2 号瓷料的介电-温度曲线　　　图 5-46 3，4 号瓷料的 ε，$\tan\delta$ 与温度的关系

(3) $(Sr_{1-x}Mg_x)TiO_3$-$Bi_2O_3 \cdot nTiO_2$ 系和 $(Sr_{1-x}Ba_x)TiO_3$-$Bi_2O_3 \cdot nTiO_2$ 系瓷料　这类瓷料的特点是居里温度一般降到 $-30℃$ 以下，由于在室温及较宽的使用温度范围内该类陶瓷都处于顺电态，因而不具有一般铁电陶瓷的比较强烈的电致应变和应力，其介电常数一般随场强的变化较小。

表 5-17 列出了 $SrTiO_3$-$Bi_2O_3 \cdot nTiO_2$ 系、$(Sr_{1-x}Mg_x)TiO_3$-$Bi_2O_3 \cdot nTiO_2$ 系和 $(Sr_{1-x}Ba_x)TiO_3$-$Bi_2O_3 \cdot nTiO_2$ 系瓷料的基本性能。

表 5-17　$(Sr_{1-x}M_x^{2+})TiO_3$-$Bi_2O_3 \cdot nTiO_2$ 系瓷料的基本性能

编号	组　　成	ε (25℃, 1kHz)	$\tan\delta$ (25℃, 1kHz)	居里点 $T_c/℃$	交流耐电强度 /(kV/mm)
1	$SrTiO_3$-$Bi_2O_3 \cdot nTiO_2$	$800 \sim 1000$	$0.02\% \sim 1.0\%$	-50 以下	$6 \sim 6.5$
2	$(Sr_{1-x}Mg_x)TiO_3$-$Bi_2O_3 \cdot nTiO_2$	$1000 \sim 1250$	$0.02\% \sim 0.05\%$	-30 以下	$6 \sim 7.0$
3	$(Sr_{1-x}Ba_x)TiO_3$-$Bi_2O_3 \cdot nTiO_2$	$1400 \sim 3000$	$0.05\% \sim 0.08\%$	-60 以下	$6 \sim 6.5$

表中所列 $(Sr_{1-x}M_x)TiO_3$-$Bi_2O_3 \cdot nTiO_2$ 系瓷料，由于居里温度在 $-30℃$ 以下，通常该陶瓷介质的晶相处于顺电态，$\tan\delta < 10 \times 10^{-4}$，是这类瓷料的突出特点。

5.1.4.4　低损耗铁电瓷料

一种钛锶铋瓷料属于低损耗铁电瓷料。由于该瓷料的介电常数较低（$\varepsilon = 900$），不能适应电容器小型化的要求，因而在此基础上经探索和研究，一些新型瓷料不断出现，例如 ε 达到 1500 左右或更高，$\tan\delta < 25 \times 10^{-4}$，电容量变化率 $< \pm 35\%$（$-55 \sim +85℃$）。为了适应高压电容器的需要，要求新瓷料具有较高的耐电强度，如击穿场为 8kV/mm 以上。

$(Sr_{1-x}M_x)TiO_3$-$Bi_2O_3 \cdot nTiO_2$ 系瓷料也是低损耗的高压电容器瓷料，进一步提高瓷料的性能是目前研究的重点之一。如果对 $BaTiO_3$ 进行较大的移峰，把铁电瓷料的居里温度移至 $-30℃$ 以下，则瓷料在非常宽的温度范围内处于顺电态，同时瓷体具有细密的组织结构，都可能较大程度上降低瓷体的介质损耗。例如，低损耗铁电陶瓷材料的某配方见表 5-18。

表 5-18 低损耗铁电陶瓷材料的配方

配方	$BaTiO_3$	$BaZrO_3$	$CaZrO_3$	$CaZrSiO_3$	CeO	ZnO	$Bi_2O_3 \cdot TiO_2$
含量/%	78.3	18.5	8.7	0.5	0.8	1	1

该瓷料经 SK15 $\frac{1}{2}$ 火锥烧成后瓷体的介电性能见表 5-19。

表 5-19 烧成后瓷体的介电性能

性能	ε	$\tan\delta$	绝缘电阻	E(击穿)	$\Delta C/C$	T_c
指标	1640~1780	$(10.2~11.6)\times10^{-4}$	$1\times10^{11}\Omega$	$\geq8kV/mm$	$\leqslant+3.5\%$	$<-55℃$

5.1.5 铁电电容器陶瓷的生产工艺

铁电电容器陶瓷生产中的重点工序、工艺原理和主要生产要点讨论如下。

5.1.5.1 团块的合成

在 $BaTiO_3$ 基铁电陶瓷的生产中，往往需要预先合成各种类型的团块或烧块。$BaTiO_3$ 团块是需要预先合成的基本团块。图 5-47 为 BaO-TiO_2 系相图，该相图对于 $BaTiO_3$ 团块的合成和 $BaTiO_3$ 陶瓷的烧成都具有重要的参考意义。图 5-48 则为等摩尔 $BaCO_3$ 和 TiO_2 粉末〔外加 2%（质量分数）黏土和 0.2%（质量分数）MnO_2〕团块，以 300℃/h 的升温速率加热时观测到的物理化学过程。大致分为四个阶段。

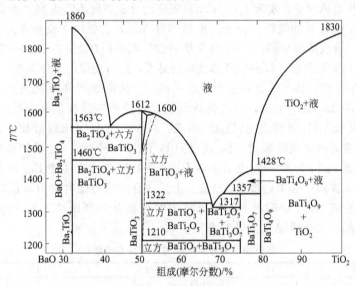

图 5-47 BaO-TiO_2 系相图（1953）

(1) 热膨胀阶段 从室温到 700℃ 之间为团块受热膨胀，化学反应尚未产生。

(2) 固相反应阶段 700~1100℃，$BaCO_3$ 与 TiO_2 进行固相反应，生成 $BaTiO_3$ 并析出 CO_2。随着反应的进行，团块的容重降低，也呈现相应的膨胀。

(3) 收缩阶段 1100~1360℃，团块强烈收缩，并伴随容重的急剧增大。

(4) 晶粒大小阶段 1200~1250℃ 以后，晶粒即开始呈现明显的生长。

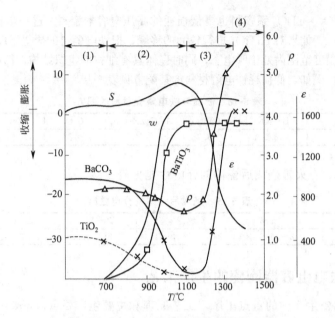

图 5-48　$BaTiO_3$ 合成时的物理化学过程

（1）热膨胀阶段；（2）固相反应阶段；（3）收缩阶段；（4）晶粒长大阶段；

S—膨胀或收缩，%；w—失重；ρ—密度，g/cm^3；ε—介电常数

上述过程是在加有黏土和 MnO_2 作为矿化剂的情况下，$BaTiO_3$ 的合成过程。未加矿化剂的 $BaTiO_3$ 团块的合成过程，基本与上述过程相似，只是各阶段的开始温度相应高一些。上述过程中的（3）、（4）阶段，表现了 $BaTiO_3$ 团块的烧结过程及相关现象，有关问题结合 $BaTiO_3$ 瓷料的烧成时，再具体讨论。实际上，$BaTiO_3$ 团块的合成温度不宜太高，太高时，团块较硬，不易粉碎，也会影响瓷料的烧结。合成温度也不宜太低，太低时，反应不完全，而且游离的 BaO 对成型不利。合成团块中游离 BaO 的含量一般要求控制在 1% 以下。一般合成 $BaTiO_3$ 团块的温度控制在 1250℃ 左右，可根据具体瓷料的要求，进行相应的具体调整。

在合成 $BaTiO_3$ 时，Ba/Ti 也是值得考虑的问题。从图 5-47 的相图可知，当 Ba 过量时，除 $BaTiO_3$ 外将有 Ba_2TiO_3 生成，这时物体开始出现液相的温度很高，反应不易进行完全。当 Ti 过量时，除 $BaTiO_3$ 外将有 $BaTi_2O_5$ 生成，在 1322℃ 即可出现液相，合成反应较易进行完全。所以尽管对具体瓷料来说，Ba 过量的 $BaTiO_3$ 陶瓷较 Ti 过量的晶粒要小，耐电强度要高，但在合成 $BaTiO_3$ 时一般也不采取 Ba 过量的配料，往往使 Ba/Ti 低一点，以利合成反应充分进行。瓷料中如果需要 Ba 过量，也只在合成后再配料时引入适量的 $BaCO_3$ 来实现。实际生产中合成 $BaTiO_3$ 时所采用的配料比例一般为 71% $BaCO_3$ 和 29% TiO_2。表 5-20 为几种合成料的配比和合成温度（供参考）。

表 5-20　某些合成料的配比和合成温度

合成料名称	合成料的配料组成/%	合成温度/℃
$BaTiO_3$	$BaCO_3$ 71，TiO_2 29	1250
$BaSnO_3$	$BaCO_3$ 56.7，SnO_2 43.3	1250
$CaSnO_3$	$CaCO_3$ 39.51，SnO_2 59.45，ZnO1.04	1330
$BaZrO_3$	$BaCO_3$ 61.3，ZrO_2 38.7	1350
$CaZrO_3$	$CaCO_3$ 45，ZrO_2 55	1270
$CaTiO_3$	$CaCO_3$ 55.6，TiO_2 44.4	1300
$SrTiO_3$-$Bi_{2/3}TiO_3$	$SrCO_3$ 54.7，TiO_2 34.8，Bi_2O_3 10.5	1250
Mg_2TiO_4	$(MgCO_3)_4Mg(OH)_2 \cdot 5H_2O$ 70.8，TiO_2 29.2	1410
$MgTiO_3$	$MgCO_3$ 54.8，TiO_2 45.2	1330

5.1.5.2 备料和成型

根据瓷料的工艺、性能和瓷件的形状要求，可以采用挤制、干压、轧膜和流延等多种成型方法。国内目前对管状产品一般多采用挤制法成型；对于厚度在 0.8mm 以上的片形或板形产品多采用干压法成型，对于厚度在 0.8mm 以下的圆片电容器或独石电容器瓷膜，则采用轧膜成型或流延制膜工艺。

粉碎混合均匀的瓷料需加入黏结剂或增塑剂再进行成型。不同的成型方法选用的黏结剂或增塑剂也不同。挤制成型的瓷料可用糊精、桐油、甲基纤维素和聚乙烯醇作黏结剂。干压成型的瓷料，可以用聚乙烯醇作黏结剂，也可以用石蜡和油酸的混合物作黏结剂。轧膜成型目前广泛采用聚乙烯醇作瓷料的黏结剂，而流延制膜工艺中采用的主要黏结剂有聚乙烯醇和聚乙烯醇缩丁醛等。

干压成型用的粉料一般需要经过预先造粒，因为分散度很高的粉料比表面大，堆积密度小，直接干压成型时，不易保证干压坯体具有较高的初始密度，粉料中也容易吸附和裹进空气，使加压成型时弹性后效作用显著，易导致加压时坯体中残留有气孔和发生层裂。造粒可以提高坯体的密度，减免成型坯体的层裂和残留气孔，改善成型质量。

目前铁电电容器瓷料的生产中，常采用的造粒方法为加压造粒法和喷雾造粒法。加压造粒是将加有黏结剂、混合好的粉料先预压成块，再将压块粉碎过筛。其优点是，造粒后的瓷料密度大，能满足各种大型和异型制品的成型要求，使坯体具有较高的成型密度。压制压块的压力可取 18.0MPa，压块经粉碎后可过 40 目筛备用，预压压力的高低和过筛网目的大小可根据成型产品的大小和要求进行适当的调整。加压造粒法灵活性较大，但操作麻烦，效率较低，劳动强度较高，较难于适应大批量生产的需要。喷雾造粒法生产效率高，劳动强度低，能满足大批量生产的需要。其工艺流程大致为：把球磨湿粉碎的浓度 40%～60% 的料浆放入有桨叶搅拌的筒内。料浆中加入黏结剂（聚乙烯醇 3.5%～4.5%，甲基纤维素 0.5%）和脱泡剂（蓖麻油 0.3%），加入量可根据具体情况作适当调整（以瓷料干粉量的百分比计算）。黏结剂需先配制一定浓度的溶液。聚乙烯醇与水的配比＝(7～10)：100 在专用槽中调制，把水加热至 100℃，使聚乙烯醇全部溶解，搅拌均匀；或将配合料在水浴条件下搅拌使聚乙烯醇全部溶解均匀。甲基纤维素溶液配制的浓度为 3%～5%。黏结剂溶液经过滤后送入存放料浆的搅拌筒内进行搅拌，使料浆与黏结剂充分搅拌均匀。对料浆和黏结剂进行搅拌时会裹入气泡，必须加入适量的脱泡剂，如蓖麻油等。经搅拌均匀并充分脱泡的料浆即可用高压泵打至喷雾造粒机进行喷雾造粒。

喷雾造粒机分为并流式、逆流式及各种复合流动式多种类型。图 5-49 为并流式喷雾造粒机的结构和操作示意图。把混合均匀并脱泡的料浆用高压泵打入喷雾造粒机，在造粒机内料浆经喷嘴，依靠料浆本身很高的压头，呈旋转性很强的高速素流运动喷出，从造粒机的顶部呈雾状液滴下落。该料浆液滴在下落过程中经同时鼓入的热空气（加热到 160℃ 左右）的作用，雾滴干燥成细小颗粒。气流中的细小颗粒经二级旋风分离器分离并经振动筛分级备用。

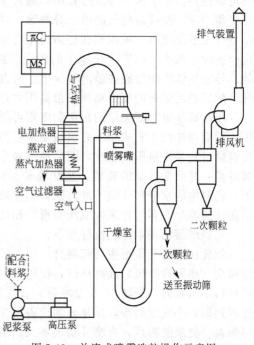

图 5-49 并流式喷雾造粒操作示意图

颗粒一般可分为 60 目以上、60～100 目、100～250 目、250 目以下四级，后两级颗粒量最多。造粒料的水分含量一般为 3%～5%。

采用喷雾干燥法造粒，颗粒均呈比较理想的圆球状。造粒过程是从雾滴开始的，由于表面张力的作用雾滴收缩成球形。这种球形颗粒滚动性良好，有利于充满模腔，提高成型密度，使成型坯体的几何尺寸一致性好。造粒料的颗粒大小分布与料浆的含水量、黏度、喷嘴压力、热空气温度以及风压等因素有关，操作时可根据生产要求加以调整。

根据产品的大小、形状可选择适当粒度配比的造粒料进行干压成型。在功能陶瓷的生产中，圆片形、板形和形状不复杂的板片状制品以及形状大一些的柱状或圆筒形产品常采用干压法成型。干压成型的优点是：操作简单、生产效率高、操作费用少、坯体尺寸比较精确。缺点是设备投资大，模具的制备比较复杂。常用的成型设备有自动液压机、杠杆压机等。干压成型时，由于加压方式不同，模具的设计也不同。加压方式分为单面加压和双面加压。单面加压的模具比较简单，但压制后坯体的致密度不够均匀，靠近上冲模瓷坯部位致密度高一些，远离上冲模部位的致密度就较低。双面加压在一定程度上可减轻这种瓷坯致密度的不均匀，但模具的构造比较复杂。

当压制圆柱形或圆筒形坯体时，压力分布的不均匀使坯体致密度不均匀比较突出。因为当干压瓷料沿模壁移动时会遇到较大的摩擦阻力，因而使下传的压力愈来愈小，坯体的高度愈大，这种压力分布的不均匀也愈显著。为了减少干压瓷料与模壁间的摩擦阻力，可以在模壁上涂些润滑剂。常用的润滑剂有煤油、油酸、变压器油、硬脂酸混合油、菜籽油等。干压时压力分布不均匀，必然导致干压坯体各部位密度或气孔率不同，而坯体的高度与直径比愈大，坯体不均匀程度也愈大。坯体密度和气孔率不均匀程度在成型后的表面上不易观测到。烧成过程中，因坯体密度和气孔率不均匀分布使坯体收缩不同，将导致瓷体的变形和开裂。由于双面加压可以在一定程度上减少坯体密度和孔隙率的不均匀性，因而在成型尺寸较高的陶瓷制品时多采用双面加压。在功能陶瓷的生产中，干压成型的压力一般为 60.0～100.0MPa。开始加压时，因为粉料松散，颗粒移动时造粒粉料中的空气较易排除，加压速率可以快些。在干压成型的过程中，随着造粒料颗粒的相互接触，空气排出的通道减少，加压必须减缓，使残余空气能够充分排除，尽量减小成型坯件的气孔率。若加压过快，部分残余空气来不及排出，被压缩在坯体内压力分布较低、瓷坯密度较小的部位，当成型结束时，由于去除了压力，存留在坯体中的残余压缩空气就会立即膨胀，使坯体呈现明显的弹性后效，导致坯体产生层裂或鼓泡等缺陷。所以对于较大尺寸的瓷件，一般开始加压的压力要稍低，然后再用较高的压力加压至最高压力并稍保持该压力一段时间，再结束加压。

小型圆片电容器坯体的加压制度则可简单些。一些较薄的圆片形电容器陶瓷也可先用轧膜，然后冲片的工艺成型。轧膜成型是将与黏结剂（一般为聚乙烯醇溶液）混合均匀的黏性瓷料通过轧膜机挤压成膜片，而后通过冲片得到所需形状和尺寸的坯体。轧膜机的主要工作部件是一对反向转动的轧辊，当轧辊转动时，处于轧辊之间的黏性瓷料在不断的挤压作用下，瓷料中的水分和气泡不断排除，膜片被逐渐轧匀、轧密、轧光，轧成具有预期厚度的光洁密实的膜片，再用冲床冲成所需形状和尺寸的电容器成型坯体。

轧膜成型的基本工艺流程如下。

粗轧在开始阶段也主要起混炼作用，可根据实际情况（例如温度和湿度条件等）灵活使用风扇（热风或冷风）或红外灯，使瓷料中的水分逐渐蒸发掉，直至不粘辊为止。将混炼好的坯料不断倒向（旋转）反复卷折，放入轧辊间继续进行粗轧，以利各方向密度均匀一致。然后逐渐调小轧辊间距，反复轧制成表面光洁、密度均匀、无气泡和针孔存在、软硬适宜、厚薄符合要求的膜片，再将其切成坯条供精轧使用。精轧前一般需将坯条在烘箱内烘一下，然后逐渐调小精轧机上轧辊间距，轧成具有预期厚度的膜片，供冲片使用。

聚乙烯醇（PVA）是广泛采用的轧膜黏结剂。PVA为白色粉状或丛毛状有机高分子晶体，可溶于水、甘油、乙醇等。聚乙烯醇的结构式为 $(—CH_2—CH—)_n$，n 为聚合度，表示单
$$\overset{|}{OH}$$
体或链节的数目。可由下式求出：

$$n=\frac{M}{B}$$

式中，M 为高分子化合物聚乙烯醇的相对分子质量；B 为高分子化合物聚乙烯醇单体的相对分子质量。

用于功能陶瓷轧膜工艺的聚乙烯醇的聚合度一般为 $1400\sim1700$。聚合度过大，瓷膜弹性过强，折叠轧制时，膜片间不易黏合成整体，聚合度过小，黏结性降低，坯体的强度降低，脆性增大。因此，聚乙烯醇的聚合度过大或过小都对轧制致密度良好的膜片不利。

聚醋酸乙烯酯醇解或水解得到聚乙烯醇，乙烯链上的（$CH_3CO—$）基团一般并未完全被羟基所取代，即并未完全醇解或水解。醇解度低的聚乙烯醇不溶于水，不适于作轧膜用的黏结剂。通常轧膜用的聚乙烯醇，醇解度在 $80\%\sim90\%$，这种醇解度较高的聚乙烯醇可溶于水，溶液的黏度较小，结合性能良好，符合轧膜的需要。聚乙烯醇中的碱含量应予控制，因为碱含量直接使聚乙烯醇的聚合度降低，因此瓷粉呈酸性或中性时采用聚乙烯醇作黏结剂的效果较好。当瓷粉呈明显的碱性时，用聚醋酸乙烯酯作黏结剂为好。用聚乙烯醇作轧膜用的胶合剂时，一般还引入少量甘油作增塑剂，并用水作溶剂调配胶合剂溶液。铁电电容器瓷料轧膜用的胶合剂配比和用量见表5-21。

表 5-21　铁电电容器瓷料轧膜用的胶合剂配比和用量

成分	瓷粉	聚乙烯醇干粉	甘油	蒸馏水
含量/%	100	4.17～5.25	3～5	20.8～30.0

采用轧膜法成型时，使用的瓷粉应符合以下要求。

① 瓷粉中碱性游离氧化物的含量宜控制在1%以下。因为碱性物质可与聚乙烯醇及甘油作用，使其失去黏结性而导致轧膜料发散，呈渣状，不能轧制成膜片。实践表明，瓷料接近中性或呈弱酸性时比较适于聚乙烯醇作为黏结剂时的轧膜。瓷料中碱性游离氧化物的含量多少与瓷料合成温度的高低有关，在合成团块时应注意避免配料比中碱土类金属氧化物过量，并保证配料的细度和混合均匀。当遇有瓷料呈碱性使轧膜成型难于进行时，可加入少量桃胶类的保护胶体，以及相应降低胶合剂中甘油的含量，可提高轧膜料的成型性能。

② 瓷粉应足够细且不含较粗的颗粒。因为瓷坯膜本身较薄，只有在瓷粉很细时才能保证轧膜的密度，粗大颗粒往往导致瓷膜上出现针孔等缺陷而影响成型质量。生产上瓷粉的细度应经常用万孔筛进行测定，瓷粉在万孔筛上的筛余应控制在1%以下。

③ 瓷粉在轧膜前应先进行烘干。瓷料潮湿时，不好轧膜，往往使瓷膜内产生很多气泡。用于轧膜的瓷粉水分含量一般应控制在0.2%以下。

流延成型是比较先进的电容器陶瓷膜片的制备工艺，可以制备几十微米厚度的薄膜片。独石陶瓷电容器的生产上已广泛采用这种流延成型的制膜工艺。

也有采用挤制法制备厚度为 $0.12\sim0.6mm$ 的瓷料坯体，干燥后再冲制电容器的瓷坯。这种成型方法的设备简单、生产效率高、便于大批量连续化生产。采用挤制法成型时，必须在瓷粉料中加入胶合剂。下列为一种胶合剂配比，供参考：

羟丙基甲基纤维素为黏合剂 $13\%\sim17\%$；

甘油作增塑剂 $4\%\sim10\%$；

蒸馏水或自来水作溶剂 $77\%\sim79\%$。

粉料与胶合剂的配比一般控制为100：20。

5.1.5.3　排胶和烧成

轧膜瓷坯和流延瓷坯在烧成前都要经过排胶（即排胶合剂），以石蜡作结合剂的大型瓷坯一般也要经过排蜡，再进行烧成。排胶或排蜡温度应选择适当，使结合剂比较充分地排除。同时也应使瓷坯具有一定的机械强度。

图 5-50 为一种 $BaTiO_3$ 瓷料（煅烧过的 $BaCO_3 \cdot TiO_2 + 2\%$ 黏土 $+ 0.3\% MnCO_3$ 瓷料）分别加 1% 和 10%（质量分数）的聚乙烯醇结合剂，经 200.0MPa 压力成型，80℃下干燥16h，而后在图标各温度下保温 30min，冷却至室温后测得试样的抗折强度。结果表明，400℃排胶后的强度最低，800～1000℃排胶后的 $BaTiO_3$ 瓷坯已具有一定的机械强度，1000℃以上强度急剧增长，如 60.0～70.0MPa。图 5-51 为上述瓷料加聚乙烯醇黏结剂压制试样的胶合剂分解率与排胶温度的关系。不同的配料和使用不同的胶合剂时，压制试样的胶合剂分解率与排胶温度的关系也不同，这是应该注意的。

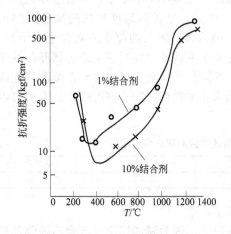

图 5-50　坯体抗折强度与
排胶温度的关系

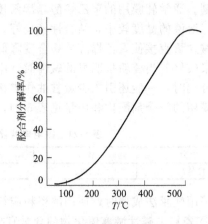

图 5-51　坯体胶合剂的分解率
与排胶温度的关系

功能陶瓷的生产过程中，烧成是关键的工艺之一，即对实现瓷料预期性能起着直接的关键作用。为了能正确地掌握烧成工艺，应该对瓷料在烧成中的物理化学变化过程有基本了解。陶瓷坯体经过高温工艺处理，经常进行烧结、晶粒生长、溶质脱溶或晶界分凝等过程，而在烧结后期有时也可能产生二次再结晶，即某些晶粒发生突然过分长大的过程。烧结是瓷料烧成中的一个基本过程，其他则是与烧结交织在一起的相关过程。下面结合 $BaTiO_3$ 陶瓷的烧成，讨论陶瓷的烧结及相关过程。

（1）烧结　烧结通常分固相烧结和液相参加的烧结，后者也称为固-液相烧结。$BaTiO_3$ 瓷料经成型后，坯体通常含有百分之几十的气孔。可以设想，当坯体的水分和结合剂排除之后，颗粒与颗粒之间开始实现的接触，大致都表现为点接触。烧成过程中，在高温的作用下，坯体的颗粒与颗粒之间的接触也因表面张力的作用由点接触变为面接触并逐渐增大，最后形成晶界。同时，坯体中的气孔也逐渐发生形状的变化，从彼此贯通的气孔变成各自孤立的气孔，从开口气孔变成闭口气孔，并逐渐地从坯体中排除掉。烧结对于陶瓷坯体在宏观上的变化则表现为：气孔的排出、体积的收缩、强度和致密度的提高，并使瓷料发生物理和化学变化成为具有一定性能的瓷体。

成型的坯体是一个由瓷料细颗粒构成的集合体，具有巨大的自由表面和表面自由能。在烧结过程中，随着颗粒间接触面积的加大和气孔的排除，坯体中的自由表面积逐渐减少，整个物系的自由能也逐渐降低。固相烧结的基本动力是表面张力或表面自由能。细分散的物料具有很高的表面自由能，因而具有很高的烧结活性，瓷料的分散度愈大其烧结活性也愈高。在固相烧结的后期，一些气孔成为彼此孤立的闭口气孔，这些闭口气孔开始多存在于晶界上，而后通过晶界扩散排除掉。也有些缺陷，包括一些气孔，可以存在于晶粒内部，它们首先从晶粒内部扩散到晶界，再通过晶界扩散消除或排除。在氧化物陶瓷（包括 $BaTiO_3$ 陶瓷）中，氧是晶格结点上的结构基元，在通 O_2 烧结的条件下，烧结后期闭口气孔中的氧气可以通过晶体和晶界比较顺利地排除掉。所以，通氧烧结有利于闭口气孔的充分排除，有助于制备充分致密的瓷体。一些可以溶解于氧化物中的扩散性气体，例如氢气和水蒸气等，一般也可以通过溶解和扩散过程从晶粒和晶界顺利地排除掉，有助于陶瓷烧结体致密度的提高。应该注意的是，一般铁电电容器陶瓷应避免在还原性气氛下进行烧成，以防止出现钛等一类可变价离子的还原问题发生，即避免引起 Ti^{3+} 等低价离子出现。但在半导体陶瓷电容器的生产中，则经常采用还原性气氛进行烧成，以实现陶瓷中晶粒的半导化（在半导体陶瓷介质一节中予以介绍）。

从物质的迁移机理考虑，固相烧结有许多理论，本书从略。多数铁电电容器瓷料在烧成温度下，往往都有一定数量的液相参加。下面就铁电电容器陶瓷介质的固-液相烧结进行简单的讨论。Kingery 等认为有液相参加的烧结过程大致可分为以下三个阶段：

① 液相的形成、移动和对于瓷坯孔隙的填充；
② 固体颗粒溶解与沉析过程的进行，以及由此导致的瓷坯的显著致密化；
③ 固体颗粒的连接和生长，并伴随着固体颗粒内部包裹气孔的形成。

只有在形成的液相量足够填充瓷坯气孔时，烧结的第一阶段才能够保证瓷坯的充分烧结和致密化。一般 $BaTiO_3$ 铁电电容器陶瓷在高温下形成的液相量通常不足以充分填充瓷坯的孔隙，当加热到瓷坯出现液相后，在第一阶段，在液相的作用下可以使固体颗粒重新取向，并促进固态物质的反应和固溶作用的进行，使瓷坯呈现一定的致密化和强度。

烧结的第二阶段通常是 $BaTiO_3$ 铁电电容器瓷料产生强烈致密化的阶段。实验发现，液相出现后，在形成的液相量较少的瓷坯中，陶瓷颗粒将不再保持球状，逐渐呈现最紧密堆积所要求的形状，如图 5-52 所示。在液相出现以后，其表面张力的作用把固体颗粒拉紧，使固体颗粒之间趋于接触，在接触点上固体颗粒受到了一定的压力，使接触点附近的晶格发生畸变，导致接触部位的溶解度增加。这样一来，就产生了接触部位（图 5-52 中的 A 部位）溶解和非接触部位（图中的 B 部位）沉析构成的溶解与沉析过程，从而导致了颗粒间的配置逐渐趋于最紧密堆积成所要求的形状，也就导致了瓷体的显著致密化。在液相能够很好地润湿固体颗粒的情况下，固体颗粒虽趋于接触，但并不是直接接触，而是由液相隔开了一个很小的距离（估计 $5\sim40nm$）。

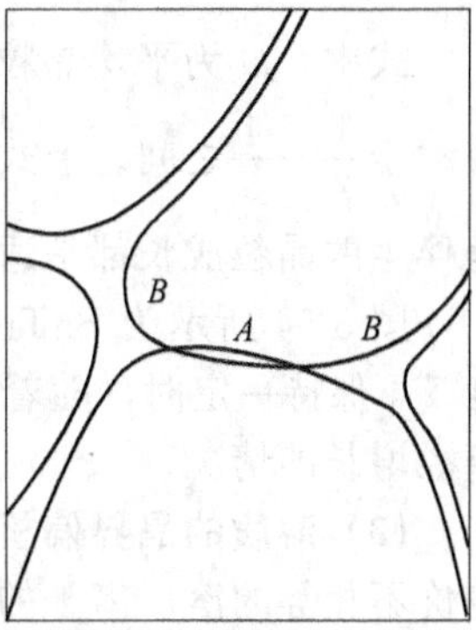

图 5-52　固-液相烧结过程中的物质迁移（A→B）

第三阶段表现为固体颗粒骨架的形成和固体颗粒的生长。在固-液相烧结的第三阶段，如果晶粒生长速度较快，往往把一些闭口气孔包裹在颗粒内部而不易排出。

很明显，对于使瓷体致密化并具有足够的强度来说，烧结的第一阶段和第二阶段具有重要作用，而固-液相烧结的第三阶段则可保证瓷体具有一定的高温烧结强度。

组成为 $BaTiO_3+2\%$（质量分数）黏土$+0.2\%$（质量分数）MnO_2 的瓷料是一种 $BaTiO_3$ 基铁电容器瓷料，其烧结为液相参加下的烧结。组成为 99.0%（摩尔分数）$BaCO_3+100\%$

（摩尔分数）$TiO_2 + 0.7\%$（摩尔分数）$\frac{1}{3}Dy_2O_3$ 的瓷料是一种 $BaTiO_3$ 半导体瓷料，共烧结则为固相烧结。

（2）晶粒生长　这里所说的晶粒生长是指在陶瓷的烧结过程中晶粒的平均大小呈均匀的连续性的生长过程。也就是说，晶粒生长过程本身虽然导致晶粒长大，但是晶粒的相对大小并不发生明显的变化，陶瓷材料随着晶粒生长过程的进行，一般仍呈相应的粒状结构。晶粒生长过程的动力为晶粒间的界面能，即由于晶界面积减少而导致晶粒长大的物系能量差。

图 5-53 为晶粒成长过程的一个二维模拟图。二维晶粒有 6 个边，也有少于 6 个边或多于 6 个边的。如果全部晶界在能量上相等，则晶界会集的角度为 120°。在二维模型中，晶粒呈直边交成 120° 的情况只有在边数为 6 个边的晶粒相交时才存在。在边数较少的晶粒中晶界为凸面，在边数较多的晶粒中则相反，晶界为凹面（参阅图 5-53，图中晶粒上标出的数字表示该二维晶界的边数）。从热力学考虑，自由能最小的状态是最稳定的状态，所以晶粒将通过长大来减少晶界，即降低物系的自由能。弯曲的晶界由于表面张力的作用将向它的曲率半径中心方向移动。这样，晶界移动的结果就使多于 6 个边的晶粒（晶界为凹面的晶粒）变得更大，而少于 6 个边的晶粒

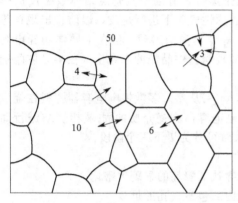

图 5-53　多晶体晶粒成长模型

（晶界为凸面的晶粒）变得更小，甚至于被较大晶粒逐渐地蚕食掉。很明显，在晶粒平均大小增长的同时必然要伴随某些晶粒的缩小或消失。因此，晶粒缩小或消失的速率，或晶界移动的速率可作为观测晶粒生长的较好方法。

陶瓷材料中的平均晶粒直径 $D(\mu m)$ 与最高烧成温度 T_m 的保温时间 t_s 的关系可由半经验公式表示如下：

$$D = Kt_s^n \tag{5-6}$$

式中，D 为平均晶粒直径，μm；K 为具体瓷料与 T_m 有关的速率常数；n 对陶瓷材料波动于 $\frac{1}{2} \sim \frac{1}{5}$ 之间。上式所表达的晶粒成长动力学关系对于固相烧结和液相参与下的烧结过程伴生的晶粒成长都是适用的。

图 5-54 所示为 $BaTiO_3$ 电容器瓷料 BT-20 和 $BaTiO_3$ 半导体瓷料 BTP-7 在最高烧成温度 T_m 保持一定时，随着保温时间从 0.1h 至 50h 的推移，用电子显微镜观测到的平均晶粒直径增长的情况。

（3）溶质的晶界偏析和脱溶　对于 $BaTiO_3$ 陶瓷来说，一些离子半径相差较大或（和）电价不相等的溶质离子的溶入会使 $BaTiO_3$ 晶格发生较明显的畸变，该晶格畸变需要消耗一定的能量；若溶质离子处于已经具有缺陷的晶界上，就不需要消耗这部分能量。这样，从热力学的角度来考虑，随着烧成中晶粒的成长和晶格缺陷的消除，溶于晶格中的离子就有从晶粒内部向晶界富集，在晶界上产生偏析甚至脱溶出来分凝在晶界上的趋向。在烧结过程中期，由于晶粒的成长即晶界的移动、溶质的晶界偏析或分凝作用还不十分明显。但是到烧结过程后期，特别是当晶界上聚集的杂质足以阻止晶界的继续移动，使晶粒不再长大时，随着保温时间的延长，溶质的晶界偏析或晶界分凝作用就明显地表现出来。图 5-54 所示的 BTP-7 瓷料在保温 5～7h 以后，晶粒开始停止成长的实验结果，可用分凝在晶界上的杂质阻

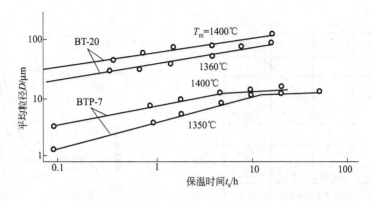

图 5-54　$BaTiO_3$ 陶瓷的平均粒径与最高烧成温度 T_m 下保温时间 t_s 的对数关系

碍了晶界的继续移动来说明。而晶粒停止成长以后，溶质的晶界偏析或分凝作用也将更为显著。溶质的晶界偏析或分凝作用，是许多实验结果反复证实的陶瓷材料烧成中进行的一个值得特别重视的过程之一。晶界偏析或分凝作用也可以用 $BaTiO_3$ 基半导体陶瓷烧成时，电阻率随保温时间的变化来说明。图 5-55 和图 5-56 显示的是 $BaTiO_3$ 基半导体陶瓷的电阻率随着保温时间的延长而明显增大的事实，这是溶质的晶界偏析或分凝作用不断进行的必然结果。可以设想，到烧结后期，随保温时间的推移，溶质的晶界偏析或分凝作用将持续进行，这样晶界或晶界附近的杂质的浓度将相应地逐渐增大，绝缘性的晶界层的厚度也相应地增大，尽管 $BaTiO_3$ 半导体陶瓷晶粒内部的电阻率不致因晶界偏析或分凝作用发生明显的变化，但晶界层的电阻却因绝缘性晶界层厚度增加而不断增大，从而使整个瓷体的电阻率逐渐增大。也有人用下述情况来解释保温时间对钛酸钡半导体陶瓷电阻率的影响。随着保温时间的延长，施主离子，例如 $(Ba_{0.600}Sr_{0.397}La_{0.003})TiO_3$ 中的 La^{3+}，有较充分的条件在晶粒内部均匀扩散，逐渐实现成对的施主离子与 Ba^{2+} 的空位结合（即每 2 个 La^{3+} 与一个邻近的 Ba^{2+} 空位相联系），并相应减少了因施主离子的存在而出现的 Ti^{3+}。这种解释认为：当少量施主杂质不均匀分布时，起主导作用的是每个 La^{3+} 与 1 个 Ti^{3+} 相联系，这是 $BaTiO_3$ 半导体陶瓷具有很低的电阻率的原因。当施主杂质在晶粒内部扩散时，每 2 个在扩散过程中处于近邻的 La^{3+} 就改为与 1 个 Ba^{2+} 空位相联系来实现电价平衡，这时原来与 La^{3+} 联系的 Ti^{3+} 也相应地变为 Ti^{4+}，从而导致了电阻率的提高。但是，从已有的实验资料分析，这种解释论据不足。晶界偏析或分凝作用导致 $BaTiO_3$ 半导体陶瓷电阻率随保温时间延长而提高的解释更切合实际。

在烧成的冷却过程中，随着温度的降低，往往伴随着溶质在主晶相中溶解度的降低。在这种情况下，如果冷却速度较缓慢，在冷却过程中，将产生明显的溶质脱溶。

（4）二次再结晶　在烧结后期，随着杂质（包括晶界分凝作用析出的溶质）在晶界上的凝聚，晶粒生长过程往往会停止下来，即晶界上凝聚的杂质阻止了晶界的继续移动。但是，情况并不完全如此。当富集在晶界上的杂质阻碍了晶粒的正常生长之后，往往有少数尺寸比其他晶粒大得多的晶粒仍然继续长大。这少数大晶粒的晶界就可以越过晶界间的杂质和闭口气孔，继续向它们的曲率半径中心移动，而大颗粒则迅速地吞并周围的小颗粒，突然变得很大起来。这种过程称为二次再结晶，或者称为晶粒的不正常生长或非连续性生长。二次再结晶过程进行得异常迅速，其后果是把原来处于晶界上的气孔，包到晶粒的内部。这样，随着保温时间的延长，包在晶粒内部的气孔逐渐汇集成更大的气孔，要想重新迁移到晶界并通过晶界排除就十分困难，实际上限制了气孔的排除，使烧结停止下来，瓷体的致密度几乎不能再提高。二次再结晶造成的少数异常长大的晶粒

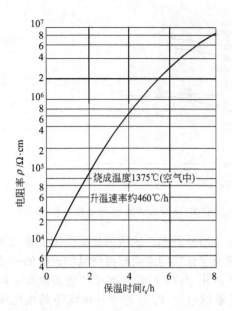
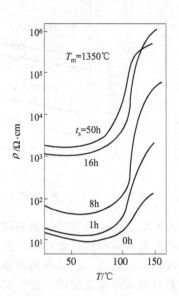

图 5-55　（Ba$_{0.600}$Sr$_{0.397}$La$_{0.003}$）TiO$_3$ 陶瓷
的电阻率随保温时间的变化

图 5-56　组成为 100% BaTiO$_3$(C$_2$O$_4$)·4H$_2$O，
0.1% Ce(C$_2$O$_4$)$_2$·10H$_2$O，0.1% TiO$_2$ 的
BaTiO$_3$ 半导体陶瓷在 1350℃ 下的
保温时间对电阻率的影响

以及晶粒内部包裹着较大的闭口气孔，这种陶瓷组织结构的出现严重影响了陶瓷材料的性能，应该采取措施避免出现二次再结晶过程。应该指出，在大部分晶粒正常成长过程还没有结束之前，某些晶粒的二次再结晶过程也可能出现。在这种情况下，同样会使陶瓷材料的组织结构产生缺陷，使产品性能恶化。二次再结晶作用的产生和难易与瓷料中杂质的种类、数量、分布均匀的程度、原始粉料的分散度大小和晶格缺陷的存在情况有关。采用能够有效抑制晶粒生长的加入物并使其在配料中均匀分布，采用合成温度较高、晶格缺陷较少的合成料进行配料，有利于避免产生二次再结晶过程。为了避免产生有害的二次再结晶，应严格控制烧成温度和保温时间。在生产高压铁电电容器陶瓷时，为了保证陶瓷材料具有良好的组织结构和耐电强度，在保证陶瓷良好烧结即具有足够高密度的前提下，烧成温度应尽可能低并精确地进行控制。对有些高介铁电瓷料来说，烧成温度高一些则往往有利于保证实现瓷料具有高介电常数。

　　BaTiO$_3$ 陶瓷可用硅碳棒箱式窑、双管窑或隧道窑烧成。烧成制度可结合瓷料类型和窑炉类型制定。以上对 BaTiO$_3$ 陶瓷的烧结及相关过程的讨论，可以作为制定烧成制度的理论基础。对于 BaTiO$_3$ 基高压铁电电容器陶瓷的烧成来说，通常应遵循烧成温度适当，不宜过高；保温时间适当，不宜过长的原则。由于某些铁电瓷料（例如有的 BaTiO$_3$-CaZrO$_3$-Bi$_3$NbZrO$_9$ 系瓷料）的耐热冲击性能差，烧成的冷却过程应比较缓慢地进行，特别是当烧成大件产品时，缓慢冷却是必要的。

　　BaTiO$_3$ 基铁电陶瓷烧成时还应注意以下几个问题。

　　① 烧成时应保持氧化性气氛，BaTiO$_3$ 陶瓷烧成时与 TiO$_2$ 陶瓷一样，对气氛性质也具有很高的敏感性。当窑炉内呈现一定的还原性气氛时（例如当电窑更换硅碳棒时），就可能引起 BaTiO$_3$ 中由于出现氧空位，而使部分 Ti^{4+} 转变成 Ti^{3+}，从而导致 BaTiO$_3$ 陶瓷介质的电性能恶化，即电阻率下降，损耗显著增高，这可用还原性气氛（如 CO）下发生的反应来说明：

$$BaTiO_3 + xCO \longrightarrow BaTi^{4+}_{1-2x}(Ti^{3+})_{2x}O_{3-x}\,xV_O^{\cdot\cdot} + xCO_2 \uparrow$$

式中，$V_O^{\cdot\cdot}$ 表示氧离子空位，Ti^{3+} 为弱束缚了 1 个电子的 Ti^{4+}（可写作 $Ti^{4+}\,e^-$）。$BaTiO_3$ 陶瓷中存在部分 Ti^{3+} 时，陶瓷往往呈蓝灰或灰黑色。当然，瓷料中的杂质对瓷料的抗还原性能往往有很大影响。例如，国产电容器专用 TiO_2 中，多数都人为掺入了少量的 Mg^{2+}，利用这种 TiO_2 合成的 $BaTiO_3$ 的抗还原能力就很强，即使窑炉内的气氛呈现一定的还原性，也不致因 $BaTiO_3$ 失氧而引起 Ti^{4+} 还原。其原因可由下式说明：

$$BaTiO_3 + xMg^{2+} + xCO \longrightarrow BaTi^{4+}_{1-x}(Mg^{2+})_xO_{3-x}\,xV_O^{\cdot\cdot} + xTi^{4+} + xCO_2 \uparrow$$

式中，$V_O^{\cdot\cdot}$ 表示氧离子空位。

应该注意的是 TiO_2 原料中的 Mg^{2+} 对 $BaTiO_3$ 有明显的压峰作用，含 Mg^{2+} 高的原料对介电常数很高的高介铁电瓷料往往带来威胁，即介电常数的峰值往往会受到压抑。

② 合理选用垫板和（或）垫料。在烧成 $BaTiO_3$ 铁电陶瓷时，常用 ZrO_2 粉或与瓷料组成大体相同的 $BaTiO_3$ 烧结粉料作为叠烧时的垫料或隔粘料。

③ 避免瓷料中高温时有的挥发性组分的挥发和对同窑烧成的其他瓷料的污染，在铁电电容器瓷料中常常采用的 Bi_2O_3 就是高温时极易挥发的氧化物，在烧成含 Bi_2O_3 的瓷料［例如 $BaTiO_3$-$Bi_2(SnO_3)_3$ 系瓷料］时，就应适当注意 Bi_2O_3 的挥发以及由此而带来的对瓷料或其他瓷料的可能污染和组成的偏离。通常的措施是采用专用匣钵和承烧板烧成这类瓷料，且应把匣钵加盖密封。在匣钵内盖烧也是使瓷体在冷却过程中，避免遭受急冷冲击的具体措施。

5.1.6 铁电陶瓷电容器的包封

包封是铁电陶瓷电容器制造中值得重视的工序之一。

经烧成合格的陶瓷介质通常要经过被覆烧渗金属电极，焊接引线，涂覆包封料，检验分级和打印标记等工序制成陶瓷电容器，最后经过总质量检验作为合格产品包装。对于高压陶瓷电容器，为了保证电容器电场强度的均匀分布，削弱或消除边缘效应，避免发生电晕、飞弧和边缘击穿，电容器在包封前有的还往往在未被覆银电极的边缘部位涂覆半导釉或半导漆等。实践表明，这种半导釉或半导漆等的采用可以有效提高高压陶瓷电容器的电晕电压和击穿电压。

铁电陶瓷电容器的生产工序和工艺与高频陶瓷电容器基本相同。对于具体的陶瓷介质来说，生产上往往具有各自特点，例如某些耐热冲击性能很差（例如介绍过的 $BaTiO_3$-$CaZrO_3$-Bi_3NbZrO_9 系瓷料）且几何形状较大的陶瓷电容器，在焊接引线时往往需要把瓷件放在变压器油中缓缓加热到略低于焊料熔点的温度下进行，否则极易造成在焊接引线时发生瓷件开裂。

为了提高铁电陶瓷电容器的防潮性能和提高其可靠性，一般都要对铁电电容器进行包封处理。此外，包封还具有提高电容器的电晕电压、击穿强度、机械强度和起到装饰的作用。但是，如果包封不适当时，也容易造成瓷件或包封料开裂和（或）电容器介电性能恶化等不良结果。实践表明，陶瓷电容器的包封料层或瓷件的开裂以及电容器介电性能的恶化都往往与包封后残余应力和作用密切相关。

铁电电容器的包封料通常采用改性环氧树脂或改性酚醛树脂类高分子化合物。包封料通常应该是热固性的，即涂覆包封时，包封料应具有流动性，便于操作，经加热到适当温度，树脂即通过聚合作用而固化。环氧树脂本身是热塑性的，用作包封料时需加入固化剂（如乙二胺、聚酰胺等），使之成为热固性树脂。图 5-57 可以对加有固化剂的液态环氧树脂的加热固化过程进行说明。

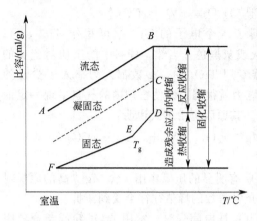

图 5-57　热固性树脂固化过程中
比容随温度的变化

从图 5-57 可以看出，加入固化剂的线型液态环氧树脂（在室温下处于 A 点状态）加热时，比容沿 AB 线变化，随着温度升高材料呈线性膨胀。当温度加热到固化温度 B 时，线型环氧树脂与固化剂发生聚合反应而固化。由于聚合反应的进行而产生较大的收缩，树脂的比容急剧降低，这时涂覆在瓷件表面上的树脂将在瓷体表面形成固定分子层并失去流动性而凝胶化。处于 D 点状态的树脂经冷却到 T_g（可称为脆性温度，即温度降低到 T_g 时树脂即呈现明显的脆性），树脂呈现出明显的脆性变成典型的脆性固体，随着温度的继续降低，比容沿 EF 线变化，最后到达 F，形成最后附着在陶瓷表面的固化物。从图 5-57 可以看出，在 T_g 以上所进行的固化过程伴生着非常大的收缩，但是这时树脂的弹性性能较好，使收缩变形产生的应力可以在一定程度上得到缓冲。在 T_g 以下，树脂变成了典型的脆性固体，收缩变形所产生的应力就相当大，其对包封后的电容器产生开裂或介电性能恶化的影响一般也就表现得比较严重。一般铁电电容器瓷体的线膨胀系数为 $10^{-5} \sim 10^{-6}/℃$，而固化后的环氧树脂的热膨胀系数可高达 $10^{-4}/℃$。包封料与瓷体间线膨胀系数如此大的差异是包封后电容器进行温度循环实验时产生各种开裂的根源。图 5-58 列举了一些电容器经环氧树脂包封后出现的开裂破坏类型。

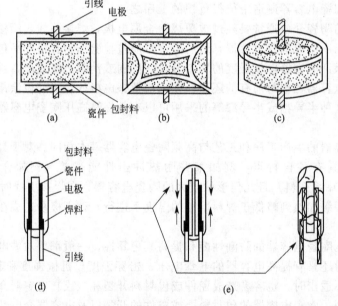

图 5-58　包封后的电容器在经受温循试验时产生的一些开裂破坏类型
（a）在引线附近产生裂缝；（b）瓷体碎裂；（c）从包封料内部的气泡处产生的开裂；
（d）因包封料的径向收缩导致的电容器对半开裂；（e）整个电容器的龟裂

图 5-59 所示为 NT 料制备的圆片电容器经环氧树脂包封前后容量变化的情况。图示结果表明，经环氧包封后，低温下容量降低得很严重（例如 0℃ 下，包封后的电容量较包封前约降 30%），而居里峰在向高温移动的同时，峰值容量也有所提高。

对 NT 料采用改性酚醛树脂（例如 704 树脂）包封时，可以显著削弱包封后电容量产生的这种变化。但是，当用 704 树脂对某厂的 T-20 高介料进行包封时，往往使电容器的电容量和损耗明显增大，如图 5-60 所示。

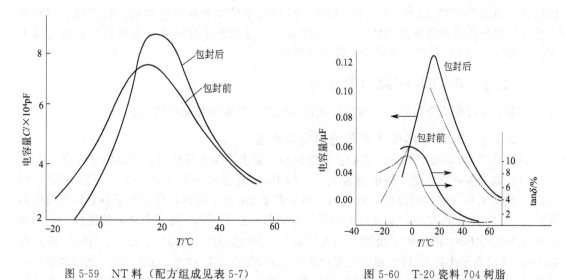

图 5-59　NT 料（配方组成见表 5-7）环氧树脂包封前、后电容量的变化

图 5-60　T-20 瓷料 704 树脂包封前、后介电性能的变化

图 5-60 所示的包封后介电性能的变化仍然是残余应力作用的结果。实验表明，如果 704 树脂外加 50％二丁酯或二辛酯增塑剂，使包封料呈现较好的缓冲应力的弹性性能，则包封后不会呈现显著的损耗增加的现象，包封后的介电性能见表 5-22（试样包封后在相应温度下放置三天后进行介电性能测定的结果）。

表 5-22　包封后的介电性能

| 包封后存放温度 | 测试温度 | 704 树脂包封 | | 704 树脂外加 50％二丁酯包封 | |
/℃	/℃	$C/\mu F$	$\tan\delta/\%$	$C/\mu F$	$\tan\delta/\%$
10～15	20	0.16	7	0.14	3.7
25～30	20	0.14	4	0.13	3.3

包封后 $BaTiO_3$ 基陶瓷介电性能的显著变化，是由于应力作用的结果，这一点看来是可以肯定的。但是应力的实际分布比较复杂，近来的研究资料表明，应力对粗晶粒陶瓷（例如晶粒在 $15\mu m$ 以上的陶瓷）和细晶粒陶瓷（例如晶粒≤$1\mu m$ 的陶瓷）介电性能的影响是不同的。压应力使细晶粒 $BaTiO_3$ 陶瓷的介电常数增加，使粗晶粒 $BaTiO_3$ 陶瓷的介电常数下降。这些初步研究结果表明，包封料对 $BaTiO_3$ 基陶瓷介电性能的影响问题与具体瓷料有关。本章图 5-18 所示的压力对 $BaTiO_3$ 陶瓷介电常数-温度曲线均有影响，很可能因为瓷料的组成和晶粒大小等的差异而有所不同，这有待进一步进行深入研究和考核。

5.2　半导体电介质陶瓷

陶瓷与单晶的一个重要差别，在于陶瓷内存在着晶界或边界层，半导体陶瓷与单晶半导体相比的这一特点，使其具有独特的性质和新的应用。随着电子技术的飞跃发展，半导体陶瓷近年来发展十分迅速，研究和生产的品种和类型很多，应用也非常广泛。正温度系数陶瓷热敏电阻（简称 PTC 热敏电阻）、ZnO 非线性压敏电阻器、各种半导体陶瓷敏感元件、表面层陶瓷电容器和晶界层陶瓷电容器等，都是已经广泛应用的重要半导体陶瓷元器件。本节只对表面层陶瓷电容器和晶界层陶瓷电容器进行简单的介绍。在具体介绍它们的生产工艺之前，首先简要介绍陶瓷的半导化，具有钙钛矿结构的钛酸盐，特别是 $BaTiO_3$ 或 $BaTiO_3$ 基固溶体，以及 $SrTiO_3$ 或 $SrTiO_3$ 基固溶体，是制备半导体瓷介电容器的主要系统。这些陶瓷的半导化是指将陶瓷的晶相转变为 n 型半导体，是生产半导体瓷介电容器的共同关键工序，下面以 $BaTiO_3$ 陶瓷的半导化为例进行讨论。

5.2.1 $BaTiO_3$ 陶瓷的半导化

本节重点讨论两个问题：半导化的途径和机理，影响半导化的因素。

5.2.1.1 $BaTiO_3$ 陶瓷半导化的途径和机理。

目前 $BaTiO_3$ 陶瓷半导化的途径主要有两种：施主掺杂半导化和强制还原半导化。

（1）施主掺杂半导化 热电测量表明，纯 $BaTiO_3$ 具有 p 型电导。采用一般 $BaCO_3$ 和 TiO_2（例如采用化学试剂级或工业纯的原料）制备 $BaTiO_3$ 陶瓷，在常温下具有极高的电阻率，$\rho_V = 10^{12}\,\Omega\cdot cm$ 左右，是良好的绝缘陶瓷材料。在 $BaTiO_3$ 陶瓷中进行施主掺杂，例如用离子半径与 Ba^{2+} 相近的三价离子（如 La^{3+}、Y^{3+}、Sb^{3+}、Nd^{3+}、Dy^{3+}、Sm^{3+} 等）置换 Ba^{2+} 或用离子半径与 Ti^{4+} 相近的五价离子（如 Nb^{5+}、Ta^{5+} 等）置换 Ti^{4+} 进行掺杂，可获得电阻为 $10^2 \sim 10^5\,\Omega\cdot cm$ 或更低的 n 型 $BaTiO_3$ 半导体陶瓷。这种 n 型 $BaTiO_3$ 半导体陶瓷的电阻率与施主加入量有关，当施主加入物的数量偏大或偏小时，n 型 $BaTiO_3$ 半导体陶瓷材料的电阻率均有所提高。如果配料中同时引入少量 MnO_2 等，则电阻率还可以进一步提高。但是，当采用高纯度原料，例如采用纯度在 99.9% 以上的 $BaCO_3$ 和 TiO_2 或采用高纯度的草酸氧钛钡 $[BaTiO(C_2O_4)_2 \cdot 4H_2O]$ 时，如果同时用少量 [例如 0.05% ~ 0.15%（摩尔分数）] 稀土氧化物（例如 La、Ce、Nd、Gd、Sm、Dy 以及 Y 的氧化物等）掺杂，采用通常的烧成方法制得的陶瓷在常温下就变成了良好的 n 型半导体，电阻率只有 $10^3 \sim 10^5\,\Omega\cdot cm$ 或者更低。图 5-61 列举了几种 $BaTiO_3$ 陶瓷的电阻率随温度变化的数据。用稀土氧化物掺杂的高纯度 $BaTiO_3$ 陶瓷的良好的导电性能是与一个三价施主稀土离子取代一个 Ba^{2+} 的同时迫使一个四价 Ti^{4+} 转变为三价 Ti^{3+} 相联系的。这个三价 Ti^{3+} 可以看成是俘获了一个电子的 Ti^{4+} 即（$Ti^{4+} \cdot e^-$）。该电子（e^-）与 Ti^{4+} 的联系很不牢固，即受 Ti^{4+} 的束缚比较弱，故又称为弱束缚电子。获得较小的激活能，即可从一个 Ti^{4+} 跳到另一个 Ti^{4+}。这种弱束缚电子是导电的载流子，使半导体陶瓷具有 n 型电导。这种半导体是通过施主掺杂由电价控制而得到的，通常称这类半导体为价控半导体。如果用化学式表达这种掺杂半导化的机构，可以写成：

$$Ba^{2+}Ti^{4+}O_3^{2-} + xLa^{3+} \longrightarrow$$
$$Ba_{1-x}^{2+}La_x^{3+}[Ti_{1-x}^{4+}(Ti^{3+})_x]O_3^{2-} + xBa^{2+}$$

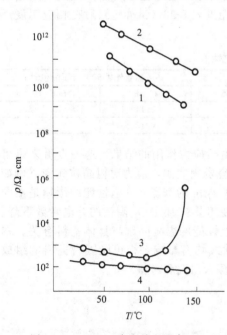

图 5-61 $BaTiO_3$ 陶瓷的电阻率（ρ）随温度（T）的变化曲线
1—$BaTiO_3$+2%（质量分数）黏土；
2—试样 1+0.3%（质量分数）MnO_2；
3—$BaTiO(C_2O_4)_2 \cdot 4H_2O + CeO_2$；
4—强制还原的 $BaTiO_3$ 陶瓷

式中，$(Ti^{3+})_x$ 即 $(Ti^{4+} \cdot e^-)_x$。

通过掺杂制备半导体陶瓷时，掺杂浓度应严格限制在一个狭窄的范围内，超过一定限度后，随着掺杂量的提高，陶瓷材料的电阻率显著增大并迅速变为电阻率更高的绝缘体。掺杂浓度过高使电阻率重新提高的机理认识上还存在着分歧。一种曾相当流行的意见是：施主浓度较高时将导致 Ba^{2+} 空位的产生。这样，Ba^{2+} 空位的存在使施主离子的多余电价得到了补偿，从而避免了 Ti^{3+}（$Ti^{4+} \cdot e^-$）的出现。按照这种认识，重新绝缘化的机构就可以表达为：

$$BaTiO_3 + xLa^{3+} \longrightarrow (Ba^{2+}_{1-\frac{3}{2}x} V''_{Ba\frac{1}{2}x} La^{3+}_x)Ti^{4+}O_3 + \frac{3}{2}xBa^{2+}$$

式中，V''_{Ba} 表示 Ba^{2+} 空位。这种观点固然可以解释较高浓度掺杂时，$BaTiO_3$ 半导体陶瓷的重新绝缘化，但缺乏具体的离子取代位置的实验数据。

对稀土掺杂 $BaTiO_3$ 陶瓷的稀土离子发射光谱和电子旋转共振（ESR）实验已经确定，在 Sm^{3+}、Gd^{3+} 等掺杂的 $BaTiO_3$ 陶瓷中，三价稀土离子不仅可以占据 Ba^{2+} 位置，也可以部分地占据 Ti^{4+} 位置。而且从 Rakami 等的工作中可以看出，当掺杂浓度≤0.2%（摩尔分数）时，Sm^{3+} 主要占据 Ba^{2+} 位置，起施主作用；当掺杂浓度为 0.4%（摩尔分数）时，Sm^{3+} 同时占据 Ba^{2+} 位置和 Ti^{4+} 位置，并且由于电价的补偿作用使陶瓷变成绝缘体。这样，当稀土掺杂浓度较高时，$BaTiO_3$ 陶瓷的重新绝缘化机构就可以表达为：

$$BaTiO_3 + xSm^{3+} \longrightarrow Ba^{2+}_{1-\frac{1}{2}x} Sm^{3+}_{\frac{1}{2}x} (Ti^{4+}_{1-\frac{1}{2}x} Sm^{3+}_{\frac{1}{2}x})O^{2-}_3 + \frac{1}{2}xBa^{2+} + \frac{1}{2}xTi^{4+}$$

Takeda 等对稀土掺杂 $BaTiO_3$ 陶瓷的 ESR 实验结果与 Mnlakami 进行的反射光谱结果是类似的。该 ESR 实验表明，稀土掺杂的 $BaTiO_3$ 陶瓷中不仅 Sm^{3+}，而且 Gd^{3+} 和 La^{3+} 等，确实可以部分地占据 Ti^{4+} 位置，这部分稀土离子实质上起着受主杂质的作用。可以认为：稀土离子掺杂的 $BaTiO_3$ 半导体陶瓷，当掺杂浓度较高时的重新绝缘化的机构在于部分稀土离子在占据 Ba^{2+} 的同时还占据了 Ti^{4+} 的位置，起着受主作用。这样，稀土掺杂出现了施主和受主的作用同时存在，使电价得以相互补偿，导致 $BaTiO_3$ 陶瓷的重新绝缘化。这种情况不仅对于离子半径较小的稀土 Sm^{3+}、Gd^{3+} 等离子是如此，对于半径较大的 La^{3+} 也如此。

Shirasoki 等对稀土掺杂的 $BaTiO_3$ 陶瓷半导化和绝缘化原因提出了新的看法。将 $BaCO_3$、TiO_2 和 xLa_2O_3 掺杂的配料在空气中 1000℃下煅烧，制备了多晶组成的合成料，经 X 射线鉴定合成料为单一的钙钛矿结构相。用该合成料压制试样在 1400℃烧结后急冷到室温，被覆 In-Ga 欧姆电极后测定电阻率。结果表明：$0.1 \leqslant x \leqslant 0.13$ 的陶瓷材料为半导体，$0.13 \leqslant x \leqslant 0.14$ 的陶瓷材料为绝缘体，如图 5-62 所示。但是，所有试样如果烧成温度低于 1250℃时，或者虽然在 1400℃烧成，烧成后在空气中缓慢冷却时，都不能形成半导体。图 5-62 中所标的 Ba 位置的空位数是假定的缺陷结构式 $(Ba^{2+}_x La^{3+}_y z' V_{Ba})(Ti^{4+}_n v' V_{Ti})O^{2-}_3$ 中的 z' 值求得的。这与用从缺陷结构式计算得到的密度与比重瓶法测定的密度十分一致，说明设想的缺陷结构的合理性。按照 Shirasoki 等的观点，稀土掺杂的 $BaTiO_3$ 陶瓷的半导化与 Ba 空位的形成密切相关，而 Ba 空位数为零时恰好与半导化和绝缘化的边界相应（见图 5-62）。结合 $BaTiO_3$ 晶粒的氧扩散系数的测定结果，提出 La 掺杂的 Ba-

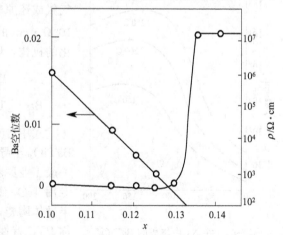

图 5-62 组成 $Ba_{0.9}La_xTiO_3$ 试样中的 Ba 空位数和室温电阻率随 x 值的变化

TiO$_3$ 陶瓷中 Ba 空位的形成将深刻影响空位附近的晶格或 TiO$_6$ 八面体的化学键的性质，促进了高温下的失氧和氧空位的形成。每个氧空位可俘获 2 个电子，从而呈现了 n 型半导性。在这里，Ba 空位的形成成为半导化的基本原因，随着 Ba 空位的消失，陶瓷材料也就绝缘化。

应该指出，Shirasoki 等在假定材料具有 $(Ba_{x'}^{2+} La_{y'}^{3+} z' V_{Ba})(Ti_{n'}^{4+} v' V_{Ti})O_3$ 式所表达的缺陷结构时，假定 La 全部处于三价而 Ti 全部处于四价。La 处于三价是可信的，但 Ti 全部以四价存在这一点似应进一步研究。综合现有资料，可以认为虽然 Shirasoki 等对于 BaTiO$_3$ 陶瓷半导化和绝缘化提出了新的看法，值得重视，但是稀土掺杂半导化的最可能机构仍可认为是三价稀土离子对 Ba^{2+} 的取代所导致的 Ti^{3+}（即 Ti^{4+} · e$^-$）的形成，而掺杂浓度较高时的重新绝缘化则是由于部分稀土离子占据了 Ti^{4+} 位置，实现了电价的相互补偿。对于 Bi^{3+} 掺杂所导致的 BaTiO$_3$ 陶瓷的半导化机构可以相应地表达为：

$$BaTiO_3 + xBi^{3+} \longrightarrow Ba_{1-x}^{2+} Bi_x^{3+}[Ti_{1-x}^{4+}(Ti^{3+})_x]O_3^{2-} + xBa^{2+}$$

对于 Nb^{5+}（或 Ta^{5+}）掺杂半导化的表达式可写成：

$$BaTiO_3 + xNb^{5+} \longrightarrow Ba^{2+} + (Ti_{1-2x}^{4+} Nb_x^{5+} Ti_x^{3+})O_3 + xTi^{4+}$$

对于 Sb 在 BaTiO$_3$ 中的掺杂位置 Schmeiz 进行过具体的测定。采用电子探针、X 射线衍射和中子衍射分析所得的综合结果表明：对于组成中 $0 \leqslant x \leqslant 0.1$ 之间的试样，Sb 完全占据 Ti 位置。只有在 TiO$_2$ 过量的 BaTiO$_3$ 试样中，才有部分 Sb 取代 Ba^{2+} 占据 Ba 位置。只有 Sb 部分地结合在 Ba 位置时，才可使 Sb 掺杂的 BaTiO$_3$ 陶瓷半导化。因而，在 Sb 掺杂的 BaTiO$_3$ 陶瓷中，为了使陶瓷材料半导化，需要使配料中的 TiO$_2$ 高度过量。如果用化学式表达 Sb 掺杂 BaTiO$_3$ 陶瓷的结构，对于组成为：$BaO + (1-x)TiO_2 + \frac{1}{2}xSb_2O_3 (0 \leqslant x \leqslant 0.1)$ 的试样［即 Ba/(Ti+Sb) $=1$ 的试样］，可写成：$Ba^{2+}(Ti_{1-2x}^{4+} Sb_{\frac{x}{2}}^{3+} Sb_{\frac{x}{2}}^{5+})O_3^{2-}$。

对于 TiO$_2$ 过量的试样［即 Ba/Ti 或 Ba/(Ti+Sb) 小于 1 的试样］，可写成：

$$(Ba_{1-v}^{2+} Sb_v^{3+})(Ti_{1-u-2v}^{4+} Sb_{u+v}^{3+} Sb_v^{5+})O_3^{2-} \text{ 或} (Ba_{1-v}^{2+} Sb_v^{3+})(Ti_{1-v-x} Ti_v^{3+} Sb_{\frac{x}{2}}^{3+} Sb_{\frac{x}{2}}^{5+})O_3^{2-}$$

BaTiO$_3$ 陶瓷施主掺杂半导化的特点是：采用高纯度的原料，施主掺杂的浓度限制在一个较小的范围内；在空气中烧成即可实现半导化。若原料的纯度为化学纯，则施主掺杂的浓度必须根据原料的具体情况进行相应的调整。

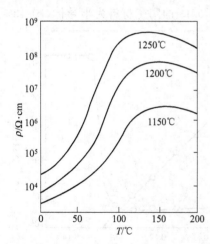

图 5-63 在 N$_2$ 中烧成的 BaTiO$_3$ 陶瓷经不同温度在空气中进行热处理后显示的 PTC 特性

（2）强制还原半导化 BaTiO$_3$ 陶瓷在真空、惰性气氛或还原气氛中烧成时，可制得电阻率为 $\rho_V = 10^2 \sim 10^6 \Omega \cdot cm$ 的半导体陶瓷。如果用化学式表达这种半导化的机构，则可以写成：

$$Ba^{2+} Ti^{4+} O_3^{2-} \xrightarrow{\text{真空、惰性或还原气氛}}$$

$$Ba^{2+}[Ti_{1-2x}^{4+}(Ti^{4+} \cdot e^-)_{2x}]O_{3-x}^{2-} V_{O_x}^{\cdot\cdot} + \frac{1}{2}xO_2$$

式中，$V_{\ddot{O}}$ 表示氧空位。用强制还原的办法制备 BaTiO$_3$ 半导体陶瓷时不一定采用高纯度的原料，采用一般工业原料即可，但是不能采用掺入 Mg^{2+} 的电容器专用 TiO$_2$ 作为原料。用强制还原的办法制得的 BaTiO$_3$ 半导体陶瓷，通常不呈现电阻的正温度系数特性（或简称 PTC 特性），必须经一定的空气或氧分压条件下进行热处理，该 BaTiO$_3$ 半导体陶瓷才能呈现有 PTC 特性，如图 5-63 所示。

利用施主掺杂实现 $BaTiO_3$ 陶瓷的半导化时，对于掺杂的浓度及其分布均匀性、有害杂质的污染情况、烧成和冷却条件的差异等都是非常敏感的。采用草酸氧钛钡或高纯原料时，工艺上既麻烦，原料成本也较高。科技工作者广泛地探索采用一般化学纯原料及工业纯原料在空气中烧成制备 $BaTiO_3$ 半导体陶瓷材料的新途径。对于 $BaTiO_3$ 半导体陶瓷研究的结果证明：在采用工业纯原料的同时，加入 AST（即 SiO_2＋Al_2O_3＋TiO_2）掺杂，在空气中烧成 $BaTiO_3$ 瓷料可实现良好的半导化和降低原料成本。下面简单介绍一下有关 AST 掺杂的研究结果。研究使用的原料为工业级 TiO_2（锐钛矿晶型），$BaCO_3$，SiO_2 和 Al_2O_3。所用原料的光谱分析资料列于表 5-23。

表 5-23　原料的光谱分析资料

原料	纯度/%	杂质含量(质量分数)/%				
		1～0.1	0.1～0.01	0.01～0.001	<0.0005	<0.0001
锐钛矿	98	Si	Zr, P	Fe, Mg, Ca, Pb, Sn, Zn	Ag, Sr, Ba, Bi	Ca
$BaCO_3$	98	Ca	Mg, Sn		Cu	Al
SiO_2	99.5		Al,Mg		Ti	Na
Al_2O_3	99.5		Ca,Mg		Sn	Cr,Cu,Ag

从表 5-23 所列资料可以看出，原料中含有妨碍 $BaTiO_3$ 陶瓷半导化的受主杂质 Mg、Fe、Cu、Zn、Na 等，在锐钛矿中含有对半导化起有利作用的施主元素铋（Bi），且其含量在 0.0005% 以下。如果以 $1/3Al_2O_3$：$3/4SiO_2$：$1/4TiO_2$（$1/3Al_2O_3 \cdot 3/4SiO_2 \cdot 1/4TiO_2$ 以下简称 AST）的比例作为 AST 加入物配入 PTC 的配料中。配料在橡皮衬里、玛瑙磨球的球磨机内湿磨混合磨细，分散介质为蒸馏水或离子交换水。混合物经 120～200℃ 干燥，与有机结合剂混合后在 50～70MPa 的压力下成型为直径 30mm、厚 3mm 的圆片。在电炉内空气气氛中，于 1260～1380℃ 下保温 2h 烧成，而后断电自然冷却。用化学镀镍制备镍电极，采用 4.5V 的直流电压进行半导体陶瓷材料的电阻率测量。室温下陶瓷材料的电阻率随 AST 摩尔分数的变化示于图 5-64 中。从图 5-64 可知，不含 AST 的 $BaTiO_3$ 陶瓷的电阻率高达 $10^{11}\Omega \cdot cm$，而含有 3%（摩尔分数）AST 时，陶瓷的电阻率可降至 40～100$\Omega \cdot cm$，在含 3%～15%（摩尔分数）AST 的范围内，$BaTiO_3$ 陶瓷的电阻率变化很小。

含 AST 加入物的 $BaTiO_3$ 半导体陶瓷的电阻率大约在 120℃ 开始升高，并持续增高到 280～300℃。在这种陶瓷中 Sn^{4+} 对 Ti^{4+} 的置换或 Sr^{2+} 对 Ba^{2+} 的置换，同样可以把电阻率开始升高的温度移向低温（见图 5-65），而 Pb^{2+} 对 Ba^{2+} 的置换则可以把电阻率开始升高的温度移向高温。加 AST 陶瓷或 SiO_2 掺杂陶瓷的电阻率-温度特性（见图 5-65）表明，这种半导体陶瓷完全适合于制备正温度系数热敏电阻。有些厂家就是利用工业原料，采取 SiO_2（或 AST）掺杂和在空气中烧成，生产 PTC 陶瓷热敏电阻。

显微镜观察表明，AST 含量在 2.8%（摩尔分数）以下时，$BaTiO_3$ 陶瓷中同时存在着 50～100μm 的大颗粒和只有几微米的小颗粒，而含 3%（摩尔分数）和 5%（摩尔分数）AST 的 $BaTiO_3$ 陶瓷的晶粒大小均匀一致，依次为 8μm 和 20～30μm。对含 5%（摩尔分数）AST 的 $BaTiO_3$ 陶瓷的电子显微镜分析表明，存在于 $BaTiO_3$ 陶瓷晶粒间的胶结相中含有相当数量的 Si 和 Al。含 5%（摩尔分数）AST 的 $BaTiO_3$ 陶瓷的电阻率和容重与烧成温度的关系如图 5-66 所示。烧成温度在 1260℃ 以上时，电阻率低于 100$\Omega \cdot cm$，容重大于 5.6g/cm^3；烧成温度高于 1400℃ 时，试样黏结，难于分开。图 5-66 还表明，当陶瓷材料充分致密时才能有效实现半导化。采用 SiO_2 掺杂或 AST 掺杂能够实现 $BaTiO_3$ 陶瓷的良好半导化的原因，目前还难于准确回答。有人提出下列各点作为寻找合理解释的线索：①SiO_2 系玻璃形成剂；②大量的 SiO_2 和 Al_2O_3 都处于晶粒之间的晶界层内；③这种 $BaTiO_3$ 陶瓷的半导化与晶界层中形成了液相以及陶瓷的充分致密化有关。

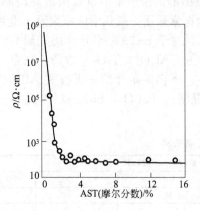

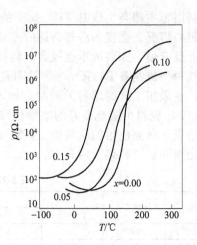

图 5-64　$BaTiO_3$ 半导体陶瓷中 AST
的加入量与电阻率的关系

图 5-65　加入 5％（摩尔分数） AST 的
$Ba(Ti_{1-x}Sn_x)O_3$ 陶瓷的电阻率-温度特性

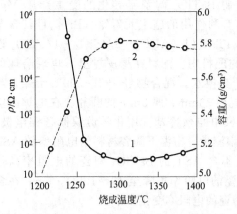

图 5-66　含 5％（摩尔分数） AST 的 $BaTiO_3$
陶瓷的电阻率（1）、容重（2）
随烧成温度的变化

我们可以这样设想：单纯用施主掺杂的办法以工业原料制备 $BaTiO_3$ 陶瓷，难于实现半导化的原因在于原料中受主杂质的毒化作用，即受主杂质（Fe^{3+}、Mg^{2+}、Zn^{2+}、Cu^{2+}）等对于施主的电价起了补偿作用，施主加入物的引入还不会导致 Ti^{3+} 的形成，这可用下式说明：

$$BaTiO_3 + xLa^{3+} + xFe^{3+} \longrightarrow$$
$$Ba_{1-x}^{2+}La_x^{3+}(Ti_{1-x}^{4+}Fe_x^{3+})O_3^{2-}$$

当瓷料中引入适量的 SiO_2 等掺杂剂后，由于 SiO_2 等在 $BaTiO_3$ 中的溶解度很小，在较高的温度下即与其他氧化物作用形成熔融的玻璃相，构成胶结 $BaTiO_3$ 晶粒的晶界层，同时把一些对半导化起毒化作用的受主杂质吸收到玻璃相中，从而消除或削弱了受主杂质对 $BaTiO_3$ 晶粒以及 $BaTiO_3$ 陶瓷半导化的毒化作用。所以，可以设想，SiO_2 掺杂以及 AST 掺杂所以显示出对工业 $BaTiO_3$ 半导化的有利作用，可能在于硅酸盐玻璃相的形成和玻璃相对于受主杂质的溶解或吸收，起到了"解毒"的作用和效果。工业原料（特别是金红石或锐钛矿 TiO_2）中常含有相当数量的施主杂质（例如，Nb^{5+} 等），这对 SiO_2 或 AST 掺杂的钛酸钡陶瓷显示良好的半导化作用，也应有所估计。如果所用原料中含有过多的对钛酸钡的半导化起毒化作用的受主杂质，特别是当原料中含有较多能显著抑制 Ti^{4+} 还原的 Mg^{2+} 杂质（例如，国内生产引入了一定数量的 Mg^{2+} 的电容器专用 TiO_2，就属于这种原料），依靠 SiO_2 掺杂或 AST 掺杂也难于实现 $BaTiO_3$ 陶瓷的半导化。因此，尽管极微量的 Mg^{2+} 可以置换 Ba^{2+}，但是只要量稍多，由于 Mg^{2+} 的半径较小，极易处于受主位置，通过 SiO_2 或 AST 掺杂也不易全部从 $BaTiO_3$ 晶粒中脱溶到玻璃相中去，也就不能消除其对半导化的毒化作用。Mg^{2+} 在 $BaTiO_3$ 中补偿施主杂质的电价，抑制了 Ti^{3+} 出现，即对半导化起着毒化的作用，这可用下化学式来说明：

$$Ba_{1-x}La_x^{3+}(Ti_{1-2x}^{4+}Nb_x^{5+}Mg_x^{2+})O_3$$

采用 SiO_2 掺杂或 AST 掺杂的特点在于采用一般原料（化学试剂或工业原料）在空气中

烧成，即可制得半导化良好的 $BaTiO_3$ 陶瓷，而掺杂的范围较宽，重复性也较好。在制备 $BaTiO_3$ 半导体陶瓷时，注意原料和配方的同时还应注意必须有配套的工艺来实现陶瓷的半导化。

5.2.1.2 影响 $BaTiO_3$ 陶瓷半导化的因素

影响 $BaTiO_3$ 陶瓷半导化的因素较多，这里主要从配方加入物和杂质、化学计量偏离率、烧成制度的升温和冷却条件的影响等三个方面进行讨论。

(1) 加入物和杂质影响 施主加入物是指那些电价高于 2 价对 Ba^{2+} 进行置换的，或电价高于 4 价对 Ti^{4+} 进行置换的离子化合物。这类加入物是实现 $BaTiO_3$ 陶瓷掺杂半导化的基本加入物。在高纯 $BaTiO_3$ 原料中引入少量 ［例如 $0.1\%\sim0.3\%$（摩尔分数）］这类施主加入物就可以使钛酸钡陶瓷成为价控半导体。稀土离子（例如 La、Ce、Nd、Gd、Sm、Dy、Y 等）和 Bi^{3+}（以 Bi_2O_3 形式引入）等都是对 Ba^{2+} 进行置换的施主离子；Nb^{5+} 和 Ta^{5+} 等则是对 Ti^{4+} 进行置换的施主离子。应该注意，掺杂浓度对 $BaTiO_3$ 陶瓷的电阻率有重大影响。通常 $BaTiO_3$ 陶瓷的电阻率在开始时都随施主掺杂浓度增加而降低，当施主掺杂浓度达到某一浓度时，电阻率降至最低，而后随着施主掺杂浓度的提高，电阻率则迅速升高。$BaTiO_3$ 陶瓷的电阻率呈现最低值时的掺杂浓度因掺杂的离子种类而有所不同。对于 Ce、La 和 Nb 等，当它们以氧化物形式引入时，加入量约为 0.25%（摩尔分数）；Y_2O_3 的加入量约在 0.35%（摩尔分数）、Nd_2O_3 的加入量约为 0.05%（摩尔分数）时，呈现了电阻率的最低值（见图 5-67 所示）。

受主杂质是指 $BaTiO_3$ 陶瓷中电价低于 2 价对 Ba^{2+} 进行置换的，或者电价低于 4 价对 Ti^{4+} 进行置换的杂质。过渡元素 Fe、Mn、Cr、Zn、Ni、Co 及碱金属 Na 和 K 等受主杂质都是已知的妨碍 $BaTiO_3$ 陶瓷半导化的杂质。用一般化学原料或工业原料通常不能实现 $BaTiO_3$ 陶瓷的施主掺杂半导化，是由于原料中存在较多的这类杂质。但是，在高纯原料中如果引入适量的 Mn^{2+} 等，可以有效提高电阻率突变时的升阻比，即突跳幅度（见图 5-68）。这类受主杂质的掺杂量应严格控制，若 Mn^{2+} 的加入量稍高就可使陶瓷失去半导性（见图 5-69）。在制备半导体陶瓷介质时，采用中性、惰性或还原性气氛进行烧成时，配料中也可以引入少量 CuO 及 MnO 等铁族金属氧化物。这类氧化物在烧成中往往被还原而处于晶界或晶界层内，在空气中重新氧化后，可使晶界层绝缘化。

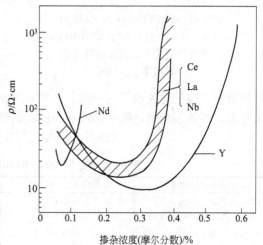

图 5-67 施主掺杂浓度对 $BaTiO_3$ 陶瓷
电阻率 ρ 的影响

在半导体陶瓷的生产中也往往需要把陶瓷材料的居里峰移至适当的温度。Sn^{4+} 对 Ti^{4+} 的置换或者 Sr^{2+} 对 Ba^{2+} 的置换都使 $BaTiO_3$ 半导体陶瓷的居里温度移向低温，而 Pb^{2+} 对 Ba^{2+} 的置换则使居里温度移向高温。在一定的置换浓度范围内，等价加入物对陶瓷电阻率影响不明显，仍可保持居里温度以上电阻率突然增高的 PTC 特性。

Mg^{2+} 也是可以对 Ba^{2+} 进行等置换的加入物。微量 Mg^{2+} 可以适当调整 $BaTiO_3$ 半导体陶瓷的性质，而不致影响陶瓷的半导体性。但是，由于 Mg^{2+} 的半径较小，加入量稍高即可能使一部分 Mg^{2+} 进入 Ti^{4+} 位置，使电价得到补偿，从而使陶瓷失去半导性。表 5-24 所

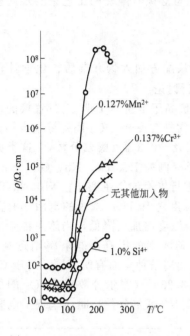

图 5-68 BaTiO$(C_2O_4)_2 \cdot 4H_2O +$
0.3‰（摩尔分数）Nd 组成的 BaTiO$_3$
半导体陶瓷中其他杂质对陶瓷
电阻率 ρ 的影响

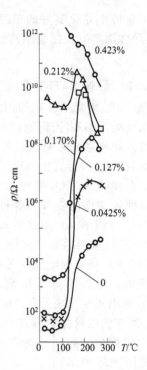

图 5-69 BaTiO$(C_2O_4)_2 \cdot 4H_2O + 0.3$‰
（摩尔分数）Nd 组成的半导体陶瓷中 Mn^{2+}
浓度对电阻率 ρ 的影响

列的资料，清楚地说明了这一点。如果从 Mg^{2+} 对于 BaTiO$_3$ 半导体陶瓷电阻率的影响机构来考虑，对该表所列电阻率较低的一些瓷料组成，起主导作用的晶体结构式可以表达如下：

$$(Ba_{1-(x+n)}^{2+} Mg_n^{2+} Ce_x^{4+})(Ti_{1-2x}^{4+} Ti_{2x}^{3+})O_3^{2-}$$

表 5-24 Mg^{2+} 浓度对 BaTiO$_3$ 半导体陶瓷电阻率 ρ 的影响

瓷料组成的化学式	电阻率 $\rho_{25℃}/\Omega \cdot cm$	瓷料组成的化学式	电阻率 $\rho_{25℃}/\Omega \cdot cm$
$(Ba_{0.996}Mg_{0.001}Ce_{0.003})TiO_3$	1.10×10^2	$(Ba_{0.892}Mg_{0.015}Ce_{0.003})TiO_3$	1.52×10^{10}
$(Ba_{0.994}Mg_{0.003}Ce_{0.003})TiO_3$	4.00×10^1	$(Ba_{0.998}Mg_{0.001}Ce_{0.001})TiO_3$	1.20×10^2
$(Ba_{0.992}Mg_{0.005}Ce_{0.003})TiO_3$	5.20×10^1	$(Ba_{0.994}Mg_{0.005}Ce_{0.001})TiO_3$	1.00×10^3
$(Ba_{0.897}Mg_{0.010}Ce_{0.003})TiO_3$	1.80×10^2	$(Ba_{0.989}Mg_{0.010}Ce_{0.001})TiO_3$	3.01×10^{10}

　　Mg^{2+} 浓度稍高即可使 BaTiO$_3$ 陶瓷失去半导性的机构，与前面 Sm^{3+} 等浓度较高时使陶瓷失去半导性的机构是相同的。都是由于离子浓度较高时，除一部分加入物的离子进入 Ba^{2+} 位置外，还有一部分进入 Ti^{4+} 位置进行置换，进入 Ti^{4+} 位置的这部分离子实际上起着受主杂质的作用。从表 5-24 所列资料和进行的讨论可进一步说明，采用掺有 Mg^{2+} 的电容器专用 TiO$_2$，作为生产 BaTiO$_3$ 半导体陶瓷的原料是不适宜的，掺 Mg^{2+} 的原料难于实现 BaTiO$_3$ 陶瓷的半导化就是这个原因。从表 5-24 所列资料也可以看出，适当提高施主掺杂浓度（例如 Ce^{4+} 的浓度），对 Mg^{2+} 阻碍 BaTiO$_3$ 陶瓷半导化的作用有一定抑制作用。BaTiO$_3$ 半导体陶瓷的性质对组成来说是相当敏感的，加入物在瓷料中分布的均匀与否以及与此有关的加入物的引入形式都会影响陶瓷的性质，特别是影响陶瓷电阻率的数值和重复性。

　　表 5-25 列出了铈化合物作为 BaTiO$_3$ 陶瓷的施主掺杂加入物时，引入方式对陶瓷电阻率再现性的影响。可以看出，当铈化合物以草酸铈引入时（瓷料 1），BaTiO$_3$ 陶瓷电阻率的再

现性较差。而以 $Ce_2(CO_3)_3$ 引入时（瓷料 3），其电阻率的再现性更差。当铈化合物在制备草酸氧钛钡时以共同沉淀的方式引入时，$BaTiO_3$ 陶瓷的电阻率低，而且波动范围小，且具有较好的再现性。

表 5-25　施主杂质 Ce 化合物的引入方式对 $BaTiO_3$ 半导体陶瓷电阻率 ρ 及其再现性的影响

序号	铈化合物的引入方式	$\rho/\Omega \cdot cm$
1	$BaTiO_3$，TiO_2 和草酸铈，在球磨机内混合	$10 \sim 25$
2	$BaTiO_3$，TiO_2，$CeCl_3$ 溶液和 $(NH_4)_2CO_3$ 溶液在球磨机内混合	$10 \sim 20$
3	$BaTiO_3$ 和 $Ce_2(CO_3)_3$ 一起沉淀，然后与 TiO_2 一起在球磨机内混合	$9 \sim 50$
4	草酸氧钛钡和草酸铈共沉淀	$5 \sim 11$

（2）化学计量偏离率的影响　如果用 x 表示组成为 $[(Ba_{0.998}Ce_{0.002})TiO_3 \pm xTiO_2]$ 的半导体陶瓷的化学计量偏离率，则 x 与陶瓷材料电阻率 ρ 的关系如图 5-70 所示。可以看出，在 TiO_2 过量的情况下，陶瓷材料电阻率随化学计量偏离率的变化要比 Ba 过量下电阻率随化学计量偏离率的变化平缓，而 TiO_2 稍稍过量时，陶瓷材料电阻率值最低。因而在配料时，往往使 TiO_2 稍稍超过化学计量比，这样，陶瓷材料半导化更充分，而且电阻值的稳定性更高。这是利用高纯原料在空气中烧成 $BaTiO_3$ 半导体陶瓷时的情况。然而，在某些情况下，BaO 过量的陶瓷材料耐电强度较高，因此，也往往有时采用 BaO 过量的配方来生产 $BaTiO_3$ 半导体陶瓷介质。

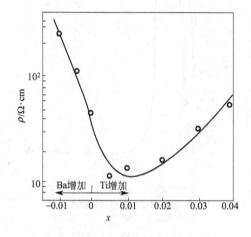

图 5-70　$[(Ba_{0.998}Ce_{0.002})TiO_3 \pm xTiO_2]$
半导体陶瓷的化学计量偏离率 x 与陶瓷
材料电阻率 ρ 的关系

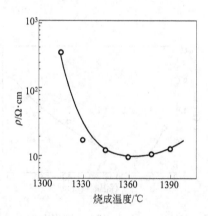

图 5-71　$Ba_{0.998}Ce_{0.002}TiO_3$ 陶瓷的烧成温度与电
阻率 ρ 间的关系（升温速度
300℃/h，保温时间 20min，急冷）

（3）烧成条件和冷却条件的影响　烧成温度、保温时间、烧成时的气氛、冷却时的气氛和冷却速度等都将对 $BaTiO_3$ 陶瓷的电阻率产生影响。图 5-71 示出了一个具体 $BaTiO_3$ 瓷料（瓷料组成为 $Ba_{0.998}Ce_{0.002}TiO_3$）的烧成温度与电阻率之间的关系。在 1360℃ 以前，随着烧成温度的提高，陶瓷材料电阻率的降低比较迅速；在 1360℃ 保温 20min 烧成的 $Ba_{0.998}Ce_{0.002}TiO_3$ 陶瓷具有最低的电阻率；随着烧成温度的继续提高，陶瓷材料的电阻率则逐渐缓慢升高。在图 5-66 中已经给出了，加入 5%（摩尔分数）AST 的 $BaTiO_3$ 陶瓷在 1220～1420℃ 间烧成时，得到的电阻率和容重随烧成温度的变化情况。当烧成温度高于 1260℃ 时，陶瓷的电阻率低于 $100\Omega \cdot cm$，容重在 $5.6g/cm^3$ 以上，吸水率小于 0.01%。这一瓷料的烧成范围较宽，从 1280℃ 到 1380℃，在此范围内烧成的 AST 掺杂的陶瓷，电阻率基本上不随烧成温度而变化。

① 保温时间的影响。在讨论 $BaTiO_3$ 陶瓷的烧结及相关过程时，已经涉及保温时间对 $BaTiO_3$ 半导体陶瓷电阻率的影响，并且列举了具体瓷料的电阻率随保温时间的变化曲线（见图 5-55）。图 5-72 列举的是 $Ba_{0.998}Ce_{0.002}TiO_3$ 陶瓷在 $1360℃$ 下烧成时，保温时间对陶瓷电阻率的影响。保温时间大约从 $20min$ 开始，随着保温时间的延长，陶瓷材料的电阻率逐渐升高。这是由于溶质的晶界分凝作用的结果。

② 烧成气氛的影响。还原性气氛（例如 H_2 气氛或含 H_2 气氛）或其他缺氧气氛，如中性气氛（例如 N_2 气氛）和惰性气氛（例如 Ar 气氛），都有利于 $BaTiO_3$ 陶瓷的半导化，对于施主掺杂的高纯 $BaTiO_3$ 瓷料来说，在缺氧气氛中烧成时，不仅可以实现陶瓷材料的更充分半导化，而且往往可以有效地拉宽促使陶瓷半导化的施主掺杂的浓度范围。

将 Gd^{3+} 掺杂的 $BaTiO_3$ 瓷料，分别在空气中烧成、N_2 气中烧成，然后在空气中 $1200℃$ 条件下进行热处理，其电导率随掺杂浓度的变化见图 5-73。从图中可看出：随着掺杂量增加，电导率迅速提高，在某一掺杂量时其电阻率最低。在空气中烧成的 $BaTiO_3$ 陶瓷仅仅在 Gd^{3+} 含量处于 $0.05\%\sim0.3\%$（摩尔分数）时才是半导体。在 N_2 中烧成的试样，在 Gd^{3+} 掺杂浓度 $0.05\%\sim1.0\%$（摩尔分数），电阻率都保持在 $10\Omega\cdot cm$ 以上。

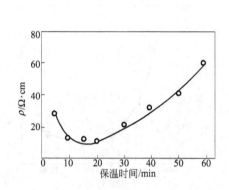

图 5-72 $Ba_{0.998}Ce_{0.002}TiO_3$ 陶瓷在 $1360℃$ 下烧成时保温时间对陶瓷电阻率的影响（升温速度 $300℃/h$，急冷）

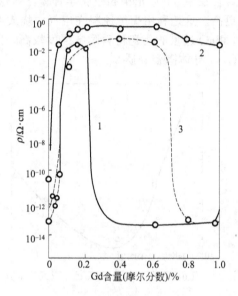

图 5-73 Gd 含量与 $BaTiO_3$ 陶瓷室温下的电导率间的关系

1—在空气中烧成的陶瓷；2—在 N_2 中烧成的陶瓷；3—试样 2 再在 $1200℃$ 于空气中热处理

在空气中烧成 $BaTiO_3$ 半导体陶瓷时，Cu^{2+}、Mn^{2+} 等都是对陶瓷半导化起毒化作用的受主杂质。但是，当在 N_2 或 Ar 气氛中烧成某些 $BaTiO_3$ 或 $SrTiO_3$ 半导体陶瓷时，配料中适量引入 CuO 或 MnO，仍可保证陶瓷材料的良好半导性。这可能是由于 $BaTiO_3$ 或 $SrTiO_3$ 陶瓷在缺氧气氛中烧成时，CuO 和 MnO 被还原成金属态而被排挤在晶界或边界层内，使它们已经不是受主杂质的缘故。

③ 冷却条件的影响。图 5-74 和图 5-75 为两种具体的 $BaTiO_3$ 半导体瓷料的冷却气氛和冷却速度对陶瓷材料电阻率-温度特性的影响。可以看出，适当缓慢冷却虽然使室温下的电阻率稍有增高，但是却可保证陶瓷材料在居里温度附近具有较大的升阻比（即 R_{max}/R_{min}）。这一点在制备 PTC 陶瓷热敏电阻时是有实际意义的。在 N_2 中冷却可以使 PTC 陶瓷的室温

电阻率降低，但其升阻比会受到很大的影响，甚至使 PTC 特性消失。

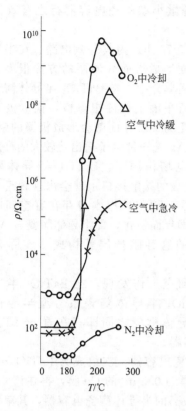

图 5-74　组成为 $BaTiO(C_2O_4)_2 \cdot 4H_2O +$ 0.3%（摩尔分数）$Nd + 0.127\%$（摩尔分数）Mn^{2+} 的半导体陶瓷在不同气氛中冷却时对电阻率-温度特性的影响

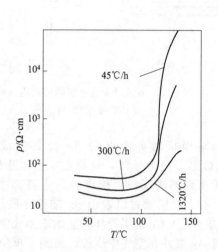

图 5-75　组成为 99.7%（摩尔分数）$BaCO_3 + 100\%$（摩尔分数）$TiO_2 + 0.3\%$（摩尔分数）$1/3Dy_2O_3$ 的半导体陶瓷在 1350℃ 保温 1h 烧成后，不同冷却速度对电阻率-温度特性的影响

　　从图中我们得到这样的启示：掺杂 $BaTiO_3$ 半导体陶瓷所显示的独特的 PTC 特性，可能与这类陶瓷的半导体晶粒间存在着薄薄的具有一定绝缘性能的晶界层有关。图 5-73 所示的在 N_2 中烧成的 $BaTiO_3$ 半导体陶瓷，只有当重新在空气（或氧气）中进行热处理后才显示出 PTC 特性的实验结果也表明，只有在空气中进行热处理的过程中，O_2 沿陶瓷材料的晶界扩散进去，使陶瓷的晶界氧化为具有一定绝缘性能的晶界层之后，$BaTiO_3$ 半导体陶瓷材料的 PTC 特性才能够显示出来。

5.2.2　半导体陶瓷电容器

5.2.2.1　表面层陶瓷电容器

　　电容器的微小型化，即电容器的体积尽可能小，而电容量尽可能大是电容器发展的趋向之一。对于分离电容器组件来说，微小型化的基本途径主要有两个：①尽可能提高介质材料的介电常数；②尽可能减薄介质层的厚度。在陶瓷材料中，铁电陶瓷的介电常数很高，但是用铁电陶瓷制造普通铁电陶瓷电容器时，陶瓷介质很难做得很薄。首先是由于铁电陶瓷的强度低，较薄时容易碎裂，难于进行实际的生产操作，其次，陶瓷介质很薄时易于造成各种各样的组织缺陷，生产工艺难度很大。

　　表面层陶瓷电容器是用 $BaTiO_3$ 等半导体陶瓷的表面上形成的很薄的绝缘层作为介质层，而半导体陶瓷本身可视为电介质的串联回路。表面层陶瓷电容器的绝缘性表面层厚度，根据形成方式和条件不同，波动于 $0.01\sim100\mu m$ 之间。这样既利用了铁电陶瓷的很高的介电常数，又有效地减薄了介质层厚度，是制备微小型陶瓷电容器行之有效的方案之一。

图 5-76(a) 为表面层陶瓷电容器的一般结构，图 5-76(b) 为其等效电路。在半导体陶瓷表面形成表面介质层的方法很多，这里仅做简单介绍。在 $BaTiO_3$ 半导体陶瓷的两个平行平面上烧渗银电极，银电极和半导体陶瓷的接触界面就会形成极薄的阻挡层。由于 Ag 是一种电子逸出功较大的金属，所以在电场作用下，$BaTiO_3$ 半导体陶瓷与 Ag 电极的接触接口上就会出现缺乏电子的阻挡层，而阻挡层本身存在着空间电荷极化，即界面极化，即半导体陶瓷与 Ag 电极之间的这种阻挡层就构成了实际上的介质层。

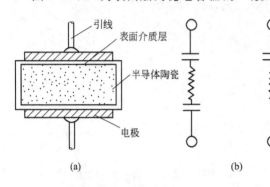

图 5-76　表面层陶瓷电容器的结构（a）
及其等效电路（b）

研究工作发现，在 $BaTiO_3$ 半导体陶瓷与电极接触界面上的 Ag 会氧化成 Ag_2O。$BaTiO_3$ 半导体陶瓷系 n 型半导体，而 Ag_2O 系 p 型半导体，这样在 Ag 电极和 $BaTiO_3$ 半导体陶瓷之间即存在着 pn 结。所以这种所谓的表面阻挡层电容器也可称之为 pn 结电容器。

有人曾探索过以表面 pn 结作介质层的半导体陶瓷电容器。在组成为 $BaTiO_3+0.1\%$（摩尔分数）Ce 的半导体陶瓷的表面先真空蒸发一层厚约 $0.3\mu m$ 的 Cu 膜，再在该 Cu 膜上涂覆 Ag 浆并在空气中烧渗，得到了单位面积电容量极高的半导体陶瓷电容器，其单位面积电容量可高达 $0.4\mu F/cm^2$，但绝缘电阻率只有 $(0.5\sim1)\times10^6\Omega\cdot cm$。由于阻挡层非常薄，所以表面阻挡层陶瓷电容器的单位面积的电容量非常高，但绝缘电阻低，耐电强度差，所以只适合在很低的工作电压下使用。为了改善电容器的耐电压特性以提高表面层陶瓷电容器的工作电压，这方面的研究工作仍在进行着。在 $BaTiO_3$ 等半导体陶瓷的表面上以涂布、蒸发、电镀、电解等方法被覆上一层受主杂质（例如置换 Ba 的 Ag、Na 和置换 Ti 的 Ca、Mn、Fe 等金属或其他化合物），在 $700℃$ 以上进行热处理，这时受主金属离子即沿半导体表面扩散，表面层因受主杂质的毒化而变成了绝缘性的介质层，经被覆电极和焊接引线后就可以得到单位面积容量高达 $0.08\mu F/cm^2$ 的表面层陶瓷电容器。这种电价补偿表面层电容器的绝缘电阻和工作电压都较上述阻挡层电容器有所提高。一些研究结果表明这种电容器的绝缘电阻率可提高到 $2\times10^9\Omega\cdot cm$，工作电压有的可达 50V 甚至 100V。

这种电容器介质陶瓷件，先在大气气氛中烧成，然后在还原气氛中强制还原半导化，再在氧化气氛中把表面层重新氧化成绝缘性的介质层，再氧化层的厚度应控制适当。若氧化膜太薄，电极和陶瓷间仍可呈现 pn 结的整流特性，绝缘电阻和耐电强度都得不到改善。随着厚度的逐渐增加，pn 结的整流特性消失，绝缘电阻提高，对直流偏压的依存性降低。但是，再氧化的时间不宜过长，否则可能导致陶瓷内部重新再氧化而使电容器的电容量降低。还原处理的温度为 $800\sim1200℃$，再氧化处理的温度为 $500\sim900℃$。经还原处理后的陶瓷材料，绝缘电阻率可降至 $10\sim10^3\Omega\cdot cm$，表面层的电阻率低于内部瓷体的电阻率；薄瓷片的电阻率，一般比处理条件相同的较厚瓷体的电阻率低一些。由于再氧化处理形成的表面绝缘性介质层的厚度比较薄，所以尽管其介电常数不一定很高，但是经还原再氧化处理后，该表面层半导体陶瓷电容器的单位面积电容量仍可达 $0.05\sim0.06\mu F/cm^2$，见图 5-77。

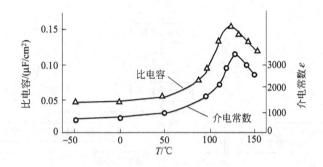

图 5-77　还原-氧化处理前 $BaTiO_3$ 陶瓷的介电常数和处理
后制备的电容器的比电容温度特性

再氧化过程中应保证内部晶粒部分保持良好的半导性，配方和烧成工艺应能保证晶粒比较充分地生长。表 5-26 列出的是这几种表面层陶瓷电容器的基本性能。图 5-78 为表面层陶瓷电容器的生产工艺流程。

表 5-26　几种表面层陶瓷电容器的性能

半导体陶瓷 电容器的类型	性　能　指　针			
	工作电压/V	单位面积容量/($\mu F/cm^2$)	$\tan\delta/\%$	$IR/M\Omega \cdot cm$
pn 结等阻挡层电容器	12	0.45	5	0.5
电价补偿表面层电容器	25	0.08	4	100
还原再氧化面层电容器	25～50	0.06	3	2000

5.2.2.2　晶界层陶瓷电容器

在晶粒发育比较充分的 $BaTiO_3$ 等半导体陶瓷的表面上，涂覆适当的金属氧化物（例如 CuO 或 Cu_2O、MnO_2、Bi_2O_3、Tl_2O_3 等），在适当温度下，于氧化条件下进行热处理，涂覆的氧化物将与 $BaTiO_3$ 等形成低共熔液相，沿开口气孔和晶界迅速扩散渗透到陶瓷内部，在晶界上形成一层极薄的固溶体绝缘层。这种薄薄的固溶体绝缘层的电阻率可达 $10^{12} \sim 10^{13} \Omega \cdot cm$，尽管陶瓷的晶粒内部仍为半导体，但是整个陶瓷体表现为显介电常数高达 $(2 \sim 8) \times 10^4$，甚至更高的绝缘体介质。用这种陶瓷制备的电容器称为晶界层陶瓷电容器（boundary layer ceramic capacitor），简称 BL 电容器。

(1) 晶界层陶瓷电容器的结构　晶界层陶瓷电容器与上述两种半导体陶瓷电容器不同，这种电容器是利用晶界附近形成的绝缘性的晶界层作为介质层的。其结构及其等效电路示意于图 5-79。晶界层陶瓷介质之所以显示有极高的显介电常数，从晶界层陶瓷电容器的结构来看，可把导电性良好的晶粒部分看成为导电回路，即可看成为电极，而把绝缘性的晶界层看成是电容器的实际介质。与半导性的晶粒相比，绝缘性晶界层的厚度是相当薄的，其厚度为 $0.5 \sim 2\mu m$，晶界层陶瓷电容器相当于很多小电容器相并联和串联，由于每个小电容器的介质层厚度很薄，其电容量大，使整个晶界层陶瓷的显介电常数非常高。从晶界层陶瓷电容器的等效电路可以看出，对于 BL 介质来说，晶界层的组成和结构是影响陶瓷及晶界层陶瓷电容器性质的主导因素。

(2) 晶界层的结构　和久茂等人基于对 CuO 作涂覆氧化物的 $BaTiO_3$ 晶界层陶瓷性质的研究，提出了钛酸钡晶界层陶瓷的结构模型，见图 5-80。该模型的基本实验依据是：陶瓷材料的电滞回线在居里温度（约 120℃）以上并不消失，一直持续到 190℃左右，尽管温

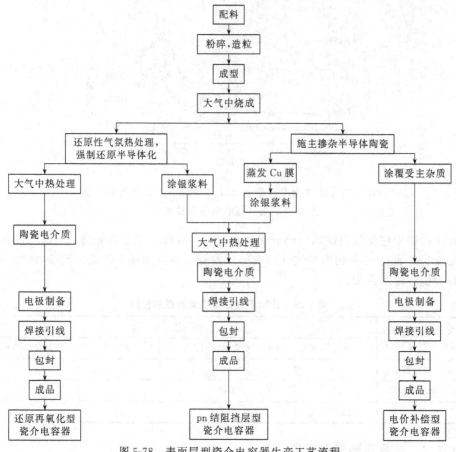

图 5-78　表面层型瓷介电容器生产工艺流程

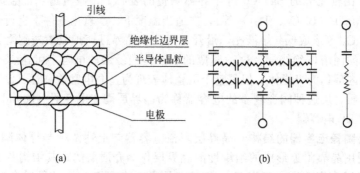

图 5-79　晶界层陶瓷电容器的示意结构（a）及其等效电路（b）

度升高，回线变得更为狭窄。极化处理后的晶界层陶瓷的压电输出测量结果表明，压电输出至居里温度以上并不消失，一直持续到 190℃ 左右；而且，不管原来的极化方向是否相同，在高于正常居里温度（约 120℃）时，压电输出显示出相同的特性，即在正常居里温度以上压电输出表现出与原来的极化方向无关。这一实验结果意味着晶界层内某些区域是沿着一定的方向极化的，不管总极化方向如何，这种既定的极化方向不变，而且极化一直残留到 190℃ 左右。

5.2.2.3　晶界层陶瓷及 BL 电容器的特点

晶界层陶瓷的特殊结构决定了这种陶瓷和电容器有如下特点。

① 具有很高的显介电常数。如前所述，由于晶界层陶瓷电容器结构的特点，整个陶瓷所显示的介电常数非常高。晶界层陶瓷介质的色散频率 f_m（Hz）与陶瓷的低频介电常数和半导体晶粒部分的电阻率（ρ，$\Omega \cdot cm$）之间存在着下列关系：

$$f_m = \frac{1.8 \times 10^{12}}{\varepsilon \rho} \qquad (5-7)$$

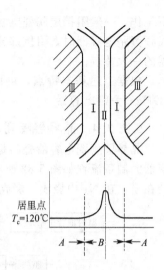

图 5-80　BL 陶瓷的晶界层结构模型

Ⅰ—具有正常居里点的绝缘层；
Ⅱ—具有高居里点的绝缘层；
Ⅲ—A 晶粒内部的半导体部分

当频率超过陶瓷介质的色散频率时，晶界层陶瓷的介电常数将随频率升高而降低。这样，陶瓷介质的色散频率一方面限制着介质使用的频率上限，另一方面也决定着陶瓷的介电常数。色散频率较低的某些晶界层陶瓷的显介电常数可达 8×10^4，而一些介质色散频率较高的高频晶界层电容器陶瓷的介电常数，一般也在 2×10^4 左右。

② 具有良好的抗潮性。由于晶界层陶瓷材料经过第二次煅烧，陶瓷的气孔以及其他宏观缺陷就会得到填充或消减，因此，晶界层陶瓷介质几乎完全不吸潮。实验表明，经 1000h 的湿热实验后，晶界层陶瓷电容器并未发现失效现象。但为了防止电极附近的表面电阻下降和与环境分开，对晶界层陶瓷电容器仍应进行包封。

③ 具有很高的可靠性。对 $BaTiO_3$ 等半导体陶瓷在氧化条件下进行热处理后，陶瓷的表面层（包括部分晶界）被氧化为有一定绝缘性的表面层，将其制成表面层陶瓷电容器的可靠性虽然较阻挡层陶瓷电容器有一定提高，但可靠性仍限制着这类半导体陶瓷电容器的应用。晶界层陶瓷介质是涂覆 CuO 等氧化物经热处理扩散形成的绝缘性晶界层，整个陶瓷的电阻率达到 $10^{10} \sim 10^{12} \Omega \cdot cm$，因而有效地提高了晶界层陶瓷电容器的可靠性。

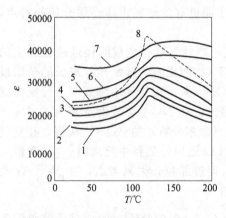

图 5-81　第二次煅烧条件对 $BaTiO_3$
BL 陶瓷介电-温度性质的影响
（涂覆的氧化物为 CuO）

1—1400℃，2h；2—1350℃，2h；
3—1300℃，2h；4—1250℃，2h；
5—1200℃，2h；6—1150℃，2h；
7—1100℃，2h；8—1350℃，2h，
1150℃，2h

④ 与相应的普通陶瓷电容器比较，其介电常数或电容量随温度的变化较平缓，工作电压较高。图 5-81 所示为 $BaTiO_3$ 晶界层陶瓷涂覆 CuO 后，在不同条件下的第二次煅烧所显示的介电常数随温度的变化。在居里温度（约 120℃）附近，晶界层陶瓷也出现了介电反常，但是与相应的未经压峰加入物压峰的普通铁电陶瓷相比，晶界层陶瓷的介电常数-温度曲线上的居里峰要平缓些。随着第二次煅烧温度的降低，居里峰愈明显趋于平缓，特别在高温侧。图 5-81 中曲线 7 为 1100℃ 热处理 2h 的情况。图 5-81 中曲线 8 所示的是在第二次煅烧前，在空气中先对半导体陶瓷进行一次 1350℃ 退火处理 2h，则第二次煅烧温度甚至低至 1150℃（2h），介电常数-温度曲线上的居里峰也相当陡峭。对比图中各个曲线，可以设想，涂覆 CuO 的钛酸钡晶界层陶瓷的介电常数-温度曲线上居里峰的平缓程度与 CuO 及氧在晶界层中的扩散和分布的均匀性密切相关。

晶界层陶瓷电容器可以在 100V/0.6mm 的场强

下工作，一般阻挡层陶瓷电容器则难于做到。此外，晶界层陶瓷电容器用做100MHz以上高频旁路电容器时，阻抗部分可以设计得比任何其他电容器都要小，这也是半导体陶瓷电容器的一大特点。

根据上述基本特点，可以认为这种晶界层陶瓷电容器是一种比较适宜的宽带（直到1GHz）旁路电容器。

5.2.2.4　晶界层陶瓷电容器的制备工艺

晶界层陶瓷电容器瓷料是研究得较早也比较充分的一种瓷料。这种瓷料的晶界层陶瓷电容器的制备流程如图5-82所示。从制备流程可以看出，制备工艺与一般陶瓷电容器不同之处在于：在 N_2 中烧成，烧成后涂覆CuO等氧化物并进行第二次煅烧处理。

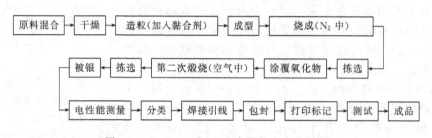

图 5-82　$BaTiO_3$ 系 BL 电容器的生产流程图

生产晶界层陶瓷电容器和生产其他半导体陶瓷一样，原料中应尽可能不含或少含对半导化起毒害作用的杂质。掺入 Mg^{2+} 杂质的电容器专用氧化钛（TiO_2），不能来生产半导体陶瓷电容器。

在 N_2 中进行烧成是为了使陶瓷材料在烧成过程中充分半导化，而掺有 Mg^{2+} 杂质的钛酸钡陶瓷，即使在 N_2 中烧成也难于实现充分半导化。在瓷体上涂覆 CuO 等氧化物进行一次附加热处理（即第二次煅烧），是制备一般晶界层电容器瓷料的重要特征工序。对于晶界层电容器瓷料，应该保证瓷料晶粒在烧成过程中发育得比较充分，例如使平均晶粒直径发育到 $40\sim50\mu m$。只有在晶粒发育比较充分的条件下，才能更有效地突出晶界层介质的特点，使瓷料显示出更高的显介电常数。

$BaTiO_3$ 等瓷料的气氛烧成实验表明：N_2、Ar 或还原性气氛是烧成时促进晶粒长大的因素之一。对于在 N_2 或还原性气氛中烧成掺杂的 $BaTiO_3$ 陶瓷时，抑制晶粒成长的杂质极限加入量可以相应提高。例如，对烧成掺 Gd 的 $BaTiO_3$ 陶瓷，在空气中烧成时，开始抑制晶粒成长的 Gd 含量下限为 0.2%～0.4%（摩尔分数），在 N_2 中烧成时，则为 0.6%～0.8%（摩尔分数）。又如，当烧成掺 Nb 含量≥0.4%（摩尔分数）的 $BaTiO_3$ 陶瓷，在空气中烧成时，陶瓷中不存在>1μm 的晶粒，但是，当在 CO 还原性气氛中烧成时，Nb 含量>0.4%（摩尔分数）的陶瓷中的晶粒>1μm。所以，从促进晶粒长大来考虑，在 N_2、Ar 及还原性气氛中进行 $BaTiO_3$ 半导体陶瓷的烧成是有利的。

图 5-83 所示为瓷料 $\left[0.982\,BaTiO_3+0.002\left(\frac{1}{2}Dy_2O_3\right)+0.016SiO_2\right]$ 的烧成条件与陶瓷材料的平均晶粒和介电常数之间的关系。从图示的结果可以看出，该瓷料在 1300℃呈现了最大的晶粒生长速率。如果在 1250℃先恒温 4h，陶瓷材料的平均粒径很大，经第二次煅烧后的显介电常数也最高。

可以采用 MnO_2、CuO 或 Cu_2O、Bi_2O_3 等作为第二次煅烧前的涂覆氧化物。对于 $BaTiO_3$ 晶界层陶瓷介质，第二次煅烧温度比相应氧化物在 $BaTiO_3$ 陶瓷中扩散的温度（依次为 1160℃、1050℃、650℃和 550℃）高 100℃的条件下，就可以实现涂覆氧化物在 $BaTiO_3$

陶瓷晶界中的迅速扩散和固溶。

图 5-84 示出了当涂覆 Cu_2O 或 MnO_2 时，第二次煅烧的温度和时间与形成的扩散层厚度的关系。图示的曲线表明，在较高的热处理温度下，当热处理时间一定时，扩散层厚度随第二次煅烧温度的提高而增厚，而且大致与 $1/T$ 呈线性变化。第二次煅烧应该在空气中进行。中性气氛不能形成绝缘性的晶界层。这表明，在第二次煅烧中，空气中的氧也与涂覆氧化物一起，沿着陶瓷材料的晶界迅速扩散和溶解，共同起着使晶界氧化为绝缘性晶界层的作用。氧化物等在晶界上的扩散速度比在晶粒内部的扩散速度要高得多。所以，经过第二次煅烧后，只是在陶瓷晶粒的晶界上形成绝缘性晶界层，而整个晶粒不致被绝缘化，即每个晶粒内部仍然保持良好的半导性。

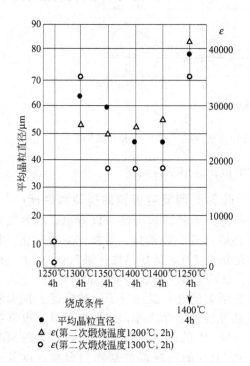

图 5-83 $0.982BaTiO_3 + 0.002\left(\frac{1}{2}Dy_2O_3\right) +$ $0.016SiO_2$ 瓷料的烧成条件与陶瓷的平均晶粒大小和介电常数 ε 之间的关系（N_2 中烧成，瓷坯直径 12mm，厚 0.7mm）

平均晶粒直径
ε(第二次煅烧温度1200℃, 2h)
ε(第二次煅烧温度1300℃, 2h)

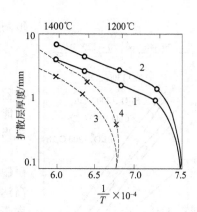

图 5-84 热处理温度和时间与扩散层厚度的关系

1—Cu_2O 涂覆，热处理 2h；2—Cu_2O 涂覆，热处理 6h；
3—MnO_2 涂覆，热处理 2h；4—MnO_2 涂覆，热处理 6h

进行第二次煅烧前的氧化物涂覆量，对晶界层陶瓷介质的介电性能有一定影响。第二次煅烧的条件对晶界层陶瓷的介电-温度性能影响很大，此外，图 5-85 示出了以 CuO 作涂覆氧化物，涂覆量对 $BaTiO_3$ 晶界层陶瓷介质的电阻率 ρ、介电常数 ε 和介质损耗角正切值 $\tan\delta$ 的影响。结果表明，CuO 的涂覆量只在过少或过多时才对有关性能有显著影响，在相当宽的涂覆量范围（0.1～10mg）变化时，对给定试样的 ρ、ε 和 $\tan\delta$ 都不具有明显的影响。

晶界层陶瓷介质的电阻率随温度的升高而降低。图 5-86 为 CuO 或 Bi_2O_3 作涂覆氧化物的 $BaTiO_3$ 晶界层陶瓷介质的电阻率 ρ 随温度的变化情况。此图也表示了第二次煅烧温度对 $BaTiO_3$ 晶界层陶瓷介质的电阻率-温度性能的影响。制备晶界层陶瓷电容器的其他工序与一

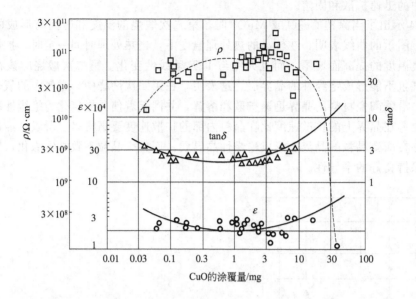

图 5-85　CuO 的涂覆量对晶界层陶瓷电容器介电性能（ρ，ε，$\tan\delta$）的影响

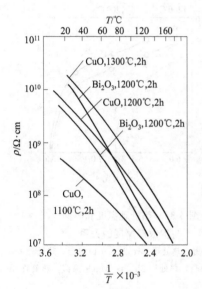

图 5-86　第二煅烧温度对 BaTiO₃
晶界层陶瓷介质电阻率温度
性能的影响

般陶瓷电容器类似，这里不再叙述。

5.2.2.5　晶界层陶瓷电容器的类型和性能

　　从晶界层陶瓷介质的结构特征可以看出，晶界层电容器陶瓷材料必须具备下列条件：晶粒充分半导化，晶粒能够得到较充分的发育，例如晶粒达到 $10\mu m$ 以上，经适当处理可以在晶粒边界上形成绝缘性的晶界层。

　　日本对晶界层陶瓷电容器进行了比较广泛的探索和研制。除一般晶界层陶瓷介质外，还发展了显介电常数高达 $4\times10^4\sim8\times10^4$ 的晶界层陶瓷介质，介质色散频率高达 $10^3\sim10^4\,MHz$ 的高频晶界层陶瓷介质，以及介电常数随温度的变化非常微小的低温度系数晶界层陶瓷介质等。目前仍在大力开展新型晶界层陶瓷介质的探索和研制。

　　表 5-27 和表 5-28 分别列出了晶界层陶瓷的类型和工艺要点，以及晶界层陶瓷介质的主要性能指标。配方中的 Dy_2O_3 为施主掺杂剂，SiO_2 和 Al_2O_3 等加入物与前述 AST 相同，即起到消除受主杂质对半导化毒害的作用，促进陶瓷材料半导化。

表 5-27　晶界层陶瓷介质的类型和工艺要点

类型	标记	陶瓷材料的组成	烧成气氛	涂覆氧化物	第二次煅烧的气氛
普通材料	S-Ⅰ	BaTiO₃＋0.1％（摩尔分数）Dy₂O₃＋0.4％（质量分数）SiO₂	N₂	CuO	空气
	S-Ⅱ	BaTiO₃＋0.1％（摩尔分数）Dy₂O₃＋0.4％（质量分数）SiO₂＋1.0％（摩尔分数）BaCO₃	N₂	CuO	空气

类型	标记	陶瓷材料的组成	烧成气氛	涂覆氧化物	第二次煅烧的气氛
高介材料	HK-I	$Ba(Ti_{0.9}Sn_{0.1})O_3+0.1\%$(摩尔分数)$Dy_2O_3+0.4\%$(质量分数)$SiO_2+$ 0.6%(摩尔分数)$CuO+0.5\%$(摩尔分数)$BaCO_3$	N_2气中烧成,空气中冷却		
	HK-II	$(Ba_{0.875}Sr_{0.125})(Ti_{0.95}Sn_{0.05})O_3+0.1\%$(摩尔分数)$Dy_2O_3+$ 0.4%(质量分数)$SiO_2+0.6\%$(摩尔分数)$CuO+0.5\%$(摩尔分数)TiO_2	N_2	CuO	空气
高频材料	HF-I	$(Sr_{0.375}Ba_{0.625}O_{1.00})(TiO_2)_{1.02}+0.2\%$(摩尔分数)$Dy_2O_3+$ 0.4%(质量分数)$SiO_2+0.4\%$(质量分数)Al_2O_3	N_2+H_2	CuO或MnO_2	空气
	HF-II	$SrTiO_3+0.1\%$(摩尔分数)$Dy_2O_3+0.4\%$(质量分数)SiO_2+ 0.4%(质量分数)$Al_2O_3+0.04\%$(摩尔分数)$SrCO_3$	N_2+H_2	CuO	空气
	HF-III	$(Sr_{0.94}Ba_{0.06})TiO_3+0.1\%$(摩尔分数)$Dy_2O_3+0.4\%$(质量分数)$SiO_2+$ 0.4%(质量分数)$Al_2O_3+0.04\%$(摩尔分数)$SrCO_3$	N_2+H_2		空气
低温度系数材料	HS-I	$SrCO_3+0.4\%$(摩尔分数)$MnO+1.6\%$(摩尔分数)SiO_2	N_2或Ar	—	空气
	HS-II	$Sr_{1-x}R_xTi_{1-x}M_xO_3$,其中:R—三价稀土元素;M—铁族元素	$Ar+H_2$或Ar	—	空气

表 5-28　晶界层陶瓷介质的主要性能指标

类　型	标记	ε(1kHz)	$\tan\delta$(1kHz)/%	$\rho/\Omega\cdot cm$	f_m/MHz	击穿强度/(V/mm)
普通材料	S-I	20000	2~4	5×10^{10}	30	10000
	S-II	18000	2~5	5×10^{10}	30	20000
高介材料	HK-I	50000~80000	5~10	2×10^{10}	10	3000
	HK-II	40000	2~6	2×10^{10}	30	5000
高频材料	HF-I	15000	2~6	10^{10}~10^{11}	1000	20000
	HF-II	7000	1~3	1×10^{12}	10000	15000
	HF-III	25000	1~3	1×10^{11}	1000	5000
低温度系数材料	HS-I	20000~35000	2~5	1×10^{10}	300	300
	HS-II	15000~40000	1~15	1×10^{10}		

由于（Ba，Sr）TiO_3 和 Ba（Ti，Sn）O_3 等固溶体陶瓷的晶粒生长缓慢，为了促进晶粒生长，在 HK-I 配料中引入了 CuO。CuO 在烧成过程中起矿化剂作用，促进晶粒成长，另一方面，在缺氧气氛中烧成，可能逐渐被还原成金属 Cu 而排挤在晶界和晶界附近，在空气中冷却时，则被自晶界扩散到瓷体内的氧又重新氧化成氧化物，使晶界层绝缘化，无需再进行涂覆氧化物及第二次煅烧。对于 HK-II，则在配方中加入过量的 TiO_2，由于 Sr^{2+}、Sn^{4+} 对 Ba^{2+} 和 Ti^{4+} 的适当置换促进了晶粒成长。对于高频类材料（HF-I、HF-II 和 HF-III），为了改善其频率特性，在烧成的保温阶段要通入 H_2，使气氛呈较强的还原性，保证陶瓷材料在烧成后有尽可能低的电阻率。对于 HF-III、HS-I、HS-II 料，绝缘性的晶界层不需要经过涂覆氧化物，只通过在空气中进行第二次煅烧即可形成。各类晶界层陶瓷电容器的生产过程综合于图 5-87 所示的流程图中。

图 5-88 和图 5-89 示出了各类晶界层陶瓷介质的介电常数- 温度特性，也列出了一些电容器陶瓷材料的介电常数- 温度特性。一般说来，各类晶界层陶瓷介质的介电常数随温度的变化都比相应组成的普通电容器陶瓷平缓。对比图 5-88~图 5-90，可明显地看出，各类晶界层陶瓷介质都比相应组成的普通电容器陶瓷介质的介电常数的温度变化率低。图 5-90 为各类 BL 介质的介电常数与温度变化率的关系。

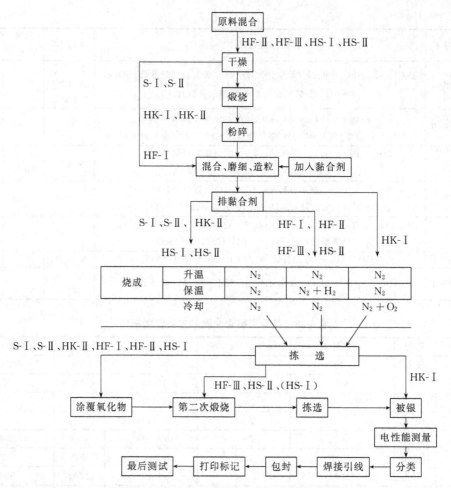

图 5-87 各类晶介层陶瓷电容器的生产工艺流程

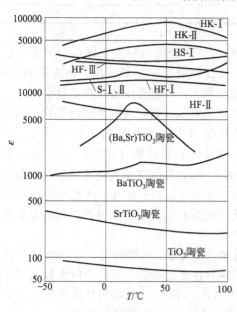

图 5-88 各种陶瓷介质的介电
常数-温度特性

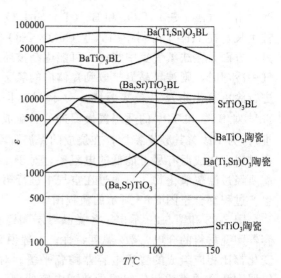

图 5-89 几种 BL 介质和相应组成的陶
瓷材料的介电常数-温度特性

功能陶瓷及应用

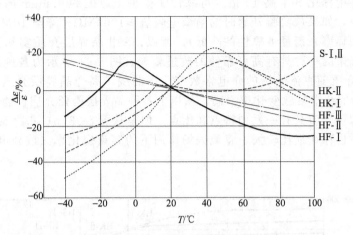

图 5-90 各类 BL 介质的介电常数-温度变化率

图 5-91 表明，处于 $SrTiO_3$-RMO_3（R 为三价稀土元素，M 为铁族过渡元素）二元系的 HS-Ⅱ，介电常数随温度大致呈线性变化，因而 HS-Ⅱ 晶界层陶瓷介质可以用来制作温度补偿用的晶界层电容器。图 5-92 示出了普通电容器陶瓷介电常数随温度的变化率。

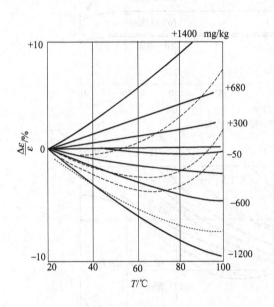

图 5-91 HS-Ⅰ和 HS-Ⅱ介质的介电常数
随温度的变化率
实线为 HS-Ⅱ；虚线为 HS-Ⅰ

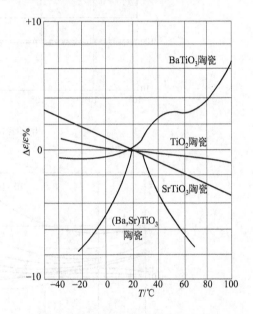

图 5-92 普通电容器陶瓷介电常数
随温度的变化率

图 5-93 列出了各类晶界层陶瓷介质和一些普通电容器陶瓷的介电-频率特性。各种晶界层电容器陶瓷介质中，HK-Ⅰ 具有最低的介质色散频率（$f_m=10MHz$），这显然与配料时就引入 CuO 有关。CuO 在配料时就引入，不可避免地会提高陶瓷材料晶粒部分的电阻率，从而导致了介质色散频率降低，见式(5-7)。

与 S-Ⅰ 比较，在 S-Ⅱ 配料中引入了过量的 Ba^{2+}。BaO 过量有利于陶瓷材料击穿强度的提高，同时也改善了晶界层介质的可靠性。S-Ⅱ 是在 S-Ⅰ 配方的基础上多加了 1.0%（摩尔分数）$BaCO_3$ 使晶界层介质的击穿强度提高了一倍。可靠性实验表明，S-Ⅱ 具有非常高的可靠性，可靠性指标比 S-Ⅰ 高 10 倍（可靠性实验是把厚度约 0.6mm 的晶界层介质施加 10V 的直流电压，如果从实验开始时的绝缘电阻值≥1000MΩ，降至 10MΩ 以下，则电容器为损坏，以损坏率来衡量可靠性的高低）。所以，S-Ⅱ 晶界层介质实际上是在 S-Ⅰ 瓷料的基础上发展起来的一种具有高可靠性的改进瓷料。图 5-94 所示为各种晶界层介质以及 $BaTiO_3$ 基陶瓷介质随直流偏场的介电常数变化率曲线。高介晶界层介质（HK-Ⅰ、HK-Ⅱ）随直流偏场的介电常数变化率很高。从以上各种晶界层陶瓷介质性能的简单介绍可以认为，晶界层陶瓷介质具有一系列特点和优点。但是从图 5-93(b) 和图 5-94 也可以看出，晶界层陶瓷介质也存在损耗较大、直流偏场作用下的容量变化率（或介电常数的变化率）较高等缺点。

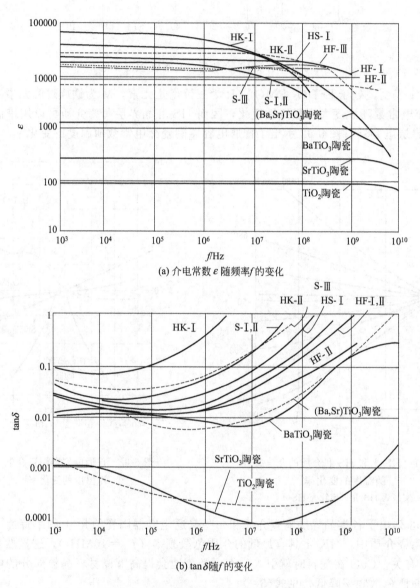

(a) 介电常数 ε 随频率 f 的变化

(b) $\tan\delta$ 随 f 的变化

图 5-93　各类晶界层介质的介电-频率特性

国内外仍在对晶界层陶瓷电容器进行研究和开发，如以 $SrTiO_3$ 为基的直流偏场特性好、电容量变化率低的 SBL 电容器；在空气中一次烧成的高介 $BaTiO_3$ 晶界层陶瓷介质等。

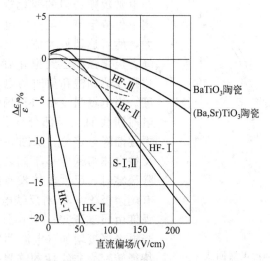

图 5-94 各种晶界层介质和 $BaTiO_3$ 基陶瓷
的介电常数变化率的直流偏场特性

在空气中一次烧成的高介 $BaTiO_3$ 晶界层陶瓷介质，需采用高纯原料进行配料，配料中加入 0.15%～0.25%（质量分数）Sb_2O_3 和 0.01%～0.15%（质量分数）CuO，配料经球磨后在 950～1100℃下合成，然后经粉磨、加结合剂后压制成型，然后在 1300～1400℃下，在空气中一次烧成即可获得高介晶界层介质。表 5-29 列举了几个配方的介电性能。

表 5-29　晶界层陶瓷介质的主要性质指标

组　　　成	T_c/℃	ε(20℃)	$\tan\delta$/%	$\rho/\Omega \cdot cm$
$BaO \cdot Z(Ti_{0.74}Sn_{0.26})O_2$+0.15%（质量分数）$Sb_2O_3$+0.04%～0.055%（质量分数）CuO	约40	77000	5	4.5×10^9
$BaO \cdot Z(Ti_{0.74}Sn_{0.26})O_2$+0.175%（质量分数）$Sb_2O_3$+0.015%～0.06%（质量分数）CuO	约40	66000	6.5	1×10^{10}
$BaO \cdot Z(Ti_{0.6}Sn_{0.4})O_2$+0.15%（质量分数）$Sb_2O_3$+0.05%～0.065%（质量分数）CuO	约10	68000	6.5	8×10^9
$BaO \cdot Z(Ti_{0.6}Sn_{0.4})O_2$+0.175%（质量分数）$Sb_2O_3$+0.025%～0.08%（质量分数）CuO	约10	42000	3.3	1×10^{10}

注：表中配方内的 Z 值为 1.005～1.05，电阻率的测试介电强度为 1.0V/mm。

5.3　反铁电介质陶瓷

以 $PbZrO_3$ 为基固溶体组成的陶瓷是反铁电陶瓷的基本类型。本节对 $PbZrO_3$ 反铁电晶体的结构、$Pb(Zr，Ti)O_3$ 反铁电陶瓷的组成和特性、工艺要点及应用简单介绍如下。

5.3.1　反铁电介质陶瓷的特性和用途

反铁电介质陶瓷是由反铁电体 $PbZrO_3$ 或以 $PbZrO_3$ 为基的固溶体（包括 PLZT）所组成。反铁电体的宏观特征是具有双电滞回线（图 5-95）。

图 5-95 中横轴表示施加于铁电体陶瓷材料上的电场强度 E，纵轴表示陶瓷材料相应的极化强度 P。从图 5-95 可见：在开始施加电场时，极化强度随电场强度呈线性增加，介电常数几乎不随场强而变。但是当场强增高到一定数值后，极化强度与电场强度之间即显示出明显的非线性关系，即极化强度随场强加速变化，曲线向上弯最后又近于线性变化。电滞回线上极化强度与电场强度之间由线性关系转变为明显的非线性关系的电场强度称为临界电场强度，图中每点的斜率表征材料在该电场强度时的电容量。可见反铁电陶瓷材料的电容量或

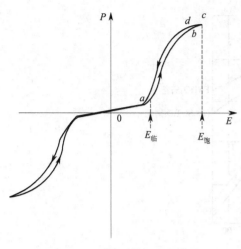

图 5-95 反铁电体的电滞回线

介电常数随场强的变化规律为：在低场强度作用下保持定值，至一定电场强度时电容量逐渐增大，然后达到最大值，电场强度更高时电容量下降，极化强度达到饱和后电容量降至一定值。极化强度达到饱和值时的电场强度称为饱和电场强度。当电场强度由饱和场强降低时，极化强度沿电滞回线的上半部分变化，电容量由小变到大，再逐渐降至定值。从图 5-95 和图 5-96 可以看出，反铁电体与铁电体不同之处在于：当外电场强度降至零时，反铁电体没有剩余极化，而铁电体则有剩余极化 P_r。对反铁电体来说，在施加的电场强度由弱逐渐增强时由线性特征转变为非线性，当电场强度增加（电滞回线的下方曲线）到线性特征转变为非线性的临界电场强度时，反铁电体即相变为铁电体。而当电场强度降低（电滞回线的上方曲线）到非线性特征转变为线性的临界电场强度时，铁电体又相变为反铁电体。P_f 为铁电态时的极化强度，P_a 为相变前反铁电态时的极化强度，P_f 远大于 P_a。所以当材料中有任何一部分反铁电体相变为铁电体时，必伴随着材料极化强度迅速增大。当材料中几乎所有反铁电体都相变为铁电体时，回线即趋于饱和，P_{max} 对应于饱和场强 E_{max} 时的极化强度。除了电场能强迫反铁电态与铁电态进行相变外，温度与压力也都能使反铁电态与铁电态之间互相转变。

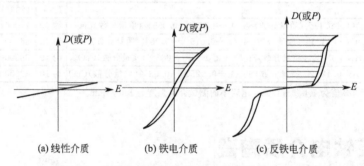

(a) 线性介质   (b) 铁电介质   (c) 反铁电介质

图 5-96 典型介质的电位移 D 和电场强度 E 的关系

反铁电体因具有上述特性，是比较优良的储能材料，用它制成的储能电容器具有储能密度高和储能释放充分的突出优点。比较图 5-96 的线性介质、铁电介质和反铁电介质的电位移 D 和电场强度的关系即可明显看出三种材料的明显区别。单位体积电介质所储存的能量（即储能密度）J 可由下式计算：

$$J = \int_0^{D_{max}} E \, dD \tag{5-8}$$

式中，D_{max} 是在所加电场强度为 E_{max} 时的电位移。对于介电常数高的电介质来说，电位移 D 可以用极化强度 P 来代替。阴影面积表示单位体积电介质在放电时可能利用的能量。由于介电常数定义为 dD/dE，式(5-8)可写成为：

$$J = \int_0^{D_{max}} \varepsilon E \, dE$$

以 $PbZrO_3$ 为基的反铁电陶瓷材料的储能密度可达 $1J/cm^3$ 以上，将其制成电容器件的

储能密度为 $0.2 \sim 0.3 J/cm^3$ 以上，比优质的油浸纸介电容器的储能密度 $0.017 J/cm^3$ 大 $10 \sim 20$ 倍。由于反铁电储能电容器是利用反铁电态与铁电态相变时之储能变化，以 $PbZrO_3$ 为基的反铁电材料相变场强较高，一般为 $40 \sim 100 kV/cm$，所以可用于制作高压陶瓷电容器。研究反铁电陶瓷电容器需解决的问题是由于其具有很大的电致应变，尤其是当反铁电态向铁电态相变时，瞬时有很大的应变产生，应变量比 $BaTiO_3$ 约大一个数量级（$BaTiO_3$ 最大应变 $< 30 \times 10^{-5}$，而反铁电材料约为 30×10^{-4}）。相变时产生很大的应变，这对陶瓷储能电容器应用是很不利的。因为这种电容器在充放电时，必伴随着材料的反复形变，而形变产生的巨大应力，有可能导致晶界出现裂纹，随着反复次数增多，这种裂纹由晶界处逐渐扩展，可能使瓷体发生破坏和击穿。对于这种相变与形变应予以足够的重视。相变时形变的大小，在很大程度上影响到材料的工作电压和使用寿命。

反铁电态与铁电态相变时产生的形变，可以用来制作换能器，进行电能和机械能的转换，此时就希望电场作用下相变引起的形变量最大，这样换能效率就很大。用这种材料制作换能器时，由于形变不依赖于频率，所以不需要共振机械系统。另外，利用反铁电材料具有较高介电常数以及在一定高压下介电常数进一步增大的特性（相应于回线最陡的部分），用它制成的高压电容器在滤波等方面也获得了良好的应用效果。

5.3.2 反铁电体的微观结构

反铁电体的特征是具有双电滞回线，线性介质的微观结构是没有自发极化，而铁电介质的微观结构是具有很强的自发极化。从低电压时的线性特征来看，似乎反铁电体的微观结构没有自发极化，但在高电压时又呈现很强的非线性，其微观结构又应存在很强的自发极化。对 $PbZrO_3$ 晶体的微观结构进行的深入研究表明：$PbZrO_3$ 的居里温度 $T_c = 230 ℃$，高于居里温度时，它为理想的立方相钙钛矿型结构。低于居里温度时，它为反铁电体。反铁电 $PbZrO_3$ 晶体有两种反铁电态存在：一种具有斜方对称的结构；另一种具有四方对称的结构。通常只有四方结构的反铁电态能发生强迫相变为铁电态。纯的或较纯的 $PbZrO_3$ 在稍低于其居里温度的很窄一段温度区间（约几摄氏度）内，才是四方反铁电相，温度在约 $220℃$ 至室温这一温度区间内，$PbZrO_3$ 以斜方反铁电相存在。$PbZrO_3$ 四方反铁电相强迫相变为铁电相的机理比较复杂。图 5-97 表示偶极子在简单立方晶格中的两种排列，图 5-97(a) 为反向平行排列，图 5-97(b) 为平行排列。在图 5-97(b) 晶格中偶极子的极性是相同的，而在图 5-97(a) 晶格中，偶极子成对地按反平行方向排列。图 5-97(b) 晶格代表铁电态的晶格特征。而图 5-97(a) 晶格则代表反铁电态的晶格特征。

从图 5-97(a) 的晶格模型中可以看到，沿立方晶格对角线这个平面上，偶极子有相同的极性，而在相互垂直的另一条对角线的平面上，偶极子的极性恰好相反。如图 5-97(b) 的晶格模型代表极性单元晶胞（属铁电相），则图 5-97(a) 的晶格模型代表反极性单元晶胞（属反铁电相），图 5-97(a)

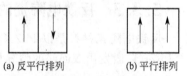

(a) 反平行排列　　(b) 平行排列

图 5-97　偶极子在简单的立方晶格中的两种排列

的晶格的特征有两个：①离子有自发极化，即以偶极子形式存在；②以成对地反平行方向排列着偶极子，这两部分偶极子的偶极矩大小相等、方向相反（$P_1 = -P_2$），因此单位晶胞中总的自发极化强度为零。在低电压时，反铁电态晶胞中偶极子以反平行方向排列，偶极子的偶极矩在晶胞内部抵消，对外不呈现有极性，所以在电滞回线上表现为线性关系，如同线性介质一样。当电压逐渐升高到一定数值后，反铁电态晶胞内部与电场方向相反的那部分偶极子在电场作用下开始发生反转，同时这部分反铁电晶胞也转变为铁电晶胞。在反向偶极子转向时，其偶极矩由 $-P_2$ 转变为 $+P_2$，晶胞总的自发极化不再相互抵消，所以极化强度突然增大，即所谓回线"起跳"。极化强度随电场强度的继续增加开始呈现明显的非线性变化，直至电场强度达到饱和电场强度时，全部偶极子都完成了沿电场取向的变化，反铁电体充分转变为极化后的铁电体，即达到了图 5-98(b) 的状态。若电场强度逐渐降低，最后降到零，这个过程的结构就发生图 5-98(b) 向图 5-98(a) 的变化，电位移的大小沿着电滞回线上方曲线变化，最后到达原点，即宏观极化强度为零。图 5-98 为电场强迫反铁电晶胞相变的示意图。反铁电态被强迫相变时，由于晶胞中反向偶极子的转向，因而常伴随有很大的体积变化，造成反铁电态电致应变量大。

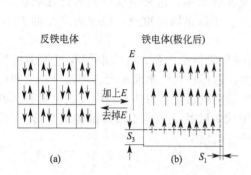

图 5-98　反铁电晶胞电场强迫相变示意图

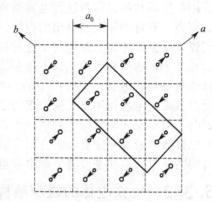

图 5-99　反铁电晶体结构在 [001] 面上的投影

对于 $PbZrO_3$ 反铁电晶体结构的情况，图 5-99 示出了 $PbZrO_3$ 反铁电晶体结构在 [001] 面上的投影。虚线画的方框代表 $PbZrO_3$ 在居里温度以上时原始的钙钛矿型晶格的参数（假立方晶胞的边长为 $a_0 = 0.411nm$），在温度降至居里温度以下时，铅离子离开原来的中心对称位置，沿对角线方向发生了很大的位移，这种铅离子的位移在相邻的原始晶胞中是成对地沿反平行方向进行的。实际上氧离子也进行反平行方向位移（在示意图上未画出）。在此平面上用实线画的方框代表斜方相的单元晶胞。在此晶胞中铅离子和氧离子的位移量相当大，但由于产生的偶极矩在晶胞内部相互抵消，所以对外不显示极性。在很强的外电场作用下，与电场反向的偶极子可以转向，但外电荷降至一定值以后，又恢复原来的反平行位移状态。$PbZrO_3$ 晶胞中离子反平行位移的这种特性，就是其具有双电滞回线以及反铁电态与铁电态可相互转变的结构原因。

5.3.3　反铁电陶瓷的组成、性质和生产工艺

反铁电陶瓷材料是以 $PbZrO_3$ 或 $PbZrO_3$ 为基的固溶体为主晶相构成的。图 5-100 示出了 $PbZrO_3$ 激发出双回线的临界场强 $E_{临}$ 随温度变化的关系。从图示关系可以看出，随着温度降低，$PbZrO_3$ 的临界场强呈直线增加，在温度降到 200℃ 时，临界场强已高达 60kV/cm。纯 $PbZrO_3$ 的相变场强 E_f 很高，在室温下电场激发不出双回线的原因在于激发出双回线之前，所施加的电场强度已经将该陶瓷材料击穿。当温度升高到接近其居里温度附近，才能看到双回线的出现，由于 $PbZrO_3$ 的高温挥发性较强，反铁电陶瓷材料的这些问题，都限制了 $PbZrO_3$ 为基陶瓷材料的使用。另外，$PbZrO_3$ 材料较难烧结。有的研究采用 $PbZrO_3$ 作主晶相时，加入一定量（5%～15%）含铅的铅铋硼硅酸盐玻璃料等，来促进烧结和提高耐电强度。但是

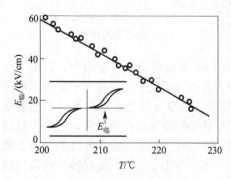

图 5-100　$PbZrO_3$ 激发出双回线的临界场强 $E_{临}$ 与温度的关系

加入玻璃相后对 $PbZrO_3$ 的电滞回线有很大的影响，如使极化强度降低和使相变场强 E_f 大大增高，且往往造成材料变脆。使用时，由于材料电致形变产生的内应力往往使材料内部受到损坏，甚至导致击穿。所以，加入玻璃相的 $PbZrO_3$ 反铁电材料，往往由于寿命较低的问题而限制了其应用。在实验研究中，在 $PbZrO_3$ 配料中加入约10%的低软化点铅铋硼硅玻璃（SiO_2、B_2O_3 玻璃形成剂加入量约10%），在1000℃烧成了易熔玻璃结合的 $PbZrO_3$ 反铁电陶瓷试样。试样在室温（24.5℃）下施加电场，直流场强在 40kV/cm 时，储能密度达 $2.1J/cm^3$，但其使用寿命，尤其在交流电场下的使用寿命很短，难于实际应用。

为了改善 $PbZrO_3$ 基反铁电瓷料的烧结性能、降低相变场强和相变温度，使之在室温时就具有反铁电陶瓷的性能，一些研究对 $Pb(Zr，Ti，Sn)O_3$ 系瓷料进行了较多的工作。以 $Pb(Zr，Ti，Sn)O_3$ 固溶体为基础的反铁电储能陶瓷材料，采用 La^{3+} 或 Nb^{5+} 掺杂改性，获得了较好的结果。图 5-101 和图 5-102 示出了两个三元系统的部分相图。

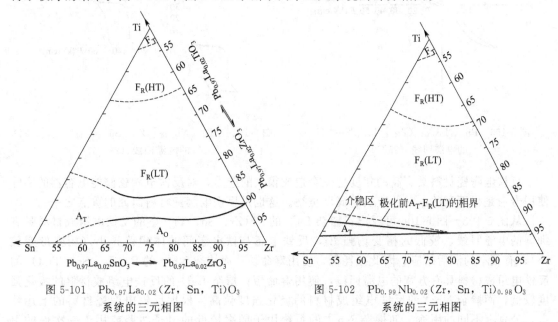

图 5-101　$Pb_{0.97}La_{0.02}(Zr，Sn，Ti)O_3$ 系统的三元相图

图 5-102　$Pb_{0.99}Nb_{0.02}(Zr，Sn，Ti)_{0.98}O_3$ 系统的三元相图

上两图中：F_T 表示四方铁电相；$F_R(HT)$ 表示菱面体铁电相（高温）；$F_R(LT)$ 表示菱面体铁电相（低温）；A_T 表示四方反铁电相；A_O 表示斜方反铁电相。比较图 5-101 和图 5-102，含 La 的系统比含 Nb 的系统具有宽得多的四方反铁电相的稳定区域。由于只有四方铁电态的陶瓷可以发生强迫相变。从热力学角度考虑，反铁电态与铁电态二者自由能差愈小愈容易发生强迫相变。实验证明，四方反铁电态的组成愈靠近 A_T 与 $F_R(LT)$ 相界，从反四方铁电态到四方铁电态的强迫相变愈容易实现，相变场强和临界场强一般较低。利用调整瓷料组成距 A_T 与 $F_R(LT)$ 相界的远近，可调整反铁电瓷料的临界场强和相变场强。例如，对于组成为 $Pb_{0.97}La_{0.02}[(Zr，Ti)_{0.7}Sn_{0.3}]O_3$ 的反铁电瓷料，当 Zr/Ti 愈接近相界其 E_f 就愈低，Zr/Ti 逐渐增大远离相界，E_f 即迅速增高。比较表 5-30 中的数值与这些组成在图 5-101 中的位置，即可明显看到这个规律。多次实验已经证明，这个规律在 A_T 区域内是普遍存在的。

表 5-30　$Pb_{0.97}La_{0.02}[(Zr,Ti)_{0.7}Sn_{0.3}]O_3$ 的 Zr/Ti 对其相变场强等的影响

组成编号	Zr/Ti	25℃时的 E_f/(kV/cm)	峰值介电常数 ε_{max}	居里点 T_c/℃
1	59/11	34	2020	181
2	59.5/10.5	44	1930	177
3	60/10	62	1870	183
4	61/9	76	1540	185

从提高反铁电陶瓷的储能密度的角度考虑，提高相变场强是有利的因素，但相变场强的提高又受反铁电瓷料耐电强度的限制。所以，对反铁电储能陶瓷来说，相变场强的提高应考虑陶瓷材料的耐电强度这个因素，即相变场强应调整和选择适当。

掺杂 La^{3+} 系统的四方反铁电相 A_T 的稳定区域较大，组成可调整的范围较宽；掺杂 Nb^{5+} 系统的 A_T 的稳定区域很窄，组成可调整范围较窄。图 5-103～图 5-106 示出了这两个系统中典型配方的电滞回线和电致应变。

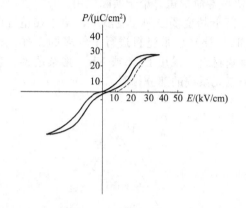

图 5-103　$Pb_{0.94}La_{0.04}(Zr_{0.42}Ti_{0.18}Sn_{0.4})O_3$ 的电滞回线（25℃）

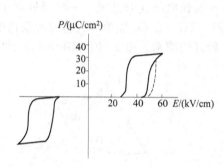

图 5-104　$Pb_{0.99}Nb_{0.02}[(Zr_{0.6}Sn_{0.4})_{0.95}Ti_{0.05}]_{0.98}O_3$ 的电滞回线（25℃）

反铁电陶瓷材料具有高的相变应变会造成很大的应力，对反铁电陶瓷储能电容器的实际使用寿命是很不利的，对此应引起高度重视。这也是反铁电陶瓷材料研究的重点之一。

从图 5-103～图 5-106 可看出：掺杂 La^{3+} 的 $Pb(Zr,Sn,Ti)O_3$ 的反铁电组成材料具有细斜的电滞回线、较低的相变场强 E_f，反铁电态与铁电态间的体积差异小（相变形变较小），有较小的滞后效应，因此损耗低，使用寿命长；而掺杂 Nb^{5+} 的 $Pb(Zr,Sn,Ti)O_3$ 的反铁电组成材料具有方宽的电滞回线，使用寿命短；掺杂 La^{3+} 的反铁电组成材料的极化强度较低，而掺杂 Nb^{5+} 的反铁电组成材料的极化强度较高。根据反铁电陶瓷材料的上述特点，分别有不同的用途。如掺杂 Nb^{5+} 的系统用于频率较低的电子线路或用于一次性的引燃、引爆装置，而掺杂 La^{3+} 的系统用于频率较高的电子线路中。

反铁电陶瓷电容器的生产工艺过程主要包括配料与混合、预烧合成、粉碎、成型、烧成、电极制备、涂覆半导釉、焊接引线、包封、检测等工序。其中预烧合成是将按照配料计算的全部原料混合均匀后装入刚玉坩埚中加盖密封煅烧合成，合成温度一般采用 1050℃ 保温 2h。预烧温度过低，往往造成瓷料合成反应不完全；预烧温度过高，则所得瓷料细粉碎困难且活性降低。加盖密封是由于 PbO 高温时，蒸气压很大，极易挥发。为了弥补挥发的损失，在配方计算时要考虑引入适当过量的 PbO。使用的坩埚选用质地致密和细晶的刚玉坩埚，且新刚玉坩埚在使用前应进行充分吸收 PbO 达到饱和处理，以免煅烧粉料中大量吸铅造成配料偏离配方。合成料应进行充分的细粉碎，成型一般采用轧膜或干压工艺。实践表明轧膜成型比干压成型烧成后的耐电强度高。轧膜成型后烧成瓷片的耐电强度约 15kV/mm 以上，而干压成型烧成瓷片的耐电强度约 10kV/mm。耐电强度高，允许瓷片的工作电压也高。一般选用相变场强较高的瓷料配方，提高瓷料的储能密度。

瓷片的烧成，除坩埚密封外还应保持铅气氛。掺杂 Nb^{5+} 的瓷料的烧成温度较高，约为 1380℃，掺杂 La^{3+} 的瓷料的烧成温度约为 1340℃。瓷料的 Zr/Ti 越高，烧成温度也越高。引入 Sn^{4+} 的量增加有助于降低烧成温度，加入少量 MgO 或 CeO_2 有利于提高瓷件的致密度。

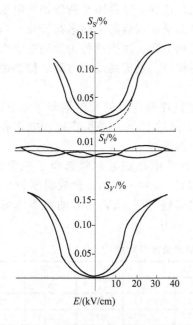

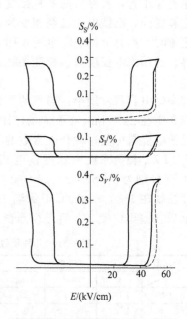

图 5-105　组成为 $Pb_{0.94}La_{0.04}(Zr_{0.42}Ti_{0.18}Sn_{0.40})O_3$ 的反铁电-铁电相变时应变与电场强度的关系

S_I—与电场方向相垂直的应变；

S_S—与电场方向相平行的应变；

S_V—体积应变；$S_V = S_S + 2S_I$

图 5-106　组成为 $Pb_{0.99}Nb_{0.02}[(Zr_{0.60}Sn_{0.40})_{0.95}Ti_{0.05}]_{0.98}O_3$ 的反铁电-铁电转变时应变与电场强度的关系

　　反铁电陶瓷电容器瓷片经电极制备和引线焊接后需用树脂包封，主要是为了在电容器的工作电场强度较高时，减弱或消除边缘电场集中效应和电极接触电阻的影响。实践表明：反铁电陶瓷电容器的电极边缘击穿和飞弧往往比较突出，在瓷片电极边缘上涂覆半导体釉层（或半导体漆层），可有效地消除或减免发生这种边缘击穿和飞弧，可明显提高反铁电陶瓷电容器的工作电压。制备半导体釉，一般采取减少釉中玻璃相的含量，增加导电性能较强的晶相含量，如加入 50％以上的 Fe_2O_3、CuO、NiO、ZnO、TiO_2 等。20℃时，$1cm^2$ 半导体釉层的表面电阻值以 $0.2 \sim 50M\Omega$ 为宜。通常先合成低温玻璃熔块，然后将熔块粉碎后再加入导电性强的金属氧化物配制成半导体釉，这种低温烧釉应能保证釉层与瓷片的结合牢度。常用的铅硼硅玻璃是较易熔的，如 PbO 84.5％、B_2O_3 11％、SiO_2 4.5％组成的低共熔温度为 $(484\pm2)℃$，在 $650 \sim 700℃$下熔制可得到均匀的玻璃体熔块。导电金属氧化物用 ZnO 为基础，同时加入少量（0.5％～3.0％）Bi_2O_3、MnO 和 TiO_2，这种半导体釉的介电损耗较小，可满足生产反铁电陶瓷储能电容器的要求。在瓷片银电极边缘涂覆一宽 $1 \sim 1.5mm$ 的过渡层，可使瓷片的击穿电压从涂覆前的 $3 \sim 4kV/mm$ 提高到 $15kV/mm$ 以上。

　　反铁电陶瓷储能电容器是反铁电陶瓷的重要应用之一，如有些组成的瓷料可用于引信、引爆装置或水声换能器，有些组成的瓷料可用于高压电容器、高介电容器、陶瓷电阻器等。对反铁电陶瓷储能电容器和换能器来说，其材料和性能的关键是提高瓷料的耐电强度，还应该注意解决有些瓷料的"反复击穿"问题。改善铁电陶瓷瓷料的耐电强度和"反复击穿"的解决原则也适用于解决反铁电陶瓷方面的问题。根据实验资料分析，反铁电陶瓷击穿主要有两种情况。①击穿发生在所施加的电场强度达到陶瓷的饱和场强之前，多发生瓷片裂碎。击穿主要是由于相变时电致应变造成的应力超过材料所能承受的限度。解决的方法主要是使材料具有细晶结构和较强的弹性。②击穿发生在所施加的电场强度超过材料的饱和场强后，瓷片多产生击穿小孔，击穿后的瓷片强度几乎不发生变化。这种击穿是由于所施加的电场强度已超过饱和场强，反铁电相已经相变为铁电相，在晶界上呈现很强的空间电荷极化，当场强超过一定值时，晶界上的空间电荷作用，导致了晶界突然击穿。减少这种击穿的主要措施为增强晶界。选用耐电强度高、相变场强高的反铁电陶瓷材料，是提高反铁电陶瓷储能密度的关键。

多层陶瓷电容器发展中，遇到的严重问题是铁电陶瓷在强场时的介电饱和，如 $BaTiO_3$ 基的陶瓷介质在 2kV/mm 直流偏场作用时，介电常数下降约 50%。采用靠近铁电相和顺电相区的反铁电瓷料可使这种介电常数的下降达到最小的程度。

研究 PLZT 瓷料系统中靠近铁电相或顺电相界的反铁电组成时，曾选择了四个配方：La：Zr：Ti 分别为 8：80：20、9：80：20、12：70：30、13：70：30，合成温度为 900℃，烧成温度控制在 1300～1350℃，保温 1h。试样在测试前经过了 4kV/mm 的直流电场处理 5min，然后在室温放置 24h 后进行测量。结果列于表 5-31 中。

表 5-31　几种反铁电陶瓷的组成、烧成温度与性能

试样	烧成温度 组成	1320℃			1350℃			1370℃		
		ε	$\tan\delta$	α_{max}	ε	$\tan\delta$	α_{max}	ε	$\tan\delta$	α_{max}
1	8：80：20	2592	0.017	+23.6%	2350	0.022	+37.4%	2338	0.017	+23.1%
2	9：80：20	2328	0.012	20.2%	2170	0.012	+38.8%	2402	0.015	+22.0%
3	12：70：30	2801	0.016	−9.2%	2957	0.020	−9.7%	2893	0.019	−8.7%
4	13：70：30	2512	0.015	−7.5%	2407	0.015	−9.1%	2431	0.013	−8.1%

注：α_{max} 为 ε 的最大变化率。

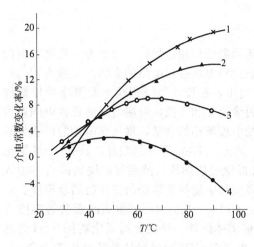

图 5-107　介电常数变化率与温度的关系
1～4—组成见表 5-31

从图 5-107 可看出，3 配方和 4 配方的 T_c 分别约为 65℃和 45℃。由表 5-31 可看出，靠近反铁电-顺电相的组成 12：70：30、13：70：30 比靠近反铁电-铁电相的组成 8：80：20、9：80：20 的稳定性更高，有些研究工作认为当直流偏场达到某一阈值时，反铁电相转变为铁电相的同时伴随着 ε 的突然增大。当电场强度继续增大时，由于铁电相的介电饱和而导致 ε 下降，因此 ε-E 曲线上的峰值位置应和反铁电-铁电相变的阈值电场相对应。由静态法测量 D-E 曲线及示波器法对 D-E 回线的观察发现，上述这些组成的 D-E 回线都没有明显的起跳电场，而是近于线性很窄的回线。反铁电陶瓷电滞回线的胖瘦标志着滞后损耗的大小，电致应变的大小关系着这种材料的耐电强度和使用寿命，在研究和用来生产反铁电储能电容器时，需要测量和综合考虑具体反铁电瓷料的电滞回线和性能。由图 5-107 可知，居里峰处 ε 值的变化非常平缓，说明大量引入 La 造成大量 A、B 空位，导致相变过程是逐渐进行的。4 配方在 40kV/cm 的直流偏场下，介电常数下降不超过 8%，其 20～90℃范围内介电常数的最大变化在 10% 以下。这种反铁电介质陶瓷，可用来制作高稳定、强场工作的多层电容器。图 5-108 给出了电场增加时反铁电介质陶瓷的介电常数变化率-E 曲线。图 5-109 给出了电场降低时反铁电介质陶瓷的介电常数变化率-E 曲线。为了确定所选组成室温时在相图上的位置，3 和 4 配方是否仍为反铁电相，可由图 5-107 示出的该陶瓷材料的介电常数变化率-T 曲线来进行分析。

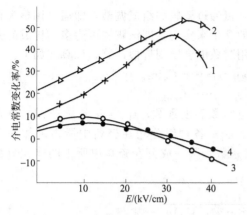
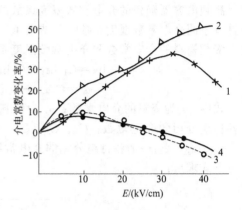

图 5-108　增加电场时的介电常数变化率-E 曲线　　　　图 5-109　降低电场时的介电常数变化率-E 曲线
1~4—组成见表 5-31　　　　　　　　　　　　　　1~4—组成见表 5-31

5.4　高频介质陶瓷

　　高频介质瓷是用来制造Ⅰ类瓷介电容器（GB 3663—83）的陶瓷电介质。这类陶瓷的介电常数比装置瓷高，高频（1MHz）下的介质损耗低，介电常数的温度系数值范围宽，且可根据使用要求进行调节。在温度、湿度、频率和电压等因素影响下，其介电性能稳定。这类陶瓷的化学组成主要是碱土金属和稀土金属的钛酸盐和以钛酸盐为基的固溶体。下面主要介绍这类瓷料的性能特点，几种主要瓷料的化学、矿物组成和生产工艺要点。

5.4.1　高频电容器陶瓷的性能、特点和分类

　　高频电容器陶瓷主要是来制造高频条件下使用的Ⅰ类电容器的陶瓷介质，这类陶瓷介质的主要特点如下。

　　(1) 介电常数较高　介电常数一般在 8.5 ~ 900 范围内，根据实际使用要求，选择介电常数高的陶瓷介质有利于电容器的小型化。

　　(2) 介质损耗小　对这类瓷料要求比结构陶瓷具有更小的介质损耗，主要是避免和防止电容器在电路中引起传输信号的附加衰减和由于介质损耗发热引起的温升而破坏整机的正常工作。所以用于高频或超高频情况下的陶瓷介质，它们的 tanδ 值一般要小于 6×10^{-4}。用在高频、高电场、高功率的情况下，陶瓷介质的 tanδ 应更小，有的要求小于 3×10^{-4}。

　　(3) 介电常数温度系数的范围很宽　在振荡回路中使用的电容器，往往通过电容器的电容温度系数来补偿电路中其他元件的温度系数。高频电容器陶瓷的介电常数的温度系数范围应很宽，且要求系列化，以适应不同电路的使用要求。

　　高频电容器陶瓷的介电常数通常与温度呈线性关系，在规定的温度范围（通常为 20~85℃）内，其介电常数的温度特性用介电常数温度系数 α_ε 来描述，用下式表示：

$$\alpha_\varepsilon = \frac{1}{\varepsilon} \times \frac{\Delta\varepsilon}{\Delta t}$$

　　式中，$\Delta\varepsilon$ 为温度升高 Δt（℃）时介电常数的变化量。陶瓷材料的线膨胀系数很小，一般陶瓷电容器的电容温度系数近似于其介电常数温度系数。高频陶瓷电容器的电容温度系数 α_C 表示为：

$$\alpha_C = \frac{1}{C} \times \frac{\Delta C}{\Delta t}$$

高频电容器陶瓷的介电常数温度系数的大小，可通过瓷料的组成调整，即通过调整瓷料中具有不同介电常数温度系数（正或负值）晶相的含量来实现，即该陶瓷可为多相构成的介质。多相瓷料的介电常数和介电常数温度系数可用对数混合定则近似计算，计算式如下：

$$\ln\varepsilon = C_1\ln\varepsilon_1 + C_2\ln\varepsilon_2 + C_3\ln\varepsilon_3 + \cdots + C_n\ln\varepsilon_n$$

$$\alpha_\varepsilon = C_1\alpha_{\varepsilon1} + C_2\alpha_{\varepsilon2} + C_3\alpha_{\varepsilon3} + \cdots + C_n\alpha_{\varepsilon n}$$

式中，ε 为瓷料的介电常数；α_ε 为瓷料的介电常数温度系数；ε_1、ε_2、ε_3、$\cdots$、ε_n 分别为各种组分相的介电常数；C_1、C_2、C_3、$\cdots$、C_n 表示各种组分相在瓷料中所占的体积分数；$\alpha_{\varepsilon1}$、$\alpha_{\varepsilon2}$、$\alpha_{\varepsilon3}\cdots$为各种组分相的介电常数温度系数。某一成分在瓷料中所占的体积分数可由下式求出：

$$C_1 = \frac{f_1 M_1 \rho}{(f_1 M_1 + f_2 M_2 + \cdots + f_n M_n)\rho_1}$$

式中，ρ 表示混合介质的密度；f_1、f_2、$\cdots$、f_n 表示瓷料中各组分相所占的质量分数；M_1、M_2、$\cdots$、M_n 表示瓷料中各组分相的相对分子质量；ρ_1 表示某一组分相的密度；C_1 表示某一组分相在瓷料中所占的体积分数。

上式的计算结果是近似值，因为材料的性质不仅与材料的组成有关，还与材料的制备工艺（主要是烧成后陶瓷材料的微观结构和相组成）有关。虽然计算结果是近似值，但对配方的设计和获得系列介电常数温度系数瓷料来说具有很好的指导作用。表 5-32 列出几种常用组分的密度、介电常数和介电常数温度系数，仅供参考。表 5-33 中列出了介电常数温度系数系列及其代表符号（组别）。表 5-34 为几种常用的高频电容器陶瓷的介电性能，可供选用时参考。

表 5-32　几种组分的密度、介电常数和介电常数温度系数

化学组成	密度/(g/cm³)	介电常数	介电常数温度系数/(×10⁻⁶/℃)
TiO_2	4.25	80～100	−750～−850
ZrO_2	5.56	16	+100
$CaTiO_3$	4.10	150	−150
$2MgO \cdot TiO_2$	3.52	14	+60
$CaZrO_3$	4.35	25	+76
$CaSnO_3$	4.80	14～16	+30
$SrTiO_3$	5.04	250～270	−2500
$ZrTiO_4$	3.05	39	−110
$La_2Ti_2O_7$	5.60	37	−100
$La_2Zr_2O_7$	5.64	25	−167
$Nd_2Zr_2O_7$	6.34	23.4	+780
$Sm_2Zr_2O_7$	6.37	20.5	+336
$BaZrO_3$	5.34	32	−330
$SrZrO_3$	5.10	26.5	+140

表 5-33　Ⅰ类陶瓷电介质介电常数温度系数系列及其代表符号（组别）

单位：×10⁻⁶/℃

+100	±15 ±30	+33	±15 ±30	0	±15 ±30 ±60	−33	±15 ±30	−47	±15 ±30	−75	±15 ±30
A		B		C		H		N		L	

−150	±15 ±30 ±60	−220	±15 ±30	−330	±15 ±30 ±60	−470	±15 ±30 ±60	−750	±60 ±120 ±250	−1000	±60 ±120 ±250
P		R		S		T		U		Q	

−1500±250	−2200±500	−3300±500	−4700±1000	−5600±1000
V	K	D	E	F

表 5-34　某些高频电容器瓷料的介电性能

组成	测试频率/MHz	ε	$\tan\delta/\times10^{-4}$	$\alpha_\varepsilon/(\times10^{-6}/℃)$
TiO₂	1	90	3	−750
CaTiO₃	1	150	3	−1500
MgTiO₃	1	16	2	+100
CaZrO₃	1	25	8	+76
BaZrO₃	1	32	7	−330
TiO₂-La₂O₃	1	45	1	−60～+30
TiO₂-Nd₂O₃	1	37	1	−10～+120
TiO₂-Sm₂O₃	1	15～58	5.6	−410～+250
TiO₂-MgTi₂O₅	—	22～36	6.3～4.0	−240～+120
TiO₂-MgO-La₂O₃	1	30～45	2.5～1.0	0～±50
TiO₂-MgO-Nd₂O₃	1	24～38	1.7～1.0	1～±40

高频电容器陶瓷可以按照介电常数温度系数或瓷料的化学矿物组成进行分类。根据瓷料的介电常数温度系数和应用情况，高频电容器陶瓷可以分成两大类，一类是高频热补偿型电容器陶瓷，这种陶瓷材料具有较大的负介电常数温度系数，这类陶瓷电容器通常使用在振荡回路里，以补偿回路电感元件的正温度系数，使回路的谐振频率保持不变或变化很小；另一类是高频热稳定型电容器陶瓷，这类陶瓷的介电常数温度系数的绝对值很小，可以将这种瓷料制成性能高、稳定的电容器，主要用于精密电子仪器和设备中。传统上也有按照瓷料的化学矿物组成进行分类，对陶瓷材料的生产和研究较为方便，有利于弄清陶瓷材料的化学矿物组成、结构和性能之间的内在联系，有利于制定合理的生产工艺制度、改进和研制新的陶瓷介质材料。现在，上述分类方法已经不采用了，按照国家标准的规定，高频电容器陶瓷属于Ⅰ类陶瓷介质，再按温度系数的大小分为相应的组别，每一组别都有相应不同的电容温度系数。

5.4.2　金红石陶瓷

金红石陶瓷又称二氧化钛陶瓷，其主晶相为金红石结构的二氧化钛。这种瓷料的介电常数为80～90，介电常数温度系数有较大的负值，为$(-750～-850)\times10^{-6}/℃$，介质损耗很小，常用它生产高频温度补偿陶瓷电容器。

金红石陶瓷在生产和研究的时候，应注意以下几点情况，需要采取相应的措施，防止金红石陶瓷材料的性能恶化，保证材料和电容器的质量。

5.4.2.1　二氧化钛的还原性能

钛元素在元素周期表中处于第四周期第四副族的位置，原子序数为22，其电子分布为$1s^22s^22p^63s^23p^63d^24s^2$，其中3d电子所处的能级比3p和3s电子还高，和4s电子一样，容易在化学反应中失去。由此，我们就容易理解钛离子可以是二价、三价和四价。Ti^{4+}容易获得外来电子变为低价的钛离子。

钛原子的这种结构决定TiO_2属于易变价氧化物，在还原的条件下，极易形成低价氧化物。TiO_2在还原气氛下很容易失去部分氧，在晶格中产生氧离子空位，例如在CO气氛下，其反应过程表示为：

$$TiO_2+xCO \longrightarrow [Ti_{1-2x}^{4+}Ti_{2x}^{3+}]O_{2-x}^{2-}xV_{\ddot{O}}+xCO_2\uparrow$$

式中，$V_{\ddot{O}}$表示氧离子空位。每个氧离子在离开晶格时要交出两个电子，同时使相应的两个Ti^{4+}还原成Ti^{3+}。所以，x个氧离子离开晶格，使$2x$个Ti^{4+}还原成Ti^{3+}，同时出现x个氧离子空位。由于TiO_2的还原，使材料的介电性能恶化，体积电阻率下降，介质损耗增大，抗电强度降低。从外观色泽上，该陶瓷材料由原有的米黄色或白色变成灰色、灰黑色或其他深颜色。金红石瓷在还原气氛条件下烧成，瓷坯"发灰"或产生"黑心"现象，是材料介电性能恶化的外表特征。TiO_2 还原后变成灰色或灰黑色的原因是由于晶格中形成了 F-心（色心），是导致 TiO_2 陶瓷材料的性能恶化的根本原因。引起 TiO_2 部分还原和失氧的原因，有以下几种情况。

① 在烧成时由于还原气氛（如 CO，H_2 等）引起，如在 H_2 气氛下的反应为：

$$TiO_2 + xH_2 \longrightarrow [Ti_{1-2x}^{4+} Ti_{2x}^{3+}]O_{2-x}^{2-} x\,V_O^{\cdot\cdot} + xH_2O\uparrow$$

② 由于高温热分解，即高温时失氧，尤其在 1400℃ 以上时，急剧失氧。其反应如下：

$$TiO_2 \longrightarrow [Ti_{1-2x}^{4+} Ti_{2x}^{3+}]O_{2-x}^{2-} x\,V_O^{\cdot\cdot} + \frac{1}{2}xO_2\uparrow$$

高价钛离子还原为低价钛离子所俘获的电子结合较弱，容易在电场作用下获得较小的能量成为自由电子，反电场方向定向移动，使材料的载流子浓度和电导增大。同时这种弱束缚电子在电场作用下形成电子松弛极化，也会使 TiO_2 陶瓷的介电常数提高。这两个过程都会使 TiO_2 陶瓷介质的损耗增加。因此，TiO_2 的结构中失氧的程度对该 TiO_2 陶瓷的性能影响是非常大的。如上述反应式中的 x 值达到 0.005 时，TiO_2 陶瓷材料的体积电阻率可降到 $10\Omega \cdot cm$。

③ 杂质的作用。TiO_2 原料由于生产厂的原料、工艺流程、设备和条件不同，所含杂质的种类和数量也不完全相同。一般 TiO_2 原料中含有的微量杂质有 MgO、CaO、Al_2O_3、Fe_2O_3、SiO_2 和 Sb_2O_3 等。为了防止 TiO_2 的还原，瓷料中经常配入 ZrO_2 和 MnO_2 等。这些杂质离子大都能与 Ti^{4+} 起置换作用进入 TiO_2 晶格中而影响 TiO_2 的介电性能。杂质离子的价数不同，对 TiO_2 的介电性能影响也不同。与 Ti^{4+} 等价的杂质离子有 Zr^{4+} 等。由于 ZrO_2 中锆离子不易变价，比较稳定，因此，ZrO_2 引入到二氧化钛中时，Zr^{4+} 等价置换 Ti^{4+}，置换区阻止电子迁移，因而降低了 TiO_2 材料的电导和损耗。此外，氧化锆引入到氧化钛中还使氧化钛晶格中氧离子的束缚能增加，这样就防止了氧化钛的失氧还原，可改善 TiO_2 的介电性能。

当二氧化钛原料中含有 Nb^{5+}、Ta^{5+}、Sb^{5+}、W^{6+} 等高价杂质离子时，它与 Ti^{4+} 进行不等价置换，进入 TiO_2 晶格，为了保持电中性，必将有相应数量的 Ti^{4+} 转变为 Ti^{3+}。其反应过程可以用下式表示：

$$(1-x)TiO_2 + \frac{x}{2}Nb_2O_5 \longrightarrow (Ti_{1-2x}^{4+} \cdot Ti_x^{3+} \cdot Nb_x^{5+})O_2 + \frac{x}{4}O_2\uparrow$$

由于 Ti^{3+} 的出现，弱束缚电子的浓度增加了，造成材料的电导增大。虽然电子松弛极化使材料的介电常数增大，但材料的损耗增大时生产高频电容器陶瓷时容易出现废品，导致生产的事故，严重时该配料报废。如果二氧化钛中同时含有 Nb^{5+}、Sb^{5+}、W^{6+}、Ta^{5+} 和 Mg^{2+}、Al^{3+}、La^{3+} 等高价和低价杂质离子，当它们与 Ti^{4+} 置换进入 TiO_2 晶格中，低价离子和高价离子置换后达到电价平衡，则 Ti^{4+} 就不会被还原成 Ti^{3+} 了。可用下列反应来描述这个过程：

$$TiO_2 + \frac{x}{2}Nb_2O_5 + \frac{x}{2}Al_2O_3 \longrightarrow (Ti_{1-2x}^{4+} \cdot Nb_x^{5+} \cdot Al_x^{3+})O_2$$

由于这种电价补偿作用，TiO_2 配料的抗还原的性能增强了，从而改善了瓷料的介电性能。由于二氧化钛原料中 Nb^{5+}、Sb^{5+} 等高价杂质离子不易除净，为了补偿高价离子对二氧化钛的还原作用，须引入一定数量的低价离子。实践证明，TiO_2 配料中加入 0.1%～0.3%（质量分数）的 $MgCO_3$，可使 TiO_2 的抗还原性明显增加，这种电价补偿作用的方法是有效的。

④ 当 TiO_2 陶瓷电容器使用金属银电极，且长期在高温和直流电场下工作时，该陶瓷电容器会发生如下电化学反应而使 Ti^{4+} 被还原为 Ti^{3+}。

正极：$$Ag^0 \longrightarrow Ag^+ + e^-$$
负极：$$Ti^{4+} + e^- \longrightarrow Ti^{3+}$$

该反应中生成的银离子沿陶瓷的表面逐步向内部扩散，在陶瓷材料中出现电子-阳离子电导，使 TiO_2 陶瓷的体积电阻率下降，介质损耗增大。含钛陶瓷电容器的电极为金属银时，也会发生如上反应。这种电容器在高温和强直流电场下工作时，随着时间的延长，体积电阻率下降的现象，称为电化学老化。所以，使用银电极的含钛陶瓷电容器不能在强直流电场和高温下长期工作，一般使用温度应低于 85℃。

5.4.2.2 金红石陶瓷的配方选择和加入物的作用

金红石陶瓷的主晶相为金红结构的 TiO_2 晶体，瓷料的介电常数和介电常数温度系数的大小与瓷料的 TiO_2 含量密切相关。从图 5-110 可以看出，金红石瓷的介电常数随 TiO_2 含量的减少而减小，介电常数温度系数随 TiO_2 含量的减少其绝对值减小。

只用 TiO_2 来制造金红石陶瓷是很困难的，因为纯 TiO_2 瓷需约 1450℃ 才能烧结，即使在氧化气氛下，这样高温下烧结时，TiO_2 也有热分解失氧的可能，这样会使部分 Ti^{4+} 还原成 Ti^{3+}，导致金红石陶瓷材料的介电性能恶化。因此，在金红石瓷料的配方中常引入一些其他加入物以满足成型、烧结和材料介电性能的要求。金红石瓷料配方中各种加入物的作用及其对瓷料介电性能的影响简单介绍如下。

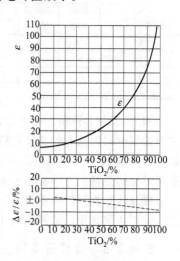

图 5-110 介电常数 ε 和介电常数的温度系数与 TiO_2 含量的关系

(1) 苏州土和膨润土 苏州土和膨润土都是由含水的铝硅酸盐矿物组成，膨润土是一种可塑性高的黏土，苏州土的可塑性较差，在金红石瓷料中加入一定量的苏州土和膨润土是为了增加瓷料的可塑性和改善烧结性能。提高瓷料的可塑性对挤制板形、罐形、筒形等高压大功率陶瓷电容器很有效。金红石瓷料中加入苏州土和膨润土，实际上是引入了 Al_2O_3 和 SiO_2，在金红石瓷料的烧成过程中与瓷料中的其他加入物形成一定数量的低共熔液相，可降低金红石陶瓷的烧结温度和扩大烧结范围。

金红石陶瓷的配方中膨润土的加入量约为 5%。如加入过多，会使介质损耗随膨润土的加入量增加急剧升高，其原因是由于膨润土的增加使瓷料中玻璃相含量增加，而玻璃相的介质损耗比金红石晶要大得多。当采用干压成型时，因坯料并不要求有很好的可塑性，则可用含杂质较少的苏州土来代替膨润土，保证瓷料的介质损耗较低。膨润土常含一些可溶性的钠、镁盐等。为了降低膨润土中杂质的含量，生产上常常将膨润土用去离子水淘洗，以去掉这些可溶性的钠、镁盐等杂质。

(2) 萤石 (CaF_2)、ZnO 和 $BaCO_3$ 这三种加入物在金红石瓷料中起助熔作用，这些化合物在烧成过程中与 Al_2O_3、SiO_2 在较低的温度下形成液相促进烧结。液相出现的温度、液相的黏度、表面张力和与固相的润湿情况等性质和数量决定着瓷料的烧结温度和烧结温度范围。瓷料组成中的这些加入物，除了改善瓷料的烧结外，同时还提高了瓷料的介电性能。这是因为 Ca^{2+}、Ba^{2+}、Zn^{2+} 在玻璃相组成中压抑了 K^+ 和 Na^+ 的作用，使玻璃相中离子电导减小，在降低介质损耗的同时，使瓷料的绝缘电阻增大。三种加入物在金红石瓷料中的加入量一般为 $1\%\sim2\%$，加入量不宜过多，以免使金红石晶相的含量相应降低。

（3）ZrO_2、WO_3 或 H_2WO_4　烧结过程中，金红石晶粒生长较快，且晶粒各向异速生长，形成板条状晶粒，晶粒镶嵌不紧密，瓷坯结构松散，造成瓷料的介电性能和力学性能降低。金红石瓷料中常加入 ZrO_2 和 WO_3（或 H_2WO_4）在烧结过程中抑制晶粒长大，形成细晶结构。Zr^{4+} 和 Ti^{4+} 是等价置换，且 ZrO_2 本身晶格很稳定（不易变价），Zr^{4+} 置换 Ti^{4+} 后金红石晶格中氧离子的结合能力增强，使 TiO_2 不易失氧。W^{6+} 置换 Ti^{4+} 是不等价的，会使 Ti^{4+} 还原成 Ti^{3+}。但是，由于 TiO_2 原料中含有 Mg^{2+}、Al^{3+} 等低价杂质离子，高、低价离子同时置换 Ti^{4+} 进入 TiO_2 晶格中，能消除高价离子对 TiO_2 还原和介电性能的不利影响。WO_3 的加入量一般为 $1\%\sim2\%$，ZrO_2 的加入量约为 5%。ZrO_2 不宜加入过多，否则瓷料不易烧结。表 5-35 列出了几种常用的金红石瓷配方组成。

表 5-35　几种金红石陶瓷的常用配方

组成　　　瓷料编号	配方（质量分数）/%									备　注
	煅烧 TiO_2	未煅烧 TiO_2	膨润土	黏土	碳酸钡	氧化锌	萤石	氧化锆	氧化钨	
1	65	35	5	—	1	1	2	—		
2	87	—	7	—	2			4		
3	87	—	2	3	2		1	5		黏土为叙永土
4	87	—	2	3	2		1	5	1	黏土为苏州土

表 5-35 中 1 号和 2 号瓷料适用于挤制罐形、管形、板形高压大功率陶瓷电容器瓷件。配方中膨润土的加入量较其他瓷料高，是为了增加瓷料的可塑性。为了保证瓷料的稳定性能和控制瓷料的收缩，TiO_2 瓷料应在 $1200\sim1300\,^\circ\mathrm{C}$ 氧化气氛下煅烧。为改善瓷料的成型和烧结性能，挤制成型的瓷料配方中常加入未煅烧过的 TiO_2，但加入量不宜过多，否则烧结的收缩太大，易造成瓷件开裂且尺寸不易控制。3 号和 4 号瓷料适用于干压成型生产圆片低压电容器瓷件。这时常用杂质含量低的苏州土和四川叙永黏土代替部分膨润土，瓷料的介电性能有所提高。

5.4.2.3　金红石瓷的生产工艺

金红石陶瓷经常被用来生产罐形、筒形、板形等高功率电容器瓷件及小型圆片形微调和管形等低压电容器瓷件。由于这两类陶瓷电容器的使用条件不同，结构型式不同，所以生产工艺也有区别，简要介绍如下。

（1）高功率电容器瓷件的生产工艺　这种陶瓷电容器的主要特点是能承受比较高的工作电压，其结构具有体积大和极板边缘有突缘的特点。目前工厂生产的高功率罐形、筒形、板形等电容器瓷件，多采用挤制成型方法，泥段经干燥后进行车加工制得所需形状和尺寸的制品。

挤制成型泥料的制备过程如下：将配制好的配料装入球磨机内湿法混合和粉碎，为了提高成型后坯体的结合强度，湿法混合和粉碎时配料中加入 $0.3\%\sim0.5\%$ 甲基纤维素。料浆经压滤脱水，泥饼在一定的湿度和温度条件下困料 2 周左右，然后泥料经过多次真空粗炼和精炼，消除泥料中的气泡，使水分均匀。泥料中若存在气泡，则成型的坯件和烧成后的瓷体内存在气隙，当陶瓷电容器在高压下工作时，往往在孔隙处发生击穿，因此必须把泥料中的气泡除净。

挤制得到的泥段最好用高频电流进行干燥。其原理是：成型后的泥段含有一定量的水分，因此能导电，随着坯件水分的减少，其电阻增大，导电性减小。当电流通过瓷件时就会产生热量，使泥段整体从内到外都被加热。由于蒸发及热量散失到周围介质中，坯件表面的温度比内部要低些，因此热流由中心向周边移动，泥段内部的水分浓度大于外部水分浓度，也就是说水分流动的方向与热流的方向一致，干燥过程速度快而不致开裂和产生废品。干燥后的泥段进行车加工成所需形状和尺寸的坯件，称为车坯。也有些工厂用注浆成型方法生产罐形、管形等高压高功率电容器瓷件，用这种方法不需很多设备，泥料损失少，但生产效率较低。为了获得高质量的致密罐形或板形等高功率电容器瓷件，可采用等静压成型方法。它是利用液体来传递压力。由于液体难压缩，且能均匀地传递压力，故压制出的生坯密度大而且均匀。金红石瓷件的烧成对制品的介电性能有很大影响，烧成温度过高或过低都将影响瓷料的介电性能。最合适的烧成温度需要通过试验来确定。烧结温度制定首先取决于瓷料的配方组成，如果瓷料中易熔加入物多、瓷料中掺和的回收废料多，则瓷料的烧成温度相应就会降低些。另外，一般挤制成型瓷件的烧成温度低些（1300～1320℃），而干压成型或等静压成型的瓷件烧成温度高些（1320～1350℃）。为了防止 TiO_2 在烧成过程中发生还原，整个烧成过程中应保持氧化气氛。

有些性能优越的抗还原瓷料，其坯件可在还原或中性气氛中烧成。高功率陶瓷电容器极板边缘的突缘部分需施釉，其目的是改善其表面的状态，提高表面放电电压，保证和提高电容器的工作电压。同时，施釉还可提高陶瓷介质的化学稳定性和机械强度。

通常高功率陶瓷电容器采用烧渗银电极工艺，为了避免银层溶入釉中或釉层被烧银时挥发出来的有机物沾污，必须选择烧银温度与烧釉温度相差 150℃以上。即如果被银后施釉，则烧釉温度应比烧银温度低 150℃，如果烧釉后被银，则烧釉温度比烧银温度高 150℃。

(2) 瓷介微调电容器动片的主要生产工艺 圆片形微调陶瓷电容器是由动片和定片构成的，动片起电容器介质作用，瓷料一般采用金红石瓷。微调电容器要求瓷片厚度和致密度均匀一致和尺寸精确。为了使动和定片之间紧密接触，瓷件烧成后有一面须进行研磨抛光。一般瓷料配方中加入 ZrO_2、WO_3 等抑制金红石晶粒长大，采用干压成型工艺，以保证瓷件烧成以后致密度高和具有细晶结构。

干压成型用石蜡或聚乙烯醇溶液为结合剂，加入量为 5%～7%。为了提高瓷坯成型后的致密度，配料经 0.17～0.2MPa 压力预压成团块，再将团块捣碎过 60 目筛造粒，然后进行压制成型，成型压力一般控制在 0.6～0.8MPa。成型后的坯体应先排出结合剂，然后在电窑中烧成。

烧成后的瓷件须经研磨加工和抛光。其加工工艺是先用 150#～180# 金刚砂粗磨 30min，然后用 500#～600# 金刚砂精磨 15min，粗磨和精磨的目的主要是磨平。最后用氧化铝抛光膏抛光 20～45min。

5.4.3 钛酸钙陶瓷和钙钛硅陶瓷

钛酸钙瓷的主晶相为钛酸钙（$CaTiO_3$），它属于立方晶系，为钙钛矿型结构的典型代表，其晶体结构如图 5-111 所示。每个钛酸钙晶胞中含有一个分子单位。Ti^{4+} 处于 6 个 O^{2-} 组成的八面体的中心，Ti^{4+} 的配位数为 6，每个 Ca^{2+} 的周围有 12 个 O^{2-} 包围着，所以 Ca^{2+} 的配位数为 12，包围着每个 O^{2-} 的正离子为 4 个 Ca^{2+} 和 2 个 Ti^{4+}，所以 O^{2-} 的配位数为 6。钛酸钙陶瓷与金红石陶瓷一样，由于其结构特点，其介电常数为 140～150，α_ε 为 $-(1000～1500)\times 10^6/℃$，高频下介质损耗小，常用来制作高频温度补偿电容器。这种化合物具有高介电常数的原因与金红石相似，主要是由于钙钛矿晶格结构中钛氧八面体中钛氧离子的相互作用，产生了很大内电场的缘故。可通过调整瓷料的组成去调节瓷料的介电常数温度系数，生产系列介电常数温度系数的温度补偿用陶瓷电容器。

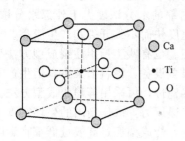

图 5-111 CaTiO$_3$ 的晶体结构

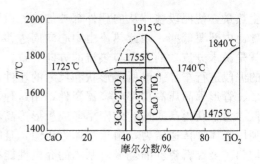

图 5-112 CaO-TiO$_2$ 二元系统相图

纯 CaTiO$_3$ 很难烧结。图 5-112 为 CaO-TiO$_2$ 二元系统相图，可以看出，这个系统有三个化合物：CaTiO$_3$（一致熔融，熔融温度为 1915℃），Ca$_4$Ti$_3$O$_{10}$（不一致熔融，其温度为 1755℃），Ca$_3$Ti$_2$O$_7$（不一致熔融，其温度为 1740℃）。为解决 CaTiO$_3$ 陶瓷的烧结问题，生产上首先要预合成 CaTiO$_3$。其目的是为了提高瓷料的稳定性和减少烧成收缩。CaTiO$_3$ 合成料是用 TiO$_2$ 和 CaCO$_3$ 以等摩尔比例（如按质量比计算 TiO$_2$ 44.4%，CaCO$_3$ 55.6%）进行配料，合成温度为 1260℃。研究工作表明，CaTiO$_3$ 合成与 TiO$_2$ 的晶型有关，在温度 900~1200℃时，由锐钛矿 TiO$_2$ 形成 CaTiO$_3$ 的速度比金红石快得多。CaTiO$_3$ 合成料中要严格控制游离 CaO 的含量，一般要求游离 CaO 含量小于 1%。CaTiO$_3$ 瓷料中加入物主要有如下几种：加入 1%~2% ZrO$_2$，一方面可改善烧结性能，使烧成温度降至（1360±20）℃；另一方面是为了防止 CaTiO$_3$ 中钛离子还原成低价钛，有利于改善瓷料的介电性能；加入 Bi$_2$O$_3$·2TiO$_2$ 和 La$_2$O$_3$·2TiO$_2$，可调整介电常数温度系数和改善瓷料的烧结性能。Bi$_2$O$_3$·2TiO$_2$ 的介电常数为 104，介电常数温度系数为 -150×10^{-6}/℃，La$_2$O$_3$·2TiO$_2$ 的介电常数为 38，介电常数温度系数为 $+30\times10^{-6}$/℃。由 CaTiO$_3$-La$_2$O$_3$·2TiO$_2$-Bi$_2$O$_3$·2TiO$_2$ 三元系统组成图如图 5-113。图中 ABC 三角形的组成区内，瓷料可烧结致密，其他组成区域的瓷料较难烧结。适宜的瓷料组分范围如 CaTiO$_3$ 92%~99.8%（摩尔分数）；Bi$_2$O$_3$·2TiO$_2$ 0.1%~7.9%（摩尔分数）和 La$_2$O$_3$·2TiO$_2$ 0.1%~7.9%（摩尔分数），该组成瓷料的性能如下：ε=145~176，α_ε=（-870~-1210）$\times10^{-5}$/℃；tanδ=（1.1~2.1）$\times10^{-4}$；烧成温度为 1300~1380℃；La$_2$O$_3$·TiO$_2$ 的预合成温度为 1250℃；Bi$_2$O$_3$·2TiO$_2$ 的预合成温度为 700~800℃。国内某工厂生产的该系统瓷料组成为：70% CaTiO$_3$，15% La$_2$O$_3$·2TiO$_2$，15% Bi$_2$O$_3$，5% TiO$_2$。该料的介电常数约 150，温度系数为 （-1300±200）$\times10^{-6}$/℃。

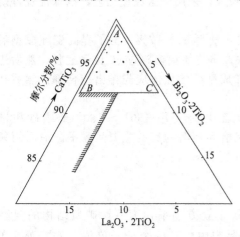

图 5-113 CaTiO$_3$-La$_2$O$_3$·2TiO$_2$-Bi$_2$O$_3$·2TiO$_2$ 系瓷料组成和性能的关系

钛酸钙瓷要求在氧化气氛下烧成。为了防止瓷片与垫板黏结，用氧化锆垫板或用经高温煅烧过的 ZrO$_2$ 粉作为隔粘剂。

一般来说，一些温度补偿用陶瓷介质材料有一个共同缺点，即当介电常数温度系数接近于零或很小的正值或负值时，其介电常数很小，且很难获得很大的正的温度系数值。一种硅钛酸钙（CaTiSiO$_5$）陶瓷的晶体结构属榍石型，为单斜晶系，其主要介电性能如下。

ε（频率 1MHz）：30~50；

tanδ（频率 1MHz）：$<5\times10^{-4}$；

α_ε（频率 1MHz）：$+1200\times10^{-6}/℃$。

该陶瓷具有较高的介电常数和较大的正温度系数。以这种化合物为基础，引入适当的加入物，就可获得包括零温度系数在内的一系列介电常数高的温度补偿用电容器陶瓷。

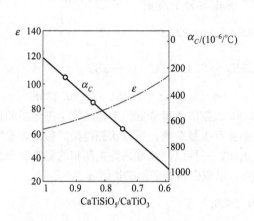

图 5-114 CaTiSiO₅-CaTiO₃ 系瓷料的介
电性能与成分的关系曲线

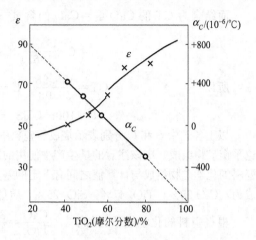

图 5-115 CaTiSiO₅-TiO₂ 系瓷料的介电性
能与成分的关系曲线

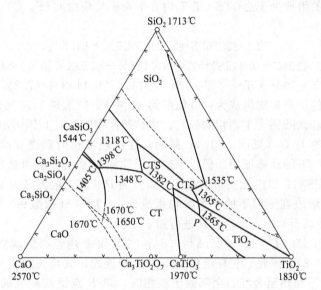

图 5-116 CaO-TiO₂-SiO₂ 系相图

图 5-114 和图 5-115 示出了硅钛酸钙、CaTiO₃ 和 TiO₂ 组成之间与介电性能的关系。钙钛硅瓷料的组成通常位于 CaO-TiO₂-SiO₂ 系相图（图 5-116）中的 CaO·TiO₂·SiO₂（硅钛酸钙简写 CTS）、CaO·TiO₂（钛酸钙简写 CT）和 TiO₂（金红石简写 T）组元三角形内。这就要求瓷料组成中的 CaO/TiO₂（分子比）<1，换算成质量比 CaO/TiO₂<0.70。瓷料组成中的 CaO/SiO₂（分子比）>1，换算成质量比 CaO/SiO₂>0.935。这种情况下瓷料的平衡矿物组成是：CTS、CT 和 T。瓷料平衡矿物组成的计算式推导如下：

$$CTS=\frac{CaO\cdot TiO_2\cdot SiO_2 \text{的相对分子质量}}{SiO_2 \text{的相对分子质量}}\times SiO_2 \text{的含量}$$

$$=\frac{196.1}{60.09} \times S = 3.263S$$

$$CT = \frac{CaO \cdot TiO_2 \text{ 的相对分子质量}}{CaO \text{ 的相对分子质量}} \times \text{结合为 CT 的 CaO 量}$$

而结合为 CT 的 CaO 量 $= CaO$ 的含量 $- \dfrac{CaO \text{ 的相对分子质量}}{CTS \text{ 的相对分子质量}} \times CTS$ 的含量

$$= C - \frac{56.08}{196.1} \times 3.263S = C - 0.933S$$

所以
$$CT = \frac{135.98}{56.08}(C - 0.933S) = 2.425(C - 0.933S)$$

$$T = 100 - CTS - CT = 100 - 3.263S - 2.425(C - 0.933S)$$

以上各式中 S 和 C 分别表示烧成后瓷料中 SiO_2 和 CaO 的质量分数。上述计算是三元系的理论平衡矿物组成。应该注意的是生产中使用的原料都含有少量杂质，所以状态也是近似的，实际瓷料的化学矿物组成与计算值之间有一定的差异。例如，一种以硅钛酸钙为主晶相的瓷料化学组成为：CaO 28%，TiO_2 47%，SiO_2 25%（质量分数），求该瓷料的平衡矿物组成。

根据瓷料的化学组成已知：
$$\frac{CaO}{TiO_2} = \frac{28}{47} = 0.6 < 0.7$$

$$\frac{CaO}{SiO_2} = \frac{28}{25} = 1.12 > 0.935$$

因此，该瓷料的组成处于 △CTS-CT-T 内，平衡矿物应由 CTS、CT 和 T 组成，其矿物组成可计算如下：

$$CTS = 3.263S = 3.263 \times 25\% = 81.6\%$$
$$CT = 2.425(C - 0.933S) = 2.425 \times (28\% - 0.933 \times 25\%) = 11.3\%$$
$$T = 100 - CTS - CT = 100\% - 81.6\% - 11.3\% = 7.2\%$$

因此，该瓷料的平衡矿物组成为：硅钛酸钙 81.6%，钛酸钙 11.3%，金红石 7.1%。

实践证明，以硅钛酸钙为主晶相的瓷料，烧结范围很窄，这是因为出现液相的温度和全部熔融的温度相差约 10℃（见图 5-116）；同时，在出现液相的温度（1365℃）下液相的数量又很大，这可有以下的计算证明，仍以上述例子计算在 1365℃时可能形成的最大液相量。从相图可知，在 CTS-CT-T 组元三角形内低共熔点为 P（其熔融温度为 1365℃）。按照上述方法计算得到 P 点组成在室温下的平衡矿物组成为：CTS（硅钛酸钙）58.9%，CT（钛酸钙）18.8%，T（金红石）22.3%。对其进行如下分析。

CTS-P 连线上：$CT/T = 18.8/22.3 = 0.84$；CTS 至上述瓷料组成点连线上：$CT/T = 11.3/7.1 = 1.59 > 0.84$。因此，瓷料组成点与 P 点的连线，其延长线将与 CTS-CT 线相交。这就表示在 1365℃ 下加热至金红石全部处于液相时，与 P 点组成相应的液相量，即为该瓷料的可能形成的最高液相量 $L_{最高}(P)$。

P 点组成时 22.3% 的金红石形成 100% 的液相量，而瓷料中仅含 7.1% 的金红石

$$L_{最高}(P) = \frac{7.1 \times 100}{22.3} = 31.8\%$$

即瓷料在 1365℃ 下可能形成的最高液相量约为 31.8%，即该瓷料一旦出现液相，其数量就很多。因此，该瓷料烧结的温度范围很窄，生产比较困难。

为了改善瓷料的烧结和介电性能，在钙钛硅瓷料中可加入 La_2O_3、CeO_2、MgO、Bi_2O_3 和 Nb_2O_5 等加入物。表 5-36 列出了 CaO-TiO_2-SiO_2-La_2O_3，CaO-TiO_2-SiO_2-CeO_2 和 CaO-TiO_2-SiO_2-Nb_2O_5 系瓷料的配方组成和介电性能。

表 5-36 CaO-TiO₂-SiO₂ 系瓷料组成和介电性能

表 5-36 $CaO\text{-}TiO_2\text{-}SiO_2$ 系瓷料组成和介电性能

瓷料组成 (摩尔分数)/%	ε (0MHz,25℃)	$\tan\delta$/ ×10^{-4} (0MHz,25℃)	(0MHz,35℃)	$\alpha_\varepsilon(30\sim+100℃)$ /(×10^{-6}/℃)	抗电强度 /(V/mm)	$\rho_V(53℃)$ /Ω·cm	烧结温度 /℃
CaO 3~22 TiO₂ 10~93 SiO₂ 3~22 La₂O₃ 0.2~16	90~110	0.8~0.2	0.9~2.5	−500~+500	45~55	$10^{11}\sim10^{12}$	1100~1200
CaO 4~29 TiO₂ 34~92 SiO₂ 2.9~3.8 CeO₂ 0.2~8	80~100	0.8~1.4	0.9~1.8	−500~+500	50	$10^{11}\sim10^{12}$	1100~1200
CaO 31~44.5 TiO₂ 20~43 SiO₂ 10~32 Nb₂O₅ 1~18	80~110 (10MHz,25℃)	<6(1MHz)	<6(10MHz)	−450~+550 (25~85℃)	($\tan\delta$, 250℃,10MHz) $<7\times10^{-4}$		1180~1300

上述瓷料的特点是介电常数高，介电常数温度系数的范围宽，高温高频下的介质损耗小，抗电强度高，瓷料的烧结温度低，与适当的电极材料配合，可以做成独石结构电容器。为了防止 TiO_2 还原，在瓷料组成中加入 0.1%～0.15% 的 MnO_2。

在 $CaO\text{-}TiO_2\text{-}SiO_2\text{-}La_2O_3$（或 CeO_2）系中加入 MgO 可制得高频介质损耗小 [60MHz，$\tan\delta$ 为 $(1.0\sim2.5)\times10^{-4}$] 耐热性好的瓷料。若加入少量 Nb_2O_5、Bi_2O_3 能增加瓷料的抗电强度。钙钛硅瓷所用的原料：CaO 用纯度 98% 以上的 $CaCO_3$，SiO_2 用胶态 SiO_2 为好。硅钛酸钙预合成温度 1050℃。制品烧成是在氧化气氛的电窑中进行。垫板和垫粉用经 1420℃ 煅烧过的 ZrO_2。

5.4.4 钛酸镁陶瓷和镁镧钛陶瓷

钛酸镁陶瓷是以正钛酸镁（$2MgO\cdot TiO_2$）为主晶相的陶瓷材料，属于 $TiO_2\text{-}MgO$ 二元系统化合物之一，该系统相图如图 5-117 所示。从图中看出，该系统有三种化合物：

正钛酸镁　$2MgO\cdot TiO_2$；
二钛酸镁　$MgO\cdot 2TiO_2$；
偏钛酸镁　$MgO\cdot TiO_2$。

表 5-37 列出了 $TiO_2\text{-}MgO$ 系统中三个化合物的晶体结构和介电性能。从表中可看出，二钛酸镁的介质损耗较大，不宜作为高频电容器瓷的主晶相。偏钛酸镁介电性能优良，但烧成范围很窄，晶体容易长大成粗晶，致使材料的气孔率增大，机电性能降低。正钛酸镁较为适宜作为高频电容器瓷的主晶相，目前生产的钛酸镁瓷即为正钛酸镁组成的瓷料。

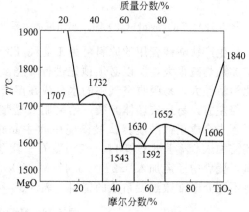

图 5-117　$TiO_2\text{-}MgO$ 二元系统相图

表 5-37　$TiO_2\text{-}MgO$ 系统晶体的结构和介电性能

晶体名称	晶体结构	ε (20℃,1MHz)	$\tan\delta$(20℃,1MHz) /×10^{-4}	$\alpha_\varepsilon(20\sim80℃)$ /(×10^{-6}/℃)
正钛酸镁	尖晶石型	14	<3	+60
二钛酸镁		16	8~10	+60
偏钛酸镁	铁钛矿型	14	<3	+70

正钛酸镁瓷和偏钛酸镁瓷都具有不大的正介电常数温度系数，将其与具有负介电常数温度系数的晶相适当配比，可获得一系列不同介电常数温度系数的瓷料。如图 5-118～图 5-121 示出了 TiO_2-MgO-CaO 系和 TiO_2-MgO-SrO 系瓷料的介电常数及其温度系数与组成的关系。

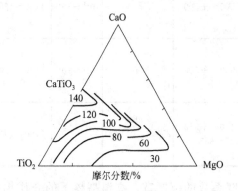

图 5-118　TiO_2-MgO-CaO 系 ε 与组成的关系

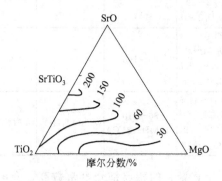

图 5-119　TiO_2-MgO-SrO 系 ε 与组成的关系

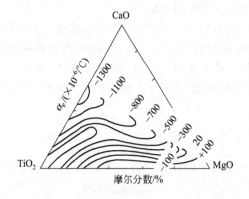

图 5-120　TiO_2-MgO-CaO 系 α_ε 与组成的关系

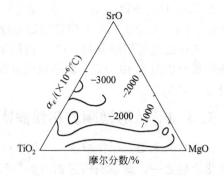

图 5-121　TiO_2-MgO-SrO 系 α_ε 与组成的关系

生产钛酸镁瓷用的原料可为工业纯 TiO_2，MgO 通常采用较纯的天然菱镁矿。由于菱镁矿加热灼减很大，所以必须预先进行煅烧。菱镁矿在 540℃时分解，生成的 MgO 晶粒很小，化学活性大，易吸收空气中的水分或在湿磨时遇水发生水化反应生成 $Mg(OH)_2$，体积增加一倍左右，易造成坯体开裂，给挤制成型带来很大困难。生产上通常将 $MgCO_3$ 与 TiO_2 配料预先合成正钛酸镁。钛酸镁瓷中除主晶相 $2MgO \cdot TiO_2$ 以外，根据成型和烧成的要求，还需加入 5%苏州土和 1%～2%萤石。钛酸镁瓷烧成温度为 1430℃。为防止 TiO_2 高温失氧，瓷料中还需加入 0.2%～0.4% $MnCO_3$。在正钛酸镁组成中引入一定量的 $CaTiO_3$，可获得不同介电常数温度系数的瓷料。表 5-38 列出了 MgO-TiO_2-CaO 系瓷料的配方组成。

表 5-38　MgO-TiO_2-CaO 系瓷料组成

组　别	$\alpha_\varepsilon/(\times 10^{-6}/℃)$	瓷料配方/%			烧成温度/℃
		$2MgO \cdot TiO_2$	$CaTiO_3$	ZnO	
B	+(33±30)	93.5	6.5	0.2	1370
C	0±30	91.7	8.3	0.2	1360
N	-(47±30)	89.6	10.4	0.2	1360

钛酸镁瓷的缺点是烧成温度范围比较窄，温度稍高就会导致 $2MgO \cdot TiO_2$ 晶粒迅速长大成粗晶，造成坯体气孔率增加，从而降低其机电性能。制品烧成时采用氧化镁垫板，其组

成为煅烧过的氧化镁粉 80% 和钛酸钙合成料 20%。

镁镧钛瓷主要是由偏钛酸镁（$MgTiO_3$）和二钛镧（$La_2O_3 \cdot 2TiO_2$）晶相所组成。镁镧钛瓷的特点是介电常数比钛酸镁瓷高，在 150℃ 时，仍具有良好的介电性能，可用来制造高温下使用的高频陶瓷电容器。

从图 5-122 的 TiO_2-La_2O_3 系相图中可看出，该系统中有三种化合物：$La_2O_3 \cdot TiO_2$（一致熔融温度为 1700℃±10℃）；$La_2O_3 \cdot 2TiO_2$（一致熔融温度为 1790℃±10℃）和

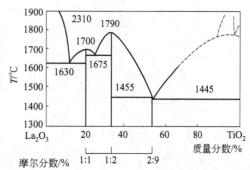

图 5-122　TiO_2-La_2O_3 二元系相图

$2La_2O_3 \cdot 9TiO_2$（不一致熔融温度为 1455℃±5℃）。三种化合物的介电特性示于图 5-123 和图 5-124。

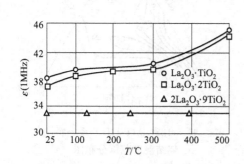

图 5-123　TiO_2-La_2O_3 系中三个
化合物的介电常数与温度的关系

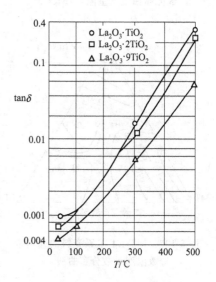

图 5-124　TiO_2-La_2O_3 系中三个
化合物的 $\tan\delta$ 与温度的关系曲线

从图中看出，$La_2O_3 \cdot TiO_2$ 和 $La_2O_3 \cdot 2TiO_2$ 的 ε 和 $\tan\delta$ 接近，而且二者均有很小的正介电常数温度系数。而 $2La_2O_3 \cdot 9TiO_2$ 的 ε 和 $\tan\delta$ 是三种化合物中最小的一个，且在 25～500℃ 的范围内几乎不变。

镁镧钛瓷属于 MgO-La_2O_3-TiO_2（MT-LT-T）系，通过调整瓷料组成中各组分的比例，可以获得一系列不同介电常数和温度系数的瓷料。从图 5-125 可见，该系统介电常数调整范围为 20～80；从图 5-126 可见，系统内存在一个很大的低损耗区，$\tan\delta$ 约为 1×10^{-4}，从图 5-127 可见，温度系数为 $(-600 \sim +140) \times 10^{-6}/℃$，并存在一个零温度系数区。

生产镁镧钛瓷所用的氧化镧原料含 La_2O_3 98% 左右。由于稀土元素氧化物之间的物理化学性质极相似，它们之间的分离较困难，因此，氧化镧原料中含有镨、钕、钐等稀土氧化物约 2%。La_2O_3 溶于水，与水化合生成氢氧化镧 $La(OH)_3$。氧化镧粉末暴露于空气中，能迅速吸收空气中的 H_2O 和 CO_2 形成 $La(OH)_3$ 和 $La_2(CO_3)_3$，所以在每次配料之前，需将氧化镧原料烘干，并在 900℃ 煅烧，以保证所要求的化学组成。表 5-39 列出了两种镁镧钛瓷料的配方组成及其性能。

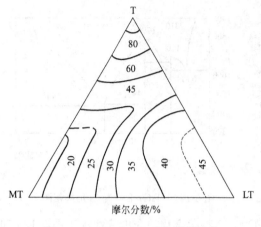

图 5-125　MT-LT-T 系瓷料介电常
数分布曲线（室温，1MHz）

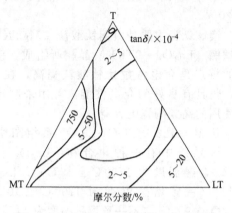

图 5-126　MT-LT-T 系瓷料的介质损耗
角正切分布曲线（室温，1MHz）

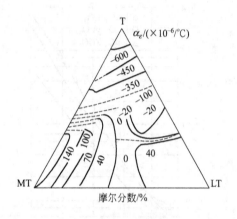

图 5-127　MT-LT-T 系瓷料的介电常
数温度系数分布曲线

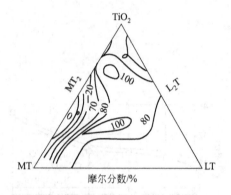

图 5-128　MT-LT-T 系瓷料
烧结温度范围分布图

表 5-39　镁镧钛瓷料的配方及性能

配方组成（质量分数）/%			ε	$\alpha_\varepsilon/(\times 10^{-6}/℃)$	$\tan\delta/\times 10^{-4}$	烧成温度/℃
La$_2$O$_3$	MgCO$_3$	TiO$_2$				
32.1	12.5	55.4	13	-33	1.3	1300～1350
35.3	22.1	42.6	33	$+33$	1.6	1300～1350

　　镁镧钛瓷的烧结基本上属于固相烧结。烧结过程主要取决于瓷料的表面能和晶粒的界面能，与瓷料所含晶相类型、晶粒生长速度和形状等密切相关。图 5-128 示出了该系统烧结温度范围分布状态。在靠近 MgO·2TiO$_2$ 的区域，烧结温度范围很窄，这主要是因为 MgO·2TiO$_2$ 晶相聚集再结晶生长速度快，晶粒各向异速生长，生成板条状晶体，晶粒间形成了"结构孔隙"，使瓷体显微结构松散，在 MgO·2TiO$_2$ 组成点附近，甚至几乎无法烧结。当组成靠近 La$_2$O$_3$·2TiO$_2$ 或 La$_2$O$_3$·4TiO$_2$ 区域，烧结范围较宽，这主要是由于晶粒各向同速生长，且生长速度慢，晶粒间始终保持着紧密镶嵌状态，使瓷体显微结构致密。当组成中有几种晶相同时存在时，晶粒生长相互抑制，生长受到阻力，有利于晶粒间紧密镶嵌，因而烧结范围加宽。图 5-128 中处在金红石、La$_2$O$_3$·2TiO$_2$ 和 MgO·2TiO$_2$ 共存区，瓷料烧结性能得到改善，烧结范围较宽。

5.4.5 锡酸盐陶瓷和锆酸盐陶瓷

常见的几种锡酸盐陶瓷材料的电性能列于表 5-40。

表 5-40　几种锡酸盐陶瓷材料的电性能

电性能 瓷料名称	ε (20℃,1MHz)	$\tan\delta(20℃,$ $1MHz)/\times10^{-4}$	$\alpha_\varepsilon/(\times10^{-6}/℃)$	烧成温度/℃
$CaSnO_3$	14	3	+110	1600
$SrSnO_3$	18	3	+180	1700
$BaSnO_3$	20	4	-40	1700
$MgSnO_3$	33	223	+6300	1540
$Bi_2(SnO_3)_3$	30	61	+500	1150
$NiSnO_3$	10	456	+19700	1430

从表中看出 $MgSnO_3$ 和 $NiSnO_3$ 陶瓷的介质损耗大，不宜作高频电容器材料。钙、锶、钡的锡酸盐陶瓷介电性能较好，晶格结构属于钙钛矿型。由于 Sn^{4+}（0.071nm）和 Ti^{4+}（0.068nm）的离子半径很接近，所以，锡酸盐和钛酸盐很容易形成固溶体。常用来作为 $BaTiO_3$ 基铁电电容器陶瓷的改性加入物。锡酸钙的介电常数比钛酸钙低，在直流电场和还原气氛下的介电性能较稳定，在高温下的介电性能比含钛陶瓷优良，使用温度可达 150℃。

生产锡酸钙瓷时，需预合成 $CaSnO_3$。某厂生产的配方为：SnO_2 53.9%；$CaCO_3$ 40.0%；$BaCO_3$ 4.0% 和 TiO_2 1.5%，合成温度、保温时间分别为 1270℃、2～4h。$CaSnO_3$ 烧块的合成反成为：

$$CaCO_3 + SnO_2 \longrightarrow CaSnO_3 + CO_2 \uparrow$$

实际预合成 $CaSnO_3$ 的配方中，$CaCO_3$ 应过量，这是因为 SnO_2 本身具有较大的电子电导，合成料中不允许有游离的 SnO_2 存在。合成料配方中 $BaCO_3$ 起助熔作用，可降低 $CaSnO_3$ 的合成温度。

$CaSnO_3$ 陶瓷的配方中，需加入其他少量改性加入物。配入膨润土主要是为了增加坯料的可塑性，有利于成型，同时还可降低锡酸钙陶瓷的烧成温度；配入 ZrO_2 和 ZnO 一方面能降低瓷料的烧成温度，另一方面还可以阻止 $CaSnO_3$ 晶粒的异常长大，有利于获得细晶结构；配入 $CaTiO_3$ 可调整瓷料的介电常数温度系数。图 5-129 示出了锡酸钙陶瓷的介电常数与钛酸钙加入量的关系。图中可见，锡酸钙瓷的介电常数温度系数与 $CaTiO_3$ 加入量的关系近似线性。$CaTiO_3$ 的加入量每增加 0.1%，锡酸钙瓷的 α_ε 就降低 $2\times10^{-6}/℃$。由于 $CaSnO_3$ 具有很强的再结晶现象，易长大成粗晶，从而降低锡酸钙瓷的机电性能。因此，应严格控制烧成温度，高温下的保温时间应短，最好能适当加快冷却速度。烧成时制品放在撒有煅烧过的氧化锆粉末

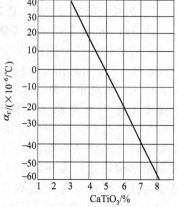

图 5-129　锡酸钙瓷的介电常数温度系数与 $CaTiO_3$ 含量的关系

的氧化锆垫板上。锡酸钙瓷必须在氧化气氛下烧成，否则瓷料的介质损耗增加，绝缘电阻下降，抗电强度降低。

钙、锶、钡的锆酸盐晶格结构属于钙钛矿型。表 5-41 列出了几种锆酸盐的主要介电性能。

表 5-41　几种锆酸盐的介电性能

化合物名称	化 学 式	ε	$\alpha_\varepsilon/(\times 10^{-6}/℃)$	$\tan\delta/\times 10^{-4}$
锆酸钙	$CaZrO_3$	28	+60	<3
锆酸锶	$SrZrO_3$	30	+10	<6
锆酸钡	$BaZrO_3$	40	-400	<5

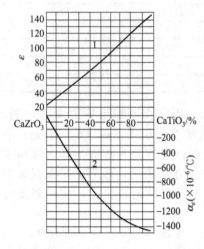

图 5-130　$CaZrO_3$-$CaTiO_3$ 系瓷料的介电常数（1）及其温度系数（2）与瓷料中 $CaTiO_3$ 含量的关系

Zr^{4+} 与 Ti^{4+} 和 Sn^{4+} 的离子半径相近，调整各组分之间的比例，可获得一系列不同介电常数温度系数的瓷料。锆酸盐陶瓷可用来制作高温高频电容器。$CaZrO_3$-$CaTiO_3$ 系固溶体瓷料介电性能与组成的关系示于图 5-130，随 $CaTiO_3$ 加入量的增加，介电常数增加，温度系数向负值增加。

5.4.6　钛锶铋陶瓷

钛酸铋晶体室温下为立方晶系，结构属于钙钛矿型，介电常数约 250，介电常数温度系数约 $-2500\times10^{-6}/℃$。钛锶铋陶瓷是一种 $Bi_2O_3 \cdot nTiO_2$（n 可以为 2、3、4）熔于 $SrTiO_3$ 的固溶体陶瓷材料。经 X 射线结构分析证明，钛酸铋溶于钛酸锶的固溶体可分为以下三类。

① 钛酸锶浓度较大时，形成钙钛矿型立方晶格固溶体。固溶体区域的浓度范围为：在 $SrTiO_3$-$Bi_2O_3 \cdot 2TiO_2$ 系中，钛酸铋的浓度不超过 25%～28%（摩尔分数）；在 $SrTiO_3$-$Bi_2O_3 \cdot 3TiO_2$ 系中，钛酸铋的浓度不超过 35%（摩尔分数）；在 $SrTiO_3$-$Bi_2O_3 \cdot 4TiO_2$ 系中，钛酸铋浓度不超过 30%（摩尔分数）。

② 钛酸铋浓度较大时，能在比较宽的范围内形成钙钛矿型固溶体和 $SrBi_2Ti_4O_{12}$ 晶相。

③ $SrTiO_3$ 浓度<30%（摩尔分数）时，主要为钛酸铋晶相。

①类结构的三个固溶体范围内的晶格都是立方钙钛矿型晶格结构，其晶格参数 $a=(0.3898\pm0.0002)nm$。这类固溶体可形成置换固溶体和缺位固溶体。铋离子半径为 0.146nm，锶离子半径为 0.127nm，两种离子半径接近，铋离子部分替代部分 $SrTiO_3$ 中的锶离子并不影响原晶体的钙钛矿型结构。要形成置换固溶体，反应须在高温（≥1450℃）下进行，这样会使铋离子或钛离子降价，而析出气态氧。但由于铋离子比锶离子高一价，形成了不等价置换，为保持晶体的电中性，晶体中会形成离子空位。这样造成晶格结构松弛，晶格结点上的有些离子在热运动下有可能跃迁，形成离子松弛极化，使该陶瓷材料的介电常数提高。实验证明，随 $SrTiO_3$-$Bi_2O_3 \cdot nTiO_2$ 系统中 n 的不同和 $Bi_2O_3 \cdot nTiO_2$ 在 $SrTiO_3$ 中固溶量的变化，材料的介电常数可为 250～6000，图 5-131 示出 $SrTiO_3$-$Bi_2O_3 \cdot 2TiO_2$ 系固溶体瓷料的介电性能和烧结温度的关系。图中 A 组：$Bi_2O_3 \cdot 2TiO_2$ 含量大于 20%（摩尔分数），介电常数为（曲线 2）1000 以下；B 组：$Bi_2O_3 \cdot 2TiO_2$ 含量较小，ε 最大可达 5000～6000。A 组材料损耗很小，经适当改性，可获得介电常数小于 1000 的一系列温度系数的高频电容器陶瓷材料。B 组材料属于低频高介铁电电容器陶瓷材料。

国内某厂生产钛锶铋瓷的配方如下：钛锶铋烧块 100%；Bi_2O_3（外加）0.7%；ZrO_2（外加）0.5%；烧成温度为 1320～1380℃。其中钛锶铋烧块的配方为：$SrCO_3$

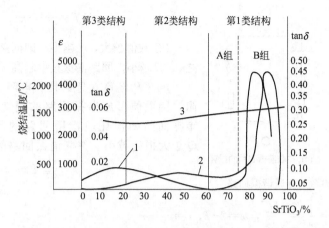

图 5-131 $SrTiO_3$-$Bi_2O_3 \cdot 2TiO_2$ 系瓷料 $SrTiO_3$ 含量与
$tan\delta$（曲线 1）、ε（曲线 2）和烧结温度（曲线 3）的关系

50.4%；TiO_2 32.1%；Bi_2O_3 17.5%，预烧温度为（1180 ± 20）℃。瓷料中加入少量的 Bi_2O_3 作为助熔剂降低烧成温度，ZrO_2 可改善瓷料的介电性能，提高瓷料 ε 和 $tan\delta$ 的频率稳定性。

室温下，该瓷料的 ε 值当频率小于 10^7 Hz 时不变，高于 10^7 Hz 时减小。$10^5 \sim 10^8$ Hz 范围内 $tan\delta$ 明显增大。因此，该瓷料的使用频率较一般高频陶瓷电容器偏低。该瓷料的 ε 和 $tan\delta$ 与温度的关系示于图 5-132。该瓷料可用来制造小型高压陶瓷电容器及温度补偿电容器。

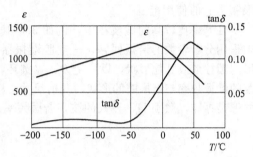

图 5-132 钛锶铋陶瓷的 $tan\delta$
和 ε 与温度的关系（1kHz）

5.5 微波介质陶瓷

微波陶瓷主要用于制造介质谐振器，微波集成电路基片、元件、介质波导、介质天线、输出窗、衰减器、匹配终端、行波管夹持棒等微波器件。介质谐振器又可制造滤波器、Gunm 振荡器等，是微波集成电路的重要器件。

为了信息技术和微波器件高性能化的需要，已研究出了一系列微波介质陶瓷材料，例如：BaO-TiO_2 系统，A（$B_x B'_{1-x}$）O_3 系统（其中 A 为 Ca、Sr、Ba；B 为 Zr、Sn；B' 为 Ni、Co、Mg、Zn、Ca 等），（$A_x A'_{1-x}$）ZrO_3 系统（其中 A 为 Sr；A' 为 Ba、Ca），（Zr，Sn）-TiO_4 系统，BaO-Ln_2O_3-TiO_2 系统（Ln_2O_3：稀土氧化物）等。这些材料在微波频率下介质损耗很小，有些材料在 10GHz 下，Q 值 $>10^4$，同时，它们应兼有尽可能高的介电常数，一般在 $30 \sim 200$ 范围。这些材料在 $-50 \sim +100$℃ 温度范围内，介电常数的温度系数应小而负或近于零。

5.5.1 介质谐振器

在普通的集中参数的电路里，一个电感器和一个电容器并联，便组成了一个最简单的 LC 并联谐振回路。谐振回路的谐振频率可用下式表示：

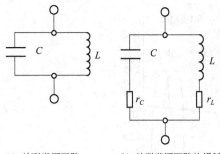

(a) 并联谐振回路　(b) 并联谐振回路的损耗

图 5-133　集中参数的并联谐振回路

$$f = \frac{1}{2\pi\sqrt{LC}}$$

LC 数值越大，f 越小，即回路谐振频率越低；反之，LC 越小，回路谐振频率越高［见图 5-133(a)］。

电感和电容本身都具有电阻，连接导线也有电阻，因而便形成谐振回路的损耗［见图 5-133(b)］。谐振回路的损耗通常用回路的品质因数 Q 表示，Q 越大损耗越小。并联谐振回路的品质因数等于：

$$Q = \frac{\rho}{r}$$

式中，$\rho = \omega L = \dfrac{1}{\omega C} = \sqrt{\dfrac{L}{C}}$，$\omega = 2\pi f$，$r = r_C + r_L$。

集中参数的谐振回路，其电感、电容和电阻都不可能做得很小，因而它的谐振频率和 Q 值也不可能很高。一般集中参数谐振回路的谐振频率低于 300MHz，Q 值小于 500，这样就限制了它的使用范围。

在频率比较高的微波频段，例如 300MHz～300GHz，不能采用集中参数的谐振回路，必须采用分布参数的谐振回路——空腔谐振器，也称谐振腔。它是一个中空的金属盒子，有方形、圆柱形或其他形状，以一定方式（圆环、探针或小孔等）将电磁波耦合到谐振腔中。谐振腔的谐振频率与谐振腔的形状、几何尺寸、耦合到谐振腔中电磁波的振动模式有关。例如，圆柱形谐振腔，激励 H_{01n}^0 模式的波，谐振频率 f 与谐振腔的长度 l_0、半径 R 有下列关系。

$$l_0 \approx \frac{n}{2}\lambda_{\mathrm{g}}$$

$$\lambda_{\mathrm{g}} = \frac{\lambda}{\sqrt{1 - \left(\dfrac{\lambda}{1.64R}\right)^2}}$$

$$\lambda = \frac{c}{f}$$

式中，n 为谐振腔谐振模式，$n = 1$、2、3…；λ 为自由空间波长；c 为自由空间波速。

当谐振腔激励 H_{015}^0 模式的波时，上式中 $n = 5$；若谐振腔的半径 $R = 3.375\mathrm{cm}$，在 $f = 10\mathrm{GHz}$ 谐振，则可计算出需要腔长 $l_0 \approx 9.0\mathrm{cm}$（图 5-134）。这里请注意计算出的谐振腔的尺寸。这么大体积的谐振腔在微波集成电路中应用是不适当的。微波器件小型化要求必须减小这种谐振腔的体积。

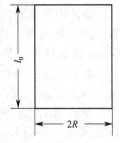

图 5-134　圆柱形谐振器

上述谐振腔的优点之一是有较高的品质因数，例如，容易做到 $Q > 40000$。谐振腔的 Q 值取决于谐振腔的形状、体积、腔内壁金属的表面电导率和加工精度等因素。一个正立方形谐振腔，腔内为真空或大气，激励 H_{101}^0 模式，腔壁材料为紫铜，且绝对光滑和清洁，在 10GHz（波长约为 3cm）时，其固有品质因数等于：

$$Q_0 = \frac{\sqrt{2}\,\pi}{6} \times \frac{1}{\rho_{\mathrm{s}}}\sqrt{\frac{\mu_0}{\varepsilon_0}}$$

式中，ρ_{s} 为腔内壁金属的表面电阻率，Ω；$\sqrt{\dfrac{\mu_0}{\varepsilon_0}} = 120\pi \approx 377\Omega$；对于紫铜，$\rho_{\mathrm{s}} = 0.0261\Omega$，

可计算出 $Q_0 = 10700$。

保持谐振腔有较高的 Q 值，同时缩小它的体积，是微波器件小型化、集成化的一个重要方向。由电磁波的基础理论知，如果电介质的介电常数为 ε_r，那么介质中的波长为空气中波长的 $\dfrac{1}{\sqrt{\varepsilon_r}}$。如果用电介质填充谐振腔，谐振腔的尺寸也将缩小到 $\dfrac{1}{\sqrt{\varepsilon_r}}$。按照此原理设计的谐振腔即称介质谐振腔或介质谐振器。

实际上由于介质材料有高的介电常数，因此，介质边沿和空气之间有明显的边界，使绝大部分电磁能量集中在介质内部产生谐振，向外辐射的能量损耗很小。一只直径 5mm、厚 2mm 的小圆片，与传输线适当耦合，就构成一个介质谐振器。图 5-135(a) 和图 5-135(b)为长方体和圆柱体介质谐振器及其场分布。

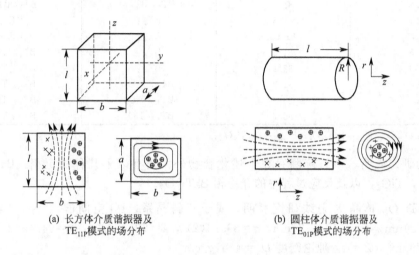

(a) 长方体介质谐振器及 TE$_{11p}$模式的场分布

(b) 圆柱体介质谐振器及 TE$_{01p}$模式的场分布

图 5-135　介质谐振器及其场分布

---磁力线；—电力线

这种谐振器做成滤波器常用于卫星上，当卫星朝向太阳和背着太阳时，卫星温度将从 $+50℃$ 变到 $-50℃$。当采取介电常数的温度系数等于 $-750 \times 10^{-6}/℃$ 的介质时，由于介电常数的变化将引起滤波器中心频率的漂移。如果中心频率为 5GHz，此时频率漂移可达 375MHz，整机将无法工作。

从以上讨论可知，介质谐振器具有下列特征：

① 与空腔谐振器比较，介质谐振器体积小；

② 在使用温度范围内，介质谐振器的频率温度系数 TCf 低，例如，TCf 小于 $\pm 2 \times 10^{-6}/℃$；有较高的 Q 值。

因而制造介质谐振器的电介质材料必须具有：

① 高的介电常数，例如，$\varepsilon_r = 30 \sim 200$；

② 在使用温度范围内，介电常数的温度系数 a_ε 小，例如，在 $-50 \sim +100℃$ 范围内，a_ε 为 $(0 \sim -40) \times 10^{-6}/℃$；

③ 在工作频率范围内，介质损耗 $\tan\delta$ 小，例如，$\tan\delta \leqslant 3 \times 10^{-4}$ 或 $Q \geqslant 3000$。

5.5.2　微波介质陶瓷材料

微波介质陶瓷近年来发展非常迅速，材料种类繁多，下面就几种典型材料加以概述。

(1) BaO-TiO$_2$ 系统陶瓷　在这一系统中，TiO$_2$ 的含量在 $75\% \sim 100\%$（摩尔分数）的

范围内，发现有以下几种化合物：$Ba_2Ti_9O_{20}$，$BaTi_4O_9$，$BaTi_3O_7$，$BaTi_5O_{11}$ 和 $BaTi_6O_{13}$ 等。化学组成与相组成之间的关系列于表 5-42。在 TiO_2 含量为 81.8%（摩尔分数）时，其晶相为单相 $Ba_2Ti_9O_{20}$，是该系统性能最佳的组成。

表 5-42　1350℃ 烧结 BaO-TiO_2 系统的相组成

组　　成		存　在　的　相[①]	
TiO_2/BaO	TiO_2（摩尔分数）/%	X 射线	微观结构
3.8	79.2	BT_4,BT_3	BT_4,BT_3
3.9	79.6	BT_4	BT_4,BT_3
4.0	80.0	BT_4	BT_4
4.1	80.4	BT_4,$BT_{4.5}$	BT_4,$BT_{4.5}$
4.2	80.8	BT_4,$BT_{4.5}$	BT_4,$BT_{4.5}$
4.3	81.1	BT_4,$BT_{4.5}$	BT_4,$BT_{4.5}$
4.4	81.5	$BT_{4.5}$	$BT_{4.5}$
4.45	81.65	$BT_{4.5}$	$BT_{4.5}$
4.5	81.8	$BT_{4.5}$	$BT_{4.5}$,TiO_2
4.6	82.1	$BT_{4.5}$	$BT_{4.5}$,TiO_2
4.8	82.8	$BT_{4.5}$,TiO_2	$BT_{4.5}$,TiO_2
5.0	83.3	$BT_{4.5}$,TiO_2	$BT_{4.5}$,TiO_2
6.0	85.7	$BT_{4.5}$,TiO_2	$BT_{4.5}$,TiO_2

① BT_3=$BaTi_3O_7$；BT_4=$BaTi_4O_9$；$BT_{4.5}$=$Ba_2Ti_9O_{20}$。

最近的研究表明，该系统除存在上述化合物外，还有以下几种稳定相：$Ba_6Ti_{17}O_{40}$，$Ba_4Ti_{13}O_{30}$，TiO_2，以及反应过程中的介稳相 $BaTi_2O_5$。

对 $Ba_2Ti_9O_{20}$ 单晶 X 射线研究表明，属于三斜晶系，$P\bar{1}$ 空间群，$a=0.747(1)$ nm，$b=1.4081(2)$ nm，$c=1.4344(2)$ nm，$\alpha=89.94(2)°$，$\beta=79.43(2)°$，$\gamma=84.45(2)°$，晶胞体积 $V=1.476$ nm^3，$Z=4$，理论密度 $D_x=4.61$ g/cm^3。

$Ba_2Ti_9O_{20}$ 是这个系统中获得较早应用的一种微波陶瓷介质，它具有高 ε_r，高 Q 和低介电常数的温度系数。图 5-136 表示出在 4GHz 下，组成范围为 79%～85%（摩尔分数）TiO_2（其余为 BaO）时，陶瓷介质的 ε_r、谐振器的 Q 值和谐振频率的温度系数 TCf。组成为 81.8%（摩尔分数）TiO_2，亦 $Ba_2Ti_9O_{20}$ 时，$\varepsilon_r=39.8$，$Q=8000$，TCf$=(20\pm1)\times10^{-6}/℃$。可见已能较好地满足作为介质谐振器的性能要求。

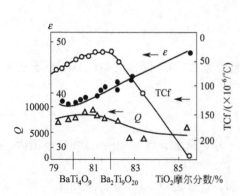

图 5-136　在 4GHz 时介质的 ε、介质谐振器 Q、TCf 与 TiO_2 含量的关系

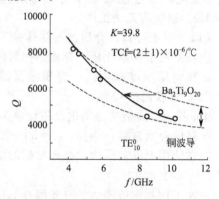

图 5-137　$Ba_2Ti_9O_{20}$ 谐振器 Q 与频率的关系

图 5-137 是一个典型的 $Ba_2Ti_9O_{20}$ 谐振器，在频率 4～10GHz 范围 Q 值与频率的关系。当频率由 4GHz 升到 10GHz 时，其 Q 值由 8000 降到 4200。因此，$Ba_2Ti_9O_{20}$ 瓷在 X 波段的

应用受到限制。

典型的 4GHz 圆柱形 $Ba_2Ti_9O_{20}$ 陶瓷谐振器谐振频率的变化与 Q 值的关系表示在图 5-137。在 $-10℃$ 时，介电常数的变化对谐振频率的影响与谐振器热膨胀的影响，相互抵消，谐振器得到较好的温度补偿，此时 $TCf=0$。但是在其他温度，TCf 略有增加。在 $25\sim60℃$ 范围内 TCf 的平均值为 $(20\pm1)\times10^{-6}/℃$。图中还绘出了铜波导谐振器的 $TCf=17\times10^{-6}/℃$，它是由于热膨胀系数形成的。可见 $Ba_2Ti_9O_{20}$ 谐振器谐振频率有较好的温度稳定性。$Ba_2Ti_9O_{20}$ 陶瓷有明显的优点，表 5-43 是 $Ba_2Ti_9O_{20}$ 陶瓷与其他陶瓷的性质对比。

表 5-43　4GHz 的介电性质

陶瓷	Q	$TCf/(\times10^{-6}/℃)$	ε_r
$Ba_2Ti_9O_{20}$	8000	$+2$	39.8
$BaTi_4O_9$	2560	约$+15$	37.97
$CaZr_{0.985}Ti_{0.015}O_3$	3300	约$+2$	29

$Ba_2Ti_9O_{20}$ 陶瓷的制造，可用 $BaCO_3$ 和 TiO_2 为原料。如采用纯度约为 99.9% 的原料，在聚乙烯球磨罐中加丙酮溶液和 Al_2O_3 瓷球，球磨 4h。在 $1150\sim1200℃$ 预烧 6h，干球磨 4h，过 60 目筛。在 172MPa 压力下预压，破碎造粒，过 $18\sim50$ 目筛，以提高粉料堆积密度和流动性，然后干压或热压。

$Ba_2Ti_9O_{20}$ 陶瓷可用普通烧结法和热压或连续热压法烧成。普通烧结法的温度为 $1350\sim1400℃$，保温 6h。热压烧结的条件为：温度 $1250\sim1290℃$，氧化气氛，压力 $18\sim69MPa$，加压速度 $1\sim10cm/s$。

$Ba_2Ti_9O_{20}$ 陶瓷的性质与密度密切相关，如图 5-138 所示。瓷体密度越高，Q 和 ε 值越大，TCf 越小。但是，热压的情况不同，热压的瓷体密度比普通烧结法要高，如图 5-139 及表 5-44 所示，因此，热压 $Ba_2Ti_9O_{20}$ 陶瓷具有较高的 ε_r（约 40.6）、Q 值和低的 TCf。但实验表明，热压试样的 Q 值比烧结试样小得多，见表 5-44。这是由于热压试样晶粒尺寸远小于普通烧结试样晶粒尺寸的缘故。也就是说，在 $Ba_2Ti_9O_{20}$ 陶瓷中，细晶粒试样具有高的介质损耗（低的 Q 值）。因此，为降低其损耗（提高 Q 值），必须提高晶粒尺寸。其方法之一是提高热压温度，或是进行长时间的热处理。例如，在 $950℃$ 的氧化气氛中热处理 48h，其 Q 值可提高 $5\%\sim20\%$。

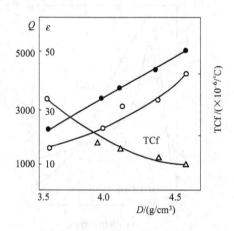

图 5-138　密度 D 对 $Ba_2Ti_9O_{20}$
的微波介电性质的影响

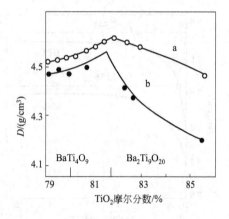

图 5-139　组分对热压烧结法（a，1250℃）和
普通烧结法（b，1350℃）陶瓷密度 D 的影响

表 5-44   Q 值与晶粒尺寸的关系

Ba$_2$Ti$_9$O$_{20}$试样	热处理温度/℃	密度/(g/cm^3)	晶粒尺寸/μm	Q 值(4GHz)
普通烧结法	1400,保温 6h,氧化气氛	4.54	5.3	3300
热压	1200,保温 1.5h	4.6	3.0	5300
热压	1300,保温 6h,氧化气氛	4.6	3.6	6060
热压	1350,保温 6h,氧化气氛	4.6	4.7	6676
热压	1400,保温 6h,氧化气氛	4.6	5.5	7800

在 BaO-TiO$_2$ 系统中加入适量的 ZrO$_2$ 及其他少量的加入物,可促进烧结,制得密度为 5.4g/cm^3 的陶瓷材料,比体积电阻为 $10^{18}\Omega\cdot$cm,在 7GHz 下,$\varepsilon_r=37.0$,$Q=8500$。这种瓷料 Q 值高的原因是加入物改善了瓷体的烧结状态,并获得较高的密度和较大的晶粒,且晶粒分布均匀。无加入物时仅能获得密度为 5.0g/cm^3 的烧结体。另外,提高成型压力为正常压力的 3 倍,采用高纯度的原料,也对提高 Q 值起一定的作用。

(2) A(B$_{1/3}$ B$'_{2/3}$)O$_3$ 钙钛矿型陶瓷   在化学式 A(B$_{1/3}$ B$'_{2/3}$)O$_3$ 中 A 为 Ba、Sr,B 为 Mg、Zn、Mn 等,B′ 为 Nb、Ta,这是一类高 Q 值特征的材料,表 5-45 列出了一些材料的介电特性。该类材料是具有钙钛矿型结构的复合化合物,例如 Ba(Mg$_{1/3}$Ta$_{2/3}$)O$_3$ 和 Ba(Zn$_{1/3}$Ta$_{2/3}$)O$_3$,其他几种材料可参阅表 5-46。在这些材料中加入少量的 Mn 可以在较低的温度下烧结成致密的瓷体,同时还可提高它们在高频波段的 Q 值。通常 Mn 的加入量为 1%～2%(摩尔分数),在 10GHz 波段的性质列于表 5-47。Mn 浓度与体积密度的关系如图 5-140。

表 5-47 中 BZN 和 BMnT 两种瓷料 X 射线衍射图峰很宽,经高温在氮气中热处理,峰变尖锐,也就是说热处理可使结晶更完整,减少晶体中的缺陷。

从表 5-47 还可看出,含 Ba 的化合物,TCf 为正;含 Sr 的化合物,TCf 为负。

最重要的一点是 BMT 和 BZT 陶瓷,当含有 1%(摩尔分数)Mn 时,在 10GHz 波段 Q 值超过 10^4,而 ε_r 对 Mn 的加入量不敏感。图 5-141 示出 BMT 和 BZT 两种瓷料 Mn 的加入量与 Q 值的关系。Q 值强烈地依赖于 Mn 含量,在 1%(摩尔分数)Mn 时 Q 达最大值。

试样的 Q 值与气孔率的关系表示在图 5-142,表明 Q 值不仅取决于 Mn 的加入量,而且与烧结条件密切相关。

频率温度系数 TCf 与 Mn 加入量的关系示于图 5-143,可以看出,调节 Mn 的加入量可控制 TCf 值。

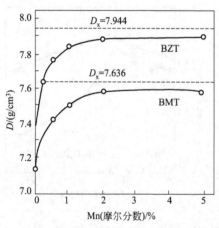

图 5-140   体积密度 D 与 Mn 含量的关系
D_x 为从晶格常数计算的理论密度

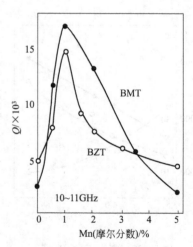

图 5-141   Q 与 Mn 含量的关系

表 5-45 $A(B_{1/3}Ta_{2/3})O_3$ 陶瓷特性

材　料	ε_r	Q(7GHz)	TCf/($\times 10^{-6}$/℃)
Ba(Ni,Ta)O_3	23	7100	−18
Ba(Co,Ta)O_3	25	6600	−16
Ba(Mg,Ta)O_3	25	10200	5
Ba(Zn,Ta)O_3	29	10000	1
Ba(Ca,Ta)O_3	30	3900	145
Sr(Ni,Ta)O_3	23	3000	−57
Sr(Co,Ta)O_3	23	2500	−71
Sr(Mg,Ta)O_3	22	800	−50
Sr(Zn,Ta)O_3	28	3100	−54
Sr(Ca,Ta)O_3	22	3900	−91

表 5-46 钙钛矿型陶瓷晶格常数、理论密度和烧结温度

化　合　物	结构	晶格常数/0.1nm		D_x /(g/cm^3)	烧结温度/℃
		a	c		
Ba(Mg$_{1/3}$Nb$_{2/3}$)O_3(BMN)	六方	5.776	7.089	6.211	1550
Ba(Mg$_{1/3}$Ta$_{2/3}$)O_3(BMT)	六方	5.774	7.095	7.637	1550~1600
Ba(Zn$_{1/3}$Nb$_{2/3}$)O_3(BZN)	立方	4.093		6.515	1500
Ba(Zn$_{1/3}$Ta$_{2/3}$)O_3(BZT)	六方	5.787	7.087	7.944	1550
Ba(Mn$_{1/3}$Nb$_{2/3}$)O_3(BMnN)	假立方	4.113		6.337	1550
Ba(Mn$_{1/3}$Ta$_{2/3}$)O_3(BMnT)	六方	5.814	7.156	7.709	1600
Sr(Mg$_{1/3}$Nb$_{2/3}$)O_3(SMN)	六方	5.638	6.920	5.378	1500
Sr(Zn$_{1/3}$Nb$_{2/3}$)O_3(SZN)	六方	5.658	6.929	5.698	1500

表 5-47 钙钛矿型陶瓷的 ε_r、Q 及 TCf

化　合　物	ε_r	Q	TCf/($\times 10^{-6}$/℃)	特　征
BMN	32	5600	33	2%(摩尔分数)Mn,9.9GHz
BMT	25	16800	4.4	1%(摩尔分数)Mn,10.5GHz
BZN	41	9150	31	在 N$_2$ 中热处理,9.5GHz
BZT	30	14500	0.6	1%(摩尔分数)Mn,11.4GHz
BMnN	39	100	27	9.3GHz
BMnT	22	5100	34	在 N$_2$ 中热处理,11.4GHz
SMN	33	2300	−14	2%(摩尔分数)Mn,10.3GHz
SZN	40	4000	−39	9.2GHz

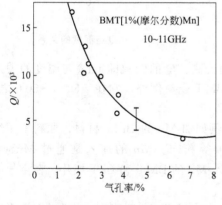

图 5-142 Q 与气孔率的关系

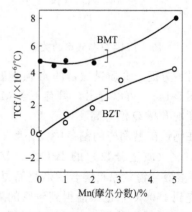

图 5-143 TCf 与 Mn 含量的关系

该系统瓷料的一个重要特性是高温热处理可大大提高 Q 值。例如，对 BMnT 陶瓷，在 1200℃氮气中 10h，Q 值增加 5 倍，即由 1000 提高到 5100（在 11.4GHz）。对其他钙铁矿型的瓷料也发现有类似情况。这种情况仅限于在 N_2 中而不是在 O_2 中。这对于提高产品的质量，获得高 Q 值的介质谐振器，无疑是非常重要的。热处理能够提高 Q 值的原因，正如前面已经提到的，是由于热处理使晶体进一步完整，减少了结构上的缺陷。

此外，BZN 陶瓷加入 La_2O_3 后 Q 值可高达 18000（在 5GHz），而加入 Li_2CO_3、$SrCO_3$、Bi_2O_3 等都使 Q 值降低。实验表明，La^{3+} 的加入，使瓷体体积密度增加，晶粒尺寸明显增大，因而导致 Q 值增加。当 La_2O_3 大于 0.01%（摩尔分数）时，体积密度和晶粒尺寸不再增加，而 Q 值下降。用电子探针检查，发现 La^{3+} 聚集在晶界上形成了异相。

进一步分析认为，在烧结过程中原料带来的微量杂质 Ca、Si 等可促进液相形成。液相润湿固体颗粒，使颗粒间的间隙形成毛细管，在毛细管压力的作用下，颗粒发生重排，促进了坯体的致密化，并且通过液相传质和颗粒间的接触压力，加速了溶解和淀析过程，使较小的颗粒溶解，较大的颗粒长大，从而促进了晶粒的生长。当添加的量较少时，可以忽略异相的作用，由于体积密度和晶粒尺寸增加，使 Q 值有明显上升。当添加量超过一定值后，体积密度和晶粒尺寸不再增加，而此时异相的作用已不可忽略，所以 Q 值有所下降。当添加量适当时，Q 值呈现峰值。Q 值上升的主要原因是，La 的加入使晶粒长大，晶界、晶体缺陷减少。

一般地说，介质谐振器的 Q 值随频率的升高而降低，如图 5-144 所示。然而，BMT 和 BZT 陶瓷在高频仍能保持较高的 Q 值，甚至在 20GHz 它的 Q 值仍可超过 6000，这是一个非常有价值的特性。

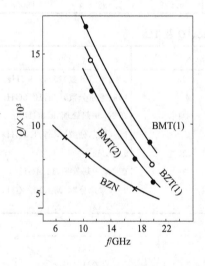

图 5-144　Q 与频率的关系

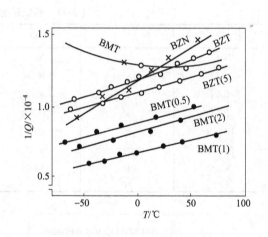

图 5-145　$1/Q$ 与温度的关系

另一方面，介质谐振器的 Q 值随温度的降低而升高。Q 的倒数即 $\tan\delta$ 与温度的关系表示在图 5-145。可以看出，只有不含 Mn 加入物的 BMT 瓷料例外，它在 $-50\sim+50$℃之间，随温度的升高 Q 值升高。

在钙钛矿型陶瓷的制备中，一般采用高纯料。例如加 Mn 的 BMT 材料，原料采用纯度为 99.9%（质量分数）的 $BaCO_3$、MgO 和 Ta_2O_5 等粉末。Mn 的加入是通过 $MnSO_4 \cdot 4H_2O$ 溶液与粉状原料混合后煅烧而得到。没有加入 Mn 的 BMT 和 BZT 坯片，在空气中即使煅烧到 1600℃，也不能得到致密的陶瓷体。

对 BZT 陶瓷烧结工艺的研究结果示于表 5-48，从表中看出延长烧结时间可大幅度地提

高 Q 值。例如，在 1350℃ 保温 120h，可使该种陶瓷在 12GHz 下的 Q 值由 6500 提高到 14000。Q 值的提高与晶粒大小和气孔多少无明显关系。用 X 射线衍射分析发现，Q 值的提高与 Zn、Ta 在陶瓷中的有序结构有关。

表 5-48　BZT 陶瓷烧结条件与物理性质的关系

烧结温度 /℃	保温时间 /h	晶格常数			密度 /(g/cm³)	介电常数	TCf /(×10⁻⁶/℃)	无载 Q_0 （在 12GHz 时）
		a/Å	c/Å	c/a①				
1350	120	5.779	7.108	1.230	7.73	29.5	0±0.5	14000
1350	2	6.790	7.091	1.225	7.75	29.6	0±0.5	6500
1550	2	5.787	7.088	1.225	7.44	28.4	0±0.5	10000
1650	2	6.791	7.093	1.225	7.92	30.2	0±0.5	12000

① $c/a = (3/2)^{1/2}$，没有发现晶格畸变。

(3) (Zr，Sn)TiO₄ 系陶瓷　该系统陶瓷是在钛酸盐介质材料中性能优异、应用较广的一种微波材料，主要应用于 48GHz 的微波段。(Zr，Sn)TiO₄ 材料介电常数居中，Q 值高，温度稳定性好，其问世解决了窄带谐振器的频率漂移问题，后来更是广泛用于各种介质谐振器和滤波器。

(Zr，Sn)TiO₄ 是由 Sn 添加到 ZrTiO₄ 中形成的固溶体，其晶体结构与 ZrTiO₄ 相同，属 α-PbO₂ 结构，斜方晶系，空间群为 Pbcn，晶格常数为 $a = 4.806$Å，$b = 5.447$Å，$c = 5.302$Å。高温冷却时，ZrTiO₄ 将经历两次相转变，一是在 1125℃ 高温顺电相→不对称相的转变；另一为 845℃ 不对称相→对称相的转变。ZrO₂-TiO₂-SnO₂ 三元系统相图见图 5-146，其中阴影范围内表示单相 $Zr_xTi_ySn_zO_4$（$x+y+z=2$）的存在范围。阴影外随位置不同存在 TiO₂、SnO₂、ZrO₂ 等相。

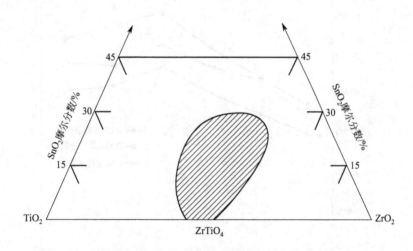

图 5-146　ZrO₂-TiO₂-SnO₂ 系统固溶体形成范围

(Zr，Sn)TiO₄ 材料具有较高的介电常数，而 Sn 离子的引入可以进一步改善 Q 值并使谐振频率的温度系数近于零。相关 (Zr，Sn)TiO₄ 材料的介电性能列于表 5-49。在 $(Zr_{1-x}-Sn_x)$ TiO₄（$x=0\sim0.2$）中，随着 Sn 离子对 Zr 离子的取代，Q 值逐渐增大。在 $1\sim10$GHz 下，$x=0$ 时，Q 值为 2000～5000；$x=0.2$ 时，Q 值为 6000～10000。此外，由于 ZrTiO₄ 和 SnTiO₄ 分别具有正、负温度系数（TCf 分别为 $55\times10^{-6}/℃$ 和 $-250\times10^{-6}/℃$），形成的固溶体 TCf 值可以调至零。

表 5-49　(Zr，Sn)TiO₄ 系微波陶瓷的介电特性

材料	ε_r	Q	频率 f/GHz	TCf/($\times 10^{-6}$/℃)
ZrTiO₄	42.4	3079	8.3	58
$Zr_{0.91}Sn_{0.09}TiO_4$	38.6	3233	8.7	24
$Zr_{0.8}Sn_{0.2}TiO_4$	38.0	7000	7	0
$Zr_{0.648}Sn_{0.352}TiO_4$	37.1	10375	4	—

按传统固相反应法制备(Zr，Sn)TiO₄ 系陶瓷时，如果不添加烧结助剂，(Zr，Sn)-TiO₄ 陶瓷很难达到充分致密化。研究工作指出，高的介电常数要求(Zr，Sn)TiO₄ 陶瓷应有高的致密度，频率温度系数取决于组成，如果形成第二相将显著影响 Q 和 TCf 值。因而在(Zr，Sn)TiO₄ 中选取适宜的添加剂来促进烧结并保证介质材料的优良性能是十分重要的。

在(Zr，Sn)TiO₄ 材料中已进行了 Fe_2O_3、NiO、La_2O_3、ZnO、Nb_2O_5、Ta_2O_3、Sb_2O_3、MgO 等的添加研究。研究工作表明，Ni 具有抑制晶粒生长并有利于改善 Q 值的作用；Zn 具有较好的助烧作用，添加 3%（摩尔分数）的 $Zn(NO_3)_2$ 作助剂，可在 1250℃ 烧结，介电性能为：$\varepsilon = 40.9$，$Qf = 49000GHz$，TCf $= -2 \times 10^{-6}$/℃；Zn 和 Cu 复合添加也能显著降低烧结温度，1220℃ 可达理论密度的 96%，$\varepsilon_r = 38$，$Qf = 50000GHz$，TCf $= 3 \times 10^{-6}$/℃。最近，$ZnO-WO_3$ 复合添加也取得了很好的研究结果，该复合添加对提高材料致密度和改善 Q 值有明显作用，见图 5-147。

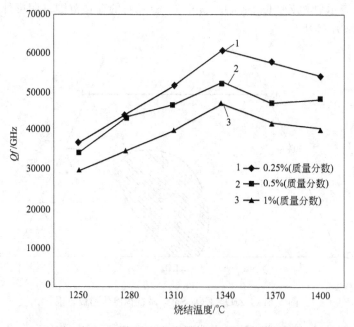

图 5-147　$ZnO-WO_3$ 复合添加对材料 Qf 的影响

研究工作已发现，制备 (Zr，Sn)TiO₄ 陶瓷若采用热处理工艺，可显著减少第二相的存在，有利于改善 Q 值，如有报道在 1250～1275℃ 范围热处理，Q 值可提高 25% 左右。

在制备 (Zr，Sn)TiO₄ 陶瓷中，已尝试采用各种制粉方法制备原料，其中主要包括以下几种。

① 固相反应法。该方法一般采用高纯原料，合成温度为 1050℃，烧成温度在 1360℃

左右。

② 溶胶-凝胶法。如可选用 $Ti(OC_4H_5)$、$Zr(NO_3)_4 \cdot 5H_2O$、$SnCl_4 \cdot 5H_2O$ 作为原料，乙醇为溶剂，HNO_3 作为分散剂和稳定剂，乙基纤维素乙醇溶液作为黏合剂，构成 Zr-Ti-Sn 的乙醇系统。制得的原料粒度细，活性高，Q 值和 TCf 均有所改进。

③ 水热合成法。水热法制得的粉料具有团聚少、结晶好的特点，可得到几到几十纳米尺度的晶粒。如在 N_2 气氛中，按（Zr＋Sn）∶Ti＝1∶1（摩尔比）将 Zr、Sn、Ti 的醇盐溶解于无水 2-甲酸中，再加入等摩尔量的乙酰丙酮形成橙色溶液。该溶液与水按 4∶1 混合形成溶胶，干燥后，研成粉末与水混合形成悬浮液，置于高压釜中完成水热反应。该反应无需进行煅烧合成而且粒子尺寸分布较窄，介电常数和 Q 值均有一定的改善。

（4）$BaO-Ln_2O_3-TiO_2$ 钨青铜型陶瓷（BLT 系）　BLT 系微波陶瓷基本上都是属于类钙钛矿的钨青铜型晶体结构。主相组成通常简写为 $BaO \cdot Ln_2O_3 \cdot nTiO_2$（$n＝3\sim5$）。在此范围内，对于 Ln（Ln 为稀土类元素）＝Pr、Sm、Nd 等，都具有相似的晶体结构。对 $n＝4$，组成也可以表示为 $Ba_{6-3x}Ln_{8+2x}Ti_{18}O_{54}$ 或 $Ba_{6-x}Ln_{8+2/3x}Ti_{18}O_{54}$，这是该系统中性能较好的一种材料组成。BLT 系微波陶瓷现已得到广泛研究和应用，该系统主要的特点是具有高的介电常数 ε_r，容易获得 $\varepsilon_r \geqslant 80$，而且通过适当的掺杂改性可以达到 ε_r 90～100 范围。在适当的配方与工艺条件下，可以同时获得较高的 Q 值和较低的 TCf 值。该系统典型特性列于表 5-50。

表 5-50　$BaO-Ln_2O_3-TiO_2$ 系陶瓷的介电特性

组　　成	烧成温度/℃	ε_r	Q（5GHz）	TCf/（$\times10^{-6}$/℃）	Q_0 实验值	Q_0 计算值
$BaO-TiO_2-La_2O_3$	1370	92	400	380	450	450
$BaO-TiO_2-Ce_2O_3$	1330	32	500	9	140	517
$BaO-TiO_2-Pr_6O_{11}$	1370	81	1800	130	600	616
$BaO-TiO_2-Nd_2O_3$	1370	83	2100	70	620	627
$BaO-TiO_2-Sm_2O_3$	1370	74	2400	10	610	639
$BaO-TiO_2-Gd_2O_3$	1350	53	200	130	190	345

在钨青铜结构中，存在着 Ba^{2+} 和 Ln^{3+} 两类离子相互置换晶格位的可能性，这为 $BaO-Ln_2O_3-TiO_2$ 系微波陶瓷的类质同晶性及其成分在一定范围内变化时仍能维持单相结构提供了基础。TiO_2 含量的不同对 BLT 系微波陶瓷性能有显著影响，表 5-51 列出了 $BaO-Nd_2O_3-TiO_2$ 系不同 TiO_2 含量与介电性能的关系。

表 5-51　$BaO-Nd_2O_3-TiO_2$ 系 TiO_2 含量与介电性能

组　　成	ε_r	Q(5 GHz)	TCf/（$\times10^{-6}$/℃）
$BaO-Nd_2O_3-5TiO_2$	83	2100	70
$BaO-Nd_2O_3-4TiO_2$	84	1500	96
$BaO-Nd_2O_3-TiO_2$	45	3000	70

在 BLT 系微波陶瓷中，共有三种阳离子位：Ba 位、Ln 位、Ti 位，这三种阳离子位均可被相应的离子取代。

① Ba 位取代。Ba^{2+} 可以被 Li^+、Sr^{2+} 和 Pb^{2+} 等离子取代，如在 $BaNd_2Ti_4O_{12}$ 材料中添加 Li_2O 可使介电常数 ε_r 得到改善，并使 TCf 从负值变化到正值。Sr^{2+} 取代 Ba^{2+} 的研究表明，少量的 Sr^{2+} [5%（摩尔分数）] 取代可得到最佳的微波性能。在 Pb^{2+} 取代的研究中

得到，Pb^{2+} 的固溶限在 $0.3\sim0.35$（摩尔分数）之间，在固溶限内随 Pb^{2+} 含量的增加，介电常数 ε_r 上升，但 Q 值和 TCf 有下降的趋势。

②Ln 位的取代。在 BLT 陶瓷中，常见的稀土离子主要有 Nd、Sm、Pr、Gd 等，对于不同的离子，保持单相结构存在不同的固溶限，并且随稀土离子半径的下降，其固溶范围变窄，如对应于 $Ba_{6-3x}Ln_{8+2x}Ti_{18}O_{54}$ 材料，不同离子固溶范围的摩尔分数分别为 Pr：$0<x<0.75$；Nd：$0<x<0.7$；Sm：$0.3<x<0.7$；Gd：$x=0.5$。同时，随着稀土离子极化率的降低，介电常数有所下降。最为明显的变化是 TCf，从负值变化到正值。在性能优化研究中，也可以通过稀土间复合离子取代的途径，其目的是通过相互间的性能互补来调整性能参数的兼备性，如 La-114 相，$\varepsilon_r=109$，$TCf=180\times10^{-6}/℃$，而 $BaO\cdot(Nd_{0.77}Ya_{0.23})O_3\cdot4TiO_2$ 材料，$\varepsilon_r=76$，$TCf=40\times10^{-6}/℃$。

在 Nd-114 相中加入 Bi_2O_3 可以显著提高介电常数，许多研究结果均得到了相似的结论。Bi 的添加一方面可显著提高介电常数，如在 $BaO\cdot(Nd_{1-y}Ya_y)O_3\cdot4TiO_2$ 中，$y=0.04\sim0.08$ 范围，可得到 $\varepsilon_r=89\sim92$，$Qf=1855\sim6091GHz$ 的性能，在 $y=0.08$ 附近，TCf 接近于 0，见图 5-148。

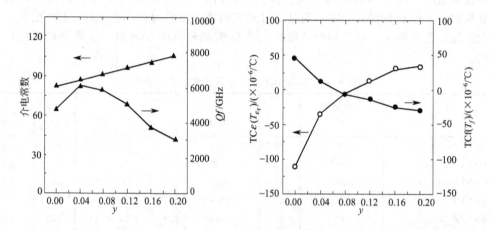

图 5-148　介电性能的变化

近年来除了研究固溶取代对微波介电性能的影响外，还广泛研究了其他添加物对 BLT 系微波陶瓷性能的影响，如添加 MnO_2、CaO、WO_3、Fe_2O_3 等。在 Nd-115 相添加 Mn 的研究表明，Mn 较显著的作用是改善了 TCf。对 CaO、WO_3、Fe_2O_3 的添加研究，发现除 CaO 外，少量的添加剂在烧结过程中能形成液相，增大了烧结密度，提高了介电常数，但一般都伴随着 Q 值有所下降。

制备工艺对 BLT 材料介电性能有十分重要的影响，研究工作已采用共沉淀法或络合法制备出了性能优良的 BLT 瓷料。研究工作也表明合成温度和烧结温度对材料性能的影响最为突出，如在 Bi 添加的 Nd-114 相材料的研究中，已得出不同的固溶限，其中可相差 5%（摩尔分数）之多，出现这种现象主要是因为工艺条件不同所造成，其中关联最为密切的是合成温度和烧结温度。

(5) 其他系统的微波陶瓷材料　表 5-52 和表 5-53 列出了 $(Ba,Sr)ZrO_3$（BSZ），$CaZrO_2$，$Ca(Zr,Ti)O_3$（CZT），$Sr(Zr,Ti)O_3$（SZT），$(Ba,Sr)(Zr,Ta)O_3$ 等系统的组成和性能，用少量的 Nb、Ta [约 1%（摩尔分数）] 置换上述系统中的 Zr 或 Ti，可进一步降低介质损耗和介电常数的温度系数。介电常数和介质损耗按 CZT<SZT<BSZ 的顺序递增，这与离子半径的大小（Ca<Sr<Ba）和晶胞体积的大小顺序是一致的。

表 5-52　高稳钛锆酸盐固溶体的性能

组成 （ABO₃型化合物）	Nb₂O₅添加量(摩尔分数)%	1.6kHz			5GHz		
		介电常数的温度系数/ （×10⁻⁶/℃）	20℃的 ε_r	100℃的tanδ /×10⁻⁴	介电常数的温度系数/ （×10⁻⁶/℃）	20℃的 ε_r	20℃的tanδ /×10⁻⁴
$Ba_x Sr_{1-x} ZrO_3$							
x=0.7		+45	39	5	−58		
x=0.6		−22	38.2	19			
x=0.5		+15	36.8	11	−21.9		
x=0.45		+5	37.6	40		34.8	15
x=0.46		0	38.1	11	−17.6	34.7	18
x=0.46	0.25	−11	30.6	<4	−14.4	31.3	4.7
x=0.46	1.0	0	30.6	<4	−23.4	32.3	4.4
$CaZr_x Ti_{1-x} O_3$							
x=0.935		−129	36.7	20			
x=0.96		−59	34.7	95	+4.7	31.5	4.0
x=0.987		−17	32.9	3	+6.6	30.3	2.5
x=0.987	0.25	+23	30.6	340	−12	26.8	6.1
x=0.987	1.0	−39	32.9	3	−15.4	26.8	6.2
$SrZr_x Ti_{1-x} O_3$							
x=0.955		0	36.1	<3	−21.1	33.4	7.0
x=0.956	0.25	0	37.2	<3	−14.4	33.4	6.2
x=0.955	1.0	+20	36.1	<3	−23.7	33.3	4.9
x=0.965		+32	35.4	12	−30.2	32.7	8.1
$CaZrO_3$		+33	32.0	60		28.0	7.6
$CaZrO_3$	0.25	+32	31.0	72	−17.3	27.2	5.5
$CaZrO_3$	1.0	+91	30.9	247	−15.7	27.1	6.3

表 5-53　高稳定钛钴酸盐固溶体的特性

特性 ＼ 组成[①]	CZT	SZT	BSZ	BSZTa	BSZTTa
理论密度(g/cm³) （由 X 射线衍射测定）	4.66	5.45	5.89	5.89	5.65
密度(占理论密度)/%	96.8	98.0	96.5	92.2	95.2
晶粒平均尺寸/μm	7	5	5	5	5
1.6kHz 下的特性					
介电常数 ε	29.0	34.2	35.4	32.5	34.2
20℃的 tanδ/×10⁻⁴	2.6	1.5	1.8	1.6	2.6
100℃的 tanδ/×10⁻⁴	6	34	216	6.2	4.3
平均电容温度系数 （−50～100℃)/(×10⁻⁶/℃)	−5	+9	+19	−4	+17.8
4GHz 下的特性					
介电常数 ε	29.0	33.9	35.0	32.3	34.0
20℃的 tanδ/×10⁻⁴	3.0	6.2	11.3	5.7	6.0
平均介电常数温度系数 （0～60℃)/(×10⁻⁶/℃)	−23	+30	+25	—	+28

① $CZT=CaZr_{0.985} Ti_{0.015} O_3$；$SZT=SrZr_{0.955} Ti_{0.045} O_3$；$BSZ=Ba_{0.56} Sr_{0.44} ZrO_3$；$BSZTa=Ba_{0.56} Sr_{0.44} Zr_{0.90} Ta_{0.01} O_3$；$BSZTTa=Ba_{0.27} Sr_{0.73} Zr_{0.9875} Ti_{0.027} Ta_{0.01} O_3$。

5.5.3　介质谐振器的测量

目前最通用的介质谐振器的测量方法为圆柱形介质谐振器法，如图 5-149。圆柱形试样放置在两个镀银的圆形平板之间，在试样中激励 TE_{011} 谐振模式，由谐振频率计算介电常数。用总损耗（$1/Q_L$）和镀银平板的损耗计算介质损耗。镀银平板的损耗可由它的表面电阻率计算。表面电阻率的测量方法是以同样的原料、相同的工艺制造两只直径相同而高度不同的试样，一个是另一个的三倍。这样，在一个试样中激励 TE_{011} 模式，在另一个试样中激励 $TE_{01\delta}$ 模式。由这两次谐振的 Q 值 Q_{rs} 计算表面电阻 R_s。

试样必须先在 100kHz 的阻抗分析仪上测量出它的介电常数，作为其在微波频段的介电常数 ε_r' 参考值。将此参考值代入下式计算试样尺寸。

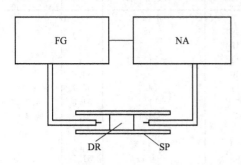

图 5-149　圆柱形介质谐振器的测量系统

FG—频综仪；NA—网络分析仪；
DR—介质谐振器；SP—镀银圆盘

$$\alpha \frac{J_0(\alpha)}{J_1(\alpha)} = -\beta \frac{K_0(\beta)}{K_1(\beta)}$$

$$\alpha = \frac{2\pi a}{\lambda_0}\left[\varepsilon_r' - \left(\frac{c}{v_p}\right)^2\right]^{1/2}$$

$$\beta = \frac{2\pi a}{\lambda_0}\left[\left(\frac{c}{v_p}\right)^2 - 1\right]^{1/2}$$

$$\frac{c}{v_p} = \frac{l\lambda_0}{2L}$$

式中，a 为试样半径；L 为试样高度；λ_0 为自由空间波长；l 为介质谐振器谐振模式 $TE_{01\delta}$ 下轴向半波长数；$J_0(\alpha)$、$J_1(\alpha)$ 为零阶、一阶贝塞耳函数；$K_0(\beta)$、$K_1(\beta)$ 为零阶、一阶变宗量贝塞尔函数。

由下式计算介电常数和 $\tan\delta$：

$$\varepsilon_r' = \frac{a^2\lambda_0}{2\pi a} + \left(\frac{l\lambda_0}{2L}\right)^2$$

$$\tan\delta = \frac{A}{Q_L} - B$$

式中

$$A = 1 + \frac{J_1^2(\alpha)}{\varepsilon_r' K_1^2(\beta)}\left[\frac{K_0(\beta)K_2(\beta) - K_1^2(\beta)}{J_1^2(\alpha) - J_0(\alpha)J_2(\alpha)}\right]$$

$$B = \frac{l^2 R_0}{2\pi f_0^3 \mu_0^2 \varepsilon_r' \varepsilon_0 L^3}\left\{1 + \frac{J_1^2(\alpha)}{\varepsilon_r' K_1^2(\beta)}\left[\frac{K_0(\beta)K_2(\beta) - K_1^2(\beta)}{J_1^2(\alpha) - J_0(\alpha)J_2(\alpha)}\right]\right\}$$

$$R_s = (\pi f_0 \mu_0 / \sigma)^{1/2}$$

$$= \frac{f_0}{\Delta f}$$

式中，$J_2(\alpha)$ 为二阶贝塞尔函数；$K_2(\beta)$ 为二阶变宗量贝塞尔函数；R_s 为镀银圆形平板的表面电阻率；σ 为镀银圆形平板的表面电导率；Q_L 为介质谐振器有载品质因数；μ_0 为真空导磁率；ε_0 为真空介电常数；f_0 为谐振频率；Δf 为半功率点带宽。

谐振频率和半功率点带宽由谐振曲线测量确定。谐振曲线如图 5-150 所示。半功率电平用标准衰减器确定。

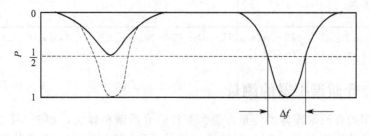

图 5-150　谐振曲线

P—功率电平；$\frac{1}{2}P$—半功率电平

上述测量方法试样是放置在两个平行圆板之间，故称开式腔法（open cavity）。该法对 $\varepsilon_r' \gg 1$ 的情况有较高的精确度，借助计算机，能迅速测定介质的 ε_r' 和品质因数，所用试样较小。该法难以测定较宽温度范围的谐振频率温度系数。

与此相反，封闭式谐振腔和传输线比较容易实现不同温度下的测量，因而容易计算 TCf 值。封闭式谐振腔一般 Q 值比较高，无载品质因数 $Q_0 > 3000$，因此又称高 Q 腔法。常用的高 Q 腔为圆柱形腔，如图 5-151 所示。图 5-151 为高 Q 腔的测试系统方框图。腔体采用螺旋线高 Q 谐振腔，腔体有水套夹层，可控制温度。试样为圆片形，放置在腔底部。测量过程与计算原理与前述类似，此处省略。

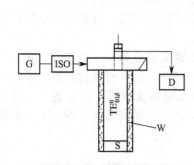

图 5-151　测试系统简图
G—频综仪；ISO—隔离器；D—指示器；
$TE_{01\delta}^0$—高 Q 谐振腔；S—试样；W—恒温水

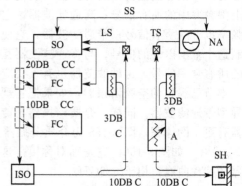

图 5-152　测量 Q 和 TCf 的反射计
SO—扫频振荡器；CC—同轴耦合器；
FC—数字频率计；ISO—隔离器；C—定向耦合器；
LS—电平信号；A—精密刻度衰减器；TS—测试信号；
NA—网络分析器；SS—扫频信号；SH—试样盒

图 5-152 为传输线法之一——反射方框图。圆片形陶瓷介质谐振器（试样）与波导作磁耦合，放置在波导中心，距短路终端半波长处。该法适合于测量高介电常数及高 Q 的电介质。在介质中激励 $TE_{01\delta}$ 谐振模式。应注意选取最低的谐振模式，并把它从其他高次模式中区分出来。为此，谐振器的外形比率有一个最佳值，即高度和直径比为 $0.3 \sim 0.4$。

图 5-153 为试样盒即短路终端以及试样中场分布。试样的 Q 及 TCf 由下式计算：

$$Q_0 = \frac{2}{1 \pm P_R^{1/2}} \left\{ \frac{P_\eta - P_R}{1 - P_\eta} \right\}^{1/2} \frac{f_0}{2\delta f}$$

式中，"—"号为耦合状态，"+"号为欠耦合状态。

$$\text{TCf} = \frac{1}{f_0} \times \frac{\Delta f}{\Delta T}$$

P_R 为在谐振频率 f_0 时的反射功率；P_η 为在失谐频率 $f_0 \pm \delta f$ 时的反射功率。

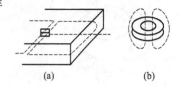

图 5-153　试样盒（a）及试样中场分布（b）$TE_{01\delta}$ 模式
—电力线；---磁力线

$$\Delta f = f_0' - f_0$$
$$\Delta T = T' - T$$

即温度 T 时的谐振器谐振频率为 f_0，温度 T' 时的谐振频率为 f_0'。误差分析表明，该系统在测 Q 时的误差 $\leqslant 2\%$。

通常遇到的情况是，介质谐振器介电常数 $\varepsilon_r' \approx 0.3$，热膨胀系数 $\alpha_1 = 10 \times 10^{-6}/℃$，那么，介电常数的温度系数 TCε 和谐振频率的温度系数 TCf 存在下列关系：

$$\text{TCε} = (-2\text{TCf} - 19.6) \times 10^{-6}/℃$$

通常的测量温度是 $T=25℃$，$T'=60℃$。因此，TCf 是这个温度范围的平均值，TCf 的测量误差≤2.5%。

5.5.4 介质谐振器的应用

介质谐振器在微波电路和微波集成电路中有多种应用，现举例如下。

(1) 带通滤波器 理想的滤波器对带通范围内的所有频率信号能完全地传输，而在带阻范围内的信号则全部衰减。实际的滤波器不可能得到这样的特性，但应尽可能地接近它。滤波器有三种主要类型：低通滤波器，它使零与某一上限频率之间的信号通过，而衰减高于这个上限频率中的所有信号；高通滤波器，它使下限频率以上的所有信号通过，而抑制这个下限频率以下的所有信号；带通滤波器，它使上限频率和下限频率范围内的所有信号通过，而抑制这个范围以外的信号。与带通滤波器互相补充的是带阻滤波器，它衰减上下限频率范围内的所有频率信号，这种滤波器也有重要应用。

本节已提到的空腔谐振器，如果把它耦合在传输线路里便成为一个滤波器。图 5-154 为波导型带通滤波器。同样，介质谐振器与传输线适当地耦合，也可形成滤波器，而比空腔谐振器有更小的体积。图 5-155 为介质谐振器三只组合成的带通滤波器。在介质谐振器中激励 $TE_{01\delta}$ 模式，如图 5-156，它是轴对称模。这种滤波器可用于同轴线系统。图 5-157 是带通滤波器的特性曲线，用于 6.9GHz。

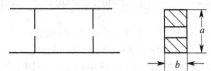

图 5-154　波导型带通滤波
器示意图（阴影部分为膜片）
a—波导宽边；b—波导窄边

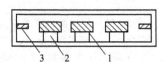

图 5-155　介质谐振器组成的带通滤波器
1—介质谐振器；2—支座；3—耦合器

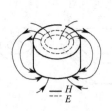

图 5-156　介质谐振器中
$TE_{01\delta}$ 模式场分布

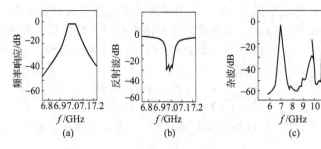

图 5-157　带通滤波器的特性曲线

(2) 带阻滤波器 图 5-158 为三只介质谐振器组合而成的带阻滤波器的频率响应曲线。介质谐振器的 Q 值为 11000，相互之间简单耦合，并被放置在波导中。在中心频率 11.5GHz 附近，对信号的衰减能力为 50dB。在温度 $-50\sim+60℃$ 范围内，频率变化小于 50kHz。噪声水平低于 60dB。

(3) 介质谐振振荡器（DRO）　介质谐振振荡器是由陶瓷谐振器加以稳定的微波振荡器，是一种新型微波信号源。它具有体积小、重量轻、价格便宜的特点，很适合现代化的微波集成电路使用。因而，在很多情况下，它取代了普通晶体振荡器和空腔稳频振荡器。

和空腔稳频振荡器比较，DRO 调频范围窄，噪声大，应用于数字无线电通信、卫星电视和多普勒脉冲转发器等方面。

目前，实用的 DRO 覆盖的微波频率范围。4～16GHz。随着 Q 值的进一步提高，预期能够达到更高的工作频率。

① DRO 的工作原理：由负阻耿氏（Gunm）二极管或碰撞雪崩渡越时间二极管（IMPAT）等有源半导体器件所形成的信号源，通过传输线与高 Q 的介质谐振器耦合，形成 DRO。图 5-159 是三种 DRO 电路示意图。图 5-159(a) 为反馈型 DRO，具有高的 Q_L，而易产生寄生振荡和振模跳变；图 5-159(b) 为传输型 DRO，Q_L 相当高，无寄生振荡和振模跳变；寄荡器电路示意图 5-159(c) 为反射型 DRO，Q_L 相当低，无寄生振荡。现在，图 5-159(a) 的情况几乎为图 5-159(b)、图 5-159(c) 完全取代。

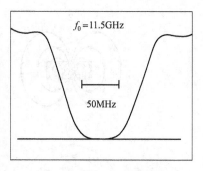

图 5-158　有三个介质谐振器的带阻滤波器的响应曲线

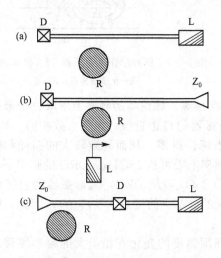

图 5-159　用介质谐振器稳定的负阻振荡器电路示意图
(a) 反馈型；(b) 传输型；(c) 反射型。D—二极管；R—介质谐振器；L—负载；Z_0—终端

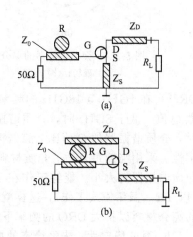

图 5-160　有介质谐振器的 FET 振荡器
R—介质谐振器；R_L—负载

另一类电路是介质谐振器与场效应管（FET）连接的电路，如图 5-160 所示。图 5-160(a) 为反射型 FETDRO，通过介质谐振器与 FET 的栅极（门极）G 电路耦合，功率由漏极 D 检出。图 5-160(b) 是利用漏极传输线和栅极传输线之间经由介质谐振器反馈产生振荡的。

DRO 中的陶瓷圆片最好工作在 $TE_{01\delta}$ 的最低模式，它的场分布如图 5-161，图 5-161(a) 为磁场分布，图 5-161(b) 为电场分布。由于陶瓷圆片有高的介电常数，使大部分电磁能（大约 80%）限制在圆片内，由介质-空气界面的反射在圆片中产生振荡。

由于在圆片外存在一定的电磁场，使其很容易与外电路耦合，通过改变圆片和外电路间的距离，也能容易地改变耦合的程度。图 5-162 是这种耦合的两个例子：图 5-162(a) 介质外部的电磁场经过外部导体的缝隙与同轴线耦合；图 5-162(b) 为谐振器与微波带状传输线的耦合。

为了降低辐射损耗，将陶瓷圆片装置在金属壳内的石英环上。石英环有一定高度，使得圆片与壳壁间保持一定距离。这样就可以获得最佳 Q 值、温度稳定的振荡频率。同时也使得谐振器与同轴线或微波带状线处于最佳耦合状态。为了尽量减少外部的影响，金属壳应密封。

② DRO 的性能

a. 频率和功率限制：DRO 实际输出的频率和功率取决于所使用的有源元件（如耿氏二极管、雪崩二极管、双极硅管及 GaAs 场效应管等）和电路，其次还受介质谐振器的影响。

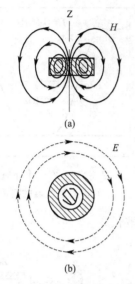

图 5-161　介质谐振器的场分布
（a）磁场；（b）电场

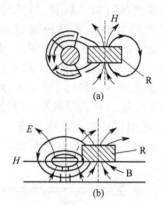

图 5-162　圆片形介质谐振器 TE_{01} 模式的感应耦合
R—介质谐振器；B—基片

DRO 可在 1GHz 至 18GHz 的频率下工作而无需倍频。振荡器的频率上限取决于谐振器的无载 Q 值。低于 8GHz 时，介质谐振器与空腔谐振器的 Q 值近似，损耗大致相同。高于 8GHz 时，介质谐振器的 Q 值比空腔谐振器的 Q 值下降快得多，从而导致较大的损耗和较低的稳定性。采用当前最合适的介质材料，DRO 的频率上限可达 16GHz。DRO 的频率下限取决于介质谐振器的大小。能够工作在 1GHz 的 BaO-TiO_2 系统 DRO，其谐振器的直径大于 5cm（以 $TE_{01\delta}$ 振荡模式工作），这样就失去了 DRO 的最基本的优点（紧凑性）。因此，研制合适的高介材料以扩大 DRO 的频率下限是很重要的。

　　b. 温度稳定性：未经稳定的振荡器随着周围温度的变化有相当大的频率漂移现象。频率温度系数 TCfu 在 -100×10^{-6}/K 左右，这主要是由于有源元件电容量漂移引起的。用介质谐振器使频率稳定可使频率漂移减小 S 倍（S 称作稳定系数），因此，稳定振荡器的总的频率温度系数为

$$TCf = TCfu/S + TCf_0$$

　　式中，TCf_0 是介质谐振器频率温度系数，对 BaO-TiO_2 系统陶瓷是 1.5×10^{-6}/K。S 是电路效率及介质谐振器和非稳定振荡器的无载 Q 值的函数。通常，S 随介质谐振器 Q 值的增加而增加，随电路效率的增加而下降。如果谐振器和非稳定振荡器的 Q 值分别为 2500 和 50，电路效率约 40%，则 S 约为 25。可计算出 $TCf = (-100/25 + 1.5) \times 10^{-6}$/K $= -2.5 \times 10^{-6}$/K。由此可以明白，介质谐振器必须具有正温度系数以补偿有源元件的负温度系数。上面的例子中还需要有更大的 TCf_0 用作温度补偿。

5.6　多层结构介质陶瓷

　　MLCC 是 multi-layer ceramic capacitors 的缩写，即多层陶瓷电容器，它诞生于 20 世纪 60 年代，最先由美国公司研制成功，后来由日本公司迅速发展并产业化。MLCC 也可简称为片式电容器、积层电容、叠层电容等，属于陶瓷电容器的一种，广泛应用于各种电子电路中，起到退耦、耦合、滤波、旁路、谐振等作用。MLCC 是由印好内电极的陶瓷介质膜片

以错位的方式叠合起来，经过一次性高温烧结形成陶瓷芯片，再在芯片的两端封上金属层（外电极），从而形成一个类似独石的结构体，常叫做"独石电容器"。由于 MLCC 具有体积小、电容量大、高频使用时损失率低、适于大量生产、价格低廉及稳定性高等特性，在信息产品讲求轻、薄、短、小的发展趋势及表面贴装技术（SMT）应用日益普及的市场环境下，具有良好的发展前景。

5.6.1 MLCC 陶瓷介质瓷料的分类

MLCC 用陶瓷材料主要作为陶瓷电容器的介质，简称为"瓷介"或"瓷料"。其品种繁多，性能差异很大，可以有多种分类方法。按照用途和性能一般分为两类：Ⅰ类陶瓷介质瓷料和Ⅱ类陶瓷介质瓷料。

Ⅰ类陶瓷介质材料的介质材料性能最稳定，受温度的影响小，该材料制成的电容器适用于高频、特高频及甚高频电路。美国电子工业协会（EIA）标准 198 采用"字母-数字-字母"这种代码形式来表示Ⅰ类陶瓷介质的温度系数，见表 5-54。

表 5-54　Ⅰ类瓷的标志代码（ANSI/EIA-198-E）

(a) 电容量 温度系数有效位 数/($\times 10^{-6}$/℃)	(b) (a)行 有效数 字母代码	(c) 对(a)行 适用的 倍数	(d) (b)行 倍数的 数字代码	(e) 温度系数 允许偏差	(f) (e)行 允许偏差 字符代码
0.0	C	-1	0	± 30	G
0.3	B	-10	1	± 60	H
0.8	L	-100	2	± 120	J
0.9	A	-1000	3	± 250	K
1.0	M	-10000	4	± 500	L
1.5	P	$+1$	5	± 1000	M
2.2	R	$+10$	6	± 2500	
3.3	S	$+100$	7		
4.7	T	$+1000$	8		
7.5	U	$+10000$	9		

Ⅱ类陶瓷介质材料主要用于制造低频电路中使用的陶瓷介质电容器，其特点是低频下的介质常数高，一般为 200～20000，介质损耗比Ⅰ类瓷介大很多，介质常数随温度和电场强度的变化呈强烈的非线性。Ⅱ类瓷的标志代码见表 5-55。图 5-163 为几种代表性特性曲线。

表 5-55　Ⅱ类瓷的标志代码（ANSI/EIA-198-E）

(a) 下限类别 温度/℃	(b) (a)行的字 母代码	(c) 上限类别 温度/℃	(d) (c)行的 数字代码	(e) 整个温度范围内 $\Delta C/C$ 极大值/%	(f) (e)行的 字母代码
$+10$	Z	$+45$	2	± 1.0	A
-30	Y	$+65$	4	± 1.5	B
-55	X	$+85$	5	± 2.2	C
		$+105$	6	± 3.3	D
		$+125$	7	± 4.7	E
		$+150$	8	± 7.5	F
		$+200$	9	± 10.0	P
				± 15.0	R
				± 22.0	S
				$+22/-33$	T
				$+22/-56$	U
				$+22/-82$	V

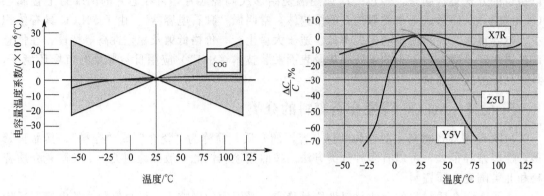

图 5-163　几种陶瓷介质的温度特性

5.6.2　多层结构及 MLCC 制造工艺

简单的平行板电容器基本结构是由一个绝缘的中间介质层加上外部两个导电的金属电极，而 MLCC 的结构主要包括三大部分：陶瓷介质，金属内电极，金属外电极。从结构上看，MLCC 是多层叠合结构，简单地说它是由多个简单平行板电容器的并联体。MLCC 结构如图 5-164 所示。

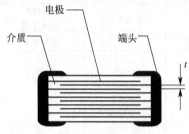

图 5-164　MLCC 的基本结构

MLCC 由于采用了叠层结构，陶瓷介质可做得很薄（$1\mu m$ 以下），叠层可到达 1000 层以上。这样的电容器有较大的比容，如 $1\mu F$ 容量的 MLCC，比容可达 $1000\mu F/cm^3$，而且可靠性较好。目前，MLCC 已大量用于混合集成电路中和其他对可靠性要求较高的小型化电子设备中。

在大容量市场（$10\mu F$ 以上），MLCC 已部分取代钽或铝电解电容器，目前 MLCC 的最高容量已达 $470\mu F$；Ⅰ型 MLCC 电容量一般为 $0.1\sim50000pF$；Ⅱ型 MLCC 电容量一般为 $0.01\sim470\mu F$。

MLCC 制造的工艺流程见图 5-165，主要为：将预制好的陶瓷介质浆料通过流延方式制成要求厚度的陶瓷介质薄膜，然后在介质薄膜上印刷内电极，并将印有内电极的陶瓷介质膜片交替叠合热压，形成多个电容器并联，并在高温下一次烧结成一个不可分割的整体芯片，然后在芯片的端部涂覆外电极浆料，使之与内电极形成良好的电气连接，形成 MLCC 的两极。

MLCC 金属内电极一般采用 Ag、Pd、Ag/Pd 合金、Ni、Cu 等，金属外电极一般采用 Ag、Cu 等。采用 Ag、Pd 或 Ag/Pd 合金等电极材料的 MLCC，由于贵金属价格比较高，而采用 Ni、Cu 等作为电极材料的 MLCC 价格相对便宜。以镍为内电极的 MLCC 与传统的 Pd、Ag 内电极相比，具有成本低、电化学稳定性好、阻抗频率特性好等优点，使大容量 MLCC 有可能在电子线路中部分取代电解电容器，改善了整机性能，也有利于电子设备的小型化。

MLCC 技术是一门综合性应用技术，它包括新材料技术、设计工艺制作技术、设备技术和关联技术，涉及材料、机械、电子、化工、自动化、统计学等各学科先进理论知识，是多科学理论和实践交叉的系统集成。目前 MLCC 行业最核心的技术内容主要涉及电介质陶瓷粉料的材料技术、介质叠层印刷技术、共烧技术等，上游电介质陶瓷材料品质的提升是未来 MLCC 行业发展的重要基础和前提条件。

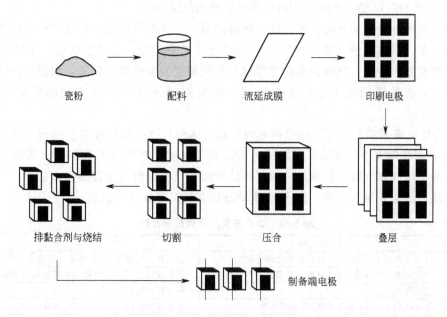

瓷粉　　　　配料　　　　流延成膜　　　　印刷电极

排黏合剂与烧结　　　切割　　　　压合　　　　叠层

制备端电极

图 5-165　MLCC 生产工艺流程

(1) 电介质陶瓷粉料生产技术　MLCC 所用电子陶瓷粉料的微细度、均匀度和可靠性直接决定了下游 MLCC 产品的几何尺寸、电容量和性能的稳定。如在目前使用最广泛的 X7R 电子陶瓷材料，可使用粒径为 100nm 的水热法钛酸钡并添加稀土金属氧化物进行改性，制成电介质陶瓷粉体，并由此制备出高可靠性的 MLCC 产品，介质厚度可达到 $1\mu m$ 以下。

(2) 多层介质薄膜叠层印刷技术　提高单位体积电容量是 MLCC 替代其他类型电容器的有效途径，一直是 MLCC 领域的重要研发课题。

MLCC 的电容量与内电极交叠面积 A、电介质瓷料层数 n 及使用的电介质陶瓷材料的相对介电常数 ε_r 成正比关系，与单层介质厚度 T 成反比关系。因此，提高单位体积电容量的方法主要有两种：①降低介质厚度，介质厚度越低，MLCC 的电容量越高；②增加 ML-CC 内部的叠层数，叠层数越多，MLCC 的电容量越高。电子陶瓷粉料性能方面的差异对介质叠层印刷领域的技术具有重要影响。

(3) 陶瓷粉料和金属电极共烧技术　MLCC 元件主要由陶瓷介质、内电极金属层和外电极金属层构成。在生产过程中，不可避免地需解决不同收缩率的陶瓷介质和内电极金属如何在高温共烧环节中出现分层、开裂等问题。共烧问题的解决，一方面需在氮气氛窑炉中进行持续研发；另一方面也需要 MLCC 瓷粉供应商在瓷粉制备阶段就与 MLCC 厂商进行紧密的合作，通过改进瓷粉的烧结伸缩曲线，使之更易于与金属电极共同烧制。

5.6.3　MLCC 陶瓷介质瓷料的性能及表征

作为 MLCC 用陶瓷介质材料，要求瓷料具有特定的物理和介电性能等，以满足不同种类的 MLCC 制作的需求。

5.6.3.1　物理性能

(1) 粉体粒度　粉体颗粒粒径的大小和粒度分布，是表征粉体分散性的重要指标，直接影响 MLCC 流延的厚度、介质膜片的质量和瓷料的烧结性能。

粒度的测量方法有激光法、筛分法、沉降法等。目前多采用激光粒度分析仪检测粉体粒度大小和分布，操作方便，精度较高。当入射光射到颗粒时，会产生散射，小颗粒散射角大，而大颗粒散射角小，其散射角的光强度与相应粒度的颗粒多少有关，根据分析仪统计的光能数据，分析粉体粒度大小、分布情况，激光粒度分析仪可以测定的粒度范围可达 $0.01 \sim 3000 \mu m$。

（2）粉体比表面积　比表面积是指单位质量（体积）物料所具有的总面积，单位一般为 m^2/g。比表面积的大小，反映了颗粒的表面形貌等性质，对粉体的吸附性、活性等有重要影响。一般采用气体吸附法测量粉体物料的比表面积。根据吸附过程测量方法的不同又可分连续流动法和静态容量法。表 5-56 列出了动态法和静态容量法的比较。

表 5-56　动态法和静态容量法比较

序　号	动　态　法	静　态　容　量　法
1	流动态的相对平衡，达不到真正的吸附平衡	达到真正的吸附平衡，理论计算更为可靠
2	不能测量等温吸附曲线，只能测定等温脱附曲线	可准确测定等温吸附曲线和等温脱附曲线
3	重复精度≤2%	重复精度≤1%
4	氮分压低于0.05和高于0.95都测不准	氮分压全程（0～0.995）都可精确测定
5	通过氦气作为载气，调节氦、氮气流量，达到改变氮分压的目的，精度低且气体消耗量很大	不需用氦气，直接通过压力传感器测定氮分压

（3）粉体晶相结构　一般，同一种物质的不同晶相之间物理和化学性能有较大差别，例如金红石型二氧化钛的介电常数随晶体的方向不同而不同，其粉体的平均介电常数为 114；而锐钛型二氧化钛的介电常数只有 48。

粉体的晶相结构，一般采用 X 射线衍射仪（XRD）进行分析。图 5-166 示出了 $BaTiO_3$ 的典型 XRD 衍射图，图 5-166（a）为四方相，图 5-166（b）为立方相。

（4）粉体纯度　MLCC 对小尺寸和高可靠性的需求，对所使用的瓷粉介质提出了较高的纯度要求。分析杂质离子的含量一般使用感应耦合等离子体分析仪（ICP）。ICP 可分析几乎地球上所有的元素，且分析精度高，可准确分析含量达到 10^{-9} 级的元素含量，且在一次测

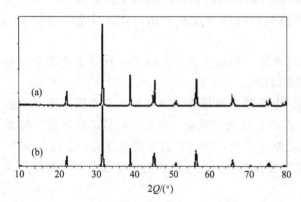

图 5-166　$BaTiO_3$ 的 XRD 衍射图

定中，既可测百分含量级的元素浓度，也可同时测 10^{-9} 级浓度的元素。

在粉体领域，ICP 常用于材料中含量很少的杂质元素的定量测量，例如，$BaCO_3$ 中 Ca、Sr 元素；Ho_2O_3 中的 Er 元素等。这些杂质元素或是与目标物质在矿石中就伴生存在，或是在后续制备过程中引入，在 1kg 样品中含量往往只有几微克，用 ICP 测量的方法都能很好地加以定量识别。

（5）粉体成分分析　瓷粉粉体成分的分析一般采用 X 射线荧光光谱仪（XRF）来分析。使用 XRF，可以实现成分的定性分析、半定量分析和定量分析。其中，定性分析只给出化学元素，无浓度；半定量分析给出化学元素，并给出大概的浓度值，进行半定量分析时，不需要制作标样；定量分析首先需要作出标准曲线，然后以此为基础，实现元素浓度的精确分析。

（6）粉体颗粒形貌　粉体颗粒形貌一般借助于图像分析设备放大后观测。常用的分析设备有：光学显微镜、扫描电子显微镜（SEM）、透射电子显微镜（TEM）、扫描隧道显微镜（STM）、扫描探针显微镜（SPM）等。图 5-167 为透射电镜和扫描电镜照片。

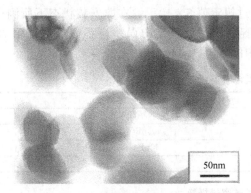

图 5-167　透射电镜和扫描电镜照片（左图为透射电镜照片，右图为扫描电镜照片）

（7）粉体密度　单位体积粉体的质量称为粉体的密度，由于颗粒内部含有空隙，颗粒之间也含有空隙，所以粉体的体积具有不同的含义，因而粉体的密度有不同的定义方法，分为真密度、颗粒密度、堆密度三种。真密度是粉体质量除以不包括颗粒内外空隙的体积。颗粒密度又分为表观颗粒密度和有效颗粒密度。其中，表观颗粒密度是粉体质量除以包括封闭细孔在内的颗粒空隙的体积；有效颗粒密度是粉体质量除以包括开孔及封闭细孔在内的颗粒空隙的体积。振实密度是粉体质量除以该粉体所占容器的体积。经一定规律振动或轻敲后测得的堆密度称为振实密度。

密度主要反映粉体的堆积特性，对 MLCC 浆料的制备工艺和流延工艺等有一定影响。真密度和颗粒密度的测量实际上是准确测得粉体的真体积和颗粒体积的问题，常用的方法是用液体或气体进行置换而测得，如液浸法、比重瓶法等；堆密度测量一般采用振实密度仪和松装密度仪。

5.6.3.2　电性能

（1）介电常数　介电常数是衡量电介质材料在电场作用下的极化行为或者储存电荷的参数，通常又称介电系数或电容率，是材料的特征参数，用 ε 表示。

对于真空平板电容器，其介电常数的计算公式为：

$$\varepsilon = (CH \times 14.4) / \phi^2$$

式中，ε 为介电常数；C 为电容量，pF；H 为介质厚度，cm；ϕ 为直径，cm。

对于 MLCC 电容，其介电常数计算公式为：

$$\varepsilon = (Ct) / (25.4MN)$$

式中，ε 为介电常数；C 为电容量，pF；t 为介质厚度，μm；M 为丝网常数；N 为层数。

电容量的测量应在表 5-57 规定的测量频率、测量电压下进行。

表 5-57　电容量的测量条件

产品类别	测量频率	测量电压
Ⅰ类电容器	$C_R \leqslant 1000\text{pF}$ 时，$1\text{MHz} \pm 20\%$	$(1.0 \pm 0.2)\text{V}$
	$C_R > 1000\text{pF}$ 时，$1\text{kHz} \pm 20\%$	$(1.0 \pm 0.2)\text{V}$
Ⅱ类电容器	$C_R \leqslant 10\mu\text{F}$ 时，$1\text{kHz} \pm 20\%$	$(1.0 \pm 0.2)\text{V}$
	$C_R > 10\mu\text{F}$ 时，$120\text{Hz} \pm 20\%$	$(0.3 \pm 0.2)\text{V}$

注：C_R 表示标称电容量。

(2) 介质损耗 陶瓷材料在电场作用下，单位时间所消耗的电能称为介质损耗，简称为损耗。介质陶瓷材料的损耗主要来源于电导损耗、松弛极化损耗等。损耗的测量应在与表 5-57 中电容量测量相同的测试频率、测试电压下进行。

对于 I 类电容器，测量仪器的误差应不超过规定值 3×10^{-4}，在非安装状态下所测得的损耗不应超过表 5-58 中的数值；对于 II 类电容器，测量仪器的误差应不超过规定值 10×10^{-4}，在非安装状态下损耗应不超过表 5-59 中的数值。

表 5-58　I 类电容器损耗

DF	标称容量
$\leqslant 0.56\%$	$C_R < 5\text{pF}$
$1.5[(150/C_R)+7] \times 10^{-4}$	$5\text{pF} \leqslant C_R < 50\text{pF}$
$\leqslant 0.15\%$	$50\text{pF} \leqslant C_R < 1000\text{pF}$
$\leqslant 0.15\%$	$>1000\text{pF}$

表 5-59　II 类电容器损耗

类别 \ 标称电压	DF				
	$\geqslant 50\text{V}$	25V	16V	10V	6.3V
X7R、X5R、X8R 等	$\leqslant 2.5\%$	$\leqslant 3.5\%$	$\leqslant 3.5\%$	$\leqslant 5\%$	$\leqslant 5\%(C<3.3\mu\text{F})$ $\leqslant 10\%(C\geqslant 3.3\mu\text{F})$
	$\geqslant 25\text{V}$		16V	10V	6.3V
Y5V、Z5U	$\leqslant 7\%(C<1\mu\text{F})$ $\leqslant 9\%(C\geqslant 1\mu\text{F})$		$\leqslant 12.5\%$	$\leqslant 12.5\%$	$\leqslant 12.5\%$

(3) 绝缘电阻（IR） 电介质是绝缘体，但完全不导电的绝缘体是没有的，电容器的绝缘电阻是加在电容器两端的电压与漏导电流的比值：

$$R = U/I$$

绝缘电阻应在表 5-60 规定的电压下，按照国家标准进行测量。

表 5-60　绝缘电阻测量电压

电容器的额定电压/V	测量电压/V
$U_R \leqslant 100$	U_R
$100 \leqslant U_R < 500$	100 ± 15
$500 \leqslant U_R$	500 ± 50

注：U_R 是额定电压。

电容器绝缘电阻的要求（C_R 为标称电容量）：对于 I 类电容器，$C_R \leqslant 10\text{nF}$，$IR \geqslant 10000\text{M}\Omega$；$C_R > 10\text{nF}$，$IRC_R \geqslant 100\text{s}$。对于 II 类电容器，$C_R \leqslant 25\text{nF}$，$IR \geqslant 4000\text{M}\Omega$；$C_R > 25\text{nF}$，$IRC_R \geqslant 100\text{s}$。

(4) 耐电压（BV） 电容器的耐电压是指电容器的陶瓷介质在工作状态中能够承受的最大电压，即击穿电压。

电容器的耐电压取决于介质材料的抗电强度以及电容器的结构，对 MLCC 来说主要是介质的材质和厚度。耐电压的测试条件见表 5-61。

表 5-61　额定电压与试验电压

额 定 电 压/V	试 验 电 压/V
$U_R \leqslant 100$	$2.5 U_R$
$U_R > 100$	$1.5 U_R + 100$

额定电压值通常标注在电容器上。在实际应用时，电容器的工作电压应低于电容器上标注的额定电压值，否则会造成电容器因过压而击穿损坏。

(5) 容温变化率 容温变化率（即 TCC），是指陶瓷电容器的容量在国家标准规定的温度范围内的变化率。TCC 是电介质瓷粉的重要参数，决定了使用该电介质瓷粉制作 MLCC 的应用领域和适用温度条件。不同种类的电介质瓷粉对应的 TCC 计算方法不相同。

Ⅰ类陶瓷介质材料 TCC 计算公式为：

$$\text{TCC} = [(C_t - C_{t_0})/(C_{t_0}(t - t_0))] \times 10^6$$

Ⅱ类陶瓷介质材料 TCC 计算公式为：

$$\text{TCC} = (C_t - C_{t_0})/C_{t_0} \times 100\%$$

式中，t 为试验温度，℃；t_0 为基准温度，℃；C_t 为在温度 t 时电容器的容量，F；C_{t_0} 为在温度为基准温度 t_0 时电容器的容量，F。

TCC 的测试一般采用高低温箱和 HP 电桥搭配进行，或采用 TCC 测试仪器进行。

(6) 老化率 电容器的介电常数和介质损耗随着存放时间的推移而逐渐降低，这种现象称为老化。介电常数的老化可表达为：

$$\varepsilon_t = \varepsilon_0 - m\lg t$$

式中，ε_0 为存放开始时的介电常数；ε_t 为 经历时间 t 后的介电常数；m 对一定的介质来说是常数。

(7) 电容器的可靠性试验

① 耐焊接热试验。目的是确认样品是否能够承受热冲击的影响。一般采用波峰焊接方法或焊槽法进行试验。焊槽的温度要求 265℃±5℃，浸入时间（5±0.5）s。试验后进行外观的检查和电气性能的测量，外观检查要求同可焊性试验；电器性能检查测量项目包括 $\Delta C/C$、损耗、绝缘电阻等。电气性能测量标准如表 5-62。

表 5-62　可靠性试验电性能检验标准

项　目	NPO 至 SL	X7R，X5R	Y5V	Z5U
$\Delta C/C$	≤0.5% 或 0.5pF 取较大者	−5%～+10%	−10%～20%	
DF	同　初　始　标　准			
IR	同　初　始　标　准			

② 温度快速变化。为了检验元件能否承受材料上、下限类别温度高低交热冲击。一般将样品放到专用的高低温冲击环境试验箱中试验，材料在上、下限类别温度循环冲击 5 次，在极限温度下放置的时间为 30min。判定标准如表 5-63。

表 5-63　温度快速变化试验判定标准

项　目	NPO 至 SL	Y5V	X7R
$\Delta C/C$	≤1% 或 1pF 取较大者	−20%≤$\Delta C/C$≤+20%	−10%≤$\Delta C/C$≤+10%
外　观	无　可　见　损　伤		

③ 耐久性试验。模拟元件在使用状态下的可靠性。通过元件在材料上限类别温度下持续承受额定直流电压冲击后，检查元件的电气性能、外观等方面是否合格，以判定元件是否失效。当需要尽快得到结果时，可进行加速寿命试验，主要是电压加速和温度加速，采用 2.5～3 倍额定电压和材料的上限温度。试验前后均进行测量，判定标准见表 5-64。

表 5-64　耐久性试验判定标准

材料	NPO	Y5V	X7R
外观		无 可 见 损 伤	
$\Delta C/C$	≤2% 或 1pF 取较大者	$-30\% \leqslant \Delta C/C \leqslant 30\%$	$-20\% \leqslant \Delta C/C \leqslant 20\%$
DF	≤初始值的 2 倍	≤初始值的 2 倍	≤初始值的 2 倍
IR	$IR \geqslant 4000M\Omega$ 或 IRC_R >40s,取较小者	$IR \geqslant 2000M\Omega$ 或 IRC_R >50s,取较小者	$IR \geqslant 2000M\Omega$ 或 IRC_R>50s,取较小者

另外,电容器的可靠性试验还包括可焊性试验、拉力试验、端电极结合强度试验、气候顺序试验、稳态湿热试验等。通过这些试验,对 MLCC 的可靠性进行全面评价。

5.6.4　MLCC 用 I 类介质瓷料

5.6.4.1　低温烧结 I 型 MLCC 瓷料的配方和性能

生产上采用的瓷料主要有下列三个系统:$ZnO-Bi_2O_3-Nb_2O_5$ 系统 (简称铌铋锌系统);$MgO-Bi_2O_3-Nb_2O_5$ 系统 (简称铌铋镁系统);$PbMg_{1/2}W_{1/2}-PbMg_{1/3}Nb_{2/3}O_3$ 系统 (缩写为 PMW-PMN 系统)。

铌铋镁系统可以制造 B、D、N、J、I 等五个系列,可以制成电容温度系数 $(-75 \sim -470) \times 10^{-6}/℃$ 的系列瓷料;铌铋锌系统可用于制造 A、U、O、K、Q、B、D、N、J、I、H 等系列,电容温度系数 $(120 \sim -750) \times 10^{-6}/℃$ 的瓷料。铌铋锌与铌铋镁系统都不含 PbO,生产中不需要特殊的防护措施。铌铋锌系统的烧结温度较低,易于成瓷,介电系数较大,介质损耗较小,绝缘电阻较高,电容温度系数范围宽;PMW-PMN 系统可以用来制造 Z、G、W 三个系统,电容温度系数为 $-2200 \times 10^{-6}/℃$、$-3300 \times 10^{-6}/℃$ 和 $-5600 \times 10^{-6}/℃$ 等瓷料。

三个系统材料是通过选择成瓷温度较低、将铁电材料或反铁电材料进行改性为顺电材料制成的,分别介绍如下。

(1) 铌铋镁系统　在 $MgO-Bi_2O_3-Nb_2O_5$ 系统中,当各氧化物的分子比为 1 时,得到 $MgBi_2Nb_2O_9$ 层状结构的铁电体。改变分子比,可获得顺电体。铌铋镁系低温烧结高频瓷料是以这种顺电体为主晶相的。实践表明,改变该系统中各组元的含量可以获得不同电容温度系数的瓷料,如 $MgO:Bi_2O_3:Nb_2O_5 = 2:1.35:1$ 时获得 J、I 组瓷料;$MgO:Bi_2O_3:Nb_2O_5 = 2:1.55:1$ 时获得 D、N 组瓷料;$MgO:Bi_2O_3:Nb_2O_5 = 2:1.7:1$ 时获得 B 组瓷料。当 MgO 和 Nb_2O_5 不变的情况下,Bi_2O_3 增加则温度系数向正移动,反之则向负移动。常用的铌铋镁烧块的组成为:铌铋镁烧块 A 的组成,$2MgO-1.35Bi_2O_3-Nb_2O_5$;铌铋镁烧块 B 的组成,$2MgO-1.7Bi_2O_3-Nb_2O_5$。表 5-65 列出了几种铌铋镁系瓷料的组成。

表 5-65　几种铌铋镁系瓷料的组成

电容器组别	$\alpha_\varepsilon/(\times 10^{-6}/℃)$	铌铋镁烧块/g	二锆钙/g	TiO_2/g	ZnO/g	铌铋镁烧块/g
B	$-(75 \pm 30)$	20(A)	2.0		0.6	—
D	$-(150 \pm 40)$	20(A)	1.0		0.6	—
J	$-(330 \pm 60)$	20(A)	0.6		0.6	1.0
I	$-(470 \pm 90)$	20(A)	—	0.5	1.0	—

(2) 铌铋锌系统　采用铌铋镁系统继续调宽温度系数的范围,比较困难。大量的实验表明,$ZnO-Bi_2O_3-Nb_2O_5$ 系统可获得一系列性能优良的瓷料。$ZnO-Bi_2O_3-Nb_2O_5$ 系统瓷料中引入适量的 $NiO-Bi_2O_3-Nb_2O_5$ 烧块,可以解决电容器的 $\tan\delta$ 过高的问题。实验确定,采用组成为 $0.66NiO-Bi_2O_3-0.32Nb_2O_5$ 的铌铋镍烧块的效果较好,烧块在 760℃左右合成。

几种瓷料的配方列于表5-66。其中铌铋锌烧块在820℃左右合成，瓷料按铌铋锌和铌铋镍比例称好后，振磨4h，在高铝坩埚内经850℃、保温1h预烧，然后按料：钢球：乙醇＝1：3：（0.5～0.6）湿振4h过万孔筛，烘干过60～80孔筛备用。瓷料的烧成温度为890℃，保温1.5～2h，急冷。系列瓷料的电性能列于表5-67。该铌铋锌系统瓷料经干热及潮热负荷试验完全达到标准的要求。

表 5-66　铌铋锌瓷料的组成

温度系数组别	铌铋锌烧块分子比			铌铋锌烧块质量比			瓷料配方质量比		
	ZnO	Bi₂O₃	Nb₂O₅	ZnO	Bi₂O₃	Nb₂O₅	H₃BO₃	铌铋锌烧块	铌铋镍烧块
A	0.8	1	0.76	6.51	46.6	20.20	0.15	100	36
U	0.8	1	0.82	6.51	46.6	21.80	0.15	100	36
O	0.8	1	0.80	6.51	46.6	21.26	0.15	100	36
Q	0.8	1	0.84	6.51	46.6	22.33	0.15	100	36
B	0.8	1	0.85	6.51	46.6	22.65	0.15	100	36
D	0.8	1	0.87	6.51	46.6	23.13	0.15	100	36
N	0.8	1	0.89	6.51	46.6	23.70	0.15	100	36
J	0.8	1	0.93	6.51	46.6	24.72	0.15	100	36
I	0.8	1	0.97	6.51	46.6	25.78	0.15	100	36
H	0.8	1	1.15	6.51	46.6	30.57	0.15	100	36

表 5-67　各组温度系列瓷料的电性能

温度系数组别	介电常数	$\tan\delta/\times10^4$		介电常数温度系数/($\times10^{-6}$/℃)	ρ_V/$\times10^{-10}\Omega\cdot m$	抗电强度/(kV/mm)
		(20±5)℃	受潮			
A	79	1.1	2.0	146	290	12.8
U	88	1.5	3.4	47	290	11.4
O	95	0.6	2.0	−(32.8～29)	111	12.4
K	99.6	0.6	2.2	−(52～80)	167	15.0
Q	103	0.8	2.4	−(72～88)	172	15.1
J	119	0.8	2.9	−270	240	12.8
I	144	2.2	3.7	−430	—	13.6
H	209	3.6	5.2	−730	310	—

（3）Pb(Mg₁/₂W₁/₂)O₃-Pb(Mg₁/₃Nb₂/₃)O₃ 系统　Pb(Mg₁/₂W₁/₂)O₃-Pb(Mg₁/₃Nb₂/₃)O₃ 系统简称 PMW-PMN 系统，可以用来制造电容温度系数分别为 -22000×10^{-6}/℃、-3300×10^{-6}/℃ 及 -5600×10^{-6}/℃ 的 Z、G、W 三个系列瓷料。PMW-PMN 系统的组成与居里温度的关系示于图 5-168。

从图 5-168 可以看出，组成在相当范围内，居里温度都在 -50℃ 以下，即在常温条件下，大部分的组成为顺电体。改变组成可以获得负温度系数的瓷料，例如图 5-168 中曲线上的 A、B、C 点的组成：0.3PMN-0.7PMW 为 -2200×10^{-6}/℃、0.7PMN-0.3PMW 为 -3300×10^{-6}/℃、0.8PMN-0.2PMW 为 -5600×10^{-6}/℃。但上述 PMW-PMN 系瓷料的烧结温度较高，成瓷不好，电性能不稳定。实验发现，在 0.3PMN-0.7PMW 和 0.7PMN-0.3PMW 中加入适当数量的

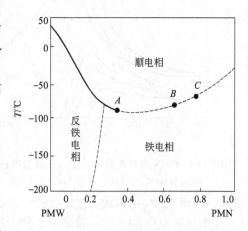

图 5-168　PMW-PMN 系统的组成与居里温度的关系

$Pb(Cd_{1/2}W_{1/2})O_3$ 和玻璃料，在 0.8PMN-0.2PMW 中加入适量 2SrO-NiO-Nb_2O_5 烧块和玻璃料，并稍微调整 PMN 和 PMW 的比例即可得到 Z、G、W 三组瓷料。其中 PMN 应在 1100℃下预先合成，PMW 不需预先合成，按氧化物加入一次配料中。

5.6.4.2 中温烧结 I 类 MLCC 瓷料

(1) CaO-TiO₂-SiO₂ 系瓷料 该瓷料能形成硅钛酸钙瓷，其 ε 高，$\tan\delta$ 小，电容温度系数可达 $+1200\times10^{-6}$/℃。通过调整 $CaTiO_3$ 和 TiO_2 可形成 NPO 瓷料和一系列负温度系数的瓷料，引入 La_2O_3、CeO_2、Nb_2O_5 等，可使烧结温度降至 1100℃左右，成本低，是较理想的中温高频 MLCC 瓷料系统。

(2) BaO-TiO₂-Nd₂O₃ 系瓷料 瓷料的稳定性高，是重要的中温烧结 MLCC 陶瓷介质。该系统中有一种温度系数为 $(0\pm30)\times10^{-6}$/℃ 的瓷料，其基本组成为 BaO-Nd_2O_3-5TiO_2。为了调整工艺和介电特性，引入助熔剂 SiO₂-Pb₃O₄-BaO 为 5%（质量分数），TiO_2 过量 5%～8%（质量分数），改性加入物 $Bi_2O_3\cdot2TiO_2$ 为 3%～10%（质量分数），瓷料的烧结温度为 1150℃。该陶瓷介质的性能为 $\varepsilon=75\sim90$，$\tan\delta\leqslant3\times10^{-4}$，$\rho_V>10^{14}\Omega\cdot cm$。当过量的 TiO_2 和 $Bi_2O_3\cdot2TiO_2$ 控制在 10%（质量分数）时，瓷料的 ε 可达 90 左右。

5.6.5 MLCC 用 II 类介质瓷料

5.6.5.1 低温烧结 II 型 MLCC 瓷料配方和性能

国内 II 型 MLCC 瓷料主要可归纳为三类，简单介绍如下。

(1) Pb(Mg₁/₃Nb₂/₃)O₃-PbTiO₃-Bi₂O₃ 系统 $Pb(Mg_{1/3}Nb_{2/3})O_3$ 缩写为 PMN，是该系统的主晶相。PMN 是复合钙钛矿型的铁电体，其居里温度 $T_c=-15℃$。居里温度时 $\varepsilon=1260$，常温时 $\varepsilon=8500$，常温的 $\tan\delta<100\times10^{-4}$。PMN 在不同频率的弱电场作用下，$\varepsilon$ 与 $\tan\delta$ 随温度的变化示于图 5-169。从图中可看出，随着频率增加，居里温度向高温方向移动，但 ε 下降，$\tan\delta$ 增大。PMN 的理论密度为 8.12g/cm³，呈透明的浅黄色。

用差热分析及 X 射线衍射法对 PbO：Nb_2O_5：MgO=3：1：1 混合物在加热时生成 PMN 的过程进行了研究。其主要结论为混合物加热到 650℃存在着 PMN 的焦绿石相，在加热约至 790℃，伴随着液相的形成，焦绿石相转变为钙钛矿型 PMN。采用国产氧化物原料进行同样的实验，得到了相近的结论，发现在 815℃时，差热曲线上有一吸热峰，在 820℃烧成试样的 X 射线衍射图上呈现出钙钛矿型 PMN 的特征

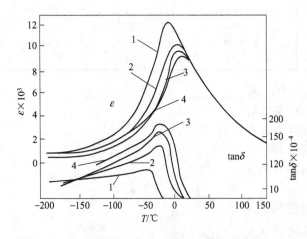

图 5-169 PMN 陶瓷介质的 ε 与 $\tan\delta$ 随温度的变化关系
1—1.0Hz；2—45kHz；3—1.5MHz；4—4.5MHz

谱线，说明 PMN 的形成温度在 820℃左右。这对确定合成料的预烧温度是有指导意义的。PMN 的成瓷温度在 1050～1100℃。PMN 具有高的介电常数，$\tan\delta$ 也较小，同时，其成瓷温度也较接近于银电极的烧渗温度（900～910℃）。所以 PMN 可以用来制作低温烧结 ML-CC。PMN 的不足之处是居里温度较低和负温损耗较大。为了使 PMN 的居里点移入经常使用的温度范围内，通常使用 $PbTiO_3$ 作为移峰剂。$PbTiO_3$ 属钙钛矿型铁电体，其居里温度

为 500℃。常温介电常数为 150，$\tan\delta < 300 \times 10^{-4}$。$PbTiO_3$ 单晶的介电常数与温度的关系示于图 5-170。$PbTiO_3$ 可与 PMN 形成连续固溶体（图 5-171），如果引入适当 $PbTiO_3$，可以获得室温高的介电常数及低温度变化率的瓷料，$PbTiO_3$-PMN 电性能的温度特性示于图 5-172，图中按编号 1～5 的顺序，$PbTiO_3$ 的加入量（以摩尔分数计）分别为 10％、14％、20％、30％和40％，烧成温度为 1100℃。一般 $PbTiO_3$ 的加入量在 10％～14％较为合适。在 PMN 中加入一定量的 $PbTiO_3$ 后，烧成温度仍在 1100℃。显然仍不能与银电极配合。故需要引入助熔剂，以使瓷料烧成温度降至 900℃，通常引入 Bi_2O_3 可使瓷料在较低温度下出现液相，降低瓷料的烧结温度。根据实验，$PbMg_{1/3}Nb_{2/3}O_3$-0.14$PbTiO_3$-0.04Bi_2O_3 的组成可以获得较好的效果。这种瓷料在组成方面稍许变动，对性能不会造成很大影响。例如，为了弥补烧结过程中 PbO 及 Bi_2O_3 的挥发，PbO 及 Bi_2O_3 的用量可以根据计算用量再加 3％～5％，MgO 的用量必须比计算配方过量才能在 900℃下达到致密烧结，实用的配方常比计算用量超过 15％～20％。实际的配方质量分数为：Pb_3O_4 63.30％，$MgCO_3$ 9.43％，Nb_2O_5 20.05％，TiO_2 2.74％，Bi_2O_3 4.48％。实践证明，这种瓷料可不必预先分别合成 PMN 和 $PbTiO_3$，只要按配方一次配料即可。这种瓷料在 900℃烧成后，其居里温度约为 0℃，室温的介电常数约 6300，$\tan\delta$ 为 50×10^{-4}，绝缘电阻为 $10^{11}\Omega$。

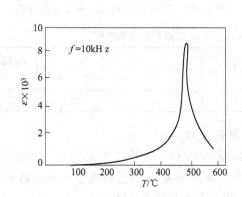

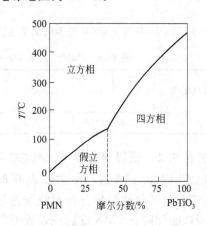

图 5-170　$PbTiO_3$ 单晶的介电常数与温度的关系　　　图 5-171　$PbTiO_3$-PMN 系的居里温度

　　在生产与使用中，发现这种瓷料有严重的电性能老化现象，即绝缘电阻在高温和直流电场作用下，随时间延长而逐渐降低，甚至电容器在低压下会发生击穿，使产品质量的可靠性下降。老化的主要原因是瓷体烧结不够致密，气孔多。为了提高 MLCC 的抗老化性能，必须进一步降低瓷料的烧结温度，以获得致密的多层结构完善的坯体。

　　（2）$PbMg_{1/3}Nb_{2/3}O_3$-$PbTiO_3$-$PbCd_{1/2}W_{1/2}O_3$ 系统　在 $PbMg_{1/3}Nb_{2/3}O_3$-$PbTiO_3$-Bi_2O_3 的基础上采用 $PbCd_{1/2}W_{1/2}O_3$（缩写为 PCW）代替 Bi_2O_3 作为熔剂。PCW 是钙钛矿型反铁电体，其介电常数与 $\tan\delta$ 随温度的变化关系如图 5-173。生产中，各种原料的配方质量分数为：Pb_3O_4 65.54％，Nb_2O_5 21.45％，碱式 $MgCO_3$ 8.67％，TiO_2 1.95％，CdO 0.86％，WO_3 1.54％。

　　该瓷料的介电性能见表 5-68。PCW 虽然起着熔剂作用，瓷料的烧成温度仍在 900℃以上，降低烧结温度的效果仍不能满足改善烧结的目的。实验发现在瓷料中加入 1％的硼铅玻璃（红丹 85％，硼酸 15％，熔制温度 600℃）及 0.05％ Cr_2O_3，使瓷料具有优良的电性能和抗老化的性能。其中硼铅玻璃可不必先行熔制，可按比例加入到瓷料配方中一起预烧。实际配方如下：Pb_3O_4 67.63％，Nb_2O_5 22.15％，碱式 $MgCO_3$ 9.20％，TiO_2 1.99％，WO_3 1.59％，CdO 0.88％，H_3BO_3，0.15％，Cr_2O_3，0.05％。瓷料在 72℃预烧并保温 2h。烧成温度为（900±10）℃，保温 1.5h。瓷体的性能如下：$\varepsilon = 9000 \sim 10000$，$\tan\delta < 100 \times 10^{-4}$，抗电强度为 40kV/mm，$\Delta C/C$ 为 41% [(85±5)℃] 和 62% [(−55±5)℃]，该瓷料的电性能和抗潮老化性能都较好。

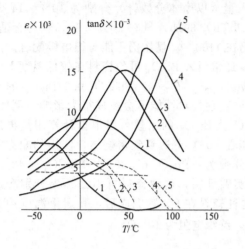

图 5-172 PbTiO₃-PMN 电性能的温度特性

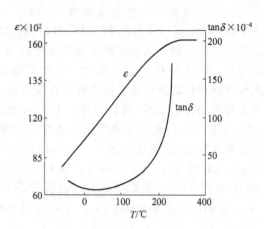

图 5-173 PCW 的 ε 和 $\tan\delta$ 与温度的关系

表 5-68 PbMg$_{1/3}$Nb$_{2/3}$O₃-PbTiO₃-PbCd$_{1/2}$W$_{1/2}$O₃ 瓷料的介电性能

居里温度/℃	ε_{max}	$\varepsilon_{20℃}$	$\tan\delta/\times 10^{-4}$	绝缘电阻/Ω	$\Delta C/C/$ %		烧成温度/℃
					−55~20℃	−20~85℃	
+8	11150	10950	170	10^{11}	−66	−35	920

5.6.5.2　低温烧结Ⅱ型 MLCC 瓷料国内外的发展

以 Pb(Mg$_{1/3}$Nb$_{2/3}$)O₃ 为主晶相的低温烧结低 MLCC，其可靠性仍存在一些问题。PMN 系材料的特性与相分布对烧结过程非常敏感，这些因素同样也影响着介电常数的大小。所以必须防止 PMN 在合成过程中产生焦绿石相，主要有如下几种方法。

(1) 分步合成法　实践表明，用混合氧化物直接合成无焦绿石相的 Pb(Mg$_{1/3}$Nb$_{2/3}$)O₃ 很困难。分步合成法可制出无焦绿石相的 PMN，其方法如下。

第一步：$MgO + Nb_2O_5 \longrightarrow MgNb_2O_6$

第二步：$3PbO + MgNb_2O_6 \longrightarrow 3Pb(Mg_{1/3}Nb_{2/3})O_3$

这种方法可使焦绿石相含量降低到 2% 以下。用混合氧化物直接合成，在同一炉和同样的方法加以煅烧，其焦绿石相约为 30%。实验表明，在第一步合成 MgNb₂O₆ 时，添加过量 MgO（摩尔分数 2%~5%），焦绿石相可以完全消除。

(2) 过量 PbO 合成法　该方法也可消除焦绿石相，其工艺流程如下。

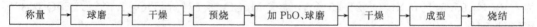

该方法使用的原料为 MgCO₃、ZnO、Nb₂O₅ 和 PbO；球磨时间为 1h；干燥后进行预烧，预烧温度为 800℃，2.5h；预烧后加入过量的 PbO；然后再球磨 2h；球磨料经干燥后，进行压片，然后将坯片进行烧成，烧成温度为 900℃，6h。

过量 PbO 对钙钛矿结构 PMN 介电性能的影响和烧结工艺条件的优化表明：预烧后，按工艺流程加入过量 PbO（组成为 PMN/xPbO）。当 $x=6$%（质量分数）时，可以合成单一钙钛矿相，消除了焦绿石相（P₃N₂），其介电常数为 12600。若 PbO 添加量再增加，将使材料的居里温度向高温方向移动，而且介电常数的峰值下降。X 射线分析表明，PbO 过量不同时，主晶相基本是单相，具有典型的 Pb（$Mg_{1/3}Nb_{2/3}$）O_3 的衍射峰值。样品的显微结构也表明在位于 Pb（$Mg_{1/3}Nb_{2/3}$）O_3 晶粒的周围有液相存在。能谱分析指出液相主要富集了 Pb 和少量的 Mg、Nb。这表明在 Pb（$Mg_{1/3}Nb_{2/3}$）O_3 与 PbO 存在低温共熔体。由于加入过量的 PbO 形成了液相，促进了 PMN 的合成。

5.6.5.3　中温烧结Ⅱ类 MLCC 瓷料

表 5-69 及表 5-70 列出了主要的中温烧结Ⅱ类 MLCC 瓷料 X7R 、Z5U 、Y5V 三个系列瓷料的介电特性、烧成温度和选用的电极材料等。

表 5-69　X7R 系列瓷料的性能

性　能		BL172	BL162	BL601	XL282
ε		1900～2300	1900～2300	750～900	2700～3000
$\tan\delta/\times10^{-4}$	≤	250	250	250	250
$\Delta C/C/\%$		±15	±15	±15	±15
绝缘电阻/MΩ					
25℃	≥	1000	1000	1000	1000
125℃	≥	100	100	100	100
击穿电压/(kV/mm)	≥	20	20	20	20
烧成温度/℃		1040～1106	1091～1107	1040～1105	1095～1135
内电极(Ag/Pd)		70/30	70/30	70/30	70/30
内电极代号		4772	4772	4772	4772

表 5-70　Z5U、Y5V 系列瓷料的性能

性　能		PL172 Z5U	XL103 Z5U	H602　Z5U	H123 Y5V
ε		8000～10000	8000～10000	8000～9500	12000～15000
$\tan\delta/\times10^{-4}$	≤	250	250	250	150
$\Delta C/C$		+22/−56	+22/−56	+22/−56	+22/−56
绝缘电阻(25℃)/MΩ		1000	1000	1000	1000
绝缘电阻(125℃)/MΩ		100	100	100	100
击穿电压/(kV/mm)		≥16	24	14	18
烧成温度/℃		970～995	1100	1260～1290	1348
内电极(Ag/Pd)		85/15	70/30	30/20	0/100
内电极代号		4755	4772	4346	

表中 X7R 、Z5U 、Y5V 三类瓷料系统是以 $BaTiO_3$ 为基的铁电陶瓷和含铅的复合钙钛矿型结构的陶瓷材料。

(1) 以 $BaTiO_3$ 为基的瓷料　以 $BaTiO_3$ 为基的瓷料，因 $BaTiO_3$ 合成方法不同，其烧成温度和介电特性差异较大（见表 5-69 和图 5-61）。

由表 5-71 和图 5-174 可知，水热合成法制得的钛酸钡的烧成温度最低，干式法的最高。下面简单介绍一下采用不同方法合成的 $BaTiO_3$ 制作 X7R 瓷料的配方。

表 5-71　不同合成方法瓷料烧成温度和介电常数比较

合成法	烧成温度 /℃	烧结密度 /(g/cm³)	晶粒尺寸/μm	ε		居里温度 /℃	$\tan\delta$ (20℃)/%	电阻率(20℃) /Ω·cm
				20℃	居里温度			
水热合成	1200	5.83	2.1	3300	9400	125	0.9	4.6×10^{11}
草酸盐法	1300	5.83	4.3	3150	10200	130	3.3	9.7×10^{11}
干式法	1350	5.84	7.1	2000	6000	124	1.9	1.0×10^{11}

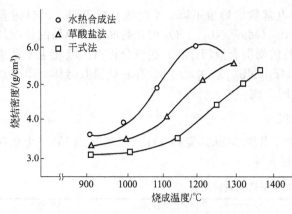

图 5-174　BaTiO$_3$ 的烧成曲线

（图例：○ 水热合成法　△ 草酸盐法　□ 干式法；纵轴 烧结密度/(g/cm^3)，横轴 烧成温度/℃）

① 固相合成 BaTiO$_3$ 为原料制作 X7R 瓷料。在 BaTiO$_3$ 中引入适量 PbBi$_4$Ti$_4$O$_{15}$ 和 PbNb$_2$O$_6$，瓷料的 ε 可达到 1600 左右，介电常数的温度变化率不大于 ±5％（−55～85℃），tanδ≤200×10^{-4}。下面为一个具体的 X7R 瓷料配方：BaTiO$_3$ 95.49％（摩尔分数），PbBi$_4$Ti$_4$O$_{15}$ 2.77％（摩尔分数），PbNb$_2$O$_6$ 1.74％（摩尔分数），外加 Cr$_2$O$_3$ 0.05％（质量分数）、CeO$_2$ 0.5％（质量分数）。配料中 BaTiO$_3$ 以固相预合成熔块引入。该瓷料制作的独石电容器采用 Ag-Pd 合金为内电极，在 1100～1150℃烧成。电极料浆中 Ag-Pd 合金粉由 70％Ag 粉和 30％Pd 粉组成。另外，加入 28％的有机混合溶剂。混合溶剂的配比为乙基纤维素 3.5％，松油醇 100％。该瓷料的介电性能为 ε＝1600，tanδ≤100×10^{-4}，绝缘电阻率为 4×10^{11}Ω·cm，TCC 为 ±2％（−55～85℃）。用该瓷料制成独石陶瓷电容器和微带电容器，应用于微波等集成电路中。

② 草酸盐法制 BaTiO$_3$ 用于 X7R 瓷料。以草酸沉淀法制得的高纯细颗粒的 BaTiO$_3$，室温介电常数约 4000，电容变化率低，烧成后的晶粒约 1μm，不加其他改性加入物也可在 1215～1238℃充分烧结。表 5-72 和表 5-73 列出了高纯钛酸钡的物理化学性能和一些钛酸钡烧结试样的介电性能。

表 5-72　高纯钛酸钡化学组成和物理性能

Ba/Ti(摩尔分数)/%　　杂质含量(摩尔分数)/%	A　0.997	B　0.997	Ba/Ti 摩尔分数/%　　物理性能	A　0.997	B　0.997
SrO	0.01	<0.1	烧失量/%	0.3	0.224
Fe$_2$O$_3$	0.002	0.001	平均粒径/μm	0.92	0.86
Al$_2$O$_3$	0.01	<0.05	比表面积/(m^2/g)	3.73	4.32
SiO$_2$	0.01	<0.05			

表 5-73　高纯钛酸钡烧结试样的介电性能

钛酸钡	烧成温度/℃	ε	tanδ/%	绝缘电阻/MΩ	ΔC/C/%			
					−55℃	30℃	85℃	125℃
A	1238	3750	1	980	25.3	−19.2	0.1	72.9
	1215	3150	1.87		−22.1	−15.9	1.2	21.2
B	1238	3170	0.98	380	−34.5	−28.2	1.3	24.2
	1215	4710	1.26	1340	−12.6	−3.5	18	75.7

（2）以铅为基的复合钙钛矿型化合物介质陶瓷　BaTiO$_3$ 为基的陶瓷介质对直流电压敏感，介电特性在中温烧结条件下受到限制。含铅复合钙钛矿弛豫铁电陶瓷介质的介电常数为 8000～34000，tanδ 为 0.7‰～2‰，介电常数随温度变化较平坦。其烧结温度为 850～1000℃，可采用银或含银量很高的银钯合金作为内电极材料。这些系统主要有 Pb(Fe$_{1/3}$W$_{1/3}$)$_x$(Fe$_{1/2}$Nb$_{1/2}$)$_{0.9-x}$-Ti$_{0.1}$O$_3$-Bi$_2$O$_3$-Li$_2$O 系、Pb(Fe$_{2/3}$W$_{1/3}$)$_x$(Fe$_{1/2}$Nb$_{1/2}$)$_{0.9-x}$Ti$_{0.1}$O$_3$、Pb(Fe$_{1/2}$Nb$_{1/2}$)O$_3$-Pb(Fe$_{1/2}$Ta$_{1/2}$)O$_3$ 系等。这些介质陶瓷采用的原料为 Pb$_3$O$_4$、Fe$_2$O$_3$、WO$_3$、

TiO_2、Ta_2O_5、Nb_2O_5、B_2O_3 和 Li_2CO_3 等。各种配料经湿磨、预合成，预合成烧块料再按配比进行配料、再湿磨、烘干、再次合成，再湿磨烘干后进行制膜成型，经烧结制成独石电容器。为了防止铅挥发，需在密闭的氧化铝坩埚中进行烧成。表 5-74 和表 5-75 分别列出了部分陶瓷介质的介电性能。

表 5-74 $(1-y)(0.9PFN+PFT)+y/2La_2O_3$ 系陶瓷的介电性能

组　　分	收缩 $(\Delta L/L)/\%$	$\tan\delta$ /%	T_c /℃	ε_{max}	ρ /$\Omega\cdot cm$	X射线物相分析
$0.985(0.9PFN+0.1PFT)+$ $0.0075La_2O_3+2\% Li_2CO_3$	8.25	3	52	24000	2×10^{11}	纯钙钛矿
$0.985(0.9PFN+0.1PFT)+$ $0.0075La_2O_3+4\% Li_2CO_3$	11.75	3.5	47	30000	6×10^{10}	纯钙钛矿
$0.985(0.9PFN+0.1PFT)+$ $0.0125La_2O_3+2\% Li_2CO_3$	9.8	3.5	27	27000	3×10^{11}	纯钙钛矿
$0.985(0.9PFN+0.1PFT)+$ $0.0125La_2O_3+4\% Li_2CO_3$	12.4	2	22	23000	2×10^{11}	纯钙钛矿
$0.985(0.9PFN+0.1PFT)+$ $0.015La_2O_3+2\% Li_2CO_3$	9.2	2	20	22000	1×10^{12}	纯钙钛矿

表 5-75 $(1-y)[(1-x)PFN+xPFT]+yPbTiO_3$ 系陶瓷的介电性能

x	y	Li_2CO_3 摩尔分数/%	收缩 $(\Delta L/L)/\%$	T_c /℃	ε_{max}	$\tan\delta/\%$	ρ /$\Omega\cdot cm$	X射线物相分析
		1	12.7	20	21000	1	3×10^{11}	
0.6	0.02	2	11.9	15	28000	1	4×10^{11}	纯钙钛矿
		4	15.1	10	34000	1	1×10^{12}	
0.6	0.05	2	13.5	25	31000	1	3×10^{11}	纯钙钛矿
		4	15.1	20	34000	1	3×10^{11}	纯钙钛矿
0.6	0.1	2	13.5	42	34000	1	5×10^{11}	纯钙钛矿
		4	14.3		23600		1×10^{11}	纯钙钛矿
1	0.1	2	15	0	30000		1×10^{12}	纯钙钛矿
		4	15.4		30000		1×10^{11}	纯钙钛矿
1	0.15	2	13.7	20	28000		1×10^{11}	纯钙钛矿
		4	13.5	17	34000		3×10^{11}	

5.6.5.4　MLCC 用钛酸钡的制备方法、芯-壳结构、化学包覆

（1）固相烧结法　将 $BaCO_3$ 和 TiO_2 等摩尔混合后在 $1050\sim1300$℃下煅烧，发生固相反应：

$$BaCO_3+TiO_2 \longrightarrow BaTiO_3+CO_2$$

控制好隧道窑的烧结温度和时间是该工艺的关键环节。传统的固相合成法简便易行，成本低，适应面广；但缺点是必须依赖机械粉碎，长时间地粉碎会使粉料造成严重污染，而且不易很准确地把握配料，粉料不易混合均匀，反应也很难进行得十分彻底；产品纯度低，粒径大，且组分均匀性差。

近年来，随着粉体制备技术的发展，也有利用纳米级 $BaCO_3$ 和 TiO_2 通过固相烧结法制备了超细钛酸钡粉体，但这种改进的方法成本比较高，目前难以扩大应用。

（2）溶胶-凝胶法　溶胶-凝胶法指金属醇盐或无机盐水解成溶胶，然后使溶胶凝胶化，再将凝胶干燥焙烧后得到纳米粉体。李青莲等采用硬脂酸钡与钛酸丁酯反应（SAG 法）制备纳米 $BaTiO_3$ 粉体。将硬脂酸钡溶于加热熔化的硬脂酸中，而后加入等摩尔的钛酸丁酯反应得到凝胶，在 800℃煅烧后可得到粒径约为 20nm 的 $BaTiO_3$ 粉体。

溶胶-凝胶法多采用蒸馏或重结晶技术保证原料的纯度，工艺过程中不引入杂质，所得粉体粒径小、纯度高、粒径分布窄。但因其原料价格昂贵、有机溶剂具有毒性以及高温热处理会使粉体快速团聚，并且其反应周期长，工艺条件不易控制，产量小，难以放大和工业化。

（3）水热法　水热法是指在密封的容器下以水为溶剂，在温度 100～400℃，压力从大于 0.1 MPa 直至几十到几百兆帕的条件下，使原料反应和结晶，使物料在反应系统中充分溶解，形成原子或分子生长基元，最终成核结晶。其过程一般是：将 $Ba(OH)_2$ 溶液与一定形式的钛源，如正钛酸等混合转入到高压釜中，在一定的温度和压力下，水热合成晶化的 $BaTiO_3$ 的粉体。所得 $BaTiO_3$ 的理化性能与水热条件、反应物 Ba/Ti 及所用钛源的种类有直接关系。该法的最大优点是：能够在较低的温度下，直接从溶液中获得晶粒发育完整的粉末、粉体的纯度高、化学成分均匀、粒径小、粒子尺寸分布好。水热法合成 $BaTiO_3$ 晶体粉末已实现工业化生产。

（4）共沉淀法　共沉淀法属液相法，系将等摩尔的可溶性 Ba^{2+}、Ti^{4+} 混合，再在偏碱的条件下，加入至沉淀剂中，使 Ba^{2+}、Ti^{4+} 共沉淀。然后经过滤、洗涤、干燥、煅烧后得到 $BaTiO_3$ 粉体。沉淀剂有碳酸盐、含 H_2O_2 的碱溶液及草酸。其中以草酸共沉淀法应用最广。

草酸盐共沉淀法是将 $TiCl_4$ 和 $BaCl_2$ 的混合溶液在室温下加入到草酸溶液中，并加入表面活性剂，不断搅拌，发生沉淀反应生成草酸氧钛钡沉淀 $[BaTiO(C_2O_4)_2 \cdot 4H_2O,BaTiO_3$ 的前驱体$]$，经过过滤、洗涤、干燥、煅烧，制得 $BaTiO_3$ 粉体。其反应为：

$$TiCl_4 + BaCl_2 + 2H_2C_2O_4 + 3H_2O \longrightarrow BaTiO(C_2O_4)_2 \cdot 2H_2O + 6HCl$$

$$BaTiO(C_2O_4)_2 \cdot 2H_2O \longrightarrow BaTiO_3 + H_2O + CO$$

该法制得的粉体杂质含量低、易掺杂，但粉体团聚较严重，钡钛比较难控制。

5.6.6　BME 抗还原 MLCC 介质瓷料

5.6.6.1　材料体系

MLCC 的发展趋势是使用贱金属如铜、镍代替含银、钯的贵金属内电极，可以大大节省成本。MLCC 的传统电极材料为纯 Pd 电极或 Pd/Ag 电极，长期以来钯是 MLCC 制造业的重要材料，但全球钯资源有限，且价格昂贵。MLCC 的小型化以及高电容化使叠合层数和电极涂覆面积不断增加，大大增加了电极材料成本；而随着 MLCC 市场的不断扩大，整机更新换代的周期缩短，使 MLCC 的价格不断下降，因此降低电极材料的成本是 MLCC 继续发展的必由之路。表 5-76 是几种电极材料的优缺点对比。

表 5-76　几种电极材料的优缺点对比

电极材料	优点	缺点
纯钯电极	工艺简单,适用瓷料范围较广	成本高
银钯电极	比纯钯电极成本降低	由于 Ag 具有低的熔点（961℃），因此要求瓷料在低于 1150℃下烧结,低熔点的烧结助剂导致瓷料介电常数的下降
Pb 基复合氧化物	具有高的介电常数且具有较低的烧结温度	污染环境

电极材料	优 点	缺 点
Ni 电极材料	①Ni 迁移速度较 Ag 或 Pd-Ag 都小,具有良好的电化学稳定性,可提高 MLCC 的可靠性 ②对于外电极也是 Ni 金属的 MLCC 可实现与内电极同时烧成,且同一金属在连接时没有空隙,电极连接可靠性高 ③机械强度高 ④Ni 电极对焊料的耐蚀性和耐热性好,工艺稳定性好 ⑤Ni 电极电导率优于 Pd-Ag 电极,可降低 MLCC 的等效串联电阻,提高阻抗频率特性 ⑥成本大幅降低,仅为 Pd30-Ag70 电极的 5％左右	工艺过程复杂
Cu 电极材料	①Cu 也是贱金属的一种,成本低 ②Cu 的电阻率是 Ni 的 1/4,可有效降低 MLCC 的等效串联电阻,提高阻抗频率特性	Cu 的熔点较低(1083℃),只适用于低温烧结的陶瓷介质材料,存在局限性

从表 5-76 中的优缺点来看,为兼顾大容量和低成本的要求,Ni 贱金属是一种较好的选择。从国内外开展高介电常数、低温度变化率的瓷料研究来看,瓷料主要有两大类:一类是含铅的铁电材料,考虑人体的健康和环境保护方面,一般不采用;另一类就是不含铅的铁电陶瓷材料,其中最多的是 $SrTiO_3$ 和 $BaTiO_3$ 基两种瓷料。由于 $SrTiO_3$ 在室温下介电常数仅 250 左右,介电常数的温度系数约为 $-2500 \times 10^{-6}/℃$,负值很大,并且它的居里点远低于室温($-250℃$ 左右)。所以使用不含铅的移峰物质很难将居里温度移至室温附近。因而作为瓷介电容器使用最多的铁电材料,尤其是高介电常数、低温度变化率的铁电材料,还是以钛酸钡为基础的陶瓷介质材料。

在使用 Ni 内电极时,在空气中烧结易被氧化,需在还原气氛下烧结。$BaTiO_3$ 基介质材料在低氧分压下烧结时易被还原而成为半导体,瓷体失氧出现氧空位形成三价钛离子弱束缚体,电子易吸收能量而跃迁至导带成为载流子,绝缘性能降低。因此,适应还原气氛烧结的抗还原 $BaTiO_3$ 基陶瓷介质材料是 Ni 内电极 MLCC 开发的关键。还原气氛下烧,$BaTiO_3$ 基介质材料在低氧分压下烧结时缺陷产生机理如下:

$$O_O \Longrightarrow 1/2O_2 + V_O'' + 2e^-$$
$$Ti^{4+} + e^- \Longrightarrow Ti^{3+}$$

5.6.6.2 抗还原机理

保温回火过程:使用 Ni 电极陶瓷材料在烧结过程时使用还原气氛,而 $BaTiO_3$ 基的陶瓷材料在还原气氛中容易产生氧空位,使烧后芯片绝缘电阻下降,一般绝缘性能会下降 3 个数量级,通过回火,补偿在烧结过程中产生的氧空位,对产品的绝缘性能和可靠性能有很多的改善。通常根据材料和烧结气氛的不同,回火温度为 $700 \sim 1100℃$,保温 $2 \sim 5h$。回火氧含量根据芯片的绝缘性能、回火温度及内电极的氧化程度来决定。

在低氧分压下,$BaTiO_3$ 晶格中的氧容易逸出而在晶格内部留下大量氧空位缺陷,同时电离出的自由电子容易被 Ti^{4+} 俘获形成 Ti^{3+} 而半导化。提高介质陶瓷抗还原性能的方法通常是向材料中添加外来离子捕获氧中心电离出的自由电子以降低载流子的浓度或引起 $BaTiO_3$ 晶格畸变从而增大氧从晶格中逸出的能垒。对于离子掺杂,总体可分为四种:同价掺杂、受主掺杂、施主掺杂和混合掺杂。

(1) 同价掺杂 对同价掺杂的研究主要集中在 Zr^{4+} 替代 Ti^{4+}。Zr^{4+} 掺杂对 $BaTiO_3$ 基介质陶瓷抗还原性能产生影响,随着 Zr^{4+} 掺入,样品的电阻率迅速增加。这是由于 Zr^{4+} 半径大于 Ti^{4+} 半径,当 Zr^{4+} 替代 Ti^{4+} 后使得氧八面体的离子形成更紧密堆积,增大了氧从晶格中逸出的能垒，造成晶格失氧困难，从而大大提高了介质陶瓷的抗还原性。

（2）受主掺杂　受主掺杂的主要离子有 Zn^{2+}、Mg^{2+}、Mn^{2+}、Mn^{3+}、Y^{3+}、Ca^{2+}、Co^{3+} 及其他稀土元素等。它的抗还原机理就是由于受主缺陷离子的存在，抑制了自由电子的浓度，从而降低了 Ti^{4+} 捕获电子形成 Ti^{3+} 的概率，因而可提高介质陶瓷的抗还原性。

（3）施主掺杂　掺入少量的三价离子（Sm^{3+}、Nd^{3+}、Dy^{3+} 等）的 $BaTiO_3$ 陶瓷具有半导体性质，但当掺杂浓度达到某一数值时，施主掺杂的 $BaTiO_3$ 基陶瓷又从半导体转变为绝缘体。

（4）混合掺杂　受主-施主掺杂。

同时采用受主离子-施主离子掺杂，可以形成高稳定的复合结构，如 Mn^{3+} 和 Nb^{5+} 同时掺杂替代 Ti^{4+}。这种受施主离子的复合不受离子自身性质的限制，而仅由它们的电荷决定。因此，可以通过电场来控制二者的复合，并且这种复合结构在电场作用下的移动率极低，降低了氧空位的浓度和抑制了氧空位的迁移。

5.6.6.3　低温烧结铜内电极瓷料

在 Ag 中加入一定量的 Pd，制备的 Ag-Pd 导体浆料可有效地抑制 Ag 的迁移。在 Ag-Pd 浆料中，Ag 的扩散速率仅为纯 Ag 的几分之一，甚至低一个数量级。传统的内电极材料一般选用 Pd30Ag70 合金，烧结温度在 1100℃左右。Pd30Ag70 材料的化学性能稳定，并能在空气中烧成，其烧结温度对介质陶瓷的烧结要求不苛刻，但由于价格相对昂贵，目前除了在军事或其他尖端领域，Pd30Ag70 正被其他低成本的贱金属 Ni、Cu 电极材料所取代。

铜具有电阻率小，与基片附着力强，可焊性好，比金更为优良的高频特性和导电性，而且也没有银离子迁移的缺陷，还具有价格低廉等优点。相比之下铜的化学性质比较活泼，在空气中，比表面积大的粉状铜极易被氧化，表面会形成 CuO 和 CuO 的薄膜，使其导电性迅速下降，甚至不导电。为了充分发挥银的各种性能优势，在铜粉表面包覆一层银，使之成为电极浆料和抗电磁干扰的电磁屏蔽涂料的复合导电功能相，这种材料具有极高的性价比，可达到节约贵金属、保护环境的目的。

与镍电极相比，铜内电极有利于实现 MLCC 成本的进一步降低。多层陶瓷电容器 MLCC 用铜内电极浆料一般由以下成分组成：超细铜粉 50％～60％（质量分数），无机瓷料添加剂 5％～15％（质量分数），有机溶剂 20％～45％（质量分数），高分子树脂 2％～4％。无机瓷料添加剂是 TiO_2、$CaCO_3$、BaO、SiO_2、Bi_2O_3、Cr_2O_3、ZrO_2、$BaTiO_3$ 等。

国内一种抗还原铜内电极高频低温烧结陶瓷介质材料，可用于铜内电极多层陶瓷电容器制作：由主晶相、改性添加剂、烧结助熔剂组成，主晶相的结构式是 $Mg_xBa_{1-x}Zr_ySi_{1-y}O_3$，其中 $0.8 \leqslant x \leqslant 0.95$，$0.05 \leqslant y \leqslant 0.2$，改性添加剂是 MnO_2、CaO、Li_2O、Bi_2O_3、TiO_2 中的一种或几种；烧结助熔剂是 B_2O_3、SiO_2、ZnO、CuO、BaO。上述陶瓷介质材料满足 EIA 标准 COG 特性，且材料具备均一、粒度分布均匀、分散性高、成型工艺好的特点，符合环保要求，介电特性优良。

5.6.7　多层结构电容器用玻璃釉介质

独石结构电容器用玻璃釉作为介质的优点有：介电常数较大（10～30）；烧结温度较低，一般低于 800℃；采取加入部分高频瓷料，可制作系列温度系数的玻璃釉介质。

玻璃釉可以用独石工艺制成防潮性能很好的玻璃釉电容器。常用的玻璃釉介质主要有 SiO_2-PbO-TiO_2 系统和 B_2O_3-PbO-TiO_2 系统。在这两个系统中，SiO_2 及 B_2O_3 为玻璃形成剂，PbO 和 TiO_2 用来调整材料的电性能。其中 Pb^{2+} 半径较大并且具有较高的电子位移极化率，对介电常数有较大贡献，同时还起到压抑效应，提高玻璃的绝缘电阻。TiO_2 的介电常数高，具有负的温度系数，用来提高玻璃釉的介电常数和调节玻璃釉的温度系数。玻璃釉电容器的电容温度系数组别列于表 5-77 中。

表 5-77 玻璃釉电容器的电容温度系数组别

按 RQO·464·024 标准		按 NSRKO·464·004 标准	
电容温度系数组别	电容温度系数 /($\times 10^{-6}$/℃)	电容温度系数组别	电容温度系数 /($\times 10^{-6}$/℃)
P	+(65±35)	V	+(33±30)
		O	(0±30)
O	(0±30)	Q	-(47±30)
M	-(50±30)	D	-(150±40)
N	-(130±50)	C	(0±100)

表 5-78 列出了 O、N、M 组的玻璃釉介质的配方。配方中使用的 $CaTiO_3$ 的介电常数为 150，介电常数的温度系数为 -(1300±200)$\times 10^{-6}$/℃。因此用 $CaTiO_3$ 来调整玻璃釉介质的温度系数。

表 5-78 O、N、M 组的玻璃釉介质的配方

项　目	C　组	M　组	N　组
C 组釉料	100g	100g	100g
$CaTiO_3$ 或 TF-1300 瓷料	2~4g	9~11g	15~17g
烧结温度	(710±5)℃	(745±5)℃	(780±5)℃

表 5-78 中 C 组玻璃釉料的配方（质量分数）为：高岭土 33.6%、Pb_3O_4 37%、TiO_2 8.4%、H_3BO_3 21.0%。该玻璃釉的熔制温度为 (1240±40)℃，保温 15~30min。烧结温度为 (720±20)℃。在 C 组玻璃釉中加入 La_2O_3 作为正温度系数调节剂，可制得 P 组玻璃釉介质。其配方为 100g C 组玻璃釉料中加入 3.3g La_2O_3，该玻璃釉的烧结温度为 (695±5)℃。生产中常采用加入 1% ZrO_2 的 $CaTiO_3$ 瓷料作为负温度系数调节剂，配制 O、N、M 组等玻璃釉介质。

表 5-78 中的三组玻璃釉介质制成玻璃釉电容器，其性能为 tanδ<13.5×10^{-4}，绝缘电阻>5×10^{10} Ω，耐振性和耐潮性良好。生产玻璃釉电容器采用独石瓷介电容器的生产工艺。

5.6.8 MLCC 介质瓷料发展趋势

多层陶瓷电容器（MLCC）是电子元器件向小型化、复合化、轻量化、高可靠性、长寿命发展的具体体现。近几年来，电子整机小型化、数字化发展趋势以及产品升级换代周期的缩短大大促进了 MLCC 的生产和开发，MLCC 的技术发展表现为以下几种趋势：小型化，高电容量化，低成本化，环境友好。

(1) 小型化 移动手机、计算机越来越薄，越来越小，这也促使世界用量最大、发展最快的 MLCC 向小型化发展。目前全球市场的主流尺寸是 0402，而我国尚处于 0603 向 0402 的转型时期。早在 1997 年和 1998 年日本村田公司和松下电子公司就分别推出了 0201 型片式多层陶瓷电容器，标称容量为 1~1000 pF。现在最小的电容器甚至可以做到 01005，但是由于受到技术的限制，成品率不高。表 5-79 为 MLCC 的尺寸变迁过程。

表 5-79 MLCC 的尺寸变迁过程

年　份	1980 年	1990 年	1997 年	2002 年	2007 年
型　式	3216	2012	1608	1005	0603
尺寸/mm	3.2×1.6×1.2	2.0×1.2×1.2	1.6×0.8×0.8	1.0×0.5×0.5	0.6×0.3×0.3

(2) 高容量化 为了使 MLCC 的容量更高，必须开发高介电常数的陶瓷介质，使介质层厚度越来越薄，叠层数目越来越多。目前风华高科公司能够完成流延成 3 μm 厚的薄膜介

质，烧结成瓷后 $2\mu m$；另外，在实验室的条件下，日本村田公司已研发出介质层厚度 $1\mu m$、层数多达 1000 层的超微、超大容量的片式 MLCC。今后随着生产技术的不断发展和进步，MLCC 还会向更多层数、更薄的介质层厚度方向发展。表 5-80 为 MLCC 的层数变迁过程。

表 5-80　MLCC 层数变迁过程

年　份	1980 年	1986 年	1991 年	1996 年	2001 年	2007 年
层厚/μm	20	16~17	12~13	5	3	≤1
层数	40	60	70	150	400	≥400
电容/pF	0.7	2~3	3~5	8~9	100	≥100

(3) 低成本化　MLCC 传统内电极材料为纯 Pd 或 Pd-Ag 合金等贵金属，在生产中，材料成本就占总成本的 50%以上，其中贵金属 Pd 电极占总成本的 35%。此外，随着 MLCC 介质层厚度越来越薄，叠层数目越来越多，内电极的用量也会越来越大，MLCC 的生产成本会进一步提高，因此，要想在未来市场上有竞争力，MLCC 的内电极就必须贱金属化。目前以 Ni 为代表的贱金属烧结技术正在大力开发。

(4) 环境友好　2006 年 11 月 6 日，国家工信部颁布了《电子信息产品中有毒有害物质的限量要求》，规定国内电子信息产品中含有有毒有害物质的最大允许浓度，包括铅、镉、汞等。为了降低成本，传统的 MLCC 生产使用 Pb 基复合氧化物作为内电极，但是由于其危害人身体健康，污染环境，用量正在减少并逐渐退出 MLCC 市场。

图 5-175 为 MLCC 的发展方向。

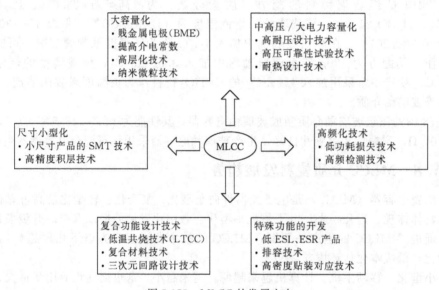

图 5-175　MLCC 的发展方向

参考文献

[1]　徐廷献，沈继跃，薄站满等. 电子陶瓷材料. 天津：天津大学出版社. 1993.
[2]　曲远方主编. 功能陶瓷及应用. 北京：化学工业出版社，2003.
[3]　梁力平编著. 片式叠层陶瓷电容器的制造与材料. 广州：暨南大学出版社. 2008.
[4]　沈继跃等编著. 电子陶瓷. 北京：国防工业出版社. 1979.
[5]　Anna E McHale, et al. J Am Ceram Soc, 1983.
[6]　Huang Cheng liang, et al. Mater Res Ball, 2000.
[7]　鬼頭良造，福田晃一. エレクトロニケ·セうミクス，1993.
[8]　Jeong Seog Kim, et al. J Mater Sci, 2000.

第**6**章

压电陶瓷材料

6.1 压电陶瓷的压电性

6.1.1 压电陶瓷的压电效应

压电陶瓷材料除了具有一般介质材料所具有的介电性能和弹性性能外，还具有压电性能。由于压电材料的各向异性，每一项性能参数在不同的方向所表现出的数值不同，这就使得压电陶瓷材料的性能参数比一般各向同性的介质材料多得多。压电陶瓷材料的众多性能参数是其广泛应用的重要基础。

在没有对称中心的晶体上施加压力、张力或切向力时，则发生与应力成比例的介质极化，同时在晶体两端面将出现正、负电荷，这一现象称为正压电效应。反之，在晶体上施加电场而引起极化时，则将产生与电场强度成比例的变形或机械应力，这一现象称为逆压电效应。这两种正、逆压电效应统称为压电效应。晶体是否出现压电效应由构成晶体的原子和离子的排列方式，即晶体的对称性所决定。

从居里兄弟发现压电性的 1880~1940 年的 60 多年中，被人们所知的压电材料只有水晶、酒石酸钾钠、磷酸二氢钾等少数几种单晶体（在某温度范围内不仅具有自发极化，而且自发极化强度的方向能因外场强作用而重新取向的晶体）。由于单晶材料受产量低、难于加工、适用范围有限等限制，从而影响了压电材料的应用和发展。另外，酒石酸盐有易溶解的缺点；磷酸二氢钾盐要在低温（低于 $-148℃$）下才有压电性，工程使用价值不大。

1942~1945 年间美国的韦纳、前苏联的伍尔和戈德曼、日本的小川等发现钛酸钡（$BaTiO_3$）具有异常高的介电常数，不久又发现它具有压电性，$BaTiO_3$ 压电陶瓷的发现是压电材料的一个飞跃，出现了压电多晶材料——压电陶瓷，并获得广泛应用。压电陶瓷与压电单晶材料相比，具有机电耦合系数高、价格便宜、几乎能做成任意要求的形状、可通过掺杂改性而达到使用要求、易于批量生产等优点，被广泛应用于制作超声换能器、压电变压器、滤波器和压电蜂鸣器等器件，在国民经济、现代国防中举足轻重。然而，纯的 $BaTiO_3$ 陶瓷难以烧结且居里温度不高（$120℃$），室温附近（约 $25℃$）存在相变，因此其使用范围受到限制。

1952 年，美国贾菲（B. Jaffe）等人发现了锆酸铅-钛酸铅 $PbZrO_3$-$PbTiO_3$（简称 PZT）固溶体系统。这一系统材料具有比钛酸钡 $BaTiO_3$ 更为优越的性能：PZT 的居里点随着组成不同而在 230～490℃之间变动，不管哪一个组成的居里点都比 $BaTiO_3$ 高；在与组成有关、几乎与温度无关的四方晶相和三方晶相之间的准同型相界（morphotropic phase boundary）附近，其居里点（300℃左右）比 $BaTiO_3$ 的居里点（120℃）高得多；机电耦合系数 K_p、机械品质因数 Q_m 均比 $BaTiO_3$ 高，温度稳定性和时间稳定性也要比 $BaTiO_3$ 好。因此，长期以来锆钛酸铅陶瓷（PZT）在压电陶瓷领域处于统治地位。

随着电子工业的发展，20 世纪 60 年代以后，三元系压电陶瓷材料开始崭露头角，如锑锰酸铅-锆钛酸铅三元系 $[Pb(Mn_{1/3}Sb_{2/3})O_3\text{-PZT}]$、铌锌酸铅-锆钛酸铅三元系 $[Pb(Zn_{1/3}Nb_{2/3})O_3\text{-PZT}]$、铌镁酸铅-锆钛酸铅三元系 $[Pb(Mg_{1/3}Nb_{2/3})O_3\text{-PZT}]$ 以及铌锰酸铅-锆钛酸铅三元系 $[Pb(Mn_{1/3}Nb_{2/3})O_3\text{-PZT}]$ 等。其优越的性能，更加促进了压电陶瓷在各个领域的广泛应用。同时，随着人们环保意识的提高，为解决含铅材料的危害问题，低温烧结、非钙钛矿型压电陶瓷材料以及无铅压电陶瓷材料的研究成为热门课题。

6.1.2　压电系数

6.1.2.1　介电常数

压电陶瓷的电位移 $\vec{D}$ 和电场强度 $\vec{E}$ 之间的关系为 $\vec{D}=\varepsilon\vec{E}$，介电常数 $\varepsilon=\varepsilon_0(1+\alpha)$，式中真空的介电常数 $\varepsilon_0=8.85\times10^{-12}\text{F/m}$；$\alpha$ 为极化率。

对完全各向异性的三斜晶系电介质，在 x、y 和 z 方向分别施加电场 E_x、E_y 和 E_z 时，则会在 x、y 和 z 方向产生电位移分量 D_x、D_y 和 D_z。用矩阵表示 $\vec{D}$ 和 $\vec{E}$ 的关系，则有

$$\begin{bmatrix} D_1 \\ D_2 \\ D_3 \end{bmatrix} = \begin{bmatrix} \varepsilon_{11} & \varepsilon_{12} & \varepsilon_{13} \\ \varepsilon_{12} & \varepsilon_{22} & \varepsilon_{23} \\ \varepsilon_{13} & \varepsilon_{23} & \varepsilon_{33} \end{bmatrix} \begin{bmatrix} E_1 \\ E_2 \\ E_3 \end{bmatrix} \tag{6-1}$$

试验发现，$\varepsilon_{12}=\varepsilon_{21}$、$\varepsilon_{13}=\varepsilon_{31}$、$\varepsilon_{23}=\varepsilon_{32}$，所以各向异性电介质的独立的介电常数 ε 只有 6 个，即 ε_{11}、ε_{12}、ε_{13}、ε_{22}、ε_{23} 和 ε_{33}。

电介质独立介电常数的个数与电介质的对称性有关。对称性高的电介质，独立的介电常数数目少；对称性低的电介质，独立的介电常数数目多。三斜晶系电介质的对称性最低，它的独立介电常数有 6 个，即 ε_{11}、ε_{12}、ε_{13}、ε_{22}、ε_{23} 和 ε_{33}。而立方晶系电介质的对称性最高，它的独立介电常数只有 1 个，即 ε_{11}。表 6-1 示出各晶系压电陶瓷及各向同性电介质的介电常数。

未经"极化"工序处理的压电陶瓷，是各向同性的多晶体，但经过"极化"处理后，它就成为各向异性的电介质了。设 z 轴为极化轴，x 和 y 轴为非极化轴，xy 平面是各向同性面，x 轴和 y 轴没有差别，而 z 轴与 x 和 y 轴不同。根据压电陶瓷的对称性，我们可以确定压电陶瓷独立介电常数数目。由于 z 轴为极化轴，xy 平面为各向同性面，则 $\varepsilon_{11}\neq\varepsilon_{33}$，$\varepsilon_{22}\neq\varepsilon_{33}$，$\varepsilon_{11}=\varepsilon_{22}$。可以证明 ε_{13}、ε_{23} 和 ε_{12} 均为 0。这样压电陶瓷独立的介电常数只有两个，即 ε_{11} 和 ε_{33}。用矩阵形式表示，则有

$$\varepsilon = \begin{bmatrix} \varepsilon_{11} & 0 & 0 \\ 0 & \varepsilon_{11} & 0 \\ 0 & 0 & \varepsilon_{33} \end{bmatrix} \tag{6-2}$$

表 6-1　各晶系压电陶瓷及各向同性电介质的介电常数

晶族	晶系	特征对称要素	独立的介电常数	介电常数
低级	三斜	只有一次轴	6个	$\begin{pmatrix} \varepsilon_{11} & \varepsilon_{12} & \varepsilon_{13} \\ \varepsilon_{12} & \varepsilon_{22} & \varepsilon_{23} \\ \varepsilon_{13} & \varepsilon_{23} & \varepsilon_{33} \end{pmatrix}$
	单斜	只在一个方向上有二次轴	4个	$\begin{pmatrix} \varepsilon_{11} & \varepsilon_{12} & 0 \\ \varepsilon_{12} & \varepsilon_{22} & 0 \\ 0 & 0 & \varepsilon_{33} \end{pmatrix}$
	正交(斜方)	在三个互相垂直的方向上均有二次轴	3个	$\begin{pmatrix} \varepsilon_{11} & 0 & 0 \\ 0 & \varepsilon_{22} & 0 \\ 0 & 0 & \varepsilon_{33} \end{pmatrix}$
中级	三方(三角,菱形)	唯一的高次轴为三次轴	2个	$\begin{pmatrix} \varepsilon_{11} & 0 & 0 \\ 0 & \varepsilon_{11} & 0 \\ 0 & 0 & \varepsilon_{33} \end{pmatrix}$
	四方(正方,四角)	唯一的高次轴为四次轴	2个	$\begin{pmatrix} \varepsilon_{11} & 0 & 0 \\ 0 & \varepsilon_{11} & 0 \\ 0 & 0 & \varepsilon_{33} \end{pmatrix}$
	六方(六角)	唯一的高次轴为六次轴	2个	$\begin{pmatrix} \varepsilon_{11} & 0 & 0 \\ 0 & \varepsilon_{11} & 0 \\ 0 & 0 & \varepsilon_{33} \end{pmatrix}$
高级	立方(等轴)	有四个三次轴	1个	$\begin{pmatrix} \varepsilon_{11} & 0 & 0 \\ 0 & \varepsilon_{11} & 0 \\ 0 & 0 & \varepsilon_{11} \end{pmatrix}$

6.1.2.2　压电陶瓷的介电损耗

任何电介质，包括压电晶体在内，当它处在电场中，尤其是在交变电场中长期工作时，都有发热的现象。这种现象说明介质内部发生了某种能量的消耗，这就是介质损耗。介质损耗是表征介质品质的一个重要指标。电介质的介电损耗大概分为三种：漏电流损耗，介质不均匀所引起的损耗和电极化引起的损耗等。当电场是静电场时，介质损耗来源于介质中的电导过程。当电场是交变电场时，介质损耗来源于电导过程和极化弛豫过程。然而对于压电铁电体，常温下电导损耗是很小的，可以忽略不计。因此，下面主要讨论由极化弛豫引起的介电损耗。

当压电陶瓷在交变电场的作用下，陶瓷的极化状态就发生变化，这种极化状态的变化往往跟不上交变电场的变化，而出现滞后现象，这就造成了压电陶瓷的介电损耗，单位体积的介电损耗等于：

$$\frac{1}{V}\int (Iu)\mathrm{d}t = \int JE\,\mathrm{d}t \tag{6-3}$$

式中，V 为体积；I 为电流；u 为电压；E 为电场强度；J 为电流密度，$J = \dfrac{\mathrm{d}P}{\mathrm{d}t}$ 代入 $\int JE\mathrm{d}t$ 变为 $\int E\mathrm{d}P$，而 $\vec{P} = \varepsilon_0 \alpha \vec{E}$，那么每个周期所产生的损耗等于电滞回线的面积，每单位时间的损耗等于电滞回线的面积乘频率。

单位体积的电介质，每秒钟所消耗的能量可根据式(6-3)求出。设单位体积每秒钟所消

耗的能量为 W，则：

$$W = \frac{1}{2\pi/\omega} \int_0^{\frac{2\pi}{\omega}} JE \, dt \qquad (6\text{-}4)$$

若作用在压电陶瓷上的交变电场为：

$$E = E_0 \cos(\omega t) \qquad (6\text{-}5)$$

由于极化的弛豫，P 和 D 都将有一个相角落后于 E，设此相角为 δ，则

$$D = D_0 \cos(\omega t - \delta) = D_0 \cos\delta \cos(\omega t) + D_0 \sin\delta \sin(\omega t) \qquad (6\text{-}6)$$

其中，$D_1 = D_0 \cos\delta$，$D_2 = D_0 \sin\delta$。一般说来，D_0 与 E_0 成正比，其比例系数不是常数而是与频率有关，即：

$$\varepsilon'(\omega) = \frac{D_1}{E_0} = \frac{D_0}{E_0} \cos\delta \qquad (6\text{-}7)$$

$$\varepsilon''(\omega) = \frac{D_2}{E_0} = \frac{D_0}{E_0} \sin\delta \qquad (6\text{-}8)$$

则：

$$\tan\delta = \frac{\varepsilon''}{\varepsilon'} \qquad (6\text{-}9)$$

电流密度 J 为：

$$J = \frac{d\sigma}{dt} = \frac{dD}{dt} = E_0 \omega [\varepsilon'' \cos(\omega t) - \varepsilon' \sin(\omega t)] \qquad (6\text{-}10)$$

式中第一项与电场同相，称为有功电流；第二项落后电场 $\pi/2$ 相角，称为无功电流。因此，单位体积的介质由于弛豫每秒钟损耗的能量为

$$W = \frac{\omega}{2\pi} \int_0^{\frac{2\pi}{\omega}} \omega E_0^2 \varepsilon'' \cos^2(\omega t) \, dt = \frac{1}{2} \omega E_0^2 \varepsilon'' = \frac{1}{2} \omega D_0 E_0 \sin\delta \qquad (6\text{-}11)$$

可见，能量损耗与 $\sin\delta$ 成正比，$\sin\delta$ 值大，损耗就大，$\sin\delta$ 值小，损耗就小。当 δ 很小时，$\sin\delta \approx \tan\delta$，常称 $\tan\delta$（也写作 $tg\delta$）为损耗因子。介电损耗是压电陶瓷的重要品质指标之一，大功率的换能器要求压电陶瓷材料的损耗越低越好，如果材料的损耗大，就易于发热而损坏。

6.1.2.3 机械品质因数 Q_m

机械品质因数 Q_m 表示在振动转换时，材料内部能量损耗的程度，机械品质因数越高，能量的损耗就越少。产生机械损耗的原因是存在内摩擦。在压电元件振动时，就要克服摩擦而消耗能量，机械品质因数与机械损耗成反比，即：

$$Q_m = 2\pi \frac{W_1}{W_2} \qquad (6\text{-}12)$$

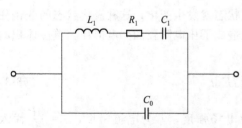

式中，W_1 为谐振时振子内储存的机械能量；W_2 为谐振时振子每周期的机械阻尼损耗能量。Q_m 也可根据等效电路计算而得：

$$Q_m = \frac{1}{C_L \omega_S R_1} \qquad (6\text{-}13)$$

图 6-1 压电陶瓷谐振子的等效电路

式中，R_1 为等效电阻；ω_S 为串联谐振频率；C_L 为振子谐振时的等效电容，这时，压电陶瓷谐振子的等效电路如图 6-1 所示。

$$C_L = \frac{\omega_P^2 - \omega_S^2}{\omega_P^2} (C_0 + C_1) \qquad (6\text{-}14)$$

ω_P 为振子并联谐振频率；C_0 为振子的静电容，则：

$$Q_m = \frac{\omega_P^2}{(\omega_P^2 - \omega_S^2)\omega_S R_1 (C_0 + C_1)} \tag{6-15}$$

$$Q_m = \frac{f_P^2}{2\pi f_S R_1 (C_0 + C_1)(f_P^2 - f_S^2)} \tag{6-16}$$

滤波器是用高 Q_m 材料制成的发射型压电器件，要求机械损耗要小，Q_m 值要高。由于配方不同，工艺条件不同，压电陶瓷的 Q_m 值也不相同，PZT 压电陶瓷在 $50\sim3000$ 之间，有的压电材料 Q_m 值还要高。

机械品质因数是描述压电陶瓷在机械振动时，内部能量消耗程度的一个参数，这种能量消耗的原因主要在于内耗。机械品质因数越大，能量的损耗越小。

机械品质因数的定义是：$Q_m = \dfrac{\text{谐振时振子储存的机械能}}{\text{谐振时振子每周所损耗的机械能}} \times 2\pi$

可以设想，当压电陶瓷片上输入电信号时，若信号频率与陶瓷片的机械谐振频率 f_e 一致，通过逆压电效应将使陶瓷片产生机械谐振，而这一机械谐振又因正压电效应，使陶瓷片能输出电信号。

不同的压电器件对压电陶瓷材料的机械品质因数有不同要求。多数陶瓷滤波器要求压电陶瓷的 Q_m 值高，而音响器件及接收型换能器则要求 Q_m 值要低。

6.1.2.4 机电耦合系数 K_p

压电陶瓷材料的机电耦合系数是综合反映压电陶瓷材料性能的参数，是衡量材料压电性能好坏的一个重要物理量。它反映压电陶瓷材料的机械能与电能之间的耦合效应，可用下式来表示机电耦合系数 K_p。

$$K_p^2 = \frac{\text{电能转变为机械能}}{\text{输入的电能}} \text{（逆压电效应）} \tag{6-17}$$

或 $$K_p^2 = \frac{\text{机械能转变为电能}}{\text{输入的机械能}} \text{（正压电效应）} \tag{6-18}$$

因为机械能转变为电能总是不完全的，所以 K_p^2 总是小于 1，如 PZT 陶瓷，K_p 在 $0.50\sim0.80$ 之间，对于居里点在 24℃ 的罗息盐，K_p 高达 0.90。压电陶瓷的振动形式不同，其机电耦合系数 K_p 的形式也不相同。

机电耦合系数是压电材料进行机-电能量转换的能力反应，它与机-电效率是完全不同的两个概念。它与材料的压电常数、介电常数和弹性常数等参数有关，因此，机电耦合系数是一个比较综合性的参数。

从能量守恒定律可知，K 是一个恒小于 1 的数。压电陶瓷的机电耦合系数现在能达到 0.7 左右，并且能在广泛的范围内进行调整，以适应各种不同用途的需要。

压电陶瓷元件的机械能与元件的形状和振动模式有关，因此对不同的模式有不同的机电耦合系数。例如，对薄圆片径向伸缩模式的机电耦合系数为 K_p（又称平面机电耦合系数）；薄形长片长度伸缩模式的机电耦合系数为 K_{31}（横向机电耦合系数），圆柱体轴向伸缩模式的机电耦合系数为 K_{33}（纵向机电耦合系数）；薄片厚度伸缩式的机电耦合系数为 K_t；方片厚度切变模式的机电耦合系数为 K_{15} 等。机电耦合系数是一个没有量纲的物理量。

6.1.2.5 弹性系数

根据压电效应，压电陶瓷在交变电场作用下，会产生交变伸长和收缩，从而形成与激励电场频率（信号频率）相一致的受迫机械振动。对于具有一定形状、大小和被覆工作电极的压电陶瓷体称为压电陶瓷振子（简称振子）。实际上振子谐振时的形变是很小的，一般可以看成是弹性形变。反映材料在弹性形变范围内应力与应变之间关系的参数为弹性系数。

压电陶瓷材料是一个弹性体，它服从虎克定律：在弹性限度范围内，应力与应变成正比。应力 T 与应变 S 的关系以及应变 S 与应力 T 的关系为：

$$S = sT$$
$$T = cS$$

式中　　s——弹性柔顺系数，m^2/N；

　　　　c——弹性刚度系数，Pa。

由于应力 T 和应变 S 都是二阶对称张量，对于三维材料都有 6 个独立分量。因此，s 和 c 各有 36 个分量，其中独立分量最多可达 21 个，对于极化后的压电陶瓷，由于对称关系使独立的弹性柔顺系数 s 和弹性刚度系数 c 各有 5 个，即：

$$s_{11}, s_{12}, s_{13}, s_{33}, s_{44}$$
$$c_{11}, c_{12}, c_{13}, c_{33}, c_{44}$$

对于压电陶瓷，因为应力作用下的弹性变形会引起压电效应，而压电效应在不同的边界条件下，对应变又会有不同的影响，就有不同的弹性柔顺系数和弹性刚度系数。在电场（E）为恒定的条件下，即外电路中的电阻很小，相当于短路的情况，此时测得的弹性柔顺系数称为短路弹性柔顺系数，以 s^E 表示；若电位移（D）为恒定，即外电路的电阻很大时，即相当于开路的情况，称为开路弹性柔顺系数，以 s^D 表示。因此，共有 10 个弹性柔顺系数，即：

$$s_{11}^E, s_{12}^E, s_{13}^E, s_{33}^E, s_{44}^E$$
$$s_{11}^D, s_{12}^D, s_{13}^D, s_{33}^D, s_{44}^D$$

同样，弹性刚度系数也有 10 个，即：

$$c_{11}^E, c_{12}^E, c_{13}^E, c_{33}^E, c_{44}^E$$
$$c_{11}^D, c_{12}^D, c_{13}^D, c_{33}^D, c_{44}^D$$

6.1.2.6　压电常数

压电常数是压电陶瓷重要的特性参数，它是压电介质把机械能（或电能）转换为电能（或机械能）的比例常数，反映了应力或应变和电场或电位移之间的联系，直接反映了材料机电性能的耦合关系和压电效应的强弱。常见的四种压电常数：d_{ij}、g_{ij}、e_{ij}、h_{ij}（$i=1$, 2, 3, $j=1$, 2, 3, …, 6）。第一个足标（i）表示电学参量的方向（即电场或电位移的方向），第二个足标（j）表示力学量（应力或应变）的方向。压电常数的完整矩阵应有 18 个独立参量，对于四方钙铁矿结构的压电陶瓷只有 3 个独立分量，以 d_{ij} 为例，即 d_{31}、d_{33}、d_{15}。

(1) 压电应变常数 d_{ij}

$$d = \left(\frac{\partial S}{\partial E}\right)_T, \quad d = \left(\frac{\partial D}{\partial T}\right)_E$$

(2) 压电电压常数 g_{ij}

$$g = \left(-\frac{\partial E}{\partial T}\right)_D, \quad g = \left(\frac{\partial S}{\partial D}\right)_T$$

由于习惯上将张应力及伸长应变定为正，压应力及压缩应变定为负，电场强度与介质极化强度同向为正，反向为负，所以 D 为恒值时，ΔT 与 ΔE 符号相反，故式中带有负号。如前所述的道理，对四方钙钛矿压电陶瓷，g_{ij} 有 3 个独立分量 g_{31}、g_{33} 和 g_{15}。

(3) 压电应力常数 e_{ij}

$$e = \left(-\frac{\partial T}{\partial E}\right)_S, \quad e = \left(\frac{\partial D}{\partial S}\right)_E$$

同样 e_{ij} 也有 3 个独立分量 e_{31}、e_{33} 和 e_{15}。

（4）压电劲度常数 h_{ij}

$$h=\left(-\frac{\partial T}{\partial D}\right)_S, h=\left(-\frac{\partial E}{\partial S}\right)_D$$

同理，h_{ij} 有 3 个独立分量 h_{31}、h_{33} 和 h_{15}。

由此可见，由于选择不同的自变量，可得到 d、g、e、h 四组压电常数。由于陶瓷的各向异性，使压电陶瓷的压电常数在不同方向有不同数值，即有：

$$d_{31}=d_{32}, d_{33}, d_{15}=d_{24}$$
$$g_{31}=g_{32}, g_{33}, g_{15}=g_{24}$$
$$e_{31}=e_{32}, e_{33}, e_{15}=e_{24}$$
$$h_{31}=h_{32}, h_{33}, h_{15}=h_{24}$$

这四组压电常数并不是彼此独立的，有了其中一组，即可求得其他三组。压电常数直接建立了力学参量和电学参量之间的联系，同时对建立压电方程有着重要的应用。

6.2　压电陶瓷的压电方程

压电效应的物态方程反映了弹性变量，即应力、应变和电学变量，即电场、电位移之间的关系。对于不同的边界条件和不同的自变量，就有不同的压电方程组。

6.2.1　第一类压电方程组

取应力 $T_\mu(\mu=1,2,\cdots,6)$ 和电场强度 $E_j(j=1,2,3)$ 做自变量，边界条件是机械自由和电学短路，压电方程可表示为

$$\begin{cases} D_i=\varepsilon_{ij}^T E_j+d_{i\mu}T_\mu \\ S_\lambda=d_{j\lambda}E_j+s_{\lambda\mu}^E T_\mu \end{cases} \tag{6-19}$$

式中，$i,j=1,2,3$；$\lambda,\mu=1,2,\cdots,6$。ε^T 是恒定力下的电容率，称自由介电常数。s^E 是恒电场下的弹性柔顺系数，称短路柔顺系数。d 是压电应变常数，简称压电常数。

6.2.2　第二类压电方程组

取应变 $S_\mu(\mu=1,2,\cdots,6)$ 和电场强度 $E_j(j=1,2,3)$ 做自变量，边界条件为机械受夹和电学短路，压电方程可表示为

$$\begin{cases} D_i=\varepsilon_{ij}^S E_j+e_{i\mu}S_\mu \\ T_\lambda=-e_{j\lambda}E_j+c_{\lambda\mu}^E S_\mu \end{cases} \tag{6-20}$$

式中，$i,j=1,2,3$；$\lambda,\mu=1,2,\cdots,6$。ε^S 是恒应变下的介电常数，称受夹介电常数。c^E 是恒电场下的弹性刚度系数，称受夹弹性刚度系数。e 是压电应力常数，简称压电常数。

6.2.3　第三类压电方程组

取应力 $T_\mu(\mu=1,2,\cdots,6)$ 和电位移 $D_j(j=1,2,3)$ 做自变量，边界条件是机械自由和电学开路，则

$$\begin{cases} E_i=\beta_{ij}^S D_j+g_{i\mu}T_\mu \\ S_\lambda=g_{j\lambda}D_j+s_{\lambda\mu}^D T_\mu \end{cases} \tag{6-21}$$

式中，$i,j=1,2,3$；$\lambda,\mu=1,2,\cdots,6$。β^T 是恒应力下的介电隔离率，称自由介电隔离率。s^D 是恒位移下的弹性柔顺系数或开路弹性柔顺系数。g 是压电应力常数，或简称压电常数。

6.2.4　第四类压电方程组

取应变 $S_\mu(\mu=1,2,\cdots,6)$ 和电位移 $D_j(j=1,2,3)$ 做自变量，边界条件是机械受夹和电学开路，则

$$\begin{cases} E_i=\beta_{ij}^S D_j-h_{i\mu}S_\mu \\ T_\lambda=-h_{j\lambda}D_j+c_{\lambda\mu}^D S_\mu \end{cases} \tag{6-22}$$

式中，$i,j=1,2,3$；$\lambda,\mu=1,2,\cdots,6$。β^S 是恒应变下的介电隔离率，称受夹介电隔离率。c^D 是恒位移下的弹性刚度系数或开路弹性刚度系数。h 称压电应变常数或简称压电常数。

除了上述介电常数、弹性系数和压电常数的重要参数外，表征压电材料的还包括交变电场中介电行为的介质损耗角正切 $\tan\delta$、弹性谐振时的力学性能的机械品质因数 Q_m 及描述谐振时的机械能与电能相互转换的机电耦合系数 K_p 等。

6.3　压电陶瓷振子与振动模式

本节主要讨论压电陶瓷振子和振子的各种振动模式，重点介绍电场与长度垂直、长度≫宽度和厚度的振动模式，电场与长度平行的振动模式，薄圆片的径向振动模式。对其他振动模式，只做简单介绍。

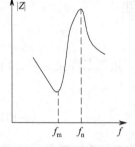

图 6-2　压电振子的阻抗特性

6.3.1　压电陶瓷振子

把压电振子、讯号发生器和毫伏表串联起来，逐渐增加输入电压的频率，当外电压的某一频率使压电振子产生谐振时，就发现此时输出的电流最大，而振子阻抗最小，常以 f_m 表示最小阻抗（或最大导纳）的频率，被称为谐振频率。当频率继续增大到某一值时，输出电流最小，阻抗最大，常以 f_n 表示最大阻抗（或最小导纳）的频率，被称为反谐振频率，参考图 6-2。

6.3.2　压电陶瓷的重要参数

6.3.2.1　机械品质因素 Q_m

见 6.1.2.3。

6.3.2.2　频率常数 N

当把长度振动的陶瓷片的长度磨短了，就会发现这陶瓷片的谐振频率提高了。这样，就可以通过磨短某方向的尺寸来调节谐振频率。为什么磨短振动方向的尺寸，可以提高谐振频率呢？这是因为对某一陶瓷材料，其压电振子的谐振频率和振子振动方向长度的乘积是一个常数，即频率常数。根据频率常数的概念，就可以得到各种振动模式的频率常数，长条形样品的长度振动的频率常数为

$$N_{31}=f_S l_1 \tag{6-23}$$

式中，f_S 为长条振子的串联谐振频率；l_1 为长条振子振动方向的长度。

圆片的径向振动的频率常数为

$$N_P=f_S D \tag{6-24}$$

式中，f_S 为圆片振子的串联谐振频率；D 为振子的直径。

6.3.2.3　机电耦合系数 K_p

见 6.1.2.4。

6.3.3　压电振子的振动模式

压电陶瓷根据振动模式可分为横效应振子和纵效应振子。

横效应振子的特点如下：

① 电场方向与弹性波传播方向垂直；

② 沿弹性波传播方向电场 E 为常数，$E_1 = E_2 = 0$；$\dfrac{\partial E_3}{\partial x} = \dfrac{\partial E_3}{\partial y} = 0$；

③ 串联谐振频率 f_S 等于压电陶瓷的机械共振频率。

纵效应振子的特点如下：

① 电场方向与弹性波传播方向平行；

② 沿弹性波传播方向电场 D 为常数，$D_1 = D_2 = 0$；$\dfrac{\partial D_3}{\partial x} = \dfrac{\partial D_3}{\partial y} = 0$；

③ 并联谐振频率 f_P 等于压电陶瓷的机械共振频率。

6.3.3.1　横效应振子

横效应振子包括薄长条片的 K_{31} 和薄圆片 K_p 振子。薄长条片的几何尺寸是长度 l 沿 1 方向，宽度 l_w 沿 2 方向，厚度 l_t 沿 3 方向，且 $l \gg l_w$、l_t，3 方向为极化方向，电极面 A_3 与极化方向垂直，见图 6-3(a)。

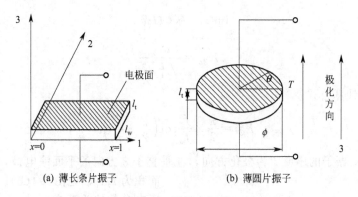

图 6-3　横效应振子

在交变电场 E_3（垂直于长度方向）的作用下，薄长条片沿长度方向振动。K_{31} 振子与其他压电参数的关系为

$$K_{31} = \frac{d_{31}}{\sqrt{s_{11}^E \varepsilon_{33}^T}} \tag{6-25}$$

K_{31} 振子的计算公式为

$$K_{31}^2 \approx \frac{\pi^2}{4} \times \frac{\Delta f}{f_r} = \frac{\pi^2}{4} \times \frac{f_a - f_r}{f_r} \tag{6-26}$$

只要测出压电振子的谐振频率 f_r 与反谐振频率 f_a 就可计算出机电耦合系数 K_{31}。

薄圆片的几何尺寸是直径 $\phi \gg$ 厚度 l_t，极化沿厚度 l_t 方向，电极面 A_3 与极化方向垂直，在交变电场 E_3（垂直于长度方向）的作用下，薄圆片沿径向伸缩振动，见图 6-3(b)。K_p 振子与 K_{31} 振子的关系为

$$K_p = \sqrt{\frac{2}{1-\sigma}} K_{31} \qquad (6\text{-}27)$$

式中，σ 为泊松比。此外，K_p 值可通过测量圆片的谐振频率 f_r 与反谐振频率 f_a 后查表得到。

6.3.3.2　纵效应振子

纵效应振子包括细长棒的 K_{33} 振子和薄板的厚度伸缩 K_t 振子。细长棒 K_{33} 振子的长度 l 沿 3 方向，且 $l \gg l_w$、l_t，3 方向为极化方向，电极面与 3 方向垂直，见图 6-4(a)。K_{33} 振子与其他压电参数的关系为

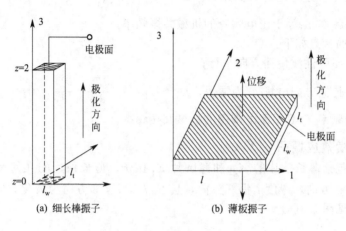

图 6-4　纵效应振子

$$K_{33} = \frac{d_{33}}{\sqrt{s_{11}^E \varepsilon_{33}^T}} \qquad (6\text{-}28)$$

K_{33} 振子的计算公式

$$K_{33}^2 = \frac{\pi}{2} \times \frac{f_r}{f_a} \cot\left(\frac{\pi}{2} \times \frac{f_r}{f_a}\right) \qquad (6\text{-}29)$$

压电薄板 K_t 振子的厚度 l_t 为极化方向，在垂直于 3 方向的平面涂电极，电场沿 3 方向，面积为 $l_w l_t$，见图 6-4(b)。K_t 振子与其他压电参数的关系为

$$K_t^2 = \frac{K_{33}^2 - K_p^2}{1 - K_p^2} \qquad (6\text{-}30)$$

K_t 振子的计算公式为

$$K_t^2 = \left(\frac{\pi}{2} \times \frac{f_s}{f_p}\right) \cot\left(\frac{\pi}{2} \times \frac{f_s}{f_p}\right) \qquad (6\text{-}31)$$

6.3.3.3　厚度切变振子 K_{15}

设 3 方向为极化方向，电极面与压电陶瓷的 1 方向垂直，要求 l、$l_w \gg l_t$，见图 6-5。

K_{15} 振子与其他参数间的关系为

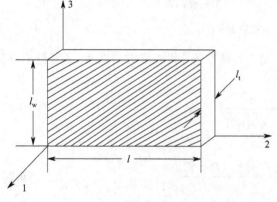

图 6-5　薄板的厚度切变

$$K_{15}^2 = \frac{h_{15}^2}{C_{55}^D \beta_{11}^S} = \frac{d_{15}^2}{\varepsilon_{11}^T s_{55}^E} \qquad (6\text{-}32)$$

$$s_{55}^E = s_{55}^D \ (1 - K_{15}^2) \tag{6-33}$$

$$\varepsilon_{11}^S = \varepsilon_{11}^T \ (1 - K_{15}^2) \tag{6-34}$$

K_{15} 振子的计算公式为

$$K_{15}^2 = \frac{\pi}{2} \times \frac{f_s}{f_p} \tan\left(\frac{\pi}{2} \times \frac{\Delta f}{f_p}\right) \tag{6-35}$$

6.4 压电陶瓷材料和工艺

6.4.1 钙钛矿型压电陶瓷材料

6.4.1.1 钛酸铅（PbTiO₃）的性质

钛酸铅属于钙钛矿型结构，室温下为四方晶系，单元晶胞有一个化学式单位。晶格常数 $a = 3.904\text{Å}$、$c = 4.150\text{Å}$、$c/a = 1.063$。钛酸铅的居里温度为 490℃。当温度降至居里温度以下时，$PbTiO_3$ 由立方晶系转变为四方晶系。相变时伴随着几何尺寸的突变和自发极化的跳跃，并伴随有相变潜热。在图 6-6 中给出了 $PbTiO_3$ 的晶格常数随温度变化的曲线。随着温度的升高，c 轴缩短，a 轴伸长。在图 6-7 中给出了 $PbTiO_3$ 晶体的 c/a 轴比率随温度升高而下降的情况。在居里点时 c/a 的变化为一跳跃，此值 $PbTiO_3$ 由立方相转变为四方相时伴随着体积的增加（0.44%），相变潜热为 1.15kcal/mol。介电常数在 490℃峰值时达 10000，在居里点以上遵守居里-外斯定律。常温下 $PbTiO_3$ 的介电常数较低。$PbTiO_3$ 的单晶 $\varepsilon_{33}^T/\varepsilon_0$ 约为 30。$PbTiO_3$ 陶瓷的 $\varepsilon/\varepsilon_0$ 在 200 左右。由于 $PbTiO_3$ 有低的介电系数、较高的 K_t 值（＞0.40）和高的时间稳定性，所以可以制作为高频滤波器。由于 $PbTiO_3$ 具有很强的各向异性，矫顽场强很高，因此很难测得纯 $PbTiO_3$ 的电滞回线。

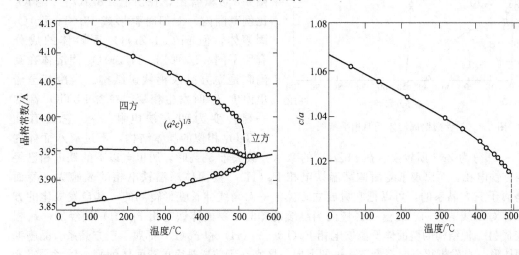

图 6-6 $PbTiO_3$ 的晶格常数随温度的变化   图 6-7 $PbTiO_3$ 的 c/a 比随温度的变化

6.4.1.2 钛酸铅（PbTiO₃）压电陶瓷

用通常陶瓷工艺很难得到致密的纯钛酸铅陶瓷。主要困难是当试样冷却通过居里点时相变伴随着很大的应变，因而在晶界造成很大应力，这些应力的存在便导致试样的碎裂。为了克服这些困难，人们通过掺杂其他杂质来改善材料的性能，取得了很好的效果。综合这方面的工作，为了控制试样的碎裂现象，可以有如下途径。

① 保证材料具有微晶结构。通过大量的试验工作认识到，陶瓷的颗粒尺寸对于消除碎裂现象，获得高致密度是一个非常重要的因素。这是因为晶粒变小，颗粒边界面积增大，会使颗粒间的结合力增大，因而提高了抵抗应力的能力。试验证明，碎裂的样品，颗粒尺寸总是大于 $10\mu m$，而致密陶瓷的颗粒尺寸仅为 $0.2\sim1.8\mu m$。用热压法可以得到致密的微晶结构。然而颗粒太小会使压电性能下降。所以一般控制在 $1\sim2\mu m$。加入 MnO_2、Cr_2O_3 等杂质可以得到微晶结构。

② 降低 c/a 比。如果 c/a 比降低，就可以减少各向异性造成的应力，可以减轻试样碎裂的趋势。引入少量 Nb^{5+}、Bi^{3+}、La^{3+} 等都可以使 $PbTiO_3$ 陶瓷稳定，就是这个道理。譬如，加入 4%（摩尔分数）的 Nb^{5+}，可以使 $PbTiO_3$ 的 c/a 由 1.063 降至 1.046。在 200℃，60kV/cm 电场下极化后，这种材料的 d_{33} 为 $40\times10^{-12}C/N$。

③ 提高晶界的强度。通过引入少量杂质可以调整晶界的性质。如果添加物部分进入晶格，其余部分在晶界上析出，这样既可以抑制晶粒的生长，又可以增加晶界强度。在晶界强度提高以后可以放大颗粒尺寸，从而提高压电性能。添加 MnO_2 便能起到这个作用。

6.4.2　PZT 二元系压电陶瓷

锆钛酸铅系统 $PbZrO_3$-$PbTiO_3$ 的压电陶瓷（简称 PZT）是目前应用最广泛的压电铁电陶瓷材料，对它的研究工作也进行得比较多。

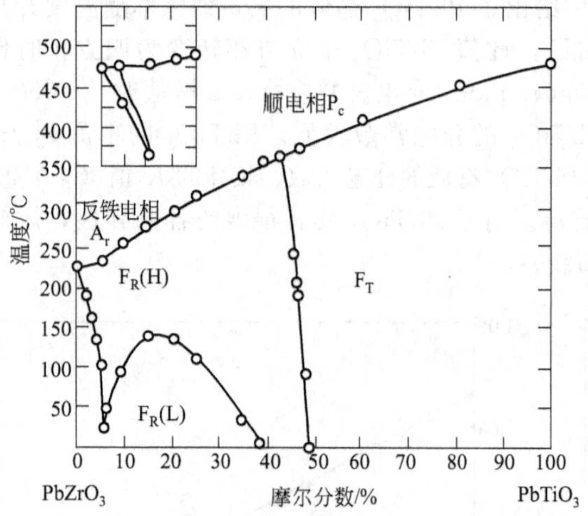

6.4.2.1　锆酸铅-钛酸铅二元系相图

$PbTiO_3$ 和 $PbZrO_3$ 都是钙钛矿型的结构，可形成连续固溶体。它实际是 PbO-TiO_2-ZrO_2 三元相图的一个剖面。由相图 6-8 可以看出，在所有 $PbZrO_3$-$PbTiO_3$ 比例范围内，冷却时都形成 $Pb(Ti,Zr)O_3$ 固溶体，但 $Pb(Ti,Zr)O_3$ 固溶体的成分有所不同。这种 $Pb(Ti,Zr)O_3$ 固溶体在高温时是立方晶系钙钛矿结构。当冷却至居里温度 T_c 时发生相变。在含 $PbTiO_3$ 高的一端转变为四方铁电相 F_T，它具有和 $PbTiO_3$ 相似的晶体结构，不过氧八面体内

图 6-8　锆钛酸铅固溶体低温相平衡图

的 Ti^{4+} 一部分为 Zr^{4+} 所置换。在 $PbZrO_3$ 的摩尔分数大于 53% 时，居里点以下的铁电相已经不是四方铁电相，而出现了菱面体高温铁电相 $F_R(H)$。菱面体高温铁电相的晶胞为一菱面体，是属于三方晶系的，可以把它看成立方体沿一对角线伸长变形得到的，其自发极化的方向就是体对角线的方向。在这一区域内当继续冷却时，菱面体铁电相 $F_R(H)$ 又经历一次相变，变成另一种结构的菱面体低温铁电相 $F_R(L)$。$F_R(H)$ 和 $F_R(L)$ 都属于三方晶系。晶胞都是菱面体形。自发极化方向都沿三次轴的方向，区别在于前者是简单菱面体细胞，后者是复合菱面体晶胞。四方铁电相 F_T 和菱面体铁电相 $F_R(H)$ 之分界线简称相界线。在室温下位置约在 Zr/Ti 为 53/47 处。随着温度提高，相界线往富锆的一端倾斜。高温菱面体相 $F_R(H)$ 在室温下的稳定范围，Zr/Ti 由 63/37 至 53/47；低温菱面体铁电相 $F_R(L)$ 在室温下的稳定范围，Zr/Ti 由 94/6 至 63/37。相图上最靠近 $PbZrO_3$ 的地方为反铁电区。在室温下 $Zr/Ti>94/6$ 的区域为斜方反铁电相 A_o，A_r，最近的一些研究指出，在四方铁电相与菱面体铁电相之间实际上存

在着一个两相区。在这个范围内既有四方铁电相存在，也有菱面体铁电相存在。相界线位置可以认为是对应于四方铁电相的数量与菱面体铁电相的数量相等的组成。温度高时为顺电相（P_c）。

6.4.2.2　PZT 二元系的组成和性能之间的关系

Jaffe 等人在研究 $PbTiO_3$-$PbZrO_3$，$PbTiO_3$-$PbSnO_3$，$PbTiO_3$-$PbHfO_3$ 系统时发现，组成靠近相界时介电常数 ε 和机电耦合系数 K_p 都增大，并且在相界线附近具有极大值。而机械品质因数 Q_m 的变化趋势却相反，在相界附近时具有极小值。图 6-9 给出了介电常数 ε 和机电耦合系数 K_p 与组成的关系。为什么靠近相界处的组成介电常数 ε 和机电耦合系数 K_p 都出现极大值？而 Q_m 却出现极小值？一般认为相界附近的晶体结构是活动性比较大的。因为在相界处晶体结构要发生突变。而任何质变总是有其量变过程做基础的。也就是说，随着 Zr 含量的增加，四方铁电相变得越来越不稳定。当 Zr 含量超过一定限度时（譬如 Zr/Ti 大于 53/47 时）就发生了质变，出现了菱面体结构。同样，

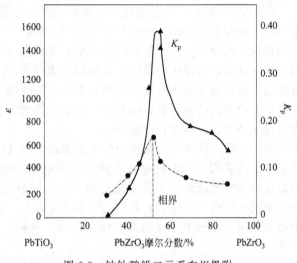

图 6-9　钴钛酸铅二元系在相界附近 K_p 值、ε 与组成的关系

随着 Ti 含量的增加，菱面体结构显得越来越不稳定，在 Zr/Ti 小于 53/47 时便出现四方结构。在相界附近的组成，结构的活动性最高。试验确定，相界实际上并不是一条理想的线，而是一个两相共存的区域。对应于这个区域里的组成，两种晶体结构的能量很相近，所以可以同时存在，并且在外界条件变动时，如加以电场或施加应力，则发生一种结构的扩大，另一种结构的缩小。正是这种结构活动性使得相界附近的组成具有介电和压电的极大值。我们知道 Q_m 是反映机械损耗大小的。机械损耗主要决定于压电陶瓷振动时的内摩擦。如果结构活动性增大，内摩擦增加，因此 Q_m 下降。

6.4.2.3　"软性"添加物

除等价置换改性外，在生产上还经常采用不等价置换掺杂改性。根据它们所起的作用，大体可以分为三类：软性添加物、硬性添加物和其他添加物。

软性添加物包括 La^{3+}、Nb^{5+}、Bi^{3+}、Sb^{5+}、W^{6+}、Ta^{5+} 以及其他稀土元素等。所谓"软性"就是指它们的作用是使材料的性质变"软"的意思。具体地说就是：①使介电常数升高；②具有高的介电损耗；③增大弹性柔顺系数；④具有低的机械品质因数 Q_m；⑤具有高的机电耦合系数 K_p；⑥具有低的矫顽场强，电滞回线近于矩形；⑦使体积电阻率显著增大；⑧老化性能较好；⑨颜色较浅，多为黄色。

"软性"添加物所以具有以上这些性质，主要是因为它们的加入导致形成 Pb^{2+} 的缺位。所以也可以说它们是形成阳离子缺位的添加物。这些加入物中像 La^{3+}、Bi^{3+}，它们的离子半径和 Pb^{2+} 的差不多（La^{3+} 1.04Å，Bi^{3+} 1.20Å，Pb^{2+} 1.26Å）。它们进入 $Pb(Ti,Zr)O_3$ 固溶体中，一般是置换 Pb 的位置。但是它们的价数较 Pb^{2+} 为高，为了维持电价平衡，每两个 La^{3+} 置换三个 Pb^{2+}。这就使得在钙钛矿结构中 A 位置上的阳离子数减少。每两个 La^{3+} 便产生一个 A 空位。如：

$$0.01La_2O_3 + Pb(Zr,Ti)O_3 \longrightarrow (Pb_{0.97}La_{0.02}\text{铅空位})(Zr,Ti)O_3 + 0.03PbO\uparrow$$

而 Nb^{5+}、Sb^{5+}、W^{6+}、Ta^{6+} 等离子半径较小（Nb^{5+}，0.66Å，Sb^{5+}，0.62Å，W^{6+}，0.65Å，Ta^{6+}，0.66Å，而 Ti^{4+}，0.64Å，Zr^{4+}，0.82Å），它们进入 $Pb(Ti,Zr)O_3$ 固溶体中一般是处在 B 的位置。但是这些离子的电价都比 Ti^{4+}、Zr^{4+} 高。为了维持电价平衡，也产生 A 空位来补偿多余的正电荷。为什么不是产生 B 空位，而产生 A 空位？这一点是由实验的结果确定的。

由于 Pb^{2+} 缺位的出现便使得电畴运动变得容易进行，甚至很小的电场强度或机械应力便可以使畴壁发生移动。结果就表现出介电常数、弹性柔顺系数的增加。与此同时，介电损耗和机械损耗增加。由于畴的转向变易，使得沿电场方向取向的畴的数目增加，从而增加了剩余极化强度，使得压电效应大大增加。表现为 K_p 值的上升。由于畴的转向阻力变小，所以用以克服阻力使极化反向的矫顽场很小，回线近于矩形。因为 Pb^{2+} 空位的存在缓冲了 $90°$ 畴转向造成的内应力，使得剩余应变变小。换句话说，由于畴壁容易运动，使得畴的内应力容易得到释放，所以老化性能好。

为了说明"软性"添加物为什么会提高 PZT 材料的体积电阻率，需要了解 PZT 的电导性质。实验表明，PZT 的电导主要是 p 型电导，即"空穴"为主要载流子。这是因为 PZT 易造成铅缺位的缘故。在铅缺位的地方，由于氧原子的强的电负性，易形成二价的负电中心。而被夺掉电子的地方则表现为产生"空穴"。所以一个铅缺位在晶格中起一个二价负电中心的作用。如果半导体的像"受主杂质"一样，可以引起空穴的出现。这个过程可以表示为

$$V_A \longrightarrow V_A'' + 2h$$

"空穴"是 PZT 中的主要载流子。体积电阻率的大小和"空穴"的浓度直接有关。"空穴"浓度越小，则电导率越小，体积电阻率越大。当加入"软性"添加物时，譬如 La^{3+} 置换 Pb^{2+}，或 Nb^{5+} 置换 $(Ti,Zr)^{4+}$，这时由于 La 和 Nb 的加入使得 PZT 中的导带电子数目增多。由于电子和空穴之间存在复合作用，电子和空穴相遇就使得二者同时消失。电子浓度的增加就使得空穴浓度减少了，因而使陶瓷的体积电阻率增加。所以，"软性"添加物可以显著提高 PZT 的体积电阻率。由于体积电阻率的提高，使材料能耐较高的电场强度，可以提高极化场强，从而使极化过程畴的转向更充分，这就有利于 K_p 值的提高。

"软性"添加物是生产中经常采用的改性添加物。譬如接收型水声换能器材料，为了提高 K_p 值和介电常数，常常引用 La_2O_3，Nb_2O_5 掺杂改性。例如配方

$Pb_{0.95}Sr_{0.05}(Zr_{0.54}Ti_{0.46})O_3 + 0.9\%$（质量分数）$La_2O_3 + 0.9\%$（质量分数）$Nb_2O_5$

其性能指标为：K_p 约 0.60，Q_m 约 80，$\varepsilon_{33}^T/\varepsilon_0$ 约 2100，$\tan\delta$ 约 1.6%，体积电阻率 ρ_V 约 $10^{12}\,\Omega\cdot cm$，稳定性较好。

"软性"添加物离子在 $Pb(Ti,Zr)O_3$ 固溶体中的溶解量不大，并且溶度的变化对性能的影响不太大，所以加入量一般不超过 5%（摩尔分数）。

6.4.2.4 "硬性"添加物

上述"软性"添加物的一个特点是它们的电价都比被它们置换的阳离子的电价高。如果用低价阳离子置换 PZT 中的 Pb^{2+} 或 $(Ti,Zr)^{4+}$。譬如用 K^+、Na^+ 去置换 Pb^{2+}，用 Mg^{2+}、Sc^{3+}、Fe^{3+}、Al^{3+} 等去置换 $(Ti,Zr)^{4+}$，所得到的结果与"软性"添加物的作用相反。它们的加入使陶瓷材料性质变"硬"，所以称为"硬性"添加物。它们的作用概括为：①使介电常数降低；②介质损耗降低；③机械品质因数提高；④体积电阻率下降；⑤矫顽场提高，极化和去极化作用困难；⑥压电性能降低；⑦弹性柔顺系数下降；⑧颜色较深。

"硬性"添加物一般在钙钛矿结构中的固溶量很小。它们的存在不是引起铅缺位，而是引起氧缺位。譬如 K^+ 进入原来 Pb^{2+} 的位置，Mg^{2+}、Sc^{3+}、Fe^{3+} 等进入原来的 $(Ti, Zr)^{4+}$ 位置，为了维持晶胞的电中性，需要使晶胞中的负离子的总价数做相应的降低，于是产生氧缺位。当 K^+ 取代了 Pb^{2+} 时，每 2 个离子产生一个氧缺位。而 Mg^{2+} 取代 $(Ti, Zr)^{4+}$ 时，也是每 2 个离子产生一个氧缺位。而 Mg^{2+} 取代 $(Ti, Zr)^{4+}$ 时，则 1 个 Mg^{2+} 产生一个氧缺位。因为钙钛矿型结构 ABO_3 是氧离子和 A 离子（对 PZT 来说，A 就是 Pb）作立方紧密堆积，B 离子填充在氧离子八面体间隙处构成的。所以不出现新相，氧离子空位的浓度不可能很大，否则就要破坏八面体的基本结构。同时氧空位的存在使得晶胞缩小。这一点通过 $BaZrO_3$ 加入 Sc^{3+} 后晶格常数的变化可以看出：

$BaZrO_3$ $a_0 = (4.1920 \pm 0.0002) \text{Å}$

$Ba(Zr_{0.96}Sc_{0.04})O_{2.98}$ $a_0 = (4.1913 \pm 0.0002) \text{Å}$

"硬性"添加物所表现出来的性质主要是氧缺位所引起的。氧缺位引起晶胞收缩和歪曲。这导致 Q_m 的提高、矫顽场的增大以及介电常数的下降。尽管电导有所增加，介电损耗仍然有所下降。这一点说明介质损耗主要是由于畴壁运动所引起的，而不是电导所决定的。

Mg^{2+} 的置换看来既可能置换 Pb^{2+}、也可以置换 $(Ti, Zr)^{4+}$。虽然不能说所有的 Mg^{2+} 都进入 $(Ti, Zr)^{4+}$ 的位置，然而其性质的变化说明，有相当多的 Mg^{2+} 是处于 $(Ti, Zr)^{4+}$ 位置的。

"硬性"添加物还有一个明显的作用，就是在烧成时阻止晶粒长大。因为"硬性"添加在 PZT 中固溶量很小，一部分进入固溶体中，多余的部分聚集在晶界，使得晶粒长大受到阻碍，这样可以使气孔有可能沿晶界充分排除，而不致因晶粒生长过快使气孔来不及排除而形成闭气孔。所以可以得到较高的致密度，这对于提高 Q_m 也是有很大作用的。例如，在 PZT 陶瓷中不加 Fe^{3+} 的样品和加入 Fe^{3+} 的样品比较，同样在 1260℃ 下保温 5 小时烧成，未加 Fe^{3+} 的样品晶粒平均直径为 $5.5 \mu m$，Q_m 为 300。加入 0.3%（质量分数）Fe_2O_3 的样品，晶粒平均直径只有 $2.7 \mu m$，Q_m 提高到 800。

6.4.2.5 其他添加物

有些添加物不能简单地归到"软性"或"硬性"添加物中去，它们往往既有"软性"添加物的特点，又有"硬性"添加物的特点，或者有其独特的作用，下面对它们进行单独讨论。

CeO_2：铈的氧化物是国内用得较多的一种添加物。通常是用 CeO_2 的形式引入。添加 Ce^{4+} 的 PZT 有很多优点，它能使陶瓷的体积电阻率提高，同时使 Q_m、Q_e、ε 和矫顽场 E_c 都有所增加。由于体积电阻率较高，就可能在工艺上实现高温和高电场极化，使压电性能得到充分发挥，因而 K_p 值也较高。另外，加 Ce^{4+} 的材料时间老化、温度老化及强场老化稳定性都较好。一般 CeO_2 的添加量在 0.2%～0.5%（质量分数）为宜。对于铈的作用的解释，目前尚无明确结论。铈的离子可有两种价态，即 Ce^{4+}（0.94Å）和 Ce^{3+}（1.18Å）。从离子半径大小考虑，似乎 Ce^{4+} 可以占据 Pb^{2+} 的位置而使晶体中出现铅缺位，这样 Ce^{4+} 就表现为"软性"添加物。的确铈的加入可以使电阻率增加，并使介电常数增大，这与"软性"添加物表现符合。但是与此同时，却使 Q_m、Q_e 和矫顽场 E_c 都增大，因此表现为"硬性"添加物的特征。但是解释为氧缺位的产生也有困难，因为要产生氧缺位必须用较低价的阳离子去取代 Pb^{2+} 或 $(Ti, Zr)^{4+}$。对于 Ce^{4+} 来说进入 $(Ti, Zr)^{4+}$ 的位置是不容易的，因为 Ce^{4+} 的半径几乎比 Ti^{4+} 的大一倍，很难进入氧八面体。而设想 Ce^{4+} 进入 $(Ti, Zr)^{4+}$ 的位置则是同价取代，不会产生氧缺位。所以，还不能得到满意的解释，有待进一步研究。

一般认为 Cr_2O_3 是"硬性"添加物，但它和其他"硬性"添加物不同。突出的一点就是其可以提高时间稳定性和温度稳定性。添加 Cr 的压电陶瓷往往 Q_m 增加，体积电阻率下降，介电损耗增加，机电耦合系数变小。铬离子在 PZT 中处于什么价态也不清楚。由于添加铬可以提高 Q_m 值，提高时间稳定性和温度稳定性，所以在滤波器瓷料中常采用铬作为添加物，一般以 Cr_2O_3 的形式引入。

6.4.3　三元系钙钛矿型压电陶瓷

通过改变 Zr/Ti 和掺入少量其他元素可以调整陶瓷材料的性能。随着压电陶瓷材料应用

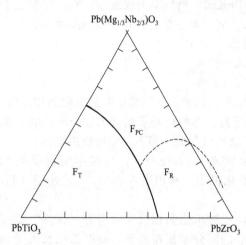

图 6-10　铌镁酸铅三元系室温相平衡图

的推广，对材料提出的要求越来越高，只能依靠 PZT 二元系的调整往往不能满足多方面的要求。因此便出现了三元系的压电陶瓷材料。所谓三元系钙钛矿型压电陶瓷材料，是指由复合钙钛矿型化合物和锆钛酸铅形成的固溶体。目前三元系陶瓷材料已经研究得很多，并且正在得到大量应用。

以 $Pb(Mg_{1/3}Nb_{2/3})O_3$-$PbTiO_3$-$PbZrO_3$ 三元系为例（简称 PCM），介绍一下三元系固溶体的相平衡图，以及性能和组成之间的关系。图6-10示出室温下各组成所处的稳定相的范围。在靠近 $PbTiO_3$ 的区域内的组成，室温时是四方铁电相（F_T）。在 $PbZrO_3$ 附近的区域是菱面体铁电相（F_R）稳定的区域。在靠近 $Pb(Mg_{1/3}Nb_{2/3})O_3$ 的

一端是假立方铁电相（F_{PC}）的存在区域。在室温下对于二元系来说，四方铁电相和菱面体铁电相的交界为一个点。即 Zr/Ti 为 53/47 的组成。但对三元系，四方铁电相与菱面体铁电相的交界已不是一个点，而是一条线。和二元系的情况相似，三元系压电陶瓷在相界附近的组成也具有介电常数、机电耦合系数 K_p 以及压电系数的极大值的，Q_m 具有极小值。

三元系和二元系相比具有很多优点。由于相界已不是一个点，而是一条线，因此可以沿相界附近变动组成，使之达到几个指标都满足要求的目的。此外，还可以在三元系的基础上添加一些改性杂质，进一步调整性能，使材料的性能可以得到进一步改善。

6.4.4　主要三元系的特点介绍

在组成和性能的关系中除了离相界远近对性能的影响此一般规律外，在不同的三元系中还有各自的特殊性。这种特殊性往往是所引入的第三种组分所具有的。譬如铌锰酸铅具备低的介电常数，而铌锑酸铅又具有软性添加物的特点等。只有掌握了各系统的特点，才可能在设计配方时正确地选择所需要的系统。下面扼要地对主要三元系的特点进行介绍。

6.4.4.1　铌镁酸铅系（PCM）

典型的配方为 $Pb(Mg_{1/3}Nb_{2/3})_{0.375}Ti_{0.375}Zr_{0.25}O_3$。如添加 0.5%（质量分数）的 NiO，$K_p$ 从 0.5 提高到 0.64。如果添加 0.5%（质量分数）MnO_2，则 Q_m 从 73 提高到 1640 左右。添加 MnO_2 还能够使频率常数的温度、老化特性得到改善。如果同时加入 NiO、MnO_2，K_p 和 Q_m 可以都得到改善。如果 Pb 的一部分被 Ba 或 Sr 置换，可以减少氧化铅的挥发使烧结变容易，致密度可得到理论密度的 96% 以上，并可提高绝缘电阻，提高介电常数以及进一步提高 K_p 值。据称此系统加 MnO_2 后，Q_m 高达 3886，加 SiO_2 后 K_p 值高达 0.76，以及 Sr 取代 Pb 后 $\varepsilon_{33}^T/\varepsilon_0$ 高达 9153。本系统的配方已广泛用于拾音器、微音器、滤波器、变压器、超声延迟线及引燃引爆等方面。

6.4.4.2 铌锌酸铅系

此系统的特点是致密度高，绝缘性能优良，压电性能好。譬如 $0.3Pb(Zn_{1/3}Nb_{2/3})$-O_3-$0.35PbTiO_3$-$0.35PbZrO_3$+0.03%（质量分数）MnO_2，K_p 值可达 0.80，但 Q_m 值低。加 MnO_2 改性后可以提高 Q_m 值，并且可以得到温度稳定性较高的瓷料。譬如 $Pb(Zn_{1/3}Nb_{2/3})_{0.25}Ti_{0.45}Zr_{0.30}O_3$+1.2%（质量分数）$MnCO_3$，$K_p$ 值约为 35%，Q_m 为 3500~4000，$\varepsilon_{33}^T/\varepsilon_0$=900~1000，频率温度稳定性良好。如在加 MnO_2 的同时适当引入 NiO，可以进一步提高 K_p 值及温度稳定性。主要用做陶瓷滤波器及机械滤波器的换能器。

6.4.4.3 铌锑酸铅系

主要特点是 K_p 值高，稳定性好。但不加改性添加物时 Q_m 较低，属于软性材料。配方 $0.02Pb(Sb_{1/3}Nb_{2/3})O_3$-$0.47PbTiO_3$-$0.51PbZrO_3$ 的 K_p 值可达 0.81，但 Q_m 只有 85。如果在此基础上加入 0.30%（质量分数）MnO_2，K_p 可达 0.69，Q_m 提高到 1660。介电损耗不大。据称当 x 在 0.06~0.10，y 在 0.36~0.40 范围内变动时，添加 0.4%~1.0%（质量分数）MnO_2，可以做到在 $-40℃$ 到 $+80℃$ 范围内频率温度系数小于 $5\times10^{-6}/℃$，并且 Q_m 可达 4000，K_p 约 0.40。

6.4.4.4 锑锰酸铅三元系

此系统的特点是 K_p 值和 Q_m 值可以同时达到较高值，介电损耗小，致密度好。如果碱土金属离子置换一部分铅，并添加一些改性杂质，可以进一步提高压电性能，并获得稳定性良好的材料。譬如 $Pb_{0.98}Sr_{0.02}(Mg_{1/3}Nb_{2/3})_{0.05}Ti_{0.47}Zr_{0.48}O_3$+0.2%（质量分数）$CeO_2$、$K_p\approx0.64$、$K_{33}\approx0.795$、$Q_m$=2826、$\varepsilon_{33}^T/\varepsilon_0$=1394、$tan\delta$=0.0075。此系统配方可用于宽带滤波器及高压发生器。

6.4.4.5 铌锰酸铅三元系

此系统的特点是 Q_m 较高，K_p 值中等，介电常数较低，时间稳定性好。由于 K_{15} 可达 0.60 以上，介电常数较低，故可作为延迟线的压电换能器振子。但未加其他添加物改性时，致密度不好，高频振子往往有杂波。

6.4.4.6 锑锂酸铅三元系

此系统的 K_p 值可以高达 80%，但 Q_m 较低。在未加其他改性添加物时是典型的软件材料。作为接收型材料，灵敏度较高。可用作接收型换能器材料。

6.4.4.7 钨镉酸铅三元系

此系统最大的特点是频率稳定性好，不论是温度稳定性或时间稳定性都很好。例如 f_r 在极化后 10h 测量对比 10000h 测量值，只变化 0.007%。另外，加入适当改性添加物可以使 K_p 值和 Q_m 值都进一步提高。据称，$0.15Pb(Cd_{1/2}W_{1/2})O_3$-$0.45PbTiO_3$-$0.40PbZrO_3$ 外加 2.0%（质量分数）Sb_2O_3 的配方 K_p 可达 0.70，Q_m=918，ε=1381，-40~$+80℃$ 范围内最大相对频率漂移为 0.047%。频率在极化后 10000h 的变化率为 0.029%，可用于宽带滤波器振子。

6.4.4.8 钨锰酸铅三元系

特点是 K_p 值高，可达 0.70，Q_m 高，近 2000，耐击穿电压高，谐振频率温度稳定性好。可用于滤波器振子及超声振子。但由于钨的高温挥发性，烧成条件要求严格密封，否则很难获得致密度良好的结构。

6.4.5　压电陶瓷的重要应用

　　压电陶瓷由于它的压电性及由压电性而引起的机电性能的多样性而获得了广泛应用。由于压电陶瓷器件种类繁多和应用范围广泛，很难使用一种简单的方法对它们进行严格分类。一般的应用可笼统地分为压电振子和压电换能器两类。

6.4.5.1　换能器

　　压电效应的应用是多种多样的，其中最重要的一类就是利用它的换能特性。它的"换能特性"就是：若在压电陶瓷上施加电的作用，就可以通过逆压电效应将电能转换为机械能；或者相反，若在压电陶瓷上施加机械作用，也可以通过正压电效应将机械能转换成电能。人们利用压电陶瓷的这一物理性质，制造了许多种压电器件，在水下通信、超声、高压点火等领域都有广泛应用。

　　（1）压电陶瓷点火器　这是一种将机械力转换为电火花而点燃燃烧物的装置，是机电换能器。1958年开创利用钛酸钡（BaTiO$_3$）陶瓷的压电效应进行点火，但这种材料着火率不高，噪声大，1962年开始试用锆钛酸铅（PZT）压电陶瓷制作点火器，这种点火器广泛应用于日常生活、工业生产以及军事方面，用以点燃气体和各类炸药及火箭的引燃引爆。

　　① 基本原理：点火器工作过程分高压产生、放电点火和点燃可燃气体三个阶段。

　　高压产生——以圆柱形压电陶瓷元件为例，如图6-11所示。当机械力F作用于圆柱体时，晶体发生畸变，导致晶体中正、负电荷中心偏移，从而在圆柱体上、下表面出现自由电荷大量积聚，产生高压输出。输出电压为：

$$V = g_{a3}Fh/A$$

式中　　A——圆柱体截面积；

　　　　h——圆柱体高度；

　　　　g_{a3}——压电电压常数。

　　放电点火——把压电陶瓷元件放在一个闭合回路中，并留一个适当间隙，当电压升高到该间隙的放电电压时，间隙中就产生放电火花。

　　点燃可燃气体——一般燃料气体不易燃烧，所以多采用易汽化的乙烷。为延长放电时间防止火花过快熄灭，以提高点燃率，可在放电端串入一个适当电阻。

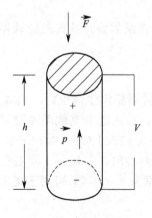

图6-11　压电陶瓷元件

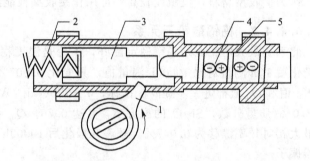

图6-12　点火器装置示意图

1—凸轮开关；2—弹簧；3—冲击块；4—陶瓷压电元件；5—中间电极

　　② 点火器结构和工作原理：点火器种类繁多，现以家用压电点火器为例说明它的结构和工作原理。

如图 6-12 所示的点火器，可固定在家用灶具上点燃煤气，转动凸轮开关，利用凸轮凸出部分推动冲击块，并压缩冲击块后的弹簧。当凸轮凸出部分脱离冲击块后，由于弹簧弹力作用，冲击块给陶瓷压电元件一个冲击力，便在压电元件两端产生高压，并从中间电极输出高压，产生电火花点燃气体。

(2) 水声换能器 水声换能器是用于水下通信和探测的换能装置。人们知道，空中通信和探测主要靠电磁波来进行，如无线电通信及雷达设备等均靠电磁波在空中传递信息。水下通信和探测利用电磁波则不可以，这是因为电磁波在水中传播损耗很大，传不多远就会被水吸收掉，而声波在水中的传播损耗很小，因此水下通信和探测主要利用声波来传递信息，产生和探测声波的仪器叫声呐系统，声呐系统是水下导航、通信、探测潜艇和鱼群、海洋研究等方面所不可缺少的工具。人们将水中的声呐与空中的雷达相比，声呐系统的耳目则是水声换能器。水声换能器的研究始于第一次世界大战中。法国的朗之万根据压电效应首先利用石英晶体制作水声换能器。尽管朗之万创作的水声换能器在当时受技术条件的限制，没有实际用于深海潜艇上，但为以后开辟水声科学却做出重大贡献。朗之万换能器是利用石英晶体的逆压电效应向水中发射声波，通过正压电效应接收从水中返回的声波，根据脉冲声波的往复时间，进行一些水中测量。朗之万换能器的结构如图 6-13 所示。

第二次世界大战期间，人们对压电水声换能器进行了深入系统的研究，使之达到实用化。不过当时主要应用的压电材料是具有水溶性的压电晶体——罗息盐和磷酸二氢钾。20 世纪 50 年代后期，出现了压电陶瓷。用压电陶瓷制作水声换能器，几乎成为人们选用的主要压电材料。因为它具有许多过去压电晶体所没有的特点，成为制造水声换能器的最理想的压电材料，至今尚无其他材料能与之媲美。压电陶瓷水声换能器的主要优点是：

① 不需要直流偏压和线圈，振动系统简单；

② 压电陶瓷换能器的尺寸小，且特性优异；

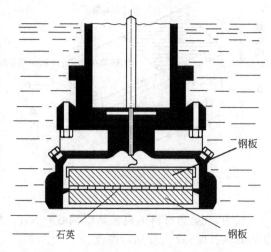

图 6-13 朗之万换能器结构示意图

③ 压电陶瓷换能器可根据需要，制成任意的形状。

压电式换能器是目前水声技术领域应用最广泛的一类换能器。水声换能器的性能指标主要有工作频率、机电耦合系数、机电转换系数、品质因数、频率特性、阻抗特性、方向特性、振幅特性、发射灵敏度、接收灵敏度、发射器功率、温度和时间稳定性、机械强度以及重量等。但是，对于一种实用的换能器而言，也不是不分场合地一律提出这样多的指标要求，而是根据其用途和使用场合，有重点地提出不同且有代表性的指标要求。

6.4.5.2 压电振子

PZT 系压电陶瓷出现后，使制作陶瓷滤波器成为可能。利用压电振子的不同振动模式可以做出不同频率的陶瓷滤波器。最早应用的振动模式是径向振动或轮廓振动，制作455kHz 滤波器。后来，陶瓷滤波器的频率向两端发展，高端达 10MHz 左右，低端至 1kHz以下。由于能阱模的应用，使陶瓷滤波器的频率高达 100MHz，应用叉指换能器激发的声表面滤波器已高达 1GHz 以上，用压电陶瓷作衬底的声表面波滤波器的最高频率已可达 630MHz。

压电变压器就其应用来说也是一种振子,其基本结构是在压电陶瓷体上设置两组电极,成为四端。在初级端加上电信号使之共振,次级端就有输出。这样,共振时作为变压器而工作。压电变压器的研究开始较早,实用化则是近期内的事。应用单片陶瓷制作的压电变压器,其功率及驱动电压都不易提高。最近,采用与独石电容器制造技术相同的多层复合技术制作多层压电变压器,其功率及驱动电压均有很大提高,进一步开拓了压电变压器的应用范围。

(1) 压电变压器 从20世纪50年代就开始研制压电变压器。当时以钛酸钡为主要材料。升压比较低(只有50~60倍)。输出电压3000V左右。随着锆钛酸铅压电陶瓷材料的出现,升压比提高到300~500倍,逐步推广应用于电视机、静电复印机、负离子发生器中作为高压电源。

① 基本原理。输入压电瓷片的电振动能量通过逆压电效应转换成机械振动能,再通过正压电效应又换成电能。在这两次能量转换中实现阻抗变换(由低阻抗变成高阻抗),从而在陶瓷片的谐振频率上获得高的电压输出。现以伸缩振动的横纵向型变压器为例说明变压原理。

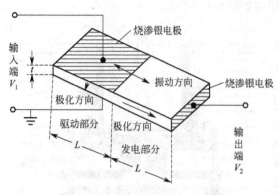

图 6-14　变压器工作原理示意图

如图 6-14 所示,整个陶瓷片分成两部分,左部为输入端(又称驱动部分),上、下面都有烧渗的银电极,沿厚度方向极化,右部为输出端(又称发电部分),其右端面有烧渗的银电极。沿长度方向极化。当输入端加上交变电压时,由于逆压电效应,瓷片产生沿长度方向的伸缩振动,将输入电能转变为机械能;而发电部分则通过正压电效应,将机械能转变为电能,从输出端输出电压。无负载时,开路升压比为:

$$\frac{V_2}{V_1}=\frac{4}{\pi^2}Q_mK_{31}K_{33}\frac{L}{t}$$

式中,Q_m 为材料的机械品质因数;K_{31},K_{33} 为材料的纵、横向机电耦合系数;L 为发电部分的长度;t 为变压器厚度。

压电变压器主要用于高压、低功率和正弦波变换的情况,具有输出电压高、重量轻、体积小、无泄漏磁场、不燃烧等独特优点。为了获得多个电压输出,根据横-纵变压器的输出电压与长度成正比,越靠近发电部分端头,电压越高,可在发电部分的不同位置制作电极作为抽头,从而获得不同的电压输出。

② 独石(多层)压电陶瓷变压器基本工作原理及特点。压电陶瓷是一种脆性材料,为保障其机械强度,压电变压器必须有一定厚度,上述变压器的驱动电压就受到了相当限制。为此独石(多层)压电陶瓷变压器项目应运而生。独石(多层)压电陶瓷变压器的基本结构形式如图 6-15 所示。

采用了独石(多层)结构后每一单层厚度和层数均可调,驱动电压不再受到限制,因而可以使压电变压器无论处在何种驱动电压下都能工作在最佳状态。

此项目的核心技术为亚微米低温烧结压电

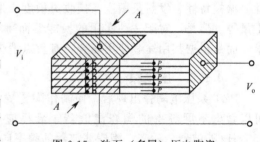

图 6-15　独石(多层)压电陶瓷
变压器基本结构形式

V_i—输入电压;V_o—输出电压;P—极化方向

陶瓷材料、内电极共烧技术、极化处理技术及结构设计。独石（多层）压电陶瓷变压器（MPT）是第三代电子变压器，具有以下特点。

    a. 超薄：厚度一般不超过 4mm。

    b. 转换效率高：满载时达 97% 以上（电阻性负载）。

    c. 具有负载短路自动截止工作的自保护特性。

    d. 谐振变压器：可实现零电压、零电流转换。

    e. 对于低阻负载具有准恒流输出特性。

    f. 无反峰压，可靠保护功率放大电路。

    g. 无电磁干扰。

    h. 无线圈击穿、霉断。

    i. 抗盐雾、耐候性好，尤其适于海洋性气候使用等。

（2）压电陶瓷拾音器和扬声器　压电陶瓷在电声设备上有广泛应用，例如压电陶瓷拾音器、扬声器。

① 双膜片型振子（图 6-16）。电声设备要求机械阻抗低，能与音源或振动源相匹配，双膜片型压电振子能符合这些要求。它是由两片长度伸缩的压电陶瓷片黏合而成，当一片伸长时，另一片缩短，整体做弯曲运动。

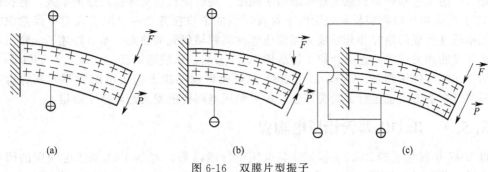

图 6-16　双膜片型振子

图 6-16 给出双膜片型振子的工作原理，当一片有一定厚度的压电陶瓷受力弯曲时，在其厚度的一侧为伸长，另一侧为压缩，此时陶瓷片内部将产生电荷，但由于整个膜片极化方向相同，而上侧为伸长，下侧为压缩，因而引起电偶极矩相反，上下侧电荷符号相同，故不存在电位差，如图 6-16(a) 所示。如改用两片叠合的双膜片结构，当受力弯曲时，则可获得电压输出。图 6-16(b) 使用两片极化方向相反的膜片串联连接，受力时上面一片伸长，下面一片压缩。由于极化方向相反，因而双膜片上下两面带符号相反电荷，可获得电压输出。图 6-16(c) 是用极化方向相同的两片膜片并联连接叠合而成，也可获得输出电压。

② 压电陶瓷扬声器结构和工作原理：压电陶瓷扬声器是一种结构简单、轻巧的电声器件，具有灵敏度高、无磁场散播外溢、不用铜线和磁铁、成本低、耗电少、修理方便、便于大量生产等优点。

其结构如图 6-17 所示。其驱动系统为压电陶瓷双膜片，振动系统为纸盆，耦合元件把驱动系统的能量有效地传递给振动系统。工作时，加在压电陶瓷双膜片上的电能转换为机械能，通过耦合元件传给纸盆

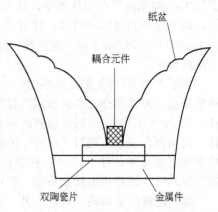

图 6-17　压电陶瓷扬声器结构示意图

使之振动发声。压电双膜片具有较高阻抗，构成电压驱动，力 F 和电压 V 之间的关系为 $F=KV$，K 为比例系数，设包括辐射阻抗在内的振动机械阻抗为 Z，则振动速度为：

$$v = F/Z$$

可以得到高振动膜中心 r 处的声压 P

$$|P| = 10 f \rho S/r \, |v|$$

式中 f——频率；

　　　　ρ——介质密度；

　　　　S——锥体有效面积。

此外，还可根据压电陶瓷压电效应制成其他的电-声能量转换器，如送、受话器，蜂鸣器等

6.5　无铅压电陶瓷

目前压电陶瓷的研究和生产主要集中在传统的以锆钛酸铅（PZT）为基的多元系含铅陶瓷。PZT 基陶瓷是一种非环保型的材料，其有毒的 PbO 含量通常占 50% 以上，而 PbO 在烧结温度下挥发性大，一方面对人体、环境造成危害，另一方面也使陶瓷中的化学计量比偏离原配方，给工艺和产品的稳定性带来诸多问题。随着全社会对环保问题的重视，寻找能够替代 PZT 的无铅压电陶瓷材料成为电子材料领域的紧迫任务之一。随着人们环保意识的增强，无铅压电陶瓷的研究和开发成为当前压电材料领域研究的热点。本节综述了无铅压电陶瓷研究开发的相关进展，重点介绍了钛酸钡 $BaTiO_3$ 基、钛酸铋钠 $(Bi_{1/2}Na_{1/2})TiO_3$ 基、铋层状结构、铌酸钾钠锂 $(K, Na, Li)NbO_3$ 基及钨青铜结构无铅压电陶瓷等体系的研究现状，同时对制备方法也进行了简要评述，对无铅压电陶瓷的发展趋势做了展望。

6.5.1　$BaTiO_3$ 基无铅压电陶瓷

自 1947 年极化了的 $BaTiO_3$ 被发现具有压电性能以来，对 $BaTiO_3$ 基压电陶瓷的研究从未停止过。尤其近几年压电陶瓷无铅化的呼声越来越高，$BaTiO_3$ 基压电陶瓷更备受重视。$BaTiO_3$（简称为 BT）基压电陶瓷作为最早实用化的压电陶瓷，具有很高的介电常数、较大的机电耦合系数和压电常数、中等的机械品质因数和较小的损耗，在铅系压电陶瓷出现以前一直以其较强的压电性和易于制造等优点在压电陶瓷中占主导地位。

虽然 $BaTiO_3$ 陶瓷是目前研究相当成熟的压电陶瓷，但存在有几方面的不足：①$BaTiO_3$ 陶瓷的压电铁电性能属于中等水平，难于通过掺杂大幅度改变性能，无法满足不同的需要；②$BaTiO_3$ 陶瓷的工作温区较窄，居里点不高，在室温附近存在着相变，而且温度稳定性较差，因此适用温度区间很窄，使用不方便；③$BaTiO_3$ 陶瓷一般需要高温烧结（烧结温度约为 1300℃），且烧结存在一定难度，在很大程度上限制了其应用。为了克服这些缺点，展开了广泛研究。

为了改善 $BaTiO_3$ 的压电性能，对 Ba^{2+} 和 Ti^{4+} 进行取代。用 Ca^{2+} 取代 Ba^{2+} 可以改善材料的压电、弹性和介电性能的温度稳定性，降低了室温时介电常数的值，减小高电场下的损耗。用 Pb^{2+} 取代 Ba^{2+} 则可提高材料的居电温度和矫顽场强，但由于极化困难，实际上也降低了机电耦合系数。通过"取代"的研究，发展了 $(Ba, Ga)TiO_3$ 系和 $(Ba, Pb)TiO_3$ 系等固溶体压电陶瓷。对于 Ti^{4+}，往往用 Zr^{4+}、Sn^{4+} 或 Hf^{4+} 进行取代，一般能够在降低介电常数的同时，保持机电耦合系数，利用两种离子同时进行取代，可达到综合性能的提高。

除了同价的金属离子取代之外，还常常用微量的不同价金属离子作为添加物加入到钛酸钡陶瓷中，也可达到改变材料性能的目的。例如，添加 Bi^{3+}、Nb^{5+}、Ta^{5+} 或 La^{3+} 等，可

以提高材料高温时的体积电阻率；添加 Co^{3+}、Ni^{2+} 或 Cr^{3+} 等可以降低材料的高电场损耗。

$BaTiO_3$ 基无铅压电陶瓷体系主要有：

① $(1-x)\,BaTiO_3\text{-}xABO_3$（A＝Ba、Ca 等；B＝Zr、Sn、Hf、Ce 等）；

② $(1-x)\,BaTiO_3\text{-}xABO_3$（A ＝K、Na；B＝Nb、Ta）；

③ $(1-x)\,BaTiO_3\text{-}xA_{0.5}NbO_3$（A ＝Ca、Sr、Ba 等）。

研究结果表明，某些组分不再出现宏观上的铁电四方-铁电正交相变，有利于室温应用。对某些配比，适当改进工艺，可得到压电特性和铁电弛豫性都好的陶瓷。

为了降低烧结温度，也有大量研究。如在原料中添加 LiF 或 LiF＋MgO，可显著降低烧结温度，提高陶瓷的致密度，使材料可用于高功率的水中声呐。

6.5.2 $(Bi_{1/2}Na_{1/2})TiO_3$ 基压电陶瓷

$(Bi_{1/2}Na_{1/2})TiO_3$（简称为 BNT）是一种 ABO_3 型钙钛矿结构的 A 位离子复合取代铁电体。其居里点为 320℃，在室温下剩余极化强度大（$P=38\mu C/cm^2$），矫顽场高（$E_c=73kV/cm$），介电常数小（$\varepsilon_{33}^T/\varepsilon_0$ 为 240～340），热释电性能与 BT 和 PZT 相当，声学性能好（$N=3200Hz\cdot m$），机电耦合系数各向异性较大（K_t 约为 50％、K_{31} 约为 13％）。

$(Bi_{1/2}Na_{1/2})TiO_3$ 是一种 A 位取代无铅压电陶瓷，其相变极为复杂。一方面 $(Bi_{1/2}Na_{1/2})TiO_3$ 陶瓷在铁电相区的电导率较高，因而极化极为困难；另一方面该系列陶瓷烧结温度范围窄，Na_2O 易吸水，陶瓷的化学稳定性较 BT 和 PZT 差。因此，单纯的 BNT 陶瓷较难实用化。日本学者 Takenaka 等人长期致力于 BNT 陶瓷的改性研究，通过在三方相的 BNT 中引入四方相的 $BaTiO_3$，对 A 位进行取代，可形成 $(1-x)\,BNT\text{-}x\,BT$ 固溶体系，并发现其存在三角-四方的准同型相界 MPB，成功地解决了 BNT 陶瓷难以极化的问题，在准同型相界附近得到了性能较好的无铅压电铁电陶瓷。Part 等人对 BNT-$SrTiO_3$ 系统进行了研究，国内吴裕功对 BNT-$CaTiO_3$ 系统也进行了研究。结果表明，$SrTiO_3$、$CaTiO_3$ 同样能降低 BNT 的饱和极化强度，但作用不如 $BaTiO_3$ 显著。Ba 的离子半径（0.135nm）比 Na 的离子半径（0.099nm）及 Bi 的离子半径（0.103nm）大，其部分置换（Bi、Na）后由于半径不同，会产生晶格畸变。这样，在极化处理时，有利于晶格自发极化的转向，从而提高了其压电活性。此外，还可通过稀土元素掺杂改善 BNT 的性能。研究表明，掺入少量的 Nd、Y、La、Ce、Sm 等稀土氧化物会促进 BNT 晶粒的生长。在一定范围内随稀土氧化物量的增加，晶粒尺寸也更大。但当稀土氧化物的加入量超出其固溶极限后，便会存在于晶界附近，反而会造成 BNT 的细晶组织。此外，除 Sm 降低了 BNT 的击穿强度外，Nd、La、Ce 的加入均使 BNT 的击穿强度和铁电、压电性能有所改善。有人尝试了同时掺杂电价不等的 La 和 Nb 对 BNT 进行改性，发现与单独添加 La 或 Nb 的结果相比，同时掺杂时系统的压电系数 d 值有了进一步的提高，而介电损耗系数 $\tan\delta$ 基本上没有变化，因此考虑两种或两种以上的元素同时掺杂是一项很有研究价值的工作。但是，与含铅的 PZT 基陶瓷相比，BNT 系陶瓷的压电、介电性能还有一定差距。表 6-2 为已报道的性能较好的 BNT 陶瓷与铅系陶瓷的性能比较。从表 6-2 中可以看出，BNT 陶瓷的主要性能在中低频应用上与铅系陶瓷相差不大，是一类很有发展潜力的无铅压电陶瓷。但是铋会导致肝及肾功能损害和多发神经炎，甚至导致染色体发生畸变。因为：①氧化铋（Bi_2O_3）（熔点 830℃）比氧化铅（熔点 879℃）更早进入液相蒸发状态；②铋主要是从铅的副产品中提炼的，铋的生产实际导致了铅和铋的双重污染。因此，铋对环境造成的直接和间接污染，及对人类健康的危害应引起人们的关注。基于这一考虑，主张应把无铅无铋压电陶瓷作为研究的重点。但由于在高温下 Na 和 K 容易挥发，通常在空气中烧结的铌酸盐 $(Na_{0.5}K_{0.5})NbO_3$（记为 KNN）致密性差，压电常数 d 和机电耦合系数 K 不高（d_{33} 约为 80pC/N，K_{33} 约为 36％）。热压烧结法和放电等离子体烧结法虽然能获得致密 KNN 陶瓷，但这些工艺不适于工业生产。

表 6-2 性能较好的 BNT 陶瓷与铅系陶瓷的性能比较

材料	$(Bi_{0.5}Na_{0.5})_{0.94}$-$Ba_{0.06}TiO_3$	$(Bi_{0.5}Na_{0.5})_{0.88}$-$Pb_{0.12}TiO_3$	$PbTiO_3$	PZT
ε_{33}^T	580	410	190	730
$d_{33}/(10^{-12}C/N)$	125	106.6	70	223
$g_{33}/(10^3 V \cdot m/N)$	21.6	29.3	33	34.5
$K_{33}/\%$	55	56.1	46	67
$K_{31}/\%$	19	20.3	2.3	31
$Q_m/\%$	—	22	55	500

6.5.3 铋层状结构压电陶瓷材料

铋层状结构化合物首先由 Aurivllius 于 1949 年发现。Aurivllius 较深入地研究了 Bi_4TiNbO_{16} 化合物并确定了其晶体结构。铋层状结构是由二维的钙钛矿层和 $(Bi_2O_2)^{2+}$ 层有规则地相互交替排列而成。它们组成为 $(Bi_2O_2)^{2+}(A_{m-1}B_mO_{3m+1})^{2-}$。此处 A 为适合于 12 配位的 $+1$、$+2$、$+3$、$+4$ 价离子或它们的复合离子；B 为适合于八面体配位的离子或它们的复合离子，m 为一整数，对应钙钛矿层 $(A_{m-1}B_mO_{3m+1})^{2-}$ 内的八面体层数，其值为一定值。理论上讲 m 取 1 到 ∞（纯钙钛矿结构）都是可能的，都满足离子堆积的几何规则。对于 $m \leqslant 5$ 的物质的存在已有大量电子衍射和高分辨电镜实验证明，但对于其他情况则存在疑问，尤其对 $m > 5$ 的化合物报道极少。铋层状结构压电陶瓷具有以下特点：低介电常数，高居里温度，压电性各向异性明显，高绝缘强度，高电阻率，低老化率，因此适合于高温高频场合使用。但这类陶瓷材料有两个缺点：一是压电活性低，这是由其晶体结构决定其自发转向受二维限制所致；二是 E_c 高不利于极化。这两点是该类材料面对应用的致命弱点，也是研究的难点和热点。但通过 A 位或 B 位或 A、B 位同时取代改性，可获得具有实用化价值的陶瓷材料。目前研究的重点和热点是铋层状结构化合物 A 位及 B 位原子的半径、电负性、价态等性质对压电性能的影响。

6.5.4 铌酸钾钠锂[(K,Na,Li)NbO₃]系无铅压电陶瓷

$LiNbO_3$ 晶体最突出的特点是居里点高（1210℃），自发极化强度大，机电耦合系数大，机械品质因数高，声学传输损耗低，因此是优良的压电、铁电、非线形光学及电光晶体材料，广泛应用于声表面波器件、高频高温换能器、延迟线及光波导等领域。但 $LiNbO_3$ 陶瓷的制备难度大，主要表现在 $LiNbO_3$ 相图及铌元素化学性质比较复杂，合成纯的 $LiNbO_3$ 陶瓷有一定难度，烧结困难，电畴转向困难，矫顽场极高，难于极化，机械加工性能差。近年来，在 $LiNbO_3$ 中加入少量的自身具有高压电性的玻璃助剂，有效地改善了陶瓷的强度特性，同时又使陶瓷的压电性质得到了保持。

$NaNbO_3$ 是室温下类钙钛矿结构的反铁电体，具有强电场诱发的铁电性和存在复杂的结晶相变。$NaNbO_3$ 具有独特的物理性质，如低密度、高声学速度、高介电常数、高机械品质因数、压电常数取值范围较宽等。近年来以 $NaNbO_3$ 为基，适当添加第二组元，利用传统陶瓷工艺，可制备出性能较好的铁电压电体 $KNbO_3$，具有与钛酸钡相似的结构。随着温度的下降，$KNbO_3$ 依次发生立方结构/四方结构（435℃）的顺电 $\rightleftharpoons$ 铁电相变，四方结构/正交结构（225℃）的铁电 $\rightleftharpoons$ 铁电相变以及正交结构/三角结构（-10℃）的铁电 $\rightleftharpoons$ 铁电相变。但 $KNbO_3$ 陶瓷压电性能低，烧结工艺要求严格，易破碎，距离实际应用还有很大差距。

6.5.5 无铅压电陶瓷制备方法

无铅压电陶瓷是一种环境协调型压电材料。其制备方法首先要满足环境协调型材料的制

备要求：在原料采用、产品制造、使用以及废物处理等环节中，耗能最少，污染最小，使地球环境负荷最小。虽然以往的一些制备技术，如低温烧结、微波烧结、水热合成等均为环境协调型制备技术，但仍未达到人们所期望的目标。目前，研究应用较多的是晶粒定向技术和无机非金属软溶液制备技术。

6.5.5.1 晶粒定向技术

由于压电晶体存在各向异性，因此在某一方向上能呈现出比其他方向大得多的压电性能。各向同性压电陶瓷材料是由很多晶体无规则排列而成的。其压电性能是很多方向性能的平均，因此其压电性能一般不如相同成分的单晶材料。晶粒定向技术就是利用压电晶体的各向异性，通过工艺控制，使原本无规则取向的陶瓷晶粒定向排列，从而达到具有接近单晶的特性，在某一方向具有所需要的最佳性能。压电陶瓷的晶粒定向方法很多，目前研究较多的是热处理技术、模板晶粒生长技术、多层晶粒生长法以及定向凝固法。

热处理技术包括热压和热锻等，它是利用在高温下使晶粒内部位错运动和晶粒间晶界滑移，使陶瓷晶粒实现定向排列，主要应用在铋层状结构以及钨青铜结构等各向异性明显的压电陶瓷的织构化方面。模板晶粒生长技术包括流延、挤塑等，此方法是通过添加模板晶粒，在烧结时引导晶粒定向生长。这种技术不只局限于铋层状结构，还可以应用在所有钙钛矿结构陶瓷中。多层晶粒生长法是一种全新的晶粒定向方法。这种方法采用纳米尺度的原料粉体，添加适量的有机物配制成浆料，用丝网印刷的办法制备出厚膜，然后将厚膜叠压成型，经过排塑烧结后即可制备出高度取向的陶瓷材料。与模板晶粒生长法相比，多层晶粒生长法不需要添加模板晶粒，采用普通烧结工艺即可制成，工艺简单，成本低。定向凝固法采用类似于单晶生长的方法，先将原料氧化物粉体加热至熔融状态并保持一段时间，然后将坩埚缓慢下降，产生温度梯度，使其凝固。从其原理和所获得材料的优异性能上看，定向凝固法在无铅压电陶瓷的晶粒定向方面很有前途。

6.5.5.2 无机非金属软溶液制备技术

近年来由日本学者 Yoshimura 等人发展起来的无机非金属软溶液制备技术（SSP）是在温度不太高、压力不太大的条件下，利用溶液法制备先进陶瓷材料的一种工艺技术。该方法制备过程发生的反应是在常温、常压附近，对资源、能源和环境都有好处。目前报道的 SSP 技术已有多种，如水热法、电化学法和水热-电化学法等。概括起来，利用 SSP 技术制备先进陶瓷材料具有以下优点：①陶瓷薄膜的淀积、成型、剪切、取向等可一步完成；②能源、资源消耗小；③材料制备是在闭环系统中完成的，易于分离、循环、回收；④可以制成任意形状、任意尺寸的薄膜；⑤淀积速率相对较高；⑥工艺技术具有通用性。

参考文献

[1] 张沛霖，钟维烈. 压电材料与器件物理. 济南：山东科学技术出版社，1997.
[2] 贾菲 B. 压电陶瓷. 北京：科学出版社，1979.
[3] Takenaka T，Sakata K，Takegahara K. Ferroelectrics，1990，106 (1-4)：375-380.
[4] Aurivillius B. Mixed bismuth oxides with layer lattices Ⅱ the structure type of $CaNb_2Bi_2O_9$ [J]. Ark Kemi，1949，1：463-480.
[5] Tennery V J，Hang K W. J Appl Phys，1968，39 (10)：4749-4753.
[6] Yoshimura，M. Watanabe，T Fujiwara，T. Direct fabrication of patterned functional ceramic films by soft solution processing without post-firing. Materials Research Society Symposium Proceedings，2003，758：65-72.

第**7**章
敏感陶瓷

敏感陶瓷材料是用于制作敏感元件，当温度、压力、湿度、气氛、电场、光及射线等外界条件发生变化时，引起该材料某种物理或化学性能发生相应的变化，可从元件的这种变化迅速而准确地获得电阻、电容量、电感等相应的信息，根据这些信息进行需要的检测、监测和控制，如目前常见的 $BaTiO_3$、$SrTiO_3$、ZnO、SnO_2、SiC、TiO_2 和 Fe_2O_3 等半导体陶瓷都属于这一类。本章主要对热敏、温敏、压敏及光敏等陶瓷材料的基本性能、具体参数、敏感机制、制造工艺和影响因素等进行讨论和介绍。

7.1 热敏陶瓷

热敏陶瓷是对温度变化敏感的一类陶瓷材料，可分为热敏电阻、热敏电容、热电和热释电等陶瓷材料。

热敏电阻是一种电阻值随温度变化而变化的电阻元件。其电阻值随温度升高而增加的称为正温度系数（PTC）热敏电阻；电阻值随温度升高而降低的称为负温度系数（NTC）热敏电阻。电阻值随温度变化呈直线性的热敏电阻称为线性热敏电阻；电阻值在很窄的温度范围内迅速上升或下降几个数量级的，称为开关型热敏电阻。

7.1.1 热敏电阻的基本参数

热敏电阻的基本参数主要有以下几种。

7.1.1.1 热敏电阻的电阻值

（1）实际电阻值（R_T） 指环境温度为 $T(℃)$ 时，采用引起电阻值变化不超过 0.1% 的测量功率测得的电阻值。

（2）标准电阻值（R_{25}） 指热敏电阻器在 25℃时的阻值。在规定的 25℃时，采用引起电阻值变化不超过 0.1% 的测量功率测得的电阻值。电阻值 R_T 与其温度 T 的关系如下。

①负温度系数热敏电阻的电阻值为：

$$R_T = A_N e^{B_N/T} \tag{7-1}$$

②正温度系数热敏电阻的电阻值为：

$$R_T = A_P e^{B_P/T} \tag{7-2}$$

在测量时，如果环境温度不符合(25 ± 0.2)℃的规定，可分别按下式修正。负温度系数热敏电阻的电阻值为：

$$R_{25} = R_T e^{B_N \left(\frac{1}{298} - \frac{1}{T}\right)} \tag{7-3}$$

或

$$R_{T_1} = R_{T_2} e^{B_N \left(\frac{1}{T_1} - \frac{1}{T_2}\right)} \tag{7-4}$$

正温度系数热敏电阻的电阻值为：

$$R_{25} = R_T e^{B_P(298 - T)} \tag{7-5}$$

或

$$R_{T_1} = R_{T_2} e^{B_P(T_1 - T_2)} \tag{7-6}$$

上面各式中，R_{T_1}，R_{T_2} 为热力学温度 T_1 和 T_2 时的电阻值；A_N，A_P 为取决于材料物理特性和热敏电阻结构尺寸的常数；B_N，B_P 为表征材料物理特性的常数。

7.1.1.2 热敏电阻的材料常数 B

材料常数 B 是描述热敏电阻材料物理特性的参数。对于负温度系数热敏电阻来说，B_N 与材料的激活能 ΔE 有下列关系：

$$B_N = \frac{\Delta E}{2K} \tag{7-7}$$

式中，ΔE 为激活能，K 为玻尔兹曼常数。在工作温度范围内，B_N 和 B_P 并不是一个严格的常数，而是随温度变化而略有改变，一般是随温度的升高而略有增加。可分别表示如下。

负温度系数热敏电阻为：

$$B_N = 2.303 \frac{\lg T_1 - \lg T_2}{\frac{1}{T_1} - \frac{1}{T_2}} \tag{7-8}$$

正温度系数热敏电阻为：

$$B_P = 2.303 \frac{\lg T_1 - \lg T_2}{T_1 - T_2} \tag{7-9}$$

式中，T 为热力学温度。

7.1.1.3 电阻温度系数 α_T

热敏电阻的电阻温度系数 α_T 是指温度变化 1℃电阻值的变化率，表达式如下：

$$\alpha_T = \frac{1}{R_T} \times \frac{dR_T}{dT} \tag{7-10}$$

α_T 和 R_T 为温度 T(K) 的电阻温度系数和电阻值，在工作温度范围内，α_T 不是一个常数。

负温度系数热敏电阻的电阻温度系数为：

$$\alpha_{TN} = -\frac{B_N}{T^2} \tag{7-11}$$

正温度系数热敏电阻器的电阻温度系数为：

$$\alpha_{TP} = B_P \tag{7-12}$$

7.1.1.4 耗散系数 H

耗散系数 H 表示热敏电阻温度升高 1℃所消耗的功率，是描述热敏电阻器工作时与环境进行热量交换的一个量。H 值的大小与热敏电阻的材料、结构以及媒质的种类及状态有关，在工作温度范围内，耗散系数 H 随温度 T 的增高而略有增大。常取平均值来表示。

$$\overline{H} = \frac{\sum\limits_{i=1}^{n} \frac{\Delta P_i}{\Delta T_i}}{n} \qquad (7\text{-}13)$$

式中，$\overline{H}$ 为平均耗散系数，mW/℃；ΔT_i 为热敏电阻与耗散功率 ΔP_i 对应的温度。耗散系数 H 可简单定义为热敏电阻温度变化 1℃ 时所耗散功率的变化量，即

$$H = \frac{\Delta P}{\Delta T} \qquad (7\text{-}14)$$

7.1.1.5 热容量 C

热容量 C 表示热敏电阻的温度升高 1℃ 所消耗的热能(J/℃)。热容量的大小与热敏电阻的材料、结构和几何尺寸等有关。

7.1.1.6 时间常数 τ

时间常数 τ 是描述热敏电阻热惰性的一个参数，是热敏电阻自身温度改变到与周围媒质温差达到 63.2% 所需的时间。τ 与耗散系数 H 和热容量 C 的关系如下：

$$\tau = \frac{C}{H} \qquad (7\text{-}15)$$

τ 在数值上等于热敏电阻零功率测量时，当环境温度突变时，电阻体的温度从始到终的 63.2% 所需的时间。通常起始到最终温度选为：25℃ 与 85℃ 或 0℃ 与 100℃。

热敏电阻用于测热或控温时，则要求 τ 愈小愈好，即热容量 C 愈小愈好，耗散功率大些为好。从材料的选取和制备、结构的设计、尺寸的大小等全面地进行考虑，才能满足应用上的具体要求。

7.1.1.7 功率

(1) 最大容许功率 P_m 称为额定功率。该值是热敏电阻长期连续负荷工作时，为保证其温度不超过最高工作温度 T_m 时，所容许的最大功率。P_m 值的计算式如下：

$$P_m = H(T_m - T_0) \qquad (7\text{-}16)$$

式中，H 为耗散系数；T_m 为最高工作温度；T_0 为环境温度。

(2) 测量功率 P_c 热敏电阻在环境温度下，电阻体被测量电流加热，而引起的电阻值变化不超过 0.1% 时所消耗的功率：

$$P_c \leqslant \frac{H}{1000\alpha_T} \qquad (7\text{-}17)$$

(3) 功率灵敏度 S_P 当热敏电阻的电阻值变化 1% 时所消耗的外加功率，单位为 W/%。可由下式表示：

$$S_P = \frac{\Delta P}{\frac{\Delta R}{R} \times 100} \qquad (7\text{-}18)$$

式中，ΔP 为外加功率。功率灵敏度 S_P 与耗散系数 H、电阻温度系数 α_T 的关系如下：

$$S_P = \frac{\Delta P R}{\Delta R \times 100} = \frac{\Delta P / \Delta T}{100 \times \frac{1}{R} \times \frac{\Delta R}{\Delta T}} = \frac{H}{100\alpha_T}$$

功率灵敏度 S_P 也可简单表示为热敏电阻在工作点附近，消耗功率变化 1mW 所引起的电阻变化。即

$$S_P = \frac{R}{P} \tag{7-19}$$

在工作温度范围内，S_P 随环境温度的变化略有改变。

(4) 工作点消耗功率 P_g　该值是热敏电阻在规定的温度与正常气候的条件下，其电阻值达到 R_g 时所消耗的功率。即

$$P_g = \frac{U_g^2}{R_g} \tag{7-20}$$

式中，U_g 为热敏电阻达到热平衡时的端电压。

7.1.1.8　最高工作温度 T_m、最低工作温度 T_{min} 和转变点温度 T_c

(1) 最高工作温度 T_m　是热敏电阻在保证其性能变化仍能符合技术条件规定的情况下，能长期连续工作的最高工作温度。T_m 与热敏电阻所处的环境温度 T_0 和自身温度升高 ΔT 的关系如下：

$$T_m = T_0 + \Delta T \tag{7-21}$$

可用额定功率和耗散系数表示如下：

$$T_m = T_0 + \frac{P_m}{H} \tag{7-22}$$

式中，T_0 为环境温度；P_m 为环境温度 T_0 时的额定功率；H 为耗散系数。

(2) 最低工作温度 T_{min}　是指热敏电阻长期连续负荷，并保证其性能变化仍能符合技术条件规定的情况下的最低温度。

(3) 转变点温度 T_c　是热敏电阻的 $R\text{-}T$ 特性曲线上的临界温度 T_c，当热敏电阻的温度超过 T_c 以后，其电阻值急剧上升或下降，该临界温度 T_c 称为转变点温度。

7.1.2　热敏电阻的主要特性

7.1.2.1　电阻-温度特性

电阻值与温度的关系是热敏电阻最基本的特性之一，其电阻率与温度的关系可表示如下：

$$\rho_T = \rho_\infty \, e^{\frac{\Delta E}{2KT}} \tag{7-23}$$

式中，ρ_∞ 为 $T = \infty$ 时的电阻率；ρ_T 为温度 T 时的电阻率。

令 $B = \dfrac{\Delta E}{2K}$，则热敏电阻的电阻与温度的关系可表示如下：

$$R_T = R_\infty e^{\frac{B_N}{T}}$$
$$= R_a e^{\frac{B_N}{T} - \frac{B_N}{T_a}} \tag{7-24}$$

式中，R_T，R_∞，R_a 为温度 T、$T = \infty$、基准温度 T_a 时的电阻值。上式为经验公式，大量的测试结果表明，由氧化物材料或是由单晶材料制成的负温度系数热敏电阻，在低于 450℃ 范围内，都可用该式来描述。

(1) 负温度系数热敏电阻的 $R\text{-}T$ 特性　取 25℃ 为基准温度，则负温度系数热敏电阻的 $R\text{-}T$ 关系用下式表示。

$$\frac{R_T}{R_{25}} = e^{B_N \left(\frac{1}{T} - \frac{1}{298} \right)} \tag{7-25}$$

式中，R_{25} 为基准温度时的电阻值；R_T 为温度 T 时的电阻值；B_N 为与材料特性有关的材料常数。$R_T / R_{25}\text{-}T$ 特性如图 7-1 所示。

将式(7-24)两边取对数则为：

$$\ln R_T = B_N \left(\frac{1}{T} - \frac{1}{T_a} \right) + \ln R_a \qquad (7\text{-}26)$$

图 7-2 为一组负温度系数热敏电阻的 $R\text{-}T$ 特性曲线，由图可见，材料不同、配方和比例不同，材料常数 B_N 值也就不同。

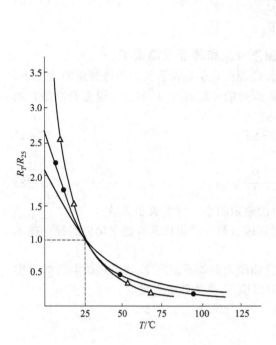

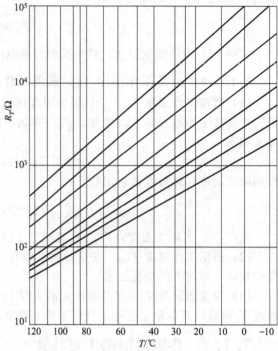

图 7-1　三种负温度系数热敏电阻的温度特性　　图 7-2　一组负温度系数热敏电阻的 $R\text{-}T$ 曲线

根据式(7-26) 导出 B_N 的一般计算公式如下：

$$B_N = \frac{\ln R_T - \ln R_a}{\dfrac{1}{T} - \dfrac{1}{T_a}} = \frac{2.303(\lg R_T - \lg R_a)}{\dfrac{1}{T} - \dfrac{1}{T_a}} \qquad (7\text{-}27)$$

式(7-27) 就是负温度系数热敏电阻材料常数 B_N 的一般计算方法。材料常数 B_N 的规定计算方法，例如测得某一热敏电阻在温度 T_1 为 298K 时的电阻值 R_{T_1} 为 3144Ω，T_2 为 303K 时的电阻值 R_{T_2} 为 2772Ω，求该热敏电阻器的材料常数 B_N 和 298K 时的电阻温度系数。

由式(7-8) 或式(7-27) 可得

$$B_N = \frac{2.303 \times (\lg 3144 - \lg 2772)}{\dfrac{1}{298} - \dfrac{1}{303}} \approx 2274\text{K}$$

由式(7-11) 可得

$$\alpha_{298} = -\frac{B_N}{T^2} = -\frac{2274}{298^2} = -2.56\%/\text{℃}$$

又测得该热敏电阻在 $T_3 = 308\text{K}$ 的电阻值 $R_{T_3} = 2441Ω$，求该情况下热敏电阻器的材料常数 B_N 和 298K、308K 时的电阻温度系数 α_{TN}。

$$B_N = \frac{2.303 \times (\lg 3144 - \lg 2441)}{\dfrac{1}{298} - \dfrac{1}{308}} = 2323\text{K}$$

$$\alpha_{298} = -\frac{2323}{(298)^2} = -2.62\%/℃$$

$$\alpha_{308} = -\frac{2323}{(308)^2} = -2.45\%/℃$$

由上面的计算结果可看出，由于所选温度区域和测温点不同，同一个热敏电阻的 B_N 和 α_{TN} 是不同的。为了实际使用方便，我国规定把温度 T_1 定为 298K，T_2 定为 348K 时所测得的 R_{T_1} 和 R_{T_2}，再由式(7-8) 或式(7-27) 计算出的 B_N 作为负温度系数热敏电阻的材料常数。在环境为 298K 时，由式(7-11) 计算出 α_{298} 作为负温度系数热敏电阻的电阻温度系数。有关产品和样本上的技术参数就是按上述规定计算的。

材料常数 B_N 的影响因素：根据热敏电阻导电机理，电阻率 ρ 和杂质激活能 ΔE 有如下关系：

$$\rho_T = \rho_a e^{\frac{\Delta E}{2KT}}$$

所以

$$R_T = \frac{l}{S}\rho_a e^{\frac{\Delta E}{2KT}} \tag{7-28}$$

式中，l 为电极间距离，mm；S 为电极面积。根据热敏电阻器电阻温度系数 α_T 的定义，如式(7-10)：

$$\alpha_T = \frac{1}{R_T} \times \frac{dR_T}{dT}$$

如果是负温度系数的电阻

则

$$\alpha_{TN} = -\frac{\Delta E}{2KT^2} \tag{7-29}$$

已知式(7-11)：

$$\alpha_{TN} = -\frac{B_N}{T^2}$$

所以

$$B_N = \frac{\Delta E}{2K} \tag{7-30}$$

实际上由于掺杂的材料不是单一能级，B_N 值实际上略有变化，而不是一个常数。氧化物热敏电阻的材料常数 B_N 和电阻率 ρ_T 随组成的比例、配方、烧结温度、烧结气氛的不同而不同。如碳化硅单晶热敏电阻器的掺杂试验，当掺入不同的杂质时，材料的激活能改变，电阻的材料常数 B_N 和电阻温度系数 α_{TN} 也发生改变。如掺杂同一种杂质时，杂质含量并不改变电阻器的材料常数 B_N 和电阻温度系数 α_{TN}，而仅改变热敏电阻的标称电阻值 R_{25}。杂质含量相同时，不同种类的杂质与相应的 ΔE 及 α_{TN} 的关系如下：含硼为 0.1%、0.2%、0.5%、0.8%、1.0% 时，其 ΔE 为 0.375eV，α_{TN} 为 $-(2.8\sim3.0)\%/℃$；而含铝为 0.1%、0.2%、0.5%、0.8%、1.0% 时，其 ΔE 为 0.286eV，α_{TN} 为 $-(1.9\sim2.1)\%/℃$。

(2) 正温度系数热敏电阻的特性 是利用该材料在居里点附近发生相变，从而引起电导率的突变，使电阻值由若干欧姆左右迅速增大 5~6 个数量级。典型的正温度系数电阻器的电阻-温度特性如图 7-3 所示。

从图 7-3 可看出，在工作温度区内的 $R\text{-}T$

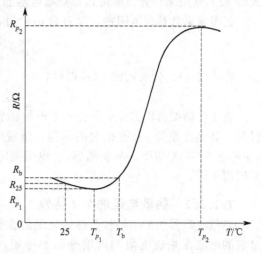

图 7-3 正温度系数热敏电阻的 $R\text{-}T$ 特性曲线

曲线上有两个拐点 T_{p_1} 和 T_{p_2}，当温度低于 T_{p_2} 时，即温度高于 T_{p_1} 以后，电阻值随温度增高按指数规律迅速增大，当温度升至 T_{p_2} 时，正温度系数特性就消失了。实验证明，在工作温度范围内，正温度系数热敏电阻的 $R\text{-}T$ 特性也可由实验公式表示如下：

$$R_T = R_{T_a} e^{B_P(T-T_a)} \tag{7-31}$$

式中，R_T、R_{T_a} 分别为温度在 T 和 T_a 时的电阻值；B_P 为正温度系数热敏电阻的材料常数。

$$B_P = \tan\beta = mR/mT$$

在公式(7-31) 两边取对数，则得

$$\ln R_T = B_P(T-T_a) + \ln R_{T_a} \tag{7-32}$$

由 $\ln R_T$ 为纵坐标，T 为横坐标，作出如图 7-4。

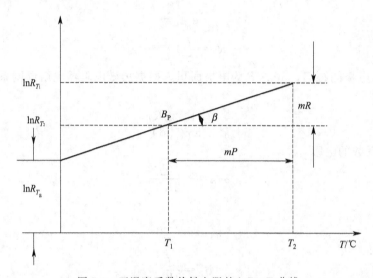

图 7-4　正温度系数热敏电阻的 $\ln R_T\text{-}T$ 曲线

在图 7-4 直线上取不同的点(T_1，$\ln R_{T_1}$) 和(T_2、$\ln R_{T_2}$) 则

$$B_P = \frac{\ln R_{T_1} - \ln R_{T_2}}{T_1 - T_2} = \frac{2.303(\lg R_{T_1} - \lg R_{T_2})}{T_1 - T_2} \tag{7-33}$$

式(7-33) 常用来计算正温度系数热敏电阻器材料常数 B_P。

正温度系数热敏电阻的温度系数 α_{TP} 可由式(7-10) 直接得到：

$$a_{TP} = \frac{1}{R_T} \times \frac{dR_T}{dT} \tag{7-34}$$

将式(7-33) 代入式(7-34) 即得：

$$\alpha_{TP} = B_P$$

在工作温度范围内 α_{TP} 不是一个严格的常数，而是随温度略有变化。对于不同的 PTC 材料，其温度系数 α_{TP} 有很大的不同。缓慢型的 α_{TP} 值可在 $0.5 \sim 8\%/℃$ 之间，而开关型的 α_{TP} 可达 $60\%/℃$ 以上。材料的 B_N、电阻温度系数 α_{TP} 和 T_c，随组成、烧结制度和冷却速度不同而不同。

7.1.2.2　热敏电阻的 V-I 特性

热敏电阻器的 $V\text{-}I$ 特性是热敏电阻的重要特性之一。它表示作用于热敏电阻的电压和通过它的电流在热敏电阻和周围介质热平衡时，即加在元件上的电功率和耗散功率相等的关系。

(1) 负温度系数热敏电阻器的 *V-I* 特性　负温度系数热敏电阻器的 *V-I* 特性如图 7-5 所示。该曲线是在环境温度为 T_0 的静止介质中测出的静态伏-安曲线。曲线表明了在一定温度的静止介质中，随着通过元件上的电流的改变，元件两端压降的变化规律。热敏电阻器的端电压 V_T 和通过热敏电阻器的电流 I 有如下关系：

$$V_T = IR_T = IR_0 e^{B_N \left(\frac{1}{T} - \frac{1}{T_0} \right)} = IR_0 e^{B_N \left(\frac{-\Delta T}{TT_0} \right)}$$

$$(7-35)$$

式中，T_0 为环境温度；ΔT 为热敏电阻器的温升。

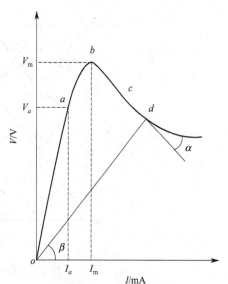

图 7-5　负温度系数热敏
电阻器的 *V-I* 特性曲线

从图 7-5 和式 (7-35) 可知该热敏电阻具有如下特点。

① 在曲线开始的 *oa* 段，由于电流很小，温升 ΔT 可忽略不计，此时 $V = IR_0$ 即 V 与 I 保持线性关系，符合欧姆定律，这一线性区，对应的电流为 I_a，电压为 V_a。

② 在曲线 *ab* 段，ΔT 随 I 的增大逐渐增加，而 R_T 下降，此时曲线表现出非线性，V_T 值比一般线性电阻器应达到的为小。

③ 在曲线 *b* 点，对应于电流 I_m 处，电压升到最大值 V_m，此刻 V_T 急剧下降，微分电阻 $\tan\alpha$ 为零。

④ 在曲线 *bd* 段，ΔT 增加快，R_T 的降低超过了电流 I 增加的程度。电压 V_T 随电流 I 的增加而下降。这一区域称为负阻区。

从图中可看出，$\tan\beta$ 为静态电阻，$\tan\alpha$ 为微分电阻。

(2) 影响静态 *V-I* 特性的因素　热敏电阻的热量可用耗散功率 P_T 来表示。当建立热平衡以后，电热的互换关系根据式 (7-14) 可得：

$$P_T = H \Delta T = H(T - T_0)$$

$$(7-36)$$

耗散功率 P_T 与电压、电流之间的关系：

$$P_T = I^2 R_T = \frac{V_T^2}{R_T}$$

$$(7-37)$$

式中，H 为耗散系数；T_0 为环境温度；ΔT 为热敏电阻的温升；I 为通过热敏电阻的电流；V_T 为热敏电阻两端的端电压。

根据式 (7-24)、式 (7-36) 和式 (7-37) 可得：

$$R_T = I^2 R_\infty e^{\frac{B_N}{T}} = U_T^2 / (R_\infty e^{\frac{B_N}{T}}) = H(T - T_0)$$

$$(7-38)$$

根据式 (7-38) 解出，

$$V_T = \sqrt{H(T - T_0) R_\infty e^{\frac{B_N}{T}}}$$

$$(7-39)$$

$$I = \sqrt{\frac{H(T - T_0) e^{\frac{-B_N}{T}}}{R_\infty}}$$

$$(7-40)$$

V_T、I 作为热敏电阻静态 *V-I* 特性的参数时，与耗散系数 H、温度 T、材料常数 B_N 和 T_0 时的电阻值等很多因素密切有关。为了实用上的方便，*V-I* 特性曲线往往采用 $\lg V_T$-$\lg I$ 作图来表示。某一热敏电阻参数为：$B_N = 4000\text{K}$，$T_0 = 273\text{K}$，$R_0 = 100\text{k}\Omega$，图 7-6 示出了

该热敏电阻静态 V-I 特性曲线，曲线上数字表示温升。

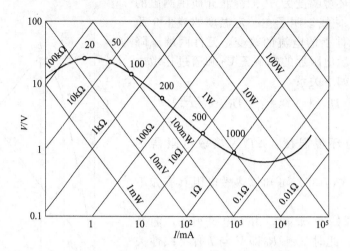

图 7-6　热敏电阻器的静态 V-I 特性曲线

图 7-6 中，在对数坐标上倾斜角＋45°的直线等于相应的电阻值，而倾斜角－45°的直线相应于功率值。这是由于 $\lg R = \lg \dfrac{V}{I} = \lg V - \lg I$，即纵、横坐标之差就相应于热敏电阻的阻值。纵、横坐标之和相当于热敏电阻器的耗散功率：$\lg P = \lg VI = \lg V + \lg I$。

① 热敏电阻器 V-I 特性峰值的分析：利用式(7-39)，当 $dV_T/dT = 0$ 时可得下式：

$$T^2 - B_N T + B_N T_0 = 0 \tag{7-41}$$

式(7-41) 是出现峰值的条件。首先考虑温度条件。设该条件下的温度为 T_m，则式(7-41) 可写成：

$$T_m^2 - B_N T_m + B_N T_0 = 0 \tag{7-42}$$

解式(7-42) 得

$$T_m = \frac{B_N \pm \sqrt{B_N(B_N - 4T_0)}}{2} \tag{7-43}$$

式(7-43) 中 $B_N - 4T_0 > 0$ 时 T_m 才有实数值，因此 $B_N > 4T_0$ 为出现峰值条件。一般环境温度 T_0 略等于 300K(27℃左右)，所以 $B_N > 1200$K 时才有峰值出现。当 $B_N \gg 4T_0$ 时，则 $\dfrac{B_N - B_N\sqrt{(B_N - 4T_0)}}{2} \rightarrow 0$，此时 T_m 很小。热敏电阻与环境温度差很小，峰值出现在电流较小的地方；而 B_N 越小，T_0 越大，则峰值出现在电流较大的地方。也就是说峰值处热敏电阻，与环境温度的温差较大。峰值处的电阻值 R_m、电压 V_m 和电流 I_m 可分别由式(7-39) 和式(7-40) 解出：

$$V_m = \left[H(T_m - T_0)R_0 e^{B_N\left(\frac{1}{T_m} - \frac{1}{T_0}\right)} \right]^{\frac{1}{2}} \tag{7-44}$$

$$= \left[H(T_m - T_0) R_0 e^{\frac{B_N(T_0 - T_m)}{T_m T_0}} \right]^{\frac{1}{2}}$$

根据式(7-42) 可得

$$B_N(T_0 - T_m) = -T_m^2$$

所以

$$V_m = \left[H(T_m - T_0)R_0 e^{\frac{-T_m}{T_0}} \right]^{\frac{1}{2}}$$

$$I_m = \left[\frac{H(T_m - T_0)}{R_0 \, e^{B_N \left(\frac{1}{T_m} - \frac{1}{T_0} \right)}} \right]^{\frac{1}{2}} \qquad (7\text{-}45)$$

$$= \left[\frac{H}{R_0} (T_m - T_0) \, e^{\frac{T_m}{T_0}} \right]^{\frac{1}{2}}$$

$$R_m = \frac{V_m}{I_m} = \frac{[H(T_m - T_0) R_0 \, e^{-\frac{T_m}{T_0}}]}{\left[\frac{H_0}{R} T_m - T_0 \, e^{\frac{T_m}{T_0}} \right]^{\frac{1}{2}}} \qquad (7\text{-}46)$$

$$= R_0 \, e^{\frac{-T_m}{T}}$$

② R_0 值对伏-安特性的影响：即是 R_{25} 值对伏-安特性的影响。当 R_{25} 值不同，而 B_N、H、T_0 值不变时，由式 (7-41) 可知，由于 B_N，T_0 不变，T_m 为定值。由式 (7-44) 看出，V_m 值是随 R_0 的增加而增加，即热敏电阻 V-I 特性的峰值随 R_0 的增加而增加，图 7-7 示出了三个不同 R_0 的 $\lg V_m$ 和 $\lg I$ 的关系曲线。

③ T_0 值对 V-I 特性的影响：当 B_N、H、R_0 值不变，而只改变环境温度 T_0，在相同电流 I 处，如环境温度 T_0 增加，则热敏电阻温度升高。由于是负温度系

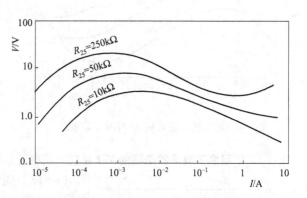

图 7-7　不同 R_0 时的 V-I 特性曲线

数的热敏电阻，所以电阻值 R_T 下降，耗散功率 $P = I^2 R_T$ 和端电压 V_T 也都相应地下降，使 V-I 特性曲线下移，如图 7-8 所示。

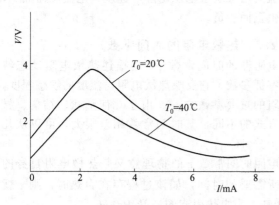

图 7-8　负温度系数热敏电阻 T_0
不同时的 V-I 特性曲线

相反，如环境温度 T_0 下降，则 R_T、P_T、V_T 都增加，V-I 特性曲线上移。由图 7-8 看出，当 T_0 为 20℃ 时，V-I 特性曲线有峰值；而 T_0 达 40℃ 时，曲线下移，同时峰值减小；如 T_0 进一步升高，峰值几乎展平，最后将会消失。因此这一类负温度系数热敏电阻，仅在环境温度不高时(T_0 应小于 $B_{N/4}$ 时) 可以使用。

④ 耗散系数 H 对 V-I 特性的影响：当通过热敏电阻的电流不变时，如 H 值增大，则热敏电阻本身温升减小，耗散率增加，电阻值和电压也增加，此时 V-I 特性曲线向上移动，如图 7-9。这是由于耗散系数大时，

使试样的温度上升减小的缘故。从式 (7-44)、式 (7-45) 可看出：当 H 增加时，V_m、I_m 也相应增加，因而 V-I 特性曲线的峰值向较大电流和较大功率方向移动。

⑤ B_N 对 V-I 特性的影响：当环境度 T_0、耗散系数 H、室温电阻 R_0 不变，B_N 增加时，V-I 特性的峰值向电压低的方向及电流小的方向移动。下降的斜度增加。这一概念，可以从热敏电阻电阻温度系数 $\alpha = -B_N / T^2$ 来看，当 B_N 增加时，电阻温度系数 α 就增大，必然导致曲线下降。在 T_0、H、R_0 不变的情况下，B_N 值不同的五条 V-I 特性曲线如图 7-10 所示。当 $B_N = 0$ 时，相当于一般的线性电阻器。当 B_N 增大时，R_{min} 与 R_{max} 的比值成对数关系增

大。当 B_N 大于 1200K 时，各曲线出现电压峰值，V_m、B_N 越大时，出现电压峰值的电流就越小。当 B_N 减小时，峰值电压 V_m 的位置与不断增长的功率或温度值均有相应改变，当 B_N 小于 1200K 时，则无峰值出现。

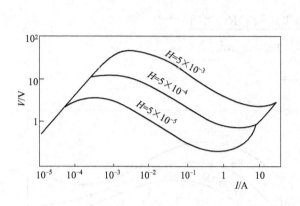

图 7-9 不同的耗散系数 H 时 V-I 关系　　　　图 7-10 不同的 B_N 时 V-I 特性曲线

（3）正温度系数热敏电阻的 V-I 特性　正温度系数热敏电阻的 V-I 特性曲线如图 7-11 所示。图中 oa 段与线性电阻的变化一致，这是由于通过热敏电阻的电流很小，耗散功率引起的温度可以忽略不计。当耗散功率增加时，正温度系数热敏电阻的温度超过环境温度，引起电阻增大，曲线开始弯曲。当电压增至 V_m 时，存在一个电流最大值 I_m。电压继续增加，由于温升引起电阻值的增大超过电压增加的速度，电流反而减小，曲线斜率由正而变负。

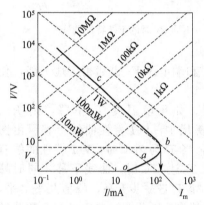

图 7-11 正温度系数热敏电阻的
静态 V-I 特性曲线

7.1.2.3　热敏电阻的时间常数

热敏电阻器的时间常数 τ，是描述热敏电阻动态特性的一个特征参数，它反映热敏电阻对温度的敏感程度，是热敏电阻的重要参数之一。由于几何形状、结构、材料和封装方式的不同，其时间常数相差很大，可以从几毫秒至几十分钟。

热敏电阻时间常数 τ 的物理意义是热敏电阻自身的温度从起始温度下降到起始温度的 63.2% 时所需要的时间，如该过程存在自热时，则 τ 就比较复杂，需要考虑加上一项因自热引起的功耗，由自热引起的温升 P_0/H。

因此：

$$\frac{T_s - T}{T_s - (T_0 - P_0/H)} = 63.2\% \tag{7-47}$$

如自热可忽略时，时间常数可为：

$$\tau = \frac{C}{H}$$

热容量 C 可用下式表示：

$$C = C_p D V \tag{7-48}$$

式中，C_p 为热敏电阻的比热容；D 为热敏电阻的密度；V 为热敏电阻的体积。

可见改变热敏电阻的体积可改变热敏电阻的时间常数 τ。

7.1.2.4　热敏电阻器的耗散系数

耗散系数 H 和热敏电阻的自热功耗 P_T 之间的关系如下：

$$P_T = H(T - T_0) \tag{7-49}$$

从散热角度来看，两个紧密接触的物体热量传递有如下关系：

$$Q = \lambda(T - T_0)St \tag{7-50}$$

式中，λ 为热传导系数，$J/(m^2 \cdot s \cdot ℃)$；S 为传导面积；t 为传导时间。当元件达到热平衡时 $P_T = Q$，所以

$$H(T - T_0) = \lambda(T - T_0)St \tag{7-51}$$

则

$$H = \lambda St \tag{7-52}$$

从 (7-52) 可知：影响 H 的因素有热传导系数、传热面积和传热时间。凡与 λ、S、t 有关的因素皆能影响 H。与外界条件所处的气氛有关的如介质的温度、性质、状态、密度等都会直接影响 λ 的大小。热传导也与环境气氛有关。对流辐射是介质的自由粒子与固体碰撞的结果，因此也必然受到环境气氛的影响。另外，几何尺寸、形状、结构、封装也对 H 值有很大影响。因为这些因素影响传导系数 λ 和传导时间。例如，珠状 H 为 $0.72mW/℃$，薄膜 H 为 $70mW/℃$。结构形式、引线的材质以及引线与阻体的连接方式等对 H 也都有明显影响。封装方式对 H 影响较大：元件外部保护管的材质、直径、胶木、玻璃、合金等，保护管填充气体、液体(例如，封入硅油等)都会直接影响 H 值。

7.1.3　正温度系数热敏电阻

正温度系数陶瓷热敏电阻(简称 PTC 热敏电阻，PTC 是 positive temperature coefficient 的缩写)材料有许多独特的电特性，使 PTC 热敏电阻材料在很多领域都得到了广泛应用。下面从应用的角度出发，简单介绍 PTC 陶瓷热敏电阻材料的主要特性：电阻-温度特性，电压-电流特性，电流-时间特性和耐压特性等。

7.1.3.1　正温度系数热敏电阻的主要特性

(1) 电阻-温度特性　PTC 热敏电阻的电阻-温度特性(简称 R-T 特性)是指在规定电压下，PTC 热敏电阻的零功率电阻值与电阻自身温度之间的关系。零功率电阻是在某规定的温度下测量的 PTC 热敏电阻的电阻值，测量时应保证其功耗引起 PTC 热敏电阻的电阻值和温度的变化可以忽略的程度。

PTC 热敏电阻元件的 R-T 特性是其突出的特性之一，是指其电阻值随其自体温度升高而增大，当其自体的温度升高超过某临界温度(不同的 PTC 材料的临界温度不同)时，其电阻值急剧增大 $10^2 \sim 10^8$ 倍。图 7-3 是 PTC 材料典型的阻温特性曲线。图中 R_{25} 为常温电阻，指 PTC 材料在 25℃时的零功率电阻值；通常热敏电阻元件的温度 $T < T_{p_1}$ 时，其电阻值随温度的升高而减小；当 $T_{p_1} > T > T_{p_2}$ 时，随温度继续升高，电阻值急速增大，这是由于材料的主晶相的晶体结构开始由铁电相向顺电相转变，使 R-T 特性曲线上产生转折，即材料由负温度系数变为正温度系数。当温度高于 T_b 时，开关型正温度系数热敏电阻在很窄的温度区间，电阻急剧增到为 R_p 的 $10^2 \sim 10^8$ 倍。因此，T_b 点是表征正温度系数热敏电阻的重要参数。它的意义是该电阻显示正温度系数的最低温度。T_b 温度与居里温度 T_c 有关系，经实验证明 T_c 一般比 T_{p_1} 高 $10 \sim 20℃$。当 PTC 元件的温度高于 T_{p_1} 点时，则随着温度再升高，材料的电阻温度系数达到最大值，即曲线上斜率最大的点所对应的温度为 T_c，温度再继续升高，R-T 曲线上的斜率就开始减小。当其温度达到 T_{p_2} 时，材料的电阻达到最大值。

当温度超过 T_{p_2} 以后，有些 PTC 材料的电阻率就随着温度的升高而有所下降。所以正温度系数热敏电阻的工作点温度应在 $T_{p_1} \sim T_{p_2}$ 温度范围内。最大电阻值 R_{p_2} 与最小电阻值 R_{p_1} 的比值称为升阻比，是表征 PTC 效应的重要参数。表征阻温特性的另一重要参数是电阻温度系数 α_T，定义为 $\alpha_T = (1/R_T)\mathrm{d}R_T/\mathrm{d}T$，温度系数越大，电阻随温度的变化越陡峭，PTC 特性也就越好。实验证明，在工作温度范围内，PTC 热敏电阻元件的 R-T 特性可近似用下面的实验公式表示：

$$R_T = R_{T_a} e^{B_P(T - T_a)} \tag{7-53}$$

式中，R_T、R_{T_a} 分别为温度为 T 及 T_a 时的电阻值；B_P 为正温度系数热敏电阻的材料常数。

$$B_P = \frac{\ln R_{T_1} - \ln R_{T_2}}{T_1 - T_2} = \frac{2.303(\lg R_{T_1} - \lg R_{T_2})}{T_1 - T_2} \tag{7-54}$$

在不同电压作用下，PTC 陶瓷的阻-温特性对应不同的曲线，应注意的是随电压升高，升阻比明显降低。

（2）电压-电流特性　图 7-12 示出了 PTC 热敏电阻的电压-电流（简称 V-I）特性，是指在 25℃ 的静止空气中，施加在热敏电阻器的电压与达到热平衡稳态条件下电流的关系。由图中可见：在 PTC 热敏电阻的伏安特性的线性 I 区，电流与电压的关系基本符合欧姆定律；在 PTC 热敏电阻的电压-电流特性的 II 区，由于电阻值产生突变，使电流随电压的上升而下降，电流与电压的关系不符合欧姆定律；在 PTC 热敏电阻的伏安特性的 III 区，电流随电压的升高而增大，电阻值随温度的上升呈指数关系下降。

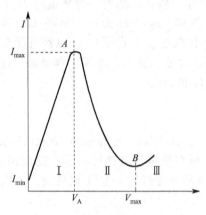

图 7-12　PTC 热敏电阻的 V-I 特性曲线

（3）电流-时间特性　PTC 热敏电阻的电流-时间（简称 I-t）特性，是指 PTC 热敏电阻在外加电压的作用下，电流随时间变化的特性。图 7-13 所示为一般 PTC 热敏电阻的 I-t 特性，它是 PTC 热敏电阻作为彩电消磁电阻器和过电流保护器等应用产品的重要特性之一，此类产品的主要特征参数可以从曲线上查出，如消磁电阻的初始电流 I_0、残余电流 I_p、过电流保护器的启动时间等。

（4）电压效应和耐电压特性　电压效应是指在外电场作用下晶界势垒发生倾斜的现象，在宏观上表现为材料的电阻率随外加电压的升高而降低。对 $BaTiO_3$ 基 PTC 陶瓷来说，电压效应对晶界势垒引起的 PTC 效应影响很大，即外加电压越大，PTC 效应越小，材料在居里温度以上的电阻率随外加电压的升高而明显下降，在居里温度以下此现象不明显。电压效应对材料耐电压的影响很大，电压效应越大，耐电压越差。所谓耐电压，是指 PTC 热敏电阻所能承受的最高电压，一般以 PTC 热敏电阻最小漏电流时能承载的外加电压为其耐电压值。图 7-14 示出了 PTC 热敏电阻外加电压与漏电流的关系。A 点为最小漏电流点，其对应的电压为 PTC 热敏电阻的耐电压值。PTC 热敏电阻的热击穿是由于在 A 点以后，样品将由 PTC 区向高温 NTC 区转变，样品的发热量大于散热量，热积累使 PTC 热敏电阻样品的温度快速上升，最终因主晶相与第二相热膨胀系数的差异而产生热应力使晶界龟裂和击穿造成的。

$BaTiO_3$ 基陶瓷 PTC 热敏电阻具有优良的 PTC 效应，当 PTC 热敏电阻的温度 $T > T_c$ 时，其电阻跃变（R_{max}/R_{min}）达 $10^2 \sim 10^8$，电阻温度系数 $\alpha_T > 10\%/℃$，是十分理想的自控温加热、测温和控温元件。

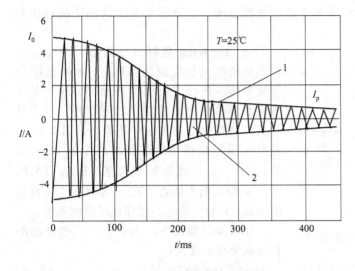
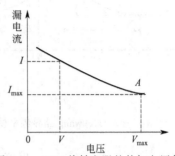

图 7-13　PTC 热敏电阻的 I-t 特性
1—直流测量；2—交流测量

图 7-14　PTC 热敏电阻的外加电压与
漏电流的关系

通常 $BaTiO_3$ 基陶瓷是在常温下的电阻率约为 $10^{10}\,\Omega\cdot cm$ 以上的绝缘体。要使这些氧化物陶瓷转变为半导体，需要将其半导化，即在材料的禁带中引入施主能级或受主能级。

$BaTiO_3$ 基陶瓷是否具有 PTC 效应由其晶粒和晶界的电性能所决定。具有 PTC 特性的材料具有半导化的晶粒和适当绝缘的晶界。$BaTiO_3$ 陶瓷晶粒的半导化虽然既可通过化学计量比偏离，也可采用施主掺杂途径解决。但是采用化学计量比偏离的方法，虽然能使 $BaTiO_3$ 陶瓷晶粒半导化，但往往也使晶界半导化，不利于形成和提高材料的 PTC 效应。因此，使 $BaTiO_3$ 陶瓷半导化一般采用施主掺杂半导化的技术。在高纯 $BaTiO_3$ 中，用离子半径与 Ba^{2+} 相近而电价比 Ba^{2+} 高的金属离子（例如稀土元素离子 La^{2+}、Y^{3+}、Sb^{3+}、Bi^{3+} 等）置换 $BaTiO_3$ 晶格中的 Ba^{2+}，或者用离子半径与 Ti^{4+} 相近而电价比 4 价 Ti^{4+} 高的金属离子（如 Nb^{5+}、Ta^{5+} 等）置换 $BaTiO_3$ 晶格中的 Ti^{4+}，形成施主能级上的弱束缚电子，使 $BaTiO_3$ 基陶瓷的晶粒成为半导体。该过程可用下式表示：

$$Ba^{3+}Ti^{4+}O_3^{2-}+xM^{3+}\longrightarrow Ba_{1-x}{}^{2+}M_x{}^{3+}Ti_{1-x}{}^{4+}(Ti^{4+}+e^-)_xO_3{}^{2-}+xBa^{2+} \qquad (7\text{-}55)$$

式中，M 表示施主金属离子。

因为（$Ti^{4+}+e^-$）中 Ti^{4+} 所俘获的电子处于亚稳态，其能级为处于禁带中距导带很近的施主能级上，很容易受电场、热和光的作用被激发到导带成为载流子。所以，当该陶瓷材料受到电场作用时，该电子被激发成为载流子参与导电，使 $BaTiO_3$ 基陶瓷成为表现出 n 型半导体特征的 PTC 材料。同样，在 $BaTiO_3$ 中，用 Sb^{3+} 等取代 Ba^{2+}，也可使 $BaTiO_3$ 基陶瓷成为具有 n 型半导体特征的 PTC 材料。通常，掺杂量一般控制在较窄的范围内，掺杂量稍高或稍低，均可能导致该材料重新绝缘化。

7.1.3.2　几种传统的 PTC 理论和模型

PTC 效应为电价补偿半导化的晶粒、晶体铁电相变和晶界三者结合形成的。为了解释该现象，科学工作者们提出了许多理论模型。20 世纪 60 年代初期，Heywang 等人提出了表面势垒模型，把 PTC 效应晶界势垒和介电常数相联系。后来 Jonker 对 Heywang 模型进行修正，把 PTC 效应与材料的铁电性联系起来。Heywang 的晶界势垒模型与 Jonker 的铁电补偿模型相结合对 PTC 效应做出比较成功的解释，但仍然有一些实验现象无法解释。后来随着新的实验现象不断发现，人们又陆续提出了一些新的物理模型，陆续出现了 Daniels

的钡空位模型和 Desu 的晶界析出模型和叠加势垒模型等。下面简单介绍这些传统理论和模型。

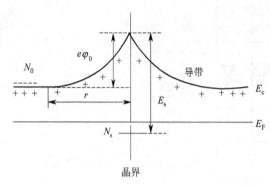

图 7-15　Heywang 晶界势垒模型能带图

（1）Heywang 晶界势垒模型　Heywang 晶界势垒模型是假设在晶界上，由于缺陷与杂质的作用形成二维受主表面态，这些受主表面态与晶粒内的载流子相互作用，形成晶粒表面与温度有关的肖特基势垒。图 7-15 为晶界表面势垒模型能带图，图中 φ_0 为表面势；$\Phi_0 = e\varphi_0$ 为表面势垒高度；E_F 为费米能级；N_s 为表面态密度，E_s 为表面态距导带底的距离；r 为空间电荷层即耗尽层的厚度。

在该假设前提下，由泊松方程推导出的肖特基势垒高度为：

$$\Phi_0 = e^2 N_b r^2 / (2\varepsilon\varepsilon_0) = e^2 N_s^2 / (2\varepsilon\varepsilon_0 N_b) \tag{7-56}$$

式中，N_b 为施主浓度；ε_0 为真空介电常数。

在居里温度以下时，ε 高达 10^4 数量级，Φ_0 很低；但在居里温度以上时，ε 按居里-外斯定律 $[\varepsilon = C + \varepsilon_0 / (T_c - T)]$ 随温度升高下降；而 Φ_0 在居里温度以上随温度上升而增大。由于材料的有效电阻率可近似认为由晶粒电阻率 ρ_V 和晶界表面势垒电阻率 ρ_S 构成。因而材料有效电阻率可表示为

$$\rho_{eff} = \rho_S + \rho_V = \rho_V \{1 + \alpha \exp[\Phi_0 / (KT)]\} \tag{7-57}$$

式中，α 为与晶粒尺寸有关的几何因子。

由于 Φ_0 在居里温度以上随温度上升而增大，从而引起有效电阻率增大几个数量级。

综上所述，在多晶 $BaTiO_3$ 基半导体陶瓷材料的晶粒边界存在二维受主表面态；该受主表面态引起的表面势垒受到材料铁电性的控制（势垒高度与相对介电常数 ε 呈反比），从而决定电阻率的因子随温度上升呈现峰值。这是 Heywang 模型的基本观点。Heywang 模型比较好地解释了 PTC 效应，成为 $BaTiO_3$ 基 PTC 陶瓷材料研究的重要理论基础。但是，该模型也存在缺陷，在实践中也遇到了问题，主要有：

① 未掺杂的氧缺位型 $BaTiO_3$ 没有 PTC 效应；

② 施主掺杂 $BaTiO_3$ 的性能对烧结工艺特别是对冷却条件很敏感；

③ 在居里点以下，Heywang 模型假设了一个很大的介电常数，而这个介电常数需要很大的电场。而在测量过程中所加的电场很小，根本不足以使势垒降低到可以忽略的地步。

（2）Heywang-Jonker 模型　Heywang 模型在解释 PTC 效应上是比较成功的。由于 Φ_0 在居里温度以上随温度上升而增大，从而引起有效电阻率增大。对于上述缺点③，根据计算，在居里温度以下，即使介电常数很大，也还是不足以使 Φ_0 降到可以忽略的数值，计算值与测量值存在较大偏差。因此在居里温度以下，晶界势垒的大幅下降不能完全以 ε 的变化加以解释。对此 Jonker 在 Heywang 模型的基础上，提出了晶界铁电补偿理论：多晶 $BaTiO_3$ 陶瓷铁电材料，晶粒中只存在 $90°$畴壁和 $180°$畴壁，由于受到晶粒尺寸的限制，当两个晶粒接触时，接触部位的畴结构完全吻合的可能性极小，其结果使电畴在垂直于晶粒表面的方向上产生一个极化分量，如图 7-16 所示。

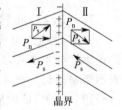

图 7-16　晶界处铁电体的极化

这种极化电荷与晶粒表面电荷相补偿，将在晶界上形成一个正负相间的表面电荷层，负电荷补偿的部位耗尽层被填充，必然导致晶界接触电阻的下降或消失，这种情况约占晶界比例的 50%。在居里温度以上，

BaTiO$_3$由于铁电相转变为顺电相，导致自发极化消失，使有效表面态密度增多，势垒增高，电阻率急剧增大。此外，Jonker 还认为受主表面态的本质是吸附在晶界上的氧离子。尽管 Heywang-Jonker 模型很好地解释了 PTC 效应，但是仍不能说明晶界的氧化行为与 PTC 特性的关系。其次，晶界中缺陷的存在本质和它们的能级状态还缺乏必要的描叙。Jonker 认为表面受主态来源于晶界上吸附的氧原子，而 Heywang 等则认为是受主态在晶界处的偏析。

(3) Daniels 模型　针对 Heywang 模型的某些局限，Daniels 等人在施主掺杂 BaTiO$_3$ 半导体缺陷模型的基础上提出了晶粒表面高阻层模型，如图 7-17 所示。该模型把晶界上的二维表面态扩展到了三维。

氧化钡的蒸气压很低，所以钡空位不可能由钡的蒸发而产生，只有晶格中产生新的钡离子所能占据的位置时，才能产生钡空位，例如在晶粒边界晶格的延伸。这就意味着氧原子和钛原子要能以足够快的速度扩散进入，实际上为了促进烧结，在 BaTiO$_3$ 陶瓷中 TiO$_2$ 总是过量添加的。因而，在晶界上一般存在富钛第二相（BaTi$_3$O$_7$），钡离子能够找到可以占据的位置，发生如下的过程：

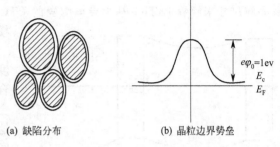

(a) 缺陷分布　　　　(b) 晶粒边界势垒

图 7-17　晶粒晶界层示意图

$$BaTi_3O_7 + 2Ba(晶格) + 2O(晶格) = 3BaTiO_3 + 2V''_{Ba} + 2V''_O \tag{7-58}$$

由于氧空位的扩散速率非常快，其结果必然是在晶界上产生钡空位，并且逐步向晶粒内部扩散。在 PTC 材料烧成后的降温过程中，平衡的建立依赖于钡空位的产生和扩散。起初，平衡的恢复跟得上温度的下降，晶粒中缺陷分布均匀，随着温度进一步下降，平衡的恢复不再处处可能。此时晶界区域仍可建立平衡，但在晶粒内部原子缺陷已被冻结。必然从晶粒边界开始产生缺陷的非均匀分布，这意味着晶粒内部仍保持混合补偿，而晶界上的薄层已全部被钡空位所补偿。形成了晶粒内部处于高电导状态，即晶粒内部的施主却未完全被钡空位补偿，而在晶粒表面形成一个低电导的势垒层，在两晶粒间形成 n-i-n 结构。该势垒层是一个钡空位的扩散层，钡空位起着 Heywang 模型中表面态的作用。该势垒层在居里温度受到铁电极化的补偿作用产生 PTC 效应。

Daniels 模型是对 Heywang 模型的发展，它继承了 Heywang 和 Jonker 模型中受主表面态和铁电补偿的观点。将二维受主表面态扩展到三维空间，且认为受主表面态的本质是钡空位。Daniels 模型可以解释更多的实验现象。如 PTC 效应仅在施主掺杂的 BaTiO$_3$ 基 n 型半导体陶瓷中出现，而用还原法制备的 n 型半导体陶瓷中不存在 PTC 效应；PTC 效应受冷却方式的影响极大；材料的电阻率随施主掺杂浓度的变化呈 U 形。但此模型也有着显著的缺点：该模型认为施主和受主在晶粒和晶界上的分布是均匀的。但实验证明施主和受主在晶界上存在偏析。Daniels 模型还比较完满地解释了陶瓷的 PTC 效应随降温速率影响的现象，实验结果表明当降温速率很慢时，能明显地增强 PTC 效应，而降温速率较快时，PTCR 升阻比下降。这是因为降温速率很大程度上决定了钡空位的扩散程度，从而控制了绝缘层的厚度。当降温速率很慢时，钡空位弥补了大量的施主，形成厚的绝缘层，这就使晶粒表面成为良好的绝缘材料。

(4) Desu 界面析出模型　Desu 等在 1990 年提出了施主缔合电子陷阱的新概念，并以此为基础解释了有的以上模型不能很好解释的现象，是近年来一个较为成功的模型。同 Daniels 的模型相似，Desu 等也认为 PTC 陶瓷晶界是一种 n-i-n 型结构，但不同的是他们认为晶界受主态不仅由受主浓度控制，施主也会与空位缔合形成电子陷阱。研究工作表明施主态浓度很低时会增加半导体电导率，而当施主态密度超过某一临界值（$[D]_{II}$）时，只要动力学条件满足，施主将缔合空位补偿机制产生电子陷阱，如 V_{Ti}（带 3 个负电荷）受主的偏析将进一步增加陷阱浓度。所以对应于 Heywang-Jonker 模型，Desu 模型的表面态包括 V_{Ti}（带 3 个负电荷）和受主态。严格地说，Heywang-Jonker 模型只能适用于居里点以上的顺电相(其电场 E 与极化强度 P 呈线性关系)，而室温下陶瓷为铁电相时，E 与 P 呈非线性关系。在此模型中，载流子浓度的减少归因于电子陷阱的激活而束缚了自由电子。陷阱激活能与极化强度呈函数关系。半导体晶粒附近的高阻晶界层导致高的势垒。当电子从晶粒内部向高阻晶界运动时，就会在晶界处形成空间电荷区域。这样可以用晶界高阻区、空间电荷区以及晶粒尺寸来解释 $BaTiO_3$ 基半导体陶瓷的 PTC 效应和晶界层电容器（IBLC）特性。Desu 模型能带结构示于图 7-18。

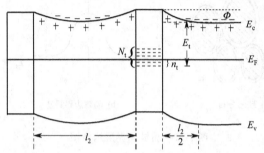

图 7-18　Desu 模型中晶体的能带结构

对于施主杂质，在低浓度时它使电子浓度增加，当超过一定量的时候，施主将被缔合而产生电子陷阱，当其被激活时，由于施主原子提供的载流子可以被束缚在晶界处，这样产生了反极化方向的空间电荷区域。空间电荷区域和晶界电阻层共同限制了试样的电导率。铁电相由于陷阱活化能较高，n_t 与 Φ 相对很小，绝缘区域宽度较窄，所以有效电阻率低。当由铁电状态转变为顺电相态时，陷阱活化能急剧降低，势垒增高，从而产生 PTC 效应。应用该理论可以解释某些材料相变而非铁电相和顺电相转变时也存在着 PTC 效应的现象。这是因为材料在不同铁电相态有不同的半导参数(E_t^0，N_t) 和不同的铁电参数(ε，P) 的缘故。

(5) 叠加势垒模型　Heywang 模型中，势垒高度取决于施主和受主的有效态密度。Daniels 模型认为势垒高度取决于钡空位扩散层的厚度，Daniels 模型中假设晶粒表层的施主全部被钡空位所补偿，在晶粒表层形成了一个本征型绝缘层，晶粒内部仍保持着高的 n 型电导，故在两晶粒间形成 n-i-n 结构，这些假设还有待于进一步研究和探讨。

晶粒表面的施主杂质全部为钡空位补偿的设想缺乏足够的实验依据；而钡空位的扩散，由于受温度和时间的限制，必然从晶粒边界向晶粒内形成一定的分布，钡空位的分布决定了电子载流子的非均匀分布。晶粒表层仍然存在一定程度的 n 型电导，并向晶粒体内逐渐增大。

在 $BaTiO_3$ 半导体陶瓷中，由于晶粒边界上钡空位的形成与扩散，势必造成载流子的非均匀分布，假设钡空位浓度只随着扩散距离 x 变化，那么晶界上钡空位的分布可近似表示为 $V_{Ba}(x)=[V_{Ba}]e^{-x/L_D}$，式中，$[V_{Ba}]$ 为晶界上钡空位的初始浓度；L_D 为钡空位的扩散厚度。与钡空位情况相反，电子浓度则在晶粒表层，由表及里呈指数式增大，如图 7-19 所示。

从上面讨论可见：在 $BaTiO_3$ 半导体陶瓷晶粒表面形成的高阻层不可能是本征型的，它内部仍存在电子的分布，故可认为是比晶粒内部弱得多的 n 型电导层。如果考虑晶粒边界上受主杂质的氧化，以及未来得及扩散而被冻结下来的钡空位等的影响，晶粒表面的受主态仍然需要从晶粒中吸引电子形成表面电荷层。显然这种表面电荷层形成的势垒是叠加在钡空位高阻层之上的，故称为叠加势垒模型，见图 7-20。

假定高阻层的势垒高度为 $e\varphi_0$，则表面势垒及总势垒高度可求解泊松方程得到：

$$\Phi_0 = e^2 N_s^2/(2\varepsilon_0\varepsilon_s N_{b_{eff}}^-) + e\varphi_0 = \Phi_1 + \Phi_2 \tag{7-59}$$

式中，$N_{b_{eff}}$ 为有效施主浓度。

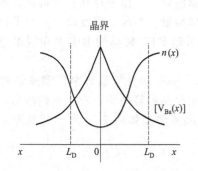

图 7-19　钡空位与电子浓度在晶粒
表层的分布示意图

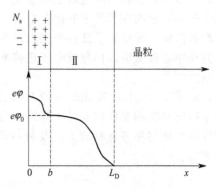

图 7-20　晶界势垒示意图

在正常降温速度条件下，Φ_1、Φ_2 对总势垒高度均有贡献；当降温速度极慢时，钡空位的扩散厚度 L_D 值大，相对于 Φ_2 而言，Φ_1 的高度与宽度均很小，此时 Φ_2 起主导作用；若采取快速降温方式，钡空位的大量形成与扩散均受到限制，此时 Φ_1 将起主导作用。

叠加势垒模型是对 Heywang 模型和 Daniels 模型的综合，可把 Daniels 模型描述的钡空位扩散高阻层及 Heywang 模型描述的表面态势垒层，看作是叠加势垒模型的两种极端情况。

（6）其他 PTC 理论　有些学者在 $BaTiO_3$ 基陶瓷 PTC 材料的研究过程中，还提出了其他的模型来解释 PTC 效应。Kutty 等人提出 PTC 效应是与在 T_c 温度附近带电载流子密度的降低密切相关的。由于单晶中缺少 V''_{Ba} 的 EPR 峰，他们认为 V''_{Ba} 是存在于晶界中的。在 Mn 和 La 共掺杂的 $BaTiO_3$ 陶瓷材料中，他们发现在 T_c 以下，Mn 是以 Mn^{3+} 形式存在的，而在 T_c 以上，是以 Mn^{2+} 形式存在。因此，在 T_c 以上的 Mn 作为电子陷阱而存在，降低了 N_d 从而提高了 PTC 效应。Kutty 等人认为这是由于很小的 Mn 离子浓度 ［$<0.1\%$（原子分数）］使得 Mn 不会发生晶界偏析而是溶解在晶粒之中。目前仍不是很清楚为什么在 Mn 掺杂的试样中，Mn 的浓度远小于施主浓度的 1/10，但却能够明显地影响电子载流子浓度，导致产生巨大的电阻突变，形成 PTC 效应。

通过计算晶粒内和表面缺陷的能量，Lewis 等提出了另一种关于 PTC 效应的模型。他们发现施主杂质在晶粒中具有很低的能量。对于以低价状态存在的受主物质有强烈的偏析倾向。要不是高的氧化状态，晶粒内和表面能级将没有什么差别；而且，取代 Ti 位的受主杂质原子跃迁激活能是很高的。因此，在晶界区域施主逐渐耗尽，而留下了富集受主的层面，形成了 n-i-n 结和 PTC 效应。然而根据最近 Chiang 等人对偏析的研究，在晶界区域受主缺陷的特殊分布与宽度为 b 的电子耗尽层相比可以忽略。因此，由于偏析所产生的受主层可以在 Heywang 模型中仍采用二维来表示。

Payne 同样提出了 n-i-n 模型，他们认为施主在晶界发生偏析。如果晶界的受主浓度超过了临界水平，这种补偿机制将由电子补偿转变为空位补偿，因此就在晶界产生绝缘层。这个模型在解释非平常的电导率和晶粒尺寸上很具有说服力，但是在解释其他区域时却是不完备的。

20 世纪 80 年代，日本学者 Nemoto 等人通过对 PTC 半导体陶瓷的晶界进行直接检测提出了捕获中心激活模型，他们认为 PTC 效应仅取决于晶界，即使在居里温度以下，材料的晶界电阻也比晶粒电阻高，可以肯定无论在居里温度以上或在居里温度以下，PTC 陶瓷材料的电阻主要取决于晶界电阻。在 PTC 陶瓷材料的晶界中存在陷阱能级(捕获中心)，陷阱有可能是富集在晶界上的过渡金属受主杂质和钡空位。PTC效应不是由于晶界势垒高度的变化引起的，它与在晶界上的捕获中心有关。在居里温度以下，由于存在自发极化，捕获中心很难被激活，导带电子迁移率很大，导致材料电阻率很低。在居里温度以上，自发极化消失，捕获中心被激活，使导带电子迁移率大大降低，引起PTC材料的电阻率在居里点附近异常增大。

1994年，Markus Wollman和Rainer Waser提出了一种双肖特基势垒模型来解释晶界空间电荷层厚度的变化和电极化对外电场的弛豫等因素对晶界势垒的影响。他们指出，耗尽层厚度的变化与制备材料的工艺及材料的组分相关。晶界势垒如图7-20所示，晶界势垒的表达式为：

$$\Phi = \frac{e_0 [A(x)] d^2}{8\varepsilon\varepsilon_0} \tag{7-60}$$

式中，$A(x)$为与晶界空间电荷层厚度相关的变量，材料不同，$A(x)$也不同；e_0为一常数；d为晶粒的平均粒径。

7.1.3.3 正温度系数热敏电阻材料及其应用

(1) 概述 正温度系数热敏电阻元件常称为PTC热敏电阻，是指热敏电阻的电阻值随温度升高而增大。如图7-3所示，在较低温度时PTC材料的电阻率随温度的升高而减小，当其温度为T_{p_1}时，其电阻率最小，温度继续升高，达到T_b温度时，电阻率急剧增大，这是由于材料的微观结构开始产生变化，致使R-T曲线上产生转折，即由负温度系数变为正温度系数。当温度高于T_{p_2}温度时，对开关型正温度系数陶瓷热敏电阻来说，在一个很窄的温度区间内，其电阻率可急剧增高$10^2 \sim 10^8$倍。因此，该T_{p_1}和T_b是表征正温度系数热敏电阻的重要参数。它的意义是该热敏电阻器呈现正温度系数的温度。经有关资料和验证，T_b温度与居里温度T_c有关系，但它不同于居里温度T_c。实验证明一般T_c高于T_{p_1} 10～20℃。当温度达T_{p_1}点以后，随着温度再升高，电阻温度系数达到一最大值，也就是说在曲线上斜率最大的一点所对应的温度为T_c。然后，温度再继续升高，R-T曲线上的斜率减小，R-T曲线上发生弯曲，此时电阻的温度系数迅速减小。当温度达到T_{p_2}时，PTC材料的电阻率达到最大。当温度超过T_{p_2}以后，电阻率就随着温度的升高而下降。所以，正温度系数热敏电阻应工作在温度$T_{p_1} \sim T_{p_2}$之间的温度范围内，因此要求$T_{p_1} \sim T_{p_2}$的范围（ΔT）越小越好；ΔT越小；可使开关型PTC热敏电阻的灵敏度越高。

PTC热敏电阻广泛应用于电子工业、医疗卫生、家用电器、机械、能源、生物工程、食品工业、石油气化等，主要应用于自控温加热、过电流保护、温度检测和温度补偿等方面。

(2) PTC陶瓷材料半导化和应用 利用PTC陶瓷材料制备的热敏电阻根据不同的应用要求具有不同的室温电阻值。例如彩色电视消磁用的PTC热敏电阻所用材料的室温电阻率应低于$50\Omega \cdot cm$。用于加热器的PTC热敏电阻陶瓷材料的室温电阻率根据不同的应用，一般为$10 \sim 10^5 \Omega \cdot cm$。PTC热敏电阻的室温电阻值$R_{25}$与该材料的常温电阻率相对应。它还取决于PTC热敏电阻自体的几何尺寸大小。通过改变产品的几何尺寸可得到一定要求的PTC热敏电阻的室温电阻值。应注意的是热敏电阻的几何尺寸变化会带来耗散系数、时间常数、耐压参数等的变化，因此用调整几何尺寸来调节常温时阻值是有限的。必须从应用的要求研制和生产具有不同室温电阻率的PTC热敏电阻陶瓷材料，其关键在于实现$BaTiO_3$陶瓷材料的半导化，即根据需要改变材料的室温电阻率。$BaTiO_3$基PTC热敏电阻陶瓷材料的半导化常采用强制还原半导化和施主掺杂半导化的机理实现。

强制还原半导化是在 $BaTiO_3$ 陶瓷高温烧结过程中，通入还原气体，还原气氛与瓷体中的一部分氧在高温低氧分压条件下发生反应，在 $BaTiO_3$ 陶瓷中形成大量氧空位。为保持电中性，氧空位俘获的电子为周围的 Ti^{4+} 所共有，即使部分 Ti^{4+} 成为 Ti^{3+}。氧空位俘获的这些电子活化能很低，处于禁带中距导带很近的施主能级上，很容易受电场、光和热等的激发作用下跃迁到导带，成为电子载流子，使陶瓷的电子载流子浓度增大，电阻率降低，成为 n 型半导体。强制还原半导化机制可用下式表达：

$$Ba^{2+}Ti^{4+}O_3^{2-}+xCO \longrightarrow Ba^{2+}Ti_{1-2x}^{4+}(Ti^{4+}\cdot e^-)_{2x}O_{3-x}^{2-}xV_O''+xCO_2\uparrow \qquad (7\text{-}61)$$

施主掺杂半导化是用离子半径与 Ba^{2+} 相近的三价离子（如 La^{3+}，Ce^{3+}，Y^{3+}，Sb^{3+} 等）置换 Ba^{2+}，或用离子半径与 Ti^{4+} 相近的五价离子（如 Nb^{5+}，Ta^{5+}，Sb^{5+} 等）置换 Ti^{4+}，容易变价的 Ti^{4+} 将俘获电子成为 Ti^{3+}，以保持晶体结构的电中性，而 Ti^{3+} 不稳定，实际为 $[T^{4+}\cdot e^-]$，该弱束缚的电子处于禁带中的施主能级上，很不稳定，容易受电场、光和热等的激发作用下跃迁到导带，成为电子载流子，使陶瓷的电子载流子浓度增大，电阻率降低，成为 n 型半导体。施主掺杂浓度应严格控制在一个狭窄的范围内，超过一定的限度，随着掺杂量的提高，陶瓷材料的电导率将会显著下降。施主掺杂半导化的机制可用下式表达：

$$BaTiO_3+x\,La^{3+} \longrightarrow Ba_{1-x}^{2+}La_x^{3+}\,Ti_{1-x}^{4+}(Ti^{4+}\cdot e^-)_xO_3^{2-}+x\,Ba^{2+}$$

$$BaTiO_3+x\,Nb^{5+} \longrightarrow Ba^{2+}Ti_{1-2x}^{4+}(Ti^{4+}\cdot e^-)_x\,Nb_x^{5+}O_3^{2-}+x\,Ti^{4+}$$

这类高价杂质，称为施主掺杂物。所谓半导化，实际是在氧化物晶体材料的禁带中引入一些浅的附加能级，即施主能级或受主能级。一般施主能级多数靠近导带底部，受主能级多数靠近价带顶部，施主能级的电子活化能很小，室温下就可以受到热激发成为电子载流子，陶瓷成为 n 型半导体。

(3) $BaTiO_3$ 的 PTC 效应理论解释　$BaTiO_3$ 基陶瓷材料的 PTC 效应与该材料的铁电性和晶界直接相关，其电阻率随自体温度的突变与居里温度 T_c 相对应。研究发现，这种电阻率突变的 PTC 效应在 $BaTiO_3$ 单晶中并没有发现，所以，正因为 $BaTiO_3$ 基 PTC 陶瓷材料的结构与 $BaTiO_3$ 单晶不同，与 $BaTiO_3$ 基陶瓷介质材料也不同，所以 PTC 效应是由 $BaTiO_3$ 基 PTC 陶瓷材料具有的半导化的晶粒和适当绝缘的晶界这种特殊结构决定的。

由海旺模型可知，势垒高度 Φ_0 与有效介电常数 ε_{eff} 成反比。当温度低于居里温度时，ε_{eff} 约为 10^4，因此 Φ_0 很小。当温度超过居里温度时，平均电阻率以 $e^{\Phi_0/(KT)}$ 倍增加，即

$$\rho\approx\rho_u e^{\Phi_0/(KT)}$$

由于 ε_{eff} 遵守居里-外斯定律，所以在高于居里温度 T_c 时，由于自发极化逐渐消失，ε_{eff} 随温度升高而减小，Φ_0 逐渐增大，导致材料的电阻率增加若干个数量级，较简单地解释了 $BaTiO_3$ 基陶瓷材料的 PTC 效应。

(4) 施主掺杂使居里温度改变的规律　不同的应用要求 $BaTiO_3$ 基 PTC 热敏电阻陶瓷材料具有不同的居里温度，如不同的加热应用要求该材料应具有不同的居里温度，有些应用是在电子设备和电路作为自动过电流保护电阻，使用的 $BaTiO_3$ 基 PTC 热敏电阻陶瓷材料也应具有相应的居里温度等，都要求 $BaTiO_3$ 基 PTC 热敏电阻陶瓷材料的居里温度进行必要的相应调整，使其居里温度向低温或高温移动以适合实际应用的要求。

一般采用其他金属离子置换 Ti 离子或 Ba 离子来调整 $BaTiO_3$ 基 PTC 热敏电阻陶瓷材料的居里温度。如常用 Sr^{2+} 置换 Ba^{2+}、用 Sn^{4+} 或 Zr^{4+} 置换 Ti^{4+}，可使材料的居里温度向低温移动，Sr^{2+}、Sn^{4+} 或 Zr^{4+} 的平均居里温度移动率分别为 $-2.5\,℃/\%$（摩尔分数）、$-7.5\,℃/\%$（摩尔分数）、$-4\,℃/\%$（摩尔分数）。采用 Pb^{2+} 置换 Ba^{2+}，使材料的居里温度向高温移动，平均移动率为 $4\,℃/\%$（摩尔分数）。图 7-21、图 7-22 分别是采用 Sr^{2+}、

Pb^{2+} 置换 Ba^{2+}，材料的电阻率与温度的关系。其中图 7-21 表示的瓷料的化学式为：$Ba_{0.999-x}Sr_xCe_{0.001}TiO_3$，其中 x 为 Sr 的加入量，图中的数字 1～7 表示的 x 分别为：0、0.06、0.10、0.20、0.30、0.40 和 0.50，↓ 表示 T_c 的位置。

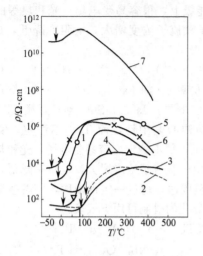

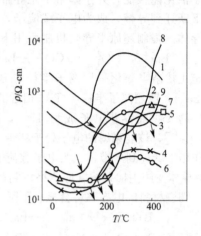

图 7-21 添加 Sr^{2+} 降低 $BaTiO_3$ 的居里温度　　　图 7-22 添加 Pb^{2+} 提高 $BaTiO_3$ 的居里温度

从图 7-21 可看出，随 x 增加，T_c 向低温移动，室温电阻率也改变。当 $x=0.5$ 时材料的室温电阻率提高很大。图 7-22 表示的瓷料的化学式为：$Ba_{0.999-x}Pb_xCe_{0.001}TiO_3$，其中 x 为 Pb 的加入量，图中的数字 1～9 表示的 x 分别为：0.005、0.01、0.02、0.05、0.10、0.20、0.30、0.50 和 0.60，↓ 表示 T_c 的位置。以 Sr 取代量 x（摩尔分数）为横坐标，其相应的居里温度为纵坐标，给出 x 与 T_c 的线性关系，如图 7-23 所示。

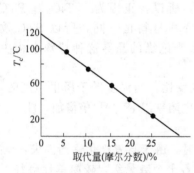

图 7-23 居里温度与取代量的关系

（5）PTC 热敏电阻的瓷料配方的讨论　为了方便，这里以具体 PTC 热敏电阻的配方为例进行讨论，该具体配方如下：$Ba_{0.94}Pb_{0.02}Ca_{0.04}TiO_3 + 0.0011Nb_2O_5 + 0.07\%$（摩尔分数）$Sb_2O_3 + 0.04\%$（摩尔分数）$MnO_2 + 0.5\%$（摩尔分数）$SiO_2 + 0.167\%$（摩尔分数）$Al_2O_3 + 0.1\%$（摩尔分数）$Li_2CO_3$。

实验表明，该配方中各加入物的作用如下：以 $BaTiO_3$ 为主晶相；配方中通过加入 Pb^{2+} 使瓷料的居里温度提高；Nb_2O_5 作为施主加入物，在高温烧结时，Nb^{5+} 进入晶格 Ti^{4+} 的位置，使瓷料的电阻率降低，实现瓷料的半导化；加入 SiO_2、Al_2O_3 形成晶粒间的玻璃相，吸收瓷料中的有害杂质，促进瓷料的半导化，并抑制晶粒生长，减少居里温度以上瓷料的电阻率对电压的依赖；MnO_2 作为受主加入物，可适当提高瓷料的电阻率、提高瓷料的升阻比和电阻的温度系数；Sb_2O_3 或 Bi_2O_3 起到施主加入物和使晶粒细密的作用；微量的 Li_2CO_3 可增加瓷料在 PTC 温区内的电阻率变化范围和影响材料的耐电压性能；加入 Ca^{2+} 可控制晶粒生长使材料的电阻率有较大的增大幅度。按生产 PTC 热敏电阻的工艺条件制得的 PTC 陶瓷的粒径约 $10\mu m$，α 为 22%/℃，室温电阻率为 $50\Omega \cdot cm$。下面主要讨论配方中各加入物的加入量和工艺条件对瓷料性能的影响。

① 调整 Ca^{2+} 的置换量。当工艺条件不变，Ca^{2+} 的置换量改变对晶粒直径，电阻率 ρ_V，以及电阻温度系数的影响如图 7-24 所示，其中 Ca^{2+} 置换量为 0%（摩尔分数）及 4%（摩尔分数）时，该 PTC 陶瓷的平均粒径、室温电阻率和电阻温度系数列于表 7-1。

图 7-25 为 Ca^{2+} 置换量对 R-T 特性的影响。

由表 7-1、图 7-24 和图 7-25 可看出：随着 Ca^{2+} 置换量增加，陶瓷中主晶相的平均粒径减小，ρ_V 及 α 增大，但 Ca^{2+} 置换量超过一定量后，α 则随着 Ca^{2+} 置换量增加而下降。Ca^{2+} 置换量为 4%（摩尔分数）时，平均粒径及 ρ_V 虽然较小，但 α 最大。该瓷料烧成的 PTC 材料的体积密度为 $6.03g/cm^3$，气孔率为 4.43%，吸水率为 0.77%。当 Ca^{2+} 的置换量为 2%（摩尔分数）、4%（摩尔分数）和 6%（摩尔分数）时，α 的大小几乎不变，Ca 置换量为 6%（摩尔分数）时，电阻率的变化幅度减小。

表 7-1　Ca^{2+} 置换对 PTC 陶瓷的平均粒径、ρ_V 和 α 的影响

Ca^{2+} 置换量（摩尔分数）/%	平均粒径/μm	$\rho_V/\Omega \cdot cm$	$\alpha/(\%/℃)$
0	40	40	18
4	10	50	22

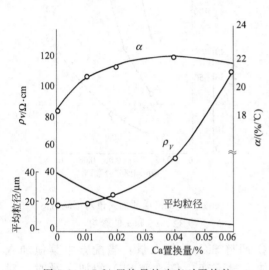

图 7-24　Ca^{2+} 置换量的改变对平均粒径、ρ_V 和 α 的影响

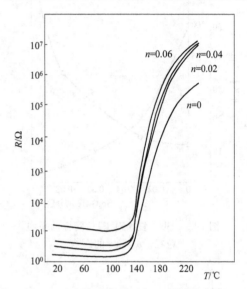

图 7-25　Ca^{2+} 置换量对 R-T 特性的影响

② 调整 Sb^{3+} 的置换量。配方中 Sb_2O_3 具有抑制晶粒生长的作用。当工艺条件不变，Sb^{3+} 的置换量对晶粒的直径、电阻率 ρ_V 以及电阻温度系数的影响如图 7-26 所示，其中 Sb^{3+} 置换量为 0%（摩尔分数）、0.06%（摩尔分数）和 0.1%（摩尔分数）时，PTC 陶瓷的平均粒径、室温电阻率和电阻温度系数列于表 7-2。由表 7-2 和图 7-26 可知，当 Sb_2O_3 的加入量超过 0.06%（摩尔分数）时，α 和平均粒径也减小。

表 7-2　Sb^{3+} 置换量对 PTC 陶瓷的平均粒径、ρ_V 和 α 的影响

Sb^{3+} 置换量（摩尔分数）%	平均粒径/μm	$\rho_V/\Omega \cdot cm$	$\alpha/(\%/℃)$
0	100	25	22
0.06	10	50	22
0.1	3	150	20

③ 调整 MnO_2 的加入量。Mn 离子使 PTC 的电阻温度系数 α 较快增大，同时材料的室温电阻率 ρ_V 也较快增大，如图 7-27 所示。MnO_2 的加入量增加时，平均粒径及室温电阻率 ρ_V 随着增大。当 MnO_2 加入量为 0.07%（摩尔分数）时，ρ_V 急剧增大。α 随 MnO_2 量增加也增大，MnO_2 加入量为 0.05%（摩尔分数）时 ρ_V 最大，当 MnO_2 的加入量超过 0.07%（摩尔

分数）时，α 值却有所下降。应该看到锰离子加入量适当时，可使材料的 α 较快增大，同时又可与晶体固溶，起到与施主加入物 Nb 离子的补偿作用，使材料的 ρ_V 增大。因此，应根据应用的需要，从使 PTC 材料应具备的性能出发，加入适当量的 MnO_2。在加入 Mn 离子的同时，瓷料中有 SiO_2 时，在烧成过程中 Mn 离子可抑制 SiO_2 在晶粒内的固溶，使 PTC 材料的 α 增大，同时，可使 PTC 材料的 ρ_V 减小。Mn 离子的价数和加入方式对 PTC 热敏电阻材料性能的影响和作用很重要。不同价锰氧化物和加入方式对 PTC 性能的影响示于图7-28。各种价的 Mn 对升阻比（ρ_{max}/ρ_{min}）的影响不大。

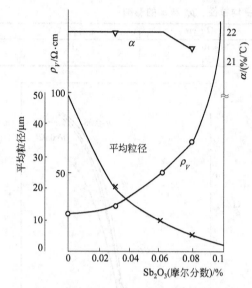

图 7-26　Sb^{3+} 置换对 PTC 陶瓷的平均
粒径、ρ_V 和 α 的影响

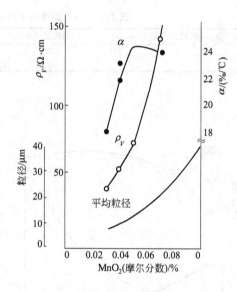

图 7-27　MnO_2 的加入量对平均粒
径、ρ_V 和 α 的影响

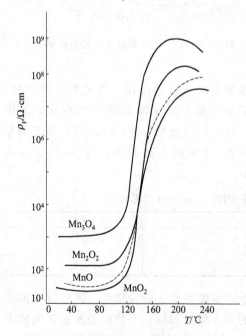

图 7-28　不同价锰氧化物对 $BaTiO_3$ 基
PTC 材料特性的影响

④ 调整 SiO_2 的加入量：当配方中其他加入物的加入量不变，仅改变 SiO_2 的加入量时，对 PTC 材料的平均粒径、ρ_V 和 α 值影响示于图7-29。由图可知，当 SiO_2 加入量为 0.5％（摩尔分数）时，PTC 材料的平均粒径、ρ_V 和 α 值较好。

⑤ 调整 Al_2O_3 的加入量：当配方中其他加入物的加入量不变，仅改变 Al_2O_3 的加入量时，对 PTC 材料的平均粒径、ρ_V 和 α 值影响示于图7-30。Al_2O_3 加入量为 0.167％（摩尔分数）时，粒径为 $10\mu m$。Al_2O_3 加入量增加，平均粒径也变大。Al_2O_3 加入量小于 0.167％（摩尔分数）时，ρ_V 随 Al_2O_3 加入量的增加而急剧降低，加入量为 0.167％（摩尔分数）时，ρ_V 最小。α 在 Al_2O_3 加入量为 0.0835％（摩尔分数）时开始上升，加入量为 0.5％（摩尔分数）时，α 为 22％/℃。Al_2O_3 的加入量通常为 0.167％（摩尔分数）。

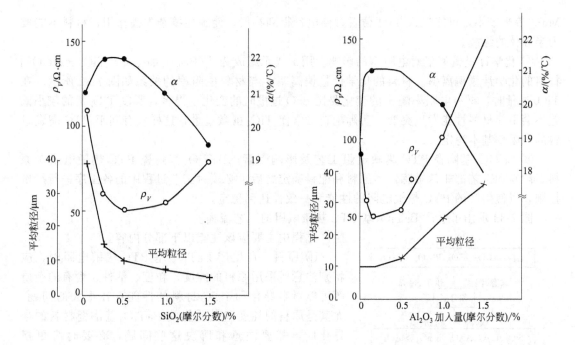

图 7-29　SiO_2 加入量对平均粒径、ρ_V 和 α 的影响　　　图 7-30　Al_2O_3 加入量对平均粒径、ρ_V 和 α 的影响

⑥ 调整 Li_2CO_3 的加入量：当配方中其他加入物的加入量不变，仅改变 Li_2CO_3 的加入量时，对 PTC 材料的平均粒径、ρ_V 和 α 值影响示于图 7-31。Li_2CO_3 的量对 PTC 材料的平均粒径的影响不大。当 Li_2CO_3 的加入量超过 0.1%（摩尔分数）时，材料的 ρ_V 急剧增大，而 α 最大。

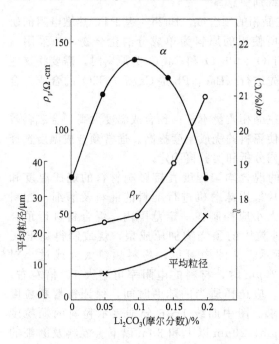

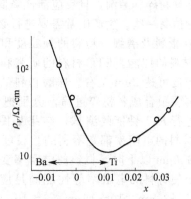

图 7-31　Li_2CO_3 加入量对平均粒径、ρ_V 和 α 的影响　　　图 7-32　化学计量偏离率与电阻率的关系

特别应该注意的是：Mg^{2+} 等对 $BaTiO_3$ 基 PTC 热敏电阻陶瓷材料起着破坏半导化和降低特性的作用，当配料中含有较多的 Mg^{2+}，$BaTiO_3$ 基陶瓷材料可能成为绝缘体。这是由于

Mg^{2+} 等半径小，可能进入 Ti^{4+} 位置，使电价得到补偿，使施主掺杂失去作用，材料不能成为半导体的缘故。

⑦ 化学计量偏离率对电阻率的影响。用 x 表示组成为 $[(Ba_{0.988}Ce_{0.002})\,TiO_3 \pm xTiO_2]$ 材料的化学计量偏离率。材料的化学计量偏离率 x 与材料电阻率的关系如图 7-32 所示。在 TiO_2 过量时，材料电阻率随 x 的变化要比 BaO 过量时的变化小得多，所以 TiO_2 量的较小偏差不会引起材料性能发生突变。实际配料时常使 TiO_2 稍微过量，这样较有利于 PTC 陶瓷材料的电阻率基本稳定。

⑧ $BaTiO_3$ 基陶瓷 PTC 热敏电阻工艺及影响因素。$BaTiO_3$ 基陶瓷 PTC 热敏电阻对原料、配料和工艺都非常敏感，当原料和配料确定之后，必须对工艺过程中的各工序进行严格控制，以使生产的 PTC 热敏电阻的性能和一致性达到稳定。

图 7-33 示出了生产 $BaTiO_3$ 基 PTC 热敏电阻的工艺流程。

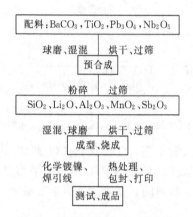

图 7-33 $BaTiO_3$ 基 PTC 热敏电阻的生产工艺流程图

生产过程中主要应该注意以下部分内容。

① 原料。在生产 $BaTiO_3$ 基 PTC 热敏电阻时，应特别注意所采用原料的纯度、粒度、活性、含有的杂质等可能对半导化和 PTC 材料的性能存在很大的问题。尤其是原料的纯度和杂质影响 $BaTiO_3$ 基陶瓷材料的半导化时，需要注意和解决这些问题，必要时应更换原料。

② 配料。$BaTiO_3$ 基 PTC 热敏电阻的性能对施主掺杂的浓度及其分布是否均匀很敏感，配料中施主杂质的加入量和加入方式对材料的性能和各参数的重复性影响很大，应特别注意。

③ 主晶相的预合成。$BaTiO_3$ 基 PTC 热敏电阻的研究和生产所使用的原料为单成分的化合物，如采用 $BaCO_3$、TiO_2、Pb_3O_4 和 $CaCO_3$ 为原料时，需要将这些原料按配方称料，将施主加入物同时配入，预先进行 $(Ba_{0.93}Pb_{0.03}Ca_{0.04})\,TiO_3$ 的合成。合成料经磨细后，再配入其他原料。

合成料的预合成温度太低，反应不充分，主晶相质量不好；预合成温度太高，合成料较硬，不易粉碎和磨细，且反应活性降低，往往使瓷料的烧成温度提高。通常预合成温度选择比理论值高一些。生产中常需要进行必要的结构分析和实验再确定。

④ 混料及磨细。粉料的颗粒度和各组成的混合均匀程度直接影响材料的烧成温度和 PTC 材料的性能。PTC 材料的研究和生产中常采用球磨机进行配料的混料及磨细，配料的颗粒度可达 $2\mu m$ 左右。球磨粉料的颗粒度大小应控制在一定范围内，混合料进行预合成，再将预合成料粉碎过筛，分别把含有各种粒度的预烧物加压成型，烧成制得的 PTC 样品进行 R-T 性能的测试，结果如图 7-34 所示。从图中可见，粉料颗粒太大或过小对 PTC 材料的电阻率都是不利的。粒度在 $15\sim20\mu m$ 时，材料的电阻率可增大 10^5 倍左右；粒度在 $3\mu m$ 以下时，材料的电阻率变化较小。应选择适当的球磨时间，保证粉料颗粒度的大小使材料的电阻率等性能满足应用的要求。图中曲线 $1\sim6$ 分别表示粉料的颗粒度为：$15\sim20\mu m$、$10\sim15\mu m$、$6\sim10\mu m$、$3\sim6\mu m$、$20\mu m$ 以上和 $3\mu m$ 以下。混料及磨细的过程中还应注意防止球磨内衬和磨球的磨损可能造成对混合料的污染和对瓷料性能的危害。

⑤ 掺杂过程方式

a. 加入过程：将化学式为 $(Ba_{0.77}Sr_{0.23})\,TiO_3 + 0.0011Nb_2O_5 + 0.01TiO_2$ 的物料加入

MnO_2、Sb_2O_3、Li_2CO_3、SiO_2、Al_2O_3 等氧化物，预烧前、后配入时，PTC 材料的特性比较示于表 7-3。

表 7-3　PTC 材料的特性比较

项目	$\rho_{25}/\Omega \cdot cm$	$\alpha/(\%/℃)$	升阻比 (R_{max}/R_{min})	耐电压强度/(V/mm)
预烧前配入	40～50	14～15	1×10^5	160
预烧后配入	40～50	18～20	1×10^7	250

b. 配入方式：这里以 Mn 的添加物配入方式了解对材料性能的影响。Mn 的加入量非常少，将不同 Mn 的微量的添加物与其他原料混合均匀很不容易。如 Mn 以 Mn（NO_3）$_2$ 溶液的方式配入，将 Mn（NO_3）$_2$·$6H_2O$ 用纯水稀释至 1mol/L，同时用移液管移取需要的量，将原料粉末及蒸馏水和 Mn（NO_3）$_2$ 溶液放入球磨罐中，进行湿式混合，浓度低于 0.1mol/L 的 Mn（NO_3）$_2$ 发生水解，生成 MnO（OH）。浓度高时，部分 Mn（NO_3）$_2$ 与原料 $BaCO_3$ 发生反应，生成 $MnCO_3$ 微粒状沉淀物。这种湿式球磨混合方法可使 Mn 与其他配入的原料混合均匀，可提高产品的一致性。

⑥ 烧成工艺。烧成工艺是工艺过程中最关键的工序。在烧成工艺中，陶瓷材料发生一系列的化学反应和物理变化，如坯件致密化、瓷体的半导化、晶粒生长和晶界再氧化等现象。烧成温度的高低对 PTC 材料的 ρ、α 及平均粒径的影响示于图 7-35。

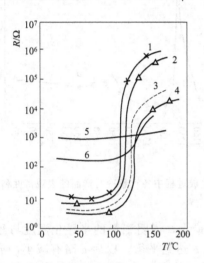

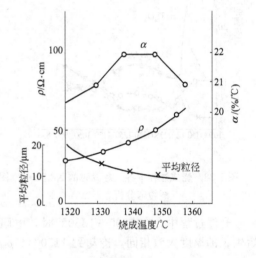

图 7-34　粉末颗粒度对 PTC　　　图 7-35　烧成温度对材料的 ρ、α 及
材料 R-T 特性的影响　　　　　　　平均粒径的影响

由图可看出，烧成温度高时，粒径较小，α 在 1340～1350℃ 为 22%/℃。对讨论的基础配方来说，烧成温度 1350℃ 为好。不同配方组成的最佳烧成温度也不同，应该通过系列实验和瓷料应具有的性能来确定具体的烧成温度。

一般，烧成工艺制度在低温阶段升温速度控制在 300～400℃/h，在这阶段中，随着温度升高，坯体中的水分和黏合剂基本排除，颗粒间开始互相接触。物理吸附水一般可在 200℃ 以前逐步排除，有机黏合剂可在 200～550℃ 排完。结晶水或结构水及盐类的分解温度和过程，常采取失重试验和差热分析等综合分析来确定，如在 $BaTiO_3$ 中加入 SiO_2、Al_2O_3、TiO_2 的差热分析如图 7-36 所示。升温过程中在 1230℃ 和 1290℃ 附近有一个小吸热峰，在冷却过程中在 1150℃ 附近有一个较宽的放热峰。图 7-37 为相同组成条件下的烧成制度曲线。以约 600℃/h 的速度进行冷却，烧成过程中各点急冷时的 X 射线粉末分析测试结果如图7-38

所示。该图表示，把 5% 的 TiO_2 与 $BaTi_2O_5$、$BaTiSiO_5$、$BaAl_2SiO_8$ 混合，测定相对峰的强度并比较 $BaO\text{-}TiO_2$ 系及 $BaTiO_3$、SiO_2 系，从图 7-36 可看到，在 1230℃ 和 1290℃ 存在吸热峰，这主要是 $BaTiSiO_5$、$BaTi_2O_5$（同时也有 $BaAl_2O_8$）的熔融，若温度再高，本身变为钙钛矿相并产生更多的液相。

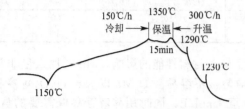

图 7-36　加入 SiO_2、Al_2O_3 及 TiO_2 的差热分析

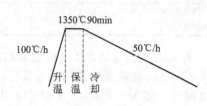

图 7-37　烧成曲线

冷却过程中，在 1150℃ 和 950℃ 的相对强度相比，可看出，$BaTi_2O_5$ 以及 $BaAlSiO_5$ 的相对强度增加，$BaAl_2Si_2O_8$ 的相对强度减小。图 7-39 示出了烧成过程中产品的表观密度和电阻率的变化情况。

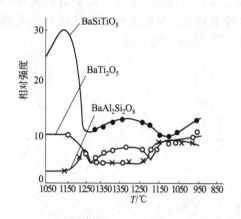

图 7-38　烧成过程中各点急冷时的 X 射线粉末分析

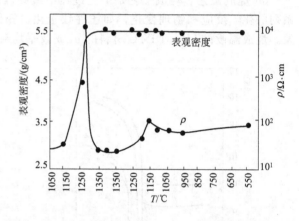

图 7-39　烧成过程中各点急冷时产品的表观密度和电阻率

升温过程中，在 1300～1350℃ 时，电阻率变化最大，说明瓷料的半导化温度与晶粒开始生长的温度大致相同。冷却到 1150℃、ρ_{max}/ρ_{25} 及 α 达到平衡。以后 α 略有减小，再后保持平衡状态。此时 PTC 材料的升阻比随冷却的温度 1250～1150℃ 快速增大，到 1150℃ 时几乎不再变，如图 7-40 所示。

由图 7-40 可以看出，烧成制度对 PTC 陶瓷的显微结构以及晶粒的半导化等有很大影响。合理的烧成制度关系材料半导化的程度、晶界势垒形成、瓷体致密均匀性及材料宏观电性能等参数。实验和理论分析证明，$BaTiO_3$ 基陶瓷 PTC 材料的性能对烧结工艺非常敏感，烧结温度、保温制度、降温速率以及冷却保温时间等烧成条件，都能显著地影响 $BaTiO_3$ 基陶瓷的 PTC 特性。

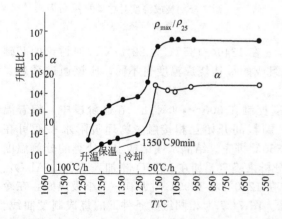

图 7-40　烧成过程中各点急冷时产品的升阻比

烧成工艺直接影响 PTC 材料的 ρ、α、平均粒径和产品的性能。可见，PTC 陶瓷材料的烧成制度，尤其是升温速度、烧成温度及保温时间、烧成气氛和冷却速度等的确定和控制必须严格。这里对烧成制度中的几个关键部分简单归纳如下。

① 烧成温度。对以 $Ba_{0.998}Ce_{0.002}TiO_2$ 为主成分的 PTC 瓷料，在 1360℃ 以前，随着温度的升高，材料的电阻率快速降低，在 1360℃ 保温 20min 时，材料具有较低的电阻率。当温度高于 1360℃ 时，材料的电阻率反而增大。若烧成温度提高到 1390℃ 时，材料的电阻率明显增大。烧成温度不同，材料的电阻率也不同，$BaTiO_3$ 系 PTC 热敏电阻陶瓷材料的烧成温度与 PTC 材料室温电阻率的关系如图 7-41 所示。根据 PTC 材料的配方组成和材料应具有的室温电阻率来选择适当的烧成温度和保温时间。

图 7-42 为同一 PTC 材料的配方和工艺条件，仅烧成温度不同时，材料的 ρ_{25} 与烧成温度的关系。图中的曲线 A、曲线 B 和曲线 C 表示的烧成温度分别为 1350℃、1375℃ 和 1400℃，保温时间均为 1h。可见烧成温度对材料的室温电阻率的影响非常大。

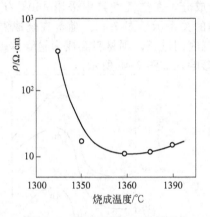

图 7-41 烧成温度与 ρ 的关系

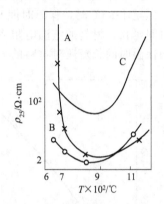

图 7-42 烧成温度与 PTC 材料的 ρ_{25} 的关系

② 升温速度和冷却速度。升温速度应根据具体材料和材料应具有的性能确定。一般升温速度不是一个，根据要求分为几段，分别采取不同的升温速度。如采用干压成型的坯件，经过排胶后，从室温至 1100℃ 以前，升温速度可确定为 300～400℃/h。升温阶段影响 PTC 材料性能的关键温区为 1150℃～$T_{烧结}$，晶粒在该温区开始生长，一般要快速升温。从 1150℃ 左右→烧结温度，升温速度可确定为 500～600℃/h。这时升温速度加快，可使材料的电阻率降低。升温速度与材料的电阻率的关系如图 7-43 所示。为避免晶粒的异常长大，在烧成温度下应进行适当保温，有助于晶粒充分半导化和降低室温电阻率。但保温时间过长，会造成晶粒不均匀生长、孪晶及晶粒间第二相杂质的过度析出，这些对陶瓷的降低室温电阻率和提高耐电压性能均不利。降温冷却阶段对材料的 PTC 性能的影响也是很重要的，虽然在高温烧结阶段，晶相反应、扩散运动、区域液化、缺位形成等各种反应都会发生，但晶界层尚未固化定型，晶界势垒也没有真正形成。一般，降温速度在 150℃/h 左右较为合适。若从烧结温度直接急冷，材料的 PTC 效应一般不太明显。但是，降温速度太慢，钡缺位扩散层会向晶粒内延伸，导致晶界势垒迅速提高，导致陶瓷材料的室温电阻率增大。降温阶段在 1150～1200℃ 之间应进行适当保温，有利于锰在晶界的均匀分布，有利于提高陶瓷材料的 PTC 效应。如采用干压成型的坯件，未经过排胶，则升温速度应考虑低温时需要排除水分和黏合剂，升温速度应适当放慢（请参考第 2 章排黏合剂工艺）。

不仅升温速度对 PTC 材料的性能有明显的影响，冷却速度对材料性能的影响也很大，如图 7-44 所示。

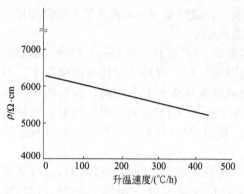

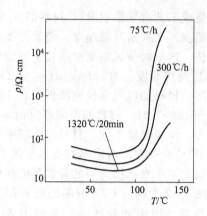

图 7-43　升温速度与 PTC 材料电阻率的关系　　　　图 7-44　冷却速度对材料 ρ-T 特性的影响

③ 保温时间。以 $Ba_{0.600}Sr_{0.397}La_{0.003}TiO_2$ 为主成分,在空气气氛中采用 $460℃/h$ 的升温速度升温至 $1395℃$ 时,保温时间与材料的电阻率的关系示于图 7-45。随着在烧成温度时的保温时间延长,材料的室温电阻率逐渐增大,保温时间过长,则材料会成为绝缘体。烧成温度时的保温时间长短还对材料的 ρ-T 特性有明显影响,如图 7-46 所示。

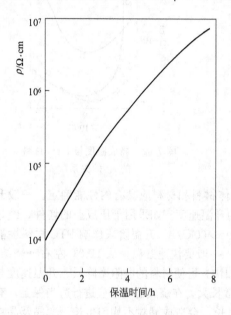

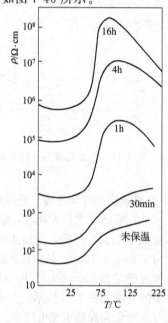

图 7-45　保温时间与材料电阻率的关系　　　　　图 7-46　保温时间对材料的 ρ-T 特性的影响

④ 气氛的影响。在不同的气氛条件下进行烧成或冷却,对 PTC 材料的电阻率影响很大。如 PTC 热敏陶瓷材料的烧成工艺是在 N_2 中进行冷却的,材料的室温电阻率可降低,但材料的升阻比却会显著降低,甚至失去 PTC 特性。图 7-47 为冷却气氛对 PTC 材料 ρ-T 特性的影响。由图可见,在氧气中烧成时,PTC 陶瓷材料的电阻率高,气氛中含氧量不同,材料的 ρ-T 特性、室温电阻率和升阻比都有很大差别。从图 7-48 可知,一般 PTC 材料在空气中烧成最简单,材料的性能也能达到使用要求。

⑤ PTC 热敏元件电极的制备。在 $BaTiO_3$ 基 PTC 热敏电阻瓷体的表面应形成一层欧姆接触电极,一般来说半导体与金属接触会出现一些问题(如表面的电子状态、金属的功函数、整流特性等影响),材料与电极间产生非欧姆接触,从而影响了 PTC 热敏电阻元件的性

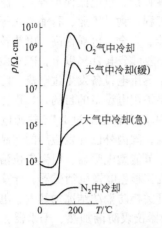

图 7-47　冷却气氛对 ρ-T 特性的影响

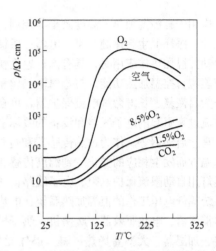

图 7-48　冷却气氛对材料的 ρ-T 特性的影响

能。如形成的是非欧姆接触的 Ag 电极，则对 PTC 材料的性能和元件的参数将产生很大影响。因此，选用什么样的电极材料及形成电极的工艺对 BaTiO$_3$ 基 PTC 热敏电阻的性能和工作状态来说是很关键的。

在 BaTiO$_3$ 基 PTC 热敏电阻瓷体的表面形成 Ag 电极，由于 Ag 电极与 PTC 材料的表面为非欧姆接触，所以测得的电阻值比材料的实际电阻值要大很多。图 7-49 为烧渗 Ag 电极后 PTC 元件的电阻 R 与电压的关系。由图可见，区域Ⅰ和Ⅲ中材料的电阻与外加电压无关，在区域Ⅰ观察到负方向电阻高于正方向电阻，呈现出整流效应，这是由于材料与电极之间为非欧姆接触，产生阻挡层，接触电阻很大。可在接触层内加入 Zn 等强还原性金属，解决这一问题。也可以采用化学镀镍的方法、涂覆 In-Ga 合金或烧渗 Al 电极等方法形成欧姆接触电极。在区域Ⅱ，随外加电压增加，元件的电阻减小，直至区域Ⅲ与区域Ⅱ的临界处的高电压时，由于热及高电压的作用，材料与电极间的接触电阻消失。化学镀 Ni 形成的初始电极，未经热处理前为非欧姆接触。在 3.5V/cm 外电场作用下，其电阻值约为 1400Ω，该接触电阻随热处理温度提高而减小。170℃热处理后，材料的 V-I 特性为线性相关。热处理温度为 188℃时，电阻值为 14Ω，其结果如图 7-50 所示。图中曲线 1 表示室温时 PTC 元件的电阻为 1400Ω；曲线 2 表示 188℃处理后该热敏电阻的电阻值为 14Ω；曲线 3～8 分别表示在真空条件下经 200～400℃热处理后，该元件的 V-I 特性。这表明在适当的气氛下和提高热处理温度，有利于降低接触电阻。

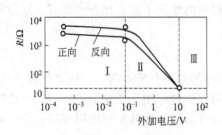

图 7-49　烧渗 Ag 电极后热敏电阻的 R-V 关系

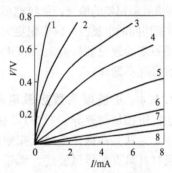

图 7-50　化学镀 NiPTC 材料的 V-I 特性与热处理温度的关系

（6）正温度系数热敏电阻材料的应用　BaTiO$_3$ 基 PTC 陶瓷热敏电阻由于具有优良的特性，主要利用 PTC 热敏陶瓷在居里温度附近晶体发生相变及晶界效应具有的 ρ-T 非线性特性和 I-V 特性，应用于自控温加热、温度测量与控制、过热保护、温度补偿、过电流保护等，广泛应用于电子工业、医疗卫生、保健、家用电器、机械、能源、生物工程、食品工业、石油气化等领域。作为自动控温加热体应用时，具有温升速度快、无明火、节能、安全、可靠性高、电热转换效率高的节能型自控温加热功能。与金属电热丝和电热管相比，一般可节电20％以上。PTC陶瓷热敏电阻作为自恢复、长寿命过电流保护器，可自动控制电子线路等用电设备发生过电流，防止由于线路电流过高引起的电子线路和设备的毁坏事故，达到自动保护用电设备的目的，如程控电话保安器、马达启动器等。作为过热传感器和过热保护方面的应用，主要是通过PTC热敏电阻的电阻值随温度而发生相应的变化达到温度传感和过热保护的目的。国内外已开发应用的产品很多。如节能灯用自动限流保护电阻、电子线路自动限流保护电阻、节能型电暖器、恒温穴位治疗仪和内窥系统等低电压工作的恒温加热系统、电热暖风机、空调机、彩色电视机消磁器、计算机彩色显示器消磁器、电热驱蚊器、暖房机、烘干机、模具加热、开关柜防潮防结冰加热器、电烙铁、暖手器、加湿器、大型商场热风幕、晶体元器件恒温器、电器仪表防潮加热、干手器、电子按摩器、热奶器、石油预热器、汽车冷启动器、衣类干燥器、仪器设备干燥器等。PTC陶瓷热敏电阻的市场需求大，新的应用产品不断开发，对PTC热敏电阻材料的性能不断提出新的要求。

近些年来，$BaTiO_3$基PTC陶瓷热敏电阻的研究和应用发展很快，有些研究和应用产品如高效节能型PTC热敏陶瓷电暖器已经获得国家专利。传统的电暖器大多以金属加热线材为加热体，外壳内充有导热油为传热介质，这种电暖器的体积大、电热转换效率较低、耗电量大、容易发生导热油泄漏而污染环境，严重时会造成烫伤人等事故；有的电暖器是采用石英元件为加热体以辐射传热的方式工作，这种电暖器的电热转换效率低、电功率消耗大、石英加热元件寿命低、安全性较差；有的暖风机是采用电风扇强制将PTC陶瓷加热体在电场作用下产生的热量通过散热器吹出达到取暖的目的，这种电暖器虽然体积小，但功耗大、电风扇的噪声大、散热器带电、容易发生安全事故，不适合长时间连续使用。高效节能型PTC热敏陶瓷电暖器的突出优点是采用PTC陶瓷元件为加热体，散热板片和电暖器的外壳不与电源直接相连接，以对流传热为主的结构方式，利用PTC陶瓷热敏电阻的强烈非线性进行自动控温，充分发挥了PTC陶瓷热敏电阻加热体在加热过程中随环境温度的变化自动随机调整加热功率、控温和节能的优势。由于这种电暖器的散热器不与电源直接连接，而且是以对流传热为主的结构方式，工作安全可靠、无噪声、体积小、电热转换效率高、还可置于踢脚板处或挂在墙壁上，起到节能取暖和美化环境的作用。这种电暖器加热迅速，电暖器的外表面温度可达45～90℃，可在取暖季节连续工作。采用这种电暖器可显著降低楼房等建筑物的自重和造价，不必要安装传统暖器的金属管道和金属暖气片，避免了跑漏水等事故和每年的检修，每年都可节省了大量的检修费和维修费；根据实际需要开启或关断不需要取暖房间的电暖器，以实现更大的节电效益。

应用和基础理论的研究对$BaTiO_3$基PTC陶瓷材料的性能不断提出新的要求，这使材料和应用的研究不断深入。

7.1.3.4　正温度系数热敏电阻材料的发展

由于应用领域的差异，对PTC材料各项性能指标的要求有所不同，为拓宽PTC陶瓷元件的应用，尤其是在低压或超低压微电子线路中过流保护的应用，要求$BaTiO_3$基PTC陶瓷热敏电阻材料具有高居里温度、无铅化、高耐压、高升阻比和低的室温电阻率等特性。对于这些要求，主要研究有以下几个方面。

① 降低PTC陶瓷材料的室温电阻率　通过改变$BaTiO_3$基PTC材料的原料、配方及制备工艺可达到降低室温电阻率的目的。如在配方的设计方面，采用双施主掺杂，可改善单一掺杂时的不均匀性，提高和促进材料的半导化，改善材料耐电压性，可较好地降低材料的室温电阻率。烧成过程中，选择适当的温度进行保温处理，有利于PTC材料性能的改善。一

般来说，避开在烧成时刚出现液相的温度附近进行保温，这样既能保证必要的化学反应，又能有效避免晶粒异常长大。因为液相大量出现前进行一段时间的保温，可以使杂质在晶界上充分偏析，从而抑制晶界的移动速度，有利于气体排出和达到提高烧结瓷体致密度的目的。另一方面，适当保温有助于晶粒的充分半导化，有利于降低材料的室温电阻率。

降低室温电阻率的另一个途径是和导电性能良好的金属或石墨等复合，进而达到降低PTC陶瓷电阻的目的。有些研究分别研究了加入金属 Ni、Cr、石墨、$BaPbO_3$、Pt、Co、Fe 及 Cu 等，实验表明，加入金属元素确实可大幅度降低 PTC 陶瓷的室温电阻率，但同时升阻比也相应降低。如有的研究在 PTC 陶瓷中掺入 15%（摩尔分数）Ni 时，材料的室温电阻率为 $1.78\Omega \cdot cm$，升阻比为 13.6。

有的研究将金属 Cr 粉按 5%~25%（质量分数）加入到 $BaTiO_3$ 基 PTC 陶瓷材料中。采取将 Cr 粉与掺杂物加入到合成的 $BaTiO_3$ 粉料中或将 Cr 粉加入到烧成后并粉碎的 $BaTiO_3$ 基 PTC 瓷粉中。复合材料采取还原气氛进行烧成，然后再进行微氧化处理的工艺，最后得 $Cr/BaTiO_3$ 基复合 PTC 材料。最低室温电阻率为 $2.630\Omega \cdot cm$，升阻比约为 10。

有的研究利用镍的盐溶液化学镀的方法，将一部分陶瓷颗粒上镀镍，解决了镍金属分散性差、不易粉碎的问题。最后得到的试样其室温电阻率为 $5\Omega \cdot cm$ 左右，升阻比达 60 左右。有的研究将草酸镍与陶瓷颗粒混合，利用草酸镍高温分解的方法引入金属镍，这一方法不但提高了镍的分散性，在一定程度上还缓解了镍的氧化。最终得到室温电阻率在 $10\Omega \cdot cm$ 以下、升阻比为 10^2 以上的 PTC 材料。有的研究利用固相法合成 $BaTiO_3$ 基 PTC 粉体，加入金属 Ni 和 Mn，利用 Mn 来保护 Ni，获得了室温电阻率为 $10.2\Omega \cdot cm$、升阻比为 1420 的 PTC 复合材料。有的研究采取 $BaTiO_3$ 基 PTC 粉体中加入 10%（质量分数）Ni 和 0.5%（质量分数）石墨，复合材料的室温电阻率为 $3.4\sim70\Omega \cdot cm$，升阻比为 3.75×10^2 左右。降低 PTC 材料的室温电阻率，适应微电子电路等低电压工作的过电流保护，仍然是目前 PTC 材料急需解决的问题之一。解决 PTC 材料室温电阻率降低的同时，还应保证材料具有较高的 PTC 效应，不断深入进行理论研究 PTC 材料和实际应用的研究，满足高新技术发展，尤其是能源、固体电路模块、微电子电路等高速发展的需要，是近年来科技工作者和生产企业研究和探讨的热点。

降低 PTC 陶瓷材料的室温电阻率常用的方法有以下几种。

a. 通过施主、受主掺杂实现低阻化。在 $BaTiO_3$ 为基的 PTC 热敏电阻陶瓷材料中添加一定浓度的施主杂质是半导化的必要条件，大多数施主的掺杂浓度约为 0.3%（原子分数）时，陶瓷材料的室温电阻率可达到最小。一般采用双施主掺杂是一种有效的方法。如高居里点的 PTC 热敏电阻，采用 $Nb_2O_5 + Y_2O_3$ 作为施主掺杂剂时，可分别发挥 Nb_2O_5 抑制 Pb 的挥发以及 Y_2O_3 使晶粒生长均匀的特点。采用 $Nb_2O_5 + Y_2O_3$ 作为施主掺杂剂，比单一的 Y^{3+} 或 Nb^{5+} 掺杂更能使材料具有较低的室温电阻率。实验表明：不同的施、受主元素的离子半径及电负性相近时，亲和力大，有利于使之形成复合缺陷。选择适当的施、受主掺杂是提高 PTC 效应的一种途径。

b. 与低阻相复合降低材料的室温电阻率。为了适应微电子线路发展对 PTC 元件大电流、小型化的要求，开发既具有低的室温电阻率 ρ，又具有高耐压和相应高升阻比特性的 PTC 材料，成为近年来开展 PTC 材料研究方面的一个主要课题，主要的研究内容如：新型 PTC 材料的研究、金属/C/聚合物/$BaTiO_3$ 基复合 PTC 材料等新材料的研究。

采用常规的方法来降低 PTC 材料的室温电阻率已经取得了一些进展，但受 $BaTiO_3$ 基 PTC 陶瓷晶界高阻特性的制约，仅靠调整配方和优化制备工艺来降低 PTC 材料的室温电阻率很困难。有的研究利用镍的盐溶液化学镀的方法，采取了将一部分 PTC 陶瓷颗粒镀镍再与不镀镍 PTC 陶瓷颗粒混合的方法，制得试样其室温电阻率为 $5\Omega \cdot cm$ 左右，升阻比达到 60 左右。表明此工艺过程可以获得满足一定性能要求的复合材料。化学镀方法虽然对镍金属的分散和细化有帮助，但还是解决不了金属的高温氧化问题。有的研究采用草酸镍与陶瓷颗粒混合，利用草酸镍高温分解的方法引入金属镍。这一方法提高了镍的分散性，在一定程度上缓解了镍的被氧化，得到了室温电阻率在 $10\Omega \cdot cm$ 以下、升阻比 10^2 以上的 PTC 陶瓷材料。采取将 $BaTiO_3$ 基 PTC 陶瓷与金属（金属 Ni 等）或石墨等高电导率及高导热性材料复合的方法，可获得具有很低室温电阻率和较高升阻比的复合 PTC 材料，试样的室温电阻率为 $2\Omega \cdot cm$，升阻比约 10^2。实验表明，加入金属元素确实能大幅度降低 $BaTiO_3$ 基 PTC 陶瓷材料的室温电阻率，但在电阻值降低的同时，升阻比也相应降低了。金属/PTC 陶瓷复合材料中存在大量的陶瓷颗粒与陶瓷颗粒界面，还存在陶瓷颗粒与金属界面，复合材料的电阻由金属颗粒、陶瓷晶粒、陶瓷颗粒与陶瓷颗粒界面以及陶瓷颗粒与金属颗粒间界面这四部分作用而成，其中陶瓷晶粒与金属颗粒是低阻的，其电阻率在 $10^{-2} \sim 10^{-5}$ $\Omega \cdot cm$，陶瓷颗粒与陶瓷颗粒的界面是高阻的，其电阻率在 $10^2 \sim 10^4\,\Omega \cdot cm$，而陶瓷与金属颗粒间的界面存在两种可能：一是其界面势垒既高又宽，导致很高的界面势垒，形成非欧姆接触，如 $BaTiO_3$ 基陶瓷与银、金的接触；二是其界面势垒很窄，陶瓷颗粒与金属颗粒之间存在显著的隧道效应，界面电阻很小，形成欧姆接触。金属/PTC 陶瓷复合材料在制备工艺上存在三大难点：(a) 解决使金属在复合材料中的均匀分散问题；(b) 解决降低材料室温电阻率的同时，材料的升阻比也降低的问题；(c) 解决烧成过程中防止金属的氧化和通过晶界氧化来获得 PTC 效应的矛盾。这三大难点的攻克已成为发展金属/PTC 陶瓷复合材料的关键的课题。

② 提高 PTC 陶瓷升阻比。研究和应用最多的受主掺杂是 Mn 离子等。实验证明双受主掺杂，$BaTiO_3$ 中掺入 Fe、Mn 离子能够较大地增加 $BaTiO_3$ 基 PTC 陶瓷的升阻比，使其性能得到显著改善，原因有两种可能，首先一部分 Mn 离子偏析到晶界上，由于锰的偏析加强了晶界对氧的吸附，从而提高了表面受主态；其次也可能存在一部分 Mn 离子在居里点以上由 $Mn^{2+} \longrightarrow Mn^{3+} + e^-$ 的转化，从而 Mn^{3+} 以受主的形式取代 Ti^{4+}，结果增加了表面受主态，提高了 PTC 效应。Mn 离子的掺杂虽然能够改善 PTC 陶瓷的升阻比，但使 PTC 材料的室温电阻率增大了。受主掺杂和少量其他加入物，在烧成过程中富集于晶界而起到钉扎晶界的作用，从而抑制了晶粒的生长，试样中晶界的体积分数比较大，使得电子在迁移过程中所受的阻力增大。由于 Mn 离子能够以高价状态存在（Mn^{4+}），使 Mn 离子能更容易固溶到晶粒以取代同价的 Ti 离子。一般，Mn 离子最佳掺杂量为 $0.03\% \sim 0.04\%$（摩尔分数），超出这一量不但会使 PTC 材料的室温电阻率增大，而且对升阻比也不利。

③ 为了适应元件小型化和片式化的要求，需积极开发厚膜、薄膜、片式及多层结构型 PTC 材料和元件的研究及产业化。

④ 一般的 PTC 材料作为敏感元件时，由于其电阻随温度变化的正温度特性线性范围窄，在进行温度测量时，给显示电路的配置带来困难，使测量装置结构复杂。因此，研究高灵敏度、进一步降低宽测量温域的线性 PTC 材料和恢复时间等，以保证过流保护的可靠性。

⑤ 由于全世界都对环境保护非常重视，欧盟等国家和地区提出了电子产品无铅化等的强制性实施期限。目前高居里温度（$>120℃$）的 $BaTiO_3$ 基 PTC 陶瓷大多是（Ba，Pb）-TiO_3 系，因此，无铅化成为高居里温度 $BaTiO_3$ 基 PTC 陶瓷材料目前研究的重点之一。

⑥ 低温烧结技术一直是功能陶瓷制备科学中的研究重点之一。研制新的配方，降低烧结温度是发展高性能、低成本、高可靠和集成化多层陶瓷元器件的关键。对于 $BaTiO_3$ 基 PTC 陶瓷来说，低的烧结温度对多层化、节约能源和降低成本的意义重大。

7.1.3.5 无铅正温度系数热敏电阻的研究与进展

$BaTiO_3$ 基 PTC 陶瓷热敏电阻材料的高居里温度无铅化的研究是目前国内外的研究重点之一。其中 $Na_{0.5}Bi_{0.5}TiO_3$（NBT）主要作为 $BaTiO_3$ 基 PTC 陶瓷热敏电阻材料的高居里温度移动剂引入到配料中，实现了使瓷料的居里温度向正温移动。研究采用 $BaTiO_3$ 基 PTC 陶瓷热敏电阻材料原始配方的居里温度为97℃；加入0.1％（摩尔分数）NBT时，材料的居里温度提高10℃；加入0.5％（摩尔分数）的NBT时，材料的居里温度提高近20℃；当加入1.0％（摩尔分数）的NBT时，材料的居里温度提高近30℃；NBT加入量为1.5％（摩尔分数）时，材料的居里温度由97℃提高到150℃附近。可见加入少量的NBT可明显提高材料的居里温度。可从两个方面来分析居里温度的移动：第一，在钙钛矿型结构中，A位原子处于氧十二面体中心，在其第一近邻有八个八面体受其直接牵制，如果考虑到第二、第三邻近的话，将有更多的八面体受到其牵制，即使只计其第二近邻的，受一个A离子牵制的八面体数，也可达32个之多，因此少量的A位离子被置换，有大量的Ti—O键受到影响，即少量的A位离子被置换，能明显改变材料的居里温度T_c。第二，NBT中的Bi—O键较弱（键的强弱可以用氧化物的熔点大小来衡量，BaO的熔点为1933℃，PbO的熔点为888℃，Bi$_2$O$_3$的熔点为820℃），加入NBT以后，NBT与BaTiO$_3$形成固溶体，因而削弱了BaTiO$_3$中的Ba—O键，使Ti—O键相对应地加强，Ti^{4+}偏离中心后，和所靠近的氧离子之间，具有较大的相互作用，则Ti^{4+}所处的势阱较深，需要较大的热运动能，即在较高温度下，才足以摧毁其铁电态，使其转入对称平衡状态，居里温度提高。

BaTiO$_3$配料中加入NBT，采用空气气氛进行烧结时，可明显提高BaTiO$_3$基PTC热敏电阻的居里温度，但加入量受到限制。图7-51示出了几种不同NBT加入量材料的lgρ-T曲线。表7-4列出了几种不同NBT加入量试样的PTC特性。

表7-4　NBT加入量不同试样的PTC特性

NBT加入量(摩尔分数)/%	室温电阻率ρ_{25}/ $\Omega \cdot cm$	升阻比/$\times 10^4$	温度系数/(%/℃)
0	63.1	5.0	8.1
0.1	97.7	11.2	9.3
0.5	104.28	21.4	11.6
1	151.36	114.8	18.9
1.5	316.23	95	21.9

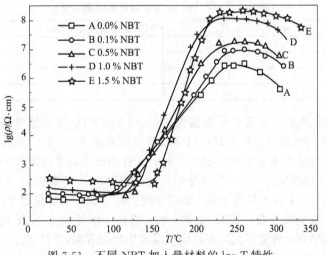

图7-51　不同NBT加入量材料的lgρ-T特性

加入NBT使BaTiO$_3$基PTC热敏电阻的居里温度提高，主要是因为Bi^{3+}的半径较大，则氧八面体中间隙较宽，发生自发极化后的轴率c/a较大，使居里温度向高温方向移动的幅度也较明显，同时Bi—O键较Pb—O键更弱，因此固溶NBT的BaTiO$_3$的四方相比固溶PbTiO$_3$的BaTiO$_3$的四方相更稳定。试样的四方相稳定性提高，主要表现在轴率c/a值增大，且轴率c/a值随NBT加入量的增加而增大，轴率增加，使材料的居里温度向高温方向移动。图7-52为NBT加入量不同试样的XRD照片，从图中可以看出，NBT的加入不影响相结构，还是以四方相为主。

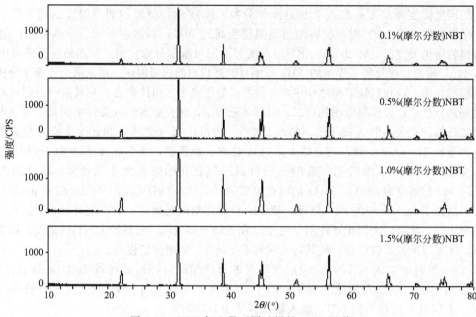

图 7-52　NBT 加入量不同试样的 XRD 图谱

众所周知，$PbTiO_3$ 的居里温度约为 490℃，而 NBT 的居里温度是 320℃，加入 1％（摩尔分数）的 $PbTiO_3$ 时，可使 $BaTiO_3$ 基 PTC 热敏电阻的居里温度升高 3.7℃。$BaTiO_3$ 基 PTC 热敏电阻配料中加入 1％（摩尔分数）的 NBT 时，其居里温度提高了近 30℃。表 7-5 列出了几种 NBT 加入量对居里温度的影响。图 7-53 示出了 $BaTiO_3$ 基 PTC 热敏电阻配料中加入 6％～15％（摩尔分数），经还原再氧化处理后，材料的 $lg\rho\text{-}T$ 特性曲线。

表 7-5　几种 NBT 加入量与材料的居里温度

NBT 加入量（摩尔分数）/％	T_C/℃	NBT 加入量（摩尔分数）/％	T_C/℃
0.1	126	6	210
1.0	137	8	225
1.5	139	10	237
2.0	147	15	244

采用还原再氧化工艺可制得高居里温度的 $BaTiO_3$ 基 PTC 基热敏电阻。由图 7-53 中可看出，NBT 引入量为 6％（摩尔分数）时，试样的居里温度约为 210℃，升阻比约 2.5 个数量级，升阻比较小；NBT 加入量为 8％（摩尔分数）时，试样的居里温度约为 225℃，升阻比约 2 个数量级；当 NBT 引入量增加到 10％（摩尔分数）时，试样的居里温度约为 237℃，升阻比降到 1.6 个数量级以内；NBT 加入量为 15％（摩尔分数）时，试样的居里温度接近 243℃左右，但升阻比已降到 1 个数量级左右，PTC 效应已不太明显。继续增加 NBT 的加入量，$BaTiO_3$ 基 PTC 基热敏电阻的半导化难度很大，而其居里温度增加很有限，PTC 效应很差，甚至呈现出绝缘性能。实验发现，加入 NBT 后材料的室温电阻率增加很快，升阻比逐渐降低，温度系数减小，居里温度升高。可见，采取不同的工艺和不同的配料，有可能实现制备无铅高居里温度的 $BaTiO_3$ 基 PTC 热敏电阻。这方面的基础理论和材料研究成为目前 PTC 热敏电阻的研究重点。

7.1.4　负温度系数（NTC）热敏电阻

NTC 是英文 negative temperature coefficient 的缩写，负温度系数热敏电阻的电阻值随温度升高而减小，也称为 NTC 热敏电阻。这种 NTC 热敏电阻的应用非常广泛，多年来 NTC 热敏电阻材料的研究和应用受到各国科技界和企业的高度重视。

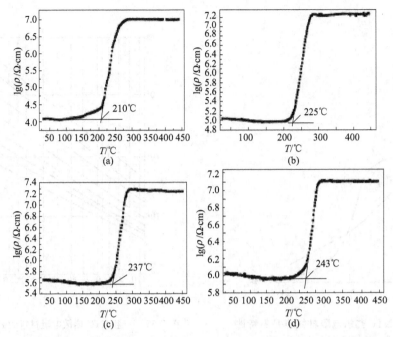

图 7-53 掺杂 6％～15％（摩尔分数）NBT 经热处理试样的 lgρ-T 特性曲线

7. 1. 4. 1 NTC 热敏电阻的主要特性

（1）R-T 特性 通常取基准温度 T_a 为 25℃时，负温度系数热敏电阻的电阻值-温度的关系常用下式表示。

$$R_T = R_{25}\,e^{B_N\left(\frac{1}{T}-\frac{1}{298}\right)}$$

式中，R_{25} 为 25℃时热敏电阻的电阻值；R_T 为 T（℃）时的电阻值；B_N 为材料常数。图 7-54 表示的是典型负温度系数热敏电阻的电阻-温度特性。NTC 热敏电阻可分为三种不同类型的阻温特性：①负温突变型，又叫开关型 NTC 热敏电阻，如图 7-54 中的曲线（a），在一定的温度范围内，其电阻值急剧下降；②负温缓变型 NTC 热敏电阻，如图 7-54 中的曲线（b）；③电阻-温度特性为直线型的热敏电阻。

如果将上式的两边取对数则得到：

$$\ln R_T = B_N\left(\frac{1}{T}-\frac{1}{T_a}\right)+\ln R_{25}$$

图 7-55 为负温度系数热敏电阻的一组 R-T 特性曲线。

（2）V-I 特性 图 7-56 为 NTC 热敏电阻在环境温度为 25℃（T_0）时，在静止介质中测出的静态 V-I 特性。该曲线表明在一定温度的静止介质中，随着通过 NTC 热敏电阻元件上的电流的改变，其两端电压降的变化规律。当电流很小时，NTC 元件功耗小，该电流不足以引起它发热，其温度基本上就是 T_0，相当于一只固定电阻，电压和电流的关系符合欧姆定律，所以最初为线性工作区；当电流继续增大时，电压的增加缓慢，因此出现非线性正阻区段一直到峰顶；当电流继续增大时，其电压达到最大值（峰值电压）；若电流再继续增大，由于 NTC 元件自加热剧烈，其阻值迅速减小，阻值减小的速度超过电流增加的速度，形成峰值右端的负阻区，当电流超过某一允许值时，NTC 元件将被烧坏。作为测温和控温用的 NTC 热敏电阻，其工作电流的范围应选在 V-I 特性曲线的线性区域。NTC 热敏电阻在该线性区域不产生自热，峰值右端区域内，由于电流加大，NTC 热敏电阻产生自热，其电阻值减小，利用这种特性，通常在室温到 125℃的温度区间内，可以有效抑制浪涌电流。NTC 热敏电阻的端电压 V_T 和通过热敏电阻电流 I 的关系，可用下式表示：

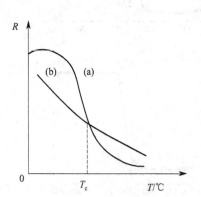

图 7-54 NTC 热敏电阻材料的 R-T 特性

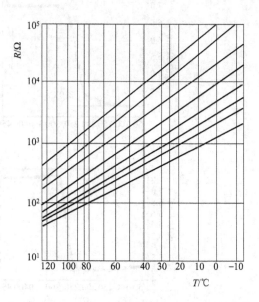

图 7-55 一组 NTC 热敏电阻材料的 R-T 特性曲线

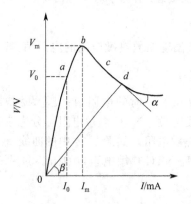

图 7-56 NTC 热敏电阻
的 V-I 特性曲线

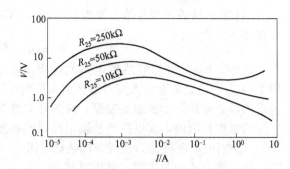

图 7-57 三个不同 R_0 的 NTC 热敏电阻
的 V-I 特性曲线

$$V_T = IR_T = IR_0 \, e^{B_N \left(\frac{1}{T} - \frac{1}{T_0} \right)} = IR_0 \, e^{B_N \left(\frac{-\Delta T}{T T_0} \right)}$$

式中，T_0 为环境温度；ΔT 为 NTC 热敏电阻的温升。

NTC 热敏电阻在电场作用下加热与散热平衡时，耗散功率 P_T 与电压、电流的关系，可由下式表示：

$$P_T = H \Delta T = H(T - T_0) = I^2 R_T = \frac{V_T^2}{R_T}$$

式中，H 为耗散系数；T_0 为环境温度；ΔT 为热敏电阻的温升；I 为通过热敏电阻的电流；V_T 为 NTC 热敏电阻两端的电压。由上式可得：

$$V_T = \sqrt{H(T - T_0) R_\infty \, e^{\frac{B_N}{T}}}$$

$$I = \sqrt{\frac{H(T - T_0) \, e^{\frac{-B_N}{T}}}{R_\infty}}$$

由上两式可知：V-I 特性与耗散系数 H、温度 T、材料常数 B_N 及 T_0 时的电阻值都有密切关系。为了实际应用方便，V-I 特性通常用 $\lg V_T$-$\lg I$ 作图。图 7-57 表示三个不同 R_0 的 NTC 热敏电阻的 V-I 特性关系曲线。图 7-58 为 T_0 不同时 NTC 热敏电阻的 V-I 特性曲线。图 7-59 为耗散系数 H 不同时 NTC 热敏电阻的 V-I 特性曲线。图 7-60 为 B_N 不同时的 NTC 热敏电阻的 V-I 特性曲线。

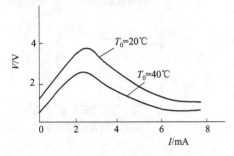

图 7-58　T_0 不同时 NTC
热敏电阻的 V-I 特性曲线

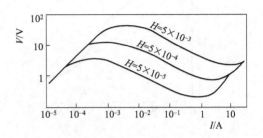

图 7-59　耗散系数 H 不同时
NTC 热敏电阻的 V-I 特性曲线

从上面图可知影响负温度系数热敏电阻的 V-I 特性的因素较多，为了正确地应用和使用 NTC 热敏电阻，实际使用 NTC 热敏电阻时，应注意不同因素对其工作状态的影响。

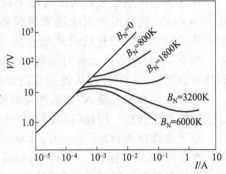

图 7-60　不同 B_N 的 NTC 热敏电阻 V-I 特性

7.1.4.2　金属氧化物 NTC 热敏电阻陶瓷材料

NTC 热敏电阻陶瓷材料大多数是尖晶石结构的二元系及三元系氧化物半导体材料。二元系材料主要有 CuO-MnO_2、CoO-MnO_2、NiO-MnO_2 系等金属氧化物。三元系热敏材料有 Mn-Co-Ni 系、Mn-Cu-Ni 系和 Mn-Cu-Co 系等含 Mn 系的金属氧化物，也有不含 Mn 的 V_2O_5-SrO-PbO、CdO-Sb_2O_3-WO_4、CdO-SnO_2-WO_3 等 NTC 材料。

（1）CdO-Sb_2O_3-WO_3 和 CdO-SnO_2-WO_3 系 NTC 线性热敏电阻　CdO-Sb_2O_3-WO_3 系和 CdO-SnO_2-WO_3 系材料，在相当宽的温度范围内（$-100 \sim +300$℃），其电阻率与温度呈线性关系。配方不同时，材料的室温电阻率可做到几十欧·厘米到几十兆欧·厘米。CdO-Sb_2O_3-WO_3 和 CdO-SnO_2-WO_3 系 NTC 线性热敏电阻的 ρ-T 关系分别示于图 7-61 和图 7-62。

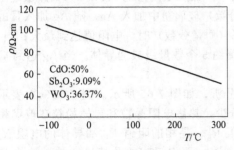

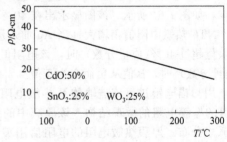

图 7-61　CdO-Sb_2O_3-WO_3 系 NTC 材料的 ρ-T 关系　　图 7-62　CdO-SnO_2-WO_3 系 NTC 材料的 ρ-T 关系

（2）钒系氧化物 NTC 热敏电阻　钒系氧化物 NTC 热敏电阻在某一定温度时的电阻值出现急剧变化，所以常用于电气开关电路和温度测定。转变温度很低，例如 V_2O_3 的转变温度为 -100℃，Fe_3O_4 的转变温度为 -150℃，VO_2 的转变温度为 65℃。当需要转变温度较高时，可通过掺杂提高材料的转变温度，如掺杂 VO_2 材料的转变温度可达到 90℃。

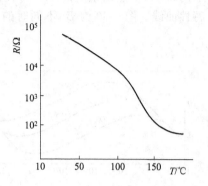

图 7-63　V_2O_5 系 NTC
材料的 R-T 关系

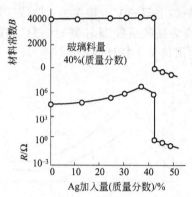

图 7-64　Ag 的加入量与厚膜热敏电阻
的电阻值和材料常数的关系（烧成：850℃，10min）

在石英晶体或蓝宝石绝缘衬底上淀积上 VO_2 薄膜，其厚度为纳米级。将薄膜进行退火处理 30min，然后用光刻法制成薄膜热敏元件阵列。再淀积上电极 Al 及含 Au 的 Ni-Cr 合金。然后用划线法把衬底分成独立的 NTC 热敏电阻元件，在电极上焊接引线，再进行封装。该 NTC 热敏电阻元件对偏离 140℃的微小温度变化所引起的阻值变化如图 7-63。V_2O_5 的转变温度为 140℃，可用掺杂方法提高或降低转变温度。

（3）氧化物基厚膜 NTC 热敏电阻材料　厚膜热敏电阻器是采用电阻值随温度变化的半导体粉末和玻璃粉，用丝网印刷在氧化铝基片上，然后经烧结而成。

按配方称量 MnO_2、Fe_2O_3、CoO、NiO 等氧化物原料，经球磨等工艺将配料混合均匀后，在 800～950℃预烧 1～2h，再经粉碎和加压成型，然后再在 1200～1300℃烧结 1～2h，再进行细粉碎和过筛制得 NTC 热敏电阻粉料。

按已定的比例称量粉料、RuO_2、Ag 和玻璃粉，然后经球磨等工艺将配料混合，再加入有机黏合剂混合制成 NTC 电阻浆料。

在氧化铝基片上印刷和烧渗下电极，然后印刷 NTC 电阻浆料，经红外干燥后再印刷上电极，干燥后进行烧成。可采用多层工艺方法制造多层结构的 NTC 热敏电阻，但应注意防止过烧或欠烧，过烧或欠烧都对 NTC 热敏电阻的性能有极大影响。

在 $Ni_{0.5}CoMn_{1.5}O_4$ 40%（质量分数）玻璃粉料中，加入不同量的 Ag 对 NTC 热敏电阻的影响，如图 7-64 所示。该图显示出在 40%（质量分数）玻璃粉中加入 Ag，随 Ag 加入量的增加，NTC 热敏电阻值稍增大；当 Ag 加入量为 30%（质量分数）时，电阻值达到最大；当 Ag 加入量超过 40%（质量分数）时，该电阻值急剧下降约 5 个数量级成为导体。当 Ag 达到 40%（质量分数）时，B 值从负而变为正值。

用扫描电镜进行该玻璃体系热敏电阻形貌的分析，如图 7-65 所示。图 7-65（a）表示高 B 值的厚膜电阻的微观结构。该厚膜中的导电成分少，热敏电阻晶粒和导体粉粒在玻璃相中呈孤立分布。厚膜热敏电阻的电阻值用玻璃相电阻 R_g、晶相的阻值 R_{th} 和导体的电阻 R_c 串联电路表示。由于 R_c 相对于 R_g 和 R_{th} 小得多，可忽略，而 R_g 和 R_{th} 及其热敏材料常数 B 值都较大。

图 7-65（b）的导电粉粒相对含量多一些，导电粉粒有相互凝聚现象，并与热敏电阻的晶粒形成交联。该结构中的 R_g 比 R_{th} 和 R_c 都大，R_{th} 与 R_c 构成串联的等效电路，而 R_c 又比 R_{th} 小，因此整个热敏电阻的材料常数 B 值与所采用的热敏电阻材料的 B 值相同。图 7-65

(c) 是导电粉粒的含量增加较多时，导电粉粒互相结合，有的部分甚至形成导电通路，该结构中的 R_{th} 和 R_c 形成并联电路，热敏电阻的材料常数 B 为导电粉粒的 B 值和热敏电阻晶粒 B 值的中间数值。所以，热敏电阻的材料常数 B 很小。

（4）碳化硅 NTC 热敏电阻元件　用溅射方法制得的 SiC 薄膜 NTC 热敏电阻在 $-20 \sim +350\,℃$ 范围可精确测量温度，误差较小；其 B 常数随温度上升呈线性增加。长时间工作的性能很稳定。

SiC 热敏电阻膜及元件的溅射制备工艺是采用普通平面射频溅射装置，用硬度为 6H 的烧结 SiC 片作为靶材。将溅射室真空度抽至 $3 \times 10^{-4}\,Pa$ 以后，通入纯 Ar 气，至真空室压力为 $(2 \sim 3) \times 10^{-4}\,Pa$ 时，开始进行溅射。控制射频功率和淀积速率，淀积过程中用钼加热器使基片温度在 $650 \sim 750\,℃$，溅射淀积 SiC 膜，淀积速率随着基片温度的升高略有下降。影响 SiC 膜的质量有很多因素，与基板的质量、基板的温度以及 C/Si 值有关。

基板温度在 $500\,℃$ 以下形成无定形 SiC 膜，C/Si 的值大于 1，无定形 SiC 膜中含有过量的石墨，晶粒较大，溅射时必须控制，采用在 SiC 膜上划线的方法控制电阻值。调整好电阻值后用导线与电极连接，再将热敏电阻元件密封在玻璃管内。用玻璃封装的热敏电阻与未封装的热敏元件的响应时间分别为 55s 和 13s，可见用玻璃管封装的热敏电阻的响应时间长，但室温至 $350\,℃$（$400\,℃$）进行温度循环。在不同条件下检测用玻璃封装热敏电阻的寿命特性时，整个寿命试验的电阻值变化小于 $\pm 3\%$，长期稳定性好。

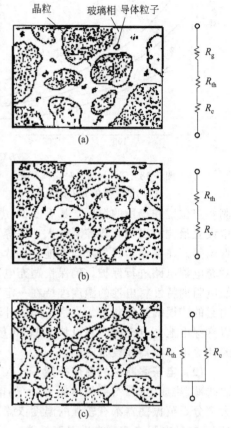

图 7-65　热敏电阻-导体-玻璃厚膜热敏电阻的微观结构模型及等效电路

不同基板温度条件下（a750℃、b700℃、c650℃）形成的 SiC 薄膜的 R-T 特性如图 7-66 所示。图 7-67 示出了基板温度分别为 a750℃、b700℃、c650℃，溅射时间为 2h，形成的 SiC 薄膜的 B-T 关系。

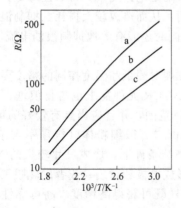

图 7-66　SiC 热敏电阻膜的 R-T 特性曲线

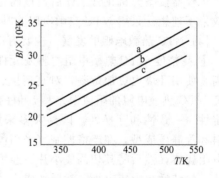

图 7-67　不同基板温度淀积 SiC 膜常数的 B 与温度的关系

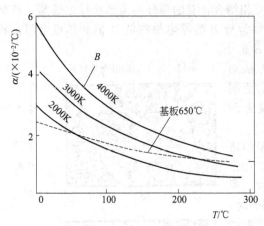

图 7-68 SiC 膜与几种金属氧化
物热敏电阻的 α-T 的关系

图 7-68 为 SiC 膜的电阻温度系数与温度的关系。图中虚线为基板温度为 650℃淀积的 SiC 膜的温度系数与 3 种具有不变 B 值的金属氧化物热敏电阻的温度系数的比较。

由图可见，SiC 薄膜热敏电阻的材料常数 B 随着温度升高而增大，电阻的温度系数随温度升高而减小的速度比普通金属氧化物热敏电阻的变化相对缓慢。所以，SiC 薄膜热敏电阻适合在很宽范围的温度检测。

7.1.4.3　NTC 热敏电阻的应用及发展

NTC 热敏电阻的可用范围很广，主要用于温度检测、温度补偿和抑制浪涌电流等。

(1) 温度检测　NTC 热敏电阻可用来检测特定位置和场所的温度，具有 NTC 热敏电阻的应用领域中利用率最高的功能，如热水器中设置最佳水温和有效控制输入功率等；空调、微波炉、洗碗机等厨房设备的升温、降温和保温等。在镍铬、镍氢及锂电池中，片式热敏电阻器可以测量电池内部及外部环境的温度，对充电器电路进行保护，确保快速充电，防止过热和安全事故的发生，主要是利用 NTC 热敏电阻的特性将电池的温度维持在一定范围内，保证电池快速充电；阻止因环境温度变化而引起的错误的工作状态、异常工作和外部短路引起的电池过热被终止；通过精确控制温度可以确保电池充分充电。还可将 NTC 热敏电阻用于婴儿保温箱、耳膜温度计和心肌热敏电阻探针等电子仪器和设备中。

(2) 电子线路中的温度补偿　NTC 热敏电阻可用于通信系统的电子线路中，应用于仪表线圈/集成电路/石英晶体振荡器/热电偶/加速度传感器/打印机头等起到温度补偿作用。大部分石英振荡器都有较强的温度依赖性。为获得良好的温度特性，采用在振荡器电路内用 NTC 热敏电阻来实现自动温度补偿。可在相当广的温度范围内获得良好的温度特性。

(3) 抑制浪涌电流　有些电子设备和开关电源中往往由于容性电路的存在，使其工作时的阻抗很小，从而造成在开机瞬间有一个较大的浪涌电流。该电流通常为电子设备等仪器正常工作电流的 5~10 倍，这将损害电子设备的电子元器件，影响整机的正常使用。抑制浪涌电流是电子设备尤其是各类开关电源必须考虑和解决的问题。常用的解决方法是设计保护电路，串入固定电阻来限制浪涌电流。这种方法存在的缺陷是电路复杂，可靠性降低，成本较高。当仪器设备开机正常工作后，该固定电阻仍起作用，从而造成较大损耗，抑制浪涌电流的效果不理想。采用 NTC 热敏电阻弥补了这些缺陷，同时还能有效地抑制浪涌电流。

(4) NTC 热敏电阻的发展　主要有以下几方面。

① 高精度 NTC 热敏电阻材料及元件。科学技术发展对测量和温度控制的精度要求不断提高，使用环境也更加苛刻，对高精度、高可靠性的 NTCR 元件需求也与日俱增。要求高精度 NTC 热敏电阻的阻值误差和 B 值的偏差应在±2%范围，并且应当具有较好的可靠性、稳定性、一致性和互换性。国外大多采用高技术设计配方、微细粉体（粒径不大于 1μm）原料和等静压成型，在严格控制（采用微机控制）的烧结条件下，烧成尺寸较大的 NTC 热敏电阻瓷体，然后将其切割成小片，经平面研磨后再形成电极和封装；或者用轧膜工艺制成坯片，烧结后再形成电极，然后切成小片（芯片）。这样既可获得高精度、高可靠性和良好的一致性，又可大幅度提高生产效率、降低成本。

② 表面安装用 NTC 热敏电阻。近些年来，在电子设备轻量化、薄型化和小型化的发展

趋势和强烈需求下，被称为组装技术革命的表面安装技术（SMT）越来越受重视。而 SMT 技术的关键是要求电子元件的微小型化、无引线（或短引线）、可采用编带或管式输送，这样可大幅度提高元件的安装质量、使生产电子设备的效率迅速提高、成本进一步降低。用于表面安装的 NTC 热敏电阻大体有以下几种。

片式热敏电阻和薄膜热敏电阻。目前市场上的片式热敏电阻主要有单层片式 NTC 热敏电阻元件（5 面电极或 3 面电极，供倒装焊用）；单层片式及玻璃保护层 NTC 热敏电阻（5 面电极或 3 面电极）；厚膜型 NTC 热敏电阻；多层型 NTC 热敏电阻等。

叠层（多层）型 NTC 热敏电阻可通过内电极来调整和控制电阻值，即采用一种 NTC 热敏电阻材料就可以调整元件的电阻值和 B 值，使元件的电阻值和 B 值可在较宽的范围内进行调整，生产出高灵敏度的 NTC 热敏电阻。

表面安装用圆柱形热敏电阻器是一种无引线的柱状 NTC 热敏电阻。电阻置于玻璃管中央，电极为镀锡顶头引线，需专用装备安装。这种 NTC 热敏电阻的工作温度为 $-50 \sim +100℃$，用于表面组装元件需要精密补偿和检测温度的场合，其热耗散常数 $\delta = 0.6 \sim 1.2\text{mW}/℃$，时间常数 $\tau = 13\text{s}$，25℃时标准阻值为 $1\text{k}\Omega$、$5\text{k}\Omega$、$10\text{k}\Omega$、$30\text{k}\Omega$、$50\text{k}\Omega$、$100\text{k}\Omega$ 和 $200\text{k}\Omega$ 等。

将热敏电阻芯片的电极安装在引线框上，然后用树脂封装。这种树脂封装型热敏电阻的工作温度为 $-50 \sim +125℃$，最大功率为 5mW，热耗散系数为 $1.0\text{mW}/℃$，时间常数为 8s，由于采用树脂塑封，可靠性高。在 125℃的空气中耐热试验和 75℃、95％RH 耐湿度试验经 1000h 阻值变化不大于 1％。

薄膜 NTC 热敏元件的性能稳定、可靠性高、响应快、一致性好，适于批量生产。20 世纪 70 年代以后，用高频溅射技术制得 SiC 薄膜，使薄膜 NTC 元件获得较大进展，在电子燃气灶、微波炉等工作温度变化范围大的家电产品中应用较多。目前 SiC 薄膜 NTC 元件，主要用于中、低温度场合（$-40 \sim +450℃$），若解决电极存在的问题，使用温度范围可进一步拓宽。

Ru 系金属氧化物厚膜 NTC 热敏电阻的电阻值和 B 值易于调控、设计灵活、工艺性好，国外已形成商品化的厚膜 NTC 热敏电阻浆料系列。该产品已成为混合集成电路生产厂家的直接应用产品，呈逐步替代外贴 NTC 热敏电阻器的趋势。它与厚膜湿敏元件复合构成的温湿两功能传感器，在空调设备中得到广泛应用。Ru 系 SiC 厚膜 NTC 热敏电阻的最高工作温度达 200℃，热时间常数小于 500ms，电阻值在 $10 \sim 360\text{k}\Omega$ 范围内和 B 值在 $2000 \sim 2300\text{K}$ 范围内调整，保持了薄膜 SiC 高响应、宽温区的特点，易于商品化和降低成本，用于高稳定温度传感器。

此外，厚膜线性 NTC 热敏元件及其组件比采用由分立元件构成网络组装的线性 NTC 热敏元件，更有利于发展数字温度传感器。

为了简化数字系统的接口技术，近几年国内外有关研究机构，对数字 NTC 热敏电阻温度传感器进行了大量研究取并取得了较快发展。数字温度传感器是超大规模集成电路（VLSI）与热敏元件相结合的产物。半导体硅感温元件与大规模集成电路的工艺兼容，满足与数字系统直接接口的要求。有些集成电路生产厂家已商品化的集成型数字温度传感器可在 $-55 \sim +125℃$温度范围内工作，温度的测量精度达±3℃。有些数字温度传感器在 100℃的温区内，已获得±2℃的温度测量精度。

随着集成型数字温度传感器的推广普及，NTC 数字温度传感器正沿着宽温区、高精度、小型化、复合化的方向发展，使传感器的应用技术发展更快。

7.1.4.4 提高热敏电阻稳定性的常用方法

由于影响热敏电阻稳定性的因素较多，提高热敏电阻稳定性需要对不同的具体材料采取相应的具体解决对策。一般生产中常用来提高热敏电阻稳定性的方法有以下几种。

（1）调整电阻值 为生产系列热敏电阻，需要通过调整材料的配方和工艺使元件达到要求的电阻值。如采取热处理的工艺进行调整元件的电阻值。图 7-69 为热处理温度与两种热敏电阻元件电阻值变化的关系。

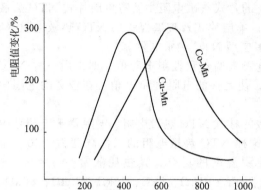

图 7-69 热处理温度与热敏
电阻元件电阻值变化的关系

（2）电阻值调整后的处理 为使电阻值调整后热敏电阻的性能稳定，一般需要在一定的温度范围内进行再处理，如在 200～600℃进行热处理 50～100h，主要是为了消除热敏电阻吸收和吸附的气体，并不使热敏电阻材料的微观结构发生改变。

（3）老练处理 老练处理是将热敏电阻元件放在一定温度条件下放置 100～500h，或将热敏电阻元件进行必要的正、负温度循环处理。有的采取将热敏电阻元件在一定的电流条件下，进行通电老练处理。通过各种老练处理工艺使热敏电阻元件的性能稳定。

进行老练处理主要是为了消除晶体的点缺陷，加速扩散平衡，消除晶界处应力，提高热敏电阻性能的稳定性、机械强度和抗热冲击性。

7.2 压敏陶瓷

压敏陶瓷是指其电阻值与外加电压呈显著的非直线性关系的一类半导体陶瓷。陶瓷压敏电阻广泛应用于程控电话交换机、硅整流器、彩色电视机、微型电机、大规模集成电路（LAI）和超大规模集成电路（SLAI）、计算机、电子仪器中作为消除电火花，硅整流器、彩色电视机等用来吸收异常电压，微型电机用来吸收噪声和对电机进行过压保护和继电保护等，陶瓷压敏电阻保护元件的需求量不断增加。陶瓷压敏电阻的应用前景非常广阔。随着电子仪器和装置的轻、薄、短、小及多功能化的发展，陶瓷压敏电阻在大规模集成电路（LAI）和超大规模集成电路（SLAI）的计算机、电子仪器中作为保护元件需求量逐年增加，陶瓷压敏电阻的应用前景非常广阔。

目前应用最广、性能最好的陶瓷压敏电阻是 ZnO 半导体陶瓷压敏电阻。此外，研究和生产的陶瓷压敏电阻材料还有 $SrTiO_3$、SiC、$BaTiO_3$、Fe_2O_3、SnO_2 半导体陶瓷等。这里，重点介绍陶瓷压敏电阻材料的电性能、ZnO 陶瓷压敏电阻的工艺原理和导电机理等。

7.2.1 压敏半导体陶瓷的基本性能参数

（1）陶瓷压敏电阻的 *I-V* 特性 理想压敏电阻的 *I-V* 特性曲线如图 7-70 所示。图中曲线 1 示出了一种 ZnO 压敏电阻的 *I-V* 特性，曲线 2 示出了一种 SiC 压敏电阻的 *I-V* 特性，直线 3 示出了一种线性压敏电阻的 *I-V* 特性。某 ZnO 压敏电阻的 *I-V* 特性曲线如图 7-71 所示。

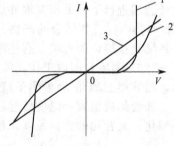

图 7-70 压敏电阻的 *I-V* 特性

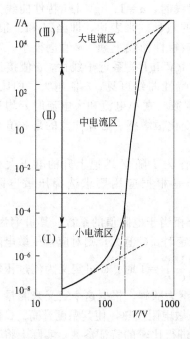

图 7-71　ZnO 压敏电阻的 $I\text{-}V$ 特性

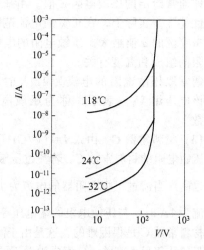

图 7-72　ZnO 压敏电阻在
不同温度下的 $I\text{-}V$ 特性

图 7-71 中小电流区（Ⅰ）的电流在 10^{-5} A 以下，称为预击穿区，$I\text{-}V$ 特性呈现 $\lg I \propto V^{1/2}$ 的关系。在击穿区以下更小的范围内 $I\text{-}V$ 特性是欧姆特性。中电流区（Ⅱ）的电流在 10^{-5} A 至 10^3 A，称为击穿区，与预击穿区相比，曲线呈非常高的非线性。可用下式表示：

$$I=(V/C)^{\alpha}$$

式中，α 为非线性系数；C 为材料常数。大电流区（Ⅲ）的电流大于 10^3 A。由于晶粒上的压降要考虑在内，因而 $I\text{-}V$ 特性出现回升趋势，非线性减弱。在预击穿区，ZnO 压敏电阻的 $I\text{-}V$ 特性随温度变化较大，温度升高，$I\text{-}V$ 特性移向大电流方向，如图 7-72 所示。在击穿区，由于导电机构取决于隧道效应，受温度影响较小。

（2）非线性系数　对 $I=(V/C)^{\alpha}$ 式取对数并微分得：

$$\alpha=\mathrm{d}\lg I/\mathrm{d}\lg V$$

由上式可知，在双对数坐标的 $I\text{-}V$ 特性曲线中 α 是击穿区曲线的斜率。α 值可通过实验方法求出，即分别测出两电流值 I_1、I_2，并令 $I_2=10I_1$，分别测出与 I_1、I_2 对应的电压值 V_1、V_2，得到如下关系式：

$$\lg I_1=\alpha(\lg V_1-\lg C)$$
$$\lg I_2=\alpha(\lg V_2-\lg C)$$

整理后得：

$$\alpha=\frac{1}{\lg\dfrac{V_2}{V_1}}$$

可见 α 值越大，曲线的非线性越强。在很宽的电流范围内，α 不是常数，在小电流和大电流端 α 有所下降，在击穿区的 α 值最大，压敏电阻的电阻值对电压的变化非常敏感。α 值与温度有关，如 ZnO 压敏电阻器，77K 时的 α_{max} 高于 298K 时的 α_{max}，且温度下降时，出现 α_{max} 的电流值下降。不同压敏电阻的 α 达到最大值时的电压不同。

$I=(V/C)^a$ 与实验结果相一致。I-V 特性曲线为直线时，$\alpha=1$；$\lg V$-$\lg I$ 特性曲线为直线时，$\alpha > 1$。实际压敏电阻的 I-V 特性曲线不能用简单的数学式来表达，即当 V 和 I 很小时，该特性曲线接近线性，α 值很小；当 V 和 I 很大时，该特性曲线上翘，α 值也很小；当外加电压高于某临界值时的较宽的电流范围，压敏电阻的 $\lg V$-$\lg I$ 关系近于线性，α 值接近为常数，即通常给出的压敏电阻 α 值。由压敏电阻的 I-V 特性曲线可见，α 值越大，曲线越陡，非线性越强。实际上，在很宽的电流范围内，α 不是常数，在小电流和大电流时 α 均有所下降，击穿区的 α 值最大。压敏电阻的电阻值对电压的变化很敏感。必须注意的是 α 值还与压敏电阻的组成和温度有关。

通常取压敏电阻的电流为 1mA 时所对应的电压作为 I 随 V 迅速上升的电压大小的标志，该电压用 V_{1mA} 表示，称为压敏电压。压敏电压是根据应用要求选择压敏电阻的重要参数。

(3) 材料常数 C 由式 $I=(V/C)^a$ 可知，C 是一个相当于电阻值的系数，其量纲为欧姆，称为压敏电阻的材料常数 C。若流过压敏电阻的电流一定时，C 值大，则对应于压敏电阻的端电压也高。当流过压敏电阻器的电流为 1A 时，即 $I=\left(\dfrac{V}{C}\right)^a=1$ 时，C 可定义为流过压敏电阻的电流为 1A 时，与压敏电阻的端电压等值的系数，量纲为欧姆。根据这个定义来测量压敏电阻的材料常数 C 是很困难的。这是由于测量时伴随有压敏电阻发热，使其温度升高。C 值与压敏电阻的几何尺寸有关，C 值成为对不同压敏电阻材料进行比较的特征参数，实际上将其定义为：压敏电阻上流过 $1mA/cm^2$ 电流时，在电流通路每毫米长度上的电压降。材料常数 C 反映了压敏电阻材料的特性和压敏电阻的压敏电压高低。非线性系数 α 和材料常数 C 的数值与压敏电阻材料的组成、结构、制造工艺和压敏电阻材料的电导机制有关。

压敏电阻使用时不同的连接方式也对 C 值有影响。若 n 个压敏电阻串联，通过的电流与单个压敏电阻的电流相等，则外加电压应为单个压敏电阻外加电压的 n 倍，即

$$I=\left(\frac{nV}{C'}\right)^a$$

式中，C' 为串联压敏电阻的 C 值，由于压敏电阻串联前后电流相等，则

$$\left(\frac{nV}{C'}\right)^a=\left(\frac{V}{C}\right)^a$$

整理得：

$$C'=nC$$

即 n 个压敏电阻串联后的材料常数值 C 增大 n 倍，因此 V_{1mA} 值也增大 n 倍，压敏电阻可以采取串联方式使用，达到在高压下使用的目的。可通过调整压敏电阻的厚度改变其压敏电压值。

若 n 个特性相同的压敏电阻并联时，若并联前后外加电压相等时，则流过并联压敏电阻的电流将是单个压敏电阻时的 n 倍，即

$$nI=\left(\frac{V}{C'}\right)^a=n\left(\frac{V}{C}\right)^a$$

$$C'=\frac{C}{n^{\frac{1}{\alpha}}}$$

当 $\alpha \gg 1$ 时，$n^{\frac{1}{\alpha}} \to 1$，则 $C' \approx C$。

采取压敏电阻并联的方式并不能明显使 C 值提高，但压敏电阻并联可提高通过电流的能力。

$$\left(\frac{nV}{C'}\right)^a=\left(\frac{V}{C}\right)^a$$

(4) 漏电流 电子线路、设备及仪器使用压敏电阻正常工作时，压敏电阻进入击穿区前流过的电流称为漏电流。它是描写预击穿 I-V 特性的参数。漏电流的大小与电压、温度都有

关系。如 ZnO 压敏电阻在预击穿区 1mA 以下的 I-V 特性曲线部分，使用和选择压敏电阻时，应注意其正常工作的漏电流应尽可能小。漏电流大小与材料的组成、制造工艺、电压和温度有关。

选取压敏电压与工作电压的关系可由经验公式表示如下：

$$V_{1mA} = \frac{\alpha V_-}{(1-b)(1-c)}$$

或

$$V_{1mA} = \frac{\sqrt{2}\alpha V_\approx}{(1-b)(1-c)}$$

式中，α 为电压脉动系数，可取 $\alpha = 120\%$；b 为产品长期存放后 V_{1mA} 允许下降的极限值，取 $b = 10\%$；c 为 V_{1mA} 产生的误差下限，取 $c = 15\%$；V_- 为直流工作电压；$V_\approx$ 为交流工作电压（有效值）。

已知压敏电阻的压敏电压对确定其工作电压非常重要。压敏电阻的工作电压选择合适，则漏电流小，工作安全可靠。通常漏电流控制在 $50\sim100\mu A$，高于 $100\mu A$ 时，其工作可靠性较差。

(5) 电压温度系数 压敏电阻的压敏电压随温度升高而下降，电压温度系数是衡量其温度特性的参数。在规定的温度范围和零功率条件下，温度每变化 1℃ 压敏电压的相对变化率称为压敏电阻的电压温度系数。可用下式表示：

$$\alpha_V = \frac{V_2 - V_1}{V_1(T_2 - T_1)} = \frac{\Delta V}{V_1 \Delta T}$$

式中，V_1 为室温下的压敏电压；V_2 为极限使用温度下的压敏电压；T_1 为室温；T_2 为极限使用温度。实际上 α_V 不是常数，大电流时 α_V 值比小电流时要小些，一般可控制在 $-10^{-3} \sim 10^{-4}$/℃。

(6) 压敏电阻的蜕变和通流量 压敏电阻的蜕变是指元件在电应力、热应力和压应力等外加应力作用下，性能逐步恶化的现象。压敏电阻经过长期交、直流负荷或高浪涌电流负荷的冲击引起蜕变，I-V 特性变差，使预击穿区的 I-V 特性曲线向高电流方向移动，漏电流上升，压敏电压下降。因此，蜕变严重地影响压敏电阻工作的稳定性和可靠性，是该材料和元件的重要研究内容。蜕变发生在线性区和预击穿区，击穿区的蜕变程度很小；蜕变的结果使压敏电阻的漏电流增大，压敏电压下降；随着负荷时间的增加，蜕变效果加剧；在不同温度下的负荷试验表明，时间和电压相同时，随着温度升高、蜕变加剧，温度升高进一步使漏电流增大，其结果可能导致压敏元件热击穿。蜕变现象与施外电场的形式（交流、直流或脉冲）不同而异。图 7-73 为压敏电阻蜕变前和蜕变后的 J-E 特性曲线。

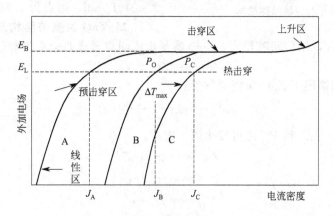

图 7-73 蜕变前后压敏电阻的 J-E 特性

图 7-73 中曲线 A 是蜕变前的 $J\text{-}E$（电流密度-电场强度）特性，曲线 B、C 为蜕变后的 $J\text{-}E$ 特性。压敏电阻在电场强度 E_L 作用下有电流密度 J_A、J_B 和 J_C，在 J 足够大时，压敏电阻由于自身加热和蜕变，造成电导随时间增加，可能达到 J_C，功率为临界功率 P_C，是压敏电阻稳态工作的最大功率。超过该功率时压敏电阻就会发生热击穿。实际的临界功率比 P_C 小，由于蜕变，使压敏电阻的操作功率下降，甚至导致热击穿。温度对 $I\text{-}V$ 特性的影响很大，如 $E_L/E_B > 0.8$ 时，最高工作温度为 $200\sim250℃$。$I\text{-}V$ 特性的蜕变，对应用的影响很大，通常用 V_{1mA} 的下降程度衡量压敏电阻耐高浪涌冲击的能力。将满足 V_{1mA} 下降要求的压敏电阻能承受的最大冲击电流（按规定波形）称为压敏电阻的通流容量或通流量。压敏电阻的通流量与材料的化学成分、制造工艺及其几何尺寸等因素有关。

蜕变现象迄今并无一个完善统一的理论。如有些科技工作者对 ZnO 陶瓷的组成、结构、掺杂、退火处理工艺和 ZnO 压敏电阻元件等进行了研究，认为离子迁移是导致 ZnO 压敏电阻器蜕变的主要原因。目前，还不能完全消除蜕变，因此研究和解决压敏元件的蜕变现象仍在深入进行。

(7) 残压比 残压比是生产中常用的以评价压敏电阻器在大电流工作的质量参数，定义为：

$$K = \frac{V_x}{V_{1mA}}$$

式中，V_x 为大电流时压敏电阻上的电压降，下标 x 为通过压敏电阻的电流值，通常 $x=100A\sim10kA$。

7.2.2　ZnO 压敏半导体陶瓷

这里，以压敏电阻中应用最广泛、性能最好的 ZnO 半导体陶瓷压敏电阻为例进行简单的介绍。

(1) ZnO 的晶体结构 如图 7-74 所示，ZnO 为纤锌矿晶体结构，氧离子以六方密堆积排列，氧离子密堆积形成的八面体空隙是全空的，锌离子占据半数由 O^{2-} 紧密排列所形成的四面体空隙中。其化学键型处于离子键和共价键的中间键型。ZnO 晶体的晶格常数为：$a=0.3249nm$；$c=0.5207nm$，$c/a=1.6$。ZnO 晶体的密度为 $5.6g/cm^3$；晶格能为 $4040J/mol$，熔点为 $1975℃$。

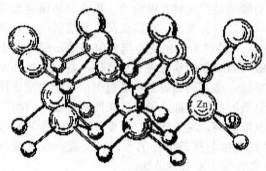

图 7-74　ZnO 的晶体结构

(2) ZnO 的能带结构及缺陷 ZnO 的禁带宽度约为 $3.34eV$，结构间隙较大，Zn^{2+} 容易进入间隙形成弗仑克尔缺陷：

$$Zn_{Zn} \Longrightarrow Zn_i^x + V_{Zn}^x$$

在低氧分压和高温下 ZnO 可能分解为：

$$ZnO \Longrightarrow Zn_i^x + \frac{1}{2}O_2(g)$$

同时产生 V_O^x。Zn_i^x 和 V_O^x 还可发生以下电离：

$$Zn_i^x \Longrightarrow Zn_i^{\cdot} + e^{-1}$$

$$Zn_i^{\cdot} \Longrightarrow Zn_i^{\cdot\cdot} + e^{-1}$$

$$V_O^x \Longrightarrow V_O^{\cdot} + e^{-1}$$

$$V_O^{\cdot} \Longrightarrow V_O^{\cdot\cdot} + e^{-1}$$

ZnO 是 n 型半导体，其缺陷能级如图7-75 所示。其中 Zn_i^x、$Zn_i^{\cdot}$、V_O^x 属于浅施主能级，$V_O^{\cdot}$ 属于深施主能级。V_{Zn}^x、V_{Zn}' 是受主缺陷。

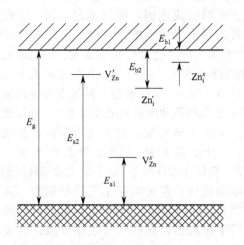

图 7-75 ZnO 能带中的缺陷能级

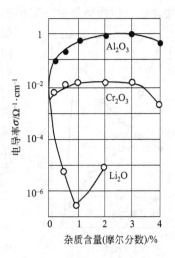

图 7-76 杂质对 ZnO 半导体陶瓷电导率的影响

有些研究认为 ZnO 是锌离子填隙型的缺陷氧化物，电子自旋共振（ESR）谱分析证明，ZnO 中的缺陷为多种点缺陷形式。认为 ZnO 晶体中的主要缺陷是填隙锌离子的主要根据是：ZnO 的纤锌矿晶体结构中存有大量易于容纳锌填隙离子的大尺寸空隙；实验证明，锌在 ZnO 晶体中的扩散系数远比氧的扩散系数高；锌在 ZnO 中的扩散总是随锌的分压增大而增强。这表明所扩散的是锌填隙离子或原子，而不是锌空位；Hegemark 等人从 ZnO 晶体的电导率与锌分压关系的研究中证明，ZnO 中的主要荷电离子是双电离的固有施主。而 ZnO 中只有 $Zn_i^{\cdot\cdot}$ 和 $V_O^{\cdot\cdot}$ 两种可能的双电离本征施主，其电离能分别为 0.2eV 及 2.0eV。因此，ZnO 晶体中的主要缺陷必然是填隙锌离子，且大部分为 $Zn_i^{\cdot\cdot}$。这些事实说明，ZnO 晶体中的点缺陷主要是弗仑克尔缺陷，而不是肖特基缺陷。

（3）掺杂对 ZnO 半导体陶瓷电导率和非线性系数 α 的影响 ZnO 半导体陶瓷的电导率受杂质的影响很大，采取掺杂金属氧化物的方法提高材料的性能是常用的方法。引入高价阳离子杂质与 ZnO 形成取代固溶体时，ZnO 中形成施主中心，其电导率提高。引入低价阳离子，ZnO 中形成受主中心，其电导率下降。图 7-76 示出了杂质含量对材料电导率的影响。一般，最佳杂质离子掺杂量的理论计算和实验结果较为一致。杂质对电导率的影响与杂质的种类和在基质中的位置有关，还与烧结气氛等有关。

ZnO 半导体陶瓷的电导率不仅与杂质的种类有关，还与杂质在基质中所处的位置和含量有关，同时与烧结时的气氛有关，因此比较复杂。应对具体的 ZnO 瓷料进行具体分析。

掺杂可提高 ZnO 压敏电阻性能稳定和非线性系数。如 ZnO 中加入 Bi_2O_3 时的非线性系数 α 为 3～5，同时加入 Bi_2O_3 和 Sb_2O_3 使 α 提高到 10，同时加入 Bi_2O_3、Sb_2O_3、Co_2O_3 和 MnO_2，使 α 提高到 50 左右。掺杂各种稀土元素氧化物，有利于提高压敏电压和非线性系数，如掺杂 Pr，使 V_{1mA} 为 170V，非线性系数 α 达到 78。

图 7-77 ZnO 压敏电阻的工艺流程图

（4）工艺条件对 ZnO 压敏电阻的性能影响　研究和选择性能优良的材料配方和最佳工艺条件是制备压敏电阻的关键。ZnO 压敏电阻的主要生产工艺流程如图 7-77 所示。使用球磨机、振动磨、搅拌磨等进行配料的混合磨细，经喷雾造粒、干压成型，然后在空气气氛中

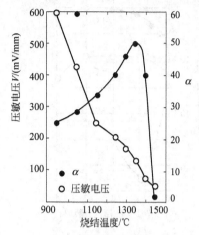

图 7-78　ZnO 压敏电阻的烧成温度与特性的关系

烧成。改变配方中的组成比例，即使工艺相同，压敏电阻的性能也会发生很大变化。配方相同，工艺条件不同时，压敏电阻的性能同样也会发生相应变化。如烧成温度对压敏电阻的性能影响很大。不同 ZnO 压敏电阻配方材料的烧成温度为 $1150\sim1350℃$。应根据不同配方确定最佳烧成温度。图 7-78 为 ZnO 压敏电阻的烧成温度与 α 和压敏电压的关系曲线。由图 7-78 可见，烧成温度升高，晶粒长大，C 值下降，α 开始随着烧成温度升高而上升，在 1350℃ 达到峰值。应该注意高温下 Bi_2O_3 的大量挥发问题。

ZnO 压敏电阻使用通常的陶瓷工艺进行制造，其中混磨在一般球磨机、振动磨、搅拌磨或行星微粒球磨机中进行，造粒后干压成型，在空气气氛中烧成，烧成温度视不同配方而定，在 $1150\sim1350℃$ 烧结可制得非线性良好的产品。对于具体配方，应在最佳烧成温度下进行。

需要注意的是 Bi_2O_3 等掺杂物在高温下可能大量挥发，造成产品的性能恶化。

ZnO 压敏陶瓷的主晶相是 ZnO，由于 Zn 的填隙，或施主元素 Al、Co、Sb 等的加入，使它成为 n 型半导体，室温电阻率为 $0.5\sim2.7\Omega\cdot cm$。虽然认为产生非线性的主要原因在晶界，但是 ZnO 晶粒对于 $I\text{-}V$ 特性的影响不可忽视。尤其在大电流情况下，ZnO 晶粒上的电压降更有决定性作用。ZnO 压敏陶瓷中的富 Bi_2O_3 相能溶解大量 ZnO 和少量的 Sb_2O_3，对液相烧结有贡献。另外，由于富 Bi_2O_3 液相在晶粒边界结晶，溶有大量 ZnO 和少量 Sb_2 O_3、Co_2O_3、MnO_2 等，对于提高 α 值有作用。

（5）ZnO 压敏半导体瓷的相组成　ZnO 压敏半导体瓷的相组成与其化学组成、工艺条件有关。含 Bi 的 ZnO 压敏电阻瓷（简称 Bi 系）中主要由 ZnO、尖晶石和 Bi 相组成。图 7-79 是

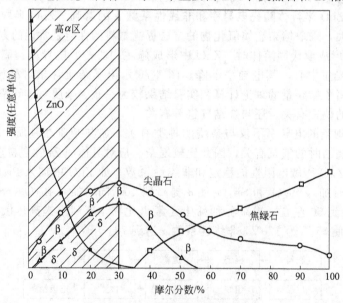

图 7-79　加入物含量与相组成的关系

本节介绍的典型配方的相组成随 x 变化的情况。图中试样的烧成温度为 1350℃，β 为 β-Bi$_2$O$_3$，δ 为 δ-Bi$_2$O$_3$ 相。

由图可见，随着 x 增大，ZnO 量减少，当 x 超过 30%（摩尔分数）时，ZnO 相消失，出现了焦绿石相，其含量随 x 继续增大而增加。尖晶石含量在 x＝30%（摩尔分数）时最大。富 Bi$_2$O$_3$ 相有四方的 β-Bi$_2$O$_3$ 和立方的 δ-Bi$_2$O$_3$ 相，当 x＜20%（摩尔分数）时，两相同时存在；当 x＞30%（摩尔分数）时，只存在 β-Bi$_2$O$_3$ 相。可见，通过化学组成可控制材料的相组成。当 x＜30%（摩尔分数）时，压敏陶瓷具有良好的非线性。

在 ZnO-Bi$_2$O$_3$ 二元系易形成 β-Bi$_2$O$_3$，淬冷时，β-Bi$_2$O$_3$ 能溶解大量 ZnO 和少量 Sb$_2$O$_3$；随炉冷却时，在 78Bi$_2$O$_3$＋19ZnO＋Sb$_2$O$_3$ 组成范围内形成 β-Bi$_2$O$_3$，有时拌有 δ-Bi$_2$O$_3$ 形成，如图 7-80 所示。图中试样烧成过程中的冷却方式分别为（A）从 1000℃的熔融状态随炉冷却和（B）从 1000℃的熔融状态淬冷。应该注意的是 Bi 系的相与相间会发生反应，不同的氧化物添加剂对反应的影响很大，对这种材料应进行必要的分析，确定材料中的相组成，了解各相在什么条件下生成以及添加剂对于形成各相的作用，了解和确定不同的相结构对材料性能的影响规律。

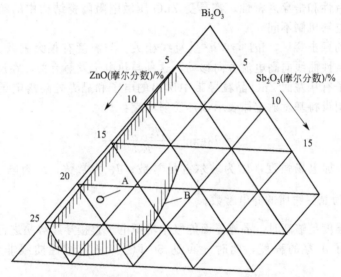

图 7-80　ZnO-Bi$_2$O$_3$-Sb$_2$O$_3$ 系中 β-Bi$_2$O$_3$ 的形成区

ZnO 压敏陶瓷中，由于部分 Zn 离子处于填隙状态，或由于施主元素 Al、Sb 等的加入，使其成为 n 型半导体，其室温电阻率可达到 0.5～2.7Ω·cm。ZnO 压敏陶瓷的非线性是由晶界和 ZnO 晶粒共同作用的结果，而 ZnO 晶粒对材料的 I-V 特性的影响、尤其在大电流情况下是不可忽视的，即在某种意义上说 ZnO 晶粒上的电压降更具有决定性的作用。

尖晶石相对 ZnO 压敏陶瓷的非线性不起直接作用，但高温下尖晶石相与 ZnO 富 Bi$_2$O$_3$ 液相共存，对各相的形成和控制沉积到晶粒边界处的 ZnO 晶粒生长发生作用。焦绿石相对于压敏陶瓷的非线性也不起作用，在加热过程中起到产生富 Bi$_2$O$_3$ 液相的作用。富 Bi$_2$O$_3$ 相能溶解大量 ZnO 和少量的 Sb$_2$O$_3$，对液相烧结有贡献。富 Bi$_2$O$_3$ 液相在晶粒边界结晶，溶有大量 ZnO 和少量 Sb$_2$O$_3$、Co$_2$O$_3$、MnO$_2$ 等，有利于材料 α 值的提高和抑制 ZnO 晶粒长大的作用。

7.2.3　ZnO 压敏陶瓷的电导机理

（1）ZnO 压敏电阻的 I-V 特性　图 7-71 为典型 ZnO 压敏电阻的 I-V 特性曲线（T＝

300K），一般可划分为预击穿区（Ⅰ）、击穿区（Ⅱ）和回升区（Ⅲ）。预击穿区（Ⅰ）是外加电压低于压敏电压时，高非线性效应产生前，材料的晶界势垒高，压敏电阻呈高阻特性，其高电阻主要来源于晶界；当外加电压达到压敏电压处于击穿区（Ⅱ）时，电阻将随着电压的增加而急骤下降，晶界势垒逐渐被击穿，其电阻值主要由晶粒电阻所决定，击穿区（Ⅱ）是在电压变化很小而电流变化6~8个数量级，压敏电阻保持相当高的 α 值；回升区（Ⅲ）是在大电流区中，非线性再次下降，最终消失的特性区。压敏电阻在预击穿区（Ⅰ）和击穿区（Ⅱ）的特性受 ZnO 半导体陶瓷中晶界特性的控制。压敏电阻在回升区（Ⅲ）的特性受 ZnO 陶瓷中晶粒特性的控制。压敏电阻在前二区正常工作，当进入回升区时，元件将被损坏和失效。因此，压敏电阻在预击穿区（Ⅰ）和击穿区（Ⅱ）的特性，尤其是对电导机理的研究是非常重要的。

在低电压的预击穿区，$I\text{-}V$ 特性受晶界的热激发射电流控制，ZnO 压敏电阻呈现高电阻，漏电流与环境温度具有强烈相关性。当外加电压升高，进入 $I\text{-}V$ 特性曲线的击穿区时，热激发射电流不起主要作用，而是隧穿电流起决定性作用。考虑 Mahan 的空穴模型后，所得出的 α 值也与实测的 ZnO 压敏电阻器 α 值相近。以上的讨论说明，ZnO 压敏电阻的 $I\text{-}V$ 特性的预击穿区特性和击穿区特性，都是受 ZnO 压敏电阻陶瓷结构中的粒界特性控制，只是不同特性区的电导机制不同。

在 $I\text{-}V$ 特性的预击穿区，$\lg I$ 与 $V^{1/2}$ 呈直线相关，与温度有很大关系。当温度升高时，预击穿区的 $I\text{-}V$ 特性曲线向高电流方向移动，这种与热电子发射有关、在反向偏压下，向势垒右边流动的电子有从左面 ZnO 晶粒导带中逸出的电子和晶界处陷落电子逸出的电子，其推动力是热。可用肖特基发射定律表示该热发射电流：

$$J = J_0 \exp \frac{-\left(\phi_B - \beta E^{\frac{1}{2}}\right)}{KT}$$

式中，E 为外加电场强度；K 为玻尔兹曼常数；J_0 为常数；ϕ_B 为电子热激活能；$\beta = \left(\dfrac{e^3}{4\pi\varepsilon_0\varepsilon_{int}}\right)^{\frac{1}{2}}$，$\varepsilon_{int}$ 为晶界物质的介电常数。

当外加电场强度足够高时，晶界界面能级中堆积电子直接穿越势垒进行导电。由于隧穿电流很大，达到了击穿的程度，此时 α 可达 50 以上，$I\text{-}V$ 特性曲线非常陡峭，可用下式表示：

$$J = J_0 \exp\left(-\frac{\gamma}{E}\right)$$

$$\gamma = \frac{3}{4}\left(\frac{\sqrt{2m}}{e\hbar}\phi_B^{\frac{3}{2}}\right) = 6.8 \times 10^7 \phi_B^{\frac{3}{2}}$$

式中，E 为耗尽层中的电场强度。

由于强电场作用引起的隧穿电流很大，当电流密度大于 $10^3\,\mathrm{A/cm^2}$ 时，ZnO 压敏电阻的 α 值趋近于 1，$I\text{-}V$ 特性呈线性相关，其电流大小，由晶粒电阻决定。压敏电阻的工作状态绝不允许在这样大电流密度下使用，否则元件会因大的焦耳热而损坏。因此，应尽量减小材料中晶粒的电阻率，以提高压敏电阻在大的浪涌电流密度条件下的工作能力。

(2) 显微结构特点 多数实验研究表明，加入少量 Bi_2O_3（Sb_2O_3、MnO_2 等）的 ZnO 压敏陶瓷，是由 ZnO 晶粒和包围它的三维富 Bi 相等固溶体骨架构成，简称晶界相。通过理论计算和化学组成计算及利用透射电子显微镜对晶界相的厚度进行研究，发现 ZnO 晶粒的粒径为 20~25μm 时，晶界相厚度为 10~20nm。晶界相处于三个或四个 ZnO 晶粒汇集的空隙处。ZnO 半导体陶瓷微观结构特点是以主晶相 ZnO 晶粒为母体，晶粒间分布着富 Bi 相的晶界层，尖晶石相及焦绿石相以微细弥散的晶粒分布于以富 Bi 相为主的晶界层中。ZnO 压敏电阻的特性取决于这种半导体晶粒、晶界和晶界层的结构。图 7-81 为 ZnO 压敏陶瓷的显微结构示意图。

有的研究通过高分辨率的透射电子显微镜观察和俄歇（Auger）电子谱分析，发现两个 ZnO 晶粒间没有晶界相，而是 ZnO 晶粒直接接触，晶界层厚约 2.0nm。还有的研究发现 ZnO 晶粒间有一富 Bi 层，厚度也是 2.0nm。

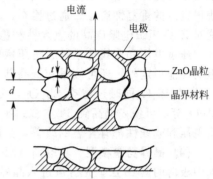

图 7-81　ZnO 压敏电阻的微观结构

(3) 杂质对电导率的影响　在 ZnO 压敏陶瓷中，往往通过掺杂金属氧化物改善其电导率等性能。如掺杂高价阳离子（Al^{3+}、Ga^{3+}、In^{3+}、Cr^{3+} 等）与 ZnO 形成取代固溶体时，在 ZnO 中形成施主中心，使 ZnO 压敏陶瓷的电导率提高；如掺杂低价阳离子（Li^+、Cu^+、Ag^+ 等），在 ZnO 中则形成受主中心，使 ZnO 压敏陶瓷的电导率下降。这些掺杂量是有限的，超过范围就会产生相反的结果。这是由于杂质在 ZnO 压敏陶瓷基质中的固溶极限引起的。当某种杂质达到极限浓度时，杂质就会从格点位置进入填隙位置，或偏析出来，形成第二相。

烧结气氛的影响也是很重要的，同一种掺杂物，若烧结气氛不同，则会形成不同类型的固溶体。如 ZnO 中引入 Li^+ 时，若烧结是还原性气氛，则 Li^+ 会被引进到填隙位置形成施主；若烧结是氧化气氛，则 Li^+ 会被引进到格点位置而形成受主。对 Bi^{3+} 的引入情况也类似，在还原性气氛烧结，Bi^{3+} 被引进到填隙位置形成受主；在氧化气氛烧结，Bi^{3+} 被引进到格点位置而形成施主。所以，必须严格控制烧结气氛，使 ZnO 压敏陶瓷的性能达到实际使用的要求。

掺杂对 ZnO 压敏陶瓷电导率的影响不但与杂质的种类和加入量有关，还与杂质在基质中所处的位置和烧结气氛有关，对这一问题必须予以充分的注意。下面以掺杂 Al_2O_3 为例。

没有掺杂 Al_2O_3 时，ZnO 中的填隙原子可按下式形成：

$$ZnO \rightleftharpoons Zn_i^x + \frac{1}{2}O_2(g)$$

填隙原子常温产生电离：

$$Zn_i^x \rightleftharpoons Zn_i^{\cdot} + e^{-1}$$
$$Zn_i^{\cdot} \rightleftharpoons Zn_i^{\cdot\cdot} + e^{-1}$$

由此可见，导电电子来源于 Zn 填隙原子的电离。

当 ZnO 中掺杂 Al_2O_3 时，二者形成固溶体。Al^{3+} 占据了 Zn^{2+} 格点位置（Al_{Zn}），并导致电子浓度增加。反应过程如下：

$$2ZnO + Al_2O_3 \rightleftharpoons 2Al_{Zn}^x + 2ZnO + \frac{3}{2}O_2(g)$$

$$2Al_{Zn}^x \rightleftharpoons 2Al_{Zn} + 2e^{-1}$$

式中左边的 ZnO 是晶格中的，右边的 ZnO 是被取代的 Zn^{2+} 与 O^{2-} 结合而成的。当氧分压不变时，电子浓度随 Al_{Zn}^x 含量的增加而增加，即电导率随 Al_{Zn}^x 含量的增加而提高。但在电子浓度增加的同时，$Zn_i^{\cdot}$ 和 $Zn_i^{\cdot\cdot}$ 浓度下降，甚至降到很低值。由此可以看出，ZnO 半导体掺杂 Al_2O_3 后，原来的填隙原子 Zn 对电导的贡献是极其微弱的，ZnO 陶瓷的电导率主要

由 Al_2O_3 掺杂量决定。

在 ZnO 中掺杂，掩盖了 ZnO 晶粒本征缺陷对 ZnO 陶瓷电导率的影响，使半导体的电导率获得可控性。由于本征 ZnO 半导体的电性能受环境气氛的影响很大，在制造过程中不易获得良好的重复性产品。通过掺杂，其电导率主要由杂质加入量决定，受外界气氛影响小。这对 ZnO 压敏电阻产品的重复性和稳定性是非常重要的。

压敏电压和非线性系数 α 是压敏电阻非常重要的参数。掺杂的目的，除使 ZnO 压敏电阻的性能稳定外，还可改善和提高其非线性。ZnO 中若只加入 Bi_2O_3，非线性系数只有 3～5，掺杂 Bi_2O_3 同时还掺杂 Sb_2O_3，可使 α 提高到 10；同时掺杂 Bi_2O_3、Sb_2O_3、Co_2O_3 和 MnO_2 等，可使 α 提高到 50 左右。在 ZnO 压敏电阻中，加入各种稀土元素氧化物，使其压敏电压和非线性都有显著的改善，如加 Pr 后，V_{1mA} 为 170V，非线性系数为 78。

(4) 晶界势垒模型　莫瑞斯（Morris）对于加入少量 Bi_2O_3 的 ZnO 压敏陶瓷，认为其结构中极薄的富 Bi 层，是分凝进入晶界的 Bi 吸附层，并假设它带有负电荷，使 ZnO 晶粒表面处的能带向上弯曲，形成对电子的势垒，称为肖特基型势垒，两晶粒间的肖特基势垒被富 Bi 层隔开，所以称为分立的双肖特基势垒。b 为耗尽层的宽度，为 10～100nm，富 Bi 层厚度只有 2.0nm，与耗尽层相比，可近似看成平面，把富 Bi 层中所带的电荷看成面电荷，耗尽层中的正电荷量与面电荷量是相等的，电荷量随外加电压的变化而变化。只要在晶界有深能级陷阱（即深表面态能级）就能造成肖特基势垒。通常化学组成偏离化学计量比，晶格结构的不完整性和一些杂质在晶界富集，都会导致晶界处的深能级陷阱出现。图 7-82 为晶界势垒示意图。田考一等根据 STEM 等分析研究晶界处构造的结果指出，晶界处不存在析出层，而是单纯的双耗尽层，构成如图7-82(b)示意的双肖特基势垒。图中 E_{Fo} 为平衡费米能级；E_v 为价带顶能级；b_L、b_R 为耗尽层厚度；ϕ_B 为电子热激发能。

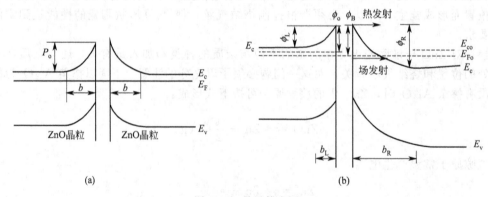

图 7-82　晶界势垒图

如图 7-82 所示，ZnO 压敏电阻在外加电压作用下，肖特基势垒要发生倾斜。设右边的势垒施以反向偏压，则左边的势垒将受到正向偏压的影响，电子将从负端注入，越过势垒被界面能级俘获。部分被俘获的电子将因热激发从界面中放出，越过势垒流入右边的正端。在反向偏压作用下的一边耗尽层变厚，而正向偏压一边的耗尽层则减薄。热激发射电流特性只存在于较低电场强度作用下，当反偏势垒场强超过临界值时，晶界界面态俘获的电子主要不是依靠热激发跨越势垒的方式传导电流，而主要是由场致发射直接隧穿势垒传导电流。Mahan 等提出，当外加电压增大，使反向偏压侧的 ZnO 晶粒的费米能级 Z_p 变得比粒界势垒上的价带顶的位置为低，将会因反型而在该价带顶附近生成空穴而中和界面能级的负电荷，这样使右侧耗尽层的厚度剧减，来自界面能级的隧穿电流将更大。如图 7-83 所示。

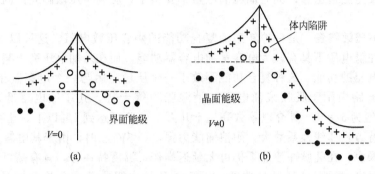

图 7-83 加偏压后势垒的变化

7.2.4 压敏陶瓷材料、工艺与应用

7.2.4.1 新型压敏陶瓷材料

(1) 籽晶法制 ZnO 低压压敏陶瓷 压敏陶瓷电阻的低电压化是适应微电子线路、表面安装技术和电子通信等设备小型化和集成化的重点研究内容之一。如 ZnO 压敏陶瓷电阻的低电压化途径主要是：①减小压敏电阻的厚度；②增大晶粒平均粒径；③降低压敏陶瓷中每个粒界的压敏电压。采用独石陶瓷电容器相同的工艺减小压敏电阻的厚度是当前制造低压压敏电阻器的有效方法之一，由于需要印刷 Pt 等贵金属内电极，制造成本高，工艺复杂；采用电子束蒸发和 RF 溅射工艺来制作氧化锌薄膜压敏元件，可制成工作电压为 10V、非线性系数为 10 的元件，但生产和制备工艺需要的设备价格昂贵，且工艺控制较复杂；在配方中引入 Al_2O_3 等晶粒生长促进剂可促进晶粒生长并能明显降低压敏电压，但晶粒发育不均匀，使通流量不大。籽晶法制备 ZnO 低压压敏陶瓷是近些年来研究 ZnO 低压压敏电阻的新方法。该方法是在 ZnO 压敏陶瓷的配料中加入一些大尺寸的 ZnO 晶粒并均匀混合在陶瓷配料中。烧结时，这些大尺寸的 ZnO 晶粒为籽晶，通过晶粒生长，获得晶粒很大、分布较均匀的压敏陶瓷件。如日本的 K. Eds 等人和国内有许多学者进行了利用籽晶法制备低压压敏电阻的探索性研究，可使原配方的压敏电压明显降低，非线性系数和通流特性较好。这种方法的影响因素多、制作也较困难。有些研究工作对 $ZnO\text{-}Bi_2O_3\text{-}Sb_2O_3$ 和 $ZnO\text{-}Bi_2O_3\text{-}TiO_2$ 系统进行了掺杂高温烧结法制备的大尺寸氧化锌籽晶的试验，研制出了压敏电压<10V/mm 的压敏电阻。

(2) TiO_2 压敏陶瓷 TiO_2 低压压敏电阻是以 TiO_2 为主要成分，配料中 TiO_2 为 95% 以上的锐钛矿型 TiO_2 粉，其他少量加入物为 $Ba(NO_3)_2$ 和 $Nb(HC_2O_4)_5$。其中掺杂铌是为了降低 TiO_2 晶粒的电阻率，掺杂钡是为在陶瓷晶界中偏析出含钡的晶界层，使 TiO_2 压敏电阻具有较好的非线性制备工艺是将 $Ba(NO_3)_2$ 和 $Nb(HC_2O_4)_5$ 配制成溶液加入到 TiO_2 粉料中充分混合。在混合过程中加入硫酸铵及氢氧化铵共沉淀出 $BaSO_4$ 和 $Nb(OH)_5$ 或 Nb_2O_5。然后将 TiO_2 泥浆经均匀化、冰冻和真空干燥，或过滤和加热干燥以除去水分。干燥后的粉料过筛后在 900℃ 的空气中煅烧 16h。煅烧料用 ZrO_2 磨球和 CCl_4 溶液中球磨 16h，其中 CCl_4 中溶解有质量分数为 10% 的卤蜡。混磨料除去 CCl_4，再将粉料压制成圆片，成型片经 500℃、4h 排蜡，然后在 1350～1400℃ 下，在氧气气氛下烧结，制成 TiO_2 压敏电阻陶瓷片。该压敏电阻的 $I\text{-}V$ 特性在击穿区具有近似于 $I=KV^\alpha$ 的关系。如掺杂为 0.55 铌和 0.25 钡的压敏电阻在 1～100mA 范围内的 α 值约为 3，已用于电话线路均衡器和微电机消噪器中。当 Sb_2O_5 的掺杂量为 0.5%（摩尔分数）时，晶粒的电阻率约在 $5\Omega \cdot cm$。

根据压敏电阻的 $I\text{-}V$ 特性，要求其结构中的晶界势垒要高，即形成高阻的晶界层；晶界层要薄，容易发生隧道击穿；同时晶粒的电阻率要很小，有利于压敏陶瓷由高阻状态突变为低阻状态。

（3）SrTiO₃压敏陶瓷　是一种新型的复合功能的陶瓷压敏电阻。这种以 $SrTiO_3$ 为基的陶瓷压敏电阻在低电压下具有较大电容量的电容器功能，而在外加电压高于某临界电压后只有很强的压敏电阻的功能。这种复合功能等效于一个压敏电阻与一个电容器相并联的功能。因而可在电子电路中用于吸收浪涌电压和消除噪声等干扰。其压敏电压低，V_{1mA} 为 $3\sim120V$ 之间；α 值为 $5\sim35$，其介电系数高达十几万，$\tan\delta$ 可达到 1% 以下。这种 $SrTiO_3$ 压敏电阻具有如下特点：非线性系数大，耐浪涌能力强，$V<V_{1mA}$ 时，由于其电容量比较大，可吸收宽频率的噪声，在陡脉冲浪涌下仍可无延迟操作，温度特性好，具有高可靠性的自复位功能，无极性具有对称的 I-V 特性曲线。$SrTiO_3$ 压敏电阻主要有环形和圆片形。环形 $SrTiO_3$ 压敏电阻用于微电机中以抑制电刷和整流子间的尖峰电压；圆片形 $SrTiO_3$ 压敏电阻用于要求压敏电阻器和电容器并联使用的场合。例如电源抗干扰电路以及一些晶体管和集成电路的保护。

压敏电阻的应用非常广泛，主要应用介绍如下。

压敏电阻作为过电压保护的特点是：电子设备和仪器正常工作时，被保护设备的输入工作电压处于 I-V 特性曲线的预击穿区。发生异常大的过电压时，其工作点立即进入非线性的击穿区，通过压敏电阻的电流可比正常工作时高几个数量级，这样可将浪涌电流吸收掉，并将浪涌电压降落到与其串联的浪涌源内阻上，防止了由于过电压使电子设备烧毁事故的发生。

① 电子设备的过电压保护。ZnO 压敏电阻具有 α 值高、残压低、耐浪涌能力强和响应快的特性，V_{1mA} 可任意调整，是较理想的大气过电压保护元件。ZnO 压敏电阻器的响应时间可为纳秒级，只要浪涌源内阻的电压不超过被保护设备的安全允许值，就可有效地保护电子设备。

② 交流输电线路的防雷保护。在压敏电阻铁路自动移频通信系统的 220V 交流供电线路中，由若干只压敏电阻构成防雷保护系统，进行输电线对大地之间的雷击电保护和铁路交、直流供电架空线路的防雷系统保护。

③ 直流电源供电线路的防雷保护。

④ 整流设备中的操作过电压防护，用于防止在整流设备中拉闸和合闸时产生的相当高的过电压对整流元件的破坏。

⑤ 继电器的触点及线圈的保护，用于防止继电器开断瞬间感生的电压、触点间空气电离产生的火花放电等对继电器的破坏。

⑥ 晶体管的过压保护。用于防止晶体管电路，特别是晶体管与电感性电路相连接时开机和关机时感性电路产生的过电压可能造成晶体管的损坏。

以 ZnO 压敏电阻为主在过电压保护从低压到高压、从低能量到高能量都有很多产品和应用。

7.2.4.2　压敏电阻在稳压方面的应用

压敏电阻的稳压作用也是来源于 I-V 非线性。为了保证稳压效果，稳压用压敏电阻的工作点应当选在预击穿区与击穿区临界附近的高 α 值处。压敏电阻在正常工作时会有较大的电流和功耗，造成温升。所以要求压敏电阻的 α 大和电压温度系数小，长期使用稳定。

① 电话机线路均衡器。电话机离交换机远近不同，由于线路压降，使达电话机的直流电压高低不稳。应用压敏电阻使直流电压比较稳定，用来抑制耳机两端较强的刺耳信号。

② 电视机显像管阳极高压稳压器。ZnO 压敏电阻用于彩电接收机等中稳定显像管的阳

极高压，保证和提高图像质量。

目前探索新型压敏陶瓷材料系统、元件、机理和新的工艺是压敏电阻创新研究工作的重点，新型压敏电阻研究工作的不断进展将进一步开拓压敏电阻新的重要应用。

7.3　气敏陶瓷

工农业生产、科学研究及生活中，各种可燃气体，如液化石油气、天然气、氢气等，常用来作为燃料、原料。这些气体往往易燃、易爆、有毒，如泄漏至大气中会造成大气污染，甚至引起火灾、爆炸等，使国家和人民的生命财产遭受损失。因此，必须对易燃易爆和有毒有害气体进行检测和监控。陶瓷半导体气敏元件检测法，因具有设备结构简单、灵敏度高、使用方便和价格便宜等优点受到人们的高度关注。

气敏半导体陶瓷的电阻率随某一种或几种气体的浓度发生规则性的变化，其检测灵敏度通常可达百万分之一的量级或更高。半导体陶瓷的气敏特性可用来制成气敏元件，在化工、环境保护与监测、煤矿、国防、汽车、食品、电子、石油、发电等很多工业部门，对有害、易燃、易爆等气体实施自动检测、报警和调控，尤其在环境保护与监测和涉及国计民生等国民经济和人民生活中起到非常重要的作用。

半导体陶瓷气敏元件可分为表面效应型和体效应型两种。目前根据使用的材料也可分为 SnO_2 系、ZnO 系、Fe_2O_3 系。按制造方法和结构形式可分为烧结型、厚膜型、薄膜型等。

半导体陶瓷气敏元件可分为表面效应型和体效应型。目前使用的材料主要有 SnO_2 系、ZnO 系、Fe_2O_3 系、MgO 系、TiO_2 系等。按制造方法和结构形式可分为烧结型、厚膜型、薄膜型等陶瓷气敏元件。如加入不同的其他添加物，SnO_2 系陶瓷可制成对 C_2H_5OH、丙酮、CO、H_2 敏感的气敏元件，ZnO 系陶瓷可制成对 C_2H_5OH、丙酮敏感的气敏元件，Fe_2O_3 系陶瓷可制成对可燃性气体敏感的气敏元件等。陶瓷气敏元件及其在传感器等方面的应用近些年发展很快，由于具有成本低、结构简单、灵敏度高、实际使用方便等优点引起科技界和企业界的高度重视。表 7-6 示出了部分气敏陶瓷及其可检测气体和使用温度范围。

表 7-6　部分气敏陶瓷及其可检测气体和使用温度范围

主要材料	添加物质	检测气体成分	使用温度/℃
SnO_2	PdO、Pd	CO、C_3H_8、C_2H_8、C_2H_5OH	$200\sim300$
SnO_2+SnCl_4	Pd 过滤金属	CO_2、C_3H_8	$200\sim300$
SnO_2	Sb_2O_3、MoO_3	LPG、城市煤气	$250\sim300$
SnO_2	ThO_2	CO	200
SnO_2	Rh	H_2	97
SnO_2	Bi_2O_3、WO_3	碳氢还原性气体	$200\sim300$
$\delta\text{-}Fe_2O_3$	Pt、Ir	可燃性气体	250
$\alpha\text{-}Fe_2O_3$		可燃性气体	$400\sim420$
$BaTiO_3$	SnO_2、ZnO、稀土	排气气体	$100\sim400$
ZrO_2	Y_2O_3	汽车、工业排放气体	$400\sim800$

7.3.1　气敏元件的主要特性

(1) 初始电阻　在室温下，清洁空气中或一定浓度的检测气体中气敏元件的电阻值。

(2) 灵敏度　气敏元件的灵敏度常用以下 3 种方法表示。

① 直接用该元件在不同待测气体中的电阻值来表示，或以该电阻值与环境待测气体浓度的函数作图，读取相应数。

② 在恒定电源电压条件下，用与气敏元件串联的取样电阻的电压变化来表示灵敏度。

③ 气敏元件在某一不同浓度待测气体中的电阻值与干净空气中的电阻值之比（K_R），或取样电阻的相应电压之比（K_V）表示灵敏度。

$$K_R = R_g / R_0$$
$$K_V = V_g / V_0$$

式中，R_g 为气敏元件在不同浓度待测气体中的电阻值；R_0 为气敏元件在干净空气中的电阻值；V_g 为不同浓度待测气体中取样电阻的电压值；V_0 为取样电阻在干净空气中的电压值。

(3) 响应时间 表示气敏元件对被测气体的响应速度。一般用通被测气体之后至元件电阻值稳定时所需要的时间表示。通常，当待测气氛从某一浓度突变至另一浓度时，以气敏元件的电阻值达到恒定值的 63% 所需要的时间为响应时间。

(4) 恢复时间 被测气体解吸所需要的时间，也称脱附时间。代表对被测气体解吸的快慢。恢复时间的长短对气敏元件的响应特性有直接影响。当待测气氛从某一浓度突变至另一浓度后，如气氛又改变回到原有浓度，则气敏元件的电阻值回复到原电阻值的 37% 所需要的时间称为恢复时间。

时间特性也可用取样电阻上电压值的相应变化来表示。元件能正常工作的时间称为它的寿命。影响寿命的因素有催化剂的老化、中毒、气敏材料使用过程中晶粒的长大等。

(5) 工作温度 气敏陶瓷元件多属化学敏感元件，需要在适当高的温度条件，元件才能正常工作。在该工作温度下，气敏陶瓷元件的电阻值比较稳定，在加热温度波动时，不会使气敏陶瓷元件的电阻值波动，同时使元件灵敏度升高。

(6) 分辨率或选择性 理想的气敏元件应只对一种气氛有响应，实际上几乎所有气敏陶瓷元件对化学特性相近的气体都有不同程度的响应，通常用分辨率 S 表示这一特性：

$$S = 待测气体中的响应率 / 干扰气体中的响应率$$

其中响应率可用气体浓度变化后的电阻值变化 ΔR 或取样电阻上之电压变化 ΔV 来表示，通常以 R_0 或 V_0 为变化起点；而待测气体与干扰气体均以同一浓度来进行比较。

7.3.2 等温吸附方程

SnO_2 等气敏陶瓷元件是利用这些材料的表面吸附气体前后电阻值的变化来检测具体的气体及其浓度的。根据具体陶瓷材料的表面结构、吸附的气体和温度等条件不同，可发生物理吸附或化学吸附。

(1) 物理吸附 物理吸附是靠范德华力完成的。该吸附时要放热，但放热量较少，可看成气体在固体表面的凝聚。物理吸附可是单分子层或多分子层吸附，可对气体进行无选择的吸附，且容易解吸。

(2) 化学吸附 化学吸附的作用力是化学键，吸附热＞40kJ/mol，这类吸附可看成在该表面上的化学反应，因而只能是有选择性的单分子层吸附。这种吸附多为不可逆过程，与温度关系很大，低温时吸附速度较小，温度升高时吸附速度变大，一般在较高温度下进行。

应该注意的是一般气敏陶瓷元件的物理吸附和化学吸附可能同时存在，这对于具体气敏陶瓷元件的研究是很重要的。

(3) 等温吸附方程 固体表面原子的不饱和力场使其表面具有吸附力场存在，该力场的吸附作用范围大约 10^{-8} cm。若气体分子进入该力场的作用范围内有可能被吸附，这种吸附作用可认为是单分子层吸附。

固体表面吸附的气体量常用该气体在标准状态下所占的体积 V 表示，即

$$V = \frac{V_m K p}{1 + K p}$$

式中，$K = \dfrac{a}{b}$；为常数；p 是被吸附气体的压强；V_m 为单位面积固体表面完全被气体的单分子层覆盖时的吸附量，即饱和吸附量。上式经整理，即为兰格缪尔等温吸附方程式：

$$\frac{1}{V} = \frac{1}{V_m} + \frac{1}{V_m k p}$$

该式适用于化学吸附，一般能较好地表示典型吸附。由于兰格缪尔假设固体表面是均匀的，但有许多实际结构并不均匀，吸附系数不是常数，导致低压下与实验结果发生偏离，因此这种情况下不符合关系式。另外，实际上在低温和高压下，固体表面可能是多层吸附，气体的吸附量在相当大的压力范围内并不为常数。

Brunauer、Emmott 和 Teller 提出了多分子层吸附理论，并导出了等温吸附式，即 BET 式：

$$\frac{V}{V_m} = \frac{K p}{(p_0 - p)[1 + (K-1)p/p_0]}$$

式中，V 为标准状态下被吸附的气体体积；V_m 为吸附剂被单分子层吸附气体覆盖时的体积；p 为气体压强；p_0 为液化气体的饱和蒸气压；K 为系数。将上式两边取倒数并整理得：

$$\frac{p}{V(p-p_0)} = \frac{1}{V_m K} + \frac{K-1}{V_m K} \times \frac{p}{p_0} \tag{7-62}$$

将 $\dfrac{p}{p-p_0}$ 与 $\dfrac{p}{p_0}$ 作图，得截距为 $\dfrac{1}{V_m K}$，斜率为 $\dfrac{K-1}{V_m K}$。

以 1kg 吸附剂为基准时，V_m 为 1kg 吸附剂吸附的气体体积。

令 A_m 为吸附气体（原子或分子）的截面积，$V_标$ 为标准状态下气体的摩尔体积，则吸附气体的面积 $S = A_m \dfrac{V_m}{V_标} \times 6.02 \times 10^{23}$，为吸附剂的比表面积。

7.3.3　SnO₂系气敏陶瓷元件

在很多气敏陶瓷元件中，SnO_2 半导陶瓷气敏元件的灵敏度高、工作温度较低，是目前生产量大、应用最广泛的气敏元件之一，本节以 SnO_2 半导陶瓷气敏元件为代表介绍气敏陶瓷材料、气敏元件和基本的气敏机理。

烧结 SnO_2 陶瓷气敏元件呈多孔状，对气体吸附能力较强，其电阻值变化与被吸附气体的浓度成指数关系，尤其对气体在低浓度范围时，这种变化非常明显。因此，SnO_2 陶瓷气敏元件的突出优点是：①特别适于检测微量低浓度气体；②SnO_2 陶瓷气敏材料的物理化学稳定性好，耐腐蚀，寿命长；③对气体的检测是可逆的，而且吸附、脱附的时间短；④成本低，结构简单，可靠性高，耐振动，耐冲击性能好；⑤待测气体被吸附时，气敏元件的电阻值变化大，应用电路简单，可直接转化成信号。

(1) SnO₂ 粉料的制备　　SnO_2 粉料越细，其比表面越大，对待测气体就越敏感，因此，高分散的超细 SnO_2 粉料的制备是制造优良气敏元件的关键之一。制备 SnO_2 粉料的方法主要有：①用酸处理 Sn 制备 $Sn(SO_4)_2$ 或 $Sn(NO_3)_4$ 等，将其加热分解制得 SnO_2 粉料；②Sn 在空气中加热氧化制成 SnO_2 粉料；③气态 Sn 和等离子氧反应制超细 SnO_2 粉料；④利用 $SnCl_4$ 水解制取 SnO_2 粉料；⑤$SnCl_2 \cdot 2H_2O$ 溶于酸性水溶液中加氨水，再将制得的白色 $Sn(OH)_2$ 沉淀，滤去氯离子，在空气中煅烧 $Sn(OH)_2$ 沉淀，制得纯 SnO_2 粉料。

利用上述方法得到的超细 SnO_2 粉末可以通过（110）和（101）晶面的衍射峰展宽效应

确定 SnO_2 晶粉尺寸。将所得的数据，通过 Scherrer 式计算晶粒尺寸 D 的大小。

$$D = \frac{0.9\lambda}{\beta_{\frac{1}{2}}\cos\theta} \qquad (7\text{-}63)$$

式中，$\beta_{\frac{1}{2}}$ 为衍射峰半高宽的修正值；λ 为 X 射线波长；θ 为衍射角。

图 7-84 为煅烧温度对 SnO_2 粉料粒径的影响，图 7-85 为比表面与气敏特性的关系，从图中可见 SnO_2 粉料的粒径对比表面和气敏特性等影响都很大。

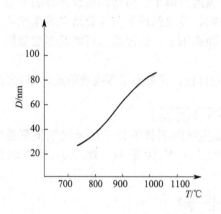

图 7-84 煅烧温度与晶粒大小的关系　　图 7-85 比表面与气敏特性的关系

(2) SnO_2 气敏元件的类型　SnO_2 气敏元件的类型通常有多孔烧结体型、厚膜型和薄膜型。后两者采用平面结构的叉指电极，前者为三维多孔状体型结构，气孔率通常为 30%～50%。三种 SnO_2 气敏元件的类型虽然不同，但均为微观结构由晶粒和晶界构成的陶瓷材料，气敏特性为表面电导所控制。SnO_2 气敏元件通常在 200～300℃ 温度范围内工作，该元件的结构中有必要的加热器。薄膜型 SnO_2 气敏元件是通过化学气相沉积、溅射等工艺制成。厚膜型 SnO_2 气敏元件通常将配制好的浆料采用丝网印刷在陶瓷基片上，经干燥和烧结的工艺等制成多孔结构。

① 烧结型气敏元件。图 7-86 为直热式烧结型 SnO_2 气敏元件的结构示意图，图 7-86(a) 表示 SnO_2 气敏元件的结构，图 7-86(b) 和 图 7-86(c) 为符号。SnO_2 基料中加入催化剂和黏结剂等进行成型，同时把加热丝和测量电极埋入成型坯件中，经烧成制得直热式 SnO_2 气敏元件。

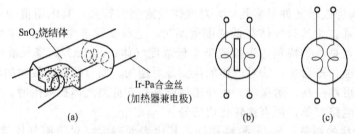

图 7-86 直热式 SnO_2 气敏元件示意图

SnO_2 气敏元件的制备工艺简单，功耗小，成本低，其缺点是热容量小，易受环境气流影响，测量和加热回路间相互影响。图 7-87 为旁热式气敏式元件的结构示意图，图7-87(a) 表示 SnO_2 气敏元件的结构，图 7-87(b) 和 图 7-87(c) 为符号。这种结构主要是加热电阻丝置于陶瓷管内，管外壁的梳状电极为测量电极，其外为 SnO_2 浆料及其他辅助材料。这样避免了测量回路与加热回路间互相影响，元件的热容量大，环境气流对加热温度的影响减小。

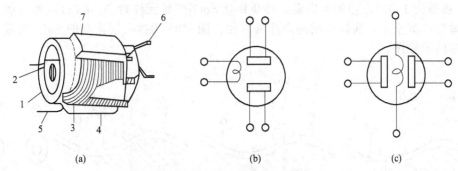

图 7-87　旁热式 SnO_2 气敏元件的结构示意图

1—陶瓷管；2—加热器；3，4—电极；5，6—引线；7—气敏材料

② 厚膜型 SnO_2 气敏元件。图 7-88 为厚膜 SnO_2 气敏元件的结构示意图。这种结构的 SnO_2 气敏元件是在氧化铝陶瓷基片上丝网印刷梳状电极浆料并烧渗，然后将 SnO_2 粉料与低温和高温黏合剂及催化剂进行配料，制成浆料，把该浆料印刷在已烧渗电极的氧化铝陶瓷基片上，然后在基片的背面印刷 RuO_2 电阻浆料（作为加热电极），干燥后在电炉中烧成。气敏元件安装在基座上，罩上不锈钢网罩，制得厚膜气敏元件。这种厚膜气敏元件的结构简单，体积小，便于大量生产，但加热器的热利用率小。

③ 薄膜型气敏元件。这类气敏元件的制备是在陶瓷基片上蒸发或溅射一层 SnO_2 薄膜，再引出电极便制成。还可制成多层薄膜型和混合厚膜型等气敏元件。

（3）掺杂剂和加入物的作用　SnO_2 气敏元件的配方中常加入一些掺杂剂或加入物，使其具有更加良好的气敏特性。一般掺杂 Sb_2O_3 等稀土化合物使 SnO_2 半导化；加入 $PdCl_2$ 或 Pd 粉、PdO、Pt、Ag 等催化剂，提高气敏元件的灵敏度。如加入催化剂 Pt，可使 SnO_2 气敏元件对丁烷和丙烷的灵敏度有较大的提高，而对 H_2 和 CO 的灵敏度降低；加入催化剂 Pd，则使 SnO_2 气敏元件对 H_2 和 CO

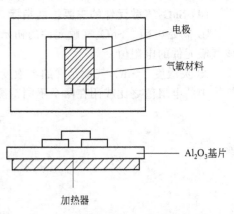

图 7-88　厚膜气敏元件结构示意图

的灵敏度提高，而对丁烷和丙烷的灵敏度降低；加入催化剂 PdO，可使 SnO_2 气敏元件与气体接触时，在较低的温度下促使气体解离，使还原性气体氧化，而 PdO 本身被还原为金属 Pd 并放出 O^{2-}，提高了还原气体的化学吸附和气敏元件的灵敏度。Geoffrey、Bond 等研究认为 Pd 对气体的吸附能力很强，并能自由地溢出，因而加速了催化剂的还原再氧化的作用。如 Pd 能大量吸附 CO 和 O 的过程可表示为：

$$2CO + SnO_2 \longrightarrow 2CO_2 + Sn^{2+} \tag{7-64}$$
$$2O + Sn^{2+} \longrightarrow SnO_2$$

SnO_2 气敏元件表面的催化剂微粒对待测气体有较大的亲和作用，使待测气体在较低温度下就被吸附于该表面。当催化剂微粒吸附待测气体的浓度达到一定值时，被吸附气体将从催化剂上向气敏材料表面迁移，与该表面吸附氧或晶格氧发生反应，使气敏材料的灵敏度提高，且敏感温度降低。温度越高反应越强烈，当反应速度达到一定程度时，全部反应将在非常薄的表面完成，对势垒高度和耗尽层的厚度失去了影响，这样在一定的温度范围内出现了灵敏度的峰值。SnO_2 气敏元件对吸附气体最高灵敏度的温度，随掺杂剂不同而不同。如对 H_2，不掺杂的 SnO_2 气敏元件的最高灵敏度峰值在 650℃，掺钯为

150℃，掺银为100℃，掺铂为室温。掺杂铂使 SnO₂ 气敏元件对 H₂ 和 CO 这种可燃气体的最高灵敏度达到室温，实际应用起来非常方便。图7-89为掺杂催化剂的 SnO₂ 气敏元件的催化作用的示意图。

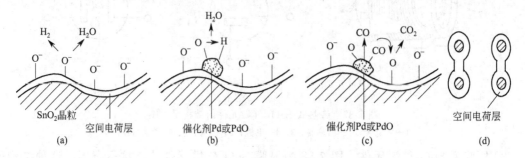

图 7-89　催化作用的示意图

制造 SnO₂ 气敏元件的配料中常加入 MgO、CaO 等二价金属氧化物，主要是为了提高元件的解吸速度和改善老化性能；加入 SiO₂ 主要是把 SnO₂ 颗粒分开，防止高温使用过程中 SnO₂ 晶粒长大，保持元件灵敏度的稳定性和延长使用寿命。如 SnO₂ 气敏元件为膜型结构，SiO₂ 可使 SnO₂ 与 Al₂O₃ 基片牢固结合，防止 SnO₂ 膜脱落。

（4）SnO₂ 气敏元件的主要性能指标

① 初始电阻。SnO₂ 气敏元件的初始电阻即室温下在干净空气中或一定浓度待测气体中该气敏元件的电阻值。

② 灵敏度　SnO₂ 气敏元件的灵敏度用该元件在干净空气中的电阻值与在一定浓度待测气体中的电阻值之比或用在两个不同待测气体浓度条件下的电阻值之比来表示。

$$灵敏度 = \frac{R_{air}}{R_{gas}}$$

或　　　　　　　　　　　　　　　　　　　　　　　　　　　　　　　　　　　　(7-65)

$$灵敏度 = \frac{R_{c_1}}{R_{c_2}}$$

式中，R_{air} 为气敏元件在清洁空气中的电阻值；R_{gas} 为气敏元件在一定浓度待测气体中的电阻值；R_{c_1} 为气敏元件在待测气体浓度为 0.1% 时的电阻值；R_{c_2} 为气敏元件在某待测气体浓度中的电阻值。

上述电阻值可通过测量与气敏元件串联的保护负载电阻 R_L 上通待测气体前后的电压降换算得下式。

在干净的空气中：
$$V_{R_L} = \frac{V_c}{R_L + R_{air}} R_L$$

通入待测气体后：
$$V'_{R_L} = \frac{V_c}{R_L + R_{gas}} R_L$$

式中，V_c 为工作电源的电压；V_{R_L}、V'_{R_L} 为通待测气体前后负载电阻的电压。

③ 响应时间。响应时间表示气敏元件对待测气体的响应速度。一般用待测气体被元件吸附后至元件电阻值稳定时所需的时间来表示。

④ 恢复时间。气敏元件的恢复时间指元件上已吸附的待测气体解吸附所需要的时间，代表对待测气体解吸附的快慢。恢复时间的长短对气敏元件的响应特性有直接影响。

⑤ 工作温度。气敏元件的工作温度是指在该温度下，元件的电阻值比较稳定，在加热

时温度的波动不会使元件的电阻值发生波动，同时使元件灵敏度升高，图 7-90 为气敏元件的电阻与加热时间的关系。

⑥ 气敏元件的寿命。气敏元件的性能稳定且正常工作的时间称为该元件的寿命。影响寿命的因素很多，如催化剂种类、老化和中毒、气敏材料使用过程中晶粒的长大等都对气敏元件的使用寿命有很大影响。

(5) 气敏的理论模型 针对 SnO_2 气敏陶瓷材料对气体的敏感机理，科技工作者通过大量研究工作提出了部分理论成果，有的理论研究成果较好地解释了气敏材料的结构和气敏特性间的关系，但尚存在一些基础理论问题有待进一步继续深入研究来解决，以推动气敏材料的研究、应用和开发。这里对讨论较多的 SnO_2 气敏陶瓷元件的气敏理论模型介绍如下。

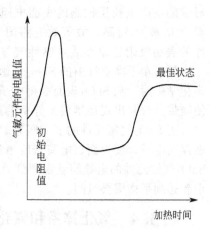

图 7-90 气敏元件的电阻与
加热时间的关系

① 势垒模型。SnO_2 气敏元件在空气中吸附氧从该 n 型半导体陶瓷表面夺取电子，产生空间的电荷层，使能带向上弯曲，元件的电导下降。当吸附还原气体时，还原性气体与氧结合，氧放出的电子回至导带，使势垒下降，元件的电导上升。图 7-91 为能带势垒和晶界吸附气体后势垒的变化示意图，图 7-91(a) 为能带势垒，图 7-91(b) 为晶界吸附了气体后，晶界势垒的变化。

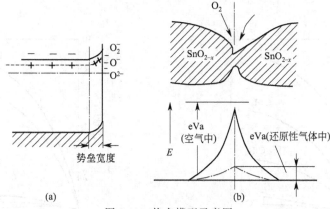

图 7-91 势垒模型示意图

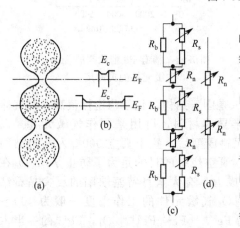

图 7-92 气敏半导体瓷的吸收效应模型

② 吸收效应模型。图 7-92 为气敏半导体瓷的吸收效应模型，其中图 7-92(a) 表示 n 型 SnO_2 气敏烧结体，晶粒中黑点部分是均匀分布的导电电子区，表面的空白区是导电电子的耗尽层。晶粒内部和颈部的能带如图 7-92(b) 所示。在电子密度较大的晶粒内部，费米能级 E_F 接近导带底 E_c；电子密度较小的颈部，E_F 与 E_c 相距很远。当颈部半径小于空间电荷区的宽度时，颈部电阻比晶粒内部电阻大得多，图 7-92(c) 为其等效电路，图中 R_n 为颈部等效电阻，R_b 为晶粒恒定低电阻值的等效电阻，R_s 为晶粒表面等效电阻，其中 R_s 和 R_b 并联，R_b 是恒值低电阻而 R_s 和 R_n 由于吸附气体

形成的空间电荷层控制的表面电阻。当气敏元件的表面吸附氧后，R_n 和 R_s 远大于 R_b，可看为 R_s 被 R_b 短路，故等效电路图 7-92(c) 变成 R_n 串联的等效电路图 7-92(d)。当气敏元件的表面吸附还原性或可燃性气体时，阻值 R_n 将发生变化，这就是吸收效应模型的原理。

暴露在干净空气中的 SnO_2 气敏元件的表面通常吸附氧，一般先是物理吸附，然后过渡到化学吸附，从 SnO_2 表面取得电子，由于这种化学吸附形成表面受主态和表面负空间电荷，使能带上弯并出现耗尽层。势垒的高度和耗尽层的厚度取决于氧的化学吸附和浓度。

当 SnO_2 气敏元件的表面吸附氧浓度达到稳定平衡时，由于吸附氧从 SnO_2 气敏元件的表面俘获电子，使表面负电荷密度增加、能带向上弯曲、电导下降、电阻增大。这种情况可由 SnO_2 气敏元件的电导测量观测到，但该转换过程很慢，这是由于表面吸附氧的方式和浓度重新达到平衡需要时间。

7.3.4 氧化锌系和氧化铁系气敏陶瓷元件

制备 ZnO 气敏元件的配料中，根据需要加入了适量的催化剂。如图 7-93 示出了掺 Pt 的 ZnO 气敏元件对一些气体的灵敏度情况，可以看出对异丁烷、丙烷、乙烷等气体的灵敏度较高，尤其是碳氢化物中碳元素数目越大，该元件对这些化合物的灵敏度越高，同时也可以看出掺 Pt 的 ZnO 气敏元件对 H_2、CO、CH_4 等气体的灵敏度很低。图 7-94 示出了掺 Pd 的 ZnO 气敏元件对一些气体的灵敏度情况，图中显示出该元件对 H_2、CO 的灵敏度较高，对碳氢化合物的灵敏度很差。因此，根据对具体待测气体的需要，应选择掺入相应催化剂的 ZnO 气敏元件，以保证元件对待测气体具有较高的灵敏度。

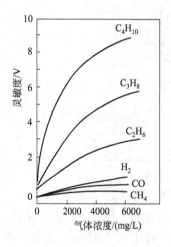

图 7-93 掺有 Pt 催化剂的 ZnO
气敏元件的灵敏度

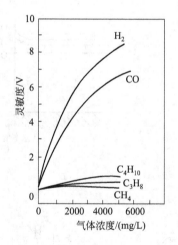

图 7-94 掺有 Pd 催化剂的 ZnO
气敏元件的灵敏度

γ-Fe_2O_3 和 Fe_3O_4 都具有反尖晶石结构。α-Fe_2O_3 是刚玉结构，化学稳定性很高，对气体一般是不敏感。γ-Fe_2O_3 是一种 n 型金属氧化物半导体材料，可用来制作气敏元件。以 Fe_3O_4 为原料制作 γ-Fe_2O_3 气敏元件，是将 Fe_3O_4 配料成型后，置于真空 900℃ 左右烧结约 1h，然后在 400℃ 左右的空气中热处理约 24h 制成。真空烧结的目的是为了防止 γ-Fe_2O_3 在高温下氧化并转变为 α-Fe_2O_3，以便保持该烧结体成为具有大量肖特基缺陷的反尖晶石结构。空气中热处理的目的是使其适当氧化。γ-Fe_2O_3 气敏元件的工作温度一般为 $400 \sim 420℃$，在还原气体中易生成 Fe_3O_4，离子的配置为 Fe^{3+} $[Fe^{2+} Fe^{3+}]$ O_4，Fe^{3+} 的一半占据氧四面体位置，而 Fe^{3+} 的另一半和 Fe^{2+} 无规则地分布在彼此相隔较近的八面体位置，

Fe_3O_4电导率较大可认为是由于八面体位置上 Fe^{3+} 和 Fe^{2+} 间的电子交换造成的。$\gamma\text{-}Fe_2O_3$ 接触还原性气体时，随气体浓度不同，生成 Fe_3O_4 的量也不同。由于二者均为反尖晶石结构，可形成连续固溶体 Fe^{3+} $[\square_{(1-x)/2}Fe_x^{2+}Fe_{(5-2x)/3}^{3+}]O_4$。$\square$ 表示正离子空格点，x 表示还原程度。$\gamma\text{-}Fe_2O_3$ 的气敏机理就在于 $\gamma\text{-}Fe_2O_3$ 气敏元件的表面吸附还原气体时，Fe^{3+} 和 Fe^{2+} 将进行电子交换，使电阻率下降。$\gamma\text{-}Fe_2O_3$ 气敏元件对丙烷等很灵敏，但对甲烷不灵敏。

氧化铁系气敏元件是体控制型气敏元件，对于城市煤气、液化石油气等有较高的灵敏度，且不需用贵金属作催化剂，在高温下热稳定性较好。商品化的氧化铁系气敏元件是用 $\gamma\text{-}Fe_2O_3$。几种氧化铁之间的转化关系如下：

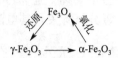

$\gamma\text{-}Fe_2O_3$ 气敏元件可制成薄膜型、厚膜型和烧结体型，为了提高灵敏度和选择性，添加改性掺杂剂和附设加热器。$\gamma\text{-}Fe_2O_3$ 气敏元件对城市煤气和液化石油气的丙烷具有较高的灵敏度和较好的选择性，不需用贵金属作催化剂，高温下热稳定性较好，响应时间在 5s 之内，恢复时间也不大于 30s，温度和环境湿度对其性能的影响不大，成本较低。不足之处是需要真空烧结和氧化处理，工艺比较复杂。采用四氧化三铁作为原料时，在空气中加热时的差热分析表明，580℃附近出现一个小的放热峰，升温过程中，从 $\gamma\text{-}Fe_2O_3$ 相转变为 $\alpha\text{-}Fe_2O_3$ 相时出现放热，说明 $\alpha\text{-}Fe_2O_3$ 比 $\gamma\text{-}Fe_2O_3$ 更为稳定，这是一个不可逆的过程，即降温时在 580℃前后则无此热效应。这种情况是和尖晶石结构的 $\gamma\text{-}Fe_2O_3$ 与刚玉结构的 $\alpha\text{-}Fe_2O_3$ 之间的相变有关。由于可能出现由 $\gamma\text{-}Fe_2O_3$ 向 $\alpha\text{-}Fe_2O_3$ 转变的老化过程而使 $\gamma\text{-}Fe_2O_3$ 气敏元件的气敏特性变差或消失，对这种性能老化的问题必须进行研究和解决。该方面的研究主要是对 $\gamma\text{-}Fe_2O_3$ 气敏陶瓷材料进行掺杂改性，使该陶瓷材料结构中具有气敏特性的 $\gamma\text{-}Fe_2O_3$ 缺位尖晶石结构稳定下来，提高 $\gamma\text{-}Fe_2O_3$ 气敏元件的性能稳定性和使用寿命。

$\alpha\text{-}Fe_2O_3$ 也可成为一种气敏元件，但其气敏机理与 $\gamma\text{-}Fe_2O_3$ 不同。用含 SO_4^{2-} 的铁盐通过湿法处理制备的 $\alpha\text{-}Fe_2O_3$ 有很高的气敏特性，经研究发现 $\alpha\text{-}Fe_2O_3$ 中有残存的 SO_4^{2-}，使 $\alpha\text{-}Fe_2O_3$ 形成微晶，结晶度低，比表面很大，有很好的气敏特性，还可以通过加入四价金属 Ti、Zr、Sn 等抑制 $\alpha\text{-}Fe_2O_3$ 的晶粒生长和结晶度，使得 $\alpha\text{-}Fe_2O_3$ 晶粒更细小，比表面积增大，可达 $125m^2/g$ 的程度，平均粒径为 10nm。$\alpha\text{-}Fe_2O_3$ 对甲烷和异丁烷都非常灵敏，而对水蒸气和乙醇等却不灵敏。这对家庭来讲，这种气敏元件非常适合用于制作可燃气体报警器或抽油烟机的自动气敏开关，同时它不会因水蒸气及乙醇的干扰和影响而发生错报或误开关。

具有气敏特性的半导体陶瓷还有：TiO_2、V_2O_5、$BaTiO_3$、NiO、$La_{1-x}Sr_xCoO_3$、$SrSnO_3$、MnO、Nb_2O_5、$SrMg_xTi_{1-x}O_3$、$LaNiO_3$、$Sr_xLa_{1-x}Co_{2-y}Fe_yO_4$ 等。

7.3.5 气敏陶瓷元件的应用和发展

气敏元件用于气敏传感器，应用非常广泛。如用于家用液化石油气（LPG）和城市煤气的泄漏报警，防止火灾隐患和 CO 中毒造成的人身伤亡。这种泄漏报警器结构简单，性能可靠。但该报警器应根据待测气体的成分不同而采用具有相应性能的气敏传感器。

SnO_2 气敏传感器还用于火灾报警器和感知室内空气的污染，具有自动换气功能的空调机，自动控制换气和通风扇的开关，实现自动换气净化室内空气。氧化铁系气敏元件对于城市煤气、液化石油气等有较高的灵敏度，而且不需要采用贵金属作为催化剂，在高温下热稳定性较好。

ZrO$_2$作为氧传感器的基本原理是氧浓差电池，可表示如下：

$$O_2(p^r), Pt(ZrO_2)Pt, O_2(p^s)$$

式中，p^s为工作电极（Pt）一边的氧分压（被测气体）；p^r为参比电极（Pt）一边的氧分压（通常为空气）。利用 Nernst 公式，该氧浓差电池所产生的电动势为：

$$E=[RT/(4F)]\ln(p^s/p^r) \tag{7-66}$$

式中，R为气体常数，8.314J/(mol·K)；T为工作温度；F为法拉第常数，9.648×10^4C/mol；E为传感器的输出信号，V。图 7-95 是一种 ZrO$_2$浓差电池型氧传感器的结构示意图。

TiO$_2$半导体材料与电阻型氧传感器是利用 TiO$_2$半导体陶瓷及薄膜材料制成的。TiO$_2$的禁带宽度为 3.0～3.2 eV，属于 n 型半导体。通常导电电子来源于 TiO$_2$的非化学计量，由于有氧空位存在，氧空位与环境的氧分压有关，其电阻率 ρ 与氧分压的关系如下：

$$\rho=A\exp\left(-\frac{E}{KT}\right)(p_{O_2})^{-\frac{1}{m}} \tag{7-67}$$

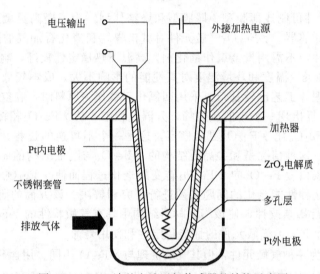

图 7-95　ZrO$_2$浓差电池型氧传感器的结构示意图

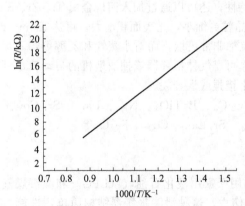

图 7-96　TiO$_2$薄膜的 $\ln R$-$1000T^{-1}$ 的关系

式中，p_{O_2}为环境的氧分压；A为常数；E为活化能；K为玻尔兹曼常数；T为热力学温度；$\frac{1}{m}$为材料对氧气的灵敏度。由上式可见，TiO$_2$半导体陶瓷的电阻率 ρ 与氧分压有关，还与温度有关。这种材料适用于环境温度较高的汽车尾气监控时，应考虑温度补偿。图 7-96 为 TiO$_2$薄膜材料的 $\ln R$-$1000T^{-1}$ 的关系。温度在 400～800℃之间，电阻变化超过 3 个数量级。

为了改善 TiO$_2$材料的电阻特性和灵敏度，从微量氧化还原反应观点和催化特性考虑，常加入 Co$_2$O$_3$、CuO、NiO、Fe$_2$O$_3$、ZnO、CeO$_2$ 等加入物；掺杂贵金属 Pt、Pd 等能显著提高材料的灵敏度、缩短其响应时间、提高可靠性和稳定性。TiO$_2$-Nb$_2$O$_5$系是在 TiO$_2$及 Nb$_2$O$_5$敏感材料基础上研制的新型材料，对材料的阻-温特性有很大改善。TiO$_2$系材料可做成块体、厚膜和薄膜材料。

用于制造氧传感器的其他材料大致可分为三类：金属氧化物，如 Nb$_2$O$_5$、CeO$_2$、Ga$_2$O$_3$；钙钛矿型化合物，如 $SrMg_xTi_{1-x}O_3$、$LaNiO_3$；尖晶结构的化合物，如 $Sr_xLa_{1-x}Co_{2-y}Fe_yO_4$ 等。这些材料研制的传感器，目前较多采用薄膜工艺，以提高灵敏度和响应速度。由于汽车用氧传感器工作温度较高，通常采用 Al_2O_3 基片。Al_2O_3 基片经精细加工、网印或蒸发形成叉指 Pt 电极，再用制膜法形成多孔敏感膜，最后形成较厚的过滤膜（Al_2O_3 或 $MgAl_2O_4$）。制膜的方法对单一氧化物，可用 PVD；对复杂氧化物，最好用 CVD 法，如 PECVD 等。有的制膜采用拉膜法，设备简单，易于操作。为保证化学组成均匀，制膜用原料的制备较多采用溶胶-凝胶法（Sol-Gel）法。在配制溶胶、凝胶和制膜过程中应始终注意保证准确的摩尔比。最后的烧结处理工艺，应注意形成相组成的均匀性和均匀的孔结构。采用无机盐溶液-凝胶法（ISG），价格比用有机醇盐便宜，原料易得，适于工业生产，也是比较关注的制膜工艺之一。

7.4 湿敏陶瓷

通常湿度有两种表示方法：①绝对湿度，表示特定空间中水蒸气的含量，单位为 kg/m^3，也可用水的蒸气压表示；②相对湿度，是指某温度下的实际水蒸气分压与该温度下饱和水蒸气压的百分比。用%RH 表示。能在湿度 75%RH 以上工作的传感器称为高湿型传感器，在 45%RH 以下工作的称为低湿型传感器。湿敏陶瓷材料属于全湿型，一般能在 0~100%RH 范围内工作。实际生活和各行各业都需要对空气和各种环境中的湿度进行测量、控制和调整，以保证人们的生活、科学研究和生产等活动的正常进行，如气象、生活和生产环境、各种食品和物质等的仓储、医疗健康等都离不开对湿度的检测和控制。根据需要，选择不同的湿度表示方法。

传统的干湿球湿度计为非电信号测量方法，与目前的电信号测量方法相比，存在反应灵敏性低、精确性差、难于应用于湿度自动控制的仪器仪表等缺陷。由于固体表面附着水膜，使固体表面电导（或电容）增大，其电导（或电容）与大气中的湿度和温度存在着某种函数关系，所以可利用材料的这种性能制成湿敏陶瓷元件和湿度传感器进行应用。陶瓷湿敏元件是 20 世纪 70 年代研制成功的，有烧结体型和厚、薄膜型结构。湿敏陶瓷元件大多为多孔半导体陶瓷材料制成的湿敏电阻或湿敏电容器等，可将湿度的变化转变为电阻或电容相应变化的电信号，以实现湿度的自动检测、显示、存储和调控。采用湿敏陶瓷元件构成的传感器一般可在相对湿度为 0~100%RH 的范围内工作。由于湿敏陶瓷材料与其他湿敏材料相比，具有性能稳定性好、感湿反应灵敏、寿命长等特点，受到人们的高度重视。湿-气敏和温-湿敏等多功能陶瓷材料，是现代陶瓷材料的重要研究方向之一。

7.4.1 湿敏陶瓷的主要特性

湿敏陶瓷制成湿敏元件，如湿敏电阻和湿敏电容等，再配以适当的电路和辅助零件，构成湿度传感器，其输出相应的电信号给显示、记录或控制电路构成湿度计或湿度控制设备。湿度传感器通常工作在交流电路或双向脉冲电路中，因为在直流电路中水将电解，不能给出稳定的信号。在设计上为避免工频交流电的干扰，传感器的电源频率应选择在远离 50Hz 的范围内，一般取 100Hz 以上及 10Hz 以下的频率范围。湿度通常用相对湿度（RH）表示。湿敏陶瓷一般能在 0~100%RH 范围内工作，故称全湿型。正常的试验大气条件，按国家标准 GB 2421—81 规定，温度在 15~35℃，相对湿度在 45%~75%，气压为 86~106kPa。湿敏陶瓷的电阻率（或电容率）的温度系数也是非常重要的，并常称为湿度温度系数。它定义为温度每变化 1℃，其材料常数的变化所对应的湿度变化，单位为%RH/℃。

湿敏元件长时间用于有油烟、灰尘等污染性的环境中，本身也会受到污染，导致其性能下降，可能失去湿敏性能。但湿敏陶瓷在受到污染后可利用热清洗的方法恢复原有的性能。所谓热清洗，就是把湿敏陶瓷加热到 400℃以上，使吸附在瓷体表面的污物烧掉，恢复湿敏陶瓷原来的吸附能力。陶瓷湿敏元件往往带有热清洗机构，它能在有严重污染的环境中长期工作。陶瓷湿敏元件可反复经受热清洗的次数决定其使用寿命，如 $MgCr_2O_4$-TiO_2 陶瓷湿敏元件可经受 250000 次以上的热清洗，使用寿命大于 10 年。

湿度传感器在家用电器、食品、医药、工业及农业等各方面的应用越来越广泛，因此对湿度传感器的要求也越来越高。概括起来有如下几点：

① 高可靠性和长寿命；

② 用于各种有腐蚀性气体（如 Cl_2、SO_2 等）的场合时，传感器的特性不变；

③ 用于多种污染环境，如存在油、烟等环境时，其特性不漂移；

④ 传感器特性的温度稳定性好；

⑤ 能用于宽的湿度范围，如 1%～100%RH 和温度范围，如 1～100℃；

⑥ 在全湿度量程内，传感器的变化要易于测量，如电阻在 $10～10^7\Omega$ 范围内变化，或电容在 10pF 到 10^5pF 范围内变化；

⑦ 便于生产，价格便宜；

⑧ 有好的互换性。

综上所述可知，湿敏陶瓷是满足这些性能要求的最好材料。

湿敏陶瓷的主要特性如下。

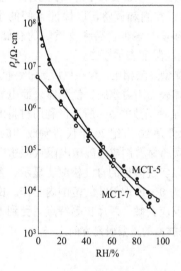

图 7-97　$MgCr_2O_4$-TiO_2 多孔湿敏陶瓷的电阻率-湿度关系

(1) 湿敏陶瓷材料的电阻率或介电常数　根据使用要求，湿敏陶瓷材料的电阻率一般为 $10^3～10^7\Omega\cdot cm$，介电常数为 $2～10^3$，在感湿过程中，其电阻率通常变化 $10^2～10^4$ 倍，介电常数变化 $10～10^3$ 倍。湿敏电阻元件的电阻一般为几千欧到几兆欧，湿敏电容元件的电容量一般为几十皮法拉到几千皮法拉。材料的电阻率或介电常数等随湿度的变化有线性相关，也有对数函数相关等，可根据实际应用的需要选择具有相应性能的湿敏陶瓷材料。

根据国家标准 GB 2421—81，正常的试验大气条件为：温度在 15～35℃，相对湿度在 45%～75%，气压为 86～106kPa。

如图 7-97 为 $MgCr_2O_4$-TiO_2 多孔陶瓷，由于组成不同曲线也不同，材料的相应参数为随湿度减小的负特性；图 7-98 为 NiO-Fe_2O_3 半导体陶瓷，材料的相应参数为随湿度增加的正特性；图 7-99 为多孔 Al_2O_3 薄膜，电容与湿度有较好的线性关系。

(2) 灵敏度　湿敏陶瓷元件的灵敏度通常以相对湿度变化 1%，其电阻值或电容量变化的百分数表示，单位为%/%RH。一般，湿敏陶瓷元件的灵敏度一般为 1%～15%/%RH。由于湿敏陶瓷元件在不同湿度范围内的灵敏度常常不同，因此，湿敏陶瓷元件常标明应该在不同湿度范围的灵敏度，以供使用者选用时参考。

(3) 响应速率　响应速率是指湿敏陶瓷元件在工作过程中的吸湿和脱湿时间，单位为秒。当湿度由 0%（或近于 0）增加到 50%，或由 30% 增加到 90% 时，达到平衡所需要的时间为吸湿时间；当湿度由 100%（或近于 100%）下降到 50%，或由 90% 下降到 30% 时，达到平衡所需的时间为脱湿时间。一般湿敏陶瓷元件的响应速率小于 30s，有的小于 1s。对湿敏陶瓷元件来说，吸湿和脱湿时间越短越好。湿敏陶瓷元件通常有块体型、厚膜型或表面型。通常湿敏陶瓷元件对湿度的敏感程度与材料的组成、微观结构和性能、环境温度等有关。一般块体型湿敏陶瓷元件的湿度响应慢，厚膜或表面型湿敏陶瓷元件的湿度响应快。图

7-100 为某湿敏陶瓷元件的吸、脱湿响应曲线。湿敏陶瓷元件的电阻值（或电容量）对湿度响应一般吸湿、物理吸附和流动空气条件下，湿敏陶瓷元件的电阻值（或电容量）对湿度响应快，但脱湿、化学吸附和静止空气条件下的湿度响应较慢。

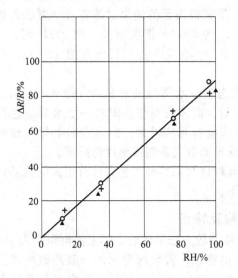

图 7-98　NiO-Fe$_2$O$_3$ 半导体陶瓷的
$\Delta R/R$ 与湿度的关系

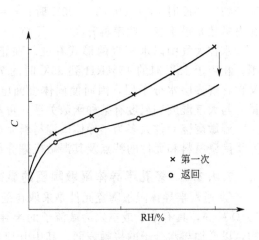

图 7-99　多孔 Al$_2$O$_3$ 薄膜的电容量与
相对湿度的关系

　　从应用角度出发，要求湿敏陶瓷元件应只对水蒸气敏感，而对环境的其他物质不敏感，这样才能真实地反映环境中的湿度，同时还要求该元件易于清洗而尽快恢复其使用性能。

　　(4) 响应时间　对湿度的响应速度常用吸湿和脱湿时间表示，总称响应时间。当湿度由 0%（或近于 0）增加到 50% 或 30% 增加到 90% 时，达到平衡所需要的时间为吸湿时间；当湿度由 100%（或近于 100%）下降到 50% 或由 90% 下降到 30% 时达到平衡所需的时间为脱湿时间。具体条件的规定当以传感器实际使用的条件为依据。一般吸湿响应快，脱湿较慢，即脱湿时间大于吸

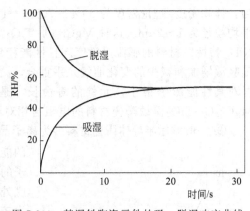

图 7-100　某湿敏陶瓷元件的吸、脱湿响应曲线

湿时间，如图 7-100。图中横坐标为时间，纵坐标为阻值（或电容量）转换为相应的湿度。当然，吸、脱湿时间越短越好。由于通常使用的湿度传感器是在大气中，非移动状态，因此，对响应时间并不苛求。陶瓷湿敏元件响应时间大多小于 30s，有些可小于 1s，响应非常迅速。一般厚膜型湿敏元件比体型响应要快些。

　　(5) 湿度温度系数　湿敏陶瓷的湿度温度系数是指该材料的电阻率或介电常数的温度系数，即温度每变化 1℃，材料的电阻率或介电常数变化所对应的湿度变化，单位为 % RH/℃。湿敏陶瓷元件受到污染，其性能变差，严重时，不能正常工作。通常采取如下方法进行适当的处理：将湿敏陶瓷元件加热到 400℃ 以上，去掉吸附在湿敏元件瓷体表面的污染物以恢复其原有的湿敏性能。有些湿敏陶瓷元件通常自带有热清洗机构，可在厨房等污染严重的环境中长期工作，如 MgCr$_2$O$_4$-TiO$_2$ 系湿敏陶瓷元件可进行热清洗 250000 次以上，使用寿命很长。

7.4.2 湿敏机理

在 25℃时，纯水的本征电导率是 $5.48 \times 10^{-8}(\Omega \cdot cm)^{-1}$。人们能制得水的电导率为 $(5\sim7) \times 10^{-8}(\Omega \cdot cm)^{-1}$，这是由于水中有氢和氢氧根离子的结果。随着水中离子含量的增高，水的电导率增大。室温下纯水的介电常数 ε_r 为 80，与温度有关。在 298K 时，$\varepsilon_r = 78.54$；353K 时，$\varepsilon_r = 60.72$；400K 时，$\varepsilon_r = 54.86$。电场频率从 10^4 Hz 直到 10^9 Hz，水的介电常数几乎不变。频率再升高，ε_r 下降。

水在大气中以水蒸气的形式存在。在正常状态下，水蒸气的分压在 $768\sim421.3$Pa 范围，相当于 15℃时的 45%RH 到 35℃时的 75%RH。固体表面往往附着一层水膜，它往往又包含着多层水分子层，因而使固体表面电导（或电容量）增大。固体表面电导（或电容量）与大气湿度和温度有某种函数关系，可利用这种函数关系制成湿度传感器。

湿敏陶瓷元件大多为半导体陶瓷材料制成，其特性与原料和工艺条件有很大的关系。对湿敏陶瓷材料和元件的特点及其湿敏机理介绍如下。

7.4.2.1 多孔半导体湿敏陶瓷的显微结构及特点

① 通常半导体湿敏陶瓷元件是采取在配料中掺杂的方法制成的，其室温电阻率为 $10^3\sim10^8\Omega \cdot cm$，具有电子或空穴为载流子的半导体导电特性。湿敏陶瓷元件一般都做成多孔结构，以增加与水分子的接触表面。其中开口气孔率一般为 30%~40%，平均气孔直径多为 $150\sim300$nm，孔径愈小吸湿量越大。这种陶瓷材料的晶粒为 $1\sim2\mu m$，体积密度较低，一般为理论密度的 60%~70%。如一种主晶相 $MgCr_2O_4$ 掺杂 TiO_2 的多孔半导体湿敏陶瓷的性能为：体积密度/理论密度为 60%~70%；气孔率为 30%~40%；比表面积为 0.1%~0.3%；平均粒径为 $1\sim2\mu m$。这种 $MgCr_2O_4$-TiO_2 湿敏陶瓷为 p 型半导体导电特性，其电阻-温度呈 NTC 特性、材料的感湿灵敏度高且性能稳定，吸湿和脱湿响应快，该湿敏陶瓷元件的电阻随吸湿增加和减少的变化曲线几乎重合，测试电源频率在 10^4 Hz 以下和测试电压在 5V 以下时对其性能影响很小，元件的寿命长，是一种较好的湿敏陶瓷材料和元件。图 7-101 为 $MgCr_2O_4$-TiO_2 湿敏陶瓷材料的电阻与相对湿度的关系。

② 一般湿敏半导体陶瓷材料多为离子晶体，晶体内部晶格结点形成周期性势场，而表面的能带结构与内部不同。表面正离子由于没有异性离子的屏蔽作用，具有较大的电子亲和力，略低于导带底处出现的受主能级 R；表面负离子则对电子的亲和力较小，略高于价带顶处出现的表面施主能级 P。这种施主能级和受主能级成对出现，即是离子晶体的本征表面态。一般由掺杂等形成湿敏陶瓷中的半导体晶粒，杂质和缺陷引起禁带中出现施主能级和受主能级，其中施主能级略低于导带底，受主能级略高于满带顶。

对于 n 型半导体，导带中的电子具有比表面受主能级较高的势能，则邻近的这种电子可能被该表面受主态俘获，形成表面负空间电荷。由于这种负空间电荷对电子的排斥力，使电势由表面向内部逐渐减弱，形成电子的表面势垒，其能带在近表面处相应地向上弯，如图 7-102(a)，使近表面处电子减少，形成耗尽层 A，表层电阻增大。p 型半导体的情况与此类似，激发到价带的是空穴，因而形成表面正空间电荷，能带向下弯曲，如图

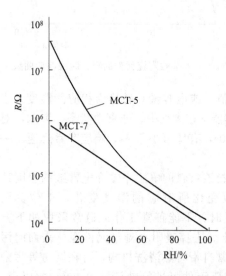

图 7-101 $MgCr_2O_4$-TiO_2 湿敏陶瓷电阻与相对湿度的关系

7-102(b)，形成空穴的耗尽层 A，同样使表层电阻增大。相同组成的半导体陶瓷与半导体单晶相比具有很多电阻较大的晶界，所以通常半导体陶瓷与半导体单晶相比，体积电阻率要大很多。

通常绝缘的晶体材料表面不像内部那样具有晶格结点形成的周期性势场，表面的能带结构与内部不同。离子晶体表面离子的朝外一端，由于没有异性离子的屏蔽作用，对电子具有不同的吸引力。离子晶体表面正离子具有较大的电子亲和力，其能带结构略低于导带底处出现的受主能级 R，如图 7-103 所示。表面负离子对电子有较小的亲和力，因而在略高于价带顶处出现表面施主能级 P。这种施主

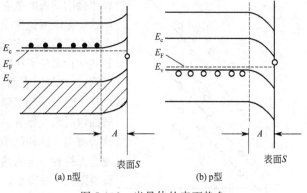

(a) n型　　　　(b) p型

图 7-102　半导体的表面势垒

能级和受主能级必然成对地出现，这就是离子晶体的本征表面态。

离子晶体由于掺杂等因素在形成半导体时也将形成许多杂质和缺陷引起的局部能级，它们位于禁带中。对于 n 型半导体，施主能级略低了导带底，如图 7-104(a) 所示；对于 p 型半导体，受主能级略高于满带顶，如图 7-104(b) 所示。

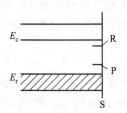

图 7-103　离子晶体的表面能带结构

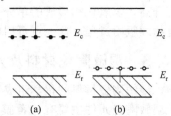

图 7-104　杂质的能带结构

7.4.2.2　湿敏陶瓷元件的湿敏机理

湿敏陶瓷元件的湿敏机理的研究比较多，这些研究提出了相应的模型和相应的解释，下面对几种代表性的机理介绍如下。

(1) 表面电子电导型湿敏机理　根据上面提到的半导体的表面势垒，由于形成了正或负的表面空间电荷，使半导体的表面对外界杂质有很强的吸附力。如某氧化物 p 型湿敏半导体，由于主要为表面俘获电子而形成束缚态的负空间电荷，在表面内层形成自由态的正电荷被氧的施主能级俘获，使氧的施主能级密度下降，使原下弯的能带变平，耗尽层 A 变薄，使表面载流子密度增加。随着湿度增大，水分子在表面的附着量增加，使表面束缚的负空间电荷增加，导致在表面内层集积更多的空穴与之相平衡，而形成空穴积累层，使已变平缓的能带上弯，空穴极易通过，使载流子密度较快增加，湿敏陶瓷元件的电阻值进一步下降。

对于 n 型半导体，水分子在表面附着后同样形成表面束缚的负空间电荷，使原上弯的能带进一步向上弯。当表面价带顶的能级比表面导带底的能级更接近费米能级时，表面层中的空穴浓度将超过电子浓度，出现 p 型层，空穴很容易在表面迁移，使其电阻值下降。

对于半导体陶瓷来说，可将其简化为结合紧密晶粒和晶界的结构特点来讨论，且两结晶方向不同，晶粒间的能态相差极小。多孔半导体湿敏陶瓷的晶粒和晶界结构，同样由于空间电荷的积累，形成耗尽层，而水层的浸入，同样使耗尽层变薄或反型，使湿敏陶瓷的电导增大。属于这类湿敏陶瓷主要有：Fe_3O_4、$(La_{1-x}Sr_x)FeO_3$、TiO_2、ZnO_2、SnO_2、$MgCr_2O_4$、$BaSnO_3$、$SrTiO_3$ 等。

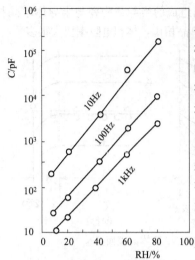

图 7-105　吸湿元件电容量与
相对湿度的关系

（2）表面离子电导型湿敏机理　湿敏陶瓷大多为电子电导型，但有的材料以离子电导为主，虽然电子电导也存在，同样也会因其表面吸着水分子发生电子电导型相应的变化，但影响这类湿敏陶瓷性能的主要是离子电导。在湿度较低时，这类湿敏陶瓷的多孔表面有少量水蒸气凝结在表面晶粒间的颈部，这些少量水分子在物理吸附后，很快离解形成羟基吸附（化学吸附），并与该表面最活泼的金属离子形成金属氢氧基化合物（M—OH），提供游离的质子（H⁺）。这些质子在有羟基附着的表面上跳跃式导电。质子的浓度与温度、湿度及材料表面的结构等有关。这种化学吸附仅在表面形成单分子吸附层，解离和复合保持着一定的热力学平衡。当羟基吸附形成后，再在该表面吸附新的物理水，每个水分子的两个氢键与表面的两个羟基相吸引。湿度越高（如 90%RH 以上），大量的水分子不但会吸附在晶粒间的颈部，也会吸附到材料表面的其他部分，在两电极间形成连续的电解质层，在一定湿度下形成一定浓度的质子，从而造成电导率的增加，电导率随湿度的变化较为平缓，主要载流子仍是质子。质子的浓度与温度、水蒸气分压及材料表面的结构有关。

温度升高，氢氧化物形成的单分子吸附层外表面继续吸附更多的水分子，形成多层氢氧基，这是物理吸附过程。这一点可用电容量随湿度升高增大来证实，如图 7-105 所示。

7.4.3　湿敏陶瓷材料及元件

目前，湿敏陶瓷材料的化学组成和种类很多，按感湿特性可简单分为电阻型、电容型和阻抗型。湿敏陶瓷元件主要有涂覆膜型、烧结体型、厚膜型、薄膜型、玻璃-陶瓷复合型和多功能型等。下面介绍其中几种湿敏陶瓷材料和元件。

（1）电阻型湿敏陶瓷材料　目前，电阻型湿敏陶瓷材料的研究最多，应用最广泛。$MgCr_2O_4$ 系统烧结体具有典型的湿敏多孔结构，其基本特点和性能如下。

① 主要结构及特点。体积密度/理论密度为 60%～70%；平均晶粒为 1～2μm；比表面积为 0.1～0.3m²/g；气孔率为 30%～40%；平均气孔尺寸为 100～300nm，开口气孔呈毛细管状，很容易吸附水蒸气；可反复热清洗不被破坏。该陶瓷材料为 p 型半导体性。电阻率具有负温度系数特性。

② 湿敏特性。图 7-106 示出了该湿敏陶瓷元件的电阻率与相对湿度的关系，表明该材料对吸附水非常灵敏且函数关系稳定；该陶瓷元件的吸、脱湿响应时间在 30s 时已达到完全稳定；测试电源频率在 10⁴ Hz 以下对湿度-电阻关系影响极小。

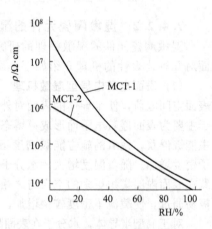

图 7-106　湿敏陶瓷元件的电阻率
与相对湿度的关系

图 7-107 为该陶瓷湿敏元件的湿滞曲线，在 ±0.5%RH 内，升湿和降湿曲线几乎重合；在大气中 150℃、交流电压 10V 和 5000h 条件下的高温负荷寿命试验寿命和在相对湿度为 95%RH 以上、60℃、交流电压 10V，经 120mg/kg 的硫化氢、酱油蒸气及其他有机蒸气等条件下的寿命试验表明性能可靠，寿命特性很好；图 7-108 为该陶瓷湿敏元件在各种湿度条件下放置时间老化曲线；图 7-109 为温度对该陶瓷湿敏元件的电阻-湿度曲线的影响，表明

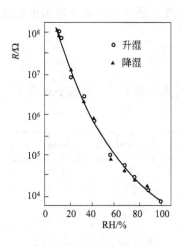

图 7-107　湿滞曲线

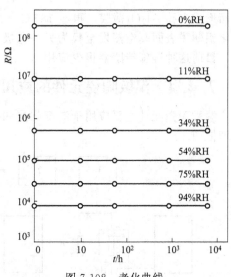

图 7-108　老化曲线

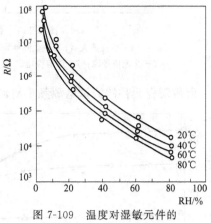

图 7-109　温度对湿敏元件的
电阻-湿度曲线的影响

在 1～80℃ 范围内和 60％RH 条件下湿度温度系数约为 3.8％RH/℃；测试电压在 5V 以下时，材料的特性几乎与测试电压无关。

膜式湿敏电阻大体上可分成涂覆膜型、厚膜型和薄膜型。其中涂覆膜型是将无定形湿敏陶瓷颗粒，或湿敏氧化物细晶粒，或细颗粒的湿敏陶瓷粉，加入适当的黏合剂涂覆在陶瓷基片上，经烘干制成。其主要特点为工艺简单，成本低，主要用于精度要求不高和无油污的场合。这种湿敏电阻膜虽然不需烧结，但不能进行热清洗，应用条件也受到限制。厚膜型采用厚膜工艺制备。薄膜型采用真空蒸发和高频（10kHz）溅射等方法制备。薄膜型和厚膜型湿敏电阻的主要优点是体积小，响应速度快。

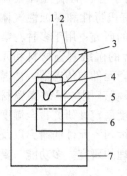

图 7-110　阻抗型湿度
传感元件结构

1—金引线；2—另一根引线，用导电胶粘到背面；3—绝缘子；4—导电黏合剂；5—厚的金沉积物；6—薄的金沉积物（作为电极）；7—Al₂O₃面

（2）电容型湿敏陶瓷材料　电容型湿度传感器的特点是电容量与湿度呈线性关系，但存在温度稳定性、抗干扰、抗老化等问题。如采用阳极氧化法在铝板上形成具有细颗粒的多孔结构 Al_2O_3 薄膜，铝板本身为电极之一，在多孔结构 Al_2O_3 薄膜表面采用真空蒸镀多孔金属膜作为另一电极。这样的 Al_2O_3 薄膜很容易吸附水汽。多孔氧化铝的介电常数为 1～10，空气的介电常数约为 1，水的介电常数约为 80，当水蒸气取代 Al_2O_3 薄膜中孔内的空气时，则该介质的介电常数和元件的电容量发生较大变化。将介电常数近 70 的陶瓷细粉印刷制成厚膜，可使电容型湿度传感器的性能有所改善。

采用反应溅射制成的薄膜型湿敏电容的上电极厚 10～20nm，下电极厚约 200nm，电极材料用 Au 或 Pd。介质材料有 Al_2O_3 和 Ta_2O_5 等，薄膜厚 2～0.2nm。如某 Al_2O_3 薄膜湿敏电容的吸湿由 0～34％RH，脱湿由 34％RH 至 0 时，响应时间小于 10s。

（3）阻抗型湿敏陶瓷材料　这种类型的湿度传感器是以 Al_2O_3 薄膜为感湿体介质的阻抗元件。如采用阳极氧化法在厚 0.38mm 高纯铝

表面形成多孔 Al_2O_3 薄膜，再经 185℃、16h 热处理制成 Al_2O_3 薄膜湿度传感元件。然后在氧化铝薄膜表面真空蒸发金膜为另一电极，并焊上金引线。图 7-110 为一种阻抗型元件的结构，目前这种湿度传感器很少应用。

7.4.4　湿敏陶瓷元件的应用和进展

湿敏陶瓷元件主要应用于湿度测量和控制等很多领域。图 7-111 为数字式湿度计的测量原理框图。

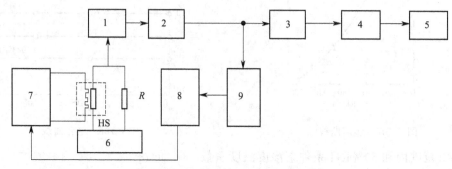

图 7-111　数字式湿度计的测量原理框图

1—前置放大器；2—滤波单元；3—对数运算电路；4—减法器；5—数字显示器；
6—交流信号源；7—热清洗电路；8—时间程序控制器；9—电平检测器；HS—湿度传感器

湿敏陶瓷元件的测试电源频率对湿度-电阻关系的影响示于图 7-112。

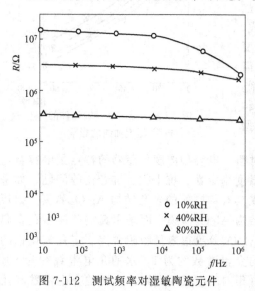

图 7-112　测试频率对湿敏陶瓷元件
湿度-电阻的影响

由于湿度传感器在家用电器、国防装备、环境保护、粮食等物资仓储和物流、航空与航天、食品、医药、工业及农业等各方面的应用越来越广泛，对湿度传感器的要求越来越高。湿敏材料性能的稳定性和湿敏元件的使用寿命是科学工作者研究的重点。湿敏陶瓷材料和元件的深入研究和探索，主要集中在对全湿度量程、高可靠性和长寿命湿敏陶瓷材料和元件的研究；用于各种有腐蚀性气体（如 Cl_2、SO_2、NH_3、一些有机毒性和腐蚀性气体等）的湿敏陶瓷材料、元件的研究；用于多种污染环境，如存在油、烟等环境的湿敏陶瓷材料和元件特性的研究；提高湿敏陶瓷元件和传感器特性温度稳定性的研究；用于宽温度范围的湿敏陶瓷材料、元件和传感器特性的温度稳定性研究；全湿度量程、低成本、易生产的湿敏陶瓷元件的研究以及湿敏陶瓷材料和元件特性机理的研究。多功能与复合材料的研究也是新型湿敏材料的研究方向。

7.5　光敏陶瓷

光作用于一切物体时发生光被吸收、反射和透过。半导体的禁带宽度（0～3.0eV）与可见光的能量（1.5～3.0eV）相应，光照射在半导体上，可被部分吸收，产生较强的光效应。光作用于物体使其电性质发生变化的现象称为光电效应。这种效应主要有光电导效应、光生伏特效应和光电子发射效应。利用光敏半导体陶瓷的光电效应，可制造光敏电阻和太阳能电池等。下面介绍光敏半导体陶瓷的主要特性及其原理。

7.5.1 光电导效应

半导体在受到光照射时，电导率发生变化的现象称为光电导效应。图 7-113 所示为半导体受光作用，其电导率的变化是由于吸收光子后，载流子的浓度发生了相应变化；或由于光照，光子的能量大于半导体禁带的宽度，使价电子跃迁到导带，在价带中产生空穴，半导体中产生光生载流子，使半导体的电导率增大，这种光电导称为本征光电导。图中 p_0 或 n_0 分别为光照前半导体中的空穴或电子载流子浓度，Δp 或 Δn

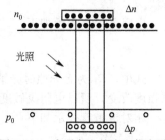

图 7-113　光照产生的光生载流子

分别为空穴或电子光生载流子的浓度。对于掺杂半导体，光照仅激发禁带中杂质能级的电子或空穴，使其电导率增大，该电导称为杂质光电导或非本征光电导。与杂质光电导效应相比，发生本征光电导效应要求光子的能量高，所以本征光电导效应发生在杂质极少的半导体中。

可见光波长的范围包括 $380 \sim 760$ nm，由于不同光源的光子具有不同的能量，所以并不是所有的光子都能对光电导效应做出贡献。如对于本征激发，只有那些能量大于或等于禁带宽度的光子才能产生本征激发，即产生激发的光波长 λ_0 应满足下式：

$$h\nu_0 = hc/\lambda_0 \geqslant E_g$$

式中，h 为普朗克常数；c 为光速，2.998×10^{10} cm/s，则 λ_0 可由下式求出：

$$\lambda_0 = hc/E_g \tag{7-68}$$

将具体 E_g 值、普朗克常数和光速代入上式，可求出具体的 λ_0 值，确定产生激发光的波长。对非本征光电导效应，由于不是能带间的激发，所以激发光的波长可以较长，如红外波等。本征光电导效应和非本征光电导效应可在半导体中同时存在，由上式可知，某种半导体并非对所有波长的光都能产生光电导效应，只有那些具有足够高能量波长的光照射才能使半导体中的电子或空穴被激发成为载流子，否则很强的光照射也不能使半导体产生光电导效应。

非本征光电导效应对光子能量要求低，容易实现，所以根据应用的需要，掺杂半导体光电导材料的研究受到高度重视。掺杂物分为两类。一类是施主掺杂剂，另一类是受主掺杂剂（即敏化剂），如 CdS 的禁带宽度是 2.4eV，相当于波长为 $500 \sim 550$ nm 可见光的光子激发能量。因此，CdS 对可见光有很好的光谱响应。Cl 在导带下 0.03eV 的位置，是施主能级。

图 7-114 显示，掺 Cu 使 CdS 光导体的光谱特性曲线向长波方向移动。本征半导体 CdS 的光谱特性在 520nm 处，掺较多的 Cu 以后光谱特性移至 600nm 处。为了提高光敏电阻的灵敏度，应控制掺杂施主和受主的比例。

图 7-114　掺 Cu 对 CdS 光敏电阻灵敏度的影响

7.5.2 光敏电阻陶瓷的主要特性

光敏电阻陶瓷的主要特性有光电导灵敏度、光谱特性、照度特性、响应时间和温度特性，简介如下。

(1) 光电导灵敏度　光敏电阻的光电导灵敏度是指在一定光照下所产生的光电流大小，与材料的光生载流子数目、寿命、电极间的距离有关，通常有电阻灵敏度和相对灵敏度两种表示方法。

电阻灵敏度表示如下：

$$S_r = \frac{R_D - R_P}{R_P} \tag{7-69}$$

式中，R_D 为无光照时光敏电阻的电阻值；R_P 为光照后光敏电阻的电阻值。由于 R_P 随光照强度改变，所以电阻灵敏度只有标明具体的光照强度时才有意义。

相对灵敏度表示如下：

$$S_s = \frac{R_D - R_P}{R_D} \tag{7-70}$$

上式只适用于弱光照情况。1lx 以上的各种光强时 $S_s = 1$。

(2) 光谱响应特性　光敏电阻的光谱特性是指光敏电阻灵敏度最高时所处的那段光波波长，如 CdS 灵敏度峰值波长在 520nm。CdSe 灵敏度峰值波长在 720 nm。图 7-115 所示为将 CdS 和 CdSe 按不同比例形成固溶体时的光谱响应特性，灵敏度峰值范围为 520～720 nm。

图中特性曲线 1～5 表示 CdS 与 CdSe 的不同配比，1 为 CdS（100%）；2 为 CdS-CdSe（15%）；3 为 CdS-CdSe（40%）；4 为 CdS-CdSe（60%）；5 为 CdSe（100%）。

(3) 照度特性　光敏电阻的照度特性是指它的（电压、电流或电阻阻值）输出信号随着光照度关系的特性。如对于 CdS 的经验公式为：

$$I_P = KV\alpha L^\gamma \tag{7-71}$$

式中，K 为与光敏电阻类型有关的常数，$K = e\tau\mu/l^2$，μ 为载流子的迁移率；l 为光敏电阻两电极间的距离；I_P 为有光照时的电流；V 为工作电压；α 为电压常数，单晶和由蒸发制成的光敏电阻的 $\alpha \approx 1$，烧结膜的 $\alpha = 1.1～1.2$；L 为光的照度；γ 为照度指数，表示光敏电阻照度特性的非线性程度，数值上等于电流与照度的双对数坐标关系曲线的斜率，CdS 光敏电阻的 $\gamma = 0.5～1$，CdSe 光敏电阻的 $\gamma \approx 1$ 或大于 1。

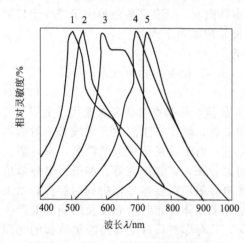

图 7-115　CdS-CdSe 固溶体的光谱特性

$$\gamma = \frac{\lg I_{P_2} - \lg I_{P_1}}{\lg L_2 - \lg L_1} \tag{7-72}$$

(4) 响应时间特性　光敏电阻的响应时间（或时间常数）反映了亮电流（或亮电阻）随光照强度而变化的快慢程度，通常用上升时间（指在光照下达到稳定亮电流的 63.2% 或 90% 所需的时间）和衰减时间（遮光后，亮电流衰减到稳定亮电流的 63.2% 或 90% 所需的时间）来表示。响应时间随照射光强而不同，光照强度高时响应时间短，光照强度低时响应时间长。

响应时间与灵敏度是相互矛盾的两个参数，响应时间快，则灵敏度低，灵敏度高，则响应时间变长。光敏电阻的响应时间应根据实际使用的要求来考虑。

(5) 温度特性　光敏电阻的光导特性受温度影响较大，一般用温度系数 α_T 表示。光敏电阻的温度系数是指在一定的光照下，温度每变化 1 度时，亮电阻或亮电流的相对变化率，用下式表达：

$$\alpha_T = \frac{R_2 - R_1}{R_1(T_2 - T_1)} = \frac{\Delta R}{R_1 \Delta T} \tag{7-73}$$

或

$$\alpha_T = \frac{I_2 - I_1}{I_1(T_2 - T_1)} = \frac{\Delta I}{I_1 \Delta T} \tag{7-74}$$

式中，R_1 和 R_2 分别为温度 T_1 和 T_2 时光敏电阻的亮电阻值，I_1 和 I_2 分别为温度 T_1 和 T_2 时光敏电阻的亮电流值。

实际应用需要 α_T 越小越好，α_T 与材料和工艺的关系很大。为了使 α_T 减小，实际光敏电阻的工作温度范围有规定。如 CdS 光敏电阻为 $-20\sim70℃$；CdSe 光敏电阻为 $-20\sim40℃$。

（6）负荷特性 光敏电阻的负荷特性是指其经过光照和电场作用负荷后的稳定性。反映了光敏电阻的负荷老化对其性能稳定性的影响。采取适当的掺杂、控制必要的工艺条件和进行合理的老练处理都可明显改善光敏电阻的负荷特性。

7.5.3 光敏陶瓷材料的研究与应用

光敏陶瓷材料的应用范围很宽，下面介绍几种典型光敏陶瓷材料的应用、研究和发展的情况。

（1）CdS 基陶瓷光敏电阻 光敏电阻的典型代表 CdS 和 CdSe 是采取原料进行掺杂制得的。其中一类掺杂物常用 Al、Ca、In 等三价金属的化合物，NH_4Cl 等卤化物等作为施主掺杂剂；另一类掺杂物常用 Cu、Ag、Au 的卤化物、硫酸盐、硝酸盐等（受主）作为敏化剂。如图 7-116 所示，CdS 的禁带宽度是 2.4eV，相当于可见光中波长为 $500\sim550nm$ 光子的能量，由此可见 CdS 对可见光具有很好的光谱响应。Cl 在导带下 0.03eV 的施主能级位置。Cu 在离导带 1eV 的位置，恰好在费米能级 E_F 下方不远的地方，是深能级陷阱，被电子填充，有利于俘获空穴，所以大部分光生空穴被陷阱俘获，效果上等于夺取了一部分复合中心的空穴。导带中的非平衡自由载流子电子与价带的空穴复合概率很少，而更可能的是陷阱中心的空穴先激发到价带，然后价带空穴再被复合中心俘获，与非平衡的自由载流子电子复合。这就增加了非平衡载流子的寿命，提高了定态光电导的灵敏度。把受主形成的陷阱中心称为敏化中心。掺 Cu 量适当时可提高光电导体的灵敏度，但过量的 Cu 掺入会使光电导体性能不稳定。如 Cu 掺杂量超过 $800mg/kg$ 时，光电导体性能不稳定。掺 Cl 的 CdS 形成的是 n 型半导体，受主 Cu 所形成

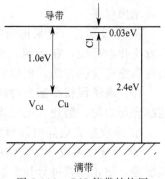

图 7-116　CdS 能带结构图

的陷阱中心会减小光电导体的电导率。掺 Cu 量的不同，光电导体的光电导率或亮电阻发生变化，如图 7-117 所示。当掺 Cu 量增加时，亮、暗电阻都增加，但亮电阻开始上升缓慢，而暗电阻上升迅速。由此可见，适当的掺 Cu 量，可使光敏电阻的暗、亮电阻比增大。如图 7-116 所示，掺 Cu 使 CdS 光导体的光谱特性曲线向长波方向移动，本征半导体 CdS 的光谱特性在 520nm 处，掺较多的 Cu 以后，其光谱特性移至 600nm 处。适当地调控施主和受主的加入量，可使光敏电阻的灵敏度达到最高。

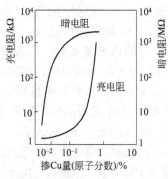

图 7-117　CdS 光敏电阻暗、亮电阻与掺 Cu 量的关系

CdS 的熔点为 1750℃，为了降低其烧成温度，常加入 $CdCl_2$、$ZnCl_2$、$CaCl_2$、LiCl 等烧结助剂，促进 CdS 烧结，以获得致密的烧结层，但这往往使 CdS 晶粒长大成粗晶，可

采取加入比烧结助剂熔点高的分散剂，使 CdS 烧结形成细晶。要求使用的分散剂能溶于水而不与光导电粉末起化学反应，以便烧成后洗掉。常用的分散剂有 NaF、CaI$_2$、NaBr、CaBr$_2$、NaCl、CaCl$_2$ 等。

(2) 烧结膜陶瓷光敏电阻　烧结膜陶瓷光敏电阻对基板、配方、制备工艺等要求很严，主要工艺和注意的问题如下。

① 烧结膜光敏电阻是把配好的浆料用喷枪喷到基板上，或用丝网印刷的办法印刷到基板上。基板表面的物理化学性质、表面平滑程度、清洗程度等，对烧结膜光敏电阻的性能影响很大，因此要对基板进行合理的选择、充分清洗和干燥处理。

② 某一配料为：2g 光谱纯 CdS；0.5g 光谱纯 CdSe；0.25 g 光谱纯 CdCl$_2$；0.5ml 光谱纯 CuNO$_3$ 溶液（Cu 1mg/ml）。配料前应对原料进行如下的处理：CdS 加入适量去离子水，研细并烘干待用；CdSe 在 N$_2$ 气氛中 500℃烧 300min，再加去离子水研细、烘干待用；按配方准确称量 CdS、CdSe 和 CdCl$_2$，加去离子水研磨混合均匀，然后加入 CuNO$_3$，再进行研磨混合均匀。

③ 烧成。将上述配好的浆料在基板上形成一定厚度后进行干燥处理。然后将样品在氮气气氛条件下，经 600℃保温一定时间进行烧成。然后随炉冷却，制得所希望性能的光敏电阻烧结膜材料。

④ 电极制备。光敏电阻的理想电极是电极材料与光电导体之间形成很好的欧姆接触且不发生化学反应，在光照、温度或外加电压变化时不受影响。对于 CdS、CdSe 光敏电阻，采用真空蒸发的方法，把铟、镓蒸镀到 CdS、CdSe 光敏电阻烧结膜上，制成欧姆接触电极。

(3) 电子照相用感光材料　电子照相用感光材料的颗粒很细，颗粒间接触面积增加，可使感光层均匀，防止过电流烧损光电装置。微细光电导粉末的制造方法主要有以下几种。

① 采取把光电导粉体磨细，破坏其结晶，降低了材料的光电导灵敏度。

② 少量加入或不加烧结助剂，使光电导粉体在较低温度下进行烧成，使材料的晶粒生长缓慢，防止晶粒过分长大。

③ 在 CdS 粉末中加入适量的敏化剂和施主掺杂剂，在高温和高压下使 CdS 再结晶，可制得高灵敏度、粒径小于 5μm 的光电导微细粉体。但这种方法必须在长时间高温和高压下进行，成本高且实际操作困难，光电导灵敏度不高。

④ 配料中加入分散剂，烧成时起隔离作用，这种方法可获得细晶的光电导粉体。

(4) 彩色电视摄像管靶材用光敏材料　彩色电视摄像管中常用的靶材有 Sb$_2$S$_3$、PbO、Si、CdSe 等化合物构成的光敏材料。一般彩色电视摄像管的靶材，对蓝光的灵敏度比绿光和红光低。由于彩色电视摄像管的靶材应对所有可见光都要灵敏，特别应具有对蓝光高灵敏度和瞬态响应快的特性。这些靶材中，Sb$_2$S$_3$ 靶材的光电灵敏度低；PbO 靶材的工艺复杂，含有 Pb，成本高，对红光的灵敏度低，属于必须放弃的光敏材料；Si 靶材是单晶体，荧光屏的图面易生白斑，使用集成电路技术而形成矩阵状 p-n 结，图像的清晰度不好；CdSe 靶材的光电导灵敏度高，暗电流小，稍有残余时，易出现图像暂留在荧光屏上的问题。实际应用表明，较薄 CdSe 膜的光谱特性好，尤其两层 CdSe 薄膜的暗电流小，性能和效果良好。

目前，ZnS$_x$Se$_{1-x}$，Zn$_y$Cd$_{1-x}$Se 和（Zn$_y$Mg$_{1-y}$Te）$_x$M$_{1-x}$ 系靶材（M 是 In$_2$Te$_3$、InTe 或 Ga$_2$Te$_3$ 中之一）的摄像管的光电性能都比上述靶材明显改善。以 Zn$_x$Cd$_{1-x}$S，ZnS$_x$Se$_{1-x}$，Zn$_y$Cd$_{1-x}$Se 中的一种作靶材的第一层，把（Zn$_y$Mg$_{1-y}$Te）$_x$M$_{1-x}$ 作第二层时，摄像管对蓝色光的灵敏度有一定的提高，暗电流下降，残像减小。这些靶材可广泛应用于曝光表、照度计、电子照相的光检出器等。进一步深入探索光敏材料的机理和进行新的光敏陶瓷材料研究，成为材料科学工作者和电子产品科学工作者的重要研究内容。

7.5.4 太阳能电池

在能源政策方面，太阳能电池作为最廉价的绿色能源，受到世界各国政府的高度重视。太阳能电池具有优良的特性，是一种非常有前途的能源。

(1) 光生伏特效应 太阳能电池是利用光生伏特效应将太阳光能转变为电能的。当 p-n 结在暗态时，处于热平衡条件下，扩散电流与漂移电流相等；当光照射时，若光子的能量 $h\nu \geqslant E_g$，可在该 p-n 结附近激发出电子空穴对，该电子空穴对在复合前被 p-n 结的自建电场所分离，导致该平衡被破坏，产生了光生载流子，在电极两端产生电压。图 7-118 为光激发载流子的分离模型。

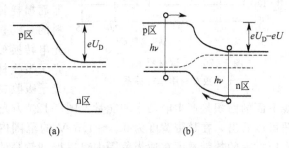

图 7-118　光激发载流子的分离模型

图 7-118(a) 为无光照，图 7-118(b) 为受光照的情况，E_g 为禁带宽度，U_D 为 p-n 结在暗态下的平衡电势差（势垒高度）。

由于光生载流子被 p-n 结的自建电场所分离而建立起光生电压 U，使 p-n 结的势垒降低为 $U_D - U$，在 p-n 结开路时光生电压最大值可接近 U_D。

(2) 光电转换效率 太阳光是连续光谱，不同波长的光有不同的光子能量 $h\nu$，只有 $h\nu = E_g$（禁带宽度）时的部分能量才能转变为电能。而光子的能量大于禁带宽度时，大于禁带宽度的多余能量传递给晶格，加强晶格振动，变成热能损耗掉；光子的能量小于禁带宽度时，也同样变成热能损耗掉或透射过去，所以使太阳光转换成电能的效率降低。以 η 表示太阳能电池的光电转换效率，可表示如下：

$$\eta = \frac{P_{out}}{P_{in}} \tag{7-75}$$

式中，P_{out} 为输出电功率；P_{in} 为入射电功率。

在太阳能光谱中 $h\nu Z < E_g$ 的部分光子虽然也能透过表面被吸收，但由于不能产生光激发，而是以加剧晶格振动的方式将其转变为热能，并使电池的温度升高，即产生低能光子损耗。这种低能光子损耗越大，太阳能电池的光电转换效率越低，所以使用禁带很宽的材料作

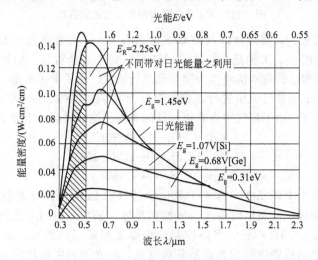

图 7-119　几种禁带宽度不同的光子吸收材料对太阳光谱能量利用的情况

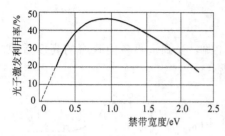

图 7-120 光敏材料 E_g 与
光子激发利用率的关系

为太阳能电池的光子吸收材料是非常不利的。当光子能量 $h\nu > E_g$ 时，虽然这些光子都可能产生激发，由于仅有与 E_g 相当的光子能量可转变为电能，而高于 E_g 的能量仅以加强晶格振动的方式将其转变为热能而损耗掉，即产生高能光子损耗。若光子吸收材料的 E_g 过低，由于高能光子损耗也使太阳能电池的光电转换效率下降。这样的材料也不适合用来作为光子吸收材料使用。图 7-119 为几种禁带宽度不同的光子吸收材料对太阳光谱能量利用的情况。图中曲线下面的面积是产生电功率的能量。图 7-120 为光敏材料 E_g 与光子激发利用率的关系。由图可以看出，在禁带宽度为 0.5～1.5eV 的范围内，有较高的光子激发利用率。由图可见，光敏材料的禁带宽度在适当范围内可以得到较高的转换效率。

实际太阳能电池的转换效率不仅受光子激发利用率的限制，还要受材料表面的反射损耗、电子空穴对的复合损失、电压因子（工作电压及工作电流低于开路电压及短路电流的比值）、串联电阻损耗等的限制。所以转换效率比光子激发利用率低得多。理论研究结果表明，转换效率的理论值可达 25% 左右，但实验的最高值 < 23%，一般产品的转换效率都在 10% 以下。综合考虑了影响光电转换效率的各种因素，光敏材料的禁带宽度在 1.0～1.6eV 较为合适。表 7-7 列出了一些半导体光敏材料的禁带宽度。

表 7-7 一些半导体材料的禁带宽度

半导体材料	Ge	Si	Cu_2S	GaAs	CdTe	Cu_2O	ZnTe	CdS
禁带宽度/eV	0.66	1.11	1.2	1.43	1.44	1.95	2.26	2.42

从禁带度来选择，Si、Cu_2S、GaAs、CdTe 等都适合用来制造太阳能电池。其中 Si、CaAs 常用作单晶或多晶薄膜太阳能电池作为光子吸收材料，而 Cu_2S、CdTe 常用作陶瓷太阳能电池的光子吸收材料。研究新的光子吸收材料是太阳能电池的研究重点之一。

(3) Cu_2S-CdS 陶瓷太阳能电池 Cu_2S-CdS 陶瓷太阳能电池常采用烧结-电化学工艺方法制造，其主要流程如图 7-121 所示。

原料处理 ← 成型 ← 烧成 ← 加负电极 ← 电化学处理 ← 加正电极 ← 装配

图 7-121 Cu_2S-CdS 太阳能电池工艺流程

实验性的工艺过程为：将研细的高纯 CdS 放入石英舟，在含氧量 < 200mg/kg 的氮气中、750～780℃ 进行预处理 3h，关键是必须注意保持 CdS 粉末为金黄色。预处理后的 CdS 在玛瑙研钵中研细，加适量聚乙烯醇水溶液作为黏合剂进行造粒，然后干压成型。成型件的烧结必须在含氧量 < 1000mg/kg 的氮气流中进行，烧结温度为 800℃，保温时间为 5～7h，烧结样品冷至室温后再停止通氮气。由于氮气中含有很少量的氧气，烧结时会发生如下反应：

$$CdS + 2O_2 \longrightarrow CdSO_4 \tag{7-76}$$

$$CdSO_4 + CdS \longrightarrow 2Cd + 2SO_2 \tag{7-77}$$

$$xCd + (1-x)CdS \longrightarrow CdS_{1-x} \tag{7-78}$$

由于烧结时会发生上述反应，形成了非化学计量的 CdS_{1-x}。这些较多的硫空位在 CdS 禁带中形成了施主能级，使烧结时会成为 n 型半导体。采用适当的工艺烧结，瓷体的平均粒径为 5μm，电阻率 $\rho = 0.1\Omega \cdot cm$。严格控制烧结温度和氧气的浓度，尤其控制氮气中氧气浓度非常重要。在烧结后瓷体的背光面制备负电极，向光面利用电化学方法，形成 p 型半导体。通过电化学处理生成的 $Cu_{2-x}S$ p 型层不是均匀地覆盖在 CdS 层表面，而是分布在 CdS

的晶界面上，与 CdS 形成 $Cu_{2-x}S$-CdS p-n 结一直延续到距表面 $60\mu m$ 处，而且，$Cu_{2-x}S$ 的成分也不是单一的而是包括了不同化学计量比的 $Cu_{1.8}S$（$E_g=2.3eV$）、$Cu_{1.96}S$（$E_g=1.5eV$）、Cu_2S（$E_g=1.0eV$）的 p 型半导体。由于沿晶界扩散 Cu 离子，并置换晶粒表面处的 Cd 离子而形成极薄的 $Cu_{2-x}S$ 层，形成三维网络状的 p-n 结结构，使得 p-n 结的有效面积增大很多，因而大大提高了对入射光子的吸收效率，提高了电池的光电转换效率。

电化学处理后，将制好的筛网状的 Cu 或 Ag 电极用环氧树脂粘在受光的一边，形成正电极，并焊上引线，装配成太阳能电池。该太阳能电池的转换效率为 6%～9%，开路电压为 $0.45～0.48V$，短路电流为 $25～35mA/cm^2$。

（4）薄膜 Cu_2S-CdS 太阳能电池 薄膜太阳能电池可以采取真空镀膜等工艺镀在有机薄膜上，其面积大，体积小，重量轻，是太阳能电池的主要形式。首先制造 CdS 烧结体，其比电阻应控制在 $0.5～1.0\Omega\cdot cm$。在基板镀导电膜，可选用锌或透明导电 SnO_2 薄膜。利用真空镀膜机进行蒸镀膜时，烧结体 CdS 放入坩埚中，基板用夹具夹好。蒸发源 CdS 控制在 $800～1100℃$。温度低于 $800℃$ 时，CdS 的蒸发慢，析出速度过小；温度高于 $1100℃$ 时，CdS 析出速度过快，膜的厚度难以控制。基板温度控制在 $250～500℃$，当基板温度低于 $250℃$ 时，镀膜为非晶质，其主要成分是 Cd；基板温度高于 $500℃$ 时，造成镀膜再蒸发，而得不到 CdS 膜。蒸发在氢或含氢的气氛中进行时，成膜速度为 $0.5～0.3\mu m/min$，镀膜的结晶性良好，无针孔。将制成的 CdS 膜放入温度适当的 $CuSO_4$ 水溶液中浸泡，或在含铜离子的水溶液中把它当阴极，铜板作阳极，二者之间通以微弱的电流，在 CdS 表面形成 p 型 $Cu_{2-x}S$ 层，并在 $Cu_{2-x}S$ 表面形成格子状电极作为阳极，导电性极板作阴极，制成薄膜太阳能电池。

烧结 Cu_2S-CdS 太阳能电池和薄膜 Cu_2S-CdS 太阳能电池，都存在由于铜离子迁移造成的性能不稳定问题；可利用阴极处理的方法来改善，即把太阳能电池作为阴极放入 0.1% 的 $NaNO_3$ 水溶液中，白金板作为阳极，通电后的电流密度为 $0.1mA/cm^2$，约 20min 后经水洗和干燥，然后敷设电极引线，用透明的环氧树脂包封，这样处理后，转换效率为 6%～9%。

（5）CdTe-CdS 太阳能电池 CdTe-CdS 太阳能电池为厚膜型烧结膜电池，其制造工艺过程为：首先把 CdS 制成浆料，用丝网印刷法将其印刷到玻璃基板上，干燥后，在氮气气氛中 $650℃$ 烧成，这样可制得禁带宽度为 $2.4eV$ 的半导体 CdS 层，然后在 CdS 层上印刷掺 Zn 的 CdTe 用于 n 型衬底，其禁带宽度 $E_g=1.44eV$，作为光子吸收层。用浸泡法在 CdTe 上形成 p 型 Cu_2Te，最后形成 p-n 结。在 Cu_2Te 层上制备银电极，并在 CdS 窗口的露出部分制备 In-Ga 电极，焊上引线，装配成如图 7-122 所示的太阳能电池。

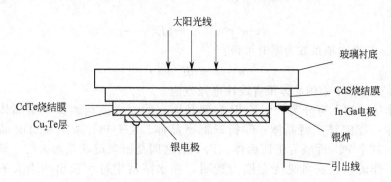

图 7-122 CdTe-CdS 太阳能电池的结构

7.5.5 铁电陶瓷的电光效应、研究与应用

1883 年 Rontgen 和 Kundt 发现了电光效应，认为该效应起源于介质的非线性极化。电

学上各向异性的晶体，其电位移与电场之间的关系为：

$$D_m = \sum \varepsilon_{mn} E_n \tag{7-79}$$

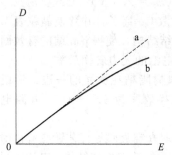

图 7-123　电位移随电场变化的关系

式中，$m=1$、2、3。ε_{mn} 是一个二阶对称张量，有 9 个分量。一般视晶体的介电常数在一定温度下为常数，与电场强度无关。实际上，晶体的介电常数与电场强度有关，当外电场 E 作用于各向异性晶体的主对称轴方向时，电位移 D 与电场强度 E 方向一致。由于介电常数的非线性，D 与 E 的关系可以展开成如下的级数形式：

$$D = \varepsilon^0 E + \alpha E^2 + \beta E^3 + \cdots \tag{7-80}$$

式中，ε^0、α、β 为常数。这个函数关系如图 7-123 所示，图中虚线 a 的斜率为 ε^0（线性介电常数），描述上式右边第一项；式中二次项及其他高次项表示 D-E 的关系偏离线性，如图中曲线 b。α、β 等系数表征介电常数的非线性（α 通常为负值）。

按曲线斜率确定的介电常数（微分介电常数）可表达如下：

$$\varepsilon = \frac{\mathrm{d}D}{\mathrm{d}E} = \varepsilon^0 + 2\alpha E + 3\beta E^2 + \cdots \tag{7-81}$$

通常，该多项式的第二项和其他高次项数值对介电常数的影响很小。无机电介质材料的折射率与光频电场作用下的介电常数的平方根相等，所以介电常数的微小变化仅引起折射率的很微小变化，这种变化可用光学的双折射效应和光的干涉效应精确地测量出来。

设在外加偏置电场 E_0 的作用下，由于压电效应使晶格产生畸变，晶体的折射率随之发生相应的变化，这种外加电场作用引起材料折射率的变化称为铁电陶瓷的电光效应。光频电场下外加偏置电场与材料折射率 n 的关系为：

$$n = n^0 + aE_0 + bE_0^2 + \cdots \tag{7-82}$$

或　　　　　　　　　$$n - n^0 = aE_0 + bE_0^2 + \cdots$$

式中，n^0 为 $E_0 = 0$ 时介质材料的折射率；a、b 为常数。通常把介质材料的折射率 n 与 E_0 呈线性变化的，称为线性电光效应；把 n 与 E_0 呈平方关系的，称二次电光效应。铁电陶瓷的电光效应是这两种电光效应的综合。对于电光效应来说，外加电场可以是直流电场或交变电场。

如果晶体具有对称中心，那么当外加偏置电场 E_0 反向时，要求晶体的折射率保持不变，则上式变为：

$$n - n^0 = -aE_0 + bE_0^2 - \cdots \tag{7-83}$$

只有当 E_0 的奇次项系数为零时可得：

$$n = n^0 + bE_0^2 + \cdots \tag{7-84}$$

所以，具有对称中心的晶体没有线性电光效应。

电光晶体从结构上可分为：①KDP 类型晶体；②立方晶相钙钛矿型晶体；③铁电性钙钛矿型晶体；④闪锌矿型晶体；⑤钨青铜型晶体。KH_2PO_4 晶体（KDP 晶体）是含氢键的铁电体。其中 PO_4 近似为正四面体，而 PO_4 之间是由氢键联系起来的。该类晶体是在居里点以上工作的，它在可见光范围内透明，在水溶液中可生长出相当大的晶体，但缺点是居里温度低，对环境的湿度敏感，半波电压较高，所以应用受到相应的限制；立方晶相钙钛矿型晶体，用的是二次电光效应，无吸潮性，半波电压也不高，但不易生长出均匀的晶体，并且容易受激光损伤，如钽铌酸钾（KTN）室温下的二次电光系数比较大，半波电压非常低，调制效率好，是一种有前途的二次电光晶体，但要生长出大尺寸、均匀的晶体却比较困难；闪锌矿型的晶体中不少可以透红外线，如氯化铜（CuCl），其缺点是晶体生长比较困难，容易吸潮；钨青铜型晶体具有电光效应，且非线性光学系数也大，作为调制用的晶体是很有前途的一种，不过这类晶体是多组分的混晶，组成不易控制，较难生长。

电光效应在光电子技术中有一系列重要的应用。从使用的角度看，理想的电光材料需要具有以下的特性：

① 电光系数大，半波电压低；

② 抗光损伤能力强；

③ 折射率大，光学均匀性好；

④ 透明波段宽，透光率高；

⑤ 介电损耗小，导热性好，耐电强度高，温度效应小；

⑥ 易获得大尺寸的优质单晶，物理化学性能稳定，易于加工。

利用电光材料的一次电光效应（或二次电光效应），最重要的应用是光调制。电光效应引起材料 x、y、z 各方向的偏振光波的传播速度不同，借助这一点，可以实现光调制。光调制器用来把所要传送的信息（如声音、图像、数据等）加到光频载波上，是光雷达、光存储、光通信、大屏幕彩色电视等高新技术中的关键部件之一。实际应用中，光调制器需要半波电压小且介电系数也小的材料。铁电体在这些材料中占有特别重要的地位，这是因为铁电体具有几个重要特点：①铁电体不具有对称中心，容许奇阶张量有不为零的分量，实际应用最多的线性电光系数和二阶非线性光学系数都是三阶张量；②铁电体一般具有较大的非线性极化率，即电光系数和非线性光学系数比较大；③铁电体的自发双折射比较大，可使谐波与基波间达到相位匹配，这是获得谐波输出的必要条件之一。

在激光技术中，电光晶体主要用于激光调制器、扫描器和激光 Q 开关以产生巨脉冲激光。电光晶体调制激光的方式有很多种，图 7-124 为最简单的装置原理图。电光晶体置于两正交偏振片间，在检偏振片的前面插入一片 1/4 波长的光学偏置片。当激光通过该光学系统时，加在晶体透明电极（导电玻璃）或中空的环形电极上的交变电压使晶体折射率随电场发生变化，通过晶体的两种光（寻常光 o 光和异常光 e 光）发生相位差，引起输出激光强度变化。这样，只要将电信号加到电光晶体上，激光便被调制成载有信息的调制光，使光由完全不透到透过最大，需产生半个波长的相位延迟。使晶体产生半个波长相位延迟所施加的电压称为半波电压。材料的电光系数大，则需的半波电压低。因此，电光系数和半波电压是电光晶体的两个重要的参数。在大屏幕激光显示、汉字信息处理和光通信等方面，电光晶体也具有非常广泛的应用前景。

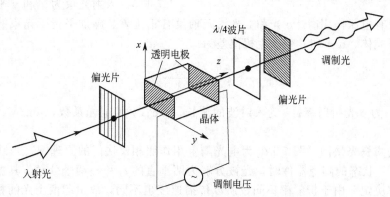

图 7-124　电光晶体调制激光的简单装置原理

透明铁电陶瓷材料具有优异的电光效应。通过组分的控制，透明铁电陶瓷可呈现电

控双折射效应和电控光散射效应。因此，透明铁电陶瓷可制成各种用途的电-光、电-光-机军民两用器件，如光通信用光开关、光衰减器、光学存储器、光隔离器、光强传感器和光驱动器等。这种透明铁电陶瓷电光快门具有工作电压低、响应速度快、开关比大、可加工性能好、成本低等优点。该材料还可实现波长连续调制，以及可把电、光、机械形变等几个物理量结合起来，在高新科学技术的发展中有很多新的应用，如用于立体眼镜，可使人们在电视机荧光屏上看到三维立体的图像。受到人们高度重视的 PLZT 铁电陶瓷的电光效应可通过改变组分和工艺进行控制，当 La 含量和 Zr/Ti 不同时，该铁电陶瓷既有电光记忆效应（与陶瓷的双折射效应随剩余极化强度的变化有关），又可以有二次电光效应（Kerr）和线性（Pockles）电光效应。La 取代量多时，材料在室温下为立方相，有较强的二次电光效应；La 取代量少时，则为两种铁电相。Land 指出：矫顽场低的三方和四方结构的 PLZT 铁电陶瓷材料具有电光记忆效应。当 $0 \leqslant |E| \leqslant E_s$ 时（E_s 为铁电极化开始饱和时的电场强度），细回线型铁电结构的 PLZT 材料具有二次 Kerr 电光效应；矫顽场高的四方结构 PLZT 材料具有线性电光效应，这种材料的电光系数虽大，但响应速度慢，不适于用来制作高速电光器件。

各种 PLZT 陶瓷的横向电光系数值几乎比所有的单晶体要高得多，即可用较低的外加电场，可达到较大的有效双折射，用于光调制，如用于电压传感器的线性电光调制器、光记忆电光快门、光阀和光谱滤色器等。

研究较多的是铁电显像器件，这类器件称作"费匹克"（ferroelectric picture device）。该器件可以把图像变成为陶瓷内局部双折射状态的改变来进行储存。如果用合适的偏振光去照射该器件，就能直接观察到被存储的图像，或将图像投射到屏幕上去观察。电光材料的几种具体应用简单介绍如下。

（1）纵向 KDP 光调制器 该材料的电光系数不大，但容易生长出大尺寸的高光学质量的单晶，透明范围宽，电阻率高，至今仍是使用最广的电光调制材料。纵向 KDP 光调制器的原理示于图 7-125。入射光束为 x 和 y 平面上的平面

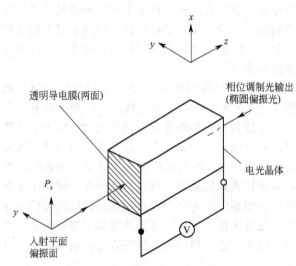

图 7-125 纵向 KDP 光调制器

偏振光。当没有电压作用时，o 光和 e 光沿光轴没有相位差。施加平行于光束的电压后，晶体成为双折射晶体。o 光和 e 光产生相位差为

$$\varphi = 2\pi \frac{n_o^3 \gamma V}{\lambda} \tag{7-85}$$

式中，n_o 为 o 光折射率；λ 为入射波的波长，μm；γ 为电光系数，$\mu m/V$；V 为所施加的电压，V。

（2）电光陶瓷光快门 图 7-126 为电光陶瓷用作照相机快门的原理图。当线性极化的单色光进入"开"状态的陶瓷器件时，光被分解为两垂直的 c_1 和 c_2 两个分量，其振动方向由材料的光折射率决定。由于折射率不同，所以传播速度也不同，故引起两个光的相移，称为延迟（retardation）。延迟量 Γ 是 $\Delta n = (n_o - n_e)$ 和路径 L 的函数，即

$$\Gamma = \Delta n L \tag{7-86}$$

当施加足够高的电压时，则 c_1 相对于 c_2 的相位延迟达 π，结果线偏振光的振动方向旋转 90°。如果两个偏振光夹角是 90°或者是 0°时，则偏振光可通过第二个偏振片或被锁住。因此，电光陶瓷的克尔效应从 0 到半波延迟便形成了开/关的光快门，其开/关时间在 $1\sim100\mu s$，开关比可高达 5000：1。电光材料还可以用于制造眼睛防护器，避免焊接或原子弹爆炸等强光辐射的伤害；还可以用来制造颜色过滤器、显示器以及进行信息存储等。

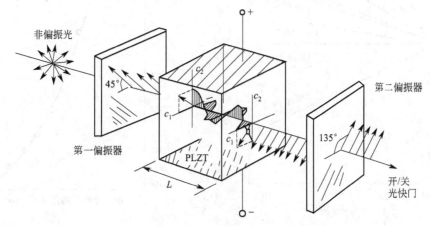

图 7-126　铁电透明陶瓷的电光快门原理

(3) $Sr_xBa_{1-x}Nb_2O_5$（$0.2<x<0.8$）铁电薄膜　$Sr_xBa_{1-x}Nb_2O_5$（$0.2<x<0.8$）（简称 SBN）铁电薄膜的电光系数大，热释电和压电特性良好和光折变效应高，受到人们的高度重视。SBN 铁电薄膜可以制作性能良好的电光波导调制器、热释电红外探测器、全息成像存储器等。因其纵向电光系数 r_{33} 很大，在波导调制器件中得到很好的应用。适量掺入 K 离子等可大幅度提高晶体的电光系数。

7.6　多功能敏感陶瓷

多功能敏感陶瓷是一种两种以上功能集于一体的敏感材料，多功能敏感陶瓷元件具有结构简单、体积小、测量可靠和成本低等特点。这里仅介绍几种常见的多功能敏感陶瓷材料。

7.6.1　$MgCr_2O_4$-TiO_2 湿气敏和温湿敏陶瓷材料

(1) $MgCr_2O_4$-TiO_2 湿气敏陶瓷材料　当将 $MgCr_2O_4$-TiO_2 陶瓷加热到 $300\sim500℃$ 时，对具有氧化性或还原性的若干种气体产生化学吸附，引起材料电导率发生相应的变化；$MgCr_2O_4$-TiO_2 的湿敏特性是利用物理吸附过程，而气敏特性是利用化学吸附过程。高温时，化学吸附比物理吸附显著。随着吸附气体种类、浓度和温度的变化，引起陶瓷晶界附近的势垒发生变化，使材料的电导率发生相应变化。图 7-127 显示了 $MgCr_2O_4$-TiO_2 陶瓷在各种温度下对各种气体的灵敏度。

由图 7-127 可见，在含有氧气的氧化性气氛中，其电导率增加，在含有硫化氢、乙醇、一氧化碳和碳氢化合物的还原性气氛中，其电导率降低。在温度低于 $300℃$，除水蒸气外，其他气体的吸附不影响 $MgCr_2O_4$-TiO_2 陶瓷的电导率。所以，该陶瓷的单个元件在不同的温度下能进行有选择性的湿度检测和各种气体检测。而且，在各种气体检测后，进行 $500℃$ 热清洗便可恢复原来的性能。

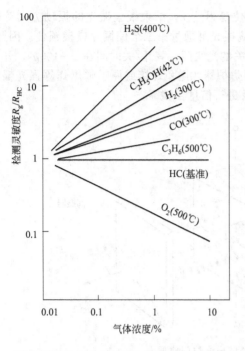

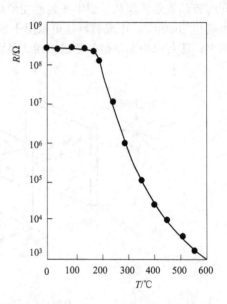

图 7-127 MgCr$_2$O$_4$-TiO$_2$ 陶瓷的气敏特性   图 7-128 高温时材料的 R-T 特性

  MgCr$_2$O$_4$-TiO$_2$ 陶瓷湿气敏元件是在瓷片的两面制备 RuO$_2$ 电极，并焊上 Pt-Ir 引线构成。元件的 RuO$_2$ 电极之一也作为面加热的加热体，加热体直接加热湿气敏元件的陶瓷体，有利于降低加热器的功耗。瓷体温度的测量与控制利用了湿气敏元件的陶瓷体自身高温下的热敏电阻特性实现的。这种陶瓷的高温热敏电阻特性如图 7-128 所示，该曲线是在相对湿度 1‰ 以下测定的。湿度的测量可在较低的温度下实现。对气体浓度的测量必须在 $300 \sim 550$℃ 的范围内进行。图 7-129 为几种气体的检测灵敏度与温度的关系。图中检测灵敏度为（在被检测气体中的电阻 R_{gas}）/（在空气中电阻 R_{air}）。

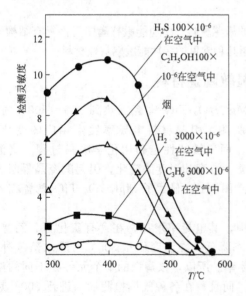

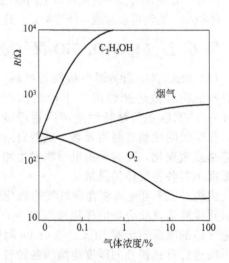

图 7-129 气体检测灵敏度与温度的关系   图 7-130 湿气敏元件的气敏特性

图 7-130 为湿气敏元件的电阻-气体浓度的关系。当检测浓度在 $0.1\%\sim10\%$ 的氧气时，湿气敏元件的电阻大致是随浓度增加呈现线性减小，当浓度在 $10\%\sim100\%$ 时，湿气敏元件的电阻大致恒定。因此在空气中使用时，不会影响对其他气体的检测。烟气的成分比较复杂，一般含有 CO、CO_2 及含氧的碳氢化合物等气体，随烟气浓度的增加，湿气敏元件的阻值变化较平缓。对乙醇气浓度的检测，元件有高的灵敏度。在 $450℃$ 时，可检测出乙醇气浓度变化约为 136×10^{-6}，$20s$ 达到平衡（吸附时间），脱吸（解吸）时间约 $60s$。若在 $550℃$ 空气中，脱、吸附的时间仅需数秒。

（2）$MgCr_2O_4$-MgO 温湿敏陶瓷材料 图 7-131 为 $MgCr_2O_4$-MgO 陶瓷的温湿敏特性，图 7-131(a) 为相对湿度与电阻的关系，图 7-131(b) 为温度与电阻的关系。图中曲线 1 至 6 的组分列于表 7-8，其中 1 号配方为比较示例。

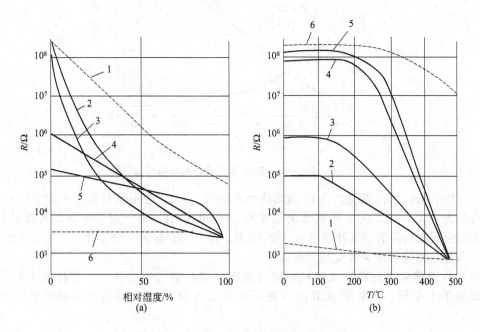

图 7-131　$MgCr_2O_4$-MgO 陶瓷温湿敏特性

由图可见，2 号配方在温度高于 $100℃$ 和 5 号配方在温度高于 $200℃$ 时，才有明显的温度敏感性。在检测湿度的温度范围（一般 $100℃$ 以下），2 号和 5 号两配方试样的电阻与温度无关，湿度的测量不受温度的影响。在 $100℃$，试样显示良好的热敏性，因而可用来检测温度。材料的测湿范围为 $0\sim100\%RH$，测温范围为 $100\sim500℃$。

表 7-8　$MgCr_2O_4$-MgO 系的几个配方

配方号	$MgCr_2O_4$（摩尔分数）/%	MgO（摩尔分数）/%	配方号	$MgCr_2O_4$（摩尔分数）/%	MgO（摩尔分数）/%
1	99.95	0.05	4	94	6
2	99.9	0.1	5	90	10
3	98	2	6	85	15

7.6.2　$BaTiO_3$-$SrTiO_3$ 系温湿敏陶瓷材料

$BaTiO_3$ 可与 $SrTiO_3$ 形成无限固溶体。通过加入 $SrTiO_3$ 使 $BaTiO_3$ 的居里温度移向低温。

在居里温度以上的一定温度范围内，$(Ba_{(1-x)}Sr_x)TiO_3$ 系陶瓷的介电常数与温度的关系遵守居里-外斯定律。$BaTiO_3$-$SrTiO_3$ 陶瓷中加入高温挥发成分和掺杂半导化形成的多孔结构陶瓷材料具有湿敏特性。图 7-132 为 $Ba_{0.5}Sr_{0.5}TiO_3$ 多孔陶瓷的电容-温度特性，由图中电容倒数 ($1/C$) 曲线可知，在居里温度（$T_c = -50℃$）至 $-20℃$ 范围内，材料的特性不适用居里-外斯定律，为了减小测量温度的误差，测温下限取 $-20℃$。

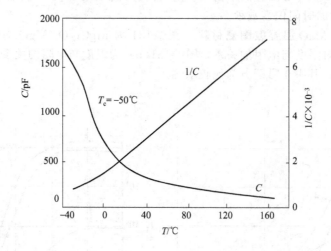

图 7-132　$Ba_{0.5}Sr_{0.5}TiO_3$ 多孔陶瓷的电容温度特性

　　某 $(Ba，Sr)TiO_3$ 陶瓷的电容-温度特性示于图 7-133，温湿敏特性示于图 7-134。温度测量范围为 $-40 \sim +150℃$，湿度测量范围为 $0 \sim 100\%RH$。由于湿度的温度系数较大，所以应用时应配置适当的温度补偿电路。图 7-135、图 7-136 分别为分子比为 $1:1$ 的 $BaTiO_3$-$SrTiO_3$ 陶瓷的湿度响应和温度响应曲线。

　　半导体敏感陶瓷材料和机理的研究对很多领域设备的自动化、元器件的小型化以及电子设备的小型化、计算机及其应用的研究方面的信号提取和控制将发挥非常重要的作用。

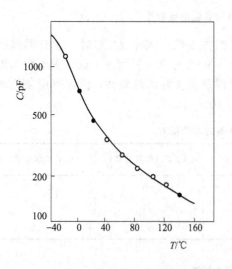

图 7-133　$(Ba，Sr)TiO_3$ 陶瓷的电容-温度特性

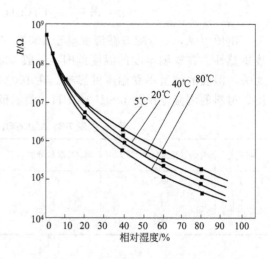

图 7-134　$(Ba，Sr)TiO_3$ 陶瓷的温湿敏特性

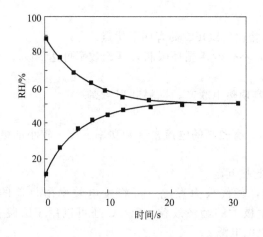

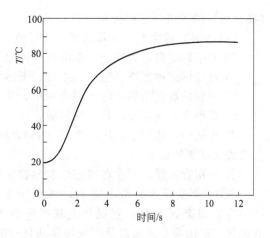

图 7-135　$BaTiO_3$-$SrTiO_3$ 吸、脱湿响应曲线 　　　　图 7-136　$BaTiO_3$-$SrTiO_3$ 温度响应曲线

7.7　能源用陶瓷材料

　　早期的全稳定立方氧化锆主要用于耐火材料，但是自 1975 年澳大利亚 CSIRO 科学家 R. C. Garvie 等人首先发现氧化锆相变增韧陶瓷以来，各国材料工作者对氧化锆相变增韧陶瓷的兴趣长盛不衰。无论是在基础理论研究、工业技术研究，还是产品开发及产业化方面均已取得很大发展。氧化锆增韧陶瓷主要用作结构陶瓷，已有专著论述，本节介绍氧化锆陶瓷在能源、信息、电子等方面的一些应用，主要的应用有：固体氧化物燃料电池、光纤通信线路中光纤接头连接件。

　　随着网络化和信息时代的到来，光纤通信由于其具有数据传输速度快、数据传输容量大、抗干扰能力极强等显著优点，是将来通信的主要方式。因此，用氧化锆制作的光纤接插件需求量将非常大。由于制作光纤接插件的工艺过程及材料性能要求与结构陶瓷基本上一样，这里不再叙述。需要指出，氧化锆光纤接插件虽然体积很小，但是由于内孔直径很小，对成型技术和加工技术的要求（内孔尺寸误差和光洁度）都很高，现在一般采用注射成型。下面主要介绍固体氧化物燃料电池。

　　科学技术的飞速发展给人类的生活带来了极大便利，同时也使得世界性的能源危机与环境污染日益严重，这引起了各国政府及学术界的高度重视。作为解决问题的措施之一，燃料电池引起了各方面尤其是学术界的广泛关注。燃料电池是继水力、火力、核能发电技术后的第四代发电技术，是一种直接将储存在燃料和氧化剂中的化学能转变成电能的高效发电装置。燃料电池的核心部分是电解质材料，它的发展共经历了 3 个时代：①熔融盐燃料电池；②碳酸盐燃料电池和质子膜燃料电池；③固体氧化物燃料电池（SOFC）。

7.7.1　固体氧化物燃料电池

　　新一代环保型的发电装置使用稳定氧化锆 ［8％（摩尔分数）Y_2O_3-ZrO_2，8YSZ］为电解质，燃料气可以是氢气、天然气、煤气等，工作温度为 1000℃。空气电极（阴极）为 $La_{1-x}Sr_xMnO_3$，燃料电极（阳极）为 Ni-ZrO_2 金属陶瓷。该电池无需催化剂，工作效率高（60％～80％）。5kW 发电装置试运转已成功，西屋公司采用管状 SOFC 技术，于 1997 年底建成 100kW 的电站，截至 2000 年 11 月已成功地运转了 16000h。目前仍在进行长周期运转试验，同时开展降低成本、使技术成熟化、进入商业应用的研究工作。此外，研制更高功率

（兆瓦级）的 SOFC 已经开始。

（1）SOFC 的优点 与其他发电方式或装置相比，SOFC 具有如下优点。

① 发电效率高，直接把化学能转变为电能，不受卡诺循环限制，理论效率可达 80%。

② 可使用多种燃料：氢气、甲烷、天然气。

③ 排放的高温余热可进行综合利用，易于实现热电联产，燃料利用率高。

④ 低噪声，低排放，是清洁能源。

⑤ 重量轻，体积小，比功率高（600W/kg）。有较高的电流密度和功率密度；较小的极化损失和欧姆损失。

⑥ 不用贵金属，不存在液态电解质腐蚀及封接问题。

SOFC 具有巨大的市场潜力，可用于发电，替代火力发电，可将发电效率由目前的 40% 左右提高到 85%，实现热电联产将会产生极大的经济效益。SOFC 还可以用于医院、居民区、矿山等小区域以及军舰等移动目标的供电电源。

（2）SOFC 结构 SOFC 主要由电解质层、阳极和阴极所组成，在电解质两侧加上阳极和阴极，成为三明治式结构，电解质是 SOFC 的核心部分，见图 7-137。根据电解质膜形状的不同，SOFC 结构可分为：平板式、管式、瓦楞式、块状式，还有经过改造的 S 形。

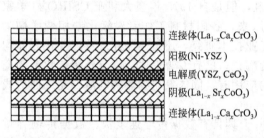

图 7-137　SOFC 三明治式结构

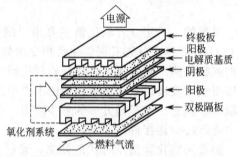

图 7-138　平板状结构

① 平板式。这种 SOFC 电解质、阳极和阴极都是平板状（图 7-138），由阳极-电解质-阴极组成单电池，单电池之间通过连接体材料堆积连接起来，称为电池堆。可以把电池堆当成一个基本模块，模块的组合就构成发电装置，其组合方式、数量可以非常灵活地改变，从而得到不同规模的发电装置。这种结构形式虽然灵活，但需要密封，电池堆拆卸后无法再使用，电池堆运行的气密性检测较困难，一旦漏气或者出现损坏，将很难检测和修复，也将意味着整个电池堆即报废。

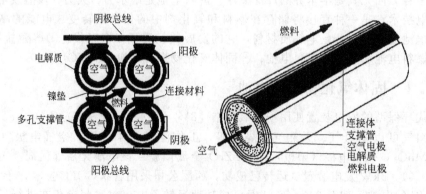

图 7-139　管式结构

② 管式。一般是把阳极或者阴极做成管状（图 7-139），再在其上通过涂覆等办法沉积一层电解质膜，再沉积阴极或者阳极。一个管子就是一个单电池，单电池之间连接比较方便，结构密封性问题也比较容易解决。

③ 瓦楞状。在同样的空间体积里，如果将电解质形状做成瓦楞状，将使电解质表面反应面积增大，从而提高单电池的输出功率。这种结构（图 7-140）比平板状复杂，制作难度较大。一般是将阳极或者阴极做成瓦楞状，然后再进行下一步制作。

④ 块状式。是由俄罗斯科学家发明的一种结构，其构思具有独到之处，基本上不存在密封性问题，模块组装也很容易。首先将阴极做成犹如暖气片那样的结构，再在其外侧沉积电解质膜和阳极，后续工艺技术与管状结构相类似。

⑤ S形。是天津大学学者发明的一种结构，已取得专利，在平板式基础上经过改造而成，在阳极和阴极的气体通道上，由原先的直通道改为 S 通道，达到增大电极反应面积的目的，以提高单电池的电流密度和输出功率。见图 7-141。

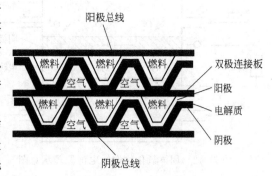

图 7-140　瓦楞状结构

平板状结构是最早开始采用的结构，其技术成熟程度比较高，典型产品标志当属西门子-西屋公司的平板状 SOFC 发电装置，其输出功率达几十千瓦级。西门子公司的专家认为这种结构存在有理念设计问题。管状结构是目前 SOFC 的主要结构，各大公司都有很多专利技术，受到保护。百千瓦级管状 SOFC 已经开始运行，正向着技术成熟化、低成本化、实用化方向发展。兆瓦级 SOFC 正在研制中。俄罗斯块状结构 SOFC 也很有发展前途。

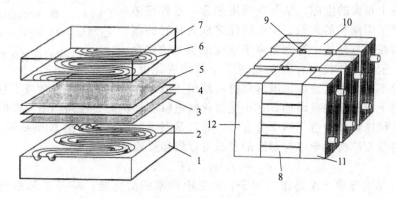

图 7-141　S 形结构

1，7—连接体；2，6—S形气体通道；3—阳极；4—电解质；5—阴极；

8—电池串；9—串柱；10—电池排；11—密封恒压箱；12—产物箱

(3) SOFC 工作原理　SOFC 的主要工作部分由空气电极（阴极）、具有氧离子电导的固体电解质和燃料电极（阳极）所组成。

阴极反应 $\qquad 1/2\ O_2 + 2e^- \longrightarrow O^{2-}$

阳极反应根据所用的气体燃料种类不同而异，如以煤气和氢气分别为燃料，则相应的反应式分别是：

$$O^{2-} + CO \longrightarrow CO_2 + 2e^-$$

$$O^{2-} + H_2 \longrightarrow H_2O + 2e^-$$

SOFC 的电化学过程是：输入阴极的氧化剂（如空气、氧气）中的氧分子自外循环电路中获得电子形成氧离子（O^{2-}），氧离子经具有氧离子电导的固体电解质的离子传导作用，迁移到阳极。在阳极，氧离子与燃料气发生氧化反应，生成二氧化碳或者水，同时释放出电子。电子从阳极经外循环电路传输到阴极，从而产生直流电，如图 7-142 所示。

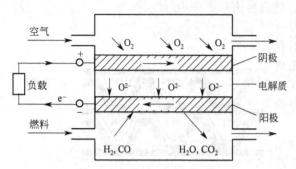

图 7-142　固体氧化物燃料电池原理示意图

从上述可以看出，固体电解质一个最基本的特性应该是传导氧离子，它应该具有非常高的氧离子电导率，而电子电导率应非常小，否则造成短路，使工作效率大为降低。具有高的氧离子电导率的氧化物需要有开放式结构，萤石型结构和烧绿石结构的物质都具有大的空隙。理想的萤石型结构如图 7-143 所示。

这种结构内部存在着由 8 个负离子组成的大空隙，相对很开阔，可以容忍相对高的原子无序性，这种无序性可能是由掺杂、还原或氧化造成的。在二价氧化物中，ThO_2、CeO_2、PrO_2、UO_2 和 PuO_2 在纯态时拥有这种结构。ZrO_2 和 HfO_2 通过二价或三价氧化物的掺杂可以稳定在萤石结构。掺杂剂加入到萤石结构的氧化物中，可以增加氧空位，而氧空位正是这些氧化物具有离子电导的主要贡献者。由图 7-143 可见，阳离子成面心立方紧密堆积，阴离子成简立方堆积，阳离子处于阴离子简立方晶格的体心位置，其配位数是 4。在阴离子构成的简立方体中，平均只有一半位置为阳离子占据，因此单位晶胞中心有一个很大的空隙。从导电角度来看，这种空隙存在十分有利于阳离子的运动，但是要使之成为良好的离子导体，尚需在立方晶体中有大量离子空位或填充缺陷存在。低温下，萤石型结构中存在的负离子空位浓度很低，

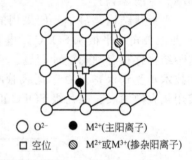

○ O^{2-}　● M^{2+}（主阳离子）
□ 空位　◫ M^{2+} 或 M^{3+}（掺杂阳离子）

图 7-143　萤石型氧化物的晶体结构

因此离子电导率很低，无法作为电解质材料使用。由于热激发能产生大量离子空位，所以高温下氧化锆离子电导率明显增加，这正是氧化锆电解质材料需要在高温下工作的原因。虽然如此，但是这种电导率增值仍然十分有限，并且是温度的函数。根据 Kilner 和 Steel 的电导理论，掺杂的萤石结构电导率与温度的关系可以根据经验写作：

$$\sigma_T = A\exp[-E/(KT)]$$

式中，σ_T 是电导率；A 是指数因子；E 是电导率的活化能；K 是玻尔兹曼常数；T 是温度。而氧离子电导可以按下式表示出来：

$$\sigma_v = C_v q_v \mu_v$$

式中，下标 v 代表空位，C 代表单位体积的阴离子数，q 是电荷数。在氧离子导体中，传导通过阴离子空位进行。因为在萤石型的氧化物中，存在大量的氧空位，所以一般被选用于固体电解质材料。由于在燃料电池工作时，两边需要通燃料气（CO 或 H_2）和空气（O_2），所以要求电解质必须是致密的，具有严格的不透气性。一旦电解质存在透孔，燃料气将漏过电解质，与氧气直接接触，不但降低电池的效率，使开路电压下降，而且还可能因氢-氧直接混合而造成爆炸。

（4）电解质材料

① 氧化锆基电解质。目前，SOFC 所用的电解质材料主要是氧化锆基电解质材料，

常用二元或三元的氧化物体系，包括基体和稳定剂两部分。稳定化的氧化锆是良好的氧离子导体。目前，使用最多的是 8%（摩尔分数）Y_2O_3 稳定的 ZrO_2（8YSZ）。纯 ZrO_2 室温下是单斜晶体结构，在 2370℃ 时变成立方相结构，同时产生 7% 的体积收缩，当温度下降时，则又产生逆相变而恢复单斜晶系结构。因此，当温度变化时，ZrO_2 晶体结构是不稳定的。由于立方晶格比单斜晶格排列更为紧密，相变过程伴随着体积收缩，影响电池的稳定性；而且单斜氧化锆晶胞中心空位小，而立方氧化锆晶胞的中心空位体积大，所以立方相有利于 O^{2-} 在晶格中迁移。通过固溶一些二价或三价的氧化物（如 CaO、MgO、Y_2O_3 等），都可以使 ZrO_2 立方结构在室温到熔点范围内稳定，同时可以增加氧空位浓度，大大提高其离子导电能力，从而使稳定的氧化锆适用于高温燃料电池的电解质材料。例如在 ZrO_2 中掺杂 Y_2O_3（YSZ）时，固溶缺陷反应为：

$$Y_2O_3 \xrightarrow{ZrO_2} 2Y'_{Zr} + V_O^{\cdot\cdot} + 3O_O$$

Zr^{4+} 的半径为 0.072nm，而 Y^{3+} 的半径为 0.089nm，显然只能占据原来 Zr^{4+} 的位置而不能占据填隙的位置，从而导致晶格出现阴离子缺位。这些阴离子缺位使晶格发生畸变，使周围氧离子迁移所需克服的势垒高度大大降低，即只需少量的激活能就能跃迁形成载流子，因此 YSZ 具有较好的导电能力。有人用静态方法计算了 YSZ 的掺杂浓度和跃迁激活能的关系，发现当 Y_2O_3 浓度在 9%（摩尔分数）左右时 YSZ 陶瓷导电性能最好。实验证明，掺杂 8%（摩尔分数）Y_2O_3 时 ZrO_2 在 1000℃ 时的电导率为 0.088S/cm。

　　基于上述，世界上几家著名公司，像西屋公司、飞利浦公司、三菱重工、东燃公司、富士电机、三洋电机等，制造 SOFC 时电解质材料都是选用 YSZ。

　　但是 YSZ 作电解质也有许多不足之处。以 ZrO_2 为基的电解质在低温下的比电阻过大，电流密度为 $i=150mA/cm^2$ 时内阻和电极极化引起的电压降将高达 0.2V，这个损失是很大的，所以必须工作在 1000℃ 以上的温度下，才能获得比较大的电导率。由于工作温度太高，从而会产生一系列的问题：电解质与阴极、阳极和连接体之间的热膨胀系数要具有良好的匹配性；阴极材料、阳极材料、连接体材料要有高的热稳定性；在高温作用下不发生化学变化，而且高温条件对材料强度要求高，材料选用受限，电极与电解质发生反应使电池性能下降等。由于工作温度高，给燃料电池的制作技术和使用也带来很大困难。从能量收支平衡原则来看，ZrO_2 基固体电解质燃料电池还存在寿命短和成本高的问题，需要降低制造成本和延长使用寿命。

　　为了降低电池的工作温度，以降低电池制造和使用技术难度，提高电池效率及使用寿命，必须寻找一种可替代的中温电解质材料，电池工作温度在 800℃ 或者更低。目前，已发现了几种中温电解质材料：氧化铈基电解质材料、氧化铋基电解质材料、掺杂 $LaGaO_3$（LSGM）电解质材料等。

　　② 氧化铈基电解质材料。以氧化铈为基的陶瓷介质早在 30 多年前就已经被发现。CeO_2 本身具有稳定的萤石结构，不像 ZrO_2 需要添加稳定剂，而且比 Y_2O_3 稳定的 ZrO_2 具有更高的离子电导率和较低的电导活化能，是一种优良的氧离子导体。纯 CeO_2 是一种具有几乎相同的氧离子、电子及空位电导的混合导体。通过掺杂 Na_2O、CaO、SrO 可以显著提高电导率。Arai 等人研究了碱土氧化物（如 CaO、SrO、MgO、BaO）作添加剂在氧化铈中的效应，发现 CaO、SrO 的添加提高了氧离子电导率，降低了活化能。

　　用稀土氧化物掺杂 CeO_2 电导率也会大大提高。如 $(CeO_2)_{0.8}(Sm_2O_3)_{0.2}$ 在 1000℃ 的电导率达 $2.5 \times 10^{-1}S/cm$ [同温时 $(ZrO_2)_{0.85}(Y_2O_3)_{0.15}$ 的电导率为 $0.9 \times 10^{-1}S/cm$]，750℃ 时 $(CeO_2)_{0.9}(Gd_2O_3)_{0.1}$ 的电导率为 0.1 S/cm，可与 1100℃ 的 CaO 掺杂 ZrO_2（CSZ）电导率相媲美。所以，氧化铈是一种非常有应用前景的中温电解质材料。但是它也

存在不利因素，CeO_2 在低氧分压下，易由 Ce^{4+} 转化为 Ce^{3+}，产生电子电导，降低燃料电池的效率。而当氧化铈应用于燃料电池时，一侧通氧气，另一侧通燃料气（即具有还原性的 CO 或 H_2），所以为了保证 CeO_2 的优点得到充分发挥，必须解决 Ce^{4+} 在还原性气氛下转变为 Ce^{3+} 这一问题。

T. Mori 等为了发展高性能的 CeO_2 基电解质材料，从晶体结构的角度出发，试图改变铈基的萤石型晶格。他们认为，Ce^{4+} 的还原可以通过晶格的预膨胀得到抑制。Ce^{4+} 和 Ce^{3+} 的半径分别为 0.097 nm 和 0.114 nm，这样，可以认为 CeO_2 的萤石晶体结构可以容纳平均离子半径为 0.114 nm 的掺杂物。所以 T. Mori 利用溶胶-凝胶法制备了 $(Sm_{0.936}Cs_{0.06}Li_{0.004})_{0.25}CeO_{2-\delta}$，其中 $Sm_{0.936}Cs_{0.06}Li_{0.004}$ 的当量离子半径可以这样计算：

$$(0.109nm \times 0.936) + (0.1753nm \times 0.06) + (0.089nm \times 0.004) = 0.113 \ nm$$

其中，0.109nm、0.1753nm、0.089nm 分别是 Sm、Cs、Li 离子半径。利用离子半径等于 Ce^{3+} 的化合物掺杂到 CeO_2 中，使晶格预先膨胀，从而抑制 Ce^{3+} 的产生，达到降低 Ce^{4+} 还原的目的。实验结果发现，这种方法虽然抑制了 CeO_2 还原，但得到的电解质材料电导率很低，意义不大。所以有人又提出了双层电解质的方法。鉴于 YSZ 是纯的离子导体，不存在还原的问题，设想在 CeO_2 与燃料气接触的一侧涂覆一层氧化锆薄膜，避免 CeO_2 与还原气直接接触，就可达到抑制 CeO_2 还原的目的。Tasi 等人制备了 $4 \sim 8\mu m$ 厚的 Y_2O_3 掺杂 CeO_2（YDC）电解质薄膜，在燃料气侧溅射一层 $1 \sim 1.5\mu m$ 厚的 YSZ 薄膜。组成电池后，在 600℃测试，最大开路电压为理论值的 98%，最大输出功率可达 $210mW/cm^2$，比相同温度下纯 YSZ 电解质膜（$8\mu m$ 厚）SOFC 的输出功率增加 1 倍。但有人提出了双层电解质必须考虑可能存在的界面反应，因为生成相电导率很低，会严重恶化电池性能。Tompsett 等研究了 $Ce_{1-x}Gd_xO_{2-y}$ 与 YSZ 的可能反应情况，实验发现，在 1000℃以下，不会发生界面反应；而在 1300℃，会产生 Zr^{4+} 向 CeO_2 中的扩散，经 72h 热处理后，扩散层可达 $25\mu m$。但是由于双层电解质都是在 1000℃以下使用，因此，界面反应不会对 SOFC 造成很大的影响，说明双层电解质的方法是可行的。但如何制备双层薄膜电解质，技术难度比较大，国内外学者正在对此进行研究，探索工艺比较简单、又能获得性能较好的双层电解质薄膜的制备方法。在燃料气一侧增加一层 YSZ 薄膜，虽然可以有效地防止电子电导造成的电池内部短路，但由于增加一层材料难免会增加整体电阻，所以 YSZ 要做得非常薄，这样才不会使整体电阻增加多少。因此，选择一种合适的工艺是必要的。目前，制备 YSZ 薄膜的方法很多，主要有下面几种：a. 电化学气相沉积法（EVD），b. 化学气相沉积法，c. 电泳沉积法（EPD），d. 溅射沉积法，e. 微波等离子体化学气相沉积法（PCVD），f. 等离子喷涂（VPS，APS），g. 喷雾热解，h. 激光沉积法，i. 溶胶-凝胶（Sol-Gel）法。这些方法都还在研究中，尚无成熟技术可供商业化应用。无论哪种方法，关键点是要获得合适厚度、连续遮盖的薄膜。

使用中温电解质一个最显著的优点就是，不但电导率与高温 YSZ 相媲美，而且避免了在 1000℃高温工作，从而就不会产生高温操作所带来的一系列问题，如界面反应问题、密封连接问题等。研究还发现，采用稀土元素和碱土元素如 Sm 和 Ca 复合掺杂，所得到的 CeO_2 电解质电导率最高。

③ 氧化铋基电解质材料：氧化铋基电解质材料与其他材料相比，相同温度下电导率最高，这是由它的结构本性所决定的。纯氧化铋有两种晶型结构：一是 $\alpha\text{-}Bi_2O_3$，在低于 730℃温度下是稳定的，为单斜结构，是 p 型导体；二是 $\delta\text{-}Bi_2O_3$，在 730℃以上到其熔点 825℃范围内稳定存在，并且具有立方结构。萤石型的 $\delta\text{-}Bi_2O_3$ 具有 25% 的阴离子空位，因此呈现出非常高的 O^{2-} 导电性（在熔点附近大约为 1 S/cm），比稳定的 ZrO_2 的电导率高 2 个数量级。

氧化铋之所以有如此高的离子传导性，有以下两种解释：一是 Bi³⁺ 和孤立电子对的高极化强度引起的；二是存在着比 Zr 和氧气之间更弱的金属-氧键，为空位提供了更大的移动空间。然而具有高氧离子电导的 δ-Bi₂O₃ 相只在一个非常窄的温度范围内（730～825℃）稳定存在。伴随 δ 到 α 相的转变，发生体积变化并引发裂纹，使材料性能恶化。这样，Bi₂O₃ 虽然具有高的离子电导率，但是在用于电解质时就受到了很大的限制。为了使 Bi₂O₃ 稳定在立方相，开展了大量的研究工作（例如通过掺杂），然而掺杂本身却又降低了 Bi₂O₃ 的离子电导，有时甚至会产生更容易降低离子电导的菱方相。所以，Bi₂O₃ 基材料在还原气氛下的不稳定性严重地限制了它用于电解质材料。而且，晶相转变造成的机械不稳定性也给实际应用带来不便，寻找一种更为合适的中温电解质材料还有待人们进一步地研究。

④ 掺杂 LaGaO₃（LSGM）电解质材料：LaGaO₃ 属钙钛矿型（ABO₃）氧化物，对氧离子亚晶格有较高的容忍度。A、B 位置可被低价阳离子置换，增大 A 位置换或提高温度，容忍度因子提高，从而减少基体所受的应力，防止 LaGaO₃ 由立方相转为单斜相。实验证明，掺杂 Sr 和 Mg 可使 LaGaO₃ 保持在单一立方钙钛矿结构。由于这类晶体结构中半径较小的 A 阳离子居于八面体中央，周围有六个氧离子，体积较大的 B 阳离子周围有 12 个氧离子。如果其中一个阳离子被较低的阳离子代替，则为维持电中性，必须产生氧离子空位，引起氧离子导电。LSGM 几乎是单纯的氧离子导体，当温度为 800℃、氧分压 p_{O_2} 在 $10^{-16}～10^5$ Pa 范围内，它有较高的电导率，$\sigma \geqslant 0.1$ S/cm，而且长期使用稳定性好，因而是一种很有发展潜力的中温 SOFC 电解质材料。

LSGM 的主要问题是 Ga 的蒸发，成为其应用的障碍。Yamaji 发现即使在无电流通过的情况下，LSGM 的开路电压也会随着时间的延长而降低。800℃ 将以 LSGM 为电解质制作的单电池在一定的氧分压环境中放置 800h，保温前后的开路电压分别为 1.07V 和 1.01V。表面分析表明，电极表面，尤其是阳极表面的晶界上有第二相生成。除了因为电极与电解质接触表面发生了反应使 Ga 含量减少外，Ga 的流失主要由 Ga 的蒸发引起。在还原气氛下，Ga 的一价氧化物 Ga₂O 具有很高的饱和蒸气压，很容易以 Ga₂O 形式蒸发，并会促进下列反应的进行：

$$Ga_2O_3(s) + 2H_2(g) \longrightarrow Ga_2O(g) + 2H_2O(g)$$

由此导致表面 Ga 含量呈梯度减少。

Kuroda 通过干压法和流延法制备了厚度为 200～300μm 的 LSGMC（Co 掺杂的 LSGM）薄膜，其氧离子电导率远远高于传统的 YSZ 的电导率，以 205μm 的 LSGMC 为电解质制作的单电池（H₂ 为燃料，空气为氧化物），电流密度为 0.5A/cm² 时，SOFC 的功率密度为 380mW/cm²，工作温度仅为 650℃。

LSGM 粉末的制备主要有三种方法：固态反应法，尿素法，Sol-Gel 法。LSGM 成膜的方法很多，传统的方法如：干压法、流延法、丝网印刷法、浆料涂覆法等。这些方法适用于小尺寸制膜。此外，也可利用脉冲激光烧蚀法，这一方法要求在真空下进行，设备复杂，成本高，不适合大规模的商业化生产。为解决这一问题，人们试用电泳沉积法和静电辅助气相沉积法（EAVD）制作薄膜，效果较好。

但由于对 LSGM 研究时间还短，人们对其性能还不能很好地把握，在今后的研究中，应着重解决以下问题：

a. 如何减少和控制 LSGM 中 Ga 的流失；

b. 发展一种简单可行的工艺方法，经济高效地制备性能优良的 LSGM；

c. 寻找与 LSGM 相匹配的电极材料。

(5) 电极材料、连接体材料和密封材料

① 电极材料。SOFC 中电极有阳极和阴极之分，阳极位于燃料气一侧，而阴极位于氧

气一侧。要求阳极和阴极材料必须具备：

a. 很好的电子电导率，将电解质界面发生的化学反应所产生的电子输送出去；

b. 多孔性，以便燃料气和氧气顺利扩散通过，到达三相界面，增大表面催化反应；

c. 与电解质材料具有高的化学相容性和热相容性，即不与电解质材料反应，热膨胀系数要尽可能接近，以免热循环造成电解质材料与电极材料之间出现开裂，甚至使电解质材料出现裂纹。

SOFC 中，可以使用 Pt 等贵金属作电极，但是，由于 Pt 价格昂贵，高温下易挥发，所以实际中很少使用。研究发现，钙钛矿型复合氧化物 $Ln_{1-x}A_xMO_3$（Ln—镧系元素，A—碱土金属，M—过渡元素）是性能较好的阴极材料。对于 $La_{1-x}Sr_xMO_{3-\delta}$（M = Mn、Fe、Co）的阴极极化性质，实验得出阴极反应速率的顺序为 Co＞Mn＞Fe＞Cr，并且不同电极的电极反应速率控制步骤不同，有以下 3 种：电荷转移、氧的离解和氧在电极表面的扩散。在电催化活性方面，以 Sr 掺杂 Co 的复合物活性最好，但它存在抗还原能力较差、热膨胀系数大、容易与 YSZ 反应等缺陷。A 位离子的改变，对阴极性质影响很大。不同稀土元素会影响电极的过电势。目前，SOFC 中广泛采用的阴极材料是锶掺杂的亚锰酸镧（LSM）钙钛矿型材料，因为它具有高的电子电导性、电化学活性和与 YSZ 相近的热膨胀系数等综合优良性能。Sr 的掺杂量 x 从 0 提高到 0.5，电导性连续增大，但热膨胀系数也增大，为了保证与 YSZ 良好地匹配，掺杂量 x 一般取 0.1~0.3。在平板式 SOFC 中，常采用不同的喷涂方法，将 LSM 浆料喷涂在 YSZ 板上，经高温（1300~1400℃）烧结成电极，阴极厚度在50~70μm。管状 SOFC 中，LSM 则采用沉浆技术（slurry）沉积在 CSZ 多孔支撑管壁上烧结而成，厚度约为 1.4mm。

目前普遍采用 Ni-YSZ 材料为阳极材料，它具有催化活性高、价格低等优点。金属 Ni 具有非常好的电子电导率，还能耐高温，但与 YSZ 热膨胀系数匹配不好，所以在 Ni 中加入一定量的 YSZ 起调和作用，调整阳极的膨胀系数与 YSZ 相近。此外，YSZ 还起到更重要的作用，就是它的加入增大了电极-YSZ电解质-气体的 3 相界面区域，即电化学活性区的有效面积，使单位面积电流密度增大。阳极材料制备一般采用亚微米级 NiO 与 YSZ 粉末均匀混合后，用丝网印刷或者浸涂的方法沉积在 YSZ 电解质上，经高温（1400℃）烧结，形成厚度为 50~100μm 的 Ni-YSZ 陶瓷电极。电极电导性由混合物中两者的比例决定。当 Ni 的体积分数低于 30% 时，与 YSZ 相似，主要表现为离子电导；大于 30% 后，主要表现为金属的电导性。电极的微观结构也影响其电导性，当使用低比表面积 YSZ 时，由于 Ni 主要分布在 YSZ 颗粒上，可以增加电导。

还可以用 Co、Ru 等金属以及具有混合电导性能的氧化物如 Y_2O_3-ZrO_2-TiO_2 等作阳极材料，但 Co 等金属较昂贵，没有广泛使用。

② 连接体材料。由阳极-电解质-阴极组成了一个单电池，为了提高输出功率，必须将单电池组合成电池堆（发电装置），单电池之间的连接就要用连接材料，它一边与一个单电池的阳极连接，另一边与另一个单电池的阴极连接，因而也称为双极连接材料，即连接 2 个单电池的阴极和阳极。它必须具有很好的导电作用，在平板式 SOFC 中还起导气作用（通过燃料气和氧气），也是 SOFC 的关键材料之一。连接体材料在高温（900~1000℃）和氧化、还原气氛下具有良好的机械、化学稳定性，高的电导率以及与 YSZ 相近的热膨胀系数。目前主要有两类材料能满足平板式 SOFC 连接材料的要求：一种是钙或锶掺杂的铬酸镧钙钛矿材料 $La_{1-x}Ca_xCrO_3$（LCC），它具有很好的抗高温氧化性和良好的导电性能及匹配的热膨胀系数，但这类材料比较昂贵，采用这种连接板材料，SOFC 电池中连接板的费用约占电池总费用的 80%。另一类材料是耐高温 Cr-Ni 合金材料，如 Inconel 镍，基本能满足 SOFC 的要求，但 Cr-Ni 合金材料的长期稳定性能较差。德国西门子公司和奥地利 Metallwerk Plansee 公司合作研制了一种耐高温合金，作平板式 SOFC 连接材料，各项性能及长期稳定性明显优于其他耐高温材料。据报道，材料的主要成分是 Cr-Ni 合金，其中含有 5%Fe 和 1% Y_2O_3。西门子公司用这种合金组装的平板式 SOFC，已成功地运转了两年，性能稳定。平板式 SOFC 的连接板厚度约 5mm。管式 SOFC 的连接材料一般采用 LCC，用 EVD 方法沉积在 LSM 电极上烧结而成，厚度约 $40\mu m$。

③ 高温无机密封材料。高温无机密封材料也是平板式 SOFC 的关键材料之一，用于组装电池时夹层平板结构和双极连接板之间的密封。高温无机密封材料必须具备高温下密封性好、稳定性高以及与固体电解质和连接板材料热膨胀兼容性好等特点。由于技术保密的原因，高温无机密封材料的组成尚不公开。据了解高温密封主要采用高温玻璃材料或玻璃/陶瓷复合材料。

(6) SOFC 中的极化损失与阳极-电解质-阴极结构形式　SOFC 中存在 3 种极化损失，它们直接决定着电池的性能指标。

① 欧姆极化损失。欧姆极化主要源于电解质的欧姆电阻，电极的欧姆电阻很小。如果电解质厚度增大，则会给 O^{2-} 扩散通过造成较大阻力，即其自身欧姆电阻大，造成功率在其内部就有损耗。这就要求电解质在保证致密不泄漏的前提下，要做得尽可能薄，可采用流延法、丝网印刷、物理喷涂、化学涂覆等方法来制备。

② 浓差极化损失。与气体穿过电极的能力有关，取决于电极的显微结构，即气孔率、气孔大小和气孔分布，所以要求电极必须是多孔的，以便燃料气和氧气能顺利扩散通过，到达三相界面，增大表面催化反应。

③ 活化极化损失。存在于电解质-电极之间，与界面上电荷转移有关，依赖于电极-电解质界面特性，要求能将在电解质表面上发生的反应所产生的电子顺利地传导出去。

SOFC 共有 3 种阳极-电解质-阴极结构形式。

① 电解质支撑：这种结构形式电解质较厚，具有一定强度，能独立起支撑作用。由于电解质较厚，增加了 O^{2-} 的传导阻力，电池的欧姆损失大，电流密度和功率密度均下降。

② 阴极支撑：将阴极做成具有一定厚度和强度、能独立起支撑作用的构件，再在阴极上通过溶胶-凝胶法或者气相沉积法等，涂覆一层厚度极薄且致密的氧化锆电解质膜。这种结构形式欧姆损失小。

③ 阳极支撑：将阳极做成具有一定厚度和强度、能独立起支撑作用的构件，再在阳极上通过溶胶-凝胶法或者气相沉积法等，涂覆一层厚度极薄且致密的氧化锆电解质膜。这种结构形式欧姆损失小。

Chan 等人综合考虑了以上三种极化因素对 SOFC 性能的影响，利用 Bulter-Volmer 公式从理论上证明，对于同样的材料，电极动力学和相同的操作方案，阳极支撑的 SOFC 性能最优，阴极支撑的次之，电解质支撑的 SOFC 性能最差。

7.7.2　锂离子电池正极材料

当今形势下，全球能源由于一系列的因素而面临着严重的挑战，这些因素包括对化石能源需求量的持续增长以及对不可再生资源的耗尽。另一个令人担忧的问题是二氧化碳的排放，在过去的几十年里，二氧化碳的排放量显著增加，从 1970 年到 2005 年其排放量几乎是过去总和的两倍，这引起了全球性的温室效应，随之带来的是全球性气候与环境的变化。

寻求一种新的清洁、环保能源是当务之急，要解决二氧化碳的排放以及随着而来的污染问题，唯一的解决方法是用零排放车辆取代内燃机车辆。

因此，世界各国都在加强对开发新能源的投资，尤其是对风能和太阳能发电厂的重视，这两项技术也是最成熟的。但是，这些能源都需要高效的能源储存系统。电池或电容器等诸如此类的电化学系统在此领域中起到了关键的作用，它可以根据需要有效地储存与释放能量，这个储能系统的优点已在风能和光伏太阳能发电装置中得到了证实。由于锂离子电池高的能量效率，因此它被认为是取代传统电池（如铅酸电池）的新能源。除了太阳能电池外，锂离子电池也被认为是可以作为用于支撑交通运输的能源的新选择，它可以有效地保证混合动力汽车、插电式混合动力汽车和纯电动汽车在高电流下的正常运转。在混合动力汽车中，锂离子电池与内燃机的结合使得燃料的利用率提高，这有利于能源的节省和污染的减少。此外，锂离子电池已经在电子、通信、数码产品中获得了广泛应用。

7.7.2.1　锂离子电池的结构与组成

锂离子电池有液态锂离子电池和聚合物锂离子电池两类。其中，液态锂离子电池是指以Li^+嵌入化合物为正、负极的二次电池。锂离子电池主要由正极、负极、电解液（含电解质）、隔膜、黏结剂、集电极（也称集流体）、外壳等组成。锂离子电池正、负极材料由能可逆地脱、嵌锂离子的嵌入物组成。电解液是在有机溶剂（如：二乙基碳酸盐 DEC、碳酸乙烯酯 EC 等）中溶解有电解质锂盐（如：$LiPF_6$ 和 $LiAsF_6$ 等）的液态离子导体。下面给出一个典型的锂离子电池体系：

$$LiC_6 | LiF_6\text{-}EC + DEC | LiCoO_2$$
负极　　电解液　　　　正极

7.7.2.2　锂离子电池工作原理

锂离子电池的正、负电极是两种能可逆地嵌入与脱出锂离子的化合物，其晶体密度低，具有层状结构或三维隧道结构的特征。由于这种特殊的开放式结构，使得锂离子可以自由地嵌入和脱出，正、负极材料具有不同的嵌、脱锂电位。在充放电过程中，Li^+ 在两个电极之间往返嵌入和脱出，因此锂离子二次电池被形象地称为"摇椅式电池"，其工作原理如图 7-144 所示。

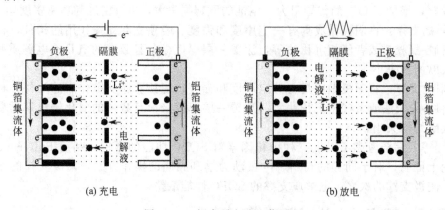

(a) 充电　　　　　　　　　　　　(b) 放电

图 7-144　锂离子电池工作原理

充电时，在外电压的驱动下，锂离子从正极材料的晶格间脱出后进入溶有锂盐的电解液中，这时电解液中相同个数的锂离子嵌入到负极材料的晶格结构中。与此同时，电子从正极经过外电路流向负极，以保证电荷平衡，负极处于富锂态，正极处于贫锂态。放电时刚好相反，锂离子从负极中脱出，回到正极材料中，而电子从负极经过外电路到达正极，正极处于富锂态，负极处于贫锂态。

在理想的充放电情况下，锂离子在正、负极材料结构中的嵌入和脱出，只会起晶格参数的变化（即晶体结构仅发生相应的收缩或膨胀），而晶体结构的类型不变，即不会引起晶体结构的破坏。锂离子电池在充放电过程中的这种插层反应机理可以用嵌入来解释。所谓嵌入是指可移动的客体粒子如分子、原子、离子，可逆地嵌入到具有合适尺寸的主体晶格中的网络空格点上。在离子嵌入的同时，要求主体晶格进行电荷补偿，以维持电中性，电荷补偿可以由主体晶格能带结构的改变来实现，电导率在嵌入前后会有变化。

尽管正极材料种类繁多，但其分子通式可写为 $Li_{1-x}M_yX_z$。另外，以 Li_xC_n 作为负极的代表，据此锂离子电池电化学反应式如下。

正极反应：

$$Li_{1-x}M_yX_z \underset{\text{放电}}{\overset{\text{充电}}{\rightleftharpoons}} Li_{1-x-\delta}M_yX_z + \delta Li^+ + \delta e^-$$

负极反应：

$$Li_xC_n + \delta Li^+ + \delta e^- \underset{\text{放电}}{\overset{\text{充电}}{\rightleftharpoons}} Li_{x+\delta}C_n$$

电池总反应：

$$Li_{1-x}M_yX_z + Li_xC_n \underset{\text{放电}}{\overset{\text{充电}}{\rightleftharpoons}} Li_{1-x-\delta}M_yX_z + Li_{x+\delta}C_n$$

式中，M 表示过渡金属原子；X 表示阴离子或阴离子基团。锂离子电池只涉及锂离子而不涉及金属锂的充放电过程，在正常充放电情况下，锂离子处于相对固定的空间和位置，电池的可逆性很好，从而保证了电池的循环寿命和工作的安全性。

7.7.2.3 锂离子电池的特点

锂离子电池具有如下特点。

① 工作电压高。锂离子二次电池的工作电压是 3.6V，是镍-镉和镍-氢电池工作电压的 3 倍。因此，可将锂离子电池做得体积小（比氢-镍电池小 30%）、质量轻（比氢-镍电池轻 50%），应用在许多小型电子产品上，一节电池即可满足使用要求。将单元锂离子电池串联应用于电动汽车，电池堆所占的体积也比较小。

② 容量大、比能量高。尽管不同正、负极的锂离子电池放电容量存在较大差别，但都远大于镉-镍电池或氢-镍电池，这是锂离子二次电池的核心价值所在。

③ 循环寿命长。锂离子二次电池循环寿命已达 1000 次以上，在低放电深度下可达几万次。

④ 充电速度较快。锂离子电池仅需要 1~2h 就可将电量基本充满，同时自放电率（<8%/月）远低于镍-镉电池及镍-氢电池的 30%~40%。

⑤ 无记忆效应。锂离子电池可以根据要求随时充电，而不会降低电池性能。

⑥ 对环境无污染。锂离子二次电池中不存在有害物质，是名副其实的"绿色电池"。

基于上述优点，锂离子二次电池是未来二次高能电池的主要发展方向，是 21 世纪发展的理想能源。

7.7.2.4 锂离子电池正极材料

锂离子电池中最重要的材料是正、负极材料和电解液，其中正、负极材料是一类能可逆脱、嵌锂离子的化合物。正极材料一般选择电势（相对金属锂）较高且在空气中稳定的嵌锂过渡金属氧化物，主要有层状结构的 $LiMO_2$、尖晶石型结构的 LiM_2O_4 化合物（M＝Co、Ni、Mn、V 等过渡金属元素）以及橄榄石型结构的 $LiMPO_4$（M＝Fe、Si、V 等）。负极材料则应选择电势尽可能低的可嵌锂的物质，常用的有焦炭、石墨、中间相碳微球等碳材料以及锂过渡金属氮化物、锂过渡金属氧化物或其复合氧化物等。

发展锂离子电池的关键技术之一是正极材料的开发，与负极材料的发展相比较，正极材料的开发稍显缓慢。原因在于尽管理论上可以脱、嵌锂的物质很多，但要将其制备成能实际应用的材料并获得高的容量却很困难，制备过程中的微小变化都能导致材料微观结构乃至材料性能的变化。

(1) 正极材料应具备的条件 作为锂离子电池正极材料的嵌锂化合物（$Li_xM_yX_z$），一般应该满足下列条件：

① 充放电的电位范围与电解液具有相容性；

② 金属离子 M^{n+} 在嵌锂化合物 $Li_xM_yX_z$ 中应有较高的氧化还原电位，放电反应有较大的负吉布斯自由能，从而使电池的输出电压高；

③ 温和的电极过程动力学；

④ 高度的可逆性，具有层状或隧道结构，在整个可逆嵌入、脱出过程中，锂的嵌入和脱出过程应可逆，且主体结构没有或很少发生变化，氧化还原电位随 x 值的变化应减小，这样电池的电压不会发生显著变化；

⑤ 嵌锂化合物 $Li_xM_yX_z$ 应是低分子量，能允许大量的锂进行可逆嵌入和脱出，以得到高容量，即 x 值应尽可能大，并且锂离子脱、嵌时，电极反应的自由能变化不大，以保证电池充放电电压平稳；

⑥ 嵌锂化合物应有较好的电子电导率（σ_{e^-}）和离子电导率（σ_{Li^+}），这样可以减少极化，能承受大电流充放电；

⑦ 嵌锂化合物 $Li_xM_yX_z$ 在全锂状态下稳定性好；

⑧ 锂离子在嵌锂化合物 $Li_xM_yX_z$ 中应有较大的扩散系数，以使电池有良好的快速充放电性能；

⑨ 从实用性而言，嵌锂化合物应该便宜、容易制备等。

(2) 钴酸锂正极材料 钴酸锂（$LiCoO_2$）是最早研究和应用的锂离子电池正极材料，它能够进行大电流充放电，并且其放电电压高、放电平稳，有很长的循环寿命，制备工艺简单，目前广泛应用于小型便携式电子设备如手机、笔记本电脑、数码相机和摄像机等。

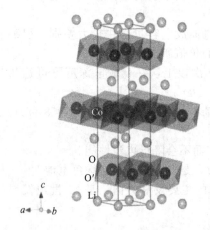

图 7-145 α-NaFeO₂ 型层状结构 LiCoO₂ 晶体结构图

$LiCoO_2$ 具有三种晶体结构，即岩盐型结构、尖晶石型结构和 α-$NaFeO_2$ 型层状结构。适合锂离子嵌入和脱出的是 α-$NaFeO_2$ 型层状结构 $LiCoO_2$，其理论容量为 $274mA \cdot h/g$，热稳定性好且循环性能优良，实际可逆容量为 $140mA \cdot h/g$ 左右，其晶体结构如图 7-145 所示，图中 O' 表示处于不同环境的氧原子，加撇以示区别。但由于钴是战略资源且资源匮乏，这大大提高了钴酸锂的生产成本。此外，它的实际比容量仅为理论比容量的 50% 左右，在充放电过程中，Li 反复嵌入和脱出造成 $LiCoO_2$ 的结构在多次收缩和膨胀后从三方晶系转变为单斜晶系，导致 $LiCoO_2$ 颗粒间松动而脱落，使内阻增大、容量减小、循环性能下降。另外，在过充电的条件下，由于锂含量的减少和金属离子氧化程度的提高，降低了材料的稳定性。

为了改善钴酸锂的容量，提高其循环性能，可采用以下方法。

① 加入铝、铁、铬、镍等掺杂离子，改善其稳定性，提高其循环性能。

② 加入硼、磷、钒等掺杂原子及一些非晶态物质，使钴酸锂的晶态结构部分变化，提高电极结构变化的可逆性。曾报道用氧化镁对钴酸锂进行表面修饰，使电化学性能大大提高。

③ 在电极材料中加入钙离子或氢离子，提高电子电导率，改善了电极活性物质的利用率和快速充放电能力。

④ 通过引入过量的锂，增加电极的可逆容量。

(3) 镍酸锂正极材料 镍酸锂（$LiNiO_2$）具有 R3m 空间群，为 α-$NaFeO_2$ 型菱方层状结构，因而适合用于锂离子电池正极材料。LiNiO₂晶体结构中 $6c$ 位上的 O 为立方紧密堆积，Ni 和 Li 分别处于 $3a$ 和 $3b$ 位置，并且交替占据其八面体空隙，晶体结构示于图 7-146。LiNiO₂的理论容量为 $274mA \cdot h/g$，实际容量可达 $190 \sim 210mA \cdot h/g$，工作电压范围为 $2.5 \sim 4.1V$，不存在过充电和过放电的限制，具有较好的高温稳定性，自放电率低，无污染和对电解液的要求较低。

与 LiCoO₂相比，LiNiO₂具有如下优势：

① 从储量上来看，全世界已经探明镍的可采储量为钴的 145 倍；

② 从结构上看，LiNiO₂和 LiCoO₂同属 α-NaFeO₂型结构，容易取代 LiCoO₂。

但是 LiNiO₂合成条件苛刻，由于合成时 Ni^{2+} 的生成不可避免，Ni^{2+} 极化能力较小，易形成高对称性的无序盐结构，因此有部分 Ni^{2+} 分布在 Li 层，合成时总有 $Li_{1-x}Ni_{1+x}O_2$ 生成。由于 O—Ni—O 层电子的离域性较差，且迁入 Li^+ 层的 Ni^{2+} 阻碍 Li^+ 的扩散，导致充放电过程中存在明显的极化。当 Li^+ 脱出后，迁入锂层的 Ni^{2+} 氧化成 Ni^{3+} 或 Ni^{4+}。而放电至 3V 时这些高价镍离子又不能还原，阻止 Li^+ 的嵌入，导致首次循环出现较大的不可逆容量。Ni^{4+} 的极化力极强，且由于失去了 σ 反键轨道电子，键强度明显增强，其离子半径又小，因此当充电深度达到一定程度时，层间距会突然紧缩，结构崩塌，导致其电化学性能迅速变差，因此不能过充。总之，这种结构的任何位错都会影响正极材料的电化学性能，因而对其制备条件要求很苛刻。

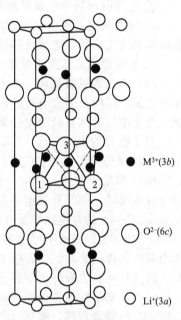

图 7-146　LiNiO₂晶体结构图
（图中 M＝Ni）

(4) 锰酸锂正极材料　锰资源非常丰富、无毒、价格低廉，从此意义上讲，锰酸锂用于锂离子电池正极材料具有非常广阔的前景。尖晶石型锰酸锂（LiMn₂O₄）的理论比容量为 $148mA \cdot h/g$，比钴酸锂和镍酸锂的理论比容量低很多，但是 LiMn₂O₄实际可逆容量却能够达到理论容量的 90% 左右，因此是最有希望取代钴酸锂的正极材料。尖晶石型 LiMn₂O₄属于具有 Fd3m 对称性的立方晶系（氧离子为面心立方紧密堆积），其晶体结构如图 7-147 所示，锂离子处于四面体的 $8a$ 位置，锰离子位于 $16c$ 位置，氧离子处于八面体的 $32e$ 位置，位于 $8a$、$48f$ 的四面体与位于 $16c$ 的八面体共面而构成相通的三维离子通道，这样的结构非常适宜锂离子的脱、嵌。但是，锰酸锂的结构不稳定，极易发生所谓的 Jahn-Teller 效应，即锰酸锂在放电低于某一电压后其结构发生转变，晶格结构由立方相转变成四方相，导致其容量大大降低，且不可逆容量增加。LiMn₂O₄在充放电时存在 4.1V 和 3V 两个平台。

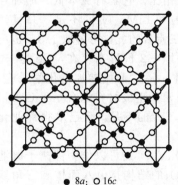

● $8a$；○ $16c$

图 7-147　尖晶石型 LiMn₂O₄
晶体结构图

$Li_xMn_2O_4$ 中 Li^+ 的脱、嵌范围是 $0 < x \leqslant 2$。当锂离子嵌入或脱出的范围为 $0 < x \leqslant 1$ 时，发生的电极反应如下：

$$LiMn_2O_4 \Longrightarrow Li_{1-x}Mn_2O_4 + xe^- + xLi^+$$

此时锰离子的平均氧化值是 $3.5 \sim 4.0$，Jahn-Teller 效应并不是很明显，晶体结构比较稳定，仍然保持尖晶石型结构，对应的 Li/LiMn₂O₄ 的充放电循环电压是 4V。而当 $1 < x \leqslant 2$ 时，发生的反应如下：

$$LiMn_2O_4 + ye^- + yLi^+ \Longrightarrow Li_{1+y}Mn_2O_4$$

此时锰离子的平均氧化值小于 3.5（以 3 价为主），充放电循环电位在 3V 左右，即 $1 < x \leqslant 2$ 时，Jahn-Teller 效应严重，材料的尖晶石晶体结构由立方相转变为四方相。这种结构严重破坏了尖晶石框架，因此当变化范围超出材料所能承受的极限时，三维离子迁移通道被破坏，锂离子脱、嵌困难，材料的循环性能大大下降。

$LiMn_2O_4$ 电极还有以下一些缺点。

① 它在电解液中会逐渐溶解，发生歧化反应。

② 深度放电过程中，当锰的平均氧化值为 3.5 时，会发生 Jahn-Teller 效应，使尖晶石晶格体积发生变化，电极活性物质部分丧失。

③ 电解液在高压充电时不稳定，容易分解。

(5) 二元系正极材料　由于钴酸锂和镍酸锂各自均存在一系列问题，况且此二者又具有相同的晶体结构，因而有可能进行相互掺杂形成二元系正极材料，这是提高正极材料的比容量、改善循环性能以及稳定性的有效手段。

由于钴和镍是位于同一周期的相邻元素，具有相似的核外电子排布，且 $LiCoO_2$ 和 $LiNiO_2$ 同属于 α-$NaFeO_2$ 型层状结构，因此可以将钴、镍以任意比例混合并保持产物的 α-$NaFeO_2$ 型层状结构。$LiNi_{1-x}Co_xO_2$ 兼备了 Co 系和 Ni 系材料的优点，制备工艺简单、材料的成本较低，同时充放电性能及循环稳定性优良，已经引起了研究者的广泛兴趣。目前 $LiNi_{1-x}Co_xO_2$ 的可逆比容量可达 $170mA \cdot h/g$，远高于 $LiCoO_2$ 和 $LiMn_2O_4$，同时可以利用 $LiNi_{1-x}Co_xO_2$ 较高的不可逆容量为负极固体电解质界面膜（SEI 膜）的形成提供锂离子，从而减少正极的装载量。若以 $LiNi_{1-x}Co_xO_2$ 化合物为正极材料，电池的比能量将大幅度提高，这类材料有着较好的发展趋势。

同理，基于锰酸锂所存在的缺点也会导致电池在多次循环后产生容量衰减，为了减少 $LiMn_2O_4$ 的容量衰减，提高材料的循环性能，也可以对锰酸锂正极材料进行掺杂改性。对 $LiMn_2O_4$ 进行掺杂的目的是增强尖晶石结构的稳定性，提高锰离子的平均氧化值，抑制 Jahn-Teller 效应。主要有两种途径，第一采用多价金属离子代替 $LiMn_2O_4$ 中的 Mn^{3+}；第二采用复合掺杂的方法，即掺杂金属离子的同时用电负性强的负离子代替氧离子以提高锰离子的平均氧化值。常用于掺杂的多价金属元素包括稀土元素和过渡元素，比如 Co、Cr、Mg、Al、Zn、B、Ti、Mn、Cd、Sn、Ga、Fe 等。文献已有报道，通过添加钴、镉、镍、铜等离子可以改善正极材料的电化学性能。此外，通过在化学计量比的 $LiMn_2O_4$ 中添加过量的锂，可以增强材料晶体结构的稳定性，这是改善材料可逆性与循环性能的重要方法。

(6) 三元系正极材料　近年来，Co-Ni-Mn 三元体系 $LiNi_{1-y-z}Mn_yCo_zO_2$ 成为锂离子电池正极材料的研究热点之一。与 $LiCoO_2$、$LiNiO_2$、$LiMn_2O_4$ 相比，它具有成本低、循环性能好、结构比较稳定、热稳定性好等优点，可以弥补 $LiNiO_2$ 和 $LiMn_2O_4$ 的不足，并且比 $LiCoO_2$ 价格低廉。在 $LiNi_{1-y-z}Mn_yCo_zO_2$ 中，Co、Ni、Mn 三元素的配比可各取 1/3，也可取其他配比，正极材料的性能随配比变化略显不同。Ni 主要以 +2 价形态存在，Co 是 +3 价，Mn 则是 +4 价，电化学活性成分主要是 Ni。在充电后期，Co 才开始参加电化学反应，而 Mn 一直是非活性的，Mn 的存在降低了材料的成本。该三元系正极材料综合了 $LiCoO_2$、$LiNiO_2$、$LiMn_2O_4$ 三者的优点，同时也在一定程度上弥补了三者的不足，现已取得商业化应用。

(7) 钒酸锂正极材料　Wadsley 于 1957 年提出钒酸锂（LiV_3O_8）可以作为锂离子电池正极材料后，人们对它的电化学性质进行了深入研究。LiV_3O_8 的结构是由八面体和三角双锥组成的层状结构，该结构具有优良的嵌锂能力。LiV_3O_8 中一部分锂离子位于八面体位置，将相邻层牢固地连接起来，由于结构稳定以及层间存在可被 Li^+ 占据的空位，所以可以允许三个以上锂离子可逆地在 LiV_3O_8 层间脱、嵌，并且八面体位置上 Li^+ 不阻挡 Li^+ 从一个四面体位置向其他位置的迁移。LiV_3O_8材料具有容量高、制备方法简单、充放电速度快、循环寿命长以及在空气中稳定等优点。而钒的其他氧化物V_2O_5、V_6O_{13}则不具这些特点。但是，钒酸锂也存在如下缺点：电导率低、氧化能力强，导致有机电解液分解，在$2\sim3.7V$之间放电时放电曲线呈台阶状。

LiV_3O_8晶体结构属于$P2l$或$P2l/m$空间群，点阵中有4种可以嵌锂的层间氧八面体间隙。在一个由2个Li、6个V和16个O组成的晶胞中，锂离子优先占据能使其呈均匀分布的两个间隙，这种占位方式能使晶体的能量最低，随后再占据其余的3种间隙。根据钒酸锂的结构模型，Li^+占据着由$[V_3O_8]^-$组成的层间八面体的位置，但实际上，分子中允许Li过量，过量的Li^+占据层间四面体的位置，分子式为$Li_{1+x}V_3O_8$。图7-148是$Li_{1.1}V_3O_8$的晶体结构图。阴极放电实验表明，如果$Li_{1+x}V_3O_8$结晶度高（高温合成），该晶胞还能嵌入6个Li^+，其中在嵌入大约4个Li^+之前，电压缓慢地下降至2V左右，随后电压才快速下降。

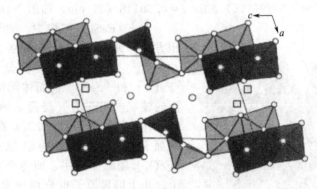

图 7-148　$Li_{1.1}V_3O_8$晶体结构图

在$Li_{1+x}V_3O_8$中，钒部分处于+5价状态，部分处于+4价状态，四面体位置的Li^+可以嵌入和脱出，也可以用一些方法再嵌入更多的Li^+，八面体位置的Li^+与层之间以离子键紧密相连，这种固定效应使其在充放电循环过程中保持稳定的晶体结构。在2.63V的平均电压，每摩尔的$Li_{1+x}V_3O_8$可逆脱、嵌锂量可达3mol以上，这使得它具有高的比容量。$Li_{1+x}V_3O_8$的比容量一般在300mA·h/g以上，锂离子的扩散系数在$10^{-12}\sim10^{-14}\ m^2/s$之间。锂离子在其中较高的化学扩散率使得锂在嵌入和脱出时具有超常的结构稳定性，从而具有更长的循环寿命。由于这些特点，$Li_{1+x}V_3O_8$成为了近年来最具有发展前景、研究较多的正极材料。

LiV_3O_8的电化学性能与其制备方法有着密切的关系，在放电容量、充放电效率和循环性能等方面差别很大。不同的制备方法得到不同状态的钒酸盐，液相法合成的LiV_3O_8是非晶态物质，这种物质每摩尔可嵌入9个Li^+，而每摩尔晶态LiV_3O_8只能嵌入6个Li^+。并且Li^+在非晶态LiV_3O_8中的扩散路径短，能够迅速脱、嵌，因此其循环性能大幅度提高。液相法工艺简单，合成温度低，制备的LiV_3O_8可以快速充放电，比容量和循环性能都大幅度提高。

近年来锂离子电池中正极材料的研究和开发应用相当活跃，并且已取得很大进展。在当今能源危机、资源紧缺的情况下，从环境和成本等方面综合考虑，开发研究Li-V系正极材料具有实际应用价值。由于钒有多种化合价态，对应着多种化合物，因此在合成时有一定的困难；钒的化合物在充放电过程中也有可能发生结构的改变，从而导致容量的衰减；另外钒系正极材料的放电电压比较低，这些是钒系化合物作为锂离子电池正极材料的缺点。但是，与其他正极材料相比，它具有比容量高、可以大电流充放电等优点，这些特点使得它更适合作为电动汽车的高能量密度锂离子电池正极材料。因此，随着研究的深入，钒系化合物性能会进一步提高，它一定会有更大的应用前景。

(8) 硅酸铁锂正极材料　硅酸铁锂（Li_2FeSiO_4）具有制备成本低、理论容量高、安全稳定和环境友好等优点，作为锂离子电池正极材料极具前景。相对于其他正极材料，由于Si—O 键具有很强的键合力（键能为 452kJ/mol），阴离子基团 $[SiO_4]^{4-}$ 非常稳定，因而 Li_2FeSiO_4 结构更加趋于稳定。此外，$LiFeSiO_4$ 和 Li_2FeSiO_4 结构相同，晶格参数很相近，因此充放电过程中晶格体积变化很小（约为 1.25%），避免了因为晶格应力导致颗粒的变形与破裂、颗粒与包覆层的分离。因此，Li_2FeSiO_4 具有更好的电化学稳定性和安全性，满足动力电池的需求，是具有开发和应用潜力的新一代锂离子电池正极材料。

　　Li_2FeSiO_4 的结构复杂，其结构归属曾引起过争议。Nyten 等采用固相法首次合成了 Li_2FeSiO_4 并提出它的结构与 β-Li_3PO_4 相同，属正交晶系的 Pmn2 空间群，晶格常数 $a=$ 0.62661 (5) nm，$b=0.53295$ (5) nm，$c=0.50148$ (4) nm，如图 7-149 所示。

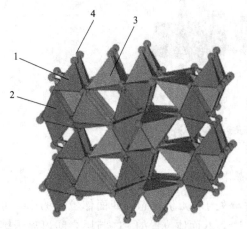

图 7-149　Li_2FeSiO_4晶体结构图
1—硅氧四面体；2—铁氧四面体；
3—锂氧四面体；4—氧离子

　　在 Li_2FeSiO_4 结构中，氧原子以立方紧密堆积方式排列，Li、Fe 与 Si 各自处于氧四面体中心位置，与四个氧原子分别形成 $[LiO_4]$、$[FeO_4]$ 和 $[SiO_4]$ 四面体结构，多个平行 ab 平面的波状 $[SiFeO_4]$ 层沿 c 轴方向通过 $[LiO_4]$ 四面体连接构成 Li_2FeSiO_4。在层内每个 $[SiO_4]$ 四面体四个顶角上的氧原子分别与相邻的 $[FeO_4]$ 四面体共用，而每个 $[FeO_4]$ 四面体四个顶角上的氧原子也分别与相邻的 $[SiO_4]$ 四面体共用。Li 则占据相邻 $[SiFeO_4]$ 层之间的四面体位置。因此，对 $[LiO_4]$ 四面体而言，其中三个氧原子位于同一 $[SiFeO_4]$ 层，第四个氧原子则位于另一 $[SiFeO_4]$ 层。由于 $[LiO_4]$ 四面体通过共用顶点的方式沿 a 轴成行排列，这种结构具有便于锂离子嵌入、脱出的运动通道。

　　Li_2FeSiO_4 具有较高的理论比容量，嵌、脱一个 Li^+ 时比容量为 166mA·h/g，能量密度为 1200W·h/L，比能量为 440W·h/kg。如果可以实现第二个 Li^+ 的可逆嵌、脱，比容量可高达 332mA·h/g。

　　理论计算表明，Li_2FeSiO_4 脱出第一个 Li^+ 和第二个 Li^+ 的电位分别为 3.2V 和 4.8V，两者 1.6V 的电位差来源于 Fe^{3+} 稳定的 $3d^5$ 电子结构。目前，多数研究者合成的 Li_2FeSiO_4 均不能达到一个 Li^+ 的可逆脱、嵌。也有研究报道在 3.2V 和 4.3V 分别出现两个平台，表明 Li_2FeSiO_4 经历了两次脱锂过程，第一个 Li^+ 脱出电位在 3.2V，对应的反应式为 $Li_2FeSiO_4 \longrightarrow LiFeSiO_4 + Li^+ + e^-$，同时伴随着 Fe^{2+} 向 Fe^{3+} 转化；第二个 Li^+ 脱出电位在 4.3V，对应的反应式为 $LiFeSiO_4 \longrightarrow FeSiO_4 + Li^+ + e^-$，伴随着 Fe^{3+} 向 Fe^{4+} 转化。

　　Li_2FeSiO_4 的主要缺点是：除了自身需要继续提高电子导电性和 Li 离子迁移率外，更大的问题还在于很难得到纯相的 Li_2FeSiO_4，一旦有杂相物质存在，该正极材料性能将大为下降，这一点将是 Li_2FeSiO_4 进入商品化应用必须首先重点加以攻克的。

(9) 磷酸亚铁锂正极材料　橄榄石型磷酸亚铁锂（$LiFePO_4$）作为一种新型的正极材料吸引了研究人员很大的注意力。自从 1997 年 Padhi 等人首次发表了磷酸亚铁锂可逆的锂离子嵌入、脱出机理后，大量的研究集中在其制备、改性和商品化应用上。磷酸亚铁锂有如下优点：

① 较高的理论容量（170mA·h/g）；

② 平稳的充放电平台（3.4V vs. Li），可以使有机电解液的使用范围更宽并且安全；

③ 可逆性能好；

④ 高的热稳定和化学稳定性；

⑤ 材料廉价；

⑥ 无毒；

⑦ 安全性能好。

橄榄石型 LiFePO$_4$ 结构稳定性好，当 LiFePO$_4$ 转换为 FePO$_4$ 后，结构变化较小，体积仅减少 6.81%，这有利于锂离子的脱、嵌，使得磷酸亚铁锂有很好的循环性能。

自然界中 LiFePO$_4$ 以磷酸锂铁矿的形式存在，其结构如图 7-150 所示，空间群为 Pnma，具有橄榄石型结构。从图 7-150 可以看出，在 LiFePO$_4$ 中，氧原子以稍微扭曲的六方紧密堆积方式排列，Fe 与 Li 分别位于氧原子八面体中心位置，分别占据了氧原子八面体的 4c 和 4a 位置，形成了 [FeO$_6$] 和 [LiO$_6$] 八面体。P 占据了氧原子四面体 4c 位置，形成 [PO$_4$] 四面体。每个晶胞中有 28 个原子，晶格中有 3 个非等价的 O，整个晶体可以看成是变形八面体 [LiO$_6$] 和 [FeO$_6$] 与四面体 [PO$_4$] 相互连

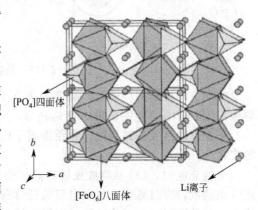

图 7-150　LiFePO$_4$ 晶体结构图

接。1 个 [FeO$_6$] 八面体分别与 1 个 [PO$_4$] 四面体和 2 个 [LiO$_6$] 八面体共边；2 个 [PO$_4$] 四面体还与 2 个 [LiO$_6$] 八面体共边。在 bc 面上，相邻的 [FeO$_6$] 八面体共用一个氧原子，从而互相共角连接形成 Z 字形的 [FeO$_6$] 层。在 [FeO$_6$] 层之间，相邻的 [LiO$_6$] 八面体通过 b 方向上的两个氧原子共边连接，形成了与 c 轴平行的 Li$^+$ 的连续直线链，这使得 Li$^+$ 可能形成二维扩散运动。

对于 LiFePO$_4$ 单个颗粒中锂离子的脱、嵌机理可以用两种模型来解释，即径向模型与马赛克模型。

径向模型假设锂离子的脱、嵌是一个沿径向扩散的过程如图 7-151(a) 所示。在充电过程中，随着外部的 LiFePO$_4$ 转变为 FePO$_4$ [图 7-151(a) 中 A→B]，LiFePO$_4$ / FePO$_4$ 界面向颗粒内部移动，内部的锂离子和电子必须通过新形成的 FePO$_4$ 相向外移动。锂离子和电子不可能完全脱出，脱出过程完成时，中心仍有部分未转换的 LiFePO$_4$ [图 7-151(a) 中 C]，电池的衰减就存在于中心未转换的 LiFePO$_4$。之后当电池放电过程中，当锂离子重新由外向内嵌入时 [图 7-151(a) 中 C→D]，一个新的环状 LiFePO$_4$ / FePO$_4$ 界面快速向内移动，最后达到颗粒中心未转换的 LiFePO$_4$，然而并不能完全与之合并，相反是在 LiFePO$_4$ 核周围留下一条 FePO$_4$ 带 [图 7-151(a) 中 E]。

马赛克模型 [图 7-151(b)] 认为，在 LiFePO$_4$ 粒子内部多点处可以发生锂离子的脱嵌 [图 7-151(b) 中 B]。这个模型认为容量的损失在于，在充电过程中，由于锂离子脱出形成的独立的 FePO$_4$ 相紧密接触而留下相互独立的未反应 LiFePO$_4$ [图 7-151(b) 中 C]。在放电过程中，锂离子重新进入 FePO$_4$ 相的大部分区域中，仅留下一些独立的未反应的 FePO$_4$ 核，同时，先前未转换的 LiFePO$_4$ 被一层无定形物质包覆，这层无定形膜是在首次充电过程中随着 FePO$_4$ 相增长而形成的 [图 7-151(b) 由 B→C]，并最终与未转换的 LiFePO$_4$ 连接。

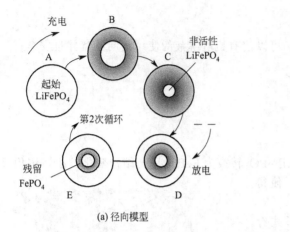
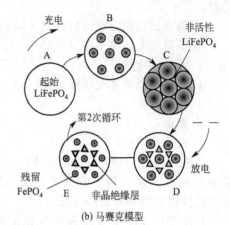

(a) 径向模型　　　　　　　　　　　　(b) 马赛克模型

图 7-151　径向模型与马赛克模型

很明显，在这两种模型中都是因为在 $FePO_4$ 相中锂离子的扩散速率低和电子电导率低导致了 $LiFePO_4$ 不能完全转化成 $FePO_4$，这样周而复始使得材料的容量衰减。

下面以磷酸亚铁锂为例，介绍锂离子电池的工作原理以及正极材料在充放电过程中结构的变化。

电池充电时，Li^+ 从磷酸亚铁锂晶体的（010）面迁移到晶体表面，在电场力的作用下，进入电解液，穿过隔膜，再经电解液迁移到负极（比如石墨晶体）的表面，然后嵌入石墨晶格中。与此同时，电子从正极经铝箔集流体，沿着正极柱、外电路、负极柱、流向负极的铜箔集流体，再进入到石墨负极，使负极的电荷达至平衡〔参见图 7-144（a）〕。锂离子从磷酸亚铁锂脱出后，磷酸亚铁锂转化成磷酸铁锂。电池放电时，Li^+ 从石墨晶体中脱出来，进入电解液，穿过隔膜，再经电解液迁移到磷酸铁锂晶体的表面，然后重新经（010）面嵌入到磷酸铁锂的晶格内而成为磷酸亚铁锂。与此同时，电子从负极经铜箔集流体，沿着负极柱、外电路、正极柱，流向电池正极的铝箔集流体，再进入到磷酸亚铁锂正极，维持电荷平衡〔参见图 7-144（b）〕。磷酸亚铁锂在充放电前后晶格结构变化如图 7-152 所示。

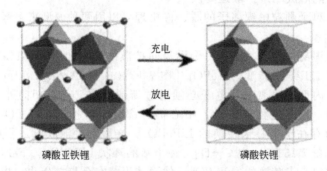

磷酸亚铁锂　　　　　　　　　　磷酸铁锂

图 7-152　磷酸亚铁锂与磷酸铁锂晶格结构图

7.7.2.5　锂离子电池正极材料的制备方法

锂离子电池正极材料可用很多方法来制备，不同材料可用不同的制备方法，就同一种材料，也有不同的方法。不同方法所制备的材料，从微观结构到电化学性能均有所不同。

（1）高温固相合成法　高温固相合成法是早期制备电极材料最为常用的一种方法。以磷酸亚铁锂为例，Li 源采用碳酸锂或氢氧化锂；Fe 源采用醋酸亚铁或草酸亚铁等有机铁盐；P 源采用磷酸二氢铵或磷酸氢铵，按化学比例球磨混合均匀后在惰性气氛（如 Ar、N_2）的保护下经高温焙烧反应制备 LiFePO₄。实际上，可以用这种方法来制备多种正极材料。

实验室通常采用先经低温预烧（300～400℃），然后研磨后高温合成，这样做的目的是可以排除分解气体（NH_3、CO_2、H_2O）并使原料混合更趋均匀。采用惰性气流保护可以阻止＋2价铁氧化成＋3价铁，减少杂质对材料电化学性能的影响。固相合成法的主要缺点：产物颗粒分布不均匀、晶粒形貌无规则、粒径分布范围广、实验周期长。其中合成温度是影响产物性能的主要因素之一。研究结果表明，随着合成温度的降低，有利于减小产物的粒径，增大比表面积，从而提高产物的电化学性能。此法设备、工艺简单，制备条件容易控制和工业化。固相反应法所得到的产物电化学性能较差，这是由于原料未能实现充分混合均匀，导致产物局部结构的非均一性造成的。为此，科研人员也在不断深入地进行研究，经过对传统的固相方法进行改进，对原料进行机械球磨或气流粉碎（所谓的机械化学激活法），在很大程度上减小了原料的粒径，提高了粒径均匀程度，从而使所需的合成温度和时间大大减少。这些物理手段均有效地提高了产物的电化学稳定性、放电比容量以及循环性能。但该方法也仅仅局限于机械上的混合，达不到分子级的水平，而且对结晶度和粒径大小的控制也非常困难。

（2）固液反应球磨法　固液反应球磨法的机理是反应产物通过机械力而产生。在球磨的过程中，新生成的反应产物在固体材料的表面脱落，并且在球之间或球与球磨罐内壁的不断碰撞下而分裂成小的颗粒。固体材料的表面脱落后形成新的表面可以加速固液反应，从形成新的反应产物层。这种循环直到固体材料被耗尽时停止。最终，纳米级颗粒通过这种固液反应法而制备。

（3）喷雾高温分解法　喷雾高温分解法是制备多组分且组分均匀的颗粒的连续的单步制备方法，这种方法制备的颗粒尺寸分布狭窄且可控，可使颗粒尺寸分布从微米到亚微米，产品的纯度高，粉末的组成易于控制，更重要的是所制得的粉末无团聚现象。

（4）乳液干燥法　在乳液干燥法中，乳液的制备可以借助乳化剂的作用在水相中产生油状颗粒或者在油相中产生水状颗粒，乳化剂的作用就是用来生成并稳定乳液，不使水相和油相分离。乳液的类型取决于油相和水相的比例、乳化剂的类型与反应时间等因素。这种方法制备的材料可以使各种离子在原子级别上分布均匀，颗粒粒径分布均匀且颗粒粒径很小。

（5）水热法　水热法是指高温高压下在水或蒸汽等流体中进行的相关化学反应的总称。其基本原理是：在一定的高温高压条件下，一些氢氧化物在水中的溶解度大于对应的氧化物的溶解度，于是氢氧化物溶于水中，同时析出氧化物。该方法具有物相均一、粉体粒径小、过程简单、材料的结晶度高并且有潜力大规模生产等优点。这种方法可以通过改变实验参数，如温度、压力、浓度和添加剂，来控制材料的性能。近年来，很多研究者都采用水热法来合成碳包覆磷酸亚铁锂等多种正极材料。

（6）共沉淀法　液相共沉淀法是用来合成氧化物超细粉末的常见方法。具体方法是将按化学配比的原料溶解，加入适当的某种化合物以析出沉淀，经洗涤、干燥、煅烧后合成得到产物。共沉淀法广泛应用于各种正极材料的合成工艺中。由于该法比较简单，反应条件比较容易控制，已有报道很多种正极材料用此方法来获得。

（7）微波合成法　微波合成法早期主要用于陶瓷材料的制备，后来有人将此法引入 LiFePO₄ 的合成。微波加热过程是物体通过吸收电磁能发生的自加热过程，由于微波能直接被样品吸收，所以在短时间内样品可以被均匀快速地加热。与固相反应相比，微波法合成时间由固相法的 20 h 降为最多几十分钟，这使得微波加热成为一种经济的材料制备方法。同时，由于其加热时间短、热能利用率高、加热温度均匀等优点，已经在许多陶瓷材料的合成中得以应用。

具体方法是在可控功率的微波炉中，利用活性炭吸收微波能量被加热后产生的还原气氛，在较短的时间内合成产物。该法具有制备过程快捷、省去惰性气体保护的优点，但是升温过程难于控制，合成温度不易准确测定，设备投入较大。尽管这样，由于微波法具有其他方法所无法比拟的特殊优势，已工业化应用。

(8) 溶胶-凝胶法 溶胶-凝胶法是将由反应物构成的前驱体溶液均匀混合，经过水解和缩合（缩聚）形成稳定的透明溶胶；溶胶经过陈化，胶粒间缓慢聚合，形成以前驱体为骨架的空间网络，网络中充满失去流动性的溶剂，形成凝胶；凝胶进一步干燥脱去溶剂得到干凝胶；最后，通过热处理得到所需产物。溶剂一般为水或者分子链较短的有机物，溶质主要为金属有机化合物（如醇盐）或者普通盐类（如硝酸盐和氯化物等）。溶胶-凝胶法的优点主要有：原子或分子尺度的均匀混合、合成温度低、合成时间短、结晶性好、颗粒粒径细小且分布均匀。因此，用溶胶-凝胶法合成的各种正极材料，一般来讲，电化学性能包括充放电比容量、循环性能等都会较其他方法有所提高。

溶胶-凝胶法易合成无杂相、电化学性能优异的各种正极材料，它对电化学性能的影响主要体现在以下几个方面。

① 放电比容量显著提高。近年来，随着纳米技术和掺杂技术的引入，低倍率下已经可以达到非常接近理论容量。

② 颗粒尺寸明显减小。已有报道合成了 10^2 nm 级的亚微米粉体，并且形貌呈现多样化，出现介孔、纳米纤维状正极材料。纳米级材料的出现极大地提高了正极材料的放电比容量。颗粒越细小，从充放电动力学角度来讲是越有利，但是由于超细化之后，它也会造成活性物质堆积密度的降低，从而造成能量密度的降低。

③ 碳含量降低。为了提高锂离子电池正极材料电化学性能，往往需要进行碳包覆，由于受某些制备方法的制约，不易实现均匀包覆，因而早期的碳包覆量比较高，有的甚至达10%或以上。碳含量如此之高，虽然可以起到较明显改善倍率性能的作用，但无定形碳密度很低，造成了正极材料能量密度下降。采用溶胶-凝胶法，容易实现包覆碳以极薄的厚度，均匀、连续覆盖在正极材料颗粒上，现已普遍能够控制碳含量在百分之几，这使得正极材料能量密度有很大提高。

7.7.2.6 正极材料所存在的问题及其改性

锂离子电池每一种正极材料各有优缺点，有些缺点是普遍存在的，而有些缺点则是某个材料所特有。所以，要将所有正极材料全部综合在一起进行讨论，存在一定困难。下面仅以磷酸亚铁锂为例，重点介绍它所存在的问题以及改性方法，这无疑对其他正极材料同样具有参考和借鉴价值。

(1) 磷酸亚铁锂正极材料所存在的问题 $LiFePO_4$ 正极材料主要存在两种缺陷，一是电子电导率低（室温下的电子电导率为 $10^{-7} \sim 10^{-9}$ S/cm），远远低于 $LiCoO_2$（10^{-3} S/cm）与 $LiMn_2O_4$（10^{-5} S/cm），这是其充放电倍率性能不佳的主要原因；二是颗粒内部锂离子嵌入和脱出的扩散速率较低（$10^{-14} \sim 10^{-11}$ cm^2/s），造成离子电导率较低，锂离子在 $LiFePO_4$/$FePO_4$ 两相中的扩散速度为速控步骤，加上其电子电导率较低，使得在大电流充放电时容量衰减迅速，高倍率性能差。有学者认为，$LiFePO_4$ 颗粒在充电过程中，表面 Li^+ 向外扩散进入电解质，由此形成的 $FePO_4$/$LiFePO_4$ 界面不断向内收缩，界面越来越小，单位界面面积 Li^+ 的扩散速率在一定条件下为常数，充电结束后，锂离子不可能完全脱出，此时 $LiFePO_4$ 颗粒中心的 $LiFePO_4$ 难以充分利用；在放电过程中，随着 Li^+ 的嵌入，$FePO_4$/$LiFePO_4$ 界面的面积也不断缩小，当所有界面面积之和不能够支持放电电流时，放电终止。充放电电流密度越大，所需界面就越大，锂离子的扩散速率低，不足以产生足够的界面来支持大的电流密度，致使有效锂利用率下降，容量明显衰减。因此，导电性能不佳是

制约 $LiFePO_4$ 成为新一代锂离子电池正极材料的重要因素,特别是制约它在高倍率下的应用。另外,性能与结构有关,$LiFePO_4$ 晶体中的氧原子按接近于六方紧密堆积的方式排列,只能为锂离子提供有限的通道,使得室温下锂离子在其中的迁移速率较小。$LiFePO_4$ 材料低的电子传导率和锂离子迁移速率导致其电化学性能不理想,如低可逆放电容量、高倍率充放电性能不佳以及循环容量损失等。尽管这样,磷酸亚铁锂在低倍率下应用,仍然不失为一种较为理想的正极材料。

$LiFePO_4$ 正极材料的另一个不足是材料的堆积密度低,这导致了材料的能量密度与体积比容量降低,低的体积比容量使得制造的锂离子电池体积庞大,这是制约 $LiFePO_4$ 材料成为用于混合动力汽车、纯动力汽车等大型锂离子电池的另一个重要因素。

(2) 磷酸亚铁锂正极材料的改性方法 为了提高 $LiFePO_4$ 正极材料的电子导电性能和锂离子扩散系数,改善其电化学性能,目前主要采用包覆(导电材料与其他物质)、掺杂金属离子、优化合成工艺、细化颗粒、介孔结构等方法对其进行改性。

① 包覆导电材料。包覆导电材料,一方面可增强 $LiFePO_4$ 颗粒之间的电子导电性,减少电池的极化;另一方面还能为 $LiFePO_4$ 提供电子隧道,以补偿 Li^+ 在嵌脱过程中的电荷平衡。

包覆用导电材料主要包括碳、金属纳米颗粒、导电聚合物与高导电性无机化合物等。该方法主要是通过在 $LiFePO_4$ 颗粒表面包覆一层具有导电性质的纳米导电层来减少 $LiFePO_4$ 颗粒间的电阻,提高 $LiFePO_4$ 颗粒间的电子电导率;同时包覆导电材料也可以阻止 $LiFePO_4$ 颗粒的长大,缩短锂离子的扩散距离,以提高锂离子的扩散速率。

a. 碳包覆。碳是最早使用、直到今天仍在使用的包覆物质,包覆碳是提高 $LiFePO_4$ 颗粒间的电子电导率很有效的方法。在 $LiFePO_4$ 的前驱物热处理前期添加有机物或者碳材料作为碳源,随后进行高温合成。包覆碳后,不仅材料的电子电导率得到提高,而且使 $LiFePO_4$ 粉末比表面积也相应增大,颗粒粒径减少,这有利于提高 $LiFePO_4$ 颗粒与电解液的接触面积,进而提高电化学反应面积,并且缩短了锂离子的扩散路径,从而改善 $LiFePO_4$ 颗粒内锂离子的嵌入和脱出性能。所以,碳包覆实际上可以同时起到提高材料的电子电导率和锂离子扩散速率的双重作用。有机物在高温惰性气氛条件下分解成多孔结构的碳包覆在 $LiFePO_4$ 颗粒表面,阻止 $LiFePO_4$ 颗粒在合成过程中长大,同时也可以从表面上增加它的导电性;产生的碳微粒达到纳米级粒度,可以细化产物晶粒,避免团聚现象,扩大导电面积;碳在高温下通过燃烧形成一定量的一氧化碳,起到了还原剂的作用,使 Fe^{3+} 还原成 Fe^{2+},避免了过多 Fe^{3+} 的生成。

目前所有磷酸亚铁锂产品都用碳包覆,一般通过含碳前驱体高温裂解而得到无定形的碳包覆层,也可直接添加具有 sp^2 杂化轨道的碳质材料(如炭黑、导电石墨、乙炔黑等)。当然,在制备磷酸亚铁锂粉末时,除了碳包覆,人们充分重视并采取各种措施来细化颗粒,同时制备球形颗粒可在一定程度上改善堆积密度,尽可能提高能量密度。此外,也有采用碳纳米管、石墨烯、石墨纤维与 $LiFePO_4$ 粉末直接混合,此三者因其结晶性高而具有很高的导电性,同时引起特殊的一维线状或二维片状,改变了原来的颗粒之间的点接触,与 $LiFePO_4$ 颗粒形成点-线或点-面接触方式,大大改善了正极粉末的导电性。当然,采用碳纳米管、石墨烯、石墨纤维三者与 $LiFePO_4$ 粉末进行复合,可在较低加入量的情况下,依然起到良好的改善导电性的效果,因而不会对能量密度造成大的影响。

必须指出,碳包覆是一把双刃剑,碳包覆量处于两难抉择的境地,因为碳含量对电池性能与能量密度的影响处于一种矛盾的状态,很难调和。过低的碳包覆量显然不易在磷酸亚铁锂颗粒表面形成连续的包覆层,从而大大影响改性效果,电池性能不理想。随着提高碳包覆量在使 $LiFePO_4$ 的性能获得不同程度改善的同时,也会明显降低正极材料的振实密度,从而降低电池的能量密度，给实用化带来极为不利的影响。当单独采取碳包覆改性时，在追求高倍率性能时，必须加大碳含量接近或超过 10%，由此所带来的负面影响就是能量密度严重下降。因为碳的密度低，仅为 LiFePO$_4$ 密度的 61%，如果碳的含量过高，必然会影响密度本身偏小的 LiFePO$_4$ 材料的振实密度，从而影响材料的能量密度。目前，商用的碳包覆 LiFePO$_4$ 粉末都以尽可能降低碳包覆量为追求目标，一般控制在 3% 或略高一点。通过单一的碳包覆改性，欲控制碳包覆量尽可能低，则往往由于主观或者客观种种原因，碳往往不容易甚至不可能在 LiFePO$_4$ 颗粒表面生成连续、均匀、完整的包覆层，从而影响正极材料总电导率 [参见图 7-153(a)]。因此寻求一种既能降低 LiFePO$_4$ 中的碳含量，又能改善材料的充放电比容量和倍率性能，同时尽可能提高材料的能量密度的方法，是当前研究的重要思路。

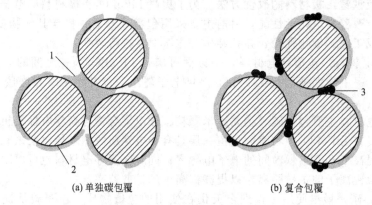

图 7-153　碳和高导电性无机化合物包覆设计示意图
1—碳；2—LiFePO$_4$；3—高导电性无机化合物

　　b. 包覆金属纳米颗粒。　金属的导电性极佳，在 LiFePO$_4$ 材料中包覆金属纳米颗粒可大幅提高材料的导电性，减小颗粒之间的电阻，从而提高材料的比容量。包覆金属纳米颗粒有两方面作用，一方面以金属颗粒作为 LiFePO$_4$ 的成核剂，所制备的材料的粒度小且均匀，可以改善锂离子脱、嵌的动力学方面的性能，而少量的金属（约 1%）也不会影响材料的结构，从而可以提高材料的高倍率性能；另一方面，加入的金属纳米颗粒均匀地分布在材料颗粒之间形成连续的导电网络，这将有助于提高电子在整个材料中的传输，从而提高材料的电子电导率。

　　金属粉末的包覆不但可以提高材料的电导率，而且可以提高材料的振实密度，但贵金属的加入会提高材料的成本，同时包覆工艺比较复杂，因此难以实用化。

　　c. 包覆导电聚合物。前些年，许多研究者采用包覆导电聚合物来提高 LiFePO$_4$ 正极材料的导电性能，比如采用低温溶液法用甲苯磺酰基铁制得 LiFePO$_4$/C-polypyrrole(PPy) 复合材料，PPy 的含量为 4% 时，所得复合材料的电化学性能取得明显提高。

　　② 包覆无机化合物。研究表明，在 LiFePO$_4$ 颗粒粒径不断减小的情况下，LiFePO$_4$ 正极材料的循环性能尤其是高温下的循环性能有所下降，原因是随着颗粒粒径减小，材料的比表面积增大，造成电极与电解液的直接接触面积过多，从而使材料在循环过程中有部分 Fe 溶解于电解液中，造成材料容量的下降。在磷酸亚铁锂颗粒表面包覆纳米无机化合物（包括氧化物、氮化物、磷化物、氟化物等），作为保护层可以起到抑制 Fe 溶解的作用，提高材料的循环性能。包覆绝缘性或者导电性并不高的普通无机化合物虽然改善了循环性能，但实际上会使正极材料总电导率降低而带来其他负面影响，这方面研究见诸于报道不乏其例。而后研究人员提出以碳包覆量尽可能低的 LiFePO$_4$ 粉末为对象，进一步采取复合包覆，即以碳和高导电性无机化合物共同包覆磷酸亚铁锂，形成复合包覆层 [参见图 7-153(b)]，这个复

合包覆层具有如下作用和功能。

a. 高导电性无机化合物在磷酸亚铁锂颗粒表面修复碳包覆层的不连续性，有助于形成更加完整、连续的包覆层。

b. 增加颗粒之间的导电性，因为它作为 $LiFePO_4$ 颗粒之间良好的导电媒介，可以使正极材料中电子从各个方向到达每一个 $LiFePO_4$ 颗粒，显著降低了内部电阻，大大改善了电子电导率。

c. 起到保护层的作用，抑制或者延缓磷酸亚铁锂颗粒受到电解液的侵蚀，类似作用文献曾有过报道，比如对 $LiFePO_4$/C 再复普通无机物以改善循环性能。必须指出，这些无机物通常是绝缘性或者导电性并不高，会损害正极材料总电导率，而包覆高导电性化合物，除此作用之外，还将有助于提高正极材料总电导率。

d. 磷酸亚铁锂颗粒在脱、嵌锂离子过程中存在较大的体积效应（6.64%），在重复充放电过程中导致晶体疲劳，性能恶化。而复合包覆层恰恰可以抑制晶体疲劳，保持充放电过程中的磷酸亚铁锂结构稳定性。

e. 所引入的高导电性无机化合物为纳米级颗粒，包覆量也很低，其自身密度又比无定形碳高，所以基本上不会使能量密度受到影响。

基于上述诸因素共同作用的结果，可以预期磷酸亚铁锂正极材料高倍率性能将获得显著改善，可为开发大容量、高倍率、动力型应用锂离子电池奠定基础。

③ 包覆碳纳米管、碳纳米纤维或石墨烯。近来有文献报道采用碳纳米管、碳纳米纤维或石墨烯直接与磷酸亚铁锂复合，改善了电化学性能。相对于炭黑等其他形态碳物质，碳纳米管或石墨烯由于具有高度的晶格完整性，使其体现出较其他碳物质更好的电子电导率。其次，碳纳米管或石墨烯由于其独特的微观形态（一维线状或二维片状），改变了与磷酸亚铁锂与炭黑点接触的情况 [图 7-154(a)]，而成为点-线或者点-面接触，此外一维或者二维导电剂很容易构成导电网络 [图 7-154(b)]，所以其添加量不需太多就可实现良好的效果。由于添加量降低，也使得能量密度提高。众所周知，碳纳米管和石墨烯制备工艺复杂，成本昂贵，显而易见，目前只能局限于实验室研究，无法推广使用。

也有研究报道，采用高导电性层状物质（如三元层状 MAX 相）与磷酸亚铁锂复合，从某种角度来看可起到与石墨烯类似的作用 [图 7-154(c)]，只是 MAX 相导电性比石墨烯稍逊一些。此外，MAX 相是刚性的片状，而石墨烯具有柔性，可以弯曲。所谓 MAX 相可用通式 $M_{n+1}AX_n$ 表示（M：前过渡金属元素；A：ⅢA 或ⅣA 族元素；X：C 和/或 N；$n=1\sim3$），它兼具金属（优良导体）和陶瓷（优良力学性能与耐磨性等）诸多特性于一体。比如 Ti_3SiC_2 是目前研究最为成熟的三元层状化合物，它的电导率达 $4.4\times10^4\,S/cm$ 以上，可用于电力机车导电弓等场合。

④ 掺杂高价金属离子。包覆导电性材料（碳、金属或导电聚合物）只是提高 $LiFePO_4$ 颗粒之间的电子导电性，对晶体本身导电性能影响甚微。在 $LiFePO_4$ 的晶格中掺杂金属离子，使其产生晶格缺陷，增加载流子数量，并且扩大 Li^+ 扩散通道，从而提高了 Li^+ 的扩散速率，可以改善晶体本身的离子导电性能。研究表明，表面包覆导电材料的 $LiFePO_4$，只有当 $LiFePO_4$ 颗粒小于 200nm 时，才具有较好的高倍率充放电性能。高价金属离子掺杂后，取代了 $LiFePO_4$ 晶格中的 Li 位或 Fe 位，形成晶格缺陷，产生了一定浓度的载流子，有效地提高了 $LiFePO_4$ 本身的离子导电性能，从而增大了实际比容量。同时由于掺杂离子含量较少，一般质量分数小于 1%，因此基本不影响 $LiFePO_4$ 的晶体结构和其他物理特征。

也有研究报道采用阴离子掺杂，取得了较好效果，可见阴离子掺杂也是改善 $LiFePO_4$ 正极材料电化学性能的又一行之有效的方法。

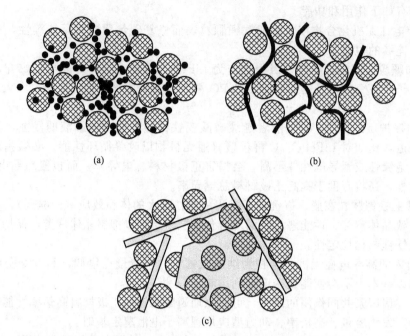

图 7-154　添加不同碳物质所形成的导电层的差异对比

●炭黑；⊗LiFePO₄颗粒；▬▬石墨烯；▭▭MAX相

毋庸讳言，除了碳包覆外，有些改性方法由于工艺复杂、成本高以及效果不尽如人意等原因未能在磷酸亚铁锂商业化过程中获得应用；这些改性方法对提高磷酸亚铁锂低倍率性能起到了积极作用，但是对改善高倍率性能效果不尽如人意。但是复合包覆高导电性无机化合物刚刚崭露头角，无疑值得继续深入研究和探索。

⑤ 优化合成工艺。合成工艺是材料制备和研究的关键，直接关系材料的性能、制备成本和发展前景。优化合成工艺有两个主体方向：优化制备方法和优化工艺条件。

合成 LiFePO₄ 一般是采用高温固相法，但用该法制得的粉体颗粒尺寸分布不均匀，晶体生长不完整，为了进一步改善 LiFePO₄ 的实用性能，人们对其合成工艺进行了深入研究。采用液相法如共沉淀法、溶胶-凝胶法和水热法等，可以制备出超细颗粒，增大材料比表面积，因此可缩短锂离子扩散路径，提高材料的锂离子扩散系数，增强其导电性能。同时可以使原料在液相中达到分子级混合，有利于制备均一分散的 LiFePO₄ 颗粒，改善 LiFePO₄ 正极材料的电化学性能。

由于 LiFePO₄ 的理论密度为 $3.6g/cm^3$，远低于 LiCoO₂（理论密度 $5.1g/cm^3$），实际生产中其振实密度仅为 $1.0\sim1.5g/cm^3$，因此 LiFePO₄ 电池的体积比容量很低，这是制约 LiFePO₄ 实用化的一个重要因素，因此迫切需提高其振实密度。通过对镍氢电池正极材料的研究发现，控制粉体的微观形貌可控制其振实密度。制备球形的 LiFePO₄ 颗粒是提高材料振实密度的一个有效方法。由于 LiFePO₄ 本身结构的制约，在提高 LiFePO₄ 振实密度的同时，也必须控制 LiFePO₄ 的颗粒粒径，以保证 Li⁺ 的扩散速率。

合成温度直接影响 LiFePO₄ 颗粒的大小和电化学性能。有人以 Li₂CO₃、Fe(CH₃COO)₂、NH₄H₂PO₄ 为原料，研究了不同的合成温度（400~800℃）对材料电化学性能的影响。研究结果表明，当合成温度较低时（<500℃），所得样品颗粒粒径较小，但 Fe^{3+} 杂质较多；当合成温度较高时（>600℃），会出现结晶颗粒的异常长大，样品的电化学性能有所下降。当合成温度为 550℃ 时，所得样品的颗粒细小，分布均匀，电化学性能最优。样品在充放电

电流密度为 $0.1mA/cm^2$ 时，初始放电比容量达 $165mA \cdot h/g$，经 20 次循环后，容量衰减很少，可忽略不计。可见，只要合成工艺选择和控制恰当，$LiFePO_4$ 正极材料依然具有广阔的发展前景。

⑥ 细化颗粒。$LiFePO_4$ 颗粒尺寸对材料的比容量有较大影响。$LiFePO_4$ 颗粒粒径越大，Li^+ 的固相扩散路径就越长，其脱、嵌就越困难，$LiFePO_4$ 的容量就越难充分发挥出来。所以，通过减小 $LiFePO_4$ 颗粒的粒径可改善 $LiFePO_4$ 正极材料的电化学性能。前已述及，通过包覆可以抑制晶粒生长，细化颗粒。再者，可以采取不同的合成工艺，比如水热法、溶胶-凝胶法、共沉淀法等，优化合成条件来减小颗粒粒径，制得纳米级 $LiFePO_4$，提高材料的电化学性能。

⑦ 介孔结构。开发特殊制备方法，获得具有新的结构特征的正极材料，例如具有介孔或无定形结构的正极材料，由于介孔结构的存在，为锂离子迁移提供了快速通道，有望大幅改善高倍率性能。

7.7.3　锂离子电池负极材料

锂离子电池具有比能量大、工作电压高、循环寿命长、无记忆效应、质量轻、污染小等特点，是目前世界上最为理想的可充电电池。锂离子电池主要由正极、负极、隔膜和电解质四部分组成。充电时，Li^+ 从正极脱出，经过电解质嵌入负极材料中，使得负极处于富锂状态，正极处于贫锂状态，同时电子通过外电路从正极流向负极，以确保电荷的平衡；放电的过程则与此相反。锂离子电池充放电原理如图 7-155 所示。

锂离子电池的负极材料主要作为储锂的主体，在充放电过程中实现锂离子的嵌入和脱出。为了使锂离子电池完全发挥出比能量、比功率高的优点，负极材料应满足以下要求：

① 具有较大的锂离子脱嵌量，并且对锂离子的脱嵌有好的可逆性；

② 锂离子在主体材料中有较大的扩散系数，便于快速充放电；

③ 有良好的电子电导率（σ_{e^-}）和离子电导率（σ_{Li^+}）；

④ 氧化还原电位随锂离子含量的变化尽可能小，可保持较平稳的充放电；

⑤ 在电解液中稳定，使用安全；

⑥ 制备工艺简单，原材料储量丰富，成本低廉，对环境不造成污染。

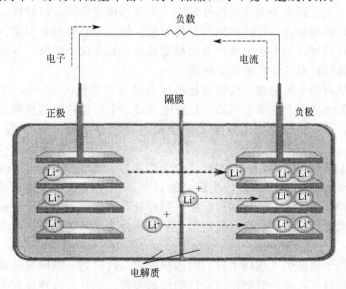

图 7-155　锂离子电池充放电原理图

目前已产业化的锂离子电池负极材料主要是各种碳材料，包括石墨化材料和无定形碳材料，如天然石墨、改性石墨、石墨化中间相碳微珠、软碳和硬碳等；其他非碳负极材料主要有硅基材料、锡基材料以及合金材料等。

(1) 碳负极材料　碳材料具有高的比容量（200～400mA·h/g）、低的电极电位（<1.0V vs. Li⁺/Li）、高的循环效率（>95%）及长的循环寿命。

石墨是最早用于锂离子电池的碳负极材料，包括天然石墨和人造石墨两类。石墨具有良好的层状结构，片层结构中碳原子呈六角形排列并向二维方向延伸，层间仅存在较弱的范德华力作用（5.4kJ/mol）。这种独特的结构很适合锂离子的嵌入与脱出，使其成为非常理想的锂离子电池负极材料，其理论比容量达到372mA·h/g。工业上多采用鳞片石墨作为碳负极的原材料。但是石墨也存在一些缺点，主要表现在：①石墨材料对电解液的组成非常敏感，不适合于含有环状碳酸酯PC的电解液；②石墨具有高度取向的层状结构，锂离子插入的方向性强，使其大电流充放电性能受到影响；③石墨层间距较大，在充放电时会发生锂离子与电解液溶剂在石墨层间的共同插入，造成基体膨胀及有机溶剂的分解，从而影响到电池的循环性能和寿命；④石墨的表面性质不均匀，在首次充电时难以形成均匀致密的固体电解质界面膜（solid electrolyte interface，简称SEI），因此首次充放电效率低，循环性能不理想。

无定形碳分为软碳和硬碳。软碳是指经高温处理后可以石墨化的碳材料，其具有起始插锂电位高、对各种电解液的适应性强、耐过充过放电性能好且锂离子在焦炭中扩散系数大等优点。但软碳的结晶度低，锂离子的嵌入比较困难，同时由于内表面较大，形成的SEI膜较多，首次充放电过程中能量消耗较大，故其比容量较低。硬碳是指高温下也难以石墨化的碳，主要是高分子化合物的热解碳，其可逆容量高，可达900mA·h/g以上。但硬碳循环性能差，可逆容量随循环衰减较快，存在严重的电压滞后现象，嵌锂电位在0.3V以下，脱锂电位在0.8V以上。

纳米尺度的材料由于其特有的性能，也在锂离子电池负极材料的研究中广为关注。碳纳米管（CNTs）是由石墨片层卷曲而成的圆柱形结构，较大的层间距使锂离子更容易脱嵌，管状结构在反复充放电过程中不会崩塌，有利于提高电池的充放电容量和循环稳定性。而其缺点则是首次充放电效率较低，使碳纳米管直接作为锂离子电池的负极材料在应用中受到限制。通过与现有的主流锂离子电池负极材料——石墨形成复合碳负极材料，可以克服碳纳米管单独作为负极材料的缺点。较小的纳米材料可填充较大的石墨颗粒空隙，可形成良好的导电网络，碳纳米管的管状结构和大的比表面积能够吸收和存储电解液，并改善电极抵抗破坏的能力，提高了负极材料的综合电化学性能。

(2) 硅基负极材料　硅的理论储锂容量超过石墨储锂容量的10倍，可较大幅度提高电池的能量密度。其电压平台略高于石墨，在充电时难以引起极片表面析锂现象，安全性能优于石墨负极材料。硅基负极材料主要包括单质硅、硅的氧化物、硅/碳复合材料以及硅合金等。

作为锂离子电池负极材料，以无定形硅的性能较好。由于单质硅引起的体积效应巨大，电导率低，难以形成稳定的SEI膜，往往可通过制备纳米级硅材料来改善单质硅的性能。纳米化的结果直接降低了硅的绝对体积膨胀，同时有利于嵌锂时锂离子快速通过硅晶粒边界并与硅结合形成无定形锂硅化合物。硅纳米化又具体分为纳米硅颗粒、硅纳米线或纳米管以及硅薄膜。

硅氧化物中由于氧的引入减缓了材料的体积效应，同时其三维网状结构稳定，在充放电过程中不易粉化和破裂，使负极材料循环性能得到改善。但是，嵌锂过程中锂离子与氧具有良好的亲和性，易于反应生成不可逆相Li₂O，因此，硅氧化物的首次不可逆容量高、效率低。进一步研究表明随着硅氧化物中氧含量的增加，电池比容量降低，而循环性能提高。

硅/碳复合材料按 Si 在 C 中的分布方式可分为包覆型、嵌入型与分子接触型，其可减缓硅材料严重的体积效应，提高负极材料循环性能，如中国科学院王保峰等利用高温热解反应使纳米硅和石墨微粒高度均匀地分散在 PVC 热解产生的碳中，形成硅/碳复合材料。该复合材料首次充放电效率约为 84%，可逆比容量约为 700 mA·h/g，30 次循环后容量仍维持在 90% 以上。

(3) 锡基负极材料 锡基负极材料主要包括锡基氧化物、锡或锡氧化物/碳复合材料以及锡基合金等。

20 世纪 80 年代末，人们就发现 SnO、SnO_2、WO_2、MoO_2、VO_2 以及 TiO_2 等金属氧化物可与锂离子发生可逆脱嵌反应，其中锡基氧化物储锂容量密度高（SnO 和 SnO_2 的理论容量分别为 875mA·h/g 和 782mA·h/g），清洁无毒，原材料来源广泛，价格低廉，可作为碳材料的潜在替代材料。锡的氧化物作为负极材料在锂离子电池中的充放电反应如下。

首次嵌锂反应：$$SnO(SnO_2) + 2Li^+ + 2e^- \longrightarrow Sn + Li_2O$$

充放电反应：$$Sn + xLi^+ + xe^- \Longrightarrow Li_xSn(0 < x < 4.4)$$

锡的氧化物在充放电过程中体积变化极大，引起电极粉化或团聚，这将导致活性物质在集流体上脱落，因而容量衰减迅速，故其充放电循环性能不理想。目前提高锡基氧化物电化学性能的主要途径之一是将 SnO/SnO_2 特殊结构化，即将锡氧化物制备成纳米棒、纳米纤维、多孔微球、中空状结构等。Yuan 等通过溅射裂解工艺合成了多孔 SnO_2 微球，其 50 次循环后可逆容量为 410mA·h/g。Yang 等制备的 SnO_2 纳米纤维负极材料 50 次循环后容量达 446mA·h/g。Lou 等人用 $K_2SnO_3·3H_2O$ 溶于乙醇和水的混合液中，在 150℃ 下水热处理 3~48h，制得了直径为 100nm 的 SnO_2 空心球。该锡基负极材料首次放电容量超过 2100mA·h/g，40 个循环后容量为 500mA·h/g。

在 SnO/SnO_2 中引入非活性氧化物（如 B、Al、P、Si、Ge、Mn、Mo、Ti、Fe、Zn 等氧化物）作为缓冲剂，可以得到复合氧化物以减小锂脱嵌过程中的体积变化。例如，将 SnO_2 与 MoO_2 通过机械球磨混合，可以制备 $Sn_{1-x}Mo_xO_2$ 复合氧化物，该复合氧化物具有锡石型结构，Mo 的存在增加负极材料的可逆容量，提高循环性能，但这种材料首次循环不可逆容量较大，限制了其实际应用。

针对锡基氧化物的体积效应，亦可用碳材料对锡的氧化物进行包覆处理或与碳纳米管、石墨等形成聚合物结构，即通过制备锡氧化物/碳复合材料来提高循环性能。Gao 等以 $SnCl_4·5H_2O$ 和草酸为原料，通过溶胶-凝胶法制得 SnO_2/C 复合材料，70 次循环后容量维持在 380~400mA·h/g。也有研究人员通过多元醇辅助-原位合成获得 SnO_2/C 复合材料，经过 100 次循环后其储锂容量基本保持在 370mA·h/g。

(4) 合金负极材料 人们最早研究的二次锂电池负极材料是金属锂，其电化学还原电位为 -3.045V，相对原子质量为 6.94，比能量可达到 3860mA·h/g，作为二次锂电池负极材料具有很大的优势。但由于锂在溶解沉积的过程中会生成枝晶，导致电极的表面积增大，新增加的表面生成 SEI 膜，因而锂的溶解沉积率较低，限制了金属锂的大规模商业应用。由于锂合金形成的可逆性，理论上能与锂形成合金的金属均能作为锂离子电池的负极材料，但其循环性能较差。如以金属间化合物或复合物替代纯金属，可改善负极材料的循环性能。这是由于在一定充放电状态下，金属间化合物或复合物中的一种（或多种）组分可逆储锂（即"反应物"），也就是能够膨胀/收缩，而其他组分相对活性较差，甚至是惰性的，即充当缓冲"基体"，缓冲"反应物"的体积膨胀，从而维持材料的结构稳定性。由此，各种活性/非活性复合合金体系成为一类重要的锂离子电池负极材料，其主要包括 Si 基合金、Sn 基合金、Al 基合金、Sb 基合金等。

硅基合金主要有 Mg_2Si、$NiSi$、$FeSi$、$FeSi_2$ 等。Kim 等用气相沉积法制备了 Mg_2Si 纳米合金，其首次嵌锂容量高达 1370 mA·h/g，10 个循环后容量小于 200 mA·h/g。Wang 等利用高能球磨法制备的纳米 NiSi 合金，首次放电容量达到 1180 mA·h/g，20 次循环后容量达 800mA·h/g 以上。硅与金属复合形成合金存在两种情况：一是金属（如 Ni、Ti）或惰性物质在整个充放电过程中不具有嵌脱锂活性，纯粹起支撑结构作用；二是金属（如 Al、Sn、Mg）或惰性物质本身具有嵌脱锂活性，但与硅的电位不同，因此它们的复合将使材料的体积膨胀发生在不同电位下，缓解由此产生的内应力，从而提高材料的循环稳定性。

锡基合金材料主要包括 $SnSb$、Cu_6Sn_5、Ni_3Sn_2、$SnCa$、Mg_2Sn、$SnCo$、$SnMn$、$SnFe$、$SnAg$、$SnZn$ 等。SnSb 合金是研究最早的 Sn 基合金材料，随锂的嵌入其晶体结构转变为 Li_3Sb 与 Li-Sn 合金多相共存，随锂脱出又重新恢复到 SnSb 相。研究人员通过电化学沉积和水溶液化学还原法制备的 Sn-SnSb 合金材料，当粒径小于 300nm 时，200 次循环后容量可达 360 mA·h/g。Cu_6Sn_5 具有 NiAs 型结构，锡原子成层排列，夹在铜原子片之间。以 $NaBH_4$ 为还原剂，从水溶液中还原出的纳米 Cu_6Sn_5 合金材料，80 次循环后可逆容量在 200mA·h/g 以上。Ni_3Sn_2 合金的结构与 Cu_6Sn_5 相似，用高能球磨法制备的 Ni_3Sn_2 合金材料循环性能较好，可逆容量达 327 mA·h/g。

目前关于 Al 基合金材料的报道较少，其主要合金形式有 Al_6Mn、Al_4Mn、Al_2Cu、$AlNi$、Fe_2Al_5 等。其中 Al_6Mn、Al_4Mn、Al_2Cu、$AlNi$ 合金的嵌锂活性很低，其机理尚待进一步研究。Sb 基合金材料除 SnSb 外，主要的合金形式包括 $InSb$、Cu_2Sb、$MnSb$、Ag_3Sb、Zn_4Sb_3、$CoSb_3$、$NiSb_2$、$CoFe_3Sb_{12}$、$TiSb_2$ 以及 VSb_2 等。

(5) 其他负极材料　过渡金属氧化物和硫化物、含锂过渡金属氮化物、金属复合氧化物如 $Li_xFe_2O_3$、$LiMn_2O_2$、$Li_4Ti_5O_{12}$ 等材料都可以被用作锂离子电池的负极材料。其中尖晶石结构的锂钛复合氧化物 $Li_4Ti_5O_{12}$ 具有高锂离子扩散系数（2×10^{-8} cm^2/s），理论比容量为 175 mA·h/g，放电平台达 1.55V，在锂离子脱嵌过程中几乎无体积变化，循环稳定性好，已成为高功率动力型锂离子电池负极材料的热门研究对象。

参考文献

[1]　徐廷献，沈继跃，薄站满等. 电子陶瓷材料. 天津：天津大学出版社，1993.
[2]　曲远方主编. 功能陶瓷的物理性能. 北京：化学工业出版社，2007.
[3]　曲远方主编. 现代陶瓷材料及技术. 上海：华东理工大学出版社，2008.
[4]　Marinsek M，Zupan K，Macek J. Preparation of Ni-YSZ composite materials for solid oxide fuel cell anodes by the gel-precipitation method. J Power Soures，2000，86：383-389.
[5]　Charpentier P，Fragnaud P，Schleich D M，Gehain E. Preparation of thin film SOFCs working at reduced temperature. Solid State Ionics，2000，135：373-380.
[6]　杨遇春. 燃料电池及其相关材料新进展（三）. 稀有金属，1999，23（6）：443-449.
[7]　景晓燕，李茹民，张密林. SOFC 用固体电解质薄膜制备方法进展. 应用科技，2000，27（2）：19-21.
[8]　王保峰，杨军，解晶莹，王可，文钟晟，喻献国. 锂离子电池用硅/碳复合负极材料. 化学学报，2003，61（10）：1572-1576.
[9]　任建国，王科，何向明，姜长印，万春荣. 锂离子电池合金负极材料的研究进展. 化学进展，2005，17（4）：597-603.
[10]　乐毅诚，石磊，吴飞. 锂离子电池负极材料的研究进展. 船电技术，2011，31（6）：10-13.

第 **8** 章

磁性陶瓷材料

8.1 铁氧体磁性材料概况

8.1.1 铁氧体的磁性来源

从化学上的定义来看，铁氧体又称磁性陶瓷。这类材料是指具有铁离子、氧离子及其他金属离子所组成的复合氧化物；但也有少数不含铁的磁性氧化物，近年来显示出明显的科学意义和高新技术的应用前景，本书将要对其进行适当讨论。在早期文献中，铁氧体仅指化学式为 $MFe_2O_4 = MO \cdot Fe_2O_3$ 的复合氧化物（其中 M 为二价金属离子），这是最早系统被研究的一类铁氧体（尖晶石型铁氧体），也是一些种类最多、应用最广泛的铁氧体材料，如 $NiMnO_3$ 与 $CoMnO_3$ 等，也是应该讨论的范围，因此，也可以将之称为"磁性半导体"。

关于铁氧体材料的铁磁性来源，它不是像一般金属磁性材料的磁性是由相邻磁性原子之间直接电子自旋的交换作用所形成的，而是两个磁性离子间的距离比较远，并且中间夹着氧离子，事实上形成铁磁性的电子自旋间的交换作用，是由于氧离子的存在而形成的。这种类型的交换作用，在铁磁学理论中称为超交换作用。由于超交换的作用，使氧离子两旁磁性离子的磁矩向反方向排列，许多金属氧化物的反铁磁性，即是由此而来。如果反方向排列的磁矩不相等，有剩余磁矩表现出来，那么这种磁性称为亚铁磁性，或称铁氧体磁性。由于铁氧体材料中氧离子与磁性离子之间的相对位置有很多，彼此之间均有或多或少的超交换作用存在。研究表明，氧离子与金属离子间距离较近，而且磁性离子与氧离子间的夹角成 180°左右时，超交换作用最强。铁氧体中磁性离子的排列方向，主要根据该最强交换作用，因此铁氧体材料的磁性能，非但与结晶结构有关，而且与磁性离子在结晶结构中的分布情况有关。改变铁氧体中磁性离子或非磁性离子的成分，可以改变磁性离子在结晶结构中的分布。此外，铁氧体制备过程中，烧结的工艺条件也对磁性离子的分布有影响。因此，为了掌握铁氧体材料的基本特征，必须了解各种铁氧体的结晶结构；金属离子在结晶结构中的分布情况；以及如何改变它们的分布情况。这些是本章主要讨论的内容，有关铁氧体的磁性产生的物理机制已超出本书的内容，读者如有兴趣可参考"磁性物理"或"铁磁学"等专门书籍。

8.1.2 铁氧体磁性材料的分类和用途

铁氧体磁性材料的用途和种类，随着生产的发展已经越来越多。根据目前较广泛的应用情况，可把铁氧体材料分为软磁、硬磁、旋磁、矩磁和压磁等五类。

(1) 软磁铁氧体材料 软磁铁氧体材料是指在较弱的磁场下，容易被磁化也容易被退磁的一种铁氧体材料。其典型代表是锰锌铁氧体 $Mn-ZnFe_2O_4$，其次是锂锌铁氧体和镍铜锌铁氧体等。这类铁氧体在近代技术上是被最先用到的，也是人们在日常生活中经常接触到的。通过改变各种金属元素的比例或加入少量某些元素以及调节制备过程，可以得到性能不同、分别适于在各种线路设计中应用的铁氧体。铁氧体软磁材料的化学成分和制备过程从 20 世纪 30 年代以后不断地有所发展。目前国际上成批生产的有三四十个品种。全世界铁氧体软磁材料的年生产量在万吨以上。在五类铁氧体材料之中，这一类应用是数量最大、经济价值最高的。收音机里的天线磁芯和中频变压器磁芯（一般是镍-锌铁氧体）以及电视接收机里的回扫变压器磁芯（一般是镍-锌铁氧体）都大量使用软铁氧体成品。作为有线电讯线路中的增感器、滤波器等的磁芯，使用也很广泛。近年来，在高频磁记录换能器（磁头）中的应用也很广泛。

铁氧体电阻率高（一般比合金高 100 万倍以上）。在绝大多数应用的品种内，涡流损耗基本上可以忽略，这一性能满足了作为高频无线电线路里磁芯的要求。但是，铁氧体作为软磁介质也有其缺点。铁氧体的饱和磁感应强度 B_s 低，最高的 $0.5\sim0.6$T 或稍高，而硅钢片有 2T 的 B_s。B_s 低对于用来作为转换（或储存）能量的磁芯是不利的。就磁导率而论，铁氧体最高只达到 10000 左右（商品生产）到 40000 左右，还不及优良的金属磁性材料。故在数千赫或更低的频段内，金属材料无疑占了很大优势；而在更高的频段内也还有少数情况（如要求居里点高或磁导率的温度系数低等）宜于采用磁性金属薄片或细粒（与绝缘粉末混合）组成的磁芯。因此，铁氧体软磁材料的出现并不降低金属软磁材料的使用价值。

一般软磁铁氧体的晶体结构都是立方晶系尖晶石型，应用于音频至甚高频段（1kHz～300MHz）。但是，具有六角晶系磁铅石型晶体结构的软磁材料却比尖晶石型的应用频率上限提高了几倍。

(2) 硬磁铁氧体材料 硬磁材料是相对软磁材料而言的。它是指材料被磁化后不易退磁，而能长期保留磁性的一种铁氧体材料。因此，有时也称为永磁材料。早在 1933 年日本人加藤和武井制成的铁氧体硬磁材料，是由大约含有 $CoFe_2O_4$ 和 Fe_3O_4 各半的粉末原料烧结而制成的，当温度下降到 300℃ 左右时在直流磁场内冷却。最后这一过程称为磁热处理，是钴铁氧体形成永磁性的必要条件。这一类材料不含镍（但仍需要钴），曾在日本和美国一度作为商品生产。

1952 年，钡铁氧体（主要成分 $BaFe_{12}O_{19}$）制成后，铁氧体作为永磁材料才真正有了能与合金永磁材料较量优劣的品种。制造优质永磁合金必须使用大量的半稀有金属钴和镍。钡铁氧体的原料是三氧化二铁和碳酸钡，价格低廉，制备也比较简便。性能虽不及优质永磁性合金，但远比碳钢优良。近年来，我国钡铁氧体的制造和使用已达到普及的水平。全世界 2000 年的硬磁铁氧体的产量约达 68 万吨。

硬磁铁氧体材料由于其电阻率很高，适于在高频电磁场中充当永磁体，例如作为示波管和行波管等的电子注聚焦磁体。

磁材料的性能一般用其退磁曲线上磁感应强度与磁场强度乘积的最大值 $(BH)_{max}$ 来衡量。钴铁氧体，$(BH)_{max}$ 可达到 1.11×10^6T · A/m；制备良好的各向同性的钡铁氧体，$(BH)_{max}$ 约 0.8×10^6T · A/m，各向异性的钡铁氧体，$(BH)_{max}$ 为 $(2.8\sim3.6)\times10^6$T · A/m，金属材料的 $(BH)_{max}$：高碳钢的仅有 $(0.08\sim0.16)\times10^6$T · A/m，铝镍钴型和钐-钴型合

金，最高可分别大约 $9.6 \times 10^6 \text{T} \cdot \text{A/m}$ 和 $19.9 \times 10^6 \text{T} \cdot \text{A/m}$。钡铁氧体的主要缺点是剩磁（顽磁）或感应强度（0.2T）不够高，但具有较大的矫顽力（$1.43 \times 10^5 \text{A/m}$），即在充磁后，保持其磁化状态的性能强，但所能表现的最大磁力则较弱。在各向异性的钡铁氧体成型的过程中，需要加一直流磁场，使晶粒从优取向，成品的 $(BH)_{\text{max}}$ 可达到 $2.8 \times 10^6 \text{T} \cdot \text{A/m}$ 或稍高。这是一个比较麻烦的工序。另外，以锶代钡的铁氧体，还可以提高到 $(BH)_{\text{max}}$ 约 $3.98 \times 10^6 \text{T} \cdot \text{A/m}$。具有高矫顽力的针状 $\gamma\text{-Fe}_2\text{O}_3$ 微粉已广泛用于磁记录介质。

（3）旋磁铁氧体材料 铁磁性介质中的磁化矢量永远不是完全静止的，它不断地绕着磁场（包括外加磁场和介质里存在着的等效磁场）方向运动。这一运动状态在超高频电磁场的作用之下就产生所谓旋磁性的现象。具体表现为，在其中传播的电磁波发生偏振面的转动（称为法拉第旋转），同时当外加磁场与电磁波的频率适合一定关系时发生共振吸收现象。与这些现象主要的相关的波段是从数百兆赫到数十万兆赫或米波到毫米波的范围之内。金属磁性材料同样也具有旋磁性，但由于电阻率较小，形成趋肤效应，电磁波仅仅透入厚度不到 $1\mu\text{m}$ 的表面薄层，因而旋磁性应用成为铁氧体独占的领域。常用的微波铁氧体有镁锰铁氧体 $\text{Mg-MnFe}_2\text{O}_4$、镍铜铁氧体 $\text{Ni-CuFe}_2\text{O}_4$、镍锌铁氧体 $\text{Ni-ZnFe}_2\text{O}_4$ 以及钇铁石榴石铁氧体 $3\text{M}_2\text{O}_3 \cdot 5\text{Fe}_2\text{O}_3$（M 为三价稀土金属离子，如 Y^{3+}、Sm^{3+}、Gd^{3+}、Dy^{3+} 等）。

将适当的旋磁铁氧体材料按照一定的设计装在传输微波的波导管或传输线中，可以做成多种多样的微波器件，如隔离器可使微波的传输限于一个方向，在相反方向上传输的就被吸收掉。这一类的应用叫做线性器件，从 1952 年被提出以后，已在微波器件上被广泛地采用，起到革新或革命的作用。另一类铁氧体微波器件起到变频、延迟、检波或放大信号的作用，称为非线性元件或有源元件。这些器件的发明均有赖于对铁氧体旋磁性的深入了解和研究工作。

（4）矩磁铁氧体材料 矩磁材料是指一种具有矩形磁滞回线的铁氧体材料。把这种性质叫做矩磁性。矩磁铁氧体材料主要用于电子计算机、自动控制和远程控制等许多尖端科学技术中。由于这类材料具有近于矩形的磁滞回线，所以经过磁化以后的剩磁状态（即外磁场再为零的状态）仍保留着接近磁化时的最大磁化强度；而且根据磁化场的方向不同，可以得到两种不同的稳定的剩磁状态（正或负）。其后，如果再受一定方向和大小的磁场作用时，便可根据磁通量的改变所引起的感应电压的大小来判断它原来是处在正的或负的剩磁状态。这样，矩磁性材料便可以用来作为需要两种易于保存和辨别的物理状态的元件，例如二进位电子计算机的"1"和"0"两种状态（记忆元件），各种开关和控制系统的"开"和"关"两种状态（开关元件），以及逻辑系统的"是"和"否"两种状态（逻辑元件）等。利用矩磁性材料做成的这些元件具有下面许多优点：可靠性高，无易失性（指去掉电源后便失去所保存的信息），体积小，速度快，寿命长，耐振动，维护简单，成本低廉等。这些优点常常不是利用电子管、晶体管、铁电体（也称矩电体）、超导体或其他材料的记忆元件所能兼顾的。因此，各种矩磁材料和矩磁元件在 20 世纪 50 年代后获得了迅速发展，研究和应用的领域都在不断地深入和扩大。矩磁材料包括磁性金属薄带和薄膜、铁氧体等几种。同其他几类磁性材料的应用一样，矩磁铁氧体的发展虽然较晚，但进展很快、用途很广。例如大多数电子计算机中的存储器，许多自动控制设备中的无触点继电器和磁放大器，固体电视屏的控制器等，都广泛采用了矩磁铁氧体材料。其中常用的矩磁铁氧体有镁锰铁氧体 $\text{Mg-MnFe}_2\text{O}_4$ 和锂锰铁氧体 $\text{Li-MnFe}_2\text{O}_4$ 等。

（5）压磁性铁氧体材料 压磁材料是指某些铁氧体具有很高的磁致伸缩系数，这类材料在被加外磁场中能发生长度的改变；因而在交变场中能产生机械振动。通过这一效应，高频线路的磁芯将一部分电磁能转变为机械振动能。选用适当的压磁材料可以使振动强度足够被利用来产生超声波。铁氧体磁芯只因在几万赫的频段内的超声波器件里（比此更低的频段用镍的薄片叠成的磁芯，而比此更高的频段则用压电晶体，如水晶或钛酸钡）。通常利用的磁致伸缩系数比较大的铁氧体是镍-锌铁氧体 $Ni-ZnFe_2O_4$、镍铜铁氧体 $Ni-CuFe_2O_4$ 和镍镁铁氧体 $Ni-MgFe_2O_4$ 等。

压磁铁氧体材料主要用于电磁能和机械能相互转换的超声和水声器件、磁声器件以及电信器件、电子计算机和自动控制器件等。

除了上面按用途分类之外，根据化学成分的不同，铁氧体又可分为 Ni-Zn、Mn-Zn、Cu-Zn 铁氧体等。同一化学成分的铁氧体可以有各种不同用途，如 Ni-Zn 铁氧体既可作为软磁材料又可作旋磁或压磁材料，只不过在配方和工艺上有所改变而已。

此外，还必须指出：一般工业生产的烧结铁氧体都是多晶体，鉴于某些特殊用途和特殊要求，也可采用各种化学成分的单晶铁氧体。例如，用于记录磁头使用的尖晶石结构的锰-锌铁氧体单晶和用于制作微波器件的钇铁石榴石铁氧体单晶等。各种铁氧体的特性和应用范围的综合情况列于表 8-1 中。

表 8-1　各种铁氧体的主要特性和应用范围比较

类别	代表性铁氧体	晶系	结构	主要特性	频率范围	应用举例
软磁	锰锌铁氧体系列 $(MnO-ZnO-Fe_2O_3)$	立方	尖晶石型	高 μ_i、Q、B_s，低 α_μ、D_A	1kHz～5MHz	多路通信及电视用的各种磁芯和录音、录像等各种记录磁头
	镍锌铁氧体系列 $(NiO-ZnO-Fe_2O_3)$			高 Q、f_r、ρ，低 $\tan\delta$	1kHz～300MHz	多路通信电感器、滤波器、磁性天线和记录磁头等
	甚高频铁氧体系列 $(MO-Ba-Fe_2O_3)$	六角	磁铅石型	高 Q、f_r，低 $\tan\delta$	300～1000MHz	多路通信及电视用的各种磁芯
硬磁	钡铁氧体系列 $(BaO \cdot 6Fe_2O_3)$	六角	磁铅石型	高 BH_c，高 $(BH)_{max}$	1～20kHz	录音器、微音器、拾音器和电话机等各种电声器件以及各种仪表和控制器件的磁芯
	锶铁氧体系列 $(SrO \cdot 6Fe_2O_3)$					
旋磁	镁锰铝铁氧体系列 $(MgO-MnO-Al_2O_3-Fe_2O_3)$	立方	尖晶石型	ΔH 较宽	500～100000MHz	雷达、通信、导航、遥测、遥控等电子设备中的各种微波器件
	钇石榴石铁氧体系列 $(3M_2O_3 \cdot Fe_2O_3)$		石榴石型	ΔH 较窄	100～10000MHz	
矩磁	镁锰铁氧体系列 $(MgO-MnO-Fe_2O_3)$	立方	尖晶石型	高 α、R_s，低 τ、S_ω	300kHz～1MHz	各种电子计算机的磁性存储器磁芯
	锂锰铁氧体系列 $(Li_2O-MnO-Fe_2O_3)$					
压磁	镍锌铁氧体系列 $(NiO-ZnO-Fe_2O_3)$			高 α、K_r，高 Q，耐蚀性强	100kHz	超声和水声器件以及电信、自控、磁声和计量器件
	镍铜铁氧体系列 $(NiO-CuO-Fe_2O_3)$					

有关铁氧体较系统的研究和在各方面的应用，其历史与金属磁性材料相比还是比较短的，为使学习者对铁氧体材料的发展历史有较全面了解，请参考表 8-2 的内容。

表 8-2　铁氧体的重要进展年表

公元前 4 世纪	Fe_3O_4(磁铁矿，即铁的铁氧体)的磁性的记载(中国)	1952	钡铁氧体(磁铅石型)
公元前 3 世纪	最早的指南器(司南)的发明(中国)	1953～1954	矩磁铁氧体
1909	合成铁氧体	1953～1954	矩磁铁氧体在电子计算机中的应用
1932～1933	反铁磁理论	1953～1956	铁氧体的高功率现象和非线性理论
1935	软磁铁氧体(尖晶石型)的系统研究	1956	石榴石型稀土铁氧体
1946	软磁铁氧体的商品生产	1956	超高频铁氧体(ferroxplana)
1948	亚铁磁性理论	1956～1957	非线性铁氧体器件
1948	铁氧体的铁磁共振	1961～1965	铁磁半导体
1949	旋磁性和张量磁导率理论	1962	透明铁磁体
1951	铁氧体的法拉第旋转效应	1967	铁氧体的磁泡现象
1952	铁氧体微波非互易器件		

8.2 铁氧体的晶体结构和化学组成

在本节中，主要介绍四类铁氧体的晶体结构、晶体化学以及金属离子在晶位上的分布，此前应用较多的铁氧体有三种不同的晶体结构：①尖晶石（spinel）型；②磁铅石（magnetoplumbite）型和③石榴石（garnet）型。近年来，由于庞磁电阻效应的新发现，主要是一种稀土-锰氧化物，其晶体结构是钙钛矿型，在本节中作为第四种结晶结构进行具体介绍。

尖晶石型的铁氧体又称为磁性尖晶石（ferro-spinel），发现较早，应用面广，至今有些文献中依然还用铁氧体这个名词专指本书中称为尖晶石型铁氧体的一类。多年来，对于这一类铁氧体所积累的经验性规律的知识和相当有系统的理论认识大体上也适用于其他类型的铁氧体，故在本节中，对这一类铁氧体的介绍占了较多篇幅，而对其他类型的叙述则比较简略。

8.2.1 尖晶石型铁氧体

(1) 晶体结构 Fe_3O_4 及其派生的铁氧体具有和尖晶石（$MgAl_2O_4$）同型的晶体结构，属于立方晶系。空间群为 O_h^7（F3dm）。尖晶石的晶格是一个较复杂的面心立方结构，每一晶胞容纳 24 个阳离子和 32 个氧离子，相当于 8 个 $MgAl_2O_4$ 的分子式。阳离子分布在两种不同的晶格位置上。以晶格常数 a 为单位，这些晶格的位置如下。

$8f$（A 位置）：000，$\dfrac{1}{4}\dfrac{1}{4}\dfrac{1}{4}\cdot(+\text{f.c.c.})$；

$16c$（B 位置）：$\dfrac{5}{8}\dfrac{5}{8}\dfrac{5}{8}$，$\dfrac{5}{8}\dfrac{7}{8}\dfrac{7}{8}$，$\dfrac{7}{8}\dfrac{7}{8}\dfrac{7}{8}$，$\dfrac{7}{8}\dfrac{7}{8}\dfrac{7}{8}\cdot(+\text{f.c.c.})$；

$32e$（氧位置）：uuu，$u\bar{u}\bar{u}$，$\bar{u}u\bar{u}$，$\bar{u}\bar{u}u$，$\dfrac{1}{4}-u\,\dfrac{1}{4}-u\,\dfrac{1}{4}-u$，$\dfrac{1}{4}-u\,\dfrac{1}{4}+u\,\dfrac{1}{4}+u$，

$\dfrac{1}{4}+u\,\dfrac{1}{4}-u\,\dfrac{1}{4}+u$，$\dfrac{1}{4}+u\,\dfrac{1}{4}+u\,\dfrac{1}{4}-u\cdot(+\text{f.c.c.})$。

$(+\text{f.c.c.})$ 的意思是指每一个其坐标已给出的点子加上它仍通过三个平移：$0\,\dfrac{1}{2}\,\dfrac{1}{2}$，$\dfrac{1}{2}\,0\,\dfrac{1}{2}$，$\dfrac{1}{2}\,\dfrac{1}{2}\,0$ 所得到的点子。f，c 和 e 是三种不同晶格位置代表符号。$8f$ 指 f 是 8 重位，即在每一个晶胞中有 8 个完全对等的 f。u 称为氧参量，它的实测值接近于 3/8（=0.375），但一般比 3/8 略大一些。图 8-1 给出的是晶胞中的 56 个晶格位置的坐标（令 $u=3/8$）。熟悉晶格对称操作的读者不难由上面给出的 $8f$、$16c$ 和 $32e$ 位的说明推出全部 56 个晶格位置如下列所给出。

A 位：000，$0\,\dfrac{1}{2}\,\dfrac{1}{2}$，$\dfrac{1}{2}\,0\,\dfrac{1}{2}$，$\dfrac{1}{2}\,\dfrac{1}{2}\,0$，$\dfrac{1}{4}\,\dfrac{1}{4}\,\dfrac{1}{4}$，$\dfrac{1}{4}\,\dfrac{3}{4}\,\dfrac{3}{4}$，$\dfrac{3}{4}\,\dfrac{1}{4}\,\dfrac{3}{4}$，$\dfrac{3}{4}\,\dfrac{3}{4}\,\dfrac{1}{4}$。

B 位：$\dfrac{1}{8}\,\dfrac{5}{8}\,\dfrac{1}{8}$，$\dfrac{5}{8}\,\dfrac{1}{8}\,\dfrac{1}{8}$，$\dfrac{3}{8}\,\dfrac{7}{8}\,\dfrac{1}{8}$，$\dfrac{3}{8}\,\dfrac{5}{8}\,\dfrac{3}{8}$，$\dfrac{5}{8}\,\dfrac{3}{8}\,\dfrac{3}{8}$，$\dfrac{1}{8}\,\dfrac{7}{8}\,\dfrac{3}{8}$，$\dfrac{7}{8}\,\dfrac{1}{8}\,\dfrac{3}{8}$，

$\dfrac{1}{8}\,\dfrac{1}{8}\,\dfrac{5}{8}$，$\dfrac{3}{8}\,\dfrac{3}{8}\,\dfrac{5}{8}$，$\dfrac{5}{8}\,\dfrac{5}{8}\,\dfrac{5}{8}$，$\dfrac{7}{8}\,\dfrac{7}{8}\,\dfrac{5}{8}$，$\dfrac{3}{8}\,\dfrac{1}{8}\,\dfrac{7}{8}$，$\dfrac{5}{8}\,\dfrac{7}{8}\,\dfrac{7}{8}$，$\dfrac{7}{8}\,\dfrac{5}{8}\,\dfrac{7}{8}$。

O 位：$\dfrac{1}{8}\,\dfrac{1}{8}\,\dfrac{1}{8}$，$\dfrac{3}{8}\,\dfrac{3}{8}\,\dfrac{1}{8}$，$\dfrac{5}{8}\,\dfrac{5}{8}\,\dfrac{1}{8}$，$\dfrac{7}{8}\,\dfrac{7}{8}\,\dfrac{1}{8}$，$\dfrac{5}{8}\,\dfrac{1}{8}\,\dfrac{3}{8}$，$\dfrac{1}{8}\,\dfrac{5}{8}\,\dfrac{3}{8}$，$\dfrac{1}{8}\,\dfrac{1}{8}\,\dfrac{3}{8}$，

$\dfrac{1}{8}\,\dfrac{3}{8}\,\dfrac{1}{8}$，$\dfrac{3}{8}\,\dfrac{1}{8}\,\dfrac{1}{8}$，$\dfrac{5}{8}\,\dfrac{7}{8}\,\dfrac{1}{8}$，$\dfrac{7}{8}\,\dfrac{5}{8}\,\dfrac{1}{8}$，$\dfrac{7}{8}\,\dfrac{5}{8}\,\dfrac{1}{8}$，$\dfrac{5}{8}\,\dfrac{5}{8}\,\dfrac{5}{8}$，$\dfrac{7}{8}\,\dfrac{5}{8}\,\dfrac{7}{8}$，

$\dfrac{1}{8}\,\dfrac{1}{8}\,\dfrac{3}{8}$，$\dfrac{3}{8}\,\dfrac{3}{8}\,\dfrac{3}{8}$，$\dfrac{5}{8}\,\dfrac{5}{8}\,\dfrac{3}{8}$，$\dfrac{7}{8}\,\dfrac{7}{8}\,\dfrac{3}{8}$，$\dfrac{7}{8}\,\dfrac{1}{8}\,\dfrac{5}{8}$，$\dfrac{5}{8}\,\dfrac{1}{8}\,\dfrac{3}{8}$，

$\dfrac{1}{8}\,\dfrac{7}{8}\,\dfrac{7}{8}$，$\dfrac{3}{8}\,\dfrac{5}{8}\,\dfrac{7}{8}$，$\dfrac{3}{8}\,\dfrac{3}{8}\,\dfrac{5}{8}$，$\dfrac{5}{8}\,\dfrac{3}{8}\,\dfrac{7}{8}$，$\dfrac{7}{8}\,\dfrac{1}{8}\,\dfrac{5}{8}$。

容易看出，晶胞内的氧离子分为 $z=\frac{1}{8}$，$\frac{3}{8}$，$\frac{5}{8}$，$\frac{7}{8}$ 的四层排列，每层上 8 个，且在间一层的两层（$z=\frac{1}{8}$ 和 $\frac{5}{8}$ 的与 $z=\frac{3}{8}$ 和 $\frac{7}{8}$ 的）上占同样的 x-y 坐标。在 $z=\frac{7}{8}$ 或 $\frac{3}{8}$ 的面上，有 4 个氧离子排在 [111] 的对角线上，而在这一线的两旁各有 2 个氧离子；在 $z=\frac{5}{8}$ 或 $\frac{1}{8}$ 的面上，有 4 个氧离子排在 [$\bar{1}$10] 的对角线上，而在这一线的两旁各有 2 个氧离子，如图 8-1 所示。

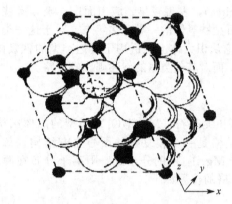

图 8-1　尖晶石结构（图中大白球代表氧离子，小黑球代表 A 位上的阳离子，大黑球代表 B 位上的阳离子）

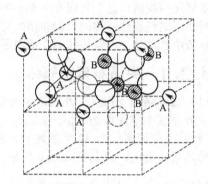

图 8-2　尖晶石晶胞的一部分

为了更清楚地了解 A 位和 B 位的几何性质，在图 8-2 中将晶胞分成 8 个边长为 $\frac{a}{2}$ 的立方分区，并且只画出其中两个相邻的分区中的离子。其中 6 个分区中的离子分布可以通过 $0\,\frac{1}{2}\,\frac{1}{2}$，$\frac{1}{2}\,\frac{1}{2}\,0$ 的平移推出来。因此，凡只共有一边的两分区有相同的离子分布，而共有一面或只共有一顶点的两分区内的离子分布不同。在图 8-1 中可以看出氧离子构成密集的面心格子。体积比氧离子小得多的阳离子嵌镶在氧离子之间的空隙里。每一个占有 A 位的阳离子处在被 4 个互为最近邻的氧位的互相连线所成的正四面体中心，而每一个占据 B 位的阳离子处在被 6 个互为最近邻的氧位互相连线所成的正八面体中心。因此，A 位和 B 位常更明确地叫做四面体位置和八面体位置。占 $\frac{3}{4}\,\frac{1}{4}\,\frac{3}{4}$（图 8-2 中左上分区的体心位置）的阳离子就在占据 $\frac{5}{8}\,\frac{3}{8}\,\frac{5}{8}$，$\frac{7}{8}\,\frac{1}{8}\,\frac{4}{8}$，$\frac{7}{8}\,\frac{3}{8}\,\frac{7}{8}$ 的氧离子的四面体间隙里；而在右上分区内占 5/8 5/8 5/8 的阳离子占据了 $\frac{5}{8}\,\frac{5}{8}\,\frac{3}{8}$，$\frac{5}{8}\,\frac{5}{8}\,\frac{7}{8}$，$\frac{3}{8}\,\frac{5}{8}\,\frac{5}{8}$，$\frac{5}{8}\,\frac{7}{8}\,\frac{5}{8}$ 的氧离子的八面体间隙。在 u 比 $\frac{3}{8}$ 略大的情况下，A 位的周围间隙变大，仍保持正四面体的对称；B 位的周围空隙缩小，不再保持正八面体的对称。每一晶胞中有 64 个四面体间隙和 32 个八面体间隙，而被阳离子占据的 A 位只有 8 个，B 位只有 16 个，总共仅为间隙的 1/4。在有的晶体中，结构上的缺陷是几乎必然存在的，少数 A 或 B 位未被阳离子占据，或相反的有少数氧位空出，都不是十分例外的情形。铁氧体成分中过渡族元素具有多价倾向是有利于这一缺陷的出现。此外，少数阳离子出现在 A 位和 B 位以外的间隙里的可能也还不能完全否定。

表 8-3 给出了若干种尖晶石型化合物的晶格常数，其中也有几种是硫化物。令人注意的是，硫化物的晶格常数都比相应的氧化物显著得大；O^{2-} 和 S^{2-} 的离子半径各为 0.132nm

和 0.174nm。

表 8-3　一些尖晶石型晶体的晶格常数　　　　　　　　　　　　单位：nm

$MnFe_2O_4$	0.850	$MgAl_2O_4$	0.807	$MnCo_2O_4$	0.815
$FeFe_2O_4$	0.839	$FeAl_2O_4$	0.812	$FeCo_2O_4$	0.825
$CoFe_2O_4$	0.838	$CoAl_2O_4$	0.808	Co_3O_4	0.809
$NiFe_2O_4$	0.834	$MnCr_2O_4$	0.845	$CuCo_2S_4$	0.948
$CuFe_2O_4$	0.868/8.24(c/a)	$FeCr_2O_4$	0.834	Co_3S_4	0.942
$ZnFe_2O_4$	0.842	$ZnCr_2O_4$	0.830	Ni_2GeO_4	0.822
$MgFe_2O_4$	0.838	$FeCr_2S_4$	1.000	Mg_2TiO_4	0.845
$Li_{0.5}Fe_{2.5}O_4$	0.833	$ZnCr_2S_4$	0.998	Zn_2TiO_4	0.847

　　有些尖晶石化合物在较低的温度下出现四角对称；如 $CuFe_2O_4$（室温下 $c/a=1.06$）、Mn_3O_4（$c/a=1.16$）、$CuCr_2O_4$（$c/a=0.91$）等。从高温骤然冷却到室温，这些晶体可以保持立方对称，例如 $CuFe_2O_4$ 的对称转变点在 760℃ 左右，在这个温度以上，它是立方对称。在这一转变过程中，晶体内原子的相对位置有着较细微的改变。另外，Fe_3O_4 在 115K 时，由较高温度的立方对称蜕变为正交对称；与此同时，在 B 位里的二价 Fe 离子和三价 Fe 离子的分布出现了（长程）有序。

　　Fe_2O_3 的晶体结构之一是立方对称的，称为 γ-Fe_2O_3。它的晶格结构和磁性与 Fe_3O_4 有密切关系。大体上前者的晶格结构相当于后者的 B 位有 1/6 未被阳离子占据。因此，有时将 γ-Fe_2O_3 写成 $Fe_{\frac{8}{3}}\square_{\frac{1}{3}}O_4$（□ 表示空位）。与 γ-Fe_2O_3 同一类型的常见晶体有 γ-Al_2O_3 和 γ-Mn_2O_3。γ-Fe_2O_3 是目前应用最多的磁记录介质。

（2）尖晶石型铁氧体的离子分布　尖晶石型铁氧体的各种金属离子究竟怎样分布呢？哪几种金属离子在 A 位，哪几种金属离子在 B 位呢？从图 8-3～图 8-5 中可见，它的分布还是有一定规律的。

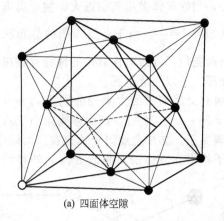
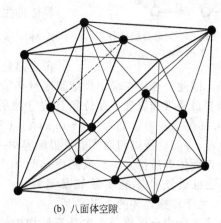

(a) 四面体空隙　　　　　　　　　　　　　　　(b) 八面体空隙

图 8-3　四面体空隙和八面体空隙

　　一般来讲，每种金属离子都有可能占据 A 位或 B 位，其离子分布式（或结构式）可表示为：

$$(M_\delta^{2+}Fe_{1-\delta}^{3+})\ [M_{1-\delta}^{2+}Fe_{1+\delta}^{3+}]\ O_4$$

A 位　　　　　　　　B 位

　　上式中以（　）表示 A 位，以 〔　〕 表示 B 位。在 A 位上有 δ 份数的 M^{2+} 和（$1-\delta$）份数的 Fe^{3+}，在 B 位上有（$1+\delta$）份数的 Fe^{3+} 和（$1-\delta$）份数的 M^{2+}。其中 δ 为变量。根据离子分布状态可以归纳为三种类型。①$\delta=1$，离子分布式为（M^{2+}）〔Fe_2^{3+}〕O_4，表示所有 A 位都被 M^{2+} 占据，而 B 位都被 Fe^{3+} 占据。这种分布和 $MgAl_2O_4$ 尖晶石相同，而称为正型尖晶石型的铁氧体。②$\delta=0$，离子分布式为（Fe^{3+}）〔$M^{2+}Fe^{3+}$〕O_4，表示所有 A 位都被 Fe^{3+} 占据，

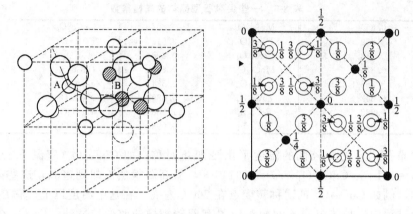

图 8-4　尖晶石结构中金属离子分布

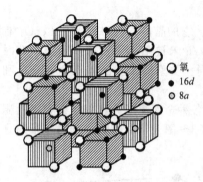

图 8-5　尖晶石结构各离子的互相位置示意图

○ 氧
● 16d
⊙ 8a

而 B 位则分别被 M^{2+} 和 Fe^{3+} 各占据一半。这种分布恰和镁铝尖晶石相反，不是 M^{2+} 占 A 位而是 Fe^{3+} 占 A 位，所以称为反型尖晶石结构的铁氧体。③ $0<\delta<1$，实际生产上大多数铁氧体的 δ 值介于两者之间，其离子分布式为 $(M_\delta^{2+}Fe_{1-\delta}^{3+})[M_{1-\delta}^{2+}Fe_{1+\delta}^{3+}]O_4$，表示在 A 位和 B 位上两种金属离子都有，称为中间型（或正反型混合）的尖晶石结构的铁氧体。

δ 也称为金属离子的反型分布率。δ 值大小取决于铁氧体的生产方法，当铁氧体采用高温退火，使金属离子分布处于无规则状态时 $\delta=\dfrac{1}{3}$。由于金属离子的分布状态容易受热处理影响而变位，以致对铁氧体的性能有直接的依赖关系。因此，今后在确定烧结制度时必须妥善处理，予以充分重视。

根据最密堆积原理，A 位和 B 位空隙所能容纳的金属离子最大半径分别为 $r_A=0.35Å$（$r_0=0.46Å$），$r_B=0.41Å$（$r_0=0.54Å$）（氧离子半径 $r_0=1.32Å$）。四面体间隙小于八面体间隙（$r_A<r_B$），所以四面体似乎很难容纳一个金属离子。如果金属离子填充在四面体空隙，必然使四面体有所扩大，组成四面体的 4 个氧离子将沿立方体的对角线方向向外移动（图 8-6），这也是铁氧体的实际氧参量（$u=0.379\sim0.385$）大于理想晶体的主要原因。

生产实际中金属离子在尖晶石结构中的分布是比较复杂的，影响因素也比较多，一般为金属离子在 A、B 位置上的分布和离子半径、电子层结构、离子间价键的平衡作用以及离子的有序现象（即离子自发的有规则排列趋势）等因素，也是它的晶体结构内部各种矛盾对立统一的结果。在实践和理论分析的基础上，下面仅就金属离子在尖晶石结构中分布的某些倾向做扼要的归纳。

① 金属离子占据 A、B 位置的趋势是各种因素综合平衡的结果。一般认为尖晶石结构中的 B 位比 A 位大，所以离子半径大的倾向于占据 B 位，离子半径小的倾向于占 A 位；高价离

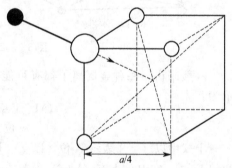

图 8-6　四面体扩大时氧离子的位移方向

$a/4$

子倾向于占 B 位，低价离子倾向于占 A 位。但也有例外，Li^+ 是离子半径不小的低价离子，却易于占据 B 位，Ge^{4+} 是离子半径不大的高价离子，也易于占据 A 位，一般认为这也是由电子有序现象决定的。表 8-4 所列金属离子占据 A 位或 B 位的倾向性的大小是相对的。

表 8-4　金属离子占据四面体空隙（A 位）和八面体空隙（B 位）的倾向程度

倾向程度	弱 ←————————————————→ 强 占 B 位倾向		
	强 ←————————————————→ 弱 占 A 位倾向		
离子名称	Zn^{2+}, Cd^{2+}	Ga^{3+}, In^{3+}, Ge^{4+}, Mn^{2+}, Fe^{3+}, V^{3+}, Cu^+, Fe^{2+}, Mg^{2+}	Li^+, Al^{3+}, Cu^{2+}, Co^{2+}, Mn^{3+}, Ti^{4+}, Sn^{4+}, Zr^{4+}, Ni^{2+}, Cr^{3+}
离子半径/nm	0.082, 0.103	0.062, 0.092, 0.044, 0.091, 0.067, 0.065, 0.096, 0.083, 0.078	0.078, 0.058, 0.078, 0.082, 0.070, 0.064, 0.074, 0.087, 0.078, 0.064

② 金属离子的分布与离子键的形成有很大关系。离子晶体是由正、负离子间的库仑静电引力互相结合而成的，离子晶体的结合能也称为离子键。

在 B 位上 M^B 被 6 个 O^{2-} 包围，由于负电性较强而要求填入正电荷较大的高价离子；相反在 A 位上 M^A 只被 4 个 O^{2-} 所包围，负电性较弱而要求填入正电荷不大的低价离子即可组成离子键。另外，氧参量 u 大时，离子键的势能较低，负电性较弱，有利于低价离子占 A 位；氧参量 u 小时，离子键的势能较高，负电性较强，有利于高价离子占 A 位；即 $u < 0.379$ 时属反型分布；$u > 0.379$ 时属正型分布。所以 Ni^{2+}、Co^{2+}、Mg^{2+}、Fe^{2+} 倾向于占 B 位，Zn^{2+}、Cd^{2+} 等倾向于占 A 位，库仑静电能最低，系统最稳定，与表 8-4 是一致的。但是 $CuFe_2O_4$ 的 $u = 0.380$，却属于反型分布（Cu^{2+} 占 B 位）就无法解释了，就必须进一步研究其他因素的影响。

③ 金属离子的分布和共价键、杂化键的形成也有一定关系。共价晶体（又称原子晶体）是由共有的价电子，依靠带负电荷的电子云的最大重叠，与带正电荷的原子核结合而成的，其结合能称为共价键（或共价配键）。如果电子云不是由纯粹的单个轨道，而是由几个不同类型的轨道混合而成的，这种共价晶体的结合能就称为杂化键。一般认为具有 sp^3（是指由一个 s 电子和 3 个 p 电子混合组成的电子云分布状态）杂化键（即由金属离子的 s，p 电子和氧离子的 p 电子所组成）的金属离子 Zn^{2+}、Cd^{2+}、Ga^{2+}、In^{2+} 倾向占 A 位，具有 d^2sp^3 杂化键的金属离子 Cr^{2+} 和具有 dsp^2 杂化键的金属离子 Cu^{2+}、Ni^{2+} 倾向于占据 B 位。

④ 金属离子分布和晶格电场能量的高低有关。外层电子具有（$3d^8$）和（$3d^3$）（指原子核外第 3 电子层的 d 电子分别为 8 个和 3 个）的 Ni^{2+}、Cr^{3+} 在 B 位上晶格电场的能量较低，比较稳定。所以 Ni^{2+} 进入 B 位后将部分 Fe^{3+} 挤入 A 位而形成反型尖晶石结构 $NiFe_2O_4$，Cr^{2+} 进入 B 位后和处于 A 位的 Mn^{2+} 形成正型尖晶石结构 $MnCr_2O_4$。

⑤ 由于某些金属离子的置换，可以改变金属离子的原有分布。如 Li^+ 由电子有序现象决定倾向于占 B 位，锂铁氧体是反型尖晶石结构，离子分布式为 $(Fe^{3+})[Li_{0.5}^+Fe_{1.5}^{3+}]O_4$。当加入 Cr^{3+} 后，由于 Cr^{3+} 倾向占 B 位的程度较强，而把 Li^+ 赶入 A 位得到新的铁氧体 $(Fe_{0.8}^+Li_{0.2}^+)[Li_{0.2}^+Cr_{1.5}^+]O_4$。不仅阳离子可以置换，阴离子也可以置换。如将正型尖晶石 $(A^{2+})[Cr^{3+}]O_4$（A 为二价金属离子 Cd、Co 等）中的 O^{2-} 被硫属元素 S^{2-}、Se^{2-} 和 Te^{2-} 等置换，所得的硫属铬酸盐 $CoCr_2Se_4$ 和 $CdCr_2S_4$ 等就是一些新型的铁氧体磁光材料。但从 $(Co^{2+})[Cr_2^{3+}]Se_4$ 得知 Co^{2+} 占 A 位而不是占 B 位。

⑥ 金属离子的分布受温度影响很大。一般在高温热骚动的作用下，将使某些金属离子

改变位置，趋向于中间型分布。温度对 Mg^{2+}、Mn^{2+} 的影响最大，其次是 Cu^{2+} 和 Zn^{2+}。在一般情况下，$ZnFe_2O_4$ 属于正型尖晶石，Zn^{2+} 占 A 位、Fe^{3+} 占 B 位。但在高温下离子的动能很大，Zn^{2+} 可以部分进入 B 位，Fe^{3+} 可以部分进入 A 位，呈中间型分布，从而使 Zn-Fe_2O_4 具有良好的铁磁性。又如 $MgFe_2O_4$ 是一种中间型尖晶石，在 A、B 位上都可能出现 Mg^{2+}，但其分布概率却容易受热处理的影响。在高温下急冷到室温（高温淬火）时，$MgFe_2O_4$ 有 26% 的 Mg^{2+} 占 A 位；再加热至 $600℃$，Mg^{2+} 占 A 位的概率会逐渐减少，保温 16h 后缓冷到室温（低温退火）时，离子分布已逐渐接近于室温的平衡状态，只有 15% 的 Mg^{2+} 占 A 位，性能也较差。所以，生产中常常用淬火的方法生产 $ZnFe_2O_4$。

可见表面看来金属离子分布极为复杂，影响因素也较多。但是，金属离子的分布还是有一定规律可循的。表 8-5 给出了几种单一尖晶石铁氧体在平衡态时的金属离子分布以及其他几种参考数值。

表 8-5 尖晶石在结构单一的铁氧体的金属离子分布、晶格常数 a、u 参量、
相对分子质量 M、X 射线密度及分子磁矩

铁氧体	金属离子分布	晶格常数 a/nm	u 参量	相对分子质量 M	密度/(g/cm³)	每个 MFe_2O_4 分子的磁矩	
						理论值	实验值
$MnFe_2O_4$	$Mn_{0.8}Fe_{0.2}[Mn_{0.2}Fe_{1.8}]$	0.850	0.3846	230.6	5.00	5	4.6
Fe_3O_4	$Fe[Fe^{2+}Fe]$	0.839	±0.0003	231.6	5.24	4	4.1
$CoFe_2O_4$	$Fe[CoFe]$	0.838	0.379 ± 0.001	234.6	5.29	3	3.7
$NiFe_2O_4$	$Fe[NiFe]$	0.834	0.381	234.4	5.38	2	2.3
$CuFe_2O_4$	$Fe[CuFe]$	$c=0.870$	0.381 ± 0.003	239.2	5.35	1	1.3
		$a=0.822$	380 ± 0.005			—	—
$ZnFe_2O_4$	$Zn[Fe^{2+}]$	0.844	0.385 ± 0.002	241.1	5.33		
$MgFe_2O_4$	$Mg_{0.1}Fe_{0.9}[Mg_{0.9}Fe_{1.1}]$	0.836	0.381 ± 0.001	200.0	4.52	0	1.1
$Li_{0.5}Fe_{2.5}O_4$	$Fe[Li_{0.5}Fe_{1.5}]$	0.833	0.382 ± 0.005	207.1	4.75	2.5	2.6

(3) 尖晶石型复合铁氧体的晶体结构　以上讨论了单组分尖晶石型铁氧体的晶体结构。如果将两种或两种以上的正型或反型的单组分尖晶石铁氧体按一定比例混合，即可配制成满足各种性能要求的尖晶石型复合铁氧体。

各种单组分尖晶石铁氧体是由两种金属离子组成的。虽然这两种金属离子可以有不同的离子价，并且可以用不同的比例组成固溶体，形成尖晶石结构，但是每一个尖晶石分子式 MFe_2O_4（或 AB_2O_4）必须满足：①金属离子的总和应等于 3；②金属离子的化学价总和应等于 8。这也是组成尖晶石复合铁氧体所必须遵循的原则。实际应用的铁氧体绝大多数含有三种或更多种的金属元素，即形成所谓的复合铁氧体。例如 Ni-Zn 系统铁氧体中除 Fe 以外有两种二价阳离子，Li-Zn 系统铁氧体中除 Fe 以外有一价的 Li 和二价的 Zn 离子，Mn-Mg-Al 系统中有四种金属元素。按照晶体结构和化学价的平衡，尖晶石型化合物的一般分子式可写成：$A_xB_yC_z\cdots O_4$。

要求满足以下两个条件：

$$x+y+z+\cdots=3 \tag{8-1}$$

$$xq_x+yq_y+zq_z+\cdots=8 \tag{8-2}$$

这里 q_x、q_y、q_z、$\cdots$ 是这些金属元素的离子价，其中同元素不同价的粒子在上面的式子中必须分别计算。但是也有例外，有的铁氧体如 γ-Fe_2O_3，虽然不能满足上述条件，却仍然是尖晶石型结构。实际上 γ-Fe_2O_3 是一种晶格有缺位的尖晶石型铁氧体，其化学式也可以用 $Fe_{8/3}\square_{1/3}O_4$ 表示。其中□表示尖晶石结构的铁位（或空位），这些铁位可以用其他金属离子填充。

当在 γ-Fe_2O_3 中加入 Li_2O 时，Li_2O 中 Fe^{3+} 在高温下发生化学反应，使 Li^+ 不仅填充

了空位，而且还置换（或取代）了部分 Fe^{3+}。即每掺入 δ 份 Li^+，只能填充 $\frac{2}{3}\delta$ 个铁位，并同时置换 $\frac{1}{3}\delta$ 个 Fe^{3+}。即

（加入 δLi^+）$\qquad\qquad\qquad Fe^{3+}_{1/3} + \square_{2/3} \longrightarrow Li^+$

最后生成锂铁氧体：

$$Fe^{3+}_{8/3}\square_{1/3}O_4 \xrightarrow{\text{加入}\ \delta Li^+} Li^+_\delta Fe^{3+}_{8/3-1/3\delta}\square_{1/3-2/3\delta}O_4$$

当 $\delta = 0.5$ 时

$$Li^+ Fe^{3+}_{8/3-1/3\delta}\square_{1/3-2/3\delta}O_4 \longrightarrow Li^+_{0.5} Fe^{3+}_{2.5}O_4$$

由于金属离子的化学价很不相同，各种尖晶石型铁氧体有不同形式。各种不同形式的铁氧体也可以看成是由于不同化学价的金属离子互相置换的结果，置换前后的化学价和金属离子数必须相等。

但是符合上述条件的配方能否在适当的烧结条件下得到单相的尖晶石型化合物，在很大程度上决定于所含的金属离子的体积是否在尖晶石结构所容许的范围内。如前所述，在尖晶石结构中，体积比氧离子小得多的金属离子占据由氧离子形成的密集堆垛里的两种（A、B）间隙。假设氧离子为坚实的球体，在几种不同的晶格常数 a 和氧参量 u 的情况下，可以计算出 A、B 间隙内可能容纳的球体的最大半径，如表 8-6 所示。

表 8-6　A、B 晶位（间隙）可能容纳球的最大半径　　　　　　　　　　单位：nm

u	$a=0.810nm$		$a=0.830nm$		$a=0.840nm$	
	A	B	A	B	A	B
0.375	0.43	0.70	0.47	0.76	0.50	0.78
0.381	0.51	0.65	0.55	0.70	0.58	0.73
0.3875	0.59	0.59	0.64	0.64	0.67	0.67

注：计算时应用氧离子半径＝0.132nm。

实际上，在尖晶石化合物中的金属离子的半径大多数都比表 8-6 中所列出的可供利用的容积大一些。在表 8-7 中给出了已知的出现在各类尖晶石型化合物中的金属离子的半径。表 8-7 中列出的阳离子有的并不出现在可以应用的铁氧体中，只是放在此作为参考。有的金属离子只能以有限制的含量掺入到尖晶石型铁氧体中，如 Ca-Zn 铁氧体含 Ca 量不能超过 $Ca_{0.35}Zn_{0.65}Fe_2O_4$ 的 Ca 含量，用 Na 置换 $Li_{0.5}Fe_{2.5}O_4$ 中的 Li 不能超过 40%，Ag 和 Mo、W 只分别出现在 1 和 6 尖晶石中。利用离子替代方法制备各种复合型铁氧体是常用的工艺和探索研究新材料的重要途径之一。

表 8-7　常用各种离子半径 r_M

金属离子化学价	离子名称及离子半径 r_M/nm
M^+	Li(0.078)，Na(0.098)，K(0.133)，Rb(0.149)，Cs(0.165)，Cu(0.096~0.10)，Ag(0.113)，Ti(0.149)
M^{2+}	Ni(0.078)，Mg(0.078)，Zn(0.082)，Co(0.082)，V(0.072)，Fe(0.083)，Cu(0.078)，Mn(0.091)，Cd(0.103)，Be(0.034)，Ca(0.106)，Sr(0.127)，Ba(1.43)，Pb(1.32)
M^{3+}	B(0.020)，Al(0.058)，Ga(0.062)，Cr(0.064)，Co(0.065)，Ti(0.105)，Sb(0.090)，Bi(0.120)，Ti(0.069)，As(0.069)，V(0.065)，Fe(0.067)，Rh(0.068)，Mn(0.070)，Ni(0.060)，IN(0.092)，Se(0.083)，Y(0.106)，La(0.122)，Ce(0.118)，Pr(0.116)，Nb(0.115)，Sm(0.113)，Eu(0.113)，Gd(0.111)，Tb(0.109)，Dy(0.107)，Ho(0.105)，Er(0.104)，Fm(0.104)，Yb(0.100)，Lu(0.099)
M^{4+}	Ge(0.044)，Mn(0.052)，V(0.061)，Ti(0.064)，Si(0.039)，Pb(0.084)，Zr(0.087)，Cr(0.083)，Mo(0.068)，Ce(0.102)
M^{5+}	As(0.047)，Bi(0.074)，V(0.04)，P(0.035)
M^{6+}	Mo(0.062)，W(0.063)，Cr(0.052)
负离子	F^-(0.133)，Cl^-(0.181)，O^{2-}(0.132)，S^{2-}(0.174)

另外，过渡族元素的化学价不是固定不变的。表 8-7 中就列入了二价和三价的 Fe 与 Co，二价、三价以至四价的 Mn 离子。只从通过化学分析得到的分子式，例如 $MnFe_2O_4$，不能判定有多价倾向的 Mn 和 Fe 的不同价离子的百分比，而实际铁氧体的饱和磁化强度和电导率是与离子价有密切关系。

在尖晶石结构的铁氧体中，可以允许一些离子空位的存在。如果只有阳离子空位而没有阴离子空位，式(8-1)就不能成立，而是 $x+y+z+\cdots<3$。反之在高温处理后发生脱氧的样品就会有 $x+y+z+\cdots>3$。因此称式(8-1)成立的铁氧体情况为正分化合物，否则叫做非正分化合物。式(8-2)表示晶体内离子的电荷平衡。无论正分还是非正分的情况，式(8-2)总是被满足的。在有了脱氧情况的铁氧体中，相当一部分的 Fe^{3+} 转变为 Fe^{2+}。这里所讲到的铁氧体中的离子空位的数量是远远超过热力学平衡的规律所容许的。

单相的复合铁氧体 $M_{1-\delta}Y_\delta Fe_2O_4$（Y 为组成元素）常被看成两种简单铁氧体 MFe_2O_4 和 YFe_2O_4 的固溶体。但在某些例子中复合铁氧体存在，而相应的简单铁氧体之一不是尖晶石型结构，或相应的原子比的化合物并不存在。前者例如 $CaFeO_4$（三角晶系）不是尖晶石型结构，但 Ca 在一定限度之下出现在复合铁氧铁内；后者例子 $Na_{0.5}Fe_{2.5}O_4$ 成分比的晶体一直还未被制备出来，但 Na 可以部分地替代 Li 而出现在复合铁氧体中。复合铁氧体的存在比两种单一铁氧体的两相混合物具有更大的熵函数（固溶体内离子分布概率的多种多样远远超过两相混合物），故高温有利于固溶态的存在。在缓慢冷却的过程中分离为两相，但从高温骤然冷却，离子来不及通过扩散形成新的晶体，而在室温时达到热力学平衡所要的时间过长；在实验室观测的有限时间内，基本上将是不变动的单相晶体结构。例如，$Ca_{0.35}Zn_{0.65}Fe_2O_4$ 缓慢冷却时就分别出现含少量 Ca 的 $ZnFe_2O_4$ 和含少量 Zn 的 $CaFe_2O_4$，但在 1250℃ 以上淬火就保持单相不变。又如含三价 Fe 过多的 $M_\delta Fe_2O_4$（$\delta<1$）可以看成是 MFe_2O_4 和 Fe_2O_3 的固溶体，在缓慢冷却时就有 α-Fe_2O_3 析出。由金相方法可以直接看到 α-Fe_2O_3 的薄片出现在较大的铁氧体晶粒之间，而淬火到室温就没有这个现象。大多数复合型铁氧体在长时间退火的处理下并不分裂为多相。

8.2.2　磁铅石型铁氧体

(1) 晶体结构　这类铁氧体和天然矿物——磁铅石 Pb（$Fe_{7.5}Mn_{3.5}Al_{0.5}Ti_{0.5}$）$O_{19}$ 有类似的晶体结构，属于六角晶系。其他单分子式可表示为 $MFe_{12}O_{19}$（或 $MO\cdot6Fe_2O_3$），M 为两价金属离子 Ba、Sr、Pb 等。铁氧体的化学分子式为 $BaFe_{12}O_{19}$、$SrFe_{12}O_{19}$ 和 $PbTc_{12}O_{19}$。

早在 1938 年北欧的晶体学家就从天然磁铅石所得到的启示，制备了 $PbFe_{12}O_{19}$、$BaFe_{12}O_{19}$ 和 $SrFe_{12}O_{19}$。其晶体结构为六角晶系 D_{6h}（C6/mmm）。这一类型的晶体结构比较复杂，仅就 Fe 离子的分布，就有 5 种对称性不相同的晶格位，一般称为 $2a$、$2b$、$12k$、$4f_1$ 和 $4f_2$。各晶格位置的坐标是比较清楚的，在此只扼要地叙述一下。每一个晶胞含二倍的 $BaFe_{12}O_{19}$，如图 8-7 所示。

这里面共有 10 个氧离子密集层。其中有两个密集层里各含一个占据氧位的 Ba 离子。此外，是两个各含四个氧密集层的"尖晶石块"，在里面 Fe 和 O 的分布接近于 γ-Fe_2O_3 的情况。我们把含 Ba 层称为 B_1，"尖晶石块"称为 S_4。晶胞依照 $B_1S_4B_1S_4$ 的顺序组成。S_4 中有 9 个 Fe^{3+} 分占 7 个 B 位和 2 个 A 位，B_1 中有 3 个 Fe^{3+}。晶体的 6 次对称轴垂直于这些氧密集面，即 c 轴平行于"尖晶石块"的 [111] 方向。

1952 年菲利普实验室制成了以 $BaFe_{12}O_{19}$ 为主要成分的永磁性铁氧体材料后，继续进行含 Ba 铁氧体的研究工作，先后找到五种有类似结构的磁性铁氧体，并发现了它们的新应用。发现者称这 5 种结构为 W、X、Y、Z 和 U 型，而把原有的 $BaFe_{12}O_{19}$ 称为 M 型。它们的分子式和晶胞的组成如表 8-8 所示。

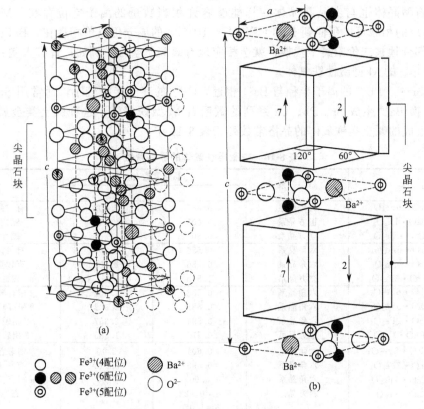

图 8-7 $BaFe_{12}O_{19}$ 的晶体结构

（a）晶胞；（b）晶胞中钡离子层和尖晶石块的位置

○ Fe³⁺(4配位)　◨ Ba²⁺
● ◨ ◨ Fe³⁺(6配位)　○ O²⁻
◉ Fe³⁺(5配位)

表 8-8　磁铅石型的 6 种晶体结构

符　　号	分　子　式	晶胞的组成	氧密集层数
M	$BaFe_{12}O_{19}$	$(B_1S_4)_2$	10
W	$BaM_2^{2+}Fe_{16}O_{27}$	$(B_1S_6)_2$	14
X	$Ba_2M_2^{2+}Fe_{23}O_{46}$	$(B_1S_4B_1S_6)_3$	36
Y	$Ba_2M_2^{2+}Fe_{12}O_{22}$	$(B_2S_4)_3$	18
Z	$Ba_3M_2^{2+}Fe_{24}O_{41}$	$(B_2S_4B_1S_4)_2$	22
U	$Ba_4M_2^{2+}Fe_{36}O_{60}$	$(B_4S_2B_1S_4B_1S_4)_3$	48

　　表中分子式中的 M＝Mn，Fe，Co，Ni，Zn，Mg。$(B_1S_6)_2$ 表示 $B_1S_6B_1S_6$ 组成 W 型晶胞，其余类推。B_2 指包含有 Ba 离子的两个氧密集层，S_6 表示包含 6 个氧密集层的尖晶石块。这些晶体结构的细节请参阅文献 P. B. Braun，Philips Res，Re9.，12(1957)，491。W，X，Y，Z 四种的分子式比较复杂，常采用缩写的方式表示，例如将 $Ba_3M_2Fe_{24}O_{41}$ 写成 M_2Z。各型晶体的晶格常数 $a=5.88Å$，在表 8-9 中给出 c 的数值和氧层之间的距离 c/n 的一些例子。

表 8-9　各种磁铅石型晶体的晶格常数

项目	M	Fe_2W	Fe_2X	Zn_2Y	Co_2Z	Zn_2U
c/nm	0.232	3.285	8.411	4.356	5.230	11.32
c/n/nm	0.232	0.235	0.234	0.242	0.238	0.236

　　这六类晶体结构之间的差别就在于氧离子密集层堆垛重复的次数和含 Ba 层出现率的不同，在这类晶体中常出现堆垛差错，引起晶体周期性的不完整或多相同时存在。

磁铅石型晶体也与尖晶石晶体一样能够容许相当数量的离子空位存在。M 型（正分 $BaFe_{12}O_{19}$）的相域可以延伸到 $BaO : Fe_2O_3 = 1 : 5.8$ 的成分仍以单相存在。$BaFe_{12}O_{19}$ 的铁离子如果部分地被二价阳离子代换，就会相应地有氧离子空位。例如，曾有人制备出相当于 $BaZnFe_{11}O_{18.5}$ 的 M 型磁性铁氧体。

由于 Sr^{2+}、Pb^{2+} 的离子半径与 Ba^{2+} 相近，Ca^{2+} 的离子半径较小，而常用 Sr^{2+}、Pb^{2+} 和 Ca^{2+} 置换 Ba^{2+} 生成 Sr、Pb、Ca 系列的磁铅石 M 型铁氧体。这种碱土类金属氧化物和 Fe_2O_3 所组成的碱土类铁氧体的晶格常数列于表 8-10 中。

表 8-10　碱土类铁氧体的晶格常数

名　称		晶　系	晶格常数/nm		备　注
			a	c	
Ba 系列	$BaO \cdot 6Fe_2O_3$	六角晶系	0.587	2.302	有较强磁性
	$BaO \cdot Fe_2O_3$	正方晶系	0.602	0.945	磁性较弱
	$2BaO \cdot Fe_2O_3$	立方晶系	0.807	—	磁性较弱
Sr 系列	$SrO \cdot 6Fe_2O_3$	六角晶系	0.586	2.300	有较强磁性
	$SrO \cdot 4Fe_2O_3$	六角晶系	0.586	2.303	有较强磁性
	$7SrO \cdot 3Fe_2O_3$	立方晶系	1.545	—	磁性较弱
Pb 系列	$PbO \cdot 6Fe_2O_3$	六角晶系	0.588	2.302	β 相有较强磁性
	$PbO \cdot 5Fe_2O_3$	六角晶系	0.588	2.302	β 相有较强磁性
	$PbO \cdot 2Fe_2O_3$	六角晶系	0.594	2.357	γ 相磁性较弱
	$2PbO \cdot Fe_2O_3$	正方晶系	0.779	1.585	δ 相磁性较弱
Ca 系列	$2CaO \cdot 5Fe_2O_3$	六角晶系	0.601	2.40	有较强磁性
	$CaO \cdot 2Fe_2O_3$	六角晶系	0.599	3.112	有较强磁性
	$4CaO \cdot 7Fe_2O_3$	六角晶系	0.60	9.50	α 相有较强磁性
	$CaO \cdot Fe_2O_3$	斜方晶系	$a = 0.923$ $b = 1.070$	0.302	磁性较弱

（2）磁铅石型复合铁氧体晶体结构　用 M 部分地置换磁铅石型铁氧体 $BaFe_{12}O_{19}$ 中的 Ba^{2+}，即组成 BaO-MO-Fe_2O_3 三元系列的磁铅石型复合铁氧体。其中 M 表示 Mg、Mn、Fe、Co、Ni、Zn、Cu、Zn 等二价金属离子或 Li^+ 和 Fe^{3+} 的组合。前面叙述的 W、X、Y、Z 和 U 型的铁氧体均系复合铁氧体。各种磁铅石型铁氧体的相互关系如图 8-8 所示。

各种复合铁氧体都是由单组分铁氧体复合而成的。图 8-8 中的 M 点代表单组分磁铅石型铁氧体 $BaFe_{12}O_{19}$，S 点表示单组分尖晶石型铁氧体 $M_2Fe_4O_8$，B 点表示非磁性钡铁氧体 $BaFe_2O_4$。由 M、S 和 B 按一定的比例配合，即可组成各种类型的磁铅石型复合铁氧体。如 X 型和 W 型复合铁氧体就是由 S 和 M 按一定比例配成的固溶体，Y 型是由 M-S-B 组成的固溶体，Z 型和 U 型则是 M-Y 组成的固溶体。

各种磁铅石型复合铁氧体的化学分子式，可以用 $m(Ba^{2+} + M^{2+}) \cdot O \cdot nFe_2O_3$ 表示，也可以用简写表示。如 M^{2+} 为 Co^{2+} 组成的 Z 型磁铅石复合铁氧体可以 Co_2Z 表示，而 M^{2+} 为 Zn 和 Fe 组成的 W 型磁铅石复合铁氧体则可以简写成 ZnFeW。这些复合铁氧体的化学组成、晶胞结构形式以及其他参数见前面的表 8-8。

从晶胞构造来看，W 型与 M 型的差别在于尖晶石块的结构组成。W 型的尖晶石块 S_6 是由 6 个氧离子层密集堆积而成的，一层 B_1 紧接着一个尖晶石块 S_6，重复两次就组成了 W 型的复合铁氧体晶胞，其晶胞构造以 $(B_1S_6)_2$ 表示。X 型的晶胞构造为 $(B_1S_4B_1S_6)_3$，即表示由一个 B_1 层紧接着一个具有 4 个氧离子层密堆积的尖晶石块 S_4，随后又是一个 B_1 层，再紧接着是一个具有 6 个氧离子层密堆积的尖晶石块 S_6，这样重复三次就组成了 X 型的复合铁氧体晶胞。至于 Y、Z 和 U 型的晶胞结构可见表 8-8 所列，其中 B_2 代表两个氧离子层，每层包含一个 Ba^{2+} 和三个 O^{2-}，所以 B_2 具有两个 Ba^{2+} 和六个 O^{2-} 的结构。几种常用的磁铅石型复合铁氧体的相对分子质量 M 和理论密度 d_x 列于表 8-11 中。

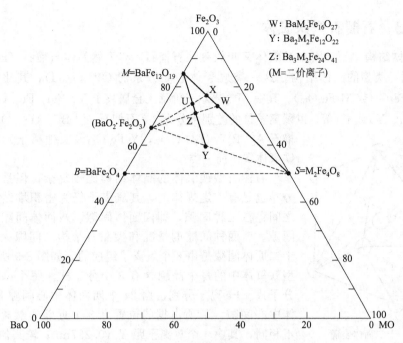

図中标注:
Fe₂O₃ 100 0
W: BaM₂Fe₁₆O₂₇
Y: Ba₂M₂Fe₁₂O₂₂
Z: Ba₃M₂Fe₂₄O₄₁
(M=二价离子)

$M = BaFe_{12}O_{19}$
$(BaO_2 \cdot Fe_2O_3)$
$B = BaFe_2O_4$
$S = M_2Fe_4O_8$

图 8-8　磁铅石型铁氧体化学组成示意图

$M = BaFe_{12}O_{19}$，$B = BaFe_2O_4$，$S = M_2Fe_4O_8$

表 8-11　几种常用磁铅石型铁氧体的 M 和 d_x

M^{2+}	$BaM_2Fe_{16}O_{27}$（W 型）		$Ba_2M_2Fe_{12}O_{22}$（Y 型）		$Ba_3M_2Fe_{24}O_{41}$（Z 型）	
	$d_x/(t/m^3)$	M	$d_x/(t/m^3)$	M	$d_x/(t/m^3)$	M
Mg	5.10	1512	5.14	1346	5.20	2457
Mn	5.31	1573	5.38	1406	5.33	2518
Fe	5.31	1575	5.39	1408	5.33	2520
Co	5.31	1577	5.40	1410	5.35	2522
Ni	5.32	1580	5.40	1414	5.35	2526
Cu	5.36	1590	5.45	1424	5.37	2536
Zn	5.37	1594	5.46	1428	5.37	2539

总之，六角晶系磁铅石结构的铁氧体和立方晶系的尖晶石结构的铁氧体有很大不同。磁铅石结构的晶格常数 $c \gg a$，且由 O^{2-} 重复次数和 Ba^{2+} 层出现的间隔不同，结构上有各种不同类型，而在应用上有很大特点，既可以作为硬磁材料，又可作为超高频软磁材料使用，其应用较为广泛。在表 8-12 中列出了几种六角晶系铁氧体（磁铅石型）的磁性（室温）。磁铅石型铁氧体的重要性在于，由于它的晶体对称性而具有的某种特性是其他两类具有立方对称的铁氧体所没有的。所以它被用于永磁材料和超高频软磁材料使用。

表 8-12　几种平面型六角晶系铁氧体（磁铅石型）的磁性（室温）

成　分	$\mu_0/(\mu H/m)$	$4\pi M_s/T$	$\theta_f/℃$	f_c/MHz
Co_2Y	5.02	0.23	340	—
Ni_2Y	8.16	0.16	390	—
Cu_2Y	约 1.26	—	—	—
Zn_2Y	33.9	0.285	130	—
Mg_2Y	12.56	0.15	280	1000
Co_2Z	15.07	0.335	410	1400
$Co_{0.8}Zn_{12}Z$	30.14	—	—	530

注：1. $M_2^{2+}Y = Ba_2M_2^{2+}Fe_{12}O_{22}$；$M_2^{2+}Z = Ba_3M_2^{2+}Fe_{24}O_{41}$。

2. f_c 的定义是取 μ' 下降到 $\dfrac{\mu}{2}$ 的频率。

8.2.3 石榴石型铁氧体

（1）晶体结构 石榴石型铁氧体又叫做磁性石榴石，与天然晶体石榴石 (Fe，Mn)$_3$Al$_2$-(SiO$_4$)$_3$ 有同一类型的晶体结构。这一类属于体心立方系的 O$_h^{12}$ (I$_a$3d)，其化学分子式为 3M$_2^{3+}$O$_3$·5Fe$_2$O$_3$（或 M$_3$Fe$_5$O$_{12}$）。其中 M^{3+} 表示三价稀土金属离子 Y、Sm、Eu、Gd、Tb、Dy、Ho、Er、Tm、Yb 或 Lu 等。以阳离子价的差别可分为 3-3 石榴石 A$_3^{3+}$B$_2^{3+}$ (D^{3+}O$_4$)$_3$ 或 2-4 石榴石 A$_2^{2+}$B$_2^{3+}$ (D^{4+}O$_4$)$_3$，Y$_3$Fe$_5$O$_{12}$ 及其他稀土元素代换 Y 的铁氧体属于前一类。

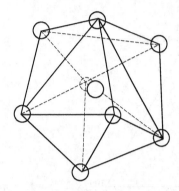

图 8-9 十二面体空隙

石榴石型铁氧体的晶体结构比较复杂，但是金属离子的分布也是有一定规律的，其氧离子仍为密积堆结构。在 O^{2-} 之间存在三种间隙，即四面体间隙、八面体间隙和十二面体间隙。前两种间隙的情况和尖晶石结构的间隙完全一样，而十二面体间隙是由 8 个氧离子组成的，如图 8-9 所示。石榴石型铁氧体中的每个晶胞含有 8 个分子式。每个晶胞含有 8 个分子式。Fe 离子分别占据 24 个四面体中心间隙和 16 个八面体中心间隙。Y 所占据的位置有 8 个近邻的氧离子，但距离不相同，其中 4 个氧离子距 Y（0.237nm）较其他四个阳离子距 Y（0.243nm）稍近一些。以上三种阳离子晶格位置一般称之为 16a（8 面体中心）、24c（Y 位）和 24d（四面体中心）。图 8-10 给出这晶格中离子的分布，图 8-11 给出三种阳离子占位的特征。

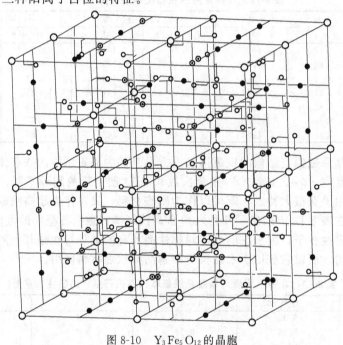

图 8-10 Y$_3$Fe$_5$O$_{12}$ 的晶胞

○ Fe^{3+}；● Y^{3+}；⊙ Fe^{3+}；○ O^{2-}

已经制成的石榴石型 M$_3$Fe$_5$O$_{12}$ 的铁氧体，因取代 M 离子种类的不同共有 11 种。稀土离子的半径如表 8-13 所示。由于石榴石型铁氧体的全部四面体和八面体位置都被 Fe^{3+} 占据，而显示了较高的稳定性。目前已制出的 11 种石榴石型铁氧体的晶格常数和密度值示于表 8-14 中。

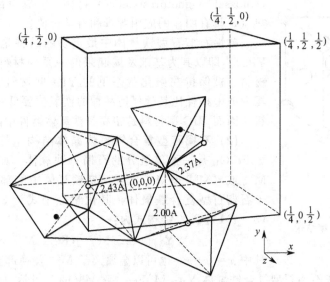

图 8-11　$Y_3Fe_5O_{12}$ 中三种阳离子的相对位置

$\odot$ Fe^{3+}（a 位）$(0, 0, \frac{1}{2})$；$\bullet$ Fe^{3+}（d 位）$(0, \frac{1}{4}, \frac{3}{8})$；$\bigcirc$ Y^{3+} $(\frac{1}{4}, \frac{1}{8}, \frac{1}{2})$

和 $(0, \frac{1}{4}, \frac{5}{8})$；$O^{2-}$ 在图中多面体的共同顶点

表 8-13　稀土金属和钇的离子半径

离　　子	Y^{3+}	Sm^{3+}	Eu^{3+}	Gd^{3+}	Tb^{3+}	Dy^{3+}	Ho^{3+}	Er^{3+}
离子半径/nm	0.106	0.113	0.113	0.111	0.109	0.107	0.105	0.104
离　　子	Tm^{3+}	Yb^{3+}	Lu^{3+}	La^{3+}①	Ce^{3+}①	Pr^{3+}①	Nd^{3+}①	Pm^{3+}
离子半径/nm	0.104	0.100	0.099	0.122	0.118	0.116	0.115	

①至今尚未制成 A_3Fe_{12} 型铁氧体。

表 8-14　$M_3Fe_5O_{12}$ 的晶格常数 a（室温）和密度 d

M		Y 钇	Sm 钐	Eu 铕	Gd 钆	Tb 铽	Dy 镝	Ho 钬	Er 铒	Tm 铥	Yb 镱	Lu 镥
晶格常数/nm		1.2376	1.2524	1.2518	1.2479	12.447	1.2414	1.2880	1.2349	1.2325	1.2291	1.2277
密度	实验值	4.95	5.11	—	6.22	—	6.08	6.05	6.33	—	6.08	—
d/(g/cm³)	理论值	5.169	6.235	6.276	6.436	6.533	6.653	6.670	6.859	6.496	7.082	7.148

　　有人曾制得了一种违背 3∶5（M 对 Fe）的 $Gd_3Y_{0.2}Fe_{4.8}O_{12}$ 的化合物。根据其饱和磁化强度与居里点比 $Gd_3Fe_5O_{12}$ 略微下降的事实，有人认为 Y 代换 Fe 进入了晶格中的 a 位（八面体中心）。自然，这样的代换极易导致晶格的不稳定，因而不可能在更大程度上离开 3 对 5 的比例。

　　经常和 $Al_3Fe_5O_{12}$ 同时生成的另一类型的铁氧体具有钙钛石（主成分 $CaTiO_3$）结构的 $MFeO_3$。在这一立方结构中 O^{2-} 占据面心位置，Fe^{3+} 占据体心，M^{3+} 占据立方的顶点位置。这一结构对于 M^{3+} 离子半径的条件较宽。表 8-10 内所列的元素都能生成这一型的铁氧体，如 $LaFeO_3$ 是很容易合成的。$AlFeO_3$ 只有很微弱的磁化强度，常和 $M_3Fe_5O_{12}$ 共生，这一事实是制备石榴石型铁氧体时所必须注意的。值得一提的是，当初石榴石型铁氧体的发现就是在研究 $MFeO_3$ 型化合物的工作中的意外收获。最早期的磁泡材料也是这一类型的化合物。具体到 $MFeO_3$ 钙钛石结构示于图 8-12。若将 M 和 Fe 分别用 La 和 Mn 离子代换，使这类具有钙钛矿结构的化合物出现了一种特殊的磁电阻效应。这就是 1993 年最新合成的具有钙钛矿结构的 $LaMnO_3$ 化合物，由于它具有很大的磁电阻值，被称为庞磁电阻材料，即 CMR

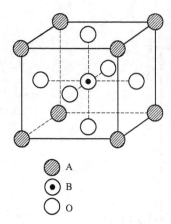

图 8-12 钙态石型结构
(分子式 ABO_3)

(colossal magnetoresistence) 材料，它成为目前国际上的研究热点，具有明显的应用背景和科学价值。

磁性石榴石型铁氧体中最重要的品种是 $Y_3Fe_5O_{12}$（简写 YIG）。即以其为基础发展起来的一系列材料，一般称 YIG 型材料。被保持在磁化状态下的 YIG 型材料在超高频（微波）场内的磁损耗比其他任何品种的铁氧体要低一个到好几个数量级，因而 YIG 型材料是超高频铁氧体器件中的一种特殊材料。

(2) 石榴石型复合铁氧体晶体结构　钇铁石榴石铁氧体 $Y_3Fe_5O_{12}$ 是一种单组分的石榴石铁氧体。如以其他金属离子 M^{3+} 或（$M^{2+} + M^{4+}$）置换钇铁氧体中的部分 Fe^{3+}，就组成了石榴石型复合铁氧体，其化学分子式为 $3Y_2O_3 \cdot xM_2O_3 \cdot (5-x)Fe_2O_3$，结构式为：

$$\{Y_3\}[Fe_{2-y}^{3+}M_y^{3+}](Fe_{3-z}^{3+}M_z^{3+})O_{12}$$

其中 $x = y + z$。也可以金属离子 M^{5+} 置换部分 Fe^{3+}，用 Ca^{2+} 和 Bi^{2+} 置换 Y 组成石榴石型复合铁氧体 $Y_{3-y}M_y^AFe_{5-x} \cdot M^BO_{12}$。当然也可以用阴离子 F^- 置换 O^{2-}。上面结构中的 $\{\ \}$ 表示十二面体的中心位置；$[\ ]$ 表示八面体中心位置；$(\ )$ 表示四面体的中心位置。

磁性石榴石的元素置换试验研究表明，可为微波、磁泡、磁光等铁氧体器件找到新的材料。现将具体元素的置换研究叙述如下。

含两种或多种稀土金属的复合铁氧体，如 $(Y_xSm_{1-x})_3Fe_5O_{12}$ 研究得比较多。复合体中两种稀土元素之一可能是在单独的情况下，生不成石榴石型铁氧体的，例如以 Nd 代替一部分 Y；又如用 Ca 置换一部分 Y，并且相应的以 Ti、Ge 或其他四价元素置换一部分 Fe。当晶体中含有多量的四价金属元素时，半径较小的离子如 Mn^{2+} 就可能进入 $24c$ 置换 Y，例如 $\{MnY_2\}[Fe_2](Fe_2Ge)O_{12}$ 和 $\{Mn_3\}[Cr_2](Ge_3)O_{12}$。

通过元素的置换，使占据四面体中心或八面体中心的为非磁性离子，从而可以用来研究石榴石型铁氧体中形成强磁性的交换作用机制，例如 $\{Mn_3\}[Cr_2](Ge_3)O_{12}$ 和 $\{Gd_3\}[Mn_2](GaGe_2)O_{12}$ 里八面体中心全被非磁性离子所占据，因而只在很低的温度下出现亚铁磁性。

关于 Fe 的被置换研究表明，置换 Fe 的金属离子有占据两种不同的晶格位的选择性，从饱和磁矩的数据以及其他考虑，发现 Cr^{3+} 有强烈的占据八面体中心的趋势，Al 和 Ga 选择四面体中心，而 In^{3+} 和 Sc^{3+} 则选择八面体中心。Al 和 Ga 可能置换全部 Fe，形成 $Y_3Al_5O_{12}$ 和 $Y_3Ga_5O_{12}$ 的顺磁性化合物。前者就是激光基质的工作物质。Cr、In 和 Sc 则只能部分地置换 Fe。另外，还有用 Bi^{3+}、Ca^{2+} 代 Y^{3+}，V^{5+} 代 Fe^{3+} 等形成不含稀土离子的石榴石型铁氧体。

8.3　铁氧体陶瓷材料的制备工艺

8.3.1　概述

铁氧体材料性能的好坏，虽然与原料、配方、成型和烧结等四个环节密切相关，也是铁氧体工艺原理重点研究的问题。但是在同一配方原料与工艺过程下制成的铁氧体材料，其性能却有很大差别。这主要由于各个具体工艺环节中（如球磨、成型与烧结等）的具体质量有所不同。因此，如何充分发挥各个工艺环节的作用及提高质量是提高铁氧体材料的关键问题。

通常情况下，铁氧体多晶材料采用粉末冶金法制造，具体制造工艺流程如图 8-13 所示。近年来，铁氧体材料的大规模生产技术和设备在国外又有了更大发展。日本 TDK 公司采用从配料到物料铁氧体化全部封闭的管道化生产方式，净化了生产环境，提高了生产效率，改善了工人的劳动条件，使铁氧体材料性能的一致性和稳定性得到了保障，达到了大规模现代化产业的要求。另外，为了获得更高性能的铁氧体材料，多采用化学法制备高品质的铁氧体材料，如用酸盐混合热分解法、化学共沉淀法、喷射燃烧法和电解共沉淀法等。化学法可以克服粉末冶金法的固相反应不易完善、粉末混合不均匀以及分离不易过细和原料的活性对产品性能影响很大的缺点，从而可以显著提高铁氧体材料的性能。其缺点是成本较高，工艺相对比较复杂。

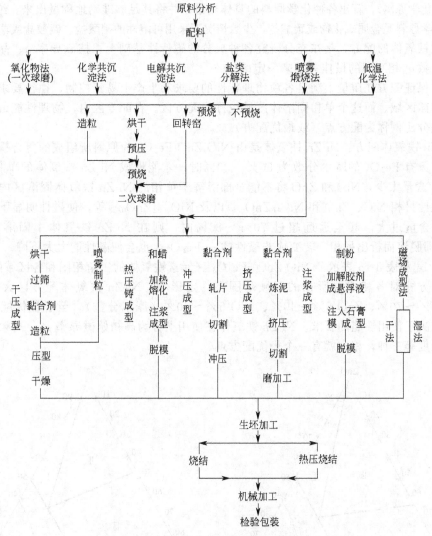

图 8-13　多晶铁氧体制备工艺流程图

随着近代磁记录工业和微波器件的迅速发展，铁氧体多晶材料已不能满足要求。近年来又出现了铁氧体单晶的制备工艺，并达到了规模生产的程度。如采用布里兹曼法（即温度梯度法）可生长出重达几千克的 Mn-Zn 铁氧体单晶，用于磁记录技术中使用的磁头的制作。另外，用于微波器件和磁-光器件中使用的石榴石型铁氧体单晶材料，也是需要相当多的。一般用于生长铁氧体单晶的主要工艺方法有温度梯度法、提拉法、水热法、浮区法、熔盐法和焰熔法等。

由于磁记录技术、磁光技术和微波集成等新技术的迅速发展，对于多晶、单晶和非晶与纳米晶态磁性薄膜材料的研究和应用日益受到重视，其制备的工艺方法也得到了快速的发展，通常被采用的磁性薄膜制备方法主要有液相外延法、化学气相沉淀法、溅射法、激光沉淀法和蒸发法等。

8.3.2 铁氧体多晶材料的制备工艺

用量最多的软磁性和各向同性的硬磁铁氧体材料，其制备工艺过程主要有六个工序：配料、混合、预烧、成型、烧结、热处理。

（1）配料 按照一定的配方（根据过去的实践经验和理论认识决定所需要的化学成分以及所需要的化学原料），算出各种化学原料的具体用量，并将其足够准确地称量出来。绝大多数情况下，化学原料是金属氧化物或碳酸盐，少数情况下采用可溶性的硝酸盐、硫酸盐或草酸盐。

软磁铁氧体的配方，是在充分研究各种成分的磁特性基础上，按磁导率 μ、品质因数 Q 和温度系数 α_μ 相互间的最佳关系来确定的。

为了保证配方在质量上满足各项物理特性的要求和生产上易于控制，往往要求有较宽的单相固溶体区域。而这个单相固溶体区域也称为配方区。在配方区内，物理性能最好的部位的各种成分比例称为配方点（或最优配方）。

Ni-Zn 铁氧体配方：Ni-Zn 铁氧体是由 NiO-ZnO-Fe_2O_3 为原料所组成的复合铁氧体。实践证明，只有 Fe_2O_3 的摩尔分数为 $50\%\sim80\%$ 时，才能形成 Ni-Zn 铁氧体的单相固溶区。若 Fe_2O_3 含量太少，NiO 和 ZnO 将不能全部溶解于单相的 Ni-Zn 铁氧体固溶区内，而同时出现非磁性另相 NiO、ZnO 和 $Ni_{0.47}ZnO_{0.53}$ 以及 $NiO_{0.62}ZnO_{0.38}$ 等，使磁性明显下降；但如 Fe_2O_3 的含量过大，甚至远远超过 $70\%\sim80\%$ 时，则在 Ni-Zn 铁氧体中固溶的多余的 γ-Fe_2O_3 即脱溶而析出另相，转变成非磁性的 α-Fe_2O_3，也会使磁性能大大下降。

图 8-14 和表 8-15 表示了 NiO-ZnO-Fe_2O_3 三元素铁氧体的三角相图和各区域的相成分。不同冷却方式对各相成分所在的区域范围有一定影响。Ni-Zn 铁氧体配方区大致范围是 Fe_2O_3 $50\%\sim70\%$、ZnO $5\%\sim40\%$、NiO $5\%\sim40\%$（摩尔分数）。至于最优配方点的确定，则取决于使用性能的要求。Ni-Zn 铁氧体在使用上分为高初始磁导率 μ_a、高频和高饱和磁感应强度等三种，相应就有三个最优配方点。

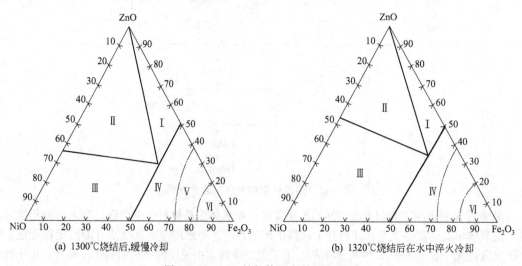

(a) 1300℃烧结后,缓慢冷却　　　(b) 1320℃烧结后在水中淬火冷却

图 8-14　Ni-Zn 铁氧体配方的三角相图

表 8-15　NiO-ZnO-Fe$_2$O$_3$ 系各个区域的相组分

区域	相数	相的组分		备注
		磁性	非磁性	
I	2	Ni$_{1-n}$Zn$_n$Fe$_2$O$_4$ 缓冷 $n=1\sim0.58$ 淬火 $n=1\sim0.66$	ZnO	Fe$_2$O$_3$<50% ZnO>50%
II	3	Ni$_{1-n}$Zn$_n$Fe$_2$O$_4$ 缓冷 $n=0.58$ 淬火 $n=0.66$	ZnO,Ni$_{1-n}$Zn$_n$O 缓冷 $n=0.38$ 淬火 $n=0.53$	Fe$_2$O$_3$<50% NiO>50%
III	2	Ni$_{1-n}$Zn$_n$Fe$_2$O$_4$ 缓冷 $n=0\sim0.58$ 淬火 $n=0\sim0.66$	Ni$_{1-n}$Zn$_n$O 缓冷 $n=0\sim0.38$ 淬火 $n=0\sim0.53$	Fe$_2$O$_3$<50% NiO>50%
IV	1	固溶体 Ni$_{1-n}$Zn$_n$Fe$_2$O$_4$ + γ-Fe$_2$O$_3$ + Fe$_3$O$_4$ 缓冷、淬火 $n=0\sim1$		Fe$_2$O$_3$≥50% NiO,ZnO≤50%
V	2	Ni$_{1-n}$Zn$_n$Fe$_2$O$_3$ 缓冷 $n=0\sim1$	少　量 α-Fe$_2$O$_3$	Fe$_2$O$_3$≥50%
VI	2	少量固溶体 Ni$_{1-n}$Zn$_n$Fe$_2$O$_4$ + γ-Fe$_2$O$_3$ + Fe$_3$O$_4$ 缓冷、淬火 $n=0\sim1$	大　量 α-Fe$_2$O$_3$	Fe$_2$O$_3$≥50%

高初始磁导率的 Ni-Zn 铁氧体必须提高饱和磁化强度 M_s，使结晶各相异性常数 K_1、磁致伸缩常数 λ_s 和内应力 σ 降至最小值。随着含锌（Zn）量的增加，M_s 将有显著的上升，而 K_1、λ_s 亦将随之降低。当 ZnO 含量达 35%，烧结温度为 1380℃时，高导 Ni-Zn 铁氧体的初始磁导率 μ_a 可达 5000 左右。所以在烧结条件适当时，15%NiO、35%ZnO 和 50%Fe$_2$O$_3$ 是高磁导率 Ni-Zn 铁氧体的最优配方点，其相应化学分子式为 Ni$_{0.3}$Zn$_{0.7}$Fe$_2$O$_4$。另外，高导 Ni-Zn 铁氧体的最优配方点与烧结温度有极大关系。

高频 Ni-Zn 铁氧体（使用频率 $f=10\sim100$MHz）要求有高的电阻率 ρ，必须相应提高 NiO 用量和降低 Fe$_2$O$_3$ 及 ZnO 用量，严格控制 Fe$_3$O$_4$ 的含量，力求不出现过量的 Fe^{2+}，其配方区大致为 25%~30% NiO，15%~20% ZnO 和 50% Fe$_2$O$_3$。此外，通过掺杂 CoO，组成 Ni-Zn-Co 铁氧体，来抑制 Fe^{2+} 的出现，也可以提高电阻率 ρ，降低损耗角正切 tanδ，扩展使用频率范围，这是目前国内外生产的高频软磁铁氧体的主要类型。实际使用时，可按不同频率的要求经过一定试验，分别确定其最优配方点。总之，使用频率越高，ZnO 含量越低，NiO 含量却随之相应提高，而 Fe$_2$O$_3$ 的含量基本上仍应保持在 50% 左右。

饱和磁感应强度 B_s 值的大小取决于单质量的饱和磁比强度 σ_s 和密度 d_x。因此，要获得高饱和磁感应强度 B_s 的 Ni-Zn 铁氧体的配方，要求有较高密度和一定的 ZnO 含量。由于高 B_s 的 Ni-Zn 铁氧体主要用于大功率的高频磁场情况下，因而也要求有较高的 Ni 含量。经验表明，其最优配方点为 30% NiO、20% ZnO 和 50% Fe$_2$O$_3$ 附近，其相应的化学分子式为 Ni$_{0.6}$Zn$_{0.4}$Fe$_2$O$_4$。

需要指出的是，最优配方点的位置还必须考虑工艺条件的影响而予以调整。一般高磁导率 Ni-Zn 铁氧体的 Fe$_2$O$_3$ 含量，随烧结温度而提高；高频率 Ni-Zn 铁氧体，则往往不能应用很高的烧结温度，以免密度太大而失去高频的特性，而通常控制在 1000~1200℃之间；至于大功率高 B_s 的 Ni-Zn 铁氧体，由于要求密度较大而应有较高的烧结温度，一般控制在 1300℃以上，当然也可以采用预烧、加大成型压力及采用加压烧结等方法来提高密度。

Mn-Zn 软磁性铁氧体是由 MnO-ZnO-Fe$_2$O$_3$ 等三种主要成分所组成的复合铁氧体。原则上讲，确定最优配方点的基本方法和 Ni-Zn 铁氧体相同，但是由于 Mn-Zn 铁氧体中的 Mn 和 Fe 离子容易发生变价，如果工艺条件控制不当，不仅会使配方点偏移，物理性能恶化，甚至变成非磁性材料。其中固相反应条件（烧结温度、气氛及冷却方式等）的影响最大，而必须引起充分重视。

图 8-15 和表 8-16 表示 MnO-ZnO-Fe_2O_3 系列的 Mn-Zn 铁氧体的三角相图和各区域的相组成。

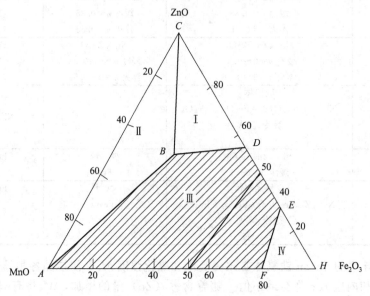

图 8-15 Mn-Zn 铁氧体配方的三角相图
真空烧结 $T = 1370℃$，真空冷却

表 8-16 MnO-ZnO-Fe_2O_3 系列各个区域的相组成

区域	相数	相组成		微观结构	备注
		磁性	非磁性	配方	
Ⅰ	2	固溶体 $Mn_{1-n}Zn_nFe_2O_4$ + γ-Mn_3O_4	ZnO	15% MnO · 70% ZnO · 15% Fe_2O_3	$ZnO > 50\%$ $Fe_2O_3 < 50\%$
Ⅱ	3	固溶体 $Mn_{1-n}Zn_nFe_2O_4$	ZnO, $Mn_{1-n}Zn_nO$		
Ⅲ	1	固溶体 $Mn_{1-n}Zn_nFe_2O_4$ + γ-Mn_3O_4 $Mn_{1-n}Zn_nFe_2O_4$ $Mn_{1-n}Fe_nO_4$ $Mn_{1-n}Zn_nFe_2O_4$ + γ-Fe_2O_3		25%MnO · 25%ZnO · 50%Fe_2O_3 61.5%MnO · 38.5%Fe_2O_3 14%MnO · 6%ZnO · 80%Fe_2O_3	亚稳相 $Fe_2O_3 > 50\%$ 亚稳相 $Fe_2O_3 \geqslant 50\%$
Ⅳ	2				亚稳相 $Fe_2O_3 \geqslant 50\%$

正分 Mn-Zn 铁氧体 $Mn_{1-n}Zn_nFe_2O_4$ 是尖晶石结构的单相固溶体，从表 8-16 可见，一般位于Ⅲ区。其晶格常数从 $8.499 \sim 8.521\text{Å}$（$MnFe_2O_4$）至 8.443Å（$ZnFe_2O_4$）之间进行线性变化。在图 8-15 中的 $ABDEFA$ 所包围的区域（即Ⅲ区）是具有尖晶石结构的单相固溶区，它比 Ni-Zn 铁氧体的单相固溶区（图 8-14）虽然大得多，但是在该区内各个不同部位的化学成分和磁性能的差别也很大。在 MnO 成分较多的单晶固溶区内，超过正分量的 MnO 在转变为 γ-Fe_3O_4 以后，与正分的 $Mn_{1-n}Zn_nFe_2O_4$ 形成固溶体，其晶格常数随 MnO 的过量而增大，即立方晶系的尖晶石结构逐渐转变为四方晶系结构，晶轴比 c/a 也随之增大。当 MnO 含量为 100% 时，$c/a = 1.16$ 即转变为纯高锰矿 Mn_3O_4。在 Fe_2O_3 成分较多的单相固溶区内，过剩的 Fe_2O_3 将转变为 γ-Fe_2O_3 或 Fe_3O_4 为正分的 $Mn_{1-n}Zn_nFe_2O_4$ 形成

固溶体。当配方中 Fe_2O_3 的摩尔分数超过 80% 时，γ- Fe_2O_3 将转变成赤铁矿 α- Fe_2O_3 并以另相析出，而形成两相并存的 Ⅳ 区。其晶格常数随 Fe_2O_3 过量的增加而线性下降，α-Fe_2O_3 的晶格常数 $a=0.542nm$。

从图 8-15 和表 8-16 中还可看到，当配方中 ZnO 含量大于 50%，而 Fe_2O_3 含量却显著不足时，过量的 ZnO 以另相析出，而与 Mn-Zn 铁氧体、γ- Mn_3O_4 所组成的固溶体以两相共存于 Ⅰ 区。需要特别指示的，固相反应条件对相成分的影响极大。一般在 1200℃ 以上，在空气中烧结时，结晶石相的 γ- Fe_2O_3 和 γ- Mn_3O_4 虽然能与同样的尖晶石相的 Mn-Zn 铁氧体组成单相固溶体。但是，如果在空气中烧结之后，从 1200℃ 缓慢冷却，它们将被氧化而转变成 α- Fe_2O_3 和 α- Mn_2O_3，从固溶体中以另相析出。显然，采用高温淬火，氮气或真空冷却的 Mn-Zn 铁氧体的单相固溶区范围，比一般在空气中缓慢冷却要大得多。所以这也是保证生产质量稳定性的一个有效措施。

另外，当固相反应的条件一致时，含 ZnO 量的高低对单相固溶体的晶粒大小有一定影响。试验表明，ZnO 含量为 25% 的正分铁氧体，其晶粒平均直径为 $25\sim30\mu m$；当 ZnO 含量降至 15% 时，晶粒显著增加到 $100\sim120\mu m$。

总之，可以将配方设计归纳为如下三个主要原则：首先配方必须保证产品的使用要求；其次是尽量做到就地取材，贯彻综合利用原则的同时，尽量采用性能好、成分稳定、来源广和价廉的原料。另外，还要充分考虑生产工艺对于配方产生的影响，需要经过生产实践的检验。

(2) 球磨混合 铁氧体制造过程中的粉碎工序，与其他化工制造工艺的粉碎工序一样，按配方要求称量好各种化学原料之后，根据原料颗粒尺寸的大小及粉碎后尺寸大小的要求选用不同的粉碎机械。由于铁氧体的原料一般为化工原料，它们的粉粒已经非常细，可以直接进行细磨。在铁氧体制备过程中，为了提高产品质量，常常采取预烧工序。为了在预烧过程中使固相化学反应完全，在预烧之前压成毛坯，经预烧后坯料已形成了铁氧体，因此质地很硬，为此需要经过粗碎和中碎，才能进行细磨工序。由于在铁氧体制备工艺中，相对细磨工序粗、中碎机应用得比较少。因此，在此主要讨论粉碎工序中的细磨工序，通常细磨所使用的机械有滚动球磨式和振动磨式的球磨机。

对于滚动球磨机的磨混，是将配好的氧化物和碳酸盐化学原料以及适当大小和数目的钢球一并装入钢筒中，然后装在球磨机上不断地转动，使钢球与原料互相冲击，产生均匀混合和磨细的效果，经过数小时到数十小时后，取出烘干。其粉碎比可达 300 以上（即原料放入钢筒中前后的粉粒平均直径的比例）。在采用硝酸盐、硫酸盐等做原料时，则先将其制成水溶液，达到均匀混合的效果。然后加入碱性溶液使金属离子同时沉淀或为氢氧化合物，烘干后加热分解就得到混合均匀、颗粒细、活性高的氧化物（共沉淀法）；或直接将盐类的溶液烘干后加热到 $800\sim900℃$ 使其分解为混合均匀的氧化物。后两种方法的工艺过程都比球磨法繁重，但也有其优点：除了可能混合得更均匀、颗粒更细外，还能更好地保持纯洁，避免损失一部分原料。后一优点在采用稀有元素原料时是很可取的。

振动球磨机的效率比普通滚动球磨机的效率高出几十倍，一般球磨需要 $20\sim40h$ 的时间，而振动球磨只需 20min 至 1h。因此，采用振动球磨，可以大大缩短生产周期，并且振动磨后的粉末可以更细，这对以后的固相反应的进行是有利的。振动球磨机一般有惯性式与偏旋式两种。其振动研磨的作用原理是：高频率振动对物料产生撞击作用；研磨体循环运动使物料形成研磨作用；研磨体的自转运动也对物料形成研磨作用。由于这种高频和不同性质的作用力同时存在，使振动球磨在生产高细度产品颗粒时特别有效。

在粉料细磨机械中，除了振动球磨机外，还有各种液体磨，也是属于超细磨设备。

(3) 预烧 将混合后的配料在高温炉中加热，促进固相反应，形成具有一定物理性能的多晶铁氧体。这种多晶铁氧体也称为烧结铁氧体。这种预烧过程是在低于材料熔融温度的状态下，通过固体粉末间的化学反应来完成的固相化学反应。在固相反应中，一般来说，铁氧体所用的各种固态原料，在常温下是相对稳定的，各种金属离子受到晶格的制约，只能在原来的结点做一些极其微小的热振动。但是随着温度的升高，金属离子在结点上热振动的振幅越来越大，从而脱离原来的结点发生位移，由一种原料的颗粒进入到另一种原料的颗粒，形成了离子扩散现象。

实际上，由离子扩散所引起的固相反应过程是很复杂的，它的最终产物随着工艺条件的不同而各异。一般固相反应的进行随着温度的升高，可以分为如下几个阶段。

第一阶段为表面接触期。各种不同性质的颗粒的表面接触在物料混合时已经开始了，当温度升高后，则接触更加紧密。

第二阶段为形成表面孪晶期。两种或两种以上不同性质分子形成特殊的结合称为孪晶，它发生在接触表面处，温度升高时孪晶加多，软磁铁氧体的预烧温度一般在 $800\sim1000℃$ 之间，而发生孪晶现象要比预烧温度低得比较多。例如，对于 $ZnO+Fe_2O_3$ 而言，在 $300\sim400℃$ 之间就发生了孪晶现象。

第三阶段为孪晶的发展和巩固期。这时表面膜的结合强度增大，反应混合物的活性下降，可以认为这些分子的新结构是未来晶粒的晶核，但不是新相，此时 X 射线分析尚不起作用。

第四阶段为全面扩散期。这一阶段的特点是：一种组元的质点（如金属离子等）已能在晶格内发生位移，同时也能扩散到另一组元的晶格内。对于 $Zn+Fe_2O_3$ 而言，这个阶段的温度为 $500\sim620℃$。

第五阶段为反应结晶产物形成期。这个阶段相当于一种组元扩散到另一组元中所形成的固溶体浓度已经很高，并达到可能分离出新化合物晶体的时期。如对 $ZnO+Fe_2O_3$ 而言，在 $620\sim750℃$，用 X 射线分析已有新化合物相的峰线出现。

第六阶段为形成化合物的晶格结构缺陷校正期。最后形成的新的铁氧体化合物其结晶结构具有缺陷，温度继续升高，这些缺陷很快消失。

综上讨论可知，固相反应是由扩散形成的，而固相反应层厚度的增加速度 dy/dt 与固相反应层的厚度 y 的关系为：

$$\frac{dy}{dt}=\frac{k}{y}$$

积分后得：

$$y^2=2kt+C \tag{8-3}$$

式中，y 为反应层厚度；t 为固相反应时间；k 为各组元相互扩散能力的速率常数，与热力学温度成正比。当时间 t 为零时，反应层厚度 y 为零，则上式中积分常数应该为零。

用实验方法测定固相反应厚度是很困难的，但可以用反应生成物的体积分数表示反应层厚度。

设参与固相反应物的密度和颗粒直径大致相同，其平均半径为 r；并设固相反应前的颗粒体积为 V_1，尚未反应完的颗粒体积为 V_2，已反应完成的物质的体积分数的 x。

则有，

$$V_1=\frac{4\pi r^3}{3}$$

$$V_2=\frac{4\pi (r-y)^3}{3}$$

$$x=(V_1-V_2)\times100\%/V_1=\left(1-\frac{V_2}{V_1}\right)\times100\%=\left[1-\frac{(r-y)^3}{r^3}\right]\times100\%$$

由上面三式可得，

$$y = r(1 - \sqrt[3]{1 - 0.01x}) \tag{8-4}$$

由式（8-3）和式（8-4）可得，

$$(1 - \sqrt[3]{1 - 0.01x})^2 = 2kt/r^2 \tag{8-5}$$

从上式可见，化学反应完成所需时间，与参与固相化学反应的物质颗粒的半径平方（r^2）成正比。对于一般颗粒较细、各种原料粗细相差不大的材料，试验和理论相符得很好。通过以上的讨论，可以得知影响固相反应的因素有如下几点。

① 参与化学反应的原料粉粒的大小：从式（8-5）可见，化学反应完成所需要的时间，即反应速率与粉粒半径平方成正比。因此，要求粉粒越细越好，所以球磨是一个很重要的工艺过程。如果参与反应的各种元素粉粒大小相差较大时，不能看它们的平均半径，因为活性差的原料粉末颗粒大小是起主要作用的，这是由于固相反应中的扩散过程主要是由活性好的原料离子向活性差的原料颗粒中扩散，所以活性差的原料颗粒小时，扩散容易。

② 烧结温度：固相反应既然由扩散形成，那么烧结温度与反应速率可以根据热力学原理用下式表示：

$$k = ae^{-\frac{Q}{KT}}$$

式中，k 为固相反应速率常数；a 为由物质的物理状态决定的常数；K 是玻尔兹曼常数；T 为烧结的热力学温度；Q 为晶体生长时离子扩散所需克服的活化能。该活化可由测定两种不同温度下反应速率常数 k 来求出，但实际上该常数是随温度变化的。

上述动力学公式，只适用于在等温条件下进行的化学反应，而大多数固相反应都是放热反应。考虑到反应晶体的比热容较小而导热性都很差，故反应过程中放出的热量，可以使反应混合物加热到高于反应空间的温度，所以上述反应速率与温度的关系有所修正。但无论如何从上述动力学公式中可以看出，提高烧结温度可以使固相化学反应速率大大提高。因此，提高烧结温度的作用要比加长保温时间的作用大得多。

③ 化学原料的活性：所谓原料的活性是指原材料中的离子离开本身晶格结构而扩散到附近元素晶格中去的难易程度。它与结晶结构的能量及晶格中各节点上离子占有情况有关。结晶结构紧密的，活性差。结晶结构上有缺陷的原料，活性大。原料的活性与原料的来源有很大关系，经过高温预烧处理的原料，由于结晶结构已经达到完整，活性差。由酸盐低温分解而得的氧化物，晶格缺陷多，活性好。此外，在结构改变的温度附近，原料表现出活性特别好，而且改变前后，活性有很大的变化。酸盐混合热分解法能使化学反应完全的原因就在于此。

④ 混合。混合均匀可使反应物互相紧密接触的面积增大，化学反应加快。如在反应过程中，不断混合则更好。对铁氧体的制备，经过预烧再球磨，或经两三次重复球磨，可使铁氧体性能提高，其原因亦在于此。

⑤ 加压。在进行固相反应之前，先将粉末加压力将其压紧，使粉末之间容易接触，会使固相反应较快，一般在预烧之前，常须将粉末干压成饼块，增加其粉料之间的接触紧密，有利于固相反应。

⑥ 掺加矿化剂。少量矿化剂的加入，使某些具有矿化剂离子的晶格发生变形，因而活化能降低，化学反应会加快。许多原料中杂质的存在也会起到矿化剂作用，因此高纯度原料对固相反应来说是不利的。

⑦ 助熔剂。少量熔点较低的原料加入反应物中，在固相反应温度时，它提前就熔融，以液态形式在反应物间流动，促进其他原料的固相反应加速进行。例如，CuO 在铁氧体制造过程中常常作为助熔剂来使用。

(4) 成型　经过预烧已生成铁氧体材料，通常把它做成粒料，近年来的厂家专门按用户或后续工厂要求生产各种性能的铁氧体粒料。成型工序就是将预烧后的粒料压成产品所要求的各种各样的形状，形成一定的坯体。成型也是保证产品质量的一个重要环节。

由于铁氧体产品的种类很多，大小各异，成型方法也很不相同。一般生产中常用的成型方法，有干压成型、热压铸成型、等静压成型等，其中以干压成型最为普遍。

① 干压成型。干压成型是将铁氧体颗粒料送入硬质钢制的压模中压成所要求的形状。一般要求达到每平方厘米 1000kgf 以上的压强。为了成型完整不起裂纹，通常在粉末中调入 5%（质量分数）的黏结剂，最好的黏结剂是聚乙烯醇，在工厂生产时也可采用纸浆废液作为黏结剂使用。一般来说，干压成型有单向加压和双向加压两种。单向加压成型的生坯上下密度不均匀，只能压制较薄的产品。双向加压成型的生坯上下密度均匀，可以压制较厚的产品。另外，在一定范围内加压的压力越大，生坯的成型密度越大。但是过大的成型压力不仅对提高成型密度的效果不显著，反而容易使粒料产生脆性断裂。加压速度对生坯质量有一定影响。干压速度过快，将使生坯承受过大的冲击载荷而开裂。当然，压制速度太低，加压时间太长，成型密度的变化虽然趋于稳定，但却使生产效率过低。压制速度以控制在 20～30mm/s 为宜。在压力成型中，降低粒料和生坯的内摩擦力也是需要考虑的因素。一般应该尽量采用接近球形的粒料，为此要选用适当的黏结剂和良好的造粒方法得以满足。关于造粒方法的选择，是适当控制颗粒级配，尽量降低粒料的装料空隙率，提高装料密度，有利于提高生坯的成型密度。实践表明，若采用单一粒径的粒料容易发生"拱桥现象"，装料密度和装料均匀性都很差。如果用几种大小不同的颗粒按一定比例进行分级配合（简称级配），就可以消除"拱桥现象"。在批量生产中一般采用二级配合法，即将粗细两种粒料的平均粒径比控制在 (5∶1)～(10∶1) 之间。

通常单向加压时，生坯各部位的实际压力很不均匀，成型密度在坯料各部位差别较大，这种不均匀现象，在成型时有时还不太明显。但烧结后，由于收缩不一致，就在外观上显示出来，有时甚至使产品发生严重变形而报废。所以，提高干压成型的一致性是很重要的。一般干压成型都是轴向加压的，压制时模具内壁和粒料存在着摩擦阻力，模具越高，摩擦力越大，使坯件在下端的实际压力越来越小。尤其对高宽比较大的坯件特别显著，下端的实际压力有时仅为轴向压力的 10%。采用双向加压是消灭死角和低压区、提高生坯成型密度一致性的重要措施。双向加压时，可以消除下部死角和低压区，除中部压力较低外，均匀性有显著提高。生坯各部位成型密度上的不同也是铁氧体产品各部分烧结收缩率显著差异的主要原因。另外，生坯成型方向（轴向）的收缩率要比其他方向（如径向收缩率）小。由成型压力不均匀而引起的收缩各向异性，随成型压力增加而显著增大。总之，压力成型问题是生产控制上所必须注意的问题。

② 铸浆成型。对于形状比较复杂的小尺寸铁氧体器件，常采用铸浆成型法。将铁氧体颗粒粉料溶在加热的液体石蜡内，形成可流动的浓浆料，通过液压法将浆料注塑到可开启的金属模具内，待冷却后凝固成固体坯料。在进行最后烧结之前，经过排蜡程序，最后烧结成铁氧体器件。这种成型法的挤压效率比较高，可以连续地压制出形状较复杂的小型铁氧体坯件。所用的铸浆机类似于塑料制品的铸塑机械。

③ 静水压成型。一般首先把粉料装入成型所要求形状的橡胶模具中，然后把密封的模具置于能承受高压的高压容器内。借助于高压泵将油或水压入高压容器，压力便按静水压方式均匀地施加于橡皮模具的各个部分，获得具有较高成型密度而又十分均匀的坯件。一般用干压成型法，压力很难超过 2000kgf/cm²。而用静水压成型时，压力可高达 20tf/cm²。具体压力的选择可根据成型生坯件的致密度和外形特征由试验确定。通常要求对成型密度大、高厚比较大的生坯件施加较高的成型压力。

④ 加热成型。一般的成型方法都是在常温下进行的，适当提高成型温度（200~300℃）将显著提高产品的成型密度，还有利于降低烧结温度和缩短烧结时间。采用化学共沉淀法生产的原料，采用加热成型比较有效，化学反应速率快，能在短时间内即可获得很高的烧结密度。这是因为在热状态下，铁氧体粒料具有较好的流动性，可以获得比常温成型更好的效果，特别是对用共沉淀法生产的颗粒很细的粒料最为适宜。当温度和压力选择得当时，短时间内即可使成型密度接近理论密度。连续热压法就是在此基础上进一步发展而成。成型时可用石墨作模具，借助于高频电流进行加热，模具外围也可以用氮气保护。

当热压成型对模具的要求较高时，一般都采用 Ni-Cr 或高速钢的模具，在 800℃ 时可承受 $1.47 \times 10^7 N/m^2$（$1500kgf/cm^2$）的压力。

(5) 烧结　铁氧体材料的烧结温度，一般为 1000~1400℃。由于铁氧体烧结时周围气氛对性能影响很大。如前所述，铁氧体生成时的固相化学反应，不能在还原气氛中进行。因此，通常铁氧体材料的烧结在硅碳棒加热的电炉（窑）内进行。对于某些有特殊要求的铁氧体材料，必须在特殊的炉子中烧结，如高磁导率的锰锌铁氧体，必须在真空炉中烧结，钇铁石榴石多晶铁氧体必须在 1400℃ 以上的炉子中烧结。烧结过程中均要发生化学变化和物理变化。

① 烧结过程中的化学变化。铁氧体的烧结过程，要发生一系列氧化和还原、固溶体的发生和分解的过程。其中以氧化和还原过程中的化学变化最重要，对铁氧体的物理性能影响也最大。金属氧化物、金属盐及其所生成的铁氧体，在烧结过程中的氧化和还原过程，实质上是烧结体与周围气氛共同作用、进行吸氧或放氧的过程。所以，氧化和还原过程不仅与金属氧化物、金属盐及所生成的铁氧体的性质有关，而且与周围气氛的氧分压以及温度有密切关系。一般当周围气氛的氧分压适当时，氧化物和铁氧体既不氧化也不还原；或者说，吸氧和放氧量相等，处于化学平衡状态。这时的氧分压称为平衡气压。在一定的温度下，当周围气氛中的氧分压大于氧化物或铁氧体的平衡气压时，就容易氧化，相反就容易还原。为了方便，有时也称平衡气压为分解压力（也就是在平衡状态物质分解后所生成的氧分压），周围气氛的氧分压低于氧化物或铁氧体的平衡气压时，将其称为还原气氛，反之称为氧化气氛。另外，平衡气压和温度有密切关系，同样一种氧化物或铁氧体所处的温度不同，其平衡气压值也是不同的。可见，氧化和还原的进行，与周围气氛的氧分压力大小以及烧结温度的高低有密切关系。最终影响材料中的金属离子的价态。不同的铁氧体，如 Mn 铁氧体、Mg 铁氧体、Ni 铁氧体和 Li 铁氧体，它们的平衡气压值都是不一样的，因此在进行铁氧体烧结时，除了考虑烧结气氛压力、烧结温度等条件之外，对于烧结过程中的升温和降温制度也要给予认真的对待。根据材料对象不同，物理性能要求不同，在工艺上常常采取如下措施，如真空降温、氮化降温、高温淬火等。

② 烧结过程中的物理变化。铁氧体在烧结过程中进行一系列化学变化的同时，在体积、密度、外形以及相组成和微观结构上也发生了一系列物理变化。铁氧体在烧结过程中的物理变化可概括为烧缩（致密化）和结晶两个阶段。一般认为，烧缩结束后才开始结晶生长。但是实际上这两个阶段很难有明显的界线，主要取决于固相反应物质的起始状态。

a. 烧结收缩。铁氧体在烧结过程中发生显著的体积收缩时，在体密度、空隙率上也发生很大变化，根据气孔率的不同，也可将烧结分为初期、中期和后期三个阶段。在烧结初期，固体粒料相互接触，空隙分散而相互贯通，随着黏结剂、水分和其他杂质的挥发，气孔通过粒料表面外逸，空隙率下降，收缩率上升，体密度略有增加；在烧结中期，随着温度升高，各个固体粒料的界面逐渐合并，互相贯通的空隙逐渐被封闭而相对集中。空隙率迅速降低，收缩率显著增高，体密度有所下降；在烧结后期，随着温度的进一步升高，封闭的空隙有所缩小，体密度显著升高，达到烧结密度、致密化趋于完善。但是，烧结温度过高，以致部分 Fe_2O_3 分解，反而会使空隙率上升，烧缩率下降。烧结收缩是铁氧体在烧结过程中的一个重要的物理变化。烧结收缩，一般以烧结后体积收缩的百分率表示，有时也称为烧结率。收缩率大小对铁氧体的生产控制的烧结原理的研究具有很大意义。烧结收缩率与原料的化学组分、颗粒粗细、黏结剂的用量、生坯的成型密度、预烧温度以及烧结制度等有很大关系，其中尤以成型密度的影响最为重要。铁氧体的烧缩率一般应控制在 10% 左右，这比普通陶瓷制品已经大得很多。掌握影响收缩率的因素和相应规律，对控制产品的几何尺寸和稳定生产具有很重要的意义。

b. 多晶成长。铁氧体多晶成长是烧结过程中发生的一个重要的物理变化，对铁氧体的物理性能有很大影响。烧结前生料内各固体颗粒是靠黏结剂黏结而保持一定的形状 [图 8-16(a)]。烧结初期，随着黏结剂的挥发和部分固体颗粒进行固相反应而紧密结合，个别颗粒已有微晶出现，颗粒间的空隙逐渐缩小 [图 8-16(b)]。随着温度的升高，

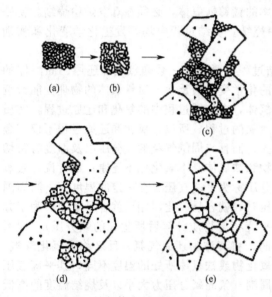

微晶逐渐成长并兼并成很大晶粒。这时晶粒成长异常迅速（有时也称为二次再结晶），但是它的微观结构是极不均匀的，大小晶粒掺杂其间而形成所谓的复合结构（又称双重结构或孪晶），在性能上也极不稳定 [图 8-16(c)]。温度继续升高后，晶粒继续兼并，各晶粒当界面的空隙也大量集中，多晶的成长得到了进一步发展 [图 8-16(d)]，这相当于烧结后期。最后，在各小晶粒兼并成长的同时，大晶粒也进一步分裂为若干中晶粒，按晶体界面能量最小的方向逐渐趋于稳定状态 [图 8-16(e)]。这大致相当于烧结的保温阶段。可见烧结时间和保温时间的长短，对铁氧体晶粒的大小和均匀性都有一定作用。另外，铁氧体内部气孔的大小、形状和分布与烧结温度和烧结时间也有很大关系。因此，

图 8-16　铁氧体多晶成长过程示意图

采用各种工艺措施，力求避免和消除铁氧体内部的气孔，是制备高密度铁氧体的关键。这在生产上除了可以适当降低原料平均粒径，采用湿法生产，提高成型压力和成型密度外，还可以掺杂或采用加压烧结来抑制晶粒的异常成长以及严格控制升温速度和烧结气氛（如真空烧结和在还原性气氛中烧结等）。

③ 烧结中的相变化。铁氧体在烧结收缩、晶粒成长的同时，也发生一系列相变化。如 Mn 铁氧体在烧结过程中的相变化，经 X 射线衍射分析得知，在 700～1000℃ 范围内存在少量 $Fe_2O_3 \cdot Mn_2O_3$ 固溶体，温度超过 1050℃ 后，才出现单相的 $MnFe_2O_4$。$Mn_3O_4 + 3Fe_2O_3$ 在不同烧结条件下的相变见图 8-17。该图各过程中左边表示大量生成的产物的相结构（又称主晶相），右边表示少量生产的氧化物相结构（又称次晶相）。Mn 铁氧体在空气中烧结时，形成于 1000℃ 以上，若在氮气中烧结，则生成温度在 850℃ 左右，即开始有少量形成（图中斜线部分）。过程 1，在 1050～1350℃ 之间，具有少量 Fe_2O_3 和 Mn_2O_3。但是在过程 2 和 3 中，在 1250℃ 以上，就完全成为单相的 $MnFe_2O_4$。这也是 Mn 铁氧体和 Mn-Zn 铁氧体在生产中都采用高温淬火和氮气以及真空降温的直接原因。铁氧体的相变化和烧结与周围气氛的氧分压有密切关系。Ni-Zn 和 Mn-Zn 铁氧体的单相范围和氧分压的关系示于图8-18

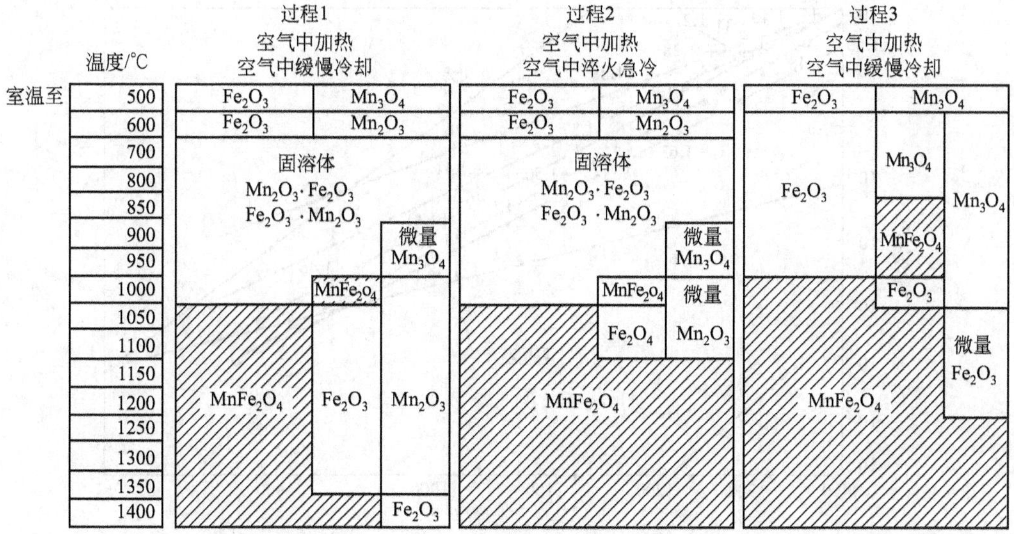

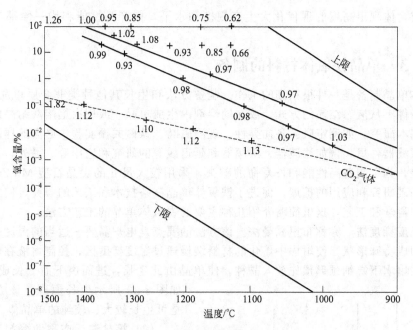

图 8-17 （$Mn_3O_4 + 3Fe_2O_3$）在不同烧结条件下的相变化
（在 600～1400℃加热 2h，然后在不同条件下冷却）

图 8-18 Ni-Zn 铁氧体的平衡气氛图
NiO 28.4%、ZnO 18.9%、Fe_2O_3 52.7%（摩尔分数）；数字表明 Fe^{2+} 的质量分数，%

和图 8-19，可以作为确定烧结制度和进行生产控制的参考。

总之，上述对烧结制度的讨论，最终形成的效果是影响铁氧体的磁性能。不同烧结条件对铁氧体的磁性能有很大影响，其中烧结温度、烧结气氛和升温与降温的方式对铁氧体的磁性能有重要的影响作用，必须给予充分重视。

以上所述是对少量样品的制备或小型生产而言，大规模生产的设备和操作多已采用陶瓷工艺中的近代技术，预烧和烧结都分别在隧道窑内自动连续运转的时间内完成的，成型过程多数也采用自动化的连续操作完成。在日本软磁铁氧体多晶材料的生产，是在全密封管道连

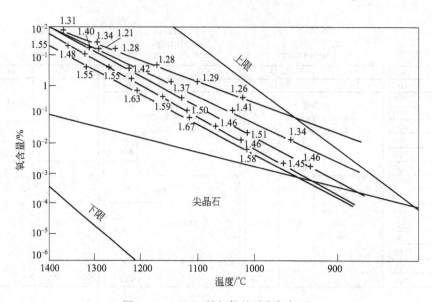

图 8-19　Mn-Zn 铁氧体的平衡气氛图

MnO_2 29.3%、ZnO 16.1%、Fe_2O_3 52.7%（摩尔分数）；数字表明 Fe^{2+} 的质量分数，%

续自动完成，体现出高度的现代化大生产规模和水平，使产品性能和均一性都实现了有效控制。

8.3.3　单晶铁氧体材料的制备

铁氧体单晶制备是一件很精细的工作。制备方法和生长其他种类非金属单晶大体相同，有在一定条件下从液态结晶的方式，或在助熔剂内生成单晶，或用火焰熔融结晶的方式。单晶是各种基本研究，如测定磁晶各向异性，观测磁畴、铁磁共振实验中必需的样品。铁氧体单晶用在微波器件里，例如滤波器、限幅器和延迟线等的研究和应用等。另外，由于磁记录技术的发展，为了制备高性能和长寿命的磁头，采用较大尺寸的尖晶石型 Mn-Zn 铁氧体单晶。随着基础研究和应用的扩展，促进了铁氧体单晶制备技术和工艺的研究，使之成为一门备受重视的科学和工艺，这里简略介绍几种主要的铁氧体单晶的工艺方法。

（1）温度梯度法　亦称布里兹曼法。该方法的要点是电炉需要一适当的温度梯度区，坩埚下端需制成特殊形状，使坩埚中熔化的材料缓慢通过温度梯度区，控制熔液在坩埚下端成核，或者在坩埚下端细颈部预先放入晶种，使单晶由此生长，进而由下而上长成大块单晶，如图 8-20 所示生长原理。该方法的优点是可生长较大、较纯的单晶体。

（2）熔盐法　亦称助熔剂法。它是用一种或多种无机化合物（PbO、PbF_2、B_2O_3 等）作助熔剂，加入适当数量的要生长的晶体各种组元或其盐类（配料多为非正分），在高温下形成均匀的未饱和溶液，然后控速缓慢冷却，使溶液因过饱和而生长成单晶体。常用该法生长制作微波器件用的钇铁类石榴单晶。该法的优点是适用性广、设备较简单、可供选择的助熔剂种类多、可生长多种单晶（包括高熔

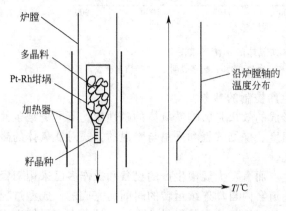

图 8-20　Mn-Zn 铁氧体单晶布里兹曼生长法原理图

点、具有多形性），但其主要缺点是难于控制杂质。

(3) 提拉法 亦称捷克拉斯基（Czochralski）法。它是将要生长单晶的原料在坩埚中熔化，然后将下端装有籽晶的以一定转速和方法旋转的拉晶杆下降，浸入熔体表面层，再控制速度往上提拉出单晶来。这种方法的优点是可以按一定晶向生长大的单晶，且可实现程序控制的自动化生长。其主要缺点同温度梯度法相类似，即铁氧体一般熔点高，要得到正分、均匀的单晶，常常需控制高温生长时的气氛。另外，虽也可以从加有助熔剂的高温溶液提拉出单晶，但效果较差。

(4) 水热法 亦称水热合成法。该方法是利用高温（300~600℃）高压（100~300MPa）的碱性水溶液，及在一般条件下不溶解的原料，在这样的溶液条件下溶解，而后再随温度缓慢下降而再结晶成单晶。也可采用籽晶。该法的优点是操作温度较低，热胁强和位错等缺陷较少，密封系统易于控制气氛，可生长低温稳定相，生长速度也较快。主要缺点是需要耐高压、耐腐蚀的容器，工作周期较长。

(5) 浮区法 亦称无坩埚生长法。这种方法的要点是使多晶柱状样品局部加热熔化，并使熔区缓慢移动，样品从一端经熔化后缓冷而长成单晶；也可在一端加单晶籽晶，获得定向生长的晶体。其优点是不用坩埚，可防止坩埚污染，可用于高熔点材料。主要缺点是长成的晶体完整性不够理想，有时可能出现孪晶等现象。

(6) 焰熔法 亦称维累耳（Verneuil）法。这种方法是将粉末状的原料以一定流量通过高温火焰区（一般用氢氧焰），熔化后落到以一定转速旋转并缓慢下降的（可以加籽晶的）合座上，熔体在凝固过程中生长成单晶。该方法的主要优、缺点都与浮区法相类似。

8.3.4 磁性薄膜的制备方法

近年来，由于磁记录、磁光存储和微波集成等新技术的迅速发展，推进了单晶、多晶、趋向多晶和非晶态铁氧体磁性薄膜的研究和制备方法的发展，其制备方法中常用的有真空蒸发、化学气相沉积、等离子溅射和液相外延生长方法等。已经制成的铁氧体薄膜有：Fe_3O_4、$CuFe_2O_4$、$MgFe_2O_4$、$NiFe_2O_4$、Ni-Zn 铁氧体、Mg-Mn 铁氧体、$Y_3Fe_5O_{12}$（YIG）和 Ba 铁氧体磁性薄膜。其厚度从几百~几千埃（即几微米~1mm）不等。

目前铁氧体薄膜的制备技术发展的非常快，但仍在创造完善之中，下面简要介绍比较常用的几种方法。

(1) 液相外延法 将磁性材料（或组元）和助熔剂按适当比例放入坩埚中，使其在高温形成均匀熔液，在缓冷过程中熔液达到过饱和，这时，或倾斜坩埚使熔液淹没基片，或将基片浸入熔液中，即可在基片上沉积成磁膜（如图 8-21 所示）。这是目前优点较多、应用较广的方法。

(2) 化学气相沉积法 将材料组元的氯化物、氧气和载运气体（氢或氩气）按适当比例分别送到加热的基片处，经过化学反应在基片上沉积出磁膜。

(3) 真空蒸发法 在抽空罩中按适当比例将金属组元加热蒸发到不同温度的基片上，先获得非晶态或晶态合金薄膜，再将合金薄膜置于高温下（600~1100℃）氧化，使合金膜氧化成为铁氧体薄膜。因此，此法也称为真空蒸镀-高温氧化法。

(4) 等离子体溅射法 采用一面金属化的多晶陶瓷材料或直接用金属组元混合物制成靶材，再利用射频或直流溅射，溅射气氛可用低压纯氧或惰性气体。最初沉积物可能为籽晶态，经过热处理

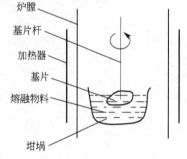

炉膛
基片杆
加热器
基片
熔融物料
坩埚

图 8-21 石榴石结构的铁氧体薄膜液相外延生长法原理图

后转变为晶态。也可给基片加热，不同温度条件下可相应生长晶态、纳米晶或非晶薄膜。如近几年问世的可用于超高密度垂直磁记录硬盘使用的 Ba 铁氧体薄膜，就是用对象靶溅射法，在约 600℃ 加热基片上制成的具有垂直结晶取向的 M 型 Ba 铁氧体薄膜材料。

8.4　铁氧体陶瓷材料的新发展

8.4.1　信息存储铁氧体材料

磁记录是利用强磁性介质输入（写）、记录、存储和输出（读）信息的技术和装置。磁记录技术和装置主要用于声音、图像、数据记录中，在人们的日常生活、信息产业和国防事业中有极为广泛的应用：如录音机、录像机、数字式照相机、计算机外存储用的软磁盘、硬盘、计算机录码磁带等，全是建立在磁记录技术发展的基础之上。

磁记录的发展至今已有百年历史。早在 1898 年，从普耳森（Poulsen）发明的钢丝录音开始，伴随电子管和晶体管放大技术的出现和发展，磁记录技术有了迅速提高。1927 年，采用了高频偏磁场，提高了磁记录的灵敏度和输出并降低了噪声。20 世纪 30 年代，开始采用磁性氧化物（铁氧体）和电镀磁介质作为磁记录介质使用，并使用了环状磁头。到了 20 世纪 40 年代，磁录音技术才达到成熟程度，而开始较普遍应用。20 世纪 50 年代，磁记录逐渐应用于电子计算机的存储装置，从录音发展到录数的新领域：1956 年研制成功 4 磁头的录像机，从而又开辟了录像的新领域。此前的磁信息记录方式为纵向记录方式（如图 8-22 所示）。1975 年日本的岩崎俊一提出了垂直磁记录方式，可以使磁信息的记录密度大为提高，其原理如图 8-23 所示。近年来，人们不断追求高的存储密度，以大约每 10 年增加 10 倍的速度发展，所采用的磁介质材料也在迅速更新中，如图 8-24 所示。

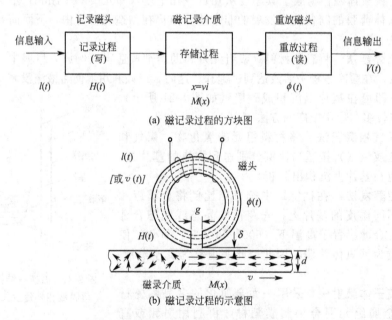

(a) 磁记录过程的方块图

(b) 磁记录过程的示意图

图 8-22　磁记录的基本原理图

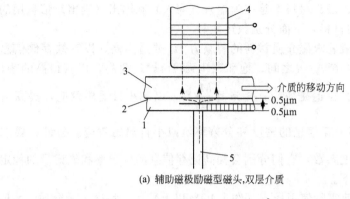

(a) 辅助磁极励磁型磁头,双层介质

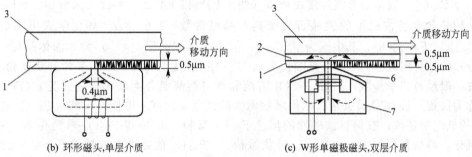

(b) 环形磁头,单层介质　　　　　　(c) W形单磁极磁头,双层介质

图 8-23　垂直记录方式示意图

1—Co-Cr 合金；2—玻莫合金；3—带基金；4—辅助磁基；5—主磁极；6—非磁性材料；7—磁性铁氧体

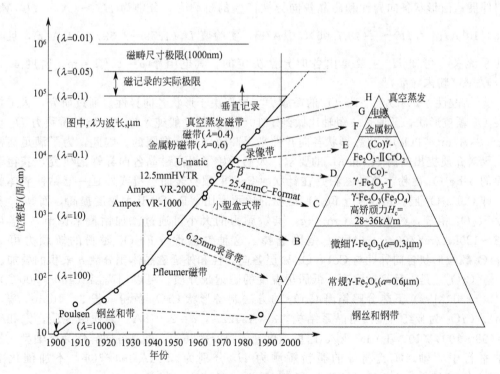

图 8-24　记录密度和记录介质的进展

磁记录中采用的磁性材料主要分为两大类：磁记录介质，是作为记录和存储信息的材料，属于永（硬）磁材料；磁头材料，是作为输入（写入）和输出（读出）信息用的换能器（传感器）材料，属于软磁材料，下面分别叙述之。

(1) 磁记录介质 一般要求磁介质材料的矫顽力 H_c 要适当高，以有效存储信息。目前用的 $H_c = (1.59 \sim 7.96) \times 10^4 \, A/m$ 之间；饱和磁化强度 $4\pi M_s$ 要高，以获得高的输出信息，但也不能太高，否则会增大自退磁效应；矩形比 $\dfrac{M_r}{M_s}$ 高，以减小自退磁效应，提高信息记录效率；比值 $\dfrac{H_c}{M_r}$ 高，以提高记存信息的密度和分辨率，减小自退磁效应。另外，要求采用磁滞回线陡直和低的磁性温度系数，它们分别会提高记存信息的分辨率和磁记录的稳定性。所采用的具体磁介质材料如下。

① $\gamma\text{-}Fe_2O_3$。这是目前实际使用最多（约占99%以上）的一种磁记录介质。$\gamma\text{-}Fe_2O_3$ 的晶体结构是含有空位缺陷的尖晶石型结构，晶格常数 $a = 8.33 \text{Å}$。其化学式可写成 Fe_8^{3+} $[(Fe_{4/3}^{3+} \square_{8/3}) Fe_{12}^{3+}] O_{32}$，其中 $\square$ 为空穴，[ ] 为8面体晶位，( ) 为8面体晶位中1:3有序分布的一种组元。$\gamma\text{-}Fe_2O_3$ 是轴长为 $0.25 \sim 1 \mu m$、宽为 $0.1 \sim 0.3 \mu m$ 的针状微粉。其制备方法一般经过四个步骤：a. 由 $FeSO_4$ 溶液和苏打溶液混合生成浅黄色沉淀 $\alpha\text{-}(FeO)OH$，一般称为铁黄；b. 将铁黄去水，获得弱铁磁性的红色 $\alpha\text{-}Fe_2O_3$ 微粉；c. 将 $\alpha\text{-}Fe_2O_3$ 在 $300 \sim 400℃$ 的氢气中还原，获得亚铁磁性的黑色 Fe_3O_4 微粉；d. 再将 Fe_3O_4 微粉在 $200 \sim 250℃$ 进行氧化，最后得到红褐色 $\gamma\text{-}Fe_2O_3$ 针状微粉。$\gamma\text{-}Fe_2O_3$ 的磁性为亚铁磁性，4.2K 的饱和磁矩 $\sigma_s = 82.3 \times 10^{-7} \, T \cdot m^3/kg$ 或 $1.18 \mu_B/$原子（理论值为 $87.4 \, G \cdot cm^3/g$ 或 $1.25 \mu_B/$原子，其中 μ_B 为玻尔磁子）；居里温度 $\theta_f = 591℃$；由磁共振法测得的磁晶各向异性常数 $K_1 = -4.64 \times 10^3 \, J/m^3$，易磁化方向为 $\langle 110 \rangle$，难磁化方向为 $\langle 100 \rangle$，针状微粉一般沿 $\langle 110 \rangle$ 方向伸展；由形状各向异性和磁晶各向异性产生的矫顽力，分别为 $H_c^N \sim (N_b - N_a) M_s$ 约 $7.96 \times 10^4 \, A/m$ 和 $H_c^K \sim \dfrac{K_1}{M}$ 约 $7.96 \times 10^3 \, A/m$，实验值 $H_c (1.59 \sim 2.39) \times 10^4 \, A/m$，且与温度几乎无关，可知 H_c 主要是由各向异性决定的。其电阻率 $\rho = 10^6 \, \Omega \cdot m$，密度 $4.60 \times 10^3 \, kg/m^3$（粉末样品）。

② 钴改性 $\gamma\text{-}Fe_2O_3$。$\gamma\text{-}Fe_2O_3$ 的矫顽力主要取决于形状各向异性。通过研究，人工控制 $\gamma\text{-}Fe_2O_3$ 颗粒形状，已使长、短轴比做到了 $10 \sim 15$，但一般纯 $\gamma\text{-}Fe_2O_3$ 磁粉矫顽力 H_c 仍低于 $35.8 kA/m (450 Oe)$，仅靠形状各向异性来提高矫顽力是有限的。因此，为了满足高密度磁记录对介质提出的高 H_c 和 M_r 的要求，人们开始了提高磁晶各向异性的研究，获得了钴改性的 $\gamma\text{-}Fe_2O_3$ 磁粉。该种磁粉是在针状 $\gamma\text{-}Fe_2O_3$ 颗粒表面包覆或外延一层钴铁氧体的磁粉，即 $CoFe_2O_4$ 层。钴改性 $\gamma\text{-}Fe_2O_3$ 磁粉的矫顽力比 $\gamma\text{-}Fe_2O_3$ 有大幅度提高，而其 σ_s 基本与 $\gamma\text{-}Fe_2O_3$ 相等，约为 $74 A \cdot m^2/kg$。其矫顽力的大小可通过添加钴量来调节，H_c 可在 $31.8 \sim 120 kA/m (400 \sim 1500 Oe)$ 范围选择。这种钴改性 $\gamma\text{-}Fe_2O_3$ 磁粉的矫顽力可视为 $\gamma\text{-}Fe_2O_3$ 颗粒形状各向异性与 $CoFe_2O_4$ 磁层各向异性和外延磁晶体积分数 a 乘积的叠加。

③ CrO_2。是一种高矫顽力、低居里温度的磁记录介质。可以用高温（$400 \sim 500℃$）高压（$50 \sim 300 MPa$）下热分解铬酐 CrO_2 的方法制备形状 CrO_2 微粉（长 $3 \sim 10 \mu m$，宽 $1 \sim 3 \mu m$）。CrO_2 为金红石型四角晶系结构，$a = 4.422 \text{Å}$，$c = 2.918 \text{Å}$。为铁磁性质，饱和磁矩 $\sigma_s = (98 \sim 100) \times 10^{-7} \, T \cdot m^3/kg$，居里温度 $\theta_f = 119 \sim 126℃$，磁晶各向异性为单轴型，易磁化轴平行于 c 轴。实验测得的微粉矫顽力 H_c 分别为 $4.5 kA/m (57 Oe$，不加催化剂)、$27.8 kA/m (349 Oe)$（加 $2\% Sb_2O_3$）和 $24.8 kA/m (312 Oe$，加 RuO_2)。

④ 钡铁氧体磁粉。钡铁氧体磁粉是六角形晶体结构，磁粉外形是六角形片状颗粒，它

是伴随垂直磁记录方式的提出而出现在磁记录领域的。用这种磁粉制成的垂直取向介质、纵向取向介质和非取向介质，均有优良的高密度记录特性，其记录密度可达到每毫米 3.9k 位以上。这种磁粉的制备方法主要有化学共沉淀工艺、水热合成反应和玻璃晶化法。化学共沉淀工艺是将 Fe、Ba 的氯盐溶液按一定比例（配方）混合，然后用 NaOH、Na_2CO_3 碱性溶液使其沉淀后，经过过滤、洗涤后烘干，然后进行烧结形成钡铁氧体磁粉。水热反应是采用 α-FeOOH+1/8Ba(OH)$_2$ 水溶液，置于高压釜中进行水热化学反应，温度为 $150\sim300$℃，最后可获得六角片状钡铁氧体粉。

钡铁氧体介质的高密度记录特性是以上几种介质中最好的。表 8-17 给出了几种磁性颗粒介质性能的数据比较。

表 8-17　各种磁性颗粒介质的性能

磁　　性	钡铁氧体-1	钡铁氧体-3	钴改性 γ-Fe$_2$O$_3$	Fe
饱和磁化强度 M_s/(kA/m)	127	140	130	240
矫顽力 $H_c\perp$/(kA/m)	107.4	59.7		
$H_c/\!/$/(kA/m)	67.6	58.9	55.7	107.4
矩形比 SQR$\perp$	0.92	0.60		

除了上述介绍的磁性化合物记录介质之外，用于磁记录介质使用的还有各种金属（合金）磁粉等。由于超出了本书范围，有兴趣的读者请参阅有关书籍。

利用上面各种磁粉可以制备：各种音、像带；计算机外部设备的磁盘和磁鼓；近年出现的广泛用于金融、交通、通信、管理、证件等诸多方面的各种磁卡及数字式照相机的存储介质等。

(2) 磁头材料　磁头在磁记录技术中的作用是将输入信息（录）存（储）到磁记录介质中，或将记存在磁记录介质中的信息输出（读出）来，起着换能（传感）器的作用。各种磁记录技术对磁头材料性能的要求是提高换能效率，为此要求作为磁头材料使用的性能应具有：最大磁导率值 μ_{max} 要高，以减小记录磁头的输入功率和增加磁头气隙中的磁场强度；饱和磁化强度 $4\pi M_s$ 要高，以提高记录磁头气隙中的磁场，增强记录介质的磁化；矫顽力 H_c 要低，以减小磁头的损耗和剩磁，降低剩磁引起的噪声；剩余磁化强度 M_r 要低，以易于抹擦去不需要的磁迹，降低剩磁引起的噪声；电阻率 ρ 要高，以降低磁头的损耗，改善高频响应特性；初始磁导率 μ_0 要高，以提高重放（读出）磁头的灵敏度；磁导率的截止频率 f_c 要高，以提高频率使用上限，有利于高频高速磁记录；力学强度要高，以提高磁头使用寿命，防止脱粒所引起的噪声等。

目前实际应用的磁头材料有两大类：铁氧体磁头材料和金属磁头材料。在此仅讨论铁氧体磁头材料，它又分三种：热压多晶铁氧体、单晶铁氧体和六角晶系铁氧体。

① 热压烧结多晶铁氧体。随着磁记录向着高频率、高密度和长寿命方向发展，以往的金属磁头材料已不能满足要求。在 20 世纪 60 年代中期发展了高密度多晶铁氧体，空隙率小于 1%，60 年代后期又发展了热压烧结超高密度的铁氧体，其空隙率小于 0.1%，使之广泛用于高频录像磁头的加工。制备技术是将由干法或湿法制得的粉料在加压（$100\sim500$kgf/cm^2）下进行烧结（烧结温度 $1000\sim1300$℃）。该铁氧体多晶材料的优点是，密度很高，即空隙率小于 0.1%，接近单晶的密度，可以任意调节组分，不像单晶受熔点高的限制，磁性得到改善，如磁导率提高，矫顽力降低等，磁性与物理性质均匀且各向同性，力学性质好。为了对比，表 8-18 给出了各种磁头材料的性能数据。

② 单晶铁氧体。在发展高频、高密度的磁记录技术中，为了避免多晶铁氧体的细孔和晶粒脱落对磁头性能的不良影响，促进了单晶铁氧体磁头材料的研究工作。其中研究比较成功的是 Mn-Zn 铁氧体单晶，主要采用的是布里兹曼法生长单晶；已经生长出直径达到 60mm、长近 0.5m 的大单晶材料。该材料性能优于热压铁氧体，更超过金属磁头材料。其不足是各向异性，影响磁头制品的均一性、互换性，这需要从加工磁头工艺上给予克服。另外，还用同样的布里兹曼工艺方法生长出了 Ni-Zn 铁氧体单晶。有关性能见表 8-18。

表 8-18 各种磁头材料的主要性能

项目 材料	组分 (质量分数)/%	直流起始磁导率 $\mu_0(0)$/(mH/m)	4MHz 起始磁导率 $\mu_0(4)$/(mH/m)	饱和磁感应强度 B_s/T	矫顽力 H_c /(A/m)	电阻率 ρ /$\Omega \cdot m$	居里点 θ_f /℃	Vickers 硬度	密度 /(t/m³)	空隙率 /%
一般烧结铁氧体	MnO-ZnO-Fe₂O₃ 25-10-65	1.26		0.38	39.8	10	190	500	4.9	<5
高密度铁氧体	NiO-ZnO-Fe₂O₃ 11-22-67	1.07	0.69	0.39	31.8	10^5	125	600	5.3	<1
热压烧结铁氧体 A	MnO-ZnO-Fe₂O₃ 14-16-70	6.28	1.0	0.38	3.98	>1	110	600	5.1	<1
热压烧结铁氧体 B	MnO-ZnO-Fe₂O₃ 15-15-70	2.51		0.40	7.96	>1	150	650	5.1	<0.5
热压烧结铁氧体 C	NiO-ZnO-Fe₂O₃ 18.9-13.6-67.5	0.314	0.314	0.40	79.6	$>10^4$	350	750	5.3	<0.1
单晶铁氧体（立方晶系）Ⅰ	MnO-ZnO-Fe₂O₃ 18-14-68	1.26	0.628	0.34	15.9	>0.001	150	600	5.1	0
单晶铁氧体（立方晶系）Ⅱ	MnO-ZnO-Fe₂O₃ Zn₂Y	6.28~31.4	—	0.42~0.47	1.59~3.18	0.002~0.01	220~240	670	5.1	0
单晶铁氧体（六角晶系）	(Ba₂Zn₂Fe₁₂O₂₂)	0.75~1.76	0.75~1.76	0.244~0.276	—	0.24~4.8	107~127	680	5.46	0
坡莫合金	Ni-Mo-Fe 79-4-17	2.5×10^{-2}	5.02×10^{-2} (0.2mm 厚)	0.87	3.98	55×10^{-8}	460	132	8.72	0
Alfenol(Alperm)	Al-Fe 16-84	0.3×10^{-2}	3.76×10^{-2} (0.2mm 厚)	0.0018	3.18	140×10^{-8}	400	350	6.5	0
Sendust(Alfesi)	Al-Si-Fe 5.5-10-84.5	3.8×10^{-2}	7.54×10^{-2} (0.2mm 厚)	0.0011	3.98	80×10^{-8}	500	500	8.8	0

③ 六角晶系铁氧体。上述介绍的尖晶石型铁氧体的截止频率低，当频率达到 $10\sim$ 15MHz 以上时磁导率明显下降，因而难于在高频段电视系统中应用。为此，采用高截止频率的磁铅石型六角晶系铁氧体。用助熔剂法生长的六角晶系 Zn_2Y（$Ba_2Zn_2Fe_{12}O_{22}$）单晶，属于平面型铁氧体，易磁化方向在六角底面内，截止频率高，30MHz 下的初始磁导率 $\mu_0\approx$ 200。用其可以制作使用频率高达 30MHz 的视频（录像）磁头，而耐磨性能与 Mn-Zn 铁氧体磁头相同。总之，高频、高密度和长寿命磁头材料的研究对于磁记录技术是非常重要的。

8.4.2 铁氧体吸波材料

由于现代科技和信息技术的发展，特别是随着探测和制导技术的迅速发展，飞机、坦克、舰艇等武器的安全性有所降低，武器隐身技术变得极为重要。另外，电子计算机系统在工作时，主机、显示器、磁盘驱动器、键盘、打印机、绘图仪、鼠标器和接口装置等均能泄漏出含有信息的杂散辐射信号，如电、磁、声等。有用的电磁信号若被对方截获，就是所谓的计算机信息泄漏。为了防止信息泄漏，通常要采用防信息泄漏技术，即所谓 Tempest 技术。在武器的隐身技术和电子计算机的 Tempest 技术中，以及在净化电磁环境技术中的关键隐身和防护材料，被称为吸波材料。通常吸波材料应具备吸收率高、频带宽、密度小且性能稳定等特性。

目前，吸波材料主要有金属吸波材料、无机吸波材料（主要是铁氧体陶瓷材料）和有机吸波材料等三大类。在此主要介绍铁氧体吸波材料。

根据电磁场理论的麦克斯韦方程表达式可知，物质与电磁场的相互作用，可以通过两个基本电磁参数来描述。即相对复数磁导率 $\tilde{\mu}_r=\mu'-j\mu''_r$ 和相对复介电常数 $\tilde{\varepsilon}_r=\varepsilon'_r-j\varepsilon''_r$。$\tilde{\varepsilon}_r$、$\tilde{\mu}_r$ 对电磁波有不同的传播性能。因此，$\tilde{\varepsilon}_r$、$\tilde{\mu}_r$ 是电磁波吸收材料（也称吸收剂）电磁特性最本征的表征参数。在具体使用吸收剂时，并不是 $\tilde{\varepsilon}_r$、$\tilde{\mu}_r$ 越大越好，而是存在某一最佳值。但是从目前具体材料状况来看，$\tilde{\mu}_r$ 值越大越好，$\tilde{\varepsilon}_r$ 可以在较宽的范围内调整为宜。为了吸收剂的使用方便，一般使用的都是颗粒度小于 $10\mu m$ 的粉末。它的电磁参数 $\tilde{\varepsilon}_r$、$\tilde{\mu}_r$，除了和材料的晶体结构、化学组成有关外，还与粒度、形状、密度、测试样品的制作法、具体吸收剂所占的比例等因素有关。

吸收剂的另一参数是吸收剂带宽度及最大吸收率。通常的计算方法，是根据吸收率的电磁参数（某一百分含量时）计算出一定厚度下大于某一吸收率（如 10dB）的频带宽度和最大吸收率；通常是越大越好。

在具体设计和制备中，还要考虑吸收剂的厚度。即当吸收剂为某一百分含量，根据材料的 $\tilde{\varepsilon}_r$、$\tilde{\mu}_r$ 值，求出某一频带宽度内的最佳厚度值，一般该厚度值越少越好。另外，还需要计算吸收剂对电磁波的衰减常数 α，即当吸收剂为某一百分含量，由 $\tilde{\varepsilon}_r$、$\tilde{\mu}_r$ 按下式

$$\alpha=\frac{2\pi\times8.686}{\lambda_0}\left[\frac{\sqrt{(\mu'^2_r+\mu''^2_r)(\varepsilon'^2_r+\varepsilon''^2_r)}-(\varepsilon'_r\mu'_r-\varepsilon''_r\mu''_r)}{2}\right]^{1/2}$$

计算出衰减常数 α（式中，λ_0 为测试点频率对应的电磁波的波长）。一般，α 值越大越好。

另外，要求吸收剂单质的装密度或称轻敲密度 ρ 值越小越好。除此之外，吸收剂的形貌和粒度大小对其吸收性能也有一定影响。目前吸收剂有针状、球状、片状、丝状等各种形态，粒度也有大小不同。由理论得知，片状粒子有利于提高吸收剂的性能。其中不同吸收剂也有自己的最佳粒度分布关系。

在使用或制备吸收剂时，还要考虑吸收剂的温度稳定性和化学稳定性。因为吸收材料常常用于作战武器系统的表面，相对环境比较恶劣，要求它具有好的温度稳定性，如舰艇用的吸收剂，要求材料在 $-50\sim150℃$ 时吸收率的变化要小于 10%；并要求有较强的抗酸碱、盐雾、海水和油的腐蚀性能。

铁氧体吸波材料在使用时可分为结构型，即整体烧结成一定形状的器件和涂覆型，即用铁氧体颗粒作为吸收剂使用，混合一定量的黏结剂后制成的吸收介质材料。有时为了提高吸波剂的总体性能，将铁氧体吸波材料同金属型或有机型的材料混合使用。

8.4.3 磁流体材料

磁性流体是由磁性微粒、表面活性剂和基载液组成（如图8-25所示），即吸附有表面活性剂的磁性微粒在基载液中高度弥散分布而形成的胶体体系。这种磁性流体不仅有强磁性，还有液体的流动性。在重力和电磁力的作用下能够长期保持稳定，也不会出现沉淀或分层现象。从图8-25(b)可见，在磁性微粒表面吸附了一层称为表面活性剂的长链分子。这些长链分子的一端吸附在磁性微粒的表面，另一端自由地在磁性流体中作热摆动。

表面活性剂的主要作用是防止磁性微粒因团聚而沉淀。常用的表面活性剂有油酸、亚油酸、氟醚酸、硅烷偶联剂和苯氧基十一烷酸等。选择表面活性剂时，一方面要考虑是否能使相应的磁性微粉稳定地分散在基载液中，另一方面还要考虑表面活性剂与基载液的适应性，即是否有较强的亲水性（水性基载液）或亲油性（油性基载液）。磁流体中体积分量最大的是基载液。基载液是否导电等性能直接决定磁性流体的应用。水是最普遍的基载液，它常用于铁氧体磁性流体。另外，酯、二酯、硅酸盐酯、碳氢化合物、氟碳化合物、聚苯基醚也是常用的基载液。这些基载液都不是导电的，所以制成的相应磁流体也不导电。当需要导电性的磁流体时，可用水银等作基载液。一般磁流体因用途不同，所选择的基载液及相适应的表面活性剂也不同。表8-19给出了一些主要的基载液和相应的表面活性剂。

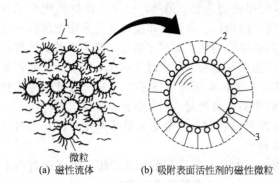

(a) 磁性流体　　　　(b) 吸附表面活性剂的磁性微粒

图 8-25　磁性流体的组成
1—基载液；2—表面活性剂；3—磁性微粒

微粒

表 8-19　各种基载液和表面活性剂

项　目	基载液种类	所制磁液的特点及用途
（1）各种基载液和基载液的基本性质	水	pH值可在较宽范围内改变，价格低廉，适用于医疗、磁性分离、显示及磁带、磁泡检验
	酯及二酯	蒸气压较低，适用于真空及高速密封、润滑性好的磁液，特别适用于摩擦因数低的装置及阻尼装置，其他如用于扬声器及步进电动机等
	硅酸盐酯类	耐寒性好，适用于低温场合
	氢碳化合物	黏度低，适用于高速密封，不同碳氢基载液的磁液可相互混合
	氟碳化合物	不易燃、宽温、不溶于其他液体，适合于在活泼环境，如含臭氧、氯气的环境中应用
	聚苯基醚	蒸气压低，黏度低，适用于高真空和强辐射场合
	水银	可作钴、铁-钴微粒的载液，饱和磁化强度高，导热性好
（2）和基载液适应的表面活性剂	基载液名称	适合于该基载液的界面活性剂举例
	水	不饱和脂肪酸，如油酸、亚油酸、亚麻酸以及它们的衍生物，盐类及皂类，十二烷酸，二辛基磺化丁二酸钠等
	酯及二酯	油酸、亚油酸、亚麻酸或相应的酯酸，如磷酸二(2-乙基己基)酯及其他非离子界面活性剂
	碳氢基	油酸、亚油酸、亚麻酸及其他非离子界面活性剂
	氟碳基	氟醚酸、氟醚磺酸以及它们相应的衍生物，全氟聚异丙醚等
	硅油基	硅烷偶联剂，羧基聚二甲基硅氧烷，羟基聚二甲基硅氧烷，巯基聚二甲基硅氧烷，氨基聚二甲基硅氧烷，羧基聚苯基甲基硅氧烷，巯基聚苯基甲基硅氧烷，羟基聚苯基甲基硅氧烷，氨基聚苯基甲基硅氧烷
	聚苯基醚	苯氧基十一烷酸，邻苯基甲酸

磁流体是一种固液相胶体。一般密度不同的液体和固体混合后，在静止状态下有时会出现固体微粒沉淀使固液两相分离。另外，固相粒子为强磁性体，其间发生相互静磁吸引也会使磁性颗粒凝聚成团，破坏磁流体的弥散稳定性。为此须减小磁性微粒的尺寸，或在磁性微粒子表面吸附一层表面活性剂。用于制备磁流体的磁性颗粒大小，一般在 10nm 左右，通常处于超顺磁状态。

制备磁流体包含两个过程，即是用研磨法或化学共沉淀法制备纳米级磁性流体。如将 Fe_3O_4 的铁氧体粉和基载液、表面活性剂混合在一起进行球磨两周时间后，用离心过滤法使之浓缩到磁流体状态。为了降低制备成本，通常是用共沉淀原理，将含有 Fe^{2+}、Fe^{3+} 的两种铁盐液溶 ［如 $FeCl_2 + FeCl_3$ 或 $FeSO_4 + Fe_2(SO_4)_3$ 与 $NaOH$］ 反应制成 Fe_3O_4，再使 Fe_3O_4 粒子表面吸附表面活性剂，溶于基载液中而制成，可实现高效大批量生产。

磁性流体有较广泛的用途，主要有如下 6 种。

① 利用磁流体在磁场中透射光的变化，可以制成光传感器、磁强计等。

② 利用磁流体在磁场作用不发生黏度的变化可制成惯性阻尼器。

③ 利用外加磁场对磁性流体作用后所产生的力，可用于磁流体密封。利用磁流体在梯度磁场中产生的悬浮效应，可制成密度计、加速度表等。

④ 利用磁场控制磁流体的运动性质，可制备药物吸收剂、治癌剂、造影剂、流量计、控制器（制动器）等。利用流体的热交换性可制成能量交换机、磁流体发电机等。

⑤ 磁流体最大的用途是用于磁密封技术中。如在转轴附近放上永磁体，在转轴的间隙内注入磁流体，形成对转轴的密封作用。其特点是流体-固体非接触式密封，与固体密封相比具有气密性好、降低转轴表面的加工要求、对转轴磨损性小、无噪声和发热小等特点。

⑥ 磁体流可以用于扬声器中解决音频线圈的散热问题。

磁体流在美国已用于宇航空间技术中。如宇宙服可动部分的密封、在失重状态下将火箭液体燃料送入燃烧室等用途。

目前除用铁氧体材料制备磁流体外，还用各种金属磁粉制备不同用途的磁性流体。

8.4.4 庞磁电阻材料

(1) 庞磁电阻材料的研究简况 早在 20 世纪 50 年代就已经发现，具有钙钛矿结构的 $La_{1-x}(Ca，Sr，Ba)_xMnO_3$ 化合物在一定掺杂比例内，在低温条件下会出现铁磁态以及电阻值的异常现象。然而，磁电阻效应开始引起人们的重视要追溯到 1971 年 Hunt 首先提出利用磁电阻效应的新材料，人们才开始对此类新材料的探索。磁电阻效应材料研究的转折点，是在 1988 年 A. Fert 等人在 Fe/Cr 金属多层膜中发现比坡莫合金大一个数量级的磁电阻效应，被称为巨磁电阻效应（giant magnetoresistance，GMR）。1993 年，R. V. Helmholt 在锰氧化物 $La_{1-x}A_xMnO_3$（A 为碱金属）中发现了巨磁电阻（GMR）效应。特别是 1994 年 S. Jin 等人在类钙钛矿结构的锰氧化物陶瓷 La-Ca-Mn-O 样品中发现了更大的巨磁电阻效应，称为庞磁电阻效应（colossal magnetoresistance，CMR），磁电阻值高达 $1.27 \times 10^5\%$。从此人们对锰氧化物磁性陶瓷材料给予了极大关注。1995 年 G. C. Xlong 等人又在 $Nd_{0.7}Sr_{0.3}MnO_{3-\delta}$ 单晶外延薄膜中，在 80K 温度附近，外加磁场为 8T 下，CMR 达到了 $1 \times 10^6\%$。同年，G. Q. Gong 等人在 $La_{0.5}Ca_{0.5}MnO_{3+\delta}$ 块体样品中，在 57K 温度附近，外加磁场为 8T 下，CMR 达到 $1 \times 10^8\%$。在此，$MR = [R(O) - R(H)]/R(H)$，其中，$R(H)$ 和 $R(O)$ 分别是有外加磁场和无外加磁场样品的电阻率。这些庞磁电阻值（CMR）都远远大于此前的金属多层膜和颗粒膜中的巨磁电阻值（GMR）。研究 CMR 材料，具有重要的基础理论意义和应用前景，是近年来国内、外研究的热点领域之一。

(2) "磁电子学"的新概念和应用前景 由半导体物理已经知道了，由于电荷载流子的存在，人们利用在半导体材料中微小的电流变化会引起功率输出的巨大变化效应，将此称为半导体晶体管，从而开创了半导体电子学。而电子既是电荷的负载体，同时又是自旋的负载体。电子作为电荷载体可用电场来控制它的输运性质，这就是今天人们所熟知的微电子学基础。另外，电子又是自旋的载体，极化之后电子处于自旋向上或自旋向下的不同状态。因此，极化了的电流像半导体材料电子和空穴两种载流子一样，有自旋向上和向下两种载流子。人们考虑，能否设法控制这两类载流子做成新的电子器件，即同时利用电子、空穴和自旋向上、向下四种载流子做成电子器件呢？其中电子、空穴可用电场进行控制，自旋状态可用磁场控制。这就是磁电子学所要研究的问题，也是在今天出现了磁电子学这一概念的原因，同时也展现了这类新型器件的应用前景。

（3）钙钛矿结构锰氧化物中的庞磁电阻效应　钙钛矿结构的 $La_{1-x}Ca_xMnO_3$（LCMO）氧化物中，存在 Mn^{3+} 和 Mn^{4+}，它们有完全自旋极化的 3d 能带。也就是说，Mn^{3+} 有 4 个自旋向上的电子，Mn^{4+} 有 3 个自旋向上的电子，它们自旋向下的能带是空的，没有电子占据。此时，它们的自旋极化度都是 1（即 100%）。在不同价态锰离子转变时，$Mn^{4+} + e^- \rightleftharpoons Mn^{3+}$ 的过程中，材料的电导率有很大的变化，可转变为金属型导电。在较高温度下，由于自旋无序散射作用，材料的导电性质向半导体型转变。因此，随着 Mn^{4+} 含量的变化，材料可以形成反铁磁耦合和铁磁耦合。如果是反铁磁耦合，材料呈高电阻态；如果是铁磁耦合，则材料呈低电阻态。如果在零磁场下，材料是反铁磁，则电阻处于极大；施加磁场后，由反铁磁转变为铁磁态，则电阻由高电阻变为低电阻。磁电阻的变化率 $\Delta R/R(H)$ 可达到很高，将其称为庞磁电阻效应。

（4）庞磁电阻材料的种类和研究现状　目前由研究得知，庞磁电阻材料大体上分为五类：掺杂稀土锰氧化物 REA_xMnO_3（RE：稀土元素；A：碱金属元素）；钙钛矿立方结构的 $[AA_3']B_4O_{12}$ 锰氧化物 [如 $Ca(Mn_{3-x}Cu_x)Mn_4O_{12}$]；掺杂稀土钴氧化物 REA_xCoO_3；焦绿石结构的 $Ti_2M_2O_7$ 和尖晶石结构的 $FeCr_2S_4$ 等。其中稀土锰氧化物 REA_xMnO_3 的掺杂及其磁电阻产生机制等是目前该领域最为广泛和活跃的研究课题。

CMR 材料分为块体和薄膜两类。块体材料的制备方法通常采用球磨混合烧结法。也可用化学共沉淀法先制成粉体，然后压制烧结成块体。一般与铁氧体的材料制备工艺相同。CMR 薄膜的制备，通常用制备块体的方法先制成靶材；然后用各种溅射方法制成薄膜态。当然也可以采用蒸发沉积法、激光蒸发法制成多晶、非晶和单晶结构的 CMR 薄膜。这种与其他类型的薄膜材料制备方法基本相同，在此就不再详细介绍。

参考文献

[1]　李荫远, 李国栋. 铁氧体物理学. 修订本. 北京：科学出版社, 1978。
[2]　周志刚. 铁氧体材料. 北京：科学出版社, 1981.
[3]　尤毅, 张正义, 林守卫. 新能磁性材料及其应用. 北京：机械工业出版社, 1997.
[4]　钦征骑主编. 新型陶瓷材料手册. 南京：江苏科学技术出版社, 1996.
[5]　蔡速旺. 磁电子学的若干问题. 物理学进展, 1997, 17：119.

第 **9** 章

生物陶瓷及复合材料

9.1 生物陶瓷的分类

生物医学材料是指一类具有特定功能和特殊性能要求的，用于人工器官、外科修复、理疗康复、诊断、检查、治疗疾患等；且对人体组织、生理、生化不产生不良影响的材料。按照材料类型，生物医用材料可分为：①高分子材料；②无机非金属材料；③金属材料；④复合材料；⑤天然生物材料。生物陶瓷作为无机非金属材料在生物医学领域占有重要地位并已有广泛应用，其主要应用是人体硬组织的修复替换等内植入，如人工牙、人工骨、人工关节等。

无机非金属材料作为生物医用材料已有较长的历史，最早可追溯到 19 世纪初制成的陶质牙齿。到了 20 世纪 60 年代，无机生物医用材料的研究与应用进入了一个发展较快的阶段，这主要是明确了其有如下优点。

① 构成材料的物质结合以离子键或共价键为主，因而具有优良的力学性能，如高耐压强度、高硬度、耐磨损等；高的化学稳定性，在体内不易溶解，不易氧化，不易磨蚀；热稳定性好，便于灭菌消毒；与人体组织亲和性好，几乎看不到人体组织对其的排斥作用。

② 制备陶瓷的组成范围较宽，可以根据实际应用的要求设计组成调制性能的变化。如对降解生物陶瓷，可根据在体内不同部位的应用调节降解速率，使之与骨生长速度匹配，满足临床要求。

③ 成型方法多，可根据需要制成各种形状和尺寸及致密或多孔结构等。

④ 易于着色，如陶瓷牙冠与天然牙齿外观逼真，利于整容、美容手术。

然而生物陶瓷材料又属于脆性材料，抗冲击性能较差，易产生断裂，这是一个显著的缺点，因此近年来一个重要的发展方向是研究开发复合性生物医用材料，以及在金属材料基体上复合生物陶瓷涂层。

由于生物医用材料应用的对象复杂而多样，许多不同材质、不同性能的生物陶瓷材料得到了发展，根据其在生物体内的功能要求，生物陶瓷材料大致可分为三大类（表9-1）。

表 9-1 各种无机（非金属）生物医学材料分类

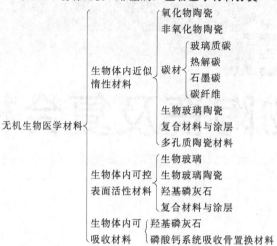

9.2 生物功能性和生物相容性

人体器官和组织往往因疾患、受伤、老化或先天畸形等损伤或缺损而丧失原有或应有的功能，需修复、再造人体损伤器官和组织，有效地医治人类疾病、维持人类的健康和延长人类寿命。从生物相容性角度来讲，采用患体自身的同种组织作修复材料最为理想，但这增加了患者的痛苦和感染机会，且材料源受很大限制。采用异体材料（如动物骨），虽材料源不受限但有抗原性。因而研制具有修复功能的人工替换材料显得十分重要。作为生物医用功能材料，其主要功能包括：

① 代替患病、缺损或衰老的硬组织；

② 矫治先天畸形；

③ 恢复硬组织的形态和功能；

④ 整容和美容。

硬组织替换或修复材料在植入体中主要是承载应力和传递负荷。一般来讲，所涉及的力没有在其他工程领域中那样大，但由于肌肉通过多点连接于骨组织，使作用于骨骼系统的力呈空间分布，应力场较为复杂。因而医用人工材料的力学性能参数很重要，如压力、拉力、剪切力、疲劳、蠕变、冲击强度和断裂韧性等均有特定的力学要求。用于牙填充或关节替换的材料，要求低摩擦和低磨损，并要有适合运动的滑动表面。自然关节由滑液润滑，高效的软骨-滑液协同作用可使摩擦系数极低，这是人工材料和人工构造难于模拟的。大多数关节置换体都是由一个极硬的表面与另一材质的表面组成适宜的摩擦联结。摩擦系数并不高，但磨损始终发生并限制了关节替换材料的使用寿命。

生物医用材料一旦植入人体就要伴随宿主经受复杂动态的生理环境考验。人的体温为 $36 \sim 37 ℃$，体液的 pH 值约为 7.2，许多在常温下十分稳定的材料，在植入体内的生物环境下工作，便会被腐蚀。这类生物化学反应常使材料表面变质，强度降低，与宿主组织间产生间隙而引起松动，刺激周围组织发炎，甚至坏死，最终导致植入失败。不仅如此，反应产物还会进入血液和尿中，造成全身中毒，还可能由此导致畸变和致癌。植入材料的稳定性涉及材料的应力腐蚀、腐蚀疲劳、腐蚀蠕变、摩擦磨损性交变载荷、冲击载荷、变形、破损等，这是一种极为复杂的生理生化作用过程，对此在人工材料的研制中应给予足够的重视。

生物陶瓷是一类具有特殊生理行为要求的陶瓷材料，它应满足下述生物学要求或具备下述条件。

① 生物相容性，即生物陶瓷必须对生物体无毒，无害，无刺激，无过敏反应，无致畸、致突变和致癌等作用；同时，它又不会被生化作用所破坏。

② 力学相容性，生物陶瓷不仅应具有足够的强度，不发生灾难性脆性破裂、疲劳、蠕变及腐蚀破裂，而且其弹性形变应当和被替换的组织相匹配。植入体的力学相容性取决于它所承受的应力大小、组织间形成的界面性质以及材料本身的弹性模量。

③ 与生物组织有优异的亲和性，生物陶瓷植入生物体后，能和生物组织很好地结合，这种结合可以是组织长入不平整的植入体表面所形成的机械嵌联，也可以是植入体和生理环境间发生生化反应而形成的化学键结合。

④ 抗血栓，生物陶瓷作为植入材料和人体血液相接触，要求植入物不会对血液细胞造成破坏，不会形成血栓。

⑤ 物理、化学稳定性，在体内长期稳定，不分解、不变质、不变性。

⑥ 灭菌性，即植入材料必须能以无菌状态生存下来，不会因环境条件如干热、湿热、气体、辐射等的作用而改变其功能，使接触的宿主组织受到感染。

由于人体的高度复杂性和个体间的差异性，生物功能陶瓷作为替代或修复材料，在它们被正式使用前，须经过极严格的临床试验。因此，生物医用陶瓷的研究和开发具有相对代价高、周期长的特点。尽管如此，由于现代医学技术的需求，生物医用陶瓷的发展仍然相当迅速。目前，生物陶瓷已可以用于患者外科矫形手术的假体（如各种人工骨、人工关节）、牙科植入物和修复物、中耳骨植入物、人体组织长入涂层、人工心脏瓣膜、骨缺损填料等，应用范围相当广泛。

9.3　惰性生物医学陶瓷

惰性生物医学陶瓷材料主要包括 Al_2O_3、ZrO_2 等一些氧化物和碳材及 SiC 等一些非氧化物陶瓷材料。这类材料的特点是化学稳定性好，引发不良生物界面反应小。一些有应用前景的生物医用陶瓷材料的物理与力学性能列于表 9-2。

表 9-2　陶瓷植入材料的物理和机械性能

材　　料	空隙率/%	密度/(mg/m³)	杨氏模量/GPa	压缩强度/MPa	拉伸强度/MPa	挠曲强度/MPa
各向同性石墨或低	7	1.8	25	—	—	140
各向异性石墨	12	1.8	20~24	65~95	24~30	45~55
	16~20	1.6~1.75	6~9	18~58	8~19	14~27
	18	1.85	13.4	—	—	—
	31	1.55	7.1	—	—	—
	—	—	7.0	—	34	—
	—	0.1~0.5	—	2.5~30	—	—
热解石墨	2.7	2.19	28~41	—	—	—
	—	1.3~2	17~28	900	200	340~520
	—	1.7~2.2	17~28	—	—	270~550
气相沉积碳	—	1.5~2.2	14~21	—	—	340~700

続表

材　料	空隙率/%	密度/(mg/m³)	杨氏模量/GPa	压缩强度/MPa	拉伸强度/MPa	挠曲强度/MPa
玻璃状(透明)碳	—	—	9～14	—	30～230	—
	—	1.4～1.6	—	—	70～200	70～205
	—	1.45～1.5	24～28	700	70～200	150～200
	—	1.38～1.4	23～29	—	—	190～255
	≤50	<1.1	7～32	50～330	13～52	—
生物活性陶瓷和玻璃陶瓷	—	—	—	—	56～83	—
	—	2.8	—	500	—	100～150
	31～76	0.65～1.86	2.2～21.8	—	—	4～35
羟基磷灰石	0.1～3	3.05～3.15	7～13	350～450	38～48	100～120
	10	2.7	—	—	—	—

9.3.1　氧化铝陶瓷

从 20 世纪 70 年代开始，世界上许多国家如美国、德国、瑞士、荷兰和日本等就已相继开展了氧化铝生物陶瓷的研究和应用，制成了氧化铝股骨头、臼与金属骨柄组合的人工骨关节，开创了致密 Al_2O_3 陶瓷在骨外科中的应用。至今，高密度、高纯度、多晶氧化铝已大量用于制作人工髋关节的股骨干、股骨头和髋臼部件。一些 Al_2O_3 生物陶瓷植入体示于图 9-1。

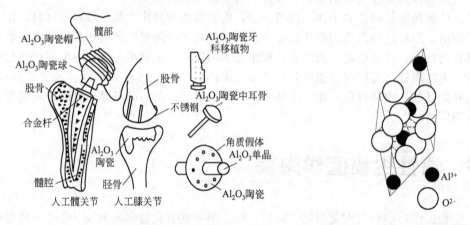

图 9-1　各种 Al_2O_3 生物陶瓷移植物的示意图　　图 9-2　Al_2O_3 刚玉点阵单胞中的离子排列

Al_2O_3 陶瓷属刚玉结构，氧离子按六方紧密堆积排列，Al^{3+} 占据其中 2/3 的八面体孔隙。Al_2O_3 刚玉点阵单胞中的离子排列示于图 9-2。氧化铝除具有高的化学稳定性和生物惰性外，高硬度和优良的耐摩擦及抗磨损是其突出的优点。氧化铝/氧化铝系统的磨损学研究已表明，该系统的磨损量比金属/聚乙烯系统低一个数量级（图 9-3）。Al_2O_3/Al_2O_3 和

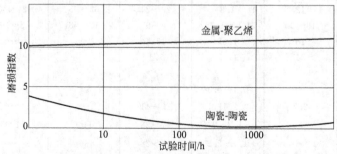

图 9-3　金属-聚乙烯和陶瓷-陶瓷关节长周期磨损的特点

Al_2O_3/聚乙烯的摩擦系数也比金属/聚乙烯要小。这主要与 Al_2O_3 低的表面粗糙度以及润湿性有关，氧化铝表面原子结构特点决定了水与氧化铝的接触角较小，水通过分子中的氢键与 Al_2O_3 晶格中的氧结合。

研究工作也表明，α-Al_2O_3 陶瓷的纯度、晶粒尺寸、尺寸分布、空隙率以及嵌杂物等对其物理和力学性能（抗拉强度、疲劳强度、断裂韧性和耐磨损性等）有直接影响。晶粒尺寸由 $4\mu m$ 增至 $7\mu m$ 后，强度将下降约 20%。因而，Al_2O_3 陶瓷的微晶化（$<1\mu m$ 晶粒）和高致密化是改善其力学与摩擦学性能的主要途径。材料的使用环境也影响氧化铝陶瓷的力学性能。有报道指出，由于在水化环境中存在着亚临界裂纹生长，可使氧化铝的疲劳强度显著降低，因而对水敏感的一些添加剂或杂质在制备 Al_2O_3 陶瓷中应是要避免的。

氧化铝应用的主要限制是其低的断裂韧性和拉伸、弯曲强度。因此，使用中它对应力集中和过载十分敏感。对 Al_2O_3 陶瓷人工全髋关节模拟受力测试研究指出，Al_2O_3 陶瓷人工骨材料的损坏经历了疲劳、冲击、过载等引起的内疲劳过程。高的压应力和剪切应力会导致亚表面区损伤并积累于结构缺陷或晶界处，引起材料的磨耗加大并导致最终损伤。

9.3.2 氧化锆陶瓷

部分稳定化的氧化锆是另一种有应用前景的氧化物惰性生物陶瓷材料。由于其引入了相变增韧机制，这类陶瓷具有比氧化铝更好的断裂韧性，被提倡作为氧化铝的替用材料。

氧化锆具有多晶型，随温度的变化范围存在如下多晶转变。

$$\text{单斜 } ZrO_2 \underset{1000℃}{\overset{约 1170℃}{\rightleftharpoons}} \text{四方 } ZrO_2 \xrightarrow{约 2300℃} \text{立方 } ZrO_2$$

单斜 ZrO_2 的晶格常数为：$a = 5.194 \times 10^{-10}$ m，$b = 5.266 \times 10^{-10}$ m，$c = 5.308 \times 10^{-10}$ m，$\beta = 80°48'$，理论密度为 $5.56 g/cm^3$。四方 ZrO_2 的晶格常数为 $a = 5.07 \times 10^{-10}$ m，$c = 5.16 \times 10^{-10}$ m，理论密度为 $6.10 g/cm^3$。四方 $ZrO_2 \rightleftharpoons$ 单斜 ZrO_2 的相变属马氏体相变，相变过程伴随有约 14% 的晶格切变和 3%~5% 的体积效应。通过引入 Y_2O_3、MgO、CaO 等四方相稳定剂，四方相亚稳态在低于 1000℃ 的温度范围内可以存在下来。利用这一效应和稳定剂的控制相变作用，现已制备出多种具有增韧性质的 ZrO_2 陶瓷材料。

氧化锆生物陶瓷的制备通常采用等静压加工成型，然后烧结为致密陶瓷。具有微晶结构的（小于 $1\mu m$ 晶粒尺寸）ZrO_2 陶瓷可以采用烧结+热等静压技术完成，一般坯体先烧结达到约 95% 的理论密度，然后在热等静压条件下进一步致密化去除残余气孔。

表 9-2 中已列出了部分稳定化 ZrO_2 陶瓷的性能。与氧化铝相比较，其弹性模量约为氧化铝的一半，弯曲强度和断裂韧性分别是 Al_2O_3 陶瓷的 2~3 倍和 2 倍。Y_2O_3 稳定的 ZrO_2 陶瓷在聚合物表面的磨损率比 Al_2O_3 陶瓷要小 5 倍，其高的耐磨损性是与微晶尺寸、低表面粗糙度以及相变引起的残余压应力的联合作用有关。

9.3.3 碳材料

由于碳材料不引起生物不良反应，以及碳与骨之间在刚度和强度上类似等特点，碳基材料现已被公认为是一类重要的无机生物医用材料，其研究与应用包括了心脏瓣膜、人工齿根、人工骨、人工关节、人工血管、人工韧带和腱等多种人工器官。

按照碳原子排列方式的不同，碳材料存在多种结构形态如金刚石、石墨和乱层结构碳。石墨具有平面六角排列结构（见图 9-4），平面内 C—C 键为强共价键，其结合能为 114kcal/mol，相邻平面结合力较小，为 4kcal/mol，石墨材料的力学强度主要源于其强的平面键合，而平面间较弱的键合导致其低的弹性模量（与骨的模量相近）。乱层结构碳是含有空晶格位的不完整六角形平面晶格构成的准晶结构，其层间存在不完整的结合，从而产生了不同于石

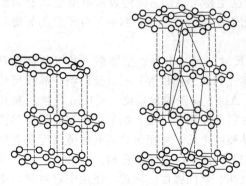

图 9-4 石墨的晶体结构

墨的新的性质，如层间滑动降低和耐磨性能提高。乱层结构碳适用于医用材料主要有如下优点：极佳的血液相容性和组织相容性；耐疲劳和耐磨；高断裂强度和相对低的弹性模量。乱层结构碳主要有 3 种类型：热解碳和低温各向同性（LTIC）碳；真空-蒸气沉积和超低温各向同性（ULTIC）碳；玻璃状碳（见表 9-2）。

生物医用碳材料最初使用的多为无定形碳，因其有使软组织变黑材料的弱点，更多的研究和应用目前主要集中于低温热解各向同性碳和碳纤维材料等。人工心脏瓣膜用碳材一般由石墨基体和涂层两部分构成，石墨基体是由油焦、沥青等原料按一定配比混合，压制成型，焙烧而成。这种石墨基体存在较多的微孔，表面不耐磨。为此采用一种高温流态床工艺，在基体的外表面涂覆一层具有各向同性热解碳涂层。为了改善涂层的耐磨性，涂层中可以加入一些适量的硅元素，使之形成一层致密、高硬度和高耐磨性的 C-Si 涂层。动物实验和临床应用证明，LTIC 是目前制作人工机械瓣膜最理想的材料，它具有以下优点。

① LTIC 涂层有足够的强度，十分耐磨，0.5mm 厚度的 Si-C 涂层，可用几十年。

② 具有优异的生物相容性，不产生血凝和血栓。原因是含 Si-LTIC 与血液之间可生成一种蛋白质中间吸附层，此层不引起蛋白质的变化。

③ 抛光后的 Si-C 涂层是致密不透性的，不会引起降解反应。

④ 无毒性，无刺激性，不致癌。

热解 C-Si 涂层的应用不仅限于石墨基体，也可应用于如 Al_2O_3 材料、金属材料、C-C 复合材料等表面改性，以发挥其优异的生物界面功能。

利用碳纤维取代受伤韧带的研究现已取得明显进展。韧带损伤是人类疾患之一，采用碳纤维韧带植入材料来增强或重建韧带，给受损韧带的完全康复带来了可能。对韧带植入材料的要求是必须具有足够的强度，具备无过敏、无感染、无致癌等生理卫生方面的特性，研究工作已表明，碳纤维作为人工韧带时其作用类似于网架，原韧带可依附于碳纤维再生，它们之间的生物相容性相当好。一般碳纤维韧带植入材料由数万根直径为几微米的碳纤维来组成，它们可承受平均力为 6kN 的作用力。涂层化的碳纤维比一般碳纤维性能更为优越，如碳纤维的表面涂覆了一层聚乳酸，它能抑制破损碳纤维碎屑的脱落，防止碎屑扩散到体内淋巴结处而避免了生理方面的一些不良反应发生。

9.4 表面活性生物陶瓷

生物活性的概念是指材料能在其表面引起正常的组织形成，并且它建立的连续性界面能够承担植入部位所承担的正常负荷。此时这类植入材料能表现出最佳的生物相容性。

生物活性陶瓷材料是具有优异的生物相容性，能与骨形成骨性结合界面，结合强度高，稳定性好，植入骨内还具有诱导骨细胞生长的趋势，逐步参与代谢，甚至完全与生物体骨和齿结合成一体的一类生物陶瓷。

9.4.1 生物活性玻璃和玻璃陶瓷

生物活性玻璃材料于 20 世纪 70 年代首先研制出。至今已有多种组成系统的材料获得广泛应用，这些材料可用于植入物的基体或金属、陶瓷植入体的表面涂层等。不同玻璃的组成列于表 9-3。

表 9-3　生物活性玻璃和玻璃陶瓷的成分（质量分数）
［选自 Hench 和 Ethridge（1982）］　　　　　　单位：%

材　料	45S5	45S5-F	40S5-B5	52S4.6	ceravital	稳定化 ceravital	A-W 玻璃陶瓷
SiO_2	45.0	45.0	40.0	52.0	40～50	40～50	34.2
P_2O_5	6.0	6.0	6.0	6.0	10～15	7.5～12	16.3
CaO	24.5	12.3	24.5	21.0	30～35	25～30	44.9
Na_2O	24.5	24.5	24.5	21.0	5～10	3.5～7.5	—
B_2O_3	—	—	5.0	—	—	—	—
CaF_2	—	12.2	—	—	—	—	0.5
K_2O	—	—	—	—	0.5～3.0	0.5～2.0	—
MgO	—	—	—	—	2.5～5.0	1.0～2.5	4.6
Al_2O_3	—	—	—	—	—	5～15	—
TiO_2	—	—	—	—	—	1.0～5.0	—
Ta_2O_5	—	—	—	—	—	5～15	—

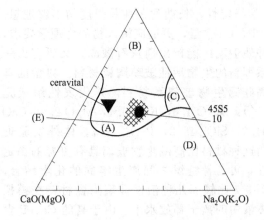

图 9-5　与骨结合的生物医学玻璃成分图
（A）≤30 天产生结合；（B）不结合，活性太低；（C）不结合，活性太高，可吸改；（D）不结合，不形成玻璃；（E）和骨组织、软组织都结合

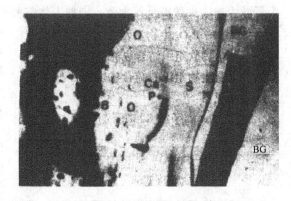

图 9-6　生物玻璃和骨的结合界面
BG—生物玻璃；S—富硅层；B—骨；Ca、P—富磷酸钙层；O—骨芽

9.4.1.1　Na_2O-CaO-SiO_2-P_2O_5 系生物医用玻璃

该系代表性成分是：45% SiO_2，24.5% Na_2O，24.5% CaO，6% P_2O_5，命名为 45S5。将这种玻璃埋入骨的缺损部，一个月内玻璃与骨之间可形成牢固的生物化学结合。实际上，在 SiO_2-CaO（MgO）-Na_2O（K_2O）-6% P_2O_5 四元系中，保持 P_2O_5 6% 的含量不变，在一定范围内可改变其他三种氧化物的含量。研究工作已经表明所形成的玻璃材料都具有生物活性。图 9-5 是 SiO_2-CaO-Na_2O-P_2O_5 生物活性玻璃成分图，图中（E）区成分与软组织结合也能像与硬组织结合一样好。这类生物活性玻璃与生物组织的结合机理包含了一系列复杂的物理化学反应和超结构现象：

① Na^+ 或 K^+ 与体液中的 H^+ 或 H_3O^+ 快速交换；

② 由于 Si—O—Si 键的破坏，引起可溶性的 SiO_2 进入体液，并在界面形成 Si—OH 和 Si(OH)$_4$ 基团；

③ 在表面形成富 SiO_2 层的凝聚和再聚合；

④ Ca^{2+} 和 PO_4^{3-} 团通过富 SiO_2 层迁移到表面；

⑤ 在富 Si 层表面形成富 CaO -P$_2$O$_5$ 薄膜；

⑥ 可控扩散碱离子的交换促进 SiO$_2$ 层的生长；

⑦ 由体液中可溶性磷酸钙的结合，促进无定形富 CaO -P$_2$O$_5$ 薄膜的生长；

⑧ 通过 OH$^-$、CO$_3^{2-}$、F$^-$ 阴离子的结合以及无定形 CaO -P$_2$O$_5$ 薄膜的结晶化，借助于体液作用形成一种羟基、碳酸基、氟基混合的磷灰石层；

⑨ 在骨胶原纤维周围、在所吸附的糖化物中及在骨芽和纤维芽产生的其他蛋白质（肽）内，磷灰石晶体产生聚集和化学结合。

按照上述反应过程，骨组织和植入体之间可形成一个界面结合区，在 $100 \sim 120 \mu m$ 富 SiO$_2$ 层的表面是一层 $30 \mu m$ 水化了的 CaO -P$_2$O$_5$ 晶体。图 9-6 示出了 45S5 植入物与骨形成的直接结合界面。

这类生物玻璃抗折强度较低，为 $70 \sim 80 \mathrm{MPa}$，不能用于强度要求高的人工骨和关节植入，可以埋入拔牙后的齿槽孔内，防止齿槽孔萎缩，也可用于中耳的锤骨等。

9.4.1.2 Na$_2$O-K$_2$O-MgO-CaO-SiO$_2$-P$_2$O$_5$ 系玻璃陶瓷

45S5 玻璃中 K、Na 的含量较高，因而其化学稳定性、长期耐久性及强度均不够理想。为了减少玻璃中的碱金属含量，增加人体需要的 P、Ca 含量，更适应植入物的生理学要求，并使玻璃中能析出磷灰石微晶，又研究出一系列新的生物活性玻璃陶瓷材料。典型的有高硅钙生物玻璃系材料，其代表性组成是（%）：Na$_2$O 4.8，K$_2$O 0.4，MgO 2.9，CaO 34.0，SiO$_2$ 46.2，P$_2$O$_5$ 11.7。体外实验证明这种材料比高碱生物玻璃具有更好的稳定性，可与骨组织之间产生牢固的化学结合，图 9-7 比较了几种活性玻璃陶瓷材料在模拟体液中的离子释放水平。由于高的 Ca、P 含量，这种材料在玻璃表面更容易析出磷灰石晶体，从而刺激了玻璃表面附近的软骨芽细胞和造骨细胞更为活跃，使新生骨中的磷灰

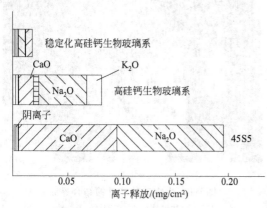

图 9-7　生物医学玻璃在体外模拟液中离子释放水平

石结晶与析出磷灰石晶体产生化学结合。这种材料具有较高的机械强度，抗折强度为 $147 \mathrm{MPa}$，抗压强度为 $490 \mathrm{MPa}$，可用于人工齿根和腭骨的植入材料。

9.4.1.3 MgO-CaO-SiO$_2$-P$_2$O$_5$ 系玻璃陶瓷

这类玻璃陶瓷不含 Na、K 成分。它不仅含有磷灰石结晶，而且还含有 β-CaSiO$_3$ 相晶体析出。其代表成分是：MgO 4.6%、CaO 44.9%、SiO$_2$ 34.2%、P$_2$O$_5$ 16.3%、外加 CaF$_2$ 0.5%，称为 A-W 玻璃陶瓷。这种材料一般是在白金坩埚中 $1450^\circ C$ 熔融，然后将熔体倒在不锈钢板上急冷。析晶处理按 $60^\circ C/h$，加热至 $1050^\circ C$，保温 4h。A-W 微晶玻璃材料有更好的力学性能，其抗折强度为 $178 \mathrm{MPa}$，抗压强度为 $1040 \mathrm{MPa}$，断裂韧性 K_{IC} 为 $2.0 \mathrm{MPa} \cdot m^{1/2}$。它可以切削加工成各种形状，便于应用，可用于承受很大弯曲应力的长管骨、椎骨等的置换材料。

9.4.2　磷酸钙生物陶瓷

磷酸钙陶瓷是一类有不同钙磷比的陶瓷材料，其中对磷灰石的研究最多。众所周知，自然骨和牙齿是由无机材料和有机材料巧妙地结合在一起的复合材料。其中无机相大部分是羟基磷灰石（HAp）结晶，还含有 CO$_3^{2-}$、Mg^{2+}、Na$^+$、Cl$^-$、F$^-$ 等微量元素。此

外，有机物质的大部分是纤维性蛋白骨胶原。在骨质中，羟基磷灰石占 $60\%\sim70\%$，它是一种长度为 $20\sim40nm$、厚度为 $1.5\sim3nm$ 的针状结晶，其周围规则地排列着骨胶原纤维。齿骨的结构也类似于自然骨，但齿骨中羟基磷灰石的含量更高，可达 97%。生物医用材料研究与应用还包括磷酸三钙、磷酸四钙、磷酸八钙等。$CaO\text{-}P_2O_5$ 二元相图是相当复杂的（见图 9-8）。如果有 H^+、F^-、Cl^- 等其他离子的加入，将使其二元关系变得更为复杂。

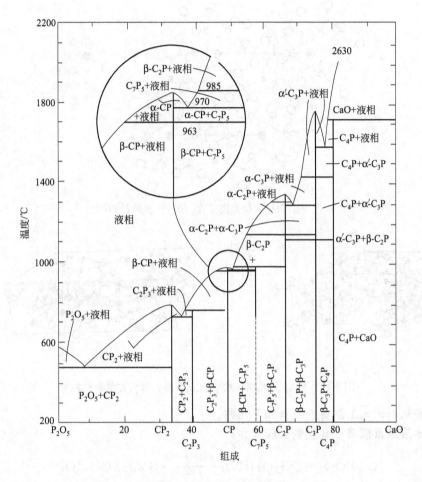

图 9-8　$CaO\text{-}P_2O_5$ 相图

9.4.2.1　羟基磷灰石材料

磷灰石可以用化学式 $M_{10}(XO_4)_6Z_2$ 表示，其在 M^{2+}、XO_4^{3-} 和 Z^- 位置上不同的离子替换可形成一系列固溶体。一般认为，磷灰石是非化学计量的。M^{2+} 是典型的二价金属阳离子，如 Ca^{2+}、Sr^{2+}、Bi^{2+}、Pb^{2+} 或 Cd^{2+}；XO_4^{3-} 为下列三价阴离子：AsO_4^{3-}、VO_4^{3-}、CrO_4^{3-} 或 MnO_4^{3-}；单价 Z^- 通常是 F^-、OH^-、Br^- 或 Cl^-。此外，磷灰石也可以存在一些更复杂的离子结构，如用一个二价离子代替两个单价 Z^-，$CO_3^{2-}\longrightarrow 2OH^-$，为保持电中性，结构中将留下一个阴离子空位，这种情况也可以通过 Z^- 位的空位或用二价离子替代三价离子 PO_4^{3-} 离子团，以保持电中性。

医用磷灰石类陶瓷最常见的是羟基磷灰石（HAp），其晶体结构在（001）面的平面投影示于图 9-9。它属于 $P6_3/m$ 空间群的六方结构，晶胞尺寸为 $a=b=9.42\text{Å}$，$c=6.88\text{Å}$，密度为 $3.1\sim3.2\text{g/cm}^3$。如果 HAp 结构中无空位同时组成很纯，它也能够形成假六方单斜相，属 $P2_1/b$ 空间群，二者的晶体结构示于图 9-10。HAp 理想的质量分数为：39.9% Ca、18.5%P 和 3.38%OH；相应 Ca/P 为 1.67。HAp 的晶体结构和结晶行为对离子种类的取代性质和排序有密切的依赖关系。

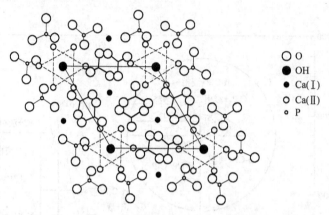

图 9-9 HAp 构晶离子在（001）面的投影图

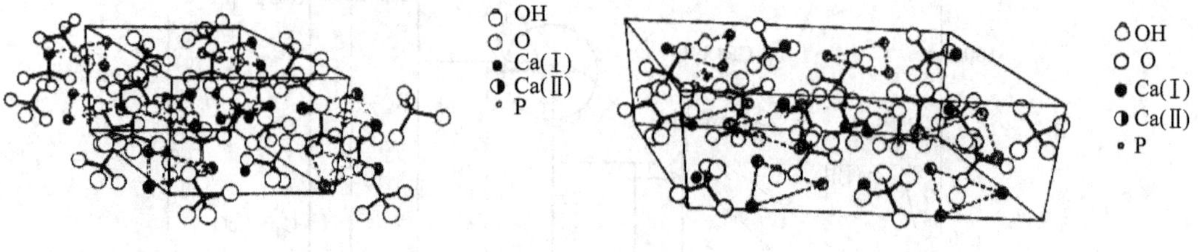

图 9-10 HAp 的晶格结构（六方结构、假六方单斜结构）

羟基磷灰石的人工制备主要有如下几种。

（1）水溶液反应法 其代表反应式为：

$$Ca(NO_3)_2 + (NH_4)_2HPO_4 \xrightarrow{pH=8\sim10} Ca_{10}(PO_4)_6(OH)_2$$

$$Ca(OH)_2 + H_3PO_4 \xrightarrow{pH=8} Ca_{10}(PO_4)_6(OH)_2$$

$$CaCl_2 + H_3PO_4 \xrightarrow{pH=7} Ca_{10}(PO_4)_6(OH)_2$$

（2）固相反应法 其代表反应式为：

$$Ca_2P_2O_7 + CaCO_3 \xrightarrow{\text{水蒸气}} Ca_{10}(PO_4)_6(OH)_2$$

$$Ca_3(PO_4)_2 + CaO \xrightarrow[1000℃]{\text{水蒸气}} Ca_{10}(PO_4)_6(OH)_2$$

$$CaHPO_4 + CaCO_3 \xrightarrow[1000℃]{\text{水蒸气}} Ca_{10}(PO_4)_6(OH)_2$$

（3）水热法 其代表反应式有：

$$CaHPO_4 + H_2O \xrightarrow{200℃} Ca_{10}(PO_4)_6(OH)_2$$

$$CaHPO_4 \cdot H_2O + H_2O \xrightarrow{200℃} Ca_{10}(PO_4)_6(OH)_2$$

此外，还有熔融法、喷雾热解法等制备 HAp 粉体。

研究工作已经表明，HAp 在结构、化学性质及组成上的差异主要源于材料制备处理技术、时间、温度以及环境条件等的不同。因此，对 HAp 材料生物医用性能的评价应与其制备过程、成分、结构等的协同作用相联系，这有助于正确认识和理解其热力学行为、溶解性质、植入体内的生物反应等现象。

对化学计量配比的羟基磷灰石从室温加热，材料将逐渐脱水。在 25～200℃ 之间，可逆性地失去吸附水；在 200～400℃ 之间，晶格结合水不可逆地失去并引起晶格收缩，这种结晶水一般仅存在于从水溶液系统中制备出的磷灰石。当温度超过 850℃ 以后，出现可逆的失重，一般认为是形成了氧羟基磷灰石。超过 1050℃，羟基磷灰石将分解成为 β-磷酸三钙（β-TCP）和磷酸四钙，其反应式是：

$$Ca_{10}(PO_4)_6(OH)_2 \longrightarrow 2\beta\text{-}Ca_3(PO_4)_2 + Ca_4P_2O_9 + H_2O$$

当温度高于 1350℃，β-TCP 转化为 α-TCP，冷却后 α-TCP 将被保持下来。类似反应也会出现在非化学计量比的羟基磷灰石中，但反应产物有所不同，且与 Ca/P 相关。

HAp 材料在水相环境中的溶解行为显著依赖于晶体的化学组成。其表面离子交换性质与如下因素有关：①不同相的形成和溶解速率；②材料粉体重量与液体体积之比；③水相 pH 值环境；④粉体比表面；⑤结晶完整性、晶体缺陷、杂质以及空位；⑥替代离子的作用。

羟基磷灰石与骨组织的相容性已得到了广泛研究，其人工合成 HAp 植入体不引起异物反应并能与骨组织产生直接结合已得到公认。研究工作发现，HAp 具有吸收、聚集体液中钙离子的作用，参与体内钙代谢，其作用与骨组织作用相似。HAp 具有优良的生物相容性，起到了适合新生骨沉积的生理支架作用，即"骨引导"作用，但其不具有诱发成骨的能力，即不具有"骨引导"的作用。有关 HAp 和骨组织之间的结合生长，是一个较为复杂的生物化学过程。人工合成的 HAp 由于合成工艺方法、热历史等过程不同，使其材料的成分、结构、物化性能有所不同，这对骨组织结合生长会带来很大影响。

由于 HAp 的脆性和生理环境中的疲劳破坏，使其还不能用于承载力大的骨替代材料，它主要用于如口腔种植、颌面骨缺损修复、耳小骨替换、脊椎骨等机械强度要求不高的替换部件。

9.4.2.2　磷酸三钙材料

早在 1920 年研究人员就曾建议将具有可吸收性的磷酸三钙作为牙和骨的替换材料，随后到 1970 年以后对可吸收骨替换材料开展了广泛研究。所谓可吸收性即指将这种材料植入生物体内的损伤部位，当相邻的组织在磷酸三钙植入体内增生时，磷酸三钙能够慢慢地被生物的新生骨质组织所代替，这个过程被称为降解过程，这类材料也称为生物降解材料。这类材料的化学成分与 HAp 不同，但物理、化学性质类似。吸收性骨代替材料在生物体内被吸收并诱导骨形成，因此要求磷酸钙的降解速度和骨生成速度之间保持一定的关系。

(1) β-磷酸三钙（β-TCP）　磷酸三钙的化学组成为 $Ca_3(PO_4)_2$，熔点 1670℃，具有白磷钙矿（whitlockite）晶体结构，属 D_3d 类空间群，晶胞尺寸为 $a = 10.34\text{Å}$，$c = 36.9\text{Å}$，钙磷比较 HAp 低，约为 1.5。

磷酸三钙材料可以采用干法和湿法进行制备。干法可由磷酸氢钙直接分解生成磷酸三钙，其反应式为：

$$2CaHPO_4 \cdot 2H_2O \xrightarrow{\ 800\sim1000℃\ } \beta\text{-}Ca_2P_2O_7 + 3H_2O$$

$$\beta\text{-}Ca_2P_2O_7 + CaCO_3 \xrightarrow{\ 1000\sim1100℃\ } \beta\text{-}Ca_3(PO_4)_2 + CO_2 \uparrow$$

湿法制备可采用如下两种途径进行：

$$3Ca(OH)_2 + 2H_3PO_4 \xrightarrow{pH6\sim7} \beta\text{-}Ca_3(PO_4)_2 + 6H_2O$$

$$3Ca(NO_3)_2 + 2(NH_4)_2HPO_4 + 2NH_3 \cdot H_2O \longrightarrow \beta\text{-}Ca_3(PO_4)_2 + 6NH_4NO_3 + H_2O$$

在磷酸三钙材料的制备中，一般希望烧结温度不超过 1000℃，这样有利于磷酸三钙的降解性能。

许多研究曾报道了关于 $Ca_3(PO_4)_2$ 或含 $Ca_3(PO_4)_2$ 植入体的生物化学性能。当多孔磷酸三钙陶瓷埋入生物体后，发现被迅速吸收并有新生骨所置换。多孔磷酸三钙比致密磷酸三钙有更强的骨形成能力。磷酸三钙材料的主要缺点是强度偏低，抗冲击能力差。目前，磷酸三钙主要用于制成多孔陶瓷作为骨骼填充剂或作为复合降解材料的无机相添加剂。

（2）水硬性 α-$Ca_3(PO_4)_2$ 一般来讲，α-$Ca_3(PO_4)_2$ 较少单独用于生物医学材料。关于具有水硬性特性的磷酸盐系骨水泥的研究早在 1987 年就见报道。这种粉体材料在体液下水硬固化后，能够形成与人体骨组织矿物成分十分相似的羟基磷灰石，可作为一种安全、无毒、具有生物活性的骨组织修复材料。

α-$Ca_3(PO_4)_2$ 可采用干法工艺制备。将纯度在 99.5% 以上的 $CaHPO_4 \cdot 2H_2O$ 经 850℃ 高温煅烧，反应生成 β-$Ca_2P_2O_7$ 后，再按化学计量（Ca/P＝1.5）与 $CaCO_3$ 充分混合，在 1240℃ 高温煅烧后，可获得平均粒径尺寸小于 5μm 的 α-$Ca_3(PO_4)_2$ 粉体。其反应式如下：

$$CaHPO_4 \cdot 2H_2O \xrightarrow{161\sim434℃} \gamma\text{-}Ca_2P_2O_7 + H_2O$$

$$\gamma\text{-}Ca_2P_2O_7 \xrightarrow{850℃} \beta\text{-}Ca_2P_2O_7$$

$$\beta\text{-}Ca_2P_2O_7 + CaCO_3 \xrightarrow{900\sim1180℃} \beta\text{-}Ca_3(PO_4)_2 + CO_2$$

$$\beta\text{-}Ca_3(PO_4)_2 \xrightarrow{1180\sim1240℃} \alpha\text{-}Ca_3(PO_4)_2$$

β-TCP 与 α-TCP 的转变是一个可逆反应。可以采用速冷方法控制在冷却时 α→β 的转变。最新的研究也表明，α→β 的转变可以通过加入少量添加剂得以控制。

将所制得的 α-TCP 粉体，用生理盐水并加入适当的添加剂，按固液比 0.5ml/g 调成糊状物。当反应温度为 37℃，初凝时间为 16min，于室温放置 5 天后，测得抗压强度为 30MPa。水硬性 α-TCP 粉体固化反应 10 天后，XRD 分析表明已生成了 HAp。这种材料在临床应用时，可以方便地按照患者的硬组织缺损部位大小和形状进行复制、造型或填充修复，也可以作为骨水泥进行骨碎片的粘接加固，修复之后将可与人体的牙齿或骨组织结合，起到与自身材料相同的生理效果，参与骨组织再生的生物降解过程。但该材料硬化后的抗压强度不高，不能满足承重部位骨组织的修复。

9.5 多孔质生物陶瓷

多孔质物及生物医用材料的研究和应用是一个十分活跃的领域。曾有人将 $CaO\text{-}Al_2O_3$ 系多孔材料埋入生物体内，研究了组织长入与孔尺寸大小的关系，发现 5～15μm 小孔可产生新的结合组织；40～100μm 小孔，可以形成骨芽细胞；骨组织要长入孔内，则需要孔径在 100μm 以上。

也有人把 Al_2O_3 多晶体制成 90～1000μm 的多孔体。植入研究表明，2～8 周之间观察到孔径 500～1000μm 的沟内组织能很快长入，孔径小，则长入慢些；而 95μm 以下的孔径，即使 18 周以后组织也未长入。

更多的研究是将磷灰石陶瓷制成多孔质材料。在高达 70%～75% 气孔率的磷灰石陶瓷植入研究中表明，将其埋在胫骨中后 5 天海绵质部位形成骨组织，1 个月致密骨部位在气孔壁上形成骨组织，3 个月气孔内被致密骨填满并在海绵质部位的整个植入物表面覆盖了一层骨组织，气孔内的骨组织填满。对类似于海绵骨的羟基磷灰石多孔材料研究也发现，孔径为 $100\mu m$ 的 HAp 多孔体骨形成能力最强，重复性也好。制取多孔质的生物医用材料可用如下几种方法：

① 在粉料中加入成孔剂，如石蜡、萘或其他有机物，压制成型后，经烧制而得到多孔性材料；

② 利用发泡剂，经烧制而获得多孔性材料；

③ 用注浆成型法，该法要严格控制石膏模型的含水量以及干燥速度。

许多研究证明，适当大小的气孔有助于生物组织生长和长入孔内，但多孔质陶瓷材料的机械强度较差，难以承受负荷，这是今后研究中应要加强和改善的重要问题之一。

9.6　涂层和复合材料

9.6.1　涂层材料

作为生物医用材料，金属材料的优点是高强度、高韧性、易于机械加工等，其缺点则是生物相容性较差，耐磨蚀性能不理想，在体液中金属离子易释放和迁移，对人体组织和器官产生不良影响。生物陶瓷材料则恰好相反，其具有良好的耐蚀性、优异的生物相容性。但其最大的缺点是脆性，抗机械冲击性能差。在金属基体或其他高承载能力的材料表面加涂各种生物陶瓷涂层或薄膜，可以兼顾各种材料的优点，扬长避短。因而这方面的研究和应用多年来一直受到医用材料研究界的广泛关注。至今已研究和应用的各种无机生物材料涂层，按材料分类如表 9-4 所示。原则上，几乎所有无机生物医用材料都能用不同的工艺方法，如熔烧、喷涂、化学气相沉积（CVD）、物理气相沉积（PVD）等，加涂在金属基体上形成生物陶瓷涂层，但关键是要获得满意的各种涂层性能，如金属与涂层间的结合程度，所需涂层的性能以及临床应用的耐久性。

表 9-4　无机生物涂层分类及应用范围

涂层种类	应用范围	涂层种类	应用范围
氧化物陶瓷涂层	齿根材、关节骨柄、人工骨、白、骨头	碳质涂层	心脏瓣膜、股骨头、血管修补材、齿根材
非氧化物陶瓷涂层 生物玻璃和生物玻璃陶瓷涂层	关节摩擦部位、股骨头、杯齿根材、人工骨柄、白座	（羟基）磷灰石涂层	齿根材、关节骨柄、人工骨

最典型的涂层是金属材料表面的羟基磷灰石涂层。目前有以下 4 种主要技术可以将 HAp 涂层沉积或键合在金属基体表面：

① 等离子喷涂技术；

② 离子束溅射沉积技术；

③ 电泳沉积技术；

④ 烧结涂层技术。

在等离子喷涂过程中，等离子体的温度可高达 10000℃。陶瓷颗粒在高温和冲击作用下在金属表面形成一层疏松结合的涂层。金属基体温度通常不超过 150℃，因而其结构和性质均可维持不变。但对陶瓷颗粒由于承受高温过程和快速冷却，在陶瓷材料内部将导致组成、结构、多晶聚集态、相变、孔隙大小与分布等各方面发生变化。等离子喷涂 HAp 的研究表明，涂层的主要成分是由 HAp、TCP 和磷酸四钙的混相成分构成。

离子束溅射是一束离子轰击靶体，从靶体上溅射出的原子沉积在基体表面形成的一薄涂层。在电泳沉积过程中，磷酸钙是从悬浊液中沉淀到金属基体表面上。在钛金属表面用电泳沉积和烧结法制备的 HAp 涂层的研究已证实，金属/涂层界面区域的组成与涂层内的组成不同，界面层的组成为富磷。研究认为磷从涂层内扩散到界面区，使涂层内磷含量降低，引起了涂层内钙/磷的升高，从而促进了磷酸四钙的形成。涂层研究还发现了一些其他研究结果：①HAp 的组成可转变为氧羟基磷灰石和磷酸四钙的混相成分；②涂层下的金属成分，如钛等有促进 β-TCP 向 α-TCP 转变的作用；③缺钙的 HAp 能转变为氧羟基磷灰石、α-TCP 和 β-TCP 的混相组成。涂层中最终结构和组成将改变植入体的生物反应性能，导致材料在体液中的溶解行为发生显著变化。研究工作已经表明，增加钙/磷比例、氟和碳酸盐含量以及提高结晶度都将提高钙化组织中生成物的稳定性，磷酸钙陶瓷中的钙/磷为 1.5～1.67，可产生最有利的组织反应。这些均为涂层制备中的组成控制提供了十分有利的设计依据。

9.6.2 复合材料

生物医用复合材料是针对单一相材料性能上的局限性而设计制造的，由于其兼顾了各种材料间的性能，因而可以说生物医用复合材料有比单一组分材料更大的优越性。自然骨材料也是一种复合材料，不过其各相成分在结晶形态、有序取向、空间分布方面有更精细的组织结构。研制生物医用复合材料大致可归纳为三种不同类型的设计目标：①利用生物陶瓷第二相组分有利的组织反应；②利用生物陶瓷材料作为第二相获得满意的强度和刚度；③为组织修复再生合成非永久性支架材料。从生物医用复合材料研究发展看，目前主要涉及如下几种系统间的复合。

① 羟基磷灰石-生物玻璃系统。用于改善与骨组织间的结合强度。
② 羟基磷灰石-高强惰性生物陶瓷系统。用于改善材料的力学性能。
③ 磷酸三钙-高强惰性生物陶瓷系统。兼顾生物反应性和力学性能。
④ 生物玻璃-高强惰性生物陶瓷系统。保存生物活性并提高强度、韧性。
⑤ 羟基磷灰石-磷酸三钙系统。调控生物活性和生物降解性。
⑥ 陶瓷-有机聚合物系统。模拟自然骨系统，调控生物降解性能。
⑦ 陶瓷-金属系统。兼顾生物相容性和力学性能。

生物医用复合材料可兼具生物相容性好、机械强度高、在人体内强度降低小、杨氏模量低、不发生排斥反应、高可靠性、高功能性等优点。羟基磷灰石与生物玻璃复合使其与骨组织的结合强度比单一 HAp 材料有显著提高，得到的高强度烧结体的抗弯强度为 206MPa；此外还有：碳纤维增强碳材料；生物玻璃/Al_2O_3 或 ZrO_2；氧化铝纤维或碳纤维增强的聚硅氧烷橡胶、聚甲基丙烯酸甲酯（PMMA）、超高分子量聚乙烯；用碳纤维和有机纤维增强的聚合物、多孔性乙烯；生物活性陶瓷粉填充的聚乙烯、聚乳酸、胶原、明胶等；不锈钢纤维增强的骨水泥等。利用不锈钢增强的生物活性玻璃，可以使强度比单纯玻璃大 8 倍，而断裂韧性比单纯玻璃高几个数量级。在生物玻璃中加入氧磷灰石、氟磷灰石或 β-磷酸三钙可使弯曲强度提高 2～5 倍。在 PMMA 中加入 HAp 的研究结果表明，加入 5％HAp 的复合材料具有更快的稳定化速度，蠕变性能显著改善，并可以提高断裂应力 20％，弹性模量也有提高。此外，还降低了 PMMA 的最高聚合化温度 10％～15％。

生物医用复合材料的制造是由设计、制备与评价三要素技术组成。当前已有许多新技术介入该领域研究，如计算机辅助设计成型技术、功能梯度复合材料等。利用生物功能梯度材料可以研制生物相容性和力学适应性优良的生物材料，以解决植入物植入人体时发生排斥反应和力学性能欠佳等问题。生物梯度功能复合材料可兼具优异的生物相容性、韧性、使用可靠性、适宜的强度和轻质，将广泛用于人工齿、人工骨、人工关节、人工器官等，具有十分良好的应用前景。

9.7 骨组织对生物材料的界面响应

在植入界面的研究中，由于生物医用材料和机体组织细胞本身的复杂性和多变性，许多问题仍处在探索过程中。关于界面响应研究中的基础理论，提出的主要有：①界面润湿理论；②界面吸附理论；③界面化学键合理论；④界面分子结合理论；⑤界面酸碱结合理论；⑥界面机械结合理论；⑦界面应力传导理论等。实际上，界面响应可能同时并存着几种理论过程，这也是其过程的复杂性和多变性的具体表现。

在临床应用中，植入体与各种组织相接触，由于这些组织产生的响应应该与植入体的功能要求相适应，因而对骨组织响应行为的要求自然是保证植入体能发挥最优的负荷传递和力学性能的长期稳定。在大多数情况下，对植入体的要求是能在骨内紧密固位或黏结，使植入体/骨系统成为一个完整的功能性整体，而不产生两者间的相对运动。

在一般情况下，外科手术易形成血凝块并可能立即发生炎症反应。随着炎症逐渐消失，成纤维细胞产生胶原蛋白，并在植入体周围形成纤维包裹。这一过程不论接触的是什么样的组织均可能发生，也就是说形成纤维包裹是植入材料在组织中的自然反应。如果希望获得其他的反应，就必须采取措施避免形成纤维包裹。

骨对种植材料的响应，并存于两种修复过程中：一种是组织在材料周围形成纤维包裹；另一种是材料在界面及邻近区域通过成骨活性细胞形成新骨。也就是说植入体与周围骨组织的界面或邻近区要么有新生骨完成结合，要么有新生骨和纤维包裹的混合物完成结合。植入体/骨组织界面结合特征对于植入器官的功能发挥和长期稳定固位是非常重要的。由于产生显微组织是组织的自然响应行为，因而成功植入的关键是尽量减少纤维组织的产生，而增加更多的骨形成界面。纤维是各种不同程度炎症反应的产物，因此可以认为通过抑制炎症反应可能有助于骨组织界面的形成。

9.7.1 惰性植入体的界面

这类界面使骨组织与植入体能实现直接接触，而不需要考虑引入促进骨形成成分。惰性氧化物陶瓷如 Al_2O_3、ZrO_2 等属于这类植入体界面。

研究工作已经表明，一些惰性氧化物陶瓷如 Al_2O_3 等可以与骨组织形成骨接触界面，可以表现出很轻微的界面炎症反应和最小的软组织形成趋势，能最大限度地达到骨/材料间的直接接触。关于对 Al_2O_3 陶瓷材料的要求，研究工作指出，其应具有高纯、细晶致密的显微结构，显微硬度应不低于 23GPa，抗弯强度应大于 400MPa。研究工作认为，新骨能形成并覆盖大部分（如 85% 的区域）界面区域而不发生软组织纤维层的形成应主要归功于 Al_2O_3 材料的内在生物惰性、组织亲和性和对组织的无刺激性。

9.7.2 多孔性材料界面

将表面为多孔状的材料放入骨内，骨将长入孔内并通过机械镶嵌面产生结合，这一现象早已为人们认识并由研究工作进一步确认：无论多孔材质是金属、陶瓷或复合材料均能取得相似的效果。多孔结构的几何特性是决定骨组织是否长入的最重要因素。如果所选材料无明显的降解及细胞毒性，那么其最小连通孔隙大于 $100\mu m$ 时将有骨长入；在 $50\sim100\mu m$ 间将长入骨样组织；但只能部分矿化而不能在结构上成骨；而对更小尺寸的孔隙，则只有软组织可形成。

多孔材料能达到更为满意的界面稳定性结合，但一般并不要求骨长入材料整体是多孔结构，这是因为附着结合强度主要依赖于长入孔隙的第一层骨小梁的结合强度，因此整体多孔结构对材料强度有十分显著的削弱效应。因而对利用材料的多孔界面功能而言，材料表面多孔结构的厚度为 $200 \sim 500 \mu m$ 就已足够。这一事实为功能梯度材料的设计与制造提供了重要的研究依据。

实际上，多孔结构的空间构造也对骨的长入有重要影响，如高温烧结和等离子喷涂这两种技术均能产生 $50 \sim 100 \mu m$ 厚的多孔涂层，但多孔层的空间构造存在着差异从而影响其各自骨长入的行为。此外，还应该指出的是，无论采用哪种技术制备多孔结构，都应注意多孔层的结构完好性，因为颗粒间或多孔层与基体界面上存在的任何形式的结构缺陷都将严重影响植入体的界面结合强度。

9.7.3　生物活性植入体的界面

对生物活性陶瓷材料已进行了许多关于界面方面的研究，一般认为这种材料可以与骨组织形成骨结合界面。探索研究主要涉及生物活性材料的组成、结构、表面形态及特性等。

9.7.3.1　活性玻璃和玻璃陶瓷界面

生物活性玻璃及玻璃陶瓷普遍含有磷、钙的氧化物，部分含有 SiO_2、MgO、K_2O、Na_2O、Al_2O_3、B_2O_3、TiO_2 等；结构中存在配位阴离子 $[SiO_4]^{4-}$ 或 $[PO_4]^{3-}$ 等以及其聚合群；其聚合程度、配位阴离子含量、种类以及比例等决定了磷酸盐或磷硅酸盐材料的结构稳定性。当含有碱金属及碱土金属氧化物并以离子形式存在于配位阴离子群间隙中时，在水、酸等介质存在作用下，易被溶出，释放一价或二价金属离子，使其表现出有限溶解性，这是生物活性存在的基本特征之一。这类材料的组成与结构具有如下特点。

① 玻璃相形成范围大，可引入各种群外阴离子，随着引入量增加，结构可由三维逐渐变为二维、链状或岛状的不被平移复原的配位阴离子群，群外离子对可溶性有重要影响。

② 基本结构单元 $[PO_4]^{3-}$ 中有 3 个氧原子与相邻四面体共用，另一氧原子以双键与磷原子相连，形成不饱和键处于亚稳态，易吸附环境水转化为稳态结构，形成表面对水的良好润湿性。

③ 向磷酸盐玻璃中引入 Al^{3+}、B^{3+}、Ga^{3+} 等三价元素，可打开双键，形成不含非桥氧的连续结构群，使结构更稳定。

植入体在生理环境中，首先与体液相互作用，在植入体表面开始产生浸润、溶解、离子交换等反应，随后逐渐向内部扩散。其反应速率、作用深度与表面结构、组成和反应产物的性质密切相关。体液对植入体表面的润湿性，对植入体与机体组织的结合能力有重要影响。润湿性好，体液在植入体表面的张力小，在两者之间易进行物质交换，相容性好。表 9-5 列出了一些医用植入材料的接触角测定值，由表可见活性玻璃陶瓷材料具有最小的接触角，意味着其有更好的生物亲和性。

表 9-5　几种植入体与组织液的接触角

材料名称	接触角/(°)			
	生理盐水	人体唾液	人体血清	人工体液
活性玻璃陶瓷	30.00	47.12	39.18	52.74
羟基磷灰石	44.16	48.72	55.01	52.86
钛合金 TC₄	63.33	61.83	60.83	63.66
多晶氧化铝	63.33	61.87	63.10	63.87
低温各向同性碳	63.83	64.00	62.00	64.50
硬质钴铬合金	68.00	65.83	63.33	68.00
单晶氧化铝	68.16	65.83	63.83	68.16
聚砜	70.12	71.17	68.40	68.87

生物活性与表面吸附性有关，而表面极性大小是表面吸附性的重要影响因素。已有研究表明，磷硅酸盐玻璃表面显强极性，其表面水蒸气厚度在 $1\sim100$ 个分子层范围，这一厚度大小与环境相对湿度有关。无论是吸附水蒸气凝结，还是液态水接触玻璃表面，都会发生一系列与水的反应，其中包括碱或碱土金属离子的溶出、结构骨架网络被破坏等。当水作用于玻璃表面时，可产生极性基团 OH^-，它与其他水分子易形成氢键，使玻璃表面呈现 H_3O^+、OH^- 和 H^+ 的覆盖，表现出强亲水性，易被组织液润湿，有利于生物活性反应的进行。

进一步的研究还表明，处于表面的玻璃网络基元与吸附水一起构成了强极性亲水层，它能把体液或血液中的蛋白质分子、糖蛋白分子和脂质类高分子亲水基紧紧地拉向玻璃表面，这些高分子物质的远端多呈疏水性，能吸附细胞膜的疏水性基团，如 NH_2^- 等，从而产生了细胞质成分的有序过渡层。这一过程与生物活性反应、生物相容性和骨形成生长是密切相关的。

生物活性玻璃和玻璃陶瓷与骨组织是通过复杂的机制实现结合的，当其暴露在体液中，表面开始溶解，析出 CaO/P_2O_5，留下富硅胶表层。胶原、非胶原蛋白以及糖蛋白将与硅胶层产生结合，沉积出羟基磷灰石晶体并最终产生极佳的力学结合。同时，所形成的富硅胶层又起到钝化材料表面的作用，阻止了溶解-沉积过程的过度发生。

许多研究已表明，这类材料能在较宽的组成范围上取得十分相似的结合效果，只不过其反应机理有所出入。

9.7.3.2　磷酸钙陶瓷的界面

骨组织对多种结构的磷酸钙陶瓷均能产生良好的结合响应。这类材料是很有发展潜力的骨替换材料，也是很好的骨界面修复体的表层材料。在这类新材料中，Ca/P 为 1.67 的羟基磷灰石和 Ca/P 为 1.5 的磷酸三钙材料最有吸引力并已获得了广泛的应用研究。

羟基磷灰石是构成骨和牙的主要矿物相。实际上，骨所含的 HAp 是非化学计量比的并含有其他物质，如碳酸盐和氟化物可能分别取代其中的钙和羟基。有关 HAp 与骨组织的界面响应研究已表明，在 HAp 界面几乎不形成软组织，电镜已观察到 HAp 界面的直接外延生长并能与新生骨矿化相结合。在一般情况下，HAp 不具有可吸收性，但如果其结构是微孔型或存在偏离化学计量比并引起晶型的变化，在一定程度上可能发生溶解现象。对不同材料骨生长速率的比较研究表明，HAp 界面有更快、范围更广的促进骨生长的能力。研究工作普遍认为，HAp 具备某种积极的、活泼的界面形式促进骨在界面的形成。其中认为，在羟基磷灰石表面上可能吸附了某些蛋白质，它能促进骨生长，活化骨的萌芽细胞，因而含有 HAp 的生物陶瓷均能引发骨的生长，促进骨组织重建。凡是在生物陶瓷材料中含有 HAp 或在反应产物中生成磷灰石，都有促进成骨的作用。

生物陶瓷表面结构的缺陷、变异和晶格位错对吸附体液或血液中的高分子物质的能力、吸附方式和吸附分子的类型均有重要影响。如血清和尿液中的有机磷能吸附钙，并以变异体和位错形式存在于磷灰石表面。它带有一个 P—Ca 键，处于活化位，控制着磷灰石的生长和新骨钙化过程。这种有机磷的浓度只要达到 $1\mu mol/L$ 就有显著的控制作用，磷灰石的外延生长是植入体与骨结合的重要过程。

参考文献

[1] 顾汉卿，徐国风主编. 生物医学材料学. 天津：天津科学翻译出版公司，1993.

[2] 朱鹤孙等译. 医用与口腔材料. 北京：科学出版社，1999.

[3] Boutin P，et al. J Biomed Mater Res，1988，22：1203-1232.

[4] Van Raemdonck，et al. Metal and Ceramic Biomaterials Vol. Ⅱ. FL：CRC Press，1984.

[5]　田增英主编. 精密陶瓷及应用. 北京：科学普及出版社，1993.

[6]　Schwartz G，Trans 36th Orthop Res Soc，1990.

[7]　Bokros J C. Trans Biomed Mater Rea Symp，1978.

[8]　Hench L L，et al. Biomaterials. New York：Academic Press，1982.

[9]　Gross U M，et al. J Biomed Mater Res，1980.

[10]　Kitsugi T，et al. J Biomed Mater Res，1986.

[11]　Ducheyne P. J Appl Biomat，1990.

[12]　Ducheyne P. J Appl Biomat，1987.

[13]　Heimke G. Aluminium Oxide. Oxford：Pergamon，1990.

[14]　Pilliar R M. Porow Biomaterials. Oxford：Pergamon，1990.

[15]　邱关明编. 新型陶瓷. 北京：兵器工业出版社，1993.

[16]　Jarcho M. Clin Orthop，1981.

第10章

超导陶瓷

本章着重介绍超导材料的基本性质，高 T_c 超导陶瓷的典型工艺，提高 T_c 超导陶瓷性能的方法及超导陶瓷的发展和应用。

10.1　超导电现象

金、银、铜、铁等普通金属，在室温下是电的良导体。因为这些导体有电阻，用它们制成的导线传输电流时要消耗一部分电能。随着温度下降，这些金属的电阻也下降，但是即使将它们冷却到接近绝对零度，也仍然残留有它们本身固有的电阻。然而某些材料，当其温度降低到某一温度以下时，它们的电阻便会突然消失，这种现象称为超导电现象。图 10-1 表示正常金属（a）和超导体（b）的电阻随温度变化的情况。

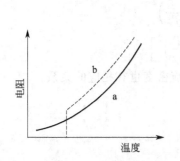

图 10-1　正常金属（a）与超导体（b）
的电阻与温度关系

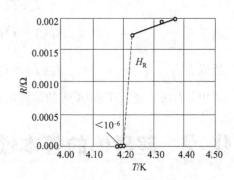

图 10-2　水银的电阻与温度关系

超导电现象是荷兰物理学家卡麦林·翁纳斯（Kameerlingn-Onnes）等在 1911 年首次发现的。他们在测量低温下纯水银的电阻时发现，在将水银冷却的过程中，水银的电阻不是像预想的那样随温度下降而连续减小，而是在 4.2K 附近时突然急剧下降到零。虽经多次反复实验，其结果仍然相同，即如图 10-2 所示的结果。这种奇异的现象，引起了科学工作者的极大重视。他们认为纯水银在 4.2K 附近时进入了一种新的物质状态。这种以零电阻为特征的，具有特殊电性质的物质状态称为超导态，而处于超导态的导体称为超导体。超导体从具有一定电阻的正常态转变为电阻为零的超导态时所处的温度，换句话说即超导现象开始的温度称为临界温度 T_c。所谓正常态就是当温度高于 T_c 时该导体仍具有一定大小的电阻，在电场作用下，流经导体的电流遵从欧姆定律，这种状态下的导体称为正常导体。

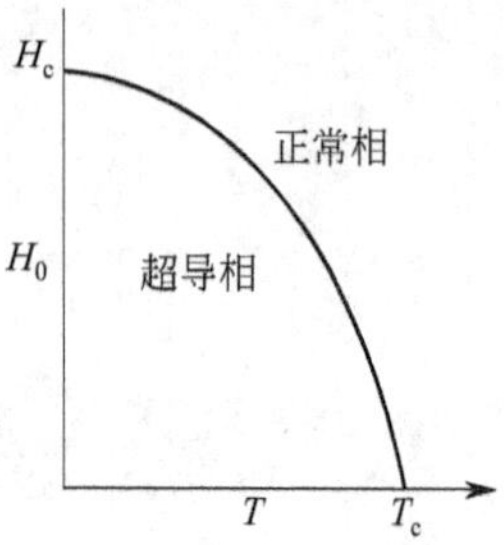

处于临界温度（T_c）以下的超导体，当外磁场比较低时，它是超导态的，但当外磁场高于某一值时，它就从超导态转变成正常态，电阻恢复，和正常导体具有相同的性质，这种使超导体从超导态转变为正常态的磁场称为临界磁场 H_c。实验表明，对一定的超导物质，H_c 是随温度而变化的。图 10-3 表示了这一变化的关系，该变化曲线可大致由下式表达：

$$H_c(T) = H_c(0)\left[1 - \left(\frac{T}{T_c}\right)^2\right] \qquad (10\text{-}1)$$

式中，$H_c(0)$ 表示 $T = 0\text{K}$ 时超导体的临界磁场，$H_c(T)$ 表示温度为 $T(\text{K})$ 时超导体的临界磁场。从上式可看出当 $T = T_c$ 时，临界磁场 $H_c = 0$，换言之，前面所说的超导临界温度 T_c 是指在无磁场作用时超导体从正常态过渡到超导态的温度。上面所说的临界磁场可以是外加的，也可以由通过超导体的电流来产生。实验表明，超导体能承载的电流是有限的，当通过超导体的电流密度超过一定的数值（J_c）时，超导电性就被破坏了，这一电流密度值称为临界电流密度 J_c。J_c 也是随温度不同而不同的。对于某一实际超导体来说，与 J_c 相对应的流经超导体的电流称为临界电流 I_c。$J_c(T)$ 表示温度为 $T(\text{K})$ 时超导体的临界电流密度。可以从磁场破坏超导电性来说明这个现象。当电流 I 通过半径为 R 的超导导线时，在该导线表面产生的磁场 H_s 等于：

$$H_s = \frac{I}{2\pi R} \qquad (10\text{-}2)$$

锡尔斯比在 1916 年指出：如果 I 很大，使 $H_s > H_c(T)$，那么超导导线的超导电性便被破坏了，当 $H_s = H_c(T)$ 时，$I = I_c(T)$，这叫锡尔斯比法则。所以 $I_c(T)$ 可由下式给出：

$$I_c(T) = 2\pi R H_c(T) \qquad (10\text{-}3)$$

由于

$$H_c(T) = H_c(0)\left[1 - \left(\frac{T}{T_c}\right)^2\right]$$

所以

$$I_c(T) = I_c(0)\left[1 - \left(\frac{T}{T_c}\right)^2\right] \qquad (10\text{-}4)$$

式中，$I_c(0)$ 表示 $T = 0\text{K}$ 时的临界电流。临界电流密度也有相应的关系。

图 10-3　临界磁场与温度关系

10.2　超导体的基本性质

10.2.1　第一类和第二类超导体

根据超导体在磁场中的磁化行为不同可将其分为两类。

（1）第一类超导体　将细长圆柱形超导体试样置于同轴向的外磁场中，保持一定的温度，逐渐增大外磁场，磁矩和外磁场的关系如图 10-4 所示。很多金属以及组成确定的化合物（高纯且组成无偏离、均匀）均呈现这种等温磁化曲线。具有这一特征曲线的超导材料称为第一类超导体。这一类超导体的 H_c 一般较低。非过渡金属元素和大部分过渡金属元素，以及按化学计算比组成的化合物超导体均属于第一类。

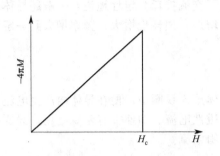
图 10-4　第一类超导体的磁化曲线

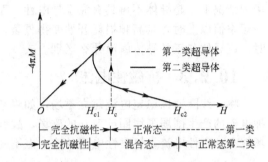
图 10-5　第一类超导体和第二类超导体的磁化曲线

（2）第二类超导体　超导体的磁化测量曲线如图 10-5 所示。当外磁场小于第一临界磁场 H_{c1} 时，超导体内的磁感应强度 $B=0$，超导体是完全超导态。当外磁场超过第一临界磁场 H_{c1} 时，则有部分磁通穿入超导体内，超导体内的磁感应强度从零开始迅速增强。当外磁场大于 H_c 时，这类超导体并没完全转变成正常导体，仍然还能把一部分磁通排斥于体外，直到外磁场为第二临界磁场 H_{c2} 时超导电性才消失，超导体内的磁感应强度就和正常态金属完全一样，即由超导态转变为正常态，H_{c2} 值可以是超导热力学计算值 H_c 的 100 倍或更高。当外磁场处于 H_{c1} 与 H_{c2} 之间时，超导体的状态并不是迈斯纳态，但也不是正常态，即处于超导态的小区与正常态的小区嵌镶结构，这种状态称为混合态（mixed state）。这类超导体在混合态时仍保持一定的超导电性，只有当外磁场超过第二临界磁场 H_{c2} 时，零电阻现象才消失。具有这一特性的超导体称为第二类超导体。很多合金以及 Nb、V 等元素属于此类超导体。用经过处理的第二类超导体绕制的商品螺线管所产生的稳定强磁场已超过 7.96×10^6 A/m。

10.2.2　完全导电性与永久电流

超导的一个宏观特征，就是直流电阻为零。通过实验来验证电阻为零实际上是做不到的。翁纳斯 1911 年是在水银线上通以几毫安的电流，测量导体两端的电压值时，发现了超导电性。即当温度降低到临界温度以下时，超导态一出现，导体两端的电压值就为零。也就是说虽有一定的电流通过导体两端，但导体内部不存在宏观电场，此时 $E=0$。所以，必须考虑到超导态下电流的机理与流经正常导体的一般欧姆电流的机理是不同的。后者是在宏观电场作用下产生的。为了强调这种不同，将通过超导体的稳定电流称为超导电流。

超导现象刚被发现不久，曾有人认为超导电流是欧姆电流的一种极限，即认为超导体中不发生电子的散射。这种理解不仅在理论上是不容许的，而且与超导体的电磁性质对于杂质的种类及数量敏感这一事实相矛盾。翁纳斯在实验中发现，水银在临界温度 T_c 以下时，其电阻值下降到原来的 1% 左右。于是他又采用更精确的方法进行实验。该方法是将超导环置于磁场中，然后将其冷却到转变为超导态，在这种状态下将磁场撤掉，由于电磁感应的作用，在超导环内感生出一电流，该电流沿反抗磁通变化的方向流动。如果这个圆环的电阻确实为零，这个电流就应没有任何损失地长期流下去。实际上，经过几天也未观察到电流强度发生什么变化。由此他得出超导体的电阻率小于 10^{-17} Ω·cm 的结论。美国麻省理工学院（MIT）的科林斯（Collins）也进行了同样的著名实验，几年之后仍没发现有任何电流的衰减。这种在超导体上感生的持续流动的电流称为持续电流，也叫做永久电流。

直到目前为止，还没有任何证据表明超导体在超导态时具有直流电阻。根据超导重力仪的观测表明，超导体即使有电阻，电阻率也小于 10^{-25} Ω·cm。与良导体铜相比（在 4.2K 时，电阻率为 10^{-9} Ω·cm），它们的电阻至少相差 10^{16} 倍，可以认为，超导体的直流电阻就是零，或者说，它具有完全导电性。超导体的这种完全导电性是对直流电场而言，在交流电场的情况下，超导体不再具有完全导电性，而出现了交流损耗。定性地说，一般超导体在某一频率值以上时，其高频损耗开始变得显著，频率增加，损耗也增大；频率增大到一定程度时，超导体与正常导体就没什么区别。

10.2.3　抗磁性电流

将一线圈通以稳定电流建立磁场，如将某一导体放入线圈中，便在导体内产生电流。这种电流的产生削弱了线圈已建立的磁场，故称为抗磁性电流。即使没有宏观电场，只要有磁场就有抗磁性电流，抗磁性电流的这一点不同于欧姆电流。

10.2.4　迈斯纳效应

将处于超导态的某超导体置于磁场中，只要加于其表面的磁场强度不超过某一临界值 H_c，磁力线就无法穿透试样，而保持超导体内的磁通为零。这种完全的抗磁效应称为迈斯纳效应（Meissner 效应）。超导体的迈斯纳效应不能仅用超导体具有的完全导电性来解释。电阻为零的导体内部，其各处的电场也为零（$E=0$）。它必须满足麦克斯韦方程：$\dot{B}=0$。这

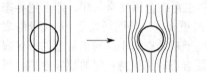

在正常态磁场的分布　在超导态磁力线被排斥出来

图 10-6　迈斯纳效应

意味着理想导体内的磁通不随时间变化而变化。但是对于超导体则不同，如果将其冷却到临界温度以下，转变为超导态时，已穿进超导体内部的磁通，将全部被排斥出来，其内部的磁感应强度永远为零（$B_内\equiv 0$）。如图 10-6 所示。可见，完全抗磁性并非是由完全导电性派生出来的，而是超导体的另一基本属性。

处于超导态的物质，外加磁场无法穿透其内部，是由于试样表面感生一个分布和大小刚好使其内部磁通为零的抗磁超导电流。这个电流沿超导体的表面层流动，将其内部磁屏蔽起来。这个电流最初被理想化，实际上电流是沿表面厚度约为 $10^{-5}\,cm$ 的表面层流过的，磁场也穿透同样的深度。这层厚度称为"磁场穿透深度（λ）"，该深度是温度的函数，由下式给出：

$$\lambda=\lambda_0\left[1-\left(\frac{T}{T_c}\right)^4\right]^{-\frac{1}{2}} \tag{10-5}$$

式中，λ_0 为 0K 时的磁场穿透深度。λ_0 是物质常数，一般为约 $5\times 10^{-5}\,cm$ 的数量级。如图 10-7 所示，超导体的 λ 值在 T_c 附近急剧增大。只有当试样的厚度比磁场穿透深度大得多的时候，试样才可以被看成是具有完全的抗磁性。本章如不特别说明，所说的超导试样均为超导体的尺寸远比磁场穿透深度大得多的超导块体。在这种情况下，磁场穿透深度可看成为无限小。零电阻现象和完全抗磁性是超导态材料的两个独立的基本性质。

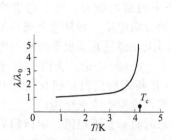

图 10-7　磁场穿透深度和
温度的关系（水银胶体）

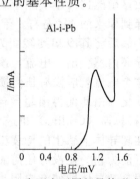

图 10-8　由两个不同超导体形成的隧
道结的典型伏安特性曲线

10.2.5　约瑟夫逊效应

1960 年查威尔（Giaever）测量金属-绝缘层-超导体夹层结的伏安特性时发现，当超导体转变为超导态时，结的电阻急剧减小。由两个不同超导体间存在一极薄的绝缘层形成夹层结的典型伏安特性曲线如图 10-8 所示。曲线上有一峰值，并有一负阻区，这点类似于半导体隧道二极管的伏安特性曲线。1962 年，约瑟夫逊指出当超导隧道结的绝缘层很薄，约 10^{-7}cm 时，电子由于隧道效应能穿过这层薄膜，穿透率与膜的面积成比例，随膜厚增加而呈指数性下降，最后为零。当导体为正常态时，流过图 10-9 回路的电流 I 和外电压 V 的关系遵守欧姆定律 $V=(R+R_a)I$。式中，R_a 为外电阻；R 为隧道结的电阻（包括非常小的金属的电阻）。通常实验时使用的隧道结电阻 R 大约为 1Ω。但是，当超导体处于超导态时，只要电流不超过某临界值，$V_a=R_aI$ 式就成立，超导体本身不用说，就是结部分的电阻也变成零。该整个隧道结的特性，在许多方面类

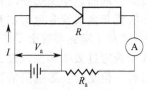

图 10-9　超导隧道结

似于单块超导体。若通过隧道结的电流超过某临界值，在结上将产生电位降，即隧道结的电阻不再是零。这种在隧道结中有隧道电流通过而不产生电位降的现象，称为直流约瑟夫逊效应。该隧道电流称为直流约瑟夫逊电流。若将整个超导体看成是很多部分系的集合，相邻部分系的界面形成隧道结，则应发生如上的现象。此时，可将整个超导体看成是约瑟夫逊结相串并联。从这个意义上来说，约瑟夫逊效应是超导体的最基本现象之一。

10.3　超导陶瓷的种类

超导陶瓷的范围很宽，所以具体分类也很困难。表 10-1 是将 1986 年以前超导陶瓷按晶体结构和超导理论进行的大致划分，列出了代表性的一些物质及其临界温度 T_c 值（右上角）。

表 10-1　超导陶瓷的种类

晶体结构　物质	超导机理	BCS 理论物质-非 BCS 理论物质				
氮化物 碳化物	B1	$NbN^{11.3K}$				
		$NbC^{11.5K}$　$MoC^{14.3K}$				
		$K_3C_{60}^{18\sim19.3K}$　$Rb_3C_{60}^{28\sim30K}$　$Cs_3C_{60}^{30K}$　$KRb_2C_{60}^{24.4\sim26.4K}$　$I_xC_{60}^{57K}$				
硼化物		$RERh_4B_4^{11.8K}(TiB_2，TiB_{1.1})$				
硫化物	NaCl 尖晶石 六方 体心	$PbMo_6S_8^{15K}$				
		$Cu_{1.8}Mo_6S_8^{10.8K}$				
		$PbGd_{0.2}Mo_6S_8^{14.8K}$				
		$LaS^{0.84K}$				
		$CuRh_2S_4^{4.8K}$				
		$LiTi_{1.1}S_2^{13K}$				
		$La_3S_4^{8.25K}$				
氧化物	钙钛矿 尖晶石 青铜 NaCl	$SrTiO_3^{0.55K}$				
		$BaPb_{1-x}Bi_xO_3^{13K}$				
		$Li_{1+x}Ti_{2-x}O_4^{13.7K}$				
		$M_xWO_3^{6.7K}$				
		$Li_{0.9}Mo_6O_{17}^{1.9K}$				
		$TiO^{2.3K}$				
		$NbO^{1.3K}$				

1986 年国际商用机器公司（IBM）苏黎世实验室的 Muller 和 Bednorz 等人研制 Ba-La-Cu-O 系氧化物混合相烧结体时发现了 T_c 高达 35K 的超导转变，这预示着有高温下实现超导的可能性。这项研究成果引起了全世界范围内的强烈反响，他们因此而获得了 1988 年度诺贝尔物理奖。包括我国在内，美国、日本、前苏联等国家都组织力量投入相关研究。1987 年 2 月 24 日中国科学院物理研究所发表了起始转变温度为 100K 以上的 Y-Ba-Cu-O 系超导陶瓷，各国科学家之间形成了研究超导陶瓷新材料、基础理论、超导新机制及应用研究的激烈竞争局面。新型超导陶瓷的开发冲破了传统 BCS 超导理论临界温度极限－40K。由于超导陶瓷与金属或合金材料在结构上的明显区别，传统的超导电理论已不适应。有的学者认为："对于陶瓷等有必要扩展该理论（BCS 理论），甚至重新建立新理论。新发明的根据是源于否定过去的学说。过去一提电阻小的材料，一般认为是纯铜、纯铝这类纯度高的单元素材料。但是现在零电阻的极限状况却在陶瓷这一类不导电的多元系化合物中产生。在大自然中的未知领域远远超出人的想象范围。"目前传统的 BCS 理论和量子理论无法圆满地解释高温超导现象，从量子理论存在的缺陷使人们期盼着新的高温超导陶瓷的超导电机理将在世界各国科学家的共同研究工作中不断完善和解决。

多年来对高温超导陶瓷材料的理论和应用研究一直受到科技界和各国政府的高度重视。对 Y-Ba-Cu-O 系采用元素置换法探讨新的高 T_c 超导陶瓷的工作进行得很广泛，主要以新元素代替 Ba 和 Y 的位置。这些元素有 Sc、La、Pr、Nb、Sm、Eu、Gd、Tb、Dy、Ho、Er、Tm、Yb、Lu、Th、Pb、Ag 等，这些元素取代的结果，仅 Y-Ba-Cu-O 系的零电阻温度大多在 85K 以上，最高为 94K 左右。除此之外，Bi-Sr-Ca-Cu-O 系也是人们非常关心的，该系超导陶瓷中不含稀土元素，烧结温度低，零电阻温度为 84K。据有关研究，该系可能存在 T_c=120K、零电阻温度为 110K 的高温超导相，并认为通过改善配比及工艺条件，该超导陶瓷研制成功的可能性很大。

根据磁化测量的结果，新发现的 Y-Ba-Cu-O 等系超导体属于第二类超导体。从 1986 年以来新型高 T_c 超导体的发现及研究的结果表明，目前的确较难于对超导陶瓷进行确切分类，这有待于进一步深入地对超导陶瓷材料，尤其是高 T_c 超导陶瓷材料进行研究，以及对超导机制的不断完善或建立新的超导机制。

10.4　高温超导陶瓷的制备

高温超导陶瓷的制备方法较多，一般可分为湿法与干法两种。本节以 Y-Ba-Cu-O 系为代表，将干法烧结制备块状超导陶瓷的工艺介绍如下。

Y₂O₃、BaCO₃、CuO 烘干，称量 → 混料、磨细（蒸馏水）24h → 干燥 → 合成 → 磨（乙醇）

测试 ← 烧成 ← 成型 ← 造粒 ← 球磨（乙醇） ← 合成

这个工艺流程中原料的纯度、粒度、状态、活性、合成的温度、烧成制度、气氛、合成得是否充分、配料及合成后混合磨细的情况、成型条件、热处理条件等都对烧结体的超导特性有极大影响。原料一般选用氧化物或碳酸盐，各种原料要纯、细，配料时称量一定要严格按 $YBa_2Cu_3O_7$（简称 123 相）配比，球磨时用去离子水或蒸馏水及无水乙醇等分散剂，进行磨细及充分均匀混合。当第一次合成后，再混合磨细时的介质不能用去离子水，而必须用无水乙醇。Y_2O_3、$BaCO_3$、CuO 按 123 相构成比例的混合粉体的差热分析表明在 820℃附近有吸热峰，所以合成时要高于该温度，为缩短合成反应时间，合成温度可偏高，一般控制在 850～900℃，保温 48h，但须控制在 123 相稳定的温度范围内。在合成时发生如下反应：

$$\frac{1}{2}Y_2O_3 + 2BaCO_3 + 3CuO \longrightarrow YBaCu_3O_{7-\delta} + 2CO_2\uparrow$$

组成为 $YBa_2Cu_3O_{7-\delta}$ 的有两种不同的晶体结构，其中正交（123）相为超导相，其结构如图 10-10 所示。另一种是四方相为非超导相，该相的氧含量约降到 6.5/分子式。正交的（123）相在 750℃ 以下才能稳定存在，在 750℃ 左右，发生正交到四方的相变，同时含氧量降低。正交与四方相变过程中没有潜热放出或吸收，所以不可能用差热分析的方法检测出相变的发生，只能用热重法或用快速冷却的方法将高温相稳定到室温后，再用 X 射线衍射的方法加以验证。由于正交的（123）相在 750℃ 附近失氧转变为非超导的四方（123）相，所以如在这个温度下冷却，会造成一部分正交的超导相转变成非超导的四方相，则临界温度 T_c 降低到 92～50K（视正交相的含量而定）。如将试样升温到 890～950℃，然后在炉内冷却，则试样会重新获得失去的氧转变为正交（123）相。若迅速淬入液氮中，试样则是非超导的四方相。所以，合成制度、烧结制度和气氛都是非常关键的，应严格控制。通常气氛为流动状态氧气，一般流速控制在 0.3L/min 左右。当工艺条件控制严格时，合成出的（123）相料为黑色，如控制不当，则会出现绿色的（211）相（即 Y_2BaCuO_5 相）。由于该绿色或暗绿色试料是（211）相或含有（211）相的非超导成分，而使材料成为非超导体或为不好的超导体。为得到单一均匀的（123）合成料，一般应严格控制合成制度，以保证合成充分完成，这样在严格控制烧成制度时才能得到均匀单一的烧结体。

$YBa_2Cu_3O_7$ 超导陶瓷工艺中，最大的问题之一是确定烧结制度。$YBa_2Cu_3O_7$ 较难烧结，实际上是在高温下不一致熔融，呈现分解熔融。当温度升高到 1000℃ 左右时，有部分液相产生。一般的陶瓷工艺中为提高难烧结物质的烧结性，往往加入少量烧结助剂，在烧结温度下形成一定量的液相，烧结后残留在晶界上，很容易想到如在超导陶瓷工艺中也这么处理，会使超导材料的特性变差，所以，有必要改善粉体的特性和选择适当的烧结制度。图 10-11 是 Y_2O_3-BaO-CuO 系相图（空气中、950℃）。

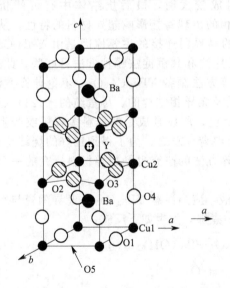

图 10-10　$YBa_2Cu_3O_{7-\delta}$ 的晶体结构

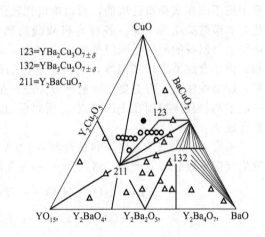

123=$YBa_2Cu_3O_{7\pm\delta}$
132=$YBa_3Cu_2O_{7\pm\delta}$
211=Y_2BaCuO_7

图 10-11　Y_2O_3-BaO-CuO 系相图

根据 DTA 曲线，在 20～1000℃ 附近化合物 $YBa_2Cu_3O_7$ 是稳定的，在更高温度时分解为 Y_2BaCuO_5 和液相。$YBa_2Cu_3O_7$ 的高温稳定性由于组成的微小偏离会发生很大的变化，最

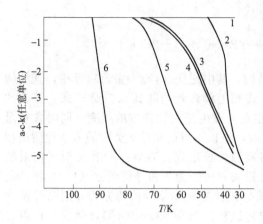

图 10-12　不同烧结工艺时（123）相
电阻随温度变化曲线

1—<750℃，炉冷；2—800℃，3h，炉冷；
3—900℃，4h，炉冷；4—930℃，4h，炉冷；
5—950℃，4h，炉冷；6—980℃，4h，炉冷

佳烧结温度也会由于每个试样的组成差别而不同。所以，具有精确的 $YBa_2Cu_3O_7$ 组成的试样，可一直到最高温度（该化合物的最高分解温度）都保持稳定的单一相。为达到这一目的，对原料的纯度，称量、混合磨细等工艺的管理应严格予以注意，尤其是应避免在工艺过程中可能引进杂质，也就是说必须采用精确的（123，即符合 $YBa_2Cu_3O_7$ 组成）均匀粉体进行成型和烧成。烧结温度的上限在这种严密的工艺条件下应为 1000℃ 左右，通常比这个温度要低。实际烧结体要成为纯粹的（123）超导正交相是不容易的，即存在组成的不均匀性。在这种情况下，为得到异相析出尽量少的（123）烧结体，有效的方法之一是尽可能降低烧结温度。另外，烧结条件下的氧分压、升降温制度也是非常重要的方面，因为这直接影响到烧结体组成中氧的含量。一些研究的结果表明，为得到

具有良好超导特性的烧结体，必须在适当的氧分压气氛下从高温缓慢冷却，在 500～600℃ 长时间维持该氧气氛且保温也是较为有效的工艺手段之一。图 10-12 显示了不同烧结工艺对（123）相电阻温度特性的影响。

除固相反应制备（123）相超导陶瓷外，还有采用由草酸盐法、碳酸盐法等共沉淀法制备的超细组成均匀的共沉淀物，将该沉淀物进行加热处理可得到组成均匀的 $YBa_2Cu_3O_7$ 粉末。热处理是在 800～900℃ 下较短时间内进行。所得到烧结性好的超细 $YBa_2Cu_3O_7$ 粉末，该粉末具有含杂质少、组成均匀的优点。但是，共沉淀法存在的问题是投入料的组成与共沉淀物的组成间有偏离，而偏离开（123）相的组成较大时，最后烧结体中有可能析出 Y_2BaCuO_5、CuO 以及 $BaCuO_2$ 等不同的相，这些相的出现直接影响超导材料的特性。从超导材料研究的观点来看，引起临界电流密度下降的晶界弱连接的主要原因是由 Y-Ba-Cu-O 系中的不同相或杂质造成的，所以难以比较固相反应法和共沉淀法哪种方法更好些。此外，还有如硝酸盐喷雾干燥、各种有机酸盐的热分解等方法制备 $YBa_2Cu_3O_7$。不论什么方法，重要的是制备的超细粉末应是组成均匀的、无杂质及无异相结构的、尽量纯的（123）超导相。由于合成是在较高温度，长时间进行的固相反应，所以合成后的粉料多较粗或产生凝聚，烧结性较差，有必要用球磨等方法进一步粉碎混合。总之，为了得到良好的烧结特性，一般平均粒径应控制在 $1\mu m$ 左右。所以混合、粉碎方法的研究也是超导材料研究的一个重要课题。

通常陶瓷成型工艺使用的黏合剂为 PVA 水溶液，应当注意 $YBa_2Cu_3O_7$ 超导陶瓷与水会发生反应导致分解。例如，将 $YBa_2Cu_3O_7$ 在热水中煮沸，发生如下反应：

$$YBa_2Cu_3O_7 + H_2O \longrightarrow Y_2BaCuO_5 + Ba(OH)_2 + O_2 \uparrow$$

$$Ba(OH)_2 + CO_2 \longrightarrow BaCO_3 + H_2O$$

其结果使超导特性变差，$YBa_2Cu_3O_7$ 置于室温下潮湿的空气中，也会缓慢地发生上述反应。若放置于相对湿度为 85%、85℃ 的空气中，该反应会以较快的速度进行。所以，在干压成型需加入黏合剂时不能用 PVA 一类含水的黏合剂。另外，此类黏合剂在高温时会发生分解和氧化反应，由此而产生的还原气氛对 $YBa_2Cu_3O_7$ 的烧结产生不利影响，所以不论是黏合

剂，还是脱模剂都是需要严格选择和控制使用的。

Bi-Sr-Ca-Cu-O 系超导陶瓷是继 Y-Ba-Ca-O 系超导陶瓷后发现的，该系不含稀土元素，制备容易，稳定性好，结构不同于 Y-Ba-Cu-O 系，引起了科学工作者的极大关注。将该系统原料按一定比例配料，例如 Bi∶Sr∶Ca∶Cu＝1∶1∶1∶2，简称为（1112），另外还有（1111）、（1113）、（4224）等配料方法。原料采用 99.9％纯度的 Bi_2O_3，$CaCO_3$，$SrCO_3$ 和 CuO。这里仅以（1112）为例讨论一下工艺过程对其特性的影响。将原料充分干燥后，按（1112）配料，经充分混合磨细后放入氧化铝坩埚中，在电阻炉中 800～820℃下合成 4～10h，合成气氛是空气或氧。Bi_2O_3 的熔点是 860℃，所以合成温度不可过高，合成时间的长短应根据合成反应是否充分来决定。生成物外观颜色呈黑色，将其充分研磨细后在2MPa压强下成型，然后将成型片放入管式炉内烧成，烧成温度为 780～880℃，保温时间为 4～10h，炉内气氛为空气或氧气。冷却是采用断电在炉内自然冷却或将试片取出在空气中快速冷却。

按上述工艺条件制备 $BiSrCaCu_2O_y$ 时，烧结温度对材料的超导电特性影响很大。表10-2列出的是将试样在设定温度下恒温 6h 后在空气中淬火得到的结果。从表中可看出该（1112）相的零电阻温度试样是在 780～860℃下烧成的，试样在 880℃以上时熔化，形成半导体。当然这里所列数据还与原料的纯度、细度以及具体工艺条件有关。

表 10-2　零电阻温度与烧结温度的关系

烧结温度/℃	760	780	800	820	840	860	880
零电阻温度/K	无	66.0	70.4	77.6	82.4	84.0	110

图 10-13 给出了试样 1 的电阻和交流磁化率与温度关系的曲线。在电阻-温度曲线上有两个电阻陡降区，一个在 110K 附近，另一个在 90K 附近，在 84.1K 处达到零电阻。交流磁化率与温度关系曲线上也有相对应于电阻与温度关系的电阻陡降温度，在 77K 时交流和直流迈斯纳效应分别为 47.3％和 25％。在 Bi-Sr-Ca-Cu-O 系中，这种电阻-温度关系中的转变特征具有普遍性。这表明，在 Bi-Sr-Ca-Cu-O 系中存在两种高温超导相，即习惯上称为110K 相和 90K 相，该相呈体超导电性。这两种相的相对比例及连通情况与成分和热处理工艺条件有关。图 10-14 是试样 2（组成仍然与试样 1 相同）的电阻和交流磁化率与温度的关系曲线，电阻在 110K 附近陡降约 70％，但在 77K 时仍未到零。显然样品 2 中 110K 相占优势，但在 77K 仍未形成超导成分的通路。

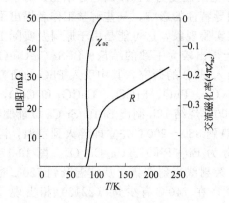

图 10-13　试样 1 的电阻和交流
磁化率与温度的关系

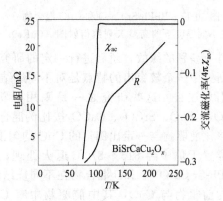

图 10-14　试样 2 的电阻和交流
磁化率与温度的关系

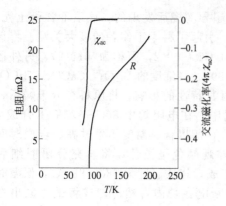

图 10-15　$Bi_2SrCaCu_2O_z$ 试样 3 的
电阻和交流磁化率与温度的关系

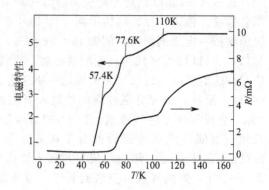

图 10-16　含有高温超导相（$T_c=120K$）
的试样电磁特性

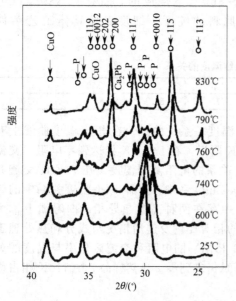

图 10-17　Bi-Pb-Sr-Ca-O 和 CuO 混合物
在不同温度下的高温 X 射线衍射图（$CuK\alpha$）

图 10-15 是组成为 $Bi_2SrCaCu_2O_z$ 试样 3 的电阻和交流磁化率与温度的关系曲线。从曲线上可看出 110K 相完全被抑制，样品在 87.1K 时达到零电阻。试样 1 与试样 2 虽然组成相同，但热处理条件不同，而试样 3 组成与上两个样品不同，因而三个样品的电阻和交流磁化率与温度的关系也不一样。所以，改变成分和热处理工艺可以增强某一个相而抑制另一相。有些研究工作采用多次烧结的方法研究 Bi-Sr-Ca-Cu-O 系的 $BiSrCaCu_2O_y$，如将已在 820℃烧结的试样重新研磨，成型，第二次烧结，在淬火温度下保持 8h，试样在 120K 时出现超导转变，该结果示于图 10-16 中。从电测量可看到一个明显的台阶，而磁测量表明体系中至少存在三个不同零电阻温度的超导相。一些研究工作的结果表明该系通过改变组成及工艺条件有可能制出了 $T_c=$ 120K、零电阻温度为 110K 的超导单相。对于工艺条件对超导特性的影响，一些科学工作者提出了不同见解和实验现象，这可能是由于原料及实际工艺

条件有差别的缘故，还需进行一定的研究工作才能得出较为一致的结论。Bi-Sr-Ca-Cu-O 系的研究中一个较突出的特点是对不同烧结工艺和引入 PbO 的研究，其中引入 PbO 的研究尤为引人注目。这些研究之一是采用分析纯的 Bi_2O_3、PbO、$SrCO_3$、$CaCO_3$ 和 CuO，将 Bi_2O_3、PbO、$SrCO_3$、$CaCO_3$ 按比例混合均匀于 800℃烧结 12h 制出 Bi-Pb-Sr-Ca-O 前驱物，再将该前驱物与一定比例量的 CuO 均匀混合，加热到 880～900℃并立即淬火到室温，淬火试样置于炉中经 815～870℃退火处理，制成组分为 $Bi_{1.3}PbOSr_2Ca_2Cu_3O_y$。图 10-17 为 Bi-Pb-Sr-Ca-O 和 CuO 混合物在不同烧结温度下的 X 射线衍射图谱。从室温升到 720℃时样品为前驱物与 CuO，其中前驱物中有 Ca_2PbO_4 相。在 740℃有少量（2212）相出现〔即 $(Bi，Pb)\cdot Sr_2CaCu_2O_x$〕。

随温度升高，（2212）相增加，到 830℃时前驱物、X 衍射峰消失，仍有一定量的 Ca_2PbO_4 和 CuO 存在。温度升高到 850℃时，试样变形使 X 射线衍射不能进行。图 10-18 为

Bi-Pb-Sr-Ca-O 前驱物与 CuO 混合均匀，经 880℃高温处理后淬火制得的试样 X 射线衍射图谱。将样品控制降温到室温，X 射线分析可知试样中有较多的（2212）相和少量的（2201）相，还有一未定相存在，可能是液相冷却过程中析出的。该衍射图示于图 10-19。

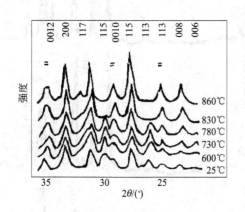

图 10-18　在 880℃淬火的 Bi-Pb-Sr-Ca-O 和
CuO 混合物在不同退火温度下的
高温 X 射线衍射图（CuKα）

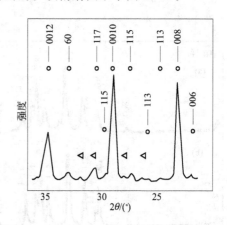

图 10-19　以某一速度从 880℃冷却到室温的
X 射线衍射图（CuKα）
□为（2212）相；○为（2201）相；△为未确定相

　　图 10-20 为（2223）相和（2212）相的（0012）反射峰的 X 射线衍射强度比随退火温度变化的关系曲线。所用试样均为经 880℃处理后在 815～865℃退火处理 60h。图 10-21 为相的 R-T 曲线。从图中可看出：（2223）相的形成温度范围为 825～865℃，在 855℃左右时可获得较大含量的（2223）相和较高的零电阻温度。

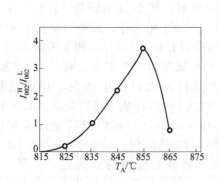

图 10-20　（2223）相和（2212）相的（0012）
反射峰的强度比与退火温度的关系曲线

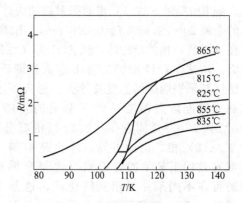

图 10-21　R-T 关系曲线

　　(Bi，Pb)-Sr-Ca-Cu-O 系超导体的另一种工艺方法是采用传统的方法制备，即用分析纯的原料 Bi_2O_3、PbO_2、$SrCO_3$、$CaCO_3$ 和 CuO 粉末按摩尔比 Bi：Pb：Sr：Ca：O＝1.85：0.35：2：2：3 称量并充分混匀研细，然后置于炉中经 800℃、24h 合成，将预烧合成料研细、成型后置于炉中经 860～870℃烧结 80～100h，随炉冷却至 800℃取出在空气中淬火制成试样 A，其衍射谱为图 10-22(b)，将 A 试样重新研磨后成型，在 860℃烧结 6h，然后分别于 860℃、800℃和 750℃空气中淬火到室温，制成试样 B、C 和 D，试样 E 为不在空气中淬火而随炉冷却到室温制成的。试样 F 为试样 C 在 500℃通 O_2 退火 16h 制成的。X 衍射峰几乎没多大变化；780℃时，（2201）相的衍射峰强度下降，而（2212）相的衍射峰强度增

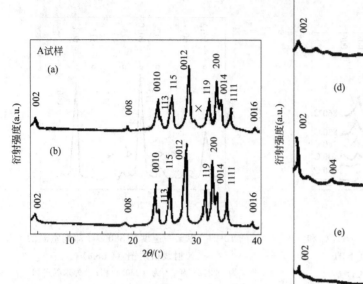

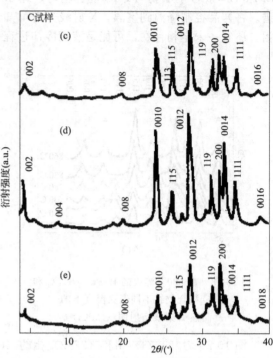

图 10-22　单相试样 $(Bi，Pb)_2 Sr_2 Ca_2 Cu_3 O_8$ 在不同热处理条件下的 X 射线粉末衍射谱
(a) 860℃；淬火，×为杂峰；(b) 800℃淬火；(c) 750℃淬火；(d) 随炉冷却；(e) 830℃退火

强。到 810℃时 (2201) 相的衍射峰消失，从上图可看出：试样 B 几乎是单相，仅存在一很弱的杂峰 $2\theta=29.85°(d=0.2993nm)$；试样 C 单相性很好，试样 D 主要是 (2223) 相，但存在 (2201) 相的衍射峰；试样 E 为 (2212) 相和 (2223) 相共存，其中 (2212) 相含量较大。从试样 C 经 830℃、24h 退火处理后的 X 射线衍射分析，(2212) 相又重新形成。这些研究结果表明烧结温度及淬火、退火等温度及工艺对试样影响非常大，高 T_c 的 (2223) 相是在接近熔点温度条件下形成的且随炉冷却和温度降低时发生相变，相变过程是 800℃到 750℃之间发生 (2223) 相部分转变成 (2201) 相，从 750℃到 500℃又转变为 (2212) 相。由此可见，淬火是抑制 (2201) 相和 (2212) 相形成及制备单相试样非常有效的工艺手段，而同时也得到明确的结果：(2201) 相，(2212) 相和 (2223) 相是可在不同条件下相互转化的，这是 Bi 系单相试样较难获得的原因之一。图 10-22 为试样 A 和 C 的复磁化率与温度的关系。从图中可看出热处理对复磁化率的影响很大。试样 C 的虚部峰向高温漂移，实部明显有较大增强，这表明热处理使晶界的性质得到了改善，因而增强了超导晶粒之间的 Josephson 结耦合强度，这对提高块体材料临界电流密度是一个非常重要的启示。

对 $Tl_2 Ba_2 Ca_2 Cu_3 O_y$ 超导材料的研究，Bi-Sr-Ca-Cu-O 系中掺 Ba 效应的研究及用其他稀土元素等取代已有的高 T_c 氧化物超导体部分元素的研究都是科技工作者研究的重点。工艺条件对超导材料性能的影响如激光区熔技术、熔融生长技术、高 T_c 氧化物/Ag 复合带材技术等研究处于逐渐完善的阶段。

在研制高 T_c 块体材料的同时，超导薄膜的研制发展很快，有些成果已进入了实用阶段。制备高 T_c 超导薄膜的方法很多，如直流磁控溅射、射频磁致溅射、离子束溅射、电子束蒸发法、分子束外延法、激光蒸镀、化学气相沉积、原位等离子体氧化法等。这些方法各有长处，但基片的选择是非常重要的。为获得择优取向的薄膜，要求基片的晶格常数应与薄膜匹配良好，基片与薄膜之间不能发生化学反应和相互扩散等。目前常用的基片有 $SrTiO_3$、La_2O_3、Al_2O_3、$LaGaO_3$、MgO、ZrO_2、Si、$Si+MgO$、Al_2O_3 等。根据不同的高 T_c 氧化物材料选择不同的基片和不同的成膜方法。有些电子器件从应用的要求来看应该选择介电常数小、介质损耗小的基片材料。如从晶格常数与薄膜相匹配的意义上决定基片材料的话，生长 YBCO 薄膜的最好基片是 $SrTiO_3$；但若从电子器件应用来选低介电常数、低介质损耗基片则是 $LaAlO_3$ 与 $LaGaO_3$ 比较好。薄膜制成后还需采取一些工艺使膜具有一定结构，通常采用两种方法，一种是后处理膜，也就是先在较低温度下和氧充分存在条件下沉积各金属及其氧化物膜，然后将膜在氧气流中进行 $800 \sim 900℃$ 的高温处理，使各组分间发生反应形成需要的晶体结构，再将其缓冷至室温。这种后处理温度较高，基片与薄膜之间相互扩散较严重，且膜的表面形貌往往变坏。另一种方法是原位膜工艺。如制备 YBCO 薄膜采用这种工艺实例之一：将 $SrTiO_3$（100）基片热至 $640℃$（射频溅射）或 $670℃$（直流溅射），样品室内混合气为 $Ar:O_2 = 2:1$，压力为 $0.3 \times 10^2 Pa$，溅射时间为 $1.5 \sim 2h$，然后不打开样品室以原位等离子体氧化，基片温度降至 $480 \sim 520℃$，Ar 气关闭，O_2 气压力升至 $133Pa$，氧化时间为 $80 \sim 150min$。这样制得的 YBCO 薄膜的零电阻温度大于 $90K$，在 $77K$ 和 $0\ T$ 时临界电流密度为 $3 \times 10^6 A/cm^2$，在 X 射线衍射图（见图 10-23）上只有 $(0,0,1)$ 峰，表明膜的 c 轴垂直于表面，SEM 图显示良好的表面形貌，颗粒尺寸为亚微米级，表面粗糙度小于 $10^{-2} \mu m$，最好的情况是 $2 \times 10^{-3} \mu m$，如图 10-24 所示。

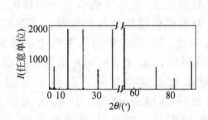

图 10-23　$SrTiO_3$（100）基片上 YBCO
薄膜的 X 射线衍射图
I 代表强度（任意单位）

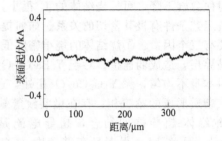

图 10-24　$SrTiO_3$（100）基片上
YBCO 薄膜的表面起伏

　　除传统的高温超导体研究之外，有些新的材料体系也不断被研制出来。如 1993 年法国科学家拉盖向 Science 投递的论文中提到一种八层 Bi 系超导体，该超导体是在 $SrTiO_3$ 单晶上制备 Bi-Sr-Ca-Cu-O 系超导体，当 CuO_2 层生长到八层，Sr 和 Ca 镶嵌在 CuO_2 层中，制备的超导体试样的 T_c 达到了 $250K$。一些高温超导陶瓷的研究结果使人们认识到 CuO_2 层与 T_c 可能存在某种关联。

10.5　提高超导陶瓷 T_c 及 J_c 的途径

　　世界上很多国家的科学工作者都发现一些氧化物固溶体在室温附近或稍高些温度下有若干数量级的电阻陡降，虽然对在如此高温度下材料是否真正有超导特性或是否有部分超导相存在，人们持怀疑态度，但这些现象对人们探讨室温或更高温度下的超导材料无疑是一个非常大的鼓舞。图 10-25 示出了超导体的 T-H-J 临界面，为提高超导陶瓷材料的临界温度和

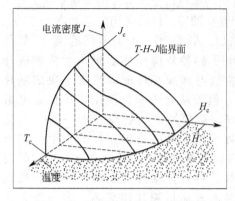

图 10-25 超导体的 T-H-J 临界面

临界电流密度提供了方向。从实用出发，提高超导材料的临界温度 T_c 及临界电流密度 J_c 是超导研究的重要内容。1988 年国际上公认的一些氧化物超导陶瓷如 Tl-Ba-Cu-O 系的 T_c 已达 114K 以上。1989 年初据报道 Bi-Sr-Ca-Sn-Pb-Cu-O 系的零电阻温度已达 130K。当前摸索新系统、探讨新工艺，寻找更高 T_c 和 J_c 的氧化物超导陶瓷是人们非常关心的目标。其中一部分工作是将已知的 $YBa_2Cu_3O_7$ 系中若干元素用其他元素置换，例如 $YbBa_2Cu_3O_7$、$DyBa_2Cu_3O_7$、$EuBa_2Cu_3O_7$ 等，Y 的位置主要由稀土元素及 Ca、In 等置换；Ba 的位置由碱土金属、碱金属元素及 Pb 等置换，Cu 的位置由 Tl、Bi 等置换；O 的位置由 F、S 等元素置换。有些固溶置换使材料的 T_c 有明显提高或可能提高的现象，如 $(Bi,Pb)_2$-Sr_2-Ca_2-Cu_3O_y 的 T_c 达到 110K（块材）；加 Pb 的 Bi-Sr-Ca-Cu-O 超导薄膜的 T_c 达 105～110K；Tl-Ba-Ca-Cu-O 超导薄膜的 T_c 达 117K；Bi-(SbPb)-Sr-Ca-Cu-O 化合物在 132K 及更高温度处出现某些可能是超导转变的迹象。但有些置换对 T_c 无明显影响，有些反而使材料的 T_c 下降。

从应用的角度出发，除要求材料具有高的 T_c 以外，J_c 的大小是另一关键问题。Y-Ba-Cu-O 系超导薄膜在 77K，0T 下测得 J_c 为 $10^6 A/cm^2$，对粉末试样的磁化测量 J_0 为 $10^5 A/cm^2$，而烧结体的临界电流密度 J_0 在 77K、0T 时为 $10^3～10^4 A/cm^2$，且该值在磁场稍有增强时便急剧下降，可见烧结体的 J_c 很小，且受磁场影响很大。烧结体的 J_c 与其微观结构及制备工艺条件有极其密切的关系。如何提高超导陶瓷材料的 J_c 呢？一般认为烧结体的 J_c 低主要有三个因素：①烧结体的烧结密度低；②起因于材料晶体结构的各向异性；③存在晶界或晶界层，造成弱连接。对于 Y-Ba-Ca-O 系超导陶瓷来说，J_c 低主要有以下四个基本原因：材料本身不均匀，除 $YBa_2Cu_3O_7$ 相外，还有第二相等存在，如 Y_2BaCuO_5 相等；存在由于引入杂质形成的第二相；存在微裂纹等缺陷；存在缺氧相。这些缺陷在晶界上形成超导体-绝缘体-超导体的结合，超导电流是由于隧道效应传输流动的，其值比无弱连接（weak links）时小得多且在磁场中 J_c 急剧下降的倾向明显。总之，要得到高的临界电流密度，就必须排除以上几个主要因素，这样的烧结体应具备以下一些基本条件：烧结体致密且无微裂纹等缺陷；烧结体均匀，是单一相的 $YBa_2Cu_3O_7$ 超导体，具有洁净的晶界；无杂质构成的相；缺氧量在试样整体都非常小；尽可能使材料整体 c 面取向性高。

目前的烧结体制备工艺条件一般是采取摸索试验、不断完善的方法确定。为实现上述基本条件，需对该系统的相图，烧成工艺条件如升温制度、烧结温度和保温时间、降温制度、氧气氛的控制、热处理条件、氧在材料中的扩散系数等进行深入研究，精心确定从原料选择、处理开始的整个工艺过程，总结实际研究中获得的经验与教训，不断完善工艺制度。研究新的工艺方法也是探讨改善材料微观结构、提高 J_c 的有效途径。1987 年贝尔实验室采用熔融冷却工艺得到了块体超导陶瓷材料（$YBa_2Cu_3O_7$），其临界电流密度已达到 7800A/cm^2（77K、0T），施加磁场时 J_c 下降较小，77K、1T 磁场下，J_c 仍大于 $10^3 A/cm^2$。临界电流较高且磁场对其影响较小，认为这是由于无弱连接且晶界极其洁净的缘故。由于烧结体的 J_c 比薄膜及粉末试样的 J_c 小得多，所以进一步研究材料的微观结构，提高 J_c 还有相当大的余地。1988 年，我国一些科研机构采用熔融织构生长法（MTG）以及淬火熔融生长法（QMG）制备的 YBCO 块体材料，其 J_c 在磁场下的行为有较大改进。如采用区熔技术与 MTG 方法相结合生长的带状、尺寸为 100mm 的 YBCO 试样，显微结构分析表明试样中晶

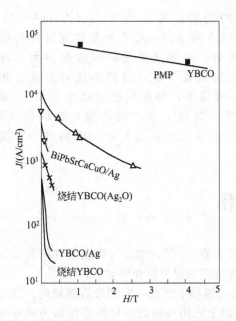

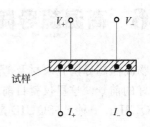

图 10-26　烧结及区熔的高 T_c 氧化物超导体　　　　　图 10-27　四引线法
在 77K 不同外磁场下的临界电流密度 (J_c)

界数量较少,"弱连接"密度明显下降,试样在 77K, 0T 及 1T 下的 J_c 分别超过 12200A/cm^2 和 4000A/cm^2。一些块体材料超导体在 77K 不同磁场下的临界电流密度 J_c 的测试结果示于图 10-26。采用"粉末熔化处理法"得到的试样,其 J_c 值又有进一步增大。该方法是采用 (211) 相 (Y_2BaCuO_6) 和液相成分的 Ba-Ca-O 粉末为原料,加热到液相温区 (约 1050℃),使 Ba-Cu-O 粉末熔化,再通过 40~70℃/cm 的较大温度梯度温区,经 0.5~8℃/h 速度缓冷,使固相 (211) 粉末与周围液相直接结晶成具有取向的 (123) 相。由于 (211) 相粉末粒度易于控制,(211) 相与液相能充分反应,使晶体中不存在 CuO 和 $BaCuO_2$ 相,反应后剩余的平均粒径为 0.5μm 的精细弥散的 (211) 相粒子周围存在大量位错和位错环可作为有效钉扎中心,使 J_c 提高。该方法制成的 YBCO 试样的显微组织没有微裂纹,有高密度精细的孪晶带,晶界干净,有效地减少了"弱连接"。该方法结合连续区熔法生长出长度约 10cm 的 YBCO 带材,采用四引线直流电源法 (图 10-27) 测量 J_c(B),结果示于图 10-26,J_c 值明显高于 MTG 法制得的试样。采用脉冲电源测量,电流密度已超过 70800A/cm^2 (77K,1T) 和 36000A/cm^2 (77K,4T) 时仍未失去超电性。采用 MTG 法制成的 YBCO 试样的 J_c 值分别为 23800A/cm^2 (77K,2T) 和 40000A/cm^2 (77K,2.5T)。图 10-28 示出了国内外 MTG 和 QMG 法制备的 YBCO 块材在 77K 下的 J_c 与磁场的关系。

中国科学院物理研究所在 1988 年采用射频

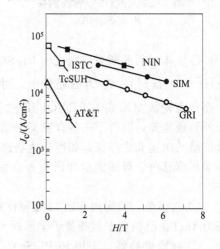

图 10-28　熔化法制备的 $YBa_2Cu_3O_{7-\delta}$ 块材
在 77K 下的 J_c 与磁场的关系

NIN—西北有色金属研究院;SIM—上海冶金研究所;GRI—北京有色金属研究总院;ISTC—日本国际超导技术研究中心;TcSUH—美国休斯敦大学超导中心;AT&T—美国 AT&T 贝尔实验室

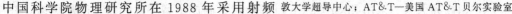

磁控溅射法及 900℃ 后处理的方法制出了 YBCO 薄膜，其 J_c 为 $1 \times 10^6 A/cm^2$（77K，0T）。超导薄膜的性能与生长条件密切相关。目前采用的一些方法都注意选用合适的基体材料，降低基体对膜的污染，改善膜的质量。一般高质量的膜应像镜面一样光滑并有很强的取向。一些专家认为原位外延法是制备 YBCO 薄膜的最好方法。我国一些研究机构使用不同的设备，有的甚至设备很简单，都能较稳定地制备出 J_c 超过 $3 \times 10^6 A/cm^2$ 的 YBCO 薄膜。此外，一些文献还报道了新的制备超导薄膜的方法，如激光和 M-OCVD 等方法制备氧化物超导薄膜的研究也在进行中，以期进一步提高超导薄膜的特性。

10.6　高温超导陶瓷的应用

氧化物高温超导陶瓷块材及薄膜的研制成功，为高 T_c 氧化物超导陶瓷器件的开发应用展示了美好的前景。这里仅就目前较为突出的几种应用情况简单介绍如下。

① SQUID。一种 dc-SQUID 是用 $YBa_2Cu_3O_{7-\delta}$ 薄膜上形成一定图形后制成的。其工艺是在该薄膜上先用金膜遮盖住需要保留为超导的部分，然后用离子注入法使未加以保护的部分在低温下成为绝缘体，这样的 SQUID 中有两个颗粒边界结，环路电感为 80pH。图 10-29 为示意图。在 $1 \sim 10^3$ Hz 频率范围内，噪声能量以 $1/f$ 的规律变化，最低噪声能量（1Hz 时）为 4×10^{-27} J/Hz（工作在 41K 时）或 2×10^{-26} J/Hz（工作在 77K）。还有用铊系等超导薄膜制成的 dc-SQUID，其中铊系薄膜 dc-SQUID 在 77K 时也呈现 $1/f$ 噪声谱密度，在 10Hz 时最佳噪声能量为 5×10^{-29} J/Hz（$L=80$pH）和 2×10^{-29} J/Hz（$L=5$pH）。超导陶瓷厚膜 dc-SQUID 的磁通分辨率达到 $2 \times 10^{-4} \Phi_0/\sqrt{Hz}$。用

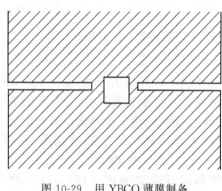

图 10-29　用 YBCO 薄膜制备的 dc-SQUID

YBCO 块体材料的断裂结制成的 RF-SQUID 在 77K 时，最好的磁通分辨率为 $4.5 \times 10^{-4} \Phi_0/\sqrt{Hz}$（50Hz 时）。$\Phi_0$ 为磁通量子，对于 $L=0.25$nH，相当于噪声能量 1.6×10^{-27} J/Hz。用超导陶瓷块材制成的 RF-SQUID 的磁通分辨率也达到 $2 \times 10^{-4} \Phi_0/\sqrt{Hz}$，将其进行两次野外测量实验，取得了一些有意义的结果。用这种 SQUID 制作的超导磁强计和各种电磁测量仪器的用途非常广泛，如用于生物医学（肺磁、心磁、脑磁和神经磁学等）、地磁、军事科学、信息科学等的测量和研究等方面都有广泛的应用。用于磁场的测量，其分辨率可达 10^{-15} T。

② 磁屏蔽。我国用 YBCO 超导材料制成的磁屏蔽管的屏蔽系数达到 10^5，最大屏蔽磁场为 4mT，已被用于射频量子干涉放大仪上。

③ 磁通变换器。采用 Bi-Pb-Sr-Ca-Cu-O/Ag 线材制成的磁通变换器国内有两种。一种是用该线材制成的具有两个连续线圈的磁通变换器，当磁振荡线圈产生 1×10^6 A/m² 的信号时，用 SQUID 可测得其磁通变化为 $10\Phi_0$（$\Phi_0 = 2.07 \times 10^{-15}$ Wb）。另一种是用该线材 1500mm 绕成四个相连的线圈构成的，用灵敏度为 $1/7\Phi_0$ 的射频量子干涉放大仪检测，其耦合系数为 0.194。

④ 超高频天线。采用 Bi-Sr-Ca-Cu-O 超导材料制成小型环状天线及匹配网络，在 77K、

560MHz 最佳频率下，其相对增益比同形状铜天线提高 5dB。

⑤ 射频量子干涉仪。采用 YBCO 超导陶瓷烧结块材制备了射频量子干涉仪。在 77K 下其相应磁通噪声为 $5 \times 10^{-4} \Phi_0 \sqrt{Hz} (10 < Hz < 100)$，已用于测定高 T_c 超导材料的磁屏蔽容量、电阻、生物磁场和地磁场变化。国内某单位用一个双孔射频量子干涉放大仪作为传感器建立了一个可变温的磁化率测定系统。该装置在频率为 $20 \sim 200$Hz 范围内，磁化率的分辨率为 5×10^{-3} emu/cm³ (1emu＝10A，下同)。

⑥ 混频器。YBCO 超导材料制成的微桥在液氮温度下，实验证明两个 Kα 波段信号间的基波混频的可行性，也证明了谐波混频和自本振混频的可行性。在 76GHz、本振频率为几千兆赫的情况下，实现了采用 YBCO 微桥在液氮中高达 51 次的谐波混频。折算至混频器输出端的中频信号功率在 -103dB$_m$ 至 -112dB$_m$，而中频信号噪声功率比为 16dB 至 4dB。混频器的性能取决于本振功率、直流偏置和信号功率。图 10-30 示出了典型的差拍信号，图中所示谐波次数为 45，中频输出功率为 -110dB (中频放大器的增益为 35dB)，中频信噪比是 6dB。氧化物超导体的能隙比低温超导体的能隙约高一个数量级，所以可望把谐波混频器的截止频率大大提高。

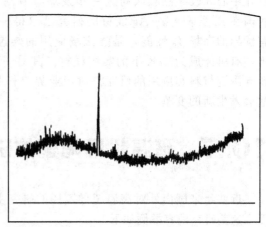

图 10-30　谐波混频中得到的差拍信号
信号频率约 75GHz；本振频率约 1.6988889GHz；谐波次数 45

⑦ 多层结构。为了用高温超导薄膜作为基电极和对电极制作多层结构，科技工作者进行了很多努力。这些努力之一是利用原位激光蒸镀制成 $YBa_2Cu_3O_7 / PrBa_2Cu_3O_7 / YBa_2Cu_3O_7$ 的三层结构，成功地制出约瑟夫逊弱连接，这种结构的上下超导层的临界温度均达到 84K。这种器件呈现出类似 SNS 结的 I-V 特性曲线，临界电流 I_c 和 R_j 都随结的面积按比例地增减，$I_c R_j \approx 3.5$mV。当 84GHz 的信号辐照于其上时呈现微波感应台阶 (最多可观察到两个台阶)，在磁场中直流超流呈周期性调制，这些都表明器件中出现了约瑟夫逊效应。

⑧ 高温超导无源微波器件。由于 $YBa_2Cu_3O_7$ 高温超导薄膜的表面电阻很低，如在 10GHz 时，77K 温度下其典型值为 $500\mu\Omega$，远低于同样条件下金、银、铜等正常金属的数值，所以用这种材料研制高温超导无源微波器件的工作正在加速进行，已知的此类器件有谐振器、滤波器、延迟线、移相器等，并将这些器件用于国防和通信等部门。例如在 4GHz，3% 的带宽内利用高温超导微带线制成切贝雪夫滤波器，其插入损耗为 0.3dB；而用金制成的同样的器件的插入损耗达 2.5dB，在 10GHz，10% 的带宽内，由高温超导微带线和 PIN 管组成的数字式移相器与铜制同样器件相比较，插入损耗要低 $0.4 \sim 0.6$dB。

⑨ 利用超导陶瓷的约瑟夫逊效应研制第五代计算机。约瑟夫逊隧道结的开关时间为 10^{-12}s，超高速开关时产生的热量仅为 10^{-6}W，功耗很小，其运算速度比硅晶体管快 50 倍，产生的热量仅为其 10^{-3} 以下。将其高度集成化，研制超小型、超高性能的计算机是高温超导陶瓷应用研究的重要内容。

⑩ 用于输配电。目前在电力系统输配电的损耗达 20% 以上，因此采用高温超导陶瓷制造超导线圈形成永久电流可长期无损耗地存储电能。还可用于制造大容量、高效率的超导发电机。这也是目前研究的重要内容。

⑪ 利用高温超导陶瓷的抗磁性，可进行废水净化、除毒、分离红细胞、抑制和杀死癌细胞、加速高能粒子等的研究也在进行中。

⑫ 高温超导陶瓷用于微波无源器件和微波有源器件，首先应用于卫星通信和军事技术方面的研究受到各国的重视，发展迅速。

高温超导陶瓷块材、线材、薄膜等材料的应用开发及实用化元器件等的研究发展很快，基础性研究也不断有一些新的发现。如有些学者提出改善晶界、消除弱连接、增加钉扎中心和改善晶粒取向进一步发展具有高 J_c 氧化物超导体实用线材的新型工艺技术。我国在 Bi 系氧化物/Ag 线材的研究已取得一定进展。Bi 系氧化物/Ag 线材在 4.2K 下具有优异的高场 J_c 性能，是强磁场应用的候选材料之一；在 77K 下的 $J_c(B)$ 性能也在改善，有可能成为 77K 下的实用线材。其另一突出的优点是加工性能好，容易成材。高温超导陶瓷材料和应用的研究将对产业界、科技界和人民的生活产生巨大的影响，使人类社会发生新的变革。

10.7　高温超导陶瓷的研究进展

近些年来国内外对高温超导陶瓷的研究主要集中在基础理论和现有研究成果的应用方面。这些研究内容举例如下。

氧化物高温超导材料主要有：Y-Ba-Cu-O 系、Bi-Sr-Ca-Cu-O 系、Tl-Ba-Ca-Cu-O 系和 Hg-Ba-Ca-Cu-O 系，目前实用化的高温超导体主要为 Y-Ba-Cu-O 系和 Bi-Sr-Ca-Cu-O 系。有的研究在于发现更高 T_c 的新型高温超导陶瓷材料，以及超导基础理论的深入研究。

有的研究工作采用磁控溅射、激光脉冲沉积、化学气相沉积等工艺制备 $YBa_2Cu_3O_{7-x}$ 超导薄膜；经综合研究和分析认为溶胶-凝胶法由于低成本，设备简单，能大面积制备各种陶瓷薄膜而备受研究者重视；还对在金属带材等基底上批量生产 YBCO 超导薄膜进行了基础研究；有的研究工作采用溶胶-凝胶法制取的 Y-Ba-Cu-O 粉体压制成型，经 960℃高温烧结并缓慢冷却，制得 $YBa_2Cu_3O_7$ 样品的超导临界转变温度为 92K，无外磁场和液氮温度下的临界电流密度为 $400A/cm^2$，交流磁化率的测试证明样品具备较好的抗磁性。

高温超导电力变压器是高温超导材料和技术在电力工程中应用的重要研究领域，在分析高温超导变压器电磁场、电磁力和交流损耗的基础上，认为努力提高超导材料的临界电流特性也是研究工作的重点之一。

有的研究工作结合电磁线圈发射原理，探讨了超导储能、超导开关、超导材料和磁悬浮等超导技术在电磁线圈发射中的应用前景，为电磁发射技术的研究提供了新的思路。

有的还对高温超导体多场耦合直流输运特性进行了研究，得到了在带材侧面垂直放置磁性材料可以大幅度提高临界电流的结论，这对于提高带材通流能力、节约使用带材具有重要的意义。

有的研究了高温超导体中的裂纹问题，研究了受电磁力和温度变化引起的热应力对超导体中裂纹的影响；认为从超导态到正常态转变过程中，巨大的温差所引起的热应力对热应力强度因子影响较为明显。随着温度的上升，热应力强度因子增大，这表示在超导体由临界温度向室温的变化过程中，裂纹容易开裂；裂纹长度越长，热应力强度因子越大。

参考文献

[1] 曲远方主编. 功能陶瓷的物理性能. 北京：化学工业出版社，2007.

[2] 钦征骑，钱杏南，贺盘发等. 新型陶瓷材料手册. 南京：江苏科学技术出版社，1996.

[3] 熊兆贤. 材料物理导论. 北京：科学出版社，2001.

[4] 曲远方主编. 现代陶瓷材料及技术. 上海：华东理工大学出版社，2008.

[5] 翟光荣，汪永华. 高温超导及其在电力工业中的应用. 安徽建筑工业学院学报：自然科学版，2002.

[6] 金建勋，郑陆海. 高温超导材料与技术的发展及应用 [J]，电子科技大学学报，2006 (S1).

[7] 冯瑞华，姜山. 超导材料的发展与研究现状 [J]. 低温与超导，2007 (06).

[8] 曾军. 高温超导体断裂及磁致伸缩特性理论研究 [D]；[学位论文]. 兰州：兰州大学，2012.

第**11**章

陶瓷基功能复合材料

功能复合材料是指除力学性能以外，还具有其他物理性能并包括部分化学和生物性能的复合材料。功能复合材料涉及的范围非常宽，在电功能方面有导电、超导、绝缘、吸波（电磁波）、半导电屏蔽或透过电磁波、压电与电致伸缩等；在磁功能方面有永磁、软磁、磁屏蔽和磁致伸缩；在光功能方面有透光、选择滤光、光致变色、光致发光、抗激光、X 射线屏蔽和透 X 射线等；在声学功能方面有吸声、声呐、抗声呐等；在热功能方面有导热、绝热与防热、耐烧蚀、阻燃、热辐射等；在机械功能方面则有阻尼减振、自润滑、耐磨、密封、防弹装甲等；在化学功能方面有选择吸附和分离、抗腐蚀等。在上述各种功能中复合材料的研究和应用已有大量的文献报道和专著。

在有关功能复合材料的文献和专著中，绝大多数是树脂基复合材料。有关陶瓷基复合材料的报道很少。在本章中，主要论述部分以 $BaTiO_3$ 为基的功能复合材料，包括 $BaTiO_3$/金属复合材料和 $BaTiO_3$/$BaPbO_3$ 复合材料。

11.1　$BaTiO_3$/金属复合材料

$BaTiO_3$ 基陶瓷中有一类获得广泛应用的正温度系数（PTC）热敏电阻陶瓷。科学工作者对其进行了广泛深入的研究和开发。当人们试图用 $BaTiO_3$ 系陶瓷制作大电流限流元件时，受到了该体系两个固有缺点的限制，即电阻率高和导热性能差。因为电阻率高，要想使限流元件的电阻低，只能增大限流元件的电极面积，减小电极间材料的厚度，这就使元件所占空间大并容易破碎。如果导热性差，当大电流流过使瓷体发热时，瓷体中温度分布梯度大，各处热膨胀不同，容易发生开裂。因此，降低 $BaTiO_3$ 系 PTC 陶瓷的室温电阻率，提高导热性就成为该体系的热点。$BaTiO_3$/金属复合材料的研究是这一方向的主要内容之一。

11.1.1　$BaTiO_3$/金属复合工艺

综合有关文献资料，$BaTiO_3$ 与金属的复合工艺可分为机械混合、金属镀层和沉淀共混法，其中机械混合工艺应用得比较多。据日本专利报道，其工艺过程是在已烧结或煅烧的

BaTiO$_3$系粉末中按一定比例混入金属粉，而后混合、造粒、成型，然后在真空、中性或还原气氛中烧成，以防止金属粉在高温烧成时被氧化。烧成后再进行氧化处理，恢复BaTiO$_3$系的PTC特性。为防止金属粉在氧化处理时急剧氧化，所加金属粉的熔融温度应高于再氧化温度。该专利中提出的较适合的金属有Fe，Co，Ni，W，Cr等；采用机械混合工艺时，金属相在复合材料中的分布很难均匀。

侯峰等采用颗粒化学镀的方法制备Ni/PTC陶瓷复合材料，获得了两相分布均匀的复合粉料；还提出在弱还原气氛中一次烧结，制备低室温电阻率且具有PTC效应的复合材料的新方法，即首先将BaTiO$_3$颗粒浸泡在1%氯化亚锡敏化液中3min进行敏化，然后洗涤抽滤干燥；然后再浸泡在0.22%的PdCl$_2$活化液中活化，pH控制在3～4，处理温度为50～60℃，时间为5～6min。化学镀工艺是先将络合剂酒石酸钾钠溶液和稳定剂钼酸铵溶液混合均匀，然后倒入硫酸镍溶液，稍后加入还原剂肼，pH值控制为12.5，化学镀温度控制在80℃；弱还原烧成是在石墨制成的坩埚中进行烧结，其还原气氛相对于H$_2$或石墨埋烧而言，微弱一些，故称弱还原烧成。

李晓雷等采用草酸沉淀法制备Ni/PTC复合材料，将传统固相法工艺合成的BaTiO$_3$基PTC陶瓷粉碎球磨为一定固含量的料浆备用。Ni/PTC陶瓷复合材料是以硫酸镍和草酸为原料，在上述陶瓷料浆中沉积草酸镍而制备的，其中Ni的加入量为基质材料的5%～15%。

采用草酸盐沉淀法制备Ni/PTC陶瓷复合材料，一定程度上解决了金属的分散性问题。这种方法是应用镍的草酸盐在加热时分解生成金属镍的特性来制备复合材料：一方面，采用化学沉积的方法制备的草酸镍/陶瓷复合粉体本身就具有比较高的均匀性；另一方面，在烧结过程中新生成的金属镍具有超细和活性高的特点，易于实现金属在晶界相的均匀分布，这也是金属/PTC陶瓷所应具备的理想结构，因而对于制备低电阻率的金属/PTC陶瓷来说，这种方法是一种既新颖又很有前途的方法。通过对烧成气氛、热处理气氛、热处理温度和时间的研究，有人提出了制备该复合材料的理想的工艺条件，即在弱还原气氛下烧成，在弱氧化气氛下进行热处理并适当降低处理温度，延长处理时间。

11.1.2　金属/BaTiO$_3$复合材料的电性能

金属与BaTiO$_3$复合的主要目的是获得低室温电阻率的PTC材料。但是，根据有关的文献资料，复合后的电性能有很大不同。

在许多文献中，金属/BaTiO$_3$复合材料表现出NTC特性。张瑞明等用传统陶瓷制备工艺制备了BaTiO$_3$系PTC陶瓷，然后将铁粉（5%～20%）加入已制好的PTC陶瓷粉中，干法球磨14h混匀，加入有机黏合剂后造粒压片。图11-1和图11-2是在H$_2$气氛中1400℃烧结后，在不同温度下热处理试样的电性能。X射线分析表明，样品中有BaTiO$_3$、BaFe$_{12}$O$_{19}$、Fe$_2$O$_3$和表面富集的铁粉，如图11-3所示。作者认为，由于复合材料内富含铁，随着温度的升高，分布在晶界上的铁离子与晶界表面电荷补偿的作用逐渐增强，促使晶界表面势垒降低。另外，Fe受激发时，Fe^{3+}易吸收一个电子变为Fe^{2+}，而Fe^{2+}也易失去一个电子变为Fe^{3+}，故束缚于晶格势场中的电子未受激发前局限在势阱底部运动，受激发后，从一个晶格跳到另一个晶格。该过程提高了电子穿透晶界势垒的能力。由于上述原因，导致复合材料晶界势垒降低，表现出NTC现象。

曲远方等对金属/BaTiO$_3$复合材料进行了详细研究，通过控制烧成和热处理的工艺条件，制备了具有明显PTC效应的复合材料。在用机械混合工艺制备Cr/BaTiO$_3$复合材料时，

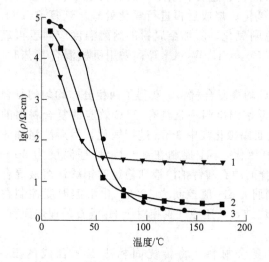
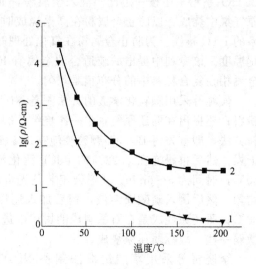

图 11-1　含 5％铁粉的复合材料的 NTC 特性
1—在 500℃热处理；2—在 600℃热处理；3—在 800℃热处理

图 11-2　含 10％样品的 NTC 特性
1—在 1450℃热处理；2—在 800℃热处理

先用还原气氛进行烧成，然后再进行微氧化处理。不同 Cr 含量条件下的复合材料经还原烧成和微氧化处理后的室温电阻率如表 11-1 所示。随着 Cr 加入量的增大，复合材料的室温电阻率下降，但处理后样品的室温电阻率均高于还原气氛下对应同金属含量样品的室温电阻率。这是由于经过微氧化处理、晶界吸附氧和增加晶界势垒高度，使复合材料的电阻率上升。加入 Cr 为 5％、10％的样品，其室温电阻率比不加 Cr 时由纯陶瓷组成的 PTC 材料的室温电阻率（28Ω·cm）还要高。这种现象出现的原因是氧化处理后大量 Ba 空位的产生，使部分金属 Cr 被氧化后的受主作用明显起来。Ba 空位和少量 CrO 一起补偿了部分 Nb 和 Sb 离子的作用，使有效施主浓度大大降低，增大了复合材料的电阻率。

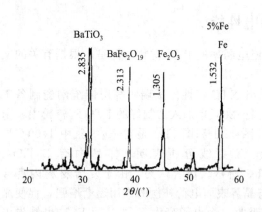
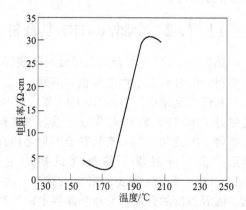

图 11-3　含 5％铁粉的复合材料
试样的 X 射线衍射谱

图 11-4　微氧化处理后材料的阻温特性

对上述复合材料样品时进行阻温特性测试，发现 Cr 为 5％和 10％的样品时仍然表现为 NTC 特性，而 Cr 分别为 15％、20％和 25％的样品在居里温度附近具有明显的 PTC 效应，其升阻比约为 10（见图 11-4）。高金属含量的复合材料，在微氧化热处理过程中，仍有很低的电阻率并出现 PTC 特性的原因是在微氧化处理过程中，部分金属被氧化，而其余仍保留金属状态，使复合材料仍有低的电阻率。同时，在微氧化处理过程中，晶界吸附氧，提高晶界势垒。金属 Cr 和少量 CrO 对复合材料 NTC 效应的影响减小，使复合材料呈现了明显的 PTC 特性。

表 11-1　不同 Cr 含量的复合材料的室温电阻率

Cr 含量(质量分数)/ %	5	10	15	20	25
还原烧成后室温电阻率/Ω·cm	2460	11.14	3.83	2.33	2.24
微氧化处理后室温电阻率/Ω·cm	5900	884	4.04	2.67	2.63

李晓雷等在采用草酸盐沉淀法制备 Ni/BaTiO$_3$ 复合材料的过程中，分别在 H$_2$ 气氛和石墨坩埚扣烧造成的局部弱还原气氛中烧成，并研究了热处理工艺对复合材料电阻特性的影响；在氢气气氛下该样品获得了较低的室温电阻率，但同时也失去了 PTC 效应。而在石墨造成的局部还原气氛中烧成后仍具有较低的电阻率，并具有弱的 PTC 效应。PTC 效应的恢复和电阻率的上升是与晶界的氧化相关，因为石墨扣烧造成的局部还原气氛要比氢气造成的还原气氛弱得多，其中存在一定的氧分压。在升温过程中由于黏合剂与草酸镍的分解放出大量的 CO 以及石墨与 O$_2$ 的反应，使反应生成的金属受到比较好的保护。X 射线分析也表明，Ni 主要以金属形式存在。在烧结后的降温过程中少量外界空气通过缝隙进入坩埚内，造成晶界的部分氧化，使晶粒表面吸附氧增多，表面受主态密度上升，产生 PTC 效应。

对石墨坩埚扣烧的试样在弱氧化气氛下进行热处理，表 11-2 列出含 Ni 15％ 的样品在不同热处理温度下的室温电阻率和升阻比的值，随着热处理温度的提高，样品的室温电阻率和升阻比呈逐步上升的趋势。这有两方面因素：一方面晶界的氧化使受主表面态密度增大，增大了晶界势垒，导致升阻比的部分恢复，但同时产生阳离子空位等原因使晶界电阻增大，引起样品整体电阻率的上升；另一方面，金属的氧化导致很高的室温电阻率和典型的 NTC 效应，晶界相中较多氧化镍的存在，不仅使晶界电阻率增大而且会抵消由晶界势垒引起的 PTC 效应。因而过高的热处理温度对升阻比的提高作用不大，却使室温电阻率明显升高。

表 11-2　热处理试样的室温电阻率和升阻比

处 理 工 艺	未处理	热处理温度/℃		
		600	700	800
室温电阻率 /Ω·cm	0.67	3.7	15.1	30.2
升阻比	2.2	25.8	43.2	51.8

图 11-5 为石墨坩埚扣烧后，在 600℃ 下处理 30min 和 60min 样品的阻温曲线，处理 60min 的升阻比与处理 30min 时相比有较大提高，达到 57 倍；而室温电阻率仍然保持在较低水平，仅为 6Ω·cm。因此，在较低温度下进行热处理，并且适当延长保温时间是获得高升阻比和低电阻率的好方法。

国内对金属/BaTiO$_3$ 复合材料进行了较为深入的研究，但其电阻特性还不理想，与国外专利报道的电性能（见图 11-6）相比，仍有很大差距，在降低室温电阻率和提高升阻比方面仍有深入研究的空间。

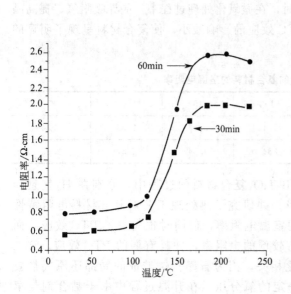

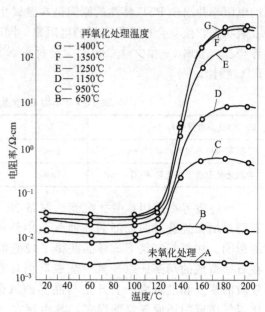

图 11-5　在 600℃ 处理不同时间的阻温曲线　　　　图 11-6　含 Co15％ 的 BaTiO₃ 陶瓷的阻温特性

11.2　BaTiO₃/BaPbO₃复合材料

　　BaPbO₃陶瓷具有优异的金属导电特性，其室温电阻率仅为 $(5.0 \sim 8.0) \times 10^{-4} \Omega \cdot cm$，在 $20 \sim 500℃$ 温度范围内阻温系数仅为 $-0.09\%/℃$。因而，人们预期将 BaPbO₃ 与 BaTiO₃ 复合能够获得室温电阻率低，同时具有 PTC 效应的复合材料。

　　鲍亚华等将预合成的钛酸钡半导体陶瓷粉末与预合成的 BaPbO₃ 陶瓷粉末按体积分数 $(1-\varphi)\text{BaTiO}_3 + \varphi\text{BaPbO}_3$ 进行配比，其中 BaPbO₃ 的体积分数 $\varphi = 0.04$，0.08，0.12，0.16，0.24，0.34，0.43 与 1.00，经称量、球磨混合、干燥后造粒压片成型；然后分别在 $1150 \sim 1350℃$ 之间进行烧结，制电极后测试电性能。

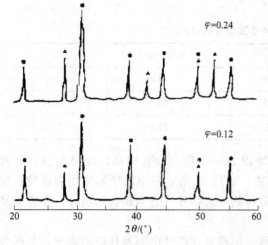

图 11-7　BaPbO₃/ BaTiO₃复合材料典型的 X 射线图谱
● BaTiO₃ 相；▲ BaPbO₃ 相

　　图 11-7 是 BaPbO₃/BaTiO₃ 系样品的 X 射线粉末衍射图谱，从图中可以看出，主相峰为 BaTiO₃ 和 BaPbO₃。随着 BaPbO₃ 含量的增加，BaPbO₃ 衍射峰的强度也随着加强。

　　BaPbO₃/BaTiO₃ 系复合陶瓷的电阻率与 BaPbO₃ 含量的关系可划为三个组分区：①高电阻区（$0.04 < \varphi < 0.12$），电阻率为 $10^9 \Omega \cdot cm$ 数量级，是一个相对平坦区；②电阻率突变区（$0.12 < \varphi < 0.16$），电阻率在很窄的组分内从 $10^9 \Omega \cdot cm$ 突降至 $10^0 \Omega \cdot cm$ 数量级，即 BaPbO₃ 含量的微小变化可带来电阻率的突变；③低电阻区（$0.16 < \varphi < 1.00$），电阻率在 $10^0 \Omega \cdot cm$ 至 $10^{-3} \Omega \cdot cm$ 数量级之间，电

阻率随着 $BaPbO_3$ 含量的增加而平稳下降。

　　该体系复合材料的阻温特性测试表明，当 $\varphi \geqslant 0.16$ 时，各试样的电阻率随温度的变化不大，与 $BaPbO_3$ 的导电特性类似。当 $\varphi = 0.04$ 时，其阻温特性与 $BaTiO_3$ 类似，但其室温电阻率高于 $BaTiO_3$ 的室温电阻率，如图 11-8 和图 11-9 所示。

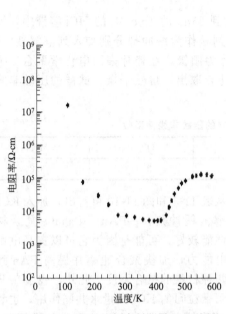
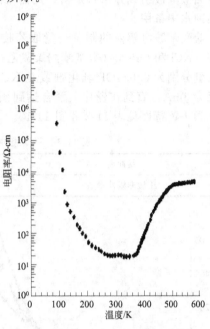

图 11-8　$\varphi = 0.04$ 的复合材料的阻温特性　　　　图 11-9　$BaTiO_3$（$\varphi = 0$）的阻温特性

　　作者认为，$BaTiO_3/BaPbO_3$ 体系的电阻率与组分的关系较好地符合两相三维渗流模型，$\varphi = 0.14$ 附近存在着一个临界渗流阈值，$BaPbO_3$ 含量在渗流阈值之上时，体系中的电性能是对应为 $BaPbO_3$ 的特性。含量在 0.14 以下时又与 $BaTiO_3$ 的特性相一致。

　　万山等研究了 $BaPbO_3$ 掺杂对（Sr，Pb）TiO_3 陶瓷性能的影响，采用传统陶瓷工艺制备了 $BaPbO_3$ 质量分数在 6%～12% 的 $BaPbO_3$/（Sr，Pb）TiO_3 陶瓷，加入 $BaPbO_3$ 并未明显降低复合陶瓷的电阻率，但明显降低了复合陶瓷的烧结温度。根据光电子能谱分析结果认为，在烧成过程中，$BaPbO_3$ 在与（Sr，Pb）TiO_3 固溶时，四价 Pb 被还原为二价，因而没有显著降低复合陶瓷的电阻率。

　　黄庆等在 $BaTiO_3$ 粉料中引入 Pb_3O_4 和 $BaCO_3$，在 1140℃保温 1h 烧成；研究了引入的 Pb_3O_4 和 $BaCO_3$ 的 Pb/Ba 和引入量对材料电性能的影响，发现当 Pb/Ba=1.3，总引入量为 2.5% 时，试样的室温电阻率达到 8 $\Omega \cdot cm$，升阻比达 4×10^4。其室温电阻率比空白 $BaTiO_3$ 试样的室温电阻率（119$\Omega \cdot cm$）大大降低，起到了降低室温电阻率的作用，同时又有较大的升阻比。

　　在有关 $BaPbO_3/BaTiO_3$ 系复合材料的文献中，不同研究者得出的电性能存在较大差异，可以概括出影响该体系电性能的因素有以下几点：①两相间分散的均匀程度；②两相间的扩散固溶；③在烧成过程中 Pb 的变价现象；④$BaTiO_3$ 材料本身的电性能。

11.3　$BaTiO_3$/聚合物复合材料

　　陶瓷/聚合物复合功能材料绝大多数属于聚合物基复合材料。曲远方等研究的 p-PAn/n-$BaTiO_3$ 复合材料则可以看成是一种陶瓷基的复合材料，采用电子陶瓷传统工艺制成 $\phi 20 \times$

2.5mm 的毛坯，在石墨粉中进行埋烧，烧成的温度是 1300℃，保温 30min，然后随炉冷却。陶瓷片采用石墨埋烧可降低电阻率，测定其平均室温电阻率为 10.16Ω·cm。将瓷片表面抛光，在蒸馏水中超声波清洗，化学镀镍电极；磨掉一端面及圆柱侧面的镍镀层并抛光，在另一端面敷电极引线并用石蜡密封此面及圆柱侧面，再将陶瓷片在蒸馏水中超声波清洗，放置于蒸馏水中备用。

盐酸苯胺电解液的制备是量取苯胺 1ml，加入到 25ml 的 1mol/L 的 HCl 溶液中，混合均匀。KCl 和 OP-20（辛基苯酚聚氧乙烯醚）乳化剂是作为缓冲剂分别加入到电解液中的，加入量分别为 0.06gOP 乳化剂或 1gKCl。以陶瓷片为阳极，在瓷片表面电化学聚合，维持电流为 3mA，直到在瓷片上聚合达到预定厚度为止，取出，自然干燥。试样的压敏非线性系数和 I-V 特性见表 11-3 和图 11-10。

表 11-3　不同缓冲剂下复合材料的压敏非线性系数

缓冲剂	无缓冲剂	OP-20	KCl
压敏非线性系数	3.32	2.94	3.86

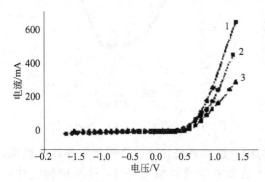

图 11-10　缓冲剂对 p-PAn/n-BaTiO₃
复合材料 I-V 关系的影响
1—KCl；2—无缓冲剂；3—OP-20

从表 11-3 和图 11-10 可看出，加入 KCl 作为电解液缓冲剂，p-PAn/n-BaTiO₃ 复合材料的电性能较好，可能是因为它可以提高电解液的导电能力，加快聚合速率并提高 PAn 致密度及两种材料的结合强度。此外，残余在 PAn 结晶团聚粒间的 KCl 微量水共同作用，也利于 PAn 团聚粒之间的导电，从而改善了具有 p-n 异质结的复合材料的 I-V 特性和提高了压敏非线性系数。

电解液中加入 OP 乳化剂改善了聚苯胺的结晶状况，使 PAn 膜致密，但加入 OP 乳化剂作为电解液缓冲剂，该复合材料电性能较差。这是因为使用 OP 乳化剂后，虽然使 PAn 膜致密，但聚合完毕后，OP 乳化剂会部分残留在 PAn 膜中，甚至部分包裹了聚苯胺分子链，破坏了其共轭结构，妨碍了 PAn 分子链间的直接接触，使 PAn 膜的电导率下降，并使 PAn 与 BaTiO₃ 晶粒之间增加了一阻挡层，形成 p-i-n 接触，影响复合系统的电性能。

曲远方等还研究了陶瓷片的表面处理对该复合材料性能的影响，分别用 1000# 砂纸抛光表面和用 HF：C₂H₅OH：H₂O=1：1：1 的溶液浸蚀表面，然后在陶瓷表面上进行苯胺单体的电化学聚合。不同处理条件下试样的压敏非线性系数 α 值如表 11-4 所示，α 值有所改善。测试表明其 I-V 值也有所改善，但是在浸蚀 3～10min 内，其 α 值及 I-V 特性相差不大。

表 11-4　在不同处理条件下复合材料的 α 值

陶瓷表面处理条件	抛光	抛光并浸蚀 3min	抛光并浸蚀 10min
α 值	3.86	4.34	4.31

参考文献

［1］吴人杰．复合材料．天津：天津大学出版社，2000.
［2］印南義之．日本公開特許昭 58-130505.

[3] 印南義之等. 日本公開特許昭 58-28803/28804/28805/28806.

[4] 杉山浩. 日本公開特許昭 58-62101.

[5] 曲远方，何泽明，马金森等. Cr/PTC陶瓷复合材料的研究. 压电与声光，2000，22 (1)：33-36.

[6] 侯峰，曲远方，徐庭献，阴育新. Ni/PTC陶瓷复合材料的研究. 热固性树脂，1999，4：50.

[7] 李晓雷，曲远方，徐廷献. 烧成及热处理工艺对Ni/PTC陶瓷复合材料性能的影响. 硅酸盐通报，2001 (3)：50.

[8] 张瑞明，张新宇，彭芳明等. 金属-PTC陶瓷复合材料研究. 硅酸盐学报，1995，23 (3)：331.

[9] 鲍亚华，陈昂，智宇等. $BaPbO_3/BaTiO_3$ 系复合陶瓷的研究. 硅酸盐学报，1995，23 (1)：22.

[10] 万山，邱军，桂治轮等. $BaPbO_3$ 掺杂对 $(Sr,Pb)TiO_3$ 陶瓷性能的影响. 功能材料，1997，28 (1)：62.

[11] 黄庆，曲远方. 高性能 $BaTiO_3$ 基 PTCR 陶瓷的制备研究. 压电与声光，2002，24 (4)：271.

[12] 曲远方，郑占申，马卫兵. 电解液缓冲剂对 $p-PAn/n-BaTiO_3$ 复合材料性能的影响. 硅酸盐通报，2000 (1)：16.

[13] 曲远方，郑占申，马卫兵. 陶瓷片表面处理对 $p-PAn/n-BaTiO_3$ 复合材料性能的影响. 材料学报，2000，14 (B1)：181.

[14] 王歆，陆裕东，庄志强等. $BaPbO_3$ 与 $BaTiO_3$ 陶瓷的导电特性比较. 华南理工大学学报：自然科学版，2007，35 (12)：87-90.

第**12**章

超硬陶瓷材料及应用

12.1 超硬材料及其分类

12.1.1 超硬材料的概念

超硬材料，顾名思义，是硬度高于一般材料硬度的材料。这是按材料硬度分类而命名的一类材料。

材料的硬度是材料的主要物理性质，是衡量材料力学性能优劣的主要参数之一。材料的硬度主要是指材料抵抗其他物体刻划或压入其表面的能力。也可以理解为在固体表面产生局部变形所需的能量。这一能量与固体内的化学键强度以及配位数有关，也就是说与材料内部的结构有关。根据不同的测量方法，可表示为显微硬度、研磨硬度、刻划硬度等，其数值随测量方法而异。表12-1列出10种标准物质的莫氏（Mohs-Wooddell）、维氏等4种硬度值与对应关系。

表 12-1 不同方法测定 10 种标准矿物硬度对照表

矿物	旧莫氏硬度	刻划硬度（以刚玉为 1000 计）	维氏压入硬度①/MPa	罗氏研磨硬度（以石英为 100 计）
滑石	1	2.3	20	0.03
石膏	2	9.5	350	1.04
方解石	3	22.5	1720	3.75
萤石	4	25.5	2480	4.17
磷灰石	5	35.5	6100	5.42
正长石	6	108	9300	31.0
α-石英	7	300	11200	100
黄晶	8	450	12500	146
刚玉	9	1000	21000	833
金刚石	10		约 100000	11700

① 以产生的凹痕之对角线长等于 $10\mu m$ 的压陷值为标准。

可以看出，这10种物质之间的硬度差别是不等的，前几种物质的硬度差别比后面几种要小得多。人们一般把莫氏硬度8~9的材料称为硬材料，把莫氏硬度9^+~10的材料称为超硬材料。由此可见，金刚石是想当然的超硬材料。同时，人们把硬度相当于金刚石或可与金刚石硬度相对比的材料也称为超硬材料。

表 12-2　几种常见材料的显微硬度

材料	显微硬度/GPa	材料	显微硬度/GPa
石英	8.0~11.0	碳化硅	30.4~33.3
锆刚玉	约 14.7	碳化硼	36.3~49.0
棕刚玉	19.6~21.6	立方氮化硼（cBN）	68.6~88.2
白刚玉	21.6~22.6	金刚石	78.4~98.0
氮化硅（Si_3N_4）	24.5~26.5		

表 12-2 为几种常见陶瓷材料的显微硬度值，从表中可以看出，立方氮化硼（cBN）和金刚石的硬度远高于其他材料。因此，这两者被称为超硬材料（superhard materials, ultrahard materials）。在世界上实际应用的材料中，人们谈论超硬材料，主要是指金刚石和立方氮化硼这类材料。

12.1.2　超硬材料的分类

$$\text{按组成可分为} \begin{cases} \text{一元超硬材料，如金刚石等} \\ \text{二元超硬材料，如 cBN，β-C}_3\text{N}_4\text{ 等} \\ \text{三元超硬材料，如 BCN 等} \end{cases}$$

$$\text{按结构形式分为} \begin{cases} \text{单晶} \\ \text{聚晶} \\ \text{薄膜} \end{cases}$$

超硬材料的分类没有统一的方法，还可以按照生成方法、用途等进行分类。

12.1.3　超硬材料发展应用

金刚石，又名钻石。早期的拉丁文名称 adamas 与中文"金刚石"一词同义，原意是"无敌的，不可征服的"。金刚石是世界上目前已知且工业应用的最硬物质，是地球上的一种罕见的矿物。宝石级金刚石晶莹剔透，呈现特有的金刚光泽，闪闪发光，灿烂夺目。自古以来，它就被作为珍贵、美丽的装饰品，制成钻戒、胸饰以至王冠上的明珠，作为人物社会地位、富贵和荣誉的象征。到了近代，当金刚石的各种特殊性能和使用价值被发现以后，开始了多方面的工业应用，成为现代工业和科学技术的瑰宝。

人们发现天然金刚石已有 3000 多年历史。但随着天然金刚石的不断消耗，天然金刚石变得资源奇缺，价格昂贵，严重影响了工业应用。

人们采用高温、高压，合成金刚石的研究始于 1940 年。瑞典和美国通用电气公司分别于 1953 年和 1954 年相继研制成功人造金刚石，于 1962 年和 1957 年分别投入工业生产。之后，南非、日本、前苏联等国家也相继宣布研究成功并投入生产。我国于 1963 年成功制得第一颗人造金刚石。

1957 年，物理学家温托夫（R. H. Wentorf）利用类似于合成金刚石的高温高压技术，研制成功了另一种超硬材料立方氮化硼。

1961 年，Decanli 与 Jamieson 在 30GPa 冲击压力下第一次用爆炸法合成金刚石取得成功。

1962 年，邦迪（F. P. Bundy）在 3000~4000K 和 12GPa 以上的静压下实现了不用催化剂的石墨向金刚石的直接转变。

1970 年，温托夫人工生长成功获得宝石级（6mm，重约 1ct）的金刚石。

1972 年，美国 Compax 烧结体投产，开辟了制造聚晶复合体的新途径。

20 世纪 80 年代以后，人造金刚石薄膜的研究掀起了热潮，开始进入产业化阶段。超硬材料薄膜被称为 21 世纪的新材料。

随着世界科技发展和经济发展，对超硬材料的要求越来越多。超硬材料以高于世界工业增长速度的速度而快速发展着。

在 20 世纪 70 年代以前，金刚石的用量增长速度每年递增 9.6%，而同期工业增长速度平均为 4%；到目前，仍然保持一个较高的增长率。据不完全统计，目前世界上有近 20 个国家和地区生产人造金刚石。2000 年全世界人造金刚石的产量达到 20 亿克拉（1 克拉＝0.2g，下同）。2011 年全世界人造金刚石产量已达到约 138 亿克拉，立方氮化硼产量达到约 6 亿克拉。

我国超硬材料也得到快速发展。据不完全统计，到 1996 年，全国人造金刚石生产企业已有 733 家，年产量达到 3.2 亿克拉。2001 年，我国超硬材料总产量由 1998 年的 4 亿克拉，增长到 16.2 亿克拉，其中制品产量从 1998 年的 0.5 亿克拉增加到 2.9 亿克拉。2004 年，我国年产超硬材料 20 亿克拉，其中立方氮化硼也达到 1 亿多克拉。到 2011 年，我国金刚石产量为 124 亿克拉，立方氮化硼为 3.43 亿克拉。

我国已经成为超硬材料生产大国，在产量上与 DI（diamond innovations）、Element Six 等世界上的跨国公司形成鼎立的局面。但我国还不是金刚石强国，在高品级超硬材料合成技术、分选技术及产量上还需进一步地发展。

超硬材料已广泛应用于石油开采、地质钻探、矿山开采、石材加工、陶瓷材料加工、木材及家具的加工生产、电子元件加工、汽车部件和飞机部件等机械部件的加工等许多领域，在工业生产、国防、军工、航空航天等占有十分重要的作用。

全世界超硬材料制品年增长率在 20%～30%。用金刚石磨具和立方氮化硼磨具取代传统的碳化硅和刚玉磨具，用金刚石锯切工具和钻探工具取代钢和硬质合金锯片和钻头，是当今世界上工具行业发展的总趋势。

随着纳米超硬材料技术、超硬材料薄膜技术的发展及其在功能器件的应用，随着新型超硬材料的发现和开发，超硬材料会有一个更加灿烂的明天。

12.2　金刚石材料及应用

12.2.1　金刚石的结构

金刚石和石墨是同素异构体，它们都是由碳原子组成的晶体，但其结构和性能截然不同。

石墨中，每个碳原子都以 sp^2 杂化轨道分别与邻近的 3 个碳原子的 sp^2 杂化轨道发生电子云交叠，从而形成 3 个 σ 键。由于 sp^2 杂化后 3 个轨道在同一个平面内，所以这些碳原子都在同一平面内，6 个碳原子组成一个六角形的平面环。许多这样的六角环相互联结成二维平面网络。平面内 C—C 键长 0.142 nm，键角 120°，键能 460kJ/mol。在碳原子构成平面六角环时，每个碳原子还剩余 1 个未参与杂化的 p_z 电子。这个环内 6 个 p_z 电子并非两两偶合形成 3 个 π 键，而是相互重叠形成包含 6 个碳原子的大 π 键。每个 p_z 电子可以在整个碳原子间运动，相当于金属中的自由电子。通过平面层平行堆积，层与层之间通过分子间力（范德华力）结合起来，就形成如图 12-1 所示的层状结构。石墨层与层之间的原子不是正对着的，而是依次错开六方格子对角线长的一半。如果以第一层为基准，称为 A 层，第二层相对于第一层平移错开，称为 B 层，第三层复原 A 层，如此排列为 ABABAB…，这样形成的石墨为六角石墨（也称为 AB 型或 2H 型），如图 12-1(a) 所示，这种石墨占天然石墨的 80%～95%。若第三层相对于第二层再平移错开，称为 C 层，第四层与第一层复原，形成 ABCABC…堆积排列，这种结构的石墨为菱面体石墨（也称为 ABC 型或 3R 型），如图 12-1(b) 所示，这种石墨占天然石墨的 5%～20%。

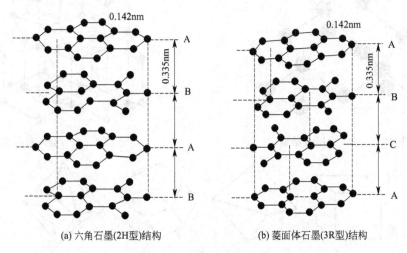

(a) 六角石墨(2H型)结构   (b) 菱面体石墨(3R型)结构

图 12-1 石墨的晶体结构

金刚石结构中，碳原子具有四价状态，即 sp^3 杂化状态。每个碳原子与 4 个邻近的碳原子按照等价的 sp^3 杂化轨道形成四个共价键（σ 键），构成正四面体结构。如图 12-2 所示。共价键是饱和键，具有很强的方向性，所以使金刚石具有很高的硬度和熔点，而且不导电。

碳原子所形成的正四面体结构在空间的排列有立方晶系和密排立方晶系两种形式，因此相应晶系结构的金刚石被分别称为立方金刚石和六方金刚石。其晶胞结构如图 12-3 和图 12-4 所示。

立方金刚石为等轴晶系，空间群为 O_h^7-Fd3m，在常压和室温下，晶格常数为 0.356～0.357nm。天然金刚石和人造金刚石一般都是立方晶体结构。

六方金刚石属六方晶系，空间群为 D_{6h}^4-P63/mmc，其晶格常数为 $a=0.252$nm，$c=0.412$nm。六方金刚石很少见。

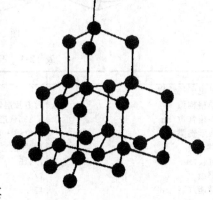

图 12-2 金刚石的结构

金刚石晶体的形态是多种多样的，可分为单晶体、连生体和聚晶体。单晶体可分为六面体、立方体、八面体、菱形十二面体以及由这些单形晶体所组成的聚形晶体。如图 12-5 所示，依次为六面体（立方体）、八面体、菱形十二面体、三角三八面体、四角三八面体、四六面体、六八面体、六四面体。

天然金刚石的晶体形态常见为八面体，其次是菱形十二面体、立方体及其聚形。如立方-八面体聚形。

人造金刚石，依合成条件不同，可为八面体、立方体或立方-八面体聚形等。常见的是六面体-八面体的聚形，八面体和十二面体的聚形。产品中也常出现各种连生晶体、不规则晶体以及各种晶体缺陷。其强度由强到弱依次为八面体、十二面体、六面体。

金刚石与石墨的结构及性能对比如表 12-3 所示。

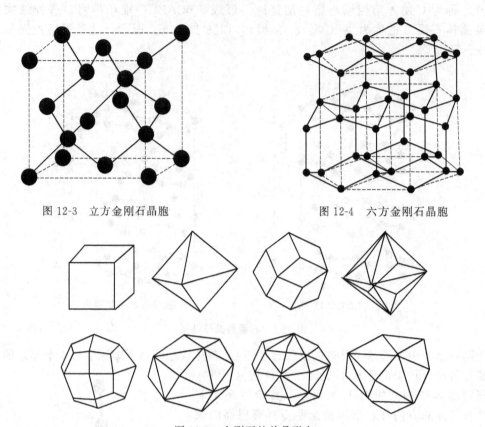

图 12-3　立方金刚石晶胞　　　　　　　图 12-4　六方金刚石晶胞

图 12-5　金刚石的单晶形态

表 12-3　石墨与金刚石的结构和性能比较

项　　目	石墨	金刚石
外电子层结构	sp²	sp³
晶格构型	六方片层结构	面心立方(或密排六方)结构
晶格常数/nm	0.3354(层间距)	0.3567(0.3560)
化学键类型	共价键＋金属键＋分子间力	共价键
键角	120°(正三角形)	109°28′(正四面体)
键长/nm	1.415	1.545
键级	4/3	1
键能/(kJ/mol)	478.6	347.4
密度/(g/cm³)	2.25	3.515
硬度(旧莫氏级)	1	10
熔点/℃	3527(3625)	3550(3570)
沸点/℃	4827	4827
外观颜色	黑色,不透明	无色,透明
导电性	导体	一般为电介质
导热性	良导体	比石墨好
化学活泼性	加热与氧化性酸作用	比石墨稳定,不与酸作用

12.2.2　金刚石的性质

12.2.2.1　金刚石的化学性质

（1）金刚石的化学成分　纯净的金刚石，化学成分是碳。实际的金刚石，无论是天然或是人造的，都或多或少含有杂质。

$$金刚石 \begin{cases} C \begin{cases} 金刚石结构 \\ 石墨结构（杂质相） \end{cases} \\ 其他元素 \begin{cases} N、B、Si 等非金属元素 \\ Fe、Co、Ni 等各种金属元素 \end{cases} \end{cases}$$

Ⅰ型金刚石含氮量 $0.01\% \sim 0.25\%$，Ⅱ型金刚石含氮量不高于 0.001%。硼是金刚石的天然杂质之一，也可以人工掺入。天然金刚石中主要杂质是氮（N），其余常见杂质为 Al、Si、Ca、Mn、Mg 等。人造金刚石杂质较多，可达 3% 以上，主要杂质是石墨、催化剂金属 Fe、Co、Mn、Ni、Cr 等，以及这些金属的碳化物。所含金属杂质随合成所用催化剂而变化。此外，光谱分析发现有时还有 Na、Ba、Cu、Ti、Zr、P、Sc、La、Lu、Pt、Ag、Au、Pb 等天然杂质。

（2）疏水性 金刚石具有疏水性、亲油性。这一特征提示人们可以使用油脂去提取金刚石，在制造磨具时，宜选用含有亲油基团的有机物作为金刚石润湿剂。

（3）常温下的化学稳定性 在常温下，金刚石对酸、碱、盐等一切化学试剂都表现为惰性，王水也不能与它发生化学反应。在加热情况下（1000℃以下），除个别氧化剂外，不受其他化学试剂的腐蚀。

（4）热稳定性 在数百度高温下，某些氧化剂，如 KNO_3，$NaNO_3$ 以及高氯酸盐，能与金刚石发生作用。$NaNO_3$ 之类的试剂在熔融状态下能腐蚀金刚石。

在纯氧中，600℃以上，金刚石开始失去光泽，出现黑色表皮，谓之烬化，$700 \sim 800℃$ 时开始燃烧。反应式：

$$C + O_2 \longrightarrow CO_2$$

人造金刚石在空气中开始氧化的温度，依其晶质不同，在 $600 \sim 840℃$。开始燃烧的温度在 $850 \sim 1000℃$。

在非氧化介质中，加热到某一高温时，会发生石墨化现象。

$$C_{金刚石} \xrightarrow{>1500℃（非氧化介质）} C_{石墨}$$

在极少量氧存在的条件下，金刚石石墨化在较低的温度下（1000℃以下）就开始了，其历程如下：

$$O_2 + 2C_{金刚石} \longrightarrow 2CO$$

$$2CO + C_{金刚石} \longrightarrow CO_2 + 2C_{石墨}$$

过渡金属的存在会加速石墨化过程。

（5）金刚石与过渡金属的化学作用 一些过渡金属能与金刚石起化学作用，促使金刚石解体：一类是 Fe、Co、Ni、Mn 及 Pt 系金属，其在熔融状态下是碳的溶剂；另一类是 W、V、Ti、Ta、Zr 等，它们与金刚石有更强的亲和力，在高温下能与金刚石起化学反应，生成相应的稳定碳化物。

12.2.2.2 金刚石的力学性能

（1）硬度 金刚石，旧莫氏硬度为 10 级，新莫氏硬度为 15 级，维氏硬度可达 100GPa，努普硬度可达 90GPa 以上，是世界上实际应用的最硬物质。

金刚石单晶体各向异性，不同晶面上硬度不同，各晶面硬度顺序与面网密度顺序一致，即（111）＞（110）＞（100）。同一晶面上不同方向硬度也有差别，原子间距小的方向，硬度高。

（2）韧性 金刚石虽然很硬，但是比较脆，韧性较低。这与其容易发生八面体解理有关。金刚石沿（111）面最容易发生解理。此外，其脆性还与晶体完整程度有关。结晶缺陷会产生很大的内应力，甚至会引起自然劈裂；而完整晶体有较高韧性，劈裂所需临界压力达到 30～100MPa。

多晶体的脆性小，韧性较高。

冲击韧性是评价金刚石质量的重要指标之一。以一定量试样在一定冲击频率、冲击次数下的未破碎率来表示。

(3) 强度

① 抗压强度：一般磨料级金刚石抗压强度在 1.5GPa 左右，晶形完整的高品级金刚石为 3～5GPa。

② 抗张强度：压痕法测得的抗张强度值为 1.3～1.5GPa。测量结果与压头材料和尺寸有关。

③ 抗剪切强度：金刚石的抗剪切强度理论值为 120GPa，摩擦实验值为 87GPa，扭力实验值为 0.3GPa。

一般 YG 硬质合金的抗剪切强度为 10～20MPa。

(4) 弹性模量 金刚石具有最高的弹性模量和最小的压缩系数。

杨氏模量 $E=1050$GPa（比 WC 的 350～600GPa 还大）。

体积模量 $K=500$GPa（比体弹模量非常大的钨的 299GPa 还大）。

压缩系数 1.7×10^{-8}cm²/N（比钨的 3.3×10^{-8}cm²/N 还小）。

金刚石与几种材料的杨氏模量、抗压强度见表 12-4。

表 12-4　几种材料的杨氏模量、抗压强度

材料	杨氏模量/GPa	抗压强度/GPa
金刚石	1054	8.69～16.53
WC	350～600	3.7
SiC	390	1.5
Al₂O₃	350	2.9

12.2.2.3　金刚石的物理性质

(1) 金刚石的颜色和密度 纯净的金刚石应当是无色透明的。实际上常因含有各种杂质和结晶缺陷而呈现不同的颜色。天然金刚石多呈淡黄色，人造金刚石多呈黄绿色。含杂质多的呈现灰绿色和黑灰色。

金刚石的理论密度 3.5153g/cm³。不同产品的实际密度一般在 3.48～3.54g/cm³ 之间。

人造金刚石堆积密度一般在 1.5～2.1g/cm³。颗粒越规则，堆积密度越大。

(2) 金刚石的热学性质

① 熔点高。金刚石的熔化温度 $T_m=(3700 \pm 100)$℃。

② 热导率高。金刚石与其他几种材料的热导率如表 12-5 所示。

表 12-5　金刚石与其他几种材料的热导率

材料	温度/K	热导率/[kW/(K·m)]
金刚石，Ⅰ型	293	0.5～0.9
金刚石，Ⅱ型	293	2.2～2.6
石墨	300	0.04～0.17
银	273	0.42
铜	293	0.39

从表 12-5 中可以看出，金刚石热导率数值比 20℃ 时 Cu 的热导率数值还要高。金刚石热导率大小受温度影响，并受杂质含量支配。

③ 比热容小。$C_V=6.17$J/(mol·K)。

④ 热膨胀系数小。金刚石在不同温度下的线膨胀系数如表 12-6 所示。

表 12-6 金刚石的线膨胀系数

温度/℃	−100	0	20	50	100	900
线膨胀系数/$\times10^{-6}$K^{-1}	0.4	0.56	0.8	1.28	1.5	4.8

相对于常温下 $\alpha_{SiC}=4.5\times10^{-6}$ K^{-1}，$\alpha_{刚玉}=7.5\times10^{-6}$ K^{-1}，金刚石的线膨胀系数很小。

（3）金刚石的光学性质

① 光泽、折射与色散。完整光滑的金刚石有强烈的光泽，反射比 $R=0.172$。

金刚石具有很高的折射率（$n=2.40\sim2.48$）。

金刚石具有强的散光性，色散系数为 0.063。这意味着折射率强烈地随入射光的波长而改变。如果我们不停地旋转钻石，自然光线经过折射后分解为各种光色，于是就可以看到变幻无穷的绚烂多彩的反射光。

② 透光性。金刚石具有优良的透光性能，能透过很宽的波段。金刚石可透过的光波波长范围如下。

Ⅱ 型：225nm$\sim3\mu$m；$>6\mu$m；

Ⅰ 型：30nm$\sim3\mu$m；$>13\mu$m。

可见，Ⅱ 型金刚石在红外区的吸收范围为 $3\sim6\mu$m，其余宽广的红外范围内皆可透过，所以 Ⅱ 型金刚石可用于作红外透射窗口。激光波长大多在 10μm 左右，所以 Ⅱ 型金刚石可作为大功率激光器的辐射窗口。

③ 金刚石的发光。金刚石有光致发光、电致发光、热致发光和摩擦发光等现象。

光致发光——在紫外线、X 射线和 γ 射线的照射以及高速离子的激发作用下，金刚石会发出各种频率和强度的光。

热致发光——具有结晶缺陷的金刚石晶体，当受热时有一定的热发光特性。经过高压下热处理后，热发光强度随着热缺陷的减小而减弱。

电致发光——在电场中一定的电势差作用下而发光。

此外，还有摩擦发光特性。有些晶体不完整的金刚石还有荧光现象。有些天然金刚石在 X 射线照射后会发出蓝光荧光。

（4）金刚石的电学磁学性质

① 导电性：纯净的不含杂质的金刚石是绝缘体，室温下的电阻率在 $10^{12}\sim10^{14}\Omega\cdot$ cm 以上。只有掺入少量硼或磷杂质后，才显示出半导体特性。表 12-7 列出了金刚石与几种半导体材料的电学性质。

表 12-7 金刚石与几种半导体材料的电学性质

电 学 性 质	Si	GaAs	单晶金刚石
禁带宽度/eV	1.1	1.4	5.5
介电常数	11.9	13.1	5.58
电阻率/$\Omega\cdot$ cm	10^8	10^8	10^{16}
热导率/[kW/(K·m)]	0.15	0.05	2
电子迁移率/[cm²/(V·s)]	1500	8500	2200
空穴迁移率/[cm²/(V·s)]	450	400	1600

由表中数据可以看出，金刚石具有非常宽的禁带、小的介电常数、高的载流子迁移率、大的电击穿强度。这些性质说明金刚石是一种性能非常良好的宽禁带高温半导体材料，有可

能在大功率、超高速、高频和高温半导体器件领域发挥重要作用。

② 磁性：金刚石分有磁性和无磁性两种。天然金刚石一般无磁性。人造金刚石一般有磁性。人造金刚石具有磁性是由于含有镍、钴、铁等催化剂杂质。金刚石磁性与杂质含量呈线性关系，包含的杂质越多，其磁性越强。

一般地，金刚石磁性越弱，其强度越高，晶型越好，热稳定性越好，但非线性关系。强磁性金刚石，700℃熔烧后强度会显著下降。无磁性产品，经1100℃熔烧后强度才开始下降。

12.2.3　金刚石的制备方法

12.2.3.1　人造金刚石制备方法概述

人造金刚石制备方法具有代表性的为如下几类。

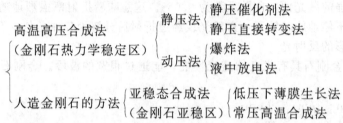

静压催化剂法是国内外工业生产上应用最广泛方法，人造金刚石的绝大部分（约99%）都是用这种方法生产。

爆炸法在某些国家被应用于金刚石微粉的生产，但产量不大。近年来人们对CVD薄膜开展了工业应用研究。其他一些方法，都还处于试验研究阶段。

12.2.3.2　静态法（静态超高压高温合成法）

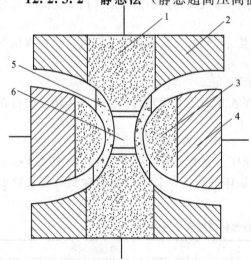

图12-6　两面顶压机的结构示意图
1—硬质合金压头；2，4—钢环；
3—硬质合金压缸；5—传压介质；6—试样

(1) 静压催化剂法　静压催化剂法是指在金刚石热力学稳定的条件下，在恒定的超高压高温和催化剂参与的条件下合成金刚石的方法。其以石墨为原料，以过渡金属或合金作催化剂，用液压机产生恒定高压，以直流电或交流电通过石墨产生持续高温，使石墨转化成金刚石。转化条件一般为：压力5～7GPa，温度1300～1700℃。

根据产生高压方式的不同，超高压设备（压机）有两面顶压机和六面顶压机等类型。两面顶压机的结构是由两个顶锤（压砧）和一个压缸组成（如图12-6所示），顶锤和压缸采用硬质合金材料制造，两个顶锤从上、下两个方向同时向安放在环形压缸中间圆柱形容器内的试样施加压力的一种设备。国外生产厂家主要采用这种设备。

六面顶压机由三维轴线互相垂直的六个顶锤组成，是从相互垂直的六个方向同时向放在中心位置的立方体容器施加压力的一种设备，如图12-7所示。铰链式六面顶液压机是我国多数企业采用的设备。

静压法合成人造金刚石的工艺过程是：首先将石墨原料片和催化剂合金片及其他配属组件，按一定要求，装入事先准备好的叶蜡石块（传压介质）中，放入烘箱烘烤；然后把全套组件放入压机中心部位，开动压机加压，通过加温，保温、保压一定时间，完成石墨向金刚石的转化过程。而后将压制过的组件取出，敲掉叶蜡石外壳，经电解、化学处理，除去剩余石墨和催化剂合金以及叶蜡石残渣并经过球磨打碎连晶，再经筛选分级、选形、磁选等工序，即得到人造金刚石成品。

图 12-7　铰链式六面顶液压机外形及压制原理示意图

目前这种传统的高压高温合成方法，还在继续发展和完善中。国内外都在致力于高压设备和加热方法的改进以及碳素原料和合金催化剂的研究，以达到金刚石生产的高产率、高质量。

(2) 静压直接转变法　所谓静压直接转变法，是指没有催化剂参与下的静压法。由于不用催化剂，因而需要更高的压力和温度条件，对压机提出了更高要求。

静压法有两种情况，一是固相转化，二是熔融冷凝。

① 固相转化。固相转化，要求提供 12GPa 以上的压力、2000℃以上的温度，保持时间很短，只能生长细微的多晶体。

② 熔融冷凝。此法比固相转化要求更高的压力和温度。

12.2.3.3　动压法

动压法主要是爆炸法。爆炸法压力、温度条件与不用催化剂的静压法相似（压力一般在 20GPa 以上），但产生高压高温的方法不同，不是用压机，而是用炸药。利用 TNT（三硝基甲苯）和 RDX（黑索金）等烈性炸药爆炸后产生的强冲击波作用于石墨，在几微秒的瞬间可产生 60～200GPa 的高压和几千度的高温，使石墨转变为金刚石。这种方法获得的产品多为 5～20 nm 的细小多晶体，结晶缺陷多，强度低，可作为研磨膏或者制造聚晶的原料。其作为纳米材料的用途也在不断拓宽。

爆炸法的优点是不需要贵重设备，单次产量高，每次使用 15kg 炸药（TNT15％＋RDX60％）可生产约 120 克拉的金刚石微粉。缺点是温度、压力不好控制，尤其无法分别控制温度和压力，并且样品回收提纯手续繁多。

爆炸法常用的一种装置是单飞片装置，图 12-8 为其剖面简图。平面波发生器使顶端的点爆源变成面爆源，产生平面冲击波，引爆主炸药包，驱动飞片以每秒几千米的速度撞击石墨，产生高温高压，使石墨转变成金刚石。

12.2.3.4　亚稳态生长法

金刚石并非一定是在高温、高压下的金刚石热力学稳定区形成，也可以在亚稳定区形

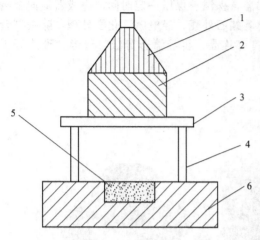

图 12-8 单飞片爆炸合成装置示意图
1—平面波发生器；2—主炸药包；3—金属板（飞片）；
4—支架；5—碳源；6—托板（收集器）

成。亚稳态生长法是在金刚石亚稳定的压力、温度条件下的生长方法，即在常压（或真空）、高温下生长金刚石的方法。采用所谓的外延法生长金刚石单晶是低压生产金刚石的方法之一。

这种方法是以气态的含碳物质（如 CH_4）为碳源，在低于 1atm、1000～1500℃下，使热分解游离出的碳原子，通过气相沉积的方法在金刚石籽晶或其他基底材料表面上外延生长出金刚石。

采用化学气相沉积（CVD）法和物理气相沉积（PVD）法生长金刚石薄膜，就是这类方法的成功范例。

12.2.4　金刚石的合成机理

金刚石的合成过程是一个复杂的多相系统的物理化学过程。所谓金刚石合成机理，是指碳源（起始态）向金刚石（终止态）转变的反应历程（相变历程），即碳源在什么条件下，以什么方式，经过什么途径转变为金刚石。碳源泛指用来制造金刚石的碳素材料，通常是石墨。由于高温、高压下试验检测的困难性，金刚石的合成机理至今尚未研究清楚。下面将几种具有代表性的学说做简要介绍。

关于静压催化剂法合成金刚石的机理，有多种说法。依据对石墨-金刚石转变过程的不同观点，把具有代表性的典型学说归纳起来，可以划分为三类：第一类是碳原子单分散重建性转变观点（溶解、扩散观点），包括溶剂、催化剂说、催溶说等；第二类是整体直接转变观点（无扩散、直接转变观点），包括固相转化说和结构转化说；第三类是逐层转变观点（有扩散地逐层催化转变），包括 MCCM 模型、逐层转化说。

碳原子单分散重建性转变观点认为，石墨化学键先经破裂，然后重建为金刚石键，经历了一个由碳原子键打开到重新组合成新键的过程。这在结晶化学中称为重建性转变。实现这种转变往往需要提供较多能量。在这一过程中，包含碳原子的熔解、扩散和再结晶等几个步骤，一般可认为是固-液-固转变，遵守从溶液中结晶的一般规律，例如晶体随时间而长大，表面有生长台阶、生长螺旋。催化剂的作用，可以用溶剂的作用或多相反应的催化理论加以解释。国内外关于重建式转变的学说比较多，提出了许多种有扩散过程的微观模式。

整体转变观点认为，毋需经过碳原子拆散过程，石墨键不发生断裂，而由石墨结构直接变形为金刚石结构。这样转变可以认为是固-固转变，在结晶化学中称为位移性转变。

逐层转变观点认为，石墨逐渐催化转变，经过扩散叠加过程，逐渐形成金刚石晶体。

目前各种学说都尚未定论，都只能分别解释部分现象，还不能十分清晰和圆满地解释所有现象。

12.2.5　金刚石的应用

（1）作为磨削工具应用　人造金刚石可以制成各种砂轮、磨石、砂布、砂纸、研磨膏等多种形式进行磨削应用。其中金刚石砂轮有金属结合剂、陶瓷结合剂、树脂结合剂三类。金属结合剂金刚石砂轮有烧结金属结合剂、电镀金属结合剂、钎焊金属结合剂等产品形式。金刚石磨具具有硬度高、磨削效率高、精度高、使用寿命长等一系列优点而被广泛应用。其中陶瓷结合剂金刚石磨具由于磨削锋利、磨削温度低、不烧伤工件、磨具可修整、磨削精度高等优点，而呈现较快的增长趋势。

金刚石磨具是磨削硬质合金的特效工具。用金刚石砂轮刃磨硬质合金刀具，包括车刀、铣刀、拉刀、铰刀、滚刀、钻头的刃磨，推动了刀具硬质合金化的发展。同时，还适用于磨削硬质合金量具、磨具、夹具以及其他硬质合金工件。用金刚石砂轮磨削硬质合金，其磨削比普通砂轮高成百上千倍，成本降低10%以上，而且避免了用普通砂轮加工时容易产生的裂纹、锯口、烧伤等缺陷，工件的精度和粗糙度明显改善，工件的寿命可延长50%～100%。表12-8是金刚石砂轮与碳化硅砂轮在磨削长33mm、直径9.5mm硬质合金铰刀的对比效果。

表 12-8　金刚石砂轮磨削效果

序号	碳化硅砂轮	金刚石砂轮
1	磨外圆、开口直径变化量0.02mm	0.005mm
2	刃口有小锯口	无
3	刀具表面粗糙度R_a不小于0.4μm	R_a小于0.2μm
4	磨外圆、开口废品率≥20%	<0.5%
5	每支开口工时2h	1h
6	磨外圆粗磨精磨各需24h	一次磨成，共24min
7	磨外圆消耗砂轮2片/日，合人民币10元	每月消耗5元
8	操作时尺寸不易掌握	易于掌握
9	粉尘太大，有害健康	粉尘很少
10	每把刀具加工周期13.5h	3.2h

金刚石磨具是加工光学玻璃、汽车窗玻璃、陶瓷部件、建筑石材、宝石玉器等非金属材料的高效工具。以前利用碳化硅加工光学玻璃效率低，劳动条件差。现在已经全部采用金刚石磨具加工，包括原料、套料、切割、铣磨、磨边以及凹凸曲面的精磨，综合生产效率提高数倍至数十倍。随着金刚石成本的降低和加工技术的进步，除了光学和精密玻璃器件外，许多原来用普通磨料加工的一般性玻璃制品，如汽车窗玻璃等，现在也都用金刚石加工。在陶瓷部件磨削、陶瓷墙地砖磨削、大理石、花岗岩及人造石材的磨削方面，金刚石磨具是普遍采用的高效磨具。在加工宝石、玛瑙、玉器等方面，金刚石工具也是不可缺少的工具。

用金刚石研磨膏抛光半导体材料，不仅效率高，而且表面粗糙度R_a可以达到0.006μm。

特别值得一提的是，陶瓷结合剂金刚石砂轮现在逐渐成为PCD、PCBN这类超硬材料刀具的高效、高精磨削工具。

(2) 作为切削刀具应用　金刚石聚晶复合片或天然大单晶制成车刀、镗刀、铣刀、铰刀等，可用来精加工汽车、飞机、精密机械上的非铁金属零件及塑料、陶瓷之类的非金属材料，是高速、高效、高精切削工具中最重要的一类。

天然金刚石内部晶界的均匀晶体结构使其具有很高的锋利度，很强的切削能力，切削力小，高硬度及良好的抗磨损、抗腐蚀性能及长的切削寿命。天然大单晶金刚石的优良特性可满足精密和超精密切削对刀具材料的大多数要求，虽然其价格昂贵，但被广泛应用于加工原子核反应堆及其他高技术领域的各种反射镜，导弹和火箭中的导航陀螺，计算机硬盘基片，加速器电子枪的超精密加工，以及传统手表零件、首饰、制笔、有色金属装饰件的精密加工等。此外，还用于制造眼科、脑外科手术刀、超薄生物刀片等医用刀具。

聚晶金刚石（polycrystalline diamond，简称PCD）和聚晶金刚石复合片（polycrystalline diamond compact，简称PDC）刀具材料，与大单晶金刚石相比，具有以下优点。

① 晶粒晶面无序排列，各向同性，无解理面。解决了单晶金刚石在不同晶面上的强度、硬度及耐磨性上存在的明显差异，以及因解理面的存在而呈现的脆性。

② 具有较高的强度，特别是PDC刀具材料由于有硬质合金基体的支撑而具有较高的抗冲击强度，在冲击力较大时只会产生小晶粒破碎，而不会像单晶金刚石那样大块崩缺。因而，PCD或PDC刀具不仅可以用来精密切削加工和普通半精密加工，而且还可用作较大切

削用量的粗加工和断续加工。

③ 可制成不同的形状与尺寸，以适合不同的加工需要。

④ 可根据不同用途要求进行产品性能设计（如粒度、耐用度等）。PCD、PDC 刀具材料的优越性能及其制备技术的发展，是其应用已迅速扩展到许多工业制造领域，广泛应用于有色金属（铝、铝合金、铜、铜合金、锌合金等）、硬质合金、陶瓷、非金属材料（塑料、硬质橡胶、碳棒、木材、水泥制品等）、复合材料（如纤维增强塑料 CFRP、金属基复合材料 MMC′S 等）的切削加工，尤其是在汽车和木材加工工业，已成为传统硬质合金的高性能替代产品。虽然改进的高速钢、硬质合金和其他的陶瓷刀具材料在切削传统材料时，切削速度和切削加工生产效率成倍甚至十几倍地增加，但是当用它加工上述一系列材料时，刀具的耐用度和加工效率仍然很低，且切削加工质量难以保证，甚至有时无法加工。而更锋利、更耐磨的 PCD、PDC 刀具材料能很好地胜任上述材料的加工。如用 PDC 刀具加工硅铝合金汽车活塞零部件，可以加工上万件而保持其刀尖基本不变；用 PDC 大直径铣刀加工飞机铝制翼梁，其切削速度可高达 3660m/min。这些都是硬质合金刀具无法媲美的。随着数控机加工中心（CNC）的发展，金刚石刀具材料会得到更大发展。

(3) 作为锯切工具应用　金刚石锯切工具分为两类，一类是用于锯切花岗岩、大理石、人造铸石、混凝土切割用的圆锯、带锯、绳锯等；另一类、是切割贵金属及半导体材料、精细陶瓷材料的内圆切割锯片和外圆切割锯片。第一类锯片都是用烧结金属结合剂制造的。第二类有用金属结合剂制造的。也有部分采用树脂结合剂或陶瓷结合剂制造的。金刚石锯片广泛用于大理石、花岗岩的开采、切割，用于机场、桥梁、高速公路等工程的大型、平整的混凝土热膨胀线切割。精密、超薄锯片在电子材料元器件领域也发挥着重要作用。

(4) 作为钻探工具应用　钻探工具包括地质、石油、煤炭、冶金等部门的勘探和开采用的钻头、扩孔器以及建筑工程套钻。这些领域广泛使用金刚石钻头。由于金刚石硬度高、耐用，不仅能钻进最硬的岩层，而且起钻次数少，钻进快，进斜小，可小口径钻进，减轻带动强度，节约钢材，比用硬质合金钻头总成本反而降低。

(5) 作为修整工具应用　金刚石修整工具有各类修整滚轮、修整笔、修整块。金刚石修整滚轮以烧结金属结合剂和电镀结合剂制作的居多。主要用于修整普通砂轮、陶瓷结合剂和树脂结合剂及立方氮化硼砂轮、陶瓷结合剂金刚石砂轮等。金刚石修整工具是磨床上必备的高精度、长寿命修整工具。在磨削加工中，特别是精密磨削或成型磨削方面，金刚石修整工具具有重要的作用。

(6) 作为拉丝模具应用　用金刚石聚晶制成拉丝模，拉成电线、灯丝、筛网丝等各种金属细丝。由于优异的耐磨损性能，用金刚石聚晶拉丝模拉制铝镁合金，耐用度可达到硬质合金拉丝模的 200 倍。

(7) 作为其他工具和部件应用　金刚石还可作为划线刀、玻璃刀、雕刻刀、什锦锉、留声机唱针、量具测头、钟表和精密仪器中的轴承、硬度计的压头、表面粗糙仪的测头、高压腔的压头、喷嘴等应用。

(8) 作为特殊功能器件应用　金刚石可作为各种半导体激光器、固体微波器件和电子发热器件的热沉，以吸收这些器件在工作时产生的热，减少器件效率降低或者损坏情况，这为制造微型雷达和通信设备提供了有利条件。Ⅱa 型金刚石具有固体中最高的热传导性能。利用其优良的散热性能，可作为大规模集成电路、高功率晶体管、可变电抗二极管或其他半导体开关器件中的散热元件。Ⅱa 型金刚石也是一种优良的红外线穿透材料，目前已在空间技术中用于人造卫星、宇宙飞船和远程导弹上的红外激光器的窗口材料。它还可作为雷达罩，不仅使雷达波进出自如，使图像不致失真，而且其优良的耐磨性更可避免比子弹飞行还快的灰尘或雨点的冲蚀。同时，它的高热振性也可保护雷达罩在骤冷骤热时不会破裂等。金刚石优良的抗辐射性能和碳原子在金刚石中键能密度高于其他所有物质的特点，使其能承受高能加速器内接近光速移动的基本粒子撞击。当带电粒子进入金刚石薄膜时，其电荷可由仪器测知，因此它又可作为高能加速器粒子的控测材料。利用它的高散热率、低摩擦系数和透光性，还可以用于军用导弹的整流罩材料。Ⅱb 型金刚石具有良好的半导体性能，它具有禁带宽、迁移率高、耐高温和优良的热耗散性能。利用其半导体特性，宽禁带，耐高温和优良的导热性能，可制作二极管整流器、能在高温下工作的三极管以及光探测器、发光管、核辐射探测器、热敏传感器等。用它制成的金刚石整流器具有体积小、功率大、耐高温等优点，作为耐强辐射器件可在宇宙飞船和原子能反应堆等强辐射环境中正常工作；用它制成的三极管可在 600℃ 的高温下工作。在金刚石中掺入痕量的其他元素制成半导体金刚石电阻温度计，它的电阻精度与温度成正比变化，其测量范围，在氧化气氛中为 $-168 \sim +450℃$，在非氧化气氛中为 $-198 \sim +650℃$。

12.3　立方氮化硼材料及应用

12.3.1　立方氮化硼的结构

氮化硼（BN）是由氮原子和硼原子所构成的晶体，化学组成为 43.6% 的硼和 56.4% 的氮。氮原子和硼原子采取不同杂化方式相互作用，可形成四种不同结构的氮化硼晶体：六方氮化硼（hBN）、菱方氮化硼（rBN）、立方氮化硼（cBN）和纤锌矿氮化硼（wBN）。

当氮原子和硼原子以 sp^2 方式杂化后，由于键角为 120°，成键后形成与石墨类似的平面六角网状结构分子。这种大的平面网状分子采取不同的空间排列方式后，可形成两种结构——六方氮化硼（hBN）和菱方氮化硼（rBN），如图 12-9、图 12-10 所示。

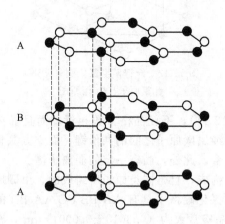

图 12-9　六方氮化硼（hBN）结构图
●氮原子 ○硼原子

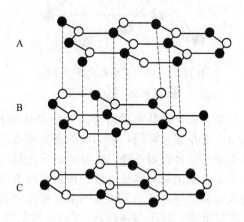

图 12-10　菱方氮化硼（rBN）结构图
●氮原子 ○硼原子

六方氮化硼具有与石墨类似的结构，且外观为白色，因而其有类石墨氮化硼或白石墨之称。六方氮化硼层状排列为 ABAB… 类型，晶格常数 $a = (0.251 \pm 0.002)$ nm，$c = (0.670 \pm 0.004)$ nm，密度为 2.25g/cm³。六方氮化硼与石墨的性能比较见表 12-9。

表 12-9　六方氮化硼与石墨的性能比较

项　　目	六方氮化硼	石墨
晶格类型	六方	六方
c 轴方向晶格常数/nm	0.666	0.669
同一层中最短原子间距/nm	0.145	0.142
理论密度/(g/cm³)	2.28	2.26
实际密度/(g/cm³)	2.20~2.25	2.25~2.26
颜色	白色	黑色
电阻率/Ω·cm		
25℃	1.7×10^{13}	$(5 \sim 21) \times 10^{-4}$
500℃	2.3×10^{10}	5.3×10^{-4}
熔化温度/℃	3000	3850
由六方型过渡到立方型的压缩系数	1.53	1.55

　　菱方氮化硼层状排列为 ABCABC…类型，晶格常数 $a = 0.22556$nm，$c = 0.4175$nm，密度为 2.25g/cm³。菱方氮化硼层具有与六方氮化硼相同的性质，不能用物理方法将其分开。菱方氮化硼层间的 ABCABC…排列方式更有利于向立方氮化硼转变。

　　当氮原子和硼原子采取 sp³ 杂化后，形成类似金刚石结构的氮化硼。每个原子与四个异类原子以共价键相互联结，四个键长相等，均为 0.156nm，键角为 109°23′。根据其空间排列方式不同，具有闪锌矿结构的立方氮化硼（cBN）和纤锌矿结构的密集六方氮化硼（wBN），如图 12-11 和图 12-12 所示。

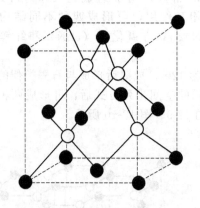

图 12-11　闪锌矿型氮化硼（cBN）
● 氮原子；○ 硼原子

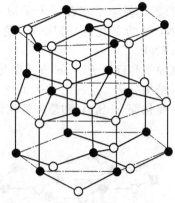

图 12-12　纤锌矿型氮化硼（wBN）
● 氮原子　○ 硼原子

　　立方氮化硼具有类似金刚石的晶体结构（图 12-11），不仅晶格常数相近，而且晶体中的结合键亦基本相同，所不同的是金刚石中的结合纯属碳原子之间的共价键，而立方氮化硼晶体中的结合键则是硼、氮异类原子之间的共价结合。此外，尚有一定的弱离子键。

　　立方氮化硼晶体每一层是按紧密球堆积的原则构成，且是同类原子所组成的，由硼原子构成的单层与由氮原子构成的单层相互交替。立方氮化硼格子具有 AA′BB′CC′AA′BB′ 的连续的层堆垛。属于等轴晶系，F43m 空间群。它的晶格常数为 (0.3615 ± 0.0001)nm，密度为 3.48g/cm³。

　　立方氮化硼最典型的几何形状是正四面体晶面和负四面体晶面的结合，常见的形态有：六面体-八面体聚形，八面体，四面体，假八面体，假六角形（扁平的四面体），如图 12-13 所示。

　　根据立方氮化硼的 BN 表面腐蚀的显微结构，四面体的立方氮化硼晶体可分为两种：一

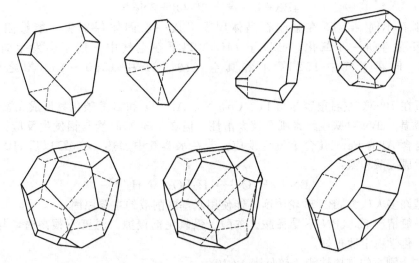

图 12-13　立方氮化硼的晶体形态

种是硼四面体，即四个表面是硼表面；另一种是氮四面体，即四个表面是氮表面。

纤锌矿氮化硼属于六方晶体（图 12-12）。纤锌矿氮化硼和立方氮化硼的结构都是由成对原子层组成的，一个平面是硼原子，另一个平面是氮原子。如果只看最临近原子，不可能说出是立方结构还是六方结构，但远到次临近原子时，就能区别它们的结构。这两种结构中相邻键长接近相等。纤锌矿氮化硼晶格常数 $a=(0.255\pm0.002)$ nm，$c=(0.420\pm0.004)$ nm，密度为 (3.49 ± 0.03) g/cm³。

12.3.2　立方氮化硼的性质

(1) 立方氮化硼的物理性质　纯净的 cBN 是无色透明的。由于原料纯度及合成工艺的影响，可呈现黑色、褐色、琥珀色、橘黄色、黄色等。

cBN 的理论密度为 3.48g/cm³，实际密度 3.39～3.44g/cm³。常压下 cBN 的熔点在 3000℃ 左右，10.5MPa 压力下，熔点在 3220℃ 左右。室温下的热传导率为 1.3kW/（K·m），导热性也很好。其热膨胀系数为 3.5×10^{-6}/℃，也较小，但稍高于金刚石。

cBN 的折射率为 2.117，电阻率为 $10^2\sim10^{10}\Omega\cdot$cm。介电常数为 4.5。

(2) 立方氮化硼的机械性质　cBN 的旧莫氏硬度为 9.8，维氏硬度为 68.6～88.2GPa，稍低于金刚石。

强度：抗压强度 7.2GPa，抗弯强度 294MPa。中国国家标准规定，对于 70/80 粒度，Ⅰ型 cBN 的单颗粒抗压强度不低于 19.6N，Ⅱ型 cBN 的单颗粒抗压强度不低于 27.44N。

弹性模量：$C_{11}=712$GPa（C_{11}/C_0 计算），$C_{12}\approx80$GPa（估计），$C_{44}\approx334$GPa（C_{44}/C_0 计算），体弹模量 $K\approx(C_{11}+2C_{12})/3\approx290$GPa。

压缩率（cm²/N）：$(0.24\sim0.37)\times10^{-17}$，$0.34\times10^{-17}$（由弹性模量计算）。

(3) 立方氮化硼的化学性质　立方氮化硼为 43.6％B 和 56.4％N。主要杂质 SiO_2，B_2O_3，Al_2O_3，Fe，Mg，Ca 等。

立方氮化硼的热稳定性和对铁族元素及其合金的化学惰性明显优于金刚石。金刚石在 500～700℃ 时就开始氧化，且由于反应产物是气体（CO_2），金刚石的破坏会继续直到消耗完为止。cBN 在 800℃ 以上开始与空气或氧气发生作用生成 B_2O_3：

$$4BN + 3O_2 \Longrightarrow 2B_2O_3 + 2N_2 \uparrow$$

与金刚石不同，B_2O_3 在金刚石晶体周围形成一层固体保护膜，能够阻止 cBN 在 1300℃ 以下发生进一步氧化。cBN 于 1400℃ 以下在空气中一般不会发生向六方氮化硼的转变。但在氧气中 1525℃ 下和真空（13μPa）中 1550～1600℃ 之间有转变发生。

金刚石在 1000℃ 左右很容易与 Fe、Co、Ni、Al、Ta 和 B 等碳化物形成元素发生反应，产生化学磨损。cBN 对铁族元素则有较大惰性。但在 1050℃ 时能与铝发生反应，在 1250～1300℃ 能与含 Al 的 Fe、Ni 合金发生反应。若在水蒸气中加热，900℃ 以后 cBN 会发生分解，与水生成硼酸和氨：

$$BN + 3H_2O \longrightarrow H_3BO_3 + NH_3 \uparrow$$

这也是许多人认为 cBN 砂轮磨削不能使用水基磨削液的主要原因。

但在一般情况下，cBN 不受稀酸、浓酸、强氧化剂侵蚀。温度不很高时，与碱的作用也不明显。化学稳定性很好。

cBN 与金刚石的结构性能比较见表 12-10。

表 12-10　cBN 与金刚石的结构性能比较

项目	cBN	金刚石
成分	BN	C
晶格类型	闪锌矿型	闪锌矿型
晶格常数/nm	0.36165	0.35675
最小原子间距/nm	0.156	0.154
理论密度/(g/cm³)	3.48	3.52
实际密度/(g/cm³)	3.39～3.44	3.49～3.54
Knoop 硬度/GPa	47	70
热稳定性(空气中)/℃	1200～1400	600～850
热膨胀系数/(1/K)	3.5×10^{-6}	0.9×10^{-6}
压缩率/(m²/N)	2.4×10^{-2}	$(1.4 \sim 1.8) \times 10^{-2}$
对铁族元素的化学作用	惰性	易反应
电阻率(20℃)/Ω·cm	$10^{10} \sim 10^{12}$	$10^{14} \sim 10^{16}$

cBN 的硬度虽比金刚石低，但由于其与含铁黑色金属的化学惰性和较好的热稳定性，使其金属磨除率达到金刚石的 10 倍，很好地解决了淬火钢等硬而韧的难磨金属材料的加工问题。这也是 cBN 得以较快发展的原因。同样，在钻探方面，对勘探 Fe 矿床或中低温硫化矿床，以及含有 Fe 质的氧化带的矿床均有明显的特殊作用，特别是在未来的高温深井钻探和地热钻探等方面也具有广泛的应用前景。

12.3.3　立方氮化硼的合成

（1）立方氮化硼的合成方法　与金刚石类似，立方氮化硼的合成也有高压高温合成方法（静压催化剂合成方法）和常压高温合成方法。静压催化剂合成方法主要用于 cBN 单晶的合成和聚晶的合成。常压高温（CVD、PVD）方法主要用于 cBN 薄膜的合成。

静压催化剂法合成 cBN 的原材料主要是 hBN 和催化剂。合成设备与金刚石相同，主要是六面顶压机和两面顶压机。合成工艺条件：压力 4.5～6.0GPa，温度 1400～1900℃。保温保压时间依产品品种及原材料不同而不同。一般在 2～10min。

（2）氮化硼原材料的特性及其选择原则　静压催化剂法合成 cBN，应选择结晶程度低、晶粒度细小、杂质含量低的 BN 原料，以利于生长优质 cBN。实践表明，选用乱层结构的

BN 作原料，有利于获得粒度较粗、质量较好的 cBN。所谓乱层结构，是指 hBN 的各层间不完全对准，即晶体 c 轴方向的对应性较差。BN 原料纯度要高，若含有百分之几的氧化物（如 B_2O_3）和水分等杂质，催化剂有效性将显著下降。

此外，还要求较大的密度。这是因为 BN 和催化剂通常是以粉状混合，如果密度较大，则可减少生长室在受高压挤压时出现的严重变形。

目前国内外实际采用的 BN 原料大多为乱层结构 BN，BN 含量高于 95%，密度大于 $1.9g/cm^3$。由于其结构不完整，活性强，极易吸附水分和各种气体，使用中应予以注意。

(3) 催化剂原料及其作用机理

① 催化剂材料种类。能够合成 cBN 的催化剂材料是多种多样的，这与合成金刚石通常采用周期表中过渡金属及其合金作催化剂的情况有所不同。合成 cBN 的催化剂金属或合金元素遍及周期表中的各个区域，包括 s 区、d 区、ds 区和 p 区，甚至发现某些非金属化合物也能成功地使 hBN 转化成为 cBN。

a. 碱金属、碱土金属及其氮化物，如 Li、Mg、Ca、Mg_3N_2 等。

b. 碱金属、碱土金属的硼氮化物，如 $Mg_3B_2N_4$、$Ca_3B_2N_4$ 等。

c. 铝基合金催化剂，如 Al-Si、Al-Ni、Al-Cr、Al-Mn、Al-Co 等。

d. 尿素及某些铵化物催化剂，如硝酸铵、硼酸铵等。

e. 水作催化剂，其特点是生成的 cBN 很细。

f. 周期表中 ⅣB、ⅤB、ⅥB、ⅦB 族过渡金属的硼化物、氮化物、硅化物等作催化剂。

g. 其中，ⅠA、ⅡA 族元素，和 Sn、Pb、Sb 以及它们的氮化物作催化剂所合成的 cBN 呈黑色，而金属硼氮化物催化剂所合成的 cBN 为琥珀色、浅黄色甚至无色。

② 催化剂作用机理。关于催化剂促使 BN 相变机制，温托夫（Wentorf）推测这机制包含以下变化：一部分 BN 形成催化剂金属的氮化物，其余的溶解于生成的催化剂氮化物中，然后从中析出而形成立方结构。就是说，以六方结构熔融，以立方结构结晶出来。

例如 BN-Li_3N 系统，发现在合成过程中形成了一种弱结合复合物，其组成接近于 Li_3N·3BN。认为这种复合物起着溶剂的作用，溶解了剩下的六方氮化硼。由于合成压力温度处于 cBN 稳定条件下，所以溶解了 hBN 以 cBN 的形式析出。

又例如 Mg-BN 系，无论初始材料用 Mg 还是 Mg_3N_2 为催化剂，但在最后合成 cBN 过程中总能找到 $Mg_3B_2N_4$ 相存在于合成产物中。Endo 等人用差热分析研究了 2.5GPa 条件下 Mg-BN 间的反应。结果表明，首先 Mg 与 hBN 反应生成 $Mg_3B_2N_4$，当 $Mg_3B_2N_4$ 形成后，将与剩余的 Mg 及 hBN 反应，在 2.5GPa 条件下，hBN-$Mg_3B_2N_4$ 系的共晶点是 1295℃±7℃，在 6~8GPa 条件下，而以含氧量低的 hBN（质量分数 1.9%）为原料得到的 cBN 生长的低温下限为 1380℃。所以，可以设想，cBN 的生长是通过在 BN-$Mg_3B_2N_4$ 共晶液中的溶解及析出过程来完成。过量的 hBN 溶解并以 cBN 形式析出，成为 Mg-BN 系中 cBN 形成的机制。

(4) 合成工艺的影响

① 氧对镁基催化剂合成 cBN 的影响：在用以镁为基的系列催化剂合成立方氮化硼过程中，氧的危害是很大的。这种影响主要表现在以下几方面。

首先氧（包括氧化物）能与催化剂发生反应，消耗催化剂，降低催化剂的效率，可能的反应如下：

$$4Mg+B_2O_3 \longrightarrow 3MgO+MgB_2$$
$$7MgB_2+B_2O_3 \longrightarrow 3MgO+4MgB_4$$

或

$$7MgB_2 + 2B_2O_3 \longrightarrow Mg_3(BO_3)_2 + 4MgB_4$$

$$Mg_3N_2 + B_2O_3 \longrightarrow 3MgO + 2BN$$

$$Mg_3B_2N_4 + B_2O_3 \longrightarrow 3MgO + 4BN$$

在上述反应中，B_2O_3 作为反应物与催化剂作用，生成 MgO、MgB_2、MgB_4。已经证明，MgO 不是合成 cBN 的催化剂，而且对 cBN 的生长有阻碍作用。MgO 很容易留在生长的 cBN 晶体表面，形成阻挡层，造成 cBN 晶体的表面缺陷；或陷在 cBN 晶体中，以 MgO 的形式成为 cBN 晶体中的包裹体。

其二，过量的 B_2O_3 和 MgO 直接影响 cBN 的成核，影响 cBN 的产率。

实验表明，B_2O_3 含量占 1% 时，对镁基催化剂，特别是镁影响尚不明显。当 B_2O_3 含量达 3% 时，在镁系催化剂中 cBN 的成核率已经明显减少，具有晶型不完整的 cBN 开始增多。当 B_2O_3 量超过 5% 时，在相同的合成条件下成核最少。可见 B_2O_3 对 cBN 的成核和晶体形态均有明显影响。

B_2O_3 与催化剂的反应可能为：

$$2Mg + B_2O_3 + O_2 \longrightarrow Mg_2B_2O_5$$

$$4Mg + B_2O_3 \longrightarrow 3MgO + MgB_2$$

$$2MgO + B_2O_3 \longrightarrow Mg_2B_2O_5$$

$$7MgB_2 + 2B_2O_3 \longrightarrow Mg_3(BO_3)_2 + 4MgB_4$$

Mg_3N_2 和 $Mg_3B_2N_4$ 与 B_2O_3 在高温高压下的反应生成物基本相同，主要产物都是 MgO、hBN、$Mg_3(BO_3)_2$。

MgO 对 cBN 成核的影响要比 B_2O_3 小得多。当 MgO 占 5% 时，对体系没有明显的影响，但当体系中大量存在 MgO 时，则成核率也明显降低。

从上面的结果中我们看到 MgO 的存在对 cBN 的合成影响似乎并不明显。但值得注意的是所用的原料 cBN 并没有进行除氧处理。原料中原有的氧化物如 B_2O_3 含量可能较高。由于 MgO 是典型的碱性氧化物，B_2O_3 是典型的酸性氧化物，二者之间在高温、高压下存在如下反应：

$$2MgO + B_2O_3 \longrightarrow Mg_2B_2O_5$$

上述反应由高温高压下（$MgO + B_2O_3$）产物的 X 射线衍射物相测试所证实。这说明 MgO 在合成 cBN 体系中的作用，有一部分已被 B_2O_3 所抵消，因而表现不明显。从这里也给了人们有意义的启示：在含氧（氧化物）较高的原料 hBN 中加入适量的 MgO，同样可以抵消 B_2O_3 对 cBN 合成的影响。事实证明，这一方法是行之有效的。

② 氧对温度、压力的影响：为了比较 hBN 中的氧含量对温度、压力的影响，实验选用两种 hBN 原料，其性质分别为：尺寸为 $10\mu m$ 和 $15\mu m$，密度为 (2.02 ± 0.01) g/cm³ 及 (1.96 ± 0.02) g/cm³，氧含量为 (1.9 ± 0.1)% 及 (7.9 ± 0.4)%，GI 值为 1.56 和 1.39。

结果表明，原料 hBN 中氧含量高，合成温度和压力下限均有所提高。而且不同研究者的结果基本一致。氧对镁基催化剂合成 cBN 的影响是由于氧与最终的催化剂材料 $Mg_3B_2N_4$ 反应而使合成的温度和压力升高了，这一反应可用下列化学反应方程式表示：

$$2Mg_3B_2N_4 + 3O_2 \longrightarrow 6MgO + 4BN + 2N_2$$

$$Mg_3B_2N_4 + 3O_2 \longrightarrow Mg_3(BO_3)_2 + 2N_2$$

通过上述反应使 $Mg_3B_2N_4$ 消耗掉，使 cBN 的成核减少或不能成核。只有在高于 $Mg_3B_2N_4$-BN 共晶温度很多时，才可能重新形成 cBN；因而使 cBN 合成温度和压力区向高温和高压方向移动。而当原材料中含氧量降低后，则合成温度和压力下限均降低，这一结果可能更接近真实的 cBN 合成下限。

12.3.4 立方氮化硼的应用

(1) 立方氮化硼在磨具方面的应用 由于立方氮化硼磨具的磨削性能十分优异，不仅能胜任难磨材料的加工，提高生产率，有利于严格控制工件的形状和尺寸精度，还能有效地提高工件的磨削质量，显著提高磨后工件的表面完整性，因而提高了零件的疲劳强度，延长了使用寿命，增加了可靠性，加上立方氮化硼磨料生产过程在能源消耗和环境污染方面比普通磨料生产为好。所以，扩大立方氮化硼磨料磨具的生产和应用是机械工业发展的必然趋势。

与金刚石相似，立方氮化硼磨料也可以分别用树脂结合剂、金属结合剂、陶瓷结合剂制成不同的磨具。不同结合剂砂轮的特点如表 12-11 所示。

表 12-11 立方氮化硼砂轮及其特性

种类	结合剂特性	制造方法	砂轮结构	修整特点	砂轮特性
树脂结合剂砂轮	弹性好，热作用下把持磨粒能力差	磨料与树脂粉混合，热压，硬化	磨粒埋入结合剂内，气孔很少	可使用金刚石笔、金刚石滚轮、软钢等工具修整，用 WA 磨石修锐	砂轮较软，自锐性较好，但耐热性差，寿命短
烧结金属结合剂砂轮	刚性好，把持磨粒能力强	磨料与金属粉混合，压制，烧结	磨粒埋入结合剂内，气孔很少	很难修整，多采用 SiC 砂轮开刃	耐用度高，但自锐性和锋利度差
陶瓷结合剂砂轮	刚性好，把持磨粒能力较强，耐热性好	磨料与陶瓷结合剂粉混合，压制，烧结	磨粒在砂轮表面有适度的暴露，气孔较多	可使用金刚石笔、金刚石滚轮、SiC 砂轮等工具修整，修正修锐可以一次完成	自锐性和锋利度好，耐用度高，磨削表面粗糙度好，适合高精密高效率磨削加工
电镀金属结合剂砂轮	把持磨粒能力较强	金属电镀法	在金属基体上固结单层磨粒，磨粒在砂轮表面有较好的暴露	一般不进行修整	锋利度好，可制成复杂型面的高精度砂轮

与其他结合剂 cBN 磨具相比，陶瓷结合剂 cBN 磨具具有如下特性：

① 陶瓷结合剂 cBN 磨具具有可控的气孔率。气孔对磨削钢铁的 cBN 磨具是非常重要的。陶瓷结合剂 cBN 磨具表面的气孔能够为磨屑提供容屑和排屑空间，有利于磨屑从磨削区排除而避免磨具的堵塞和由此而产生的摩擦热。磨具表面的气孔同时能为冷却液提供通道，使冷却液在磨削接触区及其附近广泛分布。因而使磨削温度较低，减少或避免了磨削烧伤。

② 陶瓷结合剂 cBN 磨具的开放式结构使磨粒能够最佳暴露突出而保证磨具具有极好的自由切削性能和高的工件材料去除速率。磨具磨削力小，比磨削能低，磨削性能好。

③ 陶瓷结合剂良好的耐热性能使 cBN 磨料的高热稳定性得到充分利用，磨具使用寿命较长。而树脂结合剂在 200℃左右就不能有效地保持磨粒。

④ 陶瓷结合剂 cBN 磨具热膨胀系数较小，刚性好，磨削时让刀小，适合

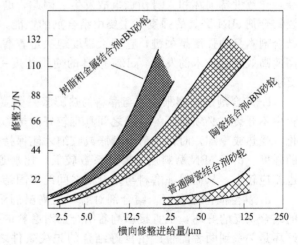

图 12-14 不同砂轮的修整力

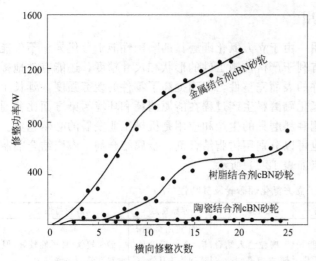

图 12-15　不同结合剂 cBN 砂轮的修整功率

高精度低粗糙度磨削。

⑤ 陶瓷结合剂 cBN 磨具容易修整，修整力和修整功率都较小（图 12-14 和图 12-15），修正和修锐可一次完成，维护费用较低。

⑥ 陶瓷结合剂 cBN 磨具自锐性较好，修整间隔较长，减少了修整频度。

⑦ 陶瓷结合剂 cBN 磨具化学稳定性好，对磨削液的适应范围较广。

⑧ 陶瓷结合剂 cBN 磨具磨削工件表面完整性好，工件质量高，使用寿命长。

cBN 磨具磨削被称为磨加工领域中的高新技术。其中，陶瓷结合剂 cBN 磨具因性能优越而受到世界上的广泛关注，成为世界上磨具产品研究开发的热点。陶瓷结合剂 cBN 磨具是一类用于磨削用途的复合材料。一方面，其制造应该运用复合材料制造理论为指导。从宏观组成上看，陶瓷结合剂 cBN 磨具一般由 cBN 磨料、辅助磨料（也称为填充料）、结合剂三类物质构成。因此，磨具制造一定要充分考虑各组成之间的物理和化学相容性。其中结合剂是陶瓷结合剂 cBN 磨具制造的首要关键。用于 cBN 磨具制造的陶瓷结合剂应达到以下要求。

a. 结合剂耐火度及烧成温度要较低。cBN 磨料的热稳定性虽比金刚石好，但不及普通磨料。其在 900℃ 以上，也会发生氧化作用，这些变化会导致其结构产生破坏，硬度、强度发生退化，使原来的优良性能变差，在磨削中达不到应有的磨削效果。为了避免磨料性能劣化，cBN 磨具制造应选用低温陶瓷结合剂制造。从国内外情况来看，都采用低于 1000℃ 的烧成温度。

b. 结合剂的强度要高。磨具在磨削过程中，会受到各种应力，如张应力、热应力、振动应力、装卡应力、切削应力等。如果磨具不具有足够的强度，就很难进行使用。特别是磨具在高速旋转时离心力很大，使磨具中产生很大的张应力。若磨具强度不够，就会使磨具破裂，导致设备损坏和人身伤亡事故发生。因此，磨具的强度是其使用安全性的重要保证。陶瓷结合剂 cBN 磨具的强度，主要由结合剂的性能、磨具的结构、磨具制备工艺等因素决定。结合剂本身的强度是关键，它很大程度地决定着磨具强度的高低和使用性能。随着世界上的高速高效磨削技术的发展，cBN 磨具的使用速度一般都较高，因而对结合剂强度有较高的要求。

c. 结合剂的热膨胀系数与磨料的热膨胀系数要相匹配。要使 cBN 磨具在制造和使用过程中不开裂，必须保证各组成之间具有较好的热膨胀匹配性。只有这样，磨具在经受温度变化（受热或冷却）时，各部分膨胀或收缩才能保持一致，不容易产生裂纹、开裂而影响磨具的强度。由于 cBN 磨料的热膨胀系数较低，比普通磨料小，因而要求结合剂的热膨胀系数也相应较小，从而保证磨料与结合剂之间的牢固结合。

d. 高温润湿性要好。结合剂对磨料的高温润湿性能的好坏，直接影响着结合剂与磨料的结合状况的好坏，也直接影响着结合剂对磨料的把持强度。结合剂对磨料的高温润湿性的好坏是关系到两者能否产生良好结合的先决条件之一。如果结合剂对磨粒的高温润湿性很差，在烧成时结合剂很难流铺到磨粒表面，这样结合剂就不能将磨粒包裹住，就不能形成良好的黏结，从而会导致磨具强度较低，磨粒容易脱落。因此，为了保证磨料与结合剂之间的良好黏结，结合剂必须有较好的高温润湿性。

e. 结合剂与磨料之间应无明显的化学反应。要保证 cBN 磨料固有的高硬度、耐磨损等优良特性，cBN 磨料与陶瓷结合剂、辅助磨料之间都不能发生明显的化学反应。因为一旦有化学反应发生必然有新物质生成，这些新物质的生成必然是以 cBN 磨料的消耗为代价，必定造成 cBN 这类昂贵材料的损失。再者，化学反应所造成的 cBN 磨料表面结构状态的变化，也会对 cBN 磨料性能的保持造成不利影响。尽管有资料介绍，cBN 磨料表面的氧化膜有利于改善陶瓷结合剂与 cBN 磨料之间的结合强度。但人们认为，还是应该控制这种氧化的程度。从这个方面来看，陶瓷结合剂应在组成上精心设计和严格控制，尽量避免与 cBN 磨料反应性强的物质过多地引入。

f. 结合剂要有合适的高温流动性。结合剂的高温流动性也对 cBN 磨具的强度及制备工艺有较大影响。若结合剂流动性过低，则结合剂黏度大，不易流动，不易均匀地分布于磨粒之间，因而会影响结合剂和磨粒之间的结合状况，不能保证磨具应有的机械强度；相反，若结合剂流动性过大，则结合剂黏度过低，很容易从磨粒间流出并造成制品变形。因此结合剂要有合适的流动性。

g. 具有较好的导热性。为了将磨削热尽快传递转移和避免工件烧伤，结合剂尽可能具有较好的导热性，从而提高磨具整体的导热性能，有利于磨削区域的冷却。

h. 具有良好的工艺性能，较高的干坯、湿坯强度，较小的收缩率，较好的高温稳定性，较宽的烧结温度范围，不易出现变形、开裂、发泡等废品。这是实现低废品率、规模化生产的必要和重要条件。另一方面，磨具制造应以磨削理论为指导，合理选择磨料种类、粒度、浓度和磨具硬度，以适应特定磨削应用要求。

陶瓷结合剂 cBN 磨具作为一类高速、高效、高精度、低磨削成本、低环境污染的高性能磨具产品，它代表了当今磨具产品的一个主要发展方向，应用前景十分广阔。

陶瓷结合剂 cBN 磨具已经应用于汽车、摩托车、轴承、机床、工具、空调、冰箱、飞机、工程陶瓷等许多领域的部件磨削加工中，典型的应用有汽车和摩托车的曲轴磨削、凸轮轴磨削、连杆磨削、汽缸珩磨、油泵油嘴的磨削，汽车液压挺杆的磨削；轴承内孔、轴承沟道的磨削；机床导轨的磨削；车刀、钻头的磨削；空调、冰箱压缩机的磨削；飞机发动机叶片等部件的磨削；工程陶瓷、硬质合金等难加工材料的磨削等。极大地提高了加工效率、加工精度和部件使用寿命。

(2) 立方氮化硼在刀具方面的应用 采用氮化硼材料制成的陶瓷刀具，在对硬度甚高的铸铁进行切削加工时，刀具的头端不会发生常见的受热龟裂与缺屑。根据不同条件，与含有其他结合材料的 cBN 烧结体相比较，氮化硼陶瓷刀具的使用时间可延长 10 倍以上，成为一种可进行断续切削的材料。尤其在汽车工业加工中，cBN 烧结体作为可对发动机等铸铁硬质材料加工的切削材料，在机械加工方面有广阔用途。

(3) 立方氮化硼在功能材料方面的应用 立方氮化硼具有很宽的带隙（6.4eV），良好的可掺杂性（p 型、n 型），使其在高温电子器件领域有着广泛的应用前景。在掺杂方面，立方氮化硼也有着金刚石无法比拟的优势：通过控制掺杂类型，立方氮化硼既可以成为 n 型半导体，又可以成为 p 型半导体，但金刚石一般只能掺杂成 p 型半导体。例如，在高温高压合成 cBN 过程中，如果在其中添加 Be，可得到 p 型半导体，添加 S、C、Si 等，则可得到 n 型半导体。此外，立方氮化硼块体晶体材料可以作为优质的热沉材料和衬底材料，在高温大功率半导体器件制造、短波长和紫外线电子器件研制等方面有极为重要的应用价值。目前的半导体蓝绿光发光器件都是在晶格失配很大的蓝宝石上生长的，这不仅在发光器件中造成了大量缺陷，严重影响了器件性能，而且由于蓝宝石中的氧会向器件的发光层中扩散，对器件的发光性能造成了进一步的损害。为此，半导体光电子器件行业中急需一种理想的氮化物衬底材料，以便解决上述问题，进一步提高短波长发光器件的性能。立方氮化硼块体晶体正是满足这一要求的材料。

12.4　新型超硬材料研究发展

12.4.1　新型超硬材料研究动向

新型超硬材料的合成及其性质的研究是目前材料科学和凝聚态物理等学科研究领域的热门课题之一。近年来，由于碳基和硼基超硬材料的理论设计和发现，引起了人们在实验和理论上对硬度与金刚石接近甚至超过金刚石的材料的研究兴趣。探索人工合成新型超硬材料具有重要的学术意义和工程价值，对凝聚态物理、高压物理、化学、材料科学与工程都是一大挑战。

由于金刚石的热稳定性较差，在空气中加热到 $600℃$ 时就发生氧化，而且容易与铁族金属发生反应，因而在钢铁材料的加工中受到极大限制，所以合成硬度与金刚石接近甚至超过金刚石的新型超硬材料就十分必要。在长期的实践活动中，人们发现金刚石的硬度和耐磨性同其晶面类型、结晶方向、含氮等杂质状态密切相关。同时，人们也从立方氮化硼的成功中意识到，具有一定结构的氮、硼化合物有着仅次于金刚石的硬度。因此，人们在研制成功人造金刚石和立方氮化硼以后，进而探索具有一定结构、硬度高于或相当于金刚石的氮、碳、硼等二元和三元化合物。从 20 世纪 80 年代初开始，人们采用化学气相沉积（CVD）技术在低温低压下（即亚稳态条件下）成功合成金刚石薄膜以来，各国研究人员在用 CVD 技术人工合成金刚石和立方氮化硼薄膜方面取得了很大进展。在开展这方面工作的同时，分辨不同状态下各种结构与总能量的第一性原理计算精度已达到新的水平。采用第一原理赝势能带计算法，能从原子-分子层次上设计新的材料。按照这种方法计算 $\beta\text{-}C_3N_4$ 的弹性模量和结构性能，结果表明：$\beta\text{-}C_3N_4$ 具有很大的结合能和大于金刚石的弹性模量及硬度。也就是说，$\beta\text{-}C_3N_4$ 可能是具有高于或相当于金刚石硬度的新型超硬材料。该结果一经公布，这种新型材料就受到了各国研究人员的普遍关注，人们开始采用不同的实验方法合成 $\beta\text{-}C_3N_4$。20 世纪 90 年代，采用载能束技术合成 C-N 薄膜实验中，测出薄膜内存在的纳米微晶具有 $\beta\text{-}C_3N_4$ 的衍射谱线。随着不断改进理论计算、合成技术和实验方案，又取得了不断进展；同时还开展了 BCN 三元化合物超硬材料和碳、BCN 纳米管的理论和实验研究。除了金刚石、cBN 和 $\beta\text{-}C_3N_4$ 外，类金刚石结构的立方氮碳化硼（cBCN）材料，以及富勒碳，也日益受到国际材料界的重视。由于立方氮碳化硼具备了金刚石的硬度和 cBN 的热稳定性，因此，其极有可能成为新一代超硬材料，并具有广阔的应用前景。目前，$\beta\text{-}C_3N_4$ 和 BCN 已被国际材料界作为金刚石的替代材料而广为研究。

随着现代社会和科学技术的迅速发展，对材料提出了愈来愈苛刻的性能要求。在材料的诸多性能中，硬度是最重要、最基本的性能指标。因此，对新型超硬材料的合成及其性质的研究，将一直是材料科学和凝聚态物理等学科的研究重点之一。

12.4.2　已开展研究的新型超硬材料

(1) 一元新型超硬材料

① 富勒烯（碳）。作为碳的同素异形体，以 C_{60} 为代表的富勒烯家族，具有独特的笼状结构和优异的物理化学性质，在半导体、磁性、非线性光学、超导和制备新的衍生物等方面展现出了迷人的前景，已经成为物理学家、化学家和材料科学家共同关注的焦点。人们发现

富勒烯不仅能被作为合成金刚石的源材料，同时在高压条件下富勒烯本身还展现出了很高的硬度。在 1992 年，Regueiro 等报道了室温时在＞20GPa 的压力下 C_{60} 转变成多晶金刚石，其他研究者采用冲击压缩和快速淬灭技术在 16～54GPa 的压力下重复了这一结果。我们知道，在 C_{60} 中的 60 个碳原子中有 48 个碳原子呈准四面体配位，因此在 C_{60} 转变成金刚石的过程只需要较小的结构变化。金刚石的体弹模量计算值为 435～444GPa，实验值为 435～442GPa，显微硬度值大于 90GPa。Ruof 等计算得到单个 C_{60} 分子的体弹性模量为 843 GPa，几乎是金刚石弹性模量的两倍，因此认为 C_{60} 比金刚石还要硬。考虑到 C_{60} 固体是一个面心结构的范德瓦尔斯晶体，晶体中 C_{60} 分子间的距离约 1nm，因而 C_{60} 晶体的弹性模量比单个 C_{60} 分子的要小。然而，当 C_{60} 球被压缩到互相紧靠在一起时，晶体的弹性模量将和 C_{60} 分子的弹性模量很接近。考虑到面心立方结构中 74％ 的有效体积因子，计算得到 C_{60} 固体的弹性模量约为 624GPa，因此从体弹性模量的角度来看，C_{60} 晶体的硬度也许会超过金刚石。尽管 C_{60} 只有在高压下才显示出非凡的硬度，但这一结果仍然令人鼓舞。

② 高密度碳。有一种金属态的高密度碳，其晶体结构的原胞属于一种简单的体心四角，含有 4 个碳原子，称为 bct-4 结构。在这种结构网络中，一个碳原子同三个 sp^2 碳原子相连。其体弹模量计算值为 350 GPa。另一种高密度碳属于六角晶系，其原胞中含有六个碳原子，称为 H-6 结构。这种高密度碳的体弹模量计算值为 372 GPa。接近金刚石的体弹模量计算值。

(2) 二元新型超硬材料

① 氮化碳（β-C_3N_4）。Liu 和 Cohen 从计算得到的体弹模量出发，认为氮和碳组成的共价固体将可能成为新一代的超硬材料。对于与 β-Si_3N_4 结构类似的假想的共价化合物 β-C_3N_4，他们用半经验公式，计算得到了比金刚石更高的体弹模量，他们还用第一性原理赝势能带计算法，计算得到 β-C_3N_4 的体弹模量为 427 GPa。β-C_3N_4 的晶体结构为 β-Si_3N_4 的异素同构体，只是把 β-Si_3N_4 中的 Si 用 C 来替换。在 β-C_3N_4 结构中，C 原子以四面体结构的 sp^3 杂化键与 4 个氮原子相连，而每个 N 原子以 sp^2 杂化键与 3 个碳原子在一个近似的平面内相连。

十多年来，世界上许多研究小组先后采用了不同的制备技术来探讨人工合成 β-C_3N_4 晶体的方法。Fujimoto 等用离子束辅助混合法制备了非晶态 CN 膜，努氏硬度值达到 65GPa。Cohen 小组在非晶 CN 膜中观察到小于 5％ 的 CN 晶粒。Niu 等采用高纯石墨的激光蒸发和氮离子束轰击的方法合成了含有 β-C_3N_4 晶相的 CN 薄膜，电子衍射测量表明样品具有理论上预言的 β-C_3N_4 的结构。此外，卢瑟福背散射和 X 射线光电子谱的分析证实了沉积膜中碳和氮元素的存在，而且膜中氮元素的含量达到 45％，样品经 N_2 氛围下 800℃ 热退火仍相当稳定。近来，王恩哥等利用偏压辅助热丝 CVD 法制备了接近化学计量比的 β-C_3N_4 薄膜。

对于 β-C_3N_4 的高硬度，已在材料学界掀起了一股热潮，但由于合成的晶粒太小，故其许多重要的物理性质仍无法测定，而且真正符合化学计量比的 β-C_3N_4 晶体仍然没有在实验上得到验证。另外，初步的硬度测试表明，硬金属能在其表面留下划痕。较小的晶粒和较低的氮含量是阻碍获得较高质量 β-C_3N_4 薄膜的两个重要因素。目前，对 β-C_3N_4 的研究仍停留在制备方法的发展和改进上。与 cBN 薄膜类似，可以预期采用高能离子轰击等非平衡技术将可能实现 β-C_3N_4 制备技术的突破。

② 富硼二元化合物

a. 富硼氮化硼：非晶的 B_3N 和 B_5N 及组分在 $B_{25}N$ 和 $B_{53}N$ 之间的富硼氮化硼晶体都能用 CVD 法合成。最近有人报道以 BCl_3 为原料用热钨丝辅助 CVD 技术在 hBN 衬底上合成了富硼氮化硼。样品的拉曼光谱、X 射线光电子谱以及 X 射线衍射谱的结果表明，所得样品中存在与 B_4C 相类似的菱形 B_4N 相。在这种结构中，具有正二十面体的 $B_{11}N$ 被 N—B—N 链相连接起来。由于这种结构的特殊性，这一新的 BN 相有望能展现出相当高的硬度。

b. 富硼低氧化合物：在 1600～2000℃ 下用硼同 B_2O_3 固态反应合成出富硼低氧化合物。

在氩气氛下反应物继续熔化可使含氧量为 $4\%\sim5\%$（原子分数）的硼分别形成 $B_{18}O$ 和 $B_{22}O$ 的富硼低氧化合物。这种化合物的结构同硼的 β 菱形结构有关。可以采用间隙原子插入结构的空穴处来联结硼的二十面体，与 B_4C、B_4N 一样。富硼低氧二元化合物的实测显微硬度为 59 GPa，大约相当于体弹模量 300GPa。

③ 其他二元化合物：人们发现有 α-C：H 类金刚石碳氢相的存在，α-C：H 膜不仅具有与金刚石膜相似的性能特点，还具有良好的生物相容性，已经成功地应用于机械、电子、光学以及医学等领域。类金刚石碳膜的制备工艺日益成熟，已出现直流辉光放电法、射频辉光放电法以及微波-射频辉光放电法等一系列等离子体增强 CVD 法和磁控溅射、射频溅射、真空电弧以及激光烧蚀等物理气相沉积（PVD）法。类金刚石膜的沉积，具有沉积速率高、衬底选材广泛、能大面积沉积的优点。α-C：H 膜中的碳原子主要是由 sp^2 和 sp^3 组态组成，sp^1 组态的碳原子含量很少。α-C：H 膜的力学性质强烈地依赖于膜中氢的含量。随着膜中氢含量的升高，薄膜的硬度下降，耐磨性降低。实验上测量到的 α-C：H 膜的显微硬度在 30～50GPa 之间，明显高于 SiC 的显微硬度（20～35GPa）。

经赝势总能量计算，高密度的 bct-4 结构的氮化硼是一种稳定的化合物。其体弹模量计算值为 268 GPa。

关于 BN 和 BC_3 的纳米管（巴基管）也在研究探索中。

(3) 三元新型超硬材料 除了金刚石和 C-N、B-C 及 B-N 二元系外，人们早就对 $B_xC_yN_z$ 三元化合物给予了重视，认为含 B、C、N 的三元系化合物是潜在的超硬材料。20 世纪 70 年代初，前苏联就报道了采用了灯黑和非晶硼在 1atm 的 N_2 气氛中 1800～2000℃ 的条件下首次合成出硼碳氮化物（$B_xC_yN_z$）。在 1977 年又有报道在高温高压下形成了立方 BCN 三元化合物，其显微硬度为 60～80GPa。在 1981 年又有人以量子化学为基础，根据电子结构的相似性，预测了 BCN 三元化合物超硬材料出现的可能性。其后人们就开始不断地尝试合成类金刚石结构的 BCN。Badzian 报道了以 hBCN 为原料，在 14GPa 和 3300℃ 的高温高压下直接合成了 cBCN 固溶体。同金刚石和 cBN 合成一样，高温高压下合成 cBCN 的关键也是合成条件和催化剂。Badzian 等最早尝试 BCl_3、CCl_4、N_2 和 H_2 为原料，用 CVD 法在较低温度下合成了 $B_xC_yN_z$。而 Sasaki 等以 BCl_3 和 CH_3CN 为原料在 780～900℃ 得到了类石墨结构组分为 BC_2N 的生成物。到 1996 年，Bando 等首次报道用射频等离子体 CVD 法合成 cBCN 薄膜。最近有人报道用脉冲激光蒸蚀石墨与 hBN 靶，在室温下得到了 cBCN 和 hBCN 的混合物，Yu 等则采用偏压辅助热丝 CVD 在钼衬底上得到了长 $100\mu m$、直径 $20\mu m$ 的 BCN 棒。另外，NH_2-BH_3、$C_5H_5N-BH_3$ 和 $C_4H_{10}N_2-BH_3$ 等分子在适当温度（100～200℃）下退火，能形成高度相互交联的聚合物，这种聚合物能被加热分解可得到具有不同碳含量的 $B_xC_yN_z$。类金刚石结构的 cBCN 材料正在引起国际材料界的重视，由于它具有金刚石和 cBN 这两种超硬材料的优点，因而它必将成为一种理想的新型超硬材料。

参考文献

[1] 王秦生主编．超硬材料制造．北京：中国标准出版社，2002．
[2] 李志宏主编．陶瓷磨具制造．北京：中国标准出版社，2000．
[3] 方啸虎主编．超硬材料基础与标准．北京：中国建材工业出版社，1998．
[4] 邓福铭，陈启武著．超硬复合刀具材料及其应用．北京：化学工业出版社，2003．
[5] 中国机械工业年鉴辑委员．中国磨料磨具工业年鉴（2012 年）．北京：中国机械工业出版社，2012．
[6] 王秦生主编．金刚石烧结制品．北京：中国标准出版社，2000．
[7] 方啸虎主编．超硬材料科学与技术：上卷．北京：中国建材工业出版社，1998．
[8] 王光祖．国外立方氮化硼研制技术Ⅰ．磨料磨具与磨削，1991，2（62）：43-47．

[9]　王光祖．国外立方氮化硼研制技术Ⅲ．磨料磨具与磨削．1991，4（64）：39-44.

[10]　张兴旺，邹云娟，严 辉，陈光华．无机材料学报，2000，15（4）：577-582.

[11]　沈主同．新型超硬材料探索中的重要动向∥超硬材料发展 35 周年研讨会论文集，1998：5-10.

[12]　Liu A Y，Cohen M L．Science，1989，245：841-842.

[13]　Cohen M L． JHard Mater，1991，2（1-2）：13-27.

[14]　Cohen M L．Science，1993，261：307-308.

[15]　Regueiro M N，Monceau P，Hodeau J L．Nature，1992，355：237-239.

[16]　Ruof R S，Ruof A L．Nature ，1991，350：663-664.

[17]　Fujimoto F，Ogata K N．J Appl Phys，1993，32（3）：L420-L423.

[18]　NiuC，Lu Y Z，Lieber C M．Science，1993，261：334-337.

[19]　王恩哥，陈 岩，郭丽萍等．中国科学：A 辑，1997，27（1）：49-53.

[20]　Badzian A R．Mate Res Bull，1981，16（11）：1385-1393.

[21]　Sasaki T，Akaishi M，Yamaoka S，et al．Chem Mater，1993，5：695-698.

[22]　Bando Y I，Nakano S，Kurashima K．J.Electron Microsc，1996，45（2）：135-142.

[23]　Yu J，VVang E G，Xu G C．Chem Phys Lett，1998，292：531-534.

[24]　Liao M，Rong Z，Hishita S，et al．Diamond and Related Materials，2012，24：69.

[25]　肖宏宇，马红安，李勇等．大尺寸掺硼宝石级金刚石单晶的高温高压合成及电学性质研究 [J]．功能材料，2010，1（41）：2027.